제 5 판

Microbes and Society

미생물학 입문

Jeffrey C. Pommerville

대표역자 주우홍

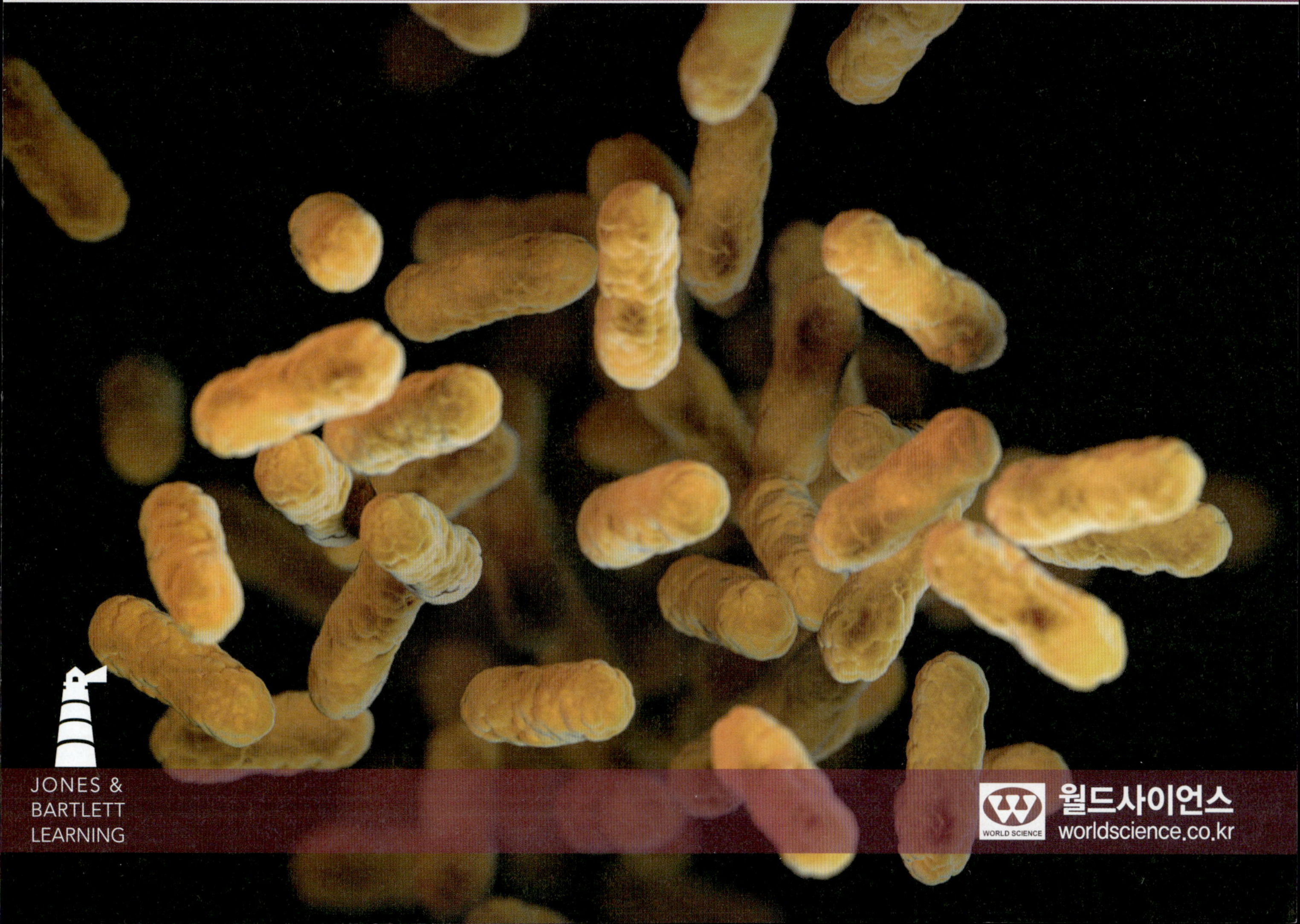

JONES & BARTLETT LEARNING

월드사이언스
WORLD SCIENCE
worldscience.co.kr

ORIGINAL ENGLISH LANGUAGE EDITION PUBLISHED BY
Jones & Bartlett Learning, LLC
5 Wall Street
Burlington, MA 01803

미생물학 입문 제5판

인 쇄 | 2022년 2월 5일
발 행 | 2022년 2월 15일

저 자 | Jeffrey C. Pommerville
역 자 | 주우홍 · 김동욱 · 김수기 · 김영목 · 김종국 · 김철호 · 김현수
박윤신 · 박창진 · 박희수 · 변종회 · 손홍주 · 신재호 · 안영희
이상현 · 이은우 · 이향범 · 정경태 · 조윤래
발 행 인 | 신정숙

발 행 처 | (주)도서출판 월드사이언스
주 소 | 서울특별시 서초구 도구로 115(방배동, 월드빌딩 1층)
등록일자 | 1988년 2월 12일
등록번호 | 제 16-1601호
대표전화 | (02) 581-5811~3
팩 스 | (02) 521-6418

E-mail | worldscience@hanmail.net
U R L | http://www.worldscience.co.kr

정 가 | **32,000원**
I S B N | 978-89-5881-311-8

요약 목차

©NYCstocker/iStock/Thinkstock

목차

서문

나는 새로운 미생물학 입문(*Microbes and Society*) 5판에 들떠 있다. 왜? 이 신판은 미생물과학의 현재 상황을 반영하고 있고, 사회와 인간 건강에서 하는 미생물들의 역할을 여느 때보다도 더 강조하고 있기 때문이다. 학생들과 교수들의 열렬한 반응들이 이 판이 오늘날 학생들의 진화하는 요구들에 적합한 형태를 갖추도록 도움을 주었다. 이 책은 미생물이 우리의 일상과 어떻게 연결되어 있는지를 강조하고 있고, 우리 대부분이 알아차리지도 못하는 많은 미생물의 상호작용들을 강조하고 있다. 이 책은 사회과학과 인문학을 포함한 다른 분야의 과학과의 연관성을 보여 주고 있다.

우리의 건강과 지구의 보건 모두 미생물과의 상호작용에 의존하고 있다. 질병의 돌발적인 발생, 어떤 새로운 그리고 종종 외래 미생물의 발견, 또는 미생물이 우리의 좋은 건강과 환경에 어떻게 영향을 미치는지에 관한 뉴스를 보거나 들을 때, 많은 학생 그리고 일반 대중은 행하여진 많은 설명과 주장을 적절히 평가할 수 있는 배경지식을 종종 가지고 있지 않다. 미생물학 입문을 읽고 나면 모든 것이 변할 것이다.

연구에 따르면, 대학에서 더 읽기 쉬운 교과서를 사용하는 것이 종종 더 나은 성적과 관계가 있다고 한다. 그러므로, 미생물학 입문 5판의 장들은 정보의 양을 제한하기 위해 완전히 재작성되거나 아주 많이 편집되었다. 게다가, 기술적인 용어의 수가 압도적일 수 있기 때문에 익숙하지 않은 과학 용어는 어려울 수 있다. 오늘날 사회에서 과학을 아는 학생이 되기 위해서는 과학 전문용어의 숙달이 필요하다. 그러나 기술용어들을 거의 10% 가량 줄였다. 따라서, 미생물학 입문 5판은 충분한 정보량을 제공하고 효율적인 학습과 소통을 증진하는 데 필요한 만큼의 용어를 도입함으로써 균형 있는 접근법을 제시하고 있다. 끝으로, 학생들은 오늘날의 세계에서 필수적인 과학과 생물학에 더 많은 지식을 갖게 될 것이다.

그러므로, 미생물학의 세계로 온 것을 환영한다! 여러분이 흥미진진하고 재미있으며, 유익한 정보를 주는 그리고 매혹적인 여행을 발견하기를 희망한다.

독자

미생물학 입문(*Microbes and Society*) 5판은 과학이 전공이 아닌 학부생과 21세기의 탐구적인 일반인을 대상으로 저술되어 있다. 이 책은 과학적인 배경이 거의 없거나 완전히 없어도 되며(1년 4학기제의), 1학기 또는(1년 2학기제의) 1학기용 교과과정을 제공하고 있다. 학생들은 미생물을 이해하는 것이 상업, 사회학, 식품과학, 약학 및 보건학, 경제학 그리고 농학과 같은 분야에서 그들이 잘할 수 있게 도와준다는 것을 발견할 것이다. 이 책은 생태학과 환경에서 미생물의 지위, 생명공학에서 미생물의 이용, 식품생산에서 미생물의 역할 그리고 미생물이 우리 생활과 복지의 질에 기여하는 무수한 다른 방식 같은 주제를 토의하고 있다. 이 책은 항생제 내성 문제를 조사하고, 백신의 중요성을 토의하며, 우리의 장에서 미생물의 친밀한 연관성에 대해 서술하고, 역사와 현재에서 수많은 미생물 질환을 탐구한다.

목적

21세기는 생물학의 세기로 운명지워져 있다. 우리는 미래의 수십 년 내에 생물공학의 새로운 생산품, 환경을 보존하고 보호하는 새로운 방법, 농업에서의 새로운 방법, 인류 건강을 유지하게 하는 새로운 기술과 아직 아이디어 단계에서 조차도 존재하고 있지 않은 새로운 기술을 기대할 수 있을 것이다. 미생물이 이 모든 일의 중심에 서 있다. 미생물들은 유전공학의 망치와 손톱이고, 오염된 물을 정제하는 일벌이며, 상상적인 살충제와 농약의 원천이고, 질병으로부터 보호하면서 건강하게 지키는 데 도움을 주는 내부적인 우리의 수호자들이며, 미래기술들을 위한 출발점이다. 미생물에 대한 지식은 미래를 아는 데 있어서 필수적인 요소이다. 미생물에 대해 알 수 있게 도와주는 것이 이 책의 첫 번째 주요 목적이다.

"미생물 식품"을 즐기지 않는 날은 거의 없다. 음식찌꺼기를 내놓을 때마다 미생물들이 이를 분해할 것으로 추정한다; 숨 쉴 때마다, 우리는 미생물이 대기에 내놓은 산소를 흡입한다; 재채기를 막을 때마다, 우리는 미생물들이 퍼지는 것을 방지하기 위해 노력한다. 미생물이 우리의 일상적인 존재에서 차지하고 있는 장소들을 이해하도록 돕는 이 책의 두 번째 주요 목적이다.

그러나 과거가 없이 현재와 미래가 있을 수 있겠는가? 세 번째 주요 목적은 미생물이 어떻게 역사에 중요한 영향을 미쳤는지를 보여주는 것이다. 예를 들면, 미생물이 서구의 문명화 과정을 어떻게 변화시켰는지, 말라리아가 어떻게 파나마운하 건설에 영향을 미쳤는지, 미생물이 문화 부흥 방식에 어떤 영향을 미쳤는지 그리고 미생물 등이 생물공학에서 현재 업적의 대부분을 어떻게 가능하게 했는지를 공부할 것이다. 역사와 사회에서, 이처럼 풍부하고 강력한 역할을 한 생물군은 거의 없다.

여러분이 미생물학에서의 배움을 즐기며, 현재, 과거, 그리고 미래에서 우리 사회에 미치는 미생물의 영향을 이해하게 되기를 희망한다.

구성

미생물학 입문(*Microbes and Society*) 5판은 두 부분을 포함하고 있다. I부에서는 미생물 세계를 11개 장에 걸쳐 소개하고 있다. 각각의 장은 세균, 바이러스, 진균, 그리고 원생동물을 탐구하고 있다. 다른 장은 이들 미생물이 어떻게 증식하고 복제하는지와 그들이 보여주는 독특한 유전 패턴과 그들을 통제하는 데 사용되는 방법을 서술하고 있다.

II부에서는 미생물학의 실제적인 응용으로 이행된다. 우리들은 미생물 음식을 먹기 위해 식당을 방문하며, 연구시설을 돌아보면서 현장에서의 미생물들을 보고, 환경의 여러 위치에 멈춰서서 우리를 위해 활동하는 미생물들을 관찰하며, 질병에서 미생물의 위치를 조사한다. 최종 결론은 미생물들이 관련되어 있다는 것이다.

각 장은 순차적으로 공부되어야 하는가? 절대적으로 아니다. 시간적인 제약으로 학습 과정에서 책 전체를 사용하는 것은 어려움이 있을 수 있다. 따라서 강사와 학생들이 가장 적절하게 이들 주제들을 선별하기를 권유한다. 융통성을 장려하기 위하여 각 장은 다른 장들과 독립적으로 서술되어 있으며, 각 장의 각 절들도 독립적으로 되어 있다. 그러므로 강사는 학생들의 요구에 맞게 미생물학에 대한 그들 자신만의 접근방법을 설계할 수 있다.

학생 경험

미생물학 교과과정을 다루는 일은 매우 불안한 경험일 수 있다. 거기에는 학습하여야 할 새로운 통찰이 있고, 이해하여야 할 새로운 개념들도 있으며, 숙달하여야 할 전혀 새로운 용어도 있다. 돌출부를 부드럽게 넘어가는 데 도움이 되도록 미생물학 입문 5판을 읽는 동안 학생들의 쾌적한 수준을 향상시키는 데 도움이 될 수 있는 다양한 특성들이 이 책에 통합되어 있다.

학생들은 모든 장이 거의 같은 길이임에 주목할 것이다. 학생들이 배울 수 있는 대칭적인 틀을 제공하기 위하여 목적의식을 가지고 이렇게 하였다. 각 장은 제한된 공부시간에 부응하기 위하여 다수의 절과 수많은 보다 작은 세부 절제목으로 구성되어 있다. 최종 목표는 즐길 수 있는 문맥 내에서 미생물학의 빈틈 없고 균형 있는 설명을 제공하는 데 있다.

각 장은 다음에 오는 본문 내용과 주제를 위한 분위기를 잡아 주는 흥미로운 이야기로 시작한다. "**Looking Ahead**"라는 타이틀이 붙여진 개요는 학생들에게 각 장에서 꼭 알아두어야 할 것을 보여주고 있다.

LOOKING AHEAD

이 장을 마치면, 여러분은 다음의 내용들을 할 수 있게 될 것이다.

2.1 4인의 개척자들이 각각 이룩한 미생물학에 대한 공헌에 대해 비교할 수 있다.
2.2 유기체의 학명을 정확하게 표기할 수 있다.
2.3 (a) 광학현미경과 전자현미경(EM) 그리고 (b) 투과 EM과 주사 EM의 차이를 설명할 수 있다.
2.4 미생물과 바이러스의 일반적인 특성을 파악할 수 있다.
2.5 생명체 계통수를 설명하고 미생물학과 생명체의 진화에 대한 그것의 중요성을 평가할 수 있다.

각 장의 특별 토픽 박스들(**"A Closer Look"**)은 공부의 고단함으로부터 구원의 순간을 조장하기 위해서, 역사적인 통찰과 흥미 있는 여담 또는 건강문제를 제시하고 있다. 대부분 그림들은 천연색으로 제공되며, 특별히 주목하여 교재 참고문헌에 가깝게 배치되어 있다. 각 장의 장 여백에 몇몇 과학용어들의 정의와 미생물 발음들(때로 발음하기 어려운 이름으로 보이는)이 표시되어 있다. 또한, 발음 가이드가 부록으로 첨가되어 있다. 장의 주제는 **A Final Thought**로 끝을 맺는다.

Chapter Discussion Questions는 각 장의 끝에 위치하고 있다. 이는 각 장에 제시된 가장 중요한 정보에 대해 학생들이 뭐라고 생각하는지에 관한 **What Was He Thinking**을 포함한다. **Key Terms**는 **Questions For Discussion**에 답을 주기 위해 다시 등장하여 어휘를 제공한다.

뿐만 아니라, 많은 단락이 거의 같은 길이이다(읽는 데 리듬이 있어야 한다).

© Rustic/Shutterstock

Chapter 15

미생물과 농업: 미생물 없이는 햄버거도 없다

▶ 델프트에서 온 남자

그는 농부들을 모아 놓고 터무니없는 제안을 했다: "작물을 작년과 같은 땅에 심지 마세요."라고 그는 말했다. "땅을 내버려 두고, 내년에는 클로버가 자라게 하세요."

그 해는 1887년이었고, 제안한 남자는 Martinus Willem Beijerinck였다. 네덜란드는 작은 나라여서 농경지가 부족했기 때문에, 그의 제안은 터무니 없이 들렸다.

Beijerinck: BY-yer-ink

"하지만 마르티누스, 우리는 재배할 시즌 내내 들판을 비워 둘 여유가 없어요. 그것은 우리를 파산시킬 거예요!"라고 몇몇 농부들이 소리쳤다.

Beijerinck는 네덜란드 델프트 출신의 지역 세균학자였다. 프랑스와 독일에서 그의 동료들이 질병의 세균 이론과 그 의미들을 조사하는 동안 Beijerinck는 농경지에 나와 있었다. ...

피지선 부위

세균 다양성은 이마와 등 같은 피지(지성) 부위에서 가장 낮게 나타난다. 프로피오니박테리움 아크네스(*Propionibacterium acnes*)는 이 부위의 모낭에 서식하며, **피지(sebum)**를 병원체를 비롯한 많은 다른 세균 종에 유독한 생성물로 대사할 수 있다. 더 많은 수에서 일부 *P. acnes* 균주는 여드름 같은 피부 상태와 관련이 있다.

Propionibacterium: OHN-ee-bak-tier-ee...

피지: 피지샘에서 ... 분비물로 피부와 ... 촉촉하게 한다.

촉촉한 피부 부위

배꼽, 사타구니, 발바닥, 무릎 뒤쪽, 팔꿈치 안쪽과 같은 피부의 습한 부위는 포도상구균(*Staphylococcus*)과 코리네박테리움(*Corynebacterium*) 종이 우점한다. ... 리네세균이 땀을 처리하면 땀과 관련된 특유의 체취가 발생...

A CLOSER LOOK 5.4

"악마의 장난"

Linda Caporeal은 학부생으로 졸업에 필요한 역사 강의를 아직 이수하지 않은 상태였다. 그녀는 이 강의를 통하여 미국 역사상 가장 미스테리한 사건인 "살렘 마녀사냥(Salem Witch trials)"의 이유를 밝혀 낼 것이라는 것을 아직 모르고 있었다. 1692년에 일어났던 이 마녀사냥은 매사추세츠주 살렘에서 20명의 사람이 마녀로 판명되어 처형당한 사건이다(**그림 A** 참고).

현재 New York Rensselaer Polytechnic Institute에서 행동심리학자로 일하고 있는 Linda Caporeal은 역사 강의 과제 준비 도중 한 책을 접하게 되었는데, 그 책에서 작가가 살렘 마녀사냥 도중 사람들이 환각증상을 일으켰으나 그 이유를 알 수 없다는 구절을 접하게 된다. 그녀는 이를 통해 살렘 마녀사냥과 1951년의 프랑스 맥각 중독 사건과의 유사점을 발견하였다. 프랑스 남부의 작은 마을인 Pont-Saint-Esprit에서 50명 이상의 주민들이 맥각균에 감염된 호밀 밀가루를 먹고 정신질환 증상을 나타냈다고 한다. 증상들은 불면증, 환각증, 발작적 웃음이나 오열 등 다양하였다. 결국에는 3명이 사망하는 결과도 나타났다.

Caporeal은 프랑스에서 나타났던 이러한 특이한 증상들과 살렘 마녀사냥에서 보인 ...

그림 A 매사추세츠에서의 마녀 재판, 1692.

직, 망상, 환각, 피부가 스물거리는 증상, 그 외에도 다른 다양한 증상들을 야기한다는 것을 안다. 이러한 증상들은 Linda Caporeal이 살렘 마녀사냥에서 발견했던 증상들과 일치하였다. 맥각균은 온난 다습한 봄이나 여름에 번식하는데, Caporeal은 1691년 살렘의 기후가 이러하였다고 주장한다. 추가로 살렘 마을 주변의 목초지 일부가 습지였기에 균류가 자라기에는 최적의 조건이었을 것이라고 말한다. 게다가 호밀이 살렘 지역의 주작물이었기 때문에 1691년에서 1692 ...

▶ A Final Thought

생명체의 다양성은 수세기 동안 과학자와 탐험가를 놀라게 했다. 이 방대한 생물체 집단에 대한 학명을 부여하고 분류하는 것에 대한 도전에서, 미생물 세계보다 더 복잡한 집단은 어디에도 없다. 매년 매우 많은 새로운 종이 발견되면서, 오늘날 과학자들은 유기체를 서로 구분하고 분류하기 위해 다양한 유형의 현미경 관찰과 다양한 생화학적, 유전적, 그리고 분자적 도구에 의존하고 있다. 이러한 시도의 결과에 의해서 다양한 형태의 현미경적 크기의 생명체들을 시각적으로 설명하는 세 영역 분류체계와 TOL이 도출되었다. Linnaeus에서부터 Woese에 이르기까지 분류학의 역사는 생명체의 진화에 대한 웅장한 연구이자, 생명체 자체의 기본적인 본질에 대한 사고 자체에 대한 도전이 계속되고 있다.

이 판의 새로운 점

미생물학은 역동적인 과학으로, 이 5판은 인류, 환경 그리고 사회와 관련된 많은 진보를 반영하고 있다. 또한 보다 정확하고 접근하기 쉽도록 필수적인 개념과 사고 패턴들을 나타내기 위하여 새롭고 개선된 도식을 제시하는 특색을 가지고 있다.

각 장들은 입수할 수 있는 가장 최신의 그리고 가장 중요한 지식에 기초하여 개정되어 있다. 이 판의 새로운 부분은 다음과 같다:

- 모든 장들은 광범위하게 편집되고 재작성되었다.
- 많은 장들이 짧아졌다.
- Flesch Reading Ease Test와 Flesch-Kincaid Grade Level Test에 기초하여 읽기 쉽게 개선되었다.
- 과학용어가 거의 10% 가량 줄어 들었다.
- 교재에 걸쳐서 새로운 생명체 발음 가이드가 제시되었다.

상세한 장 별 업데이트는 다음 내용을 포함한다:

장	새로운 특징과 내용
제1장	■ 미생물들과 사회의 관련성을 강조하기 위해 완전히 재작성된 장 ■ 16개의 새로운 그림들
제2장	■ 정보 흐름을 위해 재구성된 장 ■ 장 말미의 새로운 문제들 ■ 14개의 새로운 그림들
제3장	■ 장 말미의 새로운 문제들 ■ 1개의 변경된 그림 ■ 새로운 "A Closer Look"
제4장	■ 전판에서의 5장 내용 ■ 새로운 장 도입 내용 ■ 장 말미의 새로운 문제들 ■ 3개의 변경된 그림들 ■ 11개의 새로운 그림들
제5장	■ 5장은 7장과 8장을 결합(그리고 압축)하고 있다. ■ 장 말미의 새로운 문제들 ■ 4개의 변경된 그림들 ■ 16개의 새로운 그림들
제6장	■ 보다 나은 이해를 위해 원핵생물과 진핵생물에 대한 토의(4장과 5장) 후로 순서를 바꾸어 장을 배치함 ■ 새로운 장 도입 내용 ■ 장 말미의 새로운 문제들 ■ 5개의 변경된 그림들
제7장	■ 보다 나은 명확성과 이해를 위해 재작성된 장 ■ 장 말미의 새로운 문제들 ■ 6개의 새로운 그림들 ■ 6개의 변경된 그림들
제8장	■ 전판에서의 4장 내용 ■ 새로운 장 서론 ■ 장 말미의 새로운 문제들 ■ 새로운 A Closer Look ■ 7개의 새로운 그림들 ■ 3개의 변경된 그림들 ■ 1개의 새로운 표

제9장	■ 전판에서의 10장 내용 ■ 4개의 새로운 그림들 ■ 7개의 그림들의 광범위한 개정 ■ 장 말미의 새로운 문제들
제10장	■ 전판에서의 11장 내용 ■ 6개의 새로운 그림들 ■ 5개 그림의 개정 ■ 1개의 새로운 표 ■ 장 말미의 새로운 문제들
제11장	■ 생물막과 인간 마이크로바이옴을 통한 미생물의 사회적 행동에 대해 다루는 새로운 장 ■ 18개의 새로운 그림들 ■ 2개의 새로운 A Closer Look 박스 특징들 ■ 9개의 새로운 각 장 말미의 문제들
제12장	■ 전판에서의 13장 내용 ■ 11개의 새로운 그림들 ■ 1개의 새로운 표 ■ 장 말미의 새로운 8개의 문제들
제13장	■ 전판에서의 12장 내용 ■ 새로운 장 도입 내용 ■ 7개의 새로운 그림들 ■ 3개의 새로운 A Closer Look 박스 특징들 ■ 장 말미의 새로운 문제들과 변경
제14장	■ 새로운 장 도입 내용 ■ 6개의 새로운 그림들 ■ 7개의 그림들의 개정 ■ 1개의 새로운 A Closer Look 박스 특징들 ■ 장 말미의 새로운 문제들과 변경
제15장	■ 14개의 새로운 그림들 ■ 2개 그림의 개정 ■ 1개의 새로운 A Closer Look 박스 특징들 ■ 장 말미의 새로운 문제들과 변경
제16장	■ 14개의 새로운 그림들 ■ 새로운 장 도입 내용 ■ 장 말미의 새로운 문제들과 변경
제17장	장이 완전히 재작성되었고, 면역계 자료는 학생들이 훨씬 더 잘 이해하기 쉽게 논의되어 있다. 백신과 백신의 안전성이 이 장에 추가되어 있다. ■ 9개의 새로운 그림들 ■ 5개 그림의 개정 ■ 장 말미의 새로운 문제들과 변경
제18장	바이러스 질병에 대한 정보가 업데이트됨 ■ 8개의 새로운 그림들 ■ 지카바이러스 질병에 대한 정보가 추가됨
제19장	■ 12개의 새로운 그림들 ■ 4개 그림의 개정 ■ 2개의 새로운 A Closer Look 박스 특징들 ■ 장 말미의 새로운 문제들과 변경

교수 도구

다음 자원들이 교육과정을 준비하는 데 도움이 될 수 있도록 강사에게 제공된다.

- 샘플 수업계획서
- 교재 삽화를 특별히 포함하고 있는 파워포인트 형식의 심층적인 강의 프레젠테이션
- 문제은행
- 교재 그림들의 이미지 은행
- 교재 각 장 말미의 문제에 대한 정답들

이 자료는 자격이 강사가 Jones & Bartlett Learning Account Manager에 접촉하거나 www.jblearning.com에 접속하여 얻을 수 있다.

교수들에게로의 쪽지

미생물학은 생명의 아름답고 추한, 단순하고 복잡한 그리고 크고 작은 것을 포함하고 있으며, 이런 점에서 과학 비전공자들이 배워야 하는 매력적이며 유용한 그리고 가까이 하기 쉬운 주제이다. 질병을 유발하는 능력뿐만 아니라 인간의 삶, 환경 그리고 사회의 질에 미치는 미생물들의 진정한 가치 때문에 과학 비전공자를 위한 미생물학 과정에 대한 필요성을 깨닫았다. 미생물학 입문(*Microbes and Society*) 5판은 이러한 과정을 지원하기 위하여 고안되어 집필되었다; 이 책이 당신의 교육학적 임무에서 유용한 도구임을 알게 되기를 희망한다.

이 교재를 강화할 수 있고 학생들을 위하여 훨씬 더 흥미진진한 배움의 경험이 될 것이라고 생각하는 질문, 논평, 아이디어 그리고 또는 제안들은 언제든지 Jeffpommervillephd@gmail.com으로 거리낌 없이 보내주기 바란다.

감사의 글

교재의 새로운 판을 준비함에는 언제나 모든 팀의 투입이 요구되기에, 이 미생물학 입문(*Microbes and Society*) 5판을 만드는 데 도움을 준 Jones & Bartlett Learning의 모든 분들에게 감사를 드려야만 한다. 미생물학 입문(*Alcamo's Microbes and Society*) 4판을 개정하고 업데이트하는 기회를 주었을 뿐 아니라 전 과정을 통하여 지원과 격려하여 준 편집자 Matt Kane과 Laura Pagluica에게; 전문적으로 과정을 관리하고 개정을 인도하며 일정표를 지키도록 한 Audrey Schwinn(새로운 엄마가 된!)과 Loren-Marie Durr에게 감사를 드리고 싶다. 또한 사진 연구원 John Rusk와 출간 과정의 말기에서의 전문적인 작업을 해준 Dan Stone에게도 감사를 드리고 싶다. 원고를 교열하여 준 Elizabeth Hamblin 그리고 교재를 교정하여 준 Jill Perri에게 역시 감사한다. 교재를 출간하는 데에는 재능 있고 헌신적인 전문가들이 필요한데, 이러한 점에서 미생물학 입문(Microbes and Society) 팀은 뛰어났다. 나는 여러분 모두에게 경의를 표하며, 여러분과 일을 함께 한 것을 영광스럽게 생각한다.

저자와 출판사는 이 판의 검토자로서 그들의 봉사에 대하여 다음 개개인들에게 역시 감사를 드리고 싶다.

Jeremiah J. Davie, Ph.D.
Jennifer B. Ellington, Ph.D., Belmont Abbey College
Julia K. Laverty, M.S., MLS (ASCP)^{CM}, Cecil College
Joanna A. Miller, Ph.D., Drew University
Veronica L. Mittak, DHEd, MS, MPH, NY Chiropractic College and Cayuga Community College
Professor Natalie Osterhoudt, M.S. Zoology, Broward College
Christopher S. Registad. Ph.D., Concordia University Chicago

저자 소개

오늘날 나는 애리조나 Glendale에 소재하고 있는 Glendale Community College의 명예 생물학 교수, 명예 미생물학자, 연구자 그리고 과학교육자이다. 나의 계획들은 그런 의도로 시작되지는 않았다. 캘리포니아 Santa Barbara의 고등학교에 다닐 때, 전문적인 야구를 하고 별을 연구하며, 66년식 쉐보레 코르벳을 가지기를 원했다. 이들 바람은 어느 것도 현실이 되지 못했다—나의 타율은 비참했다(그러나 나는 좋은 수비력을 가진 3루수였다). 나는 이수한 천문학 통신 강좌를 싫어했으며, 아직 그 코르벳을 사지 않았다.

Santa Barbara City College에서 생물학에 흥미를 발견하였다. 대학 미적분학을 가까스로 마친 후, University of California at Santa Barbara(UCSB)로 전학을 했다, 이곳에서 생물학 학사를 수여 받았으며, Ian Ross 연구실에서 물곰팡이에서의 세포 소통과 성 페르몬을 연구하며 박사학위를 취득하기 위하여 노력하면서 계속 머물렀다. 세포 및 유기체 생물학에서 박사학위를 수여 받은 후, "균류 성 생물학자"인 원주민 아들로 지역신문에 내 졸업이 기사화되었다.—나의 3명의 형들에게 지워지지 않는 이미지로 남아 있다.

UCSB의 대학원 시절 독일종 셰퍼드에 의해 물려 죽을 뻔한 곤경에 처했던 비서를 구조하였다. 우리는 1년도 안 돼서 결혼하였다. 박사학위를 마치고, University of Georgia에서 포닥 펠로우로서 수년을 보냈다. 내가 너무 많은 연구 프로젝트에 관련되어 있어 걱정하고 있을 때, 한 교수가 결코 잊을 수 없는 말을 해 주었다. "제프, 프프로젝트가 생각나지 않을 때나 뭘 해야 할지 고민해야 할 때예요."라고 말했다. 걱정을 결코 하지 말아야 한다!

나는 가르치고 연구하며—그리고 농과대학식 농담들을 하면서 8년을 보냈던, Texas A&M 대학교로 옮겼다. 이 시기가 끝나갈 때, 국내와 국제 학술지에 30편 이상의 동료심사를 받은 논문들을 출간한 후, 가르치는 일과 교육에 진짜 흥미가 있다는 것을 깨달았다. 성생물학자의 경력을 놓아 둔 채 Glendale Community College의 생물학 교수진에 합류하기 위하여 멀리 서쪽 애리조나로 행하였다. 이곳에서 2018년 은퇴할 때까지 기초생물학과 미생물학을 계속 가르쳤다.

다수의 교육연구 프로젝트들의 일원인 것은 행운이었고 동료 2명과 함께 커뮤니티칼리지 혁신연맹으로부터 올해의 팀혁신상을 수여 받은 것을 영광스럽게 생각한다. 2000년에는 교육과정과 교육법에서 변화를 통하여 과학에서 학생들의 성과를 증진시키기 위한 과학재단 연구비의 과제 책임자가 되어 주요 연구자들을 이끌었다. 18개의 학제간 과학단위를 계획하고 현장 테스트하는 데 있어서 60명 이상의 과학 교수진들(때때로 관리하는 데 학생들보다 더 어려웠던)을 조직화하는 매혹적인 3년을 보냈다. 이는 미국과학교원협회로부터 과학교육에서의 혁신을 한 공로를 인정받아 Gustav Ohaus상(칼리지 부분)을 2003년 영광스럽게 수여받음으로써 절정에 이르렀다.

나는 미국미생물학회(American Society for Microbiology, ASM)의 과학교육 연구잡지인 *Journal of Microbiology and Biology Education*의 관점 편집자이며, 2004년 학부교육자들을 위한 ASM 컴프런스의 공동 의장이었다. 2006년에서 2007년에는 ASM 학부교육 분과위원회의 위원장이었다. 2006년 Glendale Community College의 우수교수상을 받는 4명 중의 1명으로 선정되었다. 학부생들에게 미생물학을 성공적으로 가르치고 연이어 성취를 할 수 있도록 격려한 공로로 Carski 재단 우수학부교육상을 받음으로써 전국적으로 인정을 받은 2008년에 나의 교수 경력은 정점에 도달하였다.

나는 깊은 인상을 주기 위해서가 아니라, 인생길이 어떻게 예상하지 못한 계획하지 않은 방식으로 때때로 기회를 주는지를 보여주기 위해서 이 모든 것을 언급하였다. 핵심 생각은 너의 "손은 운전대에 눈은 상(prize)에" 계속 두는 것이다—그러면 무제한의 기회들이 너에게 올 것이다. 그리고 66년식 코르벳이 내 차고에 벌써 있을 수 있다는 것을 누가 알고 있는지.

헌정

2018년 교육현장에서 은퇴함에 따라, 지난 수십 년간 이상 가르쳤던 모두 10,000명 이상의 모든 학생들에게 감사드리고 싶다. 여러분이 나를 담당교수로 선택하였음에 감사하며, 나를 바쁘게 움직이게 해서 젊음을 유지하게 해주었다. 여러분 모두에게 영광이 함께 하고 인생과 경력에서 최선을 다하기를 기원한다.

학생에게—깔끔하게 공부하고 읽어라

학부생이었을 때, 교재에 있는 "학생에게" 세션을 (실제로 존재하고 있었더라도) 한 번도 읽은 적이 없다. 왜냐하면, 세션이 중요한 어떤 정보를 포함하고 있었던 경우는 드물었기 때문이다.

이 교재는 포함하고 있기 때문에 읽어보기 바란다.

대학에서 나는 3학년까지는 보통 밖에 안 되는 학생이었다. 왜? 대부분은 제대로 공부하는 방법을 몰랐기 때문인데, 여기에서 중요한 것은 교재를 효율적으로 읽는 방법을 몰랐기 때문이다. 이 "강조된" 정보를 내가 어떻게 사용할 것인지에 대한 어떤 계획도 없이 밑줄 친 문장들(형광펜은 아직 고안되지 않았다)로 내 교재는 가득 차 있었다. 사실 대부분의 교재들은 당신이 적절하게 읽는 방법을 알고 있다고 추정하고 있다. 픽션 소설을 읽는 것과는 다르다.

여러분이 적절히 준비되어 있지 않으면 교재를 읽는 것은 어렵다. 학생으로서 내가 배운 것과 수천 명의 학생들을 가르치며 배운 것을 여러분이 이용할 수 있다. 나는 위협적이거나 복잡하지 않은 독서법과 이 교재 이용자들이 친숙해지게 하기 위해 열심히 노력하였다. 아직 배우고 이해해야 할 상당한 양의 정보가 있기 때문에, 적절히 읽고 이해하는 기술들을 가지는 것이 중요하다. 그러므로 여러분에게 이 기술들을 습득하도록 하는 여러가지 팁과 제안들을 제공하려 하므로, 이 세션을 읽는 데 20분을 내어 주기를 권장한다. 적극적인 독자가 되는 방법을 여러분에게 보여줄 수 있게 해 주기를 바란다.

준비된 독자가 되기

이 교재의 장 세션을 뛰어 들어 읽기 전에 공부하기 위한 장소와 시간을 찾고 도구들을 가질 수 있도록 스스로 준비하라.

장소. 이들 문단을 읽어야 할 때 여러분은 지금 어디에 있는가? 조용한 도서관에 있는지 또는 집에 있는지? 집에 있다면, 시끄러운 음악, 요란스럽게 울려대는 텔레비전, 또는 괴성을 지르는 아이들 같은 방해요소가 없는지? 독서에 적절한 조명은 있는지? 여러분은 책상에 앉아 있는지 아니면 거실 소파에 느긋하게 앉아 있는지? 내가 어디로 가는가를 이해하라. 교육적인 목적으로—즉, 어떤 것을 배우고 이해하기 위해서—읽을 때는 독서를 위한 환경을 극대화할 필요가 있다. 그렇지, 쾌적해야 하지만, 여러분이 깜빡 졸게 될 정도까지 되어서는 안 된다.

시간. 운동을 하거나 공부를 하거나, 우리 모두 기량을 가장 잘 발휘하는 때는 하루 동안에 각각 다르다. 지쳤을 때 또는 해야 할 필요가 있는 일을 위한 장소에 단순히 있지 않을 때 독서를 하는 것은 원하지 않는 일이다. 잠에 빠져 있거나 또는 긍정적인 태도가 결여되어 있다면 정보를 습득할 수 없고 이해할 수가 없다. 내가 이 교재의 각 장들을 거의 같은 길이로 유지되도록 함으로써 여러분이 각 장에 필요한 시간을 추정할 수 있게 하였으며, 이에 맞춰 여러분의 독서를 계획할 수 있다. 여러분이 각 장 또는 각 장의 세션을 예비 점검하면, 시간이 얼마나 필요한지를 확정할 수 있다. 장의 세션을 읽고 이해하는 데 40분이 필요하면(아래를 참고하라), 중단되지 않고 공부를 할 수 있게 40분을 제공해 줄 수 있는 장소와 시간을 찾아라.

대부분 사람의 뇌는 집중적이고 기술적인 독서에 45분 이상을 쓸 수 없다고 뇌연구는 제시하고 있다. 그러므로 긴 설명은 피하고 대신 보다 더 작은 세션들—각각 자체 제목을 가진—에 초점을 맞추었다. 이들은 보다 더 짧은 독서 시간에 부응해야 한다.

독서 도구. 마지막으로, 이 책을 읽을 때, 곁에 어떤 공부도구를 가지고 있는가? 중요한 단어 또는 구절들을 강조하거나 또는 밑줄을 치기 위한 하이라이터 (형광펜 등) 또는 펜을 가지고 있는가? 교재가 넓은 여백들을 가지고 있음으로써 메모를 하거나 또는 보다 더 명확히 할 필요가 있는 것을 표시할 수 있는 공간을 제공함에 주목하라. 이들 메모를 하기 위하여 손에 닿는 곳에 연필 또는 펜을 가지고 있는가? 최종적으로, 눈이 페이지 위에서 헤매는 것을 방지하고 방해 없이 각 행간을 읽는 데 자가 유용하다는 것을 학생들은 발견할 것이다.

읽기 전에 탐구자가 되기

장의 세션을 읽기 위해 앉을 때, 약간의 예비적인 탐구를 하라. 무엇이 토의되는지를 알아보기 위하여 세션 제목과 소제목을 살펴보라. 사용된 도표, 그림, 표, 그래프 또는 다른 시각 자료들을 미리 살펴보라. 그것들은 여러분에게 일어나려고 하는 것이 무엇인지에 대하여 보다 나은 아이디어를 제공한다. 이들 특징들을 위하여 교재에서는 다량의 공간을 이용하고 있다. 그러므로 그것들은 이용하면 당신에게 이로울 것이다. 그들은 여러분이 서술된 정보를 배우고 그 의미를 이해하는데 도움이 될 것이다. 모든 시각자료들을 이해하려고 시도하지 말고 다가올 무언가에 대한 마음 속의 큰 그림을 만들려고 노력하라. 시각자료들에서 사용될 수 있는 어떤 상징들 또는 기술적인 용어들과 여러분 스스로 익숙해져야 한다.

읽을 때 수사관이 되기

교재의 세션을 읽는 데에는 여러분이 페이지의 단어들의 숲으로부터 중요한 정보(용어들과 개념들)를 발견함이 요구된다. 그러므로 해야 할 첫 번째 일은 완전한 단락을 읽는 일이다. 주된 아이디어들을 결정할 때, 그들을 강조하거나 밑줄을 쳐라. 그러나 모든 와 그리고 등을 포함하여 모든 단락을 노란색으로 칠하는 학생들을 본 적이 있다. 이는 중요한 것이 무엇인지를 알기 전에 강조하는 실례이다. 그러므로 얼마간 여러분을 도우려 한다. 교재의 중요 용어들과 개념들은 **볼드체**로 되어 있으며, 정의가 이어서 기술되어 있다(또는 정의는 페이지 여백에 있을 수 있다). 그러므로 많은 경우에서 완전한 문장이 아니라 필수적인 아이디어들과 핵심 구절들만을 강조하거나 밑줄로 표시를 해야만 한다. 그나저나 중요 미생물학적인 **용어**들과 주요한 개념들은 교재 뒤쪽의 용어풀이에 정리되어 있다.

구절 또는 세션에 볼드체로 표시된 단어들이 없으면 어떻게 하나? 여기에서 무엇이 중요한지를 어떻게 알 수 있는지? 영어 강좌에서 종종 가장 중요한 정보가 구절에서 처음 언급되는 것을 알 수 있다. 그를 뒤이어 하나 이상의 실례가 이어진다면 뒤짚어 보아서 구절에서 무엇이 중요한지를 알 수 있다.

여러분만의 언어로 말하기

뇌연구를 통해서, 각 개인은 아주 많은 정보를 단기 기억으로만 가질 수 있음이 입증되었다. 그 이상 가지고 있으려고 노력한다면, 다른 어떤 것이 제거되어야 한다—일종의 가득 찬 컴퓨터 디스크를 가지고 있는 것과 같다. 그래서 이 중요한 정보의 어떤 것도 잃지 않으려면 여러분은 이를 장기 기억인 하드 드라이브 전환시켜야 한다. 읽고 공부함에 있어서 이는 용어 또는 개념을 보유하는 것을 의미한다; 그러므로 여러분 자신의 언어를 사용하여 노트 공책에 작성하라. 용어를 암기한다는 것은 용어를 배우거나 또는 개념을 이해하는 것을 의미하는 것은 아니다. 여러분 자신의 언어로 적극적으로 작성함으로써 정보를 생각하고 정보와 활발히 상호작용을 할 수 밖에 없다. 이러한 반복이 여러분의 학습을 강화한다.

인내심 있는 학생이 되기

교재들에서는 문서 메시지들, 이메일 또는 잡지 스토리를 읽는 속도로 읽을 수 없다. 교재는 배우고 이해되어야 하는 익숙하지 않은 세부 사항들이 있다—그리고 참을성이 많은 보다 천천히 읽는 독자를 요구한다. 실제로 처음에는 빠르게 읽는 독자가 아니고 나와 같으면, 배우는 과정에서 이점이 될 것이다. 교재 장으로부터 중요한 정보를 찾기 위해서는 읽는 속도를 늦추는 것이 요구된다. 속독은 여기에서 가치가 없다.

무엇인지, 무슨 이유로 그런지, 그리고 어떤 방법으로 할 것 인지를 알기

어떤 걸 읽었는데, 그 결과 "읽은 것을 전혀 모르겠다"라고 말할 수 밖에 없었던 적은 없는가. 이미 언급한 대로 미생물학 교재를 읽는 것은 *Sports Illustrated* 또는 *People* 잡지를 읽는 것과는 같지 않다. 이들 예능 잡지들에서, 여러분은 여가 또는 아마 오락을 위해 수동적으로 읽는다. 미생물학 입문(*Alcamo's Microbes and Society*) 5판 또는 어떤 다른 교재에서는 배우고 이해하기 위해—즉 이해하는 능력을 위해—능동적으로 읽어야 한다. 여러분이 읽을 때 여러분의 뇌를 사로잡지 못하면—즉 능동적인 독자가 되지 않으면—빨리 지루해지게 된다. 여러분이 읽을 때 무엇인지, 무슨 이유로 그런지, 그리고 어떤 방법으로 할 것인지를 앎으로써 능동적으로 임하라.

- 토의되어야 하는 일반 주제 또는 아이디어는 무엇인가? 절제목이 여러분에게 알려줄 것이기 때문에 이를 알아내는 것은 매우 쉽다. 그렇지 않다면, 이는 구절의 첫 문장 또는 서두 부분에 나타날 것이다.
- 이 정보가 왜 중요한가? 내가 책무를 다했다면, 본문 세션이 왜 이것이 중요한지를 여러분에게 알려 주거나 또

는 제공된 실례들이 중요성을 납득시킬 것이다. 이들 둘러싸고 있는 단서들이 주된 아이디어가 왜 중요한가를 자세히 설명할 것이다.

- 제시된 정보를 어떻게 "조사할" 것인지? 이는 수사관이 되기 부분에서 토의하였다.

표시된 읽기 실례

그러면 말을 행동으로 옮겨보자. 미생물학 입문(*Microbes and Society*) 5판의 구절이 다음에 제시되어 있다. 마치 내가 처음으로 이를 읽는 학생이었던 것처럼 구절에 표시(형광 표시)를 하였다.

내가 제공한 많은 힌트와 제안들을 사용하였다. 구절을 천천히 읽으면서, 적용되는 주요 아이디어(개념)와 특수 용어들에 집중하는 것이 중요하다는 것을 기억하라.

보고듣기 전략을 갖기

자료를 읽고 난 후 보고를 들을 준비를 갖추라. 배운 것을 구두로 요약하라. 이렇게 함으로써 단기 정보를 장기 기억 저장—즉 **보유**—로 옮기기 시작할 것이다. 혼란스러운 자료에 관하여 작성된 어떤 메모라도 여러분의 교수와 가급적 빠르게 토의되어야 한다. 미생물학에서는 도표를 작성하는 데 시간을 허용하여야 한다. 한 번 더 반복을 하면 학습이 보다 더 쉬워지며 보유가 보다 더 나아지는 데 도움이 된다.

스포츠 또는 연극 같은 많은 전문직에서는 가장 중요한 점이 연습, 연습, 연습이다. 여러분에게 제공하는 힌트와 제안을 효율적으로 사용하기 위해 연습을 요구하는 기량을 형성시킨다. 변화는 밤새 일어나지는 않을 것이다; 그렇지만 인내하고 자진하여 함은 연습으로 결실을 얻게 될 것이다. 여러분은 체크를 여러분 대학 또는 대학교 학술자료실 또는 학습센터와 할 수 있을 것이다. 이들 관계자들은 교재를 더 잘 읽고 공부를 잘 할 수 있도록 도움을 주는 보다 많은 방법들을 가지고 있을 것이다.

메모를 나에게 보내기

마지막으로, 나에게 이메일을 보내도록 요청하고 싶다. 이 교재의 좋은 점을 알게 해 달라. 그러면 이를 기반으로 확장할 수 있으며, 개선이 필요한 부분을 알려주면 이를 개정할 수 있다. 부끄러워하지 말라; 여러분의 생각들을 알게 해 달라. 또한 여러분의 지역사회에서의 어떤 미생물학 소식이라도 기꺼이 듣고 싶고, 교재에서 다루고 있지 않은 어떤 정보라도 찾는 것에 도움이 될 수 있으면 기쁠 것이다.

미생물학 과정에서 여러분이 크게 성공하기를 기원한다. 환영한다! 놀랄만하며 때때로 경탄스러운 미생물들의 세계로 지금 뛰어 들자.

—Dr. P

Email: jeffpommervillephd@gmail.com

편모

많은 세균 세포에는 세포벽과 세포막에 닻을 내리고 박혀 있는 **편모**(**flagella**, 단수 **flagellum**)라고 하는 하나 이상의 머리카락 형태의 돌출물이 있다. 세균은 종에 따라 편모를 하나만 갖고 있거나, 한쪽 끝에 여러 개의 편모가 모인 다발을 갖고 있거나, 세포 표면 전체를 편모로 덮고 있다(**그림 4.8**).

세균의 편모는 길고 단단한 단백질 필라멘트이다. 이 필라멘트는 함께 묶여서 프로펠러처럼 회전하여 세균 세포를 앞으로 밀어낸다. 수중에서 세균 편모는 세포가 영양분을 향해 수영하거나 독성 화학 물질로부터 멀어지는 것을 돕는다. 편모를 사용하면 대장균(*Escherichia coli*)과 같은 세균은 한 시간에 신체 길이의 약 2,000배를 이동할 수 있다. 이것은 키가 1.75 m인 사람이 시간당 3.5 km를 움직이는 것과 같다.

Escherichia coli: esh-er-EEkey-ah KOH-lee

선모

세포 표면에서 돌출된 다른 부속기는 **선모**(**pili**, 단수 **pilus**)이다. 선모는 길이가 약 1 μm이고, 두께는 약 7 nm 정도인 짧고 단단한 단백질 막대이다(**그림 4.9**). 그들은 세균 세포가 조직이나 다른 표면에 부착되도록 돕는다. 감염을 일으킬 때, 선모가 있는 병원체는 조직에 부착되어 감염 과정을 시작하는 데 도움이 될 수 있다. **A CLOSER LOOK 4.2**는 그 "소란스러운" 예를 제시한다.

역자 서문

주기적으로 판을 거듭하고 있는 교재인 미생물학 입문(*Microbes and Society*) 5판의 원서가 2021년 출간되었기에 이에 대한 번역서를 준비하게 되었다. 미생물학 입문(*Microbes and Society*)은 국내외에서 독자적인 자리를 잡아가고 있는 미생물학 교재로서 나름대로의 특징과 장점으로 넓은 독자층을 확보하고 있다. 이에, 역자들은 우리나라의 생명과학 전반의 발전에 미생물학 입문 5판이 큰 기여를 하기를 기대하며 본 번역서를 출간하는 바이다. 미생물학 입문 5판을 출간함에 있어서 무엇보다 먼저 그동안 상당한 번역의 오류가 있었음에도 성원과 격려를 보내 주신 독자들의 너그러움과 배려, 나아가 독자들의 성원과 격려에 대하여 진심으로 감사의 인사를 드리고자 한다.

21세기는 생물과학의 세기라고 해도 과언이 아니다. 2019년 Covid-19(질병명, 원인 바이러스 Sars-CoV-2)의 갑작스러운 출현에 대응하기 위한 인류의 역사적인 빠른 대응에는 생명과학의 발전이 큰 도움이 되었다. Covid-19의 분자 진단 키트와 백신의 개발은 그동안의 생명과학 분야에서의 눈부신 발전에 기초함으로써 가능하였다. 지금까지의 괄목할 만한 생명과학의 발전에 기초하여, 의학 분야뿐만 아니라 약학, 농학, 식품공학 및 화학공학 분야의 발전에도 생명과학은 크게 기여할 것으로 기대되고 있다. 그러므로 생명과학에 대한 지식은 의학, 약학, 농학, 식품공학 및 화학공학을 전공하는 학생들과 이에 관심을 가지고 있는 일반인에게 필수적인 기초지식으로, 전공으로 들어가기 전에 또는 생명과학에 대한 기초 상식으로 필요시 한 번은 접하고 습득하여야 한다. 주지하는 대로, 현대 생명과학의 기반은 미생물학으로서 현대 생명공학의 주류도 일반 미생물학에 기초한 응용과학이 점하고 있으며, 다양한 분야에서 필수 불가결한 요소로서 인류의 복지와 사회의 발전에 크게 이바지하고 있다. 특히 대장균을 대상으로 한 다양한 생명현상의 해명과 무수한 분자생물학적 발견에 이어서 유전공학적인 기법의 개발과 습득으로 현대 생명공학과 생물산업이 현재의 눈부신 발전적인 모습을 갖추게 되었다. 우리나라에서도 최근 신기술 신산업으로서의 생물산업이 명실상부한 미래 성장동력의 하나로서 자리를 잡아가고 있고 코로나 사태로 그 역할이 보다 큰 주목을 받고 있다. 우리나라의 생물산업 관련 회사들도 현재 세계적인 기술과 시장을 확보하고 있어 미래가 밝으며, 우리나라 산업을 주도할 것으로 확신한다.

역자는 항상 미생물은 우리나라와 같은 존재라고 생각하고 있다. 미생물은 작지만 다양한 기능을 가지고 있고, 생태학적으로도 동·식물이 생존할 수 없는 곳에도 생존할 수 있는 특성을 가지고 있다. 또한 미생물 특이적인 유전 및 대사 기능을 무수히 많이 가지고 있다. 결국 우리나라도 국토는 좁지만 기능적으로 또는 기술적으로 다양성과 특이성을 가질 때 세계에서 우리나라의 독특한 위치와 역할을 할 수 있을 것으로 생각된다. 과거부터 입에 회자했던 기술입국이란 말이 현재 시점에도 새롭고 가슴에 와 닿는 상황에서 미생물 기능의 이용과 이들을 기반으로 하는 과학의 발전에 기대를 가져보며, 젊고 역동적인 미생물학도를 비롯한 과학도에게서 미래지향적인 희망과 꿈이 활발히 성장하기를 기원한다. 이 번역서를 기초로 하여 미생물학의 일반 지식을 확실히 해 나가면 다양한 전공 심화 교육 및 학습에도 크게 도움이 되고, 나아가 젊은 과학도 등의 희망과 꿈의 실현에 기여하며, 새로운 기술 확립에도 이바지할 것으로 기대된다.

이 교재의 저자 서문에도 언급된 대로 미생물학 입문(*Microbes and Society*) 5판은 과학이 전공이 아닌 학부생과 21세기의 탐구적인 일반인을 대상으로 저술된 교재이고, (1년 4학기제의) 1학기 또는 (1년 2학기제의) 1학기용 교과과정을 제공하고 있으나, 이 교재를 토대로 자료를 보충하고 좀 더 자세히 다루면 과학 전공 학부생용으로도 사용할 수 있고, 나아가 2학기용으로도 사용할 수 있으리라 생각된다. 자료 보충에는 본 교재의 자매 교재인 Fundamentals of Microbiology, 11판(저자 Jeffrey C. Pommerville)를 참고하여도 될 것 같다.

이 교재는 다양한 미생물학의 영역을 전반적으로 잘 포괄하여 다루고 있으면서도 중요한 사항은 자세히 서술하고 있다. 이러한 저자의 노력을 역자들이 훼손함이 없이 정확히 그리고 이해하기 쉽게 전달되도록 번역하고자 하였다. 역자들의 노력이 우리나라 생명과학과 생물산업의 발전에 조그마한 초석이 될 수 있으면 역자들에게는 큰 영광이 될 것이다. 끝으로 번역 출간을 허락하여 준 Jeffrey C. Pommerviille 교수 및 Jones & Bartlett Learning 사에 감사드린다. 나아가 출판에 있어서 모든 편의를 제공하였으며 마무리 작업도 잘 챙겨주신 월드사이언스 신정숙 사장님 및 관계자에게도 깊은 감사의 말씀을 드린다. 그리고 교정 업무를 충실히 수행하여 주신 정창기 실장님에게도 감사드립니다.

역자 일동

역자 소개

주우홍(대표역자) 창원대학교 생물학화학융합학부

김영목 부경대학교 식품공학과

조윤래 영남대학교 생명공학과

김동욱 상지대학교 생명과학과

김수기 건국대학교 동물자원과학과

김종국 경북대학교 생명과학부 생명공학전공

김철호 경상국립대학교 제약공학과

김현수 계명대학교 자연과학대학 생명과학전공

박윤신 충북대학교 미생물학과

박창진 세종대학교 생명시스템학부 바이오산업자원공학

박희수 경북대학교 식품공학부

변종회 단국대학교 분자생물학과

손홍주 부산대학교 생명환경화학과

신재호 경북대학교 응용생명과학부

안영희 동아대학교 환경공학과

이상현 신라대학교 제약공학과

이은우 동의대학교 바이오응용공학부 바이오의약공학전공

이향범 전남대학교 농생명화학과

정경태 동의대학교 임상병리학과

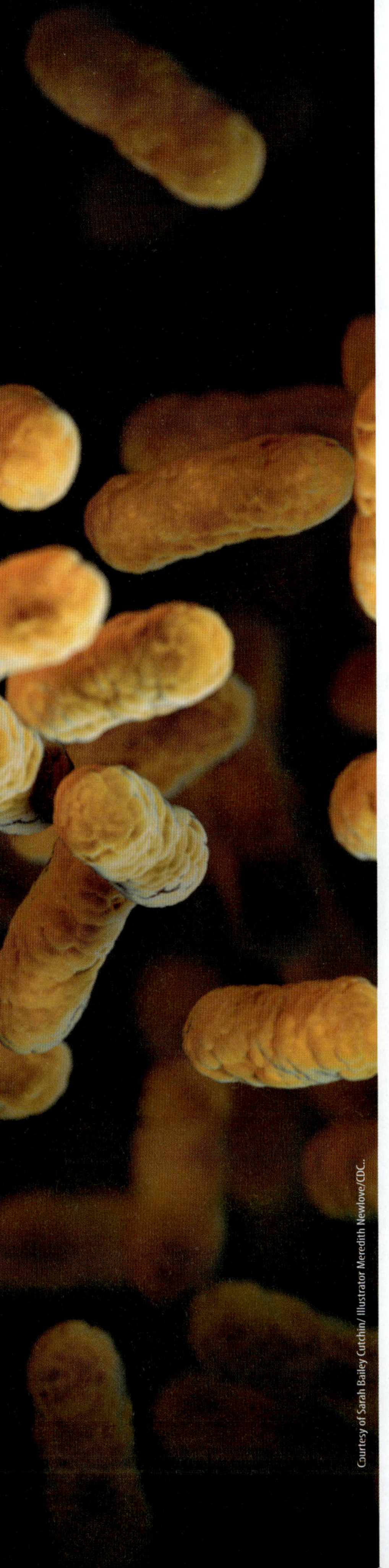
Courtesy of Sarah Bailey Cutchin/ Illustrator Meredith Newlove/CDC..

PART I

미생물의 세계

1980년대까지도 영국의 일부 가정에서는 신선한 저온살균 우유가 담긴 유리병들을 배달하는 우유배달원이 정기적으로 가정을 방문하였다. 안타깝게도 까치나 까마귀, 그 외의 다른 새들이 배달 직후에 날아와, 강력한 부리로 유리병을 둘러싸고 있는 호일 뚜껑에 구멍을 내고서는 우유를 마음껏 먹곤 하였다. 이로 인해, 새들이 소화관 질병을 유발하는 박테리아를 우유 속에 종종 옮기게 되었고, 이를 의심하지 않은 채 우유를 마신 가족들은 설사와 경련, 구토 등의 불편한 증세를 겪었다. 하지만, 이러한 질병을 일으키는 적은 수의 미생물 때문에 모든 미생물을 매도해서는 안 된다. 사실, 대부분의 미생물은 지구에서 생명체의 생존에 필수적인 수많은 활동과 많이 연관되어 있다.

미생물학 입문의 제I부에서, 우리는 미생물의 일반적인 특성에 대해 알게 될 것이다. 제1장에서 우리는 미생물이 세계와 사회에 영향을 미치는 몇 가지 방식에 대해 이해하게 될 것이다. 제2장에서는 미생물이 어떻게 발견되었는지와 생물계에서의 미생물 분류 체계에 대해서 알게 될 것이다. 제3장에서는 살아있는 세포를 구성하는 생명체의 구성 요소를 알게 될 것이다. 제4장부터 제6장까지는 미생물과 바이러스의 구조에 초점을 둬서 이들의 다양성을 살펴볼 것이다. 다음 4개의 장에서는 미생물이 어떻게 증식하는지에 대해 알아보고(제7장), 그들의 독특한 유전적 특성에 대해 알아볼 것이며(제8~9장), 미생물을 제어할 수 있는 몇 가지 방법에 대해 학습할 것이다(제10장). 제11장에서는 미생물이 나타내는 주목할 만한 사회적 영향 등의 미생물 세계에 대하여 전반적으로 살펴볼 것이다. 제I부에는 일반인들에게 잘 알려져 있지 않고, 또한 인정도 받지 못하는 미생물의 세계로 여러분을 초대하는 경이로운 개념들이 포함되어 있다.

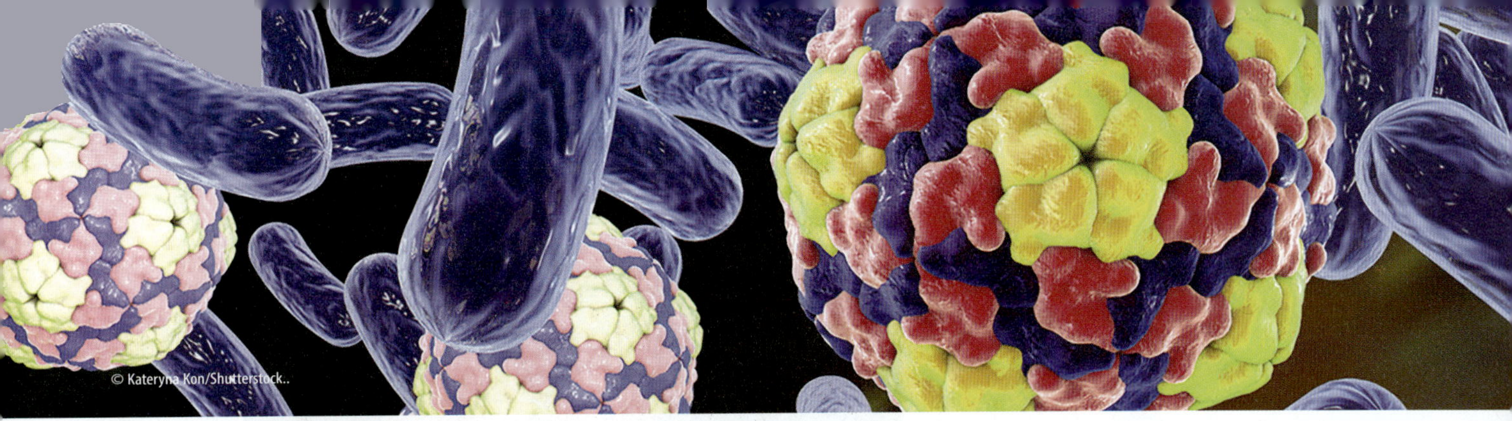
© Kateryna Kon/Shutterstock..

Chapter 1

미생물의 세계: 서론

▶ 미생물의 세계로 초대!

우리는 매일 수많은 미생물과 접촉하고 있으며, 미생물과 관련된 상호작용은 아침부터 시작된다.

오전 6시, 휴대폰에서 모닝콜이 울린다. 월요일 아침이라 안타깝게도 일어나서 수업 준비를 해야 할 시간이다. 휴대전화 알람을 끄고 밤새 온 문자 메시지를 확인한다.

- **미생물 접촉:** 애리조나 대학교 과학자들은 휴대전화에서 대부분의 변기 시트보다 10배 많은 박테리아가 검출되고 있다고 보고했다. 따라서, 17% 정도의 사람들은 정기적으로 폰을 깨끗이 닦는다. 하지만, 주기적으로 휴대전화를 깨끗하게 하지 않는다면 cm^2당 무려 4,000마리의 박테리아가 득실거리게 된다. 다행인 것은 이러한 박테리아 중에서 **병원성균(pathogens)**이 검출되는 경우가 거의 없다는 것이다. 이들 중 대부분은 피부 표면이나 입에서 유래되는데, 사람에게 질환을 유발하지 않는다.

병원성균(Pathogens): 질병을 일으키는 미생물.

침대에서 일어나 아침 식사 전에 샤워를 하기로 결정했다면, 수도꼭지를 틀고 따뜻한 물로 샤워를 한다.

- **미생물 접촉:** 인간의 피부는 미생물로 덮여 있다. 이들은 주로 박테리아와 균류이며, 그중 다수는 겨드랑이, 발 등의 체취 원인이 되는 휘발성 화합물질을 배출한다(**그림 1.1**). 샤워는 많은 양의 미생물을 제거할 수 있기 때문에 올바르게 해야 한다. 하지만, 피부 미생물 중 많은 수가 일상생활 동안 잠재적인 병원균들을 막는 데에 도움을 주므로, 샤워 시 피부를 지나치게 문지르면 안 된다.

샤워를 마치고서 몸을 말린 후, 겨드랑이 탈취제나 발한 억제제를 바르면 일상생활 동안 피부 미생물이 증식하여 나는 체취를 감출 수 있다.

CHAPTER 1 OPENER 박테리아(보리색 막대)와 바이러스(여러 가지 빛깔의 구체)에 대한 위색 일러스트.

그림 1.1 발냄새. 발냄새는 악취를 발생시키는 산성 물질(회색 및 주황색 구조)을 생성하는 박테리아(파란색 및 빨간색 구형) 때문이다.

발효(Fermentation): 식품 가공에서 미생물을 이용하여 탄수화물을 알코올이나 유기산으로 전환시키는 과정.

구강(oral cavity): 입.

옷을 입고 개를 데리고 산책을 다녀온 후에 아침을 먹는다. 늦을 거 같아 간단하게 시리얼, 토스트 그리고 커피를 먹기로 한다.

- **미생물 접촉:** 갓 내린 커피의 황홀한 향! 커피 원두를 가공하는 과정에서 원두의 외부층을 분해하기 위하여 원두를 곰팡이, 효모 그리고 박테리아에 의한 작용이 일어나도록 **발효(fermentation)** 탱크에 보관한다는 사실을 알고 있나요? 이 발효 과정에서 풍미를 더하고 곰팡이의 증식과 원두 발아를 억제하는 산이 생성된다.

냉장고에서 시리얼을 먹기 위해 우유팩을 집었지만, 우유가 상해서 악취가 나는 것을 알아차렸다!

- **미생물 접촉:** 우유는 제품 생산 공정에서 우유 안의 모든 박테리아가 제거되지 않으므로 불가피하게 상한다. 이렇게 살아남은 박테리아들은 우유에 강한 냄새와 신맛을 내는 산을 생성한다.

오전 9시 수업 시간이 촉박하여 요구르트와 함께 먹을 빵 한 조각을 토스트기에 넣는다.

- **미생물 접촉:** 요구르트에는 "활성 요구르트 배양균"이 포함되어 있다. 이 배양균은 우유의 발효 과정 중에 증식한 살아있는 수많은 미생물군으로서, 요구르트에서 텍스처와 신맛을 나게 한다(**그림 1.2**). 제빵 시 반죽에 들어간 효모는 이산화탄소를 생성하는 발효 과정을 거치고 나서 빵 반죽을 부풀게 한다.

간단한 아침 식사를 마치고 치실과 양치질을 하기 위해 화장실로 간다.

- **미생물 접촉: 구강(oral cavity)** 위생 용품은 깨끗한 구강을 유지하는 데 도움을 준다(**그림 1.3A**). 치실은 치아 사이의 음식물, 박테리아 및 플라그를 제거하는 데 도움이 된다. 많은 치약에는 규조류라는 미생물에서 추출한 연마제(silica skeletons)가 포함되어 있다(**그림 1.3B**). 이러한 연마제로 양치를 하면 치아 표면의 많은 플라그가 부드럽게 제거된다.

또한, 플라그 자체는 박테리아 유형의 막으로서, 일부는 산을 생성하기 때문에 매일 구강 위생을 잘 유지하지 않거나 정기적인 치과 검진을 받지 않으면 치아의 에나멜을 수개월에 걸쳐 천천히 용해시킨다. 그렇기 때문에, 우리는 6개월에 한 번씩 치과

그림 1.2 아침식사.
(A) 요구르트와 일부 유제품은 미생물 대사산물이다.

© Stock-Asso/Shutterstock

(B) 활성 요구르트 배양균이 포함된 요구르트에는 수백만 개의 막대 모양의 박테리아가 포함되어 있다. (길이 = 1 μm)

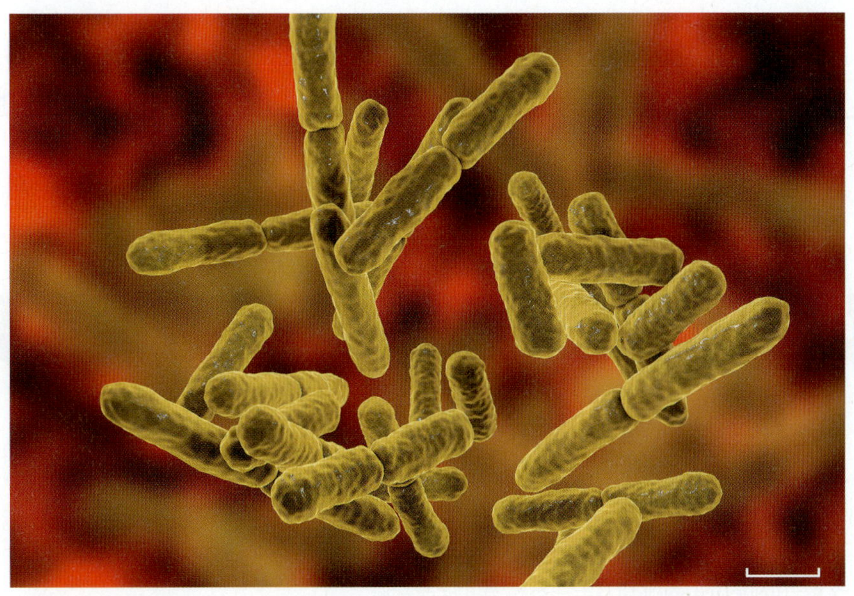

© Kateryna Kon/Shutterstock.

에 가야 한다. 장기간에 걸쳐 구강 위생이 좋지 않으면 충치 또는 심각한 잇몸 질환이 발생할 수 있다.

구강청결제로 빠르게 입을 헹군 후 수업에 들어가기로 한다. 구강청결제는 치아의 플라그와 구취를 유발할 수 있는 구강 내 박테리아를 감소시키므로 호흡이 상쾌해진다.

나가기 전에 강아지를 안아 주는데, 강아지가 입을 핥는다!

그림 1.3 구강 위생 용품.

(A) 구강청결제, 치실, 치약과 같은 구강 위생 용품은 치아 내의 많은 미생물을 제거하도록 설계되었다.

(B) 규조류는 치아 표면에서 치태를 제거하는 부드러운 연마제 역할을 하는 골격을 가지고 있다. (길이 = 20 μm)

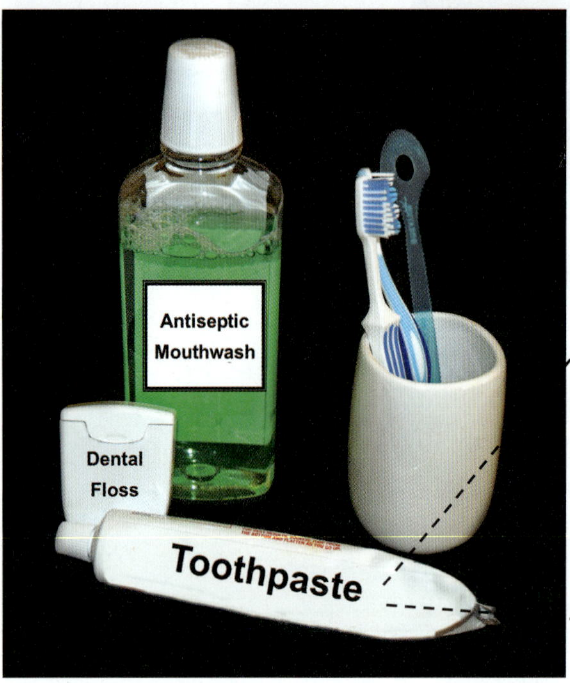

Courtesy of Dr. Jeffrey Pommerville. © Dr

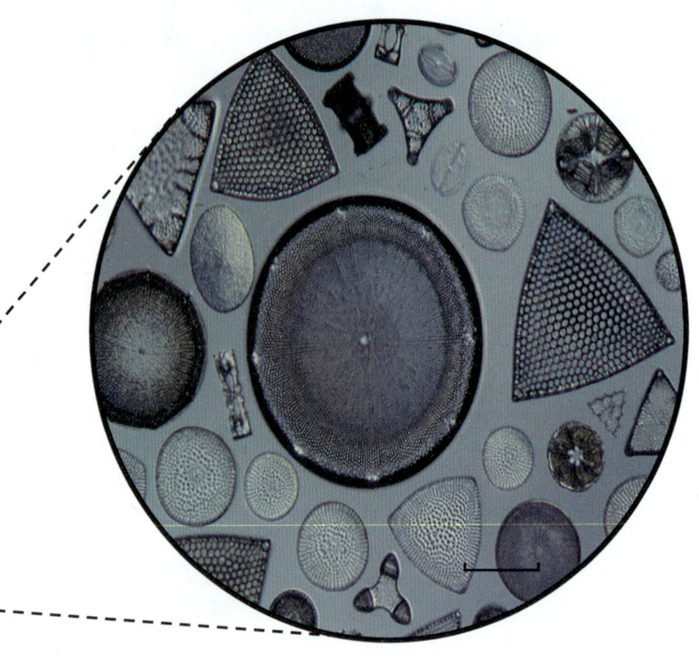

© Dr. Norbert Lange/Shutterstock.

- **미생물 접촉:** 사람과 마찬가지로 개의 체내에도 다양한 미생물이 있다. 그러나 개 체내의 15%만이 인간과 공통적이다. 결과적으로, 핥는 행위는 피부 표면에 수백만 개의 박테리아를 남길 수 있고, 씻어내지 않으면 장시간 동안 남아있을 수 있다.

이러한 일상적인 아침은 여러분이 하루 중 겪게 되는 미생물과의 상호작용의 시작에 불과하다. 놀랍게도, 이것은 태어나서 죽을 때까지 매일 일어나는 일이다.

LOOKING AHEAD

이 장을 마치면, 여러분은 다음의 내용들을 할 수 있게 될 것이다.

1.1 미생물학과 사회 간의 상호작용을 파악할 수 있다.
1.2 수많은 미생물이 지구를 보호하는 이유를 설명할 수 있다.
1.3 인체 내의 미생물의 중요성을 요약할 수 있다.
1.4 감염과 질병에서 미생물의 역할을 설명할 수 있다.
1.5 미생물이 사회에 미치는 영향을 설명할 수 있다.
1.6 오늘날 미생물학이 직면한 몇 가지 숙제에 대해 토론할 수 있다.

▶ 1.1 미생물학과 사회: 연결된 세상

우리는 육안으로 볼 수 있는 수많은 동식물과 함께 살아가고 있다. 또한, 우리가 볼 수 없는 수많은 유기체와 함께 하고 있다. **미생물학(microbiology)**은 **미생물(microorganisms)**

그림 1.4 미생물 세계. 비옥한 토양이나 바닷물에 존재하는 미생물의 유형은 다음과 같다.

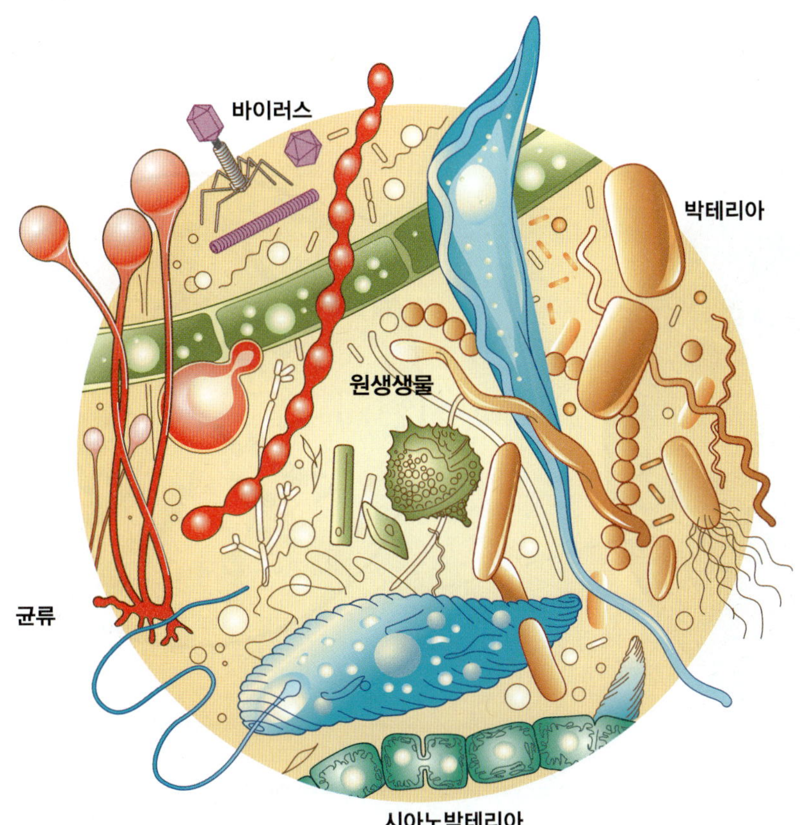

이라고 불리는 보이지 않는 것을 연구하는 분야이다. 현재, 미생물은 박테리아, 원생생물, 조류, 균류 그리고 바이러스로 구성되어 있다(**그림 1.4**). 이러한 미생물을 시각적으로 더 쉽게 이해하려면, 미생물 그림을 보거나 현미경으로 찍은 사진을 보면 된다.

미생물은 40억 년 동안 지구에서 가장 오랫동안 생존해 왔다. 최근, 미생물학자들은 1조 이상의 서로 다른 유형의 미생물이 존재한다고 추정하는데, 이는 별보다 많은 수로, 체내의 세포 수인 5 $\times 10^{30}$개보다 많은 수준이다. 미생물은 긴 진화 기간 동안 지구 환경에 적응하며 증식할 시간을 가졌다. 결과적으로, 미생물은 지구 표면을 현재 우리가 보는 형태로 만들었고, 또한 모든 생명체의 생존에도 중요한 역할을 하였다.

미생물은 생물과 무생물을 연결한다. 이러한 사실을 더 잘 이해하기 위하여 미생물이 중요한 이유를 알아볼 것이다.

1.2 미생물이 중요한 이유: 지구 보호

수많은 미생물은 바다, 토양 그리고 대기 등 다양한 환경에서 서식한다. 이러한 미생물군 유전체를 **미생물군유전체(Microbiomes)**라고 한다.

미생물군유전체(Microbiomes): 생물체(인간 등)에 공존하고 있는 미생물의 유전 정보.

해양 미생물군유전체

지구의 70% 이상을 차지하는 해양과 바다는 지구를 유지시키는 토대가 된다. 이 **생태계(ecosystem)**를 보호하는 데 중요한 요소는 해양 미생물이다. 그 수는 3 $\times$ 10^{30}(300만 조)

생태계(ecosystem): 식물, 동물, 미생물뿐만 아니라 기상과 지형이 하나의 시스템으로 작용하는 지리적 영역.

그림 1.5 해양 박테리아 및 바이러스.

(A) 이 광학현미경 사진에서 큰 점은 박테리아 세포이고, 작은 점은 한 방울의 바닷물에서 발견되는 바이러스이다. (길이 = 10 μm)

(B) 이 3D 사진은 박테리아(녹색 및 파란색)와 바이러스(적갈색)가 높은 배율에서 어떻게 보이는지를 나타낸다. (길이 = 2 μm)

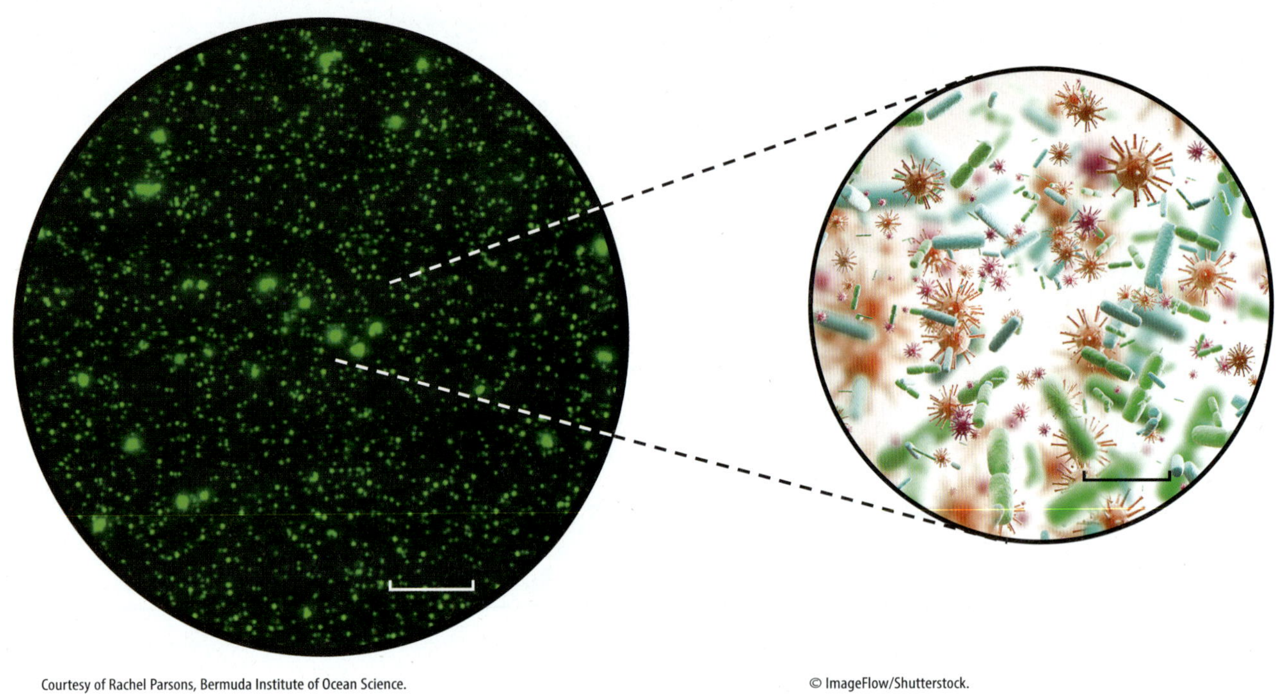

Courtesy of Rachel Parsons, Bermuda Institute of Ocean Science.

생물량(biomass): 한정된 영역이나 환경에 있는 모든 유기체의 총중량.

식물플랑크톤(phytoplankton): 광합성 박테리아와 단세포조류의 현미경적인 공동체.

분해자(decomposers): 죽은 동식물을 분해하는 미생물.

이며 해양에 존재하는 **생물량(biomass)**의 98%를 차지한다(**그림 1.5**). 그들은 바다 표면뿐만 아니라 극도로 추운 극지방과 뜨거운 화산 분출구에 서식하는 곳까지 고도로 구조화되고 상호작용하는 군집으로 존재한다.

해양 미생물군유전체는 다음과 같은 역할을 한다.

- 모든 상위 수준의 해양 유기체에 대한 먹이 사슬의 기반을 설정한다(**그림 1.6A**). **식물플랑크톤(phytoplankton)**은 다른 해양 생물의 주요 먹이 공급원이다. 해수면을 떠다니면서, 태양 에너지를 당의 형태인 화학 에너지로 전환하는 **광합성(photosynthesis)**을 수행한다. 먹이 사슬의 일부는 플랑크톤을 먹이로 섭취한다. 생선과 해양 포유류를 포함하는 큰 형태의 해양생물은 플랑크톤을 섭취하는 다른 유기체를 먹는다. 따라서 플랑크톤은 모든 먹이 사슬에 대한 먹이이자 에너지원이기 때문에 **제1차 생산자(primary producers)**라고 한다. 1차 생산자가 없으면 먹이 사슬은 무너진다.
- 사람과 다른 유기체가 호흡하는 데 사용하는 산소의 최대 50%가 식물성 플랑크톤의 광합성에 의해 대부분 생성된다(**그림 1.6B**).
- 대기 현상과 구름 형성을 제어한다(**그림 1.6C**). 열에 반응한 플랑크톤은 대기 중으로 화학적 에어로졸을 방출한다. 이 에어로졸은 구름 형성을 촉진하여 태양열의 일부를 반사하므로, 지구 표면의 열을 낮추는 데 도움이 된다. 즉, 플랑크톤은 지구 기후에 영향을 미치는 중요한 인자이다.
- 모든 죽은 동식물의 50%를 분해된다. **분해자(decomposers)**로서 해양 미생물은 탄

그림 1.6 플랑크톤, 영양 단계 그리고 구름 형성. 1차 생산자인 플랑크톤은 전 지구적으로 여러 역할을 수행한다. **(A)** 먹이 그물을 구성하는 모든 생물의 식량 공급원이 된다. **(B)** 대기 중 산소(O_2)의 약 50%를 생성한다. **(C)** 플랑크톤에 의해 대기에 구름이 형성되고 기후 조절에 도움이 되는 에어로졸을 생산한다.

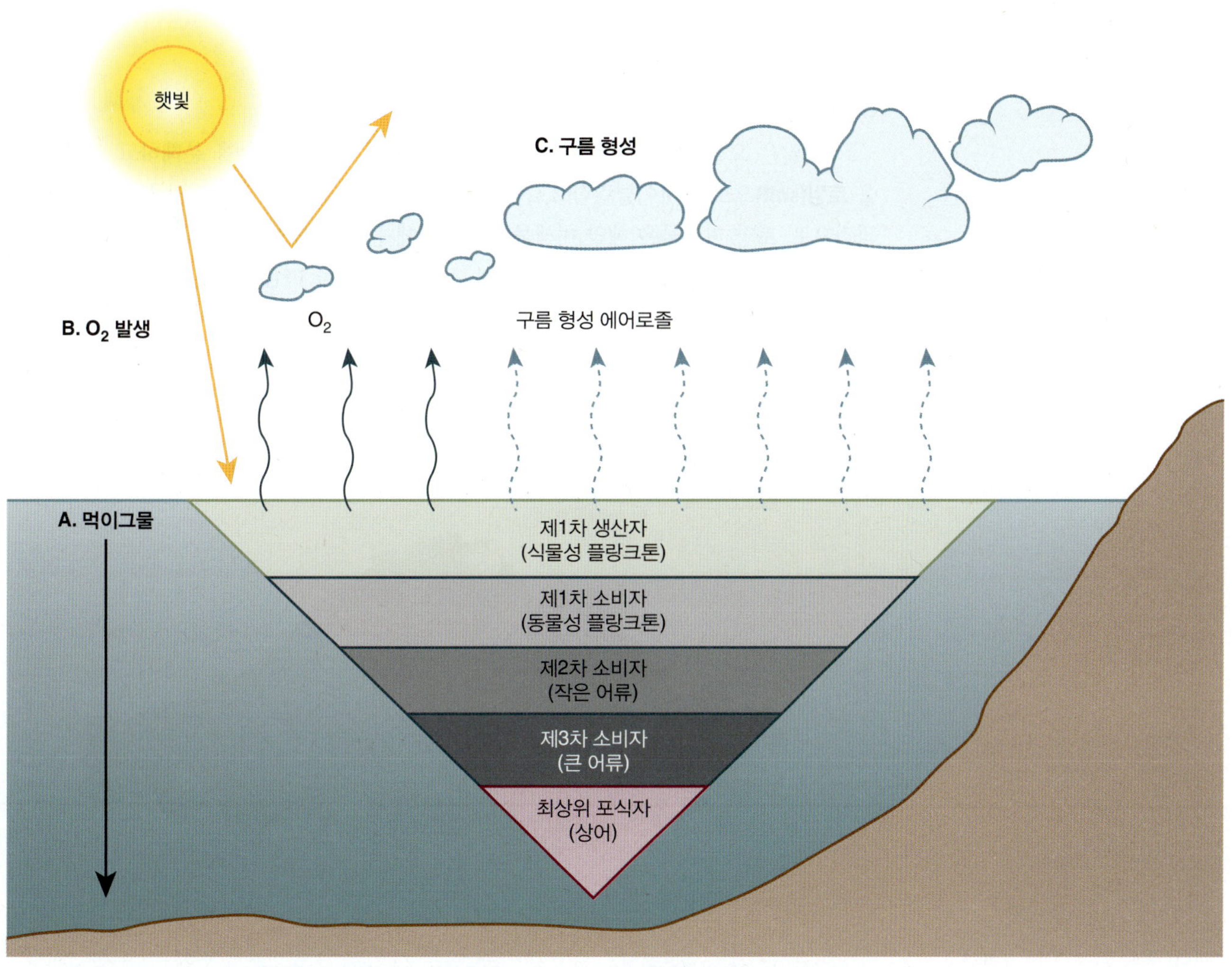

소, 질소 그리고 인과 같은 필수 영양소를 리사이클링하는 엔진으로 작동한다. 해양 미생물에 의해 진행되는 분해 과정은 해양 생물의 일상적인 활동을 뒷받침해 준다.

바이러스는 지구 상에서 가장 풍부한 감염원으로, 바다에 존재하는 바이러스 수는 박테리아 대비 10대 1로 박테리아보다 많다(그림 1.5A 참조). 따라서 수많은 과학자들은 바이러스가 지구 상의 생명체에 가장 큰 영향을 미치는 요인이라고 생각한다. 만약 바이러스가 플랑크톤을 파괴할 경우, 지구 전체에서 영양소 리사이클링에 영향을 미치게 된다. 사실, 매년 해양 바이러스에 의한 감염은 약 1,360억 킬로그램의 탄소를 방출하고, 리사이클 하는 데 영향을 미치고 있으며, 이 과정에서 방출된 탄소는 성장과 번식을 위해 다른 유기체에 사용된다.

이상에서 기술한 것처럼, 해양 변화와 영양소 리사이클링의 지표인 미생물은 해양 환경뿐만 아니라 지구 전체의 환경을 지키는 보호자 역할을 하는 것을 알 수 있다.

토양 미생물군유전체

1500년대 초, 레오나르도 다빈치는

> "우리는 발 밑의 흙보다 천체의 움직임에 대해 더 많이 알고 있다"

라고 했다.

토양(soil): 생명을 유지하게 하는 유기물, 미네랄, 가스, 액체 및 생명체의 혼합물.

이 말은 오늘날에도 사실이다. 우리는 미생물이 죽은 동식물을 분해하고, 그 영양분을 **토양(soil)**으로 리사이클링함으로써 폐기물을 토양으로 전환시키는 것을 알고 있다. 결과적으로, 토양 미생물은 해양 미생물만큼 자연에 큰 영향을 미친다. 흙을 밟을 때마다 수십억 개의 박테리아를 밟게 된다. 실제로, 1 kg의 수분을 머금은 정원에 있는 토양의 기공 공간에는 최대 10조 개의 박테리아가 있다(**그림 1.7**). 또한, 해양 미생물과 마찬가지로

그림 1.7 토양 미생물.

(A) 정원에 있는 토양에는 수백만 개의 미생물이 있다.

(B) 수 그램의 토양을 배양접시에 배양하면 박테리아와 균류(갈색)가 자란다.

토양 미생물은 가장 높은 산의 정상부터 가장 깊은 동굴에 이르기까지 모든 곳에서 발견된다.

또한, 다양한 토양 미생물 군집은 일상생활의 많은 활동과 연관이 있다.

- 감염병 치료에 사용되는 항생제의 70%를 생산한다.
- 토양에서 발생하는 모든 영양소의 리사이클링을 수행한다. 박테리아와 균류에 의한 리사이클링은 토양의 비옥함을 유지하여 작물이 성장하는 데 직접적으로 관련이 있으며, 간접적으로 가축을 키우는 데 에너지와 영양분을 제공한다.
- 추가적인 물과 영양분 식물에 공급하여 곡물 생산성을 높인다.
- 토양에 있는 죽은 동식물 사체를 리사이클하여 이산화탄소를 대기로 방출한다.

미생물은 토양 환경을 보호하며, 그 자체로 지구가 유지되는 데에 도움을 준다.

대기의 미생물군유전체

많은 박테리아, 곰팡이 포자 그리고 바이러스는 대기 중에서도 발견된다. 대부분 미생물은 바다의 파도 거품에서 공기 중으로, 그리고 바람에 의해 식물과 토양에서 부유된다. 그러나 그들은 단독으로 존재하지 않고 해양 물질 또는 토양 먼지에 부착되기도 한다. 높은 고도에서는 많은 미생물이 태양의 자외선에 의해 죽지만, 315종류 이상의 서로 다른 유형의 박테리아가 지구 표면 위 기단의 높은 곳에서도 생존하고 있다(**그림 1.8**).

대기 미생물은 해양과 토양 미생물보다 덜 연구되었지만, 과학자들은 대기 미생물군유전체도 지구를 보호한다고 생각한다.

- 날씨를 제어하고 전 세계의 날씨 변화에 영향을 미친다.
- 지구 표면을 식히는 데 도움이 되는 수증기를 형성한다.
- 먼지 입자와 함께 빗방울과 눈송이 형성을 돕는다.
- 지구 온도에 영향을 미치는 대기의 균형을 맞춘다.

오늘날 미생물학자들은 전체 미생물의 약 2%만 발견됐다고 한다. 해양, 토양, 대기 이외에 어느 곳에서 미생물이 발견되는가?

지각 미생물군유전체

미생물의 또 다른 놀라운 사실은 우리 발아래 수십 킬로미터 밑에도 존재한다는 것이다. 최근 과학자들은 단단하지만 다공성인 암석 안 지각에 2.4 km를 뚫고서 특별한 미생물 군집을 발견했다. 이러한 열악한 조건에서 생존하는 미생물은 바다, 토양 및 공기에 있는 모든 미생물을 합친 것 보다 더 많은 미생물 생체량을 가지고 있다. 과학자들은 이러한 "rock eaters"가 미네랄의 리사이클링과 관련이 있으며, 이는 지구의 환경에 직접적인 영향을 미친다고 믿고 있다.

요약하면, 미생물은 지구가 계속 작동되도록 하는 원동력이자 보호자이다. 많은 전문가들은 인간의 미래는 보이지 않는 미생물 세계를 찾아내고 이들이 어떻게 작용하는가를 얼마나 알고 있는지에 달려 있다고 한다. 이에 미생물학의 아버지 중 한 사람인 Louis Pasteur는 다음과 같이 말했다:

> "생명(동물과 식물)은 미생물이 없다면 오래 지속되지 않았을 것이다"

그림 1.8 구름 속에서 발견되는 미생물.

(A) 과학자들은 육지와 바다에서 10 km 이상 떨어져 있는 곳에서 공기 샘플을 수집했다.

Courtesy of Jane Peterson/NASA.

(B) 공기 샘플을 배양접시에 배양했을 때 박테리아(작은 점)와 균류(보풀 같은 큰 원)가 자랐다.

© Khamkhlai Thanet/Shutterstock.

1.3 미생물이 중요한 이유: 인간의 건강 유지에 도움

미생물의 존재와 필요성을 집보다 훨씬 더 가까운 곳에서 찾을 수 있다. 미생물군유전체는 모든 식물과 동물의 몸에 공존한다. 동물의 경우 흰개미에서 꿀벌, 소, 인간에 이르기까지 모든 동물은 일련의 미생물군유전체를 가지고 있다. **인간 미생물군유전체(휴먼 마이**

크로바이옴, human microbiome)는 약 37조 개의 미생물로 구성되어 있으며, 이는 신체를 구성하는 약 30조 개의 인간 세포보다 많다. 모든 인간은 동일한 미생물군유전체를 가지고 있지 않다. 오히려 각자의 피부, 입, 장에 고유한 미생물군유전체를 가지고 있다(**그림 1.9**). 우리의 배꼽에는 50가지의 박테리아가 있다! 우리의 미생물 군집은 어디서 왔으며, 어떤 이로운 점이 있을까?

건강한 태아는 태어나기 전까지는 미생물이 거의 없다. 출생 중이나 직후 신생아의 신체 표면(피부, 입, 눈, 코, 내장)은 엄마로부터 온 다양한 미생물로 덮이게 된다. 그 후 이러한 인간 미생물군유전체는 가족 구성원, 다른 사람, 애완동물 및 다른 접촉을 통해 확장된다. 그 결과, 피부, 입, 호흡기 특히 장에서 독특한 미생물 군집이 발생한다.

인간의 장내 미생물군유전체는 건강한 삶에 필수적이다. 장에 존재하는 많은 미생물은 매일 필수 활동을 수행하는데, 이는 소화를 조절하는 데 도움이 되는 활동이다. 그들은 강한 면역 체계를 유지함으로써 신체가 질병에 저항하도록 돕는다. 놀랍게도, 비만은 물론 천식 및 알레르기 발병에 대한 감수성에도 영향을 미친다. 인간의 건강을 위해서, 우리는 일상과 공간을 집에 존재하는 미생물과 공유해야 한다.

성인의 다양한 미생물군집은 현재 살고 있는 환경과 먹고 있는 음식물의 산물이다. 이러한 미생물군집에 생활방식이나 식단 변화로 인해서 불균형이 일어나면 심각한 질병이 발병한다. 이는 염증성 장 질환(크론병 및 궤양성 대장염)에서부터 비만에 이르기까지 다양하게 나타나게 된다. 제왕절개를 통해 태어난 아기는 태어날 때 엄마의 미생물에 노

그림 1.9 인간 미생물군유전체.

(A) 인간은 고유한 미생물군유전체를 포함하는 여러 해부학적 영역을 가지고 있다.

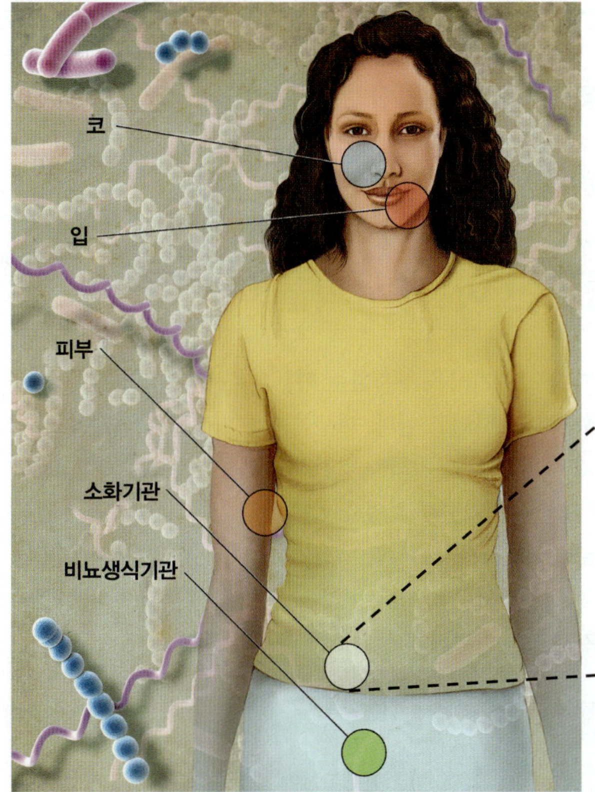

Courtesy of NIH Medical Arts and Printing.

(B) 장내 미생물군유전체에는 수백 가지 유형의 박테리아가 포함되어 있다. (길이 = 2 μm)

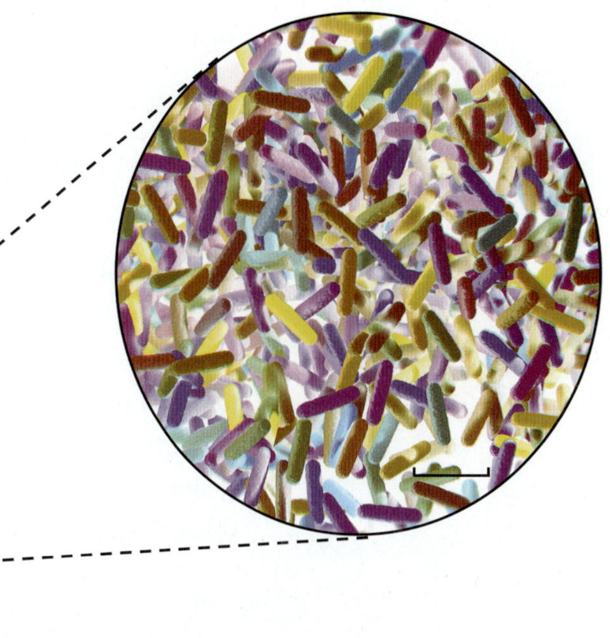

© Anatomy Insider/Shutterstock.

출되지 않는다. 이는 비정형적인 장내 미생물군유전체를 초래할 수 있고, 나중에 알러지 또는 천식을 유발할 수 있다.

오늘날 인간 미생물군유전체는 미생물학에서 가장 흥미로운 주제 중 하나이다. 인간 건강과의 잠재적인 관계 때문에 인간 미생물군유전체를 조작하면 일부 사회적 질병을 해결할 수 있다. 비만, 당뇨병, 일부 암, 심지어 우울증 및 자폐증과 같은 상태는 치료하기 어려울 수 있지만 장내 미생물의 장애와 관련이 있다. 따라서 많은 전문가들은 **개인 맞춤형 치료(personalized medicine)**에서 인간 미생물군유전체를 핵심 구성 요소로 보고 있다. 이에, 전문가들은 환자 개인의 지문과도 같은 미생물군유전체를 변경함으로써 질병을 성공적으로 치료할 수 있다고 제안한다. 따라서, 질병에 기여하는 미생물을 교정하여 질병을 해결할 수 있다.

개인 맞춤형 치료(personalized medicine): 특정 환자나 유전 구성을 표적으로 하는 치료 및 기기를 사용하여 환자를 다른 그룹으로 분리하는 의료 절차.

1.4 미생물이 중요한 이유: 감염 및 질병 유발

우리는 보통 바이러스나 박테리아라는 단어를 들으면 감염과 질병을 생각하는 경향이 있다. 종종 이러한 부정적인 연결은 일부 미생물이 불행과 고통을 유발하는 질병의 매개체이기 때문이다. 전염병, 말라리아, 천연두와 같은 질병을 일으키는 병원체와 같은 일부 병원체는 역사를 통틀어 도시와 마을을 휩쓸었고, 인구를 황폐화시켰으며, 위대한 지도자와 평민을 모두 죽게 하였을 뿐만 아니라, 높은 사망률은 정치, 경제 및 사회를 전 세계적으로 변화시켰다.

또한, 일상에서 미생물을 모두 좋지 않은 것으로 인식하기 때문에 오늘날 뉴스에서도 미생물은 질병을 일으키는 존재로만 보도하는 경향이 있다. 뉴스에서는 미생물이 작용하는 긍정적이고 필수적인 역할에 대해 거의 보도하지 않는다. 소비자 광고에서는 99%의 **균(germs)**을 제거할 수 있는 항균 비누 및 청소 제품과 같은 미생물 사멸 제품을 강조한다(**그림 1.10**). 그러나 이번 장을 통해서, 소수의 미생물만이 병원성을 가지고 있다는 것을 알게 될 것이다.

균(germs): 병원체(pathgen)에 대한 또 다른 용어.

1.5 미생물이 중요한 이유: 사회를 이롭게

과학(science)은 실험과 증거를 기반으로 지식을 구축하는 학문으로서, 우주의 본성을 전체적으로 혹은 부분적으로 설명하고 이해하려고 한다. 미생물학은 미생물의 세계를 연구하여 자연 세계의 현상을 설명하기 위한 정보와 지식을 발견하고 제공하는 **기초과학[basic (or pure) science]**으로, 이 책의 전반부에 기술하고 있다.

또한, 미생물학은 **응용과학(applied science)**이다. 즉, 기초과학에서 얻은 지식을 활용하여 실용적인 응용 프로그램을 개발하거나 해결하는 데 도움이 될 것이다. 이 책의 후반부를 구성하는 미생물학의 응용 측면을 간단하게 살펴보면 다음과 같다.

대부분의 식사와 함께

이 장의 서두에서 설명했듯이, 미생물과 연관이 없는 식사는 거의 없다. 예를 들어, 소시

그림 1.10 항균 제품. 전 세계의 많은 마트에는 미생물을 제거 또는 제어하는 제품을 비치하는 진열장이 있다.

Courtesy of Dr. Jeffrey Pommerville.

지의 톡 쏘는 맛과 소금에 절인 양배추, 피클, 식초의 독특한 맛은 미생물의 활동 때문이다(**그림 1.11**). 미생물은 요구르트, 버터밀크, 사워크림, 두부(발효 두부)와 같은 유제품을 포함하여, 우리가 먹는 많은 식품의 최종 형태를 담당한다. 거의 모든 빵의 식감은 미생물에 의존한다. 미생물은 와인 및 맥주뿐만 아니라 치즈의 향미 물질에도 이용된다. 이 모든 제품과 여기에서 언급하기에는 너무 많은 다른 많은 제품은 미생물 없이는 존재하지 않는다. 우리가 마시는 커피와 초콜릿조차도 부분적으로 미생물의 맛과 향에 의존한다.

오늘날 세계 식품 시장은 수십억 달러 규모의 산업이다. 이에 산업 규모에서는 미생물이 거대한 탱크에서 거대한 배치로 배양되며, 미생물은 많은 식품 및 음료에 필요한 물질을 생산한다. 예를 들어, 구연산은 일부 곰팡이에 의해 생성되며, 과일 주스, 소다 음료 및 사탕의 풍미를 향상시키는 데 사용된다. 과일 주스, 탄산음료 그리고 사탕에 풍미를 더하기 위하여 사용되는 구연산은 곰팡이에 의해 만들어진 것이다. 특별한 박테리아에 의해 만들어지는 젖산은 유화제로 구연산처럼 식음료에서 보존제로 사용된다.

산업적으로 대량 생산된 박테리아 단백질은 제빵과 과일 주스 청징에 사용된다. 박테리아 및 곰팡이 효소는 고기를 부드럽게 하기 위해 사용되고, 얼룩 제거제로서 세제에 첨가된다. 미니어처 화학 공장처럼 작동하는 미생물은 산업적 양의 비타민(특히, 비타민 B)을 대량생산할 수 있고, 대사에 필수적인 이러한 영양 요소는 우리가 먹는 많은 음식과 비타민 보충제에 첨가된다.

또한, 미생물은 많은 식품에서 자연적인 풍미나 향미를 부여하는 데 중요한 역할을 하고 있다. 대부분의 복숭아, 바나나, 배 그리고 코코넛 향기 물질은 곰팡이 유래 물질이다. 중국 전통 음식, 통조림 야채, 수프 및 가공육에 자주 첨가되는 감미료인 MSG(monosodium glutamate)는 특정 박테리아의 발효에 의해 생산된다. 잔탄검과 알긴산 같은 식

그림 1.11 발효 식품. 우리가 먹는 발효 식품의 독특한 풍미와 질감은 미생물 발효 결과로 생성된 산에 의해서 나타난다

품 증점제와 안정제는 박테리아와 조류로부터 만들어진 생성물이다. 특히, 인공감미료인 아스파탐도 특정 박테리아에 의해 생성된 아미노산에서 유래된 물질이다.

농업에서 우리는 천연 살충제로서 미생물을 작물에 살포했다. 작물에 미생물을 살포하면 많은 농작물 해충의 애벌레(또는 유충)를 죽게 한다. 과학자들은 이러한 독소를 생성하는 유전자를 박테리아에서 분리하여 유전공학적인 방법으로 삽입하였다. 놀랍게도, 이 유전자 변형 식물은 자라면서 살충 작용을 하는 독소를 생성하게 되었고, 현재 미국에서 생산되는 대부분의 콩과 식물은 이러한 박테리아 유전자를 가지고 있다.

환경에서

생물학적 복원(bioremediation): 미생물의 자연 치유력을 활용하여 토양이나 수질 오염 지역을 정화하는 방법.

토양에서 분해자로 중요한 역할을 담당하고 있는 것 이외에, 미생물은 오염물질을 정화하는 데 효과적으로 이용되고 있다. 이와 같은 방법으로 미생물을 이용하는 것을 **생물학적 복원(bioremediation)**이라고 한다. 이러한 생물학적 복원 방법은 환경 중의 농약과 환경 오염물질을 분해뿐만 아니라, 방사능 물질을 포함하고 있는 핵폐기물을 제거하는 데 사용해 오고 있다.

원유 유출 사고가 발생했을 때, 기술자들은 미네랄 영양원을 물에 첨가해 줌으로써 박테리아가 원유를 분해하면서 증식할 수 있도록 한다. 보다 인상적인 것은 최근에 있었던 유출된 원유를 분해한 미생물의 역할이다. 2010년 4월에 멕시코만에 있는 *Deepwater Horizon* 석유 굴착 장치의 폭발에 의해 엄청난 양의 원유가 유출되어 멕시코만 연안을 오염시켰다. **A CLOSER LOOK 1.1**은 자연에 있는 박테리아가 정화 과정에서의 "생물학적 매개자"로서 했던 역할을 요약하고 있다.

미생물은 또한 하수 처리에도 중요한 역할을 한다. 하수 처리장에서, 미생물군집

은 유기물을 분해하고 복잡한 혼합물을 단순한 산물로 리사이클하는 데 사용된다(**그림 1.12**). 폐기물 처리 공장은 매일 생성되는 막대한 양의 하수 및 쓰레기를 처리하기 위해서 미생물 화학에 의존하고 있다. 매립지 옆을 지나가다가 그곳에서 나는 악취를 맡아본 경험이 있는가? 그 냄새는 쓰레기를 분해하는 박테리아와 균류에서 나온 것이다.

A CLOSER LOOK 1.1

미생물로 구하다!

2010년 4월 멕시코만에 있는 Deepwater Horizon 석유 굴착 장치가 폭발했다. 장치에서 3개월 동안 나온 기름이 만으로 흘러 인근 해안과 습지를 오염시켰다. 연방 추정에 따르면, 약 50,000~70,000 배럴의 기름이 유출되었으며 9월이 되어서야 막을 수 있었다. 석유 또는 원유는 액체, 기체 및 고체 형태의 다양한 크기의 탄화수소로 구성되어 있다. 그 많은 탄화수소는 어디로 갔을까?

Deepwater Horizon의 경우에 기름이 유입되면서 미생물군집이 크게 바뀌었다. 기름의 유출은 심해를 크게 자극했으며, 기름을 필요로 하는 미생물은 성장과 번식을 위한 원료로서 더 작고 분산된 탄화수소와 메탄 가스를 소비하였다(**그림 A** 참조). 미생물군의 수는 10^{23}개가 넘었고, 50개 이상의 종으로 구성되어 있었다. 이 미생물에 의해서 몇 주 내에 걸프만의 일부 지역에는 부유 기름이 거의 없는 것으로 나타나 놀라움을 자아냈다. 과학자들은 미생물이 200,000톤(>33,000배럴)의 석유와 메탄 가스를 소비한 것으로 추정한다. 한 과학자는 이러한 미생물에 대해 10점 만점에 7점을 주었다.

그림 A 2010년 5월 24일 멕시코만 Deepwater Horizon 기름 유출로 인해 햇빛이 반사된 모습이다. 이 사진은 NASA의 Terra 위성으로 촬영하였다.

Courtesy of NASA/GSFC, MODIS Rapid Response.

그림 1.12 하수처리장. 햇빛, 산소 및 박테리아를 사용하여 하수를 처리하는 폐수 처리장.

© Kekyalyaynen/Shutterstock.

제약 및 생명공학 산업에서

생명공학(biotechnology): 인간의 삶의 질을 향상시키기 위하여 미생물과 그 화학적 기능을 사용하는 기술.

생명공학(biotechnology) 산업에서는 효과적인 의약품을 생산하기 위하여 박테리아 및 효모를 사용하고 있다. 당뇨병 환자를 위한 인슐린, 혈우병 환자를 위한 혈액 응고 인자, 왜소증을 앓고 있는 어린이를 위한 인간 성장 호르몬은 미생물을 이용하여 만들어진 제품의 일부에 불과하다. 흥미롭게도 바이러스는 식물에 증가된 질병 저항성을 제공하고 환경에서 해충을 죽이기 위해 유전적으로 변경되었다. 또한, 바이러스는 결함이 있는 유전자를 교체하기 위해 작동 유전자를 인간 세포에 전달하게끔 변형되었다. 오늘날의 생명공학은 미생물의 대사 능력에 크게 의존하고 있다.

1.6 오늘날의 미생물학: 여전히 남아있는 과제

세계 보건 비상사태(global health emergencies): WHO(세계보건기구)에 의하면 국제 공중 보건과 전 세계 인구가 위험에 빠진 심각한 공중 보건 사태.

전염병(epidemic): 특정 지역에 개인으로부터 퍼져서 더 많은 질병이 발생하는 것.

미생물학은 앞서 설명한 기초과학과 응용과학의 두 단면을 가지고 있는 생물 과학에서 가장 집중적으로 연구되는 분야 중 하나이다. 그러나 미생물학은 여러 가지 문제에 직면해 있는데, 그 중 많은 부분이 감염병과 관련되어 있다.

미생물 병원체로 인한 사망은 전 세계적으로 모든 인간 사망의 약 25%를 차지한다(**그림 1.13**). 지난 10년 동안 세계보건기구(WHO)는 4번의 **세계 보건 비상사태(global health emergencies)**를 선포했다. 그중 두 가지는 매우 최근의 사건으로 2014년에서 2016년 사이에 서아프리카에서 유행한 에볼라 **전염병(epidemic)**과 2015년에서 2016년 사이에 아메리카 대륙을 통해 퍼진 지카바이러스 발병이다. 실제로 지난 30년 동안 전 세계적으로 질병 발병 건수가 연간 1,000건에서 3,000건 이상으로 3배 증가했다(**그림 1.14**). 최근에 증가한 이유는 무엇인가? 간단히 말해서는 미생물과 사회이다. 다음은 4가지 중요한 사항이다.

그림 1.13 감염병으로 인한 전 세계 사망률. 전 세계에서 매년 약 1,500만 명이 감염병으로 사망한다.

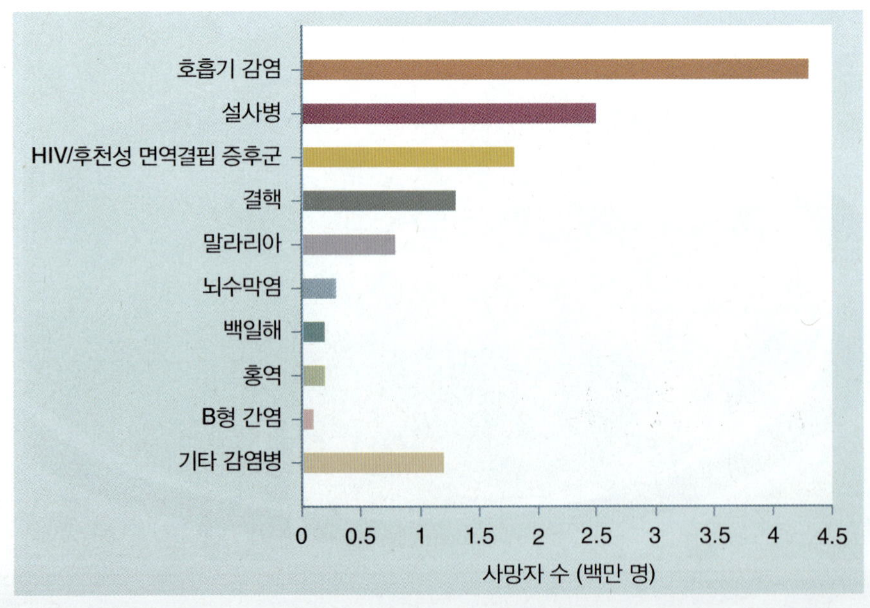

그림 1.14 전 세계 감염병 발병(2018년 5월 31일 기준). Boston Children's Hospital에서 공개한 이 HealthMap에서는 감염병 발병의 현황을 보여준다. 큰 원은 국가 수준 경보를 나타내고 주, 지방 및 지역 경보는 작은 원으로 표시된다. 마커 색상은 해당 위치의 발병 수준을 반영한다.

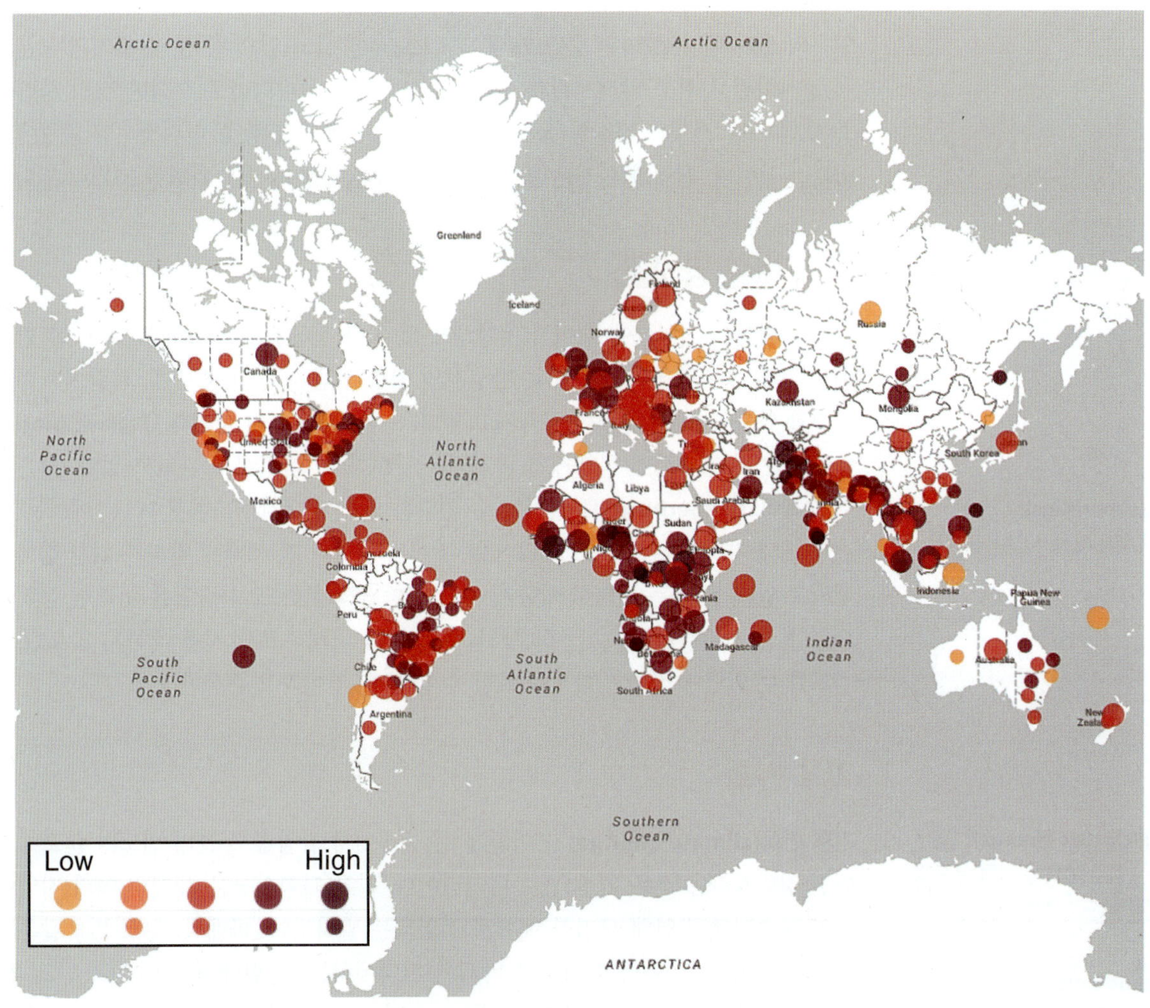

Boston Children's Hospital. HealthMap: Flu & Ebola Viruses and Contacts. Retrieved from: http://www.healthmap.org/en/. Accessed May 31, 2018.

비행기 여행

전문가들은 2018년에 50억 명이 넘는 사람들이 비행기를 이용하여 여행한 것으로 나타냈다. 전 세계적으로 여행하는 사람들이 많아지면 한 지역에서 질병이 발생하거나 전염병이 발생하는 경우, 비행 시간에 의해 몇 시간이면 다른 지역에서 잠재적으로 위협이 될 수 있다. 게다가, 물품과 동물 거래에서는 더 빠른 속도로 진행되고 있다. 이러한 물품이나 동물이 질병을 옮기면 병원체도 같이 운반된다. 보건 전문가들은 거의 새로 발병하는 전염병의 75%는 동물에 의해 인간에게 전염된다고 보고한다. 그러나 질병이 새로운 지역에서 퍼지게 된다면, 대부분의 인간은 새로운 병원체에 대한 면역이 부족하므로 감염에 취약하게 된다. 의사와 의료 시스템 역시 에볼라와 지카바이러스처럼 허를 찔릴 수 있다. 따라서 과거와 달리, 오늘날의 고도로 이동하고 상호 의존적이며 상호 연결된 세계는 감염병의 급속한 확산을 위한 수많은 기회를 제공하게 되었다. 향후 과제는 이러한 발병을 인식하고 예방하거나 제거하기 위해 준비하는 것이다.

도시화와 빈곤

오늘날 많은 사람들이 과거보다 인구 밀도가 높은 도시 환경에서 살고 있다. 실제로, 세계 인구의 절반 이상(2019년 중반 78억 명)이 도시에 살고 있으며, 전 세계 거의 모든 국가에서 도시화된 사회를 발전시켰다. 이는 수십억 명이 아니더라도 수백만 명의 사람들이 공중 보건 기반 시설과 적절한 음식과 물이 부족한, 붐비고 종종 비위생적인 환경에서 살고 있다는 것이다. 이러한 환경은 병원체의 지속과 감염병 확산에 완벽한 조건이 된다.

약제 내성 병원균

슈퍼버그(superbugs): 여러 항생제에 내성이 있는 미생물균.

많은 사람들이 전염병에 대비하여 항생제 및 기타 항균제를 사용하고 있다. 한 번 항생제에 취약했던 병원체들이 현재는 항생제의 영향을 받지 않기 때문에, 사람에서 박테리아 감염과 싸울 수 있는 능력이 약해지고 있다. 또한, 미생물 내 **항생제 내성(antibiotic resistance)**은 더 효과적인 항생제가 발견되는 것보다 더 빠르게 확산되고 있다. 많은 미생물이 **슈퍼버그(superbugs)**로 발전할 수 있다는 인식이 생긴 후, 현재 WHO에서는 세계 보건에 대해 가장 큰 위협으로 보고 있는 것이 무엇인지 전 세계에 알리기 위한 캠페인이 진행되고 있다. 의사는 이러한 항균제 처방을 중단해야 하고, 사람들은 이러한 상황에 대한 요구를 중단해야 한다. 보건 전문가들은 내성을 억제하고 조치를 취하지 않으면, 이전에 치료할 수 있었던 질병이 다시 치료할 수 없게 될 것이라고 주장한다.

기후 변화

기후 변화(climate change): 날씨 변화(기온, 강우량)의 통계적 분포의 변화가 장기적으로 지속되는 경우.

팬데믹(pandemics): 넓은 지리적 영역(전 세계)에 걸쳐 발생하여 상당한 부분의 전 세계 인구에 영향을 미치는 질병을 의미함.

기후 변화(climate change)가 어떻게 전 세계에서 감염성 질환의 빈도와 분포에 영향을 미칠 것인가라는 것은 아주 큰 논란거리이다. 많은 과학자들은 세계의 여러 지역에서 온도가 상승되므로 인해 모기를 매개로 전염되는 말라리아, 콜레라, 황열병과 같은 질병이 특히 북미처럼 더 온화한 기후로 바뀌는 지역에서는 더 확대될 것이라고 믿고 있다. 그래서 미생물학자, 건강 전문가, 기후학자 그리고 많은 사람들은 잠재적인 **팬데믹(pandemics)**이 시작되기 전에 이를 제어하기 위한 새로운 전략을 연구하고 있다. 또한, 이러한 기후 변화가 가축, 식물 및 야생 동물뿐만 아니라, 사람들의 건강에 어떤 영향을 미칠 것인가를 밝히기 위하여 연구하고 있다.

A Final Thought

이 장에서 명확히 인식해야 할 것은 미생물은 질병과 관련되어 있지만, 인간의 삶의 질을 향상시키는 데도 큰 기여를 하고 있다는 사실이다. 여기에서는 작고한 산업미생물학자인 위스콘신 대학교의 David Perlman이 정립한 응용미생물학의 몇 가지 개념에 대해 바꿔서 말해보자.

1. 미생물은 항상 옳은 우리의 친구이며, 예민한 동지이다.
2. 어리석은 미생물은 없다.
3. 미생물은 무엇이든 할 수 있고, 하고자 한다.
4. 미생물은 화학자나 기술자, 그리고 다른 어떤 사람들보다 더 똑똑하고, 더 현명하며, 더 활기 넘친다.

5. 만약 당신이 미생물 친구들을 보살펴 주면, 그들은 당신의 미래를 보살펴 줄 것이다.

Chapter Discussion Questions

What Was He Thinking?

이 장을 읽으면서, 저자가 전달하려고 했던 미생물 세계에 대한 5가지 주요 요점을 확인하고 토론하시오.

Questions to Consider

1. "미생물? 그들은 우리를 아프게 하는 것뿐이다!" 이 장에서 미생물에 대한 첫 번째 노출에서 이 진술에 어떻게 반박할 수 있는가?
2. 누군가에게 미생물을 설명하라고 하면 현미경 아래의 점을 생각할 것이다. 그러나 미생물 세계는 매우 다양하며 각 구성원은 고유하다. 현재로서는 미생물학에 대한 경험이 제한적이지만, 이 장의 정보는 미생물 세계에 대한 이해를 제공한다. 그렇다면, 이제 미생물을 어떻게 설명할 것인가?
3. 시인 John Donne은 "사람은 그 자체로 완전한 섬이 아니다. 모든 사람은 대륙의 한 조각입니다."라고 하였다. 이 말은 인간뿐만 아니라 자연계의 모든 생명체에 적용된다. 미생물은 사회와의 관계에서 어떤 역할을 하는가?
4. 미생물학을 포함하는 과학에는 기초(순수)과학과 응용과학이라는 두가지 분야가 있다. 두 분야는 어떻게 비슷하고 어떻게 다른가? 답에 미생물학의 예를 들어서 서술하시오.
5. 지금 세상은 "박테리아 공포증"(즉, 박테리아에 대한 극도의 두려움과 청결에 대한 집착)이 있다. 뉴스와 소셜 미디어는 질병의 새로운 발병을 다루고, 우리는 새로운 항균 의약품을 기다리며 박테리아와 싸우는 새로운 방법에 대해 공부한다. 지구에 미생물이나 바이러스가 없다고 가정하면, 이 장을 읽고서, 당신은 삶이 어떨 거라고 생각하는가?

© Mopic/Shutterstock.

Chapter 2

개척자, 분류학자, 관찰자의 시각에서 본 미생물

▶ 이것에 무엇이라고 이름을 붙여야 하나?

1730년 스웨덴의 의사이자 식물학자인 Carolus Linnaeus는 문제에 봉착했다. 전 세계에서 무역 물품뿐만 아니라 새롭게 발견된 많은 유형의 식물과 동물이 범선으로 운반되어 항구에 도착했다. Linnaeus는 엄청나게 많은 수의 새로운 유기체에 대해 "이것에 무엇이라고 이름을 붙여야 하나?" "또, 이것은 요?" "그리고 저것은 어떻게 부를까?"에 대해 답을 해야 했다. 박물관에는 지구 저편에서부터 도착한 새롭게 발견된 유기체(펭귄, 바다소, 캥거루, 담배, 바나나, 감자 등) 표본들이 산더미를 이루고 있었고, 사람들은 거의 매일 새로운 생물 시료를 들고 왔다(급기야 새로운 배가 또 들어온다는 것을 알고 악몽과 같은 광경을 그리면서 두려움에 휩싸였던 것이다). Linnaeus는, 이 정신 없고 복잡했던 상황에 한술 더 떠서, 생물 채집, 즉 시료 사냥을 하는 유래 없는 세계적 프로그램을 구상하기에 이르렀고, 이윽고 새롭고 알려지지 않은 식물과 동물을 찾기 위해 그의 학생들을 세계 각지로 내보내었다. 그의 가장 유명한 학생들 중의 한 명인 Daniel Solander는 선장 James Cook의 첫 번째 세계 일주 항해에 동행하였다. 이 항해에서 Solander는 호주와 남태평양에서 첫 번째로 식물들을 수집하여 귀국하였으며, 곧이어 다른 학생들이 각각의 다른 지역으로부터 새롭게 발견한 표본을 가지고 돌아 왔다.

Linnaeus 시대 이전에는 각 유기체들의 이름이 다양했다. 여러 유기체에 대하여 각 개인에 따라 임의의 기준에 의해 명명되었을 뿐만 아니라, 길고 다루기 힘든 라틴어 이름을 사용했다. 명명 규칙에는 통일성이 없었고 모든 유기체에 학명을 부여하는 것, 즉 "명명법(nomenclature)"이 요구되었지만 그것은 그가 다룰 수 있는 범위를 벗어난 상태였다. 분명, 생물학의 세계에는 아직 명명되지 않은 표본들의 명명에 대한 혼란으로부터 어떤

CHAPTER 2 OPENER 지구상의 생명체는 많이 생성되고 도태되었겠지만(나무 그루터기로 표시됨), 결국 한 계통이 지속적으로 번식하게 되어 오늘날 우리가 알고 있는 "생명체의 계통수"와 같이 진화하였다.

그림 2.1 Carolus Linnaeus. 과학사에서는 Calrous Linnaeus라고 알려진 스웨덴의 식물학자 Karl von Linne는 생물학적 세계의 식물과 동물을 분류하였으며, 이들에게 학명을 부여하는 과중한 일을 맡았다.

명명의 질서가 필요한데, 솔직히 말해서 그가 언제 누구로부터 명명법의 왕으로 추대된 적이 있었던가? 아무리 줄여서 말한다 해도 그 일은 Linnaeus에게는 참을 수 없을 정도로 화가 나는 곤란한 일이었을 것이다.

Linnaeus(Karl von Linné라고도 함)는 이 장에서 개척자, 분류학자 및 관찰자로 접하게 될 것이다(**그림 2.1**). 먼저, 우리는 미생물 연구의 초기 개척자들을 강조할 것이다. 다음으로, 유기체를 명명할 때 Linnaeus의 명명체제를 사용할 것이다. 이 장이 완료되기 전에 미생물과 모든 살아있는 유기체가 생물 분류체계에서 서로 어떻게 조직화되었는지 고려할 것이다. Linnaeus는 미생물이 미래에 생물분류체계에서 차지하게 될 중요성과 위치를 전혀 예상하지 못했을 것이다.

LOOKING AHEAD

이 장을 마치면, 여러분은 다음의 내용들을 할 수 있게 될 것이다.

2.1 4인의 개척자들이 각각 이룩한 미생물학에 대한 공헌에 대해 비교할 수 있다.

2.2 유기체의 학명을 정확하게 표기할 수 있다.

2.3 (a) 광학현미경과 전자현미경(EM) 그리고 (b) 투과 EM과 주사 EM의 차이를 설명할 수 있다.

2.4 미생물과 바이러스의 일반적인 특성을 파악할 수 있다.

2.5 생명체 계통수를 설명하고 미생물학과 생명체의 진화에 대한 그것의 중요성을 평가할 수 있다.

2.1 미생물학의 기원: 개척자들

이미 미생물 세계와 그 미생물의 핵심적인 역할에 대해 개괄적으로 배웠다. 오늘날 여러 새로운 발견들로 인해 미생물과 사회와의 관계를 연구할 전성기가 되었다. 하지만 미생물

에 대해 더 깊이 알기 전에 우리는 잠시 생각해야 할 것이 있다. 옛 속담에

"당신이 어디로 갈 것인가를 이해하기 위해서는 지금까지 어떤 길을 걸어왔는가에 대해 먼저 알아야 한다."

고 말한 것처럼 잠시 멈출 필요가 있다.

미생물과 이 미생물들이 인간에 미치는 영향에 대하여 탐구하기 전에, 미생물학의 기원과 미생물과 모든 유기체가 어떤 분류체계로 조직화되어 왔는지에 대해 간략하게 알아보자.

많은 사람들은 과학을 단순히 사실과 자료의 수집일 뿐이라고 잘못 인식하고 있다. 그들은 종종 과학적 이론과 원리를 별 것 아닌 것으로 여기고 있다. 그러나 오히려 **과학(science)**은 인간 노력의 결과물로, 철저한 관찰과 적절히 고안된 실험을 통해서만 중요하고 논리적인 구조를 갖는 새롭게 정립된 지식을 창출할 수 있다. 이러한 "과학적 노력"은 미생물을 처음 발견하고 연구한 탐구심이 많은 사람들을 통해 엿볼 수 있다.

Robert Hooke(1635~1703)

미생물의 세계는 1600년대 중반까지 사실상 알려지지 않았다. 그 당시 Robert Hooke라는 영국 과학자는 물체를 20배까지 확대할 수 있는 현미경이라는 새롭게 개발된 기구에 매료되었다. Hooke는 자신이 저술한 *Micrographia*라는 책에 코르크 조각에 있는 미세한 분획(Hooke는 이것을 cell이라 하였음)을 관찰하고 기록하였다. 그리고 놀랍도록 정확하게 벼룩의 구조를 묘사하였다. 또한, 그는 책의 양피로 된 표지 위에서 자란 실처럼 생긴 곰팡이의 현미경적 구조에 대해 자세히 묘사하였다. Hooke의 이 멋진 곰팡이 삽화는 생육하는 미생물을 최초로 묘사한 것이었다.

한편, 북해 건너편의 네덜란드 Delf에서는 미생물의 세계에 있어서 보다 놀라운 것들이 발견되고 있었다.

Antony van Leeuwenhoek(1632~1723)

미생물의 다양성에 대해 광범위한 관심을 불러일으킨 사람은 Antony van Leeuwenhoek라는 네덜란드의 의류 상인이었다. 1670년대에 Leeuwenhoek는 옷감을 확대하여 품질을 검사할 목적으로 유리 렌즈를 깎는 기술을 개발하였다. 그는 Hooke의 "*Micrographia*"를 알게 되면서, 그는 눈으로 볼 수 없는 세계에 대한 호기심을 해결하는 데 자신의 렌즈를 이용하였다(**그림 2.2A**). 그는 250배까지 확대 가능한 현미경을 이용하여 곤충의 눈과 개구리의 비늘, 근육세포의 복잡한 세부를 관찰하였다. 1673년 Leeuwenhoek는 현미경을 통해 연못의 물방울을 관찰하던 중에, 미시적 형태의 아주 작은 생명체들을 접하게 되었다. 그는, 물방울 속에서 빠르게 움직이고 이리저리 구르는 이들 미생물을 "**극미(極微) 동물(animalcules)**"이라 불렀다(그는 이들 미생물이 아주 작은 동물이라고 생각했다).

미생물들은 처음에는 Leeuwenhoek를 즐겁게 해 주었고, 다음에는 그들의 크기와 형태의 다양성이 그를 놀라게 했고, 이들이 무엇일까를 생각하게 되면서 그는 혼란에 빠지게 되었다. Leeuwenhoek는 그가 발견한 것들에 대해 당시 가장 존경 받는 과학 학회 중 하나인 영국 런던 왕립학회(Royal Society) 소속의 과학자들과 토론하였다. 이후 1673년에서 1723년 사이 그는 현미경으로 관찰한 새로운 미시적 크기의 생명체와 구조에 대해 서술한 논문을 거의 300편이나 저술하였다. 1683년 9월 17일에 발표된 그의 논문은 특히 중요한 의미가 있다. 이 논문에서 그는 처음으로 세균으로 여겨지는 세포에 대해 언급하

그림 2.2 Leeuwenhoek의 현미경과 세균 삽화.
(A) Animacules 관찰하기 위하여 재물대에 시료를 위치시키고서, 초점조절 나사를 이용하여 렌즈로부터 시료를 멀리 이동해 가면서 관찰하였다.

(B) Leeuwenhoek는 이 장치를 이용하여 그가 관찰하였던 Animalcules(이 삽화에서는 세균)를 그림으로 그렸다.

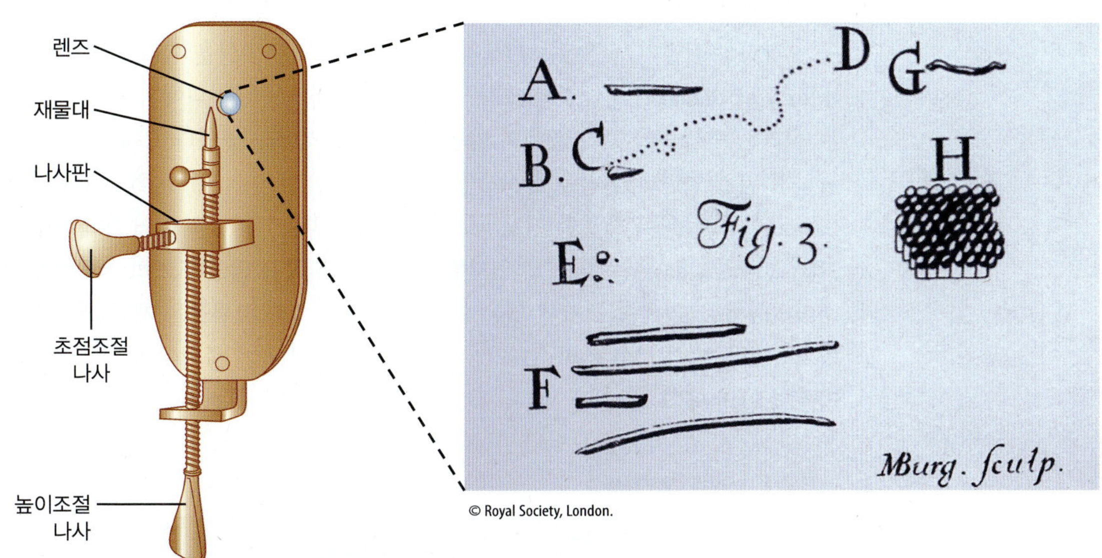

© Royal Society, London.

였고, 세균 세포의 삽화를 포함시켰다(**그림 2.2B**).

Hooke와 Leeuwenhoek에 의해 이루어진 관찰과 설명 덕분에 전 세계가 미생물의 세계에 대해 눈을 뜨게 되었다.

Louis Pasteur(1822~1895)

Leeuwenhoek의 사후, 대부분 사람들은 미생물(animalcules)을 인간사회에 거의 영향을 미치지 않는 단순한 호기심의 대상으로 생각하였기 때문에 미생물에 대한 관심은 점점 줄어들었다. 하지만 현미경 기기의 발전과 배율이 점차 개선되면서, 1850년대에 저명한 프랑스 화학자이자 과학자인 Louis Pasteur에 의해 감염성 질병의 원인 요소로서 미생물(animalcules)이 관심을 받게 되었다(**그림 2.3**). 그는 미생물의 일부가 전염병의 매개체일 것이라 믿었다.

Pasteur는 과학에서의 발견이 사회에 실용적으로 적용되어야 한다고 여겼는데, 1857년 프랑스의 한 지역에서 포도주가 산패하게 되는 수수께끼를 밝힐 기회를 드디어 잡게 되었다. 그 당시에, 포도주 **발효(fermentation)**는 포도 주스가 단순한 화학적 분해에 의해 알코올이 된다는 이론이 유력하였다. 이 과정에 살아있는 유기체가 관여한다는 생각은 누구도 하지 않았다. 그러나 Pasteur는 현미경 관찰을 통하여 포도주에 효모 세포로 알려진 작은 미생물이 많이 포함되어 있는 것을 반복적으로 확인하였다. 더욱이 그는 산패(酸敗)한 포도주에 Leeuwenhoek가 그림으로 묘사했던 눈에 거의 보이지 않는 세균 군집이 존재한다는 사실을 알게 되었다. Pasteur는 일련의 고전적인 실험을 진행하였다. 그는 포도 주스를 몇 개의 플라스크에 담고 끓여서 효모 세포를 제거한 후에 방치하면서 발효가 진행되는지를 확인하였다. 하지만 어떤 변화도 일어나지 않았다. 이어서 그는 이 플라스크에 순수한 효모 세포를 넣어 주었고, 발효는 정상적으로 진행되었다. 또한 그는 열을 가하여 포도 주스에서 세균을 완전히 없애면 포도주가 산패하지 않는다는 사실을 발견하였다. 즉, 포도주 맛이 변하지 않았다. 세균의 오염을 제어하기 위한 Pasteur의 열처리 제안이 오늘날 우리가 **저온살균(pasteurization)**이라 일컫는 공정 개발로 연결되었다.

발효(fermentation): 미생물을 이용하여 탄수화물을 산, 기체 그리고 (또는) 알코올로 분해하는 대사과정.

효모나 세균과 같은 작은 생명체(생물 공장)가 중요한 화학적 변화를 수행한다는 Pasteur의 연구 결과는 과학계를 뒤흔들어 놓았고, 더 나아가 Pasteur는 세균이 사람에게 질병을 일으킬지도 모른다는 생각을 하게 되었다. 1857년 Pasteur는 몇몇 미생물이 사람의 질환과 관련이 있을 수 있다는 짧은 논문을 발표하였다. 이로써, 그의 발효에 관한 연구는 감염성 질병의 발병에는 미생물(germs)이 중요한 역할을 한다는 **병원균 이론(germ theory of disease)**에 대한 기초가 되었다. 이들 미생물은 어디에서 유래했을까? Pasteur는 이러한 미생물이 공기 중에서 발견될 수 있을 것이라 믿었다. 그의 이러한 신념을 입증하기 위한 일련의 실험을 실시하였다. **A CLOSER LOOK 2.1**에 설명되어 있는 것처럼, Pasteur는 영양원이 풍부한 액체 배지(broth라고 부름)를 넣은 여러 개의 백조목 플라스크(swan-neck flask: 플라스크의 S자형 목이 백조의 목을 닮았다고 하여 이렇게 불렀음)를 준비하였다. 그는 플라스크에 있는 액체 배지를 끓여서 미생물을 제거한 다음 공기 중에 방치하였다. 이럴 경우 플라스크의 S자형의 목 부위에 공기 중의 미생물이 포집되지만, 플라스크 안의 액체 배지 안으로는 들어가지 못한다. 이 플라스크를 따뜻한 곳에서 배양하

그림 2.3 Louis Pasteur.

A CLOSER LOOK 2.1

실험과 과학적 탐구

이 책으로부터 알 수 있는 것처럼 과학은 지혜의 보고이다. 그러나 과학은 또한 학습하는 과정 중의 일부분일 뿐이다. 우리는 종종 새로운 정보가 우리가 옳다고 믿고 있는 것과 있는 것과 일치하기 때문에 새로운 정보를 지식으로 받아들인다. 그러나 우리가 옳다고 믿고 있는 것이 항상 옳을까? 현재의 믿음을 조사하거나 믿음에 도전하기 위해서, 과학자는 아주 잘 계획되고 신중하게 수행된 실험에 의해 뒷받침되는 논리적인 주장을 제시하여야 한다.

과학적 탐구의 구성 요소

문제에 대한 답을 찾기 위한 여러 가지 방법들이 있다. 과학에서 과학적 탐구—또는 과학적 방법이라고도 함—는 방법의 문제를 조사하는 것이다. Louis Pasteur가 공기 중에 미생물이 존재한다는 것을 보여주기 위해 발표한 실험의 논리를 따름으로써, 과학적 탐구가 어떻게 진행되는지 알아 보자.

Louis Pasteur는 그 가설을 시험하기 위한 실험을 시작했다.

- Pasteur는 백조 목 플라스크에 배지를 주입한 후 존재할 수 있는 미생물들을 멸균시키기 위해 배지를 끓여 열처리하였다. 외부의 미생물들은 공기 중의 플라스크로 들어갈 수 있지만, 그 미생물들은 플라스크 목 아래쪽에 갇히게 되고 배지로 이입되지 못할 것이다.
- 며칠 후, Pasteur는 (A) 플라스크의 목을 절단하거나 또는 (B)

Pasteur와 공기 중의 미생물. 먼저 백조 목 플라스크(목이 가늘고 긴 플라스크)에 주입한 배지를 끓여 열처리한다. 냉각하고 방해를 받지 않으면 공기가 플라스크에 들어갈 수 있지만, 곡률로 된 플라스크의 목 부분은 먼지 입자와 미생물을 가두고 미생물이 배지에 도달하는 것을 방지한다. 살균된 배지가 함유된 유사 플라스크의 목이 절단된 경우**(A)** 또는 플라스크를 기울여 배지가 목 부위에 들어가면**(B)**, 미생물은 배지에 접촉하게 되어 성장하게 된다.

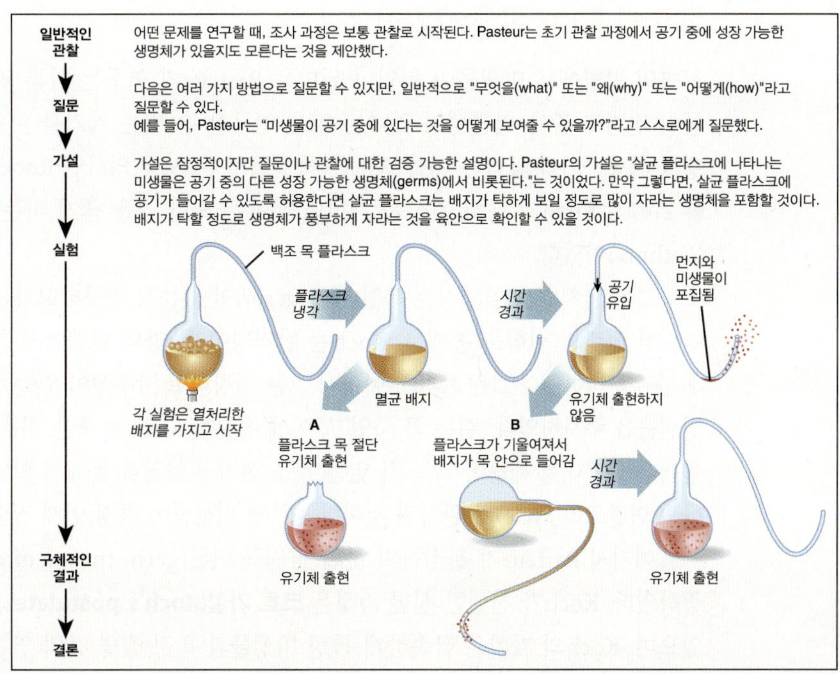

플라스크를 기울여 배지가 목 아래쪽에 닿도록 하였다.

결과

- 온전한 플라스크에서는 미생물의 성장(증식)이 관찰되지 않았다.
- 플라스크 목을 절단하거나 또는 플라스크를 기울여서 배지가 목에 들어간 플라스크에서는 미생물(액체배지가 혼탁해짐)이 관찰되었다.

결론

이상의 실험을 분석해 보자. Pasteur는 그의 가설이 옳으면 어떻게 되는지에 대한 확신을 가지고 있었다. 그의 실험에서는 하나의 변수(조절 가능한 조건)만 변경되었다. 이 실험에서, 플라스크들은 그대로 남겨지거나 목이 절단되거나 기울어지면서 배지가 공기에 노출되었다. Pasteur는 다른 모든 요소들은 동일하게 유지했다. 즉, 각 실험에서는 동일한 배지를 사용했고, 같은 시간 동안 열처리되었으며, 비슷한 플라스크가 각 실험에서 사용되었다.

따라서, 실험에는 온전한 백조 목 플라스크인 철저한 "대조군"(비교 조건)이 있었다. 온전한 백조 목 플라스크에서는 미생물이 나타나지 않는다는 Pasteur의 발견은 매우 흥미로운 결과이지만, 그것 자체로는 아주 사소한 것이었다. 미생물들이 바로 증식하게 되는 백조 목이 절단된 (또는 백조 목이 기울여진) 플라스크와 비교함으로써 아주 큰 의미를 가지게 된다. 이 실험들로 그의 가설이 입증되었다.

가설과 이론

언제 가설이 이론이 되는가? 그런데 가설에서 이론으로 바뀌게 되는 데에는 정해진 기간이나 증거의 양은 없다. 많은 독립적인 연구자들에 의해 검증되고 항상 타당한 것으로 입증된 가설이 "이론"으로 정의된다. 어느 시점에서, 타당하고 충분한 증거가 있는 가설은 이론이라 할 수 있다. 그러나 이론은 확정된 것은 아니며, 추가적인 실험에 의해 부정될 수도 있다.

좀 더 덧붙여 말하자면, 오늘날 어떤 이론은 종종 연설과 언론에서 부적절하게 사용된다. 이러한 경우에, 어떤 이론은 그것을 입증하는 증거의 유무와 관계없이 잘못된 직감이나 신념이 된다. 과학에서 이론은 많은 실험적인 증거에 의해서 지지되는 원리들의 일반적인 조합이다.

였을 때 액체 배지에는 미생물이 전혀 나타나지 않았다.

그러나 이 플라스크의 목을 잘라 공기 중의 미생물이 액체 배지로 들어갈 수 있게 하면 오래되지 않아 미생물 생장에 의해 액체 배지가 탁해졌다. 이 실험으로 미생물은 공기 중에서 뿐만 아니라 주변 환경 중에도 존재하고 있다는 것이 확실해졌다.

비록 Pasteur의 연구가 몇몇 미생물(세균: germs)이 질병을 유발한다는 것을 제안하였지만, 그는 특정 질병을 유발하는 특정의 미생물을 입증하지는 못하였다. 그의 좌절을 추가하자면, 그의 5명의 자식들 중 3명이 일찍 사망하였는데, 그중 2명은 세균 감염에 의한 장티프스가 원인이었다.

Robert Koch(1843~1910)

질병의 발병에는 미생물이 원인이 된다는 Pasteur의 연구는 다른 과학자로 하여금 미생물이 질병과 깊은 연관성이 있다는 것을 연구할 수 있는 계기를 마련해 주었다. 소위 미생물 사냥꾼이라 불리는 이들 중에는 독일에서 온 시골 의사인 Robert Koch도 있었다(**그림 2.4A**). Koch가 특히 관심을 가졌던 분야는 소나 양을 죽게 하는 혈액 질병인 탄저병(anthrax)이었다.

그는 탄저병을 일으키는 특정 세균(germ)이 있는지 연구하고자 하였다. 명쾌하면서도 단순한 일련의 실험을 통해서, Koch는 탄저병이 든 양의 혈액에서 특정의 세균을 발견한 후 순수분리하였다(**그림 2.4B**). 이어서 그는 건강하고 감수성이 있는 쥐에 순수분리된 탄저 병원균을 주사하였다. 쥐는 곧 죽었고, 이에 흥분한 Koch는 죽은 쥐를 해부하여, 죽은 쥐의 혈액에서 막대형 세균이 가득 차 있는 것을 현미경 관찰을 통해서 확인하였다. 이것으로 하나의 연결고리(cycle)가 완성된 것이다—특정 미생물이 특정 인체 질환을 유발한다.

여기서 Pasteur가 완성하지 못한 병원균 이론(germ theory of disease)을 명확히 입증하였다. Koch가 진행한 실험 과정은 **코흐 가설(Koch's postulates)**로 널리 알려지게 되었으며, Koch의 가설은 급속하게 특정 미생물과 특정 질병 간의 연관성을 밝히는 지침이 되었고, 오늘날에도 이 가설은 여전히 이용되고 있다.

그림 2.4 Koch의 가설.
(A) Robert Koch.

(B) Robert Koch는 최초로 어떤 미생물이 하나의 질병에 관여한다는 일련의 가설을 통하여 Pasteur의 병원균 이론을 입증하였다. 사진은 Robert Koch가 관찰한 간균을 보여주고 있다. 많은 간균이 포자를 가지고 있어서 부풀어져 있다.

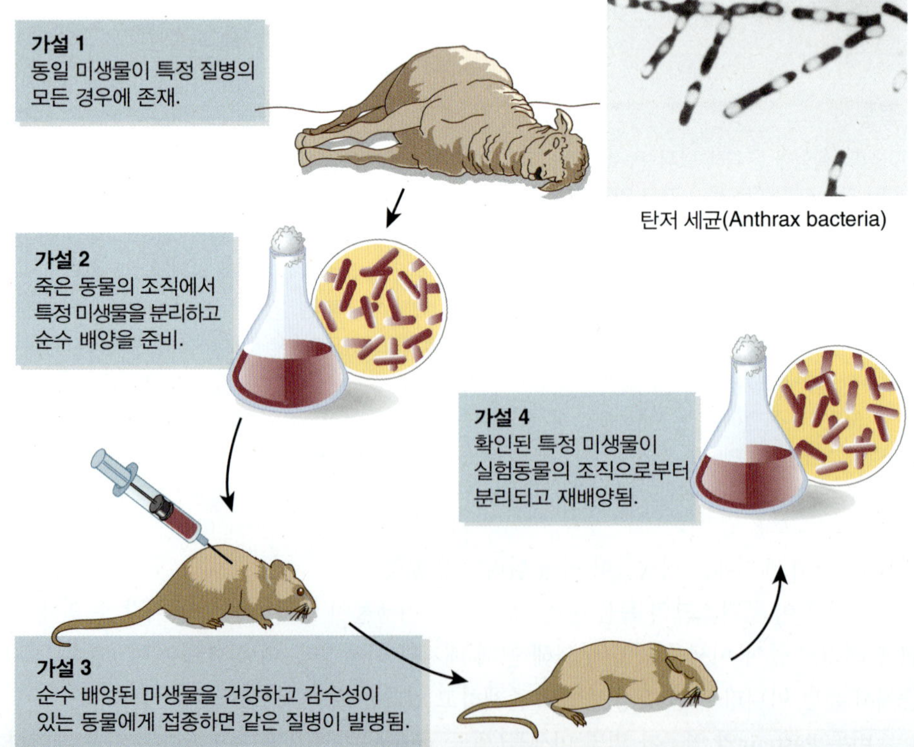

미생물학 황금기(1857~1917)

Pasteur와 Koch 덕분에 미생물학은 약 60년에 걸쳐 큰 발전을 이루었다. 미생물학의 이 황금시대에 Pasteur는 닭 콜레라, 탄저병, 인간 광견병 백신을 연구하였다. Koch는 결핵과 인간 콜레라를 유발하는 미생물을 동정하였으며, Koch의 동료와 또 다른 연구자들은 특정 질병과 관련된 더 많은 세균들을 동정하였다. 사실상 미생물 사냥꾼이란 불리는 미생물 연구자들이 국제적으로 등장하였다. 예를 들면,

- 스코틀랜드인 미생물학자인 David Bruce는 파상열(undulant fever)을 일으키는 세균을 동정하였다.
- 일본인 미생물 연구자인 Shibasaburo Kitasato는 선 페스트(bubonic plague)의 원인이 되는 세균을 동정한 2명의 연구자 중 1명이었다.
- 미국인 미생물학자인 Howard Taylor Ricketts는 로키산 홍반열(Rocky Mountain spotted fever)을 유발하는 감염 인자를 발견하였다.
- 미군 군의관인 Walter Reed는 황열병(yellow fever)을 유발하는 인자를 분리하였다.

이 황금시대와 함께 미생물은 의료 분야를 넘어 세계와 사회에 다양한 영향력을 나타내게 되었다. 효모의 중요한 작용에 의한 와인 생산에 대하여 Pasteur가 발견한 것 외에도 러시아 토양미생물학자인 Sergei Winogradsky는 이산화탄소를 이용하여 당을 합성하는 무해한 토양 세균을 발견하였다. 네덜란드의 미생물학자이자 식물학자인 Martinus Beijerinck는 질소를 고정하여 식물이 이용할 수 있는 형태의 질소원으로 전환하는 토양 세균을 발견하였다. 미생물 생태학에 대한 관심은 높아지고 미생물이 세계와 사회에 다양한 영향을 미친다는 인식은 점차 증대되었다.

2.2 미생물의 명명

모든 유기체에 학명을 부여하는 것은 특정 유기체에 대하여 과학자 간에 소통할 때 혼동을 방지하기 위해 매우 중요하다. Linnaeus는 유기체에 학명을 부여하기 위해서 간단한 시스템을 고안해냈다. 그는 1753년에 출간한 *Systema Naturae* 책을 통해 이미 알려져 있거나 새로 발견된 식물에 대해 6,000개 이상의 학명을 부여했다. 다음 해에는 점점 더 많은 식물과 동물 표본이 그에게 보내졌고, Linnaeus는 이들 유기체에 대한 학명을 그의 저서를 통해 계속해서 새롭게 정리해 나갔다. 혼란스러웠던 유기체 명명체계에 질서가 잡히게 되었다.

1900년대 초까지, 미생물 탐색자들은 보다 더 많은 미생물을 발견하고 동정하였다. 그리고 이들 미생물에는 Linnaeus의 체계를 기반으로 하여 학명을 부여하였다. 오늘날에도 여전히 많은 미생물들이 발견되고 있으며, 이들 미생물 역시 Linnaeus의 체계의 적용을 받고 있는데, Linnaeus의 분류체계는 국제적으로 합의된 다양한 규칙에 의해 오늘날에도 관리되고 있다. 따라서 이 Linnaeus 체계를 미생물들을 예로 들어 알아 보자.

이명식 명명법

Linnaeus의 명명 체계를 **이명식 명명법(binomial nomenclature)**이라 한다. 즉, 각 유기체에게는 라틴어(또는 때때로 그리스 어근)로부터 유래된 두 단어로 조합된 명칭이 종명(種名)으로 부여된다. 그중에서 이명식의 첫 단어(명칭)는 **속명(genus, 복수 genera)**이

그림 2.5 ***Escherichia coli.***
E. coli 세포의 전자현미경 영상의 위색(false-color) 사진.
(Bar = 2 μm.)

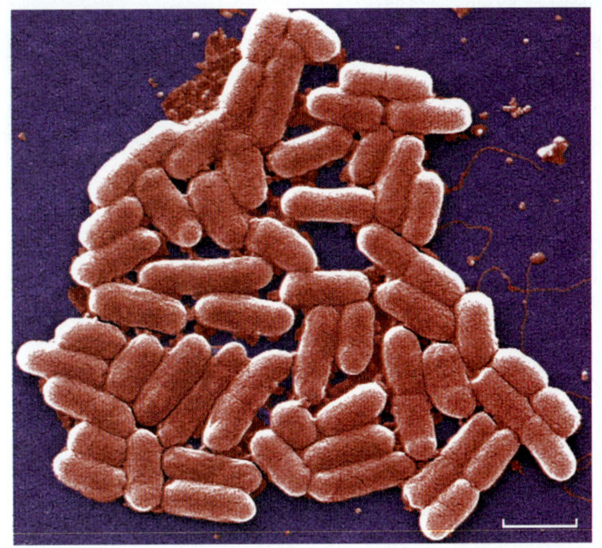

Courtesy of CDC.

Escherichia coli: esh-er-EEkey-ah KOH-lee

고, 이어지는 두 번째 단어(명칭)는 종수식어 또는 종소명(또는 종형용어)이라고 한다. 이명법에 의해 속명과 종소명으로 조합된 유기체의 명명은 **종(species, 복수 species)**을 표시한다. 예를 들어, 사람의 대장에서 정상적으로 발견되는 세균 종을 *Escherichia coli*라고 명명한다(**그림 2.5**). 이명법의 첫 부분인 *Escherichia*는 이 미생물체가 속하는 속의 이름인데, 이것은 1888년 처음으로 이 미생물을 동정하여 보고한 Theodor Escherich를 존중하여 그의 이름에서 따온 것이다. 이명법의 두 번째 단어인 *coli*는, Escherich가 이 세균을 처음 발견한 장소인 '대장(colon)'이라는 단어에서 유래된 종소명이다. [사람을 명명함에 있어서도 같은 법칙이 적용되어, 학명으로는 *Homo sapiens*라고 한다(*Homo* = 인간; *sapiens* = 현명한).]

새로운 종이 발견되어 그 종을 이명법으로 명명할 때 그 미생물의 발견자들에 의해 창의적으로 명명될 수 있다. 이명법에 의해 미생물을 명명할 때 Escherichia와 같이 과학자의 이름을 반영할 수 있고, 그 미생물의 성장 양식, 그리고 처음으로 발견된 지명까지도 반영할 수 있다.

A CLOSER LOOK 2.2에서 그 미생물들이 어떻게 명명되었는지에 대한 몇 가지 예를 제시하고 있다. 종명을 표기하는 정확한 지침은 다음과 같다.

- 속명의 첫 글자는 대문자로 쓰고 속명의 나머지 글자와 종소명은 소문자로 표기한다.(사람의 이름을 딴 경우에도)
- 이명은 항상 이탤릭체(타이핑의 경우) 또는 밑줄(필기의 경우)을 그어 표기한다.
- 어떤 글에서 이명을 표기할 때, 처음 한 번은 전체 속명과 종소명의 글자를 모두 표기하지만, 그 다음부터는 속명의 첫 단어를 첫 글자만 표기함으로써 이름을 줄일 수 있다. 즉, *Escherichia coli*는 *E. coli*라고 줄여 표기할 수 있다.

이러한 지침에 벗어나, 요즘 일반 대중을 위한 신문 상이나 다른 출판물에서 생물체의 이명법에 의한 표기로 일반 문자를 자주 사용하고 있다. 예를 들면, 대장균에 대한 이명법에 의한 표기를 이탤릭체가 아닌 일반 문자인 Escherichia coli로 표기된 것을 볼 수 있을지도 모른다.

많은 미생물 종의 분류군에는 유전적으로 약간의 차이가 있는 개체, 즉 균주 또는 아종들을 포함하고 있다. 이들을 명명하기 위해서 이명법에 의한 종명의 끝부분에 추가 단어들이 부가된다. *E.coli* 종 중 병원성 균주인 *E. coli* O157:H7 균주를 예로 들 수 있다. 이 균주가 오염된 음식을 섭취하면 이 균주에 의해서 심각한 장내 질환이 발생할 수 있다. 따라서 O157:H7이라는 표지는 동정 목적으로 그리고 이 균주를 대장에서 발견되는 일반적으로 무해한 다른 대장균 균주와 구별하는 데 유용하다.

2.3 미생물세계: 관찰자

역사적으로 미생물은 현미경 관찰을 통해 발견되고 연구되었다. 비록 19세기와 20세기의 미생물 탐색자들이 많은 미생물을 발견했지만, 오늘날 추정되는 1조 종의 미생물 중에서 단지 약 2% 정도만 시각적으로 관찰되었다는 것을 알게 된다면 놀랄 것이다.

A CLOSER LOOK 2.2

이름이 뭐가 중요해?

Shakespeare's의 *Romeo and Juliet*에서 Juliet은 Romeo에게 이름은 인위적이고 별 의미 없는 관습적인 것이라 말한다. 아마도 Romeo를 설득하는 데 있어 그녀는 Montegue라는 그 사람 자체를 사랑하는 것이지 그의 가문이 아니라는 그녀의 관점에서 "이름이 뭐가 중요해"라고 사랑에 바탕을 둔 변명을 하고 있는 것이다. 여러분은 이 책을 읽어가면서 미생물에 대한 많은 학명을 마주치거나 마주하게 될 것이다. 발음하기 어려운 많은 이름들이 있는데(부록 A에 그 이름과 그것의 발음을 나열하였다) 그 유기체들은 어떻게 그러한 이름들로 명명되었을까? 그들 대부분의 이름은 그리스어와 로마어 어원에서 유래하였다. 여기에 몇 가지의 예들이 있다.

종	이름에 담긴 의미
개인의 이름을 딴 속	
Bordetella pertussis	1906년에, 백일해의 원인이 되는 이 작은 세균을 동정한 벨기에의 Jules Bordet의 이름을 따서 명명하였다.
Neisseria gonorroeae	1879년에, 이 세균을 발견한 Albert Neisseria의 이름을 따서 명명하였다. 종소명에서 표시한 것처럼 이 균은 임질의 원인균이다.
미생물의 형태를 딴 속	
Vibrio cholerae	*Vibrio*는 "콤마 형태"라는 의미를 가지고 있는데, 이 세균 세포는 콤마 형태를 지니고서 콜레라를 유발한다.
Staphylococcus epidermidis	어간(語幹) *staphylo*는 밀집된 무리(cluster)를 뜻하며, coccus는 구(球)를 의미한다. 그러므로, 이 세균 세포들은 구형의 밀집된 형태를 형성하며 피부의 표면(표피)에서 발견된다.
미생물의 속성을 딴 속	
Saccharomyces cerevisiae	1837년에, Theodor Schwann은 효모 세포를 발견한 후, 이들을 *Saccharomyces*라 불렀다(*saccharo* = 당; myces = 균류). 왜냐하면 효모는 포도즙(당)을 알코올로 전환하기 때문이다; *cerevisiae*(ceres는 로마의 농업의 신이다)는 고대로부터 맥주 제조에 이용된 효모의 용도를 나타낸다.
Myxococcus xanthus	어간 *myxo*는 점액을 의미한다. 이 균은 점액성 물질을 생산하는 구형의 형태를 띠고, 배양 과정에서 황색(*xatho* = 황색)의 성장을 보인다.

최근 Shakespeare's의 시적 스타일에 어울리는 *Thiomargarita namibiensis*라는 미생물이 있다. 이 세균 종은 1997년 남아프리카 서부 연안인 나미비아(Namibia) 연안에서 멀리 떨어진 대서양 바다의 바닥 퇴적물 시료에서 처음으로 발견되었다(*ensis* = 속함). 이들 구형 형태의 세균 세포에는 황(*thio* = sulfur)이 축적되어 현미경으로 관찰 시 세포는 희게 보이는데, 현미경적 크기에서 마치 진주 목걸이와 같이 보인다(*Margarit* = 진주). 그래서 *Thiomargarita namibiensis* 세균을 "나미비아의 황 진주(Sulfur Pearl of Namibia)"라 한다. Juliet이 얼마나 감동을 받을 것인가!

그러면 이러한 현미경 기구에 대해 알아보고, 그것이 어떻게 미생물들을 관찰하고 더 자세히 연구할 수 있는 창구를 제공했는가에 대해 살펴보자.

미생물의 측정과 세포 크기

미생물을 정의하는 큰 특징 중 하나는 그들의 크기가 아주 작다는 것이다. 미생물은 곤충처럼 인치나 밀리미터(mm) 단위로 측정되는 작은 동물과는 구별되는데, 미생물은 이들보다 훨씬 더 작기에, **마이크로미터(micrometers, μm)** 단위로 측정된다(**그림 2.6A**). 예를

마이크로미터(micrometers): 밀리미터(mm)당 1,000분의 1에 해당하는 길이의 측정값.

들어, 전형적인 세균 세포의 길이는 약 2 μm이지만, 일반적인 세균 종의 크기는 0.1 μm에서 10 μm 사이이다. 이 작은 크기를 확인하려면, **그림 2.6B**에서 제시된 사람 입 안쪽의 뺨 세포(the cheek: 직경 60 μm)를 통해 이해할 수 있다. 일반적으로 입 안의 뺨 세포의 양쪽 끝 직경에 걸쳐 약 30개 정도의 세균 세포가 나란히 부착되어 있다.

다른 더 큰 미생물도 있어 효모 세포는 지름이 약 5 μm이고, 일부 원생동물의 세포는 길이가 200 μm에 이른다.

나노미터(nanometers): 마이크로미터(μm)의 1,000분의 1에 해당하는 길이의 측정값.

바이러스는 세균 세포보다 훨씬 작기 때문에 바이러스는 **나노미터(nanometers, nm)** 단위로 측정된다(그림 2.6A 참조). 세균성 바이러스 약 12입자가 (각각 100 nm 길이) 세균 세포의 길이에 걸쳐 부착되어 있는 것을 **그림 2.6C**에서 볼 수 있다.

믿을 수 없을 정도로 작은 바이러스에서부터 곰팡이에 이르기까지 미생물 크기의 스펙트럼을 요약하여 **그림 2.7**에서 제시되어 있다. 그중에서 많은 것들은 육안으로도 볼 수 있다.

대부분의 경우, 미생물 세계를 관찰할 때에는 주로 2종류의 현미경이 사용된다.

광학현미경

Leeuwenhoek 시대 이후, **광학현미경(Light microscope)**의 제조 기술이 크게 진보하여, 오늘날의 현미경은 보통 1,000배의 배율까지 볼 수 있다(**그림2.8A**). 광학현미경의 주요 구

그림 2.6 크기 측정.

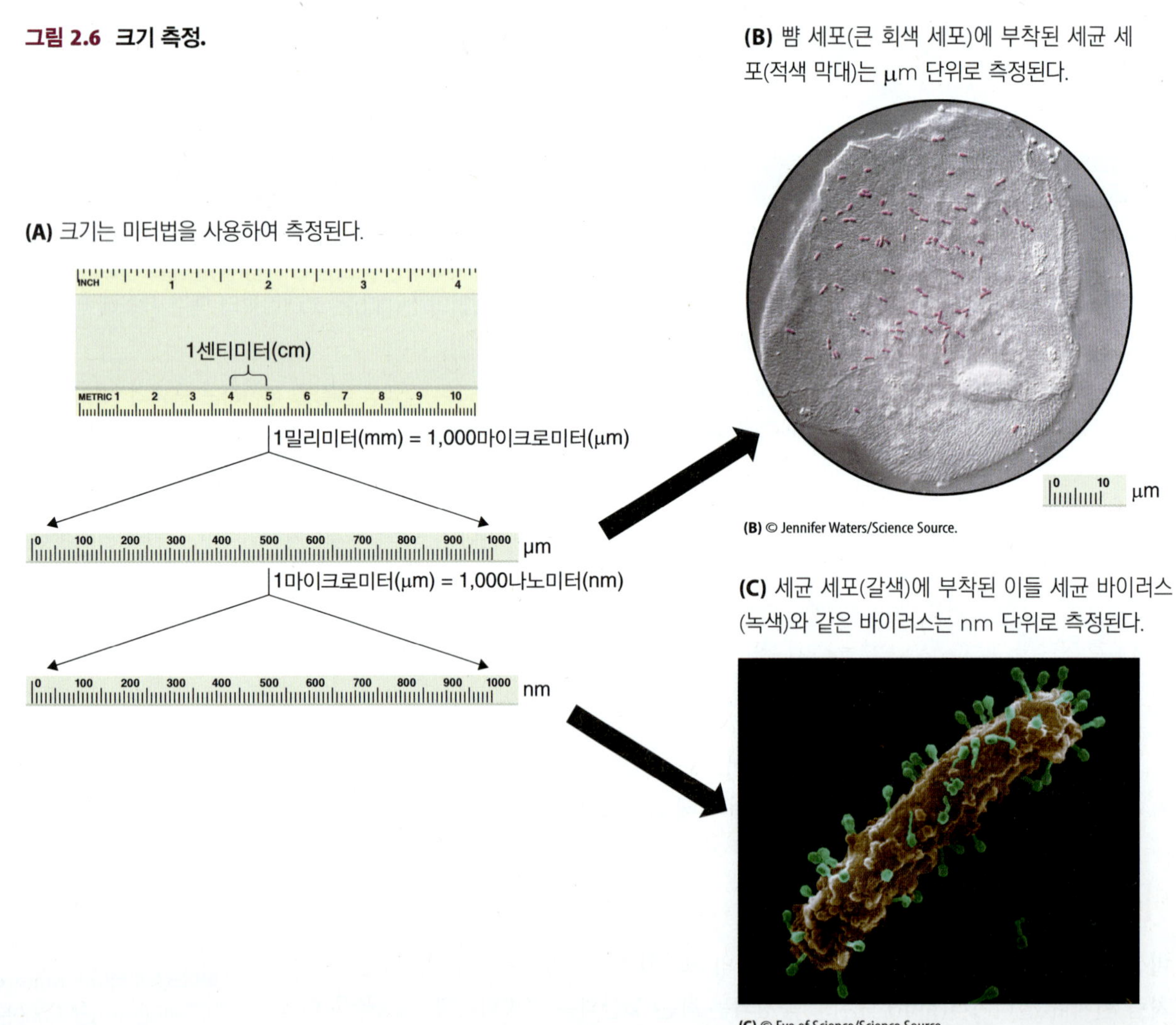

(A) 크기는 미터법을 사용하여 측정된다.

(B) 뺨 세포(큰 회색 세포)에 부착된 세균 세포(적색 막대)는 μm 단위로 측정된다.

(B) © Jennifer Waters/Science Source.

(C) 세균 세포(갈색)에 부착된 이들 세균 바이러스(녹색)와 같은 바이러스는 nm 단위로 측정된다.

(C) © Eye of Science/Science Source.

그림 2.7 여러 원자, 분자, 바이러스 그리고 미생물의 크기 비교(실제 비율에 따라 그린 것이 아님). 촌충과 흡충은 육안으로 볼 수 있는 크기이지만, 그 기생충에 의한 질병의 가능성 때문에 미생물학자들에 의해 많이 연구되고 있다.

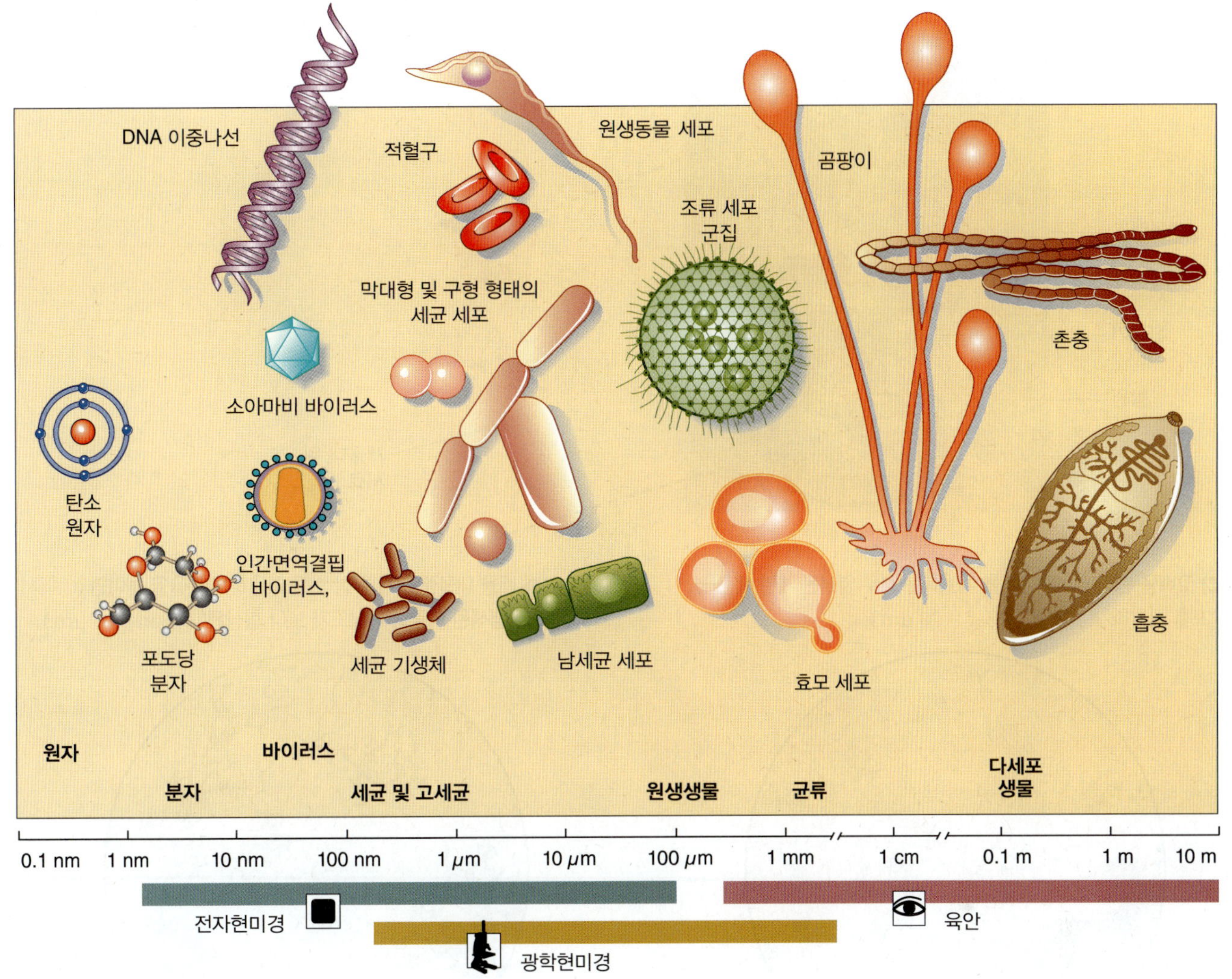

조는 대안렌즈(접안), 대물렌즈(접물), 재물대(시료를 처리한 슬라이드 글라스를 고정), 재물대 아래에서 빛을 모아주는 집광기, 그리고 광원이다.

대부분의 광학현미경에는 물체를 확대하기 위한 3개 이상의 대물렌즈, 즉 저배율의 대물렌즈(10배), 고배율의 대물렌즈(40배), 그리고 기름-침적(oil-immersion) 대물렌즈(100배)가 장착되어 있다.

각 대물렌즈는 피검체를 확대하여 영상을 생성하고, 대안렌즈가 이 영상을 다시 확대하여 최종의 이미지를 만들면, 관찰자는 그 이미지를 보게 되는 것이다(**그림 2.8B**). 현미경의 **총배율(total magnification**, 피검체가 확대되는 배율)은 대물렌즈와 대안렌즈 각각의 확대 배율을 곱한 값이 된다. 예를 들어, 40배의 고배율 대물렌즈와 10배의 대안렌즈를 사용했다면 총배율는 400배가 되는 셈이다(**그림 2.8C**).

세균 세포와 같은 작은 미생물에 초점을 맞추고 연구하기 위해서는 현미경의 최대 배율이 필요하다. 최대 배율 확보를 위해 오일-침적 대물렌즈를 사용한다. 이 대물렌즈와 슬라이드 글라스(시료 처리) 사이에 한 방울의 침적 오일을 주입하면 대물렌즈는 피검체를 관찰하기에 충분한 빛을 확보하게 된다. 이 대물렌즈를 사용하면 총배율을 1,000배까지 확보가 가능하다(**그림 2.8D**).

그림 2.8 광학현미경.

(A) 교육용 광학현미경.

(B) 광학현미경에서 상을 형성하기 위해서는 빛이 눈에 도달하기 전에 대물렌즈와 대안렌즈를 통과하여야 한다.

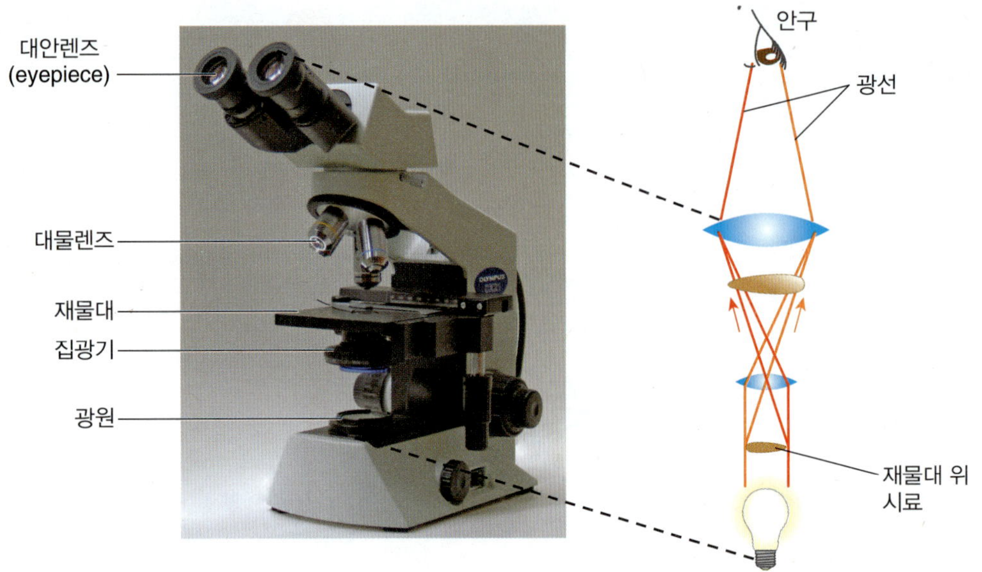

(C) 고배율 렌즈(40배) 렌즈를 사용하는 경우 염색된 개별 세균 세포를 관찰하기는 어렵다. (Bar = 20 μm.)

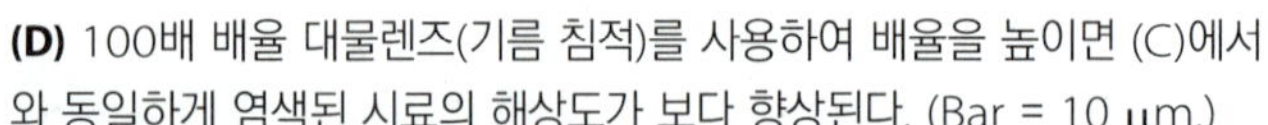

(D) 100배 배율 대물렌즈(기름 침적)를 사용하여 배율을 높이면 (C)에서와 동일하게 염색된 시료의 해상도가 보다 향상된다. (Bar = 10 μm.)

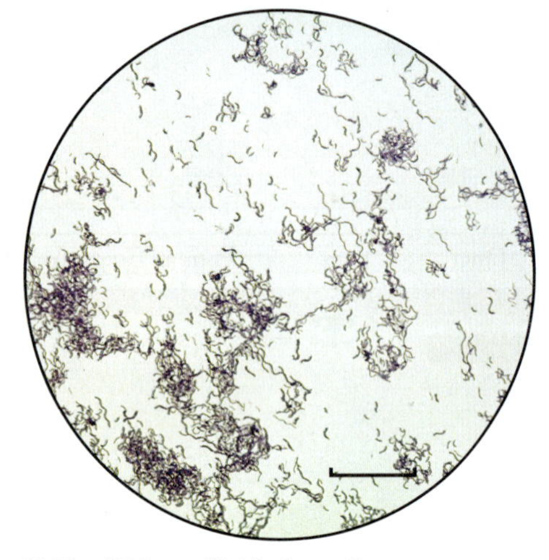

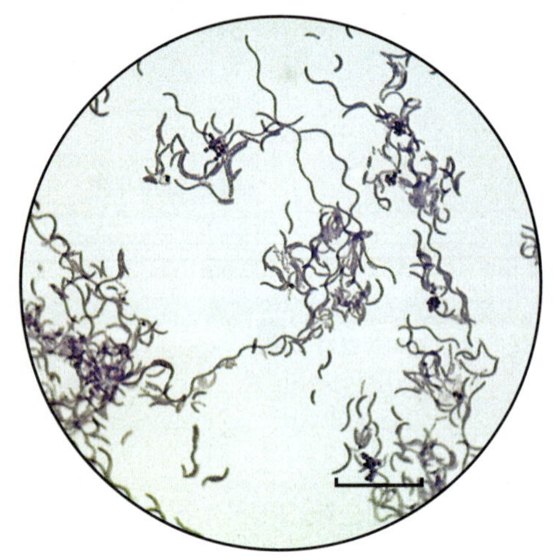

(A), **(C)**, and **(D)** Courtesy of Dr. Jeffrey Pommerville.

비록 보다 상세한 것은 오일 침적 렌즈를 통해 볼 수 있지만, 그 정도의 배율로는 바이러스나 세포 내부의 기관 구조를 관찰하기에는 여전히 불충분하다. 이러한 아주 작은 물체들을 관찰하기 위해서는 훨씬 더 큰 배율이 요구된다.

전자현미경

1940년대에 **전자현미경(electron microscope)**이 개발됨에 따라, 관찰자들에게는 완전히 새로운 길이 열렸다. 현미경학자들은 이제 세포를 더 상세하게 관찰할 수 있을 뿐만 아니라, 바이러스와 미생물 세포 내부의 작은 구조도 관찰할 수 있게 되었다.

전자현미경은 물체를 보기 위해 진공관과 자석(유리 렌즈가 아닌)을 통과하는 전자빔(빛이 아닌)을 이용한다. 전자를 방출하는 전자원으로부터 산란된 전자가 검체에 흡수되거나 또는 검체를 관통해 전달되어 최종 이미지가 생성된다. 이 이미지는 전자현미경

화면이나 모니터를 통해 볼 수 있으며, 영구적인 기록을 위해 디지털 형식으로 보관할 수 있다. 전자현미경으로 촬영한 이미지는 흑백(회색조) 영상이다.

그러나 이러한 이미지는 많은 출판물에서 종종 특정 기능을 강조하기 위해 위색 색상으로 표시된다. 이 장과 책 전체에서 볼 수 있는 대부분의 전자현미경 이미지는 이러한 위색 이미지이다.

오늘날에는 두 가지 유형의 전자현미경이 널리 사용되고 있다.

투과전자현미경

투과전자현미경(transmission electron microscope, TEM)은 대형 기기이다(**그림 2.9A**). TEM은 시료를 관찰하기 전에 시료를 얇은 조각(100 nm 두께)으로 절단하여 사전에 처리된 시료의 이미지를 생성한다. TEM은 약 20만 배까지 최대 확대할 수 있으며, 2 nm 만큼 작은 시료도 관찰할 수 있다(**그림 2.9B**). 관찰자는 TEM을 사용하여 바이러스의 형태와 구조 양식을 볼 수도 있다(**그림 2.9C**).

주사전자현미경

주사전자현미경(scanning electron microscope, SEM)은 일반적으로 세포 전체와 바이

그림 2.9 전자현미경.

(A) 투과전자현미경(TEM).

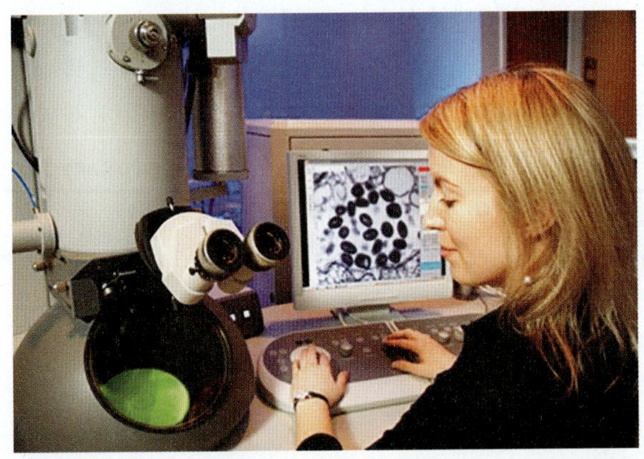

Courtesy of James Gathany/CDC.

(B) 세균 세포의 위색의 TEM 영상. (Bar = 1 μm)

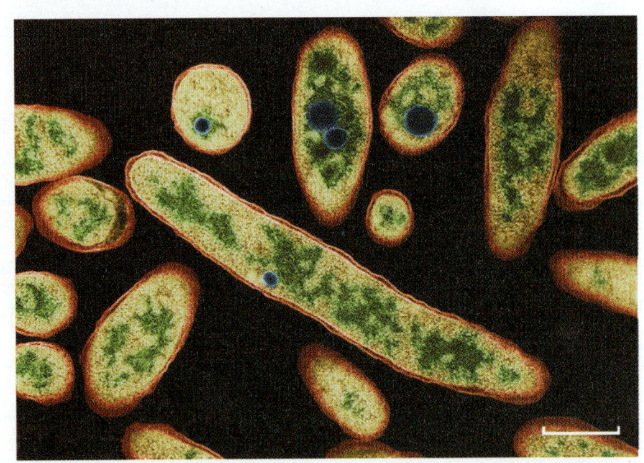

© Phanie/CDC/ Alamy Stock Photo.

(C) 바이러스의 위색의 TEM 영상. (Bar = 50 nm)

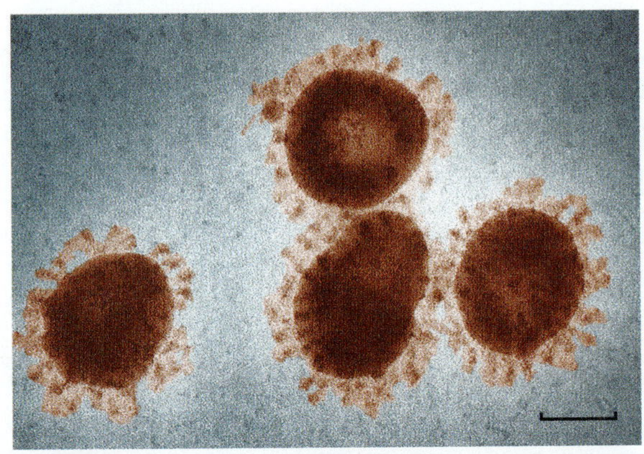

Courtesy of CDC.

(D) 주사 전자현미경(SEM)에 의한 세균 세포의 위색 영상. (Bar = 2 μm.)

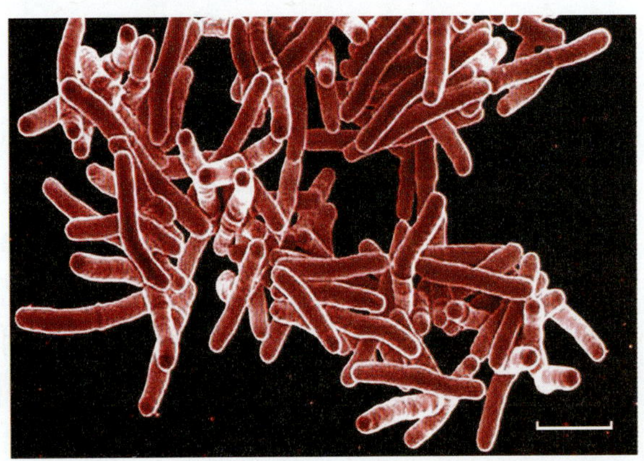

Courtesy of CDC.

러스를 관찰하는 데 이용된다. SEM은 약 20,000배의 최종 배율을 생성하며, 관찰자는 약 7 nm의 작은 물체를 볼 수 있다. SEM의 주요 특징은 세포와 바이러스 시료의 외부를 입체적으로 볼 수 있다는 것이다(**그림 2.9D**).

2.4 미생물 분류군: 진핵생물, 원핵생물 및 바이러스

유기체(organism): 하나 이상의 세포로 구성되어 있는 개별적인 생명 형태.

그러면, 이러한 현미경으로 무엇을 볼 수 있는지 좀 더 깊이 들여다보자.

세포는 생명체의 기본 구성단위이며, 모든 살아있는 **유기체(organism)**는 하나 이상의 세포로 이루어져 있다. 대부분의 미생물은 하나의 세포로(단세포) 이루어진 생물체인 반면에 곰팡이, 많은 해조류, 식물, 동물들은 다세포 생물이다. 예를 들어, 성인 인간은 약 30조 개의 세포로 구성되어 있다. 현미경으로 세포의 내부 구조를 조사한 결과, 모든 세포는 두 가지 유형 중 하나로 조직되어 있다.

균류, 원생생물, 식물 및 동물은 성장 및 번식을 위한 **유전 정보(deoxyribonucleic acid, DNA)**를 수용하는 막으로 둘러싸인 **세포핵(cell nucleus)**을 포함하는 세포로 구성되어 있다(**그림 2.10A**). 이러한 DNA는 **염색체(chromosomes)**라는 실과 같은 구조로 싸여 있다. 이 세포들은 **소기관(organelles)**이라고 하는 여러 내부 구조를 포함하고 있다. 이러한 유형의 조직을 가진 세포를 **진핵세포(eukaryotic cell**; *eu* = "진정", *karyon* = "핵")라고 하며, 이러한 세포로 이루어진 유기체를 "진핵생물(eukaryotes)"이라 한다.

세균 세포에는 세포핵이 없다. 이러한 세균 세포는 DNA로 이루어진 세균 염색체를 가지고 있지만, 이들 염색체는 막으로 둘러싸여 있지는 않다(**그림 2.10B**). 이러한 세포에서는 세포소기관이 거의 발견되지 않는다. 그러므로 세균 세포를 **원핵세포(prokaryotic cell**; *pro*= "이전")라고 하며, 집단을 "원핵생물"이라 한다.

다른 장에서 진핵생물과 원핵생물에 대해 좀 더 집중하므로, 여기서는 이들에 대해 간단히 이해하고 넘어갈 것이다.

진핵미생물

진핵미생물(Eukaryotic Microorganisms)은 진핵생물 그룹 중 가장 큰 분류군으로 구성되어 있다. 이들은 20억 년 전 지구 상에 처음 출현한 원생생물들과 균류들이다.

원생생물

원생생물(protists) 분류군에는 **원생동물(protozoa**, 단수 **protozoan)**과 **조류(algea**, 단수 **alga)**를 포함하고 있다. 이들 원생생물 분류군은 식물이나 동물과 공통적인 특성을 공유하는 대부분 단세포 유기체로서, 방대하고 매우 다양한 분류군들의 집단이다. 어떤 종들은 다세포 생명체의 조상으로 여겨지기도 한다.

많은 종류의 원생동물은 자연환경에서 자유롭게 생활하며(**그림 2.11A**), 어떤 원생동물은 병원성을 가지고 있어 말라리아의 원인 미생물이기도 하다.

단세포 녹조류(green algae), 규조류(diatoms) 그리고 쌍편모 조류(dinoflagellates) 같은 원생생물들은 남세균(cyanobacteria)과 마찬가지로 광합성을 하는 **식물플랑크톤(phytoplankton)**의 일부로 천문학적으로 많은 개체가 바다 표면에 서식하고 있다(**그림**

그림 2.10 진핵세포와 원핵세포 비교.

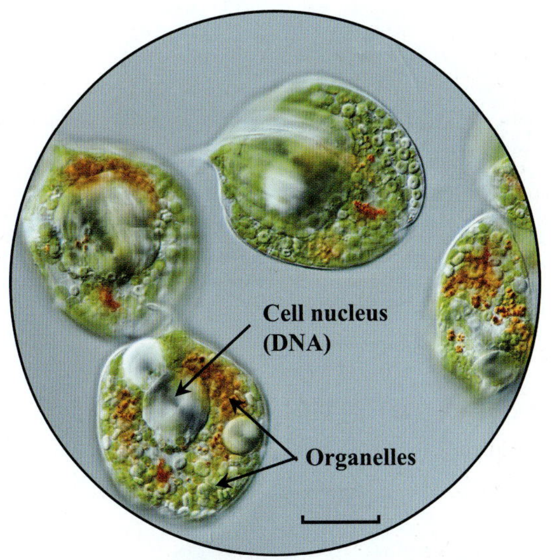

(A) 광학현미경으로 찍은 이 사진은 각각 세포핵과 세포내 소기관를 포함하는 여러 개의 진핵(조류)세포를 보여주고 있다. (Bar = 10 μm.)

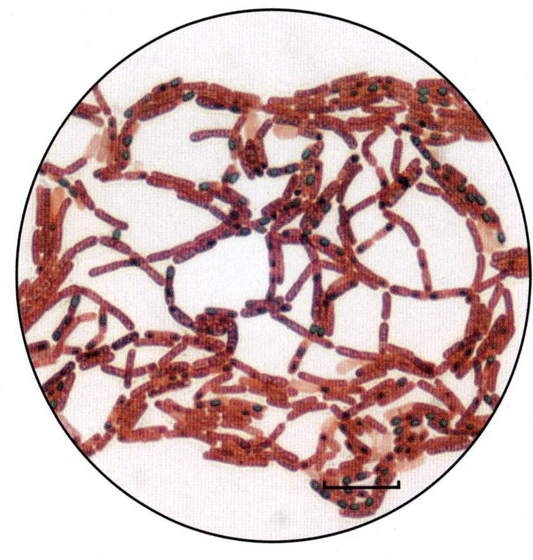

(B) 광학현미경으로 찍은 적색으로 염색된 세균 세포의 영상에는 전형적인 진핵세포의 구조가 결여되어 있다. 녹색 타원형은 세균 포자이다. (Bar = 2 μm.)

2.11B). 그렇기 때문에 식물플랑크톤은 수계에 있는 다른 생물들에게 먹이 공급원 역할을 하는 먹이사슬의 토대가 된다. 조류는 세계의 많은 지역에서 상업적으로 중요하다. 초밥에 사용되는 해초인 김은 매우 흔하며, 몇몇 해조류는 미래의 청정 에너지원으로 사용될 수 있는 바이오 연료의 원천으로 오늘날 연구되고 있다.

조류는 사람을 감염시키지 않지만 소수의 조류는 심각한 중독을 유발할 수 있다. 또한, 조류가 대량 증식(algal boom)으로 수계 중의 용존 산소가 대량 소비됨에 따라 용존 산소의 부족으로 종종 어류의 집단 폐사가 초래되는데, 이러한 지역을 "dead zones"이라고 한다.

균류

균류(fungi, 단수 **fungus)**는 곰팡이, 버섯, 그리고 효모를 포함하고 있다. 전문가들은 최대 5백만 종의 균류가 있을 것이라고 추정하고 있다. 곰팡이와 버섯은 일반적으로 지하에서 성장하는 길게 분지된 실 모양의 사상성 세포로 형성되어 있다. 대조적으로, 효모는 종종 단일 세포로 존재한다(**그림 2.11C**).

영양원 획득의 유형에 있어서, 균류는 세포 외부로 효소를 분비하여 주위의 죽은 식물과 동물의 물질을 분해하고 흡수한다. 사실, 대부분의 곰팡이들은 죽은 동식물의 주요 분해자들 중 하나이다. 세균 유기체와 함께, 그들은 다른 유기체의 성장에 필수적인 원재료를 제공한다.

많은 균류가 여러 방면으로 우리 사회에 기여한다. 예를 들면, 여러 종류의 버섯은 식용으로도 이용되며, 맛도 좋다. 일부 항생제는 곰팡이에 의해 자연적으로 생성된다. 다른 곰팡이들은 미생물의 작용에 의해 생산되거나 보존되는 식품인 발효식품의 생산에 이용된다(예, 발효 야채, 요구르트, 사워크림). 몇몇 종의 효모는 와인 및 맥주 생산에 이용될 뿐만 아니라, 이들은 많은 빵 및 제빵 제품에 필수적이다.

불행하게도, 일부 곰팡이 종들은 식품 부패(**그림 2.11D**)를 야기하는 반면, 다른 종들

그림 2.11 미생물들의 사진들.

(A) 이들 원생동물 세포는 여러 효모 세포(적색 구조)를 삼킨 상태이다. (Bar= 10 μm.)

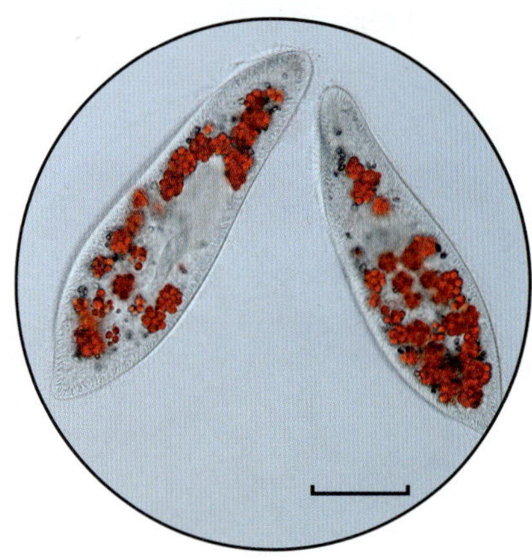

(B) 식물성 플랑크톤 시료. (Bar = 10 μm.)

(C) 타원형 효모 세포의 광학현미경 영상. (Bar = 10 μm.)

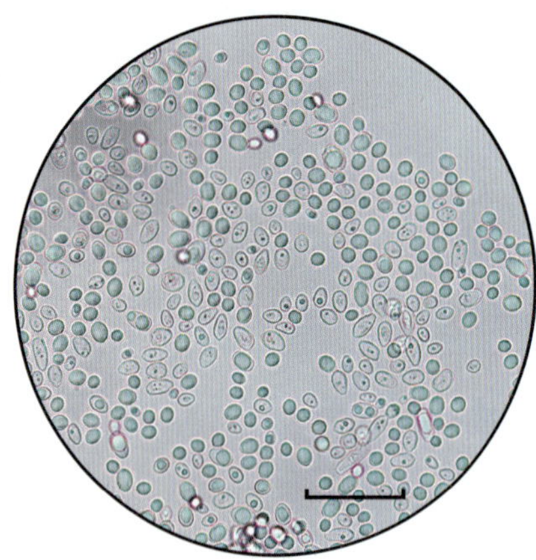

(D) 균류의 곰팡이 포자 (작은 어두운 점) 및 포자 보유 구조. (Bar = 10 μm.)

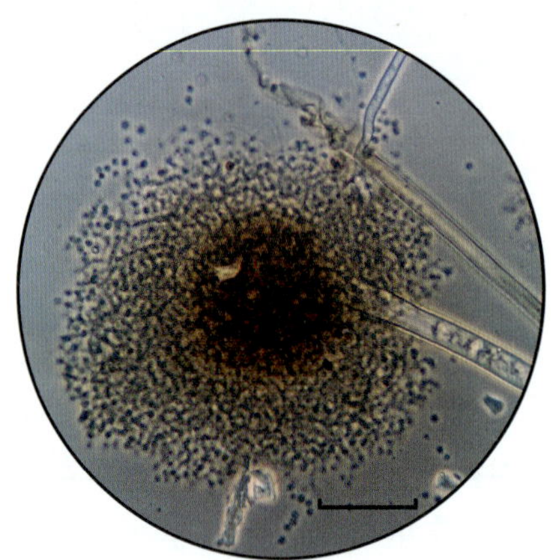

(E) 염색된 세균 세포를 보여주는 광학현미경 영상. (Bar = 10 μm.)

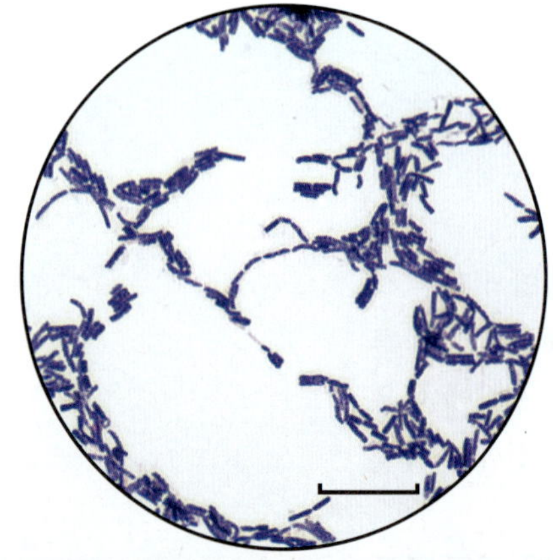

(F) 독감 바이러스의 위색 TEM 이미지. (Bar = 60 nm.)

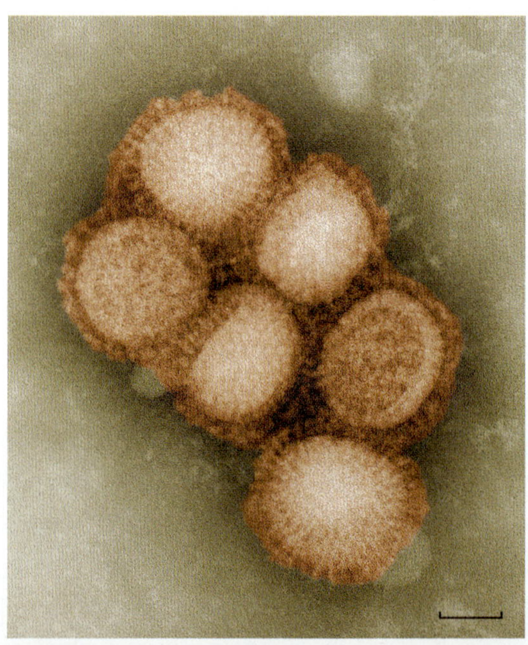

은 농작물에 심각한 질병을 유발하여 막대한 경제적 피해를 초래한다. 비록 이들이 주요 인체 감염의 병원균은 아니지만, 일부 곰팡이 병원균은 경미한 감염(예, 무좀)을 일으킬 수 있고, 또 다른 병원균들은 심각한 감염으로 인해 때때로 생명을 위협하는 호흡기 질환(예, 계곡열, valley fever)을 유발하기도 한다.

원핵생물

지구 상에서 가장 방대한 유기체 분류군은 원핵생물이다. 이들은 대략 40억 년 전에 오늘날과 매우 다른 지구 환경에서 처음 출현하였다. 엄청나게 긴 진화 기간 동안, 그들은 오늘날 우리가 보는 것과 같은 지구로 바꾸어 놓았다. 그렇게 함으로써 원핵생물은 지구 상에서 상상할 수 있는 거의 모든 서식처와 환경을 차지하게 되었다. 원핵생물들은 대기권의 끝단, 햇빛이 들지 않는 해저, 남극 대륙의 차가운 계곡, 그리고 인간을 포함한 모든 동물들의 장내에서도 서식하고 있다.

세균과 고세균

모든 원핵생물은 현미경으로 관찰했을 때 대부분의 원핵생물은 비슷하게 보이기 때문에, 한 때는 밀접한 관계가 있는 것으로 생각되었다. 오늘날, 분자적 특성에 기초하여 과학자들은 원핵생물을 2개의 개별 그룹으로 나누었다.

한 그룹인 **세균(Bacteria)**은 내부 구조가 광범위하게 이루어져 있지 않은 작은 단세포 유기체(**그림 2.11E**)로 구성되어 있다. 수백만 종의 다른 박테리아 중에서, 많은 박테리아는 죽은 식물과 동물 물질을 분해하여 다른 유기체가 이용하는 원재료로 되돌려 주는 재활용 기능이 우수한 유기체이다.

단세포 원핵생물의 두 번째 그룹은 **고세균(Archaea)**이다. 아무도 얼마나 많은 다른 종의 고세균이 존재하는지 확신하지 못하지만, 아마도 수백만 종이 될 것이라 추정하고 있다. 고세균 세포는 현미경으로 보면 진정 세균 세포처럼 보인다. 하지만, 고세균은 독특한 화학적 특징 그리고 유전적 특성 및 진화적 관계가 세균 세포와는 상당히 다르다. (이후의 몇 페이지에서 더 자세히 알 수 있다.)

Archaea: are-KEY-ah

많은 원핵생물은 죽은 동식물의 물질을 분해함으로써 그들의 영양을 획득한다. **남세균(Cyanobacteria)**과 같은 다른 것들은 진핵 조류나 녹색 식물과 매우 유사한 과정의 광합성을 통해 그들 자신의 영양을 합성한다. 비록 알려진 모든 고세균과 대부분의 세균들은 질병을 일으키지 않지만, 소수의 세균 종은 인간에게 감염을 일으킬 수 있고 때로는 심각한 질병을 유발할 수 있다. 인간의 세균성 질병에 대해서는 다른 장에서 배우게 될 것이다.

바이러스

바이러스(viruses)는 지구 상에서 가장 다양하고 수적으로 많은 개체이다; 바이러스는 수적으로 원핵생물보다 10배나 많다. 바이러스는 전형적인 세포의 구조로 이루어져 있지 않으며, 오히려 유전물질과 이를 둘러싼 단백질 외피(coat)로 구성되어 있다; 어떤 바이러스는 세포막과 유사한 피막(membranous envelope)이 단백질 외피를 둘러싸고 있다(**그림 2.11F**). 바이러스는 세포핵이 없고, 성장하지 않으며, 부산물을 생산하지 않는다. 또한 바이러스는 원핵생물 및 진핵생물과 연관된 화학적 신진대사능이 결여되어 있다.

바이러스는 독자적으로 자기 개체를 재생산할 수 없다. 오히려, 그들은 적절한 숙주 세포에 감염하여 종국에는 **숙주(host)** 세포의 대사를 제어할 수 있어야 한다. 그리고 나서,

숙주(host): 미생물이나 바이러스가 생명활동을 영위하고, 영양을 획득하고, 증식(복제)할 수 있는 세포나 유기체.

바이러스는 자신의 유전 정보를 통해 숙주 세포의 화학적 기구를 가로채 이 기구를 이용하여 동시에 수백 개의 바이러스 입자를 생산한다. 이 새롭게 생산된 바이러스 입자들은 세포 밖으로 빠져 나오는데, 이때 종종 숙주 세포를 손상시키거나 파괴시킨다. 잇따른 세포 파괴가 지속되면 감염된 조직은 손상되고, 질병의 증상이 나타나게 된다.

그렇다면, 이 모든 미생물과 바이러스는 어떻게 분류될까?

2.5 분류학: 생명체 분류

항목을 분류하려는 시도는 항상 인간 본성의 일부였다. 그러므로, Linnaeus의 시대 이후로, 과학자들은 모든 형태의 생명체가 어떻게 연관되어 있는지를 알아내려고 노력해 왔다. 이 장을 마치기 위해, 과학자들이 미생물을 포함한 모든 생명체의 관계를 실증하기 위해 고안한 두 가지 방안에 대해 알아보자.

생명체의 분류 및 체계화

Linnaeus는 유기체에 학명을 부여하는 이명법을 고안한 것 외에도 유기체를 체계화된 그룹으로 **분류(cataloging)**하는 **분류학(taxonomy)**의 기본 규칙을 확립했다. 유기체들을 그룹 별로 체계화하여 분류하는 이 계층형 시스템을 고안하였는데, 이 계층형 시스템에서 가장 덜 포괄적이고 가장 기본적인 계층은 종(species)이다. 긴밀하게 연관된 종들의 그룹을 함께 묶어 한 속(genus)을 형성한다. 마찬가지로, 유사한 속들이 모인 집단은 한 **과(family)**를 형성하며, 분류군들은 계층으로 구성되어 체계화된다.

예를 들어, 인간(*H. sapiens*), 고릴라(*Gorilla gorilla*), 집 개(*Canis lupus*), 코요테(*Canis latrans*)에 대한 계층적 분류를 시도해 보자(**그림 2.12**). 4종 모두 별개의 종이지

그림 2.12 인간, 고릴라, 집 개 및 코요테(Coyotes)의 계층적 분류.

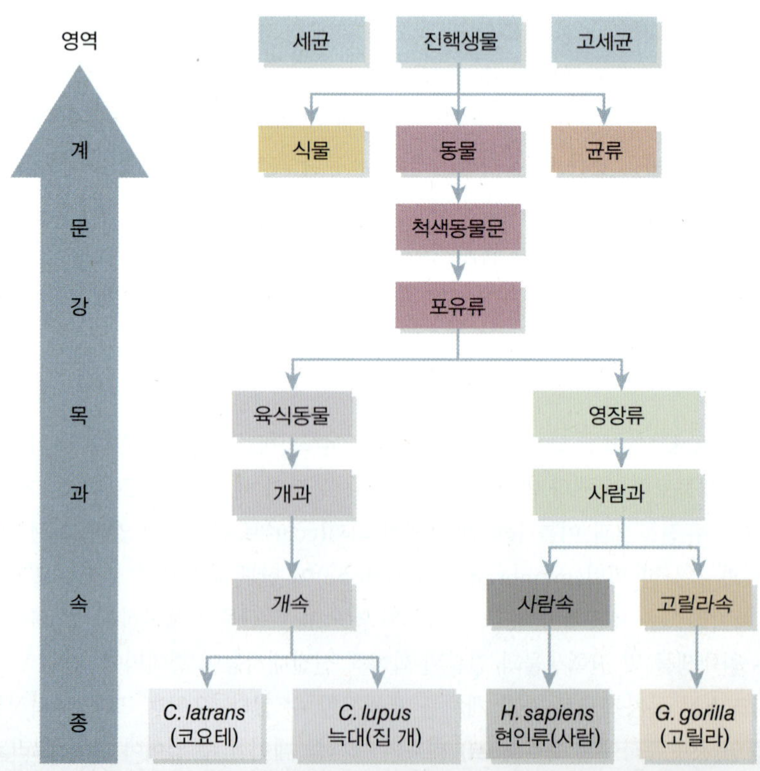

표 2.1 인간과 3종류 미생물의 분류학적 분류[1]

분류군	인간	맥주 효모	장내 세균	환경 미생물
영역(Domain)	Eukary	Eukary	Bacteria	Archaea
계(Kingdom)	Animalia	Fungi		
문(Phylum)	Chordata	Ascomycota	Proteobacteria	Euryarchaeota
강(Class)	Mammalia	Saccharomycaotin	Gammaproteobacteria	Halobacteria
목(Order)	Primates	Saccharomycetales	Enterobacteriales	Halobacteriales
과(Family)	Hominidae	Saccharomycetaceae	Enterobacteriaceae	Halobacteriaceae
속(Genus)	*Homo*	*Saccharomyces*	*Escherichia*	*Halobacterium*
종(Species)	*Homo sapiens*	*Saccharomyces cerevisiae*	*Escherichia coli*	*Halobacterium salinarum*

[1] 유기체들에 대한 발음은 **부록 A**를 참조.

만, 코요테와 개는 다른 종과 달리 아주 유사해서 둘 다 카니스(*Canis*)속(genus)에 속한다. 그러나 인간과 고릴라는 두 유기체 모두 99%의 유전적 유사성, 유사한 감각, 유사한 손(고유한 지문 포함), 유사한 임신 기간을 가지기 때문에 과(family) 단계에서 유사하여 같은 과에 속한다.

분류학자들은 점차 보다 포괄적인 분류 부문을 사용하게 되었다. 관련 있는 과(family)들이 모여 **목(order)**을 이루고, **목(order)**은 모여서 **강(class)**을 이룬다. 여러 강들이 모여 **문**(**phyum**, 복수 **phyla**)을 이룬다. 인간, 고릴라, 개, 코요테에 대해 앞에서 예시로 제시한 분류 체계에 따르면, 인간은 확실히 개, 코요테와 다른 형질을 가지고 있다. 하지만, 모유를 생산하고, 새끼를 낳으며, 머리카락이나 털을 가지고 있다는 점에서는 모든 4종의 동물은 유사하다. 따라서 4종의 동물은 모두 같은 강(class)에 속하며, 포유류(Mammalia)라는 강(class)으로 분류된다.

마지막으로, 식물, 동물, 그리고 균류가 속한 모든 문(order)들은 한 **계**(界, **Kingdom**)에 귀속되어 함께 분류된다. 원핵생물과 원생생물은 종간 유사 관계의 불확실성 때문에 최근 분류체계에서는 어떤 계(kingdom)에도 속해 있지 않다. 즉 계 분류군을 지정하지 않고 있다. **표 2.1**은 인간, 효모(균류), 장내 세균 및 환경 미생물에 대한 분류학적 분류를 보여 주고 있다.

생명체 계통수

Darwin 이래로 분류학자들은 생명체를 계층적 분류체계로 체계화하는 것 외에도, 모든 생명체를 모든 유기체 간의 진화적 관계를 보여주는 하나의 체계로 분류하기 위해 시도해 왔다.

유기체가 서로 어떻게 연관되어 있는지 그리고 모든 유기체가 어떻게 기원했는지를 해석하기 위해서, 점점 더 많은 유기체 특성(유전적, 분자적, 생화학적)이 사용되어 왔다.

DNA 염기서열 분석 기법 및 정보 기술은 특히 **생명체 계통수(the tree of life, TOL)**를 구축하는 데 특히 유용했다(**그림 2.13**). 그림 2.13에서와 같이, 모든 생명체는 **영역**

그림 2.13 생명체 계통수. 모든 유기체는 세 영역 중 하나에 속하게 된다. 미생물들(적색 가지)이 계통수의 분명한 대다수를 차지한다. 가지와 잔가지("twigs")는 알려진 모든 분류군들을 단지 작게 나타낸 것 뿐이다.

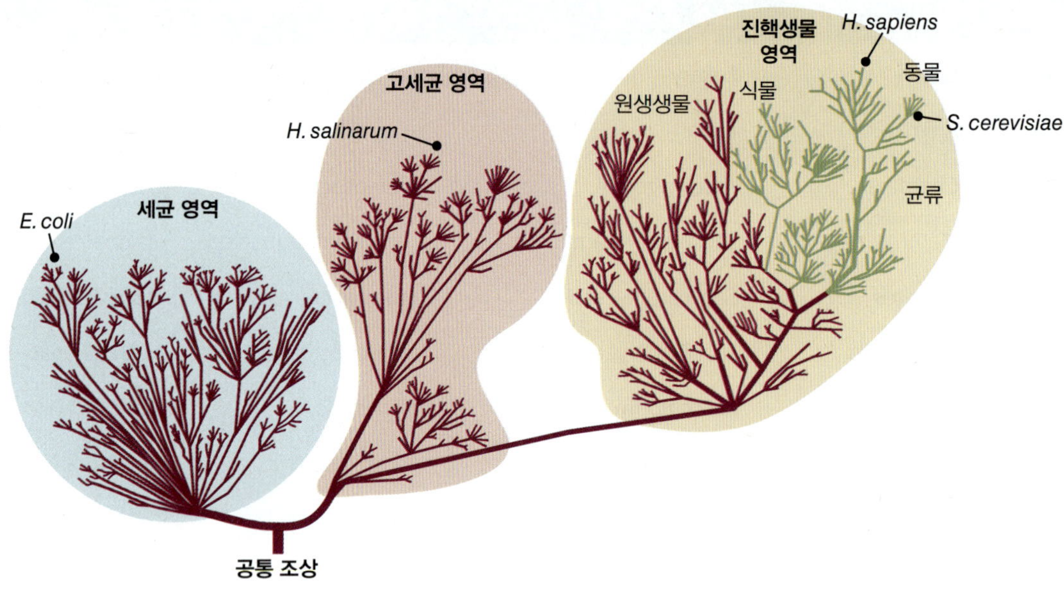

(domain)이라고 하는 세 가지 분류군 중 하나의 영역(domain)에 속하게 된다. 결과적으로, **세 영역 분류체계(three-domain system)**는 TOL로 구성되며 목적에 따라 단순하게 구성된된다. 오늘날 분류학자들이 연구하는 정식버전(full version)에는 나무처럼 더 많은 분지(branches)들과 이들 나무 분지의 잔가지처럼 더욱 세분화된 분지(twigs)로 구성되어 있다.

현대 분류학의 선구자 중 한 과학자인 Carl Woese와 그의 동료들은 각 생명체들 간의 DNA 염기서열 비교 분석을 통해서 원핵생물에 대한 매우 다른 두 갈래의 진화 흔적을 발견했다. 그러므로, 그들은 원핵생물은 **세균 영역(domain Bacteria)**과 **고세균 영역(domain Archaea)**으로, 즉 2개의 영역으로 나눌 것을 제안했다. 모든 진핵생물(원생생물, 균류, 식물, 동물, 인간)을 포함하는 세 번째 영역은 DNA 염기서열을 기반으로 한 세 번째의 고유한 특성 세트를 가지고 있다. 이들 유기체는 **진핵생물 영역(domain Eukarya)**이라 불리는 영역에 귀속된다.

Eukarya: YOU-care-ee-ah

그렇다면, TOL을 통해 무엇을 이해할 수 있을까?

약 40억 년 전 생명체들은 많은 생성과 도태의 많은 시도 끝에 생명 활동을 지속할 수 있었다(이 장의 시작 이미지 참조). 그 당시 조상 원핵 미생물은(공통조상)은 두 가지 계열을 형성하게 되었다. 한 계열은 오늘날의 세균 영역(domain Bacteria)에 속해 있는 유기체들로 진화했을 것이고, 다른 한 계열은 고세균 영역(domain Archaea)에 속한 유기체들로 진화했을 것이다. Darwin이 그의 **자연선택설(Theory of Natural Selection**, 일반적으로 "적자 생존"이라고 함)에서 제시한 것처럼, 유기체가 진화하고 갈라짐에 따라(나무의 가지와 별도의 잔 나뭇가지로 그려짐) 일부 유기체들은 더 잘 적응하게 되어 자기 개체를 지속적으로 이어 갈 수 있었다. 적합하지 못한 유기체들은 적응하지 못하고 서서히 소멸되다가 결국 멸종되었다. 따라서 TOL의 가지들(branches)과 잔가지들(twigs)은 현존의 유기체(가지 끝 부분 위치)들이 어떻게 생겨났는지를 보여 주고 있다.

분류학자들은 약 20억 년에서 30억 년 전, 특히 고세균 영역의 분지에 속한 보다 적합한 유기체들의 왕성한 활동을 통해서 원생생물들과 진핵생물 영역의 조상들이 생성되었을 것이라 추측하고 있다. 다세포성 유기체들의 진화와 함께, 식물, 균류, 그리고 동물들이 출현하여 TOL에 상당히 많은 가지와 잔가지들을 형성했다. TOL에서 다음 사항에 주목하자.

- 미생물들은 지구 상의 모든 유기체들의 약 70%를 차지한다. 이들 미생물 분류군에는 세균 영역, 고세균 영역에 있는 모든 유기체들, 그리고 진핵생물 영역(원생생물과 다양한 균류)에 속해 있는 많은 유기체들이 해당된다.
- 현존하는 모든 유기체들은 거의 40억 년 동안의 진화 산물이다. 즉, 현재의 모든 생명체는 생명체 계통수의 가지들에 의한 공통의 조상을 통해 먼 근연종 그리고 멸종된 조상들과 연결된다.
- 바이러스는 TOL에 포함되어 있지 않다. 바이러스는 유기체가 아니기 때문에 의도적으로 생략한 것이다. 앞서 언급했듯이, 바이러스는 모든 원핵생물과 진핵생물의 특징인 세포로 구성되어 있지 않다.

오늘날 분류학자가 계속해서 새로운 유기체를 발견하고 연구함으로써, TOL은 계속해서 확장되고 있다.

생명체 계통수와 사회

TOL에 대한 이 모든 연구가 과학적으로는 흥미롭다고 생각할지도 모른다. 하지만 사회와의 관계는 어떨까? 사실, 분류학자와 다른 생물학자는 TOL에 대한 포괄적인 이해가 사회에 엄청난 이익을 제공할 것이라 기대한다. 여기 몇 가지 예가 있다.

- 전 세계 수백만 명의 사람들이 자신들의 DNA 서열 분석을 통해 유전적 유산, 민족성 및 가족력을 찾아 내고 있다. 한 사람의 유전적 유산을 식별하는 데 사용되는 기술은 TOL을 구축하는 데 사용되는 도구에서 파생된 것이다.
- 매년 수백 종의 새로운 생명체가 발견되고 있다. 이들 중 많은 것이 인간의 건강에 유용하게 이용될 수 있다. 오늘날 산업계에는 TOL 연구를 통해 발견된 의료 진단을 위한 많은 제품들에 대한 많은 특허 출원이 있어 왔다.
- 세계에서 가장 중요한 작물(곡물)과 가축의 유기체 간의 유연 관계에 대한 지식은 지속적인 유전자 개선을 위해 매우 중요하다. TOL 연구는 다른 식물과 동물의 유기체 간 관계를 이해하는 데 도움을 주고 있다.
- 전 세계적으로 매년 외래 침입 종(미생물, 식물 및 동물)을 관리하는 데 매년 수십억 달러가 소비된다. TOL 연구는 잠재적인 침입 종이 환경에서 경제적, 생태적 피해를 입히기 전에 식별하는 데 도움이 될 수 있다.
- 전 세계에서 매년 6만 명의 사람들이 뱀에 물려서 사망한다! 뱀 독에 대항하기 위한 효과적인 약물을 TOL 연구를 통해 개발될 수 있다. 왜냐하면, 이러한 진화적인 연구들은 자연적으로 항독 화합물을 생산하는 다른 유기체와 뱀 독의 특성을 연관시키는 데 도움을 주기 때문이다.

A Final Thought

생명체의 다양성은 수세기 동안 과학자와 탐험가를 놀라게 했다. 이 방대한 생물체 집단에 대한 학명을 부여하고 분류하는 것에 대한 도전에서, 미생물 세계보다 더 복잡한 집단은 어디에도 없다. 매년 매우 많은 새로운 종이 발견되면서, 오늘날 과학자들은 유기체를 서로 구분하고 분류하기 위해 다양한 유형의 현미경 관찰과 다양한 생화학적, 유전적, 그리고 분자적 도구에 의존하고 있다. 이러한 시도의 결과에 의해서 다양한 형태의 현미경적 크기의 생명체들을 시각적으로 설명하는 세 영역 분류체계와 TOL이 도출되었다. Linnaeus에서부터 Woese에 이르기까지 분류학의 역사는 생명체의 진화에 대한 웅장한 연구이자, 생명체 자체의 기본적인 본질에 대한 사고 자체에 대한 도전이 계속되고 있다.

Chapter Discussion Questions

What Was He Thinking?

이 장을 읽으면서, 저자가 전달하려고 했던 미생물에 대한 5가지 주요 요점을 확인하고 토론하시오.

Questions to Consider

1. Louis Pasteur는 미생물 이해와 미생물학 분야에 여러 가지 공헌을 했다. 이 그림에서 4개의 패널로 표시된 대로, 그가 기여한 4가지를 알아보시오.

© Bilha golan/Shutterstock.

2. 한 온라인 뉴스 사이트에는 “the famous fungal genus ecoli.”에 대한 기사가 실려 있다. 이 영문 구절에서 몇 개의 오류를 찾을 수 있을 것이다. 틀린 부분의 문구를 다시 수정하여 보시오.
3. 한 저자는 저명한 과학저널에 “Linnaeus는 각각의 생명체에 2개의 라틴어 이름을 부여했는데, 첫 번째 이름은 그것이 속한 속(genus)을 나타내고, 두 번째 이름은 그것의 종(species)을 나타낸다.”라고 썼다. 몇 줄 후에, 작가는 이렇게 썼다, “인간은 자신의 속과 종인 *Homo sapiens*를 부여 받았다.” 이 두 서술 모두 개념적으로나 기술적으로 잘못된 것은 무엇인가?
4. 이 장에서 언급된 바 있는 과학자(Hooke, Leeuwenhoek, Linnaeus, Pasteur, Koch,

Woese) 중에서, 누가 그의 당대의 과학[Hooke, Leuwenhoek(1600년대 후반), Linnaeus(1700년대 초기), Pasteur, Koch(1800년대 후반), Woese(1900년대 후반)]에 가장 큰 영향을 미쳤다고 생각하는가?

5. 아프리카 국가 Burkina Faso(이전에는 Upper Volta)의 이 우표에는 Robert Koch의 어떤 전염병에 대한 중대한 발견이 기념되어 있는가? 힌트: 우표의 왼쪽에 있는 이미지는 폐의 X선 이미지이다.

© rook76/Shutterstock.

6. 바이러스가 생명체 계통수에 포함되지 않는 이유를 설명하시오.
7. Maria는 지난 주에 수업을 빠져서 그 수업의 노트를 복사하고 있다. 복사하는 동안 Maria는 "유기체(organism)"라는 용어를 여러 번 발견했지만 그 의미에 대한 메모가 없었다. 그녀가 "유기체(organism)가 무엇입니까?"라고 묻는다면, 당신은 어떻게 대답하겠는가?
8. 미국의 모든 주(states)에는 대표적인 상징물로 공식적으로 동물, 꽃 또는 나무를 지정하고 있지만, 한 주에는 그 이름을 따서 이름이 붙여진 *Methanohalophilus oregonense*라는 이름의 공식 세균 종이 있다. 이 주는 어느 주일까? 그리고 종명의 의미는 무엇일까? (참고: *methano* = 메탄 가스 생성; *halophilus* = 호염; *ense* = "소속.")
9. Leeuwenhoek, Linnaeus, Darwin이 각각 타임머신을 타고 오늘날의 세계로 온다면, 이들이 각각 오늘날 알려진 것과 같은 미생물의 다양성과 생명체의 진화를 이해할 것이라고 생각하는가?
10. 이 장에서 제공된 관련 정보를 바탕으로 아래 빈칸에 기입해 보시오.

분류군	분류 영역	세포 조직 유형	세포핵 유무	세포소기관 유무	인체 감염증 유발
세균					
고세균					
원생생물					
균류					
바이러스					

Chapter 3

세포 분자: 생명체를 구성하는 성분

▶ 섬광

Stanley Miller의 호기심이 발동하였다. 시카고 대학교의 젊은 대학원생이었던 그는 Harold Urey 교수의 강의에서 제시된 방법에 매료되었다. Urey 교수는 사람들에게 오늘날 지구의 대기는 원시 대기와 매우 다르며, 원시 대기는 메탄, 암모니아, 황화수소 및 수소를 포함하는 기체 형태로 구성되었었을 것으로 추측된다고 말했다. Urey 교수는 더 나아가 그러한 대기 내에서 몇 가지 화학적 구성 성분을 합성하면 생명체 출현에 이용 가능한 원료 물질을 형성할 수 있다고 제안하였다.

원시 수프(primordial soup): 생명체의 탄생에 적합한 조건을 제공하는 물질이 풍부한 연못 또는 물줄기.

지구 상의 생명체는 40억 년 전에 시작하였으며, **원시 수프(primordial soup)**의 형태로부터 오늘날 우리가 알고 있는 미생물과 생명체의 놀라운 다양성으로 진화하였다. 그렇다면 지구 상에 최초의 생명체 분자는 어디에서 왔는가? Miller는 1952년에 Urey 교수 실험실에서 연구원 자격으로 일하고 있을 때, 원시 기체 혼합물이 생명체의 구성 성분으로 형성된다는 가설을 입증할 실험을 해줄 것을 요청받았다. 많은 논쟁에도 불구하고, Miller의 끈기에 힘입어 Urey는 그 실험에 동의하였다. 3개월 계획 후 이루어진 Miller의 실험에서, CH_4, NH_3, H_2 기체, 물 증기를 밀폐된 반응관에 함께 넣어 원시 지구 대기에 관한 모의실험을 실시하였다(**그림 3.1**). 그는 이들 기체들이 어떻게 서로 상호작용하도록 할 수 있었을까? 거기에는 불꽃이 필요하였다.

왜냐하면, 번개 폭풍은 원시 지구 대기에서 매우 일상적인 것이었기 때문이다. Miller는 번개를 유도하기 위해 가스 혼합물에 전기를 가하는 멋진 생각을 하게 되었다. Miller

CHAPTER 3 OPENER 지구에서 생명체가 어떻게 시작되었는지 설명하기 위한 많은 아이디어가 제시되었다. 여기에서 Stanley Miller 박사가 1953년에 수행한 그의 유명한 실험을 재현하는 것을 보여준다. 수십억 년 전 지구 대기에 존재했을 것으로 여겨지는 기체가 들어 있는 플라스크를 통해 섬광을 보냈다. 이 실험에서 생명의 구성 요소 중 하나인 여러 개의 아미노산이 만들어졌다.

그림 3.1 Miller-Urey 실험. 이 실험장치는 지구 원시 가스를 함유한 반응관으로 이루어져 있으며, 그 가스 내 전하가 화학반응이 일어날 수 있게 섬광이 공급되도록 이루어졌다.

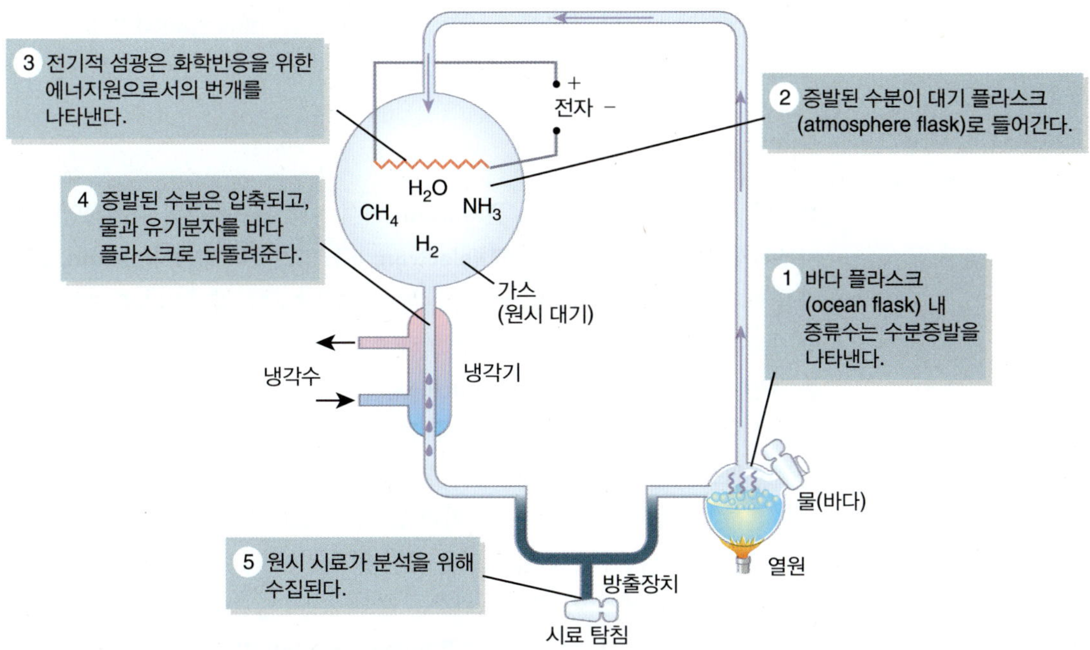

는 수일 동안 그 반응을 지속하였다. 시간이 지나면서 반응관에 갈색의 점성이 축적되는 것이 목격되었고, 물은 노란-갈색을 띠었다. 분석을 통해 단백질의 몇 가지 구성 성분인 5개 아미노산이 생겼음을 관찰하였다.

Miller-Urey 실험은 아미노산과 같은 생명체의 몇 가지 구성 성분이 초기 지구의 시뮬레이션 조건하에서 어떻게 만들어지는지를 최초로 보여주었다. 오늘날 우리는 지구 원시 대기가 Urey가 제시했던 성분을 정확하게 가지고 있지 않다는 것을 알고 있다. 지금도 여전히 Miller의 연구는 획기적인 안표(landmark) 실험임을 보여준다. 실제로, Miller가 사망한지 1년 후인 2008년에 현대적 분석 기술을 통해서, 1952년 밀러가 사용한 원래 반응관으로부터 더 다양한 아미노산과 물질 등을 찾아냈다.

오늘날에도, 우리는 생명체가 어떻게 시작되었는지 확실하게 답하기 어렵지만, 미생물, 바이러스, 그리고 모든 생명체의 구조와 기능을 형성하는 생명체 구성 성분과 여러 분자들을 관찰할 수 있다. 이것은 탄수화물, 지질, 단백질, 핵산 등을 일컫는데, 이들 주제는 다음 페이지에서 다루어질 것이다.

LOOKING AHEAD

이 장을 마치면, 여러분은 다음의 내용들을 할 수 있게 될 것이다.

3.1 원자의 구조를 그릴 수 있다.
3.2 여러 종류의 단당과 다당을 기술할 수 있다.
3.3 지방, 인지질, 스테롤을 비교하고 그 차이를 알 수 있다.
3.4 아미노산을 그릴 수 있고, 4단계의 단백질 구조를 비교할 수 있다.
3.5 뉴클레오티드의 각 부분을 확인하고, DNA와 RNA를 구분할 수 있다.

▶ 3.1 화학기초: 원자, 결합 및 분자

유기물(organic): 화학에서 이산화탄소와 일산화탄소를 제외한 어떠한 탄소를 함유한 물질.

생명체 생성에 필요한 생명체의 구성 성분과 모든 **유기물(organic)**이 유사한 방식으로 함께 합쳐진다. 그들은 모두 원자로부터 그리고 원자 간 상호작용에 의해 만들어진다.

원자와 결합

원소(element): 화학반응에 참여할 수 있는 단일의 보다 작은 순수 물질 개체.

물질의 가장 기본적인 단위는 **원자(atom)**이며, 이것은 3종류의 기본적인 구성 성분으로 이루어져 있다. 즉, 음전하의 **전자(electron, e^-)**, 양전하의 **양성자(proton, p^+)**, 그리고 전하를 띠지 않는 **중성자(neutron)**가 그것이다(**그림 3.2A**). 양성자와 중성자는 한 원자의 질량 대부분을 차지하며, "껍질(shell)"이라고 불리는 위치에서 전자가 핵의 궤도를 회전하는 동안 핵 또는 **원자핵(atomic nucleus)**을 형성한다. 원자 핵 내에 존재하는 양성자와 중성자 수 그리고 원자핵을 도는 전자 수에 기초할 때 대략 92개의 각기 다른 자연적으로 발생한 **원소(element)**가 존재한다(**그림 3.2B**). 이들 가운데 25개는 미생물과 다른 생물체에서 흔히 발견된다. 가장 풍부한 4가지 원소는 수소(H), 탄소(C), 질소(N), 산소(O)이다.

실제, 각기 다양한 크기와 모양을 갖는 원자 간에 서로 딱 맞아 떨어지는 다양한 구조를 형성한다는 점에서 이 세계의 원자는 레고(Legos®) 상자와 같다. 이 경우에 상호작용하는 원자의 전자 간에 형성된 **화학결합(chemical bond)**에 의해 전자들이 서로 끌어당겨진다. 따라서, **분자(molecules)**는 그들의 전자에 의해 서로 결합된, 2개 이상의 원자를 말한다. 예를 들어, Miller-Urey 실험에서 사용된 가스는 메탄과 암모니아를 포함하고 있다. 메탄은 4개의 수소 원자와 1개의 탄소 원자로 구성되는데, 이를 CH_4로 표기한다(참고: 분자에 원자가 하나만 있으면 아래첨자 숫자가 사용되지 않는다). 암모니아는 NH_3로 쓴다.

메탄 암모니아

물

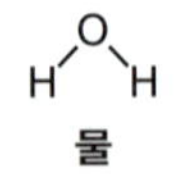

물

모든 생명체는 물 환경에서 발생하며, 세포 질량의 약 70%는 물이다. 따라서 생명에 필수적인 또 다른 분자는 물인데, 물은 하나의 산소 원자(H_2O)에 결합된 2개의 수소 원자로 구성되어 있다.

그림 3.2 원자 구조.

(A) 원자는 원자핵 내의 양성자와 중성자 그리고 주위 껍질의 전자로 구성된다.

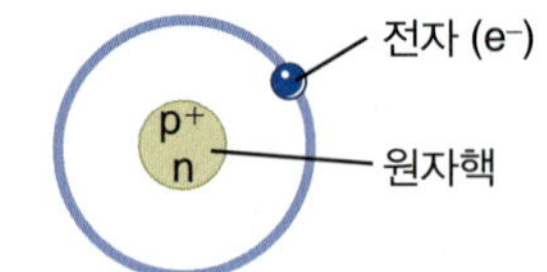

(B) 다양한 원자는 각기 다른 숫자의 양성자, 중성자, 전자를 갖는다.

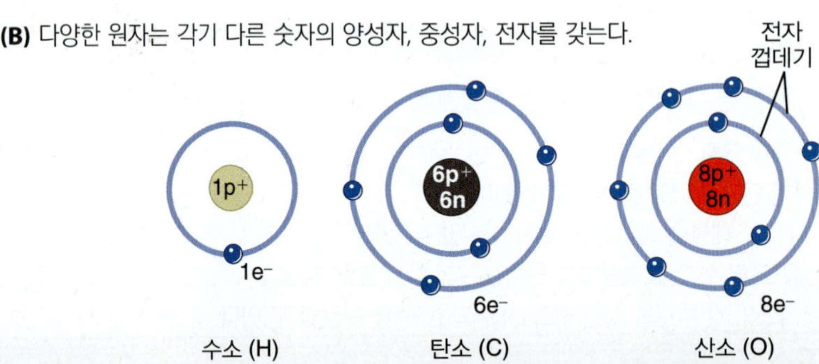

세포에서 일어나는 모든 화학반응은 물에서 일어난다. 물이 세포에서 우주 **용매(solvent)**로 작용하는 이유는 액상 물이 모든 세포 화학반응이 일어나는 배지이기 때문이다. 예를 들어, 여러분이 소금이나 설탕 같은 **용질(solute)**을 물에 넣을 때 무엇이 발생하는지 보자. 소금과 설탕은 용해되고, **액상 용액(aqueous solution)**이 형성되는데, 이는 하나 이상의 용질이 물에 녹아 있다는 것이다. 본 장에서 볼 수 있는 것처럼 물 분자 또한 많은 화학반응의 일부분이다.

용매(solvent): 용액에 용해시키는 물질.

용질(solute): 용액에 용해되는 물질.

게다가 물은 용매 특성 이외에 **A CLOSER LOOK 3.1**에서 지적한 바와 같이, 생명체를 위한 이상형 분자로서 작용하는 또 다른 특성을 갖는다.

A CLOSER LOOK 3.1

물과 생명체

지구 상의 생명체는 약 40억 년 전 물이 많은 원시수프에서 진화했다. 약 30억 년 동안 물 환경에서 머물다가 생존을 여전히 물에 의존하는 땅으로 퍼져나갔다. 인간의 몸은 물 없이 1주일 이상을 생존할 수 없다. 사실 물은 우리에게 꼭 필요한 존재이다. 과학자들이 화성과 같은 다른 세계에서 미생물의 흔적을 찾는 우주선 그리고 탐사선을 보낼 때 그들이 찾는 가장 중요한 분자 중 하나가 물이다(**그림 A** 참조).

생명의 용매로서의 성질 외에도 물의 다른 생명 유지 속성은 무엇일까? 우리는 아래의 3가지 특성을 알 수 있다.

응집력

물 분자는 약한 결합으로 인해 서로 붙는다. 이처럼, 서로 붙는 것을 응집이라고 한다. 예를 들어, 응집력은 식물로 하여금 물을 뿌리에서 잎으로 운반할 수 있게 한다.

또한, 물은 고도의 표면장력을 갖고 있어서 물 분자를 떼어내기 어렵다. 작은 곤충이 물 표면 위에 마치 필름이 있는 것처럼 물 위를 걷는 것이 이를 설명해준다.

그림 A 본 그림 상의 흰색 자국은 화성 얼음이다.

Courtesy of JPL-Caltech/University of Arizona/Texas A&M University/NASA.

온도 조절

물의 온도를 올리려면 많은 에너지(열)가 필요하다. 예를 들어, 만약 당신이 우연히 가열되고 있는 물이 가득 찬 금속 냄비를 만졌다면, 금속은 물보다 훨씬 더 빨리 가열된다. 물 분자 사이의 결합은 대부분의 다른 물질보다 온도 변화에 대한 강한 저항력을 물에게 부여한다. 마찬가지로 여름철 샌디에이고 지역처럼 바다와 접하는 해안 지역은 대기 중의 습도(물 함량)가 높아 피닉스 주변 같은 사막보다 공기 온도가 더 온화한 경향이 있다. 더 많은 열을 흡수할 수 있는 물이 바다 연안을 따라서 분포하고 있다.

인체에서도 증발냉각에 의해 물이 체온을 조절한다. 물이 증발하면, 가장 큰 에너지(가장 뜨거운)를 가진 물 분자가 먼저 증발하므로 남겨진 물은 식는다. 이것이 땀이 중요한 이유다. 땀은 신체가 과열되는 것을 막는 데 도움이 된다.

단열재

잘 아는 바와 같이, 얼어붙은 물(얼음)은 얼으면 가라앉는 대부분의 물질과는 달리 떠다닌다. 가라앉는 물질은 원자가 함께 더 가까이 이동하고 얼었을 때 주변 액체보다 밀도가 높아지기 때문에 가라앉게 된다. 물 분자들 사이의 결합으로 인해, 분자들은 더 멀리 떨어져 움직이며, 얼음이 주변 액체 물보다 밀도가 낮아짐으로써 얼음은 떠다니게 된다.

얼음이 물 위에 뜸으로써, 단열재 역할을 한다. 만약, 얼어붙은 물이 액체 상태의 물보다 밀도가 높아서 가라앉게 된다면, 겨울철에는 모든 연못과 호수의 물이 얼어붙게 되고 살아 있는 생물(미생물 포함)도 얼게 될 것이다. 하지만, 얼음은 물보다 밀도가 낮기 때문에 겨울철 물 위에 떠서 "단열재"를 형성하게 된다. 따라서 그 아래에 있는 물은 액체 상태로 남아 있게 되고, 물 속의 생명체도 생존할 수 있게 된다.

그러므로, 물을 마셔서 수분을 유지하라. 이는 미생물에게도 적용된다!

미생물의 분자

세포 구조와 대사, 세포 운동, 세포 생장을 포함하는 세포 기능과 관련된 세포내 분자 대부분은 메탄이나 물과 같은 단순 물질보다 훨씬 크다. 생명체 분자에서도 종종 원자 크기의 수백 배에서 수십억 배에 이른다. 이러한 이유로 세포내 분자를 “거대분자(macromolecules)”(*macro* = large)라고 부르며, 탄수화물, 지질, 단백질, 핵산을 형성한다. 이러한 구조적 차이는 각각의 거대분자 내에서 원자가 서로 결합하는 방식에 따른 것이다.

3.2 탄수화물: 단당과 다당

탄수화물(carbohydrates)은 탄소, 수소, 산소를 포함하는 유기 분자로서 일반적으로 탄소 1분자에 수소 2분자, 산소 1분자의 비율로 결합되어 있다. 따라서, 탄수화물의 기본 화학식은 CH_2O이다. 탄수화물은 비교적 소형의 단당에서부터 다당이라고 불리는 대형 복합 거대분자에 이르기까지 매우 다양하다.

단당류

단당류(Monosaccharides)는 3개 내지 7개의 탄소 원소를 갖고 있다. 가장 중요한 단당류 가운데 탄소 5개를 가진 (오탄당) 리보스와 디옥시리보스, 그리고 탄소가 6개 있는 (육탄당) 포도당, 과당, 갈락토스가 있다. 이러한 육탄당은 같은 수의 탄소, 수소, 산소 원자를 가지고 있어, 모두 $C_6H_{12}O_6$이라고 표기되지만, 각 원자는 육탄당의 종류에 따라 다양하게 배열되어 있다. 포도당과 같은 단당류는 두 가지 역할을 하는데, 고분자 탄수화물을 만들기 위한 기본 구성 성분으로 사용되기도 하고, 세포 활동을 위한 에너지원으로 사용되기도 한다.

이러한 단당류는 당으로부터 탈수와 같은 화학반응을 통해 서로 결합할 수 있다. 분자 합성 과정에서 물이 소실될 때, 이를 **탈수합성반응(dehydration synthesis reaction)**이라고 한다(**그림 3.3A**). 이러한 반응은 세포 **효소(enzyme)**, 유기화합물은 재정렬시키고 자신은 변하지 않는 단백질 분자 등을 포함한다.

아당류(Disaccharides)는 2개의 단당류 분자가 탈수합성 반응을 통해 조합된 것을 말한다(그림 3.3A 참조). 일반적인 이당류의 종류는 다음과 같다.

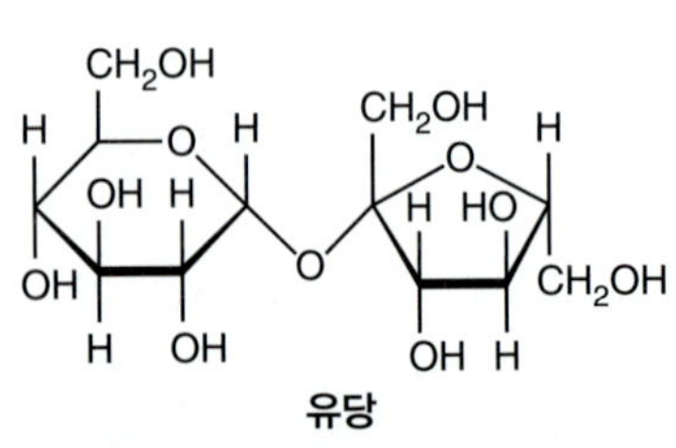

설탕

- **말토스(Maltose).** 맥아당이라고도 한다. 이러한 이당류는 포도당 두 분자가 결합되어 있는데, 보리와 같은 곡물에 함유되어 있으며, 효모에 의해 발효되어 맥주의 성분인 알코올을 생산한다.
- **유당(Lactose).** 잘 알려진 또 다른 이당류는 유당(젖당)으로, 우유 속의 기본 탄수화물이다. 이 탄수화물은 포도당과 갈락토스 분자의 결합체인데, 특정 세균에 의해 화학적인 변화를 거쳐 젖산으로 바뀔 수 있다. 젖산은 우유를 시큼하게 만든다. 그러나 이러한 반응은 조절될 수 있으며, 요구르트, 버터우유 그리고 사워크림(발효 시 물질에 따라 다름)을 생산하는 유가공 산업에서 사용된다.
- **설탕(Sucrose).** 또 다른 이당류로는 식탁 설탕(포도당)이 있다. 설탕은 포도당과 단당 분자(fructose)의 결합에 의해 형성된다. 포도당은 세포의 에너지원으로, 사탕수수와 사탕무에서 추출되는 천연 설탕이다.

그림 3.3 탄수화물의 단당류, 이당류, 다당류 구성.

(A) 포도당은 단당류로 탈수합성에서 더 많은 포도당을 중합하여 이당인 말토스를 만든다.

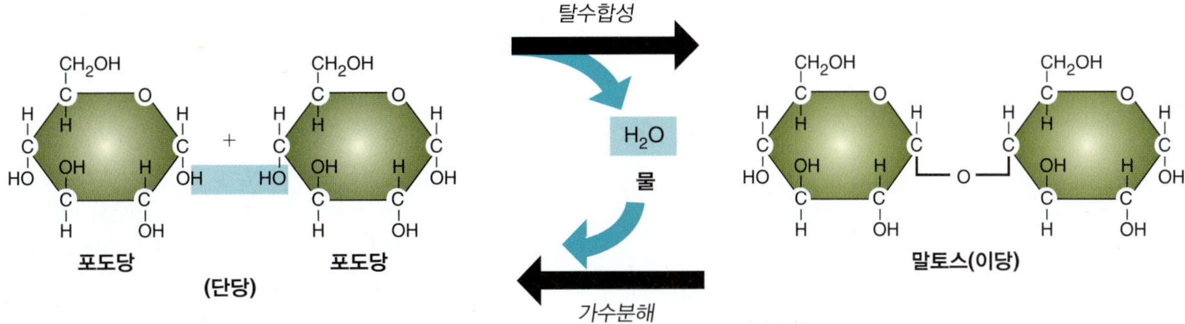

(B) 포도당의 중합이 더 진전되면 전분과 같은 다당의 형성으로 이어진다. 각각의 작은 육각형이 포도당인 것을 주지하라.

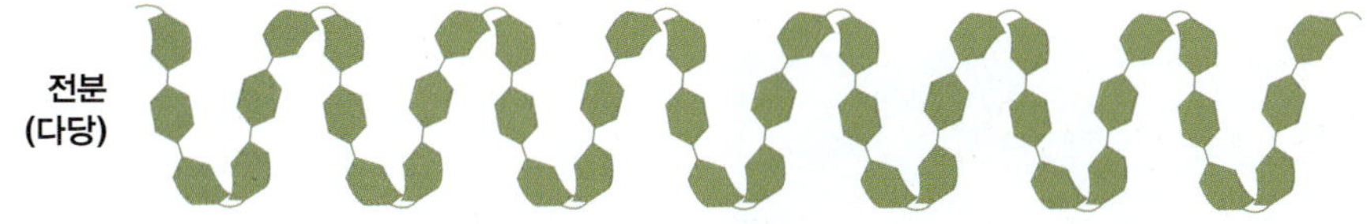

(C) *N*-acetyl muramic acid(NAM)과 *N*-acetyl glucosamine(NAG)는 중합에 의해 펩티도글리칸을 형성할 수 있는 변형된 단당이다.

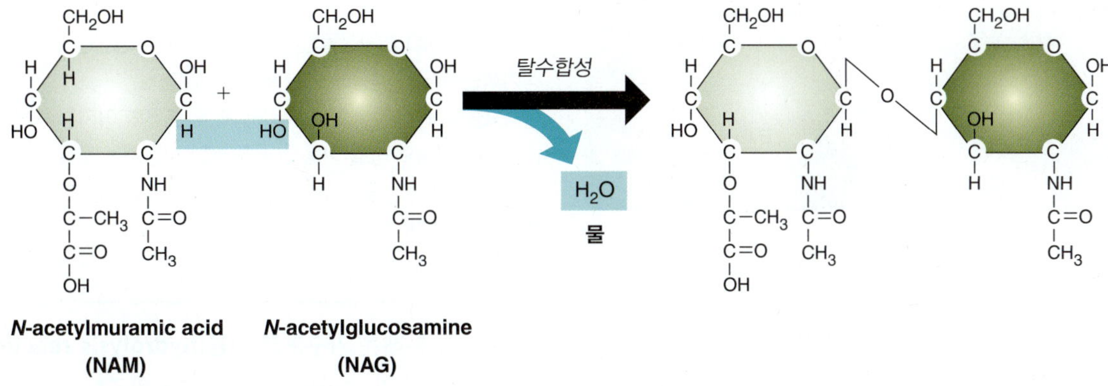

(D) 펩티도글리칸은 아미노산의 측쇄에 의해 서로 결합된다.

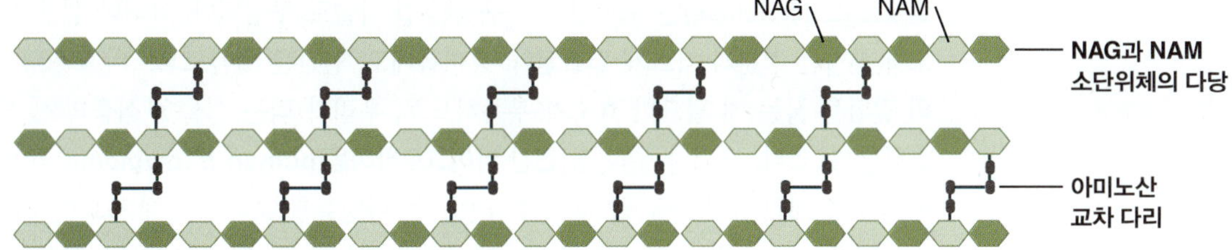

올리고당과 다당

올리고당(oligosaccharide)은 3~10개의 단순당이 결합된 탄수화물이다. 이 탄수화물은 대부분의 사람들에게 덜 친숙하다. 그러나 사람이 태어날 때 매우 중요하며 건강한 장을 위한 중요한 분자이다. **A CLOSER LOOK 3.2**는 인체 건강에 대한 중요성을 강조한다.

다당류(polysaccharide)는 매우 크고 복잡한 분자이다. 단일 다당류에는 수백에서 수십만 개의 포도당 분자가 결합되어 있을 수 있다. 에너지 다당류의 한 예는 **전분(starch)**이다(**그림 3.3B**). 전분 과립은 일반적으로 감자와 옥수수 같은 많은 식물에서 발견된다. 미생물에서 인간에 이르는 유기체는 에너지 생산에 필요한 필수 포도당 단당류를 얻기 위해

A CLOSER LOOK 3.2

얼마나 달콤할까

익명의 격언에 따르면 "모유는 자연의 건강 계획이다."라고 한다. 우리는 우리 자신과 미생물 세계에 대해 더 많이 알게 되면서 이 말이 더욱 진실해진다.

최근 중요한 발견 때문에 올리고당에 관심이 쏠렸다. 올리고당의 한 가지 자연적인 원천은 탄수화물이 고농도로 발견되는 모유에 있다. 사실 유당과 지방 다음으로, 올리고당은 모유에서 가장 풍부한 화학 성분이다. 2'-fucosyllactose(2'FL)라고 불리는 올리고당 1개가 모든 어머니의 80% 모유에서 발견된다. 2'FL은 유아의 건강한 면역체계를 지원하는 것으로 밝혀졌다. 그러나 신생아(그리고 그 문제에 대해서는 어른들까지도)는 이렇게 약간 달콤한 올리고당을 분해할 효소가 부족하다. 그럼에도 왜 모유에 들어 있는 것일까?

© Goodluz/Shutterstock. for good health.

2'FL과 다른 인간 우유 올리고당(HMO)은 장내 미생물을 구성하는 장내 세균의 성장을 지원하는 프리바이오틱(prebiotic) 효과를 가지고 있다. 이러한 장내 세균의 존재와 우세는 병원성 세균이 장에서 발판을 확보할 가능성을 감소시킨다. 그러므로, HMO는 건강한 장내 미생물군과 위험한 장 감염의 위험을 줄이는 것을 돕는다.

여기에 몇몇 HMO들이 작동할 수 있는 한 가지 방법이 있다. 연구원들은 일부 HMO가 세균성 병원균이 부착될 장 세포의 부위를 모방한다는 것을 발견했다. 따라서, HMO의 유행에 의해 병원균은 장 세포보다는 HMO에 결합한다. 중요하게, HMO는 미숙아가 괴사성 장염과 같은 잠재적으로 생명을 위협하는 질병에 감염될 위험을 줄여 줄 수 있다. 괴사성 장염(necrotizing enterocolitis, NEC)은 미숙아의 장에 주로 영향을 미치는 파괴적인 질병이다. 장의 벽은 세균에 의해 침입되어 궁극적으로 장의 벽을 천공하고 파괴할 수 있는 감염을 초래한다.

일부 HMO 대사산물은 신경계 또는 뇌에 영향을 줘서 어린이의 장기적인 발달과 행동에 영향을 줄 수 있다.

오늘날, HMO는 일부 유아용 조제 분유와 아기용 식품에서 보충제(프리바이오틱)로 이용된다. 이러한 보충제는 모유 수유를 하지 않는 아기가 건강을 위해 필요한 필수 올리고당을 계속 섭취할 수 있도록 해줄 것이다.

전분을 분해할 수 있다. 이러한 분자의 분해는 **가수분해 반응(hydrolysis reaction)**으로 알려져 있으며, 물 분자의 추가와 함께 효소가 수반된다(그림 3.3A 참조).

세포내 다른 큰 탄수화물은 구조 다당류이다. 예를 들어, 식물 세포벽의 주요 부분인 **셀룰로오스(cellulose)**는 포도당으로 구성된 긴 사슬로 구성된다. 그러나 셀룰로오스의 포도당 분자는 전분과 다르게 결합된다. 흥미롭게도, 인간은 셀룰로오스의 포도당 분자 사이의 결합을 끊는 데 필요한 효소가 부족하므로, 우리가 먹는 식물성 식품의 셀룰로오스를 소화할 수 없다. 그러나 우리 장[**인간 마이크로바이옴(human microbiome)**의 일부]을 채우는 수조 개의 세균 세포 중 많은 수가 이러한 다당류를 분해하는 데 필요한 효소가 있다.

세균의 세포벽은 또 다른 구조적 다당류를 갖는다. 이것은 질소를 포함하도록 변형된 2개의 당으로 구성된다(**그림 3.3C**). 이 두 당의 긴 선형 사슬은 **펩티도글리칸(peptidoglycan)**이라는 섬유소를 형성한다. 많은 세균에서 여러 층의 펩티도글리칸이 세포벽을 이룬다. 인접한 사슬은 5가지 아미노산으로 구성되어 있는 교차 다리에 의해 안정화되고 함께 유지된다. 제4장의 원핵생물 세계의 탐구에서 세포벽에 대해 자세히 다룰 것이다.

3.3 지질: 지방, 인지질, 스테롤

우리 모두는 동물 지방, 식용 식물 오일과 같은 **지질(lipid)**의 형태에 친숙하다. 탄수화물처럼, 이들 지질은 에너지와 에너지 저장 용도로 일부 미생물과 많은 다른 생물체에 의해 사용된다. 지질은 탄소, 수소, 산소 원자로 구성되지만, 통상적으로 탄수화물에서 보다 더 많은 탄소-수소 결합을 갖고 있다. 그 결과 유사한 질량에서, 탄수화물에서의 에너지보다 지방이나 오일에서 더 많은 에너지를 가지게 된다. 만일 물과 기름 혼합체를 만들면, 지질이 물에 녹지 않기 때문에 그 두 가지 액체는 서로 분리된다. 우리는 이를 **소수성(hydrophobic)**이라 하고, 포도당과 설탕 같은 당들은 물에 녹으므로 이를 **친수성(hydrophilic)**이라 한다. 이들의 화학적 성분에 기초하여 지질은 다음과 같이 3종류의 그룹, 즉 지방, 인지질, 스테롤로 나뉜다.

지방과 기름

지방(fats)과 **기름(oils)**은 2개의 성분, 즉 글리세롤이라 불리는 탄소 3개의 탄수화물과 **지방산(fatty acids)** 분자로 불리는 3개 이상의 긴 사슬의 탄소 원자를 함유하고 있다(**그림 3.4**). 지방 또는 기름의 합성은 탈수합성 반응을 통해서 글리세롤과 각각의 지방산이 결합된 결과이다. 지방산은 탄소골격으로부터 뻗어 나오는 최대 수소 원자 숫자를 함유하는 경우를 **포화(saturated)**라고 하며, 이와는 달리 최대 숫자보다 적게 함유한 경우를 **불포화(unsaturated)**라고 한다. 2개의 연결고리는 포화이면서 직선인 반면에, 3번째 고리는 불포화이면서 구부러져 있다는 것에 주목하라(그림 3.4). 중요하게도 포화지방산은 상온에서 지방을 고형(예, 버터)으로 유지하는 반면에, 불포화지방산은 상온에서도 지방을 액상

그림 3.4 글리세롤과 지방산 결합으로 중성지방과 지방 형성. 글리세롤은 3개의 탄소 분자로 이루어진 분자이다. 지방산은 긴 탄소-수소 측쇄로 포화 및 불포화가 된다. 3개의 지방산 고리는 탈수 합성 반응을 통해 각각의 글리세롤과 결합하여 지방을 형성한다.

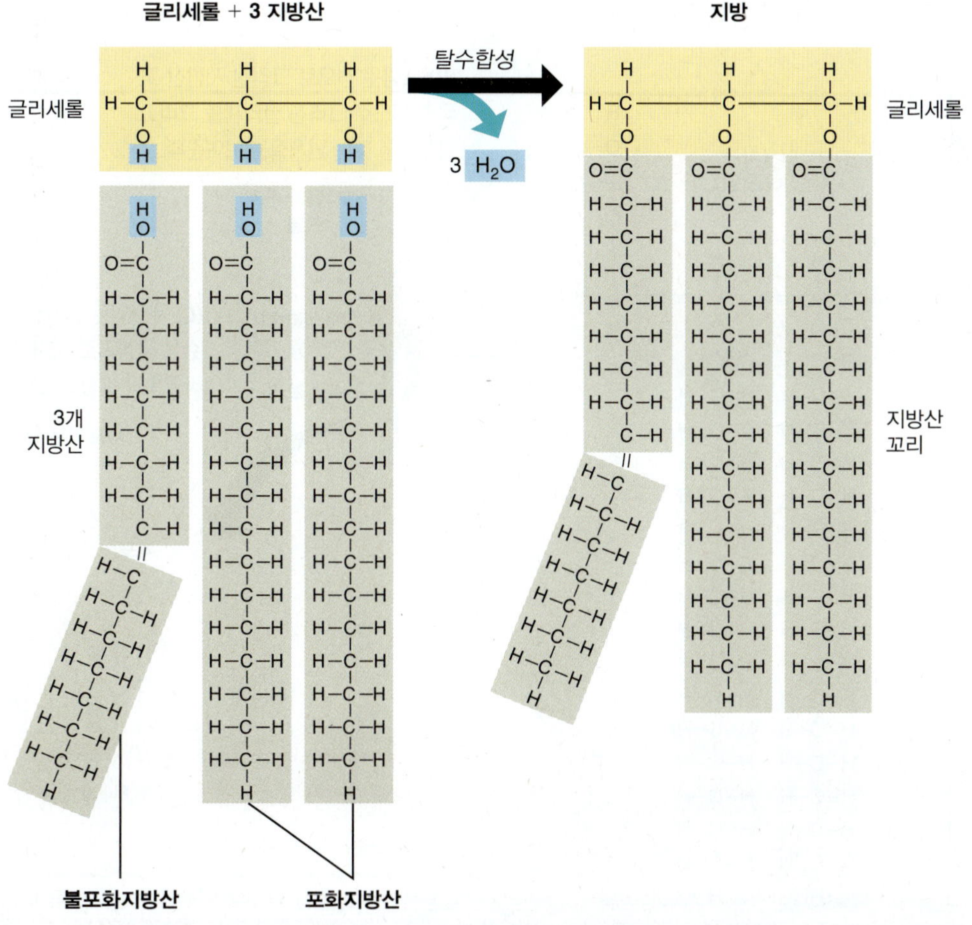

(예, 채소와 어류 기름)으로 유지하는데, 이를 기름이라고 부른다.

인지질

인지질(phospholipid)은 인을 함유한 지질로서, 지방산 대신 인산기(PO_4)를 지닌다(**그림 3.5A,B**). 인산기가 인지질 끝(머리) 부분을 친수성으로 만들지만, 지방산 꼬리는 소수성을 띤다. 이러한 점은 인지질로 하여금 한쪽은 소수성, 한쪽은 친수성을 갖는 양매성을 갖게 한다. 인지질의 양매성은 세포가 액체 환경에서 막을 형성할 수 있게 하는 기본이 된다. 복합층 또는 이중층(bilayer)을 형성함으로써 인지질은 세포 밖 환경에 대해 극성기를 갖는 물을 함유하는 외부와 결합하고, 세포질을 향해 극성기를 갖는 세포의 물층 안쪽과 결합할 수 있다(**그림 3.5C**). 이러한 배열은 역시 소수성 지방산 꼬리로 하여금 또 다른 지방산과 결합하도록 해주고, 물에 노출되지 않도록 해준다.

스테롤

지방의 다른 형태로는 **스테롤(sterol)**이 있다. 스테롤은 지방산 및 인지질과는 매우 다르지만 소수성 분자라는 점에서 지질에 포함된다. 이들은 미생물의 구조적 역할을 담당하는데, 원생생물과 균류는 물론 소수 세균의 세포막을 안정화하는 역할을 한다. 콜레스테롤은 인간 세포의 원형질 막에서 발견된다.

그림 3.5 인지질, 세포막 지질.
(A) 인지질은 글리세롤, 지방산 꼬리, 전하를 띤 인산기로 구성되어 있다. 전하는 이 단백질 부분을 극성과 친수성으로 만든다.

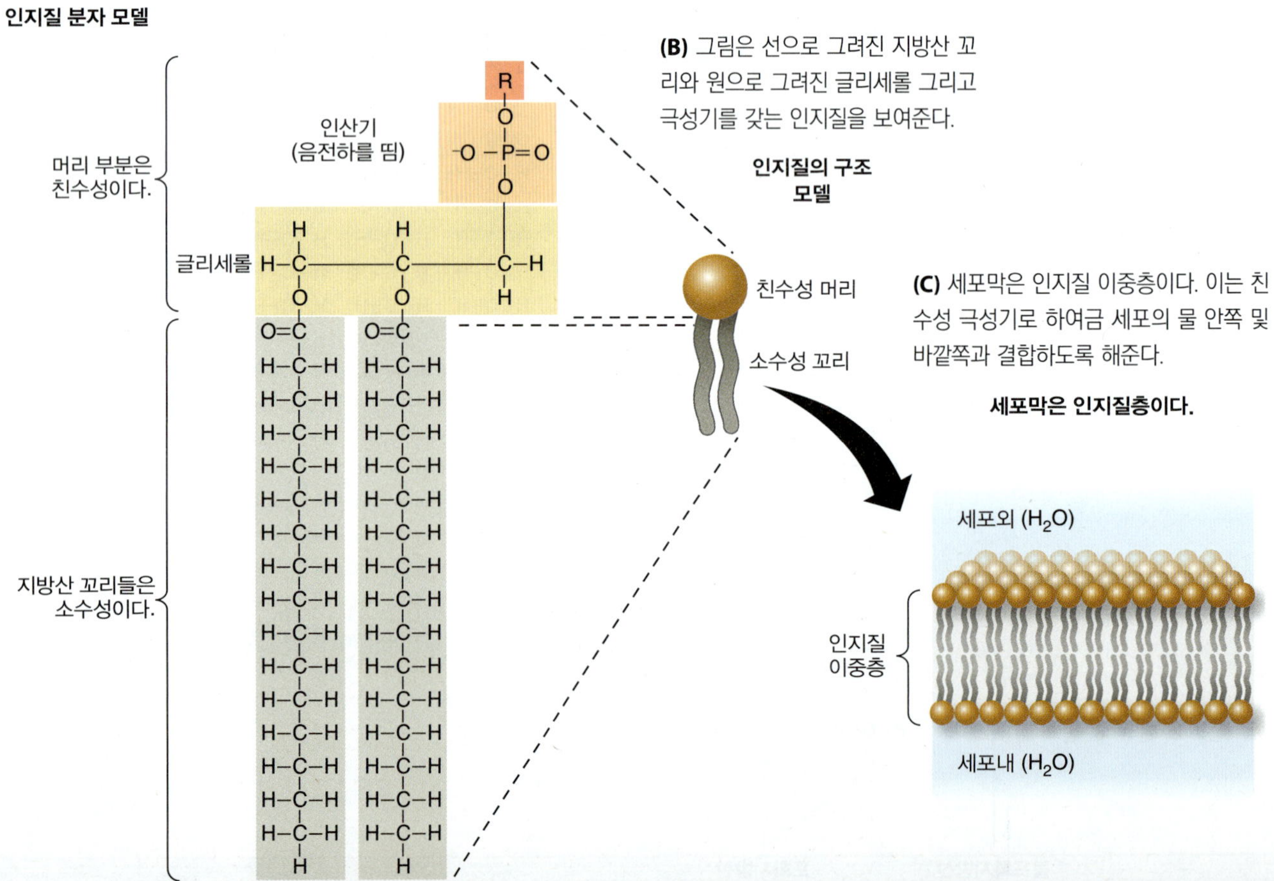

(B) 그림은 선으로 그려진 지방산 꼬리와 원으로 그려진 글리세롤 그리고 극성기를 갖는 인지질을 보여준다.

(C) 세포막은 인지질 이중층이다. 이는 친수성 극성기로 하여금 세포의 물 안쪽 및 바깥쪽과 결합하도록 해준다.

3.4 단백질: 아미노산과 폴리펩티드

단백질(protein)은 미생물을 포함하는 모든 생명체 내에서 가장 풍부한 분자 중 하나이다. 탄소, 산소, 질소, 황 원자로 구성되고, 미생물 세포 **건조중량(dry weight)**의 대략 60%를 차지하는데, 이처럼 수치가 높다는 것은 단백질이 필수적이고 다양하다는 것을 나타낸다. 단백질은 세포와 세포벽의 구조적 구성 성분으로, 세포막내 수송체로서 기능을 한다. 많은 종류의 단백질은 물질대사의 모든 화학반응을 촉매하는 효소로서 작용한다. 미생물 효소가 우리 몸 안의 당황스러운 상황으로부터 도와줄 수 있음을 보여주고 있다. 또한, 바이러스의 유전정보는 단백질로 둘러쌓여서 밀봉되어 있다.

건조중량(dry weight): 모든 수분이 없어진 이후의 세포내 물질의 무게.

아미노산

모든 단백질은 **아미노산(amino acids)**이라고 불리는 소단위체로 구성되는데, 이러한 아미노산의 기본 구조를(**그림 3.6A**) 나타내었다. 이 구조는 최소한 하나의 아미노기(NH_2)와 하나의 유기산기 또는 카르복실기(CO_2H)를 항상 갖고 있다.

아미노산은 어떤 원자가 중앙 탄소에 부착되는가에 따라 다양해진다. 이러한 원자는 R-기로 알려져 있고, 글라이신의 경우 간단히 수소로 되어 있으며, 다른 아미노산의 경우 다른 원자 결합이 포함된다(**그림 3.6B**). 아미노산은 20개 이상의 다른 R-기가 있는데, 이는 단백질 합성시 사용 가능한 아미노산이 20개 있다는 것을 의미한다.

다당이 단당 소단위체로부터 만들어진 것과 유사하게 단백질도 탈수 합성 반응 방법으로 아미노산으로부터 만들어진다(**그림 3.7**). 두 아미노산을 이어주는 이 결합을 **펩티드 결합(peptide bond)**이라 한다. 계속적인 펩티드 결합이 형성됨에 따라 더 많은 아미노산들이 길어지는 단백질 사슬에 붙여질 수 있다. 사슬내 아미노산 마지막 숫자는 폴리펩티드를 만드는데, 수 개(이 경우, 주로 펩티드로 불림)에서 수천 개에 이른다. 하나의 단백질

그림 3.6 아미노산 구조.
(A) 모든 아미노산은 동일한 염기 구조를 갖지만, 중앙의 탄소에 결합된 다양한 원자 세트인 R-기에 따라 다양하다.
(B) 20개의 아미노산 중 독특한 R-기를 가진 5개 아미노산을 보여준다.

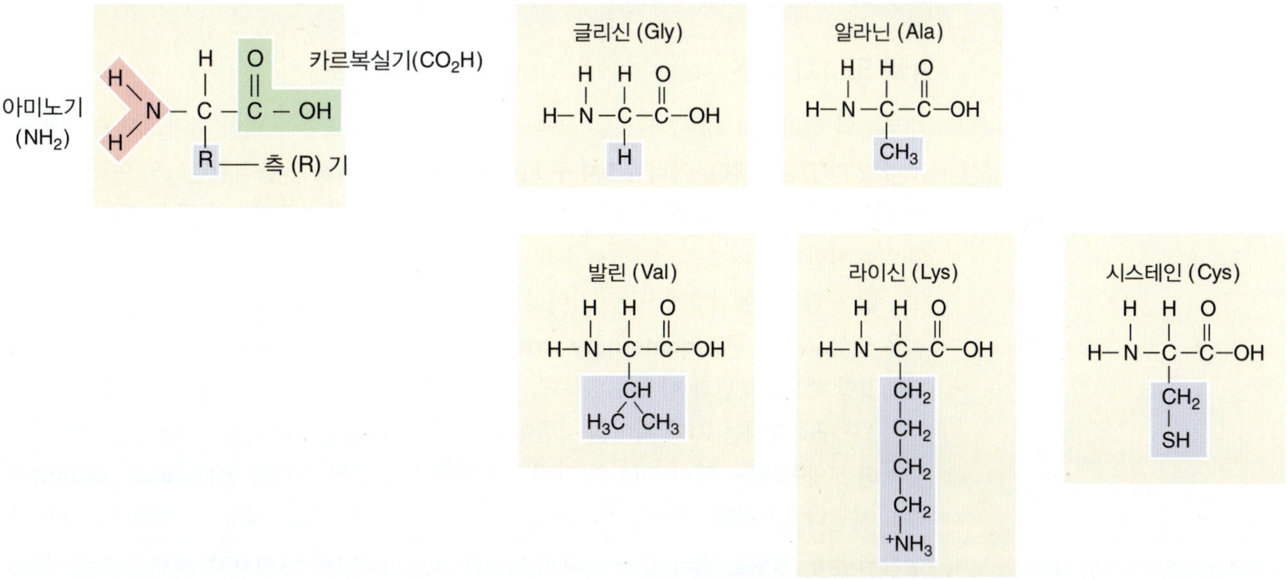

그림 3.7 디펩티드 형성. 그림은 아미노산인 알라닌과 발린을 나타낸다. 알라닌의 수산기(OH)와 발린의 수소(H)가 결합하여 물이 된다. 이에 따라, 알라닌의 탄소 원자와 발린의 질소 원자가 연결되어 펩티드 결합을 형성하게 된다. 계속된 탈수합성 반응을 통해 폴리펩티드가 형성된다.

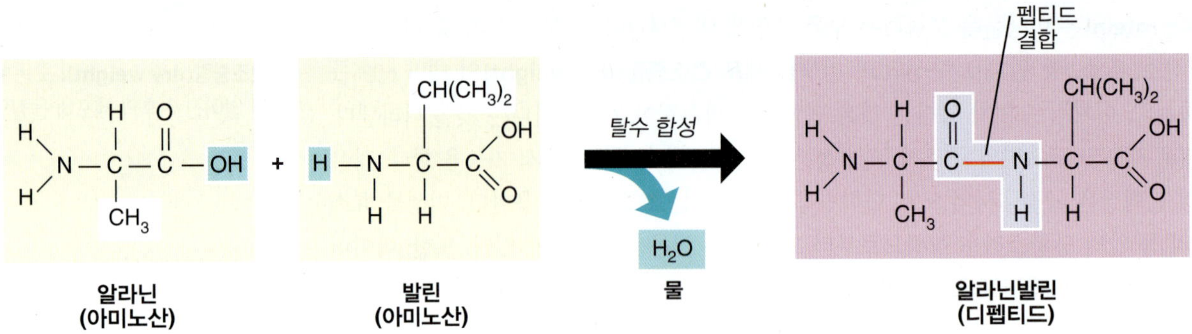

은 하나 또는 그 이상의 **폴리펩티드(polypeptide)**로 구성되며, 다양한 단백질은 20개의 아미노산으로부터 매우 다양하게 만들어질 수 있다.

폴리펩티드와 단백질 구조

단백질은 다양한 종류의 구조를 취하며, 세포 내에서 다양한 기능을 수행한다.

1차 구조

폴리펩티드 내 아미노산의 특정 서열은 **1차 구조(primary structure)**이다(**그림 3.8A**). 이러한 서열은 각각의 폴리펩티드에 따라 독특하며, 아미노산의 서열을 암호화하는 유전자 내 유전 정보에 의해 결정된다. 그러나 긴 사슬의 아미노산은 단백질의 마지막 구조를 만든다.

2차 구조

1차 서열 내 아미노산은 서로 상호작용하여 폴리펩티드의 **2차 구조(secondary structure)**(**그림 3.8B**)를 형성한다. 흔히 2차 구조는 나선 (꼬임) 또는 접힌 병풍과 같은 구조의 형태를 만든다.

3차 및 4차 구조

대부분의 폴리펩티드는 2개 또는 그 이상의 2차 구조의 조합에 의한 결과로서 단백질 구조가 된다(**그림 3.8C**). 이러한 **3차 구조(tertiary structure)**는 폴리펩티드의 여러 부위에서 다양한 아미노산 R-기 사이의 상호작용에 기인하며, 폴리펩티드가 구형 또는 섬유 모양으로 변한다.

많은 단백질에서 2개 또는 그 이상의 폴리펩티드가 서로 결합하여 최종 구조의 단백질을 만들고, **4차 구조(quaternary structure)**를 나타낸다. 일례로서, 적혈구 단백질 세포 단백질인 헤모글로빈과 항체가 있는데, 모두 4개의 폴리펩티드로 구성된다.

3차 구조에서는 R-기 사이의 결합이 비교적 약해 손쉽게 파괴될 수 있으며, 단백질이 풀리면 모양을 잃게 된다. 이러한 단백질의 변형과 모양의 변화를 **변성(denaturation)**이라고 불린다. 그 결과, 단백질 기능의 소실은 미생물을 죽이거나 생장을 억제하게 된다. 미생물의 경우 변성은 열과 같은 물리적 인자에 노출됨으로써 일어난다. 또한 방부제, 살균

그림 3.8 단백질 구조의 4단계.

(A) 1차 구조는 아미노산 서열을 일컫는다. 각각의 아미노산 유형은 여기 다양한 기하학적 형태로 제시된다.

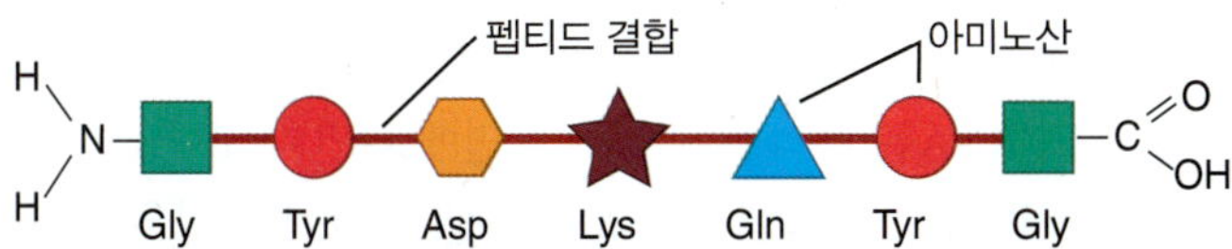

(B) 2차 구조는 아미노산 간 상호작용을 말하는데, 아미노산 중합체의 모양에서 변화를 일으킬 수 있으며, 그 모양은 나선 또는 병풍-유사 구조이다.

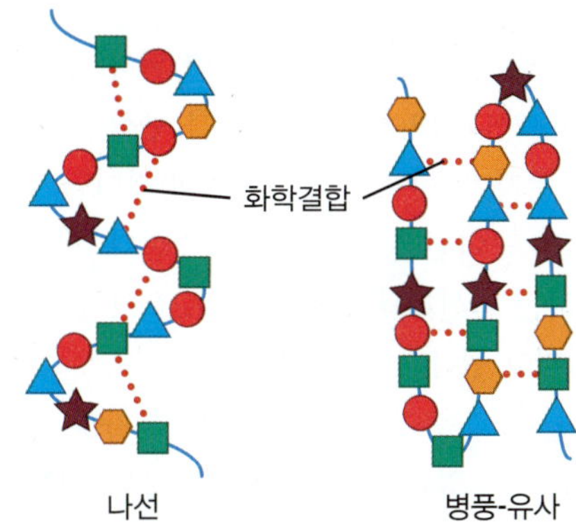

(C) 3차 구조는 폴리펩티드가 R-기 간의 상호작용에 의해 자체적으로 더욱 더 꼬여 소위 3차 구조가 된다. 또한, 몇몇 단백질은 기능을 하기 위해서 하나 이상의 폴리펩티드를 필요로 한다. 그리고 이러한 단백질의 폴리펩티드 배열은 **4차 구조**로 알려져 있다.

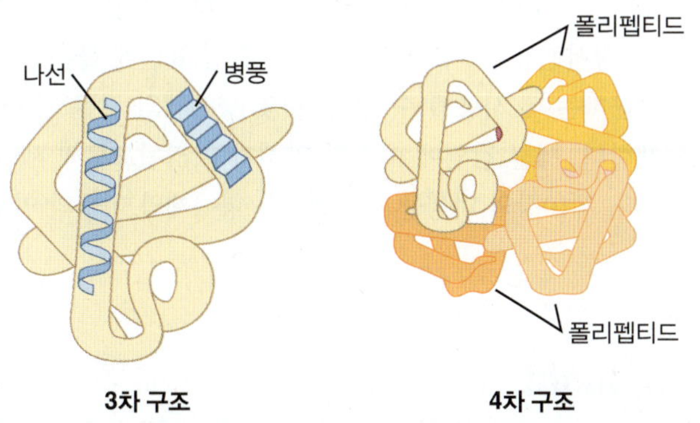

제와 같은 화학제에 의해 발생한다. 단백질의 주위 환경이 변경된다. 본 장에서는 미생물을 제어하는 데 있어서 물리적 및 화학적 인자를 통한 제어를 다룰 것이다.

3.5 핵산: DNA와 RNA

핵산(nucleic acids)은 모든 생물체에서 발견되는 네 번째 주된 유기화합물 그룹에 속하며, 탄소, 수소, 산소, 질소 원자로 구성된다. 2개의 중요한 핵산은 **디옥시리보핵산(deoxyribonucleic acid, DNA)**과 **리보핵산(ribonucleic acid, RNA)**이다. DNA는 염색체를 구성하는 핵산이고, RNA는 DNA의 유전 정보를 단백질 합성 장소로 전달하는 핵산이다.

핵산은 **뉴클레오티드(nucleotides)**라고 하는 소단위체로부터 만들어진다(**그림 3.9A**). 각 핵산의 뉴클레오티드 소단위체는 세 가지 주된 성분으로 구성되어 있다; 당 분자, 인산기(PO_4), 그리고 질소를 함유하는 염기성의 분자인데, 이것은 질소성 염기 또는 **뉴클레오**

염기(nucleobase)로 불린다. DNA에서 당은 오탄당의 디옥시리보스(deoxyribose)로 구성되어 있고, RNA는 오탄당의 리보스(ribose)로 구성되어 있다.

DNA를 구성하는 4개의 염기는 아데닌(A), 구아닌(G), 시토신(C), 티민(T)이고, RNA의 염기는 아데닌, 구아닌, 시토신, 우라실(U)이다(**그림 3.9B**). (DNA는 티민을 갖고 있지만 우라실이 없고, RNA는 우라실이 있는 반면에 티민이 없다.) 아데닌과 구아닌은 퓨린계로 불리는 고리 구조가 2개인 분자이고, 시토신, 티민, 우라실은 피리미딘계이다.

DNA와 RNA 두 핵산에서 발견되는 인산기는 당과 서로 결합되어 있다(**그림 3.9C**). 당과 인산 소단위체가 교대로 결합되어 형성된 연결고리는 당인산이라고 불리는 "골격"을 형성한다.

DNA 분자를 시각화하려면, 사다리를 상상하면 된다. 2개의 당-인산 골격 구조는 사다리의 양 기둥을 구성하고, 사다리의 발판은 염기를 구성한다(그림 3.9C). 발판을 만들기 위해, 한쪽 기둥에선 퓨린 분자가, 반대쪽 기둥에선 피리미딘 분자가 결합하게 된다. 아데닌은 티민과 항상 결합하고, 구아닌은 시토신과 결합한다. 사다리는 **DNA 이중나선(DNA double helix)**이라고 불리는 나선계단-유사 구조로 꼬여 있다. 미생물 및 모든 생물체는 이러한 형태의 DNA를 가지고 있다.

RNA는 1개의 당-인산 골격을 갖는 단일가닥의 분자로 골격으로부터 A, U, G, C와 같은 뉴클레오 염기가 돌출되어 있다. 많은 바이러스에서는 DNA가 아닌 RNA가 유전물질이다.

표 3.1은 DNA와 RNA 간의 차이를 보여주고 있다.

단백질처럼 핵산도 미생물에 상처를 주거나 죽이지 않고서는 변성되지 않는다. 예를 들어, 자외선은 DNA 분자의 한쪽 가닥에 나란히 있는 티민 혹은 시토신이 서로 결합하도록 만들어 DNA를 손상시킨다. 그러므로, 자외선을 환경 표면에 붙은 미생물 군집 밀도를 줄이거나 식품을 살균하는 데 사용될 수 있다. 몇몇 항생제와 같은 화학물질은 바이러스 핵산의 활성을 억제한다. 세균 감염에 이러한 약제가 처리됨으로써 세균 세포의 생장을 늦추고 세균을 죽인다. 제10장의 미생물 제어에서는 항생제와 이들의 미생물에 대한 효과를 다룰 것이다.

A Final Thought

우리는 미생물 화학을 논하지 않고도 미생물에 대해서 이야기할 수는 있겠지만, 이것은 마치 햄버거가 무엇인지도 모른 채 빅맥(Big Mac®)을 설명하려고 하는 것과 같다. 어떤 사람에게 '화학'이란 단어는 치과에서 쓰이는 '치근관(root canal)'에 해당되겠지만, 화학물질은 바이러스를 포함한 모든 생물체를 만드는 너트와 볼트에 해당된다는 것도 잘 알고 있다. 우리는 이후에 펼쳐질 장에서 '탄수화물'을 함유하는 유제품에 대해 다루게 될 것이고, '지질'로 되어 있는 세포막, '단백질'로 만들어진 항체, '핵산'으로 이루어진 유전자, 그리고 개괄적인 화학이 포함된 무수한 개념들에 대해서도 논의하게 될 것이다. 효모에 의해 빵이 부풀어 오르는 원리를 이해하려면, 그 과정에서 일어나는 화학을 이해해야만 한다. 친구들에게 유전공학을 설명하려면, 그 과정 속에 있는 화학을 조금은 알아야 한다. 바이러스 복제는 화학이 중심이고, 요구르트의 생산은 화학적 과정인 것이다. 소독의 과정도 화학에 기초를 두고 있다.

여러분이 이 장의 화학 부분을 주의 깊게 읽기를 추천한다. 계속되는 다음 장에서, 여러분은 투자한 시간이 가치가 있었다고 느끼게 될 것이다.

그림 3.9 DNA 분자 구조.

(A) 뉴클레오티드에 있는 당은 리보스와 디옥시리보스이다. 이 두 가지 분자는 디옥시리보스의 한 탄소에 산소가 없는 것을 제외하고는 동일하다.

(B) 뉴클레오염기에는 퓨린 계통의 아데닌과 구아닌 그리고, 피리미딘 계통의 티민과 시토신, 우라실이 있다.

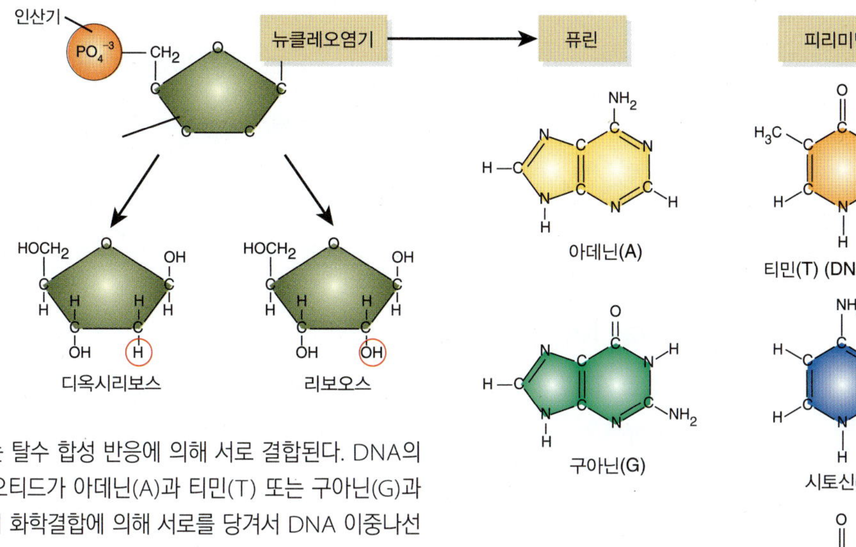

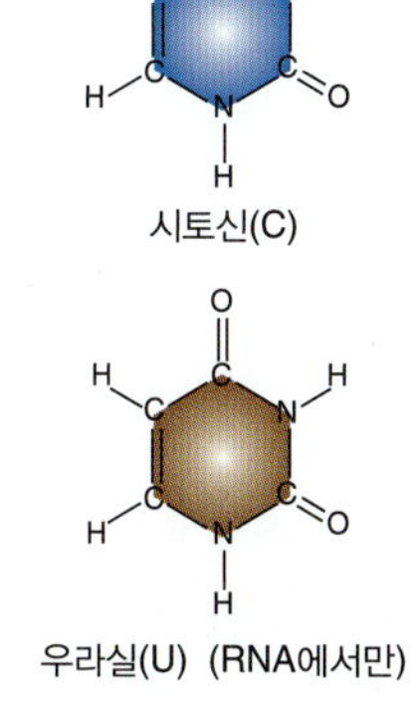

(C) 뉴클레오티드는 탈수 합성 반응에 의해 서로 결합된다. DNA의 2개의 폴리뉴클레오티드가 아데닌(A)과 티민(T) 또는 구아닌(G)과 시토신(C) 사이에서 화학결합에 의해 서로를 당겨서 DNA 이중나선 구조를 형성한다.

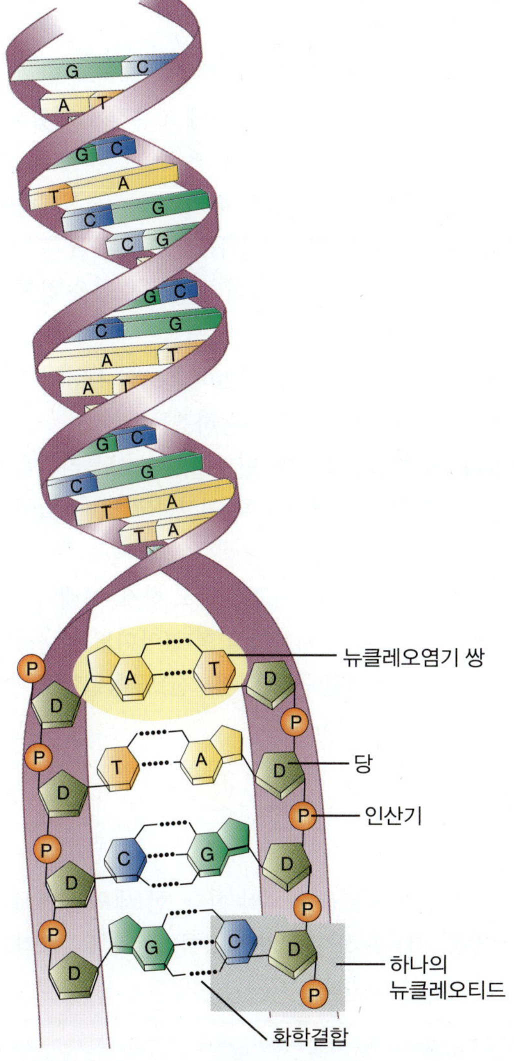

표 3.1 DNA와 RNA 비교

특성	DNA	RNA
오탄당	데옥시리보오스	리보스
뉴클레오티드	아데닌(A), 구아닌(G), 사이토신(C) 티민(T)	아데닌(A), 구아닌(G), 사이토신(C) 우라실(U)
폴리뉴클레오티드	2가닥(이중나선)	단일가닥

Chapter Discussion Questions

What was he thinking

이 장을 읽으면서, 저자가 전달하려고 했던 미생물과 화학에 대한 5가지 주요 요점을 확인하고 토론하시오.

Questions to Consider

1. 다당은 에너지를 위한 당의 중요한 원천이며, 또한 세포의 중요한 구조 구성 성분이다. 적어도 2개의 구조 다당의 예를 보자. 어떤 당이 중합화되어 이러한 다당을 형성하는가?
2. 세포막은 인지질로 구성되어 있다. 어떤 고유한 인지질의 특성이 그리고 이 세상의 어떤 고유한 특성들이 이러한 분자로 하여금 세포막 형성 시에 고유하게 적합하도록 만드는가?
3. 미생물을 제거하는 방법으로써 세균 내에 있는 한 종류의 유기화합물을 선택하여 파괴한다고 가정해 보자. 당신은 어떤 화합물을 선택할 것인가? 왜 그러한가?
4. 단백질이 아미노산의 중합체라면, 어떻게 다양한 단백질이 다양한 모양을 하고 있으며 다양한 기능을 갖고 것인가?
5. 산소는 살아 있는 생물체의 약 65%를 차지한다. 이것은 120파운드의 사람이 78파운드의 산소를 함유하고 있음을 의미한다. 이것이 어떻게 가능하겠는가?
6. 식품전염성 병인 보툴리즘(botulism)과 연관된 독소는 단백질이다. 보툴리즘을 막기 위해서는 보존 식품을 적어도 12분간 열을 가해 끓이도록 권고하고 있다. 열이 어떤 도움을 주는 것인가?
7. 단백질이 5개의 아미노산으로 구성된 1차 서열을 가지고 있다고 하자. 아래의 아이콘들 각각이 다른 아미노산을 나타낸다면, 5종류의 기하학적 형태(아미노산) 서열에서 얼마나 많은 다른 단백질을 만들 수 있는가? 어떤 구조(아미노산)도 동일한 단백질에서 두 번 반복되지 않는다고 가정하자.

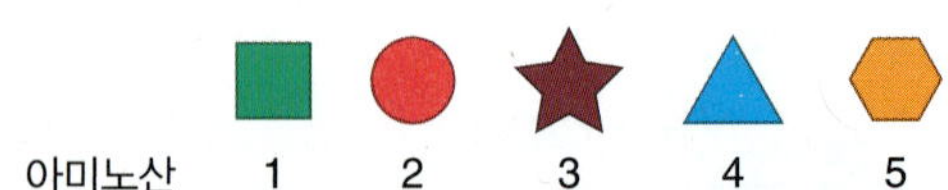

완료되면, 여러분은 가능한 서열의 상당한 세트를 가져야 한다. 한 세포 내에서 모든 단백질이 같은 길이가 아니라는 것을, 아미노산 자체가 반복한다는 것을, 그리고 20개의 다른 아미노산이 있다는 것을 깨달아야 한다.

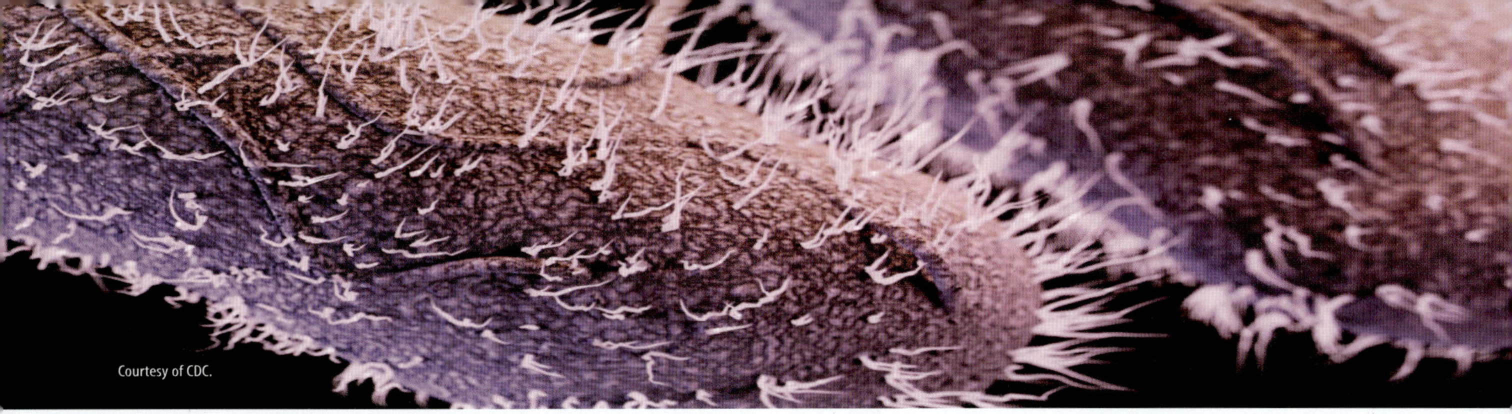
Courtesy of CDC.

Chapter 4

원핵생물 세계의 탐구: 세균과 고세균 영역

카이사르 만세!

카이사르 만세(Hail Caesar)는 사실 서구문화권에서 인기가 많은 샐러드의 이름이다. 어떤 사람들은 파인애플과 햄을 곁들인 하와이식, 파스타와 토마토를 곁들인 이탈리아식, 구운 닭고기와 옆구리살 스테이크 또는 구운 연어와 함께 버무려 만들기도 한다. 어떤 식품을 추가하는지에 관계 없이 샐러드는 동일한 것을 사용하는데, 그것이 바로 시저 샐러드다.

서구문화권에서는 학생들이 종종 수업을 마친 후에 친구들과 현지의 델리에서 저녁 식사를 하고는 한다. 자, 상상해보자. 당신은 식당에서 시저 샐러드를 구운 새우와 함께 저녁으로 먹기로 결정했다. 숯으로 따뜻하게 구운 새우는 식사에 기분 좋은 맛을 더해준다. 친구가 주문한 미트볼 샌드위치보다 여러가지 면에서 낫다고 생각한다.

많은 사람들은 최초의 시저 샐러드가 Caesar Cardini라는 사람이 1924년 7월 4일에 만들었다고 믿는다. 멕시코 티후아나에 있는 Caesar's Place라는 식당의 소유주인 Cardini는 손님을 맞느라 매우 바쁜 날인 7월 4일에 손님들의 접시를 채워줄 빠르고 간단한 요리가 절실했다. 그래서 그는 로메인 상추, 파마산 치즈, 레몬, 마늘, 기름, 날달걀을 접시에 던져 넣은 즉석 요리를 만들었다. "전문 세프"가 놀라운 감각으로 손님의 테이블 옆에서 접시 위로 던져서 만드는 요리에 그의 고객들은 환호했다.

이제 당신은 샐러드를 즐기고 친구와 헤어진 후 집으로 향한다. 그러나 밤에 속이 불편해서 여러 번이나 깨어났다. 아침이 되자 복통은 더 심해진다(**그림 4.1A**). 설사, 복부경련 및 구토와 같은 증상이 시간이 갈수록 심해짐에 따라 학교에 가지 않고 집에 머물기로 결정한다. 체온을 재보니 몸에도 미열이 있다.

CHAPTER 4 OPENER 그림은 2개 *Salmonella enterica* 세포의 3차원 이미지를 컴퓨터를 사용하여 그린 것이다. 이 미생물이 식품을 오염시키면 그것을 섭취한 사람은 식품에서 유래한 질병에 걸릴 수 있다.

Salmonella enterica: sal-mon-EL-lah en-TAIR-eh-kah

무엇이 이런 병을 일으켰는지 궁금해서 기억을 더듬어 추적을 해본다. 십중팔구 그것은 아마도 음식의 독소 때문일 것이다. 그렇다면 저녁으로 먹었던 시저 샐러드가 문제였을까? 같이 저녁을 먹었던 친구에게 전화를 걸어보니 친구는 괜찮다고 한다. "그렇다면 내가 먹은 시저 샐러드가 문제였다."고 당신은 판단한다. 인터넷 검색을 해보고 시저 샐러드를 만드는 데 사용되는 날달걀이 문제가 될 수 있다는 것을 발견했다. 특히, 날달걀이 세균의 한 종인 *Salmonella enterica*에 오염된 경우 더욱 그렇다(**그림 4.1B**). 이 경우에는 **살모넬라증(salmonellosis)**이라는 식품 매개의 감염이 발생한다는 것도 검색으로 알아냈다. 다행히 당신의 식중독은 경미한 경우인 것 같다. 하루를 견디고 나니, 다음날 아침에는 훨

그림 4.1 살모넬라는 달걀을 오염시킬 수 있다.

(A) 배탈은 살모넬라균에 오염된 식품 섭취에서 기인한 증상 중 하나일 수 있다.

(B) 계란을 오염시킬 수 있는 살모넬라균을 그린 삽화. (Bar = 2 μm.)

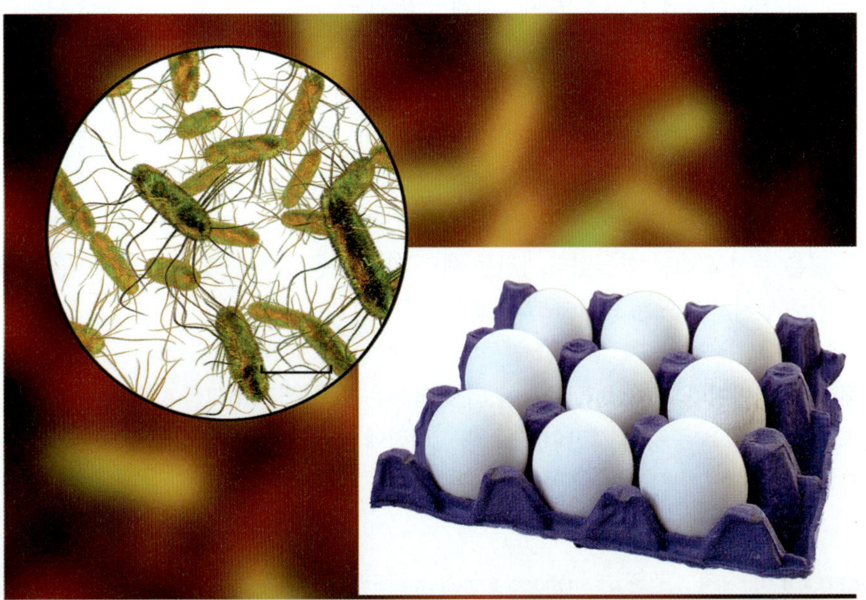

씬 나아지기 시작한다.

그렇다면, 세균이 어떻게 그처럼 빨리 자라서 위장병을 일으킬 수 있었을까?

그럼에도 그 증상은 왜 빨리 사라진 걸까? 이 질문에 답하려면, 이 장의 주요 주제 중 하나인 원핵생물의 성장에 대한 기본적인 이해가 필요하다. 그러나 성장에 대해 논의하기 전에 먼저 원핵세포의 구조(원하는 경우 세포 구조)를 조사해야 한다. 원핵생물, 특히 세균에 대한 이 장의 서문으로서, 세균에 대한 몇 가지 흥미로운 세부 사항을 제공하는 **A CLOSER LOOK 4.1**을 읽어보라.

A CLOSER LOOK 4.1

세균의 8가지 기본 특질[1]

Mélanie Hamon은 파리 파스퇴르 연구소의 세포 생물학 및 감염과에서 일한다. 그녀는 연구소의 조교(연구 조교)였을 때 다른 사람에게 자신을 세균학자라고 소개했다. 그리고 그녀는 종종 "그게 무슨 뜻입니까?"라는 질문을 받았다. 그녀는 자신의 분야를 설명하는 데 도움이 되도록 8자(BACTERIA)로 각각 시작하는 "세균에 대한 몇 가지 신비한 사실"을 만들었다.

Basic principle(기본 원리): 세균의 평균 크기는 1/25,000 인치(약 1/10,000 센티미터)이다. 다른 말로 하면, 수십만 개의 세균이 이 문장의 끝에 위치한 마침표 하나에 다 들어갈 수 있다. 이에 비해 사람의 세포는 10배에서 100배 정도 더 크고 더 복잡한 내부 구조를 가진다. 사람의 세포에는 막을 가진 많은 세포소기관이 존재하지만 세균은 주머니가 달리지 않은 배낭을 닮았다. 그들의 단순함에도 불구하고, 세균은 숙주세포에 의지하여 생명을 이어가는 바이러스와는 다르게 그 자체로 살아있는 존재이다.

Astonishing(놀라운): 세균은 생명의 진화계통수의 뿌리에 해당하며, 모든 생명체의 원천이다. 성공적인 진화 덕분에 세균은 토양, 물 및 얼음이나 산성 온천 또는 방사능 폐기물 같은 극한 환경에도 존재하고 있다. 사람 몸의 건조 중량 10% 정도가 위장, 충치의 점막 표면, 비뇨생식기, 피부 표면 등에 존재하는 세균이다. 사실, 세균은 지구 상에 너무나 많기 때문에 과학자들은 세균의 바이오매스 양이 나머지 생명을 모두 합친 것 보다 훨씬 많을 것으로 추정하고 있다.

Crucial(결정적인): 우리 몸에 존재하는 대부분의 세균이 무해하며, 심지어 우리 생존에 필수적이라는 것은 잘 알려져 있지 않은 사실이다. 피부에 상주하는 미생물은 문제를 일으키는 침입자들에 대항하고 피부를 보호할 수 있는 보호망을 형성한다. 대략 1,000종 이상의 장내 미생물은 우리와 공생하며 비타민을 합성하고 복합 영양원을 분해하고 장내 면역 활성에 기여를 한다. 신생아는 불행하게도(부모에게도 역시 불행이지만), 세균이 없는 장을 가지고 태어난 후 배앓이를 통하여 장내미생물을 받아들인다.

Tools(도구): 사람과 유익하게 공생하는 측면 외에도, 세균은 크림, 요거트 및 치즈 생산과 같이 실제적으로 이용할 수 있는 많은 특성을 가지고 있다. 게다가 세균이 항생제 생산이나 살충제, 폐수 처리제, 오염된 오일 분해제 등으로 이용되는 다양한 산업적 활용 측면은 상대적으로 덜 알려져 있다.

Evil(악마): 불행하게도, 모든 세균이 "좋은" 것은 아니다. 질병을 일으키는 일부 세균 때문에 다른 모든 세균이 부당한 평가를 받는다. "나쁜" 병원균이 숙주를 공격하는 다양한 메커니즘을 고려하면, 그들이 나쁜 평판을 받는 것도 당연하다. 실제로 수백만 년 이상에 걸친 세균과 숙주의 공진화 기간 동안 세균은 숙주의 반응을 알고서 미리 예측할 수 있게 진화되어 왔다. 따라서 세균은 독소를 이용하여 그들의 목표를 실수 없이 공격할 뿐만 아니라, 종종 숙주의 면역 반응을 미리 예측해서 회피하기도 한다.

Resistant(저항성): 세균이 숙주를 공격하는 것보다 더 걱정스러운 점은 항생제를 견디는 능력이다. 지난 50년 동안 항생제는 세균 감염증을 치료하는 능력으로 공중 보건에 혁명을 일으켰다. 불행하게도, 항생제의 남용과 오용은 항생제 내성이라는 놀라운 사건을 만들어냈으며, 이는 세균성 질병 치료에 재앙을 불러일으키고 있다.

Ingenious(독창적인): 항생제 내성균의 출현은 세균이 얼마나 적응력이 있는지를 보여준다. 세균의 엄청난 개체 수 덕분에 그들은 항생제 저항성을 획득하는 최적의 유전자 조합을 찾을 때까지 유전자 돌연변이를 쉽게 일으키거나 심지어 서로 교환할 수도 있다. 게다가 세균은 "생물막"을 형성할 수 있는데, 이는 점액으로 덮인 세포 응집체로, 일반적으로 개별 세균 세포를 박멸하는 항균 작용을 견딜 수 있다.

A long tradition(오랜 전통): "작은 동물 세포"는 17세기에 최초로 관찰되었지만, 현대 미생물학의 아버지인 Louis Pasteur가 활동한 1850년대에 이후로 세균은 연구되기 시작하여 오늘날과 같이 번성하는 분야로 발전하였다. 앞으로도 연구자들은 좋은 세균을 어떻게 이용할지와 나쁜 세균으로부터 어떻게 우리를 보호할 수 있는지를 알아내기 위하여 노력할 것이다. 이 전통이 탄생한 바로 그곳에서 일하며 이 전통의 일부가 된 것을 큰 영광으로 생각한다.

[1]파스퇴르 연구소와 파스퇴르 재단, 저자의 허가를 얻어 본 지면에 전재함. 원문 기사는 www.pasteurfoundation.org 주소의 파스퇴르 재단 소식지 "Pasteur Perspectives" 20호(2007년 봄)에서 찾아볼 수 있음.

LOOKING AHEAD

이 장을 마치면, 여러분은 다음의 내용들을 할 수 있게 될 것이다.

4.1 원핵 세포의 세 가지 주요 모양과 가능한 배열을 나열할 수 있다.
4.2 (a) 세균의 표면 구조 및 (b) 세포질 구조의 기능을 확인하고 설명할 수 있다.
4.3 이분법을 설명하고, 세균 성장 곡선의 4단계를 설명할 수 있다.
4.4 액체 배지와 한천 배지를 구분하고, 선택적 농축 배지를 비교할 수 있다.
4.5 세균 영역과 고세균 영역 내의 다양성을 보여주는 예를 제시할 수 있다.

4.1 세포의 구조: 모양과 배열

이 책의 제2장, Microbes in Perspective에서 구조적 차이를 바탕으로 해서 원핵생물은 진핵생물과 구분되었다. *S. enterica*와 같은 원핵생물은 대부분의 진핵생물보다 훨씬 작다. 그들은 또한 진핵 세포의 특징인 세포 핵이 없다.

원핵 세포의 모양과 배열

원핵 세포는 일반적으로 세 가지 일반적인 모양 중 하나를 가지고 있다(**그림 4.2**). 막대 모양의 세포는 **간균(bacilli**, 단수형 **bacillus)**으로 알려져 있다. 이들은 그 크기가 다양하여 가장 작은 것은 길이가 0.5 μm 정도이고, 긴 것은 대략 20 μm 정도이다. 다른 형태의 원핵 세포는 구형을 하고 있어서 **구균(cocci**, 단수형 **coccus)**으로 불린다. 이들은 직경이 대략 1 μm이다. 원핵 세포의 또 다른 세 번째 모양은 길고 나선형을 하고 있으며, 구부러지거나(**비브리오**, **vibrio**), 출렁이고 유연성이 있거나(**나선균**, **spirillum**), "코르크 마개 따개" 모양으로 고정되어 있다(**스피로헤테**, **spirochete**).

원핵 세포는 단세포이지만, 일부 종은 개별 세포끼리 서로 인접한 세포벽에 의해 붙어 있다. 이 경우 세포 그룹은 다른 배열을 보인다(그림 4.2 참조).

간균은 단일 세포이지만, 때때로 2개가 연결된 **쌍간균(diplobacilli**, *diplo* = 둘), 혹은 짧거나 긴 사슬 형태의 **연쇄상간균(streptobacilli**, *strepto* = 사슬) 형태를 하고 있다. 구균도 쌍으로 존재하는 **쌍구균(diplococci)**의 형태를 할 수 있으며, 때로는 구균 4개가 모여 있는 **사분체(tetrad**, *tetra* = 넷)나 여러 개의 구균이 덩어리를 이루는 **포도상구균(staphylococci**, *staphylo* = 클러스터) 또는 구균이 사슬처럼 연결된 **연쇄상구균(streptococci)**의 형태를 하기도 한다.

병원의 실험실에서 임상병리사는 현미경을 사용하여 이러한 배열을 구별한 후, 의사가 질병을 진단하도록 정보로 제공한다. 예를 들어, 살모넬라 외에 다른 형태의 세균성 식중독은 막대 모양의 *Bacillus cereus*와 구형인 *Staphylococcus aureus*에 의해 유발될 수 있다. 이 두 가지 예처럼, 때로는 세균의 속명 또한 세포의 모양이나 배열을 식별할 수도 있다.

Bacillus cereus:
bah-SIL-lus SEH-ree-us

Staphylococcus aureus:
staff-ihloh-KOK-us OH-ree-us

그 외의 다른 모양과 배열도 존재한다. 예를 들어, 서로 다른 종의 남세균이가 필라멘트 구조의 연속된 배열로 존재하거나, 막대 또는 구의 사슬 모양으로 존재할 수도 있다(**그림 4.3**). 고균으로 분류되는 미생물의 세포는 전형적인 막대나 구형의 모양을 하고 있지만, 때로는 정사각형, 삼각형, 혹은 별 모양을 하고 있는 것도 있다.

대부분의 원핵 세포는 색이 없기 때문에 광학현미경으로 개별 세포와 배열을 보는 것

그림 4.2 세균 세포의 모양과 배열. (사진의 표지 Bar = 10 μm)

(A) 바실러스(막대)는 짧은 사슬이나 긴 사슬로 배열될 수 있는 많은 세균 세포의 모양이다.

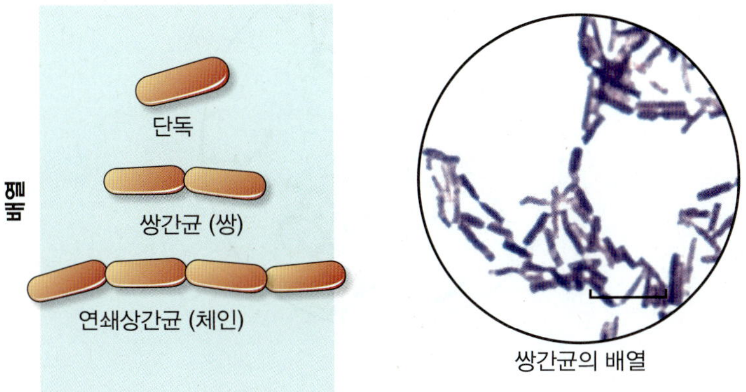

(B) 구균(구)은 짧거나 긴 사슬, 또는 작거나 큰 클러스터로 배열될 수 있는 다른 세균 세포의 또 다른 모양이다.

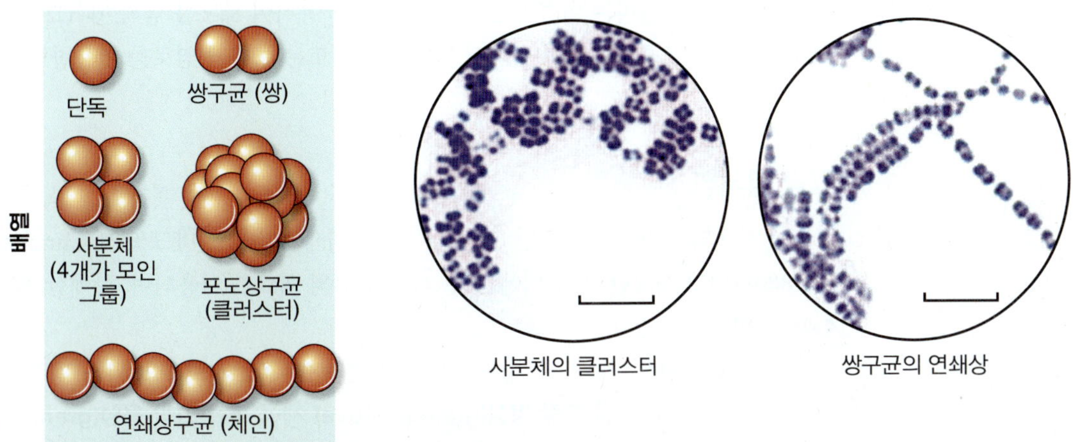

(C) 나선형은 일부 세균 세포의 또 다른 모양으로, 구부러지거나, 물결 모양 또는 코르크 마개 따개 모양이 될 수 있다. 그들은 특정 배열로는 조직되지 않는다.

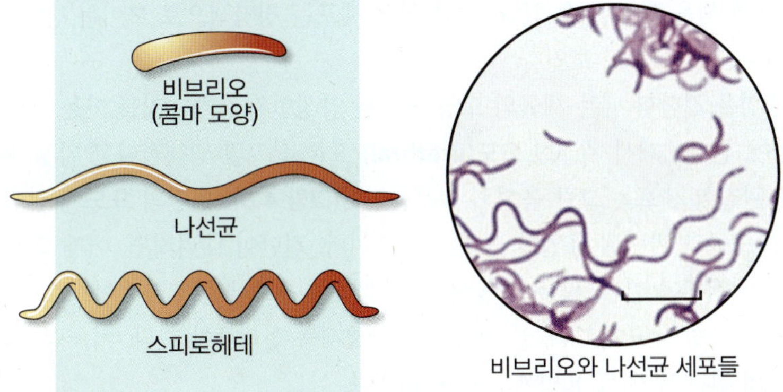

이 매우 어려울 수 있다. 이 문제를 해결하기 위해서는 세포를 열로 고정한 다음 염료로 염색함으로써 현미경으로 쉽게 구분되게 하는 것이다.

염색 기술

1800년대 후반과 1900년대 초반에, Robert Koch와 Paul Ehrlich와 같은 과학자들은 광학 현미경으로 세균 세포를 보는 능력을 향상시키기 위하여 착색 염료를 사용하기 시작하였다. 이 화합물들은 죽은 세포에 부착되는데, 염료의 색이 세포질을 관통하여 세포에 입혀진다.

그림 4.3 남세균. 긴 사슬이나 필라멘트로 배열된 남세균 종의 광학현미경 이미지. (Bar = 50 μm.)

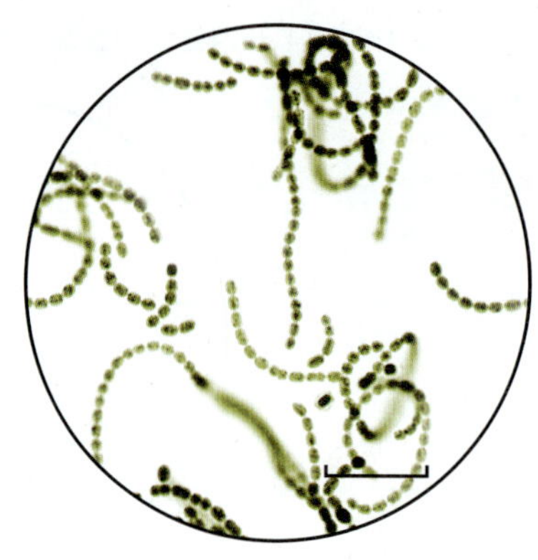

Courtesy of Dr. Jeffrey Pommerville.

단순 염색법

단순 염색법으로 불리는 이 방법은 단일 염료를 사용하여 세포를 염색한다(**그림 4.4A**). 그림 4.2의 세균 세포의 광학현미경 사진은 파란색 또는 보라색 염료를 이용한 단순 염색의 결과이다.

그람 염색법

오늘날 사용되는 가장 일반적인 염색법은 그람 염색법이다. 덴마크 의사 Christian Gram이 1880년대에 개발한 이 방법에는 두 가지 색상의 염료가 사용되며, 상세한 절차는 **그림 4.4B**에 설명되어 있다.

이 기술은 대부분의 세균 세포를 염색할 뿐만 아니라, 서로 대조되는 두 가지 염료를 사용하여 염색된 세포를 **그람 양성(gram-positive)** 세균 또는 **그람 음성(gram-negative)** 세균으로 구분할 수 있게 한다. 이 두 그룹은 이 장의 뒷부분에서 설명하겠지만, 서로 다른 세포벽 구조를 가지고 있다. 그 결과 염색 과정이 끝난 후 현미경 관찰을 통해 서로 다른 세균 세포의 색을 확인할 수 있다. 그람 양성 세포는 청자색으로 보이는 반면, 그람 음성 세포는 주황-빨간색으로 보인다.

요도(urethral): 소변(및 남성의 정액)을 신체 밖으로 운반하는 관을 말함.

세균 감염을 진단할 때는 세균의 모양과 그람 양성인지 음성인지를 아는 것이 중요하다. 예를 들어, 환자에게서 채취한 **요도(urethral)** 표본을 그람 염색한다고 가정하자. 광학현미경으로 관찰한 세포는 그람 음성의 쌍구균이다(**그림 4.5**). 인간의 요도에 감염되는 그람 음성의 쌍구균과 관련된 유일한 병명은 임질이다. 진단이 내려지면, 이제 의사는 적절한 항생제를 선택해야 한다. 많은 항생제가 그람 양성 세포에만 효과적이므로, 의사는 이 환자에게 그람 음성 세균에 대해 잘 작용하는 항생제를 선택해야 한다. 이처럼, 그람 염색 결과는 의사의 진단 및 치료 요법에 도움이 되었다.

이제 원핵 세포의 구조를 살펴보자. 세균 세포는 대부분의 고세균 세포보다 더 자세히 연구되었기 때문에 우리는 세균 세포에 초점을 맞출 것이다.

4.2 세포 구조: 세포의 해부학

원핵 세포에는 진핵 세포에 공통적인 내부 막 구조(소기관)가 없지만 여전히 몇 가지 독특한 구조를 가지고 있다. 세균 세포의 구조적 구성을 조사하면서 세균 구조가 수행하는 다양한 기능을 관찰한다.

그림 4.4 미생물학에서 쓰이는 염색법.
(A) 단순염색법에서는 염료로 세균 세포를 염색하여 광학현미경으로 쉽게 관찰될 수 있도록 한다.

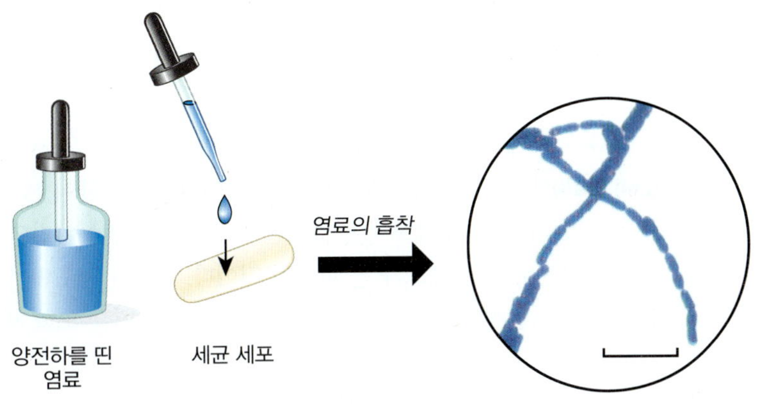

(B) 그람 염색법은 죽은 세균 세포를 먼저 크리스탈 바이올렛 염료로 염색한 다음(1단계), 요오드 용액을 처리한다(2단계). 이 시점에서 모든 세균 세포는 크리스탈 바이올렛으로 인해 청자색을 띤다. 이제 염색된 세포를 에틸알코올로 세척한다(3단계). 그러면 그람 음성 세포에서만 염료가 제거되고, 그람 양성 세포는 청자색을 유지한다. 그람 음성 세포는 이제 무색이고 광학현미경으로 보기 어렵기 때문에 이 염색법의 마지막에는 사프라닌이라는 적색 염료를 추가하는 단계가 포함된다(4단계). 이 염료는 그람 음성 세포에 흡수되어 주황-빨간색으로 나타난다. 이때, 그람 양성 세포는 청자색을 유지한다. 아래 이미지에서 잘 염색된 그람 양성 세포와 그람 음성 세포를 확인할 수 있다. (Bar = 10 μm.)

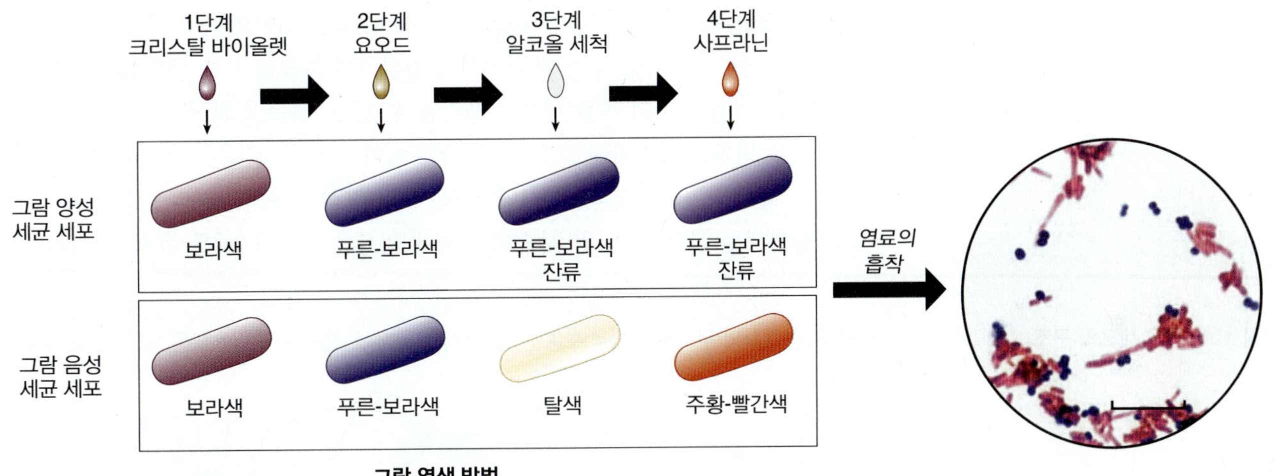

그림 4.5 질병 진단. 염색된 많은 백혈구(그리고 큰 적혈구) 사이에서 염색된 그람 음성 쌍구균(작은 빨간 점)을 확인할 수 있는 광학현미경 사진. 이러한 세균 세포 배열과 그람 염색으로 임질을 진단한다. (Bar = 10 μm.)

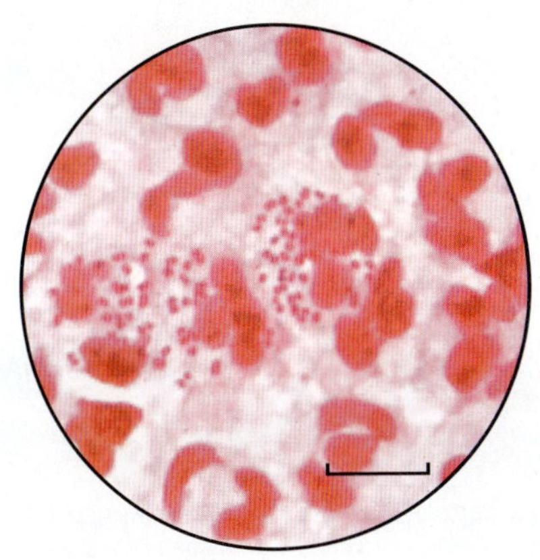

Courtesy of CDC.

표면 구조

세균 세포에는 표면으로부터 뻗거나 부착되어 있는 여러 가지 구조가 존재한다(**그림 4.6**). **세포벽(cell envelope)**과 세포막으로 구성된 세포 외피는 세포 내부를 주변 환경과 분리한다.

일부 예외적인 경우를 제외하고는 거의 모든 세균은 세포 생존에 필수적인 **세포벽(cell wall)**에 싸여 있다. 대부분의 세균은 일반적으로 물이 세포로 침투하는 삼투압이 있는 환경에 처해 있다. 세포벽이 없으면 세포의 수압이 높아지면서 풍선에 너무 많은 공기를 불어넣는 것처럼 세포가 곧 파열될 것이다. 그러나 세포벽이 내부 수압을 상쇄하기 때문에 세포는 손상되지 않은 상태로 유지된다. 세포벽은 또한 세포의 모양을 결정하는 데 도움이 된다.

이 장의 앞부분에서 언급했듯이, 세균은 그람 염색에 따라 두 그룹으로 나뉜다(그림 4.4 참조). 그람 양성 세포는 푸른-보라색으로 염색되고, 그람 음성 세포는 주황-붉은색으로 염색된다. 이 염색의 차이는 이들의 세포벽 구조가 다르기 때문이다.

그람 양성 세포벽

그람 양성 세포벽은 **테이코산(teichoic acid)**이라고 불리는 또 다른 분자로 강화된 **펩티도글리칸(peptidoglycan)**의 많은 층을 포함한다(**그림 4.7A**). 제3장의 세포 분자에서 펩티도글리칸은 짧은 아미노산 사슬에 의해 다리가 연결된 탄수화물의 거친 섬유질로 설명되었다. 따라서 세포벽을 건축의 벽돌 벽으로 생각할 수 있다. 벽돌 벽의 벽돌 자체는 다당류이고, 단백질은 벽돌을 제자리에 고정하는 시멘트이며, 테이코산은 구조를 보강하는 철근에 해당한다. 고체 벽돌과는 달리 물과 영양소는 그람 양성 세포벽을 통해 스며들 수 있다.

일부 항생제는 펩티도글리칸 사슬의 조립에 영향을 미친다. 예를 들어, 페니실린과

그림 4.6 세균 세포의 구조. 이 그림은 "이상적인" 세균 세포의 구조적 특징을 보여준다. 파란색으로 강조 표시된 구조는 모든 원핵생물에서 발견된다.

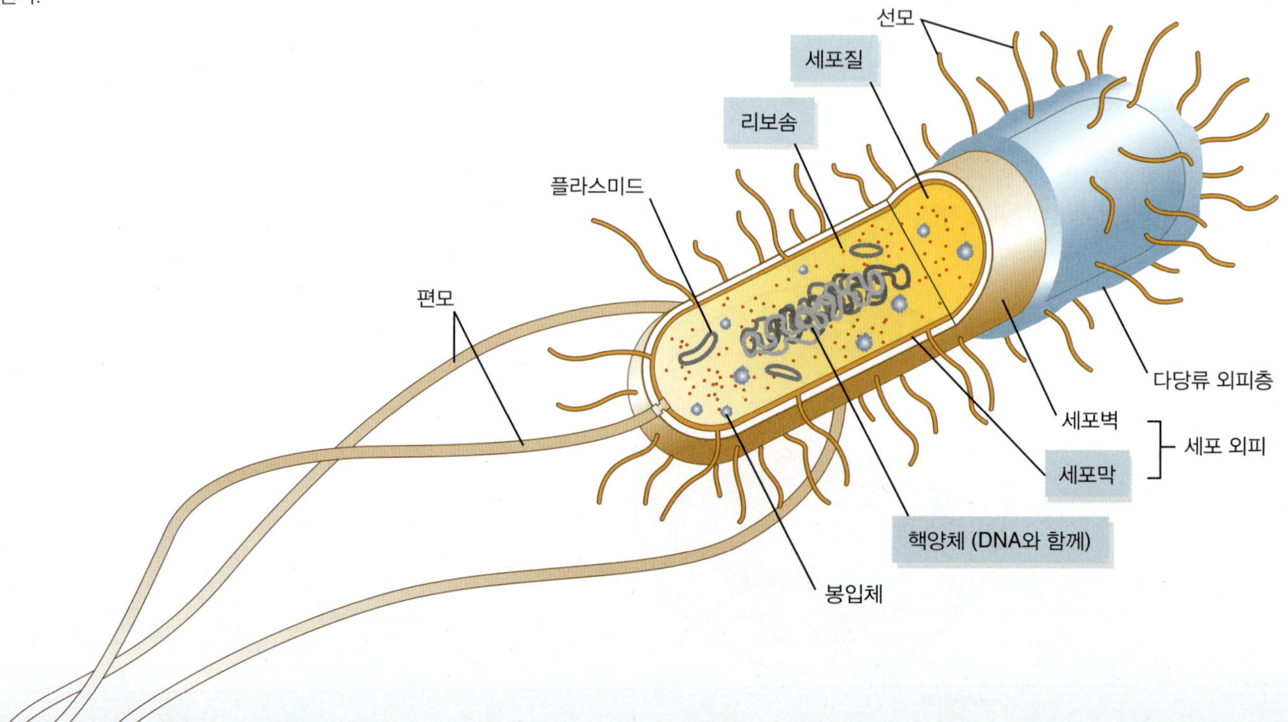

그 친척(예, 아목시실린 및 메티실린)은 펩티도글리칸 사슬의 조립을 방해한다. 강한 세포벽이 없으면 내부 수압에 의해 세포는 파열된다. 이러한 모든 약물은 제10장의 미생물 제어에서 논의될 것이다.

그람 음성 세포벽

그람 음성 세포의 벽은 그람 양성 세균과는 다르게 구성되어 있다(**그림 4.7B**). 첫째, 펩티도글리칸 사슬이 한 두 개뿐이고 테이코산은 없다. 그람 음성균의 독특한 점은 펩티도글리칸을 덮고 있는 **외막(outer membrane)**이다. 이 막의 바깥쪽 절반은 **지질다당류(lipopolysaccharide, LPS)**라는 지질 및 다당류 층이다.

이 장의 서론에서 설명한 식중독은 그람 음성 세균인 *S. enterica*에 의해 발생한다. *S. enterica*에 감염되는 동안 LPS의 지질 부분이 인체 내에서 방출되는데, 이것이 살모넬라증의 증상을 초래하는 과한 면역 반응을 유발한다. 페니실린과 같은 항생제는 그람 음성 세균의 외막을 통과하여 펩티도글리칸 조립을 방해할 수 없기 때문에 환자에게 처방되지 않는다. 그러나 다른 항생제는 세포벽을 관통하여 세균의 내부 대사 반응을 억제하는 방식으로 작용한다.

세포막

모든 세포는 **세포(플라즈마)막[cell (plasma) membrane]**으로 둘러싸여 있다. 제3장의 세포 분자에서 설명한 것처럼, 세포막은 인지질이 중복된 층(이중층)이다. 이중층에는 수많은 유형의 단백질이 삽입되어 있거나 이중층에 걸쳐 있는 경우가 많다(그림 4.7 참조). 이들 단백질 중 일부는 세포 대사를 위한 효소로 기능하는 반면, 다른 단백질은 막을 가로질러 영양분을 운반한다. 단백질은 유체인 인지질 이중층 내에서 위치(모자이크)를 끊임없이 변경하는 성질이 있기 때문에 세포막을 종종 "유체 모자이크"라고 부른다.

그림 4.7B에서 그람 음성 세포의 외막과 세포막 사이에 틈이 있음을 알 수 있다. **주변세포질 공간(periplasmic space)**이라고 하는 이 영역은 세포막을 통과하기에는 너무 큰 영양소가 먼저 분해되는 활동적이고 중요한 처리 장소이다. 펩티도글리칸도 여기에서 발견이 된다.

다당류 외피층

어떤 종류의 세균은 세포 외피를 둘러싼 다당류 **외피층(glycocalyx)**으로 불리는 탄수화물이 풍부한 외투를 가지고 있다. 다당류 외피층은 건조나 화학물질, 또는 다른 환경적 스트레스 요인으로부터 세균을 보호하는 역할을 한다. 다당류 외피층은 또한 세균이 물체의 표면에 잘 부착되도록 한다. 예를 들어, *Streptococcus mutans*의 다당류 외피층은 치아 법랑질에 부착하는 능력을 제공한다. 치아와 잇몸 사이의 공간에 부착된 세균 세포는 우리가 섭취하는 설탕과 기타 탄수화물을 분해하고 많은 양의 산을 생성한다. 세균을 제거하기 위해 정기적으로 치아를 청소하고 치실을 사용하지 않으면, 산이 치아 법랑질을 점차적으로 갉아먹어서 함몰부 또는 충치를 만든다.

Streptococcus mutans:
streptoe-KOK-us MEW-tanz

표면 투영

많은 세균 종은 세포 표면에서 확장된 단백질 돌출부를 가지고 있다. 이는 편모와 선모이다.

그림 4.7 그람 양성 및 그람 음성 세균의 세포벽 비교.

(A) 그람 양성 세균의 세포벽은 테이코산 분자와 혼합된 여러 펩티도글리칸 사슬로 구성된다. 그림에서 단백질 교차 다리는 표시되지 않았다. 벽 아래에는 인지질 이중층으로 구성된 세포막이 있으며, 그 안에는 수송 단백질이 내장되어 있다.

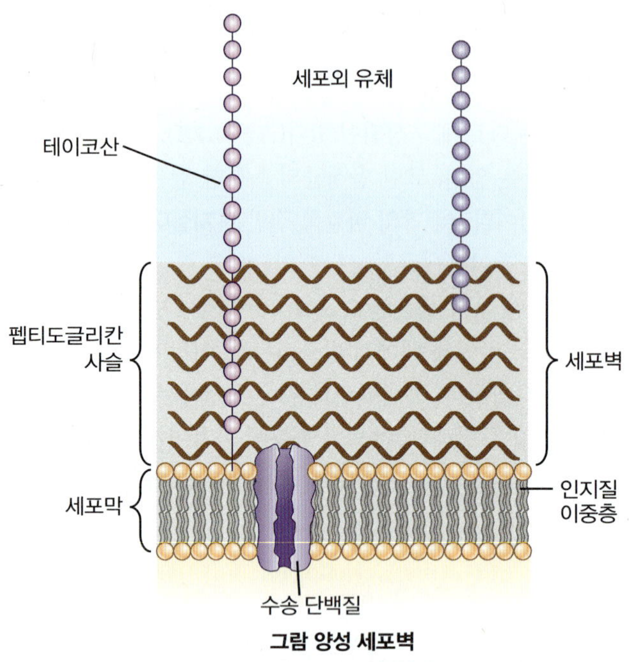

(B) 그람 음성 세균의 세포벽에는 펩티도글리칸 사슬이 적고 테이코산 분자가 없다. 또한, 외막은 주변 세포질 공간의 펩티도글리칸 층 위에 있다. 외막에는 특수한 수송 단백질이 포함되어 있고, 바깥쪽 절반은 지질다당류(LPS) 분자를 포함하고 있다는 점에 유의한다.

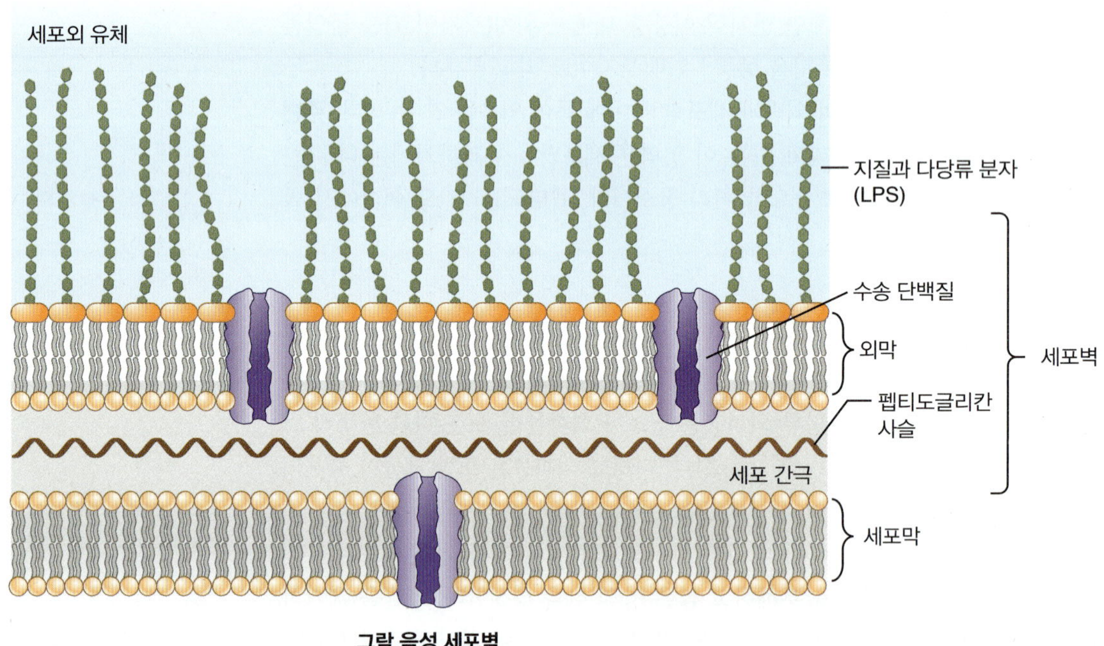

편모

많은 세균 세포에는 세포벽과 세포막에 닻을 내리고 박혀 있는 **편모(flagella**, 단수 **flagellum)**라고 하는 하나 이상의 머리카락 형태의 돌출물이 있다. 세균은 종에 따라 편모를 하나만 갖고 있거나, 한쪽 끝에 여러 개의 편모가 모인 다발을 갖고 있거나, 세포 표면 전체를 편모로 덮고 있다(**그림 4.8**).

세균의 편모는 길고 단단한 단백질 필라멘트이다. 이 필라멘트는 함께 묶여서 프로펠러처럼 회전하여 세균 세포를 앞으로 밀어낸다. 수중에서 세균 편모는 세포가 영양분을 향해 수영하거나 독성 화학 물질로부터 멀어지는 것을 돕는다. 편모를 사용하면 대장균(*Escherichia coli*)과 같은 세균은 한 시간에 신체 길이의 약 2,000배를 이동할 수 있다. 이것은 키가 1.75 m인 사람이 시간당 3.5 km를 움직이는 것과 같다.

Escherichia coli: esh-er-EEkey-ah KOH-lee

선모

세포 표면에서 돌출된 다른 부속기는 **선모**(**pili**, 단수 **pilus**)이다. 선모는 길이가 약 1 μm이고, 두께는 약 7 nm 정도인 짧고 단단한 단백질 막대이다(**그림 4.9**). 그들은 세균 세포가 조직이나 다른 표면에 부착되도록 돕는다. 감염을 일으킬 때, 선모가 있는 병원체는 조직에 부착되어 감염 과정을 시작하는 데 도움이 될 수 있다. **A CLOSER LOOK 4.2**는 그 "소란스러운" 예를 제시한다.

그림 4.8 세균성 편모. 세포 표면에서 뻗어나온 염색된 세균 편모(회색 구조)를 보여주는 광학현미경 이미지. 편모는 특징적인 물결 모양 배열을 가지고 있다. (Bar = 10 μm.)

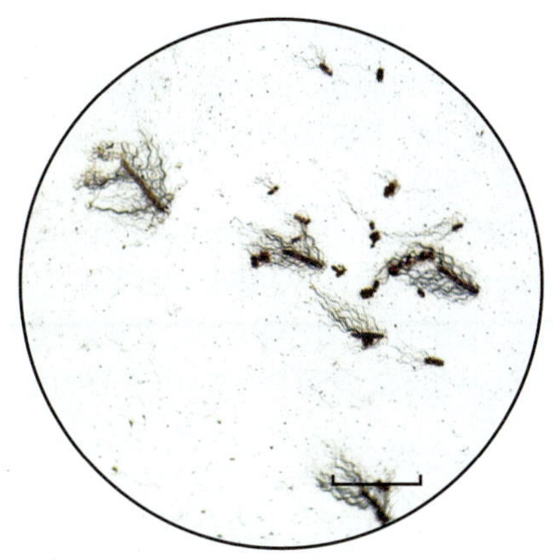

그림 4.9 세균성 선모. 많은 선모(빨간색)가 있는 대장균 세포(타원형)의 투과전자현미경 사진에 색을 입힌 이미지. (Bar = 1 μm.)

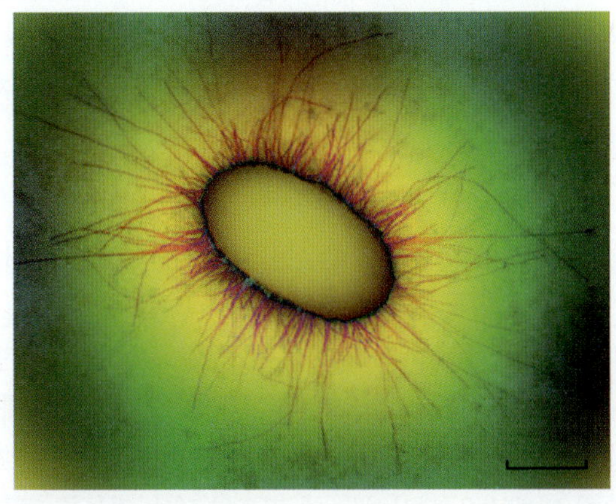

A CLOSER LOOK 4.2

특출난 설사(Diarrhea Doozies)

후에 "경이적인 60명"이라고 불리게 된 60명의 젊은 남성과 여성이 과학 발전에 이바지하고자(그리고 약간의 용돈도 벌고자) 스탠퍼드 대학교의 임상연구센터에 모였다. 그들은 머리카락처럼 생긴 섬모(pili)가 질병을 일으키는 데 중요한 역할을 하는지 알아보는 실험을 도우며, 그곳에서 3일 낮과 밤을 보내고 300달러를 받기로 되어 있었다.

여러 명의 간호사와 의사들은 그들이 혹독한 시련을 견딜 수 있도록 돕기 위해 준비하였다. 그들은 과일 맛을 내지만 설사병을 일으키는 대장균(**그림**을 보라)이 포함된 칵테일을 마셔야만 했다. 절반에 해당하는 30잔의 칵테일 속에는 돌연변이가 일어난 섬모를 가진 대장균이 들어 있었다. 섬모를 가진 세균은 대장 조직에 단단히 부착될 수 있어 설사병을 유발하지만, 돌연변이 섬모를 가진 세균은 대장 조직에 부착될 수 없으므로 대장 운동에 의해 씻겨 내려가 설사병을 유발하지 못할 것으로 예상하였다. 이러한 가설을 증명하고자 이 경이적인 60명이 모인 것이었다.

숙명적인 1997년 그날에 실험은 시작되었다. 실험은 이중맹검(double-bline experiment)으로 진행되었기 때문에 실험에 자원한 학생들이나 임상시험 전문가 중 누구도 과연 누가 설사병을 일으킬 수 있는 칵테일을 마실지는 알 수 없었다. 단지 마신 후에 결과가 나타나기만을 기다려야만 했다. 지원자 중 일부는 아무런 증상이 나타나지 않았지만, 일부는 세균의 맹공격을 느끼고 마지막 남은 인간의 존엄성을 지키고자 노력하였다. 그들에게 3일은 메스꺼움, 구토, 복부 경련과 쉴 새 없는 화장실 행으로 가득 찬 지옥 같은 날들이었다. 아무 증상이 나타나지 않은 나머지 사람들은 큰 행운아였다(이들은 로또 복권을 사는 것이 좋은 생각이라 여겨졌다).

모든 것이 끝났을 때, 실험의 결과는 예상했던 대로 나타났다. 돌연변이가 일어난 섬모를 가진 세균을 마신 지원자 대부분은 설사병을 경험하지 않았지만, 반대로 정상적인 섬모를 가진 세균을 마신 지원자는 대부분 설사병을 앓았고 그들 중 몇몇은 그야말로 진정 특출 난 경험을 했다!

모두가 다 이 실험을 통해 이득을 보았다. 과학자들은 세균의 감염에 섬모가 중요한 역할을 한다는 것을 생체실험을 통해 알 수 있었고, 지원자들은 희생의 대가로 300달러를 벌 수 있었으며, 병원 근처 슈퍼마켓은 화장지와 설사약의 판매 증가로 큰돈을 벌 수 있었다.

Courtesy of James Archer/ Illustrated by Alissa Eckert and Jennifer Oosthuizen/CDC.

세포질 구조

세포질은 **세포막(cytoplasm)**으로 둘러싸인 젤리 같은 용액이다. 70%에 이르는 물은 많은 작은 분자 및 기타 물질이 용해되는 용매 역할을 한다. 이러한 물질에는 아미노산과 단백질, 당, 뉴클레오타이드뿐만 아니라 세포 성장과 번식에 필요한 수많은 미네랄과 성장 인자가 포함된다. 또한 여기에는 몇 가지 더 큰 하위의 구획과 구조가 존재한다(그림 4.6 참조).

핵양체와 플라스미드

원핵 세포의 유전 정보는 염색체와 플라스미드의 형태로 존재한다. 세포(또는 바이러스)에 있는 DNA의 완전한 총합을 **유전체(genome)**라고 한다.

세균 염색체(bacterial chromosome)는 주로 길고 닫힌 고리 형태의 DNA이다. 세포질에서 염색체는 **핵양체(nucleoid)**라고 불리는 영역을 형성하는데, 이 영역에는 진핵 세포 핵의 전형적인 막이 없다(**그림 4.10**). 염색체에 담겨 있는 수천 개의 유전자는 대사, 성장 및 대사에 필요한 단백질을 생산하는 데 필요한 필수 정보를 포함하고 있다. 예를 들어,

전형적인 *S. enterica* 세포는 약 3,800개의 유전자를 포함한다. 이에 비해 인간 **유전체(genes)**는 약 22,000개의 유전자로 구성된다.

많은 세균에는 **플라스미드(plasmid)**가 존재한다. 이 작고 닫힌 DNA 고리는 염색체와 무관하며, 보통 5~100개의 유전자를 포함하고 있다. 이 유전자는 일상적인 생존에는 필수적이지 않은 단백질을 만들기 위한 정보를 암호화하고 있다. 보통 이러한 정보는 항생제, 독소 또는 기타 잠재적으로 독성이 있는 화학 물질에 대한 내성을 위한 것일 가능성이 있다. DNA와 유전자는 제8장의 DNA 이야기에서 더 자세히 알아볼 것이다.

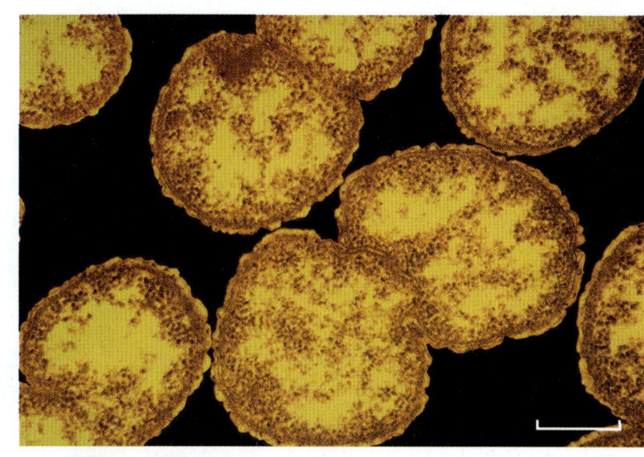

그림 4.10 세균성 핵양체. 투과전자현미경 이미지에 색이 입혀진 이 사진에서, 각 세포에 존재하는 노란색의 핵양체를 볼 수 있다. 갈색의 과립 영역은 세포질을 나타내며, 작은 점은 리보솜이다. (Bar = 0.5 μm.)

리보좀

모든 원핵생물은 세포질 전체에 수천 개의 **리보좀(ribosomes)**이 퍼져 있다. 그들은 60% RNA와 40% 단백질로 구성되어 있다. 이 리보좀은 진핵생물보다 작고 밀도가 낮지만, 유전자(DNA)의 정보를 단백질 분자(아미노산 사슬)로 해독하는 기능을 한다. 많은 항생제는 리보좀 기능을 억제하여 세균의 성장을 늦추거나 신진대사를 방해하여 세균 세포를 죽인다.

봉입체

일부 원핵 세포는 세포질에 **봉입체(inclusion bodies)**를 포함한다. 이러한 구조는 탄수화물이나 지질을 미래 에너지원으로 저장하여 힘든 환경에서 살아갈 수 있게 한다. 어떤 봉입체는 인산염을 저장할 수 있는데, 인산염은 인지질과 DNA 및 RNA의 인산염-당 골격을 만드는 데 필수적인 성분이다.

4.3 원핵생물의 번식과 생존: 이분법과 내생포자

생명의 특성 중 하나는 번식 능력이다. 즉, 자신을 더 많이 복제하고 결과적으로 더 많은 개체군을 구축하는 것이다. *S. enterica*와 같은 세균의 경우를 다시 생각하면서 원핵생물의 번식 과정을 살펴보자.

원핵생물의 번식

대부분의 원핵생물 종은 **이분법(binary fission)**이라는 세포 분열 과정을 통해 번식한다. 이 프로세스는 2개의 새로운 세포(종종 딸 세포라고도 함)가 완전한 유전체와 독립 세포로서 생존하기 위한 기타 물질을 포함하게 한다. 실제로 분열 이전에는 여러 사건이 발생한다.

세포는 세포 분열 이전에 길어지고 부피가 증가한다(**그림 4.11**). 또한 세포벽, 인지질, 단백질 등 분열에 필요한 모든 재료가 준비된다. 세포 분열이 일어나기 전에 먼저 염색체가 복사되어야 하며, 분열 후에는 각각의 새로운 세포가 완전한 유전자 세트를 가져야 한다. 이를 달성하기 위해 많은 세포질 효소를 사용하여 세균 염색체의 사본을 만든다. 복제 과정이 완료되면, 두 염색체는 공통 세포질에서 서로 분리된다.

그림 4.11 이분법. 세균 세포가 DNA(염색체)를 복제한 후, 분열 과정(단계 A~C)에서 세포벽과 세포막이 함몰됨에 따라 세포를 둘로 나눈다.

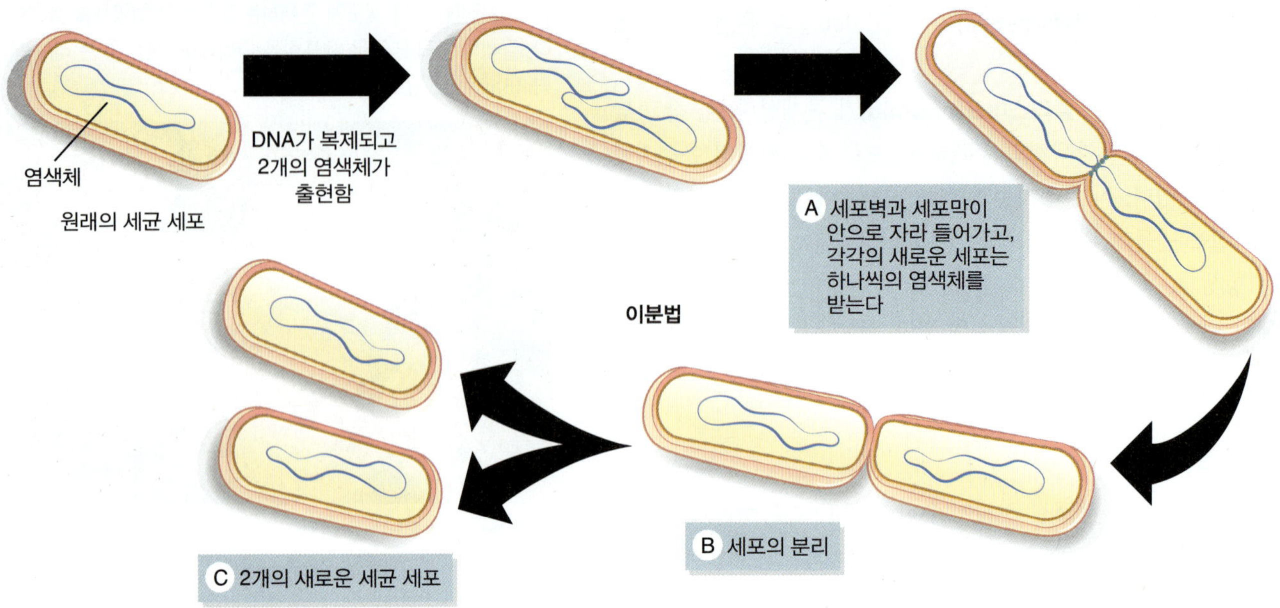

그런 다음 이분법이 시작된다. 이것은 새로운 세포벽과 세포막이 세포 중앙에서 안쪽으로 확장되는 것으로 시작한다(그림 4.11 참조). 벽과 막이 합쳐지면서 세포가 2개로 갈라진다. 즉, 원래 세포는 이제 2개의 딸 세포로 존재하며 각 세포에는 하나의 염색체가 있다. 이러한 모습은 원래 하나인 소시지의 중간을 비틀어 소시지 2개를 만드는 것과 같다.

세균 세포 분열의 속도는 매우 놀랍다. 이상적인 성장 조건에서 *S. enterica* 세포는 이분법을 거쳐 약 30분마다 2개의 새로운 딸 세포를 생성할 수 있다. 이에 비해서, 인간의 간세포는 2개의 새로운 딸세포를 생성하는 데 약 20시간이 걸린다. 결과적으로, 1시간 이내에 단일 *S. enterica* 세포는 4개의 세포(2번의 이분법)로 분열된다. 2시간이면 16개의 세포가 생길 것이고(4번의 핵분열), 그리고 단 7시간 안에 16,000개 이상의 세포 집단이 생길 것이다(**그림 4.12**).

이제 살모넬라균에 오염된 시저 샐러드를 먹은 다음 날 아침에 기분이 좋지 않았던 이유를 이해할 수 있어야 한다. 샐러드를 먹은 지 12시간이 지나면, 원래 단 한 개의 세균 세포만 섭취했다고 가정하더라도 거의 1,700만 개의 세포로 불어나 있을 것이다. 게다가 아마도 오염된 샐러드에는 이미 수백만 개의 살모넬라 세포가 있었을 것이다. 따라서 섭취 12시간 후에는 이분법의 결과로 인해 장 속에는 수십억 개의 세균 세포가 있었을 것이다.

기분이 좋지 않은 것도 당연하다! 흥미롭게도, 한 진취적인 수학자는 20분마다 번식하는 단일 *E. coli* 세포는 36시간(108번의 세포 분열) 안에 지구의 표면을 1피트 두께로 덮을 만큼 충분한 세균 세포를 생산할 수 있다고 계산했다!

원핵생물의 성장 측정

E. coli 및 *S. enterica*와 같은 세균의 원핵생물 성장에 대한 이러한 계산이 정확하다면, 왜 우리는 세균 세포의 바다에 질식되지 않는가? 대답은 모든 원핵 세포에도 식물, 동물 또는 인간과 같은 모든 생명체와 마찬가지로 취약한 점이 있다는 것이다. 결국에는 영양분이 부족해지고 노폐물이 축적되며, 물이 부족해지거나 환경의 온도가 변하기도 한다. 생명체의 관점에서 보면, 삶은 스트레스를 받는 일이다. 더 적은 수의 세포가 번식하고 더 많은

그림 4.12 급증하는 박테리아 개체군. *Salmonella enterica* 세포의 수는 7시간 동안 하나의 세포에서 16,000개 이상의 세포로 늘어난다.

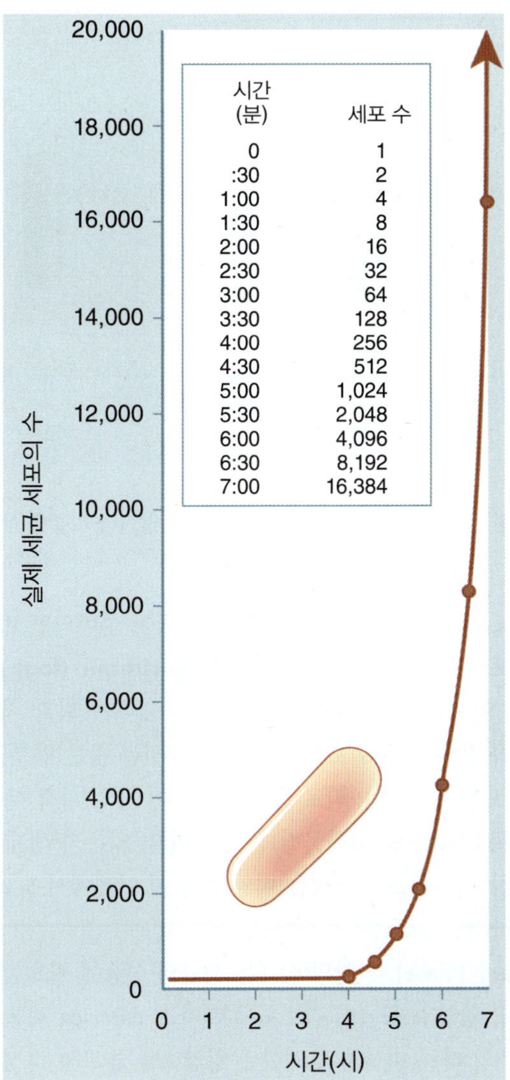

세포가 죽으면서, 개체군은 점차 안정화되거나 감소한다.

개체군에서 미생물 세포 수의 이러한 상승 및 잠재적 하락은 **성장 곡선(growth curve)**을 나타내는 그래프로 표시될 수 있다. 예시를 들기 위해서, 이 장의 시작 부분에서 다룬 *S. enterica*를 계속 사용하겠다.

위에서 설명한 바와 같이, 세균 세포의 개체군은 세포가 이분법으로 증식하면서 그 수가 증가할 것이다. **그림 4.13**에 표시된 성장 곡선에서 성장을 의미하는 숫자는 시간에 대한 로그 숫자(10의 거듭제곱)로 표시된다. 곡선의 다양한 단계가 식별되며, 이러한 단계는 시간이 지남에 따라 역학적 모델을 보여준다. 일반적인 성장 곡선은 4단계로 구분할 수 있다.

- **유도기(Lag Phase).** 첫 번째 성장 단계는 **유도기(lag phase)**이다. 이 준비 단계에서는 세포 수의 증가는 관찰되지 않는다. 오히려 *S. enterica* 세포는 장에서 영양소를 소화하기 위한 부분과 효소를 합성한다. 유도기의 실제 길이는 이분법을 위한 준비를 포함하여 미생물 개체군의 대사 활성에 따라 다르게 나타난다.

그림 4.13 세균 개체군의 성장 곡선. 이 성장 곡선은 세균 세포 집단의 성장 동안 일반적으로 발생하는 4단계를 보여준다.

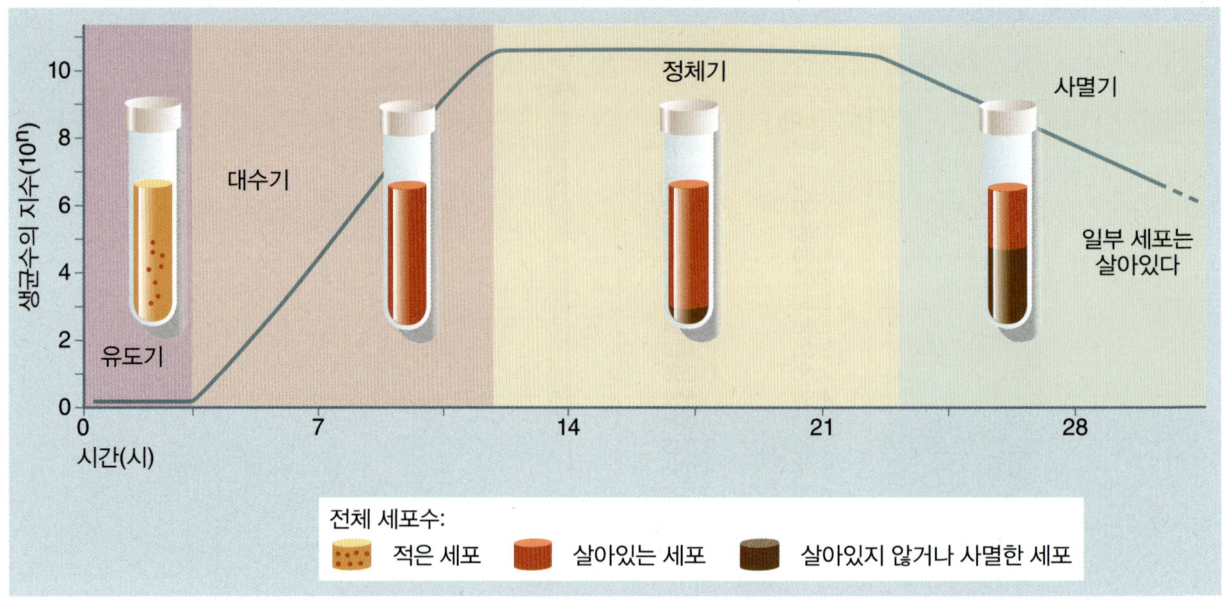

- **대수기(Log Phase).** 세포 분열을 위한 모든 물질이 준비되면 미생물은 최대 속도로 분열한다. 그래프의 이 부분을 **대수(로그)기[logarithmic (log) phase]**라고 한다. *S. enterica*의 경우 일정한 간격(30분)으로 개체수가 2배가 되고, 세포 수는 안정적으로 증가한다. 인간의 장은 세균 세포를 성장시킬 수 있는 많은 양분을 가지고 있다. 결과적으로, 세균 세포는 수십억 마리로 증식하면서 이 장의 시작 부분에 언급된 질병 증상을 유발하는 **독소(toxins**, 화학물질)를 분비한다. 많은 항생제는 이와 같이 활발하게 대사하고 성장하는 세포에 영향을 미치므로, 이 단계에서 *S. enterica* 세포는 항생제에 가장 취약하다.
- **정체기(Stationary Phase).** 인간의 장에는 세균의 성장에 필요한 영양소가 무한히 존재하지는 않는다. 영양소 공급이 감소함에 따라 *S. enterica* 세포는 인간 장내 마이크로바이옴의 일부인 다른 미생물과 제한된 영양소를 놓고서 경쟁하게 된다. 개체군의 활력이 변하면, *S. enterica* 세포는 정지기라고 하는 **평탄면(stationary phase)**에 들어간다. 대부분의 세포는 살아 있지만 분열을 멈추므로 세포의 증가가 중단된다.
- **사멸기(Death Phase).** 장의 영양소가 보충되지 않으면(아마도 당신은 매우 아플 것이기 때문에 음식을 섭취하지는 못할 것이다), 세균의 신진대사가 멈추고 결국에는 성장하지 않는 세포 집단은 **사멸(죽음) 단계[decline (death) phase]**에 들어간다. 일부 *S. enterica* 세포는 죽은 세포와 죽어가는 세포에서 방출되는 영양소를 사용하여 짧은 시간 동안 생존할 수 있다. 그러나 개체군은 점차 균형 잡힌 세포 사멸 상태에 들어가고 일부 세포만이 다른 세포가 죽는 동안에 잠시 생존할 수 있다.

이제, 식품을 통한 감염이 어떻게 점차 사라지는지 이해할 수 있을 것이다. 영양소가 부족해지면 병원체와 장내 미생물군 사이의 영양소 경쟁이 치열해진다. 살모넬라증과 같은 감염에는 병원체 제거를 위한 두 가지 추가 방법이 있다. 그중 하나는 구토와 설사를 포함한다. 이러한 반응은 세균 세포와 병원체에 의해 생성된 독소를 제거하는 데 도움이 된다. 두 번째 방법은 면역 체계이다. 백혈구와 면역 방어는 감염을 인식하고 감염 세포와 독소를 제거하는 데 도움이 되도록 진화해 왔다. 우리는 질병과 저항에 관한 장에서 면역에 대해 더 많은 것을 배우게 될 것이다.

내생포자

대부분의 원핵생물은 영양소가 고갈되면 죽지만, 소수의 세균은 살아남을 수 있다. 많은 종의 *Bacillus*와 *Clostridium*은 **내생포자(endospore)**라고 하는 유별나게 저항성이 큰 구조를 생성할 수 있다(**그림 4.14**). 내생포자의 유일한 기능은 성장에 불리한 환경에서 생존하는 것이다. 그것은 모세포가 완전한 유전 정보 세트를 포함하는 내부 포자(즉, 내생 포자)를 생성하는 복잡한 과정을 통해 형성된다. 포자는 매우 두꺼운 펩티도글리칸 함유벽으로 둘러싸여 있다. 일단 형성되고 성숙되면, 휴면 포자는 모세포의 죽음과 함께 방출된다.

방출 후 환경에 노출된 포자는 수십, 수백 또는 수천 년 동안 휴면 상태로 남아 있을 수 있다. 이러한 휴면 구조는 아마도 지금까지 알려진 가장 저항력이 있는 생물학적 구조일 것이다. 10%의 수분만을 함유하므로, 건조는 포자에 거의 영향을 미치지 않는다. 또한, 열에 강하며, 대부분의 화학 물질에도 영향을 받지 않는다. 내생포자는 끓는 물(100°C/212°F)에서 2시간 동안 생존할 수도 있다. 70% 에틸알코올에 담겨진 내생포자는 20년 동안 생존하기도 한다. 인간은 500 **rems** 정도의 방사선을 간신히 견딜 수 있는 반면에, 내생포자는 1백만 rems를 견딜 수도 있다. 적절한 영양소가 돌아오면, 내생포자는 빠르게 발아하여 활발하게 대사하는 세포를 생성하고 번식을 통해 성장한다.

이러한 극단적인 특성으로 인해 오염된 의료 재료 및 식품에서 내생포자를 제거하는 것은 매우 어렵다. 사실, 몇 가지 심각한 인간 질병은 내생포자 오염의 결과이다. 뉴스를 통해 가장 잘 알려진 것은 2001년 미국에서 발생한 탄저균 테러용 미생물인 *Bacillus anthracis*이다. 그 세균의 내생포자가 우편으로 보내졌는데, 사람이 내생포자를 흡입할 경우 폐에서 발아한 세포가 성장하면서 치명적인 두 가지 독소를 분비한다.

마찬가지로, **보툴리누스 중독(botulism)**과 **파상풍(tetanus)**은 각각 *C. botulinum* 및 *C. tetani*에 의해 유발되는 질병이다. 클로스트리듐 내생포자는 토양에서 흔히 발견되는데, *C. tetani* 내생포자에 오염된 찔린 상처는 내생포자가 발아하는 환경을 제공한다. 그러면 세포가 자라는 과정에서 파상풍 독소를 생성하여 근육을 고통스럽게 조인다. 유사하게, 부주의하게 밀봉되어 *C. botulinum* 포자가 오염된 식품 캔에서 포자가 발아하고 성장하는 과정에서 보툴리누스 독소를 생성하는데, 이것을 섭취하면 심각한 근육 약화를 유발한다.

Clostridium: kla-STRIH-dee-um

rem(roentgen equivalent in man): 생물학적 영향과 관련된 방사선량 측정 단위.

Bacillus anthracis: bah-SIL-lus an-THRAY-sis

보툴리누스 중독(botulism): 신체의 신경을 공격하는 독소에 의해 유발되는 드물지만 심각한 세균성 질병으로, 호흡에 관여하는 근육이 약화되어 호흡 곤란과 사망에 이를 수 있음.

파상풍(tetanus): 수의근의 경직과 경련으로 특징지어지는 세균성 질병으로, 입을 벌릴 수 없고(잠긴 아가리 = 파상풍으로 불리는 현상) 삼키고 호흡하는 데 어려움을 겪을 수 있음.

Clostridium botulinum: kla-STRIH-dee-um bot-you-LIE-num

그림 4.14 세균의 내생포자. 이 색이 입혀진 주사전자현미경 이미지는 내생포자의 발아를 보여준다. 녹색 세포는 포자에서 발아하여 성장하는 세포이다. (Bar = 1 μm.)

Reproduced from Brunt, J., Cross, K.L., & Peck, M.W. (2015). Food Microbiology, 51, 45–50.

4.4 원핵생물의 성장: 세균의 배양

이러한 세균 개체군의 성장에 대한 이해를 바탕으로, 이제 미생물을 실험실에서 키우는 방법을 살펴보자. 어떤 경우에는 그것들을 키우는 것이 매우 어렵다. 다시 말하지만, 우리는 주로 세균의 배양에 대해 이야기할 것이다.

배양법

세균은 세포 성장을 촉진하는 다양한 영양소를 포함하는 배양 배지 위에서 또는 배양 배지 안에서 성장(배양)한다. **배양 배지(culture media)**는 액체 또는 젤과 같은 형태로 사용된다. 액체 형태의 배양 배지를 **배양액(broth)**이라고 한다. 전형적인 예는 다양한 동물 및 식물 공급원에서 나오는 추출물 또는 소화물이 포함된 "쇠고기/채소 수프"인 배양액이다.

젤 또는 반고체 형태의 배양 배지는 배양(페트리) 접시에서 미생물을 배양하는 데 사용된다. 이 유형의 배지는 홍조류에서 추출한 복합 탄수화물인 **한천(agar)**으로 응고된 육수로 구성된다. 이 **영양 한천(nutrient agar)** 플레이트의 한천은 대부분의 세균이 영양소로 사용할 수 없다. 미생물에게 한천은 80°C/176°F(비교를 위한 인체 온도는 37°C/98.6°F)의 높은 온도에서도 고체 상태를 유지하는 단순한 응고 물질일 뿐이다. *S. enterica* 세포 샘플을 영양 한천 배지 표면에 놓으면, 각 세포가 반복적으로 분열하여 많은 수의 세포를 생성함에 따라 눈에 보이는 **집락(colony)**을 형성한다(**그림 4.15**).

미생물을 성장시키는 데 사용되는 배양 배지는 매우 다양하다. 이러한 배지 중 다수는 범용인데, 이는 배지의 영양소가 다양한 미생물 종의 성장을 지원한다는 것을 의미한다. 또한 **선택 배지(selective media)**라는 여러 유형의 특수한 배지도 있다. 이들 배지는 다른 모든 미생물 종의 성장을 억제하면서 원하는 종의 성장을 촉진(선택)한다. 임상 샘플과 식품에서 살모넬라 종을 분리하기 위한 선택적 배지도 있다. 이 장의 시작 부분에서 든

그림 4.15 세균 집락. 배양 접시의 혈액 한천에서 자라는 *Salmonella enterica* 집락. 혈액 한천은 영양 한천과 양에서 추출한 적혈구의 혼합물이다. 종종 많은 다른 세균을 배양하는 데도 사용된다.

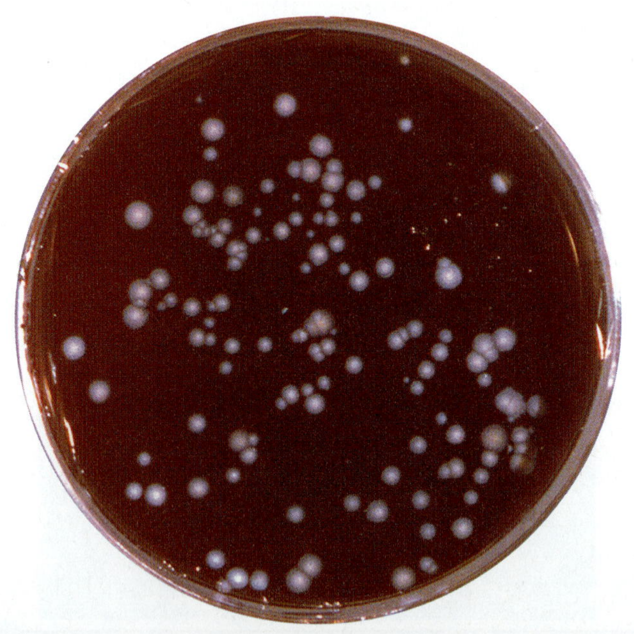

Courtesy of CDC.

그림 4.16 *Salmonella enterica*의 선택 배양. 이 배양 접시에는 *S. enterica* 세포만 성장할 수 있는 선택 배지가 포함되어 있다.

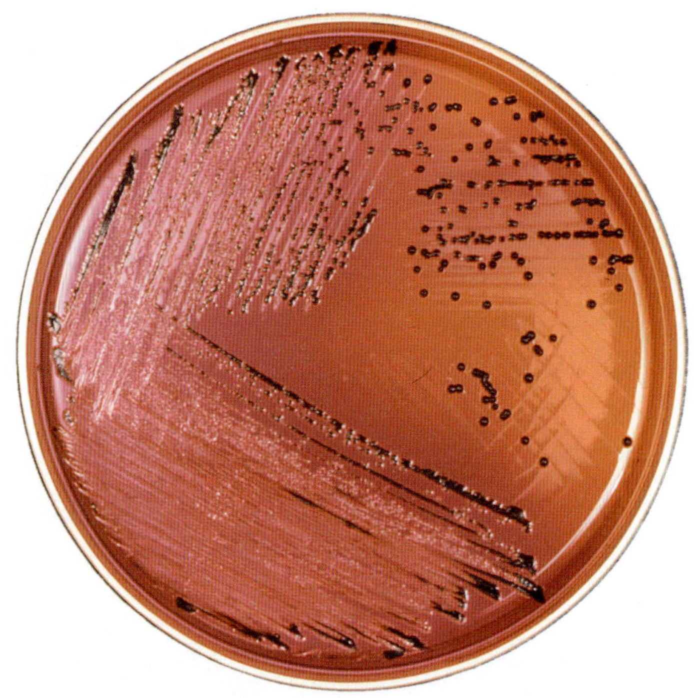

Courtesy of CDC.

예시에서, 이 선택 배지를 장 샘플과 오염된 시저 샐러드로부터 *S. enterica*를 식별하기 위해 보건 기관의 미생물학 실험실에서 사용할 수 있다(**그림 4.16**).

배지에 하나 이상의 필수영양소가 부족하여 알려진 표준 배양 배지에서 미생물이 자라지 않는 경우가 있다. 이러한 종의 성장을 촉진하기 위해 미생물학자는 표준 배지에 특이한 영양소를 추가할 수 있다. 이러한 **영양강화배지(enriched medium)**는 미배양 종을 성장시키기 위해 시도된다.

오늘날, 알려진 모든 원핵생물 종의 약 2%만이 배양될 수 있다. 이것은 모든 원핵생물 종의 98%가 아직 인간이 고안한 어떤 배지에서도 자랄 수 없음을 의미한다. 이러한 종의 세포는 종종 현미경으로 관찰할 수 있지만, 한천 배지에 놓으면 집락으로 자라나지 않는다. 이러한 유기체를 '**생존 가능하지만 비배양(viable but noncultured, VBNC)**'이라고 하는데, 이는 세포가 살아 있지만 낯선 배양 환경에서는 번식하지 않는다는 것을 의미한다. 아마도 이것은 그들의 성장에 필요한 고유의 성장 요구 사항(영양소)이 배지에 누락되어 있으며, 그러한 필요한 요소가 보강된 영양강화배지도 발견되지 않았기 때문일 것이다. 예를 들어, 일반 정원 토양 1 g에는 수천 종의 박테리아가 포함되어 있지만, 그중 오직 일부만이 배양되고 연구될 수 있다. 이것은 이 장의 마지막 주제인 원핵생물 종의 엄청난 다양성에서 다시 강조된다.

▶ 4.5 원핵생물을 만나다: 세균 영역과 고세균 영역

현재까지 알려진 원핵생물 종은 13,000종 이상이다. 매년 더 많은 종들이 발견되고 있으므로, 실제 종의 수는 확실히 13,000종보다 훨씬 많을 것이다. 일부 미생물학자들은 수십억 종의 세균이 있을 수 있다고 제안한다.

그림 4.17 세균과 고세균을 표현한 생명의 나무. 이 나무는 이 장에서 논의된 여러 세균 및 고균의 계통을 보여준다.

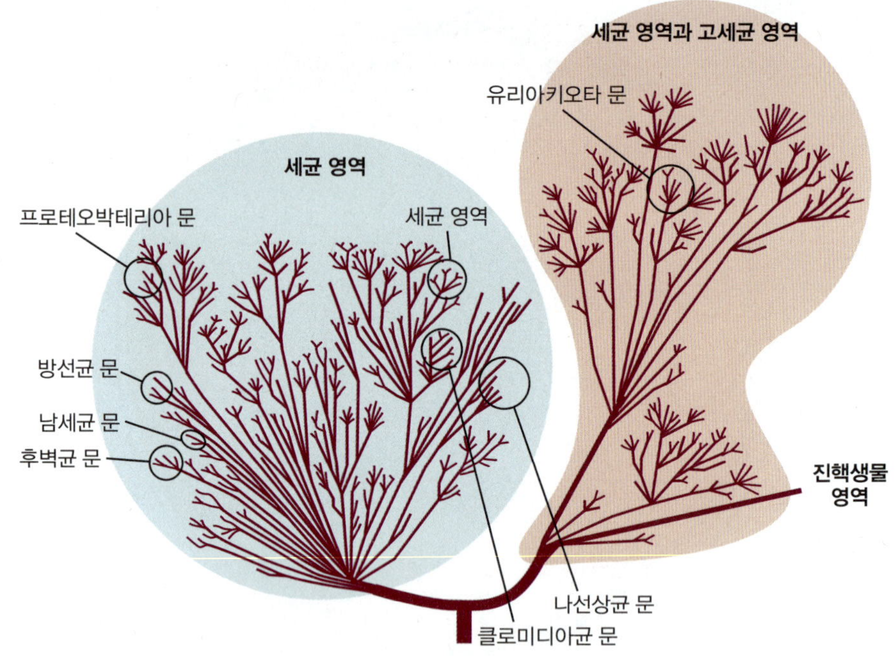

이 절에서, 우리는 "생명의 나무"를 사용하여 미생물의 몇몇 일반적인 문과 그룹을 조명할 것이다. 생명의 나무는 제2장의 개척자, 분류학자, 관찰자의 시각에서 본 미생물에서 설명한 것처럼, 모든 살아있는 유기체를 세균, **고세균(Archaea)** 및 진핵생물(**그림 4.17**)의 3영역으로 구성한다. 원핵생물은 세균 영역과 고세균 영역으로 구성된다.

Archaea: are-KEY-ah

세균 영역

세균 영역(domain Bacteria)의 구성원은 지구의 공기에, 토양에, 물과 같은 다양한 환경에 존재하면서 적응해 왔다. 그들은 북극의 얼음, 뜨거운 온천, 우주의 경계면이나 동식물의 조직에서도 분리되고 있다. 모든 식물과 동물을 합친 질량보다도 총질량의 합이 클 것으로 추정되는 세균 종과 그들의 친척인 고균은 지구의 모든 부분을 모조리 식민지로 만들어 왔다. 자 이제, 갈피를 못 잡게 만드는 이들의 실제적 다양성에 대한 느낌을 가지도록 좀 더 일반적인 문과 다른 그룹에 속하는 몇몇을 간략히 살펴본다.

광합성 세균

남세균(Cyanobacteria) 문은 지구 상에서 가장 크고 오래된 문 중 하나이다. 그들은 민물 연못, 호수 및 바다에서 물의 색이 변할 정도로 많이 번성하곤 한다. 미국 이리(Erie) 호수의 주기적인 완두콩 수프 현상은 단세포, 사상체 및 군체 형태로 존재하는 남세균 종(**그림 4.18**)의 **대증식(bloom)** 때문이다. 그들은 오늘날 우리가 호흡하는 산소의 대부분을 생성하는 광합성을 통해서 에너지를 얻는다. 사실, 오늘날의 남세균의 조상은 지구 상에서 최초의 산소를 생산하는 생명체였으며, 젊은 행성의 생물의 형태를 오늘날의 생명체로 바꾸는 데 일조하였다. 오늘날의 남세균 문은 먹이그물의 바닥에서 유기물을 제공함으로써 자연의 영양 순환에서 핵심적인 위치를 차지한다. 의심할 여지 없이, 그들은 지구 상에서 가장 중요한 세균 그룹 중 하나이다.

대증식(bloom): 유기물 오염에 의한 영양분의 과다 공급으로 인하여 수표면 위나 가까운 곳에 조류(algae)나 남조류가 과도하게 많이 자라는 현상

그림 4.18 이리 호수의 남세균. 이 위성 이미지는 이리 호수(Lake Erie)를 가로질러 수 마일에 걸쳐 뻗어 있는 남세균(연한 녹색의 소용돌이)의 대량 창궐을 보여준다.

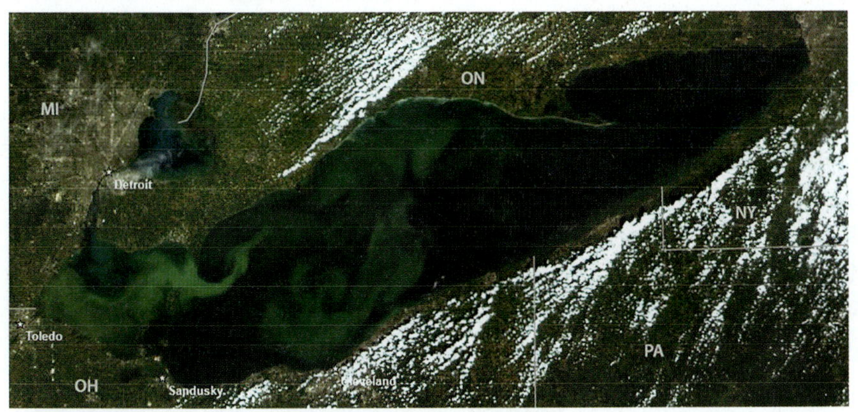

Courtesy of NOAA.

그람 음성 세균

대부분의 세균 종은 광합성을 하지 않으며, 오히려 태양이 아닌 다른 공급원에서 음식과 에너지를 얻는다. 이들 중 많은 종들은 환경에서 화학 물질을 **분해(decomposers)**하는 역할을 수행하면서 분해자로 자리 잡았다. 그들은 또 영양분을 다시 재활용하여 다른 생물이 사용할 수 있도록 물이나 토양으로 돌려주기도 한다. 지구에 알려진 수천 종의 세균 중 극히 일부만이 인간에게 질병을 유발하지만, 병원균 중에서도 두드러지는 것은 그람 음성 세균 종이다.

- **프로테오박테리아.** 프로테오박테리아(*proteo* = "첫 번째")는 가장 크고 다양한 세균 종의 그룹을 포함하며, 이들 중 다수는 순수 배양이 가능하다. 이 문에는 *Escherichia*와 같은 친숙한 속과 식중독(*Shigella*, *Salmonella*), 전염병(*Yersinia*), 콜레라(*Vibrio*) 및 성병 임질(*Neisseria*)을 일으키는 속을 포함하여 가장 잘 알려진 인간 병원균이 포함된다.

  프로테오박테리아의 다른 구성원 중에는 **리케치아**(단수 **rickettsia**)가 있다. 이 유기체는 생존 및 번식을 위해 숙주 세포 내부의 영양소가 필요하므로, **절대세포내기생충(obligate intracellular parasites)**이라고 부른다. 이 작은 세균 세포는 주로 진드기, 벼룩 및 모기에 의해 인간에게 전염된다. 록키산 홍반열은 병원체에 감염된 진드기에 의해 전염된다.

  이 문의 다른 많은 종은 의학적, 산업적 또는 환경적으로 중요하다. 흥미로운 것은 *Pseudomonas* 속의 구성원이다. 녹농균(*P. aeruginosa*)의 한 종은 오염된 물에서 피부를 감염시키는 "온탕 발진"을 유발한다. 토양에서, 이 속의 다른 종은 살충제 및 유사한 화학 폐기물질의 분해에 기여하는 매우 다양한 효소를 생산하기도 한다.

  마지막으로, 집락을 형성할 때 생성하는 핏빛의 붉은색 색소로 구별되는 막대 모양의 종인 *Serratia marcescens*를 한 종 더 언급할 가치가 있다. **A CLOSER LOOK 4.3** 세부 사항에서 볼 수 있듯이, 그 "핏빛"은 역사적 의미를 갖고 있다.

- **의간균(Bacteroidetes).** 그람 음성 세균의 또 다른 문은 의간균이다. 이 막대 모양의 세포는 산소가 없는 물과 토양에서 산다. 그들은 또한 인간의 내장 안의 산소가 없는 조건에서도 살아간다. 사실, 인간의 장내 미생물군집은 소화기 건강에 매우 유익한 여러 의간균 종에 의해 지배되고 있다. 수많은 연구에 따르면 정상 체중과 마른 성인

Shigella: shih-GEL-lah

Yersinia: yer-SIN-ee-ah

Vibrio: VIB-ree-oh

rickettsiae: rih-KET-sea-eye

Pseudomonas aeruginosa: sue-doh-MOH-nahs ah-rue-gih-NO-sah

Serratia marcescens: ser-RAHtee-ah mar-SES-senz

Bacteroidetes: BAK-teh-roy-deh-teez

Bacteroides: BAK-teh-roy-deez

A CLOSER LOOK 4.3

역사 속의 핏빛

*Serratia marcescens*는 그 특징적인 핏빛의 붉은 색소와 빵을 오염시키는 성향 때문에 역사적으로 주목을 받았다. 예를 들어, 중세 교회의 어둡고 습기 찬 환경은 이 균이 성찬식에 사용될 성찬용 제병(성체)에 오염되어 자라는 데 최적의 조건을 제공했다. 당시에는, 성체 위에 형성된 "피"처럼 보이는 모습이 기적으로 해석되기도 했다.

그러한 사건 중 하나가 1263년 이탈리아 볼세나에 있는 산타 크리스티나 교회에서 일어났다. 바로 성체의 빵에서 "피가 나기 시작하여" 십자가 모양의 식탁보에 떨어진 것이었다. 이 사건은 나중에 라파엘로가 바티칸의 사도궁에 있는 그의 프레스코화인 볼세나의 미사(1512~1514)에서 그림으로 기념한 바 있다. 그러한 기적은 역사적으로 큰 의미가 있는 사건으로, 더 이른 시기의 역사에도 기록되었다.

기원전 332년, 알렉산더 대왕과 마케도니아 군대는 지금의 레바논에 있는 도시 티레를 포위했다. 그러나 포위 공격은 잘 이뤄지지 않았다. 그러던 어느 날 아침, 군대에서 먹을 여러 조각의 빵에 핏빛의 붉은 반점이 나타나는 일이 생겼다. 처음에는 그것이 사악한 징조로 여겨졌지만, 아리스티드라는 점쟁이가 "피"는 빵 속에 생겨서 밖으로 나왔다고 지적을 하며, 따라서 티레 안에서 피가 쏟아지고 도시는 곧 함락될 것이라고 예언하였다. 알렉산더의 부대는 이 해석에 크게 고무되어 자신감을 가지게 되었고, 저돌적으로 전투에 뛰어 들어 곧바로 도시를 점령하였다. 이 승리로 인해 중동이 마케도니아 인들에게 열렸고, 그들의 진격은 인도에 도착할 때까지 멈추지 않았다.

1819년에는 이탈리아의 약사 Bartholemeo Bizio가 "피"의 기적은 살아있는 생물에 의한 것이라고 설명했다. Bizio는 이 생물에 Serambino Serrati(증기선의 발명가로 여겨지는 이탈리아 사람)의 이름을 따서 *Serratia*라고 속명을 지었고, 알렉산더 대왕을 승리로 이끈 빵의 부패에서 힌트를 얻어 "부패"라는 라틴어 단어에서 유래한 *marcescens*라는 이름을 종명으로 삼았다.

그림 A 영양 한천 접시에서 자라는 *Serratia marcescens*의 집락.

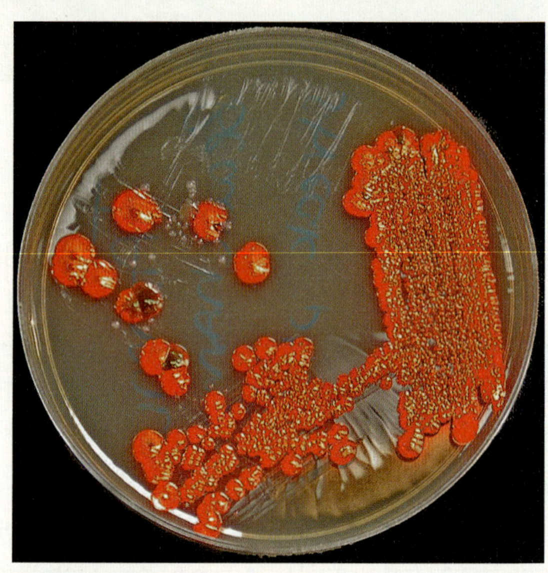

Courtesy of Dr. Jeffrey Pommerville.

은 장내 미생물군집을 구성하는 높은 수준의 의간균 종과 적은 수의 후벽균(아래 참조)을 가지고 있다. 이와 달리, 비만한 성인은 정반대이다. 즉, 그들은 후벽균이 더 많고 의간균의 양이 적다. 장에 있는 이 두 세균 그룹의 역학이 체중 증가에 영향을 미칠 수 있다는 결론이 내려진 바 있다. 이러한 서로 다른 세균 간의 정확한 상호작용은 더 많은 조사가 필요하다.

Chlamydiae: kla-MIH-dee-eye

- **클라미디아균(Chlamydiae).** 클라미디아균 문의 구성원은 절대성 세포기생충이다. 대부분의 종은 병원체인데, 그중 한 종은 클라미디아라고 하는 성병(STI)의 원인균이다. 2016년에 미국 질병통제예방센터(CDC)에는 160만 건 이상의 클라미디아 감염 사례가 보고되었다. 이는 지금까지 보고된 감염 사례 중 가장 많은 수이다.

Spirochaetes: spy-row-KEY-teez

Treponema pallidum: treh-poh-NEE-mah PAL-eh-dum

Borrelia: bore-RELL-ee-ah

- **나선상균(Spirochaetes).** 나선상균 문의 종은 코르크 마개처럼 감긴 독특한 형태를 가진 그람 음성 세포로 구성된다(그림 4.2 참조). 나선상균은 진흙과 퇴적물에서 발견되는 자유 생활 종이 포함되며, 또 다른 종은 흰개미 내장에 서식하면서 곤충의 나무 소화를 돕는다. 그러나 그중 일부는 척추동물의 비뇨생식기 관에 서식하는 병원균이다. 인간 병원균 중에는 가장 흔한 성병 중 하나인 매독의 원인균인 *Treponema pallidum*이 있다. *Borrelia* 종은 진드기에 의해 전염되어 라임병을 유발하기도 하는데, CDC의 최근 추산에 따르면 미국에서 매년 300,000명이 라임병에 걸릴 수 있다고 한다.

그람 양성 세균

그람 양성 세균 그룹은 다양성 면에서 프로테오박테리아의 경쟁자이고, 2개의 문으로 나뉜다.

- **후벽균. 후벽균(Firmicutes**, *firm* = "강한"; *cuti* = "피부")에는 이미 언급한 바실러스 및 클로스트리디움 종처럼, 내생포자를 형성하는 일부 토양미생물 속이 포함되어 있다. 그러나 후벽균의 다른 종들은 내생포자를 형성하지 않는다. *Streptococcus* 및 *Staphylococcus*속의 종들은 아주 약한 증상의 질병에서부터 생명을 위협하는 감염증에 이르기까지 광범위한 병원균이다. 예를 들어, 인간의 약 30%는 자신들의 코 안에 일반적으로 해를 끼치지 않는 *Staphylococcus aureus*를 가지고 있다. 그러나 제대로 통제되지 않을 경우, 이 균은 혈액, 심장, 폐 또는 뼈를 감염시켜서 심각하고 치명적인 병을 일으킬 수 있다.

  후벽균의 또 다른 구성원은 유명한 *Lactobacillus*속이다. 그중에서 일부 종들은 여성 생식기에 서식하면서 다른 미생물에 의한 감염을 막는 데 도움이 되며, 이 세균의 다른 종들은 치즈, 사워 크림, 요구르트 및 기타 발효 제품의 대규모 제조에 사용된다.
- **방선균.** 그람 양성 세균 그룹의 또 다른 문은 **방선균(Actinobacteria)**이다. 대부분의 세균에서 고유한 이 토양 미생물은 성장하면서 가지 모양의 필라멘트 시스템을 형성하며, 토양의 특징적인 퀴퀴한 흙냄새를 발생시키는 근원이다. *Streptomyces*속은 500여 종 이상의 항생제의 원천이며, 그중 일부는 인간의 세균성 질병을 치료하는 데 사용된다. 의학적으로 중요한 또 다른 속은 *Mycobacterium*으로, 그중 하나가 결핵을 유발한다.

Streptococcus: strep-toe-KOK-us

Lactobacillus: lack-toe-bah-SIL-lus

Streptomyces: strep-toe-MY-seas

Mycobacterium: my-koh-back-TIER-ee-um

고세균 영역

원핵생물 다양성에 대한 논의를 고세균 영역의 구성원을 조사하면서 마무리한다. 고세균 세포는 광학현미경으로 관찰했을 때 종종 세균 세포와 유사해 보이지만, 특이한 세포벽과 세포막 구조, 독특한 생리 및 생화학적 특징을 가지고 있다. 최근에 고균에서 많은 새로운 종(대부분의 VBNC)이 발견되면서, 고세균의 "팔다리"와 "잔가지"가 확장되고 있다.

많은 고균은 물리적 또는 지구화학적 극한 환경에서도 잘 자라므로 **극한미생물(extremophiles)**로 부른다. 그들 중 일부는 매우 높은 온도, 높은 염 농도, 심지어는 산성도가 높은 화산 호수에서도 잘 자란다(**그림 4.19**). 그리고 많은 고세균의 종들이 매우 추운 환경에서도 살아간다. 고등생물처럼 더 온화한 조건에서 번성하는 고균도 있지만, 식물이나 동물에 질병을 일으키는 종은 알려진 바 없다. 고균에 대한 분류학적 연구는 아직 미비하므로, 고균의 여러 속들은 생명의 계통수에서 보다 "상위 그룹" 중의 하나로 위치할 가능성이 있다.

- **유리아키오타. 유리아키오타(Euryarchaeota)** 문에는 다양한 생리적 특질을 가진 종류가 있으며, 이들 중에서 많은 수는 극한 환경에서 서식하는 미생물이다. 일부 종은 메탄가스를 생성하므로 **메탄생성균(methanogens**, *methano* = "methane"; *gen* = "produce")이라고 부른다. 사실, 이 고세균 종은 매년 20억 톤 이상의 메탄가스를 대기 중으로 배출한다. 이들 중 대략 3분의 1은 소의 장(반추위)에서 살아가는데, 기후 변화를 일으키는 요인으로도 여겨진다.

  또한, 이 문에 존재하는 다른 그룹으로는 **극한호염성균(extreme halophiles**,

Euryarcheota: ur-ee-are-kee-OH-tah

그림 4.19 그랜드 프리즈매틱 스프링. 미국 와이오밍주의 옐로스톤 국립공원에 있는 그랜드 프리즈매틱 스프링과 그 주변을 둘러싼 녹색, 노란색, 주황색 띠는 극도로 내열성이 높은 고세균 종을 포함하는 미생물 매트이다.

halo = "salt"; *phil* = "loving")이 있다. 이 종은 성장과 번식을 위하여 높은 농도의 염(최대 30% NaCl)을 필요로 한다. 이들은 미국 유타주에 있는 솔트레이크 소금 호수와 같은 환경에서 발견된다.

세 번째 그룹은 **초고온성 미생물(hyperthermophiles**, *hyper* = "high;" *thermo* = "heat")이다. 이들은 80°C/176°F가 넘는 온도에서도 최고로 잘 자란다(물이 100°C/212°F 이상에서 끓는다는 것을 기억하자). 이들은 보통 육지 화산 환경과 온도가 113°C/235°F까지 올라가는 심해의 열수구에서 발견된다. 실제로 이들은 온도가 90°C/194°F 이하의 온도에서는 너무 추워서(!) 자라지 못한다. 많은 고세균의 종들은 pH 1.0(자동차 배터리의 산성보다도 더 산도가 높음)과 같이 극단적으로 산성인 환경에서 자라기도 한다.

Crenarchaeota: cren-are-key-OH-tah

- **기타 상위 그룹.** 고균의 다른 상위 그룹 중에서는 **크렌아키오타(Crenarchaeota)**가 가장 잘 연구되었다. 이 문은 주로 온천과 해양 열수구에서 자라는 극호열균들로 구성되어있다. 이 문의 다른 종들은 깊은 바다 환경과 극지방의 차가운 바다 물(−3°C/27°F)에 넓게 흩어져서 자라기도 한다.

표 4.1에는 세균과 고세균 역 사이에서 공유되거나 고유한 특성이 요약되어 있다.

A Final Thought

여러분이 처음으로 이 책을 집어들었을 때, 처음으로 미생물을 보게 된다는 기대를 했을지도 모르겠다. 아마 이 책을 훑어 넘기면서 보다가 다시 앞 장의 사진을 펼쳐 놓고서 이렇게 생각할지도 모른다. "이게 전부야? 작은 막대기와 공?"

표 4.1 원핵생물 역 사이의 몇 가지 유사점과 주요 차이점

특성	세균	고세균
세포의 크기	1 μm	1 μm
세포핵	없음	없음
염색체의 형태	단일, 원형	단일, 원형
플라스미드	있음	있음
엽록소 기반 광합성	가능(남세균)	불가능
펩티도글리칸 세포벽	있음	없음
세포막	있음	있음(변형된 지질 구조)
막 결합 소기관	없음	없음
리보좀	있음	있음
80°C 이상에서 성장	몇몇은 가능	몇몇은 가능
100°C 이상에서 성장	불가능	몇몇은 가능
병원성	몇몇이 있음	없음

미생물을 처음 접했을 때, 실망하거나 심지어 화를 내는 이들도 있다. 어린 시절부터 우리는 "세균"을 싫어하고 경멸하도록 교육받았고, 세균이 행하는 비열한 행위들에 대해서 배웠다. 그리고 "손을 씻어라", "땅에 떨어진 것은 먹지 마라" 등의 경고를 꾸준히 받았다. 우리는 세균의 삶은 기괴하고 무서운 괴물과 같은 일이 가득할 것으로 생각한다. 그래서 이들을 죽음이나 세금과 같은 반열에 올려놓기도 한다. 그렇지만 이 책을 읽다보면, 미생물은 전혀 해로울 것 같지 않은 아주 작은 막대기와 같다는 것을 알게 된다.

아마 우리는 "나쁜 세균"의 선입견을 지워버리고서 우리의 관점을 재정립해야 할 필요가 있다. 우리의 생활에 영향을 미치는 원핵과 진핵 미생물의 중요성을 이해하는 데는 시간이 걸릴 것이지만, 지금은 이 책의 사진으로나 현미경으로 볼 수 있는 작은 막대기 이상의 존재인 원핵생물을 이해하려고 노력하자.

전자현미경은 원핵생물의 구조에 관해 훨씬 더 자세한 정보를 제공해 주고 있으며(이 장에서 설명하는 것처럼), 원핵생물의 구조를 연구하면 그들이 하는 일에 대한 단서를 얻을 수 있다. 바로 그 "그들이 하는 일" 부분이 원핵생물이 우리 자신이나 사회에 왜 중요한지를 알려주는 부분이다.

Chapter Discussion Questions

What Was He Thinking?

이 장을 읽으면서, 저자가 전달하려고 했던 세균 및 고세균에 대한 5가지 주요 요점을 확인하고 토론하시오.

Questions to Consider

1. 오늘날 많은 미생물학자들은 다른 생물학자, 생화학자, 공학자들과 함께 무생물로부터 세포를 만들려고 노력하고 있다. 즉, 바닥에서부터 새로운 유형의 세포를 구축하려는 시도이다. 만약 당신이 세균 세포를 설계하고 있다면, 세포가 살아서 성장하고 번식하기 위해 어떤 부분이 있어야 하는가?
2. 극한 미생물은 100°C의 고온과 극산성 또는 극알칼리성 조건에서 작용할 수 있는 효소(이러한 효소를 극한효소라고 부른다.)의 중요한 원천으로 생각되기에 산업계에서는 매우 흥미를 느끼고 있다. 이러한 효소들을 이용해서 실질적으로 어떤 유용한 일들을 행할 수 있겠는가?
3. 몇 년 전에 미국 보건국은 미국 중서부 지방의 수돗물이 오수세균(sewage bacteria)에 오염되어 있는 것을 발견하고는 물을 마시기 전에 10분 정도 끓이도록 주의를 시켰다. 이 방법으로 물에 오염되어 있는 모든 세균을 제거할 수 있을까? 그 이유는?
4. 성인은 대략 100~250 g의 대변을 하루에 배출한다. 결장에 있는 대변 고형물의 약 1/3은 바로 세균 세포이다. 그렇다면, 우리는 일주일에 얼마나 많은 양의 세균 덩어리를 "생산"하는가? 일 년에는? 이 장의 어떤 주제를 통해서 이 정도의 세균 세포 생산의 의문을 풀 수 있을까?
5. "세균은 모두 똑같다. 만약 한 종류의 세균을 알면 세균 모두를 아는 것과 같다."라는 주장에 반대되는 증거로는 어떤 것이 있겠는가?
6. 수천 종의 세균이 있지만, 극히 일부의 예외를 제외하고는 거의 모든 세균은 세 가지 형태(막대형, 원형, 나선형)를 취하고 있다. 이러한 현상이 이상하다고 생각되는가? 그 이유는 무엇인가? 만약 이상하지 않게 생각된다면 그 이유는?
7. 한 세균이 그람 양성의 막대형으로 확인되었다. 이 세균은 어떤 세포 구조를 가질 가능성이 가장 높은가? 각 선택에 대한 이유를 설명하시오.
8. 몇몇 진화생물학자들은 콜레라, 페스트, 장티푸스, 매독을 일으키는 병원성 세균이 역사적으로 거대한 "칠판 지우개"로 작용했으며, 또한 인류 종의 자연선택의 핵심 도구로 작용했다고 주장한다. 이 말은 즉, 어떤 의미에서, 병원성 세균이 전염병이라는 불쾌한 과업을 통해 더 적합한 개체를 선택하여 우리 종족을 개선시켰다는 것이다. 이 주장에 동의하는가 혹은 동의하지 않는가? (Dan Brown이 Doubleday 출판사를 통해 2013년에 출간한 "인페르노"라는 제목의 미스터리 스릴러를 읽어보기를 권한다.)

9. 아래에 주어진 '문 설명'에 적합한 생명의 계통수 상의 위치를 지정하시오.

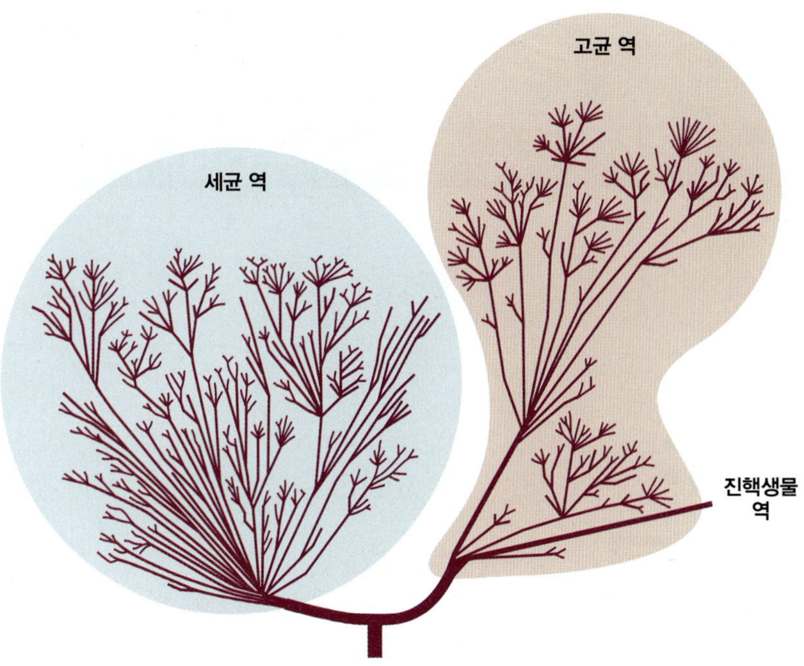

Phylum Description

a. 가장 크고 다양한 그람 음성 세균의 그룹을 포함한다.
b. 코르크 마개 따개와 같은 모양으로 감긴 독특한 형태를 가진 그람 음성 세포이다.
c. 이 문의 그람 양성 세균 중 일부는 내생포자를 생성한다.
d. 이 문의 구성원은 광합성을 통해 산소를 생성한다.
e. 메탄생성균, 극호염균과 많은 극호열균을 포함한다.

Chapter 5

진핵생물 세계: 원생생물과 균류

파나마 운하

건설 당시에 세계 8대 불가사의로 알려졌던 파나마 운하의 건설은 신기원적인 공학적 성과였다. 운하가 완공됨으로써 대서양과 태평양 사이의 해양 물류 시간이 획기적으로 줄어들어 국제 무역은 한층 활성화되었다(**그림 5.1A**). 이러한 운하 건설은 열대성 질병인 말라리아의 방해를 받았다. 이 질병은 1883년에 시도되었던 프랑스의 운하 건설 계획을 포기하게 만들었던 적이 있다. 미국은 1904년 운하 건설 사업을 인계받았는데, 이때에도 말라리아는 중요한 방해 요인이었다. 1906년까지 운하 건설 현장에 고용된 26,000명의 근로자 중 21,000명 이상이 말라리아 치료를 받았다. 운하의 성공적 완공을 위해서는 질병을 제어해야만 가능했다.

프랑스 군의관이었던 Alphonse Laveran은 1878년 알제리아에 배치 받은 후, 당시 그 지역의 심각한 문제였던 말라리아를 연구하기 시작하였다. 해부학적 관찰과 말라리아 환자의 혈액에 대한 연구를 통해 라베랑은 원생동물 기생체가 말라리아를 유발한다는 결론을 내렸다. 그러하다면, 기생체는 어떤 방식으로 사람들에게 전파되는 것일까?

Ronald Ross는 인도 캘커타(Calcutta)에서 영국 의료담당 요원으로 근무하였는데, 이 지역에서는 말라리아에 의해 수천 명이 사망하고 있었다(**그림 5.1B**). 1892년, 그는 말라리아 기생체가 어떻게 전파되는지에 대한 증거를 찾기 위해 조사를 시작하였다. Ross는 1897년에 모기 체내에서 전염성 말라리아 기생체를 발견함으로써 돌파구를 찾게 되었다. 그는 감염된 모기가 사람의 피를 흡혈하는 동안 기생체가 사람에게 전달된다는 제안을 하였다.

Ross의 발견은 파나마 운하 건설에 엄청난 충격이 되었다. 미국 육군의무부대 소속

CHAPTER 5 OPENER 지중해에서 분리된 해양 황조류의 현미경 이미지. 이들 부채꼴 군체는 다양한 진핵 원생생물의 한 가지 예이다.

그림 5.1 말라리아와 파나마 운하.

(A) 대서양과 태평양을 잇는 파나마 운하는 1914년 8월 15일에 개방되었다. 말라리아의 억제는 운하 건설에 필수적이었다.

(B) 말라리아가 모기에 의해 전파된다는 Ronald Ross 소령의 발견은 열대 지방에서의 개발 프로그램에 엄청난 영향을 주었다

의 Colonel W. C. Gorgas는 1904년 모기 방제 프로그램(살충제 살포)을 수행하는 임무를 맡은 파나마 운하 위원회를 이끌고 있었다. 살충제 방제를 도입함으로써 말라리아로 인한 입원 및 사망이 급격하게 줄었다. 운하 건설 작업이 가속화됨에 따라서, 파나마 운하는 1913년에 완공되었다. 1914년에 선박 무역을 위해 공식적으로 공개되었다.

인류는 Laveran과 Ross에게 무한한 감사를 할 따름이다. 만약 그들이 말라리아의 원인과 그 전파의 원천에 대해 호기심을 갖지 않았다면 미국의 운하 건설은 훨씬 더 지연되었을 것이다. 대서양과 태평양 사이의 세계 해양 교역은 계속해서 오래 걸리고, 경제 발전은 지연되었을 것이다.

오늘날, 우리는 말라리아가 *Plasmodium*속의 4가지 종에 의해 유발된다는 것을 알고 있다. 이는 원생생물 가운데 하나이며, 균류와 함께, 우리가 진핵세포에 속하는 미생물 세계를 탐구하고, 이들이 인류에게 어떻게 영향을 미치는지 확인하는 과정에서 대면하게 될 것이다.

Plasmodium: plaz-MOH-dee-um

LOOKING AHEAD

이 장을 마치면, 여러분은 다음의 내용들을 할 수 있게 될 것이다.

5.1 진핵세포의 주요 세포소기관들을 나열하고 기능을 요약할 수 있다.
5.2 미토콘드리아와 엽록체의 기원에 대한 가설을 설명할 수 있다.
5.3 원생생물의 특징을 규명하고, 동물-유사, 식물-유사, 균류-유사 원생생물을 구분할 수 있다.
5.4 균류의 구조를 인지하고, 자낭균류와 담자균류, 공생 생물의 예를 들 수 있다.

5.1 진핵세포: 진핵세포의 구조

역사적으로, 원핵세포와 진핵세포는 그들의 구조적 차이에 의해 구분되었다. 현미경을 이용함으로써 진핵세포는 세포핵을 갖고 있고, 원핵세포에는 없는 세포 구조를 갖는다는 것을 발견하였다. 하지만 원핵세포 및 모든 살아있는 세포는 유전정보로서 DNA를 갖는다. 더불어 세포질을 환경으로부터 구분하는 세포막(원형질막)과 단백질을 생산하는 리보소옴을 공유한다.

주요 진핵세포의 **세포소기관(organelles)**에 대해 알아보자(**그림 5.2**). 진핵 미생물을 중심으로 설명하겠지만, 언급되는 본질적인 세포소기관은 대부분의 식물과 동물에서도 볼 수 있다.

내막계와 세포골격계(Cytoskeletal system)

진핵 미생물은 막으로 싸인 세포소기관 집단을 가지는데, 이들은 **내막계(endomembrane system)**를 구성한다. 내막계는 단백질과 지질을 생산하고, 세포 내부 및 외부로 운반한다(**그림 5.3**). 이 운반은 세포골격망에 의해 조절된다.

내막계

- **소포체. 소포체(endoplasmic reticulum, ER)**는 납작한 막들로 구성된 막 연락망으로서, 막 표면에는 **리보좀(ribosome)**이 붙어있다(이것을 "조면소포체"라 한다). 이들 리보좀에 의해 만들어지는 단백질의 대부분은 세포 외부로 배출된다. 이들과 별개로

그림 5.2 진핵세포의 모식도. 진핵세포는 원핵세포에는 없는 다양한 세포 내부 조직을 가진다. 진핵세포와 원핵세포가 공통으로 가지는 조직은 빨간색으로 표시하였다.

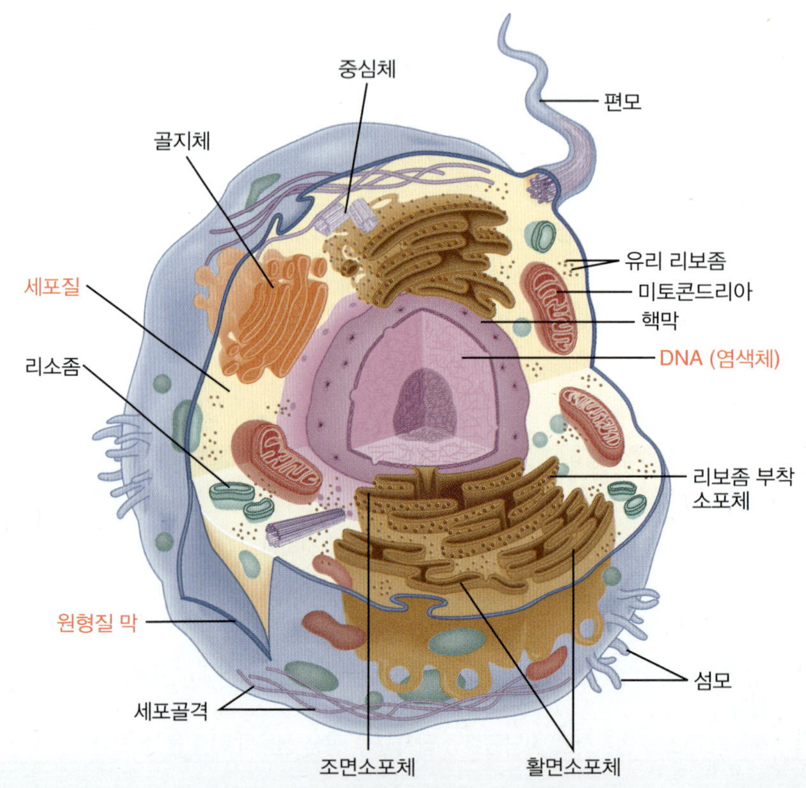

그림 5.3 진핵세포의 내막계. 조면소포체(PER), 골지체, 그리고 소낭은 지질과 단백질—조면소포체에 부착되어 있는 리보좀에 의해 만들어진 것—을 변형하고, 포장하고, 운반하기 위하여 협력한다.

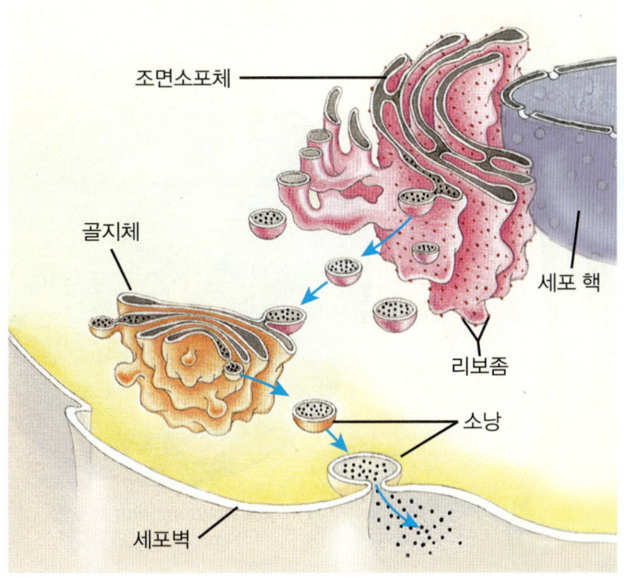

튜브 형태의 소포체에는 리보좀이 없다(이것을 "활면소포체"라 한다). 이것은 지질의 합성과 운반에 관여한다.

소낭(Vesicle): 세포 내에 액체로 차 있는 작은 조직으로, 지질 이중층으로 둘러싸여 있다.

- **골지체. 골지체(golgi apparatus)**는 독립적으로 존재하는 납작한 막 더미와 **소낭(Vesicle)**으로 구성되어 있다(그림 그림 5.3 참조). 세포 전체에 흩어져서 분포하는 골지체는 소포체로부터 받아들인 단백질과 지질을 변형하고, 분류하고, 포장한다.
- **리소좀. 리소좀(lysosomes)**은 막으로 둘러싸여 있는 조직으로서 소화(가수분해)효소를 함유하고 있다. 사람에서, 면역계의 백혈구 세포는 외부로부터 유입되는 세균이나 바이러스 병원체를 파괴하기 위하여 리소좀을 이용한다.

원핵세포는 내막계가 발달하지 않았지만, 이들은 비교적 유사한 진핵세포가 가지는 형식과 유사하게 분자들을 생산하고 변형할 수 있다.

세포골격계

진핵 미생물은 **세포골격(cytoskeleton)**이라는 세포질 섬유(fiber)와 실(thread)로 구성된 연결망을 가진다. 이 단백질 격자는 세포질 전체에 뻗어 있다. 이것은 세포의 형태를 결정하고, 철길처럼 작용하여 단백질과 지질을 내막계로부터 세포 내부 및 외부의 적당한 장소로 운반한다.

세포 운동

수많은 생물체, 특히 미생물은 물속 또는 습한 환경에 서식한다. 장소를 옮기기 위해서 이들은 **세포 운동(cell motility)**을 위한 구조물을 갖고 있다. 다음과 같은 운동 조직이 있다:

- **편모.** 일부 원생생물과 소수의 균류는 **편모(flagella**; 단수 **flagellum)**라고 하는 길고 얇은 단백질 돌출을 가진다. 이 조직은 세포막에 싸여 있으며, 세포 표면으로부터 외부로 뻗어 있다(**그림 5.4**). 단백질 소관으로 구성된 이들 부속지는 파도처럼 앞뒤로

그림 5.4 편모. 그림으로 나타낸 광합성 녹조류와 같은 일부 진핵세포는 편모를 이용하여 운동한다. 다른 진핵세포의 세포소기관들도 표기하였다. (Bar = 5 μm)

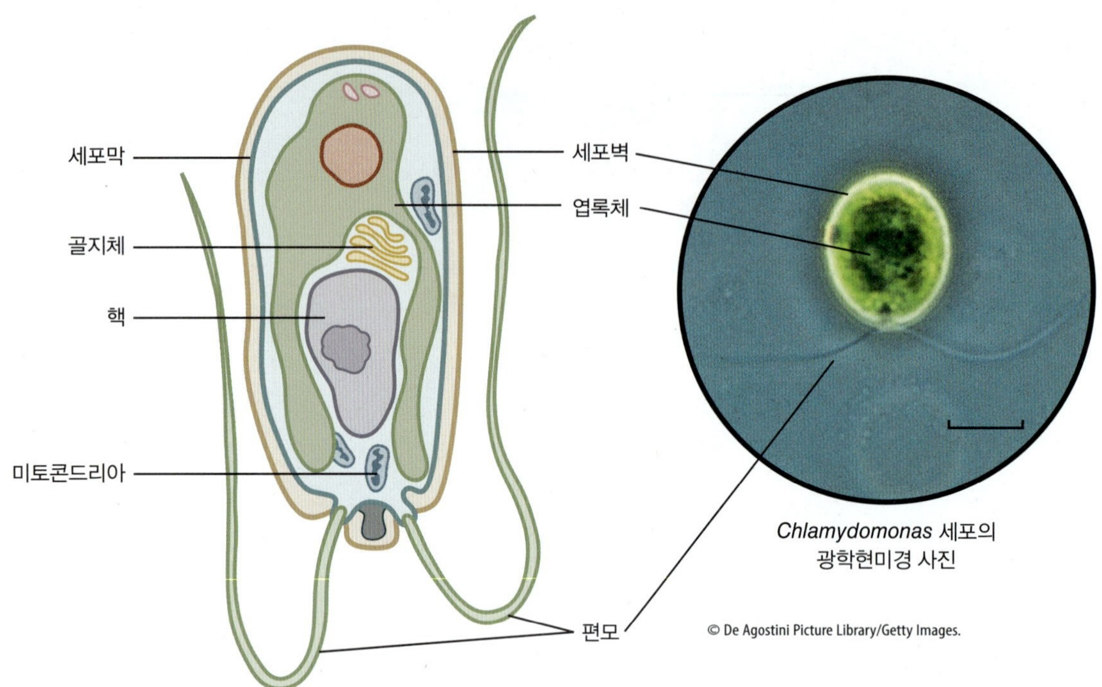

Chlamydomonas 세포의 광학현미경 사진

휘저으면서 세포가 앞으로 전진하도록 기계적인 힘을 제공한다.

제4장의 원핵생물 세계 탐구에서 언급했듯이, 수많은 원핵세포도 편모 운동을 한다. 하지만 세균의 편모는 구조적으로 진핵세포의 편모와 매우 다르다.

- **섬모.** 어떤 원생생물들은 **섬모(cilia**; 단수 **cilium)**라는 비슷하게 생긴 막으로 둘러싸인 단백질 소관을 가진다. 이것은 편모에 비하여 숫자는 많고, 길이는 짧다. 하나의 세포 표면으로부터 확장된 모든 섬모는 물결 같은 일체성을 나타낸다. 고대의 항행 선박의 노(oars)처럼, 섬모는 세포를 전방으로 민다. 어떤 원핵생물도 운동성만을 위한 유사한 조직을 갖지 않는다.

에너지 세포소기관

진핵세포 미생물 세포는 중요한 에너지 전환을 위해서 하나 또는 두 가지 형태의 세포소기관을 가진다.

- **미토콘드리아.** 대부분의 원생생물과 균류는 막으로 둘러싸인 **미토콘드리아(mitochondria**; 단수 mitochondrion)라는 세포소기관을 가진다(그림 5.4 참조). 이 소기관은 모든 세포에서 공통으로 이용되는 에너지 형태인 **ATP(adenosine triphosphate)** 생산을 책임진다. ATP는 살아있는 세포 내에서 이루어지는 수많은 과정을 추진하는 데 필요한 에너지를 제공하는 유기 분자이다. 이러한 과정들은 제7장의 성장과 대사에서 확인할 수 있다.
- **엽록체.** 진핵세포 미생물 중 조류는 유일하게 **엽록체(chloroplasts)**를 가지고 있다(그림 5.4 참조). 막으로 싸인 이 구조물은 빛에너지(태양광)를 당 분자 형태의 화학에너지로 전환하는 **광합성(photosynthesis)**을 수행한다. 시안세균(cyanobacteria)과 같은 일부 세균 그룹도 거의 동일한 광합성 반응을 수행한다. 하지만, 이들 원핵생물은 광합성 과정을 완수하기 위한 엽록체를 필요로 하지 않는다.

표 5.1 진핵생물과 원핵생물의 세포 조직/생명 과정 비교

세포 구조물/과정	기능	원핵생물	진핵생물
세포막(원형질막)	환경으로부터 세포질을 분리하는 선택 적투과 장벽	Yes	Yes
세포 핵	생장과 물질대사에 요구되는 유전 정보 저장소	조직 없음	Yes
	■ DNA 존재	Yes; 세포질에 하나의 환형 염색체	Yes; 여러 개의 선형 염색체가 이중막 내부에 존재
세포질	세포를 채우고 있는 액체와 함유물로서 대부분의 물질대사가 일어남	Yes	Yes
■ 내막계	세포를 기능적, 구조적으로 구분하는 막	No	Yes
■ 세포골격	수송과 세포분열을 위한 세포 골격	Yes; 진핵세포와는 다른 독특함	Yes
■ 리보좀	단백질 합성 장소	Yes	Yes
■ 미토콘드리아	화학에너지를 세포에너지(ATP)로 전환	No	대부분
	■ ATP 생산	Yes; 세포막에 존재	Yes
■ 엽록체	빛에너지를 화학에너지로 전환(광합성)	No	조류와 식물
	■ 광합성 수행	일부; 세포막에 존재	조류와 식물
외부 조직			
■ 편모	세포 이동(운동)	일부; 구조적으로 진핵세포와 다름	일부
■ 섬모	세포 이동(운동)	No	일부 원생생물과 동물
■ 세포벽	세포 구조 및 수분 균형	Yes	조류, 균류, 식물

원핵생물은 이러한 에너지 세포소기관을 갖지 않지만, 이들은 진핵세포에서 볼 수 있는 세포 반응과 동일한 과정을 수행한다. 이들 에너지 소기관의 근원에 대해서 아래에 설명한다.

세포벽

대부분 원핵세포 생물처럼, 균류와 조류도 세포막 바깥에 **세포벽(cell walls)**을 가진다(그림 5.4 참조). 각 생물 그룹마다 고유한 세포벽 구조와 구성을 갖지만, 모든 세포벽은 세포를 지지하고, 형태를 제공하며, 세포 파괴를 막아준다.

원핵세포와 진핵세포가 가지는 생명 과정, 그리고 이들과 관련된 조직에 대한 요약이 **표 5.1**에 정리되어 있다.

5.2 진핵세포: 기원

진핵세포는 원핵세포에 비해 매우 복잡한 구조를 갖고 있다. 과학자들은 진핵세포가 27억 년 전에 처음 출현했다고 믿는다. 그 이전에는 원핵생물만 존재했다. 진핵생물의 최초 조상이 어떻게 탄생하게 되었는가는 현대 생물학에서 많은 관심과 연구의 대상이 된 수수께끼이다.

그림 5.5 세포 내막과 내부공생설. 최초 진핵세포의 진화를 설명하기 위해서 두 가지 중요한 사건이 제시되었다.

(A) 내막은 원시 원핵생물이 원형질막을 내부로 접는 능력을 발달시켰을 때 진화하였을 것이다.

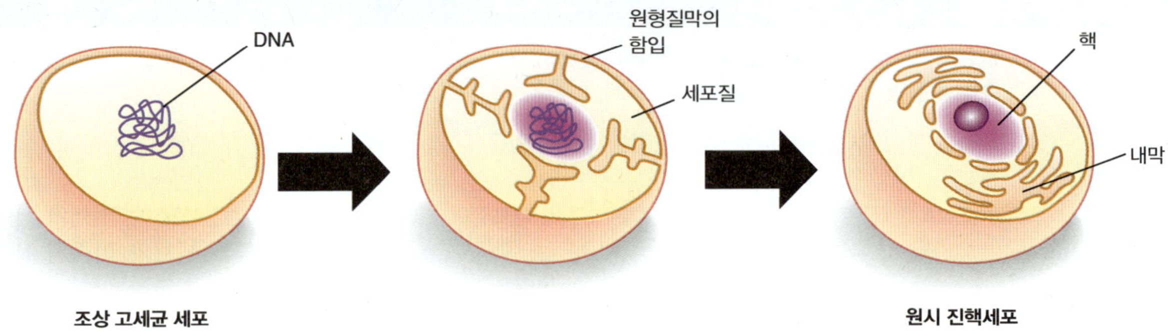

(B) 미토콘드리아와 엽록체는 독립적으로 존재하던 ATP-생산 세균 세포와 광합성 시안세균이 내부공생을 통해 원시 진핵세포 내부로 들어온 후 현재의 생명체로 진화한 것에 기원하였을 것이다.

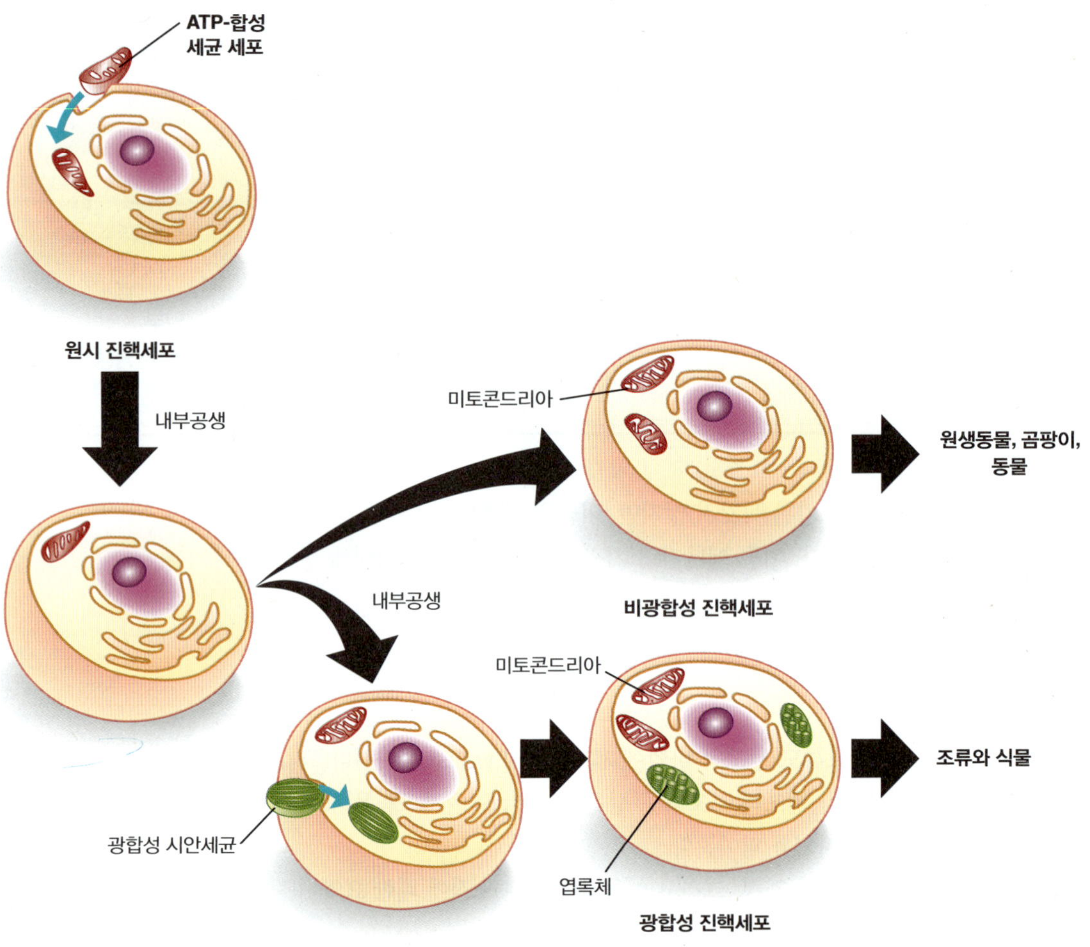

진핵세포의 진화

최신 가설은 고세균(Archaea) 영역의 조상 세포에서 일련의 구조적 변화가 진행됨으로써 진핵세포가 진화했다고 제안한다. 이 가설에서는 두 가지 중요한 사건을 제시한다.

첫 번째 사건은 조상 고세균 세포가 원형질막 일부를 내부로 접히는 능력을 갖게 되었다는 것과 관련이 있다(**그림 5.5A**). 막이 세포질로 접힘으로써 분리된 구획이 만들어졌을 것이다. 일부 접힘은 DNA를 감싸게 되었을 것이며, 세포 핵으로 진화했을 것이다. 다른 막들은 현대의 모든 진핵세포에서 볼 수 있는 내막계를 형성하였을 것이다. 원시 조상세포는 물질대사 과정을 구분된 세포 구획으로 분배하게 되었으며, 이를 통해 다양한 화학물질들은 서로 경쟁하거나 방해하지 않아도 되는 이익을 얻게 되었을 것이다. 더불어, 이처럼 얻어진 막은 물질대사 반응이 진행될 수 있는 더 많은 면적 또는 "작업대(workbench)"를 제공하였다.

내부공생설

원시 진핵세포의 진화에 있어 또 다른 사건은 미토콘드리아와 엽록체의 기원에 대한 것이다. 이미 고인이 된 Lynn Margulis와 그녀의 동료들은 **내부공생설(endosymbiont theory)**을 지지했다. **공생(symbiosis)**은 둘 이상의 생명체가 함께 산다는 것으로, 따라서 내부공생이란 하나의 생명체가 다른 생명체의 내부에 함께 사는 것을 의미한다. 그러므로, 이 가설은 원시 진핵세포인 하나의 생명체가 ATP를 생산하는 세균 세포(**내부공생체**)를 "집어삼켰다"라는 것을 주장한다(**그림 5.5B**). 진핵세포는 공생체를 파괴하지 않고, 대신에 이것을 세포질 내부에 유지하였다. 마침내 숙주 세포는 에너지 대사의 책임(ATP 생산)을 공생체에 넘겨주었다. 두 동반자는 에너지와 생존과 관련하여 더욱 더 의존적으로 되었고, 하나의 진핵세포로 발달하였으며, 세균 동반자는 마침내 현재의 미토콘드리아로 진화하였다.

내부공생 가설에 대해 더 나가면, 조류와 식물에 있는 엽록체의 진화 과정에도 유사한 각본이 만들어진다(그림 5.5B 참조). 이 경우에는 시안세균(cyanobacteria)의 일종으로 추정되는 광합성 세균 세포를 획득하였다. 다시 한번, 광합성 공생체의 생존은 숙주세포로 하여금 스스로 식량(유기물)을 생산하는 방법을 제공하였다. 이러한 결과로 내부공생체는 현재의 엽록체로 진화하였을 것이다.

물론, 이러한 모든 것은 추측이다. 우리가 타임머신을 타고 30억 년 이전으로 돌아가지 않는 이상 진핵세포가 어떻게 진화하였는지에 대해 확신할 수 없다. 그럼에도, 이 생각을 뒷받침하는 상당한 증거가 있기 때문에 내부공생 모델은 하나의 가설로 받아들여지고 있다. 미토콘드리아와 엽록체, 그리고 세균 세포는 생화학 및 생리학적으로 상당한 유사성을 갖는다(**표 5.2**). 모두 다 DNA와 RNA을 가지고 있으며, 또한 미토콘드리아와 엽록체의 리보좀은 세균 종이 가지는 것과 매우 유사하다. 더불어, 에너지 세포소기관과 세균 세포는 이분법을 통하여 복제한다. 유사성은 너무나 명확하기에 이를 무시할 수 없다.

내막계와 에너지 세포소기관의 진화와 함께 진핵세포는 더 복잡한 구조를 가질 수 있게 되었으며, 더 다양한 생물 영역—진핵세포 영역—으로 진화하였다.

표 5.2 미토콘드리아, 엽록체, 세균의 유사성

특성	미토콘드리아	엽록체	세균
평균 크기	1~5 μm	1~5 μm	1~5 μm
핵막의 유무	없음	없음	없음
DNA 모양	원형	원형	원형
리보좀	있음; 세균과 유사	있음; 세균과 유사	있음
(자기가 필요한) 단백질 합성	일부 단백질 합성	일부 단백질 합성	모든 단백질 합성
증식	이분법	이분법	이분법

5.3 원생생물: 미생물 세계의 마술 주머니

원생생물은 혼합된 미생물 집단이다. 이들은 원핵생물과는 뚜렷히 구분됨에도 불구하고, 많은 종은 다른 원생생물보다는 균류나 식물, 또는 동물의 다양한 구성원과 더 유사하다. 여기에서, 우리는 원생생물의 특징에 대해 간략하게 알아보고, 일부 대표적인 종을 만나게 될 것이다.

원생생물 특징

원생생물은 진핵생물 영역에서 매우 다양하게 구성되어 있다(**그림 5.6**). 현재까지 20만 종 이상의 원생생물이 알려져 있는데, 이 숫자는 다양한 환경에 적응하여 존재하는 생물 중 원핵생물 다음으로 많다. 모든 원생생물은 단세포성 생명체이지만, 많은 종은 다세포로 배열되어 집락(colony)이나 필라멘트를 형성한다. 어떤 원생생물은 동물—유사성과 균류—유사성으로서, 다른 생명체를 삼키거나 원형질막을 통해 간단한 유기성 영양소를 흡수하는 방식으로 그들의 식량을 얻는다.

기생체(parasites): 증식과 복제를 위해 숙주에 의존하는 생명체 또는 바이러스.

어떤 원생생물은 **기생체(parasites)**로서 사람과 동물의 질병을 유발한다. 조류 같은 다른 원생생물은 엽록체를 가지고 있어서 태양 에너지를 포집하고, 광합성을 통하여 포도당 같은 탄수화물을 만든다. 또한 두 가지를 다 할 수 있는 원생생물도 있다. 어떤 때는 광합성을 하고, 다른 경우에는 영양 방식을 바꿔서 영양분을 섭취한다. 원생생물은 진정 "잡다한" 생물 집단이라 할 수 있다.

유성생식(sexual reproduction): 서로 다른 타입의 두 개체로부터 온 유전 정보를 조합하여 새로운 생명체를 만드는 과정.

무성생식은 원생생물이 개체수를 늘리는 가장 보편적인 생식 수단이다. **유성생식(sexual reproduction)** 또한 대부분의 원생생물에서 볼 수 있다—이것은 원생생물에서 최초로 나타나는 진화적 특징 중 하나다.

마지막으로, 원생생물의 서식처를 규정하기가 매우 어렵다. 그만큼 이들은 다양한 서식지에 분포한다. 그들이 분포하는 대부분의 서식지는 습한 곳으로서, 많은 종이 연못, 호수, 그리고 해양에 서식한다. 다른 것들은 축축한 토양이나 낙엽에 잘 분포한다. 이전에 언급되었듯이, 말라리아 기생체와 같은 병원체와 기생체들은 숙주 생명체 내부에 일시적이거나 지속적으로 서식한다.

이들의 다양성을 확인하기 위해서 대표적인 서로 다른 원생생물 그룹을 예로 들어보자.

그림 5.6 생물의 계통수. 원핵생물 영역의 진정세균과 고세균은 계통수에서 진핵생물과 구분된다. 진핵생물 영역의 상당한 부분을 엄청나게 다양한 원생생물이 차지한다. 내부공생은 현재의 미토콘드리아와 엽록체를 만들었다.

원생생물과의 만남

원생동물은 오래된 계통의 미생물로서, **원생동물(protozoa)**이란 이름은 이들이 과거 한때에 최초의 동물이라고 믿었기 때문에 붙여졌다(*proto* = "최초"; *zoa* = "동물"). 약 8,000종의 원생동물 이름이 알려져 있고, 이 외에 35,000종이 존재할 것으로 추정되고 있다; 대부분 수생태계, 습한 토양, 또는 기생체로 발견된다. 많은 종이 토양의 영양물질 순환에서 중요한 역할을 하는데, 원생동물은 동물과 식물 사체를 분해하고 영양물질을 순환시킨다.

많은 종의 원생동물은 수생태계 먹이사슬의 동물성 요소인 **동물플랑크톤(zooplankton)**의 한 부분을 구성한다. 식물플랑크톤을 구성하는 미세한 크기의 시안세균과 단세포성 조류를 먹이로 섭취하는 동물플랑크톤은 해면동물, 해파리, 지렁이, 그리고 해양 무척추동물(척추가 없는 동물)과 같은 다른 "소비자" 생물의 먹이가 된다. 육상에서 원생동물은 소, 염소, 그리고 다른 반추동물의 소화관에서 동일한 영양원 방출 기능을 수행한다.

원생생물의 다양성이 그들의 분류를 어렵게 하고, 더 많은 연구가 요구되어지기 때문에, 우리는 편의상 이들을 동물-유사성, 식물-유사성, 그리고 균류-유사성 원생생물로 구분할 것이다.

동물-유사 원생생물

4개 그룹의 원생생물은 소위 "원생동물"을 구성한다(**그림 5.7**).

- **위족 원생생물(Pseudopod Protists).** 일부 비광합성 원생생물은 일정한 형태를 갖고 있지 않다. 아메바류(amoebae)와 같은 원생생물은 위족(pseudopods)을 뻗어 계속해서 모양을 바꾼다(그림 5.7A 참조). 위족은 세포를 연못 바닥과 같은 그들의 서식 환경에서 세포를 슬금슬금 움직이게 한다. 또한 위족은 먹이를 포획하는데 이용된다.

  사람에게 치명적 피해를 주는 병원체는 아메바성 **이질(dysentery)**의 원인이 되는 *Entamoeba histolytica*이다. 이러한 유형의 **위장염(gastroenteritis)**은 위생 상태가 불량한 열대 지방에서 자주 발생한다. 결론적으로, 전파는 오염된 식품이나 물을 섭취함으로써 이루어진다. 아메바성 이질은 장염과 심한 통증을 유발하는 증상을 나타낸다. 세계보건기구(WHO)에 따르면, 아메바성 이질로 인하여 전 세계적으로 매년 10만 명 이상이 사망하는 것으로 알려져 있다.

  다른 보건 문제는 *Acanthamoeba*의 한 종에 의한다. 이 원생동물은 콘택트렌즈를 끼는 사람들에서 **각막염(keratitis)**을 유발한다. 이 희귀한 질병은 콘택트렌즈를 원생동물이 있는 용액으로 세척한 후, 오염된 렌즈를 착용한 결과로 인해 초래된다. 다른 아메바가 가정의 가습기에서 가끔 발견된다. 가습기로부터 분무되어 호흡기관으로 흡입되면 "가습기열(humidifier fever)"이라는 알레르기 반응을 유발한다.

  유공충류(foramineferans; 일명 **forams)**는 아메바와 유사한 형태를 가진다. 하지만, 이들은 딱딱한 조개 모양의 껍데기를 형성한다(그림 5.7A 참조). 수백만 년에 걸친 유공충 잔해의 축적은 해저에 두꺼운 층을 만들었다. 지각 융기 현상에 의해 이들 침전층이 표면으로 올라오기도 한다. 영국 도버의 화이트 클리프(White Cliffs)는 잘 알려진 사례이다(**그림 5.8**). 유공충 잔해는 고대 오일 축적과도 연관이 있다. 따라서 유공충 피각은 유전을 개발할 때 깊이를 확인하는 표지 역할을 한다.

- **편모를 갖는 원생생물.** 일부 원생동물은 하나 이상의 편모를 가진다. 이들 **편모충류(flagellates)**는 동물 체내에 서식하는 굉장한 편모충류 집단을 형성한다. 그 예로, 목질을 먹는 흰개미의 소화관에서 원생생물성 편모충류가 세균과 공동으로 목질 속의

이질(dysentery): 소화기관의 아래 부분(결장)의 질병으로서, 심한 설사, 장염, 그리고 혈액과 점액의 분비 증상을 나타낸다.

Entamoeba histolytica: en-tah-MEE-bah hiss-toe-LIH-tih-kah

위장염(gastroenteritis): 위와 장의 염증으로, 구토와 설사를 유발한다.

Acanthamoeba: a-kan-thah-ME-bah

각막염(keratitis): 눈의 각막에 생긴 감염.

그림 5.7 네 그룹의 주요 동물-유사 원생생물. 3개의 그룹에 속하는 생물이 가지는 운동 기구(위족, 편모, 섬모)를 보여준다. 운동성이 없는 원생생물은 이러한 조직이 없다.

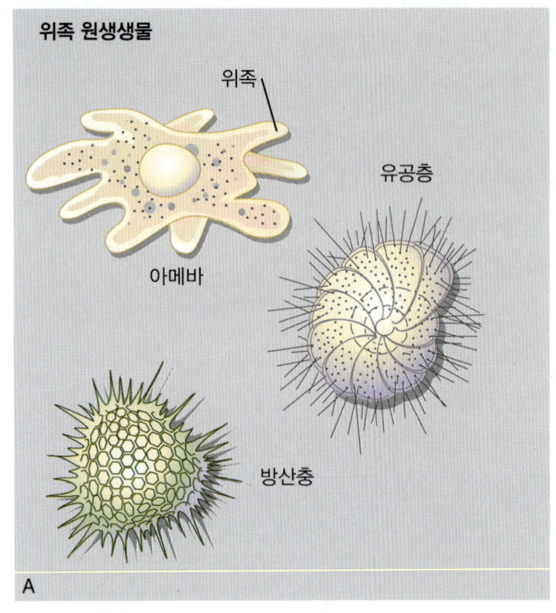

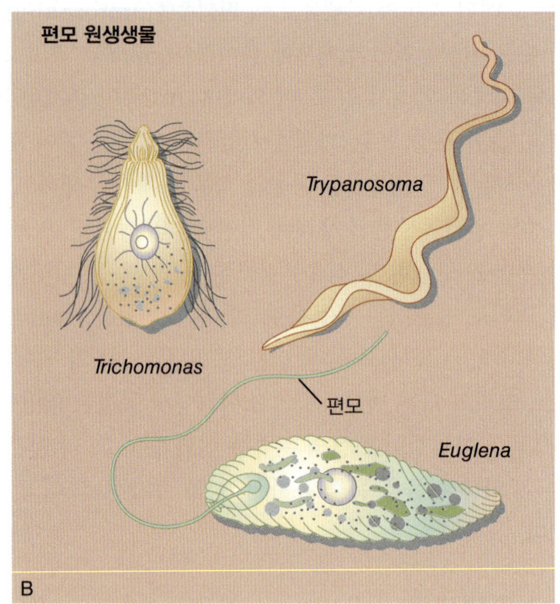

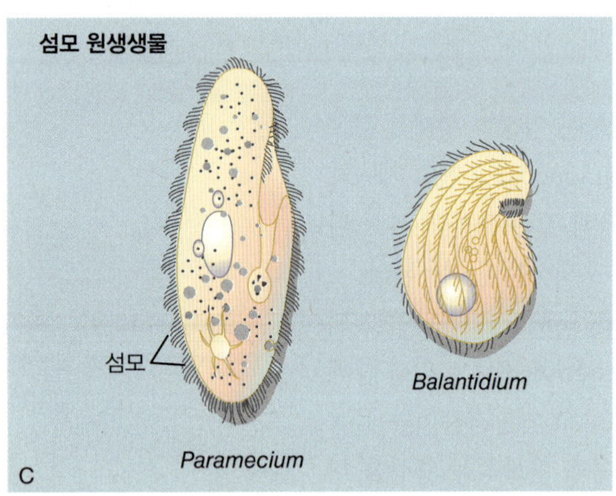

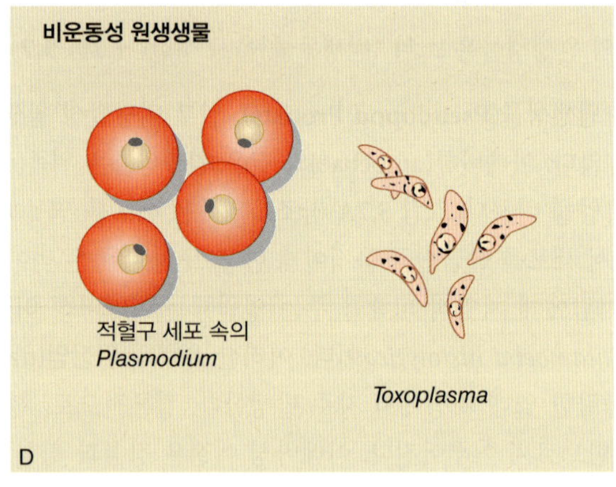

섬유소를 분해하여 흰개미가 필요로 하는 포도당을 분비한다. 이와 같은 공생적 관계는 흰개미와 원생동물 모두에게 이익이 된다(하지만, 흰개미에 의해 초래된 구조적 피해를 보수해야 하는 집주인에게는 달갑지 않다).

Trypanosoma brucei: trih-PAHno-soe-mah BREW-sea-ee

Trypanosoma cruzi: trih-PAHno-soe-mah CREWZ-ee

편모충류 중 소수의 일부 종은 사람에게 병원성을 갖는다. *Trichonympha brucei*와 *Trichonympha cruzi*는 각각 아프리카 수면병과 아메리카 수면병의 원인균이다(그림 5.7B 참조). *T. brucei*는 쩨쩨파리에 의해 전파되는 반면, *T. cruzi*는 바퀴벌레와 비슷한 트리아토마 속의 빈대(triatoma bugs)에 의해 전파된다. 사람의 혈관에 들어온 세포는 혈액을 따라 이동하여 척수와 뇌에 침입하여 혼수상태와 유사한 상황을 만든다. 샤가스병(Chagas disease)이라고도 일컬어지는 아메리카 수면병은 치명적인 심장과 소화관 합병증을 유발한다. 현재 멕시코와 중남미, 그리고 남미에서는 매년 8~1,100만 건의 아메리카 수면병이 발병하는 것으로 보고되고 있다. 미국에서도 라틴아메리카에서 이주한 사람들을 중심으로 매년 30만 건이 발병하는 것으로 보고되고 있다.

Giardia intestinalis: gee-AREdee-ah in-tes-TIN-al-iss

야영객, 도보 여행자, 그리고 배낭여행자들에게 골칫거리인 *Giardia intestinalis*는 오염된 물, 특히 계곡물이나 호숫물로부터 감염된다. 지아디아증(giardiasis)으로 알

© Jo Jones/Shutterstock.

그림 5.8 도버의 화이트 클리프 (White Cliffs). 프랑스와 영국 사이의 도버 해협에 접해 있는 영국 해안에 위치한 300 m 높이의 거대한 절벽으로서, 해저에 축적된 유공충 잔해가 수백만 년 전에 해저가 융기되면서 만들어졌다.

려진 이 질병은 메스꺼움과 위경련, 불쾌한 냄새가 나는 설사를 유발한다. 이 원생생물은 야생동물에 감염되고, 이들 동물은 물의 오염원이 된다. 지아디아증은 미국에서 원생생물에 의해 발병하는 가장 흔한 질병이다. 매년 14,000건 이상이 미국질병관리본부(CDC)에 보고된다.

*Trichomonas vaginalis*는 트리코모나스증(trichomoniasis)을 유발하는 원생동물이다(그림 5.7B 참조). 이는 성적 관계를 통해 전파되는 질병으로, 미국에서는 매년 400만 명 이상이 이 병에 걸린다. 이 병에 걸린 환자들은 심한 가려움증과 따끔한 통증에 시달리며, 생식관에서 거품이 많은 분비물을 배출한다. 이 병은 남자보다 여자에게 더 자주 발생하지만, 항원생동물 약제로 쉽게 치료된다.

Trichomonas vaginalis: trick-o-MOAN-as vah-gin-AL-iss

- **섬모를 갖는 원생생물. 섬모충류(ciliates)**는 매우 다양한 그룹으로서 주로 수질 환경에서 발견된다. 가장 잘 연구된 것은 짚신벌레(*Paramecium*)속이다. 슬리퍼 모양의 딱딱한 세포는 섬모로 덮여있는데, 이 섬모들을 동시다발적으로 휘저어서 세포를 물 속으로 추진한다(그림 5.7C 참조).
- **운동성이 없는 원생생물.** 마지막 네 번째 원생동물은 어떤 형태의 운동성도 없다. 거의 대부분은 기생성이고, 이들 중 많은 종이 사람과 다른 동물에 치명적인 질병을 유발한다.

Paramecium: pair-ah-ME-sea-um

비운동성 원생생물 중에서(아마도 모든 미생물 중에서도) 생명을 가장 위협하는 것은, 이 장의 도입 부분에서 언급되었듯이, 말라리아의 원인균인 *Plasmodium*속이다. 말라리아는 5,000년 이상 사람에 감염하고 있다. 현재 전 세계적으로 매년 3억 명~5억 명 정도가 말라리아로 고통받고 있으며, 아프리카에서 가장 큰 피해를 겪고 있다. WHO의 2018년 보고에 따르면, 435,000명이 말라리아로 사망했다. 어린이들이 가장 취약한데, 이들의 면역계는 가벼운 말라리아 감염으로부터 부분 면역(partial immunity)을 발달시킬 시간적 여유가 없었기 때문이다. 2018년에 60초에 한 명꼴로 어린이가 말라리아로 사망했다! 현시점에서 이보다 더 심각한 감염성 질환은 없을 것이다.

몇 종의 *Plasmodium*이 이 병을 일으키고, 모기는 이들 병원균을 전파한다. 순환에는 두 가지 숙주가 관여한다(**그림 5.9**). 감염된 모기는 아무것도 모르는 사람을 물어서(혈액을 취함), 기생체를 사람 숙주에게 전파한다. 이처럼 감염된 사람의 체내에서, 이 기생충은 우선 간을 공격하여 무성적으로 증식한 후, 적혈구로 이동하여 감염

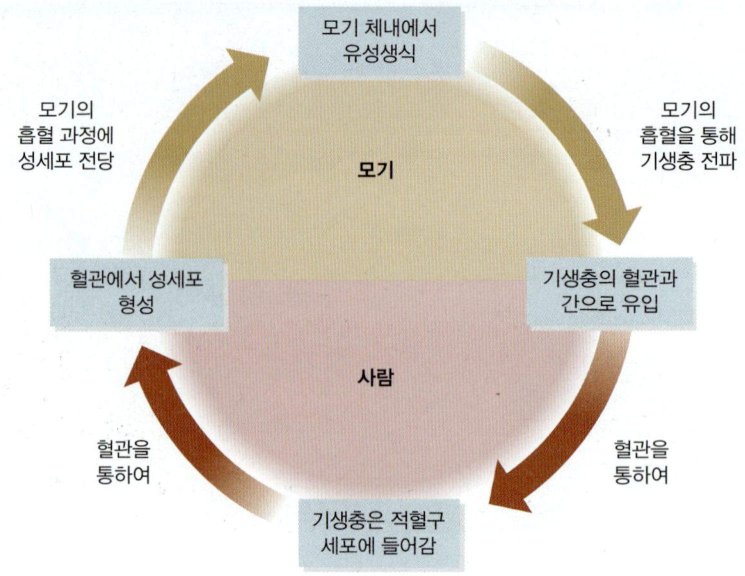

그림 5.9 ***Plasmodium*의 생활사.** 말라리아를 전파하는 기생충인 *Plasmodium*은 서로 다른 2개의 숙주(중간 숙주, 최종 숙주)를 요구하며, 각각의 숙주에서는 생활사 중 특정 단계가 진행된다.

하고 파괴한다. 적혈구의 파괴는 심각한 오한과 고열이 반복되는 증상을 유발하는데, 이를 "말라리아 공격(malaria attack)"이라 한다. 극심한 빈혈을 동반하며, 파괴된 적혈구에서 나온 헤모글로빈으로 인해 오줌 색이 검게 변한다[이러한 증상 때문에 흑수열(blackwater fever)이란 이름을 얻었다]. 적혈구 조각과 덩어리는 뇌, 신장, 심장, 간, 그리고 다른 주요 기관의 소혈관에 축적되어 혈전을 형성한다. 심장마비, 뇌출혈, 신부전이 유발된다.

만약 감염되지 않은 모기가 감염된 사람으로부터 흡혈한 경우, 기생체 세포가 모기로 전달되어지고, 그 속에서 유성생식을 통해 증식한다. 모기 체내에서 새로운 기생체가 다른 사람에게 전달될 수 있는 형태로 성숙되게 됨으로써 또 다른 감염 생활사가 시작된다.

현재 관심의 대상이 되고 있는 다른 포자충으로는 톡소플라스마증[toxoplasmosis, "톡소(toxo)라고도 함]을 유발하는 *Toxoplasma gondii*이다. 전 세계 인구의 50% 정도가 이 기생체를 보유하고 있다. 여기에는 미국인 5,000만 명도 포함되는데, 톡소는 사람에게 있어서 가장 일반적인 기생체 감염으로 알려져 있다.

Toxoplasma gondii:
toxs-oh-PLAZ-mah GONE-dee-ee

톡소는 변기를 교체하는 것과 같은 과정에서, 기생체를 함유하고 있는 고양이 변과의 접촉을 통해서, 또는 정원에서 일을 하는 동안 오염된 토양으로부터 감염될 수 있는 혈액 질병이다. 또한 기생충에 감염된 소고기를 부적절하게 조리하여 먹을 경우에도 섭취될 수 있다. 건강한 성인의 경우에는 약한 감기 증상이 나타나지만, 임산부의 경우 태반을 통해 태아에게 *T. gondii*가 전달됨으로써 심각한 신경 손상을 가진 신생아가 태어날 수 있다. AIDS 환자와 같이 면역력이 약한 사람의 경우, 톡소가 발작과 뇌 손상을 유발하기도 한다.

식물-유사 원생생물

조류(algae; 단수 **alga)**는 흔히 식물-유사 원생생물(Plant-Like Protists)로 간주된다. 이들 단세포성의 광합성 생물이 인류 사회에 미치는 중요성은 말로 표현할 수 없을 정도이다. 해양에 분포하는 전형적인 생물인, **식물플랑크톤(phytoplankton**; *phyto* = "식물"; *planktos* = "헤매다")은 시안세균과 더불어 해수 표면 가까이에서 표류하는 미생물 군집을 구성한다. 이들은 광합성 과정에 태양 에너지를 이용하며, 대기에 포함된 막대한 양의 유용한 산소분자를 생산한다. 식물성 플랑크톤은 해양 먹이사슬을 가동하는 데 있어서 매우 중요한 역할을 한다. 실제로 해양의 모든 동물은 직접 또는 간접적으로 식물플랑크톤에 먹이를 의존한다. **A CLOSER LOOK 5.1**에 묘사된 것처럼, 실제로 지구 상에서 생산되는 유기물질의 50% 정도가 식물성 플랑크톤에 의해 생산된다.

몇몇 중요한 형태의 조류에 대해 알아보자.

- **쌍편모조류.** 중요한 식물플랑크톤 구성원으로서 **쌍편모조류(dinoflagellates)**가 있다. 이들 조류는 섬유소 성분의 단단한 세포벽에 둘러싸인 세포를 가지며, 규소로 덮여

A CLOSER LOOK 5.1

참치 샌드위치

냠냠! 점심으로 참치 샌드위치가 나왔다. 참치 통조림을 선택하고, 약간의 마요네즈와 셀러리를 얹음으로써, 우리는 "대부분 미국 자녀들의 대들보"라 일컫는 것을 손에 쥐게 되었다. 사실 미국에서 소비하는 참치 통조림의 52%는 샌드위치용으로 이용된다. 그러면, 참치 샌드위치에 기여하는 미생물에 대해 알아보자.

지구 생태계에서 "무엇이 어떤 것을 먹을까"하는 것을 먹이 피라미드로 보여주고 있는데, 여기에서 생물은 먹이사슬에서의 역할에 의해 분류되어 있다(**그림 A** 참조). 생물은 하나 이상의 영양 단계에서 먹이를 이용하기 때문에 영양 단계를 구분하여 표현하는 것은 이처럼 단순하지 않다는 것을 감안하면서, 우리는 다음과 같이 말할 수 있다:

- 첫 번째 단계는 피라미드의 기본을 구축하며, 생산자로 이루어져 있다. 이 경우 해양 환경에서 가장 풍부하면서 널리 분포하는 식물플랑크톤을 예로 들 수 있다.
- 두 번째 단계는 소비자로 이루어져 있다. 그림에서, 해양 환경의 동물플랑크톤이 식물플랑크톤을 소비한다.
- 상위 영양 단계는 오징어와 문어 등과 같은 소비자와 함께 작거나 중간 크기의 어류를 포함한다. 간단히 말해서, 동물플랑크톤은 작은 어류에게 먹히고, 작은 어류는 중간 크기의 어류에게 먹히며, 중간 크기의 어류는 참치와 상어, 그리고 다른 소비자에게 먹힌다.
- 먹이사슬 모식도에서 최상위 단계의 소비자에 인간이 위치한다.

평균적으로, 각 영양 단계가 가지고 있는 에너지의 10%만이 소비자에게 전달된다(나머지는 폐기물이나 열로서 낭비된다). 따라서 우리가 먹었던 참치 샌드위치는 다음으로부터 왔다: 1 kg의 참치는 10 kg의 중간 크기 어류를 먹어야 한다; 중간 크기 어류는 100 kg의 작은 어류를 먹어야 한다; 작은 어류는 1,000 kg의 동물플랑크톤을 먹어야 하며, 동물플랑크톤은 10,000 kg의 식물플랑크톤을 먹어야 한다. 다시 말해서, 당신이 참치 샌드위치로부터 얻게 되는 에너지는 10,000 kg의 식물플랑크톤으로부터 기인한 것이라는 것을 알 수 있다.

휴! 계산을 하다 보니 배가 고프군. 참치 샌드위치를 마저 먹고 에너지를 얻어야 되겠다. 그리고 당연히 식물플랑크톤에게 감사해야 되겠군!

그림 A 참치 샌드위치. 간단한 영양 피라미드와 에너지.

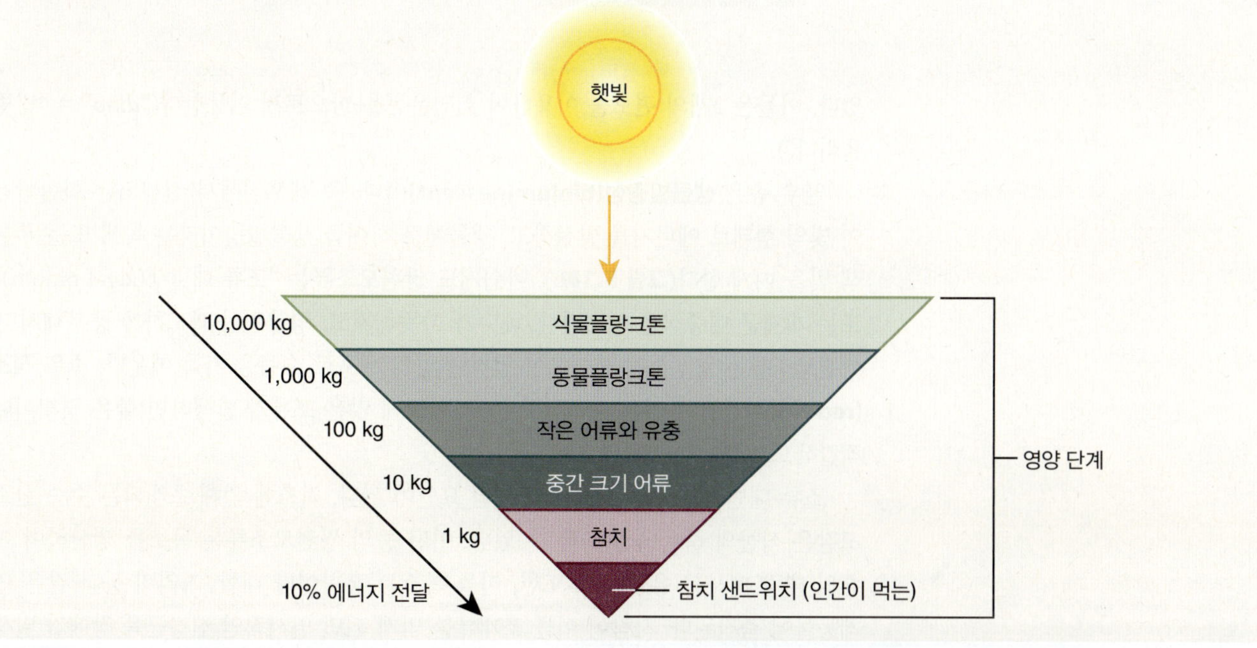

그림 5.10 식물플랑크톤.

(A) 일부 형태의 식물플랑크톤은 생물 발광을 나타낼 수 있는데, 이 경우 야간에 눈으로 확인할 수 있는 으스스한 푸른빛을 발산한다.

(B) 일부 쌍편모조류의 갑작스런 증식은 적조와 같은 조류 대발생의 원인이 된다.

있다. 이들은 2개의 편모를 이용하여 회전운동을 함으로써 이동한다("*dino*" = "빙빙 돌리다").

일부 종은 **생물발광성(bioluminescent)**이다; 즉 세포질에서 진행되는 화학반응이 빛의 형태로 에너지를 발산하고, 생물체로 하여금 생물발광이라는 녹색 또는 푸른색 빛을 띠게 한다(**그림 5.10A**). 아쉽게도 쌍편모조류는 "조류 대발생(algal bloom)" 또는 개체군 대증식을 일으킨다. 해수가 따뜻해지고, 영양원이 과도하게 풍부해지면, 쌍편모조류는 왕성하게 분열하여 엄청난 양의 세포로 수층을 가득 메운다. 소위 **적조(red-tides)**라고 불리는 자연현상 동안, 이렇게 많은 조류가 발생하면 물은 핏빛이나 적갈색으로 변한다(**그림 5.10B**).

조류 대번식은 수중 생물에게 위험 요인이 된다. 적조에 의해 초래되는 수중 산소 고갈은 식물의 죽음을 초래할 수 있다. 어떤 종의 쌍편모조류는 독소를 생산하여 어류의 대량 폐사를 유발한다. 또한, 이들 독소는 홍합이나 대합, 가리비 등과 같은 연체동물에 축적된다. 사람이 이들 조개류를 먹게 되면 일시적인 신경근육 장애가 발생한다. 그 증상으로 초기에는 입술과 혀, 손끝이 얼얼하거나 무감각해지고, 시간이 지나면 균형감각 상실, 근육 부조화, 발음이 부정확하고, 음식을 삼키는 것이 어려워지게 된다.

- **규조류.** **규조류(diatoms)**의 색은 금갈색(golden-brown) 또는 황녹색(yellow-green)이다. 규조류는 식물플랑크톤의 중요한 구성원으로, 광합성을 통하여 지구 전체 해수 및 담수 1차 생산량의 20% 정도를 담당한다. 규조류(diatoms)는 이산화규소(silicon dioxide) 성분으로 만들어진 절묘하게 아름다우면서 복잡한 구조의 껍질에 의해 구분되는데, 이 껍질은 신발 박스와 같이 2개가 겹쳐져 있다(**그림 5.11A**).

  규조류의 껍질은 여과재, 연마재나 절연재 등으로 이용됨으로써 경제적으로도 중요하다. 예로서, 수영장이나 수족관을 소유하고 있는 사람은 물 속의 이물질을 제거하기 위해서 **규조토(diatomaceous earth)**를 이용한다. 규조류는 치약의 부드러운 연마재, 침구류의 벌레에 대한 살충제, 내화성 안전도구의 단열재, 그리고 동물 사료의 유화재(柔化材)로 사용된다.

- **녹조류.** 아마도 가장 잘 알려진 단세포성 광합성 원생생물은 **녹조류(green algae)**일 것이다. 녹조류 중 가장 잘 알려진 것은 단세포성의 편모를 가지는 클라미도모나스(*Chlamydomonas*)속이다(그림 5.4 참조). 또 다른 잘 알려진 녹조류로는 군집을 형성하는 조류인 볼복스(*Volvox*)가 있다(**그림 5.11B**). 속이 빈 공 모양의 표면에 있는 각각의 세포는 클라미도모나스 세포를 닮았다. 구형의 내부에 있는 공 모양의 녹색 덩어리는 딸세포 군체에 해당하는 것으로, 모세포 군체가 파괴될 때 분출된다. 다세포 생물과 직접적인 연관성은 없다 하더라도, 볼복스는 다세포 생물이 어떻게 진화했을

Chlamydomonas: klam-ih-do-MO-nahs

Volvox: VOLE-vox

그림 5.11 단세포성 조류.

(A) 규조류는, 다른 식물성 플랑크톤과 같이, 광합성을 통해 태양 에너지를 포획한다. 광학현미경으로 특별한 광원으로 관찰하였을 때 보이는 조류 세포의 매혹적인 기하학적 모양을 보라. (Bar = 100 μm)

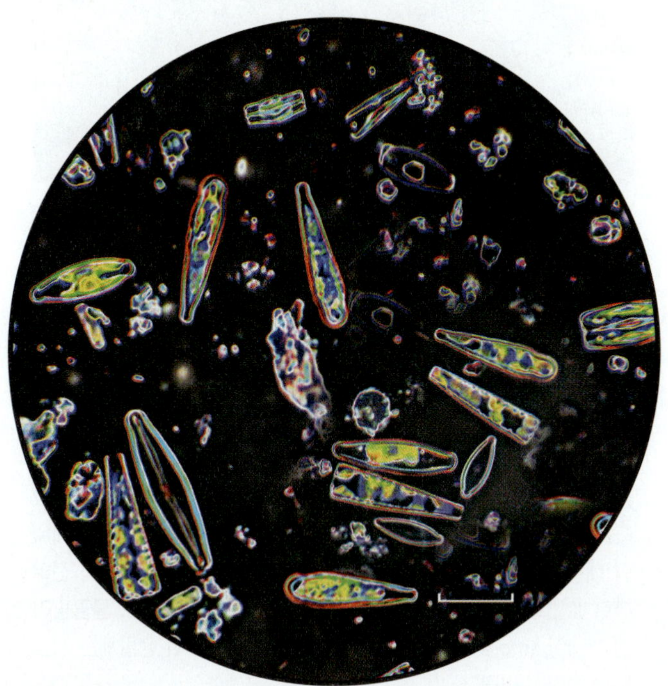

(B) 광학현미경으로 관찰하였을 때, 볼복스(*Volvox*)는 클라미도모나스 세포를 닮은 체세포와 내재성의 딸세포 군집으로 이루어져 있는 군체성 녹조류처럼 보인다. (Bar = 300 μm)

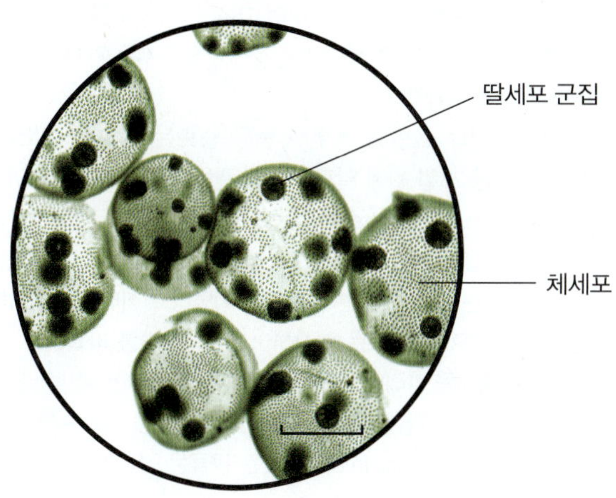

까라는 의문에 대한 해답을 제공한다. 다세포성 생물이 태동했던 약 4억 년 전, 한 종 이상의 녹조류가 처음으로 군집을 형성하여 살았던 생물 중의 하나였을 것이라 여겨지고 있다.

균류-유사 원생생물

어떤 원생생물은 균류의 균사와 비슷한 생장 형태를 가진다. **물곰팡(water molds)**이라고 일컬어지는 이것은 물이나 축축한 토양에 서식하며, 가정이나 상업용 수족관 내에서 물고기에 보기 흉한 털이 무성한 형태로 기생성 성장을 한다. 일부 종의 물곰팡이는 식물 병원균으로서 경제적으로 중요하다. 한 종의 물곰팡이는 포도의 잎에 노란색의 둥근 점을 형성하고, 다른 종은 캘리포니아에서 수십만 그루의 떡갈나무를 폐사시킨 적이 있다. 또한 *Phytophthora infestans*라는 종은 감자 잎마름병을 일으키는데, 1800년대 중반의 매우 습했던 해에 이 병에 의해 아일랜드의 감자 농사가 완전히 몰락하였다. **A CLOSER LOOK 5.2**에서 보는 바와 같이, 이 감염은 아마도 미생물이 몇몇 국가, 특히 북미 대륙에서 정치적, 경제적, 그리고 사회적 구조를 뒤흔든 대표적 사례일 것이다.

Phytophthora infestans: fi-TOFtho-rah in-FES-tanz

A CLOSER LOOK 5.2

"암울한 '47'"

일찍이 신대륙을 찾아나선 스페인 탐험가들은 중앙아메리카와 남아메리카에서 감자를 발견한 후, 이것을 유럽으로 가져왔다. 덩이줄기(감자)를 제외한 다른 식물 부위는 독성이 있었기 때문에 유럽인들은 1800년이 되어서야 감자를 재배하여 식량으로 이용하였다. 특히, 아일랜드는 습하고 시원한 기후 덕분에 감자가 잘 자랐다. 1840년대의 아일랜드는 소작농 중심의 아주 가난한 나라였지만, 감자 농사를 통해 인구가 폭발적으로 증가하여 1800년에 450만 명이던 인구가 1845년에 800만 명 이상으로 늘었으며, 인구수는 감자 농사 시기에 따라 크게 좌우되었다.

1840년대 초반의 호우와 높은 습도는 재앙을 예고하였다. 1845년 8월 23일 원예 일지와 농업 관보(*The Gardener's Chronicle and Agricultural Gazette*)는 다음과 같이 기록하고 있다: "감자 작물에 치명적 질병이 발생했다. 도처에서 우리는 파멸 소식을 듣는다. 벨기에에서는 농지가 완전히 황폐화 되었다고 한다." 잎마름병은 검은 반점이 생기는 것으로 시작하여, 잎과 줄기를 파괴하고, 감자를 부패시켜 죽처럼 흘러내리게 하면서 특유의 불쾌한 냄새를 유발한다(**그림 A** 참조). 수확한 감자도 부패하였다. 습한 기후 속에서 물곰팡이 종인 *Phytophthora infestans*라는 균류는 걷잡을 수 있을 정도로 감자밭에 확산되었다.

1845년부터 1846년 사이의 겨울은 아일랜드에 재앙의 시기였다. 농민들이 부패한 감자를 농지에 방치함으로써 질병은 더욱 더 확산되었다. 농민들은 처음에는 동물 사료를 먹다가 나중에는 경작용 동물을 식량으로 이용하였다. 그들은 종자용 감자까지 먹어치웠고, 봄 농사를 위한 것이 아무것도 남지 않았다. 2년 후, 감자 잎무름병은 진정되는 듯 싶었지만, 유난히 기온이 낮고 습했던 1847년["암울한 47(Black 47)"]에 이 병은 더욱 더 강한 기세로 재발하여 불과 며칠만에 다시 한 번 아일랜드 감자 작물을 파괴했다.

그림 A 잎마름병. *Phytophthora*에 의해 훼손된 감자.

1845년부터 1860년대 사이에 100만 명이 넘는 아일랜드인이 기아로 죽었다. 결국 150만 명 정도의 아일랜드인이 고국을 버리고 이주하였는데, 대부분 미국 동부로 갔다. 아일랜드인 이주의 거대한 물결이 미국으로 밀려오게 되면서, 이들 아일랜드계 미국인의 후손들은 다음 세기에 이르러 미국의 문화와 정치에 영향을 미치게 되었다. 보스턴 경찰에서부터 대륙 횡단 철도 노동자, 정치 지도자(케네디 대통령도 아일랜드계 미국인이다)까지 미국 사회는 예전과 전혀 다르게 변화하였다. 돌이켜 보면, 이러한 변화는 전적으로 물곰팡이인 *Phytophthora infestans*에 의해 초래되었으며, 이 생물체는 지금도 조절하기 어렵다.

5.4 균류: 효모와 곰팡이

균류(**fungi**; 단수 **fungus**)는 대체로 잘 알려지지 않았으며, 가끔은 간과되는 미생물 집단이다. 실제로는 지구 상의 생명망에서 중요한 연결고리다. 이들은 유기물의 중요한 분해자 역할을 한다. 그들은 유기물로부터 영양소를 방출하고, 이들 영양소를 곤충이나 벌레, 그리고 생태계에 분포하는 수많은 생명체가 이용하기에 유리한 형태로 만들어 줌으로써 생태계에 무한한 기여를 한다. 균류(그리고 세균)가 없으면, 유기물이 함유하는 영양소는 고정(고립)될 것이고, 원소 순환은 멈추게 될 것이며. 토양은 급격하게 황폐화되고, 생태계는 붕괴될 것이다.

그럼 균류란 정확히 무엇일까?

균류의 특징

균류는 매우 다양한 유기생물 그룹으로서 약 75,000종이 분류되고 명명되었다. 과학자들은 150만 종 이상이 아직 발견되지 않고 있다고 믿는다. 1900년대 중반까지, 균류를 연구하기를 원하던 사람들(일명 균학자)은, 균류가 단순한 식물이라고 간주되었기 때문에, 대개 식물 과정에 등록을 했다. 이후에 균류는 동물에 더 가깝다는 사실이 확인되었고, 생명나무(tree of life)에서 진핵생물 영역에 속하는 균계(Fungi)라는 고유한 계(kingdom)로 분류되었다(그림 5.6 참조). 균류에 대해 연구하는 것을 **균학**(**mycology**)이라 한다(*myco* = "균류"; *ology* = "~ 과학").

균류의 구조

균류는 세포핵, 미토콘드리아, 그리고 리보좀 등과 같은 진핵세포성 세포소기관들을 가진다. 균류에는 미세한 곰팡이와 효모, 그리고 보다 뚜렷하게 관찰할 수 있는 버섯이 있다. **효모**(**yeasts**)는 eoro 단일 세포로 생장하며, 세균 세포보다 몇 배 더 크다(**그림 5.12A**). 반면, **곰팡이**(**molds**)는 대개 **균사**(**hyphae**; 단수 **hypha**)라고 하는 실 모양의 섬유로 이루어져 있다. 균사의 벽은, 식물이나 원핵생물에서는 발견되지 않는 다당류인, **키틴**(**chitin**)으로 구성되어 있다. 균사의 길이가 길어지게 되면, 이것은 분지하여 균사 덩어리가 복잡하게 얽힌 **균사체**(**myceelium**; 복수 **mycelia**)를 형성한다(**그림 5.12B**). 균사는 주로 땅속에서 습기와 유기물과 접촉하고 있기 때문에 우리의 관심을 벗어나 있다.

성장과 증식

단세포인 효모는 **출아**(**budding**)라고 하는 무성생식을 통해 세포수를 늘린다. 토양에서 섬유형 곰팡이의 경우, 균사의 생장이 지속적으로 이루어지는 끝 부분에서 균사가 신장함으로써 새로운 영양원과 접촉할 수 있게 된다.

효모와 곰팡이는 주변으로 효소를 분비하여 유기물을 분해한다. 그리고 작은 유기성 분해산물(당, 아미노산 등)을 세포벽과 세포막을 통과시켜 흡수한다. 예를 들어, 어떤 종의 균류는 **섬유소 분해효소**(**cellulase**)를 만들어서 섬유소(목질에 함유된 주요 다당류)를 분해하는 데 사용한다. 섬유소가 분해되면 영양소와 에너지원으로서 매우 유용한 포도당 분자가 만들어진다. 어떤 종의 균류는 식물 세포벽 섬유의 추가적인 성분을 분해하기 위해서 다른 효소를 생산한다. 이런 이유로, 우리는 낙엽이나 썩고 있는 나무에서 자라는 곰팡이를 쉽게 발견할 수 있다(**그림 5.13A**). 많은 종류의 물질이 이러한 **분해자**(**decomposers**)

분해자(decomposers): 사체 또는 붕괴하는 물질을 분해하는 생명체.

그림 5.12 균류의 형태.

(A) 타원형 효모 세포의 광학현미경 이미지.
(Bar = 2 μm)

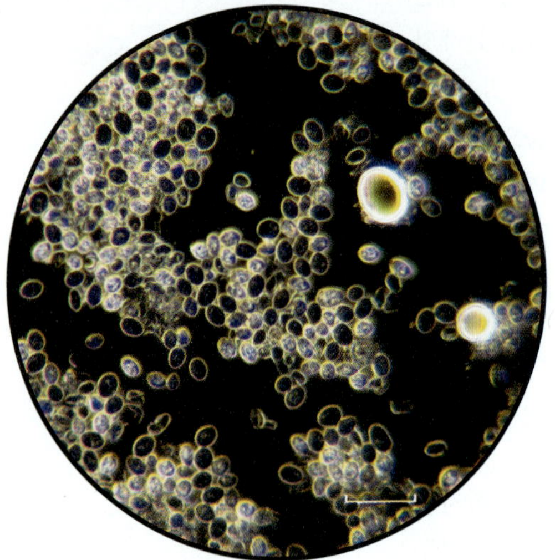

(B) 손상된 토마토 표면에서 자라는 섬유상 곰팡이(흰색 섬유).

에 의해 분해되어 다른 생물에 의해 순환되고 이용될 수 있는 막대한 양의 유기물을 생산한다.

많은 종의 균류는 약산성(pH 5~6)의 조건에서 자란다. 이러한 이유로 균류의 오염은 사워크림(sour cream)과 치즈 같은 산성 식품에서 잘 발생한다. 손상된 감귤류와 채소도 균류의 공격에 노출되어 있다(그림 5.12B 참조). 어떤 경우에는 이러한 "오염"이 도움이 되기도 한다: 블루치즈의 향은 *Penicillium roqueforti* 균을 의도적으로 첨가한 것이다(**그림 5.13B**).

Penicillium roqueforti: pen-ih-SIL-lee-um row-ko-FOR-tee

균류의 생식은 **포자형성(sporulation)**을 포함한다. 무성생식에 의해, 주로 특정 균사의 끝에서, 수천 개의 포자가 만들어진다(**그림 5.14**). 이러한 무성포자는 매우 가볍고, 바람에 의해 쉽게 날린다. 만약 균류의 포자가 수분과 영양원을 함유하는 적절한 환경에 떨어지면, 이들은 발아하여 새로운 균사를 만들고, 이들은 성장하여 새로운 균사체를 만든다.

무성생식은 하나하나가 새로운 균사체를 형성할 수 있는 막대한 수의 포자를 만들기 때문에 균류의 전파에 매우 유리하다. 하지만 이들 포자는 유전적으로 동일하다. 그러므로, 유성생식은 유전적으로 서로 다른 개체를 함께 운반함으로써 유전적 다양성을 높일 수 있는 수단을 제공한다.

많은 종의 균류는 유성생식을 통해서도 포자를 생산하는데, 이들 포자는 가끔 포자의 확산을 촉진하는 가시적인 생식 조직 속에 있다. 아마도 가장 잘 알려진 것이 가게에서 사온 흰색 버섯과 같은 버섯일 것이다(**그림 5.15**). 이 경우 상반되는 짝짓기형(mating types)(동물에서 상반되는 성과 같이)의 균사(+와 –)가 접촉하여 융합한다. 짝짓기 융합(mating)을 통해 버섯이 생겨나고, 포자는 버섯갓의 아래에 있는 주름(gill)에서 만들어진다. 이들 포자는 물이나 바람에 의해 방출되어 확산된다. 포자가 영양분이 풍부한 환경에 떨어지면, 포자는 발아하여 자실체를 만들게 된다.

각 짝짓기형에서 세포핵은 유전적으로 다르기 때문에, 만들어지는 포자는 새로운 유전자 조성을 가질 것이다. 무성포자와는 달리, 유전적 다양성은 이전에는 불리했던 환경에

그림 5.13 균류의 균사.
(A) 썩고 있는 나무 표면의 균류 균사체는 분해자의 예이다. 균류는 효소를 분비하여 섬유소와 다른 세포벽 다당류를 가수분해한다.

© Udomsook/Shutterstock.

(B) 균류는 의도적으로 블루치즈 같은 일부 치즈에 첨가된다. 균사체는 치즈에 사이사이에서 자라고, 경우에 따라서 향이나 색을 띠게 한다.

© Juanmonino/E+/Getty Images.

그림 5.14 무성생식. 균사의 끝에 수천 개의 포자를 만들고 있는 곰팡이의 가색 주사전자현미경 이미지. (Bar = 20 μm)

© Kateryna Kon/Shutterstock.

서도 포자가 발아하고 생존할 수 있게 할 것이다.

균류 만나기

균류는 유전적 연관성과 생활 방식을 근거로 해서 몇 개의 다른 그룹(phyla 문)으로 구분된다. 대부분은 사람이나 동물에 비병원성이지만, 소수는 **진균증(mycoses**; 단수 **mycosis**)이라고 알려진 사람의 질병을 유발한다. 여기에서 우리는 이러한 그룹의 몇몇을 예로 들어서 강조할 것이다.

그림 5.15 전형적인 버섯의 생활사. 포자는 버섯 갓 아래에서 만들어진다. 포자는 발아하여 다른 짝짓기형의 새로운 균사체를 만든다.

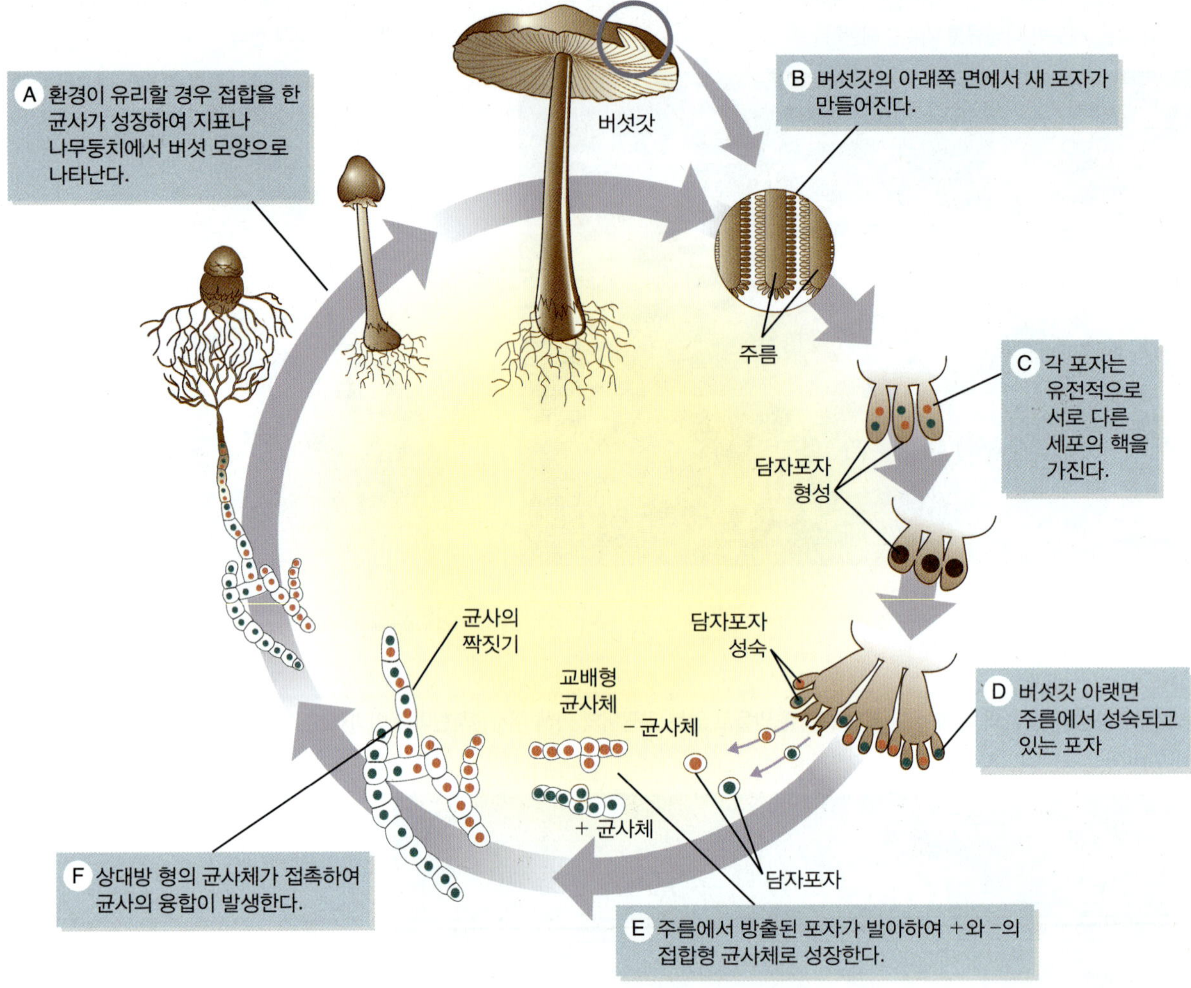

호상균문

가장 먼저 알려진 균류는 **호상균문(chytrids)**으로 일컬어지는 것들이다. 호상균은 수계에 번성하며, 편모를 가지는 생식세포를 만든다. 최근까지 환경에서의 영향력은 중요하지 않은 것으로 알려져 있었다. **A CLOSER LOOK 5.3**은 다른 가치를 제공한다.

자낭균문

자낭균문(ascomycetes)은 65,000여 종이 보고된 가장 큰 문(phylum)이다. 대부분은 분해자이며, 자실체를 형성하는 균사로 이루어져 있다. 일부 자낭균 종은 경제적으로 매우 중요한 가치를 갖는다. 미식가들 사이에서 곰보버섯과 송로버섯은 중요한 식용 균류이다. 자낭균 중에는 몇 종의 *Penicillium*이 있으며, 이 중 일부는 페니실린 항생제를 생산한다. 다른 종의 *Penicillium*은 블루치즈(그림 5.13B 참조)와 로크포르 치즈(Roquefort cheese), 그리고 카망베르 치즈(Camerbert cheese)를 숙성시키고 향을 내기 위해서 사용된다.

Batrachochytrium dendrobatidis: bahtrah-koh-KIH-tree-um den-dro-bah-TIE-diss

일부 문(phylum)에 속하는 식물 병원체는 미국 동부에서 경제적 피해와 사회적 충격을 유발하였다.

- **밤나무 마름병.** 밤나무 마름병(chestnut blight)을 일으키는 자낭균은 1900년대 초반

A CLOSER LOOK 5.3

개구리가 죽은 날

양서류(개구리, 두꺼비, 도롱뇽)는 육상에 정착한 가장 오래된 척추동물의 한 강(class)으로서, 공룡을 멸종시킨 충격을 견뎌냈다. 현재 양서류는 다른 감염성 영향에 기인하는 잠재적 멸종위기에 직면해 있다.

1990년대 초에 호주와 파나마의 과학자들은 생태학적으로 원시적인 지역에서 양서류 개체수의 대량 감소를 보고하였다. 10년의 지나서 수십 종의 개구리가 대량으로 죽었고, 몇 종은 멸종하였다. 한때 개구리 노랫소리로 가득 찼던 숲이 조용해졌다. "그들은 그냥 가버렸다"라고 한 과학자는 말하였다. 2012년까지 전 세계적으로 300종 이상의 개구리가 거의 멸종하였고, 나머지도 같은 상황에 직면한 것으로 과학자들은 추정했다. 개구리는 왜 죽었을까?

여러 원인 중 하나는 감염성 질병 때문이다. 4개 대륙에 서식하는 수많은 양서류 종들은 *Batrachochytrium dendrobatidis*라는 호상균문(chytrids)에 감염되었다. 이 균류는 개구리 피부에 축적되어, 개구리의 면역계를 마비시키는 화학물질을 분비한다. 또한 균류의 감염은 개구리로 하여금 케라틴(keratin) 생산의 과도한 촉진을 유발한다. 이러한 과도한 생산은 개구리 피부의 투과성을 변화시키고, 치명적인 수분 불균형과 심장마비를 유도한다. 대략적으로 전 세계의 6,000여 종 양서류 중 1/3이 현재 호상균증(chytridiomycosis)에 의한 멸종위기에 직면해 있다(**그림 A** 참조).

근래에, 가재가 균류를 품을 수 있고, 이를 양서류에 전파하는 것으로 확인되었다. 더 나아가서, 2014년에 두꺼비와 소형 도롱뇽에 감염하는 2종의 바이러스와 유럽 소형 도롱뇽과 도롱뇽에 감염하는 *Batachochytrium*을 확인하였다. 오늘날 보전 생물학자들은 이러한 양서류의 감소를 '지구적 양서류 위기'라고 한다.

호상균이 어디에서 왔는지는 수수께끼로 남아있다. 양서류의 국제 교역이 하나의 원인일 것이다. 이러한 양서류의 죽음은, 탄광 속 카나리아 같이, 아직 보이지 않는 생태계의 변화의 신호일까? 어떤 사람들은 이러한 형태의 "병원균 오염"이 화학물질 오염 만큼 심각하다고 믿는다. 이것은 신생 병원체(균류성 및 바이러스성)가 한 종을 잠재적으로 없애고, 생태계 전체를 파괴하는 놀라운 예시를 보여준다.

그림 A 호상균 감염에 의해 멸종위기에 처한 많은 종 중의 하나인 할리퀸 개구리(harlequin frog).

이후 미국 동부에서 40억 그루 이상의 밤나무를 휩쓸어 버렸다. 밤나무는 많은 동물에게 있어서 중요한 식량원이기 때문에 이러한 나무의 감소는 다람쥐, 사슴, 그리고 매의 개체수를 급격하게 감소시켰고, 7종의 자연 나방을 멸종시켰다. 또한, 목재 산업에 20억 달러의 손실을 초래하기도 했다.

- **네덜란드 느릅나무병.** 네덜란드 느릅나무병(duch elm disease)은 천연 느릅나무 개체수를 초토화시켰다. 균류성 병원체는 느릅나무좀(elm park beetle)에 의해 전파된다(**그림 5.16A**). 이 병은 숲 생태계에 심각한 영향을 미치지만, 미국에서 이 병을 근절하기 위한 노력은 거의 성공하지 못했다. 소수의 자낭균은 동물과 사람의 질병을 일으키기도 한다.
- **흰코증후군.** 흰코증후군(white nose syndrome)이라는 박쥐의 감염성 질병은 자낭균 병원체와 관련이 있다. 2006년 출현 이후, 이 병으로 미국과 캐나다에서 동면 중이던 박쥐 700만 마리 이상(15종에 영향)이 죽었다(**그림 5.16B**).
- **맥각병(Ergot).** 특별히 흥미로운 자낭균류의 일종인 *Claviceps purpurea*는 사람의 행동장애와 연관이 있다. 이 균류는 호밀과 같은 곡물의 이삭에서 자랄 수 있다. 사람이 오염된 곡물이나 곡물로 만든 빵을 섭취하게 되면, 호밀에 축적되었던 균류성 화학물질은 맥각병이라는 신경성 장애를 일으킨다. 영향을 받은 사람은 초기에 메스꺼움, 구토, 근육통과 근무력증을 겪는다. 맥각병이 초창기 미국에서 역사적으로 중요한

Claviceps purpurea: KLA-vi-seps pur-POO-ree-ah

그림 5.16 자낭균류에 의한 질병들.

(A) 자낭균류 병원체에 의해 죽은 네덜란드 느릅나무.

Winnipeg Free Press "City Approves Additional Funds to Battle Dutch Elm Disease".

(B) 과학자가 박쥐의 흰코증후군을 확인하고 있다.

© Jay Ondreicka/Shutterstock.

의미가 있었다는 흥미로운 확실한 증거가 있다(**A CLOSE LOOK 5.4**). 아이러니하게도 *C. purpurea*는 현재 의료적 목적으로 이용된다. 이 균류가 만드는 화학물질을 소량으로 이용할 경우 편두통 치료나 유도 분만에 유용하다.

Saccharomyces ellipsoideus: sack-ah-roe-MY-seas ee-lip-SOY-dee-us

자낭균에 대해 마무리하면서, 우리는 가장 잘 알려진 자낭균인 효모(yeast)에 대해서 짚고 넘어가야 한다. 가장 친숙한 효모는 *Saccharomyces*속(genus)이다(saccharo = "당"). *S. ellipsoideus*(양조업자의 효모)는 알콜 생산에 이용되고, *S. cerevisiae*는 제빵에 이용된다.

효모 *Saccharomyces*는 단일세포, 타원형 미생물로서 길이는 8 μm, 직경은 5 μm 정

A CLOSER LOOK 5.4

"악마의 장난"

Linda Caporael은 학부생으로 졸업에 필요한 역사 강의를 아직 이수하지 않은 상태였다. 그녀는 이 강의를 통하여 미국 역사상 가장 미스테리한 사건인 "살렘 마녀사냥(Salem Witch trials)"의 이유를 밝혀 낼 것이라는 것을 아직 모르고 있었다. 1692년에 일어났던 이 마녀사냥은 매사추세스주 살렘에서 20명의 사람이 마녀로 판명되어 처형당한 사건이다(**그림 A** 참고).

현재 New York Rensselaer Polytechnic Institute에서 행동심리학자로 일하고 있는 Linda Caporeal은 역사 강의 과제 준비 도중 한 책을 접하게 되었는데, 그 책에서 작가가 살렘 마녀사냥 도중 사람들이 환각증상을 일으켰으나 그 이유를 알 수 없다는 구절을 접하게 된다. 그녀는 이를 통해 살렘 마녀사냥과 1951년의 프랑스 맥각 중독 사건과의 유사점을 발견하였다. 프랑스 남부의 작은 마을인 Pont-Saint-Esprit에서 50명 이상의 주민들이 맥각균에 감염된 호밀 밀가루를 먹고 정신질환 증상을 나타냈다고 한다. 증상들은 불면증, 환각증, 발작적 웃음이나 오열 등 다양하였다. 결국에는 3명이 사망하는 결과도 나타났다.

Caporeal은 프랑스에서 나타났던 이러한 특이한 증상들과 살렘 마녀사냥에서 보인 증상들, 그리고 맥각균으로부터 만들어지는 유도물질 LSD와 같은 환각제들의 증상에서 유사성을 발견하였다. 맥각균이 과연 살렘에서의 증상 원인이었을까?

암흑기 동안 유럽의 하층민들은 거의 호밀 빵으로 연명했다고 한다. 1250년과 1750년 사이 성 안토니의 불(St. Anthony's fire)이라 불리던 맥각 중독이 유산, 만성 질환, 그리고 생존자들에게는 환각증상을 주었다고 한다. 더욱이 그 당시에는 환각증상이 악마의 장난이라고 생각하였다.

현재 독물학자들은 맥각균에 감염된 음식물을 먹으면, 근육 경직, 망상, 환각, 피부가 스물거리는 증상, 그 외에도 다른 다양한 증상들을 야기한다는 것을 안다. 이러한 증상들은 Linda Caporeal이 살렘 마녀사냥에서 발견했던 증상들과 일치하였다. 맥각균은 온난 다습한 봄이나 여름에 번식하는데, Caporeal은 1691년 살렘의 기후가 이러하였다고 주장한다. 추가로 살렘 마을 주변의 목초지 일부가 습지였기에 균류가 자라기에는 최적의 조건이었을 것이라고 말한다. 게다가 호밀이 살렘 지역의 주작물이었기 때문에 1691년에서 1692년 사이에 소비되었던 호밀 중 상당수가 맥각균에 감염되었을 것이라는 것은 지나친 억측이라고 할 수 없다.

Caporeal은 맥각 중독이 모든 증상들을 설명하지 못함을 인정하였다. 주민들이 보여준 모습들은 단순한 집단 히스테리일지도 모른다. 하지만 많은 사람들이 검토해 보았고, 어쩌면 실제로 맥각 중독이 어떠한 영향을 주었을지도 모른다. 학부생의 과제치고는 잘 한 것 아닌가!

그림 A 매사추세츠에서의 마녀 재판, 1692.

도이다(그림 5.12A 참조). 대부분 출아법에 의해 증식한다. 효모의 세포질에는 비타민 B가 풍부하므로, 철분이 부족한 사람에게 중요한 영양보조제(철분 효모)인 효모 알약으로 제조된다. 제빵산업에서는 빵의 조직감을 형성하기 위해 *S. cerevisiae*에 크게 의존한다. 효모 발효는 포도당과 다른 탄수화물을 분해하여 이산화탄소를 생성한다. 이산화탄소는 반죽이 부풀어 오르게 한다(**그림 5.17A**).

Saccharomyces cerevisiae: sack-ah-roe-MY-seas seh-rih-VIS-ee-eye

야생 효모는 수많은 과일과 포도의 표면에 풍부하다(**그림 5.17B**). 자연 알코올 발효 과정에서, 야생 효모는 과일과 함께 으깨어진다; 조절되는 발효 과정에서는 *S. ellipsoideus*가 준비된 과즙에 첨가된다. 이산화탄소가 생성되면서 과즙에는 공기방울이 풍부하게 만들어진다. 산소가 고갈됨에 따라 효모의 물질대사는 발효로 전환되고, 에틸알코올 생산이 시작된다. 많은 국가에서 와인과 알코올 산업이 경제의 상당한 부분을 차지한다는 사실은 발효 효모가 얼마나 중요한가에 대한 증거이다.

아마도 *S. cerevisiae*는 분자 및 세포 수준에서 가장 잘 연구된 진핵생물일 것이다. 이 효모는 진핵생물로서는 처음으로 전체 게놈이 1997년에 분석되었다. *S. cerevisiae*는 약 6,000개의 유전자를 가지고 있다. 애초에 *S. cerevisiae*는 사람과는 공통점이 없을 거라고

그림 5.17 효모.
(A) 제빵사가 부풀어 오르는 반죽을 확인하고 있다. 반죽은 내부에서 진행되는 효모 발효 과정에서 발생하는 이산화탄소에 의해 부풀어 오른다.

(B) 자연계에서, 야생 효모는 와인 포도와 같은 열매의 표면에서 볼 수 있다.

생각했다. 하지만 둘 다 핵, 염색체, 유사한 세포 분열 기작을 가지는 진핵생물이다. 이에 따라, *S. cerevisiae*는 동물에서의 세포 기능을 이해하는 데 사용되고 있다. 또한, 효모 세포는 B형 간염 백신처럼 사람의 백신 개발 과정에도 중요하게 이용되고 있다.

담자균류

담자균류(basidomycetes)는 약 32,000종이 보고되었다. 말불버섯(puffballs), 선반균(shelf fungi), 그리고 버섯(mushrooms)이 포함된다. **버섯(mushroom)**은 포자를 만드는 자실체를 일컫는 일반적인 이름으로, 조밀하게 밀집된 균사로 이루어져 있다. 그림 5.7에서 상세하게 설명했듯이, 균사체는 땅속에 형성되고, 버섯은 균사체로부터 만들어진다.

담자균류는 녹병(rust disease)과 흑수병(smut disease)을 일으키는 소수의 식물 기생체도 포함한다. 녹병은 균류의 독특한 오렌지-레드 색깔 때문에 붙여진 이름이다(**그림 5.18A**). 밀, 귀리, 그리고 호밀, 백송(white pine)과 같은 목재용 나무에도 감염한다. 흑수병은 감염된 블랙베리(blackberry), 옥수수, 그리고 다양한 곡물에서 볼 수 있는 균류의 거무스름한 증상 때문에 붙여진 이름이다. 이들 질병은 매년 수백만 달러에 달하는 막대한 농작물 피해를 초래한다. 반면에 멕시코와 미국의 남서부 일부 지역에서는 옥수수 이삭에 흑수병 균류가 자라는 시기가 되면 맛있는 요리 재료가 된다. **위틀라코체(huitlacoche**; 흑수균 또는 멕시코 송로)라 불리는 이 균류는 식용으로 이용되는데, 보통 토르티아-기반 음식의 속재료로 사용된다(**그림 5.18B**).

Huitlacoche: wheat-la-KOH-cheh

그림 5.18 녹병과 흑수병.

(A) 배나무 잎에서 자라는 녹병균의 밝은 주황색 반점. 주황색 영역은 균류의 균사체를 보여준다.

(B) 옥수수 이삭으로부터 돌출한 옥수수 흑수병 (갈색 조직)

고대 로마에서 버섯은 신의 음식이었으며, 황제만이 버섯의 즐거움을 나누는 것이 허락되었다. 오늘날 이국적인 버섯은 전 세계 미식가들 사이에서 똑같은 높은 명성을 누리고 있다. 일부 전문가들은 야생에서 버섯을 찾는 방법을 알고 있다. 하지만 아마추어에게 핵심 단어는 "조심"이다—버섯 채집에 있어서 무지는 재앙이다. 실제로 미국에서는 매년 이러한 버섯 채집으로 9,000건 정도의 버섯 중독이 발생하는 것으로 알려져 있다; 10세 이하의 어린이가 대부분을 차지한다. 야생 버섯 섭취를 고집하는 사람들을 위해서, 균학자들은 지역균학회에 가입하거나, 자료를 많이 읽고, 가볍게 취미로 즐길 것을 추천한다. 미네소타 균학회에 따르면:

> "나이든 버섯 채집가는 있다. 대담한 버섯 채집가도 있다. 하지만, 나이 들고 대담한 버섯 채집가는 없다"

공생 관계

이 장의 전반부에서 언급했듯이, 공생이란 무관한 두 생명체가 함께 살거나 긴밀하게 연합하는 것을 의미한다. 가끔 이러한 밀접한 연합이 양쪽에 이익이 된다. 균류와 조류 및 식물과 공존하는 흥미롭고 매우 중요한 2가지 공생적 역할이 있다.

- **지의류. 지의류(Lichens)**는 균류와 **광생물공생자(photobiont)**라는 광합성 협력자 사이의 연합을 의미하는 생명체이다. 광생물공생자는 대개 시안세균이나 단세포성 녹조류다. 거의 15,000종에 달하는 지의류 중에서, 대부분의 균류 협력자는 자낭균에 속한다.

  지의류 생체량의 90% 정도는 균류이고, 특화된 균류 균사가 광생물공생자 세포를 관통하거나 둘러싸고 있다(**그림 5.19A**). 지의류는 생체량 대비 2% 정도의 물로도 생존할 수 있는데(다른 생명체의 경우 생체량의 90%인 것과 비교), 이는 이들이 혹독한 환경에 대해 극도의 저항성을 갖는다는 것을 의미한다. 지의류는 건조한 사막지역이나 극지방, 그리고 척박한 땅이나 나무둥치 등 다양한 환경에서 자란다. 지의류는 대체로 암반지대에서 생기는 첫 생명체로서(**그림 5.19B**), 그들의 생화학적 활성은 바위를 부수고 토양을 형성하는 과정을 시작한다. 이러한 과정은 다른 식물이나 이끼가 뿌리를 내릴 수 있는 환경을 만든다. 새로운 지의류 개체군을 만들기 위해서, 지의류는 균류와 광생물공생자를 함유하는 분절로 나누어지고, 이 분절은 바람을 타고서 멀리 전달된다. 새로운 장소에 정착한 분절은 새로운 지의류 개체군을 형성하게 된다.
- **균근. 균근(mycorrhizae**; 단수 **mycorrhiza)**은 일부 토양 균류와 유관식물(나무, 꽃, 채소류 등) 사이의 공생적 관계이다. 실제로 과학자들은 녹색식물의 90% 이상이 균류 공생체를 가진다고 추정한다. 이 공생관계에서, 균류는 식물 뿌리의 표면에 부착하거나 뿌리 속으로 침투하여(*mycorrhizae* = "fungus roots"), 식물이 뿌리만으로 흡수할 수 있는 양 보다 더 많은 영양분(특히 인과 수분)을 공급한다. 반면에, 식물은 곰팡이에게 물질대사에 원료인 광합성 산물을 공급한다(**그림 5.20A**). 균근이 발달한 식물은, 특히 영양분이 부족한 토양과 같은 조건에서, 공생 균류가 없는 식물보다 더 크고 튼튼하게 자란다(**그림 5.20B**). 인류와 사회는 식량의 대부분을 직간접적으로 작물(보리, 귀리, 쌀 등)에 의존한다. 무서운 사실은 균근을 형성하는 균류가 없으면, 현재 이용하는 주요 작물이 존재할 수 없을 것이라는 것이다.

Mycorrhiza: my-core-RYE-zah

그림 5.19 지의류.

(A) 단단히 꼬여진 균사가 광합성 조류세포를 둘러싸고 있는 상하 표면을 보여주는 지의류의 횡단면. 상부 표면에서 공기 중에 노출되어 있는 조류와 균류의 덤불(분절)이 분산되어 지의류를 전파한다.

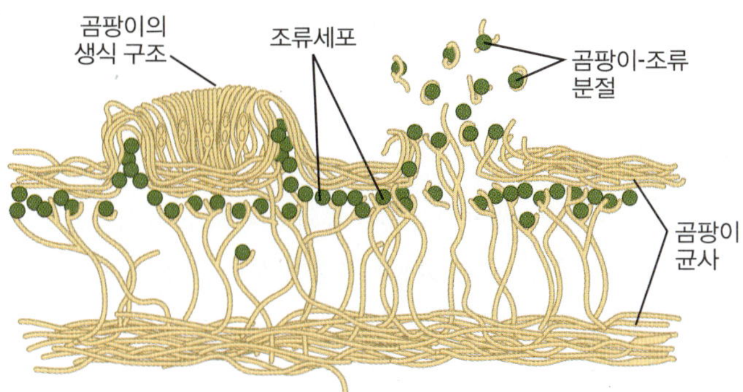

(B) 암석 표면에서 자라는 전형적인 지의류.

Courtesy of Dr. Jeffrey Pommerville.

그림 5.20 균근과 식물 생장에 미치는 균근의 영향.

(A) 균근의 균사가 식물 뿌리를 그물망처럼 덮고 있다.

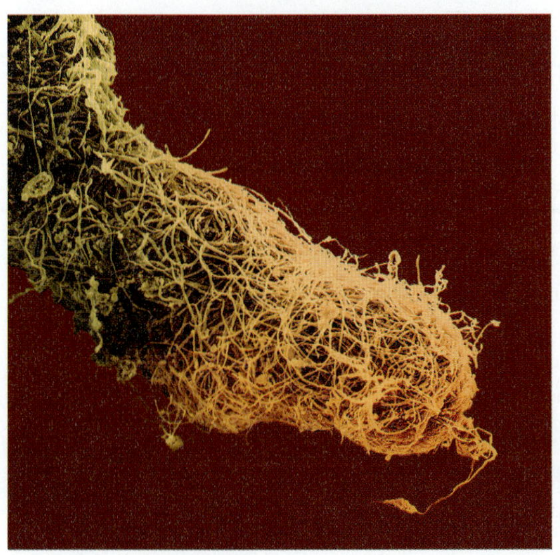

© Dr. Gerald Van Dyke/Visuals Unlimited.

(B) 식물의 생장에 미치는 균근의 영향에 대한 증거. CK = 대조구(균근이 없음); GM(균근이 있음).

© Science VU/R. Roncadori/Visuals Unlimited.

A Final Thought

진핵 미생물에 대해 알아본 이번 장(chapter)은 진핵 미생물의 다양성과 환경에서의 역할, 그리고 건강과 인간 사회의 영향에 대한 내용을 담고 있다. 다양성의 관점에서 진핵 미생물은 원핵생물 수준에 미치지 못하지만, 미생물학자와 생물학자는 여전히 미생물 세계의 다양성에 대해 일부분 밖에 알지 못하고 있다는 점을 기억해야 한다. 언젠가 어느 화학자가 표현한 바에 의하면: "만약 당신이 테니스공을 바다에 빠뜨렸다 꺼냈을 때, 테니스공에서 떨어지는 물은 우리가 알고 있는 모든 것을 나타낸다; 바다는 알려지기를 기다리는 모든 것을 나타낸다."

Chapter Discussion Questions

What Was He Thinking?

이 장을 읽으면서, 저자가 전달하려고 했던 원생생물과 균류에 대한 5가지 주요 요점을 확인하고 토론하시오.

QUESTIONS TO CONSIDER

1. 어느 과학자가 독성 화학물질이 전 세계 해양에서 규조류와 쌍편모조류(식물플랑크톤의 주요 구성원)를 없애고 있다는 것을 발견했다고 가정해보자. 만약 이것이 사실이라면 어떤 공포스러운 이야기가 전개될 수 있겠는가?
2. 당신과 임신 3개월째인 당신의 친구가 점심 식사를 위해 햄버거 가게에 갔다. 톡소플라스마증에 대해 알고 있는 당신의 입장에서 친구에게 어떤 조언을 할 수 있는가? 집으로 돌아오면서 당신의 친구가 고양이 두 마리를 키우고 있다는 것을 알았다. 당신은 친구에게 어떤 추가 정보를 줄 것인가?
3. 몇 년 전 *Discover*라는 잡지의 사설에, 편집인은 원생생물에 대해서 다음과 같은 흥미로운 표현을 사용하였다. 설명된 생명체와 질병을 식별할 수 있는지 확인하시오.

   "이것은 혈류를 타고 질주하고, 간에 웅크리고 있다가, 날아오르기 전에 적혈구를 뚫고 돌진한다. 짝짓기를 하고, 성숙하고, 두 다리가 달린 모텔을 통해서 또 다른 야생 여행을 준비한다."
4. 당신이 원생동물인 원생생물을 가졌다고 가정해보자. 당신은 이것이 4가지 그룹 중 어디에 속하는지 동정하기 위해서 어떤 하나의 특징을 활용할 것인가? 그 특징은 어떻게 동정을 가능하게 했는가?
5. "진핵 미생물"에 대한 정의를 하시오.
6. 당신은 빵을 만들기로 결심했다. 당신은 방 안의 따뜻한 구석에 반죽을 밤새도록 두어서 부풀게 했다. 다음 날 아침, 당신은 방 안에서 맥주 향 비슷한 냄새가 나는 것을 느꼈다. 어떤 냄새를 맡고 있는 것이며, 그 향은 어디로부터 나온 것인가?
7. 균류는 토양 속에 매우 많이 퍼져 있지만, 우리는 과일이나 야채를 섭취해도 균류성 질병에 걸리는 경우가 드물다. 왜 그렇다고 생각하는가?
8. 미생물학과 학생이 항진균제로 이용할 수 있는 세균 종을 개발하기 위한 계획을 제안한다. 그 학생의 생각은 키틴을 함유하고 있는 바다가재 및 새우의 껍질을 모아서, 가루로 만들어 토양과 섞어 주는 것이다. 이렇게 하면 키틴을 분해하는 세균이 증식할 것이라고 그녀는 제안한다. 그런 후 세균을 분리하여 균류의 세포벽에 있는 키틴을 분해할 수 있으므로, 이 세균은 균류를 죽이기 위해 이용될 수 있다. 이 학생의 계획이 가능한가? 이유는 무엇인가?
9. 지의류와 균근에서 볼 수 있는 공생적 협력은 왜 "윈-윈" 관계라고 평가되는가?

Chapter 6

바이러스: 생명의 경계

튤립 거품이 터지다

아. 모든 사람이 튤립을 좋아한다. 그들의 아름다운 색상은 대중을 기쁘게 하며, 얼룩덜룩한 (줄무늬가 있는) 꽃잎은 특히 장관이다(장 시작 이미지 참조).

튤립은 1500년대 후반 소아시아(현재 터키)의 상인에 의해 유럽에 처음으로 전파되었다. 일부 변종은 믿어지지 않을 정도로 이국적이고 아름다운 얼룩덜룩한 꽃을 만들었다. 네덜란드에서는 튤립이 매우 인기가 있어 (말하자면, 대유행) 사람들이 튤립 구근 몇 개로, 특히 얼룩덜룩한 "Semper Augustus" 튤립(**그림 6.1**)으로, 거의 무엇이든 교환할 수 있었다. 튤립 열광("Tulipomania")이 전국을 휩쓸었고, 튤립 투기꾼들은 꽃의 구근을 엄청난 액수의 돈이나 소유물로 교환하였다. 어떤 사람들은 집 전체를 튤립 구근 10개와 교환했다. 다른 사람들은 구근 몇 개를 위해 1년의 급여를 썼다. 튤립은 돈의 한 형태로 사용되기 시작했다. "Semper Augustus" 튤립은 어떤 사람들에게는 무역에서 거래되는 모든 것의 가치가 있었다. 튤립 열광은 아마도 첫 번째 경제 가격 거품에 해당할 것이다.

그 후 튤립 거품이 터졌다. 가격은 1637년 2월 6일과 7일에 폭락하였다. 많은 사람들은 튤립 구근을 구입했지만, 대가를 아직 지불하지 않았기 때문에 운이 좋았다. 그래서 대부분의 사람들은 파산하지 않았지만, 많은 투기꾼들은 "튤립"을 떠맡게 되었다.

그렇다면 이것이 미생물학 및 바이러스와 어떤 관련이 있을까? 19세기에 얼룩덜룩한 튤립 꽃의 출현은 진딧물이 식물을 먹을 때 진딧물에 의해 전염된 바이러스 감염의 결과라는 것이 밝혀졌다. 튤립 파괴 바이러스라고 하는 이 바이러스는 착색 변화(파손)를 일으켜서, 결과적으로 얼룩덜룩한 꽃잎 색이 생기게 한다.

오늘날, 식물학자들은 선택적으로 얼룩덜룩한 튤립을 재배하여 모두 바이러스 없이 소용돌이 모양의 금이 간 색상으로 보이게 한다. 중요한 것은 이 사례에서 미생물이, 이 경우에 바이러스가, 사람들의 행동을 변화시킴으로써 국가 경제에 영향을 미쳤다는 것이다.

CHAPTER 6 OPENER 꽃을 얼룩덜룩한 모양으로 보이게 하는 부서진 꽃잎 색상을 보여주는 튤립의 아름다운 사진. 얼룩덜룩함은 바이러스에 의해 발생하였을까?

그림 6.1 Hans Bollongier의 "정물화". 1639년, Rembrandt의 제자인 Bollongier가 이 우아한 흰색의 불꽃이 타오르는 듯한 Semper Augustus를 그렸다. 이들의 구근은 튤립 열광(Tulipomania) 동안 종종 터무니 없는 가격으로 팔렸다.

모든 과학에는 알려지고 보이는 것이 알려지지 않고 보이지 않는 것과 합쳐지는 경계가 있다. 깜짝 놀랄만한 발견이 이 미지의 영역에서 종종 나타나며, 특정 연구대상은 불현듯이 크게 나타난다. 미생물학의 경계에서 바이러스는 생명의 경계에 존재하고 있다. 그러나 그들은 세균 세포보다 10대 1 비율로 수적으로 우세하다. 사실 튤립을 포함한 모든 세포(생명체)는 생명체를 감염시킬 수 있는 하나 이상의 바이러스를 가지고 있다. 미생물 세계에서 바이러스는 그들의 단순성, 극단적으로 작은 크기, 상이한 복제 방법 그리고 질병 잠재력 때문에 매우 특이한 존재이다. 이 장에서는 이들의 특징에 관하여 살펴보도록 한다.

LOOKING AHEAD

이 장을 마치면, 여러분은 다음의 내용들을 할 수 있게 될 것이다.

6.1 바이러스의 초기 발견을 토론할 수 있다.
6.2 피막과 비피막 바이러스의 구조를 그릴 수 있고, 이들의 성분들을 표시할 수 있다.
6.3 바이러스 복제의 5단계를 서술할 수 있다.
6.4 출현한 바이러스가 발생할 수 있는 두 가지 방법을 설명할 수 있다.
6.5 바이러스가 암을 유발할 수 있는 방법에 대하여 서술할 수 있다.
6.6 비로이드과 프리온을 대조할 수 있다.

6.1 바이러스: 그들의 최초 목격

미생물의 황금기 동안에, Pasteur와 Koch 그리고 다른 연구자들은 결핵, 장티푸스, 매독 그리고 다른 많은 감염성 질환을 일으키는 세균 생명체를 정확히 기술하였다. 사람들은 식품 보존방법과 위생처리 방법을 개선함으로써 질병의 확산을 제한하기 시작하였다. Winogradsky와 Beijerinck 같은 미생물생태학자들은 환경에서 미생물들의 중요성을 지적하였다. 바이러스 역시 잠재적인 질병 유발 인자로 인식되었다.

전염성 생액

1890년대에 러시아 식물학자 Dmitri **Ivanowsky**와 네덜란드 연구자인 Martinus **Beijerinck**가 독립적으로 담배모자이크병(tobacco mosaic disease)을 연구하고 있었다. 이 질병은 담뱃잎에 감염하여 시들게 하여 죽게 한다(**그림 6.2A**). 이 질병이 세균 감염에 기인하는 것으로 믿으면서 그들은 질병에 감염된 담뱃잎을 분쇄하고 그 용액을 여과하였다. 그들은 세균 세포들이 여과장치에 포집되고 액과 함께 통과하지 않을 것으로 예상하였다. 놀랍게도, 여과를 통과한 깨끗한 액에 감염 인자가 함유되어 있었다. Ivanowsky는 '여과성 바이러스(filterable virus)'가 담배모자이크병을 일으킨다고 제안하였고, 이후 Beijerinck가 종종 이 전염성 생액(contagious living fluid)을 "바이러스"[*virus* = "독(poison)"]이라고 불렀다.

Ivanowsky: eye-van-OFF-ski

Beijerinck: BY-yer-ink

과학자들이 담배모자이크 바이러스의 결정을 형성할 수 있다는 것을 발견한 1930년대에 와서야 바이러스를 볼 수 있게 되었다. 살아있는 생명체는 결정화할 수 없기 때문에 바이러스는 어떤 종류의 화학물질이라는 것이 사람들의 의견이었다. 그 후 1950년에 과학자들은 전자현미경을 사용하여 담배모자이크 바이러스인 개개의 막대를 관찰하였다(**그림 6.2B**).

오늘날, 미생물학자들은 바이러스가 지구의 가장 풍부한 생명 단위라고 간주하고 있다. 바이러스는 10^{31}(1에 0이 31개 붙어 있는 수이다)개를 초과하는 이른바 **바이러스계(virosphere)**를 구성하고 있다. 더구나 **A CLOSER LOOK 6.1**에서 실제로 보여주는 것과 같이, 과학자와 미생물학자는 그들이 이해할 수 있는 것 보다 더 빠른 속도로 발견하고 있다.

바이러스계(virosphere): 바이러스가 발견되거나 그들의 숙주와 상호 관계를 하고 있는 장소.

그림 6.2 담배모자이크병과 바이러스.

(A) 질병에 기인하여 얼룩덜룩한 또는 모자이크 모양을 보여주는 감염된 담뱃잎.

(B) 이 담배모자이크 바이러스의 위색 투과전자현미경 사진은 바이러스 입자의 원통형(나선형) 막대 모양 구조를 보여주고 있다.(Bar = 80 nm.)

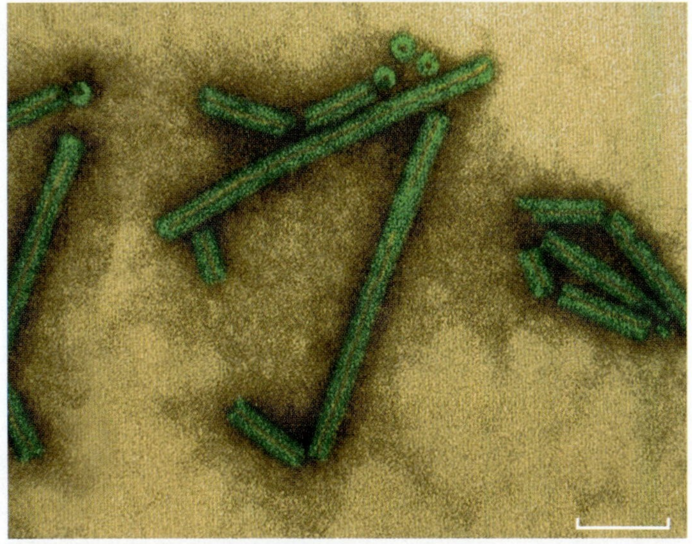

A CLOSER LOOK 6.1

바이러스계(virosphere)로

북부 멕시코의 Naica 언덕 밑에는 놀라운 동굴들이 있다. 몇 군데는 축구장만한 거리와 2층 높이인 이들 거대 동굴들은 500,000년 이전부터 형성된 50톤의 석고 결정들을 포함하고 있다(**그림 A** 참조). 결정들의 동굴(Cave of Crystals)이라고 불리는 이 동굴들은 사막 표면 밑 300미터(984피트)에 묻혀 있는데, 습도가 포화상태이고, 온도는 45°C에서 50°C(113°F에서 122°F) 가량되어 찌는 듯하다.

처음 탐사되었을 때, 이곳에는 생명체(특히, 미생물 생명체)가 없는 것으로 나타났다. 그러나 2009년 British Columbia 대학교의 Curtis Suttle 박사와 그 연구팀은 동굴들의 지옥 같은 환경에서 어떤 미생물이 생존할 수 있는지 여부를 조사하기 시작하였다. 동굴 웅덩이들에서 물 시료를 수집하여 British Columbia의 실험실에 가지고 돌아와서 현미경 검경을 위해 준비하였다. 시료에 들어 있는 것은 연구자들을 망연자실하게 했다.

아마 수백만 년 동안 외부 세계로부터 단절되었던 물 시료들에서 세균들이 동정되었다. 더 놀랍게도 이들 시료에는 작고 기하학적인 유형(바이러스)이 존재하고 있었다. 그리고 거기에는 많은 그들, 물 한 방울에 대략 2억 개에 이르는 바이러스들이 존재하고 있었다.

Monika Häring과 여러 유럽 대학교의 다른 미생물학자들은 멕시코에서 거의 지구 반대편인 이탈리아 Pozzuoli에 있는 산성 온천들(85°C에서 95°C/185°F에서 203°F)을 연구하고 있었다. 온천 시료들에서 배양이 이루어졌을 때, 몇몇의 고세균 생명체들이 바이러스 입자들과 함께 발견되었다. 한편, 스페인 과학자들은 1년 중 9개월은 얼어 있는 담수호수인 Limnopolar 남극 호수의 훨씬 남쪽에서 세균 세포들, 원생생물들 그리고 당연하게도 바이러스들을 발견하였다. 거의 10,000개의 다른 종류에 이르는 엄청난 수의 바이러스가 다시 발견됨으로써, 호수가 세계에서 가장 다양한 바이러스 군집 장소 중 하나임이 밝혀졌다. 심지어 세계의 바다는 바이러스들로 가득 차 있다. Bermuda 해양과학연구소의 Rachel Parsons과 그녀의 공동연구자들은 서부 대서양에서 방대한 바이러스 군집들을 발견하였다(**그림 B** 참조).

세계 곳곳에서, 바이러스 수는 10^{31}을 넘어서고 있다. 이들 대부분은 미생물에 감염하지만, 식물과 동물에게도 감염하는 바이러스도 많다. "생명이 발견되는 어느 곳에서나; (그들은) (질병과) 사망의 주요 원인이고, 지구의 지구화학적인 순환들의 추진체이며, 지구 상에서 가장 탐구되지 않은 유전적인 다양성의 보고이다"라고 Suttle 실험실이 설명한 대로 이 바이러스들의 세계, 소위 "바이러스계**(virosphere)**"는 존재하고 있다. 각 바이러스 감염은 세균, 고세균 그리고 진핵생물 영역의 거의 어떤 생명체에게도 새로운 유전정보를 도입할 수 있는 잠재력을 가지고 있기 때문에 바이러스는 진화를 위한 주요 추진력이 되고 있다. 바이러스계는 거대하고 믿을 수 없는 만큼 다양하며, 감염과 질병을 뛰어 넘어 엄청난 영향을 가지고 있다.

그림 A 바이러스는 생명이 존재하는 어느 곳에서나 발견될 수 있다. 여기에는 결정들의 동굴(Cave of Crystals)과 같이 지구 깊숙한 곳에 격리된 환경들도 포함된다.

그림 B 바이러스는 세계의 대양에도 살고 있다. 보다 큰 형광색 점들은 세균 세포이고 보다 작은 점들은 바이러스이다(Bar = 10 μm).

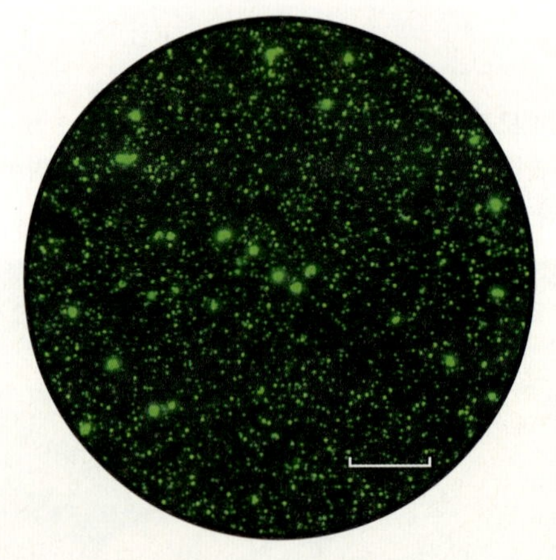

▶ 6.2 바이러스의 구조: 기하학적 완벽

거리에서 100명을 멈춰 세운 후, "바이러스"라는 단어를 아는지 물어보면, 아마 100명 모두 머리를 끄덕이고 예라고 대답할 것이다. 그들은 최근에 앓았던 독감에 대해 말할 수도 또는 그들의 시스템을 고장낸 "컴퓨터 바이러스"를 언급할 수도 있다! 동일한 사람들에게 독감 바이러스에 대하여 설명하라고 요구한다면, 그들은 아마도 바이러스는 '작은 미생물'

이라거나 '보기 위해서는 현미경이 필요한 생명체'라거나 '병균(germ)'이라고 대답할 것이다. 잠시 후, 그들은 아마 머리를 긁다가 바이러스라는 단어에는 친숙하지만 바이러스가 무엇인지는 확실히 알지 못한다는 것은 인정할 것이다(물론 그렇지 않다면, 그들은 최근이 장을 읽었을 것이다). 그러면 바이러스는 어떤 것인가?

바이러스(virus)는 작고 절대 세포내 기생체이다; 즉, 그들은 보다 많은 바이러스들을 만들기 위해 **숙주(host)**에 감염해야만 하는 작은 생명체이다. 바이러스에는 에너지를 생성하거나 바이러스 성분을 만들기 위한 세포 장치가 결여되어 있기 때문에 이렇게 행동하여야 한다.

숙주(host): 미생물 또는 바이러스가 그 안에서 살고, 먹이를 먹으면서, 번식(복제)할 수 있는 세포 또는 생명체.

바이러스는 크기가 다양하다(**그림 6.3**). 지름이 28나노미터(nm)인 소아마비바이러스(poliovirus)는 가장 작은 바이러스이다. 천연두 바이러스처럼 가장 큰 바이러스는 직경이 200나노미터 이상으로 측정된다. 판도라바이러스와 같이, 최근에 발견된 바이러스들은 다른 바이러스들보다 구조가 더 복잡할 수 있고, 다양한 작은 박테리아 세포의 크기와 일치하며, 바이러스 세계에서 거대하다.

바이러스의 성분

바이러스는 세포와 다르게 많은 세포내 구조가 결여되어 있다. 심지어 모든 바이러스는 단순하게 어떤 종류의 덮고 있는 막 또는 막에 둘러싸여져 있는 핵산 중심부(**유전체, genome**)로 구성되어 있다(**그림 6.4**).

유전체(genome): 생명체 또는 바이러스 내의 유전 정보의 완전한 세트.

바이러스 유전체

모든 세포 생명체처럼, 바이러스도 보다 많은 자신을 만들기 위한 유전정보를 가지고 있어야 한다. 다양한 바이러스는 그들의 유전정보가 데옥시뉴클레오핵산(DNA)의 형태로 되어 있어서, **DNA 바이러스(DNA virus)**로 분류되고 있다. 다른 많은 바이러스는 특유의

그림 6.3 세포와 바이러스 사이에서의 크기 상관관계. 진핵세포, 세포핵 그리고 *Escherichia coli*와 비교한 여러 바이러스의 크기(축척을 표시하지 않음).

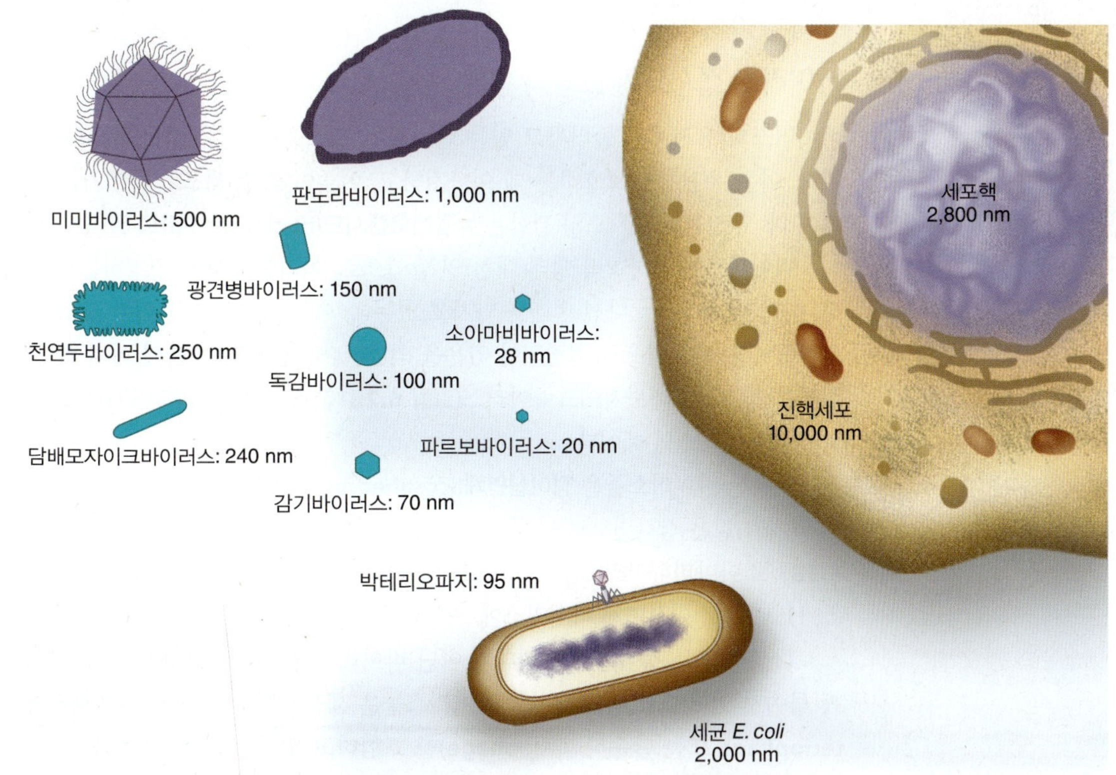

그림 6.4 바이러스의 해부.

(A) 비피막 바이러스는 핵산 유전체(DNA 또는 RNA 중 어느 하나)와 단백질 캡시드로 구성되어 있다. 스파이크가 캡시드로부터 돌출되어 있다.

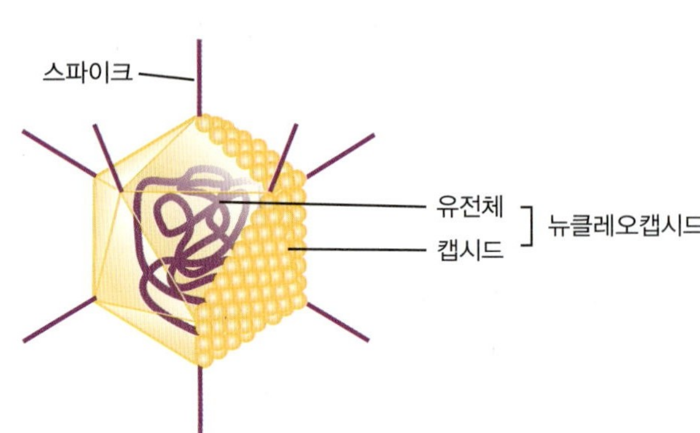

(B) 피막 바이러스는 뉴클레오캡시드를 둘러싸고 있는 피막을 가지고 있다. 또한, 스파이크는 종종 피막에 존재한다.

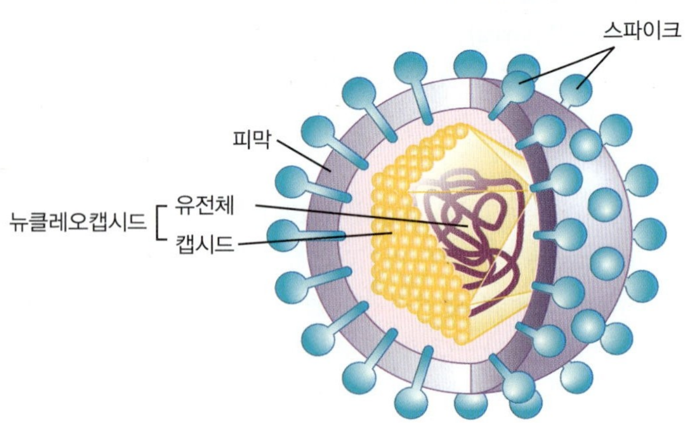

RNA 바이러스(RNA virus)이다. 그들은 리보뉴클레오핵산(RNA)로 되어 있는 유전체를 가지고 있다. 그러나 어떤 경우에서도 바이러스 유전체는 새로운 바이러스를 만드는 모든 정보를 가지고 있다.

또한, 바이러스 유전체의 크기도 바이러스마다 서로 다르다. 몇몇 바이러스는 2~3개의 단백질을 만드는 데 충분히 큰 유전체만 가지고 있다. 다른 보다 큰 바이러스는 100개의 단백질을 만들 수 있는 유전체를 가지고 있을 수도 있다.

분류를 위해서, DNA 바이러스와 RNA 바이러스는 서로 다른 과들로 나누어진다. 이 목록 작성은 보통 유전체가 이중가닥인지 또는 단일 가닥 핵산인지 그리고 피막의 존재여부에 기초하고 있다(아래를 참조). 보통 핵산은 단일 분자이지만, 때로는 몇 개의 분절 단편으로 존재하고 있다. 예를 들면, 독감(인플루엔자) 바이러스 유전체는 8개 분절 단편의 RNA로 구성되어 있다.

바이러스 캡시드와 그들의 형태

바이러스의 유전체를 둘러싸고 있는 단백질 코트 또는 껍질은 **캡시드(capsid)**로 불리고 있다. 이는 유전체를 보호하는 데 이바지하고, 이들이 숙주 세포로 들어가는 것을 용이하게 한다. 유전체와 캡시드의 결합은 **뉴클레오캡시드(nucleocapsid)**로 알려져 있다.

바이러스는 기하학적 형태(대칭)의 달인으로, 이러한 형태를 결정하는 것은 캡시드이다. 어떤 바이러스는 나선 형태를 가지고 있는데, 이는 유전체를 둘러싸고 있는 캡시드 단백질들이 나선 모양으로 정렬되어 있음을 의미한다(**그림 6.5A**). 튤립 파괴 바이러스(장 도입부를 참조), 담배모자이크바이러스(**그림 6.2B** 참조) 그리고 광견병(rabies)바이러스가 나선형 바이러스의 예이다.

무수한 바이러스들은 **정이십면체(icosahedral)** 형태를 가지는데, 이는 캡시드가 20개의 크기가 같은 삼각면으로 구성되어 있음을 의미한다(*icos* = "20"; *edros* = "sided")(**그림 6.5B**). 소아마비바이러스(polio virus)와 단순헤르페스바이러스(herpes simplex 바이러스; HSV)가 정이십면체 바이러스에 포함된다.

나선형 또는 정이십면체 형태가 아닌 바이러스는 복잡한 형태를 가진 바이러스로 함께 묶여져 있다(**그림 6.5C**). 이들 바이러스들은 세균 세포에 감염하는 **박테리오파지(bacteriophage** 또는 단순히 **파지, phage**)를 포함하고 있다. 그들은 부분적으로 나선형이면

그림 6.5 바이러스의 형태와 대칭.

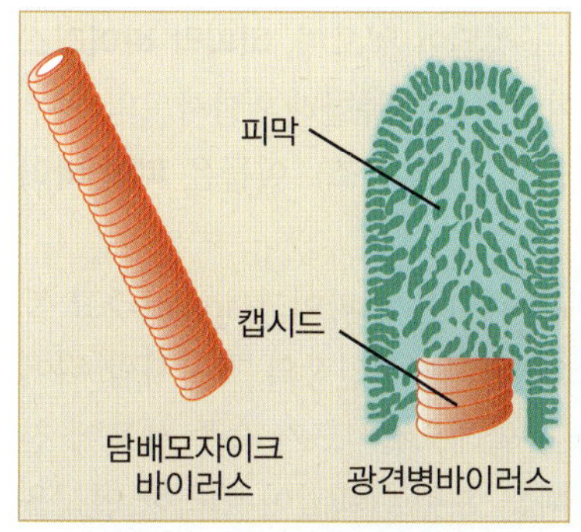

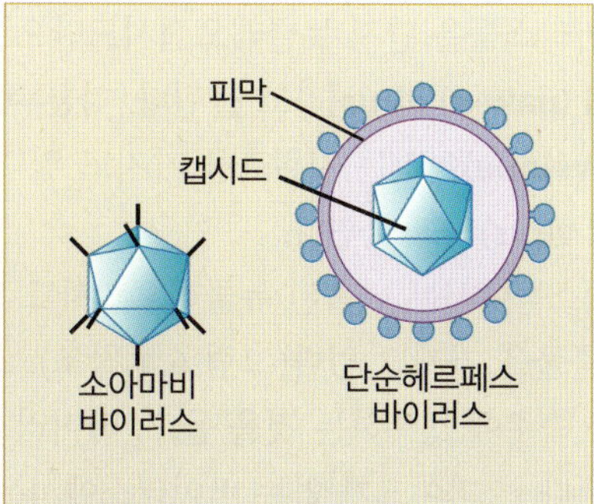

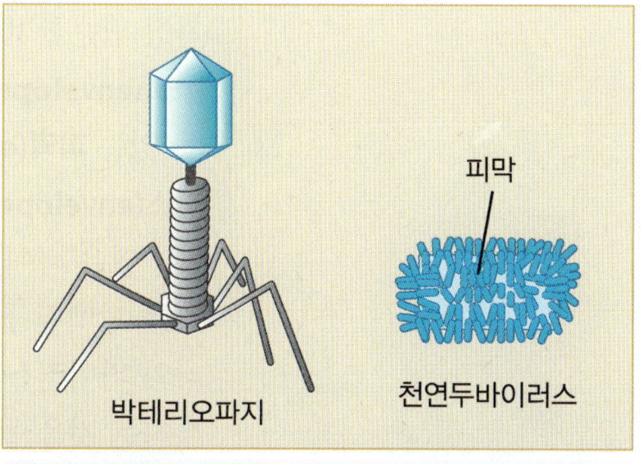

A **나선형 대칭:** 캡시드는 그 안에 바이러스 유전체가 들어 있는 빈 나선형 막대 모양을 형성하고 있다.

B **정이십면체 대칭:** 캡시드는 그 안에 바이러스 유전체가 들어 있는 이십면체 구조를 형성하고 있다.

C **복합대칭:** 캡시드는 그 안에 바이러스 유전체가 들어 있는 복합 구조를 형성하고 있다.

서 정이십면체이다. 박테리오파지의 놀라운 세계는 **A CLOSER LOOK 6.2**에서 다룬다. 천연두 바이러스도 이들 표면에 소용돌이 모양의 섬유를 가지고 있는 벽돌처럼 생긴 복잡한 형태를 가지고 있다.

A CLOSER LOOK 6.2

놀라운 박테리오파지

박테리오파지는 세균을 표적으로 하는 바이러스이다. 달 착륙 우주선처럼 보이는 파지(**그림 A** 참조)들은 토양, 바다, 온천, 북극 얼음 그리고 인간 장내 등 어디에나 존재한다. 그들은 가장 다양하고 많은 지구 상의 생물학적 인자이며, 세균에 비해 10:1 비율로 수적으로 많다. 즉, 과학자들은 그들이 무엇을 하고 있는지 전혀 모르고 있다. 그러나 그들은 그 영향과 잠재적인 사용에 대한 몇 가지 아이디어를 가지고 있다. 여기에서는 두 가지 실례만 제시한다.

- **환경에서.** 파지는 세계의 해양에서 초당 1조의 성공적인 세균 감염을 일으키고 있다. 이는 파지가 매일 전체 해양 세균 세포를 최대 40%까지 파괴한다는 것을 의미한다. 파지의 의해 죽은 후, 탄소를 함유한 세균은 해양 퇴적물 속으로 가라앉아서, 해양 퇴적물 속의 생명체에 효과적으로 영양분을 공급한다.

  죽은 동물의 사체를 분해하는 것에서 시작하여 대기 질소를 식물성 식품으로 전환하는 것까지 세균이 분해자 역할을 하는 모든 것은 잠재적으로 감염시키고 죽일 수 있는 파지의 손에 달려 있다. 사실 파지들은 먹이사슬에서 필수적인 식물성 플랑크톤 개체군을 제한해서 해양의 식량 공급에 영향을 미칠 수 있다.
- **인체에서.** 엄청난 수의 파지가 인간의 소화관에 존재한다. 파지는 인간 세포에 감염하지 않지만, 그들은 여전히 우리의 소화관에 있는 마이크로바이옴에 엄청난 영향을 미칠 수 있다. 과학자들은 파지의 바다가 우리의 생리에 영향을 미칠 수 있는지, 어쩌면 우리의 면역 체계를 조절하는 데 도움을 주는지 궁금해 하고 있다. 사람의 경우에 파지는 인접한 환경에서 보다 소화관의 점액층에 4배 이상 풍부하게 존재한다. 점액에 달라붙음으로써, 보다 많은 세균 먹이와 만난다, 이는 잠재적인 세균성 병원체로부터 기저 세포들을 보호할 수 있음을 시사한다.

  게다가, 소화관 안에 붙어 있는 세포들은 파지를 혈액과 신체 기관으로 운반할 수 있다(하루에 300억 개!)는 보고도 있다. 그들이 그곳에서 무엇을 하는지는 확실하게 알려져 있지 않다.

보다시피, 공부하고 발견해야 할 것이 많다. 과학자들이 인체에서의 파지의 역할을 보다 더 잘 이해하게 되면, 연구원들은 세균의 마이크로바이옴을 조작하고 더 나아가 우리 자신의 세포를 제어하기 위해 파지를 조사하기 시작할 것이다. 질병 치료에서 파지의 더 많은 용도에 대해서는 A CLOSER LOOK 6.3을 참조하라.

그림 A 세균 세포에 감염한 여러 박테리오파지를 묘사한 삽화. (Bar = 100 nm.)

바이러스 피막

가장 단순한 바이러스들은 단지 뉴클레오캡시드만으로 구성되어 있으며, **비피막 바이러스[nonenveloped (naked) virus]**라고 불린다. 다른 바이러스들은 뉴클레오캡시드의 외부에 있는 **피막(envelope)**이라는 지질층을 가지고 있다(그림 6.4B 참조). 이들은 **피막 바이러스(enveloped virus)**라고 불린다.

많은 바이러스들에서는 나출된 뉴클레오캡시드 또는 피막은 스파이크(spike)라고 불리는 단백질 돌출물을 가지고 있다(그림 6.4 참조). 스파이크는 선인장의 가시처럼 튀어나와 바이러스가 숙주에 접촉하는 것을 돕고, 바이러스 뉴클레오캡시드가 숙주 세포에 침투하는 것을 돕는다. 스파이크가 없는 바이러스에서는 다른 표층 단백질이 이러한 인식을 하는 역할을 맡고 있다.

바이러스 해부학에 대한 설명에서 세포질이나 내부 소기관의 존재에 대한 언급이 없다. 왜냐하면, 바이러스는 세포 입자가 아니고, 환경에서 활동성이 없기 때문이다. 바이러스 내에서는 화학반응이 일어나지 않고, 영양물의 유입도 없으며, 세포 에너지(ATP)도 생산되지 않는다.

바이러스가 하는 일은 한 가지 인데, 그들은 이 일을 매우 잘 수행한다—바로 복제이다. 보다 많은 자신들을 만들기 위해서는 적절한 숙주 세포에 부착하여야 하며, 감염된 세포의 세포질에 그들의 유전체를 방출하여야 한다. 한번 세포 내에 들어가면, 감염한 바이러스들은 바이러스 유전체에 암호화된 단백질을 이용해서 숙주 세포를 생화학적으로 재프로그램하여 수백 때로는 수천 개의 새로운 바이러스를 동시에 만들어낸다. 따라서 하나의 세포가 2개의 세포만을 생성하는 생명체 복제와는 다르게, 바이러스 복제는 수백 개의 새로운 바이러스를 동시에 조립한다. 그렇게 함으로써, 바이러스들은 감염된 세포를 파괴한다. 바이러스가 어떻게 숙주 세포를 "해킹하여" 복제할 수 있는지를 살펴보자.

6.3 바이러스의 복제: 대량 생산 공장

바이러스는 숙주 세포 밖에서는 불활성화된 입자이다; 즉, 이들은 복제하지 못한다. 그러나 이들이 적절한 숙주 세포를 만나 감염하면, 바이러스 유전체는 숙주 세포를 매우 효율적인 공장으로 전환시켜서 수백 개의 바이러스를 생산 조립한다.

바이러스의 복제는 바이러스 유전체가 숙주 세포에 들어가 보다 많은 바이러스의 생산을 제어하는 전체 과정을 포함한다. 숙주 세포 안에서, 바이러스 유전체에 의해 암호화된 단백질은 더 많은 바이러스들을 생산할 목적으로 세포의 대사 기구를 장악한다. 이 과정은 목격하는 바와 같이, 즉각적이거나 또는 지체될 수 있다.

바이러스가 지체 없이 복제할 때

많은 바이러스들은 감염을 위해 단 하나의 목적을 가진다: 숙주 세포에 들어가, 보다 많은 바이러스를 만들고, 세포로부터 새로운 바이러스들을 방출한다. 독감과 소아마비 바이러스를 포함하는 이러한 바이러스는 **생산적인 감염(productive infection)**을 거친다고 한다. 이 과정은 5단계로 나눌 수 있다(**그림 6.6**). 그림 6.6 및 HSV의 복제 프로세스를 보여주는 **그림 6.7**을 사용하여 5단계를 훑어보자.

1. **흡착(attachment).** 바이러스 복제의 첫 단계는 바이러스 입자를 적절한 숙주 세포에 부착하는 것이다. 예를 들어, 간염바이러스는 간세포에만 흡착하며, 독감바이러스는

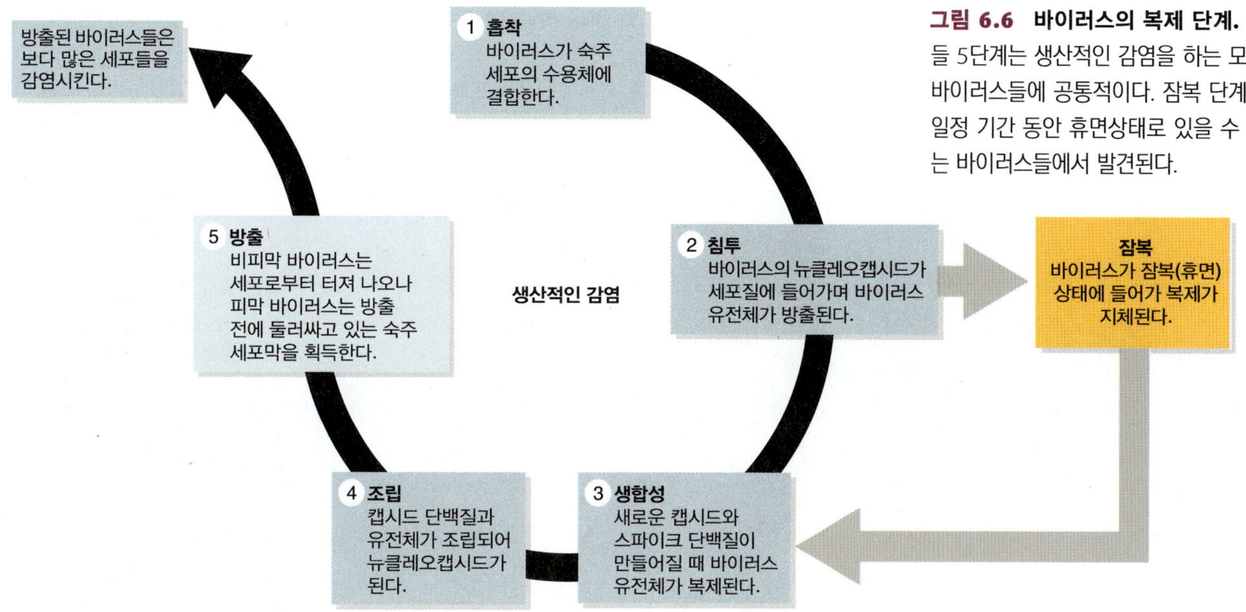

그림 6.6 바이러스의 복제 단계. 이들 5단계는 생산적인 감염을 하는 모든 바이러스들에 공통적이다. 잠복 단계는 일정 기간 동안 휴면상태로 있을 수 있는 바이러스들에서 발견된다.

기도의 세포에만 흡착한다. 이러한 흡착 특이성은 숙주 세포의 원형질막에 있는 단백질 "수용체(receptors)"을 인식하는 바이러스의 표면에 있는 스파이크 또는 다른 단백질의 존재로부터 부분적으로 기인한다. 달리 말하면, 수용체는 숙주 세포로의 "문을 열기 위해서" 스파이크 단백질(열쇠)과 꼭 맞아야만 하는 화학적인 "자물쇠"에 해당한다.

2. **침투(penetration).** 바이러스의 종류에 따라서, 일단 흡착되면, 전체 바이러스, 뉴클레오캡시드, 또는 바이러스 유전체만 숙주 세포에 들어간다. 그러나 침투가 세포질에서 어떻게든지 한번 일어나면, 유리 바이러스 유전체가 존재하게 된다.
3. **생합성(Biosynthesis).** 숙주 세포의 세포질에 바이러스 유전체를 가지고 있으면, 새로운 바이러스 부품의 생산(생합성)이 시작된다. 바이러스 핵산과 바이러스 단백질(캡시드와 스파이크)의 새로운 복제본들을 만들기 위해서 숙주 세포의 대사 기구를 이용한 생합성이 이루어진다.
4. **조립(assembly).** 공장의 조립 라인과 마찬가지로 부품이 만들어지면, 조립되어 최종 산물을 형성한다. 바이러스의 경우에, 핵산과 바이러스 단백질이 조립되어 동시에 수백 개의 새로운 바이러스 입자들을 형성한다. 바이러스에 따라서, 조립이 세포핵 또는 세포질에서 일어 날 수 있다.
5. **방출(release).** 바이러스 복제의 마지막 단계에서는, 바이러스들이 숙주 세포로부터 방출된다. 피막 바이러스의 뉴클레오캡시드가 스파이크 단백질을 가지고 있는 숙주 세포의 세포막에 의해 둘러싸이며, 이는 새로운 바이러스 피막이 된다. 비피막 바이러스의 경우, 종종 많은 수가 숙주 세포를 파괴시켜 새로운 바이러스가 방출되는 경우가 많다. 일반적으로, 숙주 세포는 이러한 파열 과정에서 죽는다.

바이러스가 휴면상태로 있을 때

몇몇 바이러스들은 숙주 세포에 들어가더라도 곧바로 생산적인 감염을 하지 않을 수 있다(그림 6.6 참조). 이러한 복제에서의 지체를 **잠복(latency)**이라고 한다. 예를 들어, 단순헤르페스바이러스와 천연두를 일으키는 바이러스(수두대상포진바이러스; varicella zoster virus, VZV)는 입술의 포진(HSV) 또는 천연두(VZV)로 이어지는 생산적인 감염을 처음

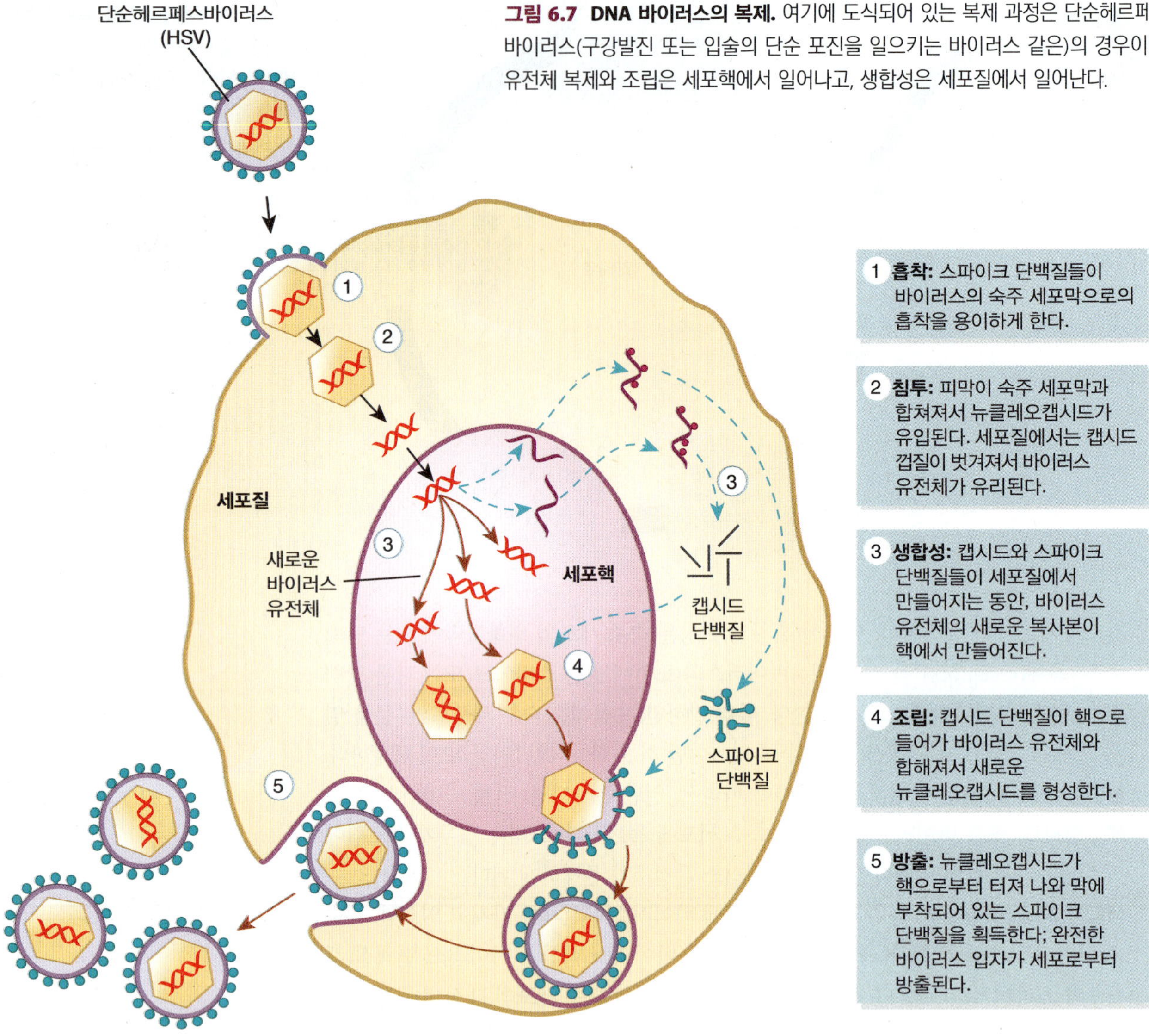

그림 6.7 DNA 바이러스의 복제. 여기에 도식되어 있는 복제 과정은 단순헤르페스 바이러스(구강발진 또는 입술의 단순 포진을 일으키는 바이러스 같은)의 경우이다. 유전체 복제와 조립은 세포핵에서 일어나고, 생합성은 세포질에서 일어난다.

신경절: 뇌와 척수 바깥쪽의 신경 세포 본체들의 집단.

에 일으킨다. 이후 이들 DNA 바이러스는 인체 다수의 **신경절(ganglia**, 단수 ganglion)에서 잠복상태로 있으며, 그들의 유전체는 숨은 채 복제를 하지 않는다. 수개월, 수 년 또는 수십 년 후에 유전체가 활성화되어 또 다른 입술 포진 또는 VZV의 경우에서 대상포진을 발생시킬지도 모른다.

다른 특별히 잘 연구된 잠복 형태는 **후천성면역결핍증(AIDS)**을 일으키는 인간면역결핍증바이러스(HIV)에서 일어난다, HIV가 그들의 숙주 세포(헬퍼 T 세포로 불리는 종류의 면역 세포)에 들어가면 캡시드 껍질이 벗겨진 후 RNA가 방출된다(**그림 6.8**).

HIV와 소수의 유사한 바이러스들은 뉴클레오캡시드 내에 **역전사효소(reverse transcriptase)**라는 특별한 효소를 가지고 있다는 점에서 특별하다. 세포질의 RNA 내에서, 역전사효소는 RNA 유전체를 이중가닥의 DNA 분자로 복사한다. 그리고 DNA는 세포핵으로 운반되어 이곳에서 숙주 세포의 DNA, 즉 염색체에 통합된다. 유전체에 통합되는 바이러스 유래 DNA의 이러한 단편을 **프로바이러스(provirus)**라고 한다. 핵 내의 부위에서 프로바이러스는 잠복상태로 남아 있으면서 질병을 일으키지 않는다.

완전히 확실하지 않은 환경에서 프로바이러스가 끝내 재활성화되면, 새로운 생산적인 감염이 시작되고 프로바이러스 유전체에 의해서 새로운 바이러스들이 만들어진다. 이

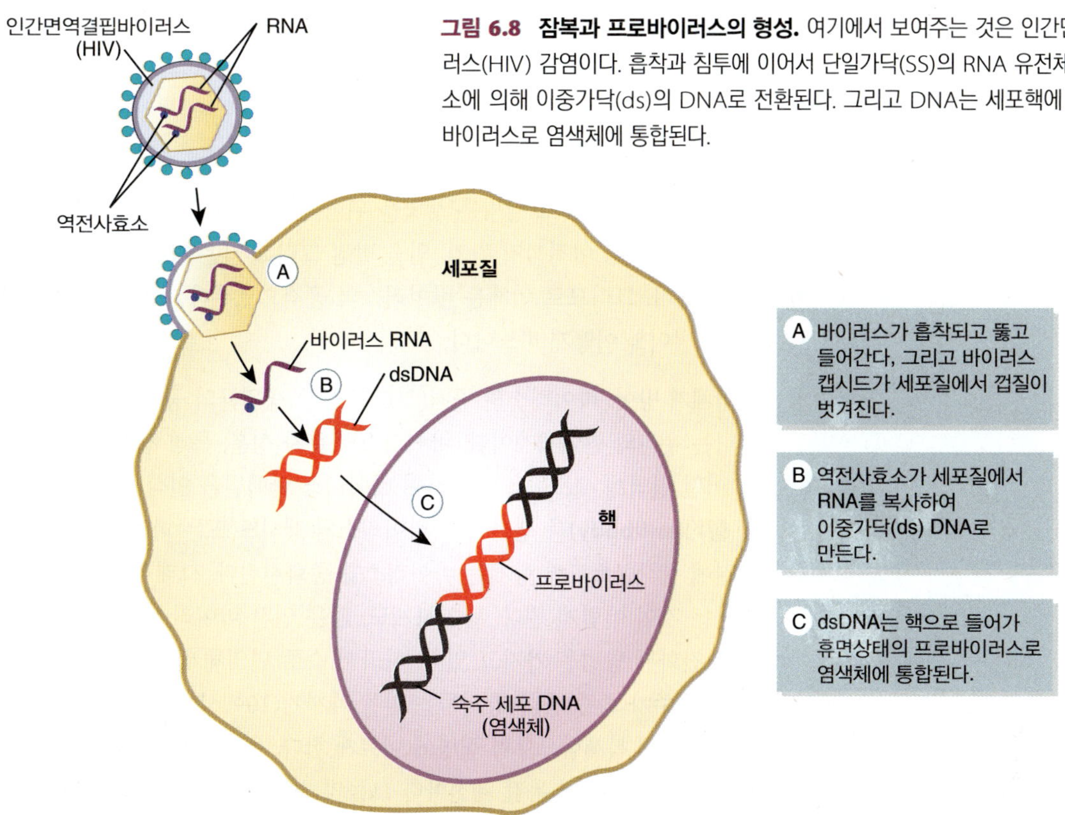

그림 6.8 잠복과 프로바이러스의 형성. 여기에서 보여주는 것은 인간면역결핍바이러스(HIV) 감염이다. 흡착과 침투에 이어서 단일가닥(SS)의 RNA 유전체는 역전사효소에 의해 이중가닥(ds)의 DNA로 전환된다. 그리고 DNA는 세포핵에 들어가 프로바이러스로 염색체에 통합된다.

들 새로운 바이러스가 세포로부터 방출되어 더 많은 유사한 종류의 면역 세포를 감염시킨다. 시간이 경과함에 따라 이들 면역 세포들의 수가 감염으로 인하여 심각하게 감소되고, 신체가 다른 병원균들에 대하여 효율적인 면역 반응을 증가시킬 수 없게 되는 시점이 도래한다. 이때는 AIDS에 걸렸다고 한다.

바이러스에 대한 저항

모든 바이러스가 그들이 감염한 세포들을 파괴한다면, 모든 세포는 옛날에 사라졌을 것이다. 감염된 숙주 세포도 저항할 수 있는 방법을 가지고 있어야 한다. 사실, 지구에서의 생명의 역사를 통해, 바이러스와 그들의 숙주 세포는 서로 한 발 앞서려고 노력해 왔다. 숙주 세포는 바이러스의 공격에 대하여 어떻게 자신을 방어할 수 있는가.

파지에 대한 세균의 방어

세균 세포는 파지 감염에 반응하여 바이러스 유전체를 특별히 인식하는 효소들을 생산한다. 이들 **제한효소(restriction enzyme)**들은 바이러스 유전체가 세포질에 들어오자마자 잘게 자른다. 게다가 몇몇 원핵생물은 그들의 유전체 내에 "군집화된 일정한 간격의 짧은 회문 반복(clustered regularly interspaced short palindromic repeats, **CRISPR**)"이라고 하는 짧은 바이러스의 염기서열을 가지고 있다. 파지 감염에 이어서, CRISPR 염기서열은 RNA 분자로 복사되며, 이들 분자들 중 하나가 바이러스의 DNA 또는 RNA를 인식하면 이들 둘은 합쳐진다. 그리고 바이러스의 유전체-CRISPR 복합체는 Cas라는 다른 그룹의 세균 단백질에 의하여 인식된다. 이들 단백질은 이후 복합체를 잘게 자른다. 두 경우 모두에서, 바이러스의 지시가 없으면 바이러스 복제는 방지되고, 파지는 형성되지 않는다. 그러나 몇몇 파지는 그들의 유전체에 진화된 수식을 가지므로, 숙주의 효소들에 대하여 저항성을 가진다.

바이러스에 대한 인간 숙주의 방어

인간에서의 몇몇 바이러스 질병은 생명을 위협한다. AIDS와 에볼라 바이러스 질병은 두 가지 실제 사례이다. 아직까지 감기, 입술 발진 그리고 많은 다른 바이러스 감염으로는 대개 죽지 않는다. 그러므로 인체는 바이러스의 공격으로부터 자신을 방어할 수 있어야 한다. 의문은 방어를 어떻게 하느냐다.

- **면역체계 방어.** 바이러스의 공격(그리고 모든 병원균의 공격)에 대한 방어 방법 중의 하나는 우리의 면역체계이다. 바이러스의 분자 성분, 특히 캡시드 단백질과 스파이크는 어떤 면역계 세포들을 자극하여 바이러스 단백질을 인식하는 다수의 매우 특이적인 **항체(antibody)**를 생산한다. 바이러스의 캡시드 또는 피막 위의 스파이크 또는 단백질에 부착함으로써 항체는 바이러스를 중화시킨다. 그래서 그들의 숙주 세포에 부착하는 것이 어렵게 된다. 당연하게도, 많은 인간 바이러스는 표면 스파이크를 변형하는 진화된 방법을 가지고 있다. 따라서 숙주 면역체계에 의해서 즉시 인식되지 않는다. 숙주가 종종 중화 항체들을 만들 때까지(10에서 14일 과정), 바이러스는 여러 차례에 걸쳐 복제함으로써 질병에 이르게 한다. 독감 바이러스는 신속한 항체 탐지를 회피하기 위하여 매 독감 계절마다 그들의 스파이크를 변경하는 것에 능숙한 바이러스의 좋은 실례이다.
- **항바이러스 단백질.** 바이러스에 특별히 대항하는 또 다른 방어는 **인터페론(interferon)**이라 불리는 항바이러스성 단백질이다. 세포가 감염되면, 자극을 받아 인터페론을 만들고, 인터페론은 감염된 세포로부터 유리된다. 유리된 인터페론 분자들은 바이러스 공격을 잠재적으로 방해할 수 있는 감염되지 않은 주위 세포들에게 화학적으로 알린다. 주위 세포들은 자신을 방어함으로써 감염되지 않게 보호한다.

  우리는 이따금씩 독감, 감기 그리고 다른 바이러스성 감염에 걸리므로, 인터페론이 100% 완전하지 않다. 그러나 인터페론을 생산할 수 있는 능력이 없다면, 우리는 더 많은 바이러스 감염과 더 지독한 질환을 겪을 것이다. 이들 면역체계는 제17장의 질병과 저항성에서 보다 상세하게 다룰 것이다.

6.4 새로운 바이러스 질환들: 그들은 어디에서 왔는가?

거의 매년 새롭게 출현하는 인플루엔자 바이러스가 인구 개체군을 갑자기 덮친다. 에볼라 바이러스, 지카바이러스 그리고 서부나일강바이러스처럼 수십 년 전에는 들어 보지 못한 다른 바이러스들이 뉴스에 종종 등장한다. 이들 바이러스는 어디에서 왔는가?

출현하는 바이러스들

미국과 세계의 많은 지역은 다른 동물에서 인간에게로 전염되는 질환인 **동물 매개성 질환(zoonotic disease)**에 대하여 보다 훨씬 더 커다란 위해에 놓여져 있다(**표 6.1**).이들 중 다수는 출현하는 **감염성 질환(emerging infectious disease)**이다; 즉 바이러스가 개체

표 6.1 출현한 바이러스 실례들

바이러스	인간 접촉
인플루엔자	감염된 돼지와 조류 개체군
뎅기열	감염된 모기들
신 놈버(Sin Nombre)(한타바이러스)	감염된 흰발 생쥐들 또는 그들의 건조한 오줌/똥
에볼라/마버그(Marburg)	감염된 과일박쥐(큰박쥐)
HIV	감염된 침팬지와 원숭이들
서부나일강	감염된 모기들
니파(Nipah)/헨드라(Hendra)	감염된 날여우박쥐(박쥐들)
사스-관련	감염된 관박쥐들
치쿤구니야	감염된 모기들
지카	감염된 모기들

군에 처음으로 나타나거나 검출 가능한 질병의 증가에 따라 그 범위를 빠르게 확장하는 것이다. 대다수는 진드기, 벼룩 그리고 모기와 같은 곤충들에 의해 전파된다. 그 한 예가 1999년부터 2009년 사이에 미국을 가로질러 퍼졌던 모기 매개성 질병인 서부나일강바이러스병이다. 이는 현재 미국 대륙을 가로질러 발생하는 **풍토병(endemic)**이 되었다.

풍토병(endemic): 인구 집단에서 질병이 낮은 수준으로 지속적으로 존재하거나 또는 감염인자가 지속적으로 존재함을 말함.

포유류들 역시 여러 가지 바이러스성 질환의 원천 및 매개원이다. 가장 최근의 실례는 서부 아프리카에서의 유행성 에볼라이다. 유행병을 일으키는 에볼라 바이러스는 박쥐에 서식한다. 그래서 박쥐의 무는 행동을 통해 인간에게 직접적으로 바이러스를 전파하거나, 또는 감염되면 몇몇 접촉 형태를 통해 인간에게 바이러스들을 전파할 수 있는 다른 동물들(원숭이와 유인원)이 물림으로써 간접적으로 바이러스를 전파한다.

가까운 미래는 어떻게 되는가? 과학자들과 미생물학자들은 기후 변화가 기상 패턴을 변화시키므로, 어떤 질병들이 출현할 것인지에 대하여 우려하고 있다. 보다 온난한 위도가 더 따뜻해지면 모기 같은 곤충들이 그들의 범위를 확대할 수 있다. 만약 바이러스성 병원체에 감염된다면, 그것들은 새로운 질병 발생을 촉발할지도 모른다.

이들 바이러스와 동물 매개성 질환이 어떻게 전파되든 간에, 무엇이 그들이 출현하는 원인이 되었을까?

뛰어넘는 바이러스들

"새로운" 바이러스가 발생하는 한 가지 방식은 한 바이러스가 그 유전체로부터의 유전자와 다른 바이러스의 유전체로부터의 유전자를 혼합하여 새롭고 독특한 유전자 조합을 생성하는 것이다. 인플루엔자를 예로 들어 보면, 인플루엔자 바이러스는 유전자를 교환하는 것으로 악명이 높다. 2009년에서 2010년 사이의 "돼지독감"은 조류독감 바이러스, 인간독감 바이러스 그리고 돼지독감 바이러스 균주 간의 유전자가 혼합된 결과이다. 새로운 조합을 가지게 된 바이러스가 돼지에서 인간으로 뛰어넘어 갔으며, 독감의 유행이 시작되었다.

출현하는 바이러스들 역시 진화의 추진력들 중의 하나인 돌연변이로부터 발생한다. **돌연변이(mutation)**는 유전자의 유전 정보에 대한 영구적인 변화로서, 돌연변이가 유전자의 메시지를 변화시킨다. 돌연변이는 종종 생명체 또는 바이러스에게 치사적이지만, 가끔 혜택을 준다. 독감 바이러스의 경우에, 유익한 돌연변이들로 새로운 바이러스 균주가 만들어지며, 그들이 인간으로 뛰어넘어가면 사람들이 접종했을지 모르는 이전 시즌의 독감백신에 대해 저항성을 나타낸다. 바이러스 복제 속도가 빨라 유익한 돌연변이를 가진 바이러스가 전파되는 데 오랜 시간이 걸리지 않으므로 치료가 더욱 어려워진다.

새로운 바이러스가 출현하더라도 복제하고 퍼지기 위해서는 적절한 숙주를 만나야만 한다. 과학자들은 천연두와 홍역바이러스 모두 수천 년 전에 소로부터 진화하였고, 그 후 인간으로 종을 뛰어넘었다고 믿고 있다. 마찬가지로, 현재 독감바이러스들은 종종 가금류와 돼지에서 비롯되어, 인간으로 뛰어넘어가고 있다. HIV는 거의 확실하게 유인원 또는 원숭이로부터 진화하였고, 그 후 소수의 돌연변이의 결과로 인해 감염성 바이러스가 종을 뛰어 인간으로 넘어갔다.

따라서 대부분의 새로 출현한 바이러스들은 아무데에서도 출현하지 않았다는 의미에서 "새로운" 것이 아니다. 오히려 그것들은 이미 존재하는 동물 바이러스들 사이의 유전자 혼합과 돌연변이의 결과로서 인간 종에게로 뛰어든 것이다. 무엇이 인간에게로의 그러한 도약을 용이하게 한 것일까?

오늘날, 인구의 과잉은 사람들로 하여금 전 세계의 사람이 살고 있지 않거나 덜 살고 있는 새로운 지역들로 진출하게 한다. 이러한 지역들에는 잠재적으로 치명적인 동물바이러스들이 존재하고 있을지도 모른다. 증가된 농업 확장으로 인해서, 야생 설치류가 인간과 접촉하게 될 수 있다. 이들 동물이 바이러스에 감염되어 있으면, 이는 설치류에서 사람으로 뛰어넘어갈 수 있을지도 모르며, 더 나아가 질병 발생으로 이어질 수도 있다.

바이러스 질병을 가지고 있는 동물 숙주 개체군 크기의 증가가 발생을 촉발할 수 있다. 1993년 전에는 미국의 Four Corners 지역(애리조나, 콜로라도, 뉴멕시코 그리고 유타)에서의 흰발생쥐 개체군은 한타바이러스라 불리는 바이러스에 의한 낮은 풍토성 감염을 지니고 있었다. 1993년 봄, 미국 남서부는 우기에 접어들면서 흰발생쥐들에게 충분한 음식을 제공했다. 한타바이러스에 감염된 생쥐가 포함된 개체군은 폭발적으로 증가하였다. 설치류의 활동으로 인간 거주 지역에 생쥐의 똥과 건조한 오줌이 쌓였다. 감염된 설치류의 배설물은 생각지 못한 사람들에게 에어졸 형태로 흡입되었다. 실제로, Four Corners 지역에서 한타바이러스에 의해 유발된 호흡기 질병으로 인해서 14명이 사망하였다. 이 잠재적으로 치명적인 호흡기 질병은 현재 한타바이러스 폐 증후군으로 불리고 있다.

따라서 출현하는 바이러스들은 새로운 것은 아니다. 그들은 존재하고 있는 바이러스들로부터 단순히 진화하고, 환경에서의 인간 접촉을 통하여 "기회"가 주어지면 도약하여 인간에게 퍼진다.

6.5 종양과 암: 몇몇 바이러스의 역할

암은 무차별적이다. 이는 사람과 동물, 남녀노소, 부자와 가난한 사람 모두에게 영향을 미친다. 미국에서, 미국암학회는 2019년에 607,000명 이상의 미국인들이 암으로 사망할 것으로 추정하고 있다. 암은 (심장 질환에 이어) 미국에서 2번째로 가장 흔한 사망요인으로, 사망자 4명당 거의 1명이 암으로 사망한다. 게다가, 2019년에는 170만 건 이상의 새로운 암 사례들이 진단될 것으로 추정된다. 세계적으로는 매년 800만 명 이상의 사람이 암으로 사망하는데, 2018년에는 170만 명 이상의 새로운 암 사례가 진단될 것으로 국제암연구기금 인터내셔널(World Cancer Research Fund International)은 추정하고 있다. 암은 매우 복합적인 주제이다. 이에 기본적인 사항들만 다루고, 종양 및 암 발생과 몇몇 바이러스의 관련성에 대해 서술할 것이다.

통제되지 않는 증식과 비정상적인 세포의 확산

암(cancer)은 세포들의 통제되지 않는 증식으로부터 시작된다; 즉, 세포 분열 빈도가 정상 세포보다 암세포에서 더 높다. 암세포가 어떻게 해서든 통제 인자들을 벗어나 지속적으로 증식함에 따라 커지는 세포 덩어리를 형성한다. 결국 덩어리는 자라서 **종양(tumor)**이라고 불리는 비정상적인 큰 세포 덩어리를 형성한다. 일반적으로, 신체가 면역적으로 종양에 반응하거나, 또는 **결합조직(connective tissue)**의 층들로 종양을 둘러쌀 것이다. 그러한 "캡슐로 둘러싸인" 종양을 **양성(benign)**이라 하는데, 보통은 생명을 위협하지는 않는다. 그러나 가끔씩 종양 세포들이 면역 공격을 회피하거나 또는 그들이 너무 빨리 증식하여 캡슐을 파괴한다. 그들은 이후 신체의 다른 조직과 기관으로 전이되어(metastasize) 퍼질 수 있다. 이들 종양을 **악성(malignant)**이라고 하며, 개개인은 **암(cancer)**에 걸렸다고 한다. 용어 **종양학**(**oncology** = "a mass")은 종양과 암에 대한 연구이다.

결합조직(connective tissue): 다른 조직들을 결속시키고 지지하는 한 그룹의 세포들

암세포는 세 가지 주요 관점에서 정상 세포와 상이하다: 암세포는 정상 세포보다 더 자주 또는 더 긴 시간 동안 세포 분열한다; 또한 정상 세포들보다 덜 견고하게 서로 부착되어 있다; 그리고 그들은 종종 그들의 발달에서 초기 단계로 되돌아가서, 종종 초기 배아 세포만큼 빨리 분열하는 형태가 없는 세포가 되기도 한다. 더구나 접촉저해를 받지 않는다; 즉, 정상 세포들은 서로 접촉 시 증식을 중지하지만, 암세포는 서로 접촉하여도 증식을 중지하지 않는다. 오히려 서로 이상증식하여 종양을 형성한다. 악성 종양의 증식을 제한하는 알려진 경계선은 없어 보인다.

세포 덩어리가 어떻게 인체에서 질병을 일으킬까? 암세포는 수적인 힘으로 국소 조직에 침입하여 침식함으로써 정상적인 기능들을 방해하고, 기관에 손상을 입힌다. 예를 들어, 신장암은 세뇨관을 막아 배설 기능 동안 소변의 흐름을 막을 수 있고, 뇌암은 신경을 압박하고 신경 자극 전달을 방해하여 이 기관에 심각한 손상을 입힐 수 있으며, 골수암은 혈액 세포 생산을 방해할 수 있다.

또한, 종양 세포는 자신의 대사 요구를 충족시키기 위해 신체의 정상 세포에서 필수 영양소를 빼앗는다. 다른 종양은 면역계 기능을 방해하여 미생물 관련 질병을 발생시킨다. 궁극적으로, 악성 종양은 신체가 망가질 때까지 쇠약하게 만든다.

바이러스의 관여

많은 보건 전문가들은 인간 암의 65%가 신체에서의 유전적인 이상(돌연변이)의 결과라고 생각한다. 많은 나머지 암들은 **발암원(cancinogen)**이라 불리는 화학물질과 물리적 인자로부터 기인한다. 예를 들어, 석면, 니켈, 어떤 종류의 살충제와 환경오염 물질 그리고 담배연기 같은 화학 인자들은 세포 변화를 유발하여 종양과 암에 이르게 한다(**그림 6.9**). 알려진 물리적 발암원들에는 자외선 조사와 X선이 있다. 이들 물리적 인자들은 DNA를 손상시킨다.

그래서 바이러스들은 어떻게 관여할까? 첫째로 대부분의 바이러스들과 바이러스 감염은 종양 형성 또는 암을 유발하지는 않는다는 것을 인식하라. 종양학자들은 모든 인간

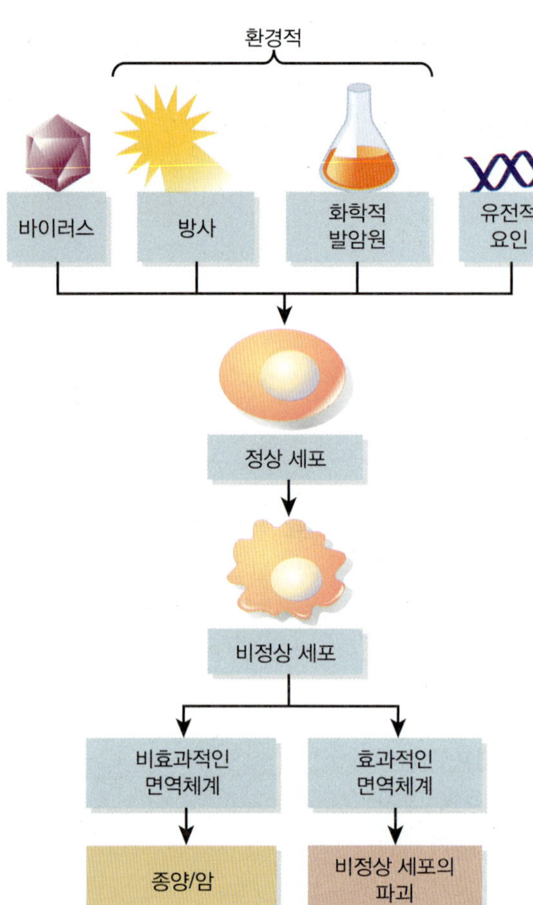

그림 6.9 암의 시작. 유전적 요인, 환경인자 그리고 몇몇 바이러스들은 정상 세포를 비정상적으로 되게 유도할 수 있는 인자들이다. 면역체계가 효과적이면, 이들이 비정상적인 세포을 파괴하므로 암이 발생하지 않는다. 그러나 비정상적인 세포가 면역체계를 침범하면, 종양이 발생할 수 있으며, 악성이 되면 신체의 다른 조직들로 펴져 나간다.

암들 중에 12%까지가 바이러스 감염의 직접 또는 간접적인 결과라고 믿고 있다(**표 6.2**). 이들 **종양형성(oncogenic, 종양 유발; tumor-causing) 바이러스**가 실험동물 또는 세포배양물에 옮겨지면, 식별할 수 있는 세포 변화가 감염된 세포들에서 일어난다. 구조적, 생화학적 그리고/또는 증식 패턴들이 변경될지 모른다. 정상적인 세포의 비정상적인 종양 세포로의 변형은 바이러스가 일부 역할을 담당하는 복잡하고 다단계인 일련의 사건이다.

바이러스는 세포를 어떻게 변형시키는가?

종양 바이러스가 정상 세포를 종양 세포로 변형시키는 3가지 메커니즘이 알려져 있다.

표 6.2 인간 종양 바이러스와 그것이 세포 성장에 미치는 영향

종양 바이러스	양성 질병	효과	관련 암
DNA 종양 바이러스			
인간 유두종 바이러스(HPV)	양성사마귀 음부사마귀	세포 증식 조절 단백질을 불활성화하는 유전자을 암호화하고 있음	경부암, 음경암 그리고 구강 인두암
Merkel 세포 폴리오마 바이러스(MCPV)	알려져 있지 않음	조사 중	Merkel 세포 암종
Epstein-Barr 바이러스(EBV)	감염성 단핵증	세포 증식을 자극하며 세포사를 방지하는 숙주세포 유전자를 활성화함	Burkitt 림프종 Hodgkin 림프종 코인두 암종
헤르페스 바이러스 8 (HV8)	림프절에서 증식	결합조직에서 병변을 형성함	카포시 육종
Cytomegalo 바이러스(CMV)	단핵증 증후	종양 신호와 연관된 유전자를 자극함	타액샘 암들
B형 간염 바이러스(HBV)	B형 간염	단백질 조절인자의 과잉 생산을 자극함	간암
RNA 종양바이러스들			
C형 간염 바이러스(HCV)	C형 간염	염색체 틈 형성과 교환의 증가를 포함하는 염색체 이상	간암
인간 T세포 백혈병 바이러스(HTLV-1)	다리의 약화	증식 자극 유전자 발현을 활성화하는 단백질을 암호화하고 있음	성인 T세포 백혈병/림프종

- **바이러스 종양유전자의 존재.** 일부의 종양 바이러스는 그들의 유전체에 소위 바이러스 **종양유전자(oncogene)**를 가지고 있다. 사람 세포가 감염되면, 종양유전자에 의해 생산된 단백질이 정상 세포를 종양 또는 암 세포로 전환시킨다(**그림 6.10A**). 이들 유전자는 보통 증식 통제 또는 세포 분열에 영향을 미친다.
- **종양 억제 유전자(tumor Suppressor Gene)의 억제.** 세포는 그 기능이 비정상적인 세포 증식과 종양 형성을 억제하는 몇 개의 **종양억제 유전자(tumor suppressor gene, TSG)**를 정상적으로 가지고 있다. 몇몇 종양 바이러스는 TSG 근처에 그들의 유전체를 통합하여 TSG 기능의 상실을 야기할 수 있을 것이다(**그림 6.10B**). 여기에서 종양 바이러스는 숙주 유전자의 활성을 잃게 함으로써 종양 형성에 영향을 준다.
- **숙주 유전자의 활성화.** 다른 종양 바이러스는 물리적으로 숙주 세포 통제를 방해한다. 이 경우에서는 바이러스가 세포 분열을 정상적으로 통제하는 유전자 근처 또는 속에 자신의 유전체를 삽입한다. 이제 바이러스의 통제하에서 사람 유전자가 활성화되며, 그 단백질 산물이 종양 형성을 추진한다(**그림 6.10C**). 하지만, 이들 바이러스는 숙주 유전체의 DNA 내에 임의적으로 그들의 유전체를 통합한다. 따라서, 세포 분열을 통제하는 유전자 가까이에 삽입할 수 있는 기회는 낮다.

세 가지 모든 사례들에서, 바이러스 감염은 정상 증식 통제의 파괴와 세포 분열의 자극으로 이어져서 종양 형성에 이르게 된다. 반면에, 세포 안으로 들어가서 그들의 바이러스 정보를 전달하는 바이러스의 자연적인 능력은 유전자를 전달하여 유전적인 질병을 치

그림 6.10 종양 바이러스들과 종양의 개시.
(A) 몇몇 종양 바이러스는 종양 유전자를 가지고 있으며, 그 단백질 산물이 직접 통제되지 않은 세포 증식을 야기한다.

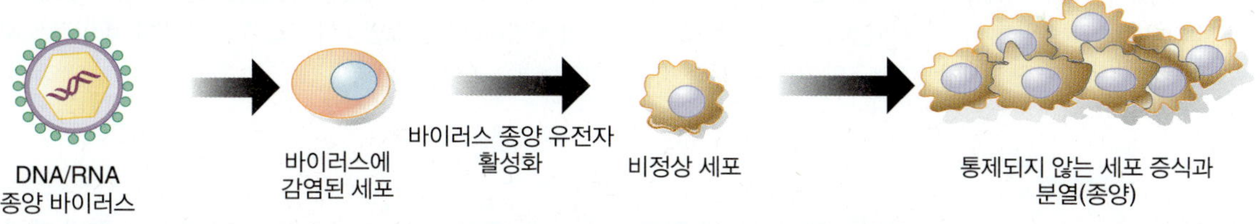

(B) 다른 바이러스들은 종양 억제 유전자(TSG) 옆에 그들의 DNA를 통합하며, 따라서 TSG가 불활성화되어 통제되지 않은 세포 증식에 이르게 된다.

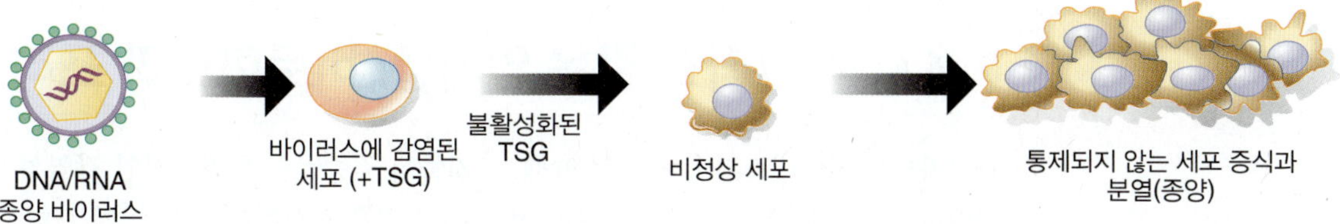

(C) 그렇지만 다른 바이러스는 침묵 증식통제 유전자 옆에 그들의 DNA를 통합하여, 유전자의 활성화와 통제되지 않은 증식으로 귀결되게 한다.

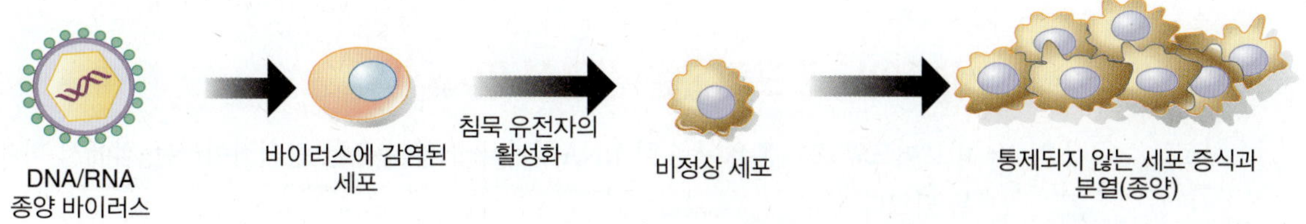

A CLOSER LOOK 6.3

바이러스의 능력

바이러스의 발견 이후 줄곧 과학자와 내과의사는 어떻게 바이러스를 이용하여 질병을 치유할 수 있는 방법에 대해 궁금해 해왔다.

거의 90년 전, 사람의 세균 감염을 치유하기 위한 제제로서 박테리오파지(파지)가 실험에 사용되었다. 1920년대 소련에서 세균 감염에 대한 "파지 요법"의 사용은 어느 정도 성공을 했으나, 결과는 일관성이 없었다. 그 후 1940년대에 세균 감염을 위한 치료법으로서 항생제가 출현하면서, 파지 치료법에 대한 연구가 감소했다.

항생제에 대한 세균의 저항성이 증가함에 따라 "파지 칵테일" 또는 파지 효소를 이용하는 파지 치료법이 반등하고 있다. 많은 파지 치료법 연구들이 초기 임상 시험 중에 있지만, 파지 치료의 사용은 급성 만성 세균 감염의 치료를 위한 보완적인 접근법으로 그리고 사람의 건강을 지지하는 데 있어서 많은 잠재력을 가지고 있다.

사람에 감염하는 바이러스들 역시 존재하고 있다. 이들 바이러스는 바이러스 치료법(virotherapy)의 형태로 길들여지면 암과 같은 사람의 질병들과 싸울 수 있을까(**그림 A**)? 1997년 종양 세포에서만 복제할 수 있는 돌연변이 헤르페스 바이러스가 만들어졌다. 바이러스는 이상적인 세포내 암살자를 만들기 때문에 이들 바이러스는 아마 감염된 암세포를 죽일 수 있을 것이다. 뇌암에 걸린 말기 환자에게 사용하였을 때, 환자가 뇌암 없이 살아남았기에 바이러스 치료법은 효과적이었다. 2018년에 Duke 암연구소의 과학자들은 드물지만 공격적이고 치명적인 신경교아세포종(glioblastoma)이라는 뇌암을 공격하기 위한 유전적으로 변경된 소아마비바이러스의 사용에 관해 보고하였다. 이것은 테드 케네디 상원의원과 최근 존 매케인 상원의원의 목숨을 앗아간 병이다. 임상 시험에 참여한 환자들에서 변형된 소아마비바이러스가 종양에 직접 주사되었다. 신경교아세포종 환자들은 표준 치료법은 주어진 환자의 단지 4%의 3년 생존율과 비교하여 21%의 3년 생존율을 보였다. 추가적인 "종양 살상(oncolytic, cancer-killing)" 바이러스들이 개발되고 있다. 오늘날 직접적으로 또는 간접적으로 세균 감염을 공격하고 또는 암세포를 죽이기 위해 바이러스의 능력을 실험 중인 많은 초기 임상 실험에서 파지 치료법과 바이러스 치료법은 최고조에 달해 있다. 바이러스 치료법의 미래는 밝게 보인다.

그림 A 몇몇 사람 바이러스요법 치료에 사용되고 있는 아데노바이러스들의 false-color 투과전자현미경 영상. (Bar = 50 nm.)

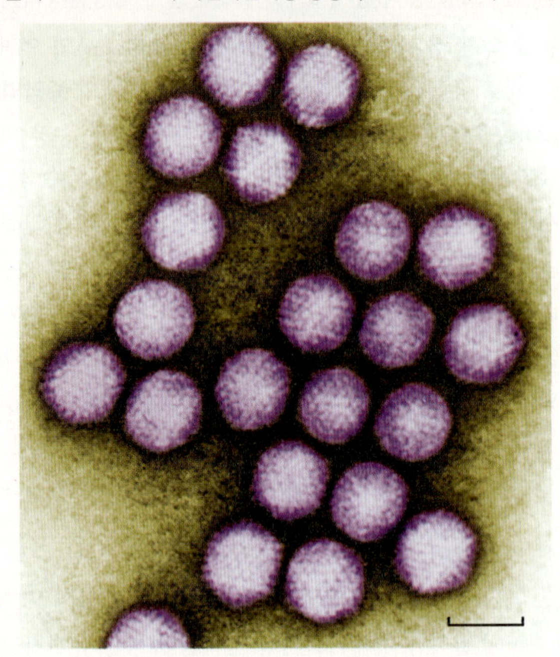

Courtesy of CDC.

료하려는 과학자들에 의해 조작될 수 있다. **A CLOSER LOOK 6.3**에서는 질병 제거 또는 치유를 위한 바이러스의 몇몇 이용에 대하여 다룬다.

6.6 바이러스 같은 인자들: 비로이드과 프리온

과학자들은 바이러스가 발견되었을 때, 그것들이 최종적인 현미경적인 감염성 입자라고 믿었다. 질병 인자로서 바이러스보다 작은 어떤 것을 상상하는 것은 어려운 일이었다. 그러나 과학자들이 식물과 동물에서 보다 작은 질병 인자를 발견함에 따라서 이러한 인식은 바뀌었다. 이 "바이러스 같은 인자들"은 비로이드와 프리온이다.

비로이드과 프리온은 감염성 입자이다

비로이드와 프리온은 순수한 RNA이거나 또는 순수한 단백질이라는 점에서 바이러스와는 다르다.

비로이드

비로이드(viroid)는 식물의 감염성 인자이다. 인자들은 캡시드가 결여되어 있는 RNA의 짧은 조각들로 구성되어 있다. 사실 비로이드 RNA는 너무나 작기에 어떠한 알려진 단백질을 암호화할 수 없다. 입자들이 식물에 감염하면, RNA는 식물 발달을 조절하는 유전자의 활동을 방해하므로, 정상적인 성장이 방해받게 된다. 24개 이상의 작물병이 비로이드와 관련되어 있다.

프리온

프리온(prion)은 동물들에게 영향을 미치는 종류의 감염성 입자이다. 이들 입자는 단백질로만 구성되어 있다; 핵산은 존재하지 않는다. 프리온은 소에서 "광우병(mad cow disease, MCD)"과 인간에서 변형 크로이츠펠트-야콥병(Creutzfeldt-Jakob disease, vCJD)이라는 매우 드문 감염을 포함하는 포유류에서 몇몇 **퇴행성(neurodegenerative)** 질환을 일으킨다. 그러면 어떠한 유전정보도 없이 프리온은 어떻게 복제하고 질병을 일으키는가?

Prion: PRE-on

신경퇴행성(neurodegenerative): 뇌에서의 신경세포들의 구조 또는 기능의 점진적인 상실을 말함.

기본적으로, 감염성 단백질이 뉴런에 감염하면, 그들은 뉴런의 다른 단백질을 잘못 접히게 해서 비기능적인 형태로 되게 한다. 그것들은 뉴런에 축적되면서 결국 세포의 죽음으로 이어진다. 신경세포가 충분히 감염되어 죽으면(수개월 또는 수년이 걸린다), 동물은 뇌 손상을 겪게 되고 결국 죽는다.

그렇다면 vCJD의 경우 사람이 이러한 프리온 단백질들에 어떻게 처음 감염되었을까? 1990년대 후반부터 2000년대 초기까지 영국에서 발생한 프리온 질병이 그 과정을 보여 준다. 1996년에 사람들에게서 얼마간의 신경 퇴행성 질환의 비정상적인 사례가 보고되었다. 이들은 성격 변화, 불안, 우울증, 기억 상실, 시력 저하 그리고 말하기 어려움과 같은 증상을 보였다. 당시 인간 질병은 vCJD로 명명되었다.

조사 결과, 질병이 광우병에 걸린 소에서 비롯된 것으로 밝혀졌다. 도축된 동물들의 육류 대부분이 육류 제품들로 제조된 후 인간의 식량공급으로 도입되었다. 오염된 육류는 섭취하고 흡수하였을 때 척수와 뇌로 천천히 이동하는 프리온 단백질을 포함하고 있었다.

2008년 발병이 끝날 때까지 영국에서 177명이 vCJD로 사망하였다고 기록되었다. 미국에서는 지역적으로 vCJD가 보고된 사례는 없으며, 캐나다와 미국 소에서 MCD로 확인된 감염된 동물은 19마리뿐이었다. 중요한 것은 어떠한 광우병에 감염된 소도 신속하게 확인하여 제거하고, 이들 동물로부터의 생산품이 사람의 식품 또는 동물사료용으로 사용되지 않게 하는 확실한 보호 조치가 준비가 되어 있다는 것이다.

▶ A Final Thought

저자가 젊은 생물학 조교수이었을 때, 바이러스가 "살아있는"지 여부에 대한 의문이 비공식적인 사회 모임에서 토의 의제가 되었다. 몇몇 사람들이 맥주를 마시는 동안에, 바이러스가 살아 있다는 것과 관련된 하나 또는 다른 견해를 지지하는 대화들이 상당한 활기를 띠었다. 아마 가장 최상의 대답 중 하나는, "상관없다! 그들이 살아있든 아니든 관계없이 동일한 방법으로 바이러스 질환들을 치료한다."는 것이었다.

그러나 이 질문은 지금까지도 많은 미생물학자들의 흥미를 계속 끌고 있다. 그리고 지금 여러분에게 이 질문을 넘긴다. 바이러스는 살아있는가? 아니면 생명과 같은 복제 능력을 가진 불활성 화학 분자인가? 그렇지 않고 바이러스는 전적으로 활성이 없거나 전적으로 살아있는 것은 아니지만, 생명의 경계 위의 그 어딘가에 존재하고 있는 것인가? 이 장에서 논의한 바이러스와의 "상호작용"과 독감과 감기를 유발하는 실제 바이러스와의 친숙한 접촉에 의거하면, 여러분의 생각은 어떠한가?

Chapter Discussion Questions

What Was He Thinking

이 장을 읽으면서, 저자가 전달하려고 했던 바이러스에 대한 5가지 주요 요점을 확인하고 토론하시오.

Questions to Consider

1. 바이러스와 관련되어 저자는 일찍이 "어떤 생명체는 단지 증식하기 위해서 존재하는 것 같으며, 그들의 활동과 행동 중 많은 것이 성공적인 증식 목표를 향하고 있다."고 서술하였다. 여러분은 이 서술에 동의하는가? 설명에 맞는 바이러스 이외의 어떤 생명체를 생각할 수 있는가?
2. 해양에 사는 세균을 연구하는 연구자들은 오랫동안 세균들이 왜 해양 환경을 포화 상태로 만들지 못하였는가에 대한 의문으로 고민해 왔다. 이 장의 자료에 기초할 때, 어떻게 해양세균들이 억제되는가?
3. 저명한 면역학자가 바이러스는 "단백질에 둘러싸인 나쁜 뉴스들"이라고 일찍이 논평하였다. 이 서술이 무엇을 시사하는가, 무엇이 "나쁜 뉴스들"인가, 그리고 "단백질에 둘러싸인'은 무슨 뜻인가?
4. 세균은 중요한 신체에 있어서의 과정들을 방해하는 독소들을 사용함으로써, 또는 신체 방어를 극복함으로써, 또는 조직세포들을 분해하는 그들의 효소들을 사용함으로써, 또는 다른 유사한 메커니즘으로 질병을 일으킬 수 있다. 대조적으로 대부분의 바이러스는 독소에 대하여 암호화하고 있지 않으며, 소화효소도 생산하지 못한다. 그러면 바이러스는 어떻게 질병을 일으키는 것인가?
5. 바이러스의 증식을 토의할 때, 바이러스학자들은 그 과정을 증식이라기보다 오히려 복제로 부르는 것을 더 선호한다. 여러분은 이것이 왜 그렇다고 생각하는가? 여러분은 복제가 보다 나은 용어라는 바이러스학자들에게 동의하는가?
6. 바이러스, 비로이드 그리고 프리온에 대한 연구에서 드러난 사실이 생물학의 원리에 대한 몇몇 전통적인 견해를 복잡하게 만드는가?

Chapter 7

성장과 대사: 미생물 기관의 운영

붉은 행성

1938년 할로윈 저녁에 라디오에서 방송되어 수많은 미국인들을 놀라게 했고, 책으로도 발간되었으며, 영화로도 만들어졌던 이야기가 있다. 바로 'A Martian invasion of New Jersey!'이다.

1877년 이탈리아 천문학자인 스키아파렐리(Giovanni Schisparelli)가 화성을 관측하던 중 화성에 여러 선이 있는 것을 발견하였다. 스키아파렐리와 다른 학자들은 이 선이 화성에 존재하는 생명체(화성인)에 의해 만들어졌을 것이라 생각하였다. 이러한 생각이 잘못되었다는 것은 20세기에 들어서야 확인되었다. 하지만, 우리는 붉은 행성을 바라보면서 여전히 그 행성에 혹시 미생물 또는 생명체가 존재하지 않을까 하는 의구심을 가지고 있다.

오늘날 수많은 미생물학자들은 다른 분야의 동료 연구자들과 함께 화성에 미생물 생명체가 존재하는지에 대하여 여전히 관심을 가지고 있다. 화성의 온도는 0°C 보다 훨씬 낮을 수 있고, 대기에는 산소가 거의 포함되어 있지 않다. 또한, 화성의 표면에는 DNA를 손상시킬 수 있는 자외선(UV)이 조사된다.

이러한 것을 연구하기 위해 지구에 있는 연구자들은 화성 환경을 시뮬레이션하는 장치를 만든 다음, 극한 지구 환경에서도 생존하는 것으로 알려진 **극한미생물(extremophiles)**(**표 7.1**)을 그 장치에 넣어 두었다. 실험 결과, 고세균에 속한 일부 생명체들이 화성과 비슷한 환경에도 생장할 수 있다는 결론을 내리게 되었다.

CHAPTER 7 OPENER 이 사진은 NASA의 화성 탐사선인 '*Curiosity*'가 찍은 사진으로, 멀리 있는 Sharp 산을 보여준다. 사진의 중앙에 있는 점토를 포함한 암석이 있는 영역은 과학자들이 Sharp 산의 형성에 물이 관련되어 있는지 여부를 결정하는 데 도움이 될 것이라 하는 곳이다. 모든 생명체는 물을 필요로 하는데, 물은 생장과 대사가 일어나는 매체이기 때문이다. 만약 화성에 미생물이 존재했다면 물은 필수적인 요소였을 것이다.

표 7.1 일부 기록 보유 미생물들
가장 높은 온도 환경(Juan de Fuca ridge) 121°C: Strain 121 (고세균)
가장 낮은 온도 환경(Antarctica) 15°C: Cryptoendoliths(세균, 지의류)
가장 높은 방사선량의 환경(5 MRad 또는 인간이 죽는 선량의 5,000배 선량): *Deinococcus radiodurans*(세균)
가장 깊은 곳(지하 3.2 km)에 서식하는 미생물: 많은 세균이나 고세균
가장 극한 산성 환경(Iron Mountain, CA) pH 0.0(대부분 생명은 최소 10만 배 낮은 산성 환경): *Ferroplasma acidarmanus*(고세균)
가장 극한 염기성 환경(Lake Calumet, IL) pH 12.8(대부분 생명은 1,000배 낮은 염기성 환경): Proteobacteria(세균)
우주에서 가장 먼 곳(NASA satellite) 6 years: *Bacillus subtilis*(세균)
염도가 가장 높은 환경(Eastern Mediterranean basin)—47% 염(인간 혈액보다 15배 높은 염도): 여러 세균 및 고세균들

미국항공우주국(NASA)은 화성을 연구하기 위해 여러 우주선을 화성에 보냈다. 일부 연구 결과에 따르면, 한때 화성 평원에 소금물 바다가 씻어낸 흔적을 발견하였는데, 이 결과는 생명 친화적인 환경이 조성되었음을 암시한다. 화성탐사선인 '*Phoenix Mars Lander*'는 화성 토양 표면 근처에 얼음의 존재를 발견했다. 또 다른 화성 탐사선인 '*Curiosity*'는 퇴적암에서 단순 유기분자를 탐지하였는데, 이는 더 복잡한 생물학적 분자가 먼 과거에 화성에 존재했을 가능성을 암시한다. 2018년 유럽 우주국(European Space Agency)의 연구자들은 Mars Express 궤도선에 탑재된 레이더를 이용하여 화성의 남극 만년설 아래 약 20 km 길이의 액체 상태의 호수가 있다는 증거를 보고하였다(**그림 7.1**).

화성에 미생물 생명체가 존재한다는 결정적인 답을 얻기 위해서는 더 많은 연구뿐 아니라 화성의 유인 탐사가 필요해 보인다. 그럼에도 불구하고, 지구의 온건한 환경이나 극한 환경 또는 화성이든 간에, 미생물이 생존하고 성장하기 위해서는 필요한 특정한 물리적 요구 조건이 있다. 이 장에서 우리는 미생물의 성장을 위한 다양한 물리적 조건에 대하여 알아볼 것이다. 또한, 미생물과 모든 생명체들의 생존과 성장에 필요한 보편적인 대사 과정에 대하여 알아볼 것이다. 특히, 이 장의 대부분은 대사에서 탄수화물의 역할에 대해 강조하여 알아볼 것이다. 따라서 제3장(세포 분자)에 있는 유기분자들(특히, 탄수화물)에 대한 것을 학습하는 것이 도움이 될 것이다.

그림 7.1 화성의 남극. 과학자들은 화성의 남극 근처의 얼음 아래에 액체 호수가 있다고 제안했다.

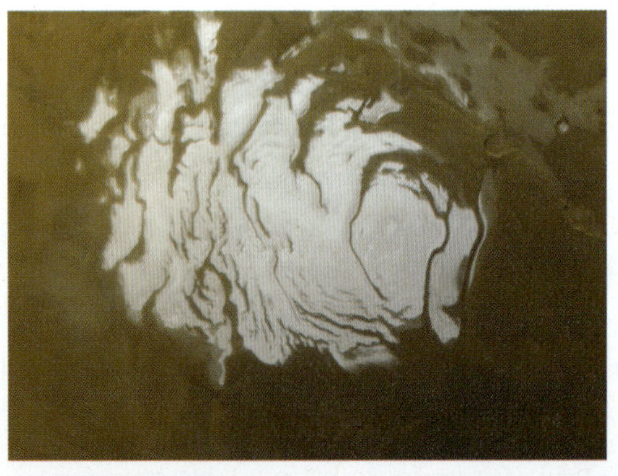

NASA/JPL/Malin Space Science Systems.

LOOKING AHEAD

이 장을 마치면, 여러분은 다음의 내용들을 할 수 있게 될 것이다.

7.1 (a) 온도, (b) 산소, (c) pH 및 (d) 염도 요구성에 따라 미생물 그룹을 대조 비교할 수 있다.
7.2 효소의 특성을 배우고, 세포에 의한 ATP 에너지의 필요성에 대한 충분한 근거를 제시할 수 있다.
7.3 산소 호흡과 혐기성 호흡의 차별성을 구분할 수 있다.
7.4 발효를 정의하고, 발효의 중요성을 설명할 수 있다.
7.5 광합성의 두 가지 주요 반응에 대하여 설명할 수 있다.

7.1 미생물 성장: 물리적 요인들

미생물은 급속한 성장 잠재력을 가진 대사 기계라 할 수 있다. 때때로 사람들은 미생물의 증식으로 인하여 고통을 겪는 경우가 있는데, 이는 병원체가 우리 몸에서 증식하여 질병을 일으키는 대표적인 예이다. 반대로, 산업 미생물학자는 **생물반응기(Bioreactor, 그림 7.2)**라는 큰 통에서 미생물을 대량으로 성장시킬 수 있다. 이러한 통제된 환경에서 일부 미생물은 비타민, 아미노산, 항생물질 또는 인간 영양 및 의약에 유용한 제품을 생산하도록 유도된다.

미생물 개체의 성장에 대해서는 제4장의 원핵생물 세계의 탐구에 잘 설명하였다. 따라서, 본 장에서는 미생물의 성장에 영향을 미치는 주요 물리적 요인에 대하여 알아본다.

물

물은 세포에서 모든 화학 반응이 일어나는 매개체이므로, 미생물 세포의 약 70%가 물로 이루어져 있다는 것은 특별히 놀랄 일은 아니다(**그림 7.3**). 제3장의 세포 분자에서 언급했듯이, 물은 용질(예, 염분, 당)이 용해되도록 용매의 역할을 한다. 따라서 세포내 수분을 환경에 잃게 되면 대사가 느려지거나 멈춤으로써 세포가 죽을 수도 있다. 주목할 만한 예외는 세균과 진균의 포자다. 포자와 같은 휴면 구조는 일시적으로 대사를 중단함으로써 건조한 환경에서도 생존할 수 있다.

온도

미생물 성장에 중요한 또 다른 중요한 물리적 인자는 온도이다. 온도가 너무 낮으면 대사 속도가 감소되고, 온도가 너무 높으면 대사 반응을 조절하는 효소가 열에 의해 변성되어 대사 반응이 더 이상 일어나지 않게 된다.

미생물은 지구 상의 대부분의 환경 조건에 적응을 했는데, 이는 여러 다른 온도 조건에도 적응을 했다는 의미이다. 그림 7.4에 나타난 온도에 따른 미생물 성장곡선에서 보듯이, 생장 범위의 하한 및 상한 온도에서 미생물의 성장은 느리게 자라는 것을 알 수 있는데, 이는 미생물이 생존은 가능하지만 생식을 활발하게 하지 않음을 나타낸다. 결과적으로, 미생물의 최적 성장 온도는 번식이 가장 활발하게 일어나는 범위 근처에 있다. 이러한 특성에 따라 미생물은 성장 온도 범위에 따라서 5그룹 중의 하나에 속하게 된다(**그림 7.4**).

그림 7.2 생장하고 있는 미생물. 약학 기술자가 미생물 제품의 최대 수율을 확보하기 위해 여러 생물반응기들을 주시하고 있다.

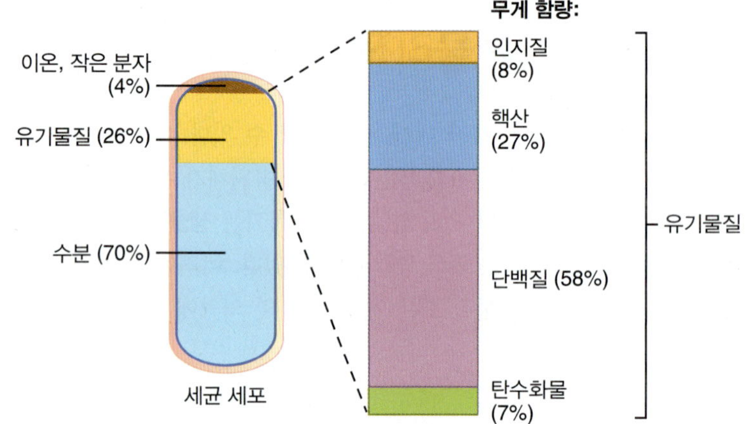

그림 7.3 세균내 존재하는 물과 유기물질. 미생물 세균의 70%는 수분으로 이루어져 있다. 나머지 30%는 이온, 저분자 물질 및 유기물질들로 이루어져 있다. 건조 중량이란 세균에서 수분이 제거된 상태의 세균 무게를 의미한다.

호냉성 미생물과 내냉성 미생물

호냉성 미생물(psychrophile, *psychro* = "cold"; *phil* = "loving")은 주로 −8°C에서 20°C 사이에서 생육하는 미생물로서, 이러한 호냉성 미생물은 북극과 남극남극의 환경뿐만 아니라 해수면이 심이 깊은 바다 속에서도 발견될 수 있다. 지구의 70%가 5°C 이하의 심해 수온을 가진 바다로 되어 있다는 것을 감안하면 많은 호냉성 미생물이 지구에 있을 것이다.

저온을 좋아하는 또 다른 미생물 그룹은 **내냉성 미생물(psychrotrophs,** *troph* = "nourish")로, 내냉성 미생물은 호냉성 미생물보다 다소 높은 온도 범위에서 생장할 수 있다. 내냉성 미생물은 냉장고 온도(4–5°C) 잘 자라므로 음식을 부패시킬 수 있다. 예를 들면, 연쇄상구균(*Streptococci*)은 우유에서 자라는데, 산을 축적하여 우유에서 신맛이 나게 한다. 비록 이러한 내냉성 미생물이 사람의 건강에 위협이 되지는 않지만, 우유와 같은 제품에 과도하게 존재하면 눈, 코와 미각을 통해 원하지 않는 색, 냄새, 맛을 느낄 수 있다. 이와 달리, 일부 위험한 내냉성 미생물이 저온 식품에서 자라게 되면 설사를 유발할 수 있는 독소를 생성하여 오염된 식품에 축적하기도 한다.

중온성 미생물

중온성 미생물(mesophile, *meso* = "middle")은 온대성 기온을 좋아하는 그룹이다. 중온성 미생물은 10°C에서 45°C 사이의 온도에서 가장 잘 증식을 한다. 사람의 체온은 약 37°C이므로, 대부분의 인체 병원균은 중온성 미생물에 속한다. 또한, 중온성 미생물은 지

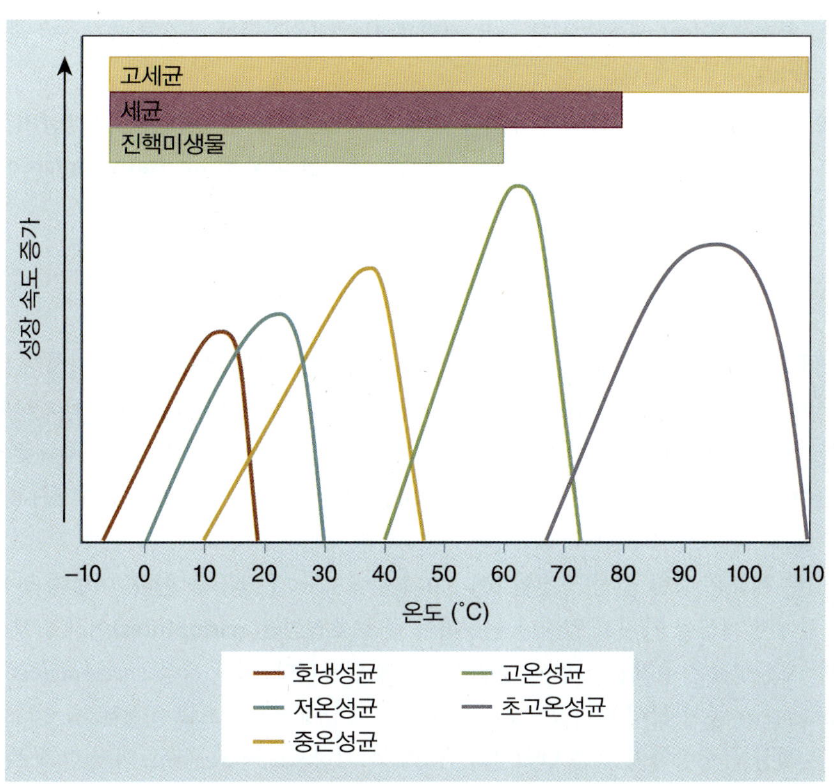

그림 7.4 온도에 따른 여러 미생물의 성장률. 모든 미생물의 성장률은 최적 온도 및 온도 범위에 의해 규정된다. 미생물의 성장률은 최적 성장 온도의 양쪽에서 매우 빠르게 감소한다. 고세균의 일부 구성원만 매우 높은 온도에서 견딜 수 있다.

구의 온대 및 열대 지역의 수생 또는 토양 환경에서 생장한다. 대장균(*Escherichia coli*)은 중온성 미생물에서 대표적인 미생물로 알려져 있다.

Escherichia coli: esh-er-EEkey-ah KOH-lee

고온성 미생물

높은 온도에서 견디며 생장하는 균은 **고온성 미생물(thermophile**, *thermo* = "heat")에 부른다. 고온성 미생물은 40°C 이상에서 자라며, 퇴비더미, 온천 및 심해열수공 등과 같은 다양한 환경에서 생장을 한다. 일부 박테리아와 고세균에 속하는 미생물이 고온성 미생물이다.

또한 물의 끓는점인 100°C 이상의 온도에서 생장할 수 있는 고세균 종도 있으며, 일부 고온성 균은 121°C에서도 생장할 수 있다. 이러한 균은 **초고온성균(hyperthermophile)**로 불는데, 이런 초고온성균은 태평양 심해에서 발견되는 열수공에서 발견된다(표 7.1 참조). 이 곳의 온도는 100°C 이상이지만 높은 압력으로 인하여 물이 액체 상태로 존재하게 된다.

산소

많은 미생물의 성장은 충분한 산소 공급(공기 중 약 20%가 O_2)에 달려 있다. 성장을 위해 산소를 필요로 하는 미생물을 **호기성균(aerobes)**이라 하는데, 인간 또한 호기성 생명체이다. 또한 **혐기성균(anaerobes)**은 산소가 없을 때만 생존할 수 있는 미생물로서, 산소가 존재하면 사멸하게 된다. 쓰레기 매립지, 빽빽한 진흙, 늪, 또는 동물의 장 속과 같은 환경은 혐기성균이 생존하기에 매우 이상적인 환경을 제공한다.

일부 병원균은 혐기성균에 속한다. 예를 들면, 파상풍(tetanus)을 일으키는 미생물인 *Clostridium tetani*의 경우, 상처 부위 중 혐기 조건인 죽은 조직에서 증식을 한다. 이러한

Clostridium tetani: kla-STRIHdee-um TEH-tahn-ee

혐기성 환경에서, *C.tetani*은 심한 근육 경련을 일으키는 강력한 독소를 생산하여 파상풍을 일으킨다.

어떤 종의 미생물은 산소의 유무와 관계없이 생존하는데, 대표적인 미생물이 대장균(*E. coli*)이다. 이렇게 유연성을 가진 미생물을 **통기성 미생물(facultative microorganism)**이라 한다.

통기성 미생물(facultative microorganism): 산소기체의 유무에 관계없이 성장하는 생명체를 말함.

pH

많은 미생물의 또 다른 중요한 물리적 요소는 미생물이 자라는 주위 환경의 산성 또는 알칼리성이다. 배지의 산도는 수소 이온(H^+) 농도의 로그값인 **pH**로 표현한다. 대부분의 미생물은 최적 pH와 생장 가능 pH 범위를 가지고 있다. 우리에게 알려진 많은 세균종은 대부분 pH 7.0에서 가장 잘 자라며, 생장 가능 pH 범위는 최저 pH 5.0에서 최고 pH 8.0 까지다.

pH: 용액의 수소 이온 농도를 측정한 값. pH가 7 미만인 용액은 산성이라 하고, pH가 7보다 높은 용액은 염기성이라 함. 순수한 물은 pH가 7인 중성임.

일부 세균은 강한 산성 조건인 pH 3.0 수준에서도 잘 생장을 한다. 이렇게 높은 산성 조건에서 내성을 가지고 있거나 번성하는 균을 **호산성균(acidophiles)**이라고 부른다. 이러한 호산성균은 유제품 산업에 매우 유용하게 활용된다. 일부 특정 *Lactobacillus* 또는 *Streptococcus* 종이 활성 배양균으로서 요구르트 생산에 의도적으로 사용된다. 이러한 세균종은 젖산을 생성하여 우유 단백질의 응고를 야기함으로써 요구르트의 질감과 특유의 신맛을 부여한다.

Lactobacillus: lack-toe-bah-SIL-lus

Streptococcus: strep-toe-KOK-us

대부분의 진균류은 호산성균으로, pH 5.0 수준에서도 잘 성장한다. 따라서 진균은 오렌지, 레몬, 라임, 토마토와 같은 산성 과일 또는 채소의 부패를 유발하기도 한다. 일부 진균은 산성 pH를 띠는 치즈에서도 흔히 발견되기도 한다.

또 다른 호산성 그룹 미생물은 **극호산성 미생물(extreme acidophiles)**이다. 이 극호산성 미생물은 성장을 위해 극 산성 조건인 pH 1–2를 선호한다. 잘 알려진대로 *Helicobacter pylori*는 사람의 위 내벽에 서식하는데, 위액의 pH는 약 2.0이다. *H. pylori*은 감염된 일부 사람에게 위궤양을 야기하고, 이들 중 소수의 사람에게 위암을 유발한다.

Helicobacter pylori: HE-lickoh-bak-ter pie-LOW-ree

극한 환경의 호산성 조건에서 생존하는 미생물의 또 다른 예는 일부 광산의 폐수에서 발견되는 극호산성 세균종 또는 고세균종이다(**그림 7.5**) 스페인의 Rio Tinto 지역은 채광 활동으로 인한 폐기물로 인하여 철-황 함량이 매우 높다. 이 지역에 있는 강의 pH는 1–2

그림 7.5 리오 틴토(Rio Tinto). 스페인 남서부에 있는 리오 틴토 강의 물은 적황갈색을 띠는데, 이는 산성 물과 토양 속의 철분이 반응하기 때문이다. 이 특이한 물리적 요인들은 여러 극한 호산성균에게 적합한 환경을 제공한다.

로 극호산성 미생물이 생장하기에 완벽한 환경이다.

그림 7.6 호염성 세균의 고향. 미국 유타의 그레이트솔트호(Great salt lake)는 많은 호염성 세균이 선호하는 높은 염도 조건을 제공한다. 호수의 분홍빛 색은 호염성 세균이 많기 때문이다.

그 외 다른 물리적 요소들

위에서 언급한 온도, 산소 및 pH 외에도 염 및 방사선과 같은 다른 일반적인 물리적 요소들이 미생물 개체군의 생장에 영향을 줄 수 있다.

염

일반적으로 염분이 존재하는 환경에서 잘 자라는 미생물을 **호염성** (**halophiles**, *halo* ="salt") 미생물이라 한다. 호염성 미생물의 대표적인 예는 Halobacteria이다. 호염성 미생물에 속한 많은 미생물 종들은 성장을 위해 최소 9%의 염 농도(여러 비호염성균의 경우 1% 염에서 성장)를 필요로 하는 고세균 종들이다. 일부 호염성균은 47% 고농도의 염에서도 생존할 수 있다. 호염균들은 일반적으로 해양에 서식한다고 생각되지만, 해양의 염 농도는 약 3.5%에 불과하다. 호염성균들은 Utah 지방의 Great Salt Lake처럼 염도가 약 5%에서부터 거의 27%에 이르는 조건에서 더 빈번하게 발견된다(**그림 7.6**).

염불내성(Salt intolerance)은 여러 식품 산업에 사용되었다. 예를 들면, 고기 또는 다른 식품의 보존을 위해 소금을 첨가하면 식품 내 환경이 짜게 변함으로써 대부분의 비호염성균(nonhalophiles)이 탈수 현상으로 죽게 된다.

방사선

마지막 물리적 요인 중 하나는 자외선, 엑스선 및 감마선을 포함한 방사선이다. 자외선은 태양광의 구성성분으로 종종 물이나 토양의 표면에 서식하는 미생물에 해로운 영향을 준다. 그러나 *Deinococcus radiodurans*와 같은 세균종은 높은 선량의 방사선에도 생존이 가능하다(표 7.1 참조). 실제로 *D. radiodurans*은 기네스 세계 기록에 "세계에서 가장 강력한 세균"으로 언급되어 있다. 과학자들은 *D. radiodurans*의 대사 능력을 활용해서, 환경오염 물질로서 지속적인 관심의 대상이 되고 있는 방사선 폐기물의 오염을 제거하기를 희망하고 있다. 만약 과학자들이 성공하게 된다면, 이를 통하여 미생물이 어떻게 인류에 상당한 유익을 줄 수 있는지를 다시 한번 보여주게 될 것이다.

Deinococcus radiodurans: DIE-no-kok-us ray-dee-oh-DUR-anz

▶ 7.2 미생물 대사: 효소와 에너지

물질대사(또는 대사, **metabolism**)는 세포가 생장하는 동안 세포에서 일어나는 모든 화학반응을 의미한다. 이런 화학적 활동은 미생물 세포의 안정성을 유지하고 새로운 세포 구성물질의 합성을 위한 화학적 전구체를 능동적으로 제공한다. 실제로, 인간 세포에서 일어나는 대부분의 물질 대사작용은 미생물 세포를 이용하여 처음 발견되고 연구되었다.

세포 대사의 형태

세포 내에서는 수많은 서로 다른 화학적 반응이 계속해서 일어나고 있다. 이러한 화학적

그림 7.7 동화작용과 이화작용. 대사는 큰 분자를 분해(가수분해 반응)하고 에너지를 방출하는 이화작용과 작은 소단위 물질에서 거대 분자를 합성(생합성 반응)하는 동화작용으로 구분할 수 있다.

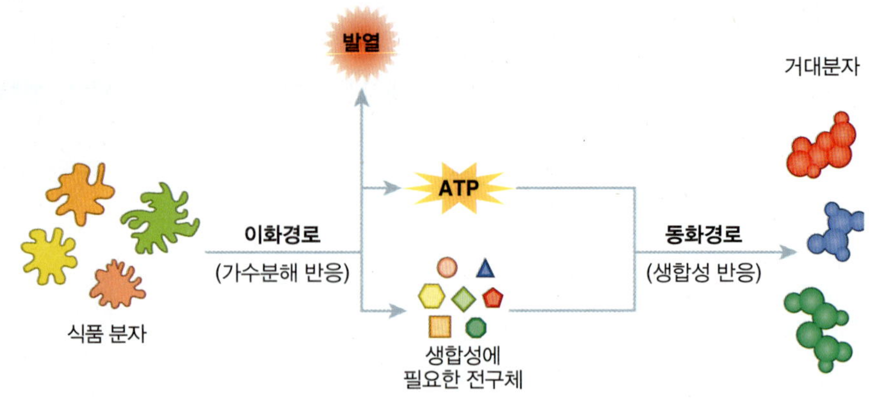

대사 반응은 대부분 합성(생합성 반응) 또는 분해(가수분해 반응) 두 가지 일반적인 반응 중 하나에 속한다(**그림 7.7**).

- **생합성 반응.** "생합성"은 기본적으로 작은 분자로부터 큰 분자들이 구성되는 일련의 모든 화학 공정을 뜻하는 광범위한 용어이다. 대사학적 용어로, 이를 **동화작용(anabolism** 또는 **anabolic pathways)**이라고 한다. 이 과정에서 단백질 또는 탄수화물과 같은 전구 물질에서 큰 유기분자 물질을 구성하는 작업이 이루어지기 때문에 에너지를 필요로 한다.
- **가수분해 반응.** "가수분해"는 큰 유기분자가 작은 분자의 형태로 분해되는 화학적 반응을 설명하는 데 사용되는 용어이다. 다른 말로 **이화작용(catabolism** 또는 **catabolic pathways)**이라 한다. 이 과정에서는 에너지가 생성되지만, 대부분이 사용하기 어려운 열의 형태로 에너지를 방출한다. 이 외에 방출되는 나머지 에너지는 세포가 일하는 데 사용 가능한 에너지인 **ATP(adenosine triphosphate)** 형태로 방출된다.

물질대사의 화학적 반응은 고도로 조직되고 제어된 형태로 발생한다. 이 화학적 반응은 자발적으로 발생하지 않고, 오히려 각각의 반응은 특정 효소에 의해서 제어된다.

효소

효소(enzymes)는 세포내 화학적 반응이 발생할 가능성을 높이는 큰 단백질 분자이다. 많은 효소는 효소 이름 끝에 "-ase"이 사용되는 것으로 식별할 수 있다. 예를 들면, "sucrase"는 자당(sucrose)을 과당과 포도당으로 분해하는 효소이고, "peptide synthase"는 리보솜의 도움을 받아 아미노산을 폴리펩타이드로 합성하는 효소이다. 그러나 일부 효소의 이름에는 이러한 설명이 없는 경우도 있다. 예를 들면, 트립신은 단백질 분해효소이지만 이름에는 이러한 뜻이 없다.

효소는 일반 환경 조건에서 자발적으로 발생하는 데에 몇 시간, 며칠 또는 그 이상의 시간이 소요되는 반응을 1초 이내의 짧은 시간 내에 완료한다. 효소가 없다면, 두 반응물이 무작위로 충돌한 경우, 서로 정확한 방향으로 연결되어 화학적 반응이 정확하게 일어날 가능성은 거의 없다.

효소들은 여러 공통된 특징을 가지고 있는데, **그림 7.8**에서 알 수 있을 것이다.

그림 7.8 효소 작용의 메커니즘. 이 예는 이화작용에 관여하는 효소의 예를 보여주지만, 효소는 또한 동화작용도 조절한다.

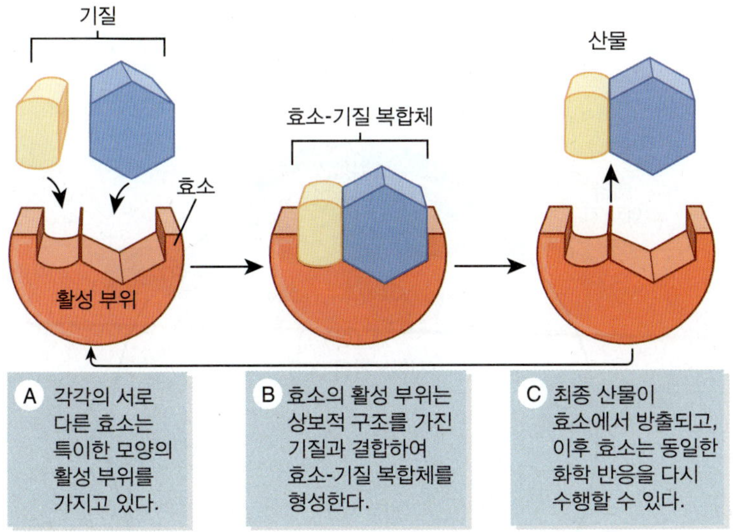

효소는 높은 특이성을 가진다

일반적으로 하나의 화학 반응에 관여하는 효소는 다른 반응에는 관여하지 않는다. 각 효소는 **활성 부위(active site)**라는 특이적인 3차원 구조를 가지고 있다. 이 활성 부위의 모양은 **기질(substrate)**이라 불리는 반응 분자의 모양과 상호 보완적이어서 특이적 결합을 하게 된다. 기질은 활성 부위에서 특이적인 반응 또는 결합을 이루게 되고, 이를 통해 하나 또는 그 이상의 **산물(product)**을 생성하게 된다.

효소는 재생이 가능하다

촉매 반응이 진행되는 동안에도 효소 그 자체는 변하지 않는다. 화학 반응이 일어나면 효소는 산물(들)을 유리하게 되고, 이후 다른 동일한 반응에 참여할 준비를 하게 된다. 실제로, 동일한 효소는 기질이 충분하게 존재한다면 매초에 1,000번에서 100만 번에 이르는 동일한 반응을 촉매할 수 있다.

효소는 소량이 필요하다

효소는 동일한 반응의 촉매를 위해 수천 번 사용될 수 있기 때문에 빠르고 효율적인 대사 반응을 위해서는 소량의 효소만 필요로 한다.

일부 효소는 단백질 이외 조효소가 필요하다

세포내 일부 효소는 **조효소(coenzyme)**라 불리는 작은 비단백질 성분이 참여하지 않는 한 반응이 활성화되지 않는다. 대표적인 중요한 두 가지 조효소의 예는 비타민 B_3(니아신)에서 파생된 **NAD^+(nicotinamide adenine dinucleotide)**과 비타민 B_2(리보플라빈)에서 파생된 **FAD(flavin adenine dinucleotide)**이다. 이 장의 뒷부분에서는 이러한 조효소의 중요성에 대하여 살펴볼 것이다.

그림 7.9 세포 호흡과 광합성. 세포 호흡과 광합성은 상호 보완적인 과정이다. 원핵생물의 세포막과 진핵생물의 엽록체에서 일어나는 광합성은 태양의 빛 에너지를 이용하여 화학 에너지(포도당, $C_6H_{12}O_6$)를 만드는 과정이다. 포도당 분자의 에너지는 원핵생물의 세포막과 진핵생물의 미토콘드리아에서의 세포 호흡 과정을 통해 ATP가 생성된다. 포도당은 다시 이산화탄소로 전환되어 광합성에 사용된다.

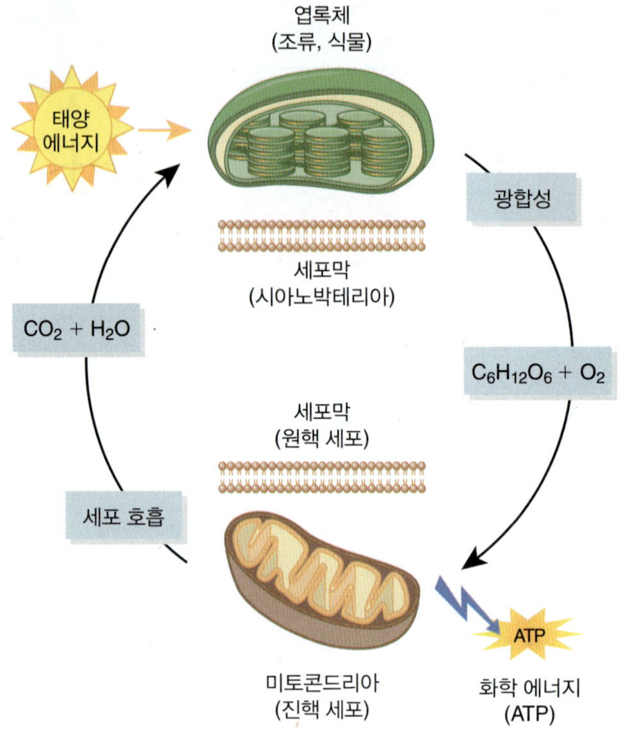

에너지와 ATP

에너지(energy)는 일을 할 수 있는 능력 또는 변화를 일으킬 수 있는 능력이다. 따라서 이화작용의 주요 결과 중 하나는 생명 과정을 수행하고 질서를 유지하기 위하여 꾸준히 에너지 생산 공급하는 것이다(그림 7.7 참조). 물리학자들은 우주에는 고정된 일정량의 에너지가 있고, 에너지는 새로 만들어지거나 파괴되지 않는다고 말한다. 그러나 이 에너지는 한 형태에서 다른 형태로 변환될 수 있다. 일례로, 벽난로에서 통나무가 연소되면 통나무 내 분자에 있는 화학에너지가 열에너지와 빛에너지로 방출된다. 살아있는 세계에서, 유기체들은 탄수화물과 지질의 화학에너지를 사용 가능한 세포 에너지로 변환하는데, 이것이 ATP다(**그림 7.9**).

ATP 분자는 세포에서 에너지가 필요한 모든 부분에 에너지를 공급할 수 있다는 점에서 휴대용 배터리와 비슷하다. 예를 들면, ATP는 세포 안으로 영양분을 운반하고 세포 밖으로 폐기물을 제거하는 과정에 필요한 일에 연료를 공급한다. 단백질 합성 과정과 세포 운동 과정에 필요한 에너지를 공급하는 데 ATP가 사용된다. 그러나 휴대용 배터리와는 다르게 ATP는 저장이 되지 않으므로, 생성되는 순간 사용되어야 한다.

ATP는 종종 "범우주적 에너지 화폐"로 일컬어진다. **그림 7.10**에서 볼 수 있듯이, ATP는 3개의 인산그룹(산소 원자에 결합된 인)을 가지고 있다. ATP 에너지의 대부분은 효소가 고에너지 결합인 말단 인산그룹과 그 외 분자그룹의 연결을 끊을 때 방출된다. 이 에너지는 에너지를 필요로 하는 과정인 동화작용에 사용될 수 있다. 대부분의 사람들은 그들의 생명 유지에서 ATP의 중요성을 인식하지 못하지만, ATP가 없다면 우리가 알고 있는 삶은 지속되지 못했을 것이다.

그림 7.10 ATP 회로. ATP 가수분해 과정(1)에서 방출되는 에너지는 세포 활동(동화 반응)을 수행하는 데 사용된다. 세포 호흡에서 방출되는 에너지(2)는 ATP를 재생하는 에너지를 공급한다.

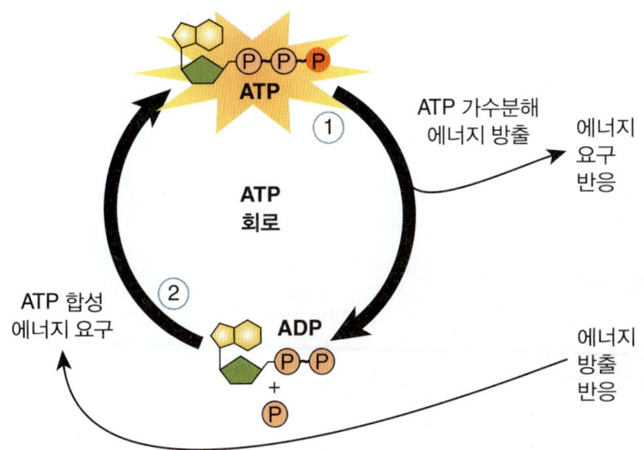

7.3 세포 호흡: ATP 생산

유기 화합물이 분해되고, 그 유기 화학물의 에너지가 방출되어 ATP가 생성되는 단계적 과정을 **세포 호흡(cellular respiration)**이라 한다. 이 과정은 모든 생명체에서 일어나는 대사 과정에서 기본이며, 필수적인 과정이다. 원핵 세포에서 세포 호흡은 세포질과 세포막에서 일어나는 반면에, 진핵 세포에서는 세포질과 미토콘드리아에서 발생한다(그림 7.9 참조).

포도당(glucose)은 탄소 원자간 화학적 결합으로 이루어져 있는데, 이는 화학 에너지의 주요 원천이기 때문에 세포 호흡에서 가장 널리 이용되는 대사 물질 중 하나다. 이 에너지는 ATP를 생성하는 데 사용될 수 있다. 아래에서 다루겠지만, 세포 호흡 과정은 산소 가스의 유무에 관계없이 일어나게 된다.

산소 호흡

생명체에서 산소(O_2)를 이용하여 ATP를 생성화는 과정을 **산소 호흡(aerobic respiration)**이라 한다. 이 과정은 세 단계로 이루어진다.

단계 1: 해당과정

포도당의 이화작용은 **해당과정(glycolysis**; *glycol* = "sweet"; *lysis* = break)을 통하여 발생한다. **그림 7.11**은 해당과정의 경로를 보여주므로, 앞으로 이 그림을 로드맵으로 사용하여 해당과정의 주요 반응을 이해하면 된다. 해당과정은 총 10단계로 세포질에서 발생하며, 각각의 단계는 서로 다른 효소에 의해 촉매된다.

해당과정은 두 단계로 나뉘는데, 에너지 준비 단계(preparatory reactions)에서는 6탄당인 포도당 분자는 각각 2개의 3C-분자로 나누어진다. 이후 에너지 수확 단계(energy-harvesting reactions)에서는 준비 단계에서 생성된 3 C-분자 내의 원자가 재배열되면서 다른 3 C-분자 형태인 **피루브산(pyruvate)**이 만들어진다. 이 피루브산은 해당과정의 최종 산물이다.

이때, 포도당의 이화작용이 완료된다. 그림 7.11에서 보듯 각 포도당이 분해되면서 에너지 수확 단계에서 4개의 ATP 분자가 생성된다. 그러나 준비 단계에서 2개의 ATP 분자가 투자가 되었으므로, 포도당 분자가 두 분자의 피루브산으로 가수분해될 때 총 2개의

그림 7.11 해당과정. 해당과정은 6탄당인 포도당을 2개의 3C 분자인 피루브산 생성물로 전환하는 대사과정이다. 이 과정에서 2개의 NADH 조효소와 2개의 ATP 분자가 최종 이득으로 생성된다. 탄소 원자는 원으로 표시된다. 각 효소 촉매 반응은 번호가 적힌 화살표로 표시된다.

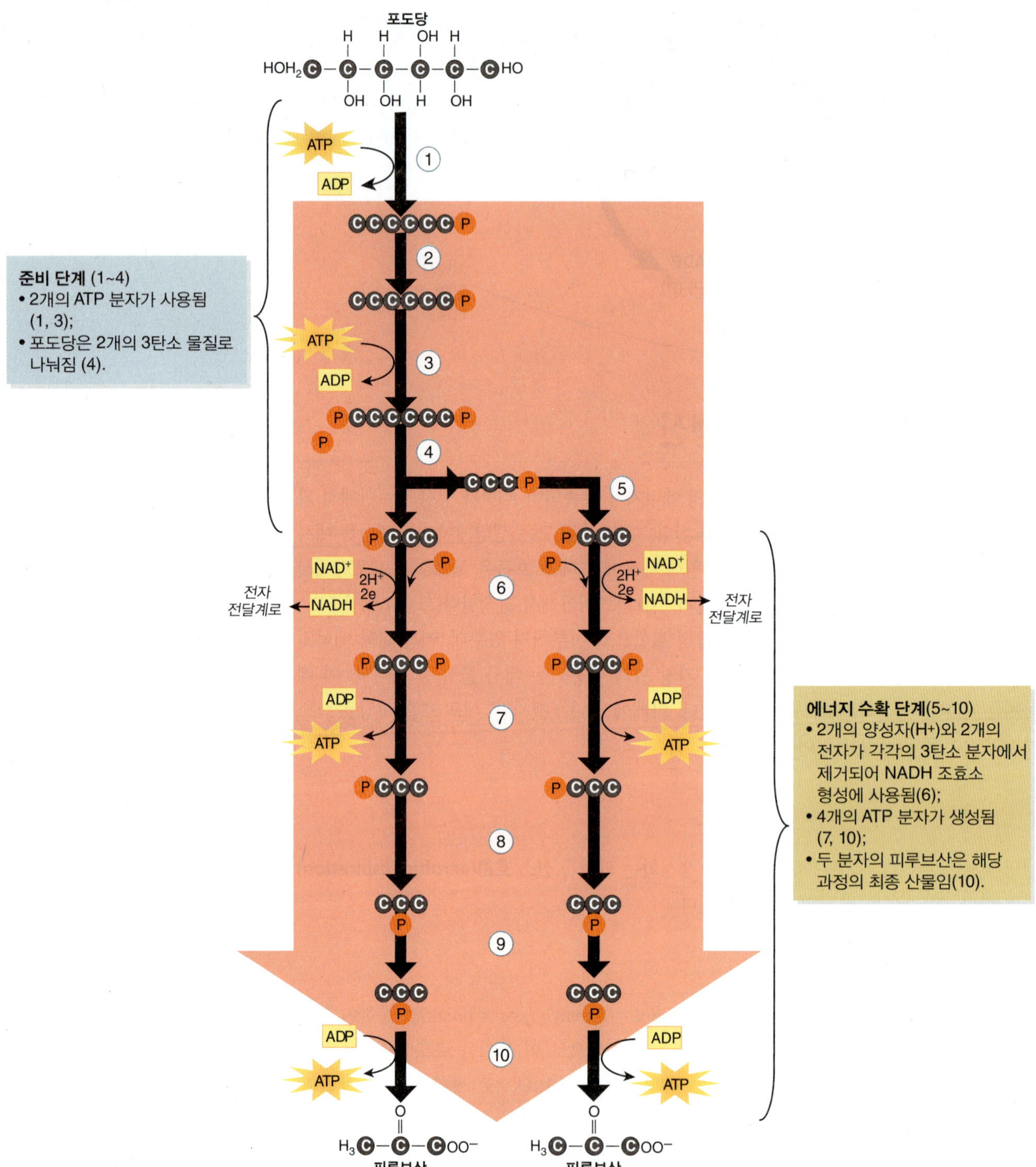

ATP 분자를 얻게 된다.

또한, "에너지 수확 단계"에서 3 C-분자 재배열 동안 일부 에너지는 NADH로 전환 가능한 NAD^+로 전달된다. NAD^+가 빈 덤프트럭이라면, NADH는 2개의 전자(e^-)와 2개의 수소 이온으로 꽉 찬 덤프트럭이다. 이 두 조효소의 중요성에 대하여 곧 알게 될 것이다.

피루브산 분자는 여전이 탄소 원자 간의 화학 결합에 고정된 화학적 에너지를 가지고 있으며, 이 에너지는 피루브산 분자의 분해 과정에서 수확할 수도 있다.

단계 2: 시트르산 회로

해당과정 후 세포 호흡의 두 번째 단계로 진입한다. 이 두 번째 단계는 **시트르산 회로(Citric acid cycle)**(**그림 7.12**)라 불리는 순환형 회로이다. 여기서 회로라 부르는 이유는 일련의 효소에 의해 조절되는 반응의 최종 산물이 다른 화학적 반응의 시작 물질(기질)로 사용되기 때문이다. 진핵 세포에서 시트르산 회로의 반응은 미토콘드리아의 막에서 발생하고, 미토콘드리아가 없는 원핵 세포에서는 이러한 반응이 세포막에서 일어난다.

두 번째 단계는 해당과정과 시트르산 회로를 연결하는 전이 단계(transition step)로부터 시작된다. 각 피루브산은 효소에 의해 하나의 탄소 원자가 제거되고, 이 탄소 원자는 CO_2의 형태로 방출된다(그림 7.12 참조). 각 분자의 나머지 두 탄소 원자는 Coenzyme A라 불리는 조효소와 결합한다. 이 변환 과정을 통해서 2 C-분자인 acetyl-coenzyme A (acetyl-CoA) 두 분자가 생성된다. 이 전환 과정에서 중요한 점은 두 분자의 acetyl-CoA

그림 7.12 시트르산 회로 반응. 해당과정 각 피루브산은 먼저 2C-분자로 분해된다(전이 단계). 이 2C-분자는 시트르산 회로 반응으로 들어가 4C 분자와 결합하여 6C 분자를 형성한다. 회로의 각 단계에서는 CO_2를 방출하고, ATP를 생성하며 NADH와 $FADH_2$를 생성한다. 각각의 효소-촉매 반응은 알파벳이 적힌 화살표로 표시되었다.

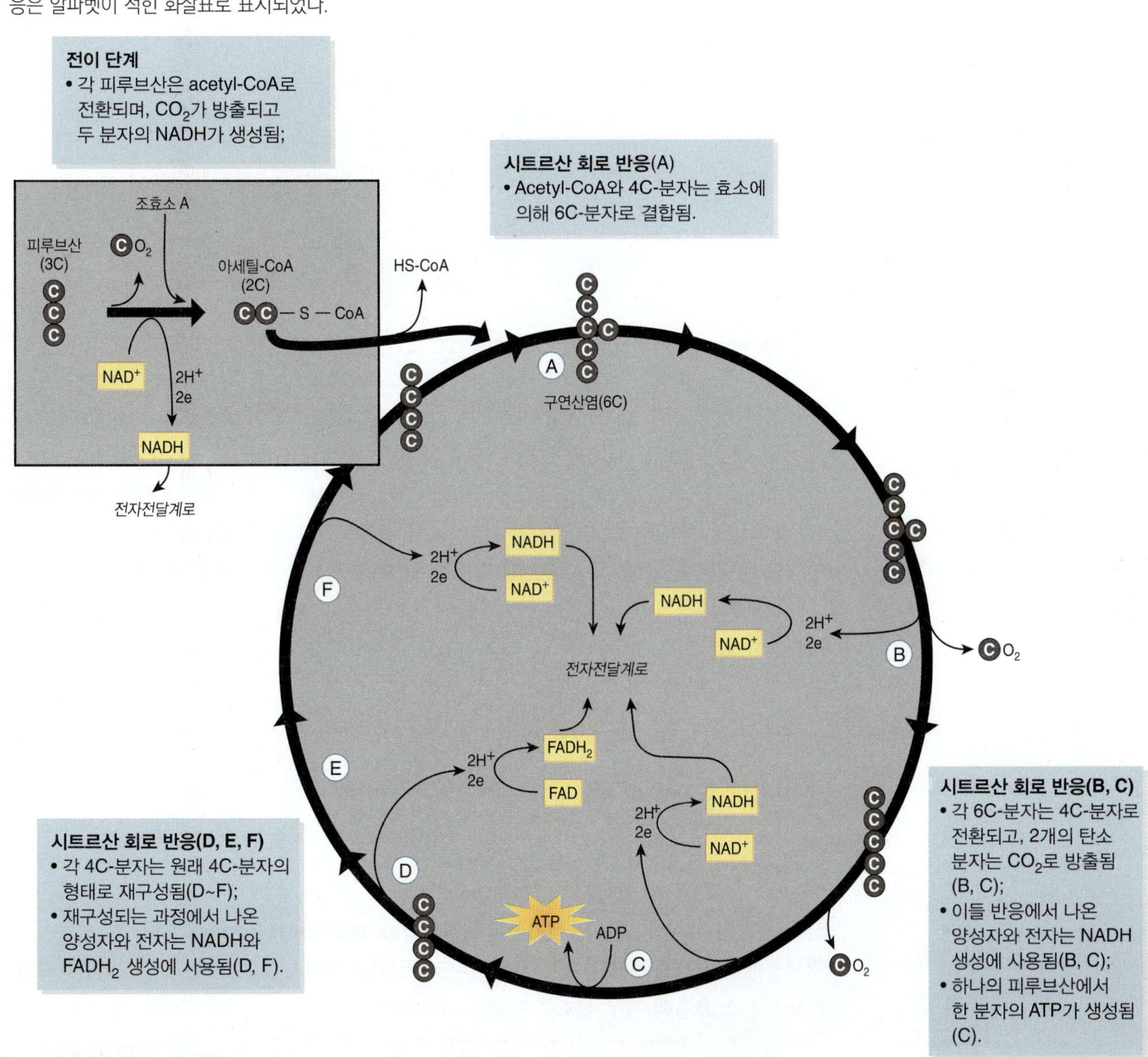

그림 7.13 해당과정과 시트르산 회로 요약 정리. 해당과정과 시트르산 회로는 포도당으로부터 화학에너지를 생산하는 중심 대사 경로로 소량의 ATP와 NADH, $FADH_2$가 생성된다.

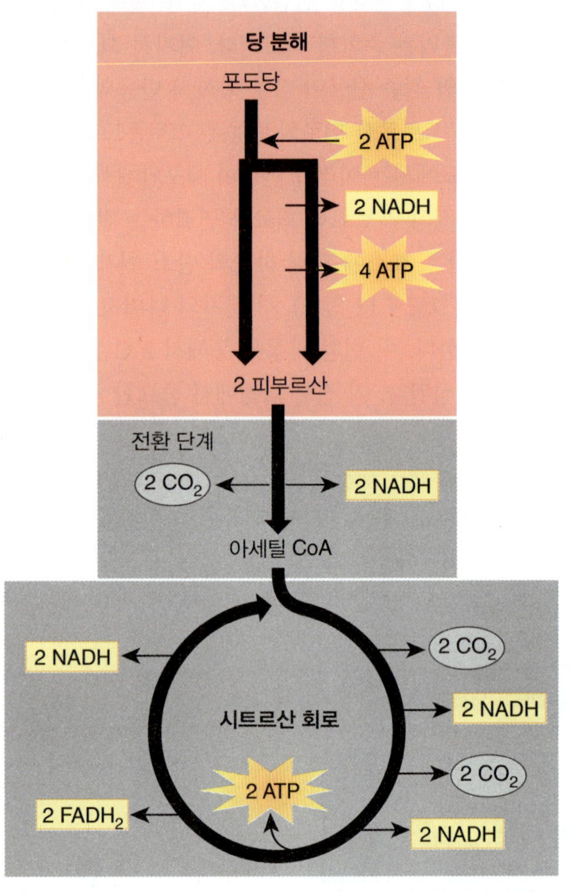

가 형성되는 동안 또 다른 NADH가 형성이 되는 것이다.

전환 과정 이후 acetyl-CoA 분자는 시트르산 회로로 들어가게 된다. acetyl-CoA 분자는 효소에 의해 4C-분자와 결합하여 6C-분자인 시트르산(citric acid or citrate)을 형성한다(Step A). 다음 일련의 단계(Steps B와 C)에서는 6C-분자가 효소에 의해 5C-분자와 4C-분자들로 전환된다. 6C-분자가 4C-분자로 전환되는 과정에서 2분자의 탄소가 CO_2의 형태로 방출된다. 또한 추가 NADH 및 $FADH_2$와 함께 2개의 ATP가 생성된다.

회로를 따라가면, 4C-분자물질은 일련의 화학적 재배열 과정(Steps D와 E)을 통하여 시트르산 회로의 시작 물질인 4C-분자물질로 재형성됨을 확인할 수 있다(Step F).

그렇다면, 해당과정과 시트르산 회로의 전 과정의 중요성은 무엇인가? 간단히 말해, 각 포도당 분자의 분해 과정을 통해 4개의 ATP, 10개의 NADH 및 2개의 $FADH_2$가 생성되는 것이다(**그림 7.13**). 세포 호흡의 세 번째이자 마지막 단계에서는 모든 조효소를 사용하여 상당량의 ATP를 생성한다.

단계 3: 전자전달 및 ATP 합성

산소 호흡의 마지막 단계는 **전자전달계(electron transport system)**이다. 이 과정은 진핵생물에서는 미토콘드리아에서 일어나고, 원핵생물에서는 세포막에서 일어난다(**그림 7.14**). 산소 호흡의 경우 산소를 필요로 하는 단계이다.

전자전달계에서는 NADH와 $FADH_2$이 가진 전자쌍이 **사이토크롬(cytochrome)**이라는 일련의 물질로 전달된다. 이 사이토크롬들은 철을 함유한 세포 단백질로 생화학적 "bucket brigade"라는 방식으로 전자쌍을 받아 통과시키게 된다. 여기에서 조효소와 사이토크롬은 전자의 에너지를 방출하여 ATP를 생성하도록 돕는 전달체 역할을 하게 된다. 그림 7.14에서는 전자전달계를 잘 나타내었으므로 참고하길 바란다(단계는 쉽게 추적할 수 있도록 A–G로 표시하였음). 이 전자전달계는 두 단계로 나누어져 있다.

- **전자전달.** 첫째, NADH 또는 $FADH_2$가 가지고 있는 전자쌍이 첫 번째 사이토크롬에 전달된다(step A). 이때 NAD^+와 FAD 분자가 재생산되고, 이들 분자는 재사용되기 위해 해당과정과 시트르산 회로로 간다(step B). 이후 "bucket brigade" 방식의 사이토크롬은 전자쌍을 하나의 사이토크롬에서 다름 사이토크롬으로 전달하게 된다. 이 전자쌍이 전달되는 과정에서 일부 에너지가 방출된다(step C). 그리고 마지막 사이토크롬은 전자쌍을 산소 원자에 넘겨주는데, 이때 주변 환경에서 2분자의 H^+를 받아 물 분자를 형성하게 된다(step D).

여기에서 잠시 이 과정에서 산소의 중요성에 대해 알아본다. 호기성 미생물에서 산소

그림 7.14 세균에서 전자전달과 ATP 합성. 해당과정과 시트르산 회로에서 생성된 NADH와 $FADH_2$는 전자쌍을 미생물 세포막의 전자전달계로 전달하는데, 이는 H^+가 세포막을 가로질러 이동하도록 촉진한다. 이후 H^+는 ATP synthase의 단백질 채널을 통해 세포로 다시 들어간다. 이때 ADP 분자가 인산염과 결합하여 ATP를 생성하게 된다.

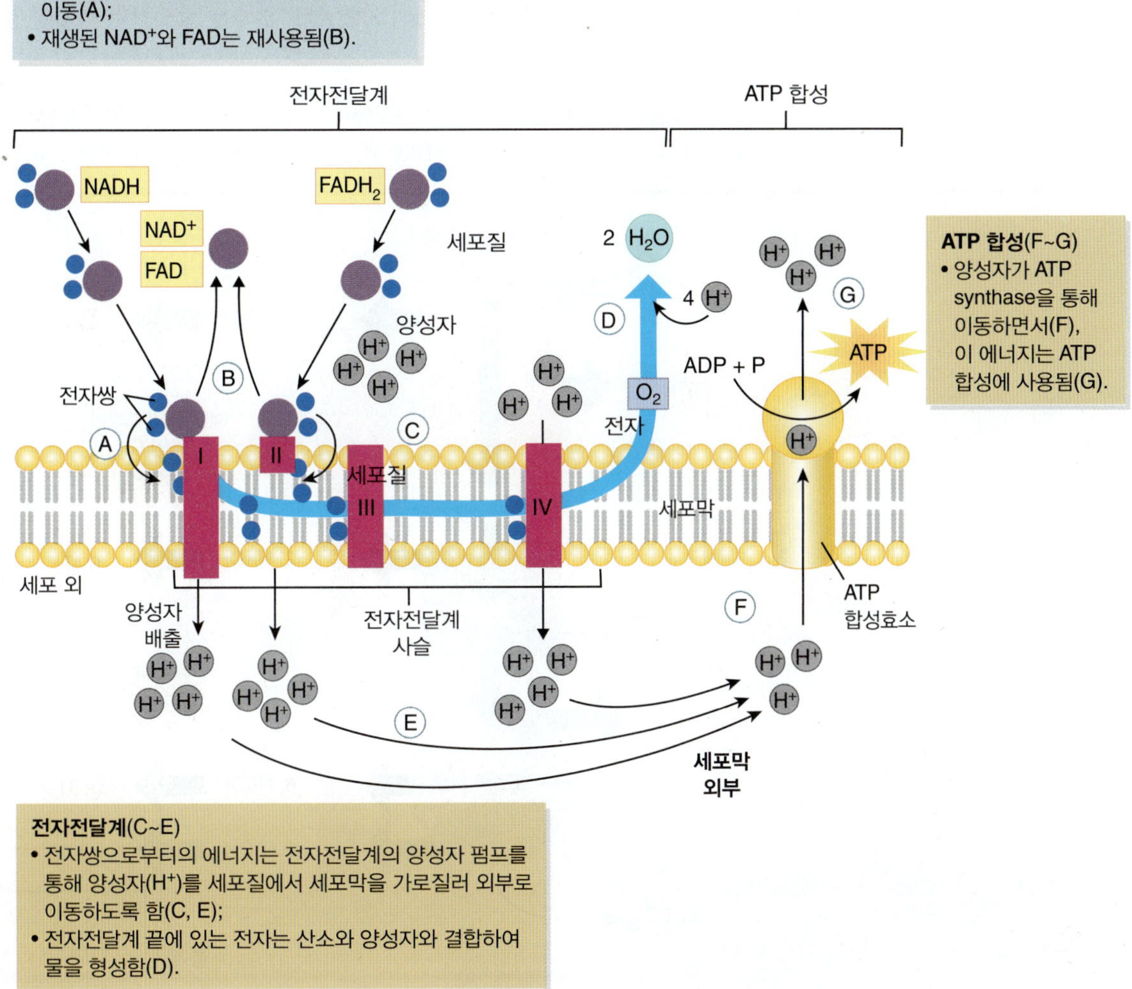

원자는 전자를 전자전달계의 마지막 단계에서 전자를 받아들일 수 있는 유일한 물질이다. 만약 산소 원자가 없으면 사이토크롬은 전자를 전달할 수 없고, 일련의 전자전달이 다시 시작돼서 전자가 버켓에 가득 차면 전자전달이 멈추고 ATP 생산이 중단된다.

전자전달의 마지막 단계에서, 우리는 모든 전자들의 이동이 얼마나 중요한지를 볼 수 있다.

- **ATP 합성.** 전자들이 전자전달계의 여러 구성 요소를 통과할 때, 전자에서 방출된 에너지는 수소 이온을 막을 통과해 한쪽 방향으로 운반하는 데 사용된다(step E). 이 양성자 펌핑 과정으로 인해 막 한쪽은 수소 이온이 고농도로 존재하며, 다른 한쪽은 수소 이온이 저농도로 존재하게 한다. 이러한 불균등한 수소 농도의 분포는 수소가 막을 통해 역류하게 한다(step F). 중요한 것은 이러한 수소 이온의 흐름은 막에 존재하며, **ATP synthase**를 포함하는 특수 단백질 채널에 의해 발생하게 된다. 이 과정에서 수소는 ATP synthase가 ADP와 인산기를 연결하여 ATP 분자를 형성할 수 있도록 충분한 에너지를 제공하게 된다(step G).

  요약하자면, 산소 호흡에서는 포도당과 산소를 이용하여 ATP를 생산하게 된다.

$$C_6H_{12}O_6 + O_2 \rightarrow CO_2 + H_2O + ATP$$

최종 결과

전자전달 과정에서 생명을 유지에 필요한 ATP 수확량은 상당하다(**그림 7.15**). 각 NADH 분자는 전자를 전자전달계로 전달하여 거의 3개 ATP 분자를 합성하기 충분한 에너지를

그림 7.15 유기 호흡에서 ATP 생산량. 미생물 세포에서 거의 38개의 ATP 분자가 포도당 대사에 의해 생성될 수 있다. 각 NADH 분자는 약 3개의 ATP를 생성할 수 있으며, 각 $FADH_2$ 분자는 약 2개의 ATP 분자를 생성할 수 있다.

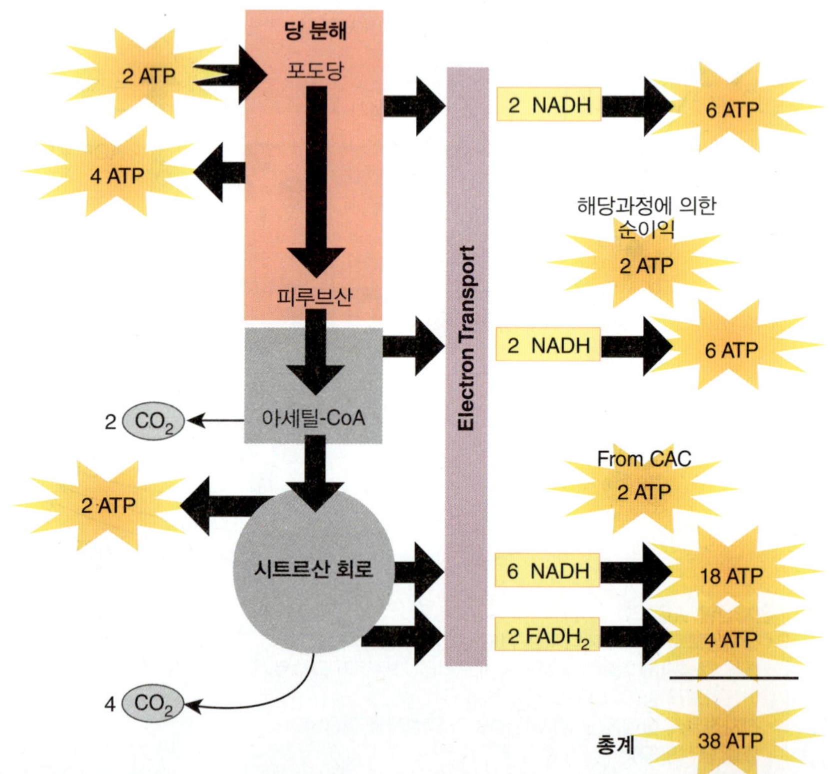

방출한다. 각 $FADH_2$ 분자는 전자전달계를 통해 ATP 분자를 2개 생성하기에 충분한 에너지를 생산한다. 따라서 10개의 NADH와 2개의 $FADH_2$ 분자로부터 약 34개의 ATP 분자가 생성된다. 이와 더불어 해당과정에서 직접 생성된 2분자의 ATP와 시트르산 회로에서 얻은 2개의 ATP 분자를 합하면 최종적으로는 약 38개의 ATP 분자가 생성되게 된다. 초기 해당과정에서 2개의 ATP를 투자하는 것이 나쁜 투자는 아니다.

이 장에서는 지구 상에서 가장 풍부한 화학적 에너지원인 포도당에 대하여 집중했다. 그러나 유당이나 자당과 같은 다른 당류나 지질도 미생물 대사에서 에너지원으로 사용이 된다. 이러한 분자는 해당과정과 시트르산 회로 과정을 사용하지만, 시작 물질은 다른 지점에서부터 이 두 경로로 들어가게 된다.

흥미로운 것은 **A CLOSER LOOK 7.1**에서 설명하는 것과 같이 지구에서 산소가 항상 ATP 합성에 사용되는 것은 아니라는 것이다.

혐기성 호흡

이 장의 앞부분과 A Closer Look 7.1에서 살펴보았듯이, 많은 종의 미생물은 혐기성 조건에 살고 있다. 이는 산소 가스가 거의 없거나 전혀 없는 환경이라는 것이다. 이 혐기성균은 여전히 ATP를 생성이 필요로 하는데, 산소 없이 어떻게 ATP를 생성할까? 이는 혐기성

A CLOSER LOOK 7.1

"이것은 우리에게 유해하지 않다"

오늘날 인간을 포함한 많은 생명체들이 살기 위해서는 산소가 필요하다는 것을 고려한다면 산소를 유독 가스라 생각하기는 쉽지 않다. 그러나 수십억 년 전까지 산소는 매우 독성이 강한 가스였다. 유기체가 공기를 한번 들이 마시게 되면 매우 해로운 일련의 화학 반응이 시작이 되고 죽음이 빠르게 다가온다.

믿기 어려운가? 만약 당신이 세균과 고세균 영역 구성원의 고대 조상들이 에너지 요구성을 위해 혐기성 조건을 의존했다는 사실을 알고 있다면 그렇지 못할 것이다. 대기는 에너지를 생성하기 위해 사용 가능한 메탄과 기타 다른 가스로 가득 차 있었다. 그러나 산소는 없었다. 이것이 약 40억 년 전 환경이다.

그리고 30억 년 전에, cyanobacteria가 진화하였다. 바다 표면을 떠다니는 cyanobacteria는 햇빛을 포획하여 탄수화물 형태의 화학 에너지로 전환했다. 그러나 여기에 문제점이 있다. 산소는 광합성 과정의 폐기물이다. 그리고 산소는 치명적이다. 왜냐하면, 산소의 화학적 활성 형태는 여러 원핵생물에서 필수 세포 분자들로부터 전자를 떼어냄으로써 세포 대사과정을 파괴시킬 수 있기 때문이다. 그러나 향후 수억 년 동안 대기 중의 산소 가스의 양은 미미했고, 다른 미생물에 큰 영향을 미치지 않았다.

약 24억 년 전, cyanobacteria 개체 수와 대기 중의 산소 가스가 갑작스럽게 급격히 증가했다. 생산되는 화학적 활성 형태의 산소의 급격한 증가에 대처할 수 없었던, 수많은 미생물 종들이 죽어 멸종되었다. 다른 종들은 호수 및 심해 퇴적물처럼 산소가 없는 환경에서 생존하였으며, 이들의 후손도 여전히 존재한다. Cyanobacteria는 효소를 진화시켜서 산소의 화학적 활성 형태를 무독성 형태인 물로 안전하게 제거함으로써 바다에서 살아남을 수 있었다.

그림 A 스트로마톨라이트. 호수 서부 해안 Shark Bay.

© Rob Bayer/Shutterstock.

이렇게 첫 번째 군집에서 살아남은 개체의 일부는 스트로마톨라이트(stromatolites)라고 불리는 거대하고 얇은 물의 구조에 있었다. 사실 바위처럼 보이는 이 구조들은 호주 서부 해안의 Shark bay와 같이 지구 상의 몇 곳에 여전히 존재한다(**그림 A** 참조). 이는 해양 퇴적물과 탄산칼슘이 미생물 군집을 가둬서 형성된 구조이다. 스트로마톨라이트 윗부분의 몇 인치에는 광합성 cyanobacteria가 포함되어 있는 반면, 그 아래는 산소와 햇빛에 견딜 수 있는 다른 박테리아도 있었다. 그 아래 부분에 있는 생물체들은 산소와 빛이 닿을 수 없는 혐기성이면서 어두운 스트로마톨라이트 내부에서 생존할 수 있는 다른 세균들이다.

특히 잘 알려진 산소 호흡 생물 종인 호모 사피엔스가 진화하기까지는 여전히 20억 년이 걸릴 것이다.

호흡을 통하여 이루어진다.

혐기성 호흡(anaerobic respiration)은 해당과정과 시트르산 회로를 사용한다. 하지만 혐기성 호흡은 전자전달계에서 산소 이외의 것을 사용하여 전자를 받아들인다. 예를 들면, 혐기적 조건에서, 대장균은 질산염(NO^{3-})을 산소 대신 전자 수용체를 사용할 수 있다. 이렇게 되면, 전자전달계의 전자가 계속 작동하여 ATP 생산이 지속된다.

미생물이 이용하는 다른 전자 수용체는 황산염 (SO^{4-})와 이산화탄소(CO_2)이다. 미생물이 황산염을 전자 수용체로 사용하면 황화수소(H_2S)가 생성이 된다. 황화수소는 썩은 달걀 냄새를 배출하는데, 이로 인해 미생물이 살고 있는 음식이나 토양에서 끔찍한 냄새를 풍기게 된다. 이산화탄소가 전자수용체로 사용되면 이산화탄소는 메탄가스(CH_4)로 전환된다.

혐기성 대사는 지구의 대기를 산소가 채우기 수십억 년 전(산소가 부족한 조건에서) 에너지를 얻는 유용한 방법이었다. 실제로, 이런 종류의 화학 반응을 수행하는 혐기성 생물은 오늘날 생명체가 산소 없이도 생존 가능하다는 것을 생각하게 한다. 사실 수많은 혐기성 생명체들은 고세균과 원핵 세균에 속한다. 이러한 미생물은 토양 깊숙한 곳, 습지, 늪, 깊은 바다, 사람의 장내, 그리고 냄새 나는 매립지에 존재한다. 흥미롭게도, 때때로 황화수소 같은 가스 냄새는 미생물에게 유리할 수 있다. 자세한 것은 **A CLOSER LOOK 7.2**에서 설명한다.

A CLOSER LOOK 7.2

미생물 "악취 발생"

우리는 자신의 체취와 구취에 대하여 익숙하다. 우리가 청결한 위생 상태를 유지하지 않으면 피부 표면이나 입 안의 세균 종들이 비례하여 성장하게 되고, 이들 세균이 단백질과 같은 화합물을 대사 작용을 통해 만들어내는데, 이 물질들이 매우 불쾌하고 냄새나는 악취를 풍기게 한다.

좀 더 환경적인 차원에서, 매립지처럼 썩은 물질에서 나오는 냄새는 어떠한가(**그림 A** 참조)? 사실 유독한 냄새를 생성하는 것은 쓰레기를 분해하는 미생물이다. 이것은 일부 해양과학자에게 바다에서의 그러한 상호작용에 관하여 생각하게 했다. 해양 환경에서 세균이 동물 청소부(예, 게 또는 생선)와 음식을 놓고 경쟁할 때 세균은 악취를 생성하여 동물 청소부가 중요한 식량 자원을 취하는 것을 방해할까? 그들의 가설은 "게와 물고기는 썩어가는 식량자원을 청소하는 것을 싫어한다."이다.

이 가설을 증명하기 위해서, 연구팀은 게를 잡을 때 쓰는 주요 미끼 물고기인 멘헤이든을 사용하여 조지아주 사바나 근처에 게 함정을 만들었다. 일부 함정은 미생물이 가득한 멘헤이든을 1–2일 동안 나둬 썩도록 하였고, 다른 함정은 미생물의 거의 없는 신선하고 금방 해동된 멘헤이든 미끼를 포함하고 있었다. 함정을 검사했을 때 신선한 미끼가 있는 함정에 있는 동물이 미생물이 많은 멘헤이든 미끼가 있는 함정보다 함정당 동물 수가 두 배 이상 많았다. 돌게를 대상으로 한 실험 연구 결과에 따르면, 미생물이 가득한 썩은 음식은 피했지만 갓 해동한 멘헤이든은 쉽게 다가가 섭취하였다.

돌게를 활용한 이러한 회피 연구는 계속되었다. 일부 멘헤이든 미끼는 미생물에 의해 부패가 일어났다. 다른 시료에는 미생물 성장을 방지하거나 억제하기 위해 물에 항생제를 넣었다. 마찬가지로, 게는 항생제가 첨가된 멘헤이든을 쉽게 먹었지만 항생제가 없는 멘헤이든은 회피하였다. 이는 어떤 식이든 세균 생명체의 존재가 혐오의 원인이라고 추정했다.

그림 A 악취나는 매립지. 매립지는 냄새로 확인할 수 있듯이 미생물 부패가 발생하는 장소일 수 있다.

© Rob Bayer/Shutterstock.

마지막으로, 연구원들은 미생물이 많은 멘헤이든으로부터 화학 추출물을 모아서 이를 신선한 해동 멘헤이든과 섞었다. 역시, 돌게들은 쫓겨났다. 이 연구로부터 정확히 어떤 화학 화합물이 이 행동에 영향을 주는지 분명히 밝히지는 못하였다. 그러나 세균은 환경에서 분해자 역할을 할 뿐 아니라 화학전을 매우 성공적으로 수행함으로써 공통적으로 매력적인 음식을 놓고 상대적으로 큰 동물들과 경쟁할 수 있었다.

7.4 발효: 대사적 안전망

만약 당신이 미생물이고, 산소가 없고 혐기성 호흡에 필요한 전자 수용체가 전혀 없는 환경에 있다고 가정해보자. 이러한 것이 전혀 없으면 전자전달계가 기능을 하지 못하고, NADH 또는 $FADH_2$ 같은 조효소가 재활용될 수 없으며, ATP 합성은 빠르게 중단될 것이다. ATP를 생성하는 다른 방법이 없다면 죽음이 임박하게 된다. 사실, 몇몇 미생물은 발효라는 과정을 수행할 수 있는 능력을 가지고 있다.

발효(fermentation)는 혐기성 과정으로, 일부 미생물이 이 과정을 수행할 수 있다. 발효는 해당과정에서 생성된 피루브산이 acetyl-CoA로 변환되어 시트르산 회로로 보내지지 않는다. 대신 피루브산은 효소에 의해서, 알코올, 산, 또는 이산화탄소와 같은 다른 물질로 전환된다. 따라서 발효는 일부 미생물에게 세포 호흡이 없는 상황에서 한동안 생존할 수 있는 안전망을 제공한다. 여기에서는 효모를 예로 들어 발효가 어떻게 작동하는지를 설명한다.

발효

효모(*Saccharomyces* 종)가 해당과정에 의해 포도당을 대사하여 피루브산을 생성한다(**그림 7.16**). 이 과정이 진행됨에 따라서, 두 분자의 ATP가 생산되고 두 분자의 NAD^+가 NADH로 전환된다. 해당과정이 계속 진행되고 포도당 한 분자당 두 분자의 APT를 생성하려면, NADH 조효소는 NAD^+로 재활용되어야 한다. 일반적으로, 이러한 과정은 전자전달계에서 발생하지만 그 과정이 이러한 혐기성 대사에서는 일어나기 어렵다. 따라서 피루브산은 NAD를 재형성하기 위해 다른 물질로 전환되어야 한다.

Saccharomyces: sack-ah-roe-MY-seas

발효 최종 산물

효모의 경우에, 피루브산을 알코올로 전환하는 효소를 암호화하는 유전자를 가지고 있다. 이 과정에서, 그림 7.16A 나타낸 것처럼 화학적 반응을 통해 해당과정에서 재사용하기 위한 NAD^+을 재생한다.

효모에 의한 발효의 최종 산물이 알코올이므로, 인간에게 매우 중요한 의미를 가진다. 만약 포도주스가 기질로 사용되면 와인이 생산되고, 만약 보리가 사용되면 맥주가 최종 생산물이 된다. 또한, 효모가 피루브산을 알코올로 전환되는 과정에서 이산화탄소가 생성된다. 이때 생성된 이산화탄소의 양은 샴페인이나 맥주에서 거품 생성을 가능하게 하고 빵을 만드는 과정에서는 반죽이 부풀어 오르게 한다.

수많은 박테리아들도 다른 발효 최종 산물을 생산하게 된다(그림 7.16 참조). 예를 들면, *Streptococcus*와 *Lactobacillus*종들은 알코올을 생성하는 효소는 부족하지만, 피루브산을 젖산으로 전환시키는 효소를 암호화한 유전자를 가지고 있다. 유가공 산업에서는 이 균들이 생산한 젖산이 우유를 요구르트로 전환하는 데 이용된다. 많은 치즈는 그 치즈의 고유한 맛을 숙성 과정에서 여러 세균과 진균에 의해 생성된 발효 산들의 혼합물로부터 얻게 된다. 산업적으로 아세톤, 비타민, 여러 항생물질 및 수 많은 아미노산 같은 제품도 여러 다른 미생물의 발효 과정을 통하여 생산된다. 제14장의 생명공학과 산업에서는 이러한 제품들의 생산 과정에 대하여 자세히 다룬다.

그림 7.16 미생물 발효. 발효는 혐기성 과정으로, 피루브산을 최종 산물로 전환하는 과정에서 NADH를 NAD^+로 전환한다. NAD^+의 존재는 해당과정이 지속하는 것을 가능하게 해서 포도당 한 분자당 2개의 ATP 분자를 생성할 수 있게 한다.

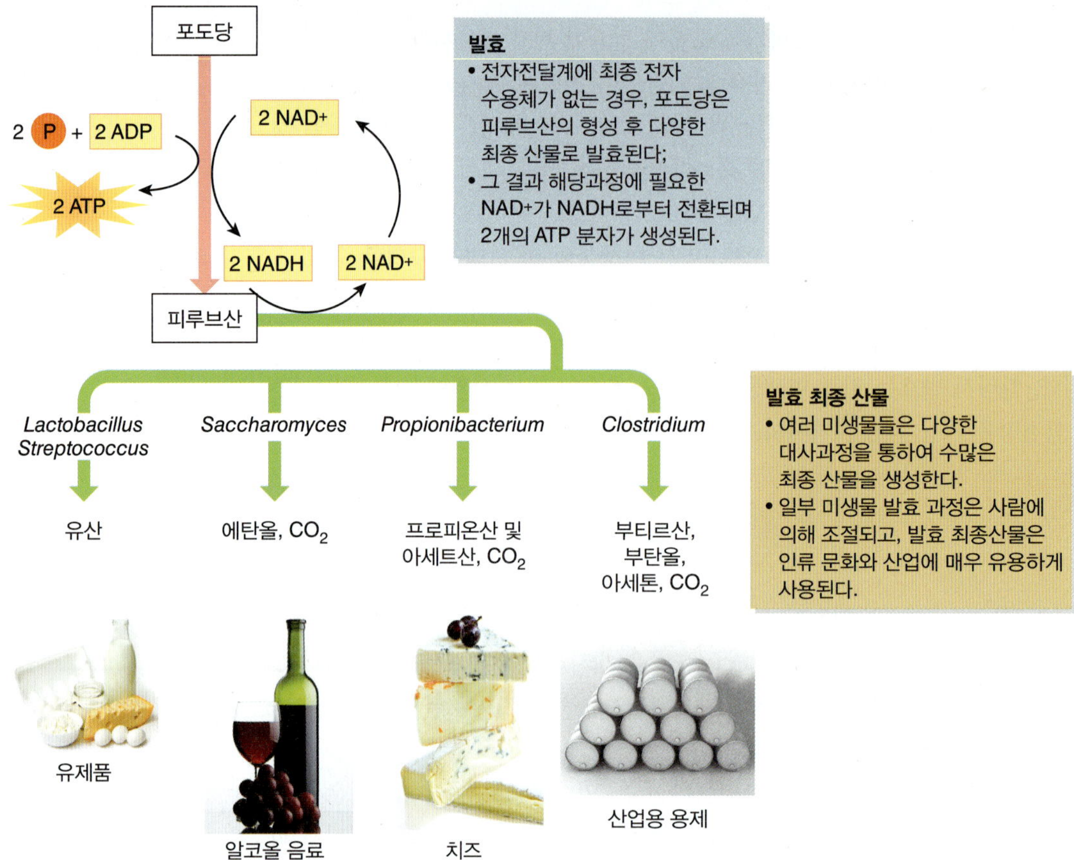

요약하면, 발효를 수행하는 미생물들은 발효를 통해 세포 호흡에 필요한 전자 수용체가 다시 존재하는 더 좋은 날이 돌아올 때까지 살아남으려 노력한다. 알코올과 젖산 같은 발효 최종 산물은 경제학적으로 매우 중요할 수 있지만, 미생물에게는 중요하지 않을 수 있다. 그보다는 발효를 통하여 해당과정의 지속적 작동에 필요한 NAD^+를 공급하고 생존에 필요한 ATP 분자를 생산하는 것이 미생물에게 더 중요할 것이다.

7.5 광합성: 동화작용

세포 호흡과 발효는 모든 세포에게 대사과정에 필요한 ATP 에너지를 공급한다. 이러한 과정을 수행하기 위한 수많은 화학적 에너지는 광합성으로부터 온다(그림 7.9 참조). 따라서 광합성 과정에 대하여 살펴보는 것으로 이 장을 마무리한다.

광합성(photosynthesis)은 cyanobacteria의 세포막이나 조류 엽록체에서 발생하는 동화작용이다. 이러한 미생물들은 빛을 흡수할 수 있는 색소를 가지고 있으므로 해서, 햇빛(빛 에너지)의 에너지를 포집하여 그 에너지의 일부를 화학적 에너지(탄수화물)로 변환할 수 있다. 광합성은 에너지 포집 반응과 탄소 포집 반응으로 이루어져 있다(**그림 7.17**).

에너지 포집 반응

광합성의 **에너지 포집 반응(energy-trapping reactions)**에서 태양 에너지는 빛을 흡수하

그림 7.17 미생물 광합성. 에너지 포집 반응은 ATP와 NADPH를 생성하는 반면에, 탄소 포획 반응은 CO_2와 에너지 포집 반응에서 생성된 ATP, NADPH와 반응하여 포도당을 생성한다.

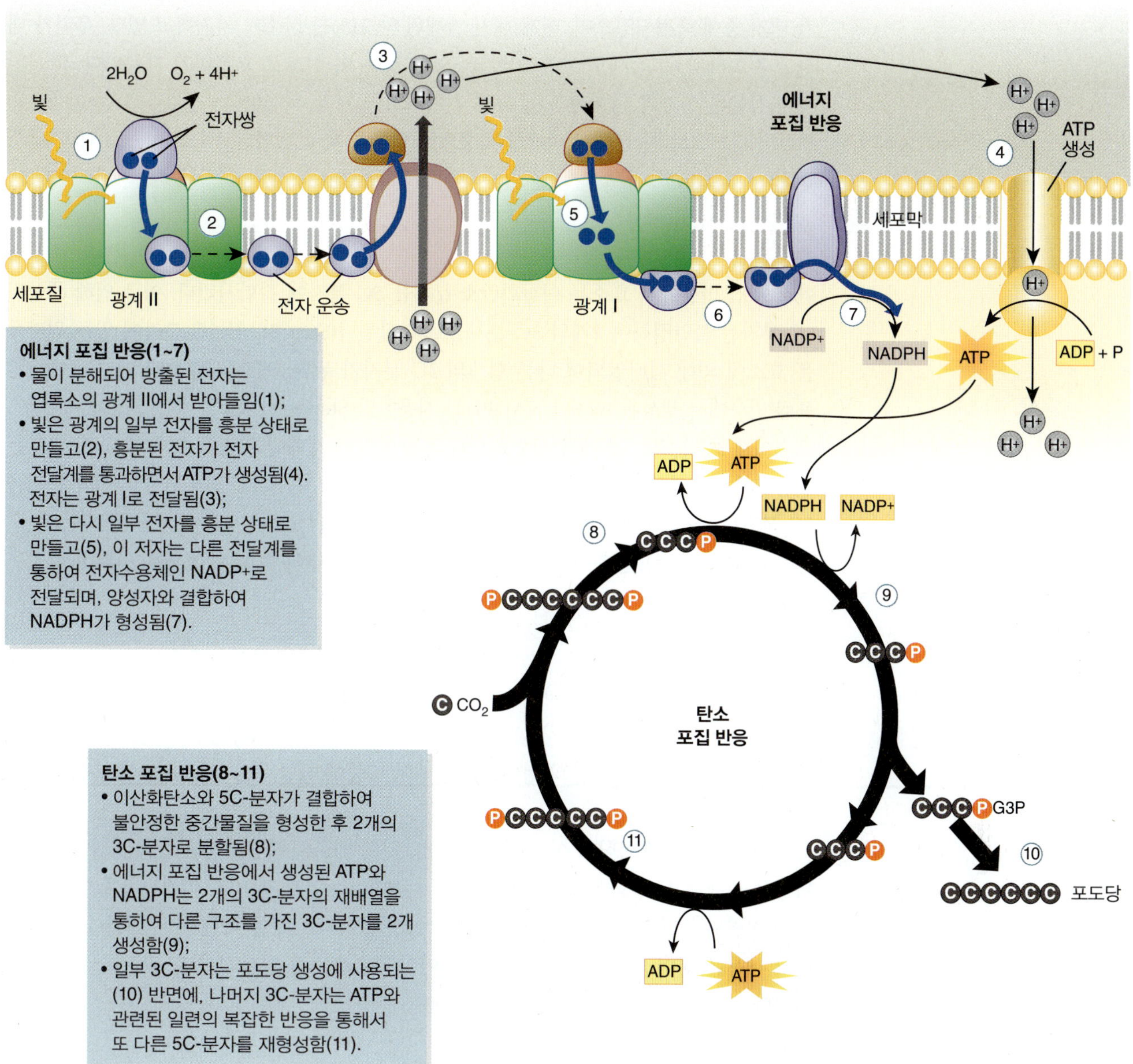

에너지 포집 반응(1~7)

- 물이 분해되어 방출된 전자는 엽록소의 광계 II에서 받아들임(1);
- 빛은 광계의 일부 전자를 흥분 상태로 만들고(2), 흥분된 전자가 전자 전달계를 통과하면서 ATP가 생성됨(4). 전자는 광계 I로 전달됨(3);
- 빛은 다시 일부 전자를 흥분 상태로 만들고(5), 이 저자는 다른 전달계를 통하여 전자수용체인 NADP+로 전달되며, 양성자와 결합하여 NADPH가 형성됨(7).

탄소 포집 반응(8~11)

- 이산화탄소와 5C-분자가 결합하여 불안정한 중간물질을 형성한 후 2개의 3C-분자로 분할됨(8);
- 에너지 포집 반응에서 생성된 ATP와 NADPH는 2개의 3C-분자의 재배열을 통하여 다른 구조를 가진 3C-분자를 2개 생성함(9);
- 일부 3C-분자는 포도당 생성에 사용되는 (10) 반면에, 나머지 3C-분자는 ATP와 관련된 일련의 복잡한 반응을 통해서 또 다른 5C-분자를 재형성함(11).

는 엽록소(chlorophyll) 색소에 의해 모아진다(step 1). 이 빛은 전자쌍을 "에너지화"하여 엽록소에서 방출한다(step 2). 이 전자들은 전자전달계를 통하여 이동하는데, 하나의 전자 운반체에서 다른 전자 운반체로 이동하고 이 과정에서 ATP가 생성된다(steps 3과 4). 일단 전자가 순차적으로 사이토크롬 분자들을 통과하게 되면 **NADP(nicotinamide adenine dinucleotide phosphate)**라는 또 다른 조효소가 이 전자를 받아들인다. NADP 분자는 수소 이온을 받아들여 NADPH로 전환된다(Steps 5–7). 따라서 에너지 포집 과정에서의 두 가지 주요 산물은 ATP와 NADPH이다.

에너지 포집 반응을 마치기 전에 언급해야 할 중요한 반응이 하나 있다. 에너지 포집 반응은 엽록소 분자에서 2개의 전자가 소실되면서 시작된다(Step 1). 만약 에너지 포집 반응이 지속되려면 엽록소는 소실된 전자를 다시 찾아야 한다. 그림 7.17A에서 보듯이, cyanobacteria와 단세포 조류는 물 분자를 분해하여 대체 전자를 얻게 된다. 전자가 엽록소에 통합되면 물분자의 나머지 산소 원자는 대기로 방출된다. 수십억 년에 걸쳐 이 산소가 대기 중에 축적되었으며, 현재 대기 기체의 약 21%를 산소가 차지하고 있다. 우리가 대사를 지속하기 위한 세포 호흡을 할 수 있는 것은 이 산소로 호흡하기 때문이다. 확실히 녹색 식물은 대가의 산소 농도에 크게 기여하고 있지만, 약 50%의 산소 농도는 미생물들로부터 나오므로 이 점에서 미생물이 중요한 역할을 하고 있다.

탄소 포집 반응

탄소 포집 반응에서 효소는 이산화탄소 분자를 5C-분자에 결합시킨다. 이로 인해 생성된 6C-분자는 불안정하여 2개의 3C-분자들로 분할된다(Step 8). 이 3C-분자에 있는 원자들은 효소에 의해 재배열되어 다른 형태의 3C-분자가 된다. 이 재배열 과정에서는 에너지 포집 반응에서 생성된 ATP와 NADPH를 사용한다(Step 9).

이제 3C-분자는 추가적으로 효소에 의해 제어된 재배열 과정을 거치게 되고, 일부는 결합하여 포도당 분자를 형성하게 된다(Step 10). 다른 3C-분자가 이 반응의 시작 물질을 5C-분자로 다시 재배열하면 이 반응이 완성된다(Step 11).

요약하면, 광합성은 빛 에너지를 포토당 분자 형태의 화학 에너지로 변환하는 반응이다.

$$6CO_2 + 6H_2O \xrightarrow{\text{태양 에너지}} C_6H_{12}O_6 + 6O_2$$

이 포도당 분자는 전분의 형태로 저장되어 나중에 해당과정과 ATP 생성 과정에 사용된다.

우리는 이제 생화학적 여정의 끝에 왔다. 길고 때로는 복잡하지만 꼼꼼히 살펴본다면, 당신은 미생물 삶의 화학적 반응에 대하여 이해할 수 있을 것이다. 미생물학을 아는 것은 그리 어렵지는 않지만, 미생물의 작은 부분이 만들어지는 것을 아는 것은 어렵다. 이 장의 주요 내용은 현미경 또는 사진으로 보는 이미지에 숨겨진 화학적 반응 및 시스템에 대한 것이다.

A Final Thought

이 장은 미생물학에서 접하게 될 가장 복잡한 개념 중 일부가 포함이 되어 있다. 하지만 이러한 개념은 매우 기본적인 개념인데, 왜냐하면 세균, 식물, 사람 등의 모든 생명의 에너지는 대사의 기초이기 때문이다. 잠시 뒤로 물러서서 나무뿐 아니라 숲도 볼 수 있기를 바란다. 그렇게 하면, 위에서 배운 것과 더불어 주요 메커니즘과 신호전달 과정이 미생물, 식물, 동물에서 잘 보존되어 있다는 사실을 알게 될 것이다. 20세기의 위대한 가장 큰 발견 중 하나는 모든 생명체가 유대 관계를 가지고 있다는 것을 밝혀낸 것이다. 사실 미생물의 대사를 공부하는 것의 유익한 점 중 하나는 인간을 포함한 모든 생명체의 생화학적 반응을 더 잘 이해할 수 있다는 것이다.

Chapter Discussion Question

What Was He Thinking?

이 장을 읽으면서, 저자가 전달하려고 했던 미생물의 성장과 신진 대사에 대한 5가지 주요 요점을 확인하고 토론하시오.

Questions to Consider

1. 통성혐기성, 호염성 및 중온성 미생물이 있다. 여러분은 이 복잡한 미생물 용어로 설명된 미생물을 어떻게 효과적으로 설명할 수 있는가?
2. 숨을 내 쉴 때 이산화탄소를 방출하는 사람처럼, 많은 미생물들도 대사과정에서 이산화탄소를 방출한다. 두 경우 모두 이산화탄소를 방출하는데, 사람의 세포와 미생물 세포에서 배출하는 이산화탄소는 어디에서 발생했는가?
3. 고대 이집트 파라오의 미라를 전시할 때, 세균에 의한 부패를 방지하기 위해 박물관 관계자들은 주로 산소 대신 질소 가스로 대체된 밀폐된 유리 상자에 미라를 넣는다. 이때 질소가 사용되는 이유는 무엇인가?
4. 지구 상의 생명 진화에서 가장 중요한 단계 중 하나는 광합성을 할 수 있는 cyanobacteria의 출현이다. 이것이 중요한 이유는 무엇인가?
5. 한 학생이 학교 현장 견학에 참여함에 따라 미생물 대사 범위의 미생물학 시험을 치루지 못했다. 이 시험에 대한 보강 시험을 조율하기 위해 학생이 강사와 논의하던 중 시험에서 하나의 문제를 확인하였다. "동화작용과 이화작용 간의 상호 관계에 대하여 논의하여라" 이 학생은 이 질문에 어떻게 답을 하였을까?
6. ATP는 모든 유기 생명체에서 중요한 에너지원이지만, 미생물 성장 배지에 첨가되거나 비타민 또는 기타 건강보조제로 절대 섭취되지 않는다. 왜 그렇게 생각하는가?
7. 이 장의 자료를 살펴보면, 비타민 B_2(리보플라빈)이나 B_3(니아신)이 우리 식단에서 필수적인 이유는 무엇이라 생각하는가?
8. 미생물의 성장과 번식에 영향을 주는 주요 물리적 요인에 대하여 공부하였다. 이 지구에서는 많은 미생물들이 이러한 극단적인 미생물 환경에서 살아남을 수 있다(표 7.1 참조). 화성의 미생물(지구의 미생물과 유사하다고 가정)이 극단적 그리고 물리적 환경에 생존할 수 있다고 생각하는가? 다음은 당신의 결정에 도움을 줄 수 있는 화성에 관한 유용한 정보이다.
   - 표면 온도: 기온은 적도에서 약 27°C로 추정되고, 겨울 극지방은 −143°C로 추정됨.
   - 대기: 95%가 이산화탄소이고, 질소(27%), 아르곤(1.6%) 및 산소(0.13%, 지구의 약 21%)도 존재함. 자외선은 지구의 약 3배임.
   - 토양: 물과 얼음이 존재함이 확인됨. 토양의 pH는 약 7.7이고, 여러 간단한 유기 분자가 발견되었으며, 마그네슘, 칼륨 및 염화물 등 생명체에게 영양소 역할이 가능한 화학물질이 발견됨.
   - 염분: 화성에서 볼 수 있는 어두운 손가락 모양의 형태는 지구의 바다와 동일한 염분의 흐름일 수 있음.

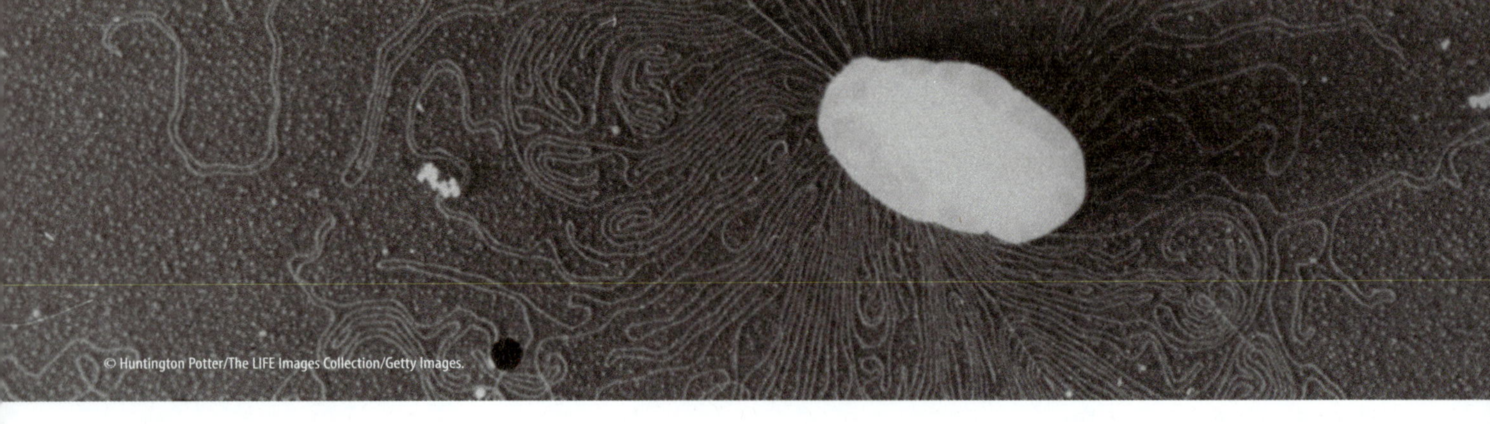

Chapter 8

DNA 이야기: 염색체, 유전자, 그리고 유전체

▶ 미생물 좀비?

폐렴(lobar pneumonia): 허파의 한쪽 또는 양쪽 모두의 세균 감염.

Streptococcus pneumoniae: strep-toe-KOK-us new-MOH-nee-eye

20세기 초기에, **폐렴(lobar pneumonia)**은 치명적이었다. 이 질병은 *Streptococcus pneumoniae*에 의해서 발병되며, 1918~1919년 사이에 발생한 인플루엔자 대유행 시 일반적인 합병증이었다(**그림 8.1**). 사실상 인플루엔자와 이것의 합병증으로 인해 5,000만 명 이상이 희생되었다. 폐렴은 1928년까지 여전히 치명적이었다. 그해에 미국에서만 10만 명 이상이 사망하였다.

이러한 엄청난 치사율 때문에, 영국의 세균학자 Frederick Griffith는 폐렴 감염을 예방할 수 있는 백신을 개발하려고 하였으며, 2종류의 *S. pneumoniae* 균주를 연구하였다. 그 중 하나의 균주(S 균주)는 한천배지에서 크고 매끈한 콜로니를 형성했으며, 현미경으로 관찰했을 때, 캡슐이라고 부르는 두꺼운 당피지질(협막)을 형성하고 있었다. Griffith가 이 S 균주를 쥐에 주사하자, 쥐에서 빠른 시간 안에 폐렴이 발병되어 죽었다.

두 번째 균주는 협막이 없으며, 한천배지에서 크기가 작고, 표면이 거친 콜로니(R 균주)를 형성하였다. 그리고 쥐에 주사했을 때, R 균주는 무해하였으며, 폐렴이 발병된 쥐는 없었다. 그리고 Griffith는 병원성 S 균주를 열처리하여 죽였는데, 이러한 과정이 백신 개발로 연결될지 모른다는 생각을 하였다. 이렇게 열처리로 죽은 폐렴균을 쥐에 주사했을 때, 쥐들은 모두 생존하였다. 이 경우 모든 쥐에서 폐렴이 발병되지 않은 사실을 확인하고, Griffith는 영감을 받았다.

그 후 Griffith는 열처리하여 죽인 S 균주를 살아있는 비병원성 R 균주와 혼합하고, 이 혼합물을 쥐에 주사하였다. 이때 Griffith는 모든 쥐가 살 것이라고 기대하였다. 그러나

CHAPTER 8 OPENER DNA는 미생물과 몇 종의 바이러스를 포함하는 모든 생물체의 유전정보를 지시하는 분자이다. *Escherichia coli* 전자현미경 사진에서 세포가 파열되어 DNA가 유리되고 있다. 이 사진에서 보이는 DNA 섬유는 단일의 환상 분자이다.

놀랍게도 모든 쥐는 폐렴으로 곧 죽고 말았다. 어떻게 이런 일이 가능할까? *S. pneumoniae*의 열처리로 죽인 S 균주와 살아있는 R 균주는 이전의 실험에서 본 바와 같이 무해하였기 때문이다. Griffith가 죽은 쥐의 혈액 샘플을 한천배지에서 배양했을 때, 많은 수의 살아있는 S 균주 콜로니를 관찰하였다. 더욱이 이 세포들은 캡슐을 가지고 있었다. 어떻게 이런 일이 일어날까? 모든 S 균주는 이 실험 초기에 죽어 있었다. 그러면 이 세균들은 죽은 후 다시 회복되었단 말인가? "좀비 세균일까" Griffith는 이해할 수 없었다.

이 장에서는, **Deoxyribonucleic acid(DNA)**의 역할과 이것의 구조 단위인 유전자 **genes**을 다루면서, Griffith가 해결할 수 없었던 현상을 설명하고자 한다. 그리고 유전자가 어떤 방식으로 단백질 형태의 생화학적인 신호를 거쳐서 번역되는지에 대해서도 고찰하고자 한다. 마지막으로, 과학자들이 DNA에 관한 지식을 이용하여 새로운 학문인 유전체학을 발달시킨 과정을 소개할 것이다. 이것은 과학적 및 사회적으로도 흥미로운 이야기이며, 오늘날 주요 뉴스와 같이 현재 진행형이다.

그림 8.1 1918~1919 독감 대유행. 1918년 프랑스의 미육군 병영병원의 독감 병실 사진을 디지털 기법을 이용하여 컬러사진으로 표현한 것. 수많은 인플루엔자 감염환자들이 폐렴합병증으로 생을 마감했다.

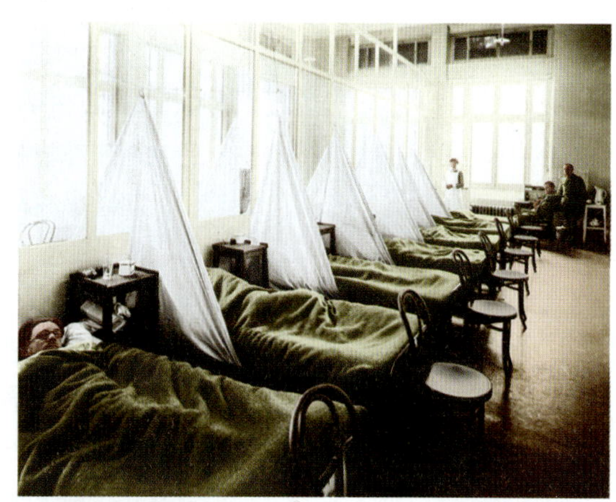

LOOKING AHEAD

이 장을 마치면, 여러분은 다음의 내용들을 할 수 있게 될 것이다.

8.1 DNA 분자가 스스로 복제방식을 설명하는 것이 가능하다.

8.2 전사와 번역의 구분할 수 있다.

8.3 비교유전체학을 통하여 인간 유전체내에서 발견된 상이한 종류의 미생물 유전자를 확인하는 것이 가능하다.

8.1 DNA: 모든 생물에서 유전을 담당하는 분자

1952년경 까지, 과학자들은 생물체에서 유전물질이 DNA인지 혹은 단백질인지에 대해 논의되고 있었다. 그들은 **염색체(chromosome)** 내에 유전정보가 있고, 염색체는 DNA와 단백질로 구성되어 있음을 알고 있었다. 그러면 둘 중 어느 성분이 유전정보를 운반하고 있을까? 많은 사람들은 DNA가 유전물질이 될 수 없다고 생각했다. 어떤 생명체의 화학적 복잡성이 DNA 내에 존재하는 단지 4종류의 뉴클레오티드(문자)에 의해서 결정될 수 있겠느냐는 것이었다. 단백질이 20종류의 아미노산(문자)으로 구성되어 있었기 때문에 더 그럴듯하게 보였다. 생각해 보면, 전체 영어언어가 영어 알파벳 26개로 구성되는 것에 비해서, 단지 4문자로 구성된다는 것은 불가능할 것이기 때문이다.

1928년에, Griffith는 2종류의 *S. pneumoniae* 균주를 사용하여 수행한 연구결과를 발표하였다. 그는 R 균주가 스스로를 S 균주로 변형시켰다고 주장하였다. 그러나 이러한 형질전환의 방법을 설명할 수가 없었다. 그 후 1952년에, 두 사람의 유전학자가 Griffith가 수행한 형질전환 실험에 대한 해답을 발견하였고, 또한 유전물질의 성질도 규명하였다.

두 유전학자는 Alfred Hershey와 Martha Chase이었으며, DNA와 단백질 중에서 어느 것이 유전물질인지를 결정하기 위해 노력하였다. 그들은 *Escherichia coli*(대장균)과 세균 세포를 감염시키는 바이러스인 **박테리오파아지(파아지)**를 이용하였다. 파아지들은 세균

Escherichia coli:
esh-er-EEkey-ah KOH-lee

세포를 공장으로 사용하여 더 많은 바이러스를 생산한다. 중요하게도, Hershey와 Chase는 파아지의 중심부에 있는 DNA 구조에는 인 원자가 존재하지만, 유황 원자는 존재하지 않는다는 사실을 이용하였다. 반면에, 파아지의 단백질 껍질에는 그 구성 아미노산의 일부에서 인 원자가 아니라 유황 원자가 존재하였다. 그들은 DNA에 ^{32}P라고 불리는 방사성 인을 갖고 있고, 단백질 껍질에 ^{35}S라고 불리는 방사성 유황을 가지는 파아지를 제작하였다. 그리고 연구자들은 이 방사성 파아지를 대장균과 혼합한 후, 감염된 세포 내에서 새로운 파아지가 발생되기에 충분한 시간만큼 기다렸다(**그림 8.2**).

그들이 세포를 조사했을 때, ^{32}P 방사능만 대장균 세포의 내부에 존재하였다. 그리고 ^{35}S는 세균 세포의 외부에 남아있었다. 왜냐하면, 새로운 파아지를 만드는 유전정보는 대장균 세포의 세포질 내로 전달될 필요가 있었기 때문에, Hershey와 Chase는 바이러스 DNA, 즉 DNA만이 파아지를 증식시키는 데 필요한 물질이라고 결론을 내렸다.

어떤 실험들은 과학의 역사에서 전환점으로 부각되는데, Hershey와 Chase의 실험이 대표적인 예이다. 그들의 실험결과에 의해서, 유전현상에서 DNA의 역할을 확고하게 인식되었기 때문에, 당대의 생화학 반응에 관한 사고방식에 지대한 영향을 미쳤다. 오늘날 우리들은 모든 세포에서 DNA가 유전정보임을 알고 있다.

그들의 실험결과로, Griffith의 형질전환 연구결과를 해석하는 것이 가능해졌다. 가열되었을 때, S 균주는 파괴되었고, 그들의 DNA들은 단편화되어 액체배지로 유리되었

그림 8.2 Hershey-Chase 실험. 대장균 세포와 감염성 파아지는 세포 내에서 DNA가 유전물질임을 증명하는 데 사용되었다. ^{32}P는 방사성 인, ^{35}S는 방사성 유황이다.

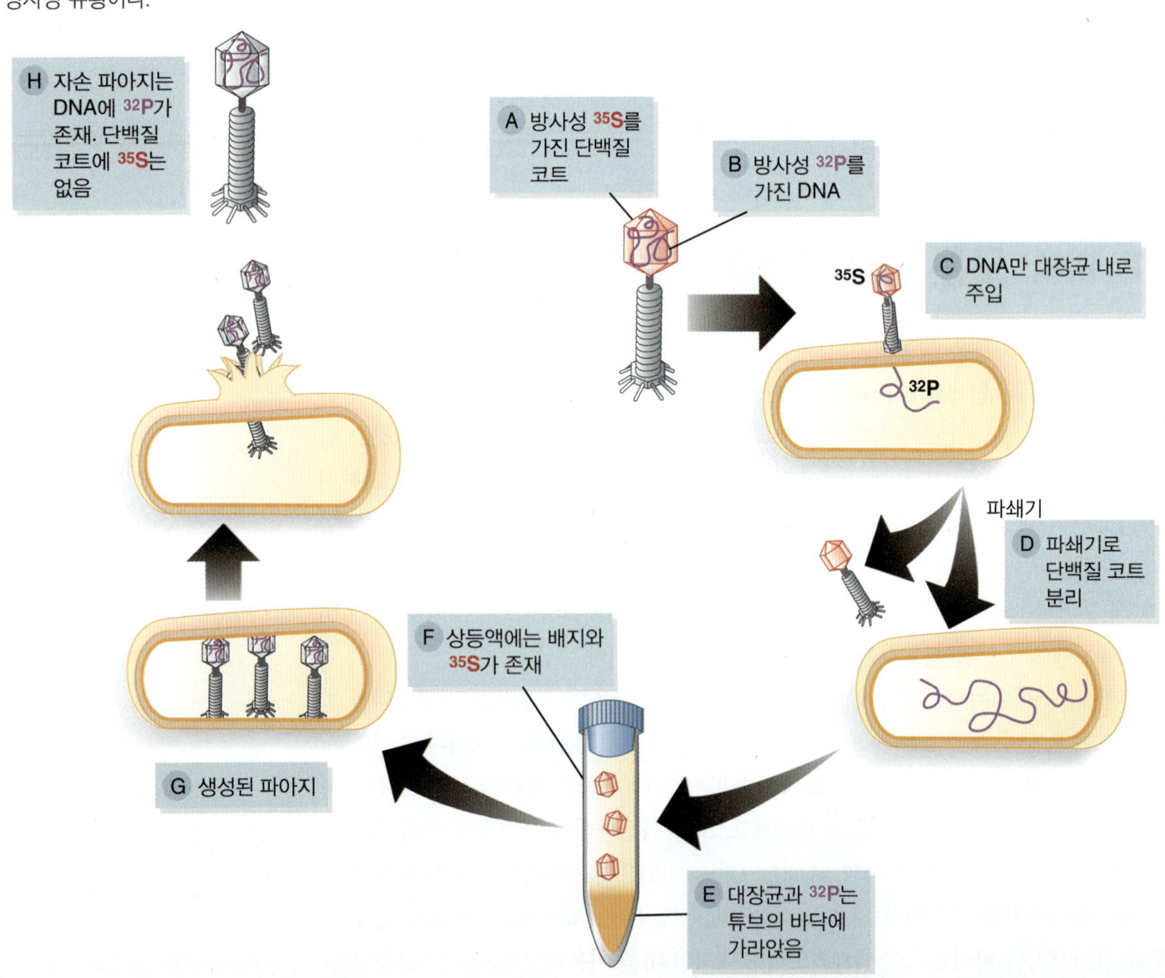

다. 이들 DNA 단편 중 어떤 것들은 배지 상에서 R 균주 내로 흡수되었고, 흡수된 R 균주의 염색체 내로 도입되었다. 이 "새로운" DNA는 협막을 생성하는 유전자를 가지고 있었다. 이러한 사실이 무해한 R 균주가 병원성 S 균주로 형질전환되는 데 필요한 모든 것이었다. 좀비는 더 이상 필요 없게 되었다! 그러므로 Griffith는 자신이 인식하지 못한 동안에, DNA가 유전정보를 운반하고 있다는 사실을 밝혀준 그 시대의 선구자였다.

일단 DNA가 유전을 담당하는 분자임이 다른 유전학자들에 의해서 확인되니까, 그 후의 과학자들에게는 DNA의 화학적 구조를 밝힐 필요가 생겼다. 구조를 알게 되면, 세포 내의 대사과정 그리고 유전 활성의 작용 방식과 조절되는 방식이 DNA에 의해서 설명될 수 있을 것이기 때문이다.

이중나선

1920년대 이후에, DNA는 세 부분 즉, 5탄당(deoxyribose)과 많은 수의 인산기(PO_4)와 **nucleobase** 또는 간단히 **염기(base)**로만 불리는 일련의 분자들로 구성되어 있음이 알려졌다. 이들 염기는 **아데닌(A)**, **티민(T)**, **구아닌(G)**, 그리고 **시토신(C)**이다(**그림 8.3A**).

DNA는 대략 동일한 비율의 인산기와 데옥시리보오스 분자와 염기로 구성되어 있음이 밝혀졌다. 그러므로 과학자들은 DNA는 이들 세 가지 성분들로 구성되며, 이들 단위들로 서로서로 연결되어 있다고 정확하게 결론을 내렸다. 그 단위들은 **뉴클레오티드(nucleotide)**로 알려졌으며, 구성 염기가 서로 다르다(**그림 8.3B**).

1950년대 초기까지는, DNA 분자 내에서 뉴클레오티드의 공간적인 배치에 대하여 거의 아무것도 알려진 것이 없었다. 그 시기 즈음에, X-선 회절이라는 새로운 기술이 이용 가능하게 되었다. 이 X-선 회절 연구에서는 화학물질의 결정에 X-선을 조사한다. 그리고 X-선이 화학물질의 전자에 의해서 회절되면, 특징적인 패턴이 사진판에 나타난다. 이 패

그림 8.3 DNA의 구성 단위. DNA 내에 존재하는 4종류 염기의 구조. DNA 염기는 인산가와 결합된 데옥시리보오스에 연결되어 있다. 이 복합체는 뉴클레오티드이다.

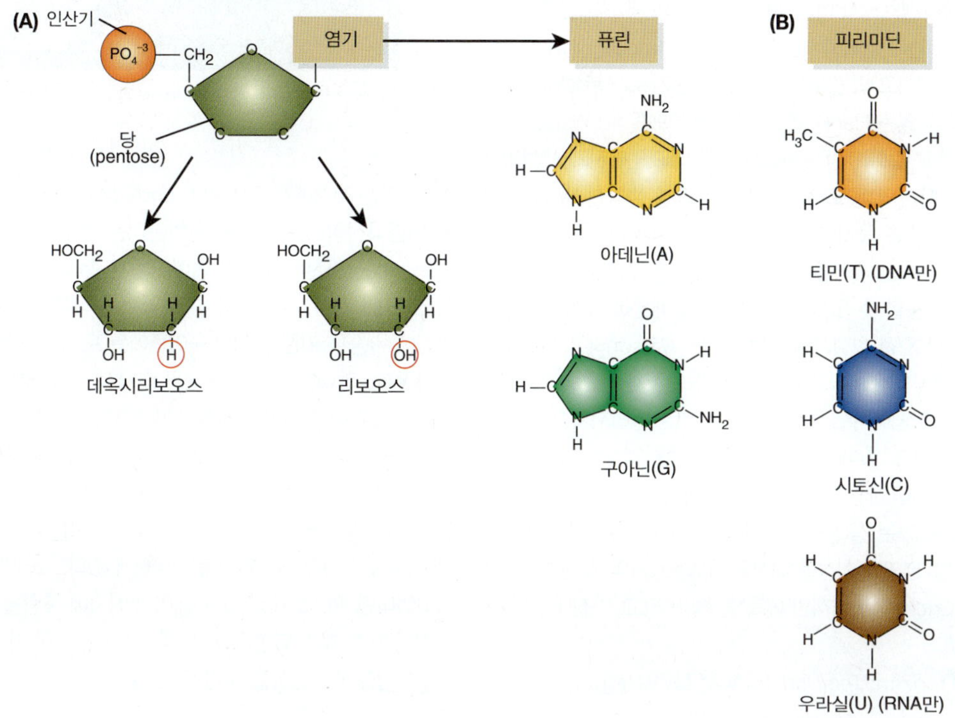

턴은 화학물질의 3차원 구조에 대한 강력한 단서가 된다.

DNA의 결정화 분야에서 선두적인 전문가들 중에, 영국의 생화학자인 Maurice Wilkins가 있었다. Rosalind Franklin은 그의 연구그룹에 속해 있었는데, 그녀는 Wilkins'가 개발한 DNA 조제 방법을 사용하여 DNA의 선명한 X-선 회절 패턴을 얻었다. **A CLOSER LOOK 8.1**에는 DNA 구조를 밝히려는 경주에 관한 인간적이고도 흥미로운 이야기가 기술되어 있다.

Watson과 Crick은 **그림 8.4A**와 같이, 염기들은 데옥시리보오스 당에 각각 결합되어 있으며, DNA 사슬에 측쇄로서 달려 있다고 결론지었다. 전체 사슬은 폴리뉴클레오티드라고 표현하였다. 그리고 그들은 Franklin의 X-선 회절 데이터를 참고로 하여, DNA가 **이중나선(double helix)**임을 깨닫게 되었다.

A CLOSER LOOK 8.1

토끼와 거북이

우리 모두는 토끼와 거북이에 관한 동화를 잘 기억하고 있다. 이 이야기의 교훈은 천천히 그리고 체계적으로 행동하는 사람(거북이 같이)이 신속하지만 충동적인 (토끼 같은) 사람과의 경주에서 승리할 것 이라는 것이다. DNA 구조 연구에 관한 경주는 협동과 경쟁의—과학적인 면에서 토끼와 거북이—스토리이다.

Rosalind Franklin(거북이)은 1951년 런던의 킹스 칼리지에 도착했을 때, 31살이었다. 그 이전에 캠브리지 대학교에서 물리화학 박사학위를 취득한 후, 파리로 가서 X-선 회절 기술(**그림 A** 참조)을 습득하였다. Franklin은 Maurice Wilkins 그룹의 일원으로서 X-선 회절 기술을 사용하여 DNA 섬유의 구조를 해명하는 일을 담당하였다. 그녀는 최고의 기술로, 끈질기게 최상의 결과를 얻기 위해 노력함으로써, 그녀와 그녀의 학생 Raymond Gosling은 DNA의 훌륭한 고해상도 X-선 이미지를 얻을 수 있었다.

그러는 동안에, 캠브리지 대학교에서는 미국의 박사후 연구원인 James Watson(토끼)이 영국의 대학원생 Francis Crick와 DNA 구조에 관한 연구를 수행하고 있었다. 모든 실험적인 자료가 분석되기 전에는 결론을 내리지 않는 Franklin의 성품과 비교했을 때, Watson은 "도자기 상점의 황소" 같이 건방진 부랑자 같은 태도를 가지고 있었다.

Franklin이 자신의 동료연구자임을 가볍게 생각한 Wilkins는 Watson과 Crick를 돕기를 더 원했다. Watson이 생각하기를 Franklin은 "X-선 회절 사진을 판독할 능력이 없으며", 자신이 그 데이터를 더 잘 이용할 수 있다고 생각했었기 때문에, Wilkins는 Franklin이 소장한 X-선 회절사진과 보고서를 Watson에게 보여주었다. 이 자료들로부터, DNA가 나선형 분자라는 사실이 명백하였다. Franklin이 그 당시에 구조를 알고 있었는지는 알려지지 않고 있다. 그럼에도 불구하고, Wilkins가 보여준 자료를 검토한 Watson과 Crick는 Franklin이 깨닫지 못한 점: 즉 2개의 DNA 사슬이 이중나선을 형성하고 있다는 점에 생각이 미쳤을 때, 유명한 두뇌(light bulb)가 번득였다. 염기쌍 형성을 해석하는 Watson의 능력에 힘입어, Watson과 Crick은 "비약적인 예측"을 하게 되고, 마침내 DNA 구조가 해명되었다.

그림 A DNA 샘플의 순도를 연구하고 있는 Rosalind Franklin.

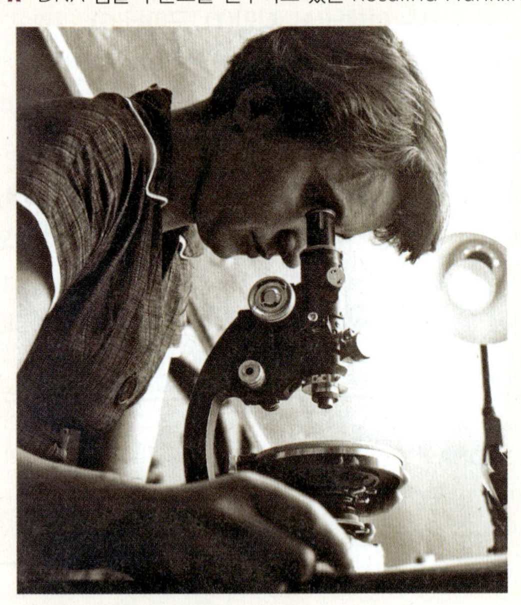

Rosalind Franklin: *The Dark Lady of DNA*(HarperCollins, 2002)라는 저서에서, 저자인 Brenda Maddox는 Franklin이 DNA가 이중나선이라는 사실을 알았는지는 분명하지 않다고 주장했다. Franklin은 자신이 확보한 데이터에서 확대 해석을 하지 않는 성격이었다. 이 경우, 연구수행 중 비약적인 직관력이 체계적인 데이터 수집에 완승을 거둔 것이다—이번에는 토끼가 거북이를 이겼다. 그러나 Watson과 Crick이 성취한 역사적인 발견에는 Franklin의 데이터가 중요한 핵심적인 사실을 제공했다는 사실은 부정할 수 없다.

1962년에 Watson, Crick, Wilkins는 DNA 구조를 밝힌 업적으로 노벨 생리의학상을 수상하였다. 여기에 Franklin이 포함될 수 있었을까? 노벨상위원회는 사후에는 노벨상 수여를 하지 않는다. Franklin은 이미 4년 전에 난소암으로 사망한 뒤였다. 그러면, 만약 그녀가 살아있었다면, Rosalind Franklin이 수상자에 포함될 수 있었을까? 어느 연구자가 제외 되었을까? 노벨상위원회는 한 가지 분야에 대해서 3명 이상에게 노벨상을 수여하지 않는다.

또 다른 연구자들의 업적을 참고하여, Watson과 Crick은 DNA의 한쪽 사슬상의 모든 A에 대해서, 마주보는 사슬에서는 T가 존재함이 틀림없다고 생각했으며, 그 반대의 경우도 마찬가지라고 생각했다. 마주보는 염기들은 서로 '상보적인 염기"일 것이다. 또한, 한쪽 사슬상의 모든 G에 대해서, 마주보는 사슬 상에서는 상보적인 C가 존재할 것이며, 그 반대의 경우도 마찬가지일 것이다. 상보적인 염기 사이에서 형성된 약한 화학적인 결합에 의해서, 2개의 사슬은 결합되어 이중나선을 형성하였다(**그림 8.4B**).

Watson과 Crick은 그들의 가정을 1953년에 연속적으로 3편의 독창적인 논문으로 발표하였다. 과학계에서는 그들의 연구결과를 과학 발전상의 위대한 도약이자, 과학적 성

그림 8.4 DNA 분자.

(A) DNA 한쪽 사슬(폴리뉴클레오티드) 단편에 들어있는 뉴클레오티드.

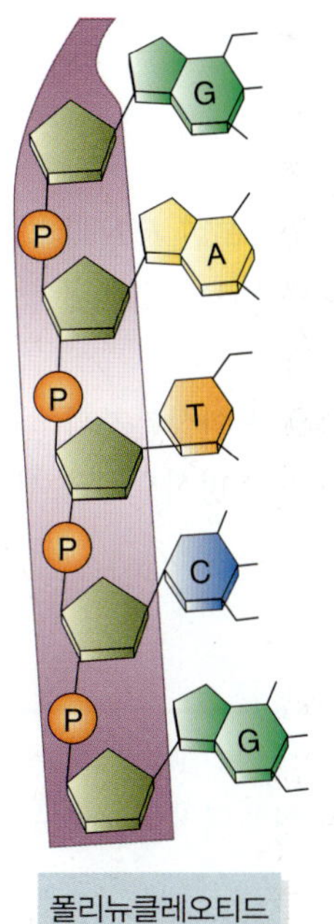

(B) DNA 모델. DNA 분자는 2개의 사슬이 서로 얽힌 이중나선 분자로 구성되어 있다. 각각의 사슬에서 상보적인 염기들은 돌출되어 A-T 염기쌍과 G-C 염기쌍을 형성하고 있다. 우측의 구조는 DNA 분자의 3차원 구조를 나타낸다.

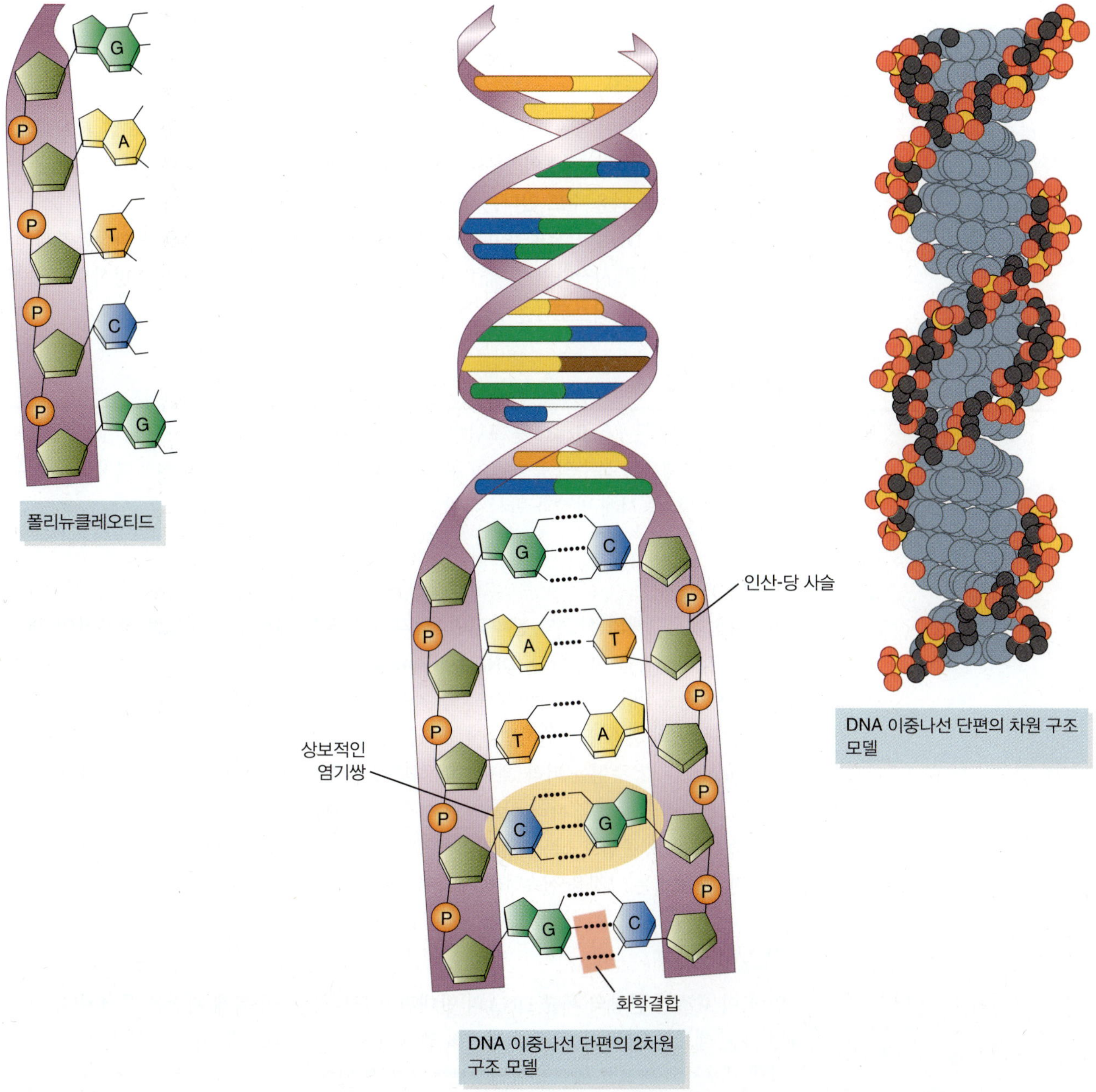

인산-당 사슬
상보적인 염기쌍
화학결합
DNA 이중나선 단편의 2차원 구조 모델
DNA 이중나선 단편의 차원 구조 모델

그림 8.5 1962년 노벨 생리의학상. 1962년에 촬영한 이 사진은 노벨 수상자들, Maurice Wilkins 교수(제일 왼쪽), Francis Crick 교수(왼쪽에서 세 번째), James Watson 교수(우측 둘째), 이들은 스톡홀름 공연장에서 공식행사 후 그들의 증서를 들고 있다: Crick 교수와 Watson 교수 사이에 있는 사람은 작가 John Steinbeck, 그는 노벨 문학상 수상자임을 주목하시오.

과의 최첨단이라고 환호하며 축하하였다. 그들의 연구결과가 발표되자, 유전학자들은 DNA의 복제 방식과 유전정보가 다음 세대로 전달되는 방식을 추론할 수 있게 되었다. 1962년에 Watson, Crick, 그리고 Maurice Wilkins는 그들의 업적으로 노벨 생리의학상을 수상하였다(**그림 8.5**).

DNA 복제

모든 세포가 무성적인 세포분열을 수행할 때, 자손 세포는 완전한 유전정보 한 세트를 가지게 된다. Watson과 Crick의 연구논문 중 하나에서는, DNA의 구조에서 DNA 복제 방식에 관한 힌트를 얻을 수도 있다는 점을 지적하였다.

진핵생물의 DNA가 선형인 반면에, 비록 대부분의 원핵세포 DNA가 환상분자라 하더라도, 세포분열을 시작하기 전에, DNA 그 자체는 매우 유사하게 정확한 방식으로 복제되며(**그림 8.6**), 기본적으로 3단계로 진행된다.

1단계: 개시

세균 염색체에서는, **helicase**를 포함하는 일련의 단백질과 효소들이 이중나선의 특정 지점(진핵세포에서는 복수의 출발점이 존재한다)에서 풀기 시작한다. DNA 복제의 개시는 두 가지 방향, 즉 시계 방향과 반시계 방향으로 진행된다.

2단계: 신장

이중나선에서 2개의 사슬의 분리되면, 각각의 사슬은 새로운 주형으로 작용하여 새로운 상보적인 사슬을 합성한다. **DNA polymerase**라고 부르는 효소가 각 사슬을 따라 이동하면서, 상보적인 사슬을 합성하고 짝 지운다. 예를 들면, DNA polymerase가 한쪽 주형 가닥 상 A의 존재를 확인하면, 이 효소는 A와 상보적인 T와 짝지울 것이다. 이 DNA polymerase는 각 주형을 따라 계속 이동하면서 더 많은 상보적인 염기들을 첨가한다. 결과적으로, 각각의 주형을 따라 상보적인 사슬이 신장하게 된다.

중요하게도, 중합효소는 교정기의 역할도 수행한다; 즉, 부적합한 상보적인 염기가 첨가되면, 이 효소는 그것을 신속하게 제거시키후, 적합한 염기를 첨가한다.

3단계: 종결

일단 이 효소가 환상의 세균 DNA의 반대편에 도달하면, 이 복제 과정은 종결된다. 그러면 세균 세포는 2개의 독립적인 환상의 염색체를 가지게 되는데, 이 세포가 분열될 때 각각의 세포들은 완전한 세트의 유전정보를 가지게 된다.

그림 8.6 DNA 복제. DNA 이중나선에서 발견되는 상보적인 염기들은 각 사슬이 상보적인 사슬의 주형으로 작용할 수 있음을 나타낸다. DNA 복제의 3단계: 복제 개시, 신장, 그리고 종결 과정이다.

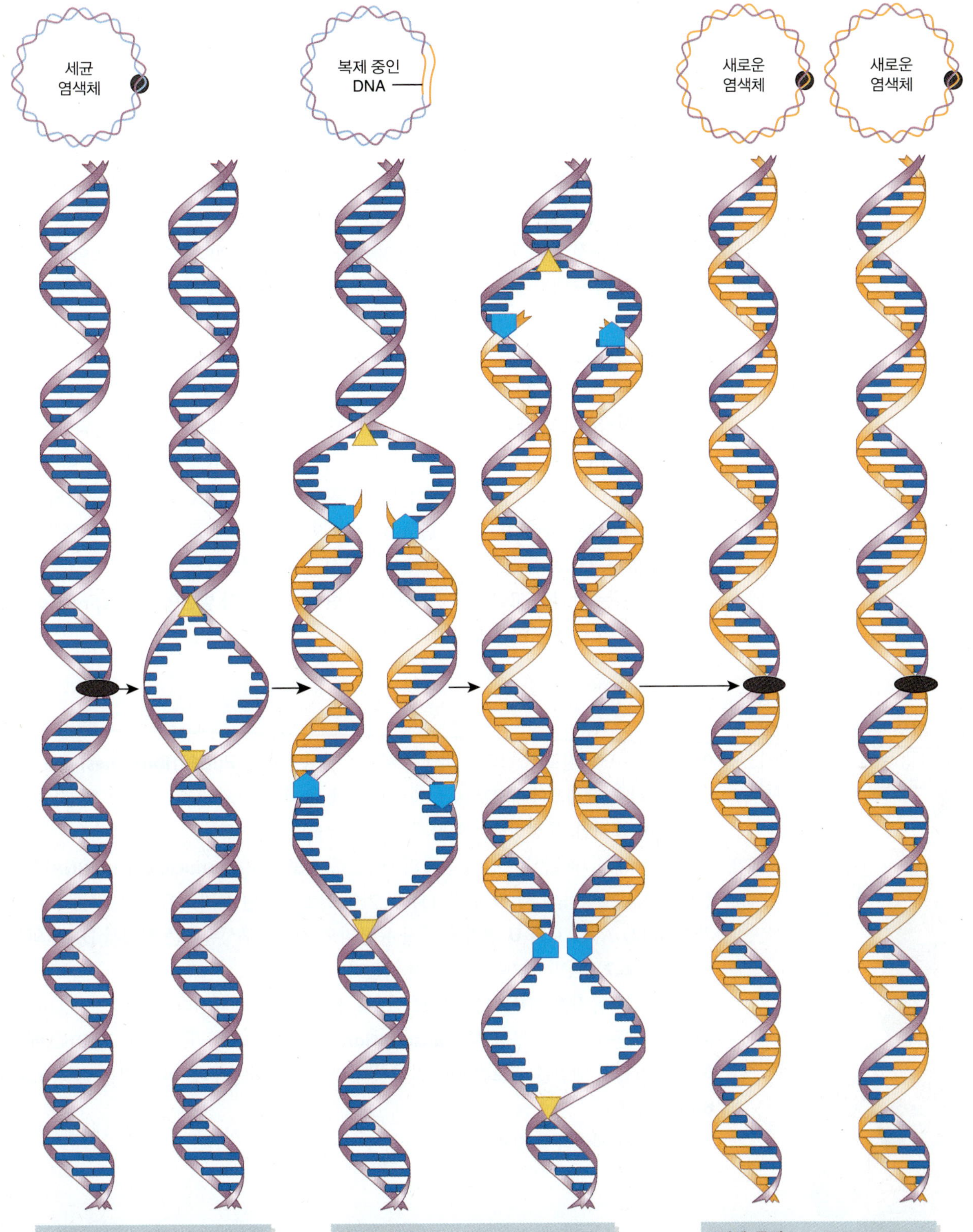

1단계: 개시
- 염색체DNA 복제는 DNA 상의 고정된 위치(회색 원)에서 시작된다;
- DNA helicases(노란색 삼각형)는 DNA에 결합하여 이중나선을 분리하기 시작한다.

2단계: 신장
- 여러 가지 효소들이 DNA 사슬 복제를 돕는다;
- DNA 중합효소(파란색 오각형)는 DNA 사슬을 따라 이동하며, 신장하는 상보사슬(주황색)에 상보적인 염기들을 첨가한다.

3단계: 종결
- 중합효소가 염색체의 반대 지점에 도달하면 복제는 멈춰진다.;
- 2개의 염색체(DNA 분자) 각각은 오래된 사슬(파란색)과 새로 만들어진 사슬(주황색)로 구성된다.

새로운 DNA 분자를 합성하는 이 방법은 각 염색체의 한쪽 사슬은 기존의 사슬(보존된 주형)에 해당되며, 각 DNA 분자의 절반에 해당하기 때문에, **반보존적 복제(semiconservative replication)**(*semi* = "half")라고 한다.

8.2 유전자 발현: 정보의 흐름

단백질은 모든 세포의 기능과 구조를 담당하는 성분이다. 제3장 세포 내의 분자에서 기술된 바와 같이, 단백질은 화학적으로 **아미노산(amino acids)**이라고 불리는 단위로 구성되어 있다(핵산의 구성 단위가 뉴클레오티드인 것과 같이). 단지 20종류의 상이한 아미노산들이 모든 세포들의 단백질에서 발견되는 무수한 조합을 생성한다. 단백질 간의 차이점을 생성하는 원인은 아미노산 배열이다. 예를 들면, 2종류의 단백질 각각이 33개의 아미노산으로 연결되어 있다고 가정했을 때, 만약 아미노산 배열(알파벳)이 서로 상이하다면, 이들 두 단백질(문장)은 상이할 것이다. 여기서, 26문자의 알파벳으로 얼마나 많은 단어가 조합될 수 있는지를 상상해보라. 생명체 내에서, 이 알파벳은 20종의 아미노산으로 구성되어 있다.

만약 DNA 분자가 단백질의 아미노산을 규정한다면, DNA에 들어 있는 어떤 정보에 의해서 아미노산 배열이 규정될 것이다. 유전자는 각각의 DNA 정보들로 구성되며, 단백질(더 상세하게는 폴리펩티드)을 만들기 위한 정보가 여기에 들어 있다는 것을 현대인들은 알고 있다. DNA 유전암호가 읽혀지는 방식과 뉴클레오티드의 언어가 아미노산의 언어로 전환되는 방식을 고찰해보자. 다르게 표현하면, **유전자 발현(gene expression)**이라는 유전정보의 흐름은 어떻게 완성되는가?

리보핵산

아미노산이 단백질로 조립되는 과정은 세포질에 존재하는 **리보솜(ribosomes)**에서 진행된다. 그러나 진핵세포에서, DNA는 세포핵 내에 존재하며, 원핵세포에서는 핵양체 영역에 존재한다. 그러면, 유전정보는 어떻게 리보솜에 도달하는가?

모든 세포 내에는 두 번째 종류의 핵산, 즉 **리보핵산(ribonucleic acid, RNA)**이 존재한다. RNA는 다음의 세 가지 점, (1) 한 가닥으로 구성된 분자; (2) 당으로서 리보오스를 가지며; (3) A, G, C와 **U** 염기를 가진 뉴클레오티드로 구성된다는 점에서 DNA 와는 다르다(**그림 8.7**). 티민 염기는 존재하지 않는다.

그림 8.7 RNA 분자. RNA는 단일 가닥 분자이고, 당은 리보오스 염기는 아데닌, 구아닌, 시토신, 우라실로 구성되어 있다.

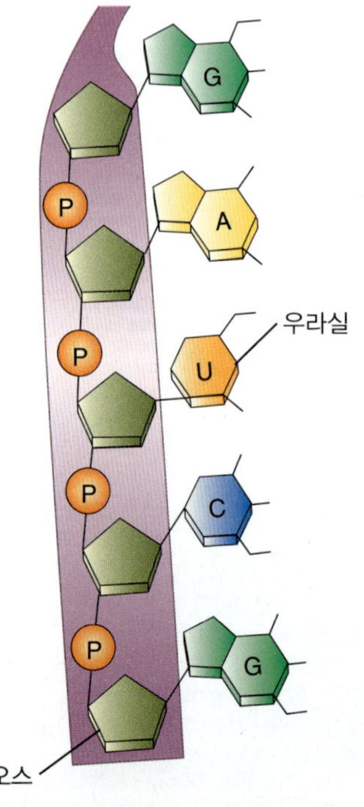

RNA는 유전정보(DNA)를 리보솜으로 전달하는 매개체이다. 유전정보가 DNA에서 RNA로 이동하는 과정을 **전사(transcription; 그림 8.8)**라 한다. 그리고 각 RNA에 존재하는 염기들의 배열은 리보솜에서 읽혀져서 단백질이 합성된다. 이 과정을 **번역(translation)**이라 한다.

이들 각 과정들을 살펴보자.

RNA 합성

만약 당신이 어떤 문장을 옮기려 한다면, 당신은 그것을 복사할 것이다. 이것은 근본적으로 전사 과정을 의미하는데, 어떤 유전자의 배열을 RNA 형태로 복사하는 과정이다.

유전자의 전사 과정은 유전자 내에서 DNA 이중나선이 풀리고, 두 가닥이 분리되면서 개시된다(**그림 8.9**). RNA 의 합성은 **프로모터(promoter)**라고 불리는, 한 위치에서 시

그림 8.8 유전자 발현. 유전정보의 흐름은 DNA에서 RNA로(전사), 그리고RNA에서 단백질(번역)로 진행된다.

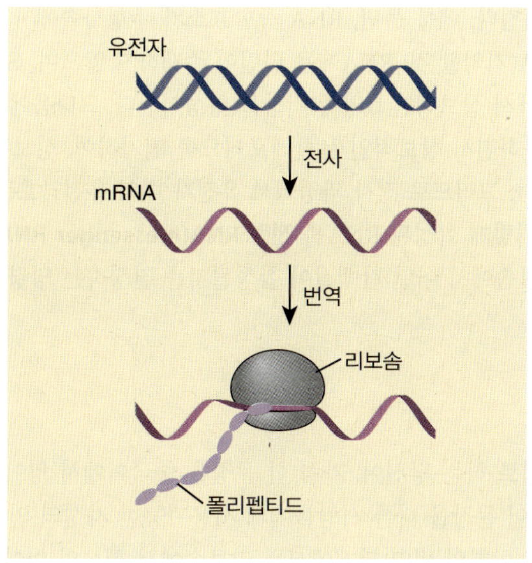

그림 8.9 전사 과정. 효소 RNA polymerase는 DNA의 주형사슬을 따라 이동하면서, DNA의 염기 암호를 주형으로서 이용하면 상보적인 RNA 분자를 합성한다. mRNA는 DNA의 유전정보를 리보솜으로 운반하는데, 리보솜 번역이 진행된다. 유전자의 비주형 DNA 사슬이 전사되지 않는 사실에 주목하시오.

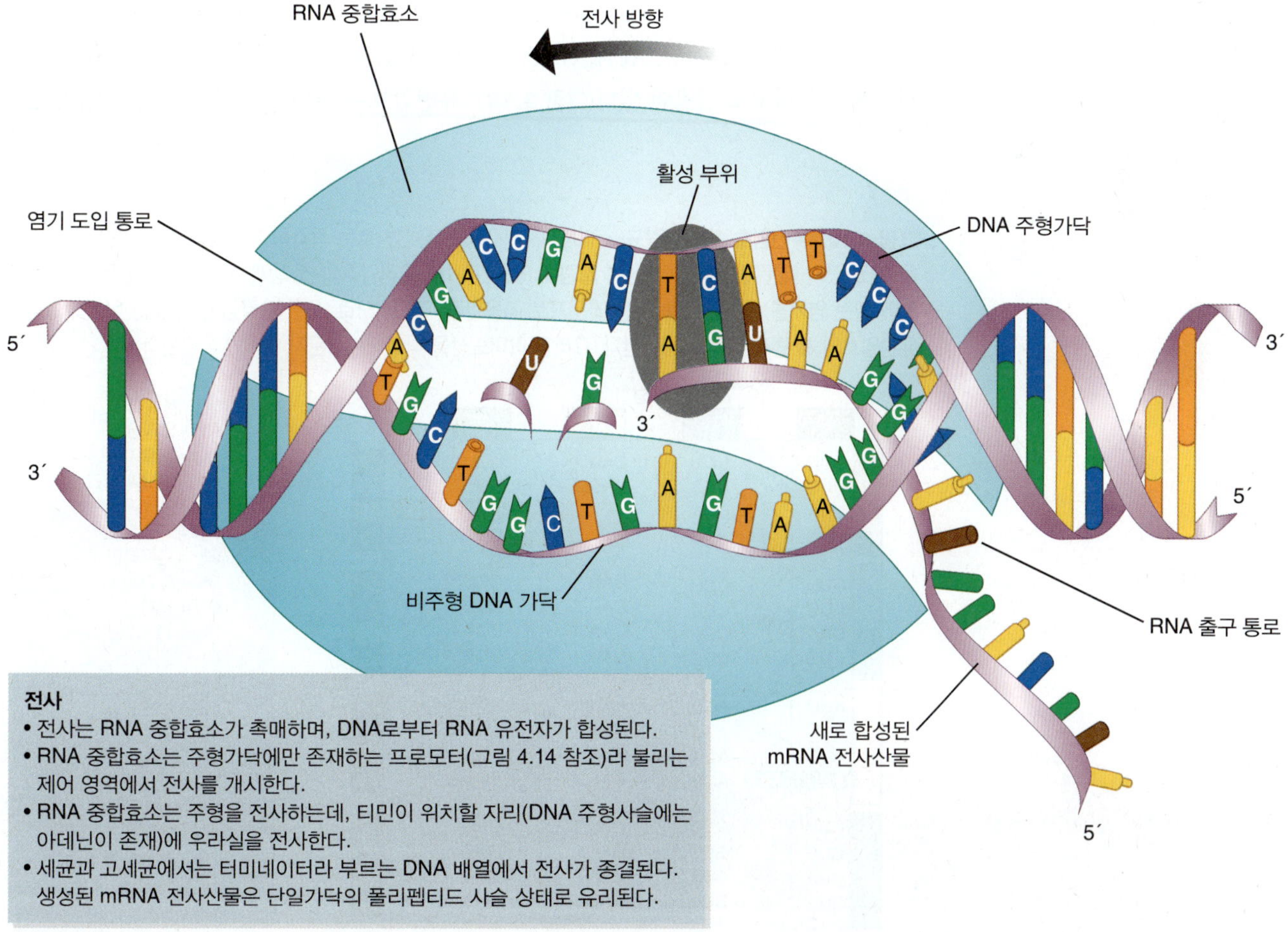

RNA 중합효소
전사 방향
활성 부위
염기 도입 통로
DNA 주형가닥
비주형 DNA 가닥
RNA 출구 통로
새로 합성된 mRNA 전사산물

전사

- 전사는 RNA 중합효소가 촉매하며, DNA로부터 RNA 유전자가 합성된다.
- RNA 중합효소는 주형가닥에만 존재하는 프로모터(그림 4.14 참조)라 불리는 제어 영역에서 전사를 개시한다.
- RNA 중합효소는 주형을 전사하는데, 티민이 위치할 자리(DNA 주형사슬에는 아데닌이 존재)에 우라실을 전사한다.
- 세균과 고세균에서는 터미네이터라 부르는 DNA 배열에서 전사가 종결된다. 생성된 mRNA 전사산물은 단일가닥의 폴리펩티드 사슬 상태로 유리된다.

작되는데, 이것은 유전자 영역에서 두 가닥이 해리되었을 때, 한쪽 사슬에서만 발견된다. 그 주형사슬 상에서, **RNA 중합효소(RNA polymerase)**라고 부르는 효소가 상보적인 염기를 선택하고 연결시킨다. 예를 들면, RNA 중합효소가 주형사슬에서 A를 인식하게 되면, 새로 합성되는 RNA(기억할 것: RNA에는 티민이 존재하지 않으며, G-C 염기쌍은 정상적으로 형성된다) 상에서 상보적인 U와 염기쌍을 형성시킨다. 그다음에 RNA중합효소는 주형사슬을 따라 이동하면서 상보적인 뉴클레오티드를 첨가하여, 상보적인 RNA 전사산물을 성장(신장)시킨다. 그러므로 전사 과정에서 유전자 내의 유전암호는 RNA 분자의 유전암호로 복사된다. 이렇게 합성된 RNA를 **전령 RNA(messenger RNA, mRNA)**라고 부르는데, 여기에는 리보솜에서 어떤 단백질이 합성될지를 결정하는 명령(message)이 담겨있기 때문이다.

단백질 합성

만약 영어를 모국어로 하는 당신이, 가령 한 문장을 중국어에서 영어로 번역하려고 한다면, 당신은 그 외국어 문장을 다른 사람들에게 사용가능한 자신의 언어로 변환할 것이다. 마찬가지로, 유전자 발현의 번역 단계에서는 리보솜에서 핵산의 언어를 아미노산 언어로 바꾸어서 세포 기능에 유용한 단백질 형태(필수적인!)로 전환한다.

그렇다면, 리보솜에서는 RNA 언어가 어떻게 단백질로 번역될까? 이러한 의문에 대한 해답은 각각의 mRNA에는 3문자 단위의 세트로 존재하는 **유전암호(genetic code)**가 있는데, 이를 **codon**이라 부른다. 합성될 단백질에서 단일의 아미노산은 각각의 코돈에 의해서 정해진다.

3문자 단위(코돈)에서 4종류의 뉴클레오티드 세트를 사용하면, 64개의 유전암호 생성이 가능한데(예를 들면, AUA, GAU, GCG, CAA 등), 이들은 20종의 아미노산을 지정하기에 충분하고도 남음이 있다(**그림 8.10**). 유전암호는 거의 보편적이다. 왜냐하면, 생물

그림 8.10 유전암호 해독일람표. mRNA에 들어있는 유전암호는 각각의 유전암호가 지정하는 아미노산을 알고 있기 때문에 해독된다. 왼쪽 칼럼에 있는 염기를 유전암호의 첫 번째 문자로 사용한다. 그리고 윗줄에 있는 염기를 유전암호의 두 번째 문자로 사용한다. 마지막으로, 오른쪽 칼럼의 위 또는 아래의 문자를 유전암호의 세 번째 문자로 사용한다. 그러면 아미노산을 나타내는 3문자 약어가 기술된다.

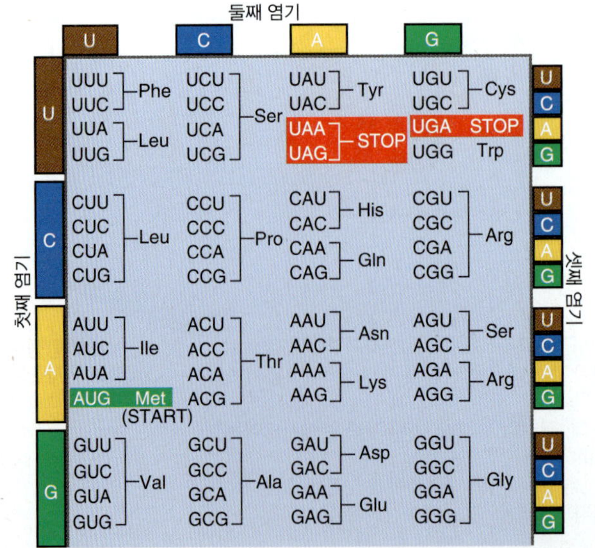

핵심 용어

Ala = 알라닌
Arg = 아르기닌
Asp = 아스파라긴
Asp = 아스파르트산
Cys = 시스테인
Gln = 글루타민
Glu= 글루탐산
Gly = 글리신
His = 히스티딘
Ile = 이소류신
Leu = 류신
Lys = 리신
Met = 메티오닌
Phe = 페닐알라닌
Pro = 프롤린
Ser = 세린
Thr = 트레오닌
Trp = 트립토판
Tyr = 티로신
Val = 발린

종이 세균이든지 버섯이든지 인간이든지 상관없이, 동일한 유전암호는 일반적으로 동일한 아미노산을 지정하기 때문이다. 그림 8.10과 같이, 유전암호에는 중복성이 존재한다. 흔히 동일한 아미노산을 지정하는 유전암호가 한 개 이상 존재하는 경우는 흔하다. 예를 들면, 유전암호 UCU, UCC, UCA 및 UCG는 모두 아미노산 세린을 지정한다.

DNA로부터 전사는 되지만, 번역이 되지 않는 RNA에는 두 가지 종류가 있다(**그림 8.11**). 한 종류는 **리보솜 RNA(ribosomal RNA, rRNA)**인데, 이것은 단백질 분자들과 결합하여 리보솜을 형성한다. 또 다른 종류는 **전령 RNA(transfer RNA, tRNA)**인데, 이것은 세포질에서 특정 아미노산을 리보솜으로 운반하여 번역 과정에 이용되게 한다. 아미노산은, 그림 8.11에 제시된 바와 같이, tRNA 분자의 한쪽 말단에 결합한다. tRNA의 또 다른 위치에는 **안티코돈(anticodon)**이라 부르는 3염기 배열이 존재한다. 상보적인 코돈(mRNA 상의)과 안티코돈(tRNA 상의)의 결합은, 번역 과정 동안에 아미노산을 정확하게 연결하기 위한 필수 과정이다.

그림 8.11 3종류 RNA의 전사. DNA에 들어 있는 여러 유전자 배열에는 mRNA, 단백질과 함께 리보솜을 구성하는 rRNA, 그리고 번역에 필요한 20개의 아미노산 중 1개를 운반하는 tRNA 유전정보이다.

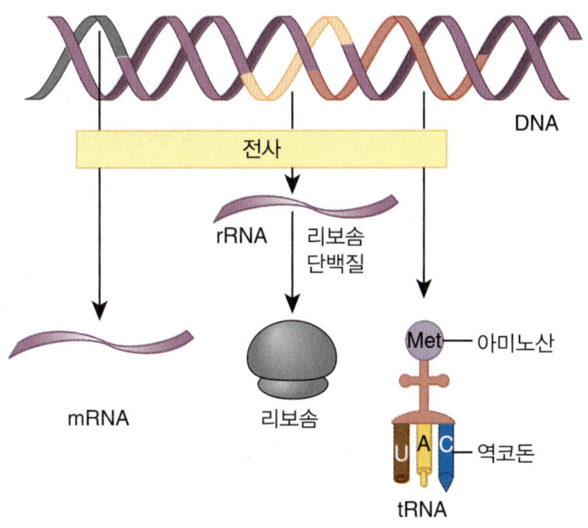

번역이 진행됨에 따라, mRNA 분자의 단지 한 부분만이 리보솜과 일정시간 접촉한다. **그림 8.12**에는 번역 과정의 한 순간이 묘사되어 있다.

mRNA-리보솜 복합체가 형성되는 동안, 아미노산들은 세포질에서 그들의 특정 tRNA에 결합된다. 다음 단계로, 그 tRNA 분자는 아미노산을 리보솜/tRNA 복합체로 운반한다. 그리고 mRNA 분자의 한 코돈이 리보솜에 의해서 읽혀지는 동안, 상보적인 안티코돈을 가진 tRNA가 결합한다. 이러한 결합에 의해서 아미노산이 적절한 위치에 놓이게 된다. 이 리보솜 안에서, 두 번째 tRNA(두 번째 아미노산을 가지고 있는)에 의해, 자신의

그림 8.12 번역 과정. mRNA는 리보솜으로 이동하는데, 리보솜에서 여러 가지 아미노산과 연결된 tRNA 분자를 만난다. tRNA 분자들은 mRNA 분자와는 반대편으로 배열되어, 아미노산들을 정해진 위치로 운반한다. 신장하는 단백질 사슬 위에서 인접 아미노산 사이에 펩티드 결합이 형성되고, 그 후에 아미노산은 tRNA와 분리된다. tRNA는 세포질로 되돌아가서 또 다른 아미노산 분자와 결합한다.

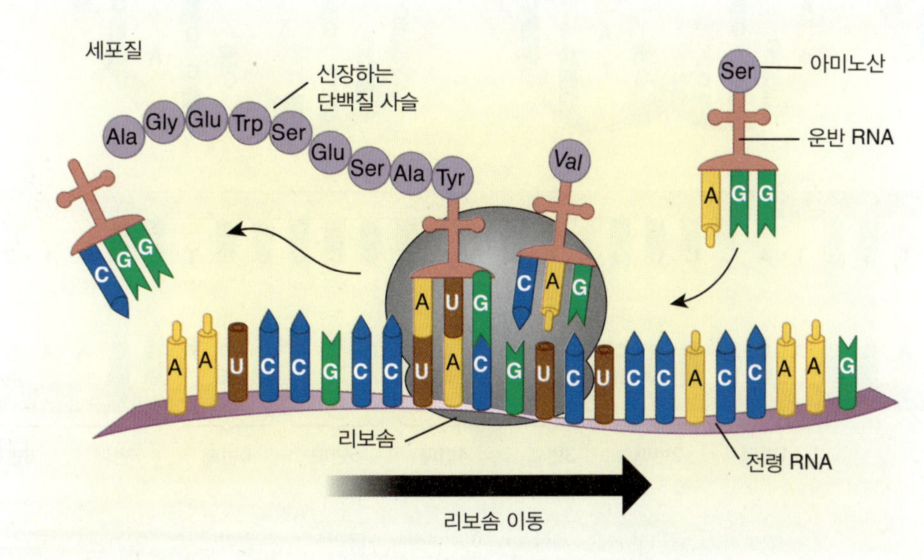

안티코돈과 두 번째 코돈이 상보적으로 결합된다. 2개의 tRNA 분자들에 의해서, 이제 그들의 아미노산은 서로 나란히 자리 잡게된다. 그 다음, 어떤 효소가 작용하여 이들 두 아미노산을 연결시켜서 dipeptide(2개의 아미노산이 연결된)를 형성한다. 그 다음 첫 번째 tRNA 분자는 아미노산으로부터 유리되고, 세포질로 되돌아와서, 또 다른 동일한 아미노산과 결합한다.

이제 리보솜은 mRNA 분자의 다음 코돈으로 이동한다. 그 코돈은 tRNA 분자의 상보적인 안티코돈과 결합하는데, 이때 세 번째 아미노산이 도입된다. 이전과 같이, 어떤 효소가 먼저 도입된 2개의 아미노산을 최근에 도입된 아미노산과 연결하여 tripeptite(3개의 아미노산으로 구성된 사슬)을 형성한다. 그리고 두 번째 tRNA는 세포질로 방출된다. 이렇게 연속적으로, 코돈들은 안티코돈들과 순차적으로 결합하고, 아미노산들이 순차적으로 도입되고 연결되면 펩티드 사슬이 신장된다. DNA에 들어 있는 유전정보는 mRNA를 경유하여 아미노산 배열로 번역된다. 번역 과정은 활발하게 지속되어, 수백 또는 수천 개의 아미노산이 신장하는 사슬에 순차적으로 한 개씩 첨가된다.

mRNA 분자의 최후의 코돈은 사슬 종결자, 즉 "정지" 신호로 작용한다. 리보솜이 이들 코돈(UAA, UAG, UGA; 그림 8.10 참조) 중 한 개에 도달하면, 상보적인 tRNA 분자가 존재하지 않으므로, 아미노산은 더 이상 사슬에 첨가되지 않는다. 이 정지신호는 방출인자를 활성화 시켜서, 아미노산 사슬을 리보솜으로부터 분리시키고 번역 과정은 종료된다.

이 과정의 결론으로서, DNA 에 저장되어 있는 유전정보는 폴리펩티드 혹은 단백질 내의 아미노산 배열로 발현된다. **그림 8.13**에 요약되어 있는 이러한 특별한 과정은 미생물 생명현상—사실상 모든 생명현상—의 핵심 기반 중 한 가지이다.

그림 8.13 단백질 합성 과정 요약. DNA 분자는 풀리고, 한쪽 사슬은 mRNA 분자로 전사된다. 그리고 이 mRNA는 일련의 코돈으로서 기능을 수행하는데, 각각의 코돈은 3개의 염기로 구성되어 있다. 번역이 진행되는 동안에, 1개의 코돈에 의해서 신장 중인 폴리펩티드 사슬에서 특정 아미노산의 위치가 결정된다. 6번째와 7번째의 코돈이 동일하여, 동일한 아미노산인 알라닌을 지정함을 주목하시오. 이와 유사하게, 2번과 5번 코돈은 동일하며, 글리신의 유전정보를 가지고 있다.

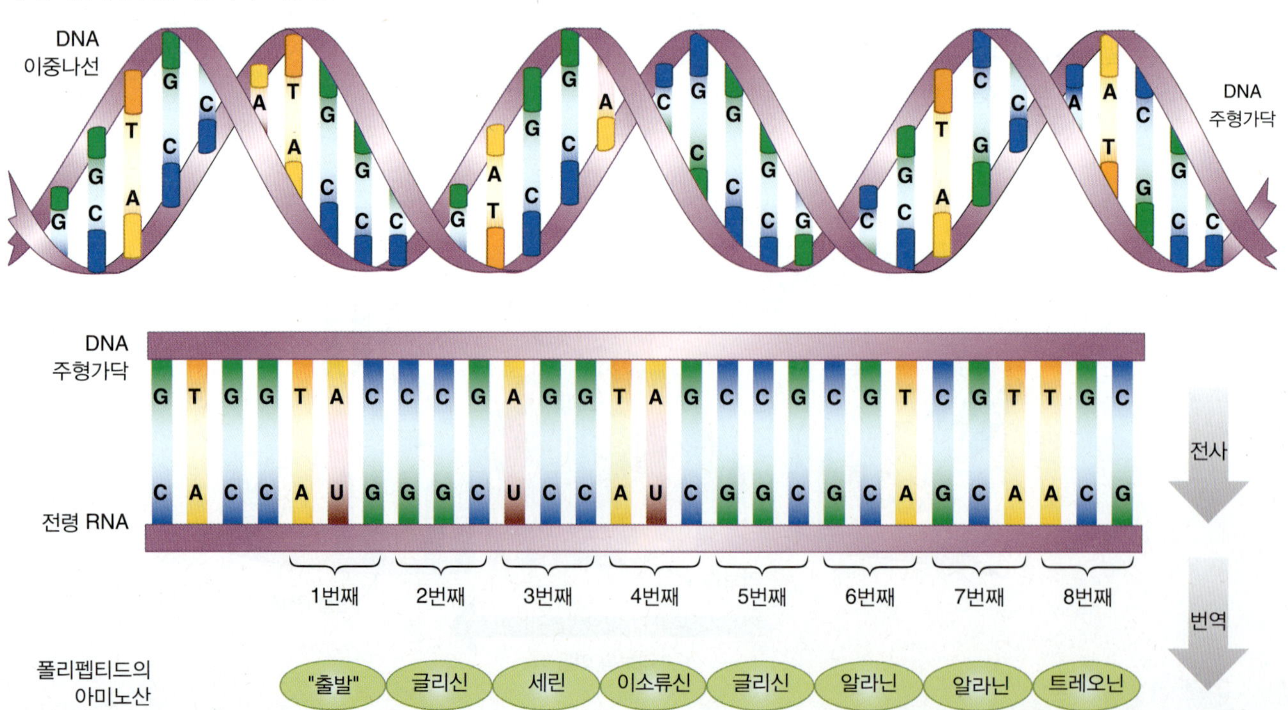

유전자 발현: 유전정보 흐름의 제어

기술하고자 하는 유전자 발현의 최근 토픽은 유전자 발현의 조절 방식이다. 이것은 세포 또는 생명체가 에너지를 소비하여, 단백질 산물이 필요하거나, 또는 필요하지 않은 모든 시기에, 항상 그들의 모든 유전자들을 전사하는 과정이다. 그러므로, 유전자의 전사를, 그들의 단백질 산물이 필요할 때에만 발현되도록 "개시"시키거나 "정지"(조절)시킬 수 있는 많은 방법들이 알려져 있다. 이하에서 세균의 유전자 발현 중 잘 밝혀진 사례를 소개하고자 한다.

프랑스의 생물학자인 François Jacob과 생화학자 Jacques Monod는 대장균의 유전자가 전사조절을 통해서 제어되는 방식을 연구하였다. 이들은 1965년도에 미생물학자 Andre Lwóff와 함께, 유전자 조절의 오페론 모델에 관한 최초의 연구결과를 획득하여 노벨 생리의학상을 수상하였다. 대장균과 기타 원핵생물들은 **오페론(operons)**이라는 DNA 부분을 가지고 있다. 각각의 오페론은 3가지 종류의 DNA 배열로 구성되어 있다(**그림 8.14A**).

- **구조유전자.** 한 개 혹은 그 이상의 **구조유전자(structural genes)**가 단백질의 유전자 정보를 가지고 있다(이전에 설명한 유전자 발현 과정을 통해서).
- **작동유전자. 오퍼레이터(operator)**라고 불리는 염기배열로서, 구조유전자와 인접해 있다. 이 작동유전자는 구조유전자의 발현을 제어하며, 전사되지 않는다.
- **촉진유전자.** 이 장에서 이전에 언급된 바와 같이, **촉진유전자(promoter)**는 작동유전자에 인접해 있다. 그리고 여기에는 RNA 중합효소가 결합하여 구조유전자의 전사를 개시한다. 이 촉진유전자도 전사되지 않는다.

그리고 중요하지만, 오페론의 부분이 아닌 것은 **조절유전자(regulatory gene)**로서, 작동유전자를 제어한다. 이것은 항상 전사되고 번역된다.

오페론 모델을 이해하는 가장 좋은 방법은 *lac*(락토오스) 오페론이 작동하는 방식을 관찰하는 것이다. 이 오페론은 세균 세포가 락토오스를 가수분해하는 데 필요한 효소를 생산하는 능력을 제어한다.

lac operon

대장균에서 이당류인 락토오스가 분해되어 단당류인 글루코스와 갈락토오스가 생성되면, 에너지원으로 이용될 수 있다. 하지만, 환경 중에 락토오스가 존재하지 않으면, 대장균이 락토오스를 분해하는 데 필요한 효소를 생산할 필요가 없다. 따라서 미생물의 조절유전자로부터 mRNA가 생성되어 **억제자 단백질(repressor protein)**을 합성하는데, 이것은 작동유전자에 결합한다(**그림 8.14B**). 비록 RNA 중합효소가 촉진유전자에 결합된다 하더라도, DNA 상의 이동은 작동유전자에 부착된 억제자 단백질에 의해서 차단된다. 그러므로, RNA 중합효소는 구조유전자(Z, Y 및 A)에 도달할 수 없으며, 세포는 락토오스 분해효소를 생산할 수 없다.

미생물이 존재하는 환경에 락토오스가 도입되는 경우를 생각해보자. 세포는 어떤 방식으로 락토오스 분해에 필요한 3종류의 구조유전자 발현을 "개시"시킬까? 이와 관련하여, 락토오스는 구조유전자의 전사를 유도 또는 "개시"시키기 때문에, 유도자로 알려져 있다. 억제자 단백질은 항상 만들어져 있기 때문에, 유도자(락토오스)는 억제자 단백질에 결합하여 억제자 단백질의 입체 구조를 변형시킨다. 이러한 변형된 형태의 억제자 단백질은

그림 8.14 세균 오페론과 유전자 발현조절.

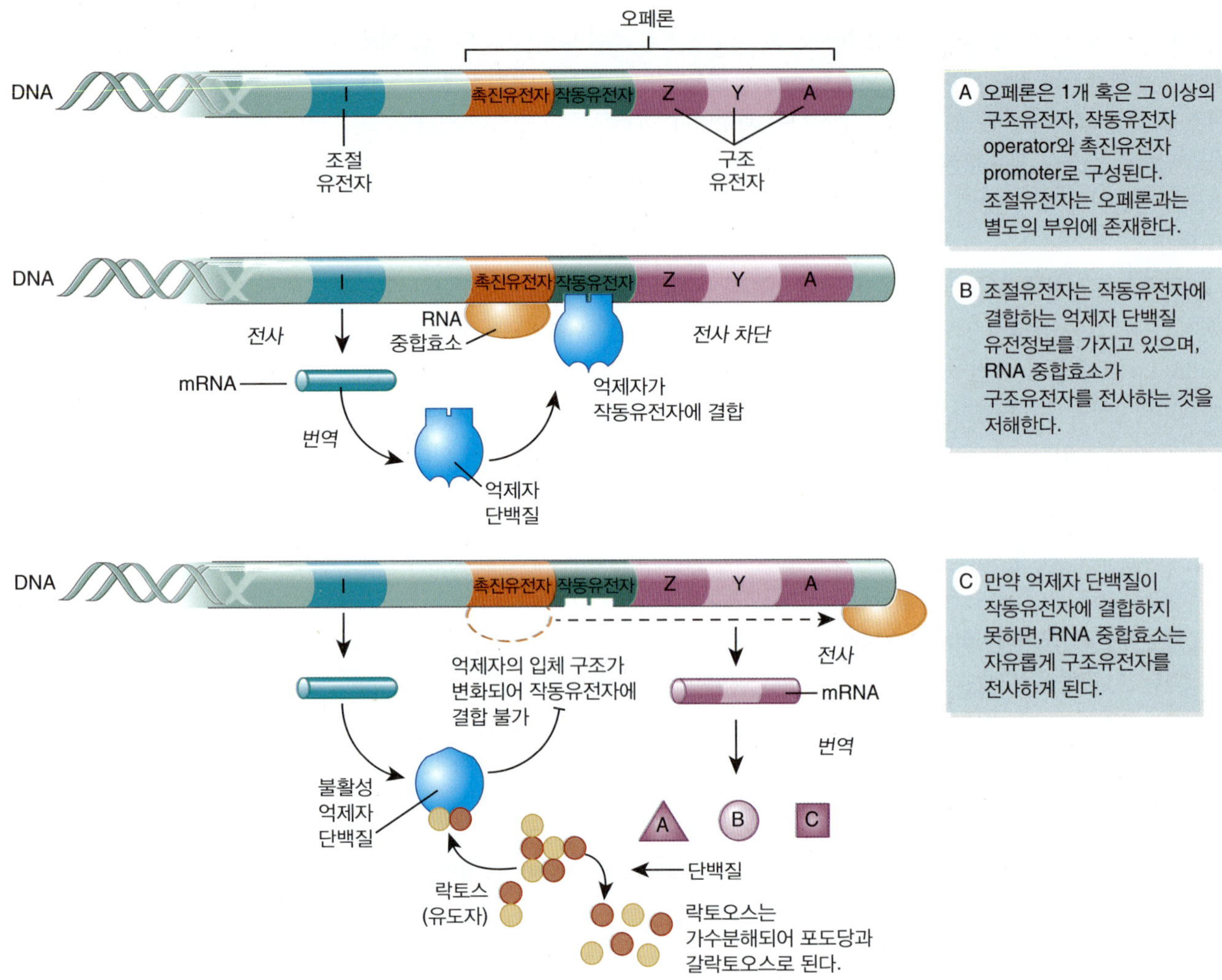

작동유전자에 결합될 수 없다(**그림 8.14C**). 작동유전자에 결합되어 있던 것들이 사라지면, RNA 중합효소가 작동유전자를 통과하고, 이들 3종류의 구조유전자가 전사된다. 전사된 mRNA는 번역되고, 효소가 준비되며, 락토오스의 분해가 진행된다.

락토오스가 완전히 분해되었을 때, 더 이상의 릭토오스가 존재하지 않으면, 억제자 단백질의 원래의 입체 구조가 회복된다. 억제자 단백질은 작동유전자에 결합될 수 있으며, *lac* operon의 유전자 발현이 효과적으로 차단된다.

8.3 유전자와 유전체: 인간과 미생물

유전체(genome): 생명체 또는 바이러스의 완전한 유전정보 세트.

모든 생명체를 만드는 **유전체(genome)**에는 그 생명체의 기본 청사진을 구성한다. 현재의 연구자들은 DNA 염기배열 결정방법을 이용하여, 한 생명체 내에서 긴 DNA 영역간 및 상이한 생명체 간의 긴 DNA 영역도 비교할 수 있게 되었다. 그렇게 비교함으로써, 어떤 생명체의 생명현상, 즉 환경변화에 대한 반응과 진화 등에 관한 방대한 양의 정보를 획득할 수 있게 되었다.

DNA (유전자) 염기배열 결정을 수행함으로써, 어떤 유전자와 어떤 DNA 단편 혹은 전 유전체 내의 뉴클레오티드(A, G, C 및 T)의 배열 순서를 밝힐 수 있다. 인간 유전체는 약 30억 염기쌍(컴퓨터 데이터로 750메가바이트 상당)으로 구성되어 있으며, 약 22,000개의 유전자가 들어있다. 이것에 비해, 대장균 유전체는 길이가 4.7 Mb이며, 4,300개의 유전자가 들어있다. 따라서, 크기가 대단히 작은 미생물 유전체는 염기배열을 결정하기가 매우 용이하며, 더욱 신속하게 진행될 수 있다.

많은 원핵미생물 및 진핵미생물의 유전체 염기배열이 결정되었다

1976년에, 박테리오파아지 유전체의 염기배열을 결정하기 위해서 염기배열 결정방법이 사용되었다. 1995년에, 세균에서 최초로 독립생활형 세균의 유전체 구조가 완전히 밝혀졌으며, 그 이듬해에 진핵미생물에서 최초로 빵(혹은 발효) 효모 *Saccharomyces cerevisiae* 유전체의 완전한 염기배열이 보고되었다.

Saccharomyces cerevisiae: sack-ah-roe-MYseas seh-rih-VIS-ee-eye

염기배열 결정방법이 진보됨에 따라서, 2003년 4월에 생물학자, 응용과학자, 컴퓨터 전문가, 공학자 및 윤리전문가 등으로 구성된 국제 전문가 그룹에 30억 달러 규모의 재정을 공개적으로 투입하고, 생물학자, 응용과학자, 컴퓨터전문가, 기술자 및 윤리학자 등으로 구성된 국제협회를 구성하여, 지금까지의 생물학 역사상 가장 야심 찬 프로젝트를 완성하였다. **인간 유전체 프로젝트(Human Genome Project, HGP)**를 수행하여 **인간 유전체(human genome)**의 염기배열을 성공적으로 결정하였다. 즉, 인간 세포에서 30억 염기배열과 약 22,000개의 유전자가 확인되었으며, 정확한 순서로 연결(배열 결정)되었다.

HGP의 논리는 확장되어, 인체 내에 생존하고 있는 미생물을 규명하는 데 적용되었다. 그렇게 하여 2007년에 **인체 미생물 군집 프로젝트(human Microbiome Project, HMP)**가 출범되어 **인체 미생물 군집(human microbiome)**에 대한 특성이 규명되기 시작했다. 인체 5개 주요 부위(비강, 구강, 피부, 위장관, 비뇨생식기관)가 선택되고 분석되었다. **통합 인간 미생물 군집 프로젝트(Integrative Human Microbiome Project, iHMP)**로 알려진 2단계가 2014년에 출범되었고, 2016년에 완성되었다. 이 프로젝트의 목적은 이들 미생물이 인간과 질병 과정에서 수행하는 역할을 보다 상세하게 파악하고자 하는 것이었다. 결과적으로, 2018년말에 약 100,000개의 미생물 염기배열결정 프로젝트가 완성되거나 혹은 진행되었다(**그림 8.15**).

인체 미생물 군집 (human microbiome): 인간의 신체와 상호작용하며 살아가는 미생물(과 유전자) 집단.

모든 이들 미생물의 염기배열과 인간 유전체 염기배열이 밝혀진 후에, 상이한 생물종간 뿐만 아니라 상이한 영역의 생명체 간에서도, 유전자를 비교하는 연구에 지대한 관심이 집중되었다.

그림 8.15 유전체 활성. 세균 유전체의 염기배열 결정은 고세균이나 진핵세포보다 빨리 진행되고 있다.

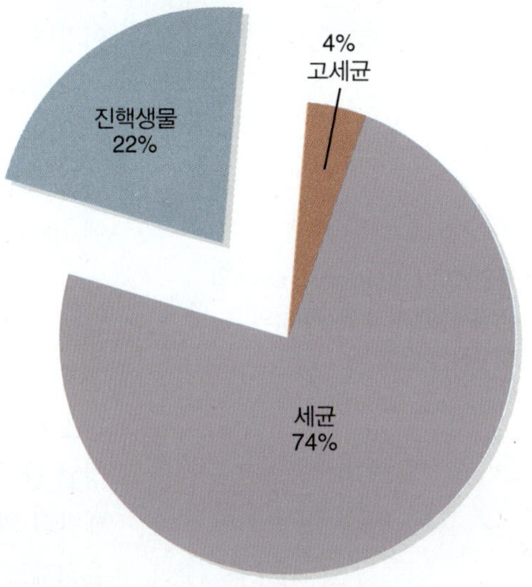

Data from Genomes OnLine Database. Retreived from http://www.genomesonline.org

미생물과 인간 유전체

DNA 염기배열 결정을 포함하는 가장 활발한 연구 영역 중 하나는, 유전체의 구조, 기능 및 진화에 관련된 연구를 수행하는 **유전체학(genomics)**이다. **비교유전체학(comparative genomics)** 분야는 상이한 생물종 혹은 아종간 유전체의 유사성과 차이점을 연구한다. 유사한 유전자배열을 분석하면 유전자가 긴 세월 동안 진화되어 온 증거를 발견할 수 있다. 그리고 미생물과 인간을 포함하는 다른 생물 간의 유전자 사이에 존재하는 단서를 확보할 수 있다.

그림 8.16 인간 유전자 염기배열의 기원. 비교유전체 연구에 의해서 미생물과 공통조상(백분율)의 긴 역사가 밝혀졌다.

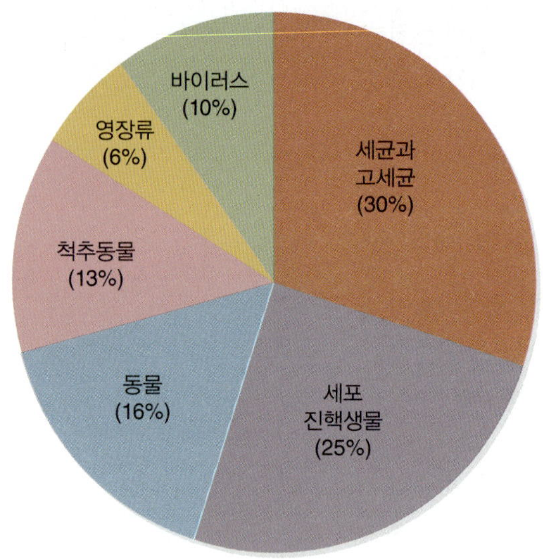

Data from Genomes OnLine Database. Retrieved from http://www.genomesonline.org

인간은 미생물과는 비슷하지는 않지만, 이들 모든 미생물은 공통의 유전자를 많이 가지고 있다는 것이 비교유전체학 연구로 밝혀졌다(**그림 8.16**). 사실상 유전체를 비교해 보면, 인간 유전자 22,000개 중 6,600개(인간 유전자의 30%)가 세균 영역 구성원에서 발견된 유전자와 본질적으로 동일하였다. 약 6,000개의 인간 유전자(인간 유전체의 25%)는 균류에 속하는 효모에서 발견되는 유전자들과 비슷하다. 그러나 이들 공통 유전자들의 대부분은 다른 동물종에서도 발견된다. 이러한 사실로부터 알 수 있는 것은, 이들 공통 유전자들은 매우 중요하며, 진화 과정을 통하여 한 생명체에서 다른 생명체로, 그리고 세대 간에 전달되고 잘 보존되고 있다는 사실이다. 이들 공통유전자들은 생명체가 가지고 있는 가장 오래되고, 가장 필수적인 유전자들이다. 단지 한 예로서, 인간 두뇌의 신호전달 물질의 어떤 유전자와 세포 간의 통신에 관여하는 유전자들은 인간 조상에서 점진적으로 진화된 것이 아니라고 어떤 연구자들은 주장한다. 오히려 천문학적인 시기 이전에 미생물 유래의 이들 유전자들이 천문학적인 시기 이전에 동물계통의 부분이 되었다. 비록 이러한 주장에는 매우 논란의 여지가 많지만, 미생물 유전자와 동물 그리고 인간 진화의 관계를 분별하기 위해서는 더욱 심도 깊은 연구가 필요하다.

한 가지 흥미로운 점으로서, 과학자들은 세포의 대사과정 유지와 성장에 필요한 최소한의 유전자가 존재하는지 의문을 가지게 되었다. 이 의문은 **A CLOSER LOOK 8.2**에 제시되어 있다.

바이러스와 인간 유전체

비교유전체 연구로부터 얻어진 또 다른 발견은 바이러스 유전체에 관련된 것이다. 몇 가지 연구결과, 인간 유전체(다른 동물 유전체의 부분에서도 마찬가지)의 거의 10%는 바이러스 DNA 단편으로 구성되어 있다는 사실이 밝혀졌다(그림 8.16 참조). 이 DNA를 인간 조상 유전체 내로 도입된 감염성 바이러스는 human **endogenous retrovirus(ERVs)**라고 불린다. 바이러스를 소개한 장에 기술된 것 같이, **retrovirus**는 자신을 역전사할 수 있는 RNA 바이러스이며, 이들은 감염된 후에 단일가닥 RNA는 이중가닥 DNA로 복제되어 들어가며, 이후에 인간 염색체 내로 도입될 수 있다.

ERV 감염은 아마도 영장류가 진화되는 수백만 년에 걸쳐서 성세포(난자와 정자) 내에서 일어났을 것이다. 이 기간 동안에, 바이러스 유전체 단편들은 영장류 계통의 유전체 내로 통합되어 들어왔으며, 이 이후 다음 세대로 전달되어 왔다. 이것들은 인간 DNA 안에 100,000개의 흔적이 남아있다.

돌연변이(mutations): DNA의 염기서열에서의 유전정보의 영구적인 변화.

많은 ERVs는 영장류가 진화되는 동안 유해한 **돌연변이(mutations)**가 축적되어, 인간의 체내에서 더 이상 질병을 유발하지는 않는다. 그러나 어떤 ERVs들은 되살아나서, 유전자처럼 움직이거나 진화되어 새로운 기능을 가지게 되었다. 예를 들면, 적어도 6개의 인간 ERV 유전자는 인간 태반이 정상적으로 작용하는 데 기여한다. 어떤 ERV 유전자는 수정된 난자가 태아로 발달하는 데 필요한 단백질의 유전암호를 가진다. 이 ERV 단백질은 태반의 외막에서 세포가 서로 융합하는 것을 돕는다. 사실상, 일반적인 세포융합은, ERV 유전자로부터 진화되어, 동물 유전체 내로 스며들어와서 세포융합(즉 근육, 피부, 뼈 그리고 심지어 정자-난자 수정 과정까지도)에 필요한 유전자로 작용하며, 복잡한 다세포 생명

A CLOSER LOOK 18.2

씩씩한 꼬마 미생물 세포

1930년에, 미국에서 씩씩한 꼬마 기관차라는 제목의 어린이 도서가 출간되었다. 이 이야기의 전제는 정말로 열심히 노력하고 일하면, 목표를 달성할 수 있다는 것이다. 이 개념은, 다소 왜곡되지만, 미생물에도 적용될 수 있다.

상이한 생명체들은 유전자의 수가 서로 다르다. 일반적으로 생명체의 구조가 복잡할수록, 유전자의 수는 더 많이 가진다. 그러나 여기에는 예외도 존재한다. 인간은 약 22,000개의 유전자를 가지고 있지만, 토마토는 거의 32,000개의 유전자를 가지고 있다. 작아서, 거의 현미경으로만 볼 수 있는 물벼룩은 31,000개의 유전자를 가지고 있다. 미생물 세계에서, 대장균은 약 4,300개의 유전자를 가지고 있지만, 많은 원핵미생물들은 유전자가 이 보다 많기도 하고 적기도 하다. *Streptomyces*의 어떤 종은 7,800개 이상의 유전자를 가지고 있는 반면, *Pelagibacter ubique*는 1,400개 미만의 유전자를 가지고 있다. **절대 공생체(obligate symbionts)**나 시생체들은 유전체가 작으며, 유전자의 수가 적다는 사실은 매우 흥미롭다(**그림** 참조).

자유생활형 미생물에 초점을 맞추어보면, 한 한명체가 아무리 많은 유전자를 가지고 있다 하더라도, 가지고 있는 유전자들은 3부류로 나누어질 수 있다.

- **핵심 유전자.** 이 세트의 유전자들은 세포 기능에 필수적이며, 물질 대사과정, 생장 및 생식과 관련된 유전자들이다.
- **가변 유전자.** 또 다른 세트의 유전자들은 생장과 생식에 필수적이지 않은 유전자들이지만, 때로는 유용한 기능을 제공한다. 많은 경우에, 이들 가변 유전자들은 미생물을 보다 위험한 병원균으로 만드는 유전정보를 가지고 있다.
- **고유한 유전자.** 세 번째 세트의 유전자들은 한 종에 속한 그 균주에만 독특하게 존재하는 단백질 유전정보를 가진 유전자들이다.

그렇다면, 자유생활형 미생물은 유전체가 얼마나 작아질 수 있을까? 최소 세트의 핵심 유전자는 몇 개일까?

가장 작은 유전체 중 한 가지는 *Mycoplasma genitalium*의 유전체인데, 유전자의 수가 단지 525개이다. 이 모든 유전자가 생존과 생식에 필수적일까? 이 문제를 해결하기 위해서 유전학자들은 *M. genitalium*에서 유전자를 한 개씩 제거시키면서, 이 생명체가 여전히 생장하고 증식하는지를 조사하였다.

불필요한 유전자들을 제거시킴으로써, 과학자들은 유전자를 단지 473개 가지는 인위적인 종(유능한 작은 미생물종)을 만들었다. 단지 473개의 유전자만으로, 이 종은 여전히 생장하고 증식할 수 있다. 이 유전자들을 분석해 보았을 때, 48%는 유전자 발현과 유전체의 보존에 필요하였고, 18%는 세포막 구조와 기능에 필요하였으며, 17%는 세포질의 대사과정에 필요하였다. 나머지 유전자(17%)는 기능이 알려지지 않았다. 그러면, 이 생명체는 최소한의 핵심 유전자—그러나 여전히 기능을 잘 발휘할 수 있는 작은 미생물—에 근접하고 있다고 생각할 수 있을까?

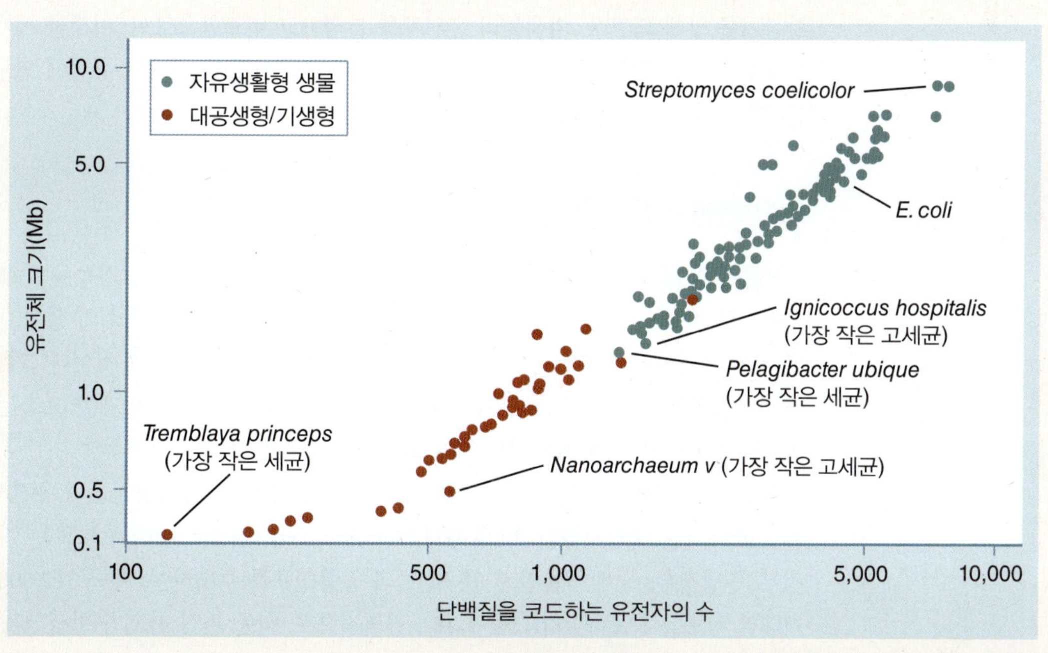

절대 기생체(obligate symbiont): 자신의 생존과 증식이 숙주내에서만 가능한 미생물종.

근위축성 측삭 경화증 (amyotrophic lateral screlosis): 뇌 혹은 척수의 신경세포에 영향을 미치는 점진적인 퇴행성 신경질환.

체 발달 과정의 일부분이 되었을지도 모른다.

또 다른 ERV는 암과 척수의 퇴행성신경 질병에서도 작용하는 것 같다. 어떤 ERV는 **근위축성 측삭 경화증(amyotrophic lateral screlosis, ALS)**으로 고통 받는 환자의 뇌에서 고수준으로 발현되며, 퇴행성신경 질병과도 관련이 있는 것 같다.

최근에, ERVs와는 매우 다른 더 많은 바이러스 "사인"(핵산 배열)이 인간 유전체에서 발견되었다. 이들 소위 **endogenous viral elements(EVEs)**들은 쥐와 감염된 진화 중인 영장류들과의 교잡으로부터 생성되었을 것으로 제안되었다. 영장류들에서는, 어느 시점에서 바이러스 유전자들이 정자와 난자의 유전체에 감염되고, 이 바이러스 유전자들이 세대 간에 전달되었을 것이다. 그리고 시간이 경과되는 동안에 바이러스 유전자들은 기능을 상실하고, 새로운 바이러스 입자를 생산할 수 없게 되었다.

이러한 연구들을 통하여, 인간 유전체는 진핵생물, 원핵생물 그리고 바이러스의 유전 정보가 혼합된 것이라고 강하게 주장되었다(그림 8.16 참조). 틀림없이, 미생물과 바이러스 유전자들이, 지금까지 완전히 밝혀지지 않은 어떤 방식으로, 유전자 발현과 인간의 진화에 영향을 미쳤을 것이다.

미생물 유전체학이 발전됨에 따라 미생물세계에 대한 이해가 심화될 것이다

미생물은 약 40억 년 동안 지구 상에 존재해 왔다. 이렇게 긴 진화 과정을 거쳐서, 미생물은 지구 상의 거의 모든 환경에 적응하게 되었다. 그리고 미생물은 지구 상 생물체의 상당 비율을 구성하고 있다. 그들은 지구 상에서 가장 작지만, 그러나 만약 제어되지 않는다면, 거대한 현상에 영향을 미칠 것이다. 그럼에도 불구하고, 거의 예외 없이 미생물에 대해서 밝혀지지 않은 부분이 매우 많이 남아있다.

그러나 **미생물유전체학(microbial genomics)**이 도입됨에 따라서, 미생물은 또 다른 황금기를 맞게 되었다. 미생물의 유전체를 분석하고 비교함으로써, 미생물 세계의 기능과 상호작용을 이해하는 데 많은 과학적인 발견이 이루어졌다. 미생물 유전체 연구로부터 얻은 몇 가지 중요한 결과가 이하에 기술되어 있다.

더 안전한 식품공급

미생물은 우리들의 식품에서, 오염 인자 및 변패 인자로서 중요한 기능을 수행하고 있다. 그러므로, 미생물이 식품에 이입되는 과정과, 위험한 식품 매개 독소의 생성 방식이 파악된다면, 농업산업에서 식품이 더 안전하게 공급되는 데 도움이 될 것이다(**그림 8.17**). 그러나 전통적으로 식품안전성을 조사하는 과정에서 대두되는 주된 제한 요소는, 식품매개 병원균을 확인하는 데 소요되는 시간과 시험의 횟수였다.

2012년도에, 미국의 식품의약청(FDA)은 식품매개 미생물 병원균의 유전체를 연구하는 프로젝트를 출범시켰다. FDA에서 Genome-Trakr network라는 부르는 이 조직은 주정부, 연방정부, 국제 식품안전 연구실들과 공동연구를 수행하여, 세균 317,000 이상의 염기배열 정보를 확보하였다(**그림 8.18**). 결과적으로, 식품 관련 사고가 발생했을 경우, 이들 조직이 보유한 염기배열 정보의 활용으로 병원균이 신속하게 동정될 수 있다. 그리고 여러 가지 재료로 구성된 식품에서 어느 특정 재료가 오염된 것인지를 신속하게 알 수 있다. 예를 들면, 2016년에 *Listeria*에 의한 미생물 매개 식품 사고가 여러 주에 걸쳐서 발생되

Listeria: lis-TEH-ree-ah

그림 8.17 식품 안전. 먹는 식품을 깨끗하고 안전하게 유지하는 일은 점점 어려워지고 있다. 미생물 포렌식의 도움으로 잠재적인 병원 미생물을 신속하게 검색해 내는 것이 가능하다.

Courtey of CDC.

그림 8.18 GenomeTrakr. GenomeTRakr 네트워크의 활동으로 317,000 이상 병원균의 염기배열이 결정되었으며, 매달 5,000개 이상 균주의 염기배열이 결정되고 있다.

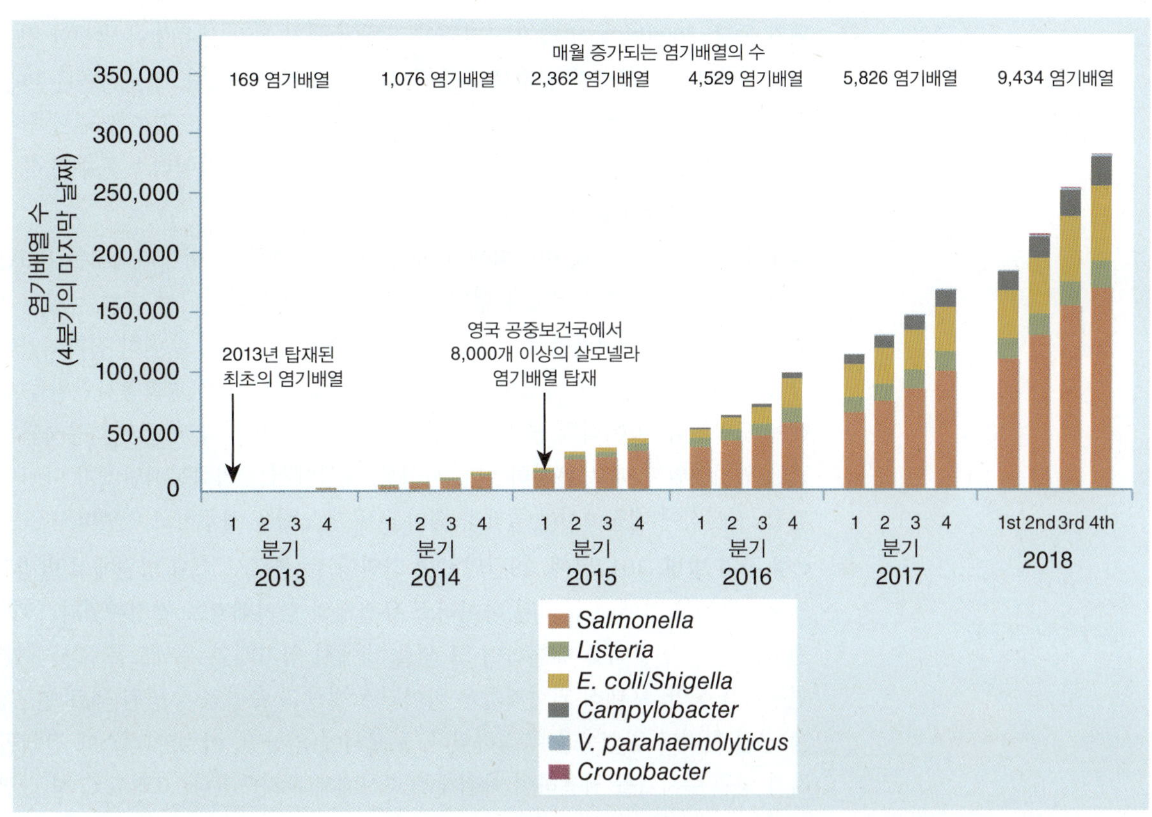

Courtesy of FDA.

었다. 세균에 의한 대부분의 감염은 부적절하게 가공된 조제육류와 가열처리되지 않은 우유제품을 사용했을 때 발생한다. 그러므로, 이 식품 오염 사고의 경우 어느 식품재료가 원인이었을까? FDA는 Genome-Trakr 정보를 이용하여, 한 냉동채소 재료가 *Listeria* 오염원임을 확인하였다. 즉, FDA는 질병예방관리본부(CDC)와 협력하여, 환자들 중에서 존재하는 *Listeria* 배열과 냉동채소에 존재하는 *Listeria* 유전체의 염기배열이 일치함을 확인하였다.

미생물 포렌식

생물테러(bioterrorism): 인구가 많은 지역을 대상으로 해서, 질병 공포를 유발하거나, 치사적이거나, 질병을 유발시키는 미생물의 사용.

미생물을 **생물테러(bioterrorism)** 무기로 사용한 역사와 사고가 존재했기 때문에, 많은 연구자들은 그러한 미생물 무기의 존재를 신속하고 효율적인 방법으로 탐색하는 방법을 연구하게 되었다.

이러한 강력한 생물 성분들에 의해서 발생되는 많은 질병들은 노출된 후 적어도 수일간 증상을 유발하지 않는다. 증상이 나타날 때, 초기에는 느낄 수 없거나 독감과 비슷하다. 그러므로, 질병이 자연적으로 발생한 것과, 치명적인 병원균이 국가 간에 인위적으로 사용된 것인지를 구별하는 일은 어렵다. 이러한 관심이 높아짐에 따라서, 미생물학 분야에서 비교적 최신 분야인 **미생물 포렌식학(crobial forensics)**이 태동되었다. 이 분야에는 질병 발생의 패턴을 신속하게 인식하고, 원인 병원균을 단시간에 동정하는 일이 포함된다. 그리고 이 분야는 병원균의 확산을 제어하는 방법을 탐색하고, 원인 병원균의 출처를 찾아내는 방법을 연구한다.

미생물 포렌식으로, 병원균이 동정되고 출처가 밝혀진 몇 가지 사례를 살펴보면 다음과 같다.

- **돼지 독감.** 2009년에, 몇몇 연구자들이 그해에 돼지 독감 대유행이 발생한 것은 백신 연구실에서 바이러스가 실수로 유출된 결과라고 주장하였다. 연구자들은 미생물 포렌식 연구로 돼지 독감 바이러스가 유출된 사고가 없었다고 결론을 내렸다. 이유는 유행 중이었던 바이러스 독감 균주와 연구실에서 사용된 바이러스 균주의 유전체 염기배열이 일치하지 않았기 때문이었다.
- **콜레라 발병.** 2010년에, 아이티에서 콜레라가 발병되었다. 아이티에서는 100년 이상 동안 콜레라가 발병된 전례가 없었기 때문에, 병원균의 출처를 밝히는 일이 시급하였다. 어떤 이들은 네팔에서 온 UN 평화봉사단체에 의해서 우연히 전파되었다고 생각했다. 2010년 지진 후에 UN 구호단체의 일원으로서 많은 평화봉사인원들이 그 전해에 도착했다. 아이티의 콜레라 균주의 유전체 염기배열과 네팔 평화봉사단체의 유전체 염기배열이 매우 유사하였다. 사실상, 네팔에서는 평화봉사단체가 아이티로 파견될 그 시점에 네팔에서는 콜레라 퇴치를 위한 노력을 경주하고 있었다.
- **C형 간염 발병.** 2012년에, 29건의 C형 간염이 뉴 햄프셔 소재 병원에서 발병되었다. 연구자들은 환자에서 분리된 바이러스 유전체의 염기배열을 결정하였다. 그리고 병원 의료진들의 혈액을 채혈하여 그 샘플 내에서 염기배열 유사도를 조사하였다. 이 연구기간 동안, 포렌식 과학자들은 바이러스 발생의 출발점이 병원 의료 연구진에 C형 간염 환자가 있었음을 추적하였다. 보고서에 의하면, 이 바이러스에 감염된 연구자가 병원 주사기를 사용하여 마취제를 자신에게 주사하였다. 그리고 C 형 간염에 오염된 그 주사바늘을 환자 치료에 재사용하였다. 이 피고인은 범죄 사실을 자백하였고,

39년 징역형이 선고되었다.

가장 최근에 미생물 포렌식이 흥미롭게도 한 생명체의 죽음에 관해서 사용되었다. 예를 들면, 사망 후 2일 이내에, 시체의 변화에 따른 미생물 집단의 변화, 즉 어떤 미생물은 수가 증가하고, 어떤 미생물은 수가 감소하였다. 사망 일주일 후에, 미생물 집단은 더 많이 변화되었는데, 이것은 부분적인 산소결핍이 원인이었다. 과학자들은 그 시점에서 "미생물 사망시계"를 개발하였다. 즉, 그들은 시체의 미생물 집단 변화 데이터를 이용하여, 법집행 병리학자들이 피살자들의 사망시간을 더 정확하게 추정할 수 있게 하였다.

이상의 모든 경우에, 유전체학을 이용함으로써, 감염성 미생물이 최초로 감염된 단체, 감염된 장소 및 감염자 등을 추적할 수 있는 정보 획득이 용이하게 되었다. 그리고 유전체학은 진단의료 분야 및 사회의 전반적인 분야에서 매우 유용하게 활용되고 있다.

메타유전체학으로 이전에 몰랐던 미생물 세계 확인 가능

모든 생명체의 내부, 표면 및 주위 그리고 지구 상의 모든 환경에는 미생물이 존재한다. 그러나 이들 미생물 종의 약 98%는 어떠한 배지에서도 배양되지 않는다. 이들 미생물은 "살아있지만, 배양되지 않는(viable, but noncultered, VBNC)" 미생물이라고 부른다. 이것이 의미하는 바는 토양 속, 대양, 심지어 인체 내에 있는 대부분의 미생물은 관찰되지도, 배양되지도 않았기 때문에 연구된 적이 없다. 그러나 이들 생명체의 유전자들의 존재로부터 풍부한 유전적인 다양성이 확인되었다.

DNA 염기배열 결정기술이 발달함에 따라, 이들 대부분의 난배양 미생물을 분석할 수 있는 새로운 연구 분야가 출현되었다. 이 분야는 **메타유전체학(metagenomics)**(*meta* = "beyond")이라 하며, 어떤 집단 안에서 존재하는 다양한 미생물 유전체 혼합물에서 개별 유전체 배열을 확인**(metagenome)**하는 것을 말한다; 즉 이것은 배양될 수 있는 것 "이상"을 의미한다.

오늘날 메타유전체학의 도움으로 의학, 농업 및 에너지 생산과 같은 다양한 영역의 발전이 촉진되고 있다. 메타유전체학의 연구진행 방법을 기술하면 다음과 같다.

먼저 대상이 되는 장소의 미생물 샘플을 채취한다. 이들 샘플은 토양, 물, 또는 심지어 인간의 소화관으로부터도 얻을 수 있다. 그리고 전 샘플로부터 DNA를 추출하는데, 이들 샘플 내에는 모든 미생물의 DNA 단편이 포함되어 있다. 이 단편들을 양적으로 증폭시키면 염기배열을 결정하기에 충분한 재료가 된다. 컴퓨터에 기반한 기술을 이용하여, 염기배열이 결정된 단편들은 조각 그림 맞추기처럼 조립되고, 원래의 혼합 샘플에 들어 있는 미생물종 중 한 가지에 고유한 배열이 최종적으로 완성된다. 이러한 분석이 완성되면, 미생물학자들은 미생물 집단의 광범위한 다양성을 확보하게 된다. 그리고 연구자들은 재조합된 유전체 배열을 이용하여 샘플 내에 존재하는 미생물 간의 유전적인 관계를 비교한다. 그러므로, 그러한 집단에서 각 미생물의 역할은, 각각의 미생물을 배양하지 않고도 연구수행이 가능하다.

오늘날 메타유전체학은, 미생물 집단간 또는 집단 내에서 상호관계를 연구하는 가장 활발한 연구 분야들 중 하나에 속한다. 위에서 언급한 인간 미생물 집단 프로젝트는 인체 내의 미생물 대부분이 난배양성이기 때문에 메타유전체학으로 진행된다. 전 지구적인 규모로, 메타유전체 연구정보에 의해서, 어떤 가장 복잡한 의학, 환경, 농업 그리고 경제적인 난제를 해결하는 데 도움이 되는 다양한 미생물들이 속속 밝혀지고 있다(**표 8.1**).

표 8.1 메타유전체학의 몇 가지 용도

용도	예
의료 분야	인간의 건강에 영향을 미치면서, 인간의 신체에 서식하는 미생물 집단을 파악하게 되면, 감염성 질병을 진단, 치료 및 예방하는 데 필요한 새로운 전략수립에 활용될 유전자 정보를 획득하는 것이 가능하다.
생태학 및 환경분야	토양 및 대양에 존재하고 있으며, 대기와 환경 조건에 영향을 미치는 미생물 집단을 탐구하면, 기후변화의 영향을 이해하고 예측하는 데 도움이 될 수 있다.
에너지 분야	미생물 집단의 힘을 이용하면 바이오에너지원을 지속가능하고 친환경적으로 이용할 수 있다.
생물 복원 분야	미생물 기반의 환경기법 기술을 기존의 방법에 첨가하면, 환경 손상을 계측하고, 유류, 지하수, 하수, 핵폐기물 및 기타 독성화합물의 제거 효율이 향상된다.
농업 분야	재배 중인 식물과 동물의 내부, 표면 및 주위에 생존하는 유익한 미생물의 역할을 이해하면, 작물과 가축의 질병 예방이 가능하고, 진전된 농업기술의 개발이 촉진된다.
생체 방어 분야	미생물 포렌식에 메타유전체학 방법을 첨가하면, 병원균을 계측하고, 생물테러에 대응하여 더 효과적인 백신과 치료방법의 개발이 가능하며, 발병 과정을 재구성하는 것이 가능하다.

A Final Thought

수십 년 동안, 과학자들은 유전자의 속성을 연구해 오고 있다. 그러나 그들이 아무리 노력해 보아도 DNA가 진화하는 방식은 추정할 수 없었다. 그들은 DNA가 생명체의 대사과정 및 생장을 제어하는 정교한 기능이 너무 간단하다(어떤 이들은 너무 터무니 없다고 표현했다)고 생각했다.

그러나 1950년대까지, 그 당시 연구자들은 DNA를 단지 stupid하다고 생각하였다. DNA의 구조가 밝혀진 후에, 매우 눈부신 연구가 광범위하게 개시되어, 유전암호가 해독되고, 마침내 DNA는 아주 멋진(smart) 실체가 되었다. 과학자들은 유전자에 의해 생성되는 단백질 연구를 수행하는 동안에, 유전자를 확인하고, 유전자의 구조를 연구하였다. 그리고 그들은 인간 및 미생물의—유전체 지도를 작성할 수 있었다. 과학자들이 성취한 업적으로 과학 사회는 현기증을 느끼기에 충분했다.

인간 유전체의 해독은 우주비행사의 달 착륙에 비유된다. HMP를 통한 인체 미생물 집단의 확인은 오히려 두려운 일이었다. 인간과 미생물 유전체의 염기배열 결정 이정표는 완성되는 데 수십 년이 소요될지도 모를 놀랄만한 여행의 출발점에 지나지 않는다. 가까운 미래에 과학자들이 염기배열 결정 장치의 전원을 뽑지 않을 것으로 생각하는 것은 당연하다. 오늘날 인간 사회는 이것 없이 어떻게 이 사회가 유지되어 왔는지 생각하게 되는 강력한 지식의 출현에 직면하고 있다.

Chapter Discussion Questions

What Was He Thinking?

이 장을 읽으면서, 저자가 전달하려고 했던 DNA와 유전자에 대한 5가지 주요 요점을 확인하고 토론하시오.

Questions to Consider

1. 당신이 1928년 Griffith의 위치에 있었다고 생각해보시오. 유전학은 거의 이해할 수 없었고, DNA는 사실상 알려지지 않았으며, 세균생화학은 명확하게 확립되지 않았었다. 그의 실험에서 얻어진 유명한 결과를 당신은 어떻게 설명하겠는가?
2. DNA 복제는 반보존적이라는 표현하는 것은 무엇을 의미하는가?
3. 어떤 의미에서, DNA는 단지 4개의 상이한 소단위체(뉴클레오티드)를 가지고 있는 비교적 간단한 분자이다. 그러나 DNA는 적어도 20종의 상이한 아미노산이 사슬을 형성하여 수천 종 이상의 대단히 복잡한 단백질 유전정보를 저장할 수 있다. DNA는 어떤 식으로 이러한 불가능해 보이는 반응을 수행하는 것일까?
4. Watson과 Crick의 이름은 DNA 구조의 "발견자"로서 20세기 생물학의 역사에 영원히 각인되었다. 그러나 Watson과 Crick가 DNA를 "발견"하지 않았다는 것을 생물학자들은 알고 있다. 이들과 함께 기억되어야 할 이름은 누구이며, 그 이유는 무엇인가?
5. 이 장에는, 미생물 유전자와 유전체에 관한 많은 정보가 기술되어 있다. 세포의 유전자와 유전체 사이의 차이점을 설명하시오.
6. 당신은 효소가 단백질을 만든다고 주장한다. 그러나 당신의 동료들은 단백질이 효소를 만든다고 주장한다. 어느 쪽이 옳으며, 당신이 내린 결론의 근거는 무엇인가?
7. 메타유전체학은 오늘날 미생물학에서 매우 중요한 영역이다. 당신이 이 장을 읽고 난 후에, 다음 기술의 의미가 무엇이라고 생각하는가: 메타유전체학은 환경 시료에 들어 있는 유전체의 잠재력에 접근하는 것을 목표로 한다.
8. 2개의 DNA 샘플이 있다. A 시험관에는 염기가 다음과 같은 비율로 들어 있다: A 23.1%, C 26.9%, G 26,9%, T 23.1%. 이것에 비하여 B 시험관에는 A 32.3%, C 32.3%, G 17.7%, T 17.7%가 들어 있다. 이중사슬 DNA가 어느 시험관에 들어 있을 것이며, 단일사슬 DNA는 어느 시험관에 들어 있을까? 그 이유는 무엇인가?

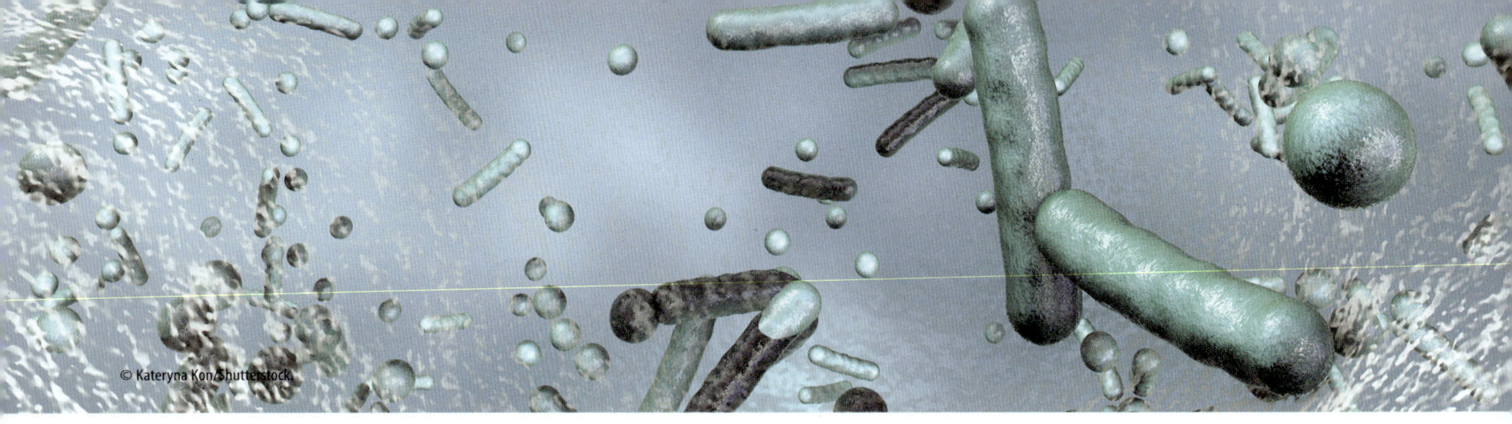

Chapter 9

미생물의 유전: 유전자에서 유전공학까지

▶ 세균성 이질 대유행 사건

Shigella: shih-GEL-lah

1969년, 아주 심각한 형태의 세균성 이질(dysentery)이 중앙아메리카의 과테말라에서 발생했다. 세균성 이질은 시겔라(*Shigella*)속의 다양한 종에 의해 유발되고, 생명을 위협할 수도 있으며 전염성이 강하다. 그람 음성 시겔라균에 감염되면 사람의 대장에 영향을 미쳐서 혈액과 점액이 포함된 묽은 설사를 유발한다(**그림 9.1**). 보통 강한 복통과 위경련도 동반된다. 시겔라증(shigellosis)이라 불리는 이 질병은 시겔라가 오염된 음식과 물을 통해 전파된다. 과테말라에서 시겔라증은 빠르게 전파되었으며, 인구의 모든 연령대에서 높은 감염 비율로 퍼졌고, 특히 어린 아이에서는 탈수로 인해 최고 사망률을 보였다.

전해질(electrolyte): 신경과 근육 기능을 조절하는 혈액 및 기타 체액의 무기물 또는 염.

시겔라(*Shigella*) 균이 창궐하는 동안 환자들은 부족한 수분과 **전해질(electrolyte)**을 보충하기 위해 소금 또는 식염수를 섭취하였다. 또한 많은 환자들은 세균성 병원체를 없애기 위해 4종류 항생제 중의 하나를 섭취하였다. 그러나 수개월이 지나면서 의사들은 이러한 처방에 대해 점차 실망하게 되었다. 그들이 사용한 4종류 항생제는 효과가 없었으며, 시겔라를 제거하지 못하였다. 병원균의 유전적 변화에 의해 기존 항생제가 작용하지 않았기에 의사들은 유행성 전염병을 멈추기 위한 중요한 무기를 잃어버렸다. 발병 3년 동안에 112,000명 이상이 감염되었고, 적어도 12,000명이 사망하였다.

시겔라증의 발생은 어느 사회에 항생제 내성(antibacterial resistance, ABR)이 나타날 때, 어떤 사건이 일어날 수 있다는 것을 암시한다. 과테말라에서 시겔라증이 유행했던

CHAPTER 9 OPENER 오늘날 미생물학과 세계보건이 직면하고 있는 가장 큰 문제는 항생제 내성이다. 항생제에 감수성인 세균이 저항성을 가질 때 내성이 발생한다. 미국 질병관리센터에 따르면, 미국 내에서 매년 2백만 명이 넘은 사람이 내성균에 감염되고, 최소 23,000명이 사망한다.

그림 9.1 세균성 이질. 세균성 이질은 시겔라(*Shigella*)라고 하는 세균군에 의해 유발될 수 있는 고통스러운 장 감염이다(Bar = 10 μm). 감염된 일부 사람은 증상이 없을 수 있지만, 병원균에 오염된 음식이나 물을 공유함으로써 다른 사람들에게 시겔라 세균을 전염시킬 수 있다.

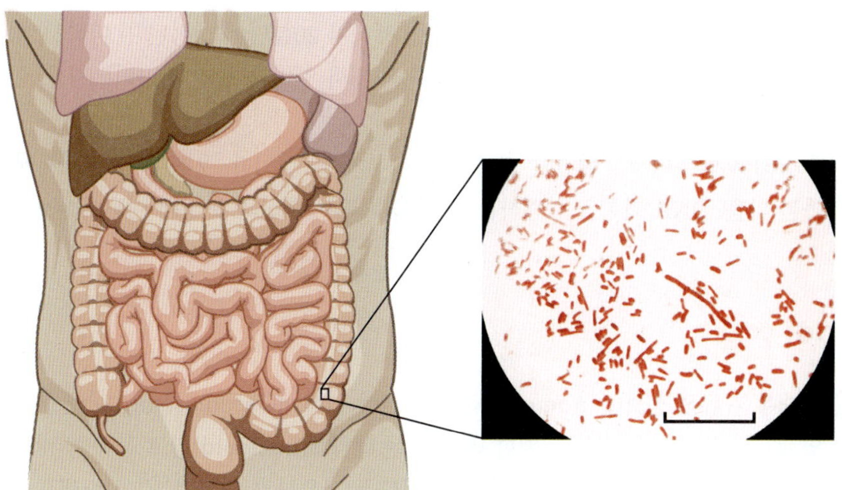

시기에는 한 가지 약제에 내성을 가지는 것은 드물었으며, 더구나 4가지 약제에 내성을 가지는 세균이 발견된 것은 매우 드문 일이었다. 이제 당신은 "그때는1968년이었고, 전 세계 항생제 내성 측면에서 지난 50년 동안 변화하였다."라고 말할지도 모른다. 사실 항생제 내성의 문제는 오늘날에 감염으로 인해 더 나빠졌고, **항미생물 내성(antimicrobial resistance, AMR)**의 한 영역인 항생제 내성은 의학과 국제적 사회가 직면한 가장 중요한 이슈 중의 하나이다.

항미생물 내성(antimicrobial resistance): 이전에 성공적으로 미생물을 치료할 수 있었던 약물의 효과에 저항하는 미생물의 능력.

> 미국 질병관리센터(CDC)는, "항미생물제 내성 생물에 의해 감염된 사람은 더 오랫동안 그리고 비싸게 병원에 머무를 것이고, 감염으로 인해 더 쉽게 죽을지도 모른다."라고 하였다.

이 장에서, 우리는 시겔라와 같은 미생물이 어떻게 항생제 내성을 가지게 되었는지를 미생물 **유전학(genetics)**적 관점에서 다룰 것이다. 돌연변이로 인해 또는 새로운 유전자의 획득을 통하여 DNA 분자가 자연적으로 변경될 수 있다는 것을 알게 될 것이다. 또한 의도적으로 미생물의 유전자를 변화시키는 유전공학에 대해서도 알아보고자 한다. 유전공학의 기술이 인류의 삶을 향상시키는 데 사용될 수 있다.

유전학(genetics): 살아있는 생명체에서의 유전자, 유전적 다양성 그리고 유전을 연구하는 생물학의 한 분야.

LOOKING AHEAD

이 장을 마치면, 여러분은 다음의 내용들을 할 수 있게 될 것이다.

9.1 세균에 존재하는 염색체 DNA와 플라스미드 DNA를 비교할 수 있다.
9.2 돌연변이를 정의하고, 염기치환 돌연변이와 틀이동 돌연변이를 구분할 수 있다.
9.3 수평적 유전자 전이를 통한 세 가지 형태의 유전자 재조합 방법을 비교하여 이해할 수 있다.
9.4 유전공학의 기초 원리를 설명할 수 있고, 재조합 DNA 분자의 역할에 대해 토론할 수 있다.

9.1 세균 DNA: 염색체와 플라스미드

현대의 세균들은 약 40억 년 동안 존재하면서, 그들 조상이 겪은 유전적 변화의 성과를 누리고 있다. 게다가, 몇몇의 경우에는 세균의 한 세대가 20분만에 생성된다. 따라서, 항생제 내성과 같은 유용한 유전적 변화가 세균 집단 내에서 얼마나 빨리 전파되는지를, 이해할 수 있다.

이 장의 후반부에서, "돌연변이"에 대해 다루게 될 것이다. 우선 세균 염색체에 대해서 알아본 다음, DNA 화학을 이해하는 데 도움이 되는 핵산과 조성에 대해서 알아보기로 한다.

세균의 염색체

세균의 대부분 **유전 정보(genome)**는 하나의 원형 염색체(chromosome) 내에 존재한다. 세균 염색체는 둘러싸고 있는 어떠한 막도 없는 **핵양체(nucleoid)**라고 불리며 세포질 영역에 존재한다. 염색체는 세균 체적의 절반 정도를 점유하고 있으며, 길이는 세포 자신의 길이보다 약 1,000배 긴 1.5 mm 정도이다. 이 현상은 하나의 문제를 제기한다. 1.5 mm 길이인 염색체가 2.0 μm의 대장균(*Escherichia coli*) 세포에 어떻게 1.5 mm 길이의 세포 내에 어떻게 존재할까? 이에 대한 해답은 염색체가 아주 빽빽이 눌러진 고리 구조로 되어 있다는 것이다. 약 10,000개의 염기쌍으로 구성된 DNA 고리는 서로 다른 고리 매듭에 서로 붙어 있고, "꽃" 모양을 만든다(**그림 9.2**). DNA의 아주 조밀한 포장은 세포막과 세포벽이 파괴될 때에 폭발적으로 방출될 것이라는 것을 설명한다.

Escherichia coli: esh-er-EEkey-ah KOH-lee

대장균의 염색체는 가장 잘 연구된 것 중의 하나이다. 대장균 염색체에는 약 4,300개의 유전자가 존재한다. 일부 바이러스는 적게는 7개의 유전자를 가지며, 인간 염색체는 대략 22,000개의 유전자를 가진다. 다른 원핵생물은 대장균보다 더 많거나 적은 유전자 수를 가질 수 있다.

플라스미드

많은 세균 종은 염색체 외에도 **플라스미드(plasmid)**라고 하는 1개 이상의 작은 원형

그림 9.2 세균 DNA.

(A) 윗면에서 본 염색체 구조에서의 고리. DNA에 있는 고리는 상대적으로 작은 세균 세포에 많은 양의 DNA가 압축되어 있는 것을 설명해준다.

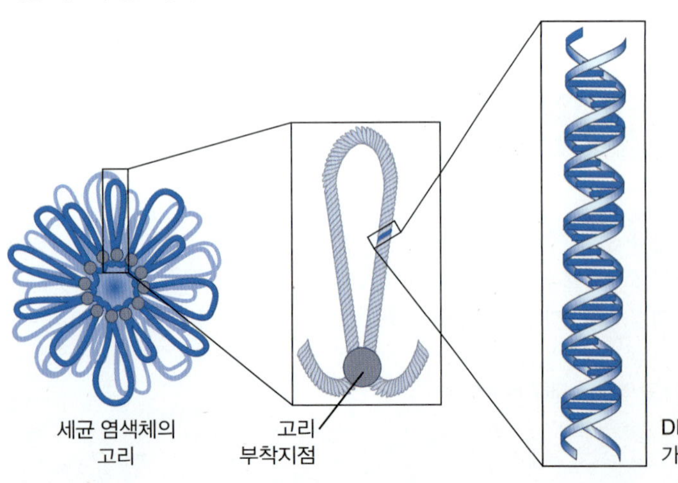

(B) 세포 붕괴 직후, 대장균 세포의 투과전자현미경 사진. 엉킨 물질이 세포의 DNA이다. (Bar = 1 μm.)

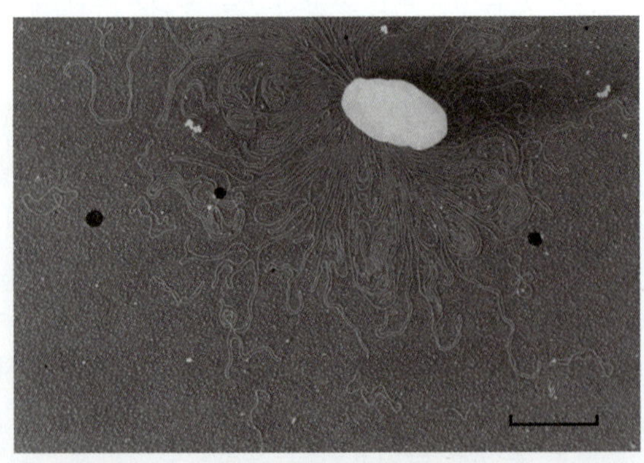

DNA를 가지고 있다. 플라스미드는 세포질에 존재하지만, 핵양체와는 별개로 존재한다(**그림 9.3**). 플라스미드는 전체 유전 정보의 약 2%를 차지하기도 하고, 염색체와는 별도로 복제한다. 성장과 분열에 반드시 필요한 유전자를 가지고 있는 염색체와는 다르게, 플라스미드는 세균에서 필수적인 유전자는 아니지만 유용한 유전자를 가지고 있다. 예를 들면, 플라스미드는 항생제 내성 유전자를 가지고 있다. 또한, 플라스미드는 세균이 그들의 유전물질을 다른 세균에 옮겨줄 수 있게 한다. 세균에서 세균으로 이동함으로써, 이러한 "이동하는 플라스미드(traveling plamid)"가 앞에서 언급한 시겔라 속이 약제 내성을 가질 수 있었다고 여겨진다.

플라스미드는 **독성 인자(virulence factor)**를 생산하는 유전자를 가지고 있다. 숙주세포에 해를 끼치는 많은 효소와 독소를 플라스미드 유전자가 지령한다. 이런 물질이 세균을 더욱 위험한 병원성균으로 만든다. 또한, 어떤 세균은 다른 세균에게 유해한 독소 단백질을 생산한다. 이 독소는 독소 생산 세균이 토양에서 영양소를 획득하는 경쟁에서 이길 수 있는 장점을 준다. 이 장의 후반부에는 유전공학에 플라스미드가 사용되는 것에 대해 설명한다.

독성 인자(virulence factor): 병원체 내에 있거나 병원체가 생산하여 숙주에 침입하거나 질병을 일으키는 능력을 증가시키는 분자.

유전적 다양성

드문 예외를 제외하고, 사람은 부모로부터 물려받은 것을 본질적으로 평생 동안 가지고 있으면서 거의 동일한 유전자를 가지고 살아간다. 하지만, 이것은 원핵생물 세계에서는 반드시 그런 것은 아니다. 왜냐하면, 세균은 플라스미드와 염색체에 의해 암호화된 유전 정보가 변경될 수 있기 때문이다. 이러한 변화가 유전적 다양성의 기반이 된다.

모든 생명체와 바이러스의 **유전적 다양성(genetic diversity)**은 진화의 결과이며, 그 원동력은 **자연선택(natural selection)**이다. 예를 들어, 시겔라 세포집단이 항생제 시프로플록사신(ciprofloxacin, cipro)이 존재하는 환경에 있다고 가정하자. 모든 시프로 내성균은 생존하고 번식하지만, 항생제에 민감한 균은 죽거나 최소한 그 수가 줄어들 것이다. 결과적으로, 자연선택은 시프로에 내성이 있는 균에 유리하게 작용한다. 세균 수의 증가로

유전적 다양성(genetic diversity): 종 내에서의 다양성(또는 유전적인 변이성).

자연 선택(natural selection): 특정 환경에 가장 잘 적응한 개체나 집단의 생존과 번식 성공을 가져오는 과정.

그림 9.3 세균의 플라스미드. 색을 입힌 세균 플라스미드의 투과전자현미경 사진. 플라스미드는 이중가닥 DNA의 작은 닫힌 고리이다. (Bar = 20 nm.)

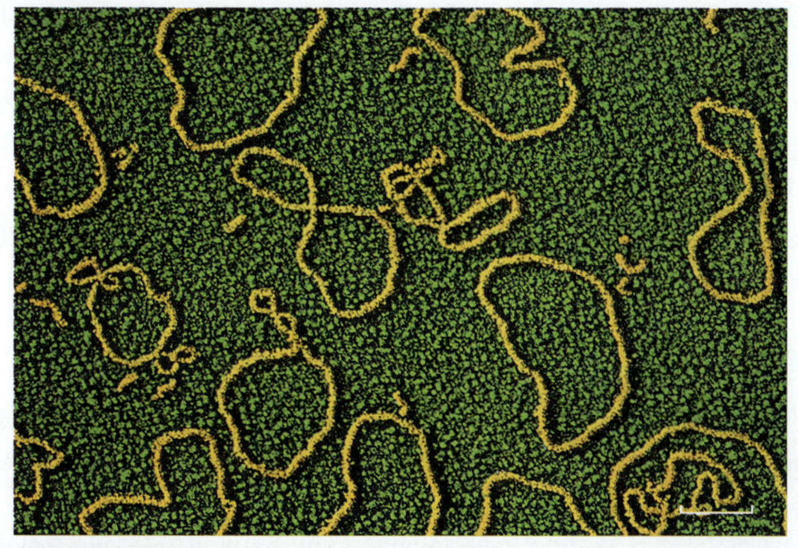

인해 전체집단에서 시프로 내성균이 우위종이 된다.

그렇다면, 전체집단에서 항생제 내성균은 처음에 어디에서 유래했을까? 항생제 내성균(ABR)은 게놈의 변화로 인해 발생할 수 있다. 이러한 변화는 돌연변이뿐만 아니라 유전자 재조합의 결과일 수 있다. 두 경우 모두에 의한 변화는 박테리아 개체군뿐만 아니라 인간 사회에도 상당한 영향을 미칠 수 있다. 제8장의 DNA 이야기에서 복제 및 유전자 발현에 대한 학습은 이를 명확하게 이해하는 데 도움이 될 것이다.

9.2 유전자 돌연변이: "알림 없는 변화"

돌연변이(mutation)는 한 생명체의 DNA가 영구적으로 변화된 것이다. 그러한 변화는 유전자의 염기서열 파괴에 의해 발생한다. 따라서 단백질 생산 시에 잘못된 아미노산을 끼워 넣게 된다. 더욱 중요한 것은 돌연변이는 무작위적으로 발생한다는 것이다. 돌연변이가 언제 어디서 발생할 것인지 예상할 수가 없다. 그러한 돌연변이는 생명체의 관찰 가능한 물리적, 생화학적 특성인 **표현형(phenotype)**의 변화를 가져올 때 쉽게 알 수 있다. 예를 들어, 미생물의 형태적 변화일 수도 있고, 영양요구성의 변화일 수도 있다. 항생제 감수성 세포집단에서 갑작스런 항미생물제 내성(AMR) 균이 발생할 수도 있다. 정상적이고 돌연변이가 일어나지 않은 특징을 지닌 생명체를 "**야생형(wild type)**"이라 하고, 돌연변이가 일어난 것을 "**돌연변이주(mutant)**"라 한다.

돌연변이는 유전자에 영향을 준다

뉴클레오티드(nucleotide): 핵산 성분으로 인산기와 염기(A, T, G 또는 C)에 결합된 오탄당으로 구성된 분자.

때때로 돌연변이는 유전자 염기서열의 단일 **뉴클레오티드(nucleotide)** 변화의 결과이다. 돌연변이는 또한 유전자에서 뉴클레오티드를 잃거나 얻어서 나타난 결과이기도 하다. 이러한 변화는 염기 서열이 단일 지점에서 변경되었기 때문에 **점돌연변이(point mutations)**라고 한다. 이러한 돌연변이는 다음과 같다.

염기쌍 치환(염기 치환)

염기쌍 치환(base-pair substitution)으로 알려진 돌연변이는 단일 뉴클레오티드가 올바르지 않을 때 발생한다(**그림 9.4A**). 이러한 돌연변이는 만들어지는 단백질의 구조나 기능에 전혀 영향을 미치지 않기 때문에 종종 "침묵(silent)돌연변이"라고 한다. 즉, 아미노산 서열에는 변화가 없다. 일부 아미노산은 하나 이상의 코돈으로 암호화된다는 것을 상기하기 바란다. "과오(missense)돌연변이"는 염기치환이 결함이 있거나 덜 기능적인 단백질 또는 새로운 기능을 가진 단백질을 생성하는 경우에 발생한다. 일부 점돌연변이는 그 변화로 인해 단백질 생산이 중단된 "정지(nonsense)돌연변이"를 나타낸다. 즉, 변화가 정지 코돈을 생성한다.

틀이동 돌연변이

돌연변이는 뉴클레오티드의 손실 또는 획득의 결과일 수 있다(**그림 9.4B**). **틀이동 돌연변이(frameshift mutation)**는 전령 RNA(mRNA)의 번역틀(reading frame)을 변경시킨다. 리보솜은 항상 mRNA를 "세 글자 단어" 또는 코돈으로 읽는다. 예를 들어, 문장을 세 글자 단어로 읽어야 하고 한 글자가 누락되었거나 글자가 추가된 경우에는 번역틀의 이동이

그림 9.4 점 돌연변이의 범주 및 결과. 돌연변이는 DNA의 영구적인 변화이며, 돌연변이의 존재 여부는 만들어진 mRNA와 단백질에 의해 식별된다. 상단에는 유전자의 주형가닥에 있는 정상 염기서열을 나타낸다.

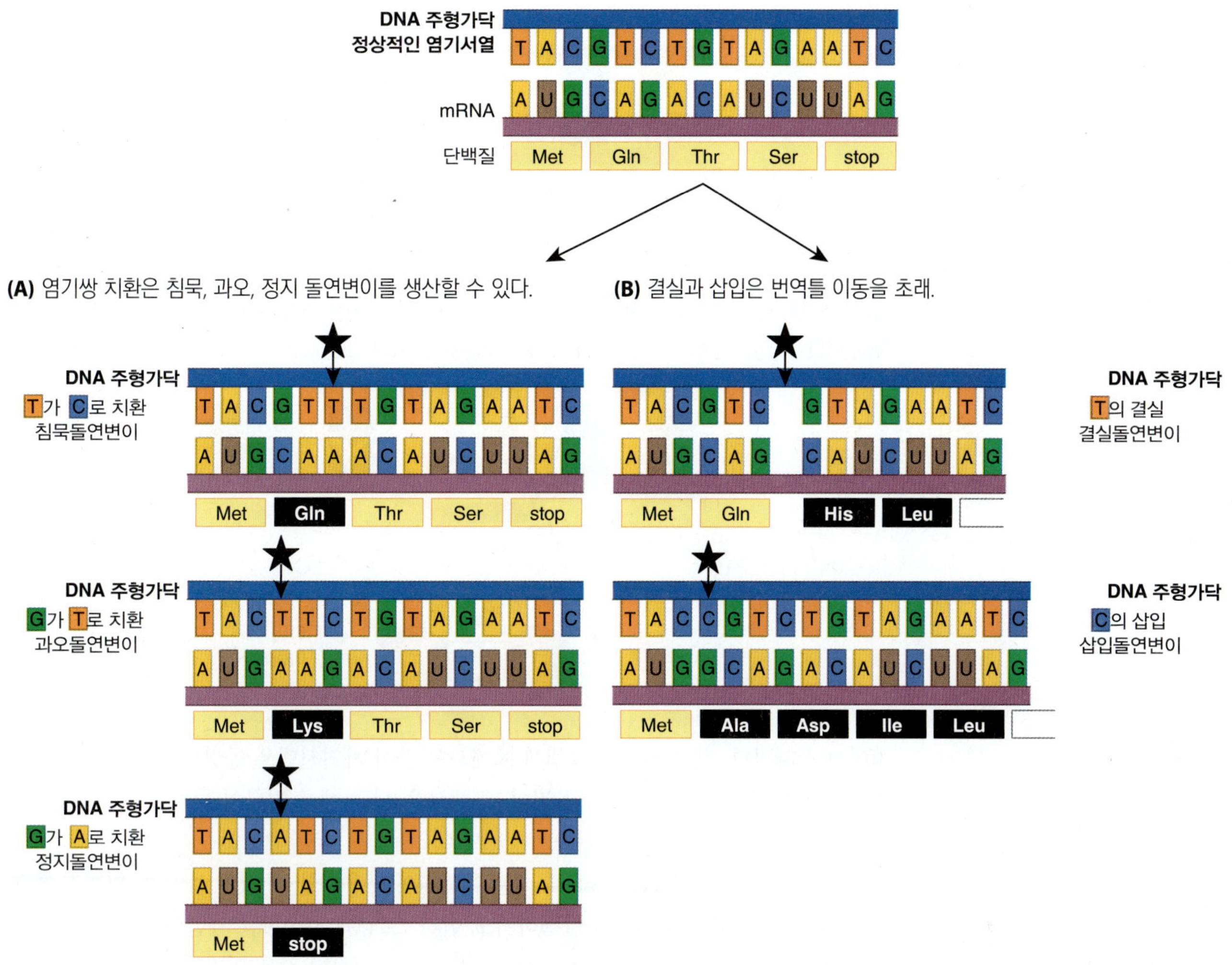

의미 없는 결과를 생성할 수 있다.

정상적인 읽기틀(번역틀) THE FAT CAT ATE THE RAT
결실("F" 결실) THE ATC ATA TET HER AT
삽입("FAT" 뒤에 "A" 첨가) THE FAT ACA TAT ETH ERA T

분명히, 번역틀의 변화는 의미 없는 결과를 생성한다. 만들어지는 단백질의 경우도 마찬가지이다. 잘못된 아미노산이 많이 존재하므로, 단백질은 아마도 쓸모가 없을 것이다.

돌연변이의 원인

돌연변이는 여러 방법으로 발생한다. 자연 환경에서 발생하는 돌연변이(**자연발생적 돌연변이, spontaneous mutations**)는 DNA 복제 실수로 인한 것이다. DNA를 복제할 때, DNA 중합효소는 각 주형가닥에 상보적인 뉴클레오티드를 첨가한다. 상보적인 염기 일치는 매우 정확하지만 오류가 발생한다. 예를 들어, 세균 개체군에서 10억 번 복제할 때마다 적어도 하나의 잘못된 염기쌍이 발생하는 것으로 추정된다. 세균 개체군은 10억 개 이상의 세포를 가질 수 있기 때문에, 확률적으로 한 개체군에 적어도 하나의 돌연변이 박테

그림 9.5 자외선과 DNA.
(A) 세포가 자연적으로 또는 실험에 의하여 자외선(UV)에 노출되면, 자외선은 세포의 DNA에 영향을 미친다.

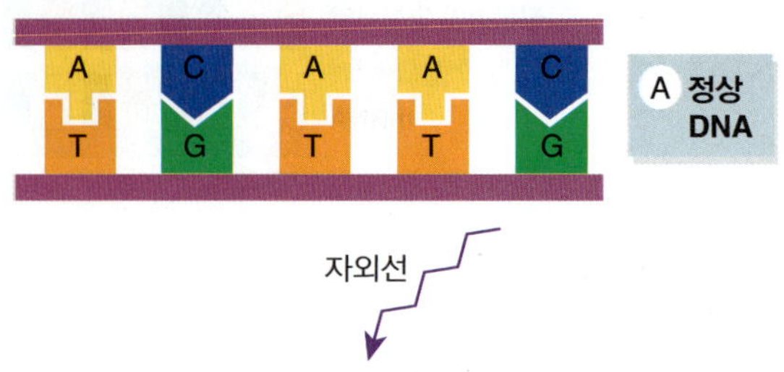

(B) 자외선은 동일한 DNA 가닥 내에 존재하는 인접한 티민 분자들 사이에 비특이적 염기쌍 형성을 유도하여, 티민 이량체(thymine dimer)를 만들어서 DNA 가닥을 변형시킨다.

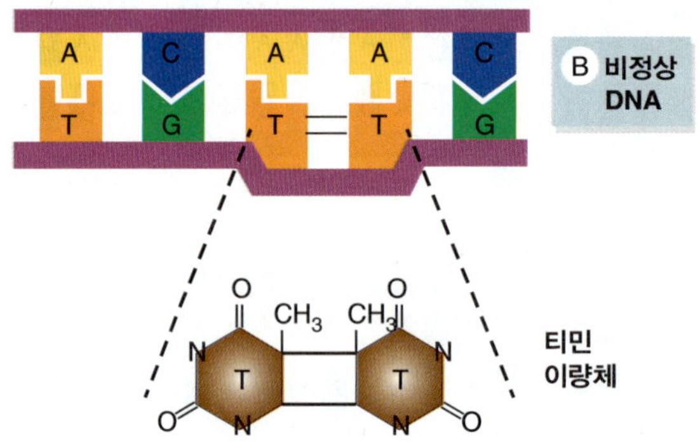

리아가 존재한다. 앞서 시프로 항생제 예에서와 같이 자연선택은 돌연변이에게 유리할 수 있다. 그 돌연변이 세포는 증식할 것이고, 새로운 세균 세포 집단이 나타날 것이며, 이들 모두는 새로운 특성을 가질 것이다.

유도돌연변이(induced mutation)는 돌연변이를 유발할 수 있는 물리적·화학적 **돌연변이원(mutagen)**에 노출되어 발생하기도 한다. 토양에 서식하는 세균이 자외선을 흡수하면, 티민과 시토신 염기들은 같은 DNA 가닥에서 인접한 같은 염기들과 결합하게 된다(**그림 9.5**). 이러한 부자연스런 결합으로 인해, DNA 복제나 전사는 차단된다. 왜냐하면, DNA 중합효소는 이런 변형된 염기들을 지나갈 수 없기 때문이다.

자연 환경에 있는 화학 물질들도 역시 돌연변이원으로 작용한다. 땅콩이나 곡식에 서식하는 곰팡이가 생산하는 아플라톡신(aflatoxin)이라는 화학물질과 매연의 구성 요소인 벤조피렌(benzypyrene)은 DNA 복제 시기에 기존 염기의 결실(deletion) 또는 잉여 염기의 삽입(insertion)을 유발한다. 염기서열의 변화는 치명적일 수 있다.

당신은 "이 장의 시작에서 언급한 시겔라 균주가 돌연변이를 통해 항생제 내성을 얻게 되었는가?"라고 질문할 수 있다. 많은 항생제는 중요한 단백질에 결합하여 적절한 기능을 수행하지 못하게 한다. 그렇지만 만약에 바뀐 단백질이 아직 기능을 유지하고 항생제가 바뀐 단백질과 결합하지 못하는 이로운(beneficial) 돌연변이가 일어나면, 돌연변이 세균은 생존할 것이며, 분열하여 내성 세균 집단이 생성될 것이다. 이것이 시겔라 시나리오의 한 예이다.

9.3 유전자 재조합: 유전자 공유

일반적으로, 세균성 이질의 경우 항생제로 효과적으로 치료할 수 있다. 따라서 사용 가능한 모든 항생제에 내성을 갖게 된 시겔라의 능력은 과테말라 대유행의 놀라운 경고였다. 탈수된 환자의 치료에 경구 수분 보충액은 도움이 되었지만, 생명을 위협하는 시겔라증의 경우에는 항생제가 필요했었다. 그렇다면 질문은 시겔라와 같은 세균 종들이 어떻게 4가지 다른 항생제에 대한 AMR을 획득할 수 있었는가 하는 것이다. 시겔라는 어떻게 **다제내성(multidrug resistance, MDR)**을 가지게 되었나? 다음에서 설명하듯이, MDR은 박테리아 종 간의 유전자 공유와 관련되었을 거라고 여겨진다.

과테말라 대유행이 일어나기 수년 전에, 약제내성 시겔라에서 발견된 것과 같은 내성 대장균(*Escherichia coli*)이 발견되었다. 우연의 일치로 나타난 것일까? 돌연변이가 우연히 발생되었다고 간주할 수는 없는 것 같다. 2개의 다른 세균 종에서 동일한 돌연변이가 발생하는 것은 한 주에 2번 복권에 당첨되는 확률과 비슷하기 때문에, 연구자들은 항생제 내성이 대장균에서 시겔라균으로 직접적으로 전이가 되었다고 믿었다.

실제로 이런 일이 발생할 수 있는지를 알아보기 위해서, 연구자들은 항생제 내성 대장균과 항생제 감수성 시겔라의 현탁액을 함께 섞었다. 며칠이 지나서, 시겔라균이 항생제 내성 대장균과 같은 4가지 항생제에 내성을 가지게 되었다는 것을 발견하였다. 아마도 어떤 시점에서 MDR 대장균에 감염된 환자가 동시에 시겔라에도 감염되었고, 두 세균이 같이 존재함으로써 MDR 특성이 대장균에서 시겔라로 전달되었을 것이다. 그러면 어떻게 MDR 저항성을 얻게 되었을까?

세포에서 게놈 변화를 일으키는 돌연변이 외에도 세균은 **유전자 재조합(genetic recombination)**을 거쳐 게놈을 변경할 수 있다. 이것은 공여세포의 DNA가 전달되어 수용세포의 DNA와 재조합 되는 세균의 유전 전달 유형이다. 실제로, 이 과정은 박테리아 세계에서는 보편적이다. 일례로, 생화학자들은 대장균이 거의 20%에 가까운 게놈(genome)을 다른 세균 종에서 획득한 것으로 추정한다. 비병원성 종인, *Thermotoga maritima*는 진정세균과 고세균의 두 원핵세포 그룹에서 약 25%를 획득하였다.

Thermotoga maritima: ther-moh-TOE-gah mar-eh-TEA-mah

일반적인 세포분열에서는 DNA에 존재하는 유전정보는 한 세대에서 다음 세대로 **수직적 유전정보 전이(vertical gene transfer)**가 일어난다(**그림 9.6A**). 치명적이지 않은 돌연변이가 DNA에서 발생하면, 그 돌연변이는 이분법 과정에서 다음 세대로 전달된다. 이러한 유형의 유전자 전달은 모든 생물체에서 일반적이다. 예를 들어, 사람의 경우 유방암을 일으킬 수 있는 돌연변이가 임신을 통해 어머니에서 딸로 전달될 수 있다. 유사하게, 유전자는 수직 유전자 전달을 통해 한 세균 세대에서 다음 세대로 전달될 수 있다.

그러나 세균의 경우는 공여세포(donor cell)에서 수용세포(recipient cell)로 DNA가 세포 내부로 직접 옮겨지는 유전자 재조합도 일어난다. 세균의 종들은 **수평적 유전자 전이(horizontal gene transfer)**라 불리는 세 가지 형태의 유전자 재조합, 즉 접합, 형질도입 및 형질전환에 의해서 이루어진다(**그림 9.6B**). 각각에 대해서 살펴보자.

세균의 접합

접합(conjugation)이라 부르는 유전자 재조합 과정에서 2개의 살아있는 세균이 서로 밀접하게 다가가서, 공여세포는 자신의 유전 물질 일부를 수용세포에게 전달한다(**그림 9.7**). 특히, 공여세포는 대부분 접합과 관련한 20여 개의 유전자를 가진 플라스미드인 **F 인자(F factor)**를 가지고 있기 때문에 F^+ 세포라 부른다. 수용세포는 F 인자가 없기 때문에 F^- 세포라 부른다.

대장균과 시겔라와 같은 그람 음성 세균의 접합 과정은 F^+ 세포가 수용세포와 접촉

그림 9.6 유전자 재조합.

(A) 수직적 유전자 전이는 유전자 *A*와 같이 세균 세포의 승계되는 세대로 전달된다.

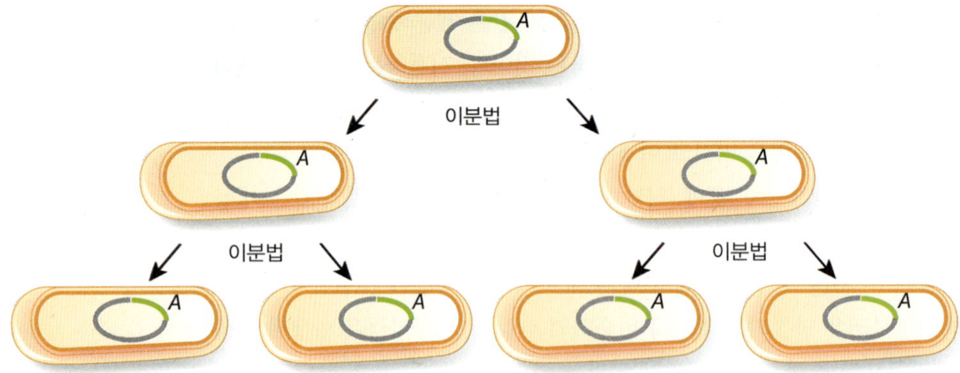

(B) 수평적 유전자 전이는 유전자 *A*와 같이 접합, 형질도입, 형질전환의 방법으로 직접 다른 세포로 전달된다.

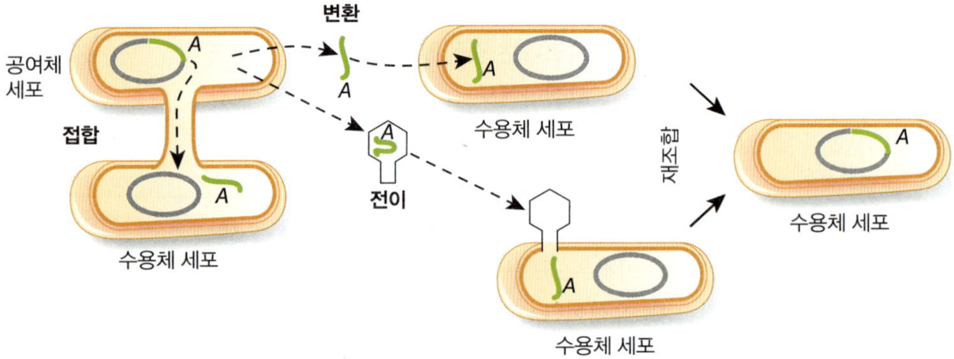

그림 9.7 세균의 접합. F 인자(플라스미드)가 공여체(F^+) 세포에서 수용체(F^-) 세포로 전이될 때, F 인자의 복사본을 획득함으로써 F^- 세포가 F^+ 세포가 된다.

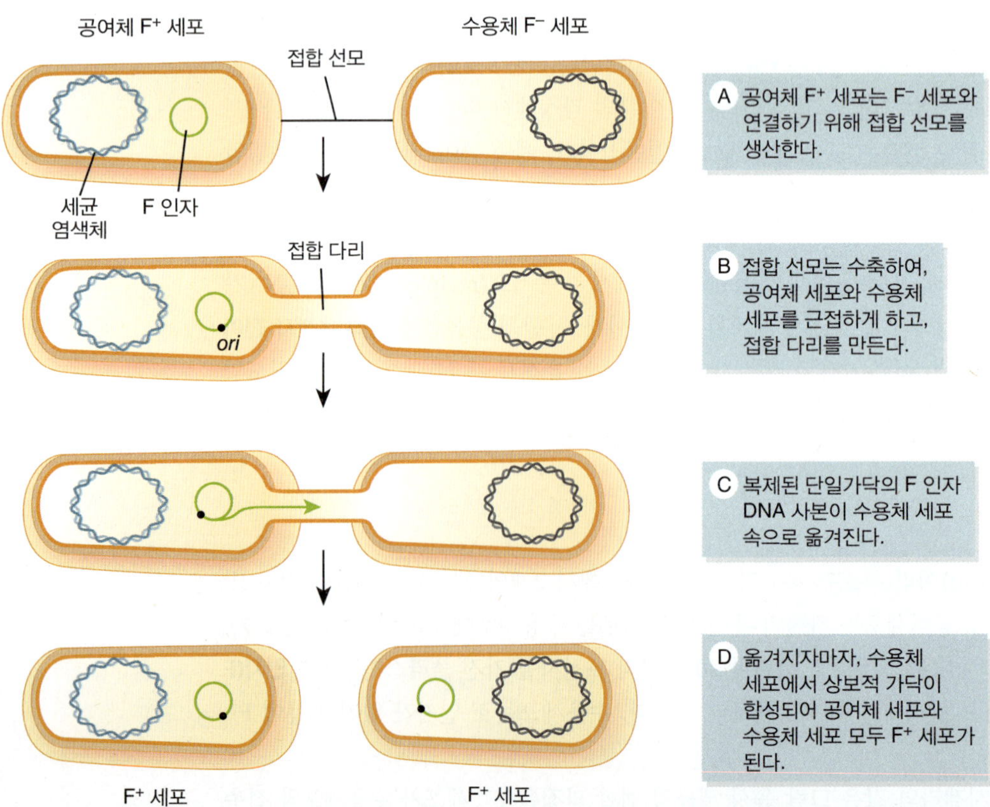

하는 **접합 선모(conjugation pilus)**를 형성하는 것으로 시작한다. 선모는 두 세포가 접촉한 후 서로 가까이 위치하도록 짧아지며, 접합 다리는 두 세포의 세포질을 연결시킨다. 일단 연결이 되면, 효소에 의해 F 인자의 한쪽 가닥 DNA를 복사하기 시작한다. 이 단일가닥 DNA는 접합 다리를 통해 수용체 세포로 들어간다. 수용체 세포에 도달하면, 효소가 상보적 DNA 가닥을 합성하여 이중나선 구조를 이룬다.

F 인자를 획득함으로써 수용세포가 F^+ 세포로 전환된다. 그러는 동안에 공여세포도 상보적인 DNA 가닥을 만들어서 F 인자를 여전히 보유하게 된다.

이제 시겔라증 대유행에 대해 생각해 보자. 접합의 방식으로 MDR 유전자를 대장균에서 시겔라로 옮길 수 있다. 대장균의 F^+ 플라스미드가 AMR에 대한 4개의 유전자를 포함하는 경우 시겔라 세포와 접촉하면 유전자가 전달될 수 있다. 실제로, 이러한 형태의 유전자 재조합을 통해 여러 항생제에 대한 내성을 얻을 수 있다. 이에 덧붙여 다른 유형의 플라스미드에는 세균 독소 또는 효소와 같은 질병 유발 인자에 대한 유전자가 포함될 수 있으며, 접합은 세균 개체군의 질병 가능성을 증가시킬 수 있다.

형질도입

수평적 유전자 전이에 포함되는 두 번째 유전자 재조합 과정은 **형질도입(transduction)**이다. 이 과정은 세균 DNA를 수용체 세포로 전달하기 위하여 **박테리오파지[bacteriophage (phage)]**로 알려진 세균 바이러스의 도움을 포함한다. 파지의 복제 과정에서, 파지 DNA는 세균 숙주세포 속으로 침투하고, 세균 세포질에서 즉시 새로운 파지의 복제에 착수한다. 이런 일이 일어나면, 세균은 수백 또는 수천의 파지 생산을 위한 생화학적 공장으로서의 역할을 하게 된다.

박테리오파지 복제 과정 동안에 세균의 염색체는 다수의 작은 단편으로 절단된다. 때로는 바이러스의 복제 과정 중에, 일부 새롭게 만들어진 파지가 실수로 세균 유전자를 포함하거나 또는 작은 DNA 조각을 불완전한 바이러스 유전자와 함께 가질 수도 있다(**그림 9.8**). 어떤 경우이든지, 완전한 바이러스 유전자를 가지고 있지 않으므로 결손 바이러스 입자(defective particle)라고 한다. 이들 "결손 박테리오파지"는 다른 세균을 감염시킬 수 있지만 복제될 수는 없다. 감염이 되면, 결손 박테리오파지에 들어 있는 세균 DNA(또한 어떤 바이러스 DNA)는 숙주세포의 염색체와 재조합할 수 있다.

그림 9.8을 한 번 더 보자. 결손 바이러스 입자가 시프로 항생제 내성 유전자를 가지고 있다고 가정하자. 이 결손 바이러스 입자가 감염되어 내성 유전자 DNA를 숙주세포의 염색체와 재조합하였다. 그러면, 시프로 내성 유전자는 영원히 수용세포의 유전체 일부가 된다. 파지가 복제될 때, 세균의 DNA를 포함하는 "실수"는 일어나기 쉽지 않기 때문에 형질도입은 드물게 일어나는 현상이다. 따라서, 과테말라에서 발생한 시겔라증의 경우에 형질도입 방법을 통해 MDR이 시겔라로 전달된 것 같지는 않다.

그러나 상상할 수 없을 만큼의 세균들과 더 많은 수의 파지가 존재하는 해양에서의 형질도입은 유전자 재조합의 의미 있는 형태로 일어날 수 있다(**A CLOSER LOOK 9.1**).

형질전환

유전자 재조합의 세 번째 형태는 **형질전환(transformation)**이다. 수평적 유전자 전이의 형태가 일어나는 동안, 죽은 세균에서 방출된 DNA 조각을 살아있는 수용세포가 가질 수 있다(**그림 9.9**). 즉, 형질전환은 수용세포가 새로운 유전 형질을 취득하는 또 다른 방법이다.

그림 9.8 결손. 파지(입자)는 소수의 세균 유전자를 수용체 세포로 전이시킬 수 있다.

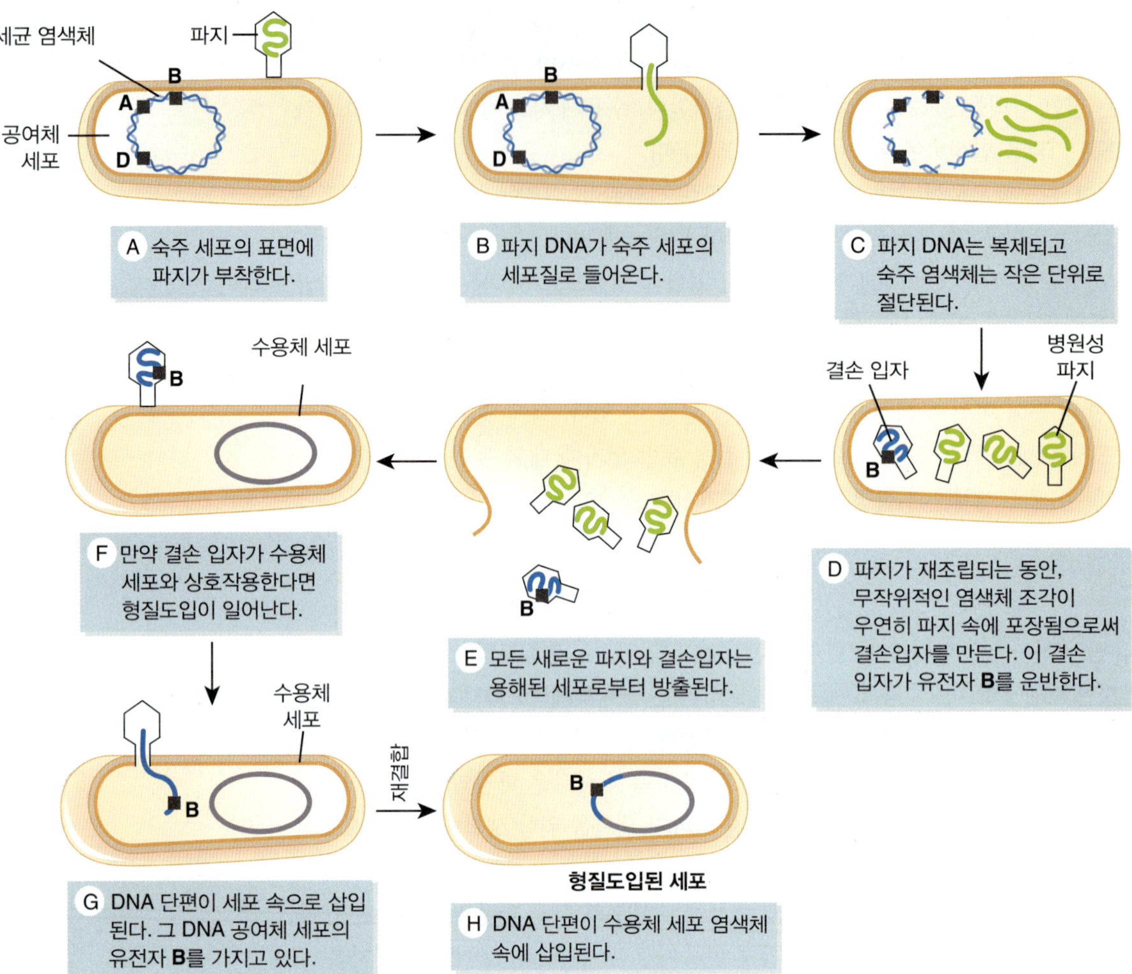

형질전환이 어떻게 일어나는지에 대해 생각해 보자. 어떤 환자가 병원성 세균(예, 대장균 O157:H7)에 의한 장내 감염으로 치료를 받았다. 의사는 항생제 젠타마이신을 사용하였고, 이 약제에 감수성을 가진 병원성 세균을 사멸시켰다. 만약 이 대장균이 항생제 시프로에 저항성을 지니고 있는 유전자를 가졌다고 생각해 보자(만약 의사가 시프로를 처방하였다면, 그 유전자는 시프로로부터 대장균을 보호할 것이다).

그런데 의사가 젠타마이신을 선택했기 때문에, 그 세균은 죽게 된다. 세균이 죽는 동안 환자의 장 내에는 대장균의 DNA 단편들이 흩뿌려지게 된다.

자 그럼, 그 대장균에 오염된 물을 마셨을 때, 약간의 시겔라 균이 환자의 장 내로 같이 들어간다고 생각해보자. 시겔라 세포는 주변 환경에 있는 대장균의 DNA 단편을 획득할 수 있는 능력을 가지고 있다. 그래서 시겔라 균은 시프로 내성 유전자를 획득한다. 그리고 자신의 DNA에 새로운 DNA를 삽입시키고, 형질전환되어 시프로 저항성을 가지게 된다. 다음으로, 균들은 장 밖으로 배설돼서 시프로에 대해 저항성을 가진 상당히 큰 세균 집단을 재생산하여 토양과 물에 축적된다.

수년이 지나서, 이 시겔라 종은 형질전환을 통해 많은 항생제 저항성을 얻었을 것으로 추측할 수 있다. 아마도 운명적인 1969년의 시기에, 이런 MDR 시겔라 종이 음식과 상수도에 존재했을 것이고, 이 균에 오염된 음식 또는 물을 마신 과테말라의 무고한 사람들

A CLOSER LOOK 9.1

전 세계 바다에서 유전자 교환

우리는 우리 주변에 엄청난 수의 미생물이 있다는 것을 알고 있다. 그러나 우리는 전 세계 바다에 있는 엄청난 수의 미생물에 대해 잘 알지 못한다. 미생물 생태학자들은 이러한 해양 환경에 약 10^{29}개의 원핵생물이 있을 것으로 추정한다. 더 놀랍게도, 이 해양 미생물을 감염시킬 수 있는 약 10^{30}개의 박테리오파지가 바다에 있다.

형질도입 과정에서, 박테리오파지는 때때로 실수로 감염된 세포의 염색체(바이러스 DNA가 아닌) 조각을 운반한다. 이 결함이 있는 파지는 DNA를 다른 수용세포로 옮긴다. 그러나 이러한 형질도입 사건은 1억(10^8) 바이러스 감염당 한 번만 발생하는 드문 경우이다. 바다에 있는 파지와 감수성 있는 세균의 수를 고려하기 전까지는 이것이 중요하지 않은 것처럼 보일 수 있다. 바이러스 학자들은 형질전환 사건이 감염 10^8건 중 1건만 발생하더라도 전 세계의 바다에서는 여전히 초당 약 10^{16}건의 유전자 전달이 있다고 계산한다. 이것은 하루에 약 10^{21}개의 형질도입 사건이다!

미생물학자들은 이 모든 유전자 재조합이 전 세계적 규모에서 볼 때 무엇을 의미하는지 이해하지 못하고 있다. 최소한 우리가 결론을 내릴 수 있는 것은 엄청나게 많은 유전자 교환이 진행되고 있다는 것이다!

Courtesy of Dr. Jeffrey Pommerville.

그림 9.9 세균의 형질전환. 형질전환은 외부의 DNA가 살아있는 수용체 세포 속으로 들어가서 수용체 세포의 염색체에 통합되는 것이다.

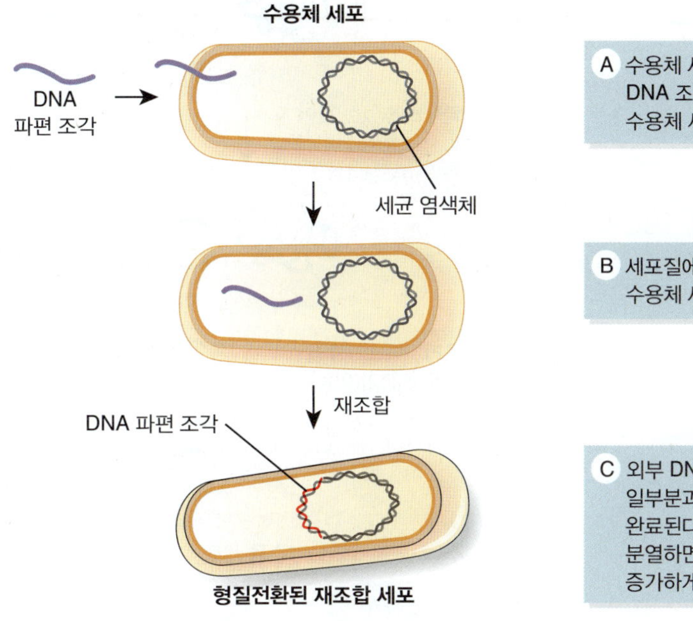

이 시겔라증에 걸려 안타깝게도 사망했을 것이라고 이 장의 도입부분에 서술되었다.

이것은 가상의 예일 뿐 이지만, 시겔라가 형질전환을 통해 MDR을 획득할 수 있는 방법을 보여준다. 보건 전문가들은 시겔라가 MDR을 어떻게 획득했는지 정확히 알지 못하지만, 아마도 접합이나 형질전환을 통해서 내성을 획득했을 것으로 여긴다.

수평적 유전자 전이의 다른 방법

또 하나의 다른 유전자 전이의 형태로는 **전이인자(transposon)**라 불리는 이동하는 유전인자에 의한 것이 있다. 전이인자는 세균 염색체의 한 곳에서 다른 위치로 이동이 가능한 "점핑 유전자(jumping gene)"라고 불리는 작은 DNA 단편으로 되어 있다. 그 단편은 한 염색체에서 다른 염색체로, 플라스미드에서 염색체로, 또는 염색체에서 플라스미드로 쉽게 이동한다.

전이인자는 플라스미드에서도 발견되기 때문에, 접합과 같은 수평적 전이 방법을 통하여 수용 세포로 옮겨질 수 있다(**그림 9.10**). 그러므로 만약 플라스미드에 있는 전이인자가 MDR 정보를 가지고 있다면, 플라스미드 전이는 수용 세포에 전이인자를 운반할 것이고, 그 수용세포가 항생제 내성을 가지게 될 것이다. 그 다음 전이인자는 수용체 세포의 염색체 속으로 뛰어 들어갈 것이고, 결과적으로 게놈에 영구적으로 포함된다.

오늘날 세계의 항생제 내성

놀라운 수의 세균 종들이 항생제 내성을 발전시켰고, 이들 중 다수가 MDR을 나타낸다. 소위 **슈퍼버그(Superbug)**라고 불리는 이 후자의 그룹은 오늘날 의료계와 사회가 직면한 가장 심각한 문제 중 하나가 되었다. 항생제 내성에 대한 주제는 제10장의 "미생물 제어"

그림 9.10 **전이인자의 이동.**

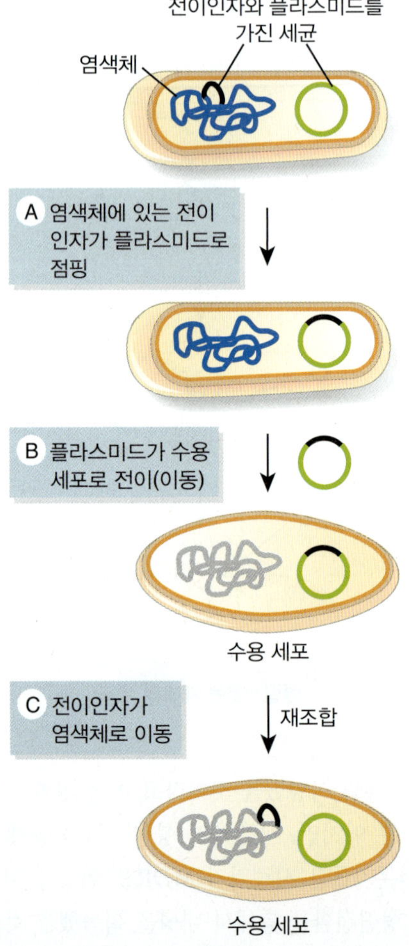

에서 제시되지만, 여기서는 결핵에 대해 언급하고자 한다. 결핵은 항생제 내성에 대한 우려 목록에서 상위에 위치하고 있다.

결핵(tuberculosis, TB)은 수천 년을 우리와 함께 하면서, 우리가 가진 최고의 의약품에 저항하고 진화하였다. 이 질병은 작고, 호기적이며, 비운동성 간균으로 사람에서 사람으로 공기를 통해 호흡 비말로 전염되는 마이코박테리움 투베르큐로시스(*Mycobacterium tuberculosis*)가 원인균이다. 결핵은 수 세기에 걸쳐 10억 명을 사망하게 한 것으로 추정된다. 2017년, 미국 질병통제예방센터(CDC)는 미국에서 9,000여 건의 새로운 경우가 발생하였고, 세계보건기구(WHO)는 세계적으로 1천 40만 명이 결핵에 걸렸고 140만 명이 사망하였다고 보고했다. TB는 여전히 최고의 감염성 살인자이자 AMR과 관련된 사망의 주요 원인이다.

Mycobacterium tuberculosis: my-koh-back-TIER-ee-um too-ber-cue-LOH-sis

결핵은 지난 수 십년 동안 결핵 치료용으로 새롭게 개발되는 약물로 치료해 왔다. 그러나 지금은 여지껏 개발된 여러 약물 뿐만 아니라 초창기에 사용되었던 약물에 대해서도 내성을 가진다. 이런 결핵균의 환자들을 다제내성결핵(multidrug-resistant tuberculosis, MDR-TB)이라고 한다. 다제내성결핵의 약 50%가 인도, 중국, 러시아에서 발견된다. 더욱 경각심을 가져야 하는 이유는 다제내성결핵이 계속 증가하여 현재는 거의 대부분의 약물로는 치료할 수 없는 광범위 약제내성결핵(extensively drug-resistant tuberculosis, XDR-TB)으로 진화하였다.

이러한 환자에게 적용될 치료 옵션은 거의 없으며 성공적인 결과 또한 불확실하다. 비록 연구자들은 몇몇 약물 혼합을 통한 유용한 대체 치료법을 개발하였지만, 이 방법에 대한 결핵균의 저항성 형성으로 인해서 미래의 결핵 환자에게 처리할 의약품이 없을 가능성이 제기되었고, 이를 해결하기 위해 노력하고 있다. 중요한 것은 AMR의 위기는 모두 돌연변이와 유전자 재조합에 의한 진화 때문이란 것이다. 이 역시 제10장의 "미생물 제어"에서 논의할 것이다.

9.4 유전공학: 계획적인 유전자 재조합

1970년대에, 연구자들은 실험실에서 돌연변이와 유전자 재조합을 흉내낼 수 있다는 것을 발견하였다. 연구자들은 DNA를 변화시킬 수 있었다. 즉, 서로 다른 생명체의 DNA를 절단하거나 붙이고, 유전자를 제거하거나 삽입하면서 순수와 응용 연구의 새로운 장을 펼쳤다.

이런 기술을 **유전공학(genetic engineering)**이라 하는데, 세포 또는 한 생명체의 유전적 구성을 변화시키는 것을 목적으로 한다. 유전공학자는 세포에서 유전자를 제거하거나 실험실에서 준비된 새로운 DNA를 도입한다. 오늘날, 이 기술은 환경과 사회에 도움이 될 수 있는 게놈 변형의 가능성을 제공한다. 한 세대 전만 해도 이런 일을 상상할 수 있었던 과학자는 거의 없었다.

이제 미생물 유전학 연구에서 유전 공학이 어떻게 등장했는지 탐구해 보자. 제14장 '생명공학 및 산업'에서는 **생명공학(biotechnology)**이라고 하는 이 기술의 놀라운 결실에 대해 설명할 것이다.

제한효소와 재조합 DNA

유전공학을 수행하려면, 몇 가지 분자 도구와 특수 기술이 필요하다. 유전공학의 기본 사항을 살펴보자.

그림 9.11 제한효소.

(A) 제한효소는 특정 부위에서 두 가닥 DNA 분자의 절단한다.

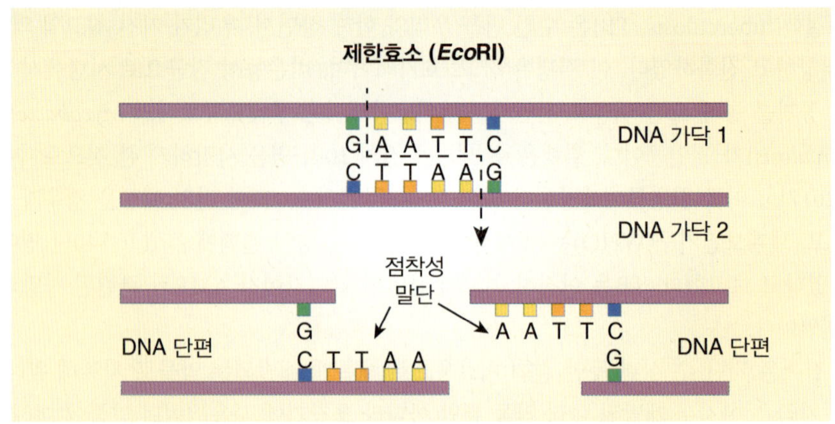

(B) 3종류 제한효소의 인식 부위. *Eco*RI(A에 있음)과 *Hind*III(B에 있음)는 점착성 말단(sticky end)을 만든다. 상보적인 점착성 말단은 더 쉽게 다른 단편과 연결될 수 있다.

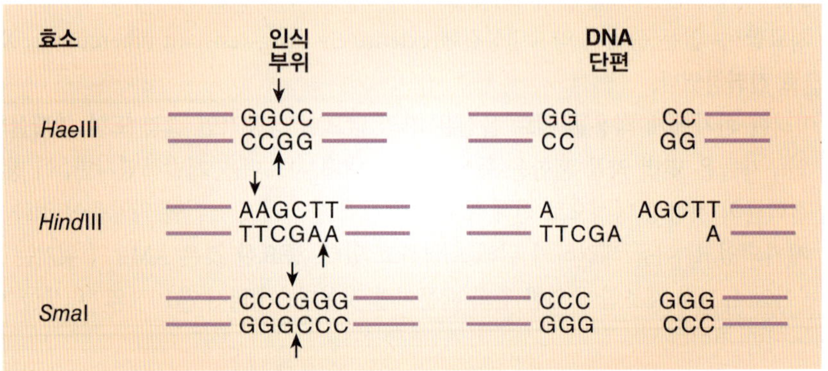

제한효소

많은 세균이 **제한효소(restriction endonuclease)**라 불리는 효소를 생산한다. 유전공학자는 이 효소를 "생화학적 가위"로 DNA의 특정 부위를 절단하여 작은 단편으로 만드는 데 사용한다(**그림 9.11A**). 절단은 종종 상보적인 염기서열을 가진 단일가닥 DNA 염기를 가지는 "**점착성 말단(sticky end)**"을 생성한다. 예를 들어, **그림 9.11B**에서 효소 *Hind*III는 DNA가 식물, 동물, 세균 또는 바이러스에서 유래했는지 여부에 관계없이 서열 AAGCCT에서 모든 DNA 분자를 절단한다.

재조합 DNA

재조합 DNA(Recombinant DNA)는 서로 다른 생명체 또는 바이러스 유래의 2개 이상의 DNA 조각을 하나의 DNA 분자로 함께 결합한 것을 일컫는다. 간단한 예로서, 제한효소 *Eco*RI를 사용하여 바이러스의 DNA 분자를 절단한 다음, 절단된 바이러스 DNA를 동일한 제한효소로 절단된 *E. coli* 플라스미드에 삽입해 보자(**그림 9.12**). 2개의 DNA 분자가 절단될 때 점착성 말단이 생성된다는 점에 주목하라. 두 DNA 분자가 혼합되면, 점착성 말단이 상보적인 염기쌍을 형성하고, **DNA 리가제(DNA ligase)**라는 효소를 첨가하여 분자를 봉합한다. 이렇게 하면 두 가지 다른 출처의 DNA를 포함하는 재조합 DNA 분자가 생성된다.

그림 9.12 재조합 DNA 분자의 제작. 여기의 재조합 DNA 제작에서, 2개의 서로 관련 없는 DNA(세균과 바이러스)가 결합하여 1개의 재조합 DNA를 만든다.

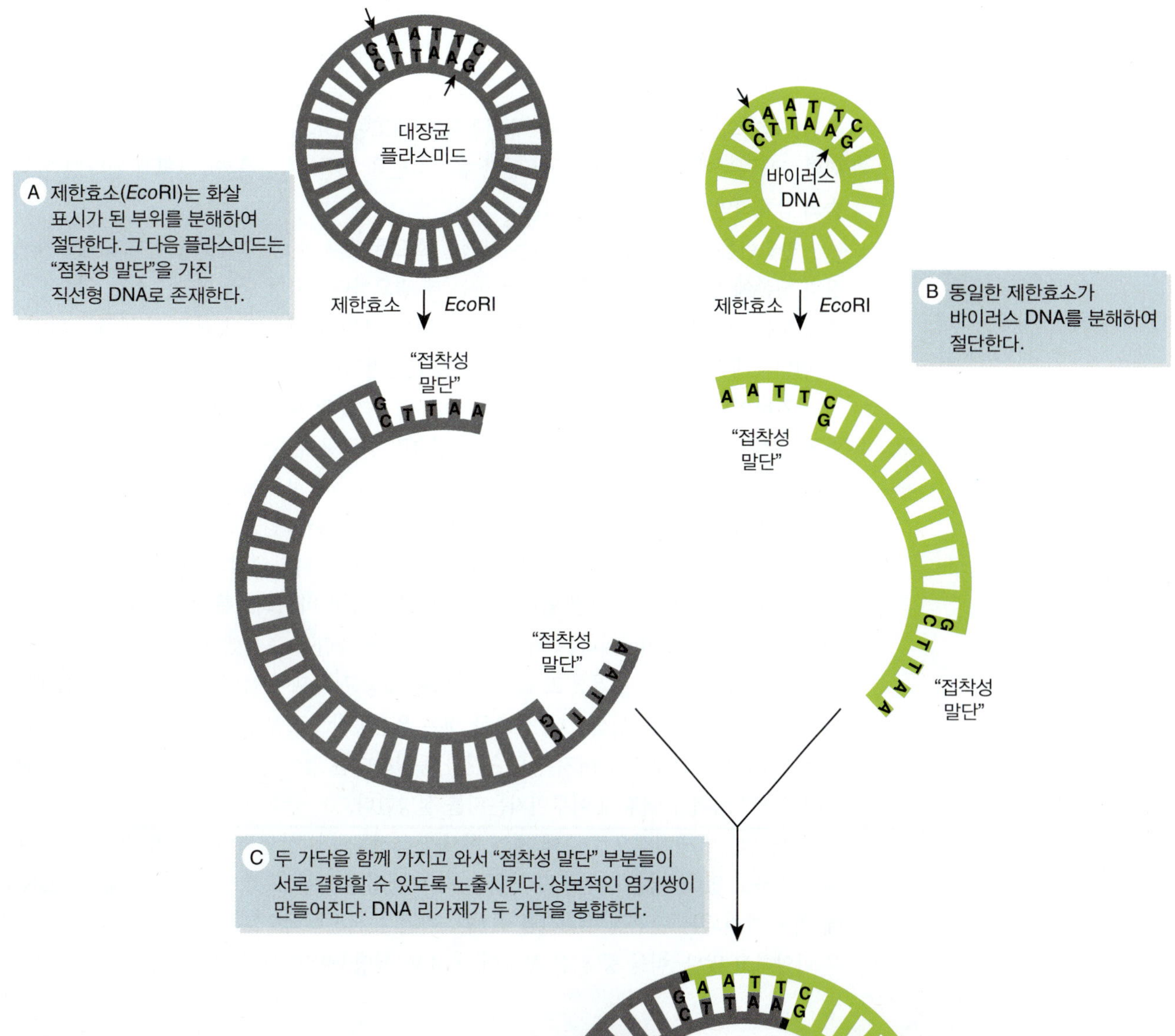

재조합 DNA 분자의 사용

이 재조합 DNA 분자를 제조한 유전공학자들은 자연적인 형질전환 과정을 모방하여 재조합 DNA 분자를 기계적으로 세균 세포로 옮길 수 있다. 그렇게 함으로써 외래 유전자를 새로운 생명체로 옮길 수 있다. 여기서는 바이러스 유전자가 플라스미드를 통해 박테리아에 도입되는 것을 나타내었다. 세포 내에서는 플라스미드의 유전자가 전사를 시작한다. 따라서, 세균 세포는 플라스미드의 유전자가 지령하는 재조합 단백질을 생산하는 작은 공장 역할을 한다.

한 DNA 분자에서 다른 DNA 분자로 유전자를 이동하여 재조합 DNA 분자를 생성하는 이러한 과정을 **재조합 DNA 기술(recombinant DNA technology)**이라고 한다. 중요하게도, 이 기술은 과학, 농업, 산업 및 의학을 포함한 사회의 여러 측면에 큰 가치가 있다. 유전공학의 힘을 보여주는 이 기술의 한 가지 의학적 결과를 살펴보자.

당뇨병

유전공학자와 다른 생물학자들은 유전공학과 재조합 DNA 기술의 의미를 재빨리 알아차렸다. 그들은 이 기술을 사용하여 인간 유전질환을 고칠 수 있을까? 그렇게 된다면 이 기술의 잠재적인 힘이 실현될 것이다.

인슐린은 췌장에서 만들어지는 단백질 호르몬이다. 혈당 수치를 조절하고 세포가 성장과 생존에 필요한 포도당을 얻도록 하는 데 필요하다. 제I형 당뇨병(이전에는 인슐린 의존성 또는 소아 당뇨병으로 불림)이 있는 사람의 경우, 췌장의 인슐린 생성 능력을 파괴하는 면역체계의 결과로서 이 질병 발생한다. 인슐린이 없으면 혈액과 소변의 포도당 수치가 증가하여 피로가 증가하고 장기에 손상을 줄 수 있다. 이러한 당뇨병 환자는 정상적인 혈당 수치를 유지하기 위해 주사바늘이나 인슐린 펌프로 인슐린을 투여 받아야 한다.

1982년 이전에는 소와 돼지의 췌장, 심지어 인간의 사체에서 추출한 정제된 인슐린을 당뇨병 환자에게 투여했었다. 그러나 원료인 동물 유래 인슐린은 사람의 인슐린과 달라 알레르기 반응을 유발할 수 있기 때문에 종종 문제를 나타내었다. 또한 동물 유래 인슐린은 이전에 동물을 감염시킨 알려지지 않은 질병 유발 바이러스를 포함할 수 있다. 1982년 Eli Lilly는 Humulin이라는 최초의 합성 사람 인슐린을 출시했다. 사람 인슐린 유전자가 세균 플라스미드로 옮겨졌고, 플라스미드는 대장균 세포에 삽입되었다. 그런 다음 대장균 세포에서 인슐린을 생산했다. 중요한 것은 유전공학으로 만들어진 사람 인슐린은 인체 내부에서 자연적으로 만들어지는 인슐린과 동일하다는 것이다. **A CLOSER LOOK 9.2**에서 유전공학의 성취가 어떻게 이루어지는지를 설명한다.

오늘날, 전 세계적으로 수백 개의 회사가 유전공학의 상업적이고 실용적인 적용을 위해 노력하고 있다. 많은 유전공학 제품은 숙주 생명체 또는 표적 생명체에서 재조합 DNA에 의해 발현되는 단백질이다(**그림 9.13**). 이런 유전공학적으로 만들어지는 단백질 제품은 다양하고 많다. 이들 중 많은 부분이 제14장 '생명공학과 산업'에서 다루어질 것이다.

A Final Thought

여러분은 160 cm인 키 보다 180 cm를 선호할 것이다. 만약 여러분이 "큰 키" 유전자를 갖기 원해서, 중고 유전자 가게에서 그것을 선택하거나 온라인에서 구매할 것을 결정했을 때, 누군가는 "미쳤어! 사람은 새 유전자를 얻거나 유전적 구성 변화를 시도할 수 없어."라고 말할 것이다.

아마도 아직은 그러한 유전자를 구매할 수 없을 것이다. 그러나 오늘날 생명공학이 만든 성과에 의해, 예로서 큰 키와 같은 어떤 개체가 원하는 표현형의 변화가 가능해졌다. 의학적으로, 세균에서 생산된 인간성장호르몬(human growth hormone, HGH) 같은 것은 제공받을 수 있다. 유전공학적으로 생산된 인간성장호르몬은 **특발성(idiopathic)** 저신장증(idiopathic short stature)을 가진 어린이의 성장호르몬 치료에 사용할 수 있다. 사실 이러한 치료는 어른으로 성장할 때까지 키에 대한 결점을 줄여 줄 수 있을 것으로 보인다. 하지만 저신장증을 일으키는 원인이 무엇이며, 누구에게 이런 의학적 처방을 내릴 것인가? 정상 키를 가지는 아이임에도 불구하고, 키가 더 커서 농구 선수가 되기를 희망하는

특발성(idiopathic): 알려진 원인이 없는 질병이나 장애.

A CLOSER LOOK 9.2

구조에 활용되는 세균

오늘날 제1형 당뇨병 환자는 혈당 수치를 조절하기 위해 정기적으로 인슐린 주사를 맞고 있다. 유전공학으로 인슐린을 생산하는 기본 단계를 **그림 A**에 요약하였다. 참고할 사항: 인간 인슐린 유전자(B)를 포함하는 DNA 조각은 여러 가지 방법으로 얻을 수 있다(여기에서는 설명하지 않음). 또한, 인슐린을 생산하는 세균 세포(F)를 식별하는 몇 가지 방법이 있다(다시, 여기에 설명되지 않음).

산업적 규모에서 세균 세포는 모든 영양소와 세균 성장을 위한 최적의 조건을 포함하는 살균된 커다란 스테인리스 스틸 용기에서 배양된다. 이때 플라스미드(F)를 가지고 있는 유전적으로 동일한 세균이 분열하여 큰 집단을 생성한다. 이 세균 집단이 인슐린을 생산하면, 인슐린을 분리 정제한 후 유통을 위해 포장한다(G).

그림 A 유전 공학. 인슐린 유전자를 대장균 세포로 유전공학적으로 삽입하는 방법의 개요.

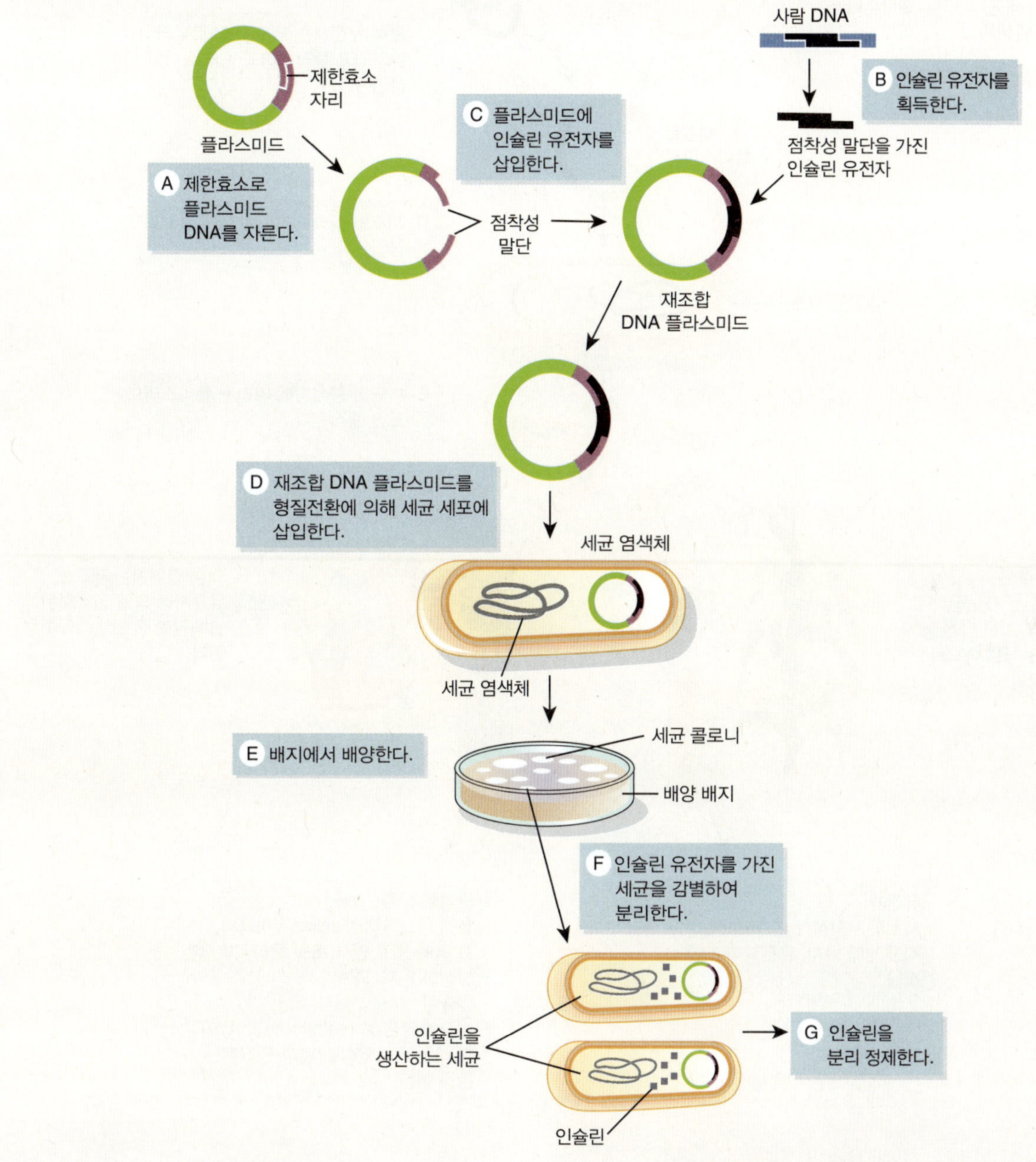

부모들이 이 성장호르몬을 이용할 수 있도록 제공할 것인가? 이와 같은 의문점들은 유전공학과 생명공학의 발전이 계속될수록 직면하게 될 사회적 문제의 형태이다. 더구나 윤리적 문제는 여기에 그치지 않을 것이다.

그림 9.13 유전공학을 이용한 새로운 생산물의 개발. 유전공학은 세균 속으로 외래 유전자를 삽입하여 화학적으로 유용한 물질들을 얻을 수 있는 방법이다.

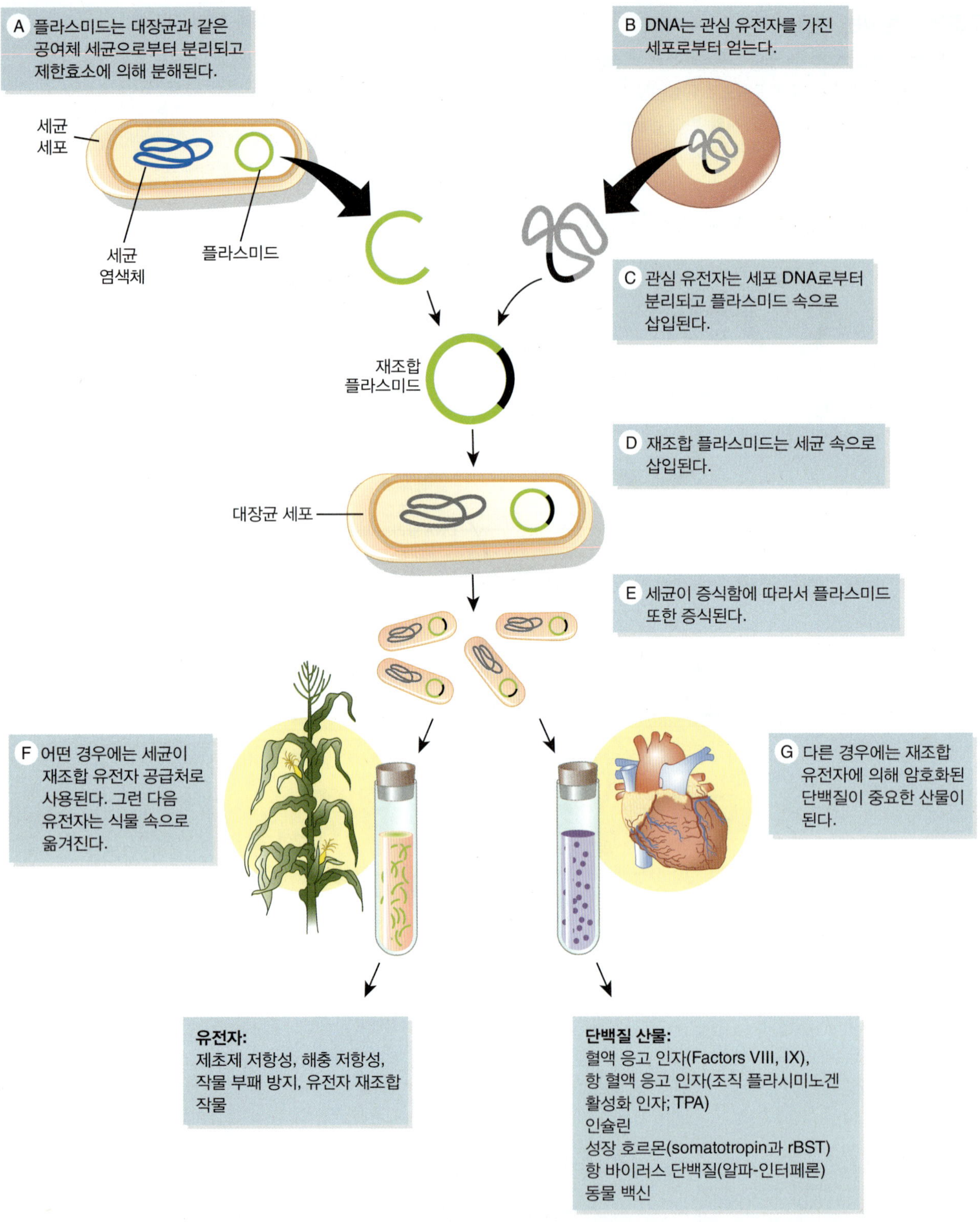

이 유전공학 혁명의 중심에는 모든 생명체의 유전자와 게놈을 편집하는 새로운 도구가 있다. '바이러스'에 대한 장에서 간략하게 논의되었던 CRISPR라고 하는 유전자 편집기가 있다. 간단히 말해서, CRISPR는 많은 세균 종이 파지 공격으로부터 자신을 보호하기 위해 게놈에 "면역 유전자"를 부여하기 위해 사용하는 자연적인 과정이다. 유전공학자와 다른 생물학자들은 이제 이 과정을 사용하고 수정하여, 다른 생명체에 유전자를 추가하거나 변경할 수 있다. CRISPR는 항생제 내성을 되돌리는 데 사용되어 세균이 다시 항생제에 취약하게 만들 수 있다. 또한, 모기 유전체를 변경하는 데 사용되어 말라리아와 같은 질병을 옮길 수 없게 한다. 인간과 다른 동식물의 경우, 그러한 "유전체 공학"은 유전적 결함을 수정하거나 생명체가 바람직하지 않은 형질을 진화시키는 것을 방지하기 위한 도구로 사용될 수도 있다. 간단히 말하자면, 돌연변이를 교정할 수 있으며, 이는 자연선택을 제한함으로써 진화 과정을 변경할 수 있음을 의미한다. 그러한 힘은 유익한 목적뿐만 아니라 악의적인 목적으로도 사용될 수 있으므로 위험이 따른다. 2019년 초 중국 과학자들은 CRISPR로 유전체를 편집한 쌍둥이 소녀의 탄생을 발표했다. 결과적으로, 향후 몇 년 동안은 이 기술에 대해 논의하고 신중하게 평가해야 할 것이다.

Chapter Discussion Questions

What Was He Thinking?

이 장을 읽으면서, 저자가 전달하려고 했던 미생물 유전학에 대한 5가지 주요 요점을 확인하고 토론하시오.

Questions to Consider

1. 돌연변이가 가장 쉽게 발견되는 방법을 설명하시오.
2. 일반 생물학 교과서의 저자가 항생제 내성의 발전에 대해 다음과 같은 글을 썼다: "세균의 생장 속도로 보아 조만간 돌연변이 세균이 항생제에 저항할 수 있는 능력을 가질 것이 확실해 보인다." 이 돌연변이 세균이 어떻게 저항성 상태가 되는가? 여러분은 이 문장에 동의하는가? 이것이 항생제 사용에 대한 나쁜 징조가 될 것 같은가?
3. 재조합 과정(형질전환, 접합 또는 형질도입) 중에 어느 것이 자연에서 가장 잘 발생될 것 같은가? 자연발생적인 재조합 과정이 일어나거나 혹은 일어나지 않을 거라는 이유는 무엇인가?
4. 1976년, 필라델피아의 미국퇴역군인회 모임의 참가자 중에서 폐 감염이 발병하였는데, 나중에 재향군인병(Legionnaires' disease)이라는 새로운 질병으로 확인되었다. 이 질병의 원인이 되는 세균은 이전에는 병원성 균으로 알려진 적이 없었다. 세균 유전학에 대한 당신의 지식을 바탕으로 하여 세균이 이런 질병을 일으키게 될 능력을 어떻게 획득할 수 있었는지를 설명하여 보시오.
5. 어떤 과학자는 진화에 있어서 가장 중요하며 유일한 사건이 돌연변이라고 한다. 당신은 동의하는가? 이유는?
6. 2011년, 한 연구자가 인간의 유전자를 가진 세균을 발견하였다. 그들은 10% 이상의 임질(gonorrhea) 원인 균인 *Neisseria gonorrhoeae* 집단에서 사람 DNA 단편을 가진 것을 알게 되었다. 이 단편은 다른 *Neisseria* 종에서는 발견되지 않았다. 세균은 사람의 DNA를 어떻게 획득하였을까?
7. 미생물을 공부하는 학생에게 재생산(reproduction)이나 재조합(recombination)이라는 용어가 어렵지 않다. 이 용어들은 어떻게 다른가?
8. 같은 반 친구가 항생제 내성(ABR), 항미생물 내성(AMR) 및 다제 내성(MDR)의 차이점을 물었다. 이 질문에 어떻게 대답하겠는가?
9. 유전자 기술(유전공학 및 게놈공학)의 전망이 흥미롭고 유망하다고 생각하는가? 아니면 두렵고 우려스운가? 여러분의 답변을 뒷받침하는 예를 제시하시오.

Neisseria gonorrhoeae:
nye-SEER-ee-ah gah-nor-REE-eye

Chapter 10

미생물 제어: 주변 환경과 집 근처에서

공중보건, 위생관리 및 항생제

질병의 발생과 전염병은 20세기 초까지 흔했다. 많은 사람들은 이러한 질병이 미아즈마(miasmas, 불쾌한 냄새)라고 불리는 공기 중의 통제할 수 없는 증기와 거리의 쓰레기로 인해 발생한다고 믿었다. 1800년대 초반의 이러한 인식은 영국의 변호사이자 사회운동가인 Edwin Chadwick으로 하여금 공중보건을 보호하는 선구적 노력, 즉 위대한 위생운동(Great Sanitary Movement)을 이끌어내었다. 이 프로그램은 하수도 건설, 쓰레기 제거, 깨끗한 물 공급을 통해서, 도시의 오물, 악취 및 전염병을 통제하려는 시도였다. 이것은 의료 프로그램이라기 보다는 사회운동이었지만, 이는 현대 공중보건 및 위생의 시작을 상징한다. 사실, 2007년 브리티쉬 메디컬 저널(British medical journal)에서는 독자들을 대상으로 "1840년 이후, 가장 중요한 의학적 이정표는 무엇인가?"에 대한 투표를 실시한 결과, 위생관리가 가장 많은 지지를 받았다.

결과적으로, 오늘날 우리는 지역사회에서 위생적인 공중 화장실, 깨끗한 거리, 안전한 식수를 기대한다. 그러나 세계의 많은 지역에는 비위생적인 조건들이 여전히 존재한다(**그림 10.1**). 집 안에서, 우리는 음식을 조리하고 냉장함으로써 미생물을 억제하려고 노력한다. 우리는 주방 조리대와 화장실을 소독제로 청소한다(이 장의 도입부 사진 참조). 개인 위생을 위해 손을 씻고, 정기적으로 샤워나 목욕을 하고, 불소치약으로 이를 닦고, 겨드랑이 탈취제를 사용한다. 대부분의 경우, 이러한 일상은 감염과 질병을 예방하기 위해 수행된다.

CHAPTER 10 OPENER 가정용 및 산업용 청소 제품은 다양하며, 모든 청소 요구사항에 맞게 제조된다. 우리집의 주방 조리대나 화장실 변기, 육류공장의 식품가공 구역, 병원 병동의 바닥과 같은 주변 환경을 소독하기 위해 특별히 제조된 다양한 제품이 있다. 이 모든 제품의 목표는 위생 상태를 유지하는 것이다.

그림 10.1 위생시설의 부족. 시에라리온의 한 어린 소년이 하수관에서 흘러내리는 물로 옷을 세탁하고 있다.

Courtesy of CDC.

1800년대 후반, Louis Pasteur는 미생물 병인론(germ theory of disease)을 제안하고, Robert Koch가 그것을 증명했다. 그들과 다른 미생물 사냥꾼들의 연구는 질병을 이해하는 데 상당히 큰 도움을 주었다. 그러나 이러한 인식이 감염환자에게는 거의 도움이 되지 않았다. 그 후, 1940년대 Paul Earlich와 Alexander Fleming의 노력으로 페니실린과 같은 항생제가 등장하면서 의료혁명이 시작되었다. 의사들은 이제 세균감염 환자를 치료할 수 있다. 사실, 항생제의 발견은 위에서 언급한 브리티쉬 메디컬 저널의 설문조사에서 위생관리와 막상막하의 투표수를 기록한 2위였다.

이 장에서는 환경에 존재하는 미생물을 제어하는 데 사용되는 다양한 물리적 및 화학적 방법을 살펴볼 것이다. 그런 다음, 우리는 항균제, 특히 항생제에 관심을 돌릴 것이다. 이러한 약품들은 감염성 질병을 치료하기 위한 의료 전달 시스템의 핵심이다. 광범위하게 적용되는 위생 및 항미생물 요법은 감염과 질병에 대한 주요 억제력을 구성한다.

LOOKING AHEAD

이 장을 마치면, 여러분은 다음의 내용들을 할 수 있게 될 것이다.

10.1 환경과 가정에서 미생물 생육을 통제하기 위해 사용하는 5가지 물리적 방법을 비교할 수 있다.

10.2 미생물 생육을 제어하는 데 사용되는 몇 가지 화학물질을 설명할 수 있다.

10.3 페니실린의 작용 방식을 설명하고, 항생제의 다른 4가지 세균 표적을 확인할 수 있다.

10.4 오늘날 사회에 대한 항미생물제 내성의 도전을 평가하고, 이러한 약품의 남용과 오용을 식별할 수 있다.

10.1 물리적 제어: 고온에서 저온까지

A. J. Cronin의 소설 *The Citadel*은 Andrew Manson이라는 젊은 영국 의사의 생을 묘사하고 있다. 1920년대, Manson은 웨일즈에 있는 조그만 탄광도시에 도착하자마자 장티푸스라는 전염병에 부닥치게 된다. 그의 첫 번째 환자가 질병으로 사망하자 좌절하였다. 처음에 그는 장티푸스의 유행을 막기 위하여 할 수 있는 일이 아무것도 없다고 생각한다. 그는 미생물이 강한 열에 의하여 사멸된다는 것을 떠올렸고, 커다란 모닥불을 만들어 그 속에 모든 환자의 침대시트, 의복, 소지품 등을 던져 넣었다. 다행스럽게도, 장티푸스는 곧 사라졌다.

열은 세포 단백질 구조를 교란한다

대부분의 미생물은 특정 온도 범위 내의 환경에 서식한다. 그들은 한계 범위 부근에서 생존하지만 그 범위를 넘어서는 살 수 없다. 제3장에서 설명한 바와 같이, 세포 단백질은 고온에서 풀림에 따라, 3차원 형태를 잃는다. 효소가 작동하지 않게 되고, 화학반응이 중단되면서 미생물이 사멸하게 된다.

열은 미생물을 제어하는 빠르고, 저렴하며, 신뢰할 수 있는 방법으로 오랫동안 알려져 왔다. 종종 가열 공정은 **멸균(sterilization)**을 위해 설계된다. 이 용어는 모든 형태의 생명체와 바이러스가 파괴되거나 제거되었음을 의미한다. 미생물학에서 멸균은 대상 물체를 "부분적으로 멸균"할 수 없기 때문에 절대적인 용어이다. 대상 물체는 생명체와 바이러스가 없거나 그들로 "오염된" 상태로 남아 있다. 그러나 상업용 식품 제제에서, 통조림 식품에 **상업용 멸균 방식(commercial sterilization)**이 사용된다. 이런 형태의 멸균은 모든 병원체를 제거하기에 충분한 열을 가한다. 그러나 그 식품에는 여전히 일부 비병원성 미생물이 포함될 수 있다. 조리(가열)하면 남아 있는 미생물이 모두 사멸된다고 가정한다.

습열 방법

미생물을 제어하기 위해 가장 널리 사용되는 방법 중 하나는 습열이다. 100°C(212°F)의 끓는 물에 의해 발생되는 강력한 증기열은 10분 안에 대부분의 미생물을 사멸시킨다. 주목할 만한 예외는 2시간 이상의 가열이 필요한 세균의 내생포자이다(**그림 10.2**). 종종 압력은 증기의 온도를 100°C(212°F) 이상으로 올리는 데 사용된다. 압력이 증가함에 따라 증기의 온도가 상승하고, 이에 비례하여 미생물의 파괴는 증가한다. **고압멸균기(autoclave, 그림 10.3)**는 증기압을 대기압 이상으로 증가시켜 증기 온도를 100°C에서 121°C(250°F)로 증가시킨다. 이 온도에서는 금속기구, 유리제품, 미생물 배지, 병원이나 실험실의 장비, 그리고 고온과 고압에 견딜 수 있는 거의 모든 것들이 멸균된다. 중요한 예외는 녹을 수 있는 플라스틱이나 열에 의해 불활성될 수 있는 특정 화학물질(예, 백신, 항체)이다.

소비자로서, 우리에게 가장 잘 알려진 상업적 멸균 공정은 **저온살균(pasteurization)**일 것이다. 이 과정은 습열을 사용하여 우유, 과일 주스 및 맥주와 같은 제품에 유입되었을 수 있는 모든 병원체를 파괴한다. 저온 살균은 이러한 액체에서 부패 미생물의 수를 감소시킬 뿐이다. 오늘날 대부분의 제품은 신속하고, 빠르기 때문에 **순간 저온 살균법(flash pasteurization method)**을 사용한다(**표 10.1**). 대안으로서, 오늘날 일부 제품은 더 빠른 **초고온 살균[ultra-high temperature pasteurization (UHT) pasteurization]**이 적용되고 있다. 단점은 일부 사람들이 우유와 같은 초고온 살균한 제품에서는 불에 탄 맛이 난다

그림 10.2 온도 및 미생물의 물리적 제어.
세균 내생포자를 포함하는 물질은 사멸을 위해 보다 높은 온도에서, 보다 긴 처리 시간이 필요하다.

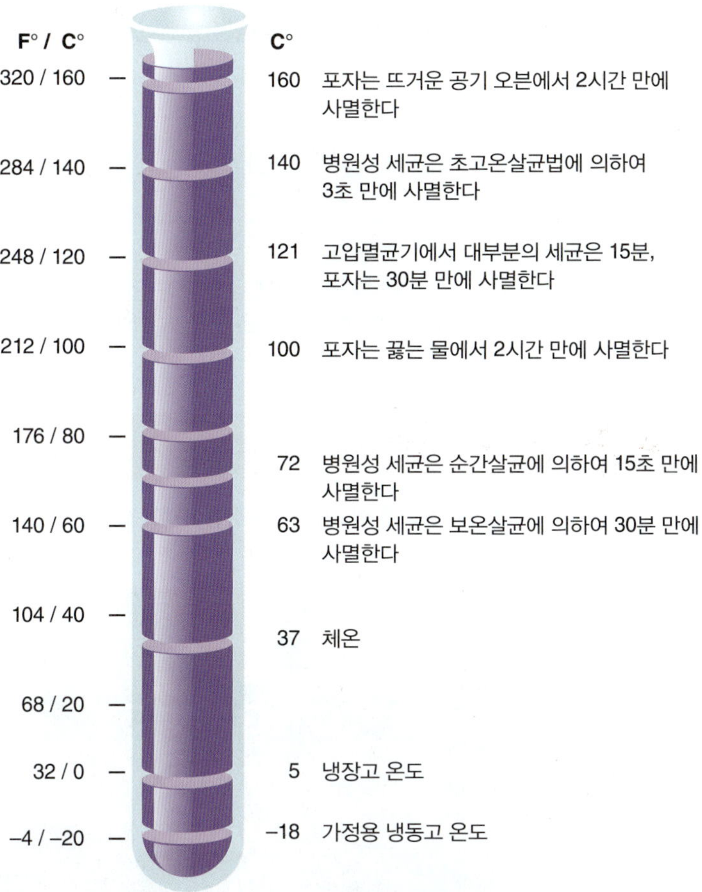

그림 10.3 고압멸균기의 작동.
(A) 고압멸균기는 액체를 멸균하는 데 이용될 수 있다.

© Huntstock, Inc/Alamy Stock Photo.

(B) 증기는 (A)로 들어간 후, 쟈켓 (B)를 통과한다. 공기가 배기구를 통해 배출된 후, 밸브 (C)가 열림으로써 증기에 압력이 가해진다. 가압된 공기는 피멸균 대상물 사이를 순환하고, 결국 대상물은 멸균된다. 멸균이 완료되면, 증기는 증기 배출 밸브 (E)를 통하여 배출된다.

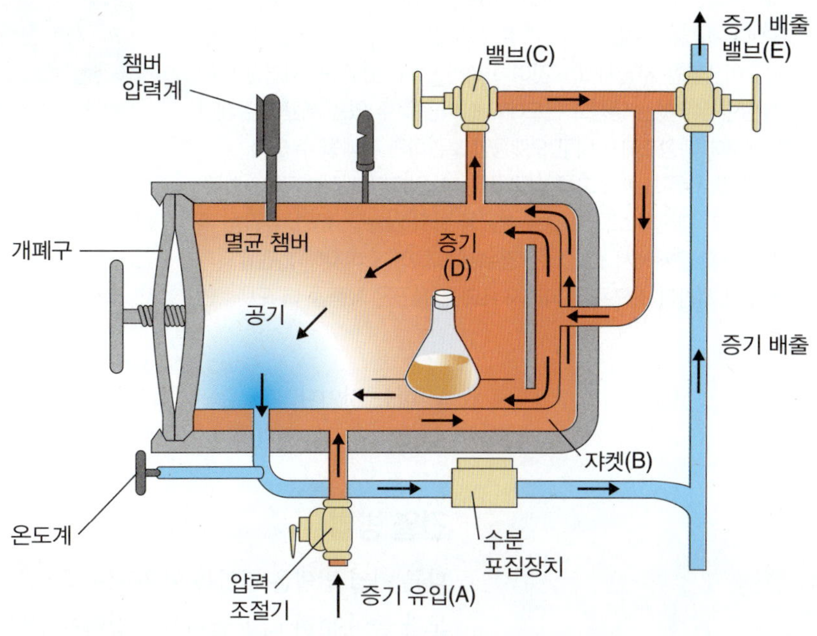

표 10.1 저온살균법

방법	온도	처리시간	유통기한
보온 살균 (저온 장시간; LTLT)	63°C(145°F)	30분	5~7일(냉장)
순간 살균 (고온 단시간; HTST)	72°C(162°F)	15초	14~16일(냉장)
초고온 살균 (초고온; UHT)	140°C(280°F)	1~3초	2~4주(냉장)* * 멸균 조건에서 이전에 멸균된 용기를 사용하는 경우에는 냉장하지 않고 최대 9개월.

A CLOSER LOOK 10.1

유기농 우유가 더 오랫동안 신선할까?

만약 당신이 "자연 유기농 식품"을 전문적으로 판매하는 동네 상점에 우유를 사러 가본 적이 있다면, 일반 우유의 "유통기한"이 유기농 우유보다 훨씬 짧다는 것을 알 수 있다. 사실, 일반 우유의 유통기한은 가게에 납품된 날로부터 5~16일 정도인 데 반해, 유기농 우유는 일반 우유보다 3주 정도 더 길다. 그렇다면 유기농이라고 해서 유통기한이 더 긴 것일까?

우유가 유기농이라는 사실은 긴 유통기한과 아무 관련이 없다. 우유를 "유기농"이라 칭하는 것은 단지 낙농장의 젖소에게 항생제나 우유 생산을 증가시키는 소 성장 호르몬(BGF)을 투여하지 않았음을 의미할 뿐이다. 유기농 우유가 더 긴 유통기한을 가지는 이유는 저온살균 과정 때문이다. 유기농 우유는 140°C(280°F)에서 3초간 가열하는 초고온 살균(UHT) 과정을 거친다(**그림 A** 참고). 이 방법은 우유 속에 있을 수 있는 모든 미생물을 사멸시킨다. 오늘날 대부분의 일반 우유는 72°C(162F°F)에서 15초간 가열하는 순간 살균 과정을 거친다. 이러한 "고온, 단시간" 살균 과정은 우유 속에 있을 수 있는 모든 미생물을 사멸시키는 것이 아니라 단지 병원체만 제거할 뿐이다. 일반 우유에는 냉장고 온도에서 살아남을 수 있는 세균이 존재하기 때문에 냉장고에서 너무 오랫동안 보관하면 부패될 수 있다.

일반 우유 또한 초고온 살균을 할 수 있으나 시장까지의 운반거리가 짧기 때문에 보통 초고온 살균을 하지 않는다. 반면, 유기농 우유는 시장 근처에서 생산되는 경우가 드물어 소비자에게 전달되기까지 긴 시간이 소요된다. 따라서 초고온 살균은 제품을 더 오랫동안 보관할 수 있게 해준다. 초고온 살균 제품인 상온 보관 파르마라트(Parmalat) 우유는 미국에서 가장 흔하고, 유럽이나 멕시코 또는 다른 나라에서도 일반적으로 유통된다. 당신에게 유통기한이 중요하다면 초고온 살균을 거친 제품을 찾아라.

그림 A **초고온 살균(UHT)은 유통기한이 길다는 것을 의미한다.** 유기농 우유.

Courtesy of Dr. Jeffrey Pommerville.

고 하는 것이다. 그렇다면, "유기농 우유"는 왜 종종 초고온 살균을 하는 것일까? **A CLOSER LOOK 10.1**을 참고하시오.

건열 방법

다른 가열 방법은 건열을 이용하는 것이다. 건열은 습열보다 침투속도가 느리므로 멸균온도가 높아야 하고, 노출시간도 길어야 한다. 멸균을 위해서는 미생물 집단에 160~170°C(320~338°F)의 온도를 2시간 이상 적용해야 한다.

그림 10.4 소각은 건열의 극단적인 형태이다. 의료 종사자들이 2014~2016년 서아프리카 전염병 기간 동안 에볼라바이러스에 감염된 환자들이 사용했던 매트리스를 소각하고 있다.

© John Wessels/AFP/Getty Images.

직접적인 화염은 미생물을 신속하게 태워버린다. 이러한 형태의 건열은 1,500°C (2,700°F) 이상의 온도를 발생시켜 재료를 재로 태울 수 있다. 14세기에는 흑사병(페스트)의 확산을 방지하기 위해 희생자의 시신을 소각했다. Cronin의 *The Citadel*와 마찬가지로 오늘날 일회용 병원 가운과 기타 가연성 물질 또한 2014~2016년 서아프리카의 에볼라 유행 당시에 그랬던 것처럼 소각될 수 있다(**그림 10.4**).

열은 미생물을 제어하거나 제거하는 데 유용한 물리적 방법이지만 때로는 비실용적이기도 하다. 아무도 토치를 사용하여 책상 표면의 미생물 집단을 제거하라고 제안하지 않을 것이다! 또한, 열에 민감한 용액은 고압멸균기에서 멸균할 수 없다. 이런 경우와 기타 수 많은 경우에는 열을 사용하지 않는 방법을 사용하여 미생물 집단을 제거하거나 줄여야 한다.

방사선은 유전물질을 손상시킨다

다양한 유형의 방사선(radiation)은 미생물에 파괴적인 영향을 미친다(**그림 10.5**). 예를 들어, **자외선(ultraviolet radiation, UV light)**은 DNA와 상호작용하여 인접한 티민 또는 시토신 염기가 서로 결합하도록 한다. 이러한 변형은 DNA 복제와 전사를 방해하여 손상된 생명체가 더 이상 중요한 단백질을 생산하거나 번식할 수 없게 되고, 결국 죽게 된다. 자외선은 책상 표면이나 평평한 기구와 같은 건조한 표면에 유용한 멸균제이다. 수술실과 같은 폐쇄된 환경에서 공기의 미생물 집단을 감소시키는 데 사용할 수 있다. 자외선은 액체나 고체를 효과적으로 투과하지 않는다.

X선과 감마선을 포함한 다른 종류의 방사선도 멸균에 유용하다. 이러한 형태의 고에너지 방사선은 자외선보다 약 10,000배 더 활동적이다. 그들은 각 DNA 가닥을 더 작은 조각으로 분해하는 이온을 방출하는 대표적인 **전리 방사선(ionization radiation)**이다. 영향을 받은 세포가 손상을 복구하지 못하면 세포 사멸이 발생한다.

전리 방사선은 식품보존에도 사용된다. 오늘날, 식품 **조사(irradiation)**는 40개 이상의 국가에서 100개 이상의 식품에 사용되고 있다. 여기에는 향신료, 감자, 양파, 시리얼, 밀가루 및 신선한 과일이 포함된다. 방사선 조사는 가금류, 붉은 육류(소고기, 양고기, 돼지고기), 신선하고 봉지에 든 시금치, 양상추에 있는 모든 병원체를 죽임으로써 잠재적인 식품 유래 질병을 감소시킨다. 미국 제품에 사용되는 조사 수준을 **저온 살균 선량(pasteurizing dose)**라고 한다. 이 처리는 식품에 있는 모든 미생물을 제거하기 위한 것이 아니다.

조사(irradiation): 물체가 방사선에 노출되는 과정.

그림 10.5 에너지의 전리적 및 전자기적 스펙트럼. 전체 스펙트럼은 차트 하단에 나타내었고, 자외선과 가시광선의 스펙트럼은 상단에 나타내었다. 살균성(bactericidal)은 세균을 죽이는 것을 말한다.

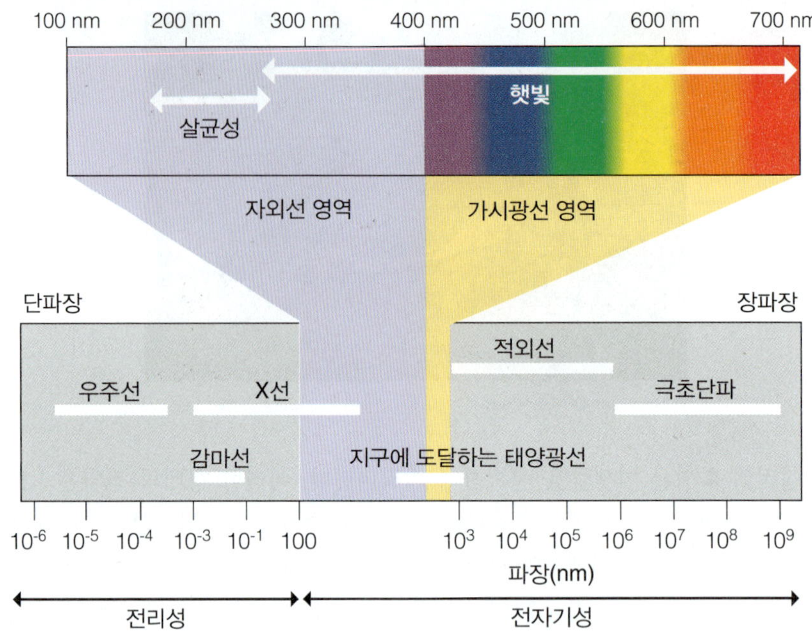

그림 10.6 소금에 절인 생선. 말레이시아 어촌의 이 물고기들은 소금에 절여 보존되고 있는데, 소금은 물을 제거한다.

오히려 저온살균과 마찬가지로 이 수준의 선량은 병원체를 제거한다. 중요한 것은 방사선 조사 식품은 방사성 물질이 아니라는 것이다. 방사선이 물체를 완전히 통과하므로 소비자에게 위험하지 않다.

건조는 물을 제거한다

미생물 집단을 제어하기 위한 또 다른 비열 방법은 건조이다. 인간은 수세기 동안 소금을 이용하여 물을 빼내어 고기와 생선과 같은 식품을 보존하기 위해 건조를 사용해 왔다(**그림 10.6**). 마찬가지로, 말린 과일은 소금 대신 설탕을 사용하여 보존할 수 있다. 증발 건조는 오늘날 시리얼, 곡물, 가정의 식품 저장실에 보관하기 위한 많은 식품을 준비하는 데 사용된다. 증발에 의해 물이 소실되든 소금이나 설탕을 사용하든 간에 물이 부족하다는 것은 미생물의 대사가 일어나지 않는다는 것을 의미한다. 그러면 미생물은 생육하거나 증식할 수 없다.

등산객, 야영객 및 배낭 여행자는 종종 **동결건조(freeze-drying**, 보다 기술적인 용어로 **lyophilization)**로 만든 식품을 가지고 다닌다. 동결건조 과정에서 식품을 동결시킨 다음, 진공 압력으로 물을 **기화(vapolized)**시킨다. 그 결과, 필요할 때 재수화할 수 있는 매우 가볍고, 건조한 제품이 탄생한다.

기화(vapolized): 고체가 직접 증기(기체)로 전환되는 것을 말한다.

여과는 미생물을 포집한다

미생물은 **여과(filtration)** 과정을 통해 액체 용액에서 물리적으로 제거될 수 있다. 여과하는 동안, 액체는 미세한 구멍에 미생물을 가둔 채로 다공성 필터를 통과한다(**그림 10.7**). 백신 및 항생제처럼 열에 민감한 용액의 경우, 여과는 무균 용액을 얻는 데 유용한 방법이다. "콜드 필터 맥주(cold-filtered beer)" 같은 많은 음료는 가열 과정이 제품의 품질이나 맛에 영향을 미칠 수 있기 때문에 저온살균보다 여과를 이용한다.

공기 또한 대부분의 미생물을 제거하기 위해 정화될 수 있다. 우리 대부분은 가정의 에어컨/난방 시스템에 몇 가지 유형의 공기 필터를 가지고 있다. 이 필터는 먼지와 연기, 곰팡이 포자 및 꽃가루와 같은 미세한 입자를 포집한다. 높은 수준의 공기질을 유지해야 하는 병원과 시설에서는 **고효율 미립자 공기 필터[high-efficiency particulate air (HEPA) filters]**를 사용한다. 이 필터는 입자, 미생물 및 포자를 포집하는 무작위로 배열된 섬유 매트로 구성된다.

저온은 미생물의 생육을 느리게 한다

저온은 미생물 집단을 제어하지만, 제거하는 것은 아닌 물리적 방법이다. 냉장고(5°C/41°F) 또는 냉동고(−18°C/0°F)와 같은 저온에서는 효소 활성이 감소한다. 이것은 미생물 증식이 상당히 느려진다는 것을 의미한다(그림 10.2 참조). 따라서 식품을 냉장 또는 냉동하는

그림 10.7 여과의 원리. 세균 세포가 들어있는 액체를 필터에 붓고, 진공 펌프를 이용하여 액체를 아래 플라스크로 끌어당긴다. 필터의 구멍보다 큰 세균 세포는 필터 표면에 포집된다. 삽입된 사진: 필터 표면에 갇힌 세균 세포의 주사전자현미경 이미지. (Bar – 5 μm.)

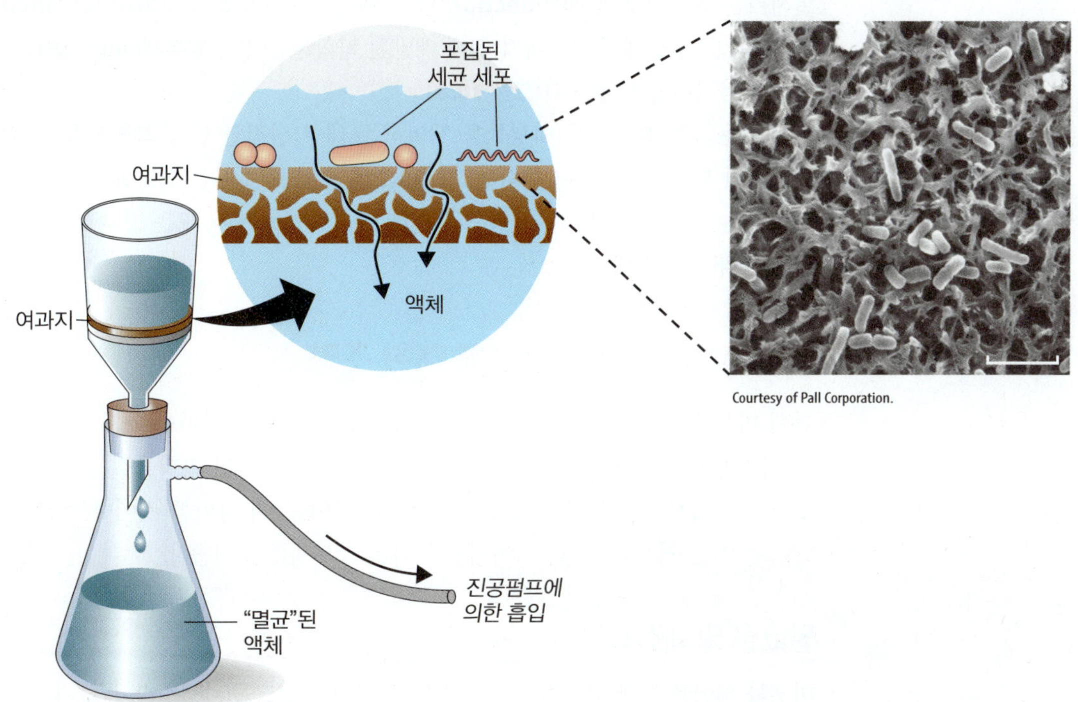

것은 식품을 보존하지만 멸균하지는 않는다. 냉동식품은 해동 과정에서 세균이 증식할 수 있기 때문에 해동 후 재냉동해서는 안 된다.

10.2 화학적 제어: 방부제와 소독제

위생관리와 미생물의 화학적 제어는 새로운 것이 아니다. 성경에서는 오염 가능성이 있는 음식물의 소비를 막기 위하여 금기 음식물을 법으로 규정하고 있으며, 청결에 대해서 종종 언급하고 있다. 이집트 사람들은 방부처리를 위해 송진과 향료를 사용하여 미라의 부패를 방지하려고 노력했다. 다른 고대인들은 탈취와 물질을 정화하는 방법으로써 유황을 태웠다.

약용 화학물질은 1800년대에 널리 이용되었다. 미국 남북전쟁 동안, 요오드 용액은 군인의 감염을 예방하는 데 유용했다. 미생물의 화학적 제어는 Joseph Lister의 연구로 1860년대에 상당한 발전을 이루었다. 영국 외과의사였던 그는 절단 환자의 절반 이상이 왜 수술이 아니라 수술 후 감염으로 사망하는지 의아해했다. 그는 파스퇴르의 미생물 병인론에 대한 이야기를 듣고, 외과적 감염은 공기 중의 세균에서 비롯된 것이라고 가정했다. 1865년에 Lister는 수술실과 수술 상처에 페놀 스프레이를 사용하기 시작했다. 결과는 훌륭했다. 대부분의 외과적 절단수술은 감염 없이 치유되었다. 그의 기술은 의학과 수술에 혁명을 일으킨 것이다. 중요한 것은 피부와 같은 생체 표면의 감염을 예방하기 위한 화학적 방법의 사용, 즉 **방부처리(antisepsis)**의 실천이 시작되었다는 것이다.

화학적 제어의 일반적 원칙

화학적 제어는 미생물의 확산을 차단하도록 설계되었다. 화학물질은 병원 환경, 식품가공 공장, 식당 및 일반 가정 같은 다양한 곳에 적용된다. 대부분의 화학물질은 멸균하지 않는다. 오히려 화학물질은 미생물 집단을 감소시키고, 모든 병원체가 아닌 많은 병원체를 사멸시키는 방법인 **소독(disinfection)**을 수행한다. 특히, **소독제(disinfectants)**는 무생물(생명이 없는) 물체에 사용하기 위해 개발된 화학물질이다. **방부제(antiseptics)**는 신체 표면에 사용하기 위한 것이다(**그림 10.8**).

모든 조건에서 모든 미생물을 제어하는 데 이상적인 단일 화학물질은 없다. 그러나 이상적인 화학물질이 존재한다면, **표 10.2**에 요약된 것처럼 정교한 일련의 특성을 가질 것이다. 이러한 엄격한 요구사항으로 인해 이상적인 소독제 또는 방부제가 존재하지 않는 것이 놀라운 일은 아니다.

몇몇 일반적인 화학물질에 대한 조망

현재 미생물을 제어하기 위해 사용되는 화학물질은 매우 간단한 액체에서부터 매우 위험한 가스에 이르기까지 다양하다. 우리는 몇 가지 일반적인 화학물질 그룹을 조망하고 미생물을 제어하기 위해서, 이것들이 어떻게 적용되는지 알아볼 것이다. **A CLOSER LOOK 10.2**는 식품 저장실의 일반적이지만 놀라운 방부제를 보여준다.

알코올 및 과산화물

미생물 제어를 위한 일반적인 화학물질 중 하나는 **알코올(alcohol)**이다. 가장 널리 사용되

그림 10.8 방부제와 소독제의 일부 용도.
(A) 방부제는 산업공정에서 사용되는 설비, 책상 표면 및 싱크대와 같은 무생물에 사용된다.

(B) 소독제는 상처와 같은 신체 조직에 사용되거나 혈액을 채취하기 위해서 피부를 찌르기 전에 사용된다.

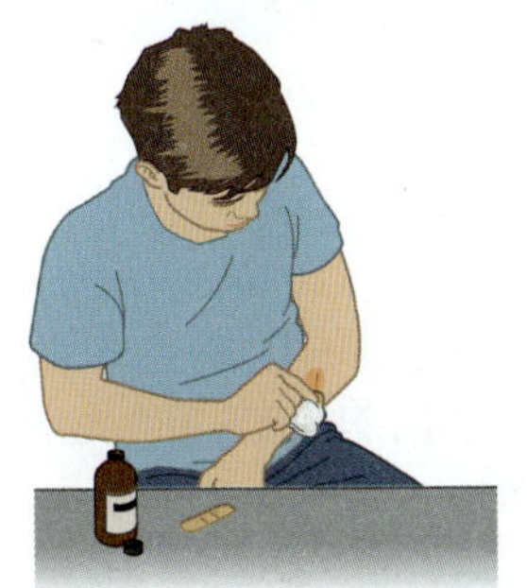

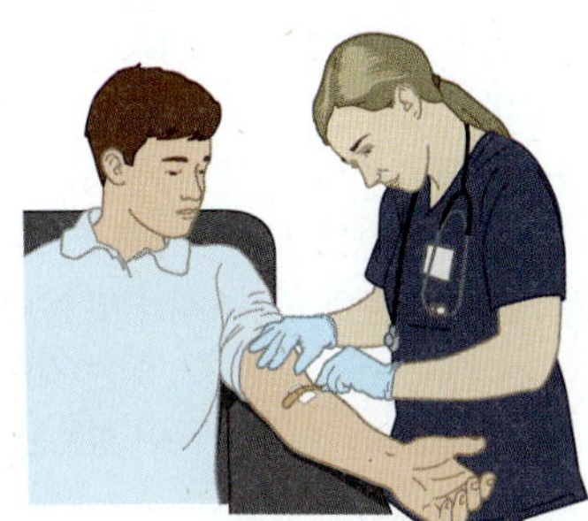

표 10.2 이상적인 화학물질의 특성

특성
모든 미생물을 사멸시킨다.
물에 용해된다.
장시간 방치해도 안정하다.
사람이나 동물에게 독성이 없다.
미생물 외의 다른 유기물과 반응하지 않는다.
실온이나 체온에서 항미생물 작용이 가장 강하다.
피대상물의 표면을 효율적으로 침투할 수 있다.
금속을 부식시키거나 녹슬게 하지 않으며, 직물에 손상을 주거나 얼룩을 생기게 하지 않는다.
적량을 싼 가격으로 손쉽게 입수할 수 있다.

는 것은 에틸알코올(에탄올)인데, 보통 70% 용액이 사용된다. 에틸알코올은 단백질을 변성시키고, 세포막에 존재하는 지질을 용해시킨다. 에틸알코올은 많은 대중적인 손 살균제에 함유된 활성성분으로, **정맥천자(venipuncture)** 전에 피부에 처리하는 방부제로 사용된다. 이 경우, 알코올은 피부 표면에서 세균을 기계적으로 제거한다. 이소프로필 알코올(isopropyl alcohol)은 또한 **국소(topical)** 방부제로서 효과적이다.

정맥천자(venipuncture): 정맥혈 채취, 정맥주사, 투약을 위하여 정맥을 뚫는 것.

국소(topical): 표면, 특히 피부를 나타낸다.

A CLOSER LOOK 10.2

당신 집의 식품저장실에는 방부제가 있다?

오늘날, 우리는 대체의학과 약초에 대한 주장이 항상 뉴스에 나오는 시대에 살고 있다. 종종 이러한 주장 중 상당수는 믿을 수 없는 것처럼 보인다. "천연 제품"과 관련하여 진정한 약용 및 방부 효과가 있는 제품이 있는가?

마늘

1858년, Louis Pasteur는 마늘의 방부제로서의 특성을 조사했다. 제2차 세계대전 당시, 페니실린과 설파제가 부족했을 때 마늘은 개방된 상처를 소독하고, 감염을 예방하기 위한 방부제로 사용되었다. 그 이후로 많은 과학적 연구에서 마늘의 방부력을 밝히기 위해 노력했다.

많은 연구들이 마늘의 방부 특성의 핵심으로 알리신(allicin)이라고 하는 황 화합물을 동정했다. 생마늘을 으깨거나 씹으면 알리신이 마늘 특유의 향과 맛을 낸다. 실험실 연구에 따르면, 이 화합물은 감기, 독감, 인후염, 부비동 및 호흡기 감염을 일으키는 미생물을 억제해 준다. 이 발견은 이 화합물이 세균과 바이러스가 숙주 세포에 침입하여 손상시키는 데 필요한 핵심 단백질을 차단한다는 것을 보여준다.

계피

계피는 과일 음료의 병원체를 제어할 수 있는 방부제일 수 있다. 여러 연구에서, 상업적으로 저온살균된 사과 주스를 전형적인 식품 유래 병원체와 바이러스로 의도적으로 오염시켰다. 그런 다음, 일부 오염된 주스에 계피를 첨가했다. 연구진은 계피가 없는 주스보다 계피 혼합액에서 더 많은 병원체가 사멸됨을 발견했다.

다른 연구 그룹이 수행한 연구에서, 10%의 사이공 계피와 실론 계피가 바이러스의 99.9%를 비활성화하였으며, 이는 이 향신료가 바이러스 감염을 제거하거나 예방하는 데 도움이 될 수 있음을 시사했다.

꿀

Peter Molan 교수는 꿀의 의학적 특성과 용도에 관해 30년 이상 연구해 왔다. 꿀의 산도는 3.2에서 4.5 사이로, 많은 병원체를 억제할 만큼 충분히 낮다. 꿀의 수분 함량(중량 기준 15~21%)이 낮다는 것은 상처에서 "물을 배출"하도록 함으로써 병원체에게 이상적인 환경을 박탈한다는 것을 의미한다. 또한 꿀에 들어있는 두 가지 단백질은 세균 세포벽과 세포막의 완전성을 방해한다.

사진 A 천연 방부제. 꿀과 계피는 잠재적인 항균성을 지닌 물질이다.

Courtesy of Dr. Jeffrey Pommerville.

확실히, 꿀의 항균 특성은 꿀벌이 꿀을 만드는 데 사용하는 과즙(식물 꽃가루)의 종류에 좌우된다. 뉴질랜드의 마누카(manuka) 꿀과 중부 유럽의 허니듀(honeydew) 꿀은 유용한 수준의 방부 효과가 있는 것으로 생각된다. 2011년, 미국 식품의약국(FDA)은 마누카 꿀이 함유된 상처 드레싱을 승인했다.

감초 뿌리

말린 감초 뿌리는 수세기 동안 중국 전통의학에서 사용되어 왔다. 과학자들은 감초 뿌리에서 충치를 일으키는 가장 흔한 두 가지 세균 종과 잇몸 질환을 일으키는 한 종을 죽일 수 있는 두 가지 물질을 확인했다. 그렇다고 해서 감초 사탕을 많이 먹는 것은 의미가 없다. 원래 감초 사탕에 있던 감초 뿌리 추출물이 맛은 비슷하지만 방부능이 없는 아니스 오일(anise oil)로 대체되었다.

와사비

와사비라고 하는 녹색의 매운 고추냉이는 초밥을 위한 매운 조미료이다. 그러나 와사비에는 이소티오시아네이트라(isothiocyanates)는 천연 화학물질이 있다. 실험실 실험에서, 이러한 화학물질은 충치와 관련된 세균 종의 성장을 억제한다. 흥미롭지만, 와사비의 방부 특성은 인체 임상시험에서 입증되어야 한다.

따라서 항미생물 특성을 가진 제품이 여기에 설명된 것보다 훨씬 더 많이 있다.

과산화수소(hydrogen peroxide)는 순한 가정용 방부제이다. 이 액체는 일반적으로 경미한 찰과상과 찰과상의 감염을 방지하기 위해 피부에 사용된다. 환부에 바르면 용액이 거품을 일으키며, 기포가 발생한다. 이는 손상된 조직의 카탈라아제가 과산화수소를 산소 기체(거품)와 물로 분해하기 때문이다. 격렬한 거품은 먼지, 조직 파편, 죽은 조직을 느슨하게 하고, 산소 기체는 혐기성 세균에 효과적이다. 과산화수소는 또한 미생물과 바이러스에 매우 유독한 반응성 형태의 산소를 생성한다. 그러나 이 화학물질의 작용이 손상된 조직에 유해하고, 치유를 지연시킬 수 있기 때문에 개방된 상처에 대한 방부제로 권장되지 않는다.

할로겐 및 중금속

할로겐(halogens)은 극단적으로 반응성이 높은 원소이다. 일반적인 두 가지 할로겐은 요오드와 염소이다. 요오드는 **팅크(tincture**, 에틸알코올에 2% 요오드) 또는 요오드-세제 화합물로 사용할 수 있다. 세제는 피부 표면에서 미생물을 느슨하게 하고, 요오드는 미생물을 사멸시킨다.

팅크(tincture): 알코올에 용해된 저농도의 화학물질.

염소는 수영장과 같은 물의 미생물 수를 감소시키기 위해 기체, 액체 또는 고체로 사용된다. 염소는 요오드와 마찬가지로 단백질과 반응하므로 모든 종류의 미생물에 효과가 있으며, 조제 형태와 농도에 따라 방부제 또는 소독제로 사용될 수 있다. 또한, 염소는 차아염소산 나트륨(sodium hypochlorite)의 형태로도 사용되는데, 가정용 표백제(Clorox)는 5% 농도로 제조하면 된다. 염소의 다른 용도는 **그림 10.9**에 나와 있다.

세 가지 **중금속(heavy metals)**이 화학 방부제 및 소독제의 활성성분으로 사용되어 왔다. 은(silver)은 상처 드레싱과 크림의 일반 방부제로 사용된다. 이 경우, 중금속은 세포막의 효소를 손상시킨다. 수은은 세균 대사를 방해하는 또 다른 중금속이다. 수은은 독성이 있을 수 있지만 머큐로크롬(Mercurochrome) 및 머티올레이트(Merthiolate) 같은 일부 방부제에서 피부의 가벼운 베인 상처와 찰과상을 치료하기 위해 사용되어 왔다. 국소 방부제로서 수은 화합물은 다른 안전한 화학 약품으로 대체되었다.

그림 10.9 염소화합물을 이용한 소독의 실례. 다양한 염소화합물이 물 소독과 조리대 및 바닥 소독에 사용되었다. 방부액으로서 염소는 국소 도포에 효과적이다.

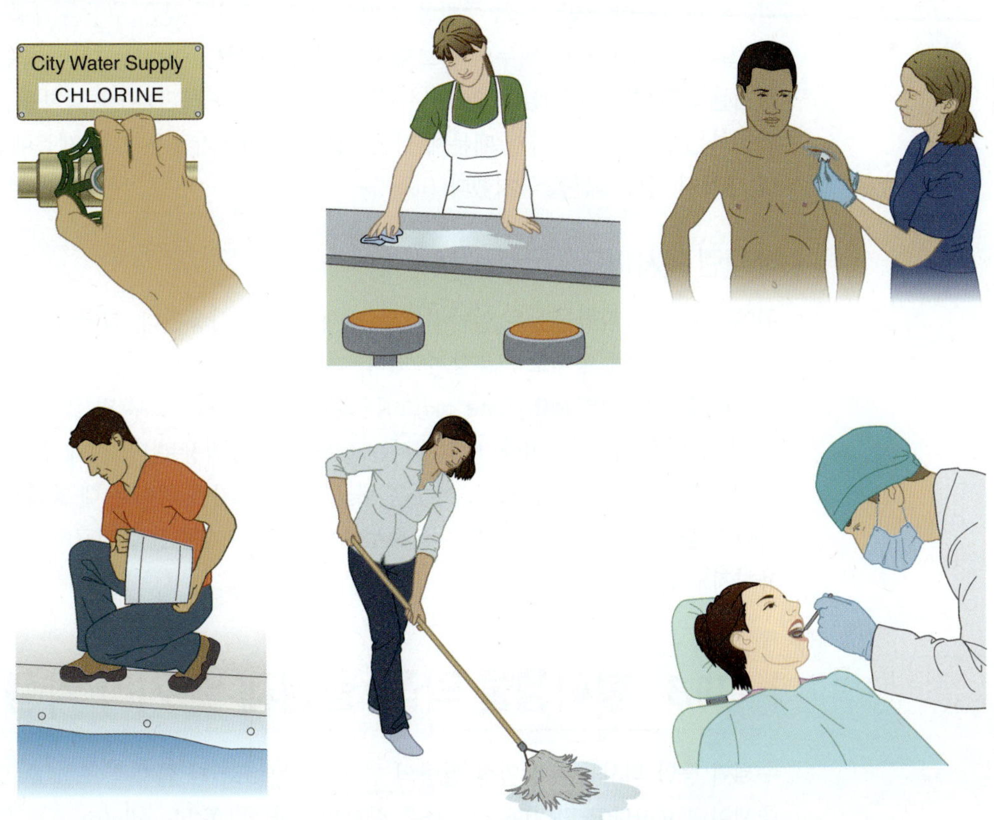

황산구리 형태의 구리는 수영장에서 시아노박테리아를 제어하고, 물의 투명도를 복원하는 데 사용된다. 구리는 세균 세포에 매우 강한 독성을 나타낸다. 최근 연구에 따르면, 구리 합금이 포함된 병원 기구들은 그렇지 않은 기구보다 미생물이 70~90% 적은 것으로 밝혀졌다. 접촉이 많은 표면에 이러한 기구를 사용할 경우에는 감염 위험이 40% 감소했다.

비누 및 세제

비누와 세제는 강력한 습윤제이자 표면장력 감소제이다. 이들은 미생물과 표면 사이에서 작동하여 미생물을 "느슨하게"하므로 세척수로 제거할 수 있다. 또한, 이들은 지질과 반응하여 미생물 세포막을 용해시키므로 세포막이 새게 되어 세포 사멸이 발생하게 된다.

미생물과 많은 바이러스를 제어하는 데 가장 유용한 세제는 염화암모늄의 유도체이다. **4급 암모늄 화합물(쿼츠; quats)**이라고 불리우는 이 물질들은 산업 설비나 식품기구의 소독제로 사용된다. 또한 병원의 벽과 바닥 소독제로서 효과적이다. 쿼츠는 일부 콘택트렌즈 세척제 및 구강 청결제에서 확인된다. 구강 청결제를 사용할 경우, 라벨을 확인하였을 때 활성성분의 화학명을 발음할 수 없다면 아마도 쿼트일 것이다. 또한, 병을 흔들었을 때, 거품이 생긴다면 쿼츠가 들어있는 것이다.

페놀

페놀(phenol; carbonic acid)은 미생물 제어에 사용된 최초의 화학물질 중 하나이다. 이 장의 앞부분에서 설명한 Lister의 소독 수술 치료에서 사용되었다. 페놀 유도체는 라이솔(Lysol)과 일부 손 세척제의 활성성분이다.

매우 널리 사용되고 있는 페놀 유도체는 **트리클로잔(triclosan)**이다. 이 화학물질은 지질 합성을 차단해서 세균 세포막을 파괴한다. 이것은 항균비누, 로션, 구강 청결제, 치약, 장난감, 음식 쟁반, 속옷, 주방용 스펀지, 식기, 도마와 같은 수많은 제품의 활성성분이다. 트리클로잔이 일반 비누와 물보다 병원균의 확산을 예방하는 데 더 좋은지 여부에 대해서는 의문의 여지가 있다. 2016년 말, 미국 식품의약국(FDA)은 화학물질의 효과를 뒷받침하는 증거가 부족하기 때문에 항균 비누 및 기타 가정용 항균 제품에서 트리클로잔 및 18가지 기타 성분을 금지했다.

에틸렌 옥사이드

위에서 설명한 화학물질은 일반적으로 액체 형태로 사용된다. 그러나 멸균을 위해서 몇 가지 약제를 기체 형태로 사용할 수 있다.

에틸렌 옥사이드(ethylene oxide)는 종이, 목재, 금속, 고무 및 플라스틱 제품을 멸균하는 데 사용되는 가스이다. 병원에서는 도뇨관, 인공심장 판막, 심폐기구 부품이나 광학 장비를 가스로 멸균할 수 있다. 이것은 세균의 내생포자를 죽이는 데 효과적인 몇 안 되는 화합물 중 하나이다. 미 항공우주국(NASA)은 행성간 우주선을 멸균하기 위해 가스를 사용하기도 한다.

▶ 10.3 항미생물 약품: 항생제 및 기타 약품

수세기 동안 의사들은 감염성 질병의 참혹한 피해로부터 환자를 구할 수 있는 영웅적인 대책이 필요하다고 믿었다. 의사들은 환자의 숙청, 방혈(bloodletting)을 처방했다. 때로는 많은 양의 이상한 조제약, 냉수목욕, 단식이라는 처방을 내렸다. 이러한 치료법은 신체의 자연 방어력을 지칠 정도로 감소시켜 그렇지 않아도 좋지 않은 상황을 더 복잡하게 만든다. 실제로, 1799년 George Washington의 사망은 목의 연쇄상구균 감염으로 인한 것으로 여겨지는데, 그의 상태는 아마도 24시간 내에 거의 2리터의 혈액을 제거한 방혈 치료로 인해 악화되었을 것이다.

다행하게도, 1940년대에 항생제가 등장하면서 의학의 혁명이 일어났다. 의사들은 신체에 상당한 해를 끼치지 않으면서 체내의 세균을 사멸시킬 수 있다는 사실을 발견하고서 놀랐다. 의사들은 이제 항생제라고 불리는 "마법의 총알"을 사용하여 질병의 경과를 성공적으로 바꿀 수 있음을 발견했다.

마법의 총알

미생물 병인론이 1800년대 후반에 등장했을 때, 의사들은 감염성 질병의 원인에 대해 더 잘 이해하게 되었다. 그러나 감염원의 식별이 감염된 환자를 치료하는 방법을 바꾸지는 못했다. 결핵은 7명 중 1명을 계속해서 사망하게 했다. 연쇄상구균성 폐렴은 치명적인 경험으로 남았다. 말라리아는 여전히 인간의 삶에 막대한 피해를 입혔다.

이러한 배경에서 과학자들과 의사들은 신체에 손상을 주지 않으면서, 체내의 미생물을 사멸시킬 수 있는 화학물질을 꿈꾸었다. 1910년, 독일의 화학자 Paul Ehrlich도 그런 마법의 총알을 찾고 있었다. 그의 사냥에서, 그와 그의 일본인 조수인 Sahachiro Hata는 매독처럼 성적으로 전파되는 감염에 대하여 가능성을 보여주는 비소 기반 화합물을 확인했다. 1932년, 독일의 또 다른 연구자인 Gerhard Domagk는 인체의 여러 일반적인 세균 감염에 효과적인 또 다른 마법의 총알을 발견했다. 이 모든 연구를 통합하기 위해 1941년에 유대계 미국인 미생물학자인 Selman Waksman은 이 새로운 화학물질 그룹에 "항생제"라는 용어를 사용할 것을 제안했다. 오늘날 **항생제(antibiotic)**는 몇몇 곰팡이 및 세균에 의해 자연적으로 생성되거나 **합성적(synthetically)**으로 생성되어 다른 세균의 생육을 억제하거나 사멸시키는 항균물질을 말한다.

합성적(synthetically): 자연적으로 생산된 것이 아닌, 연구실에서 만들어진 화학물질.

페니실린은 게임 체인저이다

1928년에 스코틀랜드 의사이자 미생물학자인 Alexander Fleming은 종기, 인후통 및 농양을 유발할 수 있는 포도상구균에 대한 연구를 수행하고 있었다(**그림 10.10**). 휴가를 떠나기 전에 그는 영양한천 평판배지에 포도상구균을 도말한 후, 배양하기 위해 따로 보관했다. 돌아온 그는 한 개의 평판배지가 ***Penicillium***으로 동정된 녹색 곰팡이에 오염된 것을 발견했다. Fleming은 곰팡이 주변의 투명한 지역, 즉 포도상구균이 생육하지 못한 지역에 주목했다. 무슨 일이 일어나고 있는지 확신하지 못한 그는 육수에 *Penicillium*을 배양한 후, 이 배양액을 포도상구균 배양액에 소량 첨가했다. 포도상구균은 곧 사멸되었다. 다른 그람 양성 세균도 *Penicillium*에 취약했기 때문에, 그는 이 마법의 총알을 **페니실린(penicillin)**이라고 불렀다.

Penicillium: pen-ih-SIL-lee-um

1940년에 이르러서, 옥스포드 대학교의 Howard Florey와 Ernst Chain이 이끄는 그룹은 페니실린 분자를 분리하고, 더 많은 양의 약품을 생산하기 시작했다. 이 약품에 대한 인체 임상시험은 1941년에 시작되었으며, 곧 페니실린 요법으로 사람들의 생명을 구할 수 있다는 것이 분명해졌다. 그러나 영국은 전쟁 중이었다. 독일군의 폭탄이 런던에 떨어졌고, 연구원들은 그들의 생존을 염려했다. **A CLOSER LOOK 10.3**은 연구 그룹이 독일의 침

그림 10.10 플레밍과 페니실린. 플레밍은 일부 평판배지에서 세균의 생육이 곰팡이 *Penicillium*에 의해 억제되었음을 알아차렸다.

A CLOSER LOOK 10.3

보물 숨기기

그들의 시기 선택은 더 이상 나쁠 수 없었다. Florey, Chain, Heatley와 그의 팀은 페니실린을 재발견하고, 정제하였으며, 세균에 감염된 환자를 치료하는 데 유용함을 증명했다. 그러나 1939년은 독일군의 폭탄이 런던에 투하되고 있었기 때문에 새로운 약품과 약물을 연구하기에는 위험한 시기였다. 만약 독일이 영국을 침공했다면 그들은 어떻게 했을까? 만약 적이 페니실린의 비밀을 알게 된다면, 그들은 모든 연구 결과를 파기해야 할 것이다. 그렇다면, 그들은 어떻게 그 중요한 *Penicillium*을 보존하면서 적의 손에 넘어가지 않게 할 수 있었을까?

Heatley는 각 팀원이 코트의 안감에 곰팡이를 문지르도록 제안했다. *Penicillium* 포자는 휴면상태로 수 년 동안 생존할 수 있는 거친 코트의 표면에 달라붙을 것이다. 만약 침공이 일어난다면, 적어도 한 명의 팀원은 그의 "곰팡이 코트"와 함께 안전한 곳으로 갈 수 있을 것이다. 그 후, 안전한 국가에서 포자는 새로운 배양을 시작하는 데 사용될 것이고, 연구는 계속될 수 있을 것이다. 물론, 독일이 영국을 침공하지는 않았지만, 이 계획은 소중한 생물체를 숨길 수 있는 기발한 방법이었다.

그림 A 한천배지에서 생육하는 2개의 *Pencillium* 집락.

페니실린에 대한 전체 이야기는 Eric Lax가 저술한 'Dr. Flory's Coat'에 잘 서술되어 있다.

공 가능성으로부터 *Penicillium*을 어떻게 숨기고, 그들의 연구를 미국으로 옮겼는지에 대해 설명한다.

얼마 지나지 않아 미국 기업들은 페니실린을 대량생산하게 되었고, 항생제의 시대가 도래하게 되었다. 페니실린은 Fleming, Florey, Chain이 1945년 노벨 생리의학상을 수상할 정도로 감염성 질병 분야의 게임 체인저였다.

항생제는 다양한 방식으로 작용한다

1940년대 후반에서 1960년대 초반까지 수십 가지의 새로운 항생제가 개발되었다. 그 흥분이 너무 강해서 1969년까지 의료계의 많은 사람들 사이에서 항생제가 곧 모든 감염성 질병을 물리칠 것이라는 인식이 있었다. 유감스럽게도, 이 장의 뒷부분에서 살펴보겠지만 그렇지 않을 것이다.

항생제의 독특한 특징 중 하나는 세균 세포의 다른 구조를 표적으로 한다는 것이다. 몇 가지 항생제를 살펴보고, 그들이 표적으로 삼는 구조를 알아본다. 이 절의 로드맵으로 **그림 10.11**을 사용한다.

세포벽 형성 저해

실험실에서 발견되거나 합성된 모든 항생제 중에서 페니실린이 가장 널리 사용되고 있다. 1940년대에 도입된 이후, 천연 페니실린의 수 많은 유도체가 개발되었다(**그림 10.12**). 이러한 "**반합성(semisynthetic)**" 페니실린은 천연 페니실린보다 더 안정적이고, 더 잘 견디며, 약제 내성을 일으킬 가능성이 적다. 그러나 모든 페니실린은 동일한 기본 구조를 공유한다. 그들은 분자의 핵에 베타-락탐 고리라는 화학 복합체를 가지고 있다. 이러한 이유로 이 항생제를 종종 **베타-락탐(beta-lactam)**이라고 한다.

반합성(semisynthetic): 자연적인 형태로부터 화학적으로 변형된 화학물질을 의미함.

제4장에서 설명한 바와 같이, 페니실린과 그 유도체들은 그람 양성 세균의 세포벽 내에서 단백질 교차 결합의 형성을 차단한다. 이러한 연결이 없으면 세포 내부 압력을 막아주는 세포벽이 약화되어 세포는 팽창하여 파열된다. 선택된 세균 그룹에 대해서만 작용하는 항생제를 **협범위 항생제(narrow-spectrum antibiotics)**라고 한다.

수십 년 동안 사용하면서, 많은 세균들이 페니실린에 내성을 갖게 되었다. 이 세균은 **페니실린 분해효소(penicillinase)**라는 효소를 암호화하는 유전자를 획득했다. 이 효소를

그림 10.11 항생제의 표적. 항생제가 영향을 미치는 몇몇 세포 표적이 있다.

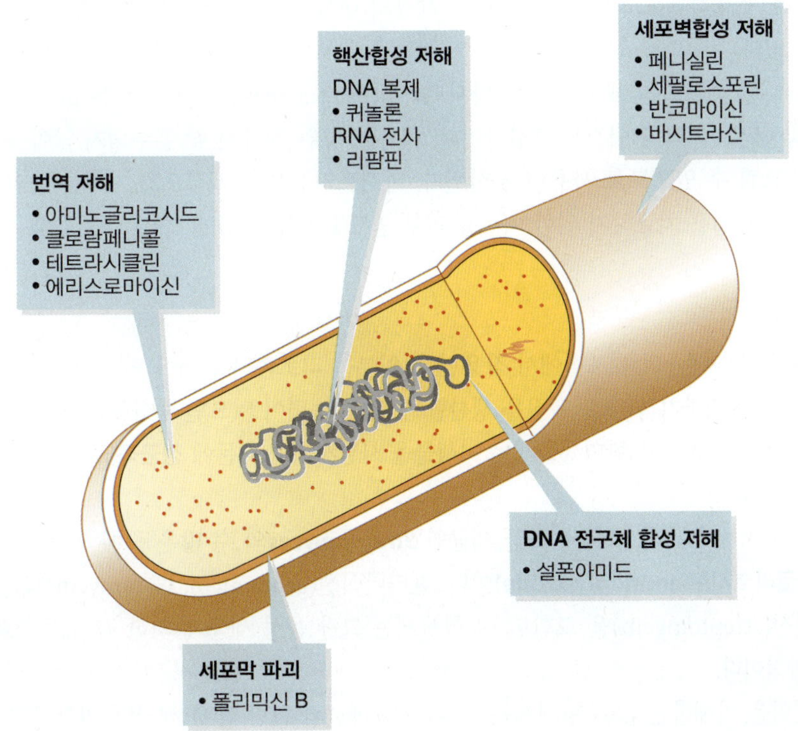

그림 10.12 페니실린과 일부 유도체. 베타-락탐 고리는 모든 페니실린에 보편적으로 나타나는 구조이다. 반합성 페니실린 유도체는 분자의 측면 기(파란색)를 변화시킴으로써 생성된다.

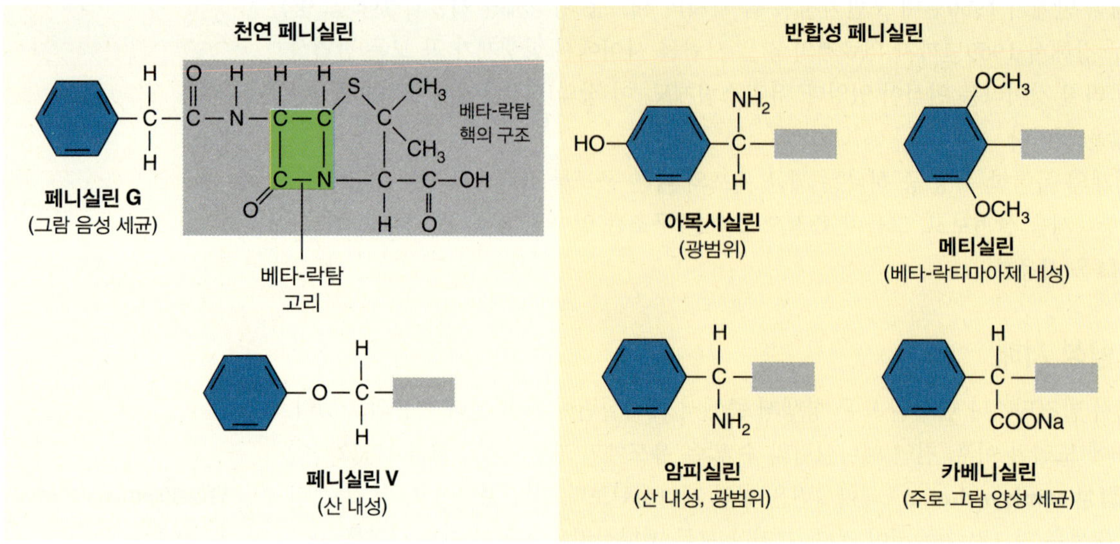

생성하는 세균은 베타-락탐 고리를 파괴하고, 항생제를 비활성화할 수 있다.

Cephalosporium: sef-ah-low-SPOH-ree-um

그람 양성 세균 세포벽의 합성을 방해하는 다른 항생제도 있다. 한 그룹은 *Cephalosporium*이라는 곰팡이에서 파생된 **세팔로스포린(cepharosporins)**이다. 이 항생제는 페니실린 분해효소에 내성을 갖게 하는 베타-락탐 고리에 약간의 변형을 포함한다. 더 많이 처방된 세팔로스포린 중에는 세팔렉신(Keflex)과 세프트리악손(Rocephin)이 있다.

반코마이신(Vancocin)은 항생제 내성 그람 양성 세균에 의한 심각한 감염을 치료하는 데 사용되는 항생제이다. 이것은 치료를 위해 남은 유일한 효과적인 약품일 수 있기 때문에 최후 수단의 항생제로 간주된다. 반코마이신은 귀와 신장에 부작용이 있기 때문에 사소한 상황에서 일상적으로 사용되지 않는다. 오히려 가장 심각한 항생제 내성 감염에 사용된다. 불행하게도, 이 항생제에 대한 세균의 내성 또한 관찰되었으며, 대체 약물이 모색되고 있다.

Bacillus: bah-SIL-lus

또 다른 세포벽 억제 항생제는 바시트라신(bacitracin)이다. 이 약품은 *Bacillus* 종에 의해 생성되는 여러 단백질의 혼합물이다. 내복할 경우, 장에서 잘 흡수되지 않아 신장 손상을 일으킬 수 있으므로 사용이 제한된다. 바시트라신은 일반적으로 가벼운 베인 상처, 찰과상 및 화상을 치료하기 위한 치료용 피부 연고(Polysporin)에 사용할 수 있다.

번역 저해

많은 항생제가 세균의 세포질에서 작용한다. 일부는 리보솜의 단백질 번역 능력을 방해한다. 대사를 유지하기 위해 단백질을 생산할 수 있는 능력이 없으면 영향을 받은 세포는 곧 사멸될 것이다. 이러한 항미생물제는 미생물을 사멸시키기 때문에 **정균적(microbiostatic)**으로 간주된다.

Streptomyces: strep-toe-MY-seas

번역 저해제의 한 그룹은 토양 세균인 ***Streptomyces***의 수 많은 종에 의해 생성되는 **아미노글리코시드(aminoglycoside)**이다. 젠타마이신(gentamicin; Garamycin)과 스트렙토마이신(streptomycin)을 포함한 이 항생제는 그람 음성 세균에 의한 감염을 치료하는 데 효과적이다.

번역을 저해하는 많은 항생제는 그람 양성 세균과 그람 음성 세균에 의한 감염에 효과적이기 때문에 **광범위 항생제(broad-spectrum antibiotics)**라고 한다. 예를 들면, 클로람페니콜(chloramphenicol; Amphenicol) 및 독시사이클린(doxycycline; Oracea) 같은 테트라사이클린(tetracycline) 유도체가 있다. 독시사이클린은 부작용이 거의 없기 때문에 많은 의사들이 여드름과 같은 사소한 상황에도 이 귀중한 항생제를 처방하였다. 이러한 과잉 처방으로 인해 항생제 내성 세균이 출현했다.

다른 항생제는 작용 방식이 다르다

세균 세포의 다른 중요한 부위를 표적으로 하는 다른 많은 천연 및 합성 항생제가 있다.

핵산 합성 저해

유전자 발현의 번역 단계에 작용하는 항생제 외에도 전사 및 DNA 복제에 작용하는 다른 약품이 있다. RNA와 DNA가 없으면 세균의 세포 대사가 중지되고, 세포 사멸이 초래될 것이다.

리팜핀(rifampin; Rifadin)은 결핵환자에게 처방되는 합성항생제이다. 이 항생제는 전사 과정에서 RNA 중합효소를 간섭함으로써 작용한다. 리팜핀을 복용하면 소변, 눈물 및 기타 신체 분비물에 주황색-적색이 나타날 수 있다. 또한 간 손상을 일으킬 수 있다.

퀴놀론(quinolones)이라고 불리는 항생제 그룹은 합성 약품이다. 이들은 DNA 복제를 차단하도록 설계되었다. 미국에서 가장 많이 처방되는 항생제 중에는 시프로플록사신(ciprofloxacin; Cipro)과 같은 플루오로퀴놀론(fluoroquinolone)이 있다. 이 약품은 요로 및 장관 감염과 임질 치료에 효과적이다.

설폰아미드(sulfonamide; 설파제)는 DNA 복제 및 RNA 전사에 필요한 물질을 간섭하여 생육을 늦추는 합성 항생제 그룹이다. 미생물의 생육을 늦추는 이러한 화학물질을 **정균적(microbiostatic)**이라고 한다. 설폰아미드의 새로운 제형은 종종 두 가지 약물의 조합이다. 예를 들면, 코트리목사졸(co-trimoxazole; Bactrim)에는 두 가지 설파제가 포함되어 있고, 요로, 폐 및 귀의 감염을 치료하는 데 사용된다. 이러한 약품의 조합은 **상승(synergism)** 효과의 한 예이다. 즉, 두 약품을 함께 사용하는 것이 어느 한 약품만 단독으로 사용하는 것보다 더 효과적이다. 결과적으로, 두 약품 모두에 대해서 항생제 내성이 생길 가능성은 낮다.

세포막 손상

폴리믹신 B(polymyxin B)은 일부 *Bacillus* 종에 의해 생성되는 단백질이다. 이 약품은 세포막에 구멍을 뚫어 세포를 누출시키고, 세포 사멸을 초래한다. 바시트라신(bacitracin)과 마찬가지로, 일반적으로 그람 음성 간균에 의해 초래된 베인 상처, 찰과상 및 화상과 관련된 피부 감염에 처방된다.

항바이러스제, 항진균제 및 항원생생물제

항생제는 세균 감염에만 효과가 있다. 따라서 개인은 바이러스 감염에 대해 항생제를 복용해서는 안 되며, 의사도 처방해서는 안 된다. 그 약품은 효과가 없을 것이다. 그러나 수십 년 동안 과학자들은 바이러스, 진균 및 원생생물 감염에 효과적인 다른 유형의 **항미생물제(antimicrobial drugs)**를 개발했다.

항바이러스제

바이러스 복제의 특정 단계를 목표로 하는 다양한 항바이러스제가 개발되었다. 제6장에서 설명한 것처럼, 이 감염원은 5단계의 복제 과정을 거친다. 이는 부착, 침투, 생합성, 조립 및 방출이다. 이 단계 중 하나를 차단하면 바이러스 복제가 중단될 수 있다. 대부분의 항바이러스제들은 후천성면역결핍증후군(AIDS)에 대하여 설계되고, 개발되었다. 단순포진 및 대상포진 같은 헤르페스 바이러스 감염과 인플루엔자에 대해서는 더 적은 수의 약물이 만들어졌다.

중요한 것은 세균 감염 환자를 치료할 수 있는 항생제와 다르게, 바이러스 질병을 치료하기 위한 항바이러스제는 단 하나뿐이라는 것이다. 이것은 C형 간염 감염을 위한 것이다. "치료(cure)"란 치료가 완료된 후 3개월이 지나면 혈액에서 C형 간염 바이러스가 검출되지 않는 것을 의미한다. 현재까지 바이러스 감염 환자를 치료할 수 있는 다른 항바이러스제는 없다. 다만, 항바이러스제는 증상을 완화시키거나 질병의 지속기간을 단축시킬 뿐이다.

항진균제

Candida albicans: KAN-did-ah AL-bih-kanz

진균 감염을 치료하기 위해 의사들이 이용할 수 있는 항미생물제는 비교적 적다. 대부분은 국소용이다. 한 가지 항진균제는 *Candida albicans*에 의한 효모 감염에 효과적인 니스타틴(nystatin; Mycostatin)이다. 다른 유용한 항진균제로는 백선 및 무좀에 대한 그리세오풀빈(griseofulvin; Grisovin)이 있다. 항진균제의 또 다른 부류는 이미다졸(imidazoles)이다. 클로트리마졸(clotrimazole; Lotrimin) 및 미코나졸(miconazole; Monistat) 같은 이들 화합물들 중 다수는 피부 표면의 감염에 효과적이다. 침습적이고, 종종 생명을 위협하는 진균 감염의 경우, 몇 가지 이미다졸과 암포테리신 B(amphotericin B; Amphocin)가 사용된다. 후자의 약품은 신체에 대하여 독성이 매우 강하므로 최후의 항진균제이다.

항원생생물제

Plasmodium: plaz-MOH_dee-um

원생생물이 유발하는 기생충 질병은 세계의 개발도상국에 살고 있는 많은 사람들을 괴롭히고 있다. 가장 큰 질병 위협 중 하나는 말라리아로, 말라리아는 여러 종류의 *Plasmodium*에 의해 발생한다. 세계보건기구(WHO)가 발표한 2018년 세계 말라리아 보고서에 따르면, 전 세계적으로 2억 1,900만 명 이상의 새로운 말라리아 환자가 발생했으며, 43만 5,000명 이상이 사망했는데, 대부분(90%)이 아프리카에서 발생했다. 현재 치료제인 아르테미시닌(artemisinin)은 말라리아 환자의 혈액 내 *Plasmodium* 기생충 수를 신속하게 줄인다. 그러나 이 기생충은 다른 여러 항말라리아 약물에 내성을 가지게 되었고, 동남아시아에서는 아르테미시닌에 대한 내성이 검출되었다.

10.4 항미생물제 내성: 커지는 과제

항미생물제 내성(AMR)은 세균, 원생생물, 진균 및 바이러스가 항미생물제(항생제, 항바이러스제, 항진균제, 항원생생물제 등)의 영향을 받지 않는 능력을 말한다. 결과적으로, 감염이 체내에 지속되어 다른 사람에게 전파될 위험이 증가할 수 있다. AMR은 전 세계 모든 연령대의 사람에게 영향을 줄 수 있다.

AMR은 종종 돌연변이의 결과로서, 자연적으로 발생하는 현상이다. 예를 들어, 토양에 서식하는 일부 세균과 곰팡이는 화학작용제로 항생제를 생산한다. 이러한 화합물을 생산함으로써 생산자는 세균 경쟁자의 생육과 확산을 제한한다. 결과적으로, 다른 세균 종들은 이 화학물질에 내성을 갖게 됨으로써 스스로를 방어하고 생존하는 방법들을 발전시켜 왔다. 따라서 AMR이 미생물 세계의 일상생활의 일부임을 깨닫는 것이 중요하다. 이러한 내성 기전이 인간과 동물 집단에서 항미생물제의 오용을 통해 인간 병원체에 들어가면 내성 문제가 발생한다.

1960년대 후반부터 인간이 우려하는 놀라운 수의 미생물과 바이러스가 하나 이상의 항미생물제에 내성을 획득했다. 그 결과, 미국을 포함하여 전 세계 수십만 명의 사람이 매년 치료할 수 없게 된 감염에 의해 사망한다. 이러한 약제 내성 병원체는 신체의 자연 방어력이 매우 약한 개인에게 특히 위험하다. 여기에는 중환자실 및 화상병동 환자, 어린이, 노인, 면역체계가 약화된 개인이 포함된다. 잉글랜드의학협회 최고책임자(Chief Medical Officer for England)인 Dame Sally Davies 교수는 보건사회복지부에 제출한 첫 번째 연례 보고서에서 AMR의 발달과 확산은

"틀림없이 전 세계의 기후 변화만큼 중요하다"

라고 말했다.

항생제 내성(ABR)은 AMR의 하위 집합으로, 항생제에 내성을 갖게 된 세균에 적용된다. 이 장의 나머지 부분에서는 이 중요한 사회적 문제에 초점을 맞출 것이다.

항생제 내성과 슈퍼버그

ABR이 인간 병원체에서 발현될 때 가장 걱정스럽다. 설상가상으로, 이들 생명체 중 다수는 다양한 항생제에 내성이 있다. 이들을 **다제내성(multidrug resistant, MDR)**이라고 하며, **슈퍼버그(superbugs)**라고 불린다. 이는 표준 의료 치료가 효과가 없고, 감염이 지속된다는 것을 의미한다. 이러한 어려움은 영향을 받는 환자뿐만 아니라 사회에도 위험하다. 이러한 슈퍼버그는 지역사회, 국가 또는 심지어 전 세계적으로 다른 사람에게 확산될 수 있기 때문이다(**그림 10.13**). 미국에서 질병통제예방센터(CDC)는 매년 23,000명의 미국인이 MDR 감염으로 인해 사망하는 것으로 추정한다. 영국 보고서인 항생제 내성에 관한 리뷰(Review on Antimicrobial Resistance)에서는 매년 전 세계적으로 700,000명이 그러한 슈퍼박테리아 감염으로 인해서 사망하는 것으로 추산한다.

인간사회에서 ABR의 발달은 미생물이 장기간 항미생물제에 노출된 결과이다. 토양 속 미생물과 마찬가지로 인간 병원체는 우연히 유익한 돌연변이를 진화시킬 수 있으며, 이러한 돌연변이 중 일부는 내성 메커니즘을 제공할 수 있다(**그림 10.14**). 예를 들면, 세균 세포의 유전자가 돌연변이를 일으켜 리보솜 구조가 변경되었다고 가정하자. 만약 그 돌연변이 세포가 리보솜을 표적으로 하는 항생제에 노출된다면 그 생명체는 그 항생제에 내성을 갖게 될 것이고, 종종 유사하게 작용하는 여러 항생제에도 내성을 갖게 될 것이다.

오늘날 세계에서 보다 널리 퍼져 있는 것은 많은 세균 종들의 ABR을 유발하는 유전자 재조합 능력이다. 제9장에서 설명한 것처럼, 유전자는 **수평적 유전자 전달 과정(horizontal gene transfer)**을 통해 종 간에 무작위로 교환된다. 이 과정에서 항생제 내성 유전자를 가진 세균 세포는 이전에 항생제에 감수성이었던 다른 세균 세포로 유전자 복사본을 전달할 수 있다. 그 수용세포는 이제 항생제에 내성을 갖게 되었다.

그림 10.13 항생제 내성의 세계적 위협. 전 세계의 많은 세균 종들이 항생제에 내성이 되어가고 있다.

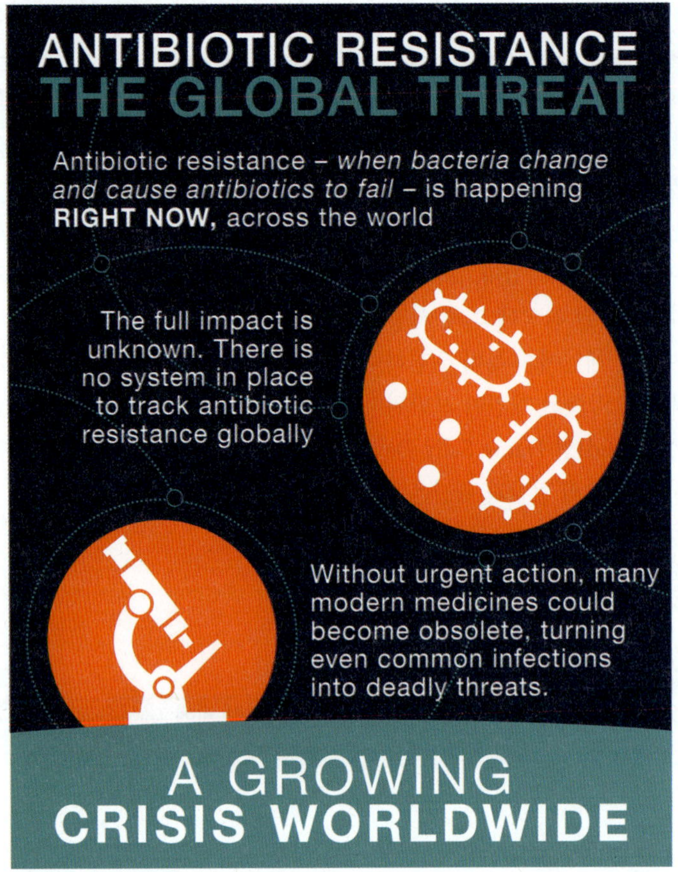

Courtesy of CDC.

예를 들면, 최근에 **접합(conjugation)**을 통해 새롭고 놀라운 형태의 항생제 내성이 발생했다. 이것은 세 가지 수평적 유전자 전달 과정 중 하나이다. 플라스미드에 NDM-1이라는 유전자를 운반하는 일부 세균이 확인되었다. 이 유전자는 기본적으로 모든 베타-락탐 항생제를 비활성화하는 효소를 암호화한다. 실제로, 이 유전자를 운반하는 세균성 병원체는 다른 많은 종류의 항생제에도 내성을 가지고 있기 때문에 "악몽의 슈퍼버그"라고 불려왔다. 결과적으로, 이러한 MDR 병원체 중 하나에 감염된 개인에게는 치료 방법이 거의 없다. 2017년, 네바다의 한 여성이 인도에서 발견된 악몽의 슈퍼버그 때문에 불치의 감염으로 사망했다. 그 슈퍼버그는 미국에서 구할 수 있는 26가지 항생제 모두에 대해서 내성이 있었다.

오늘날 ABR(및 AMR)의 가장 큰 원인 중 하나는 의료 전문가들이 인간 질병에 대한 항미생물제를 과도하고, 종종 불필요한 처방을 하고, 대중은 이를 요구하기 때문이다. WHO가 언급했듯이, ABR은 전 세계적인 관심사인데, 여기에 몇 가지 이유가 있다.

1. *ABR*은 환자를 사망시킨다. 내성 미생물에 의한 감염은 표준 치료에 반응하지 않아 환자의 질병이 장기화되고, 사망 위험이 커진다. 실제로, ABR 감염 환자의 사망률은 비 ABR 감염 환자의 사망률의 약 2배이다. 또한, ABR은 치료의 효과를 감소시켜서 환자를 더 오랜 시간 동안 감염상태를 유지시킴으로써, 내성 미생물이 다른 사람에게 전파될 위험이 높아진다.
2. *ABR*은 항생제 이후 시대가 될 수 있는 미래를 위협한다. AMR이 계속해서 확산된다면,

그림 10.14 항생제 치료의 가능한 결과.
(A) 이상적으로, 완전한 항생물질 치료 과정을 통해 모든 병원균은 사멸될 것이다.

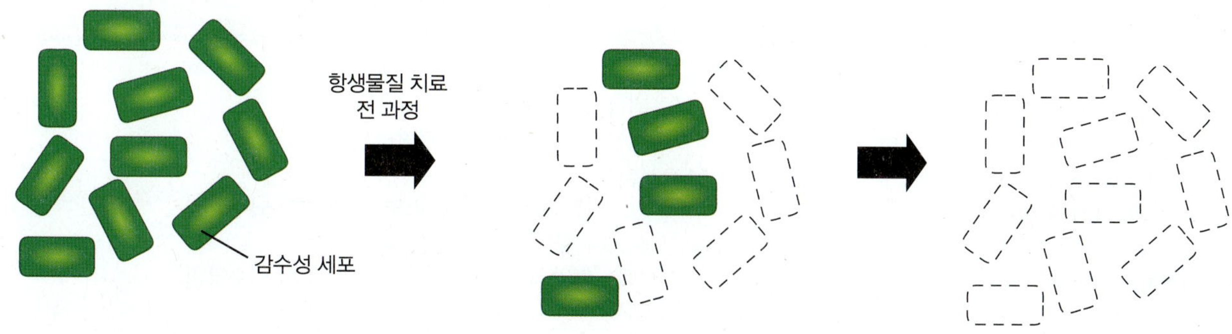

(B) 만약 감염된 집단에 소수의 내성균이 있다면, 이들은 어떠한 경쟁없이 생존하고, 생육할 것이다.

일단 항생제로 제어하고, 치료된 감염성 질병이 치료가 불가능하며, 제어할 수 없게 될 가능성이 매우 높다. 우리는 내성 미생물에 효과적인 약품이 없는 항생물질 이후 시대로 가고 있다. 세계보건기구(WHO)의 Margaret Chan 사무총장은 "항생제 내성 퇴치: 행동할 때"라는 회의에서 항생제에 대해

> "... 파이프라인은 사실상 말랐고... 찬장은 거의 비어 있습니다."

고 말했다. 최근, 몇 가지 새로운 항생제의 개발로 약간의 희망이 보인다. 너무 늦지 않았으면 한다.

아주 간단히 말해서, ABR은 대부분 사회주도적이다. 이는 의료계와 대중의 항생제 오남용의 결과이다. 실제로, 어떤 한 사람의 행동이 ABR의 출현과 확산을 크게 촉진시킨다.

의학에서의 항생제 오남용

항생제 내성의 증가는 부분적으로 항생제 남용의 결과이다. 예를 들면, 제약회사들은 항생제를 많이 홍보하고, 환자들은 빠른 치료를 위해 의사에게 압력을 가한다. 의사는 때때로 감염을 잘못 진단하거나 환자의 질병을 정확히 찾아내기 위해 그리고 값 비싼 검사를 주문하는 것을 피하기 위해 처방전을 작성할 수 있다.

병원은 ABR 출현의 또 다른 원천이다. 때때로 의사는 수술 중 및 수술 후 감염을 예방하기 위해 불필요하게 많은 양의 항생제를 사용한다. 이것은 인간 장내 마이크로바이옴의 대부분을 파괴할 위험이 있다. 이제 자연적 미생물 방어가 파괴되어 항생제 내성 병원체가 번성할 수 있다(그림 10.14 참조). 그 결과, 제어 및 치료가 극도로 어려울 수 있는

표 10.3 AMR과 연관된 병원균과 질병 (병원균의 발음은 부록 A를 참고하시오.)[1]

병원균	질병
세균	
Acinetobacter baumannii[2]	폐렴, 피부 및 상처감염, 뇌수막염
Bacillus anthracis	피부, 장관 및 호흡기 질병
Clostridium difficile	설사
Enterococcus faecium	요로감염, 혈액 및 심장감염, 장관감염, 뇌수막염
Group B streptococci	신생아 및 노인의 장관감염
Klebsiella pneumoniae	폐렴, 혈액감염, 상처나 수술부위 감염, 뇌수막염
Mycobacterium tuberculosis	결핵
Neisseria gonorrhoeae	임질
Neisseria meningitidis	아동 뇌수막염
Salmonella (Typhi)	장티푸스
Shigella dysenteriae	설사
Staphylococcus aureus	다양한 질병
Streptococcus pneumoniae	폐렴, 혈액감염, 부비강 및 중이 감염
바이러스	
Influenza viruses	독감
Human immunodeficiency virus	AIDS
진균	
Candida albicans	구강 아구창, 질염, 신체감염
원생생물	
Plasmodium species	말라리아

[1]미국 질병통제예방센터(CDC) 데이터
[2]**볼드체** = 최근 미국의 대부분 병원내 감염을 초래하는 병원체

중복감염(superinfection)이 발생한다. **표 10.3**은 ABR을 나타내는 것으로 알려진 대부분의 미생물을 보여준다.

항생제는 종종 처방전 없이 구할 수 있는 개발도상국에서도 남용되고 있다. 일부 국가는 강한 항생제의 일반 판매를 허용하고 있는데, 많은 양을 복용하면 내성이 발생한다.

가축의 항생제 남용

항생제 내성이라는 공중보건 위기가 대두되는 주요 원인은 동물 사료에 항생제를 오남용하는 것이다. 전 세계적으로 매년 5천만 kg(55,000톤) 이상의 항생제가 생산된다. 일부 추정에 따르면, 이러한 항생제의 80%는 임상 목적이 아니다. 대신, 건강한 소, 돼지 및 가금류의 더 빠른 성장을 촉진하기 위해 대규모 상업용 사육장에 낮은 비치료용 약으로 공급된다(**그림 10.15**).

이러한 항생제를 비선택적으로 사용함으로써, 많은 사육장이 이들 동물에서 항생제 내성 세균 종의 진화를 위한 온상이 되고 있다. 이러한 항생제 내성 균주 중 일부는 동물성 식품의 섭취를 통해 사람에게 전파되었다. MDR 병원체가 존재하는 경우, 이 병원체는 소비자에게 직접 질병을 유발할 수 있거나 인간 장내 다른 세균의 내성 유전자를 수평으로 전달할 수 있다. 2015년에는 항생제가 가축 사료에 사용되는 중국의 가축, 육류 및 인간에서 항생제 폴리믹신 E(polymyxin E; Colistin)에 내성을 지닌 세균이 발견되었다. 곧,

그림 10.15 미국의 항생제 사용. 이 차트는 연간 항생제 사용 추정치를 보여준다.
기타 = 애완동물, 수산양식, 농작물.

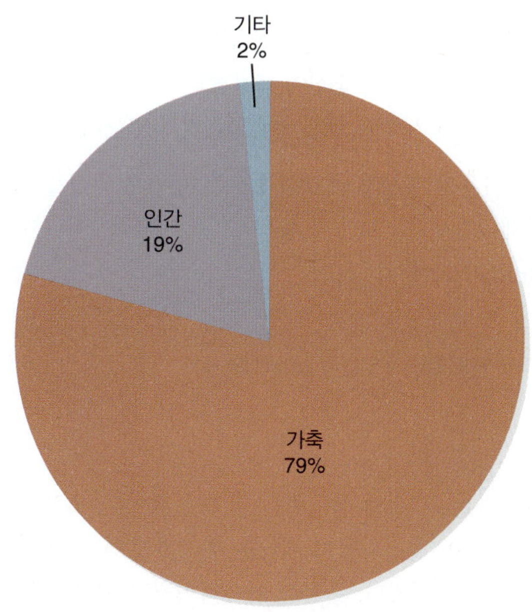

Data from U.S. Food and Drug Administration.

폴리믹신 내성은 불가사의하게도 덴마크로 퍼졌고, 그곳에서 동물과 식품의 여러 시료에서 발견되었다. 미국에서는 FDA가 2020년까지 생산 목적으로 한 동물 내 항생제 증가를 줄이기 위한 새로운 자발적 규칙(FDA Guidance #213)을 발표했다. 이 기간 동안, FDA는 인간 의약품으로 사용되는 항생제를 식용 동물에 사용하는 것을 단계적으로 폐지하도록 업계와 협력할 것이다. 또한, FDA는 면허가 있는 수의사의 통제 하에 동물 사료 항생제의 치료적 사용이 되기를 원한다.

항생제 내성문제의 통제

ABR을 제거하는 것은 절대 불가능하지만, 두 갈래 접근법을 통해 통제할 수 있다.

첫째, 이미 설명한 바와 같이 정부와 산업계는 항생제를 신중하게 사용하여 여전히 사용가능한 항생제를 보존해야 한다. 항균제의 오남용을 방지하는 것은 내성의 확산을 막기 위해 사회가 할 수 있는 일이다. 항생제 내성의 경우. 질병통제예방센터(CDC)가 제시하는 다음의 4단계를 수용하고, 유지하는 것을 의미한다.

1. 항생제를 요구하지 마라. 항생제로 치료할 수 없는 질병(예, 감기, 독감, 대부분의 발열, 바이러스 감염)의 경우, 의사에게 항생제를 요구하지 마라. 사실, 의사는 이런 질병에 항생제를 처방해서는 안 된다.
2. 처방된 항생제 복용을 중단하지 마라. 세균성 질병에 대해 항생제가 올바르게 처방된 경우, 치료 전 과정 동안 복용해라. "나아지고 있다고 느끼는" 순간에도 항생제 복용을 중단하지 마라. 몸 안에는 여전히 일부 병원체가 어슬렁거릴 수 있으며, 이들이 모두 제거되었는지 확인해야 한다.
3. 미래의 질병을 위해 항생제를 남겨두지 마라. 만약 어떤 이유로 인해 "여분"의 항생제 알약을 가지고 있다면, 미래의 질병에 대비해서 모아놓지 마라. 미래의 어느 시점에 유사한 증상의 질병이 나타난 경우 이전에 앓았던 것과 동일한 질병이

라고 예단하지 말고, 모아놓은 항생제를 복용하지도 마라. 또한 매우 다른 질병을 앓고 있더라도 남은 항생제를 복용하지 마라. 그 약은 아마 효과가 없을 것이다.

4. **항생제를 다른 사람과 공유하지 마라.** 당신이 앓았던 질병과 비슷한 증상을 보이는 사람있더라도, 그 사람에게 당신이 복용했던 항생제를 주지 마라. 당신은 그것이 동일한 감염인지, 그 사람이 항생제에 알러지가 있는지 모른다.

항생제의 적절한 사용과 항생제 치료의 완료는 항생제 내성을 제한하고 전파를 감소시킬 것이다. 질병통제예방센터(CDC)가 항생제 내성 솔루션 이니셔티브(Antibiotic Resistance Solutions Initiative)에서

> "똑똑해지세요. 항생제가 언제 효과가 있는지 알아야 합니다."

라고 언급했듯이.

약제 내성을 제어하는 두 번째 접근법은 더 도전적이다. 효과적인 항생제가 적다면 제약회사의 과학자들과 미생물학자들이 세균을 취약하게 하는 새로운 약품을 발견하고, 개발해야 한다고 요청할 수도 있다. 훌륭한 아이디어지만 최근에까지 실제로 그런 일은 일어나지 않았다. 예를 들면, 1940년대 후반과 1960년대 사이에 거의 모든 주요 항생제 그룹이 발견되고 개발되었다. 그러나 이후 수십 년은 제약 회사들이 새로운 계열의 항생제를 소개하지 않은 "혁신 공백"을 나타낸다(**그림 10.16**). 중요한 것은 이 기간 동안 점점 더 많은 수의 세균 종이 이러한 항생제에 내성을 갖게 되었다는 것이다.

새로운 항생제 및 기타 항미생물제의 개발이 부족한 데에는 최소한 몇 가지 이유가 있다. 첫째, 항생제가 모든 감염성 질병을 치료할 수 있다는 1960년대 후반의 인식으로 인해 많은 세균과 세균 병원체가 내성을 갖게 된 것이 분명했음에도 제약회사와 연구기관은 새로운 항생제 개발을 중단하거나 심각하게 게을리 했다.

둘째, 항생제를 개발하고, 시장에 출시하는 데 드는 비용이 엄청나다. 새로운 항생제의 경우, 10년 동안 비용이 거의 10억 달러에 이를 수 있다. 제약회사들은 개발된 약품이 시장에 출시되지 못하면 비교적 큰 연구비와 개발시간을 허비하는 것과 같다고 말한다. 따라서 제약회사는 만성질병 치료를 위한 약품을 개발하고, 마케팅하는 데 훨씬 더 높은 금전적 보상이 있음을 알게 된다. 여기에는 우울증, 고혈압, 당뇨병, 암, 고지혈증 및 관절염과 같은 질병에 대한 약품이 포함된다. 또한, 보통 5~14일의 짧은 기간 동안만 투여한 다음 중단하는 항생제와 달리, 이들 만성질병 치료제는 평생 복용할 수도 있다. 따라서 이러한 약품이 더 수익성이 높다. 이와 같은 이유로, 새로운 항생제 및 항미생물제의 개발이 절실한 시기임에도 개발하지 않고 있다. 앞에서 언급한 Margaret Chan의 컨퍼런스 연설에서 그녀는 또한 다음과 같이 말했다.

> "항생제 이후 시대는 사실상 우리가 알고 있는 현대 의학의 종말을 의미합니다. 패혈성 인두염이나 어린이의 무릎 찰과상처럼 흔한 일들로 인해 사람들이 또 다시 사망에 이를 수도 있습니다. 고관절 교체, 장기 이식, 항암 화학요법 및 미숙아 관리와 같은 일부 정교한 의료 개입은 훨씬 더 어려워지거나 심지어 너무 위험해서 시행조차 할 수 없을 것입니다. 전 세계적으로 많은 재앙이 발생하고 있는 지금, 수백만 명의 사람들에게 필수적인 치료제인 필수 항미생물제의 손실이 다음 글로벌 위기가 되는 것을 허용할 수 없습니다."

아마도 항미생물제 개발의 추가 다시 흔들리기 시작한 것 같다. 지난 몇 년 동안, 몇

그림 10.16 혁신 공백. 이 연대표는 주요 항생제가 언제 도입되었고, 새로운 항생제 개발 과정에서 나타난 공백을 보여준다.

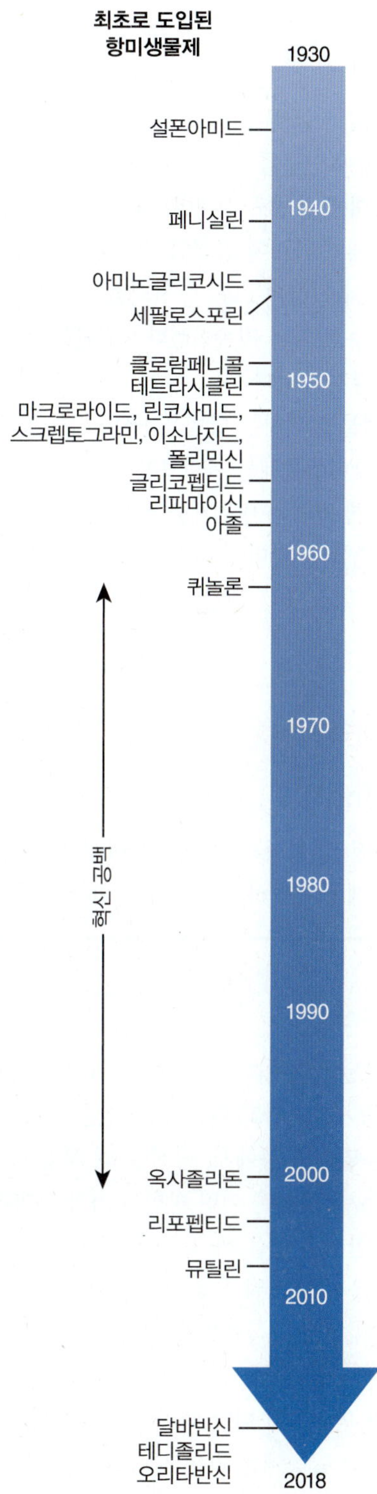

가지 새로운 항생제가 임상시험에 들어갔다. 그럼에도 불구하고, 새로운 항미생물제의 개발과 공급에 박차를 가해야 할 때이다. 비록 이 약품들이 Paul Ehrlich가 인식했던 완벽한 마법의 총알은 아니지만, 새로운 약품의 발견은 병원체 및 감염성 질병과 싸울 수 있는 많은 새로운 항미생물제를 제공할 수도 있다.

A Final Thought

지난 100년 동안 질병 발생률이 급격히 감소한 두 시기가 있었다. 첫 번째는 1900년대 초반이었다. 질병 과정에 대한 새로운 이해는 물의 정화, 식품생산 관리, 곤충의 제어, 우유의 저온살균 및 감염환자 격리와 같은 수 많은 사회적 조치로 이어졌다. 이러한 위생적 실천은 병원체가 인간에 도달하여 인구를 통해 전파될 가능성을 줄였다.

두 번째 시기는 1940년대에 항생제의 개발로부터 시작되어 그 후 몇 년 동안 꽃을 피웠는데, 그때 의사들은 항생제가 확립된 감염성 질병을 치료할 수 있다는 것을 알게 되었다. 심각한 감염이 통제되면서 건강이 크게 증진되었다. 이러한 성공의 부산물은 과학이 모든 감염성 질병을 치료할 수 있다는 믿음이었다. 주사를 맞고, 약을 먹으면 건강이 완벽해진다고. 불행히도 종종 그렇지 않았다.

과학자들은 감염성 미생물을 피하는 방법을 보여줄 수 있다. 의사는 항미생물제로 특정 질병을 통제할 수 있다. 항미생물제를 올바르게 사용하는 것은 사회의 역할이다. 그러나 감염에 대한 궁극적인 신체 방어는 병원체를 극복하기 위해 강력한 세포 및 화학적 방어를 제공하는 면역계에 의존한다. 항미생물제는 자연적 방어를 보완한다. 항생제는 자연적 방어를 대체하지 않는다. 결국, 좋은 건강은 외부가 아니라 내부에서 온다는 것을 명심하는 것이 좋다.

Chapter Discussion Questions

What Was He Thinking?

이 장을 읽으면서, (1) 물리적 및 화학적 방법으로 미생물을 제어하는 것에 대한 세 가지 주요사항과 (2) 저자가 당신에게 전달하고자 했던 항미생물제에 대한 세 가지 핵심사항을 확인하고, 토론하시오.

Questions to Consider

1. 식품은 "방사선이 조사"된 것이 아니라 "냉살균"된 것이라고 식품 가공업자들은 말한다. 그들은 왜 이 용어를 사용한다고 믿는가? 당신은 이것이 적절하다고 생각하는가?
2. 이 장에서 설명된 모든 멸균법 중에서, 당신은 왜 우유 살균에 널리 채택될 수 있는 방법은 없다고 생각하는가? 당신은 어떤 방법이 가장 유망하다고 생각하는가?
3. 캠핑 여행 중, 어릴 적 한때 수영을 하고, 자유롭게 술을 마시던 개울 근처에 야영을 한다. 개울이 오염되었을까 두려워 물을 마시기 전에 소독을 하는 것이 현명하다고 판단한다. 가장 가까운 마을에는 식료품점, 약국, 우체국만 있다. 당신은 무엇을 살 것인가? 왜?
4. 미국에서는 거의 500만 명의 5세 미만 어린이가 유아원, 보육원 또는 유치원에 다니고 있다. 이러한 조직적인 활동에는 많은 사람들이 있기 때문에 어린이들 사이에 감염성 질병이 전파될 가능성은 크다. 어떤 상황에서 잠재적으로 위험한 미생물의 확산을 방지하기 위해 방부제와 소독제를 사용할 수 있는가?
5. 집에 있는 소독제 또는 방부제 병의 라벨을 확인하시오. 표 10.2에 나열된 정보를 제공하고 있는가?
6. 잇몸 질병을 치료하는 새로운 접근법 중 하나는 항생제가 함유된 작은 비닐밴드를 이빨을 가로질러 잡아당긴 후, 잇몸선 바로 아래에 밀어 넣는 것이다. 아마도 항생제는

잇몸에 감염 주머니를 형성하는 세균을 사멸시킬 것이다. 이 치료 도구의 장점과 단점은 무엇인가?

7. 항생제 문제는 두 가지 관점에서 논할 수 있다. 어떤 사람들은 부작용과 ABR 때문에 항생제의 의학적 사용이 결국 포기될 것이라고 주장한다. 다른 사람들은 최근에 보고된 "슈퍼항생제(superantibiotic)", 즉 미생물이 내성을 획득할 수 없는 방식으로 세균을 공격하는 일종의 "마법의 총알"에 대한 희망을 본다. 두 관점에 대해 어떤 주장을 할 수 있는가? 어느 것이 사실일 가능성이 더 높다고 보는가?
8. 의사들은 질병의 원인을 알 수 없을 때, 왜 광범위 항생제를 자주 처방하는가? 이 관행의 몇 가지 단점은 무엇인가?
9. 파티에서 친구 몇 명이 이야기를 하고 있는데, 그 중 한 명이 최근에 두통, 미열, 피로를 느끼며, 몸이 아프다고 한다. 일원 중 한 사람이 그녀에게 몇 달 전에 앓았던 질병으로 인해 남은 항생제가 있다고 말했다. 그는 그녀에게 항생제를 주겠다고 제안한다. 이 상황에서 당신은 어떤 반응을 보여야 하며, 두 사람에게 어떤 말을 해야 하는가?
10. "가정 세균을 99% 제거"라고 표시된 가정용 청소제품을 구입했다. 다소 미심쩍어서 제품을 테스트해보기로 결정했다. 미생물에 대해 배운 내용과 배지에서 미생물이 어떻게 자랄 수 있는지를 바탕으로 해서 제품의 설명이 사실인지 여부를 판단할 수 있는 간단한 실험을 설계하시오. 필요한 모든 미생물 재료에 접근할 수 있다고 가정한다.
11. Paul Ehrlich는 신체에 실질적인 해를 끼치지 않고, 체내의 세균을 사멸시킬 수 있는 약품을 지칭하기 위해 "마법의 총알"이라는 용어를 만들었다. 이 장의 항미생물제와 항생제에 대해 읽었을 때, 이 약품이 그 정의에 부합하는가? 이유를 설명하시오.

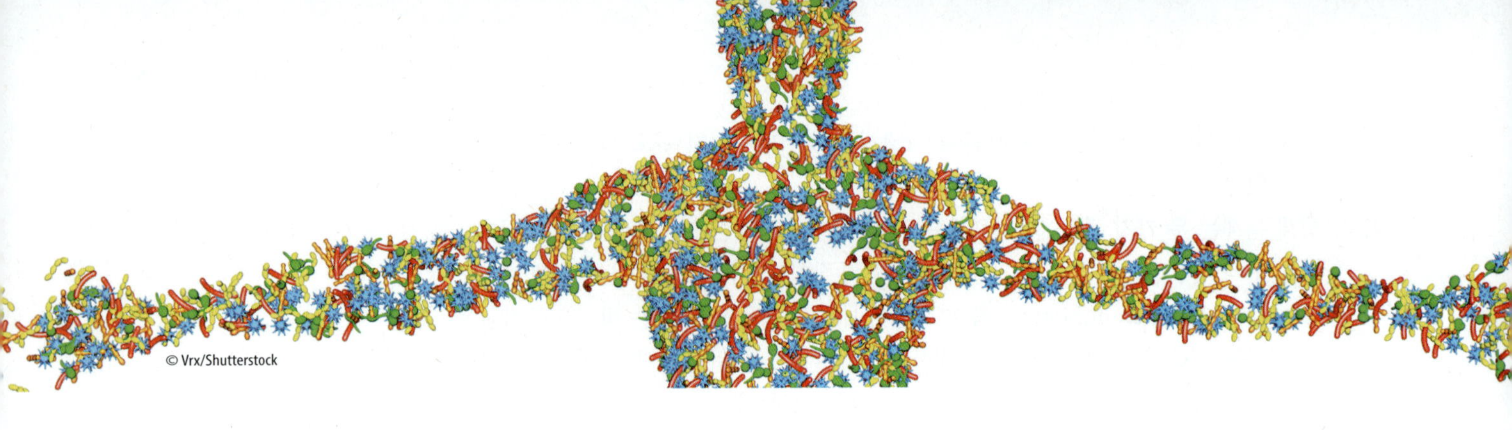
© Vrx/Shutterstock

Chapter 11

미생물들의 대화: 미생물의 사회생활을 밝히다

▶ 사라진 오징어 사례

태평양에 있는 하와이 제도의 얕은 연안 해역에는 매우 작은 (길이 3 cm) 배 모양의 하와이 짧은꼬리 오징어가 서식한다(**그림 11.1**). 너무 작아서 물개와 같은 포식자에게 쉬운 먹이가 될 수 있다. 따라서, 낮에는 오징어가 해저의 모래 속에서 휴식을 취하고 포획을 피한다. 그러나, 밤이 되어 게와 새우를 먹으러 나왔을 때는 빛나는 달빛에 의해 오징어가 비치게 된다. 이러한 달빛에 의한 실루엣은 포식자가 쉽게 오징어를 볼 수 있도록 한다. 어떻게 오징어는 밤에 사냥하고 포식자를 피할 수 있을까? 사라지는 것이 필요하다!

Aliivibrio fischeri: alee-ee-VIBree-oh FISH-er-ee

달빛에 의해 실루엣이 드리워지는 것을 방지하기 위해서, 오징어는 세균의 도움을 받는다. 모든 해양 세균에게 도움 받는 것이 아닌 *Aliivibrio fischeri*라는 한 종의 도움을 받는다. 이 종은 오징어 밑면의 특별한 빛을 내는 기관에 거주하고 있다. 밤에는 이 세균 세포 집단이 계속 빛을 발광한다. 이것은 **생물 발광(bioluminescence)**으로 반딧불이가 자연적으로 생성하는 빛과 같다. 오징어의 경우, 빛은 달빛의 강도를 모방하는데, 이를 통해 오징어의 실루엣이 나타나지 않게 된다. 오징어는 달의 주기에 따라 달빛의 강도와 일치하도록 방출되는 빛의 양을 제어할 수 있다. 그 결과 포식자에게 감지되지 않고 위장한 채 얕은 물을 헤엄칠 수 있다.

다음날 아침이 되면, 오징어는 빛 기관에 있는 세균의 약 90%를 배출한다. 나머지 세균 세포는 오징어가 모래 속에 숨어 있는 동안 또 다른 밤의 빛의 쇼를 준비하면서 낮 동안 증식하고 그 수를 증가시킨다.

CHAPTER 11 OPENER 인간 마이크로바이옴은 인체에 영구적으로 존재하는 수조 개의 미생물 세포(및 그 유전체)로 구성된다. 신체의 다른 부분에는 가깝거나 먼 거리에 존재하는 각 세포들과 의사소통하는 다양하지만 독립적인 미생물 군집이 있다.

그림 11.1 하와이 짧은꼬리 오징어. 짧은꼬리 오징어는 얕은 해안이 있는 중앙태평양의 고유종이다.

이 시점에서, 우리는 미생물 세계에 서식하는 유기체와 바이러스의 종류 및 이들이 성장하고 번식하면서 나타나는 일상 활동에 대해 꽤 많이 다루었다. 제I부의 마지막 장에서, 우리는 대부분의 미생물이 갖고 있는 한 가지 더 놀라운 특징인 그들의 사회생활을 탐구할 것이다. 사회적 행동은 미생물과 관련이 있다고 생각되는 특성이 아니다. 그러나 미생물학자들은 미생물 군집 내, 미생물 군집 간, 미생물과 동물(예, 짧은꼬리 오징어), 미생물과 인간 사이에서 미생물이 서로 소통한다는 사실을 발견했다(시작 이미지 참조). 가장 놀라운 것은 미생물학자들은 이제 인체 내 미생물의 구성과 활동이 소화계와 면역계의 정상적인 기능을 위한 중요한 생물학적 과정을 수행한다는 사실을 알게 되었다는 것이다. 이러한 미생물은 심지어 우리의 인지 능력과 감정 상태에도 영향을 미친다.

LOOKING AHEAD

이 장을 마치면, 여러분은 다음의 내용들을 할 수 있게 될 것이다.

11.1 미생물이 사회적 생물이라고 말하는 것이 무엇을 의미하는지 설명할 수 있다.

11.2 생물막의 발달 및 구성을 설명하고 세균 정족수 감지의 세 가지 예를 설명할 수 있다.

11.3 인간과 미생물이 공생 관계를 형성하는 이유를 토론하고, 마이크로바이옴(세균 생물막)이 발견되는 인체 시스템을 알 수 있다.

11.4 숙주와의 의사소통을 통한 질병 발생과 건강에 대한 장내 마이크로바이옴의 역할에 대한 4가지 예를 이야기할 수 있다.

11.5 인간이 "인간 이상"이라는 말의 의미를 설명할 수 있다.

11.1 미생물들: 그들의 풍성한 사회생활

미생물은 많은 사회생활을 하면서 살아간다. 이 작은 생명체는 상황에 따라 이웃을 피하거나 공격하거나 지원하거나 무시할 수 있다. 사실, 밀접하게 결합된 커뮤니티 내의 이러한 사회적 상호작용은 미생물 세계에서 일반적이다. 개미굴, 벌집 또는 인간 공동체와 같은 사회와 마찬가지로 미생물은 친구들과 어울리고 서로 협력하지만 동시에 다른 모든 사람들을 '주시'하는 세상에 살고 있다. 미생물의 사회적 삶에 대한 이해는 지난 수십 년 동안 증가되었다. 미생물에 대한 전통적인 견해는—그리고 이전 장에서 여러분의 인상 깊게 본—상대적으로 독립적인 단세포 유기체라는 것이었다. 미생물들은 개미와 벌 그리고 포유류에서 나타나는 협력적인 사회적 행동 특성에 대해서는 부족함을 나타낸다. 하지만, 빠르게 확장이 연구들에서 이러한 생각을 완전히 뒤집혔다. 오늘날, 이러한 연구를 통하여 세균이 다른 사회적 동물과 마찬가지로 협력과 의사소통을 포함하여 다양한 사회적 행동을 보인다는 사실을 깨닫게 되었다. 심지어 몇몇 미생물은 그룹의 이익을 위하여 자기희생을 보여주기도 한다.

11.2 세균의 사회생활: 생물막과 세포 의사소통

연못의 거품, 배수구의 점액, 중이 감염, 치석 및 인간 내장의 공통점이 무엇일까? 이것들 모두 풍부한 사회생활을 보여주는 활발한 미생물 대도시로 구성된다는 것이다. 이러한 공동체에서 함께 살면서 "일"하고, 화학 커뮤니케이션을 통해 "듣고", "말하기" 것은 생존을 위해 중요하다.

생물막은 다세포, 사회 공동체를 보여준다

자연 환경에서 미생물은 성장하고 번식한다. 한때 다른 미생물과의 상호작용은 드물고 짧다고 생각되었다. 때때로 그들은 함께 모여서 감염성 질병을 일으키거나 한천 플레이트에서 자라면 집락을 만들 수 있다(**그림 11.2**). 이러한 미생물 삶에 대한 관점은 올바르지 않다.

최대 95%의 세균 유기체가 **생물막(biofilms)**이라고 하는 고도로 조직화된 공동체에 살고 있다. 이러한 세포 그룹은 하나 이상의 미생물 유형의 다세포 결합을 나타낸다. 수백만 또는 수십억 개의 세포를 포함할 수 있는 성숙한 생물막은 암석과 같은 환경 표면이나 배수관의 내부 표면에 형성될 수 있다. 인체에서 생체막은 이식되거나 신체 내에 부착되는 무릎 **보철물(prosthesis)** 또는 **카테터(catheter)**와 같은 오염된 의료 기기의 표면에도 형성될 수 있다(**그림 11.3**). 또한, 생물막은 인간 마이크로바이옴의 일부로서 다양한 공동체를 형성한다.

보철물(prosthesis): 인공적인 만든 신체 부분, 예를 들어 다리, 엉덩이 또는 무릎을 대체한다.

카테터(catheter): 우리몸의 안과 밖으로 유체를 수송하는 얇고, 탄성 있는 관.

가장 잘 연구된 생물막의 내용은 이를 구성하는 세균에 대한 부분이다. 따라서 다음에 이어지는 내용의 대부분은 이러한 세균의 구성과 사회적 행동에 초점을 맞출 것이다.

생물막은 자유 살아있는 세균 세포가 표면에 부착될 때 형성된다. 그런 다음, 단백질, 당분 및 기타 물질로 구성된 끈적끈적한 막을 배출하기 시작한다(**그림 11.4**). 생물막 구조가 성장함에 따라서, 세포는 자체 생성된 코팅에 의하여 단단하게 고정된다. 이후 생물막이 완전하게 성숙하면, 살아있는 인간 조직처럼 행동한다. 이 세포 군집에는 영양분을 공급하고 폐기물을 제거하기 위해 수관으로 이루어진 원시 순환 시스템이 있다.

그림 11.2 세균 콜로니. 어떤 의미에서, 아가배지 표면에서 성장하는 각가의 세균 콜로니는 생물막으로서 관찰된다.

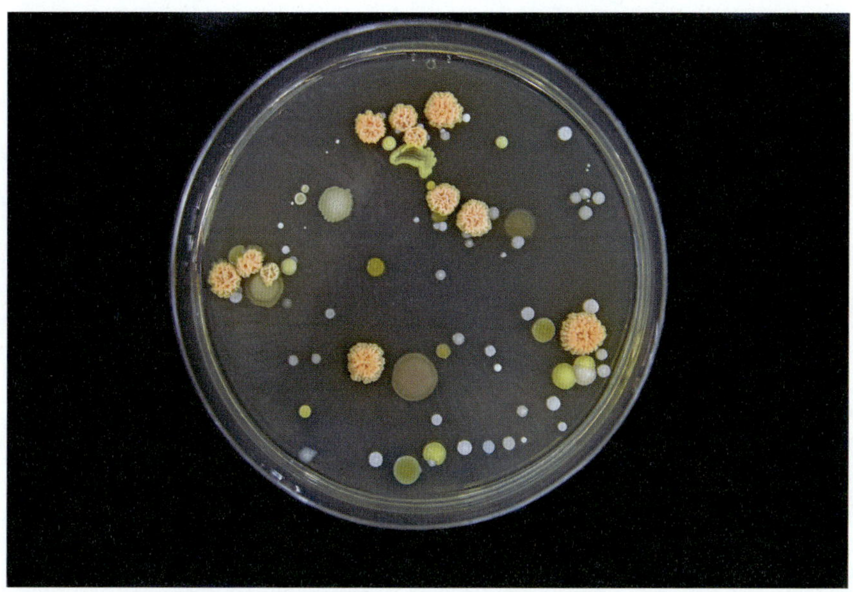

Courtesy of Dr. Jeffrey Pommerville.

그림 11.3 세균학적 생물막. 이 전자주사현미경(SEM)의 사진은 카테터의 표면에 있는 생물막 안의 세균을 보여준다. 끈끈한 생물막의 구조는 세포가 같이 붙어 있게 한다.

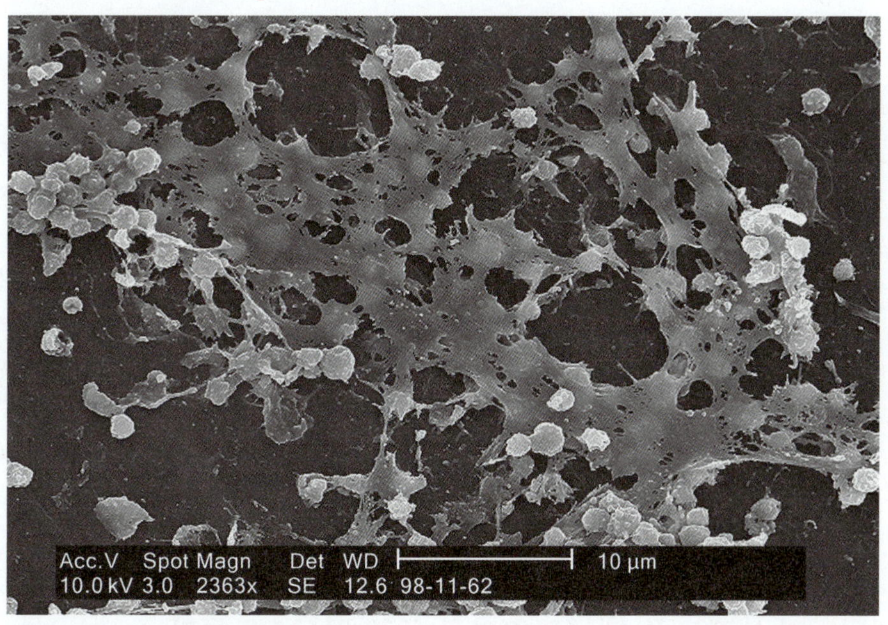

Courtesy of CDC.

결과적으로, 생물막은 다음과 같은 역할을 한다.

1. **군집의 보호.** 생물막 내의 세포는 포식자(다른 세균 및 원생 생물)의 공격과 환경 화학 물질의 영향으로부터 보호된다. 인간 감염의 경우, 생물막은 면역체계로부터 세포를 보호한다. 예를 들어, **낭포성 섬유증(cystic fibrosis, CF)**을 앓고 있는 환자는 낭성 섬유증 폐렴이라는 잠재적으로 치명적인 폐 질환에 걸리기 쉽다. 만일 세균성 병원균인 *Pseudomonas aeruginosa*가 폐를 감염시키고 생물막을 형

낭포성 섬유증(cystic fibrosis): 유전적 장애로서 주로 폐에 영향을 미치고, 두꺼운 점액을 생성하여 호흡곤란을 야기한다.

Pseudomonas aeruginosa: sue-doh-MOH-nahs ah-rue-gih-NO-sah

그림 11.4 생물막의 발달. 생물막의 생활주기는 세포의 협력을 통한 다세포 구조의 발달의 예이다.

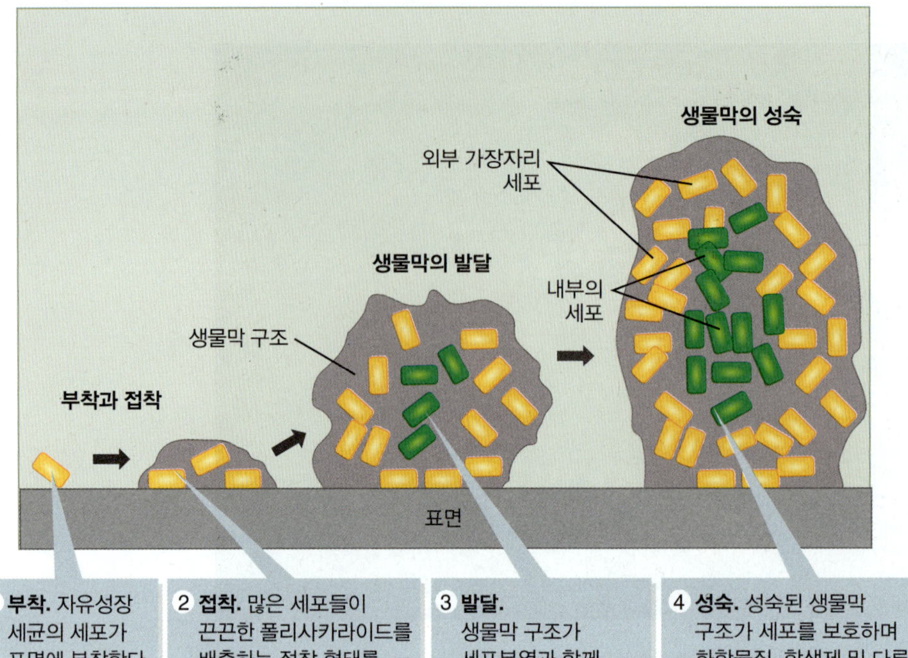

성하면 질병이 발생한다. 생물막은 면역 공격으로부터 세포를 보호하고 불침투성 막에 있기 때문에 세포는 항생제 및 기타 항생물질로부터 보호된다.

2. **영양소의 포집 및 사용.** 끈적 끈적한 생물막 구조는 영양분이 더 희석된 환경에 분산된 경우보다 영양분을 더 쉽게 농축한다. 화학 물질을 포획하는 이 능력은 하수 처리장에서 유리하게 변화되었다. 이러한 시설에서는 자연적으로 발생하는 세균 생물막을 사용하여 폐수의 고형물을 보다 깨끗하고 환경 친화적인 물질로 분해한다. 이와 마찬가지로, **생물학적 복원(bioremediation)**라는 과정은 자연적으로 발생하는 생물막 또는 인공적으로 생성된 생물막을 사용하여 독성 폐기물이 발생한 장소나 기름이 유출된 장소에서 화학적 오염 물질을 분해한다(**그림 11.5**).
3. **효과적인 화학적의사소통.** 생물막 내의 세포는 가깝게 밀착되어 있다. 이러한 환경은 더 넓은 영역에 단일 세포로 분산된 경우보다 생물막의 세포 간 화학적 소통을 훨씬 쉽게 만든다. 생물막에서는 소셜 네트워크가 더 발전할 수 있다.

생물막의 세포는 소셜 네트워크를 통해 의사소통한다

오늘날 수백만 명의 사람들이 친구, 가족 또는 동급생과 연락을 유지하거나 비즈니스 목적으로 고객 또는 고객과 연결하기 위해 소셜 네트워킹을 사용하고 있다. 놀라운 것은 세균과 같은 미생물이 수천 년 동안 소셜 네트워킹의 한 형태를 사용해 왔다는 것이다. 미생물도 이웃과 연락을 유지하기 위해 소셜 네트워크를 사용한다. 그러나 미생물의 사회적 의사 소통은 전자 통신이 아닌 화학 통신을 통하여 이루어진다.

생물막 내의 세균 세포는 **정족수 감지(quorum sensing, QS)**라는 프로세스를 통해 서로 화학적으로 통신한다. 생물막이 발달하기 시작하면 세포는 생물막 전체에 신호 분자

그림 11.5 생물학적 정화. 미국 환경보호청(EPA)의 과학자들이 1996년 North cape의 오일 유출이 일어난 알라스카 해변에서 생물학적 정화의 효과를 평가하고 있다.

그림 11.6 세포의 의사소통과 정족수 감지.
(A) 낮은 밀도에서는 적은 신호분자들이 축적된다.
(B) 세포의 밀도가 증가하면(정족수 감지), 이러한 분자들이 임계점에 도달하여 세포에게 감지되고, 새로운 유전자의 활성을 통해 세포의 행동이 변경된다.

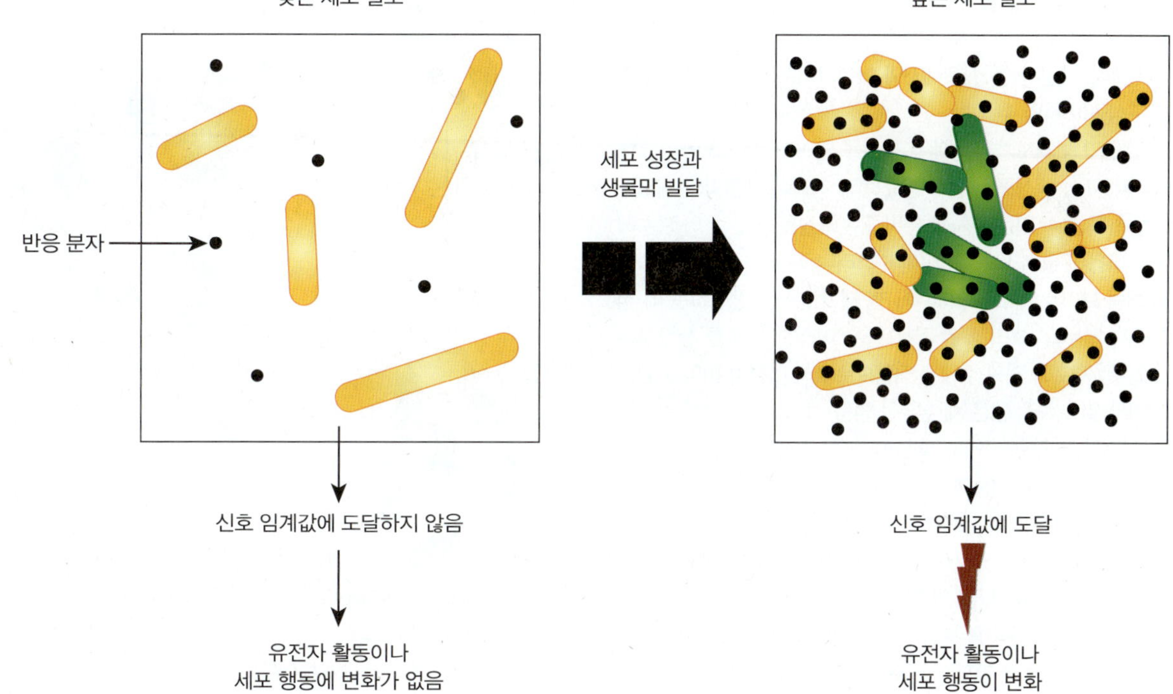

를 분비한다. 세포는 이러한 화학 물질을 사용하여 군집내 세포수를 모니터링한다. 신호 분자가 고농도 또는 "특정 지점"에 도달하면, 세포는 생물막에 특정 유형의 그룹 행동을 실행하기에 충분한 세포(**정족수**, **Quorum**)가 있음을 감지한다(**그림 11.6**). 이러한 행동은 전염병 발병(예, 낭포성 섬유증 폐렴)을 유발하거나 하수 처리장에서 폐수 오염을 분해할 수 있는 효소를 생성하는 시발점이 된다. 행동이 어떻게 수행되든 간에, 이러한 행동은 일

정족수(Quorum): 업무를 수행하기 위해 필요한 해당 그룹의 최소한의 "의사결정 구성원"의 숫자.

반적으로 새로운 유전자 발현의 결과로 나타난다. 따라서, 생물막에서 세포의 행동은 QS를 통한 정족수의 모니터링을 통하여 제어된다. 유전자는 세포가 물질 생성을 통해 어떠한 일을 수행하거나 일부 행동을 보일 만큼 충분한 수가 구성되었음을 "인지"하기 전까지는 활성화되지 않는다.

모든 "세균의 의사소통"이 같은 종의 세포 사이의 신호에만 국한되는 것은 아니다. 세균 세포는 다른 미생물 종의 의사소통을 가로챌 수 있으며, 또한 인간 감염의 경우 면역계의 세포의 소통도 인지할 수 있다. **A CLOSER LOOK 11.1**은 미생물 상호작용에 대한 조사이다.

결과적으로, 식물과 동물 세계의 세포와 같은 세균 세포가 그들의 행동을 조정하기 위해 정교하고 복잡한 소셜 커뮤니케이션 네트워크를 갖는 것은 드문 일이 아니다. 여기 몇 가지 다양한 예를 살펴보자.

A CLOSER LOOK 11.1

생물막에서의 삶

생물막 내의 상호작용은 그룹의 세포 간의 화학적 상호작용(신호)에 따라 달라진다. 이러한 신호는 즉각적인 결과를 초래할 수 있다. 일부 행동은 유익할 수 있는 반면에, 다른 행동은 해당 군집의 일상생활에 해로울 수 있다. 여기 예시들이 있다.

- **미생물 부정행위.** 생물막의 세포가 정족수에 도달하면 결과적인 반응이 항상 "하나를 위해, 모두를 위해 하나"가 되는 것은 아니다. 인간과 다른 동물 사회에서와 마찬가지로 세균 생물막의 일부 구성원이 속일 수 있다.

  생물막의 세포가 환경에서 철분을 얻어야 한다고 가정하자. 에너지(ATP) 생성에는 철이 필요하다. 따라서 생물막의 세포는 철을 축적할 수 있는 분자를 분비하는 과정을 거친다. 이것은 에너지 비용이 많이 드는 과정이다. 그러나 생물막에는 "무임승차자"처럼 보이는 세포가 있다. 즉, 철 제거 분자를 생성하는 데 참여하지 않는다. 그러나 결국, 그들은 이러한 분자를 생산하는 "고갈된" 세포에 의해 수행된 작업으로부터 여전히 이익을 얻는다(아무 일도 하지 않은 채 철분을 얻음).

  이것은 "부정행위"인가, 혹은 더 복잡한 행동의 예일까? 아마도 이것은 다세포 식물과 동물에서 전형적인 분업의 경우라 할 수 있다. 이 유기체에서 각기 다른 세포는 전체의 이익을 위해 다른 기능을 가지고 있다. 따라서 이러한 부정행위 세포는 생물막의 이익을 위하여 다른 역할을 할 수 있다.

  다음은 신호 분자를 통한 화학적 신호 전달에 대해서, 미생물학자가 발견한 몇 가지 다른 예이다(**그림 A** 참조).

- **신호로의 신호 분자.** 만약 낮은 농도의 화학 물질에 노출되면, 이 화학 물질이 신진대사 및 유기체 행동과 관련된 수백 가지 유전자의 제어에 영향을 미칠 수 있다. 이것은 발신자(종 1)가 생물막에서 스스로를 격리하도록 신호를 보낼 수 있으며, 이제 종 2와 분리된다.
- **시너지 신호로서의 신호 분자.** 일부 분자는 시너지 신호로 작용하여 서로 다른 종 간의 협력을 촉발한다. 이러한 신호의 결과가 생물막 형성에서 종종 나타난다. 이러한 신호는 발신사(종 1)와 수신자(종 2) 모두에게 이익이 된다.
- **경쟁조정자로의 신호 분자.** 한 종에 의해 생성된 신호는 화학 생산자에게 이익을 주기 위해 다른 종을 화학적으로 조작할 수 있다. 예를 들어, 종 1은 화학 물질을 생산하여 종 2가 환경을 벗어나게 한다. 종 1에 의한 종 2의 조작은 경쟁자를 죽이지 않고 경쟁을 낮출 수 있다. 토양 세균에 의해 생성된 일부 항생제는 이러한 방식으로 작용한다.

그림 A 화학적 신호의 기능.

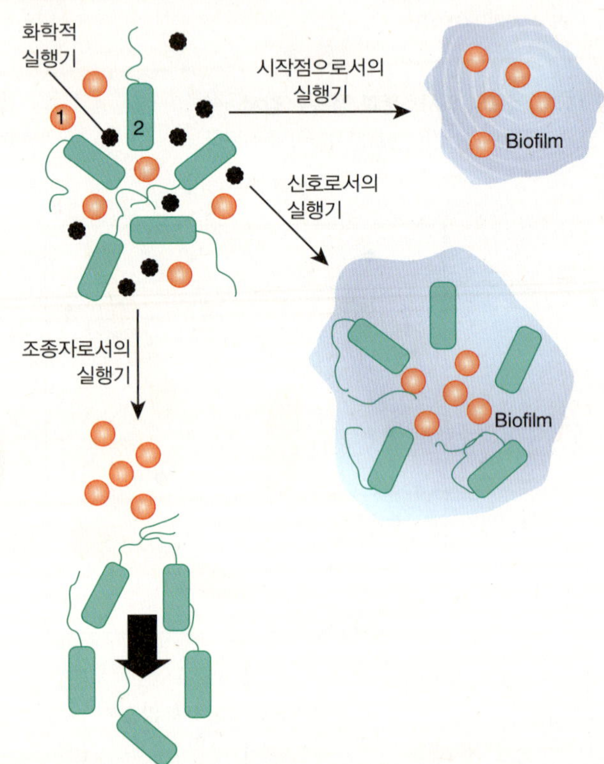

Data from Ratcliff, W. C., and Denison, R. F. 2011. Science 332(6029): 547–548.

생물막 안에서의 세균 행동

생물막에서 세균 세포는 QS를 통해 화학적 "대화"를 겪으며, 일종의 군집행동을 유발한다. 이 장을 시작할 때 설명한 짧은꼬리오징어 이야기부터 시작하여 세균의 사회적 상호작용의 4가지 뚜렷한 행동에 대해 살펴본다.

짧은꼬리오징어의 생물 발광

미생물의 생물 발광은 여러 해양 동물이 방어 무기 또는 먹이의 미끼로 사용한다. 이 장을 시작할 때, 하와이 짧은꼬리오징어는 포식자를 피하기 위해 생물 발광을 사용했다.

A. fischeri 세포는 세포 집단이 정족수에 도달할 때까지 빛을 생성하지 않는다. 그 지점을 화학적으로 감지하면 세포는 빛 생성을 유발하는 새로운 유전자를 발현한다(**그림 11.7**). 이는, 생물 발광은 에너지(ATP) 생산 측면에서 비용이 많이 들기에, 생물 발광 유전자는 높은 세포 밀도에서만 활성화되기 때문이다. 그런 다음, 모든 세포가 동등하게 이후 진행 과정에서 역할을 수행한다.

치태

감기 이후, 치아우식(cario = "썩음") 또는 충치는 가장 널리 퍼진 인간 전염병이다. 치아 표면에서 *Streptococcus mutans*의 세포는 부착, 증식하여 생물막을 형성할 수 있다(**그림 11.8**). 아직까지 완전히 이해되지 않은 방식으로, 이 세포들은 QS를 통해 최대 500종에 이르는 세균 종의 천이를 위한 영역을 준비한다. 중요한 것은, 이 종들은 일반적으로 **치태(dental plaque)**라고 불리는 동적 생물막이 형성될 수 있도록 소통하고 상호작용하는 것이다. 비록 생물막에 있는 대부분의 종은 충치를 유발하지 않지만 지역 환경의 변화는 파괴적인 영향을 미칠 수 있다. 나쁜 구강 위생과 결합된 단 음식이 많은 식단에 의해 미생물의 균형을 산을 생성하는 *S. mutans*의 성장과 신진대사에 유리한 환경으로 전환할 수 있다. 이 미생물은 장기간에 걸쳐 치아 보호 법랑질을 부식시킬 수 있는 산을 생성한다. 이러한 산의 생성은 충치의 위험을 증가시킬 수 있다. 이러한 이유로 치실, 양치, 주기적인 치아 세척을 통해 치태를 제거해야 한다.

Streptococcus mutans: strep-toe-KOK-us MEW-tanz

그림 11.7 생물학적 발광. *Aliivibrio fischeri* 세포는 아가플레이트에 퍼져 있고 성장했다(왼쪽에 있는 창백한 하얀 크림색 노랑 세균). 세포들이 정족수에 도달하면, 생물학적 발광이 발생한다(오른쪽 플레이트). 표시된 부분(타원)은 생물학적 발광이 일어나기에는 정족수가 부족한 부분이다.

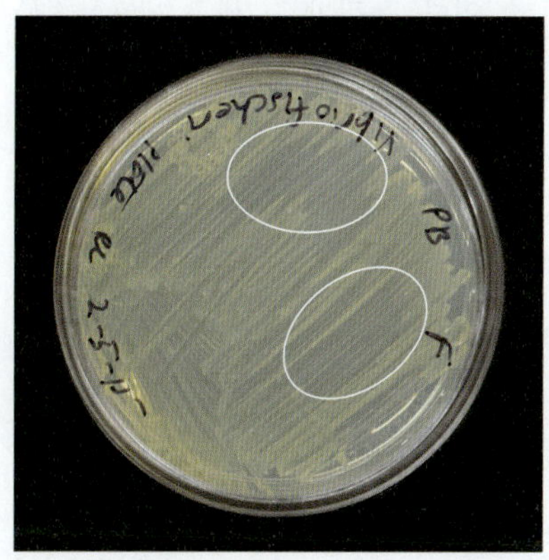

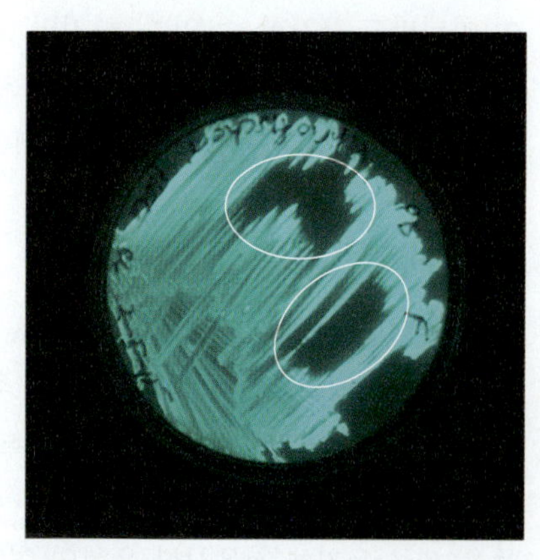

그림 11.8 생물막을 대표하는 치아 플라그.
(A) 염색된 주사전자현미경을 통한 치아의 표면 사진은 플라그(분홍색)가 이빨의 애나멜에 부착된 것을 보여준다

(B) 그림에서는 초기에 정착하는 종이 치아의 표면에 정착하는 모습을 보여준다. 정착된 세균이 제거되지 않는다면 추가적인 후기 정착 세균들과 함께 성숙한 생물막(플라그)을 발달시킨다.

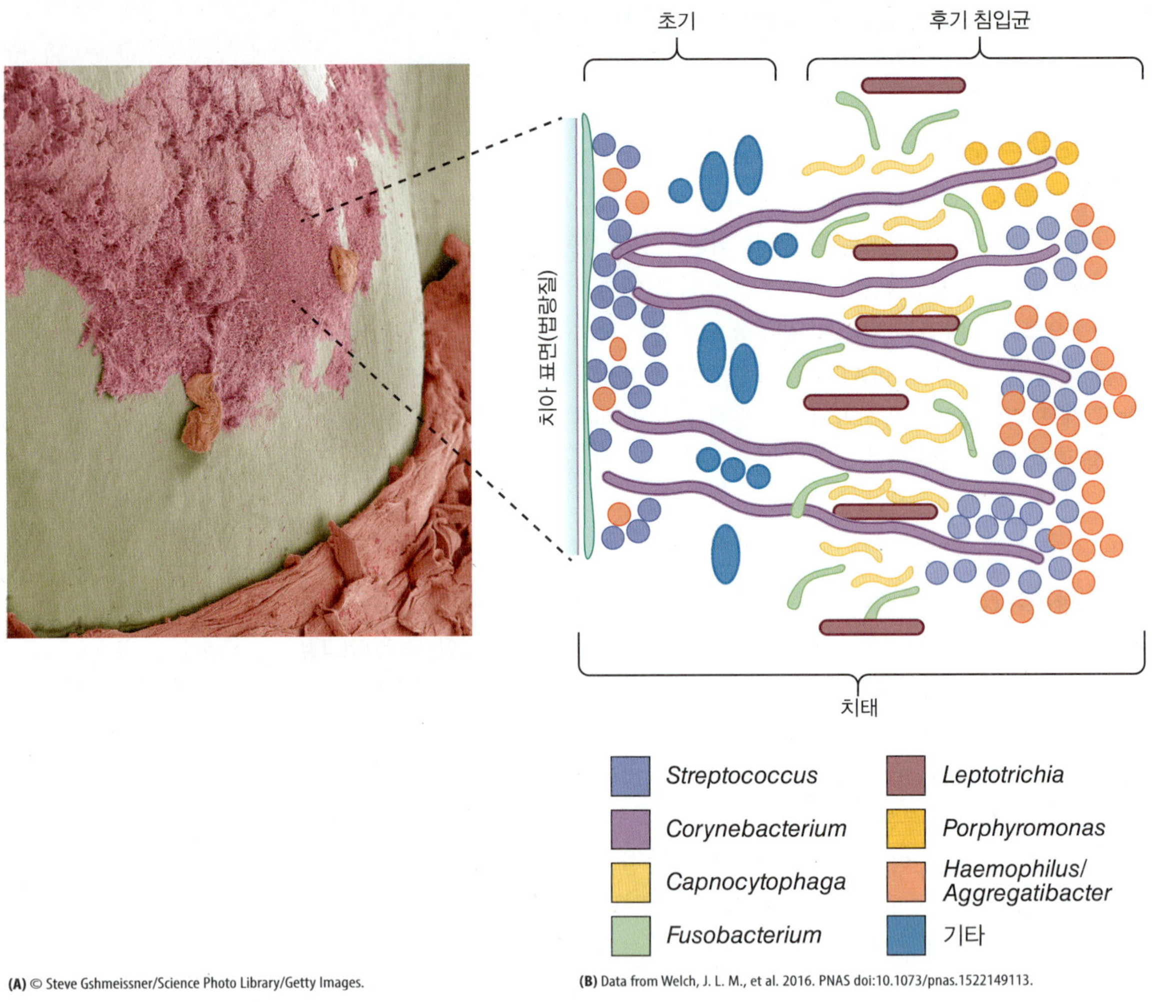

(A) © Steve Gshmeissner/Science Photo Library/Getty Images.

(B) Data from Welch, J. L. M., et al. 2016. PNAS doi:10.1073/pnas.1522149113.

학습과 관련된 세균 행동

학습에 대해 생각할 때, 우리는 그것을 포유류와 연관시키는 경향이 있으며 아마도 로봇에 의한 "기계 학습"의 일부 형태를 생각한다. 학습은 새로운 지식을 얻거나 기존 지식, 행동, 기술 또는 가치를 수정하는 과정이다. 이처럼, 학습은 원핵생물과 관련된 어떠한 행동이 아니라고 생각할 수 있다. 하지만 그 생각은 틀릴 수 있다. 놀랍게도, 세균 세포는 "학습"할 수 있지만 인간이 배우는 인지 방식으로는 그렇지 않다. 오히려 세균은 기존의 "지식"을 수정함으로써 미래의 조건을 예측하고 준비할 수 있다. 다음은 두 가지의 예이다.

변화 예측

연상 학습(associative learning): 자극을 통하여 새로운 반응을 이끌어내는 과정.

파블로프의 개를 하는가? Ivan Pavlov는 **연상 학습(associative learning)** 연구로 유명한 러시아의 생리학자이다. 1890년대에 수행된 실험에서 Pavlov는 개에게 식사를 종소리와 연관시키도록 조절했다. 실험이 반복됨에 따라, 개는 종소리(새로운 자극)를 듣고 식사가 도착하기도 전에 침을 흘리며(새로운 반응), 앞으로 있을 식사를 예상하였다. 미생물학자들은 세균 유기체가 유사한 유형의 연관 또는 조건 학습을 보인다는 것을 보여주었다. 여

기 최근에 진행된 실험이 하나 있다.

대장균(*Escherichia coli*) 세포의 실험실 배양물은 25°C(77°F) 및 20% 산소 가스(O_2) 조건에서 37°C(98.6°F)로 반복적으로 이동했으며, 결국 O_2 농도를 0%로 떨어뜨렸다. 실험이 계속 지속되는 몇 주 동안 세균 세포는 온도 상승과 관련하여 앞으로 닥쳐올 O_2의 농도 하락을 예상하는 것을 "학습"했다. 이후 세포는 온도 상승(새로운 자극)을 감지했을 때 닥쳐올 O_2 감소를 예상하여 신진대사(새로운 반응)를 변경했다. 다시 말해, 세포는 온도 변화(25°C에서 37°C)와 O_2(20%에서 0%)를 닥쳐올 감소와 연관시켰다.

Escherichia coli:
esh-er-EEkey-ah KOH-lee

세균 세포가 자연에서 환경 자극의 반복적인 주기를 경험할 때 아마도 유사한 연관 반응이 일어날 것이다. 세균 세포는 자극을 과거 사건과 연관시키고 변화를 "미리 계획"한다. 이것은 미생물 세계에 존재하는 엄청난 유연성과 적응성을 보여주는 조건화된 행동에 대한 하나의 예일 뿐이다.

사회적 갈등 다루기

생물막 내 세균 세포 행동의 또 다른 흥미로운 예는 내부 "사회적 갈등"을 해결하는 군집의 능력과 관련이 있다. 예를 들어, 생물막 내 세포의 위치를 생각해 보자(그림 11.4 참조). 근접성에 의해 생물막의 바깥쪽 가장자리 근처에 있는 세포는 내부에 있는 세포를 보호하는 보호막이 된다. 하지만, 바깥쪽 가장자리 세포는 성장에 필요한 영양소에 바로 접근할 수 있다. 따라서 이러한 세포가 빠르게 성장하면 보호된 내부 세포에게 "공급"될 영양분이 거의 남지 않는다. 내부 세포는 죽음이 임박할 수 있다. 결과적으로, 여기에서 영양소와 보호를 위한 외부 세포와 내부 세포 사이에 사회적 갈등이 생긴다. 이 경우 QS에서 평화롭게 해결된다. 내부 세포는 일반적으로 암모늄 이온(NH_4^+)을 생성한다. 이것은 외부 가장자리 세포가 성장과 번식에 필요한 작은 대사산물이다. 따라서 QS를 통해 내부 세포가 외부 가장자리의 세포 수가 너무 빠르게 증가하고 있음을 화학적으로 감지하면, 내부 세포는 대사 행동을 변경해서 NH_4^+의 분비를 감소시킨다.

결과적으로, 외부 가장자리 세포는 성장을 늦춰서 내부 세포가 생존하기에 충분한 양분을 받을 수 있게 한다. 이는 사회적 갈등으로 묘사되지만 분업의 한 예이기도 하다. 다세포 식물과 동물에서 세포는 고유한 기능을 수행하도록 전문화되어 있다. 하지만, 이러한 각각의 고유한 기능이 같이 결합되어야지만 하나의 유기체를 정의하는 기능으로 작동한다. 이것은 생물막이 다세포 시스템에서 보여주는 것처럼 원핵생물의 바이오필름에서도 동일하게 작용한다. 방금 설명한 예는 드문 행동이 아니다. 다음은 이타적 행동과 관련된 또 다른 예이다.

미생물은 이타적 행동을 보인다

이타주의(Altruism)란 다른 사람의 안녕을 자신의 안녕이나 생존보다 우선시하는 일종의 자선 행위를 말한다. 이타적 행동의 경우에, 비용과 이점이 종종 **번식 적합성(reproductive fitness)** 측면에서 측정된다. 이것은 한 세대가 다음 세대에 유전자를 전달할 수 있도록 하는 방식으로 유전자를 다음 세대에 전달하는 유기체의 능력을 나타낸다. 학습과 마찬가지로 이것은 유인원, 인간 및 꿀벌과 개미와 같은 조직화된 동물 사회와 관련된 행동이다.

위에서 설명한 다른 행동과 마찬가지로, 미생물학자들은 세균 집단에서 이타적 행동(인간의 관점에서) 또는 "자선적" 행동을 발견했다. 분명히, 세균에서 이러한 행동에 대한 인지적 기원은 없다. 그러나 자극에 반응하는 방법을 "학습"하도록 프로그래밍할 수 있는 로봇처럼 세균 세포도 마찬가지이다. 그들은 학습된 행동처럼 보이는 특정 반응을 생성하도록 유전적으로 프로그램될 수 있다.

순교자 효과

미생물 제어에 관한 장에서는 얼마나 많은 세균 종이 항생제에 대한 내성을 발달(또는 진화)시키는지 설명했다. 어떤 식으로든 항생제를 극복하고 증식할 수 있기 때문에 내성 세균 균주만 살아남는다는 인식에 도달할 수 있었다(**그림 11.9A**). 감수성 세포는 저항 메커니즘이 부족하므로 죽는다.

대장균(*E. coli*) 세포 집단 내에는 종종 항생제 내성 개체가 있다. 연구에 따르면, 항생제 내성이 가장 높은 이들 세포 중 일부가 "순교자" 역할을 할 수 있다. 만약 개체군이 항생제 공격을 받으면 일부 항생제 내성 세포는 군집의 전반적인 생존 기회를 향상시키기 위해 자신의 삶을 희생한다. 이 "세균 이타주의"는 커뮤니티 구성원 간의 화학적 의사소통의 결과이다. 만약 무리가 항생제에 노출되면 가장 내성이 있는 개체 중 일부가 인돌이라는 신호 분자를 생성한다(**그림 11.9B**). 인돌은 항생제 감수성인 세포의 막 펌프를 활성화하여 항생제에 의해 죽기 전에 항생제를 배출하도록 한다. 이를 통해 대부분의 군집을 구할 수 있지만 인돌을 생산하는 개체는 대가를 치뤄야 한다. 인돌 생산에는 많은 ATP 소비가 필요하므로 가장 항생제 내성이 있는 세포인 "순교자"는 느리게 성장하고, 일부는 죽을 수도 있다.

그림 11.9 세균콜로니의 이타적 행동. (A) 전통적인 관점에서의 항생제 저항성은 항생제가 존재할 때, 오직 항생제에 대한 내성이 있는 세포만이 살아남고 모든 감수성 세포는 사멸하는 것이다.

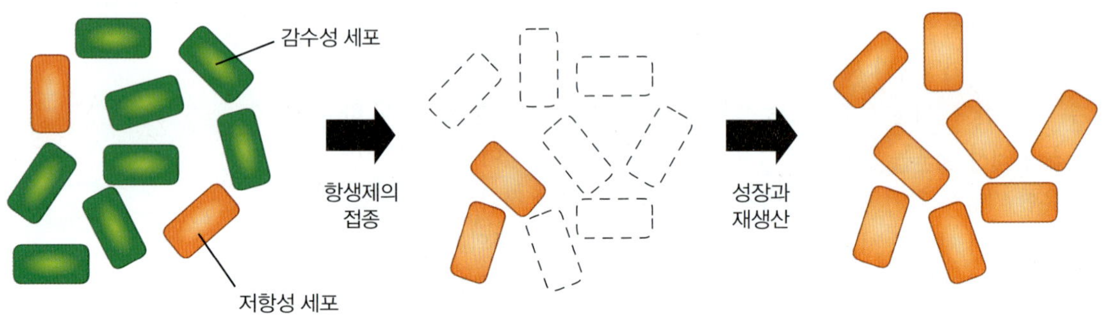

(B) 연구에서는 이제 다른 생각을 보여준다. 항생제가 존재할 때, 몇몇 항생제 내성세포들은 화학적인 인돌(indole)이라 불리는 화학적 중화제를 생산하는데, 이 물질은 항생제에 감수성인 세포들을 보호한다. 그 결과 군집이 생존할 수 있다.

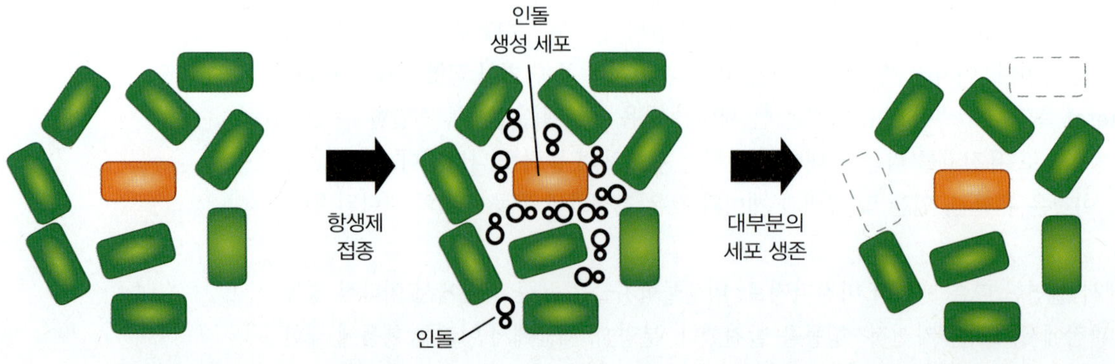

11.3 인체 내 바이오필름: 인간 마이크로바이옴

인간 마이크로바이옴 프로젝트는 2013년에 완료되었다. 이 프로젝트는 인체 내부와 인체에 서식하는 미생물 군집의 다양성에 대하여 최초의 심층적인 시각을 제공했다. 그 이후로 수백 개의 추가 연구 논문과 보고서가 **인간 마이크로바이옴(human microbiome)**에 대해 발표되었다. 이러한 연구는 이러한 미생물이 인간의 건강과 질병에서 수행하는 다양한 역할을 엿볼 수 있게 하기 시작했다. 따라서 이 절에서는 이러한 인간 생물막, 특히 장내 마이크로바이옴에 초점을 맞출 것이다.

인체를 구성하는 세포는 약 10조 개에 이른다. 또 다른 30조 개의 미생물이 신체 내의 여러 다른 기관과 조직 사이에 생물막으로 분포되어 있다. 이 미생물의 대부분은 세균이다. 대부분의 종은 배양에서 자라지 않기 때문에 DNA 시퀀싱 방법으로 검출되었다. **공생자(symbionts)**처럼 행동하는 그들은 아직 확인되지 않은 영양 요구 사항이 있다. 그럼에도 불구하고, 이 장에서 논의된 다른 생물막과 마찬가지로 이러한 인간 생물막은 화학적으로 서로 "대화"할 뿐만 아니라 인체를 구성하는 세포와도 이야기한다.

공생자(symbionts): 다른, 일반적으로 더 큰 생명체와 매우 밀접하게 관계를 가지는 (살아가는) 생명체.

성인에게 존재하는 대부분의 미생물은 태어날 때 획득된다. 자연분만의 경우 산모의 산도를 통해 분만이 이루어진다. 즉, 태아가 자궁에서 질을 통해 이동한다. 신생아가 통과하는 동안 산모의 산도에서 일반적으로 발견되는 미생물에 노출된다. 그런 다음, 외부 환경의 미생물과 접촉한다. 미생물이 서식하는 신체 부위는 환경과 접촉하는 부위, 즉 피부, 입, 코, 귀, 눈, 호흡기관, 위장관 및 비뇨생식기이다(**그림 11.10**). 혈액뿐만 아니라 심장, 간, 신장, 뇌와 같은 다른 내부 장기는 균이 없는 상태로 유지된다. 이러한 부위는 일반적으로 감염이 발생하지 않는 한 미생물과 바이러스가 존재하지 않는다.

왜 공생인가?

공생(symbiosis)은 서로 밀접하게 연합하여 사는 둘 이상의 다른 유기체를 말한다. 이 연관에서 **숙주(host)**는 다른 파트너인 공생체에 의해 점유되거나 감염된 파트너이다. 인간을 포함한 많은 유기체가 공생 미생물 군집을 지원하는 이유는 무엇이고, 이러한 공생자는 왜 숙주와 함께 생물막에서 살기를 원하는 것일까?

인간 및 미생물과의 공생 관계는 수천 년 동안 공진화되었다. 인간 마이크로바이옴은 인간 게놈(22,000개 유전자)보다 100배 더 많은 유전자를 포함한다. 결과적으로, 숙주와 공생 모두 서로의 물리적 및 생화학적/유전적 특성에 의존하게 되었다. 다음 예시들을 살펴보자.

숙주가 제공하는 것

인간 숙주는 공생체가 생물막을 형성할 수 있는 이상적인 환경을 제공한다.

1. 위치. 인체에는 미생물이 생물막을 형성할 수 있는 수많은 표면(예, 피부, 호흡기, 소화기)이 있다.
2. 영양소. 미생물군집을 둘러싼 환경에는 일반적으로 유기체가 성장과 생존에 필요한 선호하는 유형의 영양소가 포함되어 있다.
3. 보호. 미생물은 변동하는 온도, pH 및 산소 수준과 같은 잠재적으로 불리한 조건으로부터 보호된다.

그림 11.10 사람의 마이크로바이옴을 구성하는 미생물의 샘플링. 여기에는 추천종의 미생물종이(주로 세균) 각기 다른 사람의 시스템에 존재한다. 몇몇의 중요한 속들을 표기하였다. **부록 A**에서 각 종의 발음을 확인할 수 있다.

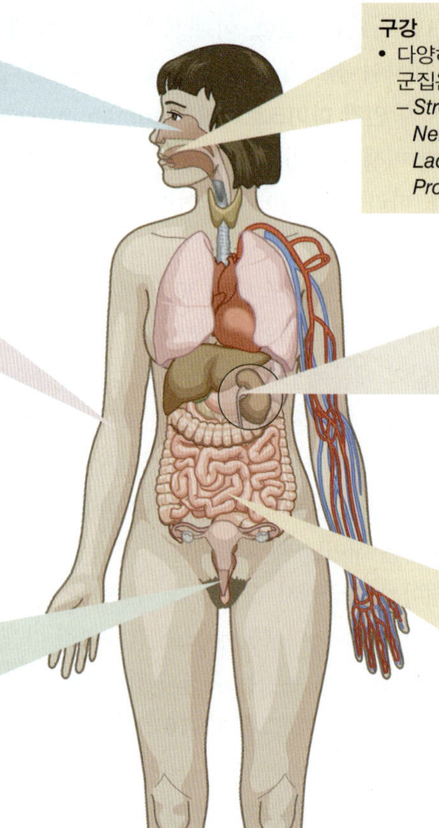

공생체가 제공하는 것

공생체는 숙주가 부족하거나 숙주에게 이익을 주는 신진대사 능력을 제공한다.

1. **소화 효소.** 미생물은 인간이 자주 섭취하는 복잡하고 소화되지 않는 탄수화물(섬유질)을 분해하는 수많은 효소를 생산한다.
2. **필수 영양소.** 미생물은 필수 비타민과 아미노산을 공급한다.
3. **독소 분해.** 미생물은 일부 식품에서 섭취되는 독소를 분해하는 효소를 생성한다.
4. **병원체에 대한 방어.** 마이크로바이옴에 서식하는 종들은 병원체 침입에 대한 장벽을 형성한다. 또한, **미생물에 대한 길항작용(microbial antagonism)** 수행한다. 이 행동은 공생체가 공간과 영양분을 위해 침입하는 병원체를 능가할 수 있게 한다. 미생물은 또한 병원성 종의 성장을 억제하는 항균 물질을 생성한다. 이러한 이유로 인간 마이크로바이옴은 때때로 "제2의 면역체계"라고 불린다.

숙주와 미생물군집 사이의 이러한 의존성은 미생물 군집의 불균형이나 교란이 숙주에게 해로운 결과를 초래할 수 있음을 시사한다. 이 **군집붕괴(dysbiosis)**는 질병을 일으킬 수 있다. **사라지는 미생물 가설(disappearing microbe hypothesis)**이라 불리는 주장에서는 지난 세기 동안 식단, 현대 출산 관행, 오염 및 항생제 사용의 변화가 장내 일부 세균 종의 불균형과 손실에 기여했다고 제안한다. 이러한 변화는 장내 마이크로바이옴의 공생 관계와 미생물이 제공하는 이득을 변화시켰다. 따라서 수많은 연구 조사에서 어떻게 공생체가 어떤 경우에는 건강을 증진하고, 군집붕괴 상태에서는 질병을 촉진하는지 조사했다.

여기에서는 오늘날 가장 집중적으로 연구되고 있는 세 가지 신체 시스템(피부, 호흡기, 소화기)에 대해 간략히 살펴보겠다.

피부에는 존재하는 마이크로바이옴

피부는 성인의 약 2제곱미터(21제곱피트)를 덮는 인체에서 가장 큰 기관이다. 그것은 수조 개의 세균으로 구성된 복잡한 피부 마이크로바이옴의 거주지이다. 이 생물막은 온도, 습도 및 신체 위생과 같은 환경 변동에 지속적으로 노출됨에도 불구하고 건강한 개인에서는 비교적 안정적으로 유지된다.

피부 마이크로바이옴은 4개의 세균 문에 의해 지배된다. 이들은 그람 양성 Actinobacteria와 Firmicutes 그리고 그람 음성 Proteobacteria와 Bacteroidetes이다(**그림 11.11A**). 이 문들은 제4장의 원핵생물 세계의 탐구에서 자세히 설명하였다. 피부의 다른 영역은 별개의 물리적 환경(서식지)을 생성하므로, 각 장소에는 분리되고 독특한 미생물 군집이 존재한다(**그림 11.11B**).

피지선 부위

세균 다양성은 이마와 등 같은 피지(지성) 부위에서 가장 낮게 나타난다. 프로피오니박테리움 아크네스(*Propionibacterium acnes*)는 이 부위의 모낭에 서식하며, **피지(sebum)**를 병원체를 비롯한 많은 다른 세균 종에 유독한 생성물로 대사할 수 있다. 더 많은 수에서 일부 *P. acnes* 균주는 여드름 같은 피부 상태와 관련이 있다.

Propionibacterium acnes: propea-OHN-ee-bak-tier-ee-um AK-nees

피지(sebum): 피지샘에서 분비되는 기름진 분비물로 피부와 모발을 부드럽고 촉촉하게 한다.

촉촉한 피부 부위

배꼽, 사타구니, 발바닥, 무릎 뒤쪽, 팔꿈치 안쪽과 같은 피부의 습한 부위는 포도상구균(*Staphylococcus*)과 코리네박테리움(*Corynebacterium*) 종이 우점한다. 포도상구균과 코리네세균이 땀을 처리하면 땀과 관련된 특유의 체취가 발생한다.

Staphylococcus: staff-ih-loh-KOK-us

Corynebacterium: KOH-ree-nee-back-tier-ee-um

건성 피부 부위

미생물 다양성이 가장 높은 피부 부위는 팔뚝, 손바닥, 엉덩이처럼 건조한 부위이다. 이 부위는 *Staphylococcus epidermidis*와 프로테오세균(Proteobacteria) 및 박테로이데테스(Bacteroidetes) 문에 속한 여러 그람 음성 종이 우점한다.

Staphylococcus epidermidis: staff-ih-loh-KOK-us eh-peh-DER-mih-dis

피부 부위에 관계없이 많은 상주 종은 미생물 길항작용을 보여준다. 최근의 놀라운 발견은 *S. epidermidis*를 포함한 피부 마이크로바이옴의 일부 구성원이 항암 물질을 생산할 수 있다는 것이다. 이 항암 물질은 정상 피부 세포에는 영향을 미치지 않으면서 암세포에서 DNA 복제를 억제할 수 있다. 그러한 화학 물질이 확인돼서, 만약 약학적으로 생산될 수 있다면 피부 종양 예방에 도움이 될 것이다.

건강한 호흡기관에 다양한 마이크로바이옴이 있다

동일한 4개의 문을 나타내는 수백 종의 세균이 호흡기계의 마이크로바이옴을 형성한다(**그림 11.12**). 이러한 미생물은 건강한 개인에서는 질병을 일으키지 않는다.

독특한 생물막은 호흡기의 여러 부위에 존재한다. 예를 들어, 비강의 표면은 주로 Actinobacteria(예, *Corynebacterium* 및 *Propionibacterium*) 및 Firmicutes(예, *Staphylo-*

그림 11.11 피부의 마이크로바이옴.

(A) 대부분의 피부 마이크로바이옴은 4개의 문의 세균으로 구성되어 있다.

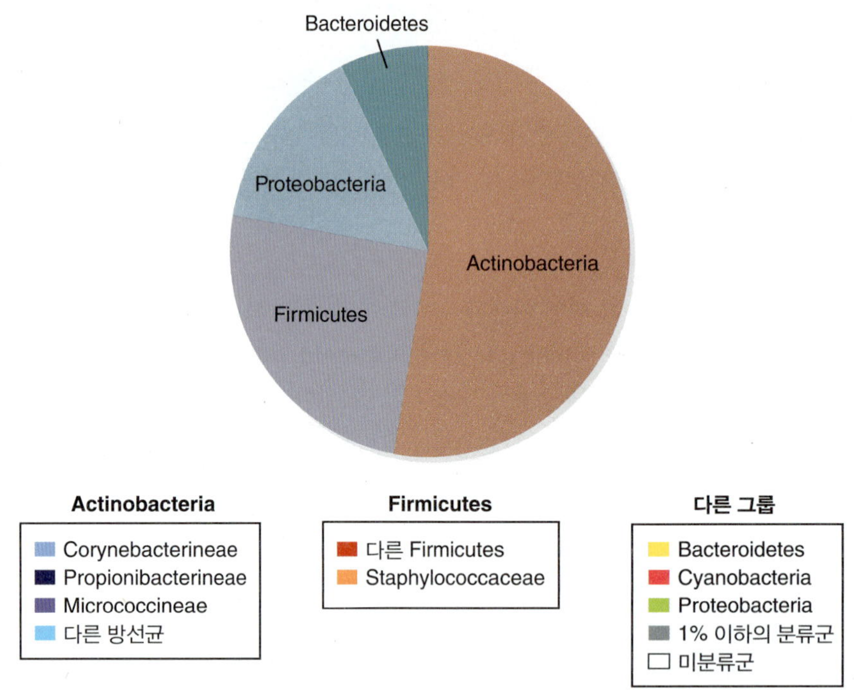

Data from Cho, I., and Blaser, M. J. 2012. Nat Rev Gen 13(4): 260–270.

(B) 피부 마이크로바이옴의 위치적 구분. 특이적인 세균은 3개의 피부의 극미환경에 따라서 우점되어 나타난다. 색상 표기: 푸른색 = 피지 부위; 초록색 = 습윤 부위; 빨간색 = 건조 부위.

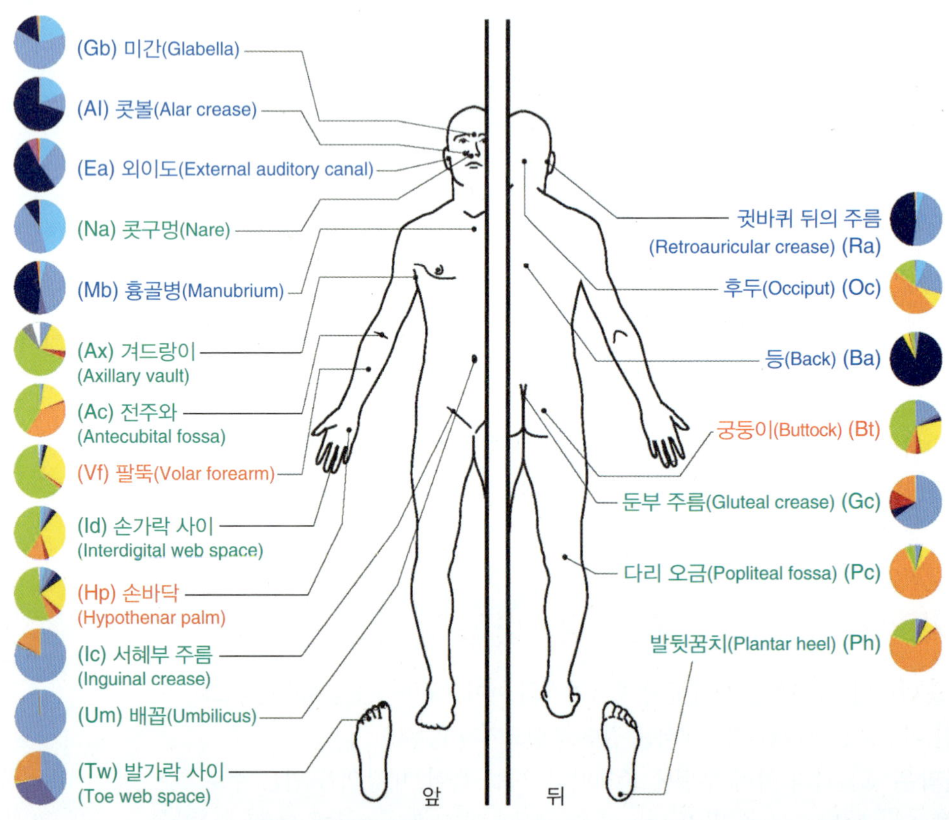

Courtesy of Darryl Leja, National Human Genome Research Institute (NHGRI).

그림 11.12 사람의 호흡기의 마이크로바이옴. 호흡기에서의 전체적인 다양성의 구성은 비강과 구강인두의 차이로 나타난다.

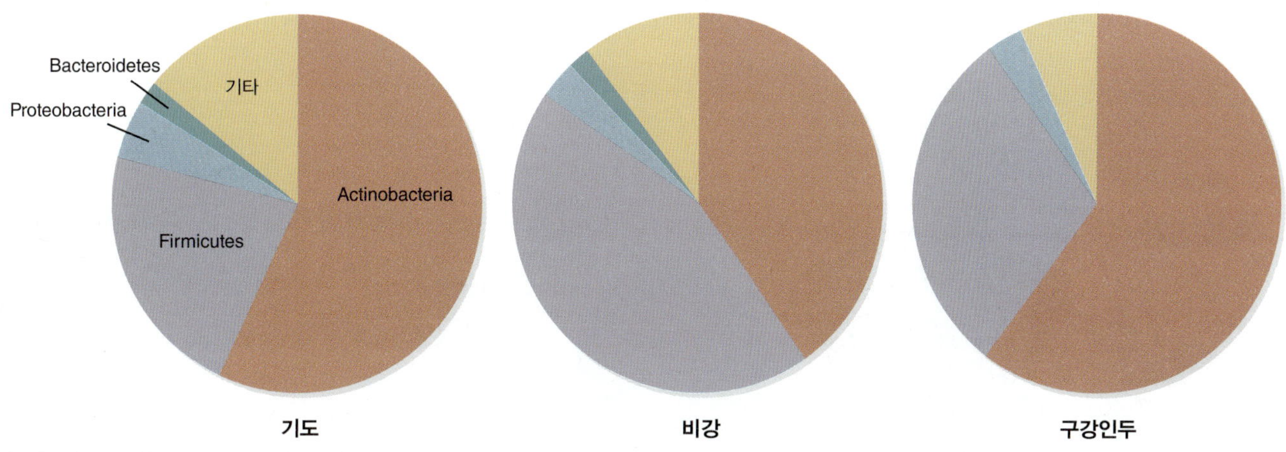

Data from Cho, I., and Blaser, M. J. 2012. Nature Reviews Genetics 13: 260–270.

coccus, *Streptococcus* 및 *Neisseria*)에 속하는 미생물들이 존재한다. **인두(pharynx)**의 중간 부분인 구인두에는 더 풍부하고 덜 다양한 속(genera)의 미생물이 존재한다.

인두(pharynx): 목구멍의 일부로 입과 비강 옆에 있다.

하부 호흡기(기관 및 폐)의 마이크로바이옴에서 발견되는 미생물은 구인두를 통해 유입된 에어로졸화된 체약, 분비물 및 미생물이 그 근원인 것으로 보인다. 그러나 이곳에서 발견되는 미생물 군집은 비강과 인두의 마이크로바이옴보다 1,000배 적게 나타난다. 따라서, 강력한 미생물 길항작용이 없으면 폐 감염(예, 폐렴 및 결핵)이 비강 또는 인후 감염보다 더 심각한 경우가 종종 있다.

위장관은 가장 크고 다양한 마이크로바이옴이 존재한다.

인간 마이크로바이옴의 모든 세균의 약 98%는 **위장관[gastrointestinal (GI) tract]**에서 발견된다. 피부와 마찬가지로 위장관의 각 부분에서 해부학, 생리학 및 조직의 차이는 고유한 미생물 생물막이 있는 고유한 서식지를 생성한다(**그림 11.13**). 종의 수와 다양성은 구강에서 매우 높으며, 최대 700종의 서로 다른 종으로 구성된 약 200억(2 × 10^9) 세균 세포가 있다. 종의 수와 유형은 위장에서 급격히 감소하고 소장에서 다시 증가한다. 체내에서 세균 종의 밀도가 가장 높은 **결장(colon)**에서는 숫자와 다양성이 급격히 증가한다. 결장에는 1,000개의 서로 다른 세균 종에 분포된 거의 4조 개의 미생물이 존재한다.

위장관(gastrointestinal tract): 입, 식도, 위, 이자, 간, 쓸개, 소장, 결장, 직장을 포함한 장기들.

결장(colon): 대장으로 불리며, 소화계의 일부분으로 위와 소장에서 흡수되지 않은 음식을 소화.

확실하게, 위의 설명과 같이 최근까지 장내 미아크로비옴에 대한 대부분의 연구는 종의 목록화와 관련되었다. 비록 어떤 종이 존재하는지 아는 것이 중요하지만, 우리가 필요한 것은 이러한 미생물이 위에서 언급한 작용 이상으로 하는 일에 대한 이해이다. 장애물 중 일부는 장에서 발견된 수백 종의 종을 분류하는 것이다. 문제를 더 복잡하게 만드는 것은 모든 인간이 공유하는 공통 미생물 군집이 없는 것 같다는 것이다. 실제로, 한 사람의 장내 세균 중 10~20%만이 다른 사람에게서 발견된다. 그럼에도 불구하고 모든 건강한 인간은 장에서 동일한 기본 소화 반응을 수행한다. 따라서 서로 다른 장내 마이크로바이옴은 여전히 공통 대사를 수행해야 한다. 간단히 말해서, 한 개인은 식물 섬유 A를 소화할 수 있는 세균 종 A를 가질 수 있다. 다른 개인은 A 종은 없지만 식물 섬유 A도 소화할 수 있는 B 종을 가지고 있다. 핵심 장내 마이크로바이옴 없으면 "건강한 마이크로바이옴"이 무엇인지 결정짓는 것에는 어려움이 따른다.

이러한 장애물에도 불구하고, 미생물학자들은 건강과 질병에서 장내 마이크로바이옴

그림 11.13 소화계의 마이크로바이옴. 마이크로바이옴의 구성이 각각의 해부학적인 지역별로 상당히 다르다. 삽화: 다양성과 세균종의 수가 위장과 대장에서 증가한다. 소장은 십이지장, 공장, 회장으로 구성되어 있다.

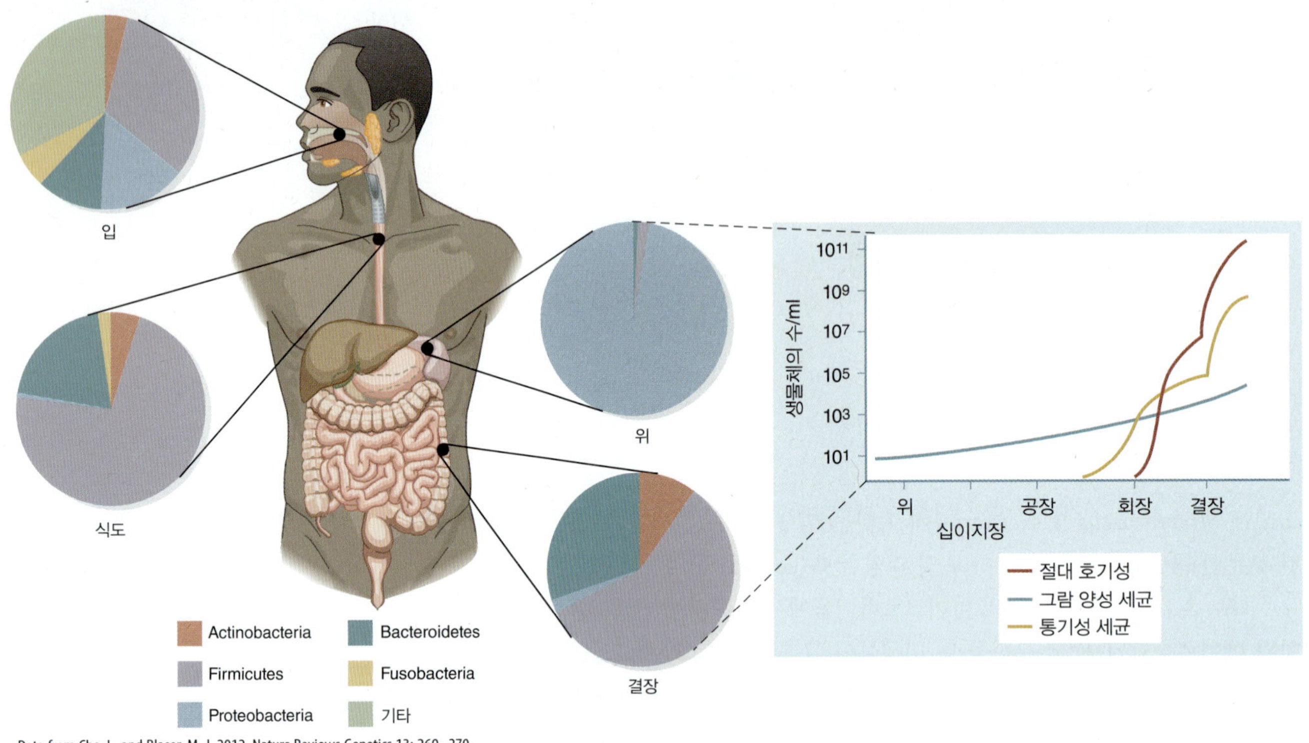

Data from Cho, I., and Blaser, M. J. 2012. Nature Reviews Genetics 13: 260–270.

이 수행하는 몇 가지 역할을 이해하기 시작했다. 그들은 또한 인간 행동을 결정하는 장내 마이크로바이옴의 흥미로운 역할에 대해 연구하고 있다. 이 연구에서 살아있는 인간의 장에서 내장 물질을 외과적으로 시료화하는 것은 불가능하였다. 따라서 대부분의 인간 연구는 **장내 마이크로바이옴(fecal gut microbiome)**으로 구성된 분변을 분석한다.

이제 어느 정도 잘 연구된 기능에 대하여 살펴본다. 이 연구는 예비적이고 개략적이며 과학적인 사실의 반영이 부족하다는 것을 인지하기 바란다. 따라서, 다음 절에서는 "아마", "혹시", "만약"과 같은 단어가 종종 사용되는데, 이는 전체 그림이 명확하지 않고 어떤 경우에는 여전히 매우 흐릿하기 때문이다.

비만과 장내 마이크로바이옴

비만(obese): 30파운드 또는 더 많은 몸무게를 가진 사람(NIH의 기준).

가장 최근의 National Health and Nutrition Examination Survey에 따르면, 미국 어린이의 거의 20%와 성인의 거의 40%가 **비만(obese)**이다. 비만은 건강에 해로운 식단, 좌식 생활 방식, 그리고 아마도 일부 가족 유전자와 오랫동안 관련이 있었다. 확실히 중요하지만, 미생물학자들은 일부 장내 세균이 지방이 체내에 저장되는 방식을 바꿀 수 있음을 발견했다. 이 세균은 또한 신체가 혈액 내 포도당 수준의 균형을 유지하는 방법과 호르몬이 우리로 하여금 배고프거나 포만감을 느끼게 하는 방법을 제어할 수 있다.

연구 연구에 따르면, 마른 사람의 장내 미생물 군집은 비만인 사람보다 세균 유형이 훨씬 더 다양하다. 마른 개체의 미생물은 부피가 큰 식물 전분과 섬유를 더 짧은 분자로 분해하는 데 매우 효율적이다. 신체는 이를 에너지원으로 사용하고 내장 및 그 이상에서 다양한 기능을 조절하는 신호로 사용할 수 있다. 군집붕괴와 사라진 미생물은 비만의 발판을 마련할 수 있다.

그림 11.14 비만에 대한 장내 미생물의 효과.
(A) 마른 쥐에서부터 획득한 대변은 마른 쥐를 계속 마른 상태로 유지하며, 비만인 쥐에서 획득한 대변은 계속 비만이도록 만든다.

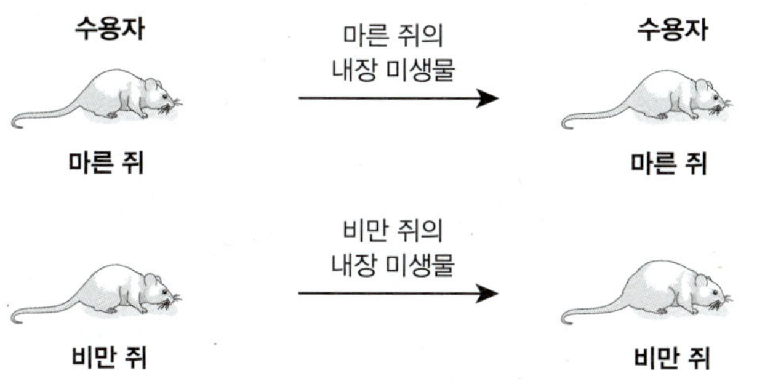

(B) 만약 비만인 쥐에게 마른 쥐로부터 얻은 대변을 이식하면 체중이 감소하여 점차 마르게 된다. 이와 유사하게 만약 마른 쥐에게 비만인 쥐의 대변을 이식하면 점점 체중이 증가하여 비만하게 된다

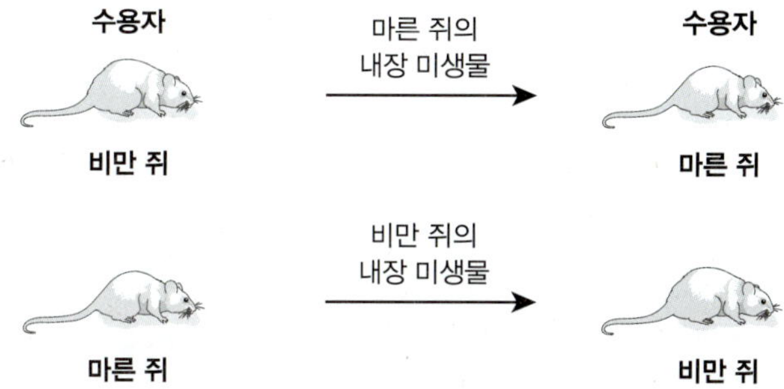

장내 미생물군집에 대한 많은 연구에서는 인간을 대체할 모델로 **노토바이오틱(gnotobiotic)** 동물, 특히 쥐를 사용한다. 쥐에 존재하는 세균 종의 수를 줄임으로써 연구자가 몇 종의 행동을 더 쉽게 추적할 수 있다. 또한 쥐는 인간보다 실험에서 연구하고 제어하기가 더 쉽다. 또한 일부 실험은 인간을 대상으로 수행하는 것이 불가능하거나 윤리적이지 않을 수 있다.

노토바이오틱(gnotobiotic): 미생물이 없거나 오직 몇몇의 알고 있는 종만을 가지고 있는 동물.

장내 미생물이 비만에 영향을 미칠 수 있음을 입증하기 위해 미생물이 없는 환경에서 생활하는 유전적으로 동일한 노토바이오틱 마우스를 사용했다. 마른 쥐에서 채취한 장내 미생물이나 비만한 쥐에서 채취한 장내 미생물이 쥐에게 주어졌다(**그림 11.14A**). 두 그룹의 생쥐는 같은 식단을 같은 양으로 먹었다. 실험의 결과, 마른 쥐가 마른 쥐로부터 장내 미생물을 받았다면 받는 쥐는 마른 상태를 유지했다. 유사하게, 비만 마우스가 비만 마우스로부터 장내 미생물을 받은 경우, 수용자는 비만으로 유지되었다. 쥐의 대변 마이크로바이옴을 분석했을 때, 비만 쥐는 마른 쥐보다 장내 미생물 군집이 덜 다양했다. 일부 미생물 종은 사라졌다.

이 인과 관계를 더 연구하기 위해 마른 쥐의 장내 세균을 비만 쥐의 장으로 옮겼다. 결과는 세균의 "마른 쥐의 군집"이 주어진 쥐에서 체중이 감소했음을 보여주었다. 그들은 더 이상 비만이 아니었다(**그림 11.14B**). 마찬가지로 마른 쥐가 비만 쥐의 장내 미생물을 섭취하면 받는 쥐의 체중이 증가했다. 다시 말하지만, 이러한 발견에 대한 그럴듯한 설명은 비만 쥐의 미생물이 군집붕괴를 경험했다는 것이다. 건강한 체중과 정상적인 신진대사의 유지에 중요한 역할을 수행하는 데 필요한 세균이 없다는 것이다.

그렇다면, 이러한 미생물이 왜 없을까? 전문가들이 믿는 바는 다음과 같다.

1. 식단의 변화. 전형적인 "서구식 식단"은 지방이 많고, 섬유질이 적은 고도로 가공된 식품으로 구성된다. 쥐에게 지방이 많고 섬유질이 적은 식단(예, 붉은 고기, 설탕이 첨가된 음식)을 먹인 경우 쥐는 살찌게 된다. 건강에 해로운 식단에는 다양한 장내 마이크로바이옴을 지원하는 데 필요한 영양소가 부족했다. 다양한 마이크로바이옴에 필요한 세균이 살아남지 못한채 사라진다.

   저지방, 고섬유질 식단(예, 과일 및 채소)을 먹인 쥐의 마이크로바이옴에는 필요한 다양한 세균이 포함되어 있다. 이 생쥐는 이러한 식단을 통해 다양한 장내 마이크로바이옴을 성장시킬 수 있다.
2. 음식 섭취. 장내 마이크로바이옴은 장-뇌 축에서 작동하는 여러 주요 화학 전달 물질의 방출에 영향을 미칠 수 있다(아래 참조). 이러한 송신기 중 일부는 음식

섭취를 조절한다. 다양한 장내 마이크로바이옴이 없으면 제어 신호가 중단되거나 누락된다. 그 결과 더 많은 음식 섭취를 하게 되고, 이는 체중 증가를 더욱 심화시킬 수 있다.

3. **항생제의 오용/남용.** 연구자들은 어린이의 항생제 오용 또는 남용이 건강한 체중을 유지하는 데 필요한 미생물 다양성을 파괴할 수 있다고 믿는다. 농부들이 가축에게 투여하는 것과 같이 어린 쥐에게 낮은 양의 항생제를 투여하면 쥐는 항생제를 투여하지 않은 쥐보다 약 15% 더 많은 체지방을 생성한다. 만약 고지방 식이와 항생제를 병용하면 쥐는 비만해진다.

Lactobacillus bulgaricus: lack-toe-bah-SIL-lus bull-GAIR-ee-kus

Streptococcus thermophilus: strep-toe-KOK-us ther-MOH-fill-us

Bifidobacterium lactis: bi-fih-doe-back-TIER-ee-um LACK-tiss

연구자들은 이것이 답보다 훨씬 더 많은 질문이 있는 새로운 연구 분야라고 이야기한다. 마른 체형과 관련된 세균의 균주를 식별해서 역할을 결정하고 그에 따른 치료법을 개발하는 것에는 무엇이 필요할까. **A CLOSER LOOK 11.2**에서는 가능한 치료법 중 하나인 프로바이오틱스 및/또는 프리바이오틱스에 대해 이야기하고자 한다.

11.4 마이크로바이옴과 숙주: "이야기되는" 논의들

인간의 건강과 행동에서 장내 마이크로바이옴의 역할과 관련하여 두 가지 다른 흥미로운 분야가 연구되고 있다. 한 영역은 장내 마이크로바이옴과 면역체계 사이의 상호작용이다. 다른 영역은 장내 세균과 신경계, 특히 인간의 성격과 인지를 뒷받침하는 뇌 활동 간의 상호작용이다.

면역체계 기능과 장내 마이크로바이옴

면역체계는 감염성 질병으로부터 신체를 보호하는 세포 및 신호 분자의 복잡한 네트워크이다. 일반적으로 병원체를 인식하고 방어하기 위해 거의 완벽한 분자 정밀도로 작동한다. 이 통제는 병원체의 확산을 제한할 수 있는 다양한 **항체(antibodies)**와 항균 물질에 달려 있다. 면역체계의 내부 작동 기작은 제17장의 질병과 저항성에서 설명하였다.

항체(antibodies): 세균과 같이 몸에 침입한 외래 물질에 대한 반응으로 만들어진 단백질.

그러나 면역체계 기능은 단순하게 인간이 통제하는 특성이 아니다. 오히려, 장내 마이크로바이옴은 침입자에 대한 식별 및 대응에 작용하는 복잡한 네트워크의 일부일 수 있다. 만일 그렇다면, 강력한 면역체계는 인간 세포와 미생물 세포 간의 복잡한 상호작용의 결과이다. 장내 마이크로바이옴은 어떠한 일을 할까? 장내 마이크로바이옴은 면역체계의 적절한 발달을 촉진하는 많은 대사산물을 방출한다. 연구에 따르면, 장내 미생물은 감염 병원체에 대한 항체의 분비를 돕는다(**그림 11.15**). 또한, 장내 미생물군집이 외부 물질에 대한 면역계 반응을 조절함으로써 일부 알레르기 상태(예, 천식, 습진)를 조절하는 데 도움이 된다는 실험적 증거가 있다. 이러한 상호작용 때문에 만일 마이크로바이옴의 군집붕괴가 있으면 건강에 나쁜 영향을 미칠 수 있다.

한 가지 예는 유아의 면역체계 발달이다. 연구에 따르면 제왕절개로 분만된 어린이는 자연 분만으로 태어난 아기와 동일한 미생물에 노출되지 않는다. 알려진 것과 같이, 제왕절개로 태어난 아기는 일반적으로 자연분만 중에 엄마에게서 얻을 수 있는 필수 미생물을 획득하지 못할 수 있다. 장내 마이크로바이옴에 대한 이러한 어긋남은 이후 면역 발달에 영향을 미칠 수 있다. 일부 연구에 따르면, 어린 시절의 장내 세균 불균형은 이후 아이에게 알레르기가 발병하기 쉽게 하고 감염을 퇴치하는 데 적합하지 않은 상태로 만들 수 있

A CLOSER LOOK 11.2

프로바이오틱스와 프리바이오틱스를 사용한 미생물 회복이 가능할까?

프로바이오틱스 또는 프리바이오틱스가 정상적이고 건강한 마이크로바이옴을 유지하거나 복원하는 데 도움이 될 수 있을까? 아마도 가능할 것이다.

군집붕괴를 역전시키기 위한 한 가지 잠재적인 치료법은 프로바이오틱스 및/또는 프리바이오틱스를 사용하여 장내 좋은 세균을 "펌핑"하는 것이다. **프로바이오틱스(Probiotics)**는 정상적인 장내 마이크로바이옴을 유지하거나 재확립하는 데 도움이 될 수 있는 살아있는 미생물을 함유한 식품 또는 알약 보충제이다(그림 참조). 가장 친숙한 프로바이오틱스 식품 중 하나는 요구르트이다. 락토바실러스 불가리쿠스(*Lactobacillus bulgaricus*), 스트렙토코커스 써모필러스(*Streptococcus thermophilus*) 및 비피도박테리움 락티스(*Bifidobacterium lactis*)를 함유한 요구르트에는 "살아있고 활동적인 배양물"이 포함되어 있다고 한다. 이 세균 종은 그들이 수행하는 발효 대사를 통해 장 건강을 유지하는 데 도움이 된다고 믿어진다. 의사들은 종종 환자가 경구 항생제를 복용한 후 요구르트를 먹도록 권고하는데, 이는 이러한 항생제가 장내 마이크로바이옴의 많은 부분을 파괴할 수 있기 때문이다.

다른 프로바이오틱 제품은 제조업체마다 매우 다양하지만, 어떤 세균 종이 유익한지 또는 얼마나 많은 미생물을 섭취해야 하는지 확실하게 말할 수 있는 사람은 없다. 예를 들어, 일부 프로바이오틱 알약 보충제에는 소수의 세균 종만 포함되어 있는 반면에, 다른 제품에는 20가지의 다양한 종과 균주가 포함되어 있다. 이러한 제품 중 다수는 단순히 "문제점"에 세균을 던지고 있다.

프리바이오틱스(Probiotics)는 좋은 장내 미생물의 성장에 영향을 미치는 것으로 생각되는 고섬유질 식품 또는 알약 보충제이다. 어떤 의미에서 프리바이오틱스는 다양한 장내 마이크로바이옴의 성장을 자극하는 "비료"와 같은 역할을 하는 것으로 생각된다. 다시 말하지만, 어떤 섬유질과 얼마만큼의 섬유질을 섭취해야 하는지는 미해결 문제이다.

그림 A 식품 및 알약 형태의 프로바이오틱스.

또한 미국 식품의약국(FDA)은 다이어트 보조제 산업을 규제하지 않는다. 즉, 이러한 "건강" 제품의 제조업체는 제품이 유익하다는 것을 보여주거나 라벨에 정확한 내용을 표시할 필요가 없다. 따라서 장내 미생물의 다양성을 증가시킬 수 있을지 의문이다.

그렇다면, 우리가 여기서 기억해야 할 것은 무엇일까? 식단에 프로바이오틱스와 프리바이오틱스를 추가하는 것은 의심의 여지가 충분하며, 아마도 좋은 장 건강의 균형을 유지하거나 유지하는 데 많은 기여를 하지 않을 것이다. 프로바이오틱스와 프리바이오틱스는 대부분의 건강한 사람들에게 아무런 해를 끼치지 않는다. 장 문제가 있는 개인의 경우 이러한 건강 증진 요법의 진정한 가치를 평가하기 전에 특정 세균 종의 역할에 대한 더 많은 연구가 필요하다. 이 분야의 누구도 프로바이오틱스와 프리바이오틱스만으로 장을 건강하게 유지할 수 있다고 믿지 않는다. 확실히 말할 수 있는 것은 운동과 좋은 식습관과 함께 장내 마이크로바이옴이 건강한 장을 위한 핵심 파트너라는 것이다.

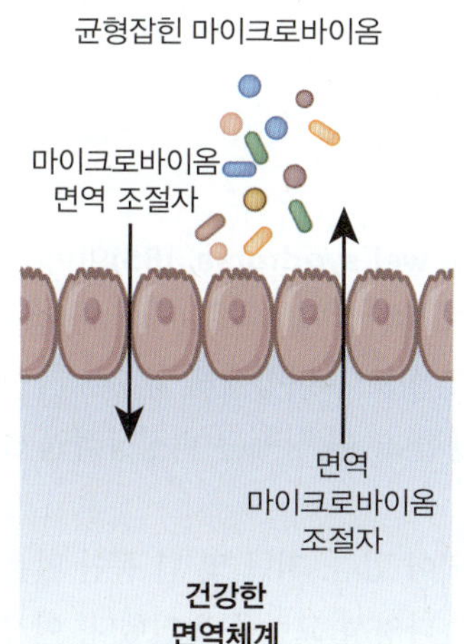

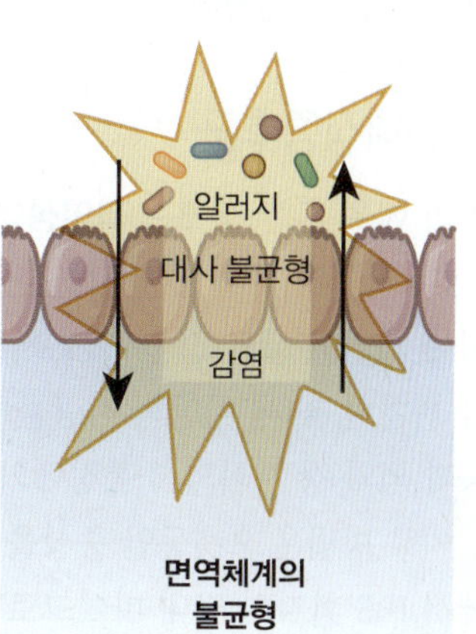

그림 11.15 면역체계의 기능에 대한 군집붕괴의 영향. 건강한 면역체계와 균형잡힌 장내 마이크로바이옴은 일반적인 면역 행동을 유발한다. 만약 면역체계가 붕괴되거나 균형이 깨진 마이크로바이옴에 영향을 받으면 다양한 질병이 발생한다.

다고 이야기한다.

영유아의 항생제 남용은 약물이 장내 마이크로바이옴을 극적으로 변화시킬 수 있는 또 다른 예이다. 유아의 면역체계 발달에 대한 항생제의 영향을 조사한 연구에서도 과도한 항생제 사용으로 인해 필수 세균 종의 손실이 있음을 발견했다. 이러한 중요한 세균 종의 소멸은 면역체계 조절을 방해할 수 있다.

제왕절개 및 항생제 남용에 관한 두 가지 예에서 장내 미생물과 면역체계 사이의 연관성은 여전히 확인되지 않았다. 이러한 이유로 이러한 화학적 대화를 통한 상호작용은 여전히 미스터리로 남아 있다.

신경계 기능과 장내 마이크로바이옴

인간의 내분비계는 호르몬을 생산하는 샘(gland)의 집합이다. 이 호르몬은 신진대사, 성장 및 발달, 조직 기능, 성기능, 생식, 수면 및 기분을 조절하는 데 도움이 된다. 이러한 역할을 수행하기 위해 시스템은 신체의 다른 부분과 지속적으로 소통하여 내부를 정상 상태로 유지하도록 돕는다.

인간과 마이크로바이옴 사이의 수천 년에 걸친 공진화에 걸쳐 종간 화학적 "대화"가 진행되어 내분비계에 영향을 미치고 효과가 있다는 것은 놀라운 일이 아니다. 예를 들어, 인간의 혈액은 장내벽을 가로질러 혈류로 들어가는 장내 미생물에서 나오는 대사산물로 가득 차 있다. 이러한 미생물 산물이 내분비계 세포의 유전자 발현과 행동에 영향을 줄까? 인간의 스트레스는 **에피네프린(epinephrine)**과 같은 호르몬을 혈액으로 방출한다. 이러한 호르몬 분자의 방출은 반대로 장내 마이크로바이옴에게 영향을 줄까?

에피네프린(epinephrine): 신경 전달물질(아드레날린으로 알려져 있는)은 스트레스 환경에서 신경에 의해서 심장근육을 자극하고 심박수를 촉진해서 심방출량을 증가시킴.

중추 신경계(central nervous system): 신경계의 일부분으로 뇌와 척수의 신경을 포함함.

장 신경계(enteric nervous system): 장관의 기능을 주관하는 세포와 신경세포의 복합체.

많은 화학 대화에는 소위 **GBA**(**gut – brain axis**, 장-뇌 축)가 연관되어 있다. 이 의사소통 경로는 신체의 **중추 신경계(central nervous system)**를 위장관의 **장 신경계(enteric nervous system)**와 연결한다. 장과 뇌 사이의 앞뒤로 신경, 호르몬 및 면역학적 소통을 포함하는 화학적 소통은 오랫동안 알려져 왔다(**그림 11.16**). 연구 조사에 따르면, 장내 마이크로바이옴이 이러한 의사소통에 중요한 영향을 미치기 때문에 의사소통 연결에 대한 더 나은 이름은 "**장-뇌-미생물 축(gut – brain – microbiome axis)**"이 되어야 한다고 이야기한다. 장 건강과 관련된 다른 예에 따르면, 화학적 소통이 정상적이고 적절할 때 장과 뇌는 최적으로 기능한다. 반대로, 장내 불균형은 의사소통 경로를 방해할 수 있다. 일부 전문가들은 이러한 단절이 심지어 비정상적인 인지 및 사회적 행동을 유발할 수 있다고 이야기하기도 한다. 다음은 몇 가지 예이다. 다시 말하지만, 노토바이오틱 쥐는 연구에 종종 사용되는 실험동물이다.

과민성대장증후군

결장의 매우 흔한 장애는 **과민성대장증후군(irritable bowel syndrome, IBS)**이며, 이는 전 세계 인구의 최대 15%에 영향을 미친다. IBS는 복통, 팽만감 및 비정상적인 배변을 유발하여 개인의 삶의 질을 크게 저하시킨다. 이 질병은 남성보다 여성에게 약 2배 가량 영향을 미치며, 45세 미만의 사람들에게서 가장 많이 발생한다. 이 장애는 비정상적인 GI관 운동과 뇌와 장 사이의 소통장애의 결과로 여겨진다.

치료 방법은 오랫동안 증상을 관리하는 것에 국한되어 있다. 지난 몇 년 동안 많은 연구에서 IBS 환자의 장내 마이크로바이옴에 있는 세균의 다양성 교란을 확인했다. 이 결과에 의해, 연구자들은 장–뇌–마이크로바이옴 축의 마이크로바이옴 및 군집붕괴가 IBS의

그림 11.16 장-뇌-마이크로바이옴 축. 장관과 뇌에 대해서 미주신경은 주요 신경해부학적 연결로, 그리고 혈액은 주요 순환계의 연결로 대표된다.

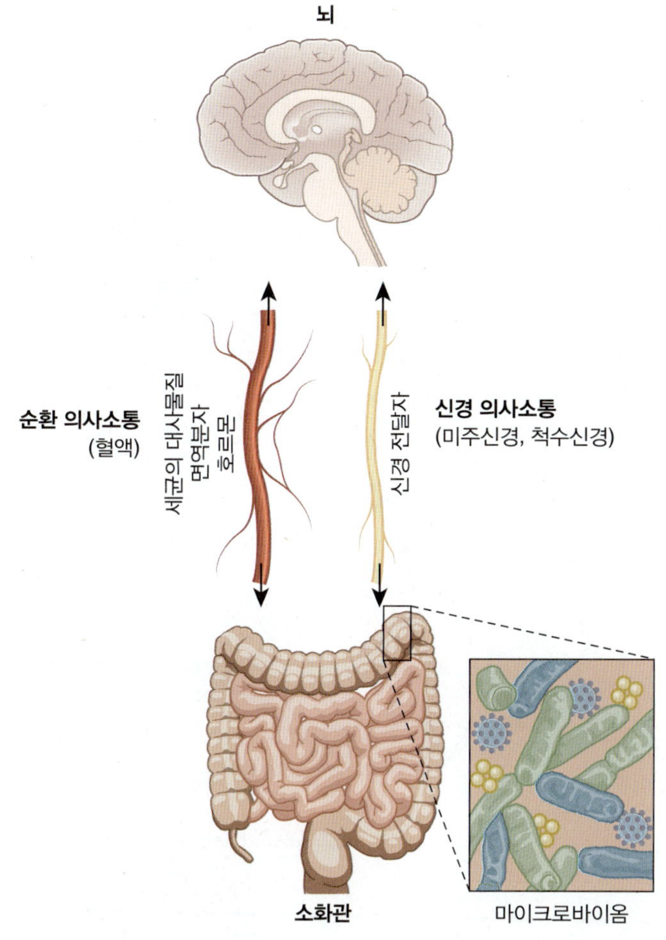

미주신경(Vagus nerve): 뇌와 복부를 연결하는 두개골 신경 중 하나.

발달과 장애의 진행에 중요한 역할을 할 수 있다고 가정했다.

여기 마이크로바이옴의 파괴로 이어질 수 있는 몇 가지 요인이 있다. 이 요인들에는 항생제 사용, 감염, 식단 및 스트레스가 포함된다. 이 모든 것이 장내 세균의 다양성에 영향을 줄 수 있다. 따라서 식이 변화, 프리바이오틱스, 프로바이오틱스, 선별적 항생제 사용, 스트레스 감소 전략을 통한 축의 조절이 이러한 장애를 완화하기 위한 방법으로 권고되고 있다.

대변 마이크로바이옴 이식(fecal microbiome transplantation, FMT)이라는 연구 치료제에 대한 관심이 높아지고 있다. FMT 요법의 경우, 건강한 기증자의 신선하거나 냉동된 대변(마이크로바이옴) 샘플을 **결장경(colonoscope)**, **관장기(enema)** 또는 영양관을 사용하여 환자의 결장에 도입한다.

결장경(colonoscope): 길고, 유연한 관으로 직장과 결장에서 대변 마이크로바이옴 이식을 위해 대변 샘플을 전달할 때 사용.

관장기(enema): 직장으로 하부 위장관에 액체를 주입힘.

도입된 새로운 마이크로바이옴이 장내 세균의 균형을 회복하고 환자의 장내 마이크로바이옴을 정상 상태로 되돌릴 것이라고 기대하였다. FMT를 사용한 치료는 항생제 내성 클로스트리디오이데스 디피실리(*Clostridioides difficile*)에 의해 유발된 장의 재발성 감염을 치료할 때 놀라운 성공을 거두었다. FMT를 사용했을때 최대 94%의 치료율을 보여준다(**그림 11.17**). 이러한 결과는 연구자들이 IBS 환자에 대해 FMT를 통한 치료를 고려하도록 만들었다. 이렇게 도입된 미생물이 장과 뇌 사이의 정상적인 의사소통을 다시 연결할 것이라고 추측하였다. 장내 미생물이 정상으로 돌아가면 면역체계의 조절 또한 올바

Clostridioides difficile:
kla-strihdee-OY-deez DIF-fih-sil-ee

그림 11.17 대변 마이크로바이옴 이식치료. 대변 마이크로바이옴의 이식치료는 *Clostridioides difficile*의 감염 치료 또는 과민성대장증후군과 같이 장내 마이크로바이옴의 불균형에 대한 감소를 위해 사용한다.

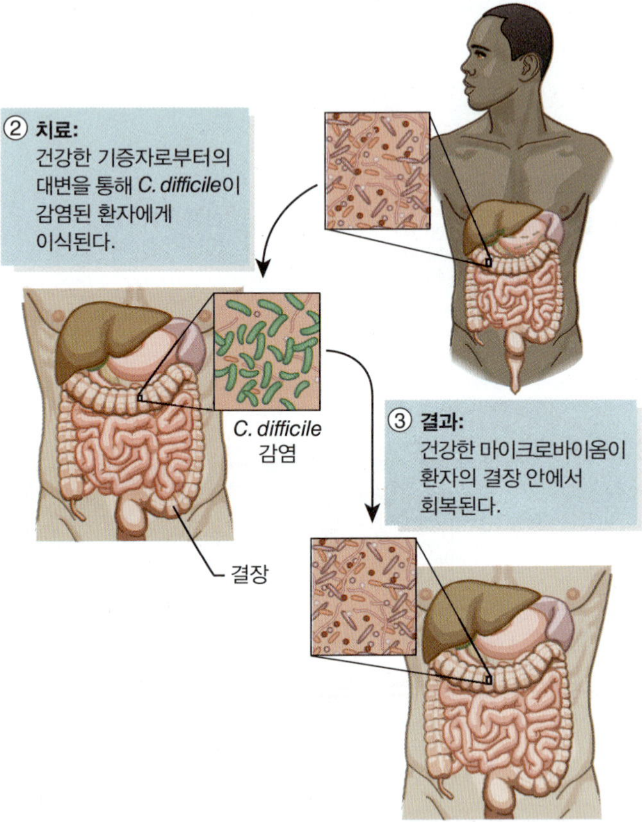

르게 조절될 것이다. 아직까지 FMT를 받은 환자들은 소수이지만, 이들 중 약 60%에서 증상이 완화되었다. 비록 고무적이기는 하지만, FMT의 효과를 평가하기 위해서는 IBS 환자를 대상으로 한 더 많은 임상 시험이 수행되어야 한다.

스트레스와 장내 마이크로바이옴

장-뇌-마이크로바이옴 축에 대한 연구는 자기 인식, 성격 특성 및 감정 상태가 인간 두뇌의 더 높은 기능과 어떻게 관련되어 있는지에 대한 새로운 조명을 제공하고 있다. 예를 들어, 쥐에 대한 행동 연구에서는 장내 마이크로바이옴의 변화가 인지 기능, 사회적 행동 및 스트레스 관련 반응에 영향을 미치는 것으로 나타났다. 이것은 인간의 불안과 우울증과 유사하다. 최근 과학자들은 유익한 세균을 노토바이오틱 쥐에 주입하면 설치류가 스트레스에 더 탄력적임을 보여주었다.

Mycobacterium vaccae: my-koh-back-TIER-ee-um VAK-keye

이 연구에서 건강한 쥐에게 가열을 통해 사멸시킨 *Mycobacterium vaccae*라고 불리는 토양 세균을 주사했다. 대조군의 경우에는 세균을 주입하지 않았다. 해당 쥐를 크고 공격적인 수컷 쥐가 있는 우리에 19일 동안 넣어 두었다. 그런 다음 두 그룹의 쥐에서 스트레스 관련 행동 변화를 관찰했다. 연구자들은 세균을 처리한 쥐가 대조군에 비해 공격적인 쥐에 대한 불안이나 두려움이 덜했다고 보고했다. 그렇다면 *M. vaccae*는 어떤 일을 한 것일까?

추가 생리학적 연구에 따르면 *M. vaccae*를 주사하면 쥐의 뇌에 있는 신경 세포 그룹이 세로토닌을 분비하게 된다. 이 물질은 불안을 조절하는 것으로 알려진 **신경전달물질(neurotransmitter)**이다. 여기서 주사된 쥐에 의한 세로토닌 생산이 장-뇌-마이크로바이옴 축을 통해 전달되었다고 가정하여 보자. 그 결과, 신경전달물질은 대조군에 비해 스트레스를 덜 받도록 행동을 변화시켰을 것이다.

신경전달물질(neurotransmitter): 다른 뉴런, 근육 또는 분비샘 세포를 자극하기 위해 뉴런에서 방출되는 화학적 신호.

중요한 점은, 인간의 세로토닌 생산 부족은 우울증과 관련이 있다는 것이다. 또 다른 연구진은 우울증이 있는 사람에게서 장내 세균을 채취하여 우울증이 없는 쥐의 장에 생장시켰다. 그 결과, 해당 쥐들이 우울증의 특징적인 행동 변화를 보였다고 보고했다. 성인이 된 노토바이오틱 쥐는 사회적 행동에 결함이 있었다.

또 다른 일련의 행동 실험에서 연구진은 초기 아동기 발달 동안 인간 유아 마이크로바이옴의 일반적인 구성원으로 알려진 4종의 비피도박테리움(*Bifidobacterium*) 종을 쥐에게 제공했다. 이 세균종의 추가는 쥐를 "회복"시켰다; 이 쥐들은 행동 결함 없이 성장하였다.

쥐는 인간이 아니기 때문에, 장내 마이크로바이옴이 뇌 화학에 어떻게 영향을 미칠 수 있고, 미생물이 감정과 스트레스에 어떻게 영향을 미칠 수 있는지 더 잘 이해하려면 훨씬 더 많은 연구가 필요하다. 이 미생물과 이들이 생산하는 화합물이 뇌에 어떤 영향을 미치는지는 아무도 모른다. 장-뇌-마이크로바이옴 축이 이러한 신호를 통한 의사소통을 제어하는 방법은 알려져 있지 않다. 그러나 일부 연구자들은 미래에 인간의 우울증을 장내 세균 군집의 균형을 재조정함으로써, 개선이 가능할 수 있다고 예상한다. 연구자들은 유익한 세균이 전쟁 참전 용사의 외상 후 스트레스 장애에 더 잘 대처하는 데 도움이 될 수 있도록 활용하는 방법에 대하여 고민하고 있다. 다시 말하지만, 장내 마이크로바이옴에 대해서 훨씬 더 잘 알기 전까지 이러한 생각은 예측일 뿐이다.

11.5 미생물과 사회: 인간이란 무엇인가?

수년 동안, 인간의 "자기 자신"에 대한 우리의 전통적인 관점은 우리 자신의 몸에 의해 정의되었다. 우리의 게놈에 의해 암호화된 100억 개의 세포와 22,000개의 유전자는 우리가 인간으로 정의하는 조직, 기관 및 기관 시스템을 구축하고 제어한다. 우리는 사회적 행동과 기분을 통제하거나 통제하지 못한다. 오늘날에는 30조 개의 세포와 200만 개 이상의 유전자를 가진 인간 마이크로바이옴의 영향이 존재한다는 명백한 현실의 중대한 도전에 직면해 있다. 결과적으로, 인간을 단일 개체(또는 "자기 자신")로 보아야 할까, 아니면 인간 세포와 미생물 세포의 역동적이고 상호작용하는 공동체로 보아야 할까(**그림 11.18**)? 사실, 일부 과학자들은 인간을 "초유기체"라고 지칭한다. 그렇다면 인간이란 무엇일까?

국제 교수 3명이 "마이크로바이옴이 우리의 자아 개념에 도전하는 방법"이라는 제목의 기사를 2018년에 발표했다(참조는 그림 11.18 참조). 그들은 마이크로바이옴이 인체의 자연스러운 부분이기 때문에 인간이라는 것이 무엇을 의미하는지 이해하기 위해서는 새로운 해석이 필요하다고 제안한다. 사회 과학자들은 추론, 언어, 예술과 같은 인간의 고유한 능력이 우리를 다른 동물과 구별한다고 주장해 왔다. 이러한 "인간의 자질"은 자연 법

그림 11.18 인간에 대한 새로운 관점.
전통적인 관점의 인간은 신경계(뇌), 면역계 그리고 유전체의 상호작용으로 대표된다. 마이크로바이옴의 시대에서는 인간이 뇌, 면역계 그리고 사람의 마이크로바이옴에 있는 미생물 및 유전체와의 상호작용으로 묘사된다.

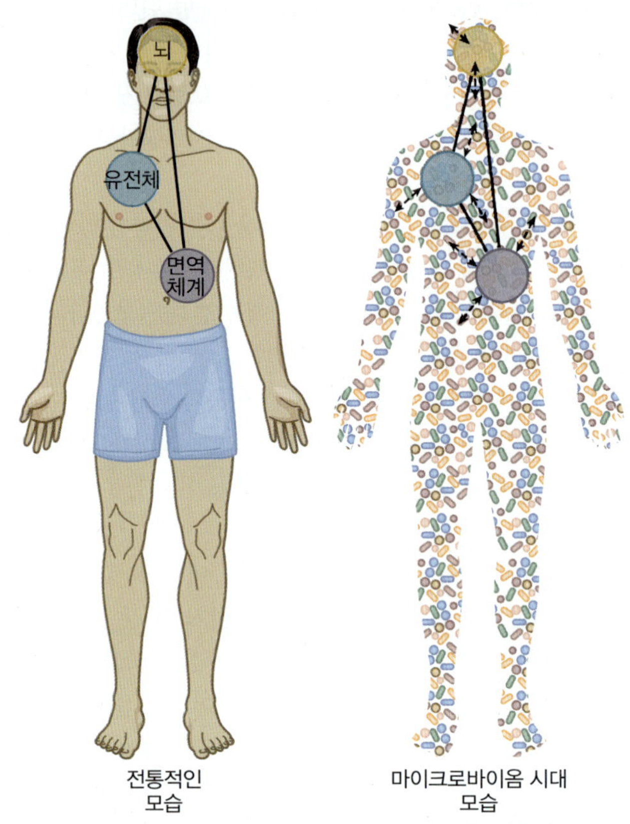

Data from Rees, T., Bosch, T., and Douglas, A. E. (2018). How the microbiome challenges our concept of self. *PLoS Biol* 16 (2): e2005358. https://doi.org/10.1371/journal.pbio.2005358.

칙에 포함될 수 없다. 오히려 이러한 행동은 사회 및 사회 내의 개인 간의 관계와 관련이 있다.

인간 마이크로바이옴에 관한 계속되는 발견은 인간이라는 전통적인 구분을 혼란스럽게 한다. 미생물은 우리의 행동과 사회에서의 상호작용에 큰 영향을 미치고 있다.

이 기사에서 저자는 다음과 같이 결론을 내린다.

> "도전은 어렵지만, 이득은 훨씬 더 크다: 지금은 서로 의지하며 뗄내야 뗄 수 없는 미생물의 세계가 있는 곳에서 인간으로 협력하며 살아간다는 것의 의미에 [대하여] 다시 생각할 시간, 혹은 이미 지나버린 시간이다. 마이크로바이옴의 연구는 자연과학과 인문과학 사이의 [오래된] 장벽을 무너뜨리는 데 촉매 작용을 하고, 인간이 된다는 것이 무엇을 의미하는지 진정으로 통합된 이해를 가능하게 하는 흥미롭고 중요한 잠재력을 가지고 있다. [이는] 인간은 인간 이상이기 때문이다."

A Final Thought

우리는 인간 마이크로바이옴에 대하여 빙산의 일각만을 이해하고 있으며, 이에 대한 상호작용에 대해서 배우고 이해해야 할 것이 훨씬 더 많다. 더 많은 연구가 수행되고 인체와 마이크로바이옴 사이의 연관성에 대한 더 많은 결과가 나오면서, 이 새로운 지식은 우리를 건강하게 하는 혁신적인 방법을 제공하고 더 건강한 사회를 만들도록 할 것이다. 본문의 제II부에서는 인간 마이크로바이옴 너머에 많은 다른 부분이 서술된다. 해당 장들에서는 미생물학의 응용 측면과 이미 잘 알려진 사회에 도움이 되는 미생물의 수많은 역할을 이야기한다.

Chapter Discussion Questions

What Was He Thinking?

이 장을 읽으면서, 저자가 전달하려고 했던 생물막의 사회적 활동과 마이크로바이옴에 대한 5가지 주요 요점을 확인하고 토론하시오.

Questions to Consider

1. 생물막의 세균 세포가 독립된 단일 세균 세포에 비해 가질 수 있는 4가지 이점을 설명하시오.
2. 토양, 바다 또는 다른 유기체와 관련된 지구 상의 대부분 미생물이 생물막을 형성하는 이유를 설명하시오.
3. 생물막의 미생물은 연관 학습을 어떻게 사용하는가?
4. 공생에서, 숙주와 공생체는 각자에게 어떤 "이득"을 제공하는가?
5. 이 장에서 장-뇌-마이크로바이옴 축에 대한 자료를 읽은 후 "나는 직감이 있다(I have a gut feeling)" 또는 "내 직감(My gut tells me) . . ."라는 문장이 사실로 느껴지는가?
6. 인체는 순환계, 호흡계, 소화계, 배설계, 신경계, 내분비계 등 11개 기관으로 구성되어 있다. 일부 미생물학자들은 인간의 미생물 군집을 신체의 12번째 기관계, 즉 "제2의 뇌"로 간주되어야 한다고 제안하고 있다. 이 장에서 읽은 내용을 바탕으로 이 주장에 동의하는가 또는 동의하지 않는가? 설명하시오.
7. 일반적으로 수백 종의 미생물이 장에 서식한다. "건강한 사람의 장내 마이크로바이옴에 있는 미생물은 단순히 신체를 감염시키고 질병을 일으킬 기회를 기다리는 병원체일 뿐이다."라는 말에 동의하는가 또는 동의하지 않는가?
8. 당신의 친구가 점심으로 요구르트 한 컵을 먹고 있다. 그녀가 읽은 라벨에 "프로바이오틱 요구르트"라고 표기되어 있다. 당신이 미생물과 사회 수업을 듣고 있다는 것을 알고서, 그녀는 당신에게 "프로바이오틱 요구르트가 무엇인가?"라고 물었다. 그녀의 질문에 어떻게 대답하겠는가?
9. 이 장에서 제시한 자료를 바탕으로 해서, 당신이 믿는 "인간이 된다"는 것이 무엇을 의미한다고 생각하는지에 대한 논증을 구성하시오.

©NYCstocker/iStock/Thinkstock

PART II
미생물과 인간사

16세기 후반과 17세기 유럽의 대부분 국가에서 식품은 도시와 농촌의 상호작용이 일어나는 사회의 구성요소로서 매우 중요한 것이었다. 상하기 쉬운 과일과 채소들은 상처 나거나 썩게 되면 경제적 손해가 발생하기에 신속하게 이동되어야 했다. 어시장은 낮 동안 생선이 부패되기 전 아침에만 운영되었다(아래 그림). 상처가 나있거나 썩은 식품을 팔게 되면 시장의 모든 고객들로부터 불신을 받기 때문에 도덕적 교훈을 깨닫게 된다.

선진국의 많은 시장에서는 부패하기 쉬운 식품의 거래와 농장에서 식탁으로의 빠른 이동이 일어나고는 있지만, 전 세계에 있는 많은 시장의 모습은 크게 바뀌지 않았다. 여전히 식품 상인들의 잘못된 취급으로 식품이 상하기 쉽고, 우리의 생활에 영향을 미치고 있다.

Part II의 **미생물과 인간사**에서, 우리는 응용미생물학을 살펴볼 것이다. 제12장에서, 우리는 미생물이 식품을 어떻게 오염시키고, 부패시키는지 살펴보는 반면에, 제13장에서는 식품에서의 미생물의 유익한 역할을 살펴본다. 제14장에서는 미생물이 항생제부터 비타민까지 다양한 제품을 만드는 방법을 보여준다. 제15장에서는 미생물이 농장에서 육류와 유제품의 생산을 돕는 역할을 보여준다. 제16장에서는 미생물들이 스스로 살아가면서 우리의 환경을 어떻게 보호하고 있는지에 대한 미생물의 마법을 보게 될 것이다.

일부 미생물에는 폐해(darker side)가 있다. 마지막 3개 장에서는 질병을 일으키는 병원체의 측면에 대해 살펴본다. 제17장에서는 우리 인체가 질병에 대항하는 과정을 설명하고, 백신을 이용한 내성을 형성하는 방법을 알아본다. 제18장과 제19장에서는 잘 알고 있거나, 잘 알려지지 않은 감염성 질병들의 연구에 대해 살펴본다.

Joachim Beuckelaer, 1568/Purchase, Lila Acheson Wallace Gift and Bequest of George Blumenthal, by exchange, 2015/Metropolitan Museum of Art.

© DEA/J. E. Bulloz/Getty Images

CHAPTER 12

미생물과 식품: 식품 보존 및 안전

마르코 폴로와 실크로드

우리는 13세기에 마르코 폴로(Marco Polo)가 향신료를 얻고 새로운 무역로를 개척하기 위해 중국으로 항해했던 것을 알고 있다(장 도입부 그림). 그럼에도, 향신료가 식품의 맛을 더해주고 부 이상의 것을 가져다주었음은 자주 언급되지 않는다.

인류가 사냥과 채집생활을 하던 무렵, 나뭇잎으로 고기를 싸두면 고기의 맛이 향상된다는 것을 우연히 발견하게 되었다. 시간이 지남에 따라, 향신료는 약용으로 사용되었다. 역사적 문헌에 따르면, 고대 이집트에서는 향신료를 건강 증진을 위해 사용했다고 언급하고 있다. 파피루스에 대한 이 기록들은 건강증진 향신료로서, 고수, 회향, 향나무, 큐민, 마늘, 백리향을 식별하였다. 향신료는 약 11세기에서 16세기까지 썩은 음식(특히, 상한 고기의 맛)의 불쾌한 맛과 향기를 가리기 위해 사용되었다. 잎, 씨앗, 뿌리가 기분 좋은 맛이나 좋은 향을 가질 때 수요가 증가하였고, 점차 조미료로서 식문화의 표준이 되었다.

세계에서 가장 귀중한 향신료 중 상당수는 중국, 인도, 인도네시아 섬 (당시 스파이스 아일랜드)에서 왔기 때문에, 이러한 향신료를 베니스와 유럽으로 가져 오는 가장 빠른 방법을 찾는 것이 중요했다. Marco Polo는 그의 여행 회고록(*The Travels of Marco Polo*)에서 향신료를 자주 언급했다. 그의 매력적인 이야기는 아프가니스탄의 참기름 그리고 북경의 생강과 계수나무의 풍미를 묘사했다. 그는 소금에 절이고 향신료로 맛을 낸 고기를 섭취하는 사람을 부자로 표현했고, 가난한 사람들은 마늘로 만든 음식을 먹는다고 적었다. 이 모든 경우에서, 그가 가져온 향신료는 음식에 향을 내는 것 외에도 미생물 오염으로 인해 부패한 음식의 냄새와 맛을 개선하는 데 없어서는 안 될 필수 요소였다.

CHAPTER 12 OPENER 마르코 폴로는 향신료를 아시아에서 유럽으로 가져온 많은 사람 중 한 명이었다. 음식에 풍미를 더하는 것 외에도 향신료는 상한 음식의 썩은 냄새를 감췄다. 출처: Marco Polo와 Rustichello de Pisa의 *Livre des merveilles du monde*(*세계 불가사의의 책*), ca. 1350년(웨덴 국립 도서관/세계 디지털 도서관).

그림 12.1 식품 보존. 많은 음식들이 세균의 오염에 노출되어 식중독을 일으킬 수 있다.

수세기 동안 식품을 보존하는 방법은 모든 사회와 문명에서 중요했다. 오늘날 모든 가정, 식당 및 식품 서비스 산업에서 식품 보존 및 안전은 중요하다(**그림 12.1**). 또한 사회는 음식의 변질과 부패를 방지하기 위해서, 음식의 품질을 보존하는 매우 특정한 조건과 실제적 방법들에 의존한다. 그러므로, 이 장의 주요 초점은 식품을 오염시키고 부패시킬 수 있는 미생물 유형을 조사하고, 식품 환경이 미생물 성장에 어떻게 영향을 미치는지를 이해하는 것이다. 그 후 우리는 마르코 폴로 시대 이전부터 변하지 않은 몇 가지 부패 방지 방법에 대해 다룰 것이다.

LOOKING AHEAD

이 장을 마치면, 여러분은 다음의 내용들을 할 수 있게 될 것이다.

12.1 식품 부패와 관련된 내적 및 외적 요인들을 식별할 수 있다.
12.2 식품 부패가 식품(예: 육류, 생선, 계란, 유제품, 곡물, 과일 및 채소)에 미치는 영향을 평가할 수 있다.
12.3 식품 보존에 사용되는 다섯 가지 방법에 대하여 논의할 수 있다.
12.4 오늘날의 식품 안전 문제에 대하여 설명할 수 있다.

12.1 식품부패: 부패 관련 용어와 인자들

인간은 약 10,000년 전에 수렵 채집에서 농업 사회로 전환함에 따라 한 끼에 먹을 수 있는 것보다 더 많은 식량을 생산할 수 있게 되었다. 하지만, 남는 음식을 저장하고 부패로부터 음식을 보존하는 데 어려움이 있었다. 마르코 폴로가 향신료를 얻기 위해 13세기에 중국을 여행한 것은 부패한 음식의 냄새와 맛을 개선하는 데 있어서 매우 중요한 일이었다(**그림 12.2**).

매년 세계 식량의 거의 1/3(14억 톤)이 폐기물로 손실된다(**그림 12.3**). 이 폐기물의 20% 이상은 사람이 섭취하기에 바람직하지 않거나 적합하지 않은 대사과정인 **부패(food**

그림 12.2 향신료. 인도의 큰 향신료 시장에서 보여지는 특이한 아시안 향신료들.

© Curioso/Shutterstock.

그림 12.3 식품손실과 소비. 세계 수준에서의 식품 손실률과 소비율.

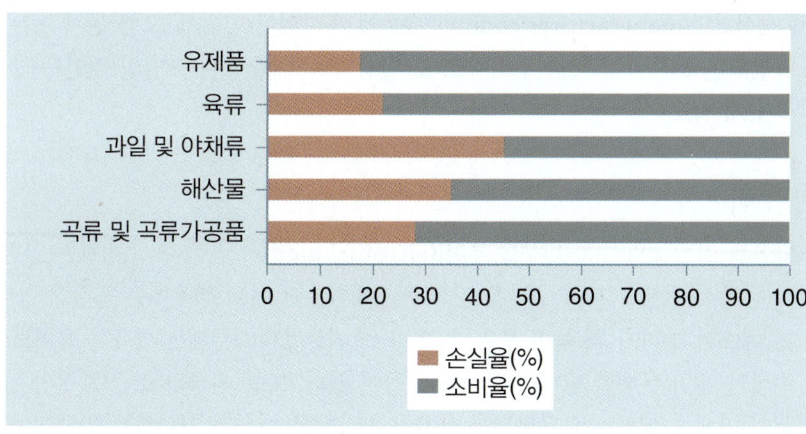

Data from Natural Resources Defense Council Issue Paper, August 2012. 출처: Food and Agriculture Organization 2011.

spoilage)로 인해 발생한다. 부패는 식품의 화학적 또는 물리적 변화로 인한 색상, 질감 및/또는 풍미와 같은 감각적 특성의 변화에 따른 것이다. 또한 미생물이 식품을 오염시키고 식품에 바람직하지 않은 부산물을 생성하는 효소를 생성할 때 발생할 수 있다.

일반 원리

식품의 미생물 함량에는 일반적으로 정량적뿐만 아니라 정성적 측면이 있다. 정성적인 것은 어떤 미생물이 존재하는지를, 정량적인 것은 얼마나 많은 미생물이 존재하는지를 말한다. 예를 들어, 야채 캔과 같은 일부 식품은 미생물이 없는 **멸균(sterile)** 상태여야 한다. 대조적으로, 익히지 않은 햄버거 고기는 조리 과정에서 미생물이 죽기 때문에 고기 1그램당 최대 박테리아 1,000개체까지 허용된다. 따라서 조리하기 전의 생 햄버거 패티에는 200,000개 이상의 박테리아가 있을 수 있다. 이 박테리아들이 육류에서 번식하여 부패를 유발할 수 있기 때문에 육류 가공 업체는 박테리아 세포 수를 가능한 한 낮게 유지되도록

멸균(sterile): 살아있는 미생물, 포자 그리고 바이러스의 완전한 제거.

매우 주의해야 한다.

미생물 부패를 판단할 때 몇 가지 용어가 사용된다.

표시일자

포장된 식품에는 일반적으로 **만료일(expiration date**; 라벨 날짜)이 있으며, "최적기…", "사용 기한…" 또는 "판매자…"로 표시된다(**그림 12.4**). 이러한 표시는 맛, 냄새 및/또는 신선도 측면에서 제품이 "최고 품질"을 유지하는 기간에 대한 제조업체의 제안을 나타낸다. 따라서 표시일자를 안전하다는 날짜로 해석되어서는 안 되며, 유아용 조제분유를 제외한 라벨 날짜는 연방에서 규제하지 않는다. 제조업체는 라벨 날짜가 경과한 식품을 먹는 것이 식품이 상했거나 질병을 유발할 수 있음을 의미하지 않는다고 지적한다. 그러나 시간이 많이 경과하면 식품을 올바르게 보관했더라도 부패 미생물이 증식한다.

유통기한

유통기한(Shelf Life)은 식품의 질이 비허용 수준으로 감소하는 데 걸리는 시간을 의미한다. 이 시간이 지나면 음식은 맛, 질감, 색상 및 기타 감각적 특성을 포함한 질적 손실이 나타난다. 영양상의 질은 식품이 변질되는 동안에도 영향을 받을 수 있다. 따라서 유통기한은 식품에 존재하는 미생물의 수와 저장 조건에 따라 크게 달라진다. 포장된 제품의 경우, **제조업체 생산코드(manufacturer code)**가 제품에 표시되어 있어서, 오염 문제 또는 식품 사고가 발생하면 조사관이 "원인추적경로"로 활용하여 문제 또는 오염의 원인을 찾을 수 있다(그림 12.4 참조).

미생물 부하

식품에 함유된 미생물의 수를 **미생물 부하(microbial load)**라고 한다. 소비자는 일반적으로 모든 식품에서 미생물 부하가 낮을 것으로 기대하지만 어느 경우에는 굉장히 높다. 위의 햄버거 예에서 부하가 꽤 높아 보일 수 있다. 요거트 1티스푼에는 연유를 요거트로 전환시킨 수십억 개의 무해한 박테리아 세포가 들어 있다. 또한 피클과 소금에 절인 양배추 같은 식품의 미생물 부하는 요구르트와 마찬가지로 제품 생산을 담당하는 박테리아 유기체를 의도적으로 포함하기 때문에 미생물 부하가 높을 것이다.

우유와 같은 대부분의 유제품은 일반적으로 병원균을 제거하기 위해 저온 살균되지

그림 12.4 식품 코드. 시장에 유통되는 모든 식품들은 "최상의 구매"를 위한 표기일(최상단 표기)과 제조 관련 코드(아랫단에 표기)되어 있음.

Courtesy of Dr. Jeffrey Pommerville.

만, 1갤런의 우유에는 370만 개 이상의 박테리아 세포가 있을 수 있음에도 불구하고 섭취해도 안전하다.

미생물 오염원

오염된 미생물들이 다양한 출처로부터 식품에 들어갈 수 있기 때문에 식품의 미생물 오염을 피하기는 어렵다.

- **신선한 농산물.** 과일과 채소는 공기, 토양 또는 물에 있는 미생물이 표면이나 껍질에 닿아서 상처나거나 깨진 표면 안의 부드러운 조직으로 들어가면 오염된다. 또한 슈퍼마켓에서 구입한 생 농산물은 수많은 쇼핑객의 오염된 손에 노출되었을 수 있다. **A CLOSER LOOK 12.1**에서 설명한 것처럼, 많은 신선한 과일과 채소가 해외에서 유입되어 식품 매개 질병의 또 다른 잠재적 원인을 제공한다.
- **가축.** 육류 및 가금류는 동물의 배설물에 의해 오염될 수 있다. 또한, 가축이 가공 공장에서 오염된 물질과 접촉하여 교차 오염될 수 있다. 예를 들어, 가공 공장에서 붉은 고기를 부주의하게 취급하면 도축된 동물의 내장에서 나온 박테리아 유기체가 고기와 섞일 수 있다.
- **조개.** 조개와 굴은 병원균이나 독소에 의해 오염될 수 있다. 오염된 물에서 조개류를 잡을 때 여과기관에서 미생물과 독소들을 조직으로 농축시킨다.
- **설치류와 곤충.** 쥐와 파리는 쓰레기, 음식 및 기타 비위생적인 장소들을 옮겨 다닐 때 다리와 신체 부위를 통해서 미생물을 운반한다.

식품산업의 전략은 식품의 오염을 최소화하고 통제하는 것이다. 이를 위해서는 식품

A CLOSER LOOK 12.1

자유 시장 경제 및 식품 안전

오늘날에는 거의 모든 슈퍼마켓에서 제철이 아닌 신선한 과일을 찾을 수 있다. 한겨울에 복숭아와 포도 같은 과일을, 한여름에 겨울호박을 볼 수 있다. 농업과 교통의 발전으로 식품 시장이 세계화되었다. 칠레산 복숭아나 멕시코산 라스베리가 수확 후 몇 시간 내에 미국 시장으로 향할 수 있다.

신선한 과일과 채소를 섭취하는 것은 좋지만, 이 장에서 직접 다루지 않은 식품매개성 질병의 위험을 초래하므로, 이 문제는 식품 안전의 부분에서 간략하게 다루겠다.

동네시장에서 볼 수 있는 신선한 과일과 채소의 약 70%는 다른 국가에서 생산된다. 때때로 이러한 국가에는 미국 및 기타 선진국에서 볼 수 있는 규제와 식품안전관례(일반적으로 식품 부패 방지와 동일)가 없다. 식품매개성 질병의 발생은 드물지만 매년 더 정기적으로 발생하고 있다.

미국 질병관리본부(CDC)는 식품매개성 감염이 1996년 이후 거의 25% 감소했음에도, "우리의 식량 공급을 보호하기 위해 신속하게 발병을 감지, 조사 및 중지하려면 지속적인 노력이 필요하다"라고 한다.

신선 농산물이 한 나라와 한 지역에만 분포하지 않기 때문에 식품매개성 질병의 발생을 감지하는 것은 쉽지 않다. 사실, 의사와 지역 보건소는 전국적인 발생의 한 부분으로서의 지역 발생을 보지 못한다. 대부분의 지역 보건당국은 사회적 기능이나 상업적 시설에서 발생하는 식품매개성 질병의 대응에만 익숙하다.

세계화는 이제 지역, 주, 국가의 식품안전 프로그램이 식품의 부패뿐 아니라, 식품매개성 질병 발생에 적절하게 인지하고 신속하게 대응하기 위해 감시방법을 조정하고 구축해야 한다는 것을 의미한다.

그렇다면, 수입농산물을 피해야 할까? 그렇지 않다. 대부분의 경우 부패가 없는지 확인하고, 과일과 채소를 잘 씻거나 조리하면 식품매개성 질병을 일으킬 가능성은 거의 없다.

Courtesy of Dr. Jeffrey Pommerville.

관리 과정의 우수성과 높은 수준의 위생관리가 필요하다. 식품가공을 거친 후 신속한 이동과 잘 검증된 보관방법은 대중의 안전한 식품 섭취에 있어서 핵심이다.

부패되기 위한 조건

식품은 미생물의 배양지로 볼 수 있다. 따라서 식품의 화학 및 물리적 특성은 어떤 종류의 미생물이 자랄 수 있는지에 대하여 상당한 영향력을 갖는다(**그림 12.5**).

내인성 요인

미생물의 성장에 영향을 미치는 식품에 자연적으로 존재하는 상태를 **내인성 요인(intrinsic factors)**이라고 한다. 여기에는 다음이 포함된다.

- **수분함량.** 생명의 전제조건 중 하나는 물이다. 따라서 미생물이 성장하기 위해서는 식품에 수분이 포함되어 있어야 하며, 최소수분 함량은 18~20%이다. 감자칩, 말린 파스타, 견과류, 쌀, 밀가루 같은 식품에는 수분함량이 너무 낮아서 미생물이 자랄 수 없다.

그림 12.5 식품 부패. 여러 가지 내부 요인과 외부적인 요인이 식품류가 쉽게 빨리 부패하느냐 또는 부패에 저항성을 갖느냐를 결정한다.

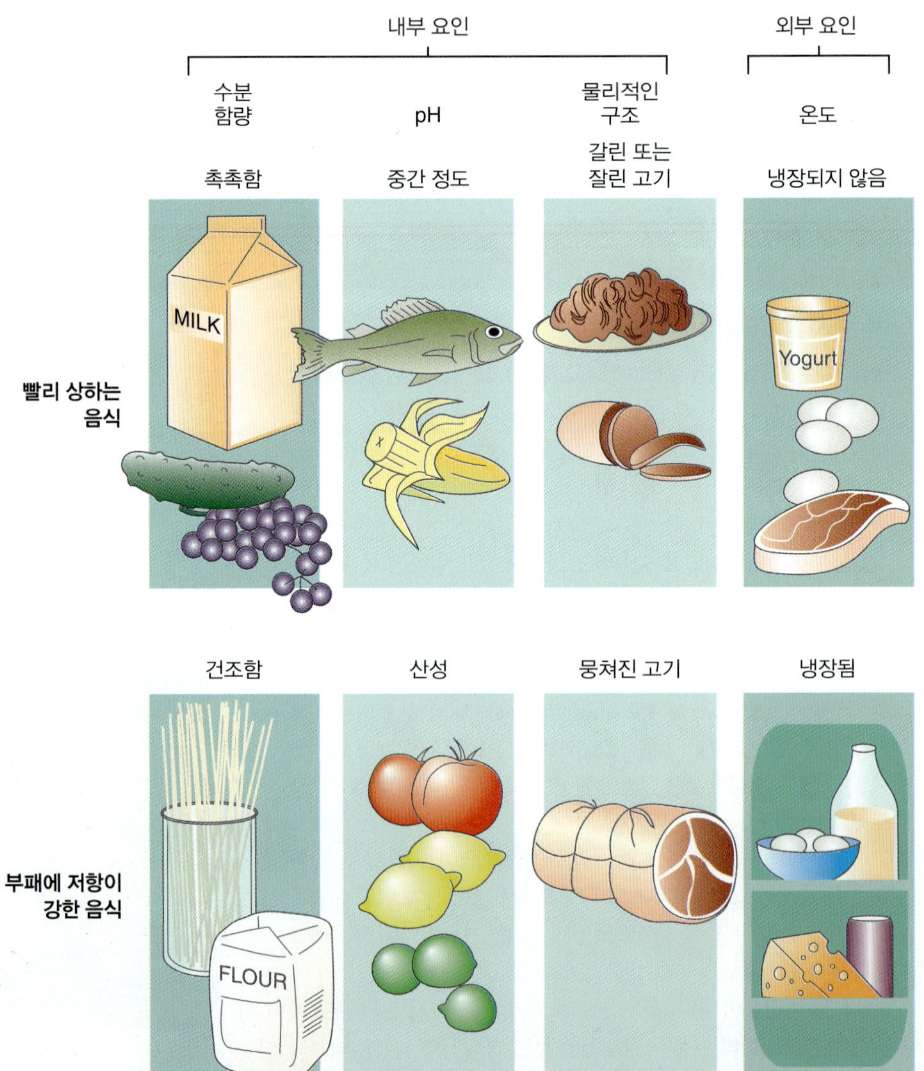

- **pH.** 대부분의 식품들은 약산성에서 중성의 범위를 갖고 있는데, 이 범위가 많은 박테리아와 곰팡이류들의 최적의 성장조건이다. 식품이 pH 5.0 이하일 때는 산성을 좋아하는 곰팡이류들이 우세한 미생물이 된다. 결과적으로 감귤류 과일들은 세균 부패를 피할 수 있지만, 곰팡이의 발생과 부패는 쉽게 발생한다.
- **물리적 구조.** 스테이크와 통구이 같은 통육제품들은 미생물이 육류의 표면을 통과하는 것이 쉽지 않으므로 빨리 부패하지 않는다. 그러나 익히지 않은 햄버거나 베이컨 같이 간 고기나 얇게 썬 고기는 미생물이 표면뿐만 아니라, 수분기 있는 고기의 느슨한 포장 안에서 자라기 때문에 쉽게 상할 수 있다.
- **화학 조성.** 어떤 식품의 영양소 함량은 부패가 가능한 형태를 결정하는 또 다른 내재적 요인이다. 예를 들어, 과일은 탄수화물이 대사되는 조직을 돕는 반면, 육류는 단백질을 분해하는 미생물의 번식을 돕는다. 탄수화물을 소화하는 세균과 곰팡이류는 생감자와 옥수수 제품에서 발견된다.

외인성 요인

식품 주변의 환경조건(식품 저장과 포장)은 미생물 성장과 부패에 영향을 미치는 **외인성 요인(extrinsic factors)**이라고 불리는 요인들을 구성한다(그림 12.5 참조). 여기서 중요한 요인은 온도인데, 성장과 대사에 대한 장에서 좀 더 자세하게 설명하였다.

- **온도.** 생재료나 식품이 얼마나 뜨겁거나 차가운가는 미생물의 성장에 큰 영향을 미칠 수 있으며, 식품안전의 핵심 요소이다. 일반적으로 냉장실 온도는 5°C(41°F) 이하일 때 대부분의 부패 생물의 성장을 저해하고, 냉동실 온도는 −18°C(0°F) 이하일 때 미생물의 성장을 억제한다(그림 12.12 참조). 이와 달리, 선박이나 습하고 뜨거운 창고 같은 따뜻한 보관 장소는 많은 부패 생물의 성장을 일어나게 하는 환경이 된다. 냉장 보관 중인 조리식품보다 따뜻한 온도의 조리식품에서 오염 가능성이 더 높다는 것은 상식이다.

요약하면, 식품산업은 내재적 및 외재적 요인에 따라 세 그룹으로 나뉜다(**그림 12.6**). **쉽게 부패하는** 식품은 빨리 상하는 식품으로, 가금류, 난류, 갈고 얇게 썬 육류, 대부분의 채소와 과일, 유제품 등이 포함된다. 껍질을 깐 견과류, 감자 및 일부 사과와 같은 식품들은 덜 빨리 상한다는 의미에서 **반부패(semiperishable)**로 간주된다. 잘 부패하는 식품들은 종종 주방 팬트리에 보관된다. 시리얼, 곡류, 건조 콩류, 건조된 파스타 제품, 밀가루와 설탕이 이 그룹에 속한다.

그림 12.6 식품류의 부패하기 쉬운 정도. 잘 상하기 쉬운, 중간 정도의 상하기 쉬운, 그리고 상하지 않는 식품의 예. 이들 식품류의 물리적 화학적 특성들은 그들의 상하기 쉬운 정도의 비율에 따라 나타낸다.

12.2 식품부패를 유발하는 미생물: 식품에의 영향

사람이 먹는 식품의 대부분은 탄수화물, 지방, 단백질이 풍부하다. 미생물들 또한 이들 영양소를 성장에 필요로 한다. 따라서 식품 부패는 흙이나 물, 동물의 장내에 있는 박테리아와 균류(효모와 곰팡이)를 포함한 다양한 미생물에 의해 발생한다. 또한 미생물은 공기와 물을 통해 전염될 수 있으며, 곤충에 의해 운반될 수 있다.

미생물의 부패는 대체로 미생물에 의해 생성된 효소를 수반한다. 이러한 부패는 미생물의 성장 동안 생성되는 대사산물에 의해서 식품의 냄새와 색깔이 바뀌는 것을 통해 알 수 있다. 식품의 품질저하 과정 동안 영양소의 변화에 따라 각 미생물 군집의 천이가 일어나기도 한다.

주요식품 분류를 알아보고, 부패균의 오염과 성장을 억제하기 위해서 식품가공업체와 제조업체가 직면한 문제들을 살펴보기로 한다. 다양한 병원균이 식품을 오염시키고, 질병을 일으킬수 있지만, 이 장에서는 바이러스성 질병과 세균성 질병에 대해 좀 더 자세히 설명하고자 한다. 아래 설명에서는 몇 가지 병원균이 판단 기준으로 언급될 것이다.

신선 및 가공육, 가금류 및 해산물

가금류와 해산물뿐만 아니라, 모든 육류와 식육제품에서 미생물 부패가 일어나기 쉽다.

Staphylococcus: staff-ih-loh-KOK-us

Micrococcus: my-kroh-KOK-us

Pseudomonas: sue-doh-MOH-nahs

위생시설(sanitation): 미생물의 수를 안전한 수준으로 줄이는 과정.

신선한 고기

소고기에는 단백질과 지방이 풍부한데, 이러한 육류 및 육제품에서의 부패는 식품의 특성 때문에 발생한다. 건강한 동물의 근육이 무균상태이고, 어떠한 균도 포함되어 있지 않다 하더라도, 동물이 도축될 때 가죽, 털, 또는 발굽으로부터 미생물이 오염되었다면 신선한 고기 속의 특별하게 높은 영양성분이 다양한 세균(예-스타필로코커스, 마이크로코커스, 슈도모나스)뿐만 아니라, 효모와 균 등이 살아가는 데 좋은 조건이 된다. 따라서 **위생시설(sanitation)**의 관리는 필수이다.

육류 가공과정의 많은 단계는 미생물 오염에 있어 다양한 기회를 제공한다. 고기를 다지거나 분쇄하면 표면적이 더 많이 노출되고 수분 함량이 높아져서 미생물 부하가 증가할 수 있다. 신선한 육류의 가공과정에서 오염은 이동 시 사용되는 지저분한 컨베이어 벨트에 의해서도 이루어진다. 보관 시 부적절한 온도조절이나 육류와 육제품이 신속하게 유통 되지 않는 것 또한 부가적 요인이다. 더욱이, 동물의 장에서 나온 배설물이 도축과 절단 동안 육류를 오염시킬 수 있다. 오염된 절단 덩어리가 다른 도살물을 오염시키는 원인이 될 수 있다.

Lactobacillus: lack-toe-bah-SIL-lus

발효(fermentation): 식품 산업에서, 산소가 있든 없든 음식의 성질을 바꾸는 모든 생물학적 과정.

부패(putrefaction): 상했음이라고도 함; 종종 끈적임으로 감지되는 단백질의 분해.

Escherichia coli: esh-er-EEkey-ah KOH-lee

Lactobacillus 및 *Leuconostoc* 같은 세균속은 젖산이 **발효(fermentation)**의 주요 산물이므로 **유산균(lactic acid bacteria, LAB)**이라고 한다. 육류판매대나 정육점에서 육질이 상했는지 여부의 조기 징후를 고기 표면의 붉은색 감소와 유산균에 의한 **부패(putrefaction)**로 인해 표면의 점액과 함께 갈색빛 또는 회색빛이 보이는 것에서 알 수 있다. 이들 종은 인체의 건강에 해롭지는 않지만 조리 후에도 이상한 맛과 냄새를 풍길 수 있다.

리콜되는 소고기의 대부분은 진공 포장 및 밀봉된 포장의 미생물 오염 때문이다(**그림 12.7A**). 종종 대장균(*Escherichia coli*)에 오염되어 리콜되기도 한다. 대부분의 균주는 무해하지만, *E. coli* O157:H7이라는 균주가 식중독 발생과 관련이 있다.

그림 12.7 포장육류.

(A) 다진 고기에 대한 리콜은 대부분 진공 포장 및 밀봉된 포장에서 발생했다.

(B) 보존제를 포함한 가공육은 포장된 분쇄육하고는 다른 부패 미생물군집에 의해 일어난다.

(A) and **(B)** Courtesy of Dr. Jeffrey Pommerville.

가공육

런천미트와 후랑크소시지 같은 가공육은 여러 다양한 육류제품이 함께 섞여 만들어진다(**그림 12.7B**). 따라서 식품부패 미생물들로 오염될 수 있다. 이 제품들은 소금, 아질산염/질산염 그리고 부패와 관련된 미생물군집을 변화시키는 방부제들이 포함된다. 소시지 같은 발효육에는 부패 미생물에게 유독한 여러 다양한 유기화합물들이 포함되어 있기 때문에 잘 부패되지 않는다.

햄, 베이컨 및 쇠고기 통조림과 같은 경화육은 미생물의 수분을 제거하는 다량의 소금을 처리하여 미생물을 제거한다. 그러나 LAB종은 염분을 견디고, 경화육의 탄수화물을 젖산으로 발효시킨다. 이것은 고기를 상하게 하고 불쾌한 냄새와 맛을 내게 한다. 또한 박테리아 세포들은 포장을 부풀게 하고, 과산화수소를 생성하는 점액 물질과 가스를 만든다. 이 가스는 빨간색 고기를 초록으로 변화시키고, 고기가 상해 보이도록 만든다.

핫도그와 델리미트 같은 일부 즉석식품은 *Listeria monocytogenes*균에 오염될 수 있다. 이런 육류의 섭취는 선회증이라는 식품매개성 질환을 유발하기도 한다. 주로 노인, 임산부, 어린이처럼 면역력이 약한 사람들에게서 발병되는 치명적인 감염이다. 이 병원균은 냉장온도에서도 자랄 수 있기 때문에 더욱 주의를 필요로 한다.

Listeria monocytogenes: lis-TEH-ree-ah mah-no-sigh-TAHjeh-neez

가금류와 달걀

가금류의 오염은 깃털, 껍데기와 발 등에서 발생한다. 동물의 배설물로 인한 교차 오염은 닭을 도살 시설로 운반하는 과정과 가공처리 과정에서 발생할 수 있다.

가금류의 부패는 주로 외부의 껍질 표면에 한정된다. 악취, 변색 및 끈적거림 등으로 감지될 수 있다. *seudomonas*, *Aeromonas*와 *Shewanella* 종은 가금류의 부패를 일으키는 가장 흔한 세균 중 하나이다.

살모넬라 속의 균들은 가금류에서 질병을 일으킬 수 있다. 이 균종 가운데 어느 것이 가금류 제품을 통해 소비자에게 전염되면 살모넬라증을 일으키는 감염을 유발할 수 있다. 이 식품매개성 질환은 설사, 발열, 구토 및 복부경련 증상을 나타낸다. 가금류의 다른 일반

Aeromonas: AIR-oh-mo-nass

Shewanella: shoo-ah-NELL-ah

Salmonella: sal-mon-EL-lah

Campylobacter: kam-pill-oh-BAK-ter

적인 감염은 *Campylobacter* 박테리아에 의해 발생한다. 오염된 날것이나 덜 익힌 가금류를 먹으면 캄필로박터증을 유발할 수 있다. 이 증상은 살모넬라증의 증상과 매우 유사하다.

Proteus: PROH-tee-us

난류는 일반적으로 산란시 무균 상태이다. 그러나 껍질과 내부 껍질 막 같은 외부의 왁스막에 일부 세균들에 의해 침투될 수 있다. *Proteus*종이 시스테인을 분해하고 황화수소 가스를 발생시키면 달걀이 검게 상한다. 이것은 검은 침전물을 만들고 썩은 달걀에서 악취를 유발한다(**그림 12.8**). 계란의 부패는 노른자가 붉은 색소를 생성하는 세라티아의 성장에 의해 핏빛으로 변하면서 발생한다. 사실, 계란 오염의 주요 위치는 흰자위가 아닌 노른자에 있다. 노른자가 더 영양가가 높고, 흰자위는 성장에 불리한 약 9.0의 pH를 가지고 있다. 또한 계란 흰자위에 함유된 리소자임은 그람 양성 세균종을 억제한다. 통에그 커스터드, 마요네즈, 에그노그 등 계란이 들어간 가공식품도 살모넬라증의 원인이 될 수 있다.

해산물

어류는 단백질과 아미노산 함량이 높아 부패하기 쉬운 식품이다. 어류를 오염시키는 미생물은 어류가 살고 있는 환경에 자연스럽게 적응하므로, 수온은 어류의 몸 속에 있는 부패균의 수와 종류에 큰 영향을 미친다. 종종 부패균이 아가미에서 높은 농도를 보이는데, 이는 물이 빠져나가면서 미생물이 아가미에 남게 되기 때문이다. 부패의 또 다른 원인은 어류를 보관하고 운반하는 데 사용되는 상자들이다. 나무의 균열, 흠집 및 파편(splinters)이 어류 안에 미생물을 가두고(trap), 번식시킬 수 있다.

Bacillus: bah-SIL-lus

Acinetobacter: a-sih-NEH-toe-bak-ter

미생물 부하는 낮은 온도의 물속에 사는 어류보다(주로 *Acinetobacter*, *Aeromonas*, *Pseudomonas*, and *Shewanella*) 따뜻한 아열대나 열대지역의 바다(주로 *Bacillus*, *Micrococcus*)에서 잡히는 어류에서 높다. 따라서, 냉장은 육류에서 만큼 긴 기간 동안 효과적이지 않다. 냉동, 염장 또는 건조가 효과적이다.

상한 생선에서 나는 특이한 냄새는 주로 부패 때문이다. 어류는 그들의 자연 서식지에서 나오면 빨리 죽는다. 만약 그 어류가 오염되었다면, 일부 세균종이 생선살 조직에서 트리메틸라민 옥사이드를 드리메닐라민으로 분해한다. 이 화학물질은 썩은 생선에서 지독한 냄새를 풍긴다.

그림 12.8 썩은 달걀. 드물기는 하지만, 사진에서처럼 검은 썩은 부분이 나타난 부패한 달걀은 수퍼마켓에 보내지기 전까지도 눈에 보이지 않았던 달걀껍질의 작은 구멍을 통해 오염된 것이다.

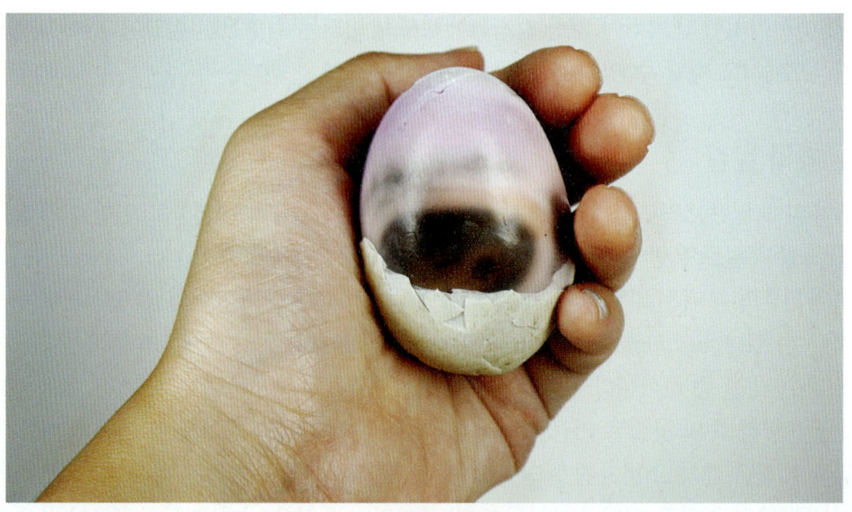

랍스터와 게 같은 갑각류는 열처리될 때까지 살아 남는다. 이것은 잡힌 후 곧바로 죽는 새우보다 부패균이 덜 오염되었다는 것을 의미한다. 조개, 굴, 홍합은 물에서 작은입자를 걸러내면서 음식을 섭취한다. 만약 물이 미생물로 오염되어 있다면, 이 조개류들 속에서 미생물들의 농도가 높아질 수 있다. 전형적인 보고된 질병은 A형 간염, 장티푸스, 콜레라 또는 기타 장질환 등이 포함된다.

우유 및 유제품

유제품의 부패는 제품 속에 원래 존재하던 미생물 이상의 증식이 일어날 때 발생한다. 부패 여부는 풍미상실, 악취 및 식감과 외관상의 변화로 알 수 있다.

우유

우유는 매우 영양가가 높은 식품이다. 단백질, 지방과 탄수화물과 상당한 비타민 및 무기질의 공급원이다. 우유는 pH가 약 7.0이고, 인간 및 동물에게 탁월한 영양소를 함유하고 있다. 따라서 미생물들에게도 증식에 좋은 배양지이다.

우유의 약 87%가 수분이고, 2.5%는 단백질, 그리고 5%는 탄수화물로 되어 있다. 우유에만 존재하는 주요 탄수화물은 우유당인 유당이다. 유당은 비교적 적은 수의 박테리아 종들에 의해 소화되며, 이들 종은 대개 무해하다. 우유의 가장 중요한 성분은 유지방으로, 버터로 변환되는 지방의 혼합물이다. 박테리아 효소가 이 지방을 지방산으로 분해하면, 우유와 버터는 산패하여 신맛을 낸다.

우유 부패는 주방의 냉장고나 슈퍼마켓의 유제품 상자에서 일어날 수 있다. *Pseudomonas*균에 의한 오염은 낙농장의 환경, 착유 및 가공 장비, 직원(employees) 또는 공기에 의해 유발된다. *Pseudomonas*는 우유 부패에 있어 중요한 역할을 한다. 이 세균들은 가공유의 질과 유통기한을 감소시키는 많은 효소를 생성한다. 그 결과, 우유는 풍미상실과 산패한 냄새를 풍기게 된다.

우유는 일반적으로 암소의 젖에서 무균상태지만, 젖을 짜는 관을 통해서 LAB에 오염될 수 있다. 적절하게 냉장(저온살균)되지 않으면, LAB는 젖산과 초산을 축적할 만큼 많은 양으로 증식해서 우유가 시큼해진다. LAB는 또한 우유의 점성을 증가시키는 성분을 생산하는데, 끈적이는 질감을 만들어서 우유의 또 다른 결함을 유발한다.

유제품

유제품은 영양소의 제거나 농축, 낮은 pH, 또는 수분함량의 감소로 인해 액체 우유와는 다른 부패균의 증식 환경을 갖는다. 효모와 곰팡이류의 존재는 요거트, 사워 크림, 버터밀크의 부패를 유발할 수 있는데, 이는 이러한 부패 유발 미생물의 성장에 최적 산도를 유지함으로써 가능하다. *Pseudomonas*와 *Enterobacter*와 같은 세균이 제품을 오염시키고 증식되면 크림이 산패될 수 있다.

치즈는 요거트보다 산도가 낮지만 소금이 더 들어있고, 수분은 감소되어 있다. 웨지치즈나 통치즈가 냉장고에 너무 오래 보관되어 있다면, 곰팡이류가 증식을 시작하고 조금씩 치즈를 부패시킬 것이다. 경질과 반경질 치즈는 대부분 곰팡이류의 증식을 억제할 수 있는 낮은 수분함량(50% 미만)과 약 pH 5.0의 상태이다. 연질치즈는 좀 더 빨리 부패된다. 이러한 연질치즈를 오염시키는 일반 세균종에는 *Pseudomonas*, *Alcaligenes*, *Flavobacterium*

Enterobacter: en-teh-roh-BACK-ter

Alcaligenes: al-kah-LIH-jen-eez

Flavobacterium: flay-voh-bak-TIER-ee-um

Penicillium: pen-ih-SIL-lee-um

이 있다. 치즈의 부패 문제는 낮은 품질의 우유를 사용하거나 생산공정의 비위생적인 조건이나 포장이 개봉된 후 치즈에 들러붙은 곰팡이 포자(일반적으로 *Penicillium*)로 인해 발생된다.

과일과 채소

신선한 농산물(과일과 채소)의 부패는 미생물의 증식에 의한 색, 향, 식감, 냄새의 변화등과 관련되어 있다.

과일

Rhizopus: rye-ZOH-puss

Erwinia: err-WIH-nee-ah

Xanthomonas: zan-tho-MO-nass

과일은 식물에서 씨를 포함하고 있는 기관이다. 상처 나지 않은 과일에도 표면에 미생물이 묻어 있다. 결과적으로, 일단 익으면 과일의 세포벽은 약해지고, 수확하는 동안의 물리적 손상에 의해서 표면 미생물이 이용할 수 있게 외부 보호막이 찢어질 수도 있다. 레몬과 오렌지 같은 감귤류에서 곰팡이의 성장은 일반적이다(**그림 12.9**). *Penicillium*과 *Rhizopus*은 부패균이다. *Erwinia*와 *Xanthomonas* 같은 효모와 일부 세균은 과일의 부패를 유도하고, 특히 잘라서 포장된 신선 과일류에 문제를 일으킬 수 있다.

과일 주스는 비교적 당도가 높고, pH가 낮기 때문에 효모와 곰팡이 그리고 약간의 산에 대한 내성을 가진 세균 종의 생장에 유리한 조건이다. 그러나 대부분의 주스에는 산소가 부족하므로 곰팡이류의 증식이 억제된다. LAB는 오렌지와 토마토 주스를 부패시킬 수 있다.

채소

채소류는 뿌리, 줄기 및 잎을 포함하며 식물에서 열매를 맺지 않는 부분을 말한다. 이 식

그림 12.9 곰팡이가 핀 과일. 오렌지 위에서 자란 페니실리움 속. 일부 곰팜이류는 약산성의 성장환경에서 잘 자라기도 한다.

Courtesy of Dr. Jeffrey Pommerville.

물 부분은 중성 pH와 높은 수분함량을 갖고 있어서 부패균의 영양 공급원이 된다. 채소류는 자라면서 많은 토양 속의 미생물에 노출되지만, LAB와 같은 많은 부패균은 토양에서 자라지 않는다. 따라서 대부분의 미생물성 부패는 식물체 표면의 기계적 손상과 냉동학적 손상이 발행한 후에 일어난다. *Erwinia* 종은 부패의 대부분을 발생시키는데, 다양한 종류의 채소와 관련이 있다.

채소에서의 가장 일반적인 부패는 표면조직이 연화되는 것으로, **무름병(soft rot)**이라고 불린다. 조직이 분해되면서 점차 끈적이는 점성물질이 된다. 이후 전분질과 당이 대사된 다음, 불쾌한 냄새와 맛이 젖산과 에탄올과 함께 발생한다. Erwinia 이외에도 여러 Pseudomonas종 그리고 LAB는 중요한 부패균이다.

Rhizopus, *Alternaria*, *Botrytis*를 포함한 여러 속들에 속하는 곰팡이는 채소를 썩게 하거나 색과 조직 또는 썩었을 때 산성물질을 발생시키는 원인이 된다.

곡물 및 빵제품

시리얼 곡류(예, 옥수수, 귀리, 밀, 쌀, 보리)는 파스타나 빵제품을 위한 밀가루나 식사의 준비를 위해 갈린다. 또한 간식과 아침용 시리얼을 만드는 데 가공되고 사용되기도 한다. 이런 제품들은 수분함량이 낮아서 대부분의 미생물이 자라지 못한다. 그러나 이런 제품에는 "서늘하고 건조한 곳에 보관하세요"라는 문구가 표기되어 있는데, 여기에는 중요한 의미가 담겨져 있다.

곡류는 생장, 수확, 건조, 저장 동안 다양한 미생물에 자연스럽게 노출된다. 곰팡이류가 가장 일반적인데, 곡류의 수분함량이 낮기 때문이다. 곡류 부패의 두 가지를 아래에서 다루었다.

첫 번째 오염의 예는 *Aspergillus flavus* 곰팡이균에 의해 발생한 것이다. 이 균류는 땅콩과 콩류 뿐만 아니라, 밀과 같은 시리얼 곡류에서 아플라톡신이라는 독성물질을 생산하고 **축적(aflatoxin)**한다. 이 독소는 곡류품의 섭취와 오염된 곡물 사료를 먹은 동물의 고기를 섭취함으로써 발생할 수 있다. 과학자들은 아플라톡신이 사람의 간과 대장에서 암을 유발할 수 있다고 보고하였다.

Aspergillus flavus:
a-sper-JIL-lus FLAY-vus

두 번째 곰팡이 곡류 부패의 예는 *Claviceps purpurea*이다. 호밀은 특히 곰팡이에 취약하지만 밀과 보리 또한 영향을 받을 수 있다(**그림 12.10**). *C. purpurea*가 축적된 곡류를 섭취할 경우 축적된 독소는 맥각중독(**맥각병**, **ergotism**)을 일으킨다. 맥각중독은 경련과 환각 등의 신경계 증상을 유발한다. 실제로, 환각성약물인 LSD(lysergic acid diethylamine)는 맥각 독소에서 유래되었다.

Claviceps purpurea:
KLA-vi-seps purr-POO-ree-ah

빵제품의 생산에서 밀가루, 계란과 설탕은 미생물 부패의 근원이다. 대부분의 미생물이 굽는 과정에서 죽지만, *Bacillus* 포자는 높은 오픈 온도에서도 빵 반죽의 안쪽에서 살아남을 수 있다. 빵을 식히는 동안, 포자는 발아하고 증식을 시작한다. *Bacillus* 일부 균종은 "점액질화"라고 불리는 빵 상태를 유발하는 것으로 악명이 높다. 이것은 빵이 물러지고, 치즈처럼 길고 질긴 실 같은 형태이다. 세포가 전분을 분해해서 끈적이는 다당류를 생성하기 때문이다. 효모는 빵과 과일케이크의 표면에 하얗게 묻어나면서 악취를 풍기는 부패를 유발한다.

같은 조건에 있는 식품들은 각기 다른 속도로 부패한다. 따라서 유통기한을 아는 것이 중요하다. **표 12.1**에 상용 식품들의 유통기한을 나타내었다.

그림 12.10 맥각. *Claviceps purpurea* can grow(맥각균)는 맥각을 일으키는 식물에서 자랄 수 있다(길고 진한색으로 나타나는 구조). 곰팡이에 오염된 곡물이나 씨앗을 섭취하면 맥각중독을 유발할 수 있다.

표 12.1 가정의 냉장고에서 발견되는 여러 식품의 유통기한

식품	일반적인 저장 수명
우유	7일
요거트	7~14일
신선한 달걀	3~5주
갈은 소고기	2일
핫도그	2주 (미개봉) 1주 (개봉)
베이컨	1주
생닭	2일
오렌지 주스	7~10일
맥주	6주
와인	1주 (코르크 마개 하지 않음)
케첩	5개월
마요네즈	3개월
피클	6개월
땅콩버터	4개월
젤리	5개월

Data taken from FDA.

12.3 식품 보존: 미생물 차단

수 세기 전까지, 사람들은 식품을 안정적으로 공급받기 위해 자연환경과 싸웠다. 어떤 때는 짧은 성장기가 있었다; 때로는 메뚜기떼가 작물을 뒤덮기도 하고, 때로는 식량의 부족에 대처해야만 했다. 그러나 사람들은 채소를 건조하고, 고기와 생선에 소금을 절이는 등 식품을 보존하는 경험으로부터 어려운 시기를 극복하는 법을 배웠다(**그림 12.11**). Pasteur가 1860년대에 식품의 질이 미생물에 영향을 받는다는 것을 밝히면서, 사람들은 미생물 개체수를 줄이고, 식품을 섭취할 때까지 낮은 수준으로 유지하기 위한 새로운 식품 보존법을 찾기 시작했다. 현대의 식품 보존법도 여전히 같은 목적으로 시행되고 있다.

식품 보존(food preservation)은 식품의 변질과 부패를 지연시키거나 방지하고, 유통기한을 연장하기 위한 다양한 방법과 절차로 구성된다. 이 과정은 또한 소비자들이 부패의 진행이나 병원균이 없음을 확인할 수 있어야 한다. 오늘날의 보존법은 과학에 기반을 두고 있지만, 식품의 복잡한 특성의 증가와 보관할 다량의 식품에 의해 균형을 맞추면서 발달되어 왔다. 따라서 초기 인류가 직면한 식품 보존 문제들은 오늘날의 식품 기술자들과 식품 산업에 직면한 것과 근본적으로는 다르지 않다. 이번 절에서 볼 수 있듯이, 일부 보존 방법은 오래된 방법이다(old standby).

물리적 보존 방법

식품의 물리적 조작은 미생물 생장에 매우 극단적인 조건을 만들 수 있다. 그러한 조건들은 미생물의 생장을 억제하고, 미생물 세포를 죽이며, 식품에서 미생물을 기계적으로 제거할 수 있다. 이런 물리적 방법은 제7장의 “증식과 대사”에서 자세하게 논의 되었으므로, 이 장에서는 식품의 보전과 관련된 것만 설명할 것이다.

열에 의한 보존

열은 미생물을 제거하기 위해 가장 널리 사용되는 방법이다(**그림 12.12**). 단백질은 습열환경에서 삼차원 구조와 생물학적 활성을 소실한다. 구조단백질과 효소가 이런 변화를 겪

그림 12.11 생선 염지. 수세기 동안, 식품을 보관하기 위해 소금을 사용하는 방법과 건조시키는 방법이 사용되어 왔다. 이 그림은 그린랜드 Fiskerness에서 대구를 건조하는 그림이다.

그림 12.12 식품 미생물학에서의 중요한 온도 고려 인자들. 통조림 또는 살균 공정에서 수행되는 각종 온도를 보임.

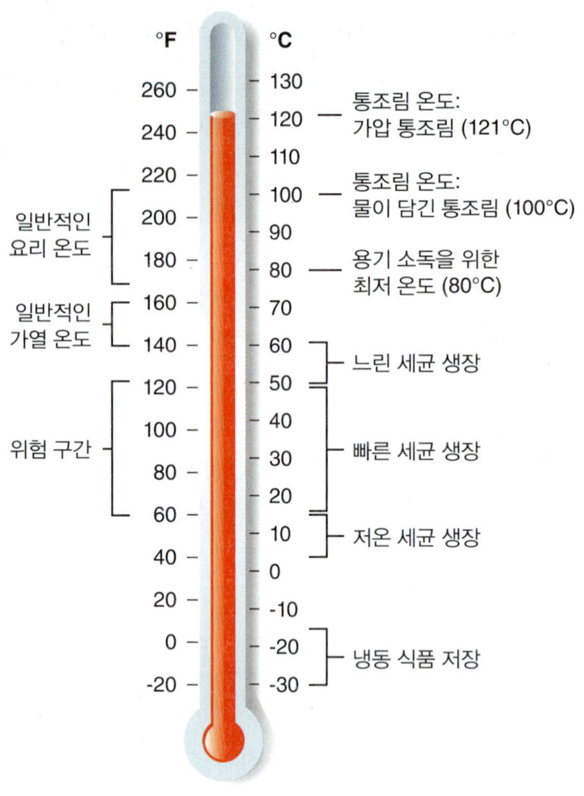

는 동안 대사는 중단되고, 미생물들은 죽게 된다. 따라서 질병관리본부(CDC)에서는 익히지 않은 햄버거 고기 같은 식품들은 조리를 잘 한다고 제안한다.

저온살균(pasteurization) 과정은 1850년대에 Louis Pasteur가 와인이 식초가 되는 것을 막기 위해 세균을 제거함으로써 개발되었다. 서서히 가열하는 방법은 약 1870년 무렵 덴마크에서 우유에 적용되어 1895년에 널리 알려졌다. 저온살균의 주요한 목적은 우유에서 세균성 병원균을 제거하는 것이었지만, 부패균이 가열 과정에서 99% 가까이 제거된다(**그림 12.13**). 그럼에도 불구하고, 스트렙토코커스(*Streptococcus lactis*)처럼 일부 살아남은 미생물이 냉장된 우유에서 서서히 증식이 가능하다. 그 숫자가 밀리리터당 2천만 개에 이르면 우유의 신맛을 내기에 충분한 젖산이 생성된다. 우유의 유통기한은 신맛이 발생하는 시기를 기준으로 정한다.

Streptococcus lactis: strep-toe-KOK-us LAK-tiss

상업적 살균법(commercial sterilization): 식제품에서 모든 병원균을 제거하는 공정.

식품 기술에서 가장 유용한 열처리법은 포장 후 식품에 적용되는 **상업적 살균법(commercial sterilization)**인 **통조림(canning)**이다. 현대의 통조림법 과정은 복잡하다. 기계가 씻고, 분류하고 식품의 등급을 매긴 후 3~5분간 증기로 열을 가하는데, 이 마지막 과정을 **블랜칭(blanching)**이라고 하며, 식품의 효소들을 분해하여 세포의 대사를 막는다. 다음으로 껍질을 벗기고 알맹이를 빼내는 등의 과정을 거친 식품은 캔, 유리병, 또는 다른 형태의 포장용기에 넣어진다. 용기에서 공기를 빼고, 식품에 맞는 pH, 농도, 열통과율을 적용하여 121°C 이하의 온도에서 고압멸균기와 비슷한 가압 증기 살균기에 넣어 살균한다.

통조림 과정의 모든 단계에서 오염이 발생하지 않도록 꼼꼼하게 모니터링되어야 한다(**그림 12.14**). 부적절한 가열온도, 불량 캔, 잘못된 밀봉 등이 통조림 식품을 오염시킬 수 있다. 부패한 통조림 식품은 악취가 나고, 가스를 생성한 캔이 부풀어 오르기 때문에 가정에서도 오염을 대체로 확실히 알 수 있다. 일반적인 오염균은 *Escherichia*, *Serratia*,

© Baloncici/Shutterstock.

그림 12.14 산업적인 캔 봉입 과정. 감시자(관리자)는 멸균상태가 잘 유지되는지 여부를 확인하기 위해, 캔에 내용물이 봉입되는 전체과정을 관찰한다.

© Viktor Drachev/TASS/Getty Images.

그림 12.13 우유 저온살균기. 우유는 파이프라인을 따라 지나가게 되고 열처리가 가능한 큰 가열구간으로 부어진다. 가열된 우유는 기호도에서의 변화를 방지하기 위해 급속히 냉각된다.

*Enterobacter*속 세균들이다. 산 발생 미생물의 생장은 가스를 발생하지 않기 때문에 캔의 모양으로는 오염을 알 수 없다. 그러나 이러한 식품은 대체적으로 발생된 산으로부터 발효한 신맛을 가진다.

병원균에 의한 통조림 식품의 오염은 *Clostridium tetani* 같은 통성 또는 혐기성 세균에 의한 것으로, 식품을 먹을 때 보툴리누스증을 일으킬 수 있는 독소를 생성한다.

Clostridium tetani: kla-STRIHdee-um TEH-tahn-ee

냉장 보존

오늘날 포장된 많은 식품들은 냉장보관하여 품질을 유지한다. 냉장고나 냉동실에서 온도를 낮게 유지하는 것은 미생물의 효소활성 속도를 감소시키고 생장과 번식을 늦추는 반면, 식품의 유통기한은 늘린다(그림 12.12 참조). 모든 미생물들이 죽지는 않았을지라도 숫자를 적게 해서 부패를 최소화한다.

최신 냉장고는 5°C에서 제품, 외관, 맛 또는 세포의 무결정성(cellular integrity) 파괴 없이 식품을 보존하기에 적당한 환경을 제공한다. 그러나 **저온(psychrotrophic)** 미생물들은 냉장에서 살아남고, 충분한 시간이 주어지면 고기 표면을 녹색으로 변화시키고, 달걀을 상하게 하며, 과일에 곰팡이를 피우고, 우유에서 신맛을 내게 한다.

저온(psychrotrophic): 미생물이 생존하거나 저온환경에서도 번식할 수 있는 온도.

식품이 −18°C 냉동고에 보관될 때 얼음결정이 생성되는데, 이에 따라 미생물이 분해되어 상당수가 사멸된다. 그러나 얼음결정이 식품 세포도 똑같이 파괴하기 때문에 생존한 많은 미생물은 식품이 해동될 때 식품의 영양소를 이용하여 빠르게 증식한다. 따라서 냉동식품은 냉장에서 해동하고 조리하는 것이 권장된다. 더욱이 식품은 재냉동해서는 안 된다. 해동하는 동안 영양소가 소실되면서 미생물이 자라게 된다. 해동한 식품을 재냉동하게 되면, 재해동하는 동안 미생물의 부패가 빠르게 일어날 수 있다.

영하 60°C에서 급속 냉동을 하면 얼음결정이 더 작아지고, 미생물의 물리적 손상은 덜 하지만, 생화학적 활성은 상당히 감소하게 된다. 일부 식품 생산자는 급속 냉동 전에 미생물 수를 더 줄이기 위해서 습열을 가볍게 가하는 블랜치법을 병행한다. 냉동의 주요한 결점은 수분 증발로 인해 식품의 건조로부터 발생되는 냉동화상이다. 또 다른 단점은 에너지 소모가 상당하다는 것이다. 그럼에도 불구하고, 냉동은 Clarence Birdseye가 1920년대 냉동식품을 판매하기 위해 처음으로 시작한 이래로 보존의 주요한 수단이다. 미국의 모든 보존 식품의 약 1/3은 냉동이다.

건조

식품 보존을 위해서 수백 년 간 이어져 온 방법으로는 건조가 있다. 지난 수세기 동안 사람들은 태양을 이용하여 건조하였으나, 현대에는 기술이 발전하여 수준 높은 기계를 개발하였다. 예를 들어, 스프레이 드라이어(분무건조기)가 커피처럼 고운 미스트를 뜨거운 공기를 함유하고 있는 배럴 실린더로 배출한다. 수분은 빠르게 증발되고, 커피 파우더가 실린더의 바닥으로 떨어진다. 또 다른 건조용 기계로는 가열 드럼이 있다. 기계가 스프와 같은 액체를 드럼의 표면에 쏟아 붓고, 수분이 급속하게 증발되어서 건조된 스프를 긁어낸다. 세 번째 기계는 열원 히터로, 우유와 같은 액체를 뜨거운 공기 흐름에 노출시키는 것이다. 공기가 물을 증발시키므로 해서 건조된 우유 고형분이 남게 된다.

지난 수십 년 동안, 냉동건조 또는 **동결건조(lyophilization)**는 식품보존에 매우 중요한 방법이었다. 이 과정에서 식품은 급속냉동되는데, 진공 펌프가 액체 상태를 거치지 않고 기체 상태(수증기)에서 얼음을 빼낸다(**그림 12.15**). 건조된 제품은 호일로 밀봉되고 물을 가하면 다시 원상태로 복원된다. 등산이나 캠핑 시 동결건조된 식품들은 가볍고 내구력이 좋아 상당히 유용한데, **A CLOSER LOOK 12.2**에서 알 수 있듯이, 페루의 고대 잉카인들은 수백년 전부터 식품의 동결건조 방법을 이용하였다.

기타 보존법

몇 가지 다른 식품보존법이 다양한 식품에 사용될 수 있고, 오래전부터 사용된 방법들도 있다.

자연 방부제

식품 속의 수분은 미생물을 자라게 하고, 제품을 부패하게 한다. 소금이나 설탕 같은 자연 방부제를 사용하면 수분이 미생물의 생장을 억제할 수 있다. 살아있는 세포에 소금이나 설탕의 많은 양이 들어가면 수분이 세포막을 통해서 세포 밖과 주변 환경(조직)으로 빠져 나온다.

"염장법"은 수세기 동안 식품보존에 사용되었다. 예를 들어, 햄과 베이컨 같은 생선과 생고기는 식염(염화나트륨)을 사용하여 보존하였다. 이런 고염처리된 식품에서 미생물은 탈수와 수축을 거쳐 죽게 된다. 잼, 젤리, 과일, 메이플시럽, 꿀과 같은 이런 제품들은 설탕을 고농도로 첨가하거나(잼) 자연적으로 발생되는(메이플시럽과 꿀) 방식으로 보존된다.

그림 12.15 동결건조. 동결건조는 4단계 과정이다. 최종산물은 가볍고 대부분이 영양물질과 기호 상태(맛, 향 등)를 유지하고 있다.

1 신선식품을 세척 후 세절된 뒤 동결 시켰다.

2 동결된 제품을 −46°C의 저온 압력챔버에 넣고, 가열휘발하는 방법을 통해서 동결제품 내의 빙결정 수분을 제거하였다.

3 동결 건조된 제품을 수집한 후, 적합성 여부를 조사하였다.

4 동결건조된 제품을 영양성분, 향, 신선도 유지를 위해 진공포장 용기에 담아 포장하였다.

https://www.produceforkids.com/skip-chips-add-crunch-lunchboxes-crispy-green/cg-freeze-dry-process/. Photos: (1) © GCapture/Shutterstock; (2) © P Maxwell Photography/Shutterstock; (3) © FeyginFoto/Shutterstock.

A CLOSER LOOK 12.2

"짓이겨 놓은 감자"로부터 시작되다

냉동건조 혹은 동결건조는 액체 상태를 거치지 않고서 물질로부터 물을 제거하는 것을 말한다. 동결건조 식품류는 다른 보존식품보다 오랫동안 보존되고, 매우 가벼워 배낭족부터 우주비행사에 이르기까지 모든 이에게 완전하다. 그러나 동결건조의 기원은 페루의 과거 잉카시대로 거슬러 올라간다.

동결건조의 기본 공정의 시작은 남아메리카 안데스 산맥의 높은 고지대에 살았던 콜롬비아 이전의 잉카 문명으로 알려져 있다. 잉카시대는 감자를 포함한 수확한 식품류를 높은 산에 저장하였다. 잉카인들이 처음 그들의 발로 짓눌렀을 때 감자가 짓이겨지면서 수분의 대부분이 유출되었다. 그리고 추운 산에서의 온도에 의해서 짓이겨 놓은 감자가 얼었고, 남은 수분은 안데스의 높은 위도의 낮은 공기압하에 내부에서 천천히 증발되었다.

오늘날 페루에서는 *chuno*로 불리는 말린 감자식품을 비슷한 과정으로 생산하고 있다. 그것은 원래 감자의 영양 특성의 대부분을 유지하고 있으며, 동결건조된 가루인 *chuno*은 최대 4년간 저장할 수 있다.

상업 시장에서, 네슬러 사는 1938년에 브라질로부터 커피 원두의 잉여분을 이용할 수 있는 해결책을 찾아달라는 요청을 받았다. 네슬러는 커피 원두의 잉여분을 동결건조 가루로 가공하는 공정을 개발함으로써 오랫동안 보관할 수 있었다. 그 결과, Nescafe 커피가 처음으로 스위스에 도입되었다. 한편, 제2차 세계대전 중에 동결건조 공정이 산업 공정으로 발전했다. 군대는 혈장과 페니실린이 필요했는데, 동결건조가 이러한 물질을 보존하고 운반하는 가장 좋은 방법임이 밝혀졌기 때문이다.

오늘날 400여 개 이상의 상업적 식품 생산에서 동결건조 방식을 이용한다. 의약 분야에서 동결건조는 효소, 항생물질, 백신, 약품류, 혈액분획물 그리고 진단시약 등의 유통기간을 확장하거나 보존하는 방법으로 선택된다. 모든 동결건조된 상품의 이점은 동결건조 공정에 의해 생성된 다공성 구조 덕분에 쉽고 빠르게 녹는 것이다.

이것이 바로 잉카인들이 감자를 짓이긴 것으로부터 시작된 동결건조 방식인 것이다.

그림 A 잉카 후예 여성이 안데스산에 있는 작은 농장에서 감자를 건조시키기 위한 준비를 하고있다.

© Joel Shawn/Shutterstock.

조사

조사(Irradiation): 식품이나 식품 포장 용기 (포장된 식품)에 감마선과 같은 빛을 쪼이는 것.

일부의 사람들은 방사선 **조사(Irradiation)**된 식품에 대해 우려하지만, 식품보존을 위한 미국 식품의약품 안전청에서 승인된 다양한 형태의 방사선이 있다. 예를 들어, 감마선은 과일, 채소, 어류와 가금류를 며칠에서 몇 주간 유통기한을 연장시키는 데 사용된다. 이 형태의 방사선은 또한 식품의 이동거리를 늘려주고, 가정에서의 식품 기한을 유의적으로 연장시켜준다. 보건당국은 이러한 식품의 방사선 조사가 식품을 방사성으로 만들지 않는다는 점에 주목한다. 방사선이 식료품을 통과하면, 미생물의 DNA와 다른 주요한 유기화합물을 파괴하여 미생물들을 사멸한다.

화학 보존제

식품에 사용되는 화학 보존제는 미생물의 생장을 억제해야 한다. 인체 내에서 부작용 없이 쉽게 분해되고 배출되어야 한다. 이 요구사항은 FDA에 의해 시행된다. 이 기준은 엄선된 식품보존제로 사용 가능한 화학물질의 숫자를 제한한다.

유기산(organic acid): 크기가 작은 산성의 특징을 갖는 탄소함유 물질.

화학적 보존제의 주요한 그룹은 소르빅산, 벤조익산과 프로피온산을 포함한 **유기산(organic acid)**들이다. 이 산들은 모두 천연성분이지만, 오늘날 대부분 화학적으로 제조된다. 이 화학물질들은 미생물의 막을 손상시키고, 아미노산과 같은 필수영양소의 흡수를 방해한다. 소르빅산은 곰팡이와 세균의 활성을 억제하므로, 첨가당, 치즈, 제빵 상품들에 첨가된다. 벤조익산은 음료, 잼 젤리에서의 곰팡이류 증식을 막아주는 반면에, 프로피오닉산은 제빵제품과 치즈에 첨가되어 곰팡이류의 증식을 막는다. 다른 식품의 천연 산 또한 보존제의 역할과 동시에 향도 더해준다. 사우어크라프트와 요거트에 있는 젖산 그리고 식초에 있는 초산이 그 예이다.

아황산염

이산화항 같은 **아황산염(sulfites)**은 과일과 채소, 와인, 소시지와 신선한 새우의 부패를 억제하기 위해 사용되는 첨가물이다. 가스나 액체 형태로 사용되는 이산화황은 건조된 과일에서 색상의 변화를 막기 위해 사용된다. 안타깝게도, FDA는 미국 인구의 1% 이상이 아황산염에 민감할 것으로 추정한다.

12.4 식품 안전 유지: 당면 과제

소비자 인식에 힘입어, 전체 식품산업은 FDA와 USDA에 의해 관리됨에 따라 식품 안전에 집중하게 되었다.

가장 중요한 식품 안전 시스템 중에 **HACCP(Hazard Analysis and Critical Control Point)**가 있다. 이것은 해산물, 육류, 가금류 산업에 대해 시행되는 일종의 과학 기반의 안전 규정이다(**그림 12.16**). HACCP 시스템에서 제조업자들은 식품 생산의 안전에 영향을 받는 **CCPs(critical control points**; 중요관리점)라고 불리는 개별적 처리 지역을 구분한다. 이것은 미생물뿐만 아니라, 병원균이 부패하기 쉬운 구역을 포함한다. CCPs는 작업과 관련된 모든 위험을 억제하거나 가급적이면 제거하도록 감독된다. 모든 가능한 위험요인들이 CCPs에서 통제되면 제품의 안전은 더 이상의 시험이나 검수 없이 보장된다.

표준 규정은 식품가공업자들이 기구, 장갑, 겉옷과 다른 접촉면의 청결 상태 등을 포함한 주요한 위생구역을 감시하고 통제하도록 요구한다; 원재료와 비위생적인 물건으로 인한 식품으로의 교차오염을 예방한다; 식품 오염을 초래할 수 있는 작업자의 건강상태 통제. 시스템과 모든 CCPs가 표준지침을 잘 지킨다면, 인간과 미생물 간의 경쟁은 우리에게 유리할 것이다.

그렇다면, 가정에서 식품 안전을 어떻게 실천할 것인가? **A CLOSER LOOK 12.3**에 질문을 제시하였다.

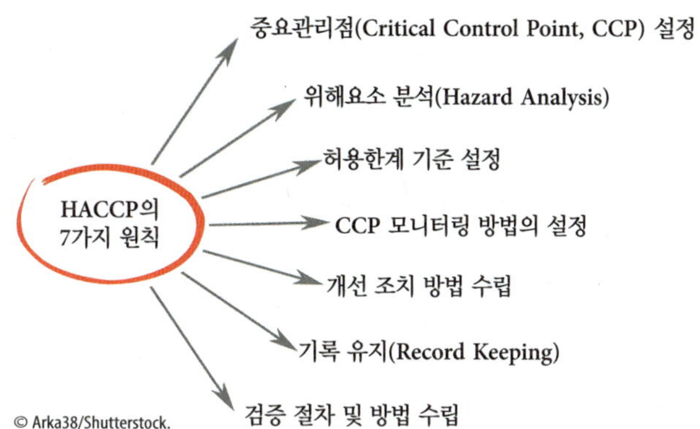

그림 12.16 HACCP 시스템 (위해분석 시스템). 식품의 안전을 위한 7단계 예방 시스템으로 최종 식품산물이 소비하기에 안전하다는 것을 확인하기 위한 시스템.

A CLOSER LOOK 12.3

제어하에 미생물 유지하기

당신의 집이나 아파트 내에서 식품 안전에 대하여 얼마나 알고 있는가? 만약 그렇다면, 아는 것을 실천하는가? 다음에 주어진 질문에 대한 통해서, 우리는 미생물이 숨어있는 곳과 제거하거나 통제해야 하는 장소를 알게 될 것이다.

1. 냉장고는 몇 도에 맞추어 두어야 하는가?
   a. 0°C
   b. 4°C
   c. 10°C
2. 냉동 생선, 육류, 그리고 가금류 식품들은 어떤 방법으로 해동하여야 하는가?
   a. 몇 시간 동안 내어둔다.
   b. 전자레인지를 사용한다.
   c. 냉장고 내에 둔다.
3. 날생선, 육류 또는 가금류를 도마 위에서 자른 후에, 어떻게 하는 것이 당신은 안전하게 하는가?
   a. 도마를 재사용하는 것이 안전하다.
   b. 축축한 헝겊으로 닦아내고 그것을 다시 쓰면 안전하다.
   c. 비누가 섞인 뜨거운 물로 도마를 씻어내고 표백으로 소독을 한 후에 재사용하면 안전하다.
4. 날생선, 육류 또는 가금류를 만진 후에 손을 어떻게 씻는가?
   a. 수건으로 닦는다.
   b. 뜨겁거나 차갑거나 따뜻한 수돗물로 씻는다.
   c. 비누와 따뜻한 물로 씻는다.
5. 최근 부엌의 씽크대 배수구를 소독하고, 쓰레기를 버린 것이 언제인가?
   a. 일주일에 한번.
   b. 매월
   c. 몇 개월에 마다
6. 먹고 남은 요리된 식품은 어떻게 해야 하는가?
   a. 냉장고에 넣기 전에 상온에서 식힌다.
   b. 음식을 먹은 직후 냉장고에 바로 넣는다.
   c. 밤새 또는 더 긴시간 동안 밖에 놓아 둔다.
7. 음식 재료가 놓였던 부엌의 작업대 표면을 어떻게 세척하여야 하는가?
   a. 뜨거운 물과 비누로 씻고 표백액으로 닦는다.
   b. 뜨거운 물과 비누를 사용한다.
   c. 따뜻한 물을 사용한다.
8. 막지막으로 요리한 햄버거는 어떤 상태였는가?
   a. 살짝 익힌 상태
   b. 중간 익힌 정도
   c. 많이 익힌 상태
9. 당신의 부엌에서 사용하는 스펀지와 행주는 얼마나 자주 빨아 놓아두는가?
   a. 매일
   b. 몇 주마다
   c. 몇 달마다
10. 일반적으로 당신의 집에서 접시는 어떻게 씻어서 두는가?
    a. 자동 세척기와 건조기를 사용하여 공기로 말려서 둔다.
    b. 여러 시간 동안 담궈 두었다가 같은 물에 비누를 풀어 씻어서 둔다.
    c. 즉시 씽크대에서 뜨거운 물로 그리고 비누로 씻고는 공기로 말린다.

해답

1. b; 2. c; 3. c; 4. c; 5. a; 6. b; 7. a; 8. c; 9. b; 10. a or c.

A Final Thought

오늘날, FDA는 우리가 먹는 식품의 약 80%의 안전을 보장해야 하는 책임이 있다. 여기에는 다른 FDA의 권한 하에 있는 비식품 제품도 포함된다. FDA는 매해 미생물 오염 제품을 회수한다. 수용성 의약품, 어린이용 약품, 동종 요법 약물 제품, 화장품과 안약 등이 포함된다. 이번 장에서 식품 부패를 논의하였지만, 미생물 오염은 다른 많은 비식용 제품에서도 문제가 된다.

Chapter Discussion Questions

What Was He Thinking?

이 장을 읽으면서, 저자가 전달하려고 했던 식품의 저장과 안전에 관한 5가지 주요 요점을 확인하고 토론하시오.

Questions to Consider

1. 보존 방법이 미생물의 증식을 억제한 경우, 영향을 받은 식품은 '영원히 계속된다'일까요? 설명하시오.
2. '식품안전 유지: 과제'의 마지막 절에서 '문제'가 아닌 '과제'라는 단어를 사용하는 이유는 무엇인가?
3. 온도계를 얻고 가정의 냉장고와 냉동고(또는 캠퍼스에 살고 있는 경우 가까운 편리한 물체)의 온도를 측정한다. 이 온도는 정상적인 유효 작동 범위 내에 있는가?
4. 과거의 경험에서, 상한 음식을 접한 몇 가지 예를 들 수 있다. 집, 직장, 레스토랑 등이었는가? 어떤 종류의 음식이 상했었는가? 그 음식은 어땠는가?
5. 그림 12.3을 참조하여 식품 부패로 인한 것이 아닌 식품 폐기물의 이유를 찾아보시오.
6. 식품 라벨을 볼 때 제품에 각인된 날짜가 보관 수명을 나타내는지, 유통기한 만료일을 나타내는지 어떻게 알 수 있는가?
7. 열대 국가의 음식은 매우 매운 경향이 있으며, 고추, 향신료, 마늘, 레몬 주스가 많이 포함되어 있다. 대조적으로, 추운 나라의 음식은 훨씬 맵지 않는 경향이 있다. 이 패턴은 시대를 넘어 왜 진화해 왔다고 생각하는가?
8. 토요일에, 스테이크와 1파운드 간을 구입하고 냉장고에 넣었다. 그는 월요일에 저녁 식사를 위해 어느 요리를 할 것인지를 결정해야 한다. 미생물학적으로 어느 것이 더 나은 선택인가? 그 이유는 무엇인가?
9. '저온 살균된 우유로 만든 요구르트' 또는 '저온 살균된 요구르트'를 구입할 수 있는 옵션이 있다고 가정하자. 어느 것을 선택할 것인가? 그 이유는 무엇인가? 한 잔의 요구르트 내에서의 '활발한 배양'이란 무엇인가?
10. 당신의 부엌 또는 친구 또는 가족 부엌을 보시오. 매우 썩기 쉽고, 반정도 썩기 쉽고, 썩지 않는 음식의 예를 확인하시오.
11. 식료품점에서 구입한 수프 캔을 보시오. 라벨은 영양 성분 표시에 1식 분량의 수프에 900 mg의 소금이 포함되어 있음을 보여준다. 캔 라벨에는 2인분이 포함되어 있다고 기재되어 있으므로, 캔에는 1.8g의 소금이 포함되어 있다. 이 소금 농도는 인간이 섭취하기에는 높은 농도인데, 수프 제조업체는 왜 소금 함량을 미생물학적으로 이렇게 높게 제조한 이유는 무엇인가?

Chapter 13

미생물과 식품: 미생물이 만들어낸 맛있는 메뉴

▶ 웨이터! 내 음식에 미생물이 있어요!

"마리아, 서두르지 않으면 늦을 것 같아!" 안젤라가 외쳤다.

마리아가 대답했다. "알았어, 알았어! 최대한 빨리 준비하고 있어. 근데, 오늘 저녁이 왜 그렇게 중요하다는 건지 도통 모르겠어. 넌 왜 그렇게 들떠 있니?"

"우리가 오늘 저녁에 먹는 음식들은 미생물을 중심으로 돌아가기 때문에 매우 기대하고 있어. 오늘 먹을 요리들은 모두 미생물을 주요 성분으로 해서 만들어질 거야." 안젤라가 설명했다.

"뭐라고? 제정신이니? 웨이터! 내 음식에 미생물이 있어요!라고 말할 거야." 마리아가 소리쳤다.

안젤라가 대답했다. "재밌네. 인류 역사의 초창기부터 미생물은 식품 공정에서 역할을 해 왔다고 생물학 수업 초기에 배웠는데. 와인, 요거트, 치즈는 모두 미생물의 작품이고, 또 미생물은 화학 반응을 일으켜서 이들 식품이 만들어지는 데 중요한 역할을 했고, 미생물들이 관여하는 이런 과정을 발효(fermentation)라고 부른다는..."

"그래." 마리아가 말을 끊었다. "와인과 맥주를 만들기 위해서 효모(yeast)가 필요하다는 것을 알아. 근데, 이 세균들이 내가 먹는 음식에 들어 있다고? 우웩! 나는 대부분의 세균들이 나쁘고 병을 일으킨다고 생각했어."

안젤라가 설명했다. "몇몇 세균이 병을 일으키고 음식을 부패시키는 것은 맞아. 하지만, 지구 상에 있는 미생물의 절대다수는 우리에게 해롭지 않아. 사실, 그것들은 엄청나게 유용해. 알코올과 산을 만들고, 다양한 식품에 향기를 주고, 물성이나 영양학적 가치를 높이는 다양한 분자들을 만들어. 이런 것이 오늘 저녁을 모두 설명해 주네. 미생물은 우리가

CHAPTER 13 OPENER 식탁이나 식당에서 우리가 매일 즐기는 많은 종류의 식품과 음료 제품들은 미생물이 생산하거나 그 생산의 일부분을 담당한다.

먹는 음식의 기본적인 부분을 차지한다고."

마리아가 인정했다. "너의 룸메이트로서, 내게 이 저녁 식사에 같이 가자고 해 준 것, 정말 고마워. 그만한 가치가 있을 것 같아. 난 단지 음식에 들어가는 미생물에 대해서 확신이 서지 않았을 뿐이야."

안젤라가 말했다. "알아, 마리아. 하지만 미생물 그 자체가 음식이 되는 경우보다, 발효를 통해서 미생물들이 만드는 알코올, 탄산가스, 유기산들이 음식의 주된 성분이고, 그 성분들은 식품에 멋진 풍미와 물성을 주기도 하지."

"오케이, 준비됐어. 가 보자. 별것 없으면 가만 안 둔다." 마리아가 말했다.

수십 년간, 식품과 관련된 많은 미생물이 나쁜 인상을 받아왔다. 즉, 식품 부패나 식품과 관련된 수많은 질병의 원인으로 생각되어 왔다. 이러한 부정적인 평판의 원인이 되는 가능성 중에 하나는, 사람들은 그들이 보지 못하는 것에 대한 두려움을 종종 가진다는 것이다. 그리고 확실히 미생물은 보이지 않는다. 그러나 대부분의 미생물은 유용하며 값어치 있기까지 하다.

이 장에는 식품 관련 미생물의 유익한 역할과 필요성에 대해 강조하고 있다. 우리가 먹고 마시는 많은 식품들의 생산 및 공정에 미생물이 관여하고 있다. 미생물과 식품 사이의 관계를 탐험하기 위한 좋은 장소로서 우리는 멋진 레스토랑을 이용할 것이다. 미생물 물질대사의 최종 산물이 우리의 미각을 즐겁게 하고, 우리의 감각을 높여줄 것이다.

LOOKING AHEAD

이 장을 마치면, 여러분은 다음의 내용들을 할 수 있게 될 것이다.

13.1 식품 발효를 정의할 수 있다.
13.2 와인 발효 과정을 설명할 수 있다.
13.3 올리브 발효와 치즈 발효 과정에서 미생물의 역할을 비교할 수 있다.
13.4 빵 만들기에서 효모의 역할을 설명할 수 있다.
13.5 소시지와 사우어크라우트의 발효 과정을 설명할 수 있다.
13.6 맥주 양조 과정에 대해 토론할 수 있다.
13.7 커피와 초콜릿 생산에서 미생물의 역할을 설명할 수 있다.

그림 13.1 미생물에 의해 생산된 식품들. 많은 식품들이 미생물 발효의 산물이다. 왼쪽 병은 요거트이고, 중간은 피클이다.

13.1 활발한 미생물: 발효

식탁에 올릴 미생물과 관련된 많은 음식을 선택하자면, 발효가 반복적으로 생각난다. 발효는 식품에 있는 다양한 풍미와 물성, 그리고 성분들에 대한 핵심 요소이기 때문이다. 제7장의 성장과 대사에서, **발효(fermentation)**는 산소가 없는 상황에서 일어나는 효소 촉매 과정으로 정의된다고 하였다. 대사과정은 알코올과 이산화탄소(CO_2), 그리고 다양한 유기산과 같은 최종 유기물을 생산한다. **식품 발효(food fermentation)**에 있어서 미생물들은 식품 속에 있는 탄수화물과 다른 큰 유기성 화합물을 부분적으로 분해하여 다양한 범위의 새로운 산물을 만들어낸다. 이 산물들은 **그림 13.1**에 있는 식품들을 비롯한 많은 식품에 독특한 아로마 또는 풍미를 더해준다. 게다가, 이

산물들은 식품 보존제로서도 역할을 하여, 혹시 있을지도 모르는 어떤 위험한 미생물을 억제/방지함으로써 먹어도 안전한 식품을 만드는 효과도 있다.

또한, 발효 식품은 **프로바이오틱스(probiotics)**로 가득하기 때문에, 발효된 식품을 먹는 것이 장 건강을 향상시키는 데 도움을 줄 수도 있다. 프로바이오틱스는 미생물 생태계(마이크로바이옴, microbiome)를 구성하는 미생물들의 생장을 촉진시킬 수 있는 "좋은 세균"이다. 이는 제11장의 '미생물들의 대화'에도 설명되어 있다.

13.2 식사를 시작하며: 당신의 건강을 위하여!

레스토랑으로 들어가면 친절한 종업원의 안내에 따라 식탁을 배정받고 지배인의 환영 인사를 듣는다. 그러면, 깔끔한 차림의 웨이터가 다가와서 한 잔의 와인으로 식사를 시작하겠냐고 물을 것이다.

한 잔의 와인

고대의 사람들은 와인(포도주, wine)에 대한 두려움을 가지고 있었다. 왜냐하면, 와인이 단순한 포도 주스로부터 만들어졌음에도 불구하고 정신을 혼미하게 만들 정도로 강력했기 때문이었다. 사람들은 이 음료의 신비한 능력에 경이로워 했고, 이런 현상이 어떻게 일어나는지 의아하게 여겼기 때문에 와인은 오랫동안 '생명의 물(*aqua vitae*)'이라고 불렸다. 발효의 세부적인 내용에 대하여 모른다면 굉장히 놀라운 일일 것이다. 이제 우리는 레드와인과 화이트와인 중 어떤 걸 마실지 결정해야 한다. 레드와인(적포도주, red wine)을 만들기 위해서는 흑색 포도(붉거나 푸른 색조의)가 사용되는데, 포도껍질이 발효 과정 중에 함께 한다. 화이트와인(백포도주, white wine)은 흑색 포도나 백색 포도를 발효시켜 만든다. 화이트와인은 무색이어야 하기 때문에 포도껍질은 발효 과정에 들어가기 전에 제거된다.

둘 중 하나를 선택을 하면, 웨이터는 와인을 가지러 가기 위해 자리를 뜰 것이다. 이제 우리는 알코올 발효가 어떻게 일어나는지 생각해 봐야겠다.

알코올 발효

주변에 산소가 존재하면, 효모를 포함한 많은 미생물들은 만족스럽게 살아간다. 그러나 만약 산소가 없어지면, 효모 세포는 그들의 대사과정을 발효 과정으로 변환시킨다(**그림 13.2**). 이때, 효모는 피루브산(pyruvate)을 **호기성 호흡(aerobic respiration)**으로 들어가게 하는 대신, 피루브산을 에틸알코올과 CO_2 가스로 전환시키는 **알코올 발효(alcoholic fermentation)**로 들어간다. 약간은 복잡한 이 화학반응이 발효의 주요 내용인데, 이미 자세히 다룬 제7장의 '성장과 대사'를 참고하기 바란다.

식사를 더 진행하기 전에, 우리가 알아두어야 할 것은 피루브산을 에틸알코올로 전환시킬 수 있는 미생물은 효모라는 미생물 이외에는 거의 없다는 것이다. 또한 이러한 전환은 효모 세포를 위해 그다지 바람직하지는 않다. 왜냐하면, 피루브산이 발효에 사용되는 것보다 호기성 호흡으로 들어가는 경우에서 효모의 생명활동에 필요한 에너지를 더 많이 획득할 수 있기 때문이다. 그러나 외부 환경에 산소가 없을 경우, 효모는 선택의 여지없이 발효를 해야 한다. 산소가 없음에도 불구하고 발효를 하지 못하면 효모는 곧바로 죽게 되

호기성 호흡(alcoholic fermentation): 영양성분을 ATP 형태의 세포 에너지로 바꾸는 생화학적 에너지 생산을 위해, 생명체의 세포에서 일어나는 일련의 대사반응과 그 과정.

그림 13.2 ATP 생산을 위한 호기적 경로와 발효 경로의 대사 지도. 미생물은 호기성 호흡 경로를 통해 ATP를 생산한다. 어떤 미생물은 산소가 없을 경우에도 발효 경로를 통해 소량의 ATP를 만들 수 있는데, 많은 종류의 효모도 그러하다. 그 경로의 최종 산물은 인간에게 중요한 물질이 되기도 한다.

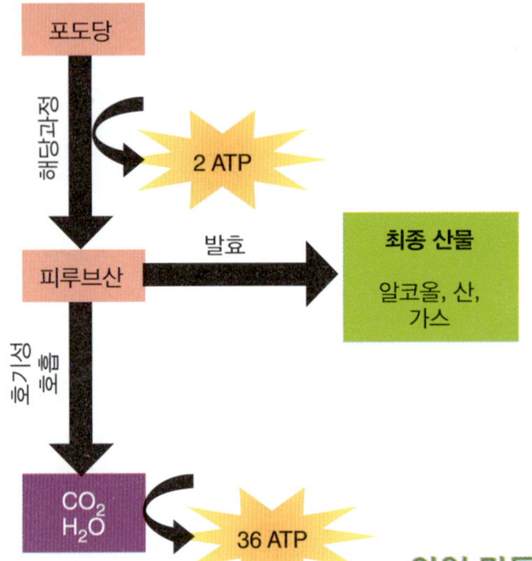

기 때문이다. 그러므로 효모에 있어서 약간의 ATP라도 생산하여 겨우 살아갈 수 있게 하는 발효는, 생존경쟁에서 진화적인 장점을 가지게 한다.

또한, 미국에서만 220억 달러 규모에 이르는 와인 산업의 기초가 되는 것이 발효이므로 양조업자를 위해서도 경제적으로도 유익한 것이다. 2018년 1인당 와인 소비량에서 미국은 55위(10리터/2.6갤런)를 기록했다. 와인 소비량이 가장 많은 곳은 유럽의 몇몇 나라인데, 1인당 연간 56리터(15갤런)를 넘어선다.

야생 효모는 과수원이나 포도밭이 있는 곳이라면 어디라도 풍부하게 존재하는데, 이는 과일이 발효에 필요한 탄수화물을 완벽하게 제공할 수 있는 공급원이 되기 때문이다. 포도알 표면을 하얗게 덮고 있는 것이 야생 효모인데(**그림 13.3**), 이들 효모가 껍질을 통과하여 부드러운 과육 속으로 들어가서 과육 속의 탄수화물을 발효시켜 알코올성 포도 주스를 만들어내는 것이다. 동일한 과정이 다른 과일이나 곡물에서도 일어난다. 차이점은? 과일 주스에서 생육한 효모는 와인을 생산할 것이고, 보리나 쌀과 같은 곡물에서 자라난 효모는 곡물 향기가 나는 에틸알코올, 즉 맥주를 생산할 것이다.

와인 만들기

Vitis vinifera: VIH-tiss vih-NIF-ur-ah

Saccharomyces cerevisiae: sackah-roe-MY-seas seh-rih-VISee-eye

포도 종류 중에 *Vitis vinifera* 종은 와인 양조에 있어 최고의 품종으로 인식되고 있다. 가장 흔히 볼 수 있는 발효는 배양한 효모를 포도 주스에 접종함으로써 이루어진다. 보통 *Saccharomyces cerevisiae*가 사용되는데, 이 효모는 양조뿐만 아니라 뒤에 언급할 제빵에도 사용되어 왔다(**그림 13.4**). 원래 포도껍질에 붙어 있던 야생 효모는 와인의 품질을 불규칙하게 만드는 원인이 되므로, 많은 양조업자들은 생산 과정에서 아황산염(sulfur dioxide, sulfites)을 첨가하여 야생 효모를 살균한다.

포도의 특성은 기온, 습도, 강수량과 같은 토양 및 기후 조건에 의해 결정된다. 보다

그림 13.3 야생 효모. 보통 배양된 효모를 와인 생산에 사용하지만, 야생 효모가 포도껍질을 뒤덮어서 넝쿨에 매달린 포도송이를 하얗게 감싸고 있는 것이 종종 관찰된다.

중요한 것은, 토양과 포도나무에 있는 미생물의 역할인데, 이는 고품질 와인의 독특한 맛과 향기, 그리고 풍미를 만드는 데 중요한 요소로 작용한다(**A CLOSER LOOK 13.1**에 설명한 바와 같이). 따라서, 포도의 '작황이 좋은 해'와 '작황이 좋지 않은 해'에 따라 와인의 품질이 다양해진다.

먼저, 와인을 만드는 재료로 사용되는 포도 주스—**머스트(must)**—에는 아직 산소가

그림 13.4 ***Saccharomyces cerevisiae.*** 와인 제조에 사용되는 가장 일반적인 배양 효모인 *S. cerevisiae*의 광학현미경 사진. (Bar = 10 μm.)

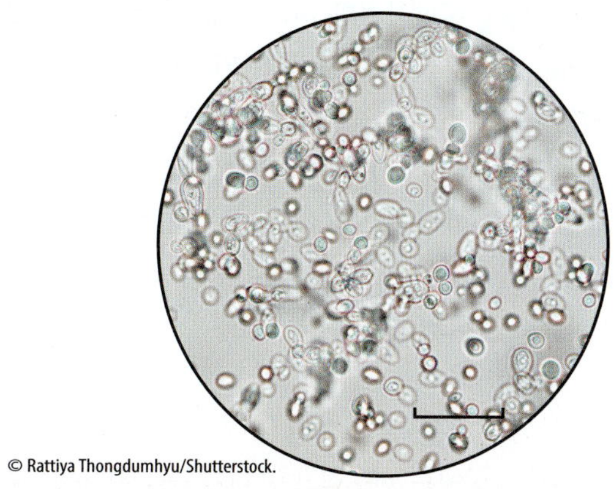

© Rattiya Thongdumhyu/Shutterstock.

A CLOSER LOOK 13.1

미생물 테루아

포도 주스가 와인으로 바뀌는 것은 여러 가지 미생물 중에서도 특히 발효 과정에 이용되는 효모에 의존한다. 또한, 와인 생산을 위한 주변 환경, 특히 토양과 기후를 일컫는 소위 '테루아(*terroir*)'가 포도나무의 건강에 영향을 준다는 것을 양조업자나 포도 생산자는 긴 세월을 거치면서 알고 있다. 테루아(terroir)는 토양의 다양한 유기성 화합물을 제공하는데, 이는 와인의 품질과 향기(냄새와 아로마) 모두에 영향을 미친다(**그림 A**). 그러나 이걸로 모든 것이 설명될까? 효모 이외에 다른 미생물은 와인의 특성에 영향을 주지 않을까?

2013년에 미국 캘리포니아 대학교 데이비스 캠퍼스의 David Mill과 동료들은 포도껍질과 포도나무 줄기의 미생물들, 즉 포도나무 미생물 균총(microbiome)이 나무의 종류와 지리적 위치(포도재배 지역)에 따라 특징적으로 구성된다는 결과를 논문에 발표했다. 캘리포니아의 많은 포도 재배 지역과 2010년과 2012년에 생산된 포도로부터 채취한 273개의 포도 "머스트(must)"(신선한 포도를 으깨어 나온 포도 주스)로부터 미생물 유전체(genome)을 분석하였다. 그들의 결과에 따르면, 같은 지역, 즉 같은 다양성을 가진 포도나무에서 생산된 와인 포도는 유사한 세균 프로필(천연의 세균과 곰팡이 종류로 구성된)을 가진다고 한다. 흥미롭게도, 샤르도네(chardonnay) 포도 품종의 머스트를 분석한 결과, 포도와 나무줄기의 세균 및 곰팡이의 프로필이 와인 지역에 따라 특징적이었다. 반면에 카베르네 소비뇽(cabernet sauvignon) 포도 품종의 경우에는, 곰팡이 군집만 지역에 따라 특징이 있었다. 또한, 생산된 연도는 세균과 곰팡이 프로필 변화에 큰 영향을 주지 않았다.

결과적으로, 포도나무 미생물 균총에 기후가 중요한 역할을 했을까 하는 질문에 대해, 연구자들은 그렇다고 대답한다. 강우량과 온도는 포도와 나무줄기의 미생물 균총에 영향을 주고, 이는 결과적으로 머스트의 균총에도 영향을 줄 것이라고 한다.

이 연구 결과에 따라, 포도나무 종류의 다양성을 넘어서는 요소가 와인의 최종적 특징에 어떻게 영향을 미치는지 이해하는 데 있어서, 인식체계의 전환(paradigm shift)을 나타낸다고 연구자들은 믿고 있다.

이 연구에서 세균과 곰팡이가 포도 생산 관행과 와인 생산의 양쪽 모두에서 신중하게 고려되어야 하는 완전히 새로운 "요소"이거나 세트 요소라는 것을 밝혔다. 인체의 건강한 미생물 균총이 건강과 관련이 되듯이, 훌륭한 포도나무의 미생물 균총이 멋진 와인을 만들어 낼 것이다. 미생물 균총과 숙주와의 상관관계를 이해하는 것은 앞으로 더 많은 연구가 필요할 것이다. 건강을 위해서 건배!

그림 A 캘리포니아 포도밭의 가을 풍경.

Courtesy of Dr. Jeffrey Pommerville.

있기 때문에, 효모의 호기성 호흡에서 생산된 이산화탄소(CO_2)에 의해서 거품이 부글부글 일어난다. 이산화탄소는 포도 주스가 담긴 용기의 빈 공간을 채우게 되고, 주스를 흔들지 않는 한 포도 주스의 환경은 산소가 없는 **혐기성(anaerobic)** 상태가 유지된다. 산소가 고갈되면, 효모 세포들은 대사를 호기성 호흡에서 발효로 바꾸고 에틸알코올을 생산하기 시작한다. 그러나 이 반응에도 한계가 있어서, 와인 속의 알코올 함량이 약 18%에 이르면, 높은 알코올 함량의 독성 효과 때문에 효모 세포는 죽기 시작한다. 자연 발효된 와인의 알코올 함량이 약 16%를 초과하지 않는 것은 이러한 이유 때문이다.

기본적인 발효 과정을 다양하게 변화시키면 여러 종류의 와인을 생산할 수 있다. 예를 들어, 무감미 와인(dry wine, still wine)을 생산하기 위해서는 포도 주스 속의 당이 모두 분해되게 하고, 감미 와인(sweet wine)의 경우에는 약간의 당이 미발효된 상태로 남아 있게 한다. 대부분의 식사용 와인(table wine)은 평균적으로 약 12~15%의 알코올 함량을 가지지만, 포트(port), 셰리(sherry), 마데이라(Madeira) 등의 **보강 와인(fortified wine)**은 알코올 함량이 22% 정도에 달한다. 이들 와인은 발효가 끝난 후, 브랜디나 주정을 첨가하여 만든 것이다. 일반적으로, 보강 와인은 식후 와인(dessert wine)으로 간주되므로 여기서는 다루지 않겠다.

발효에 의해 알코올이 생산되는 데는 불과 며칠 밖에 걸리지 않지만, 숙성 과정은 몇 주 또는 몇 달이 필요할 수 있다. 숙성에는 전통적으로 나무통을 사용하는데, 와인은 나무 속 유기 분자로부터 독특한 풍미과 향기, 그리고 품격을 갖추게 된다(**그림 13.5A**). 요즘에는 점점 더 많은 와인이 대형 스테인레스 탱크에서 숙성되는데, 이때는 와인 숙성용 나무통에서 사용하던 나무의 조각이나 판자를 탱크 안에 넣어서 필요한 풍미를 전달한다(**그림 13.5B**).

일반적인 와인과 달리, 샴페인으로 대표되는 발포성 와인(sparkling wine)은 병 속에서 2차 발효가 일어난다. 1차 발효가 끝난 후 병 속에 각설탕을 첨가하면 효모는 병 속에서 당을 계속 발효시키고, 이에 따라 와인에 이산화탄소가 축적되어 발포성 기포가 생겨난다. 일반적인 병은 가스의 압력에 의하여 파손될 수 있기 때문에 샴페인은 두꺼운 병을 사용하며, 코르크 마개가 튀어나가는 것을 방지하기 위하여 철사 줄로 묶은 뚜껑이 사용된다. 한편, 시중에 많이 있는 값싼 샴페인이라고 해서 품질도 부족할 것으로 생각할 필요는 없다. 병 하나하나를 관리하는 대신 큰 증류용 통에서 대량생산하기 때문에 가격이 저렴해진 것 뿐이기 때문이다.

그림 13.5 **와인의 대량생산.**

(A) 샤르도네(chardonnay)와 같은 많은 레드와인과 화이트와인은 나무통(barrel)에서 몇 달 또는 몇 년까지도 숙성된다.

Courtesy of NASA/GSFC, MODIS Rapid Response.

(B) 1차 발효는 온도조절이 되는 큰 스테인리스 스틸 재질의 발효 탱크에 주스, 껍질, 그리고 씨앗을 모두 함께 넣고 진행된다.

Courtesy of NASA/GSFC, MODIS Rapid Response.

13.3 첫 번째 코스: 식전 요리

웨이터가 가져온 발효된 올리브(fermented olives)와 치즈는 주요리가 나오기 전에 우리의 입맛을 돋운다.

올리브

올리브는 전통적으로 풍요로운 생활을 상징하여 왔으며, 올리브 나뭇가지는 여러 문화권에서 평화를 상징한다. 그러나 불행히도 자연 상태의 올리브 맛은 매우 쓰다.

그 화학적인 원리를 파악하기 오래전에, 사람들은 이미 전통적인 방법과 미생물 발효로 올리브의 쓴맛 문제를 잘 해결했다. 서유럽 지방에서는 덜 익은 올리브의 쓴맛을 중화시키기 위하여 양잿물(NaOH)에 담갔다가 씻은 후, 소금물을 발랐다. 그 다음에 올리브를 큰 통에 넣어 밀봉하면 올리브 껍질에 있던 세균이 올리브의 탄수화물을 부지런히 발효시킨다. 몇 주 후 발효가 완료되면, 맛있는 스페인식 올리브 또는 녹색 올리브가 완성된다(**그림 13.6**).

그리스에서는 사람들이 발효되지 않은 올리브를 먹었는데, 수확 후에 잘 보관하는 방법을 사용하였다. 이를 위해서 그들은 나무에서 잘 익은 올리브를 골라서 딴 후 몇 주 동안 공기 중에 노출시켜 놓았다. 그 동안 올리브 껍질 속의 화학성분인 탄닌의 화학적 변환으로 흑색 침전물이 만들어지면서 그리스식 올리브 또는 검은색 올리브가 완성된다. 이탈리아 사람들은 이 과정을 조금 변경시켰는데, 검은색 올리브를 소금 속에 묻어두고서 올리브 껍질에 자연적으로 서식하는 미생물이 발효를 수행하도록 했다. 또한 많은 양의 올리브는 올리브 오일을 만드는 데 사용되기도 한다.

치즈

스페인식, 그리스식, 그리고 이탈리아식 올리브는 크래커나 다양한 종류의 치즈(cheese)와 곁들여지는데, 치즈 또한 미생물이 우유의 주 단백질인 **카제인(casein)**과 상호작용한 결과이다. 미생물이 생산한 효소와 유제품 공장에서 인위적으로 첨가한 효소들이 함께 작용하여 카제인을 응고시킨다(**그림 13.7**). 그렇게 응고된 우유인 **응유(curd)**는 건져내면 코티지 치즈(cottage cheese)나 크림 치즈와 같은 '**미숙성 치즈(unripened cheese)**'가 된다. 응유를 분리하고 남은 액체를 **유청(whey)**이라 한다.

Courtesy of Dr. Jeffrey Pommerville.

그림 13.6 검은색 올리브와 녹색 올리브. 검은색 올리브는 완전히 익은 올리브를 발효시켜 만드는 반면에, 녹색 올리브는 덜 익은 올리브를 몇 주 동안 발효시켜 만든다.

그림 13.7 치즈 제조. 저온살균된 우유로 시작되는 치즈 제조 공정에 의해 다양한 미숙성 치즈와 숙성 치즈가 만들어진다. 경질 치즈의 일종인 스위스 치즈, 곰팡이가 숙성시킨 연질 치즈인 카망베르(Camembert) 치즈와 로크포트(Roquefort) 치즈는 최종적인 모습과 풍미, 그리고 물성을 가지기 위해서 미생물에 의존한다.

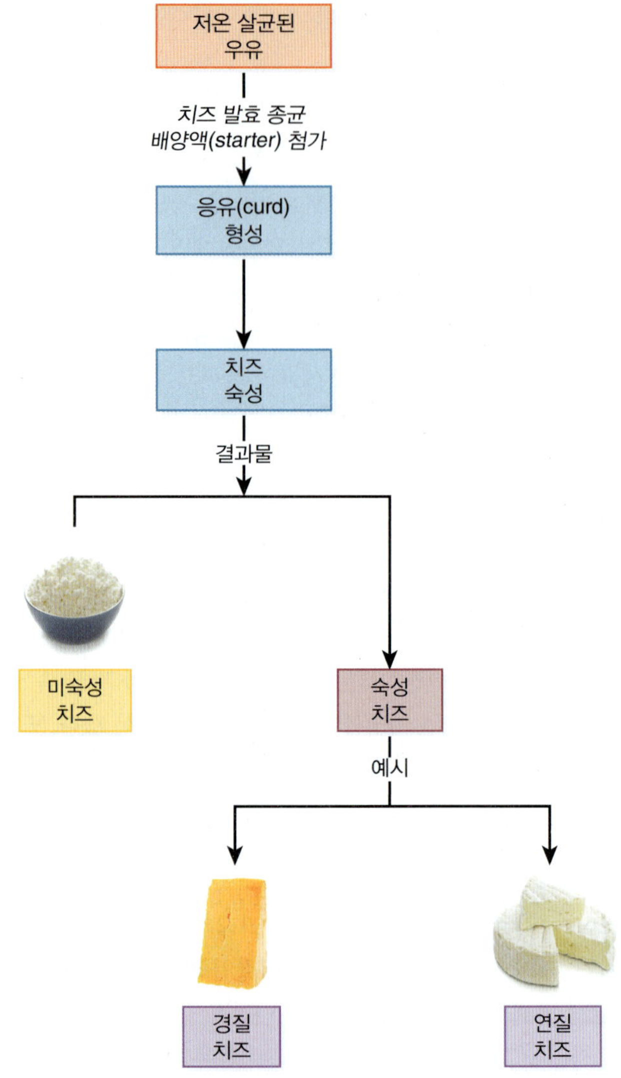

다양한 종류의 **숙성된 치즈(ripened cheese)**를 만들기 위해서는 응유를 씻은 후, 소금을 뿌려서 풍미를 더하고 부패를 방지해야 한다. 그 다음에 미생물 배양액을 응유에 첨가한다. 예를 들면, 고급 스위스 치즈(Swiss cheese)를 만들기 위해서는 적어도 2종류의 다른 미생물이 첨가된다. 이 미생물들은 숙성 기간 동안 독특한 화학적 변화를 일으킨다. *Lactobacillus* 종들은 젖산을 생성하여 신맛을 제공한다. *Propionibacterium* 종들은 생산된 젖산을 사용하여 결과적으로 다양한 유기산과 이산화탄소를 생성한다. 유기물들은 스위스 치즈 특유의 고소한 풍미를 부여하고, 이산화탄소는 응유 속에 압력이 약한 부위에 축적돼서 치즈에 많은 눈(eye) 또는 구멍(hole)을 형성한다.

Lactobacillus: lack-toe-bah-SIL-lus

Propionibacterium: pro-pea-OHN-ee-bak-tier-ee-um

때로는, 식욕을 돋우기 위해서 곰팡이로 숙성된 치즈(mold-ripened cheese)를 선택할 수도 있다. 이런 종류의 치즈에는 카망베르(Camembert) 치즈와 로크포트(Roquefort) 치즈가 있다(그림 13.7 참조). 연질 치즈인 카망베르 치즈는 응유를 곰팡이인 *Penicillium camemberti* 배양액에 담근 후 숙성시킨다. 그러면 응유 바깥쪽에서 곰팡이가 생육하면서 단백질을 분해하여 치즈를 부드럽게 만든다. 청록색 줄무늬가 있는 로크포트 치즈를 만들

Penicillium camemberti: pen-ih-SIL-lee-um kam-am-BER-tee

A CLOSER LOOK 13.2

치즈의 미생물 생태학

전 세계에서 해마다 2천만 톤(M/T) 이상 생산되는 치즈는 식품산업에서 주요 생산품이다. 치즈를 맛보는 즐거움은 서로 다른 전통적 숙성 과정을 걸쳐서 만들어진 매우 다양하고 복합적인 풍미와 질감, 그리고 다양한 종류로부터 비롯된다. 현대적 기술로 대량생산된 치즈와 비교해 보면, 전통적 발효 방식으로 생산된 치즈 맛의 다양한 즐거움은 특히 더 실감난다. 숙성된 치즈의 맛과 질감의 차이는 생산 과정 중에 치즈에 투입되는 서로 다른 균류와 세균 종의 차이에 따라 달라진다.

치즈의 복잡한 미생물 생태계를 이루는 다양한 세균 구성원은 숙성 과정에서 어떻게 서로 상호작용할까? 예를 들면, 스틸턴 치즈(Stilton cheese)는 균류가 치즈 내부에 숙성된 부드러운 블루 치즈의 일종인데, 저온살균(pasteurized)된 우유로부터 만들어진다(**그림 A** 참조). 치즈 생산 공정 중에 *Lactococcus lactis*를 우유에 접종하면, 곰팡이 *Penicillium roqueforti*에 의해서 숙성이 촉진된다. 그러나 또 다른 세균들도 포함된다. 어떤 다른 종들이 포함되는가? 그것들은 치즈에 전체적으로 분포할까, 아니면 치즈의 특정 부위에 한정될까?

다양한 생화학적 기술과 DNA 서열 분석 기술을 이용한 연구에서 스틸턴 치즈의 미생물 군집 구조가 밝혀졌다. 이 분석에서 *L. lactis* 이외에 다음과 같은 몇몇 다른 세균 종들이 존재함을 알게 되었다: *Enterococcus faecalis, Lactobacillus curvatus, Staphylococcus equorum, Leuconostoc mesenteroides,* 그리고 *Lactobacillus plantarum*. 이 세균들 이름의 발음을 알고 싶으면 부록 A를 참고하라.

이 연구 결과, 스틸턴 치즈의 중심을 구성하는 세균총은 *L. lactis*가 약 70%, *L. mesenteroides* 약 15%, 그리고 *E. faecalis* 약 15%로 구성되어 있음을 알게 되었다. *L. curvatus*는 치즈의 갈라진 줄무늬 부분의 가장자리에서 발견되었고, *S. equorum*은 줄무늬의 표면에서, *L. mesenteroides*는 줄무늬 중심부를 차지하고 있었고, *P. roqueforti* 곰팡이는 줄무늬 안에서 발견되었다. 또한, *L. plantarum*과 *L. curvatus*는 치즈 껍질의 아래 부분에도 존재하였다.

치즈 속에 세균 종들의 차별적인 공간적 분포가 존재한다는 것은, 아마도 독특한 "생태학적 **위치**(ecological **niches**)"가 치즈의 미생물 생태계에 있고, 이는 미생물 종들 사이에서 상호 간에 선호하는 종들이 있다는 것을 의미한다고 연구자들은 결론지었다. 이 미생물들의 분포를 바꾸면 풍미와 질감 등 치즈의 품질이 달라질 수 있고, 가끔은 저품질의 치즈가 생산될지도 모른다.

치즈의 미생물 생태계를 이해하기 위해서는 아직도 해야 할 일이 많다. 확실한 것은, 치즈에 있는 서로 다른 미생물은 맛과 냄새, 질감의 형성뿐만 아니라, 영양학적인 구성과 유통기한에도 중요한 역할을 할 수도 있다는 것으로, 이는 실험적으로 증명되고 있다. 게다가, 건강 전문가는 치즈와 치즈 미생물을 먹는 것은 심장병과 심근경색의 위험을 낮춰서 좋은 건강을 유지하는 데 도움을 줄 수 있다고 믿고 있다.

그림 A Stilton 블루치즈의 슬라이스.

© Only Fabrizio/Shutterstock.

기 위해서는, 응유를 청록색 곰팡이인 *Penicillium roqueforti* 포자에 굴린다. 이 균류는 응유의 갈라진 틈새로 침투하여 그 속에서 생육하고, 그 결과 로크포트 치즈의 특징인 청록색 줄무늬가 나타난다.

스틸턴(Stilton)은 또 다른 곰팡이로 숙성된 치즈로, 응유의 갈라진 틈새를 따라 곰팡이가 통과하여 생긴 독특한 곰팡이 줄무늬가 특징이다. 이러한 치즈들은 독특한 미생물 군집(microbiome)을 형성한다는 것을 미생물학자들이 알아내고 있다(**A CLOSER LOOK 13.2**).

Niche: 자리, 틈새, 어떤 환경에 있어서 특정 종이나 집단의 상대적 위치를 설명하는 단어.

Penicillium roqueforti: pen-ih-SIL-lee-um row-ko-FOR-tee

▶ 13.4 샐러드 코스: 식초와 빵

샐러드 코스에서, 우리는 다양한 채소 모둠을 선택하고, 토마토, 붉은 양파, 오이와 같이 건강에 좋고 영양분이 많은 다른 채소들도 추가한다. 오일과 발사믹 식초로 만들어진 드

그림 13.8 발사믹 식초(Balsamic vinegar). 나무통에서 식초를 숙성시키면, 산성화 과정이 촉진되고 나무의 독특한 풍미가 식초로 옮겨진다.

레싱(비니그레트, vinaigrette)도 샐러드와 함께 주문한다. 미생물이 채소나 올리브유를 생산한다고 할 수는 없지만, 발효 식품인 식초(vinegar)를 생산하는 데는 미생물이 필수적이다.

식초

식초는 전통적으로 와인을 시게하여 만든다. 식초(vinegar)라는 단어는 신 와인(sour wine)을 의미하는 프랑스어인 *vinaigre*에서 유래되었다. 미생물학 분야에서 파스퇴르(Pasteur) 박사의 첫 번째 공로 중에 하나가 '프랑스 와인이 왜 식초로 변화되는지'를 알아낸 것임을 기억해 보자. 그때의 신 와인은 산을 생산하는 세균에 오염된 것이 원인이었다.

식초는 다양한 원료로부터 만들어질 수 있다. 사과식초는 사과와인이 발효된 것이다. 감자 전분에서 시작하면 발효를 거쳐 감자 술이 되고, 더 변환하여 투명한 백색 식초가 된다. 식초는 초산(acetic acid)의 천연적인 신맛 외의 다른 맛은 가지지 않는다. 발사믹 식초(balsamic vinegar)는 발삼 전나무로 만든 나무통에서 몇 년간 숙성되는 동안에 감미를 획득한다(**그림 13.8**). 와인 식초의 풍미는 와인 속에 존재하는 성분과 세균의 대사산물에 의하여 결정된다.

Acetobacter aceti: a-SEA-tohbak-ter a-SET-ee

알코올을 초산으로 변화시키기 위해서 초산균 *Acetobacter aceti*가 배양되어 첨가된다. 이 세균이 성장하고 증식하며 만들어낸 세균의 효소는 알코올을 초산으로 변화시킨다. 발사믹 식초에는 약 3~5%의 초산이 포함되어 있다.

빵

이 식사 코스에서 바구니에 담겨 제공된 빵을 잊지 말자. 빵에 대하여 알아보기 위해서는 효모, 특히 빵효모(baker's yeast)라고도 불리는 *S. cerevisiae*를 기억해야 한다. 모든 종류의 빵을 만드는 데 반드시 필요한 두 가지 기본 성분인 밀가루와 물에 이 미생물이 첨가되는 것이다. 빵 만들기에 있어서 효모는 3가지 역할을 한다. 효모를 밀가루와 물(제빵업자의 기호에 따라 설탕, 소금 및 기타 성분도 포함)에 첨가하면, 반죽 속에 존재하는 탄수화물이 효모에 의하여 대사되고 상당량의 이산화탄소가 생성된다. 이산화탄소는 반죽을 팽창시키는데, 겉으로 보기에는 마술이 일어나는 것처럼 보인다(**그림 13.9**).

글루텐(gluten): 2종류의 단백질로 이루어진 곡물의 성분 중 하나로 반죽에 탄성을 부여함.

효모에 의하여 생성된 효소는 밀가루 단백질인 **글루텐(gluten)**을 형성하거나 강하게 하며, 스펀지와 같은 질감의 빵을 만들기도 한다. 발효가 진행되는 동안 효모는 반죽 속에 약간의 에틸알코올을 만들지만 고온으로 빵을 구울 때 대부분 휘발하여 사라진다.

효모와 밀가루는 함께 작용하여 무한하게 다양한 종류의 빵을 만들 수 있으며, 제빵사는 더욱 독창적인 제빵법을 만들어 낼 수 있다. 예를 들면, 비엔나(Vienna) 빵은 습도가 높은 오븐에서 구워 바삭바삭한 얇은 껍질이 생기도록 만든 빵이다. 세몰리나(semolina) 밀가루는 세몰리나빵을 만드는 데 사용되며, 감자가루는 감자빵과 롤빵을 만드는 데 사용된다. 베이글(bagel)은 굽기 전에 물에서 끓이고, 피자 반죽은 고도의 탄력이 생기도록 변형된다. 호밀빵(pumpernickel bread)은 호밀가루와 효모로 발효된 당밀을 이용하여 만든다. 효모는 '부지런한 제빵사'라고 할 수 있다.

그림 13.9 반죽의 부풀어오름(dough rising)과 효모. 효모 *Saccharomyces cerevisiae*는 반죽을 부풀어 오르게 만들고, 그 과정에서 글루텐이 형성되고 풍미가 증가된다.

13.5 메인 코스: 연어, 소시지, 그리고 곁들임 요리

매력적이었던 식전 코스에서 벗어나, 이제 주요리(main course)를 즐길 시간이다. 주요리(main course)에 있어서 미생물에 의한 식단은 두 가지가 준비되어 있다. 양념구이 연어 또는 소시지, 그리고 사우어크라우트가 그것이다.

양념구이 연어

양념구이 연어를 선택하면 갓 잡은 신선한 연어를 양념소스에 재워 두었다가 구운 스테이크가 포함된다. 여기서 미생물의 역할은 무엇인가?

과학적으로 말하자면, 이 연어는 미생물 생육의 산물인 것이다(비록 간접적인 산물이지만). 연어나 다른 기름진 생선들은 오메가-3(Omega-3s)의 훌륭한 원천이다. 사람들이 많이 소비하는 오메가-3는 심장, 뇌, 그리고 순환계 건강에 도움을 주는 것으로 알려져 있다. 지방 저장을 조절하기 위해서, 이 생선들은 건강한 장내 미생물 생태계(gut microbiome)를 가져야 하기 때문에, 오메가-3를 생산하는 과정은 장내 세균들에 긴밀하게 의존적일 것으로 생각된다.

연어를 양념장에 재우고 요리하기 위하여 요리사는 **간장(soy sauce)**과 쌀식초, 그리고 설탕으로 만들어진 양념소스를 이용한다. 간장 발효를 위해서는 콩과 **코지(koji)**로 접종된 밀기울의 혼합물을 종균(starter) 혼합물로 사용한다. Koji는 *Aspergillus oryzae*라는 곰팡이의 일반적인 명칭이다. 이 혼합물을 30°C(85°F)를 약간 웃도는 온도에서 배양하면, 곰팡이가 단백질과 탄수화물 복합물을 분해하여 더 작은 분자로 만든다(**그림 13.10**).

Aspergillus oryzae: a-sper-JIL-lus OH-rye-zeye

이 혼합물에 소금물 또는 굵은 소금을 첨가하여 섞는다. 곰팡이는 혼합물 속에서 계속 자라나게 된다. 1년 정도의 숙성 과정 중에 *Lactobacillus* sp.와 *Bacillus* sp. 같은 세균이 약간의 젖산을 만들고 *S. cerevisiae* 같은 효모는 약간의 알코올을 만든다. 이렇게 숙성된 혼합물을 압착하면 독특한 감칠맛(umami)을 내는 액체가 나오는데, 이것이 간장이다. 이 간장의 맛과 향에 주도적인 역할을 하는 것이 균류(fungus)이기 때문에, 우리가 먹는 연어는 그 요리의 뿌리가 미생물과 확실하게 엮여 있다.

Bacillus: bah-SIL-lus

그림 13.10 간장 생산. 대두콩과 밀기울에 *Aspergillus oryzae*(koji)를 접종하면 단지 안에서 발효되어 간장이 만들어진다. 사진은 말레이시아 간장공장의 전경.

© Gwoeii/Shutterstock.

소시지

다른 메인 요리는 적절한 야채와 곁들여진 다양한 소시지(sausages) 요리로 구성되어 있다. 일반적으로 소시지는 건조(dry) 또는 반건조(semi-dry)의 발효된 육류로 만들어지는데, 이탈리아의 페페로니(pepperoni), 독일의 브라트부르스트(bratwurst), 폴란드의 킬바슈(kielbasa) 등도 포함된다. 소시지를 만들기 위해서는 분쇄한 고기에 염지제(curing agents)와 조미료를 첨가한 혼합물을 소시지용 튜브류(casings)에 채워 넣은 후, 따뜻한 곳에서 배양한다. 그러면 미생물이 자라서 육류의 탄수화물을 대사하여 여러 가지 산 혼합물(acid mixture)을 생성하게 되고, 이는 소시지의 독특한 맛과 향이 된다.

곁들임 요리

연어요리와 어울리는 곁들임 요리는 송로버섯으로 맛을 낸 감자요리이다. **송로버섯(truffles)**은 땅속에서 자라는 곰팡이의 일종으로 버섯과 같은 스펀지 촉감의 생식체를 가진다. 야생에서 송로버섯은 나무뿌리에 자라면서 나무와 공생관계를 형성한다. 송로버섯은 토양으로부터 물과 미네랄을 나무에게 공급해 주고, 나무뿌리로부터 당 성분을 얻어낸다. 송로버섯의 톡 쏘는 강한 사향 같은 냄새는 송로버섯에 사는 세균과 송로버섯에 의해서 풍겨져 나온 분자들의 조합에서 기인하는 것으로 생각된다. 송로버섯 오일로 준비된 구운 감자는 강력한 향기를 우리에게 제공한다.

소시지 요리는 보통 곁들여 먹기 좋은 채소와 같이 주문한다. 그중에는 **사우어크라우트(sauerkraut)**로 알려진 새콤한 양배추가 있다. 사우어크라우트는 감칠맛 나는 양배추 절임식품으로 비타민 C가 풍부하다. 실제로, 영국인들은 긴 항해 동안 발병하기 쉬운 **괴혈병(scurvy)**을 예방하기 위하여 사우어크라우트를 섭취했는데, 이는 값비싼 감귤을 대체하기에 충분하였다. 1768에 시작된 영국 James Cook 선장의 제1차 세계 항해를 위해서 준비한 식량 중에는 무려 3톤의 사우어크라우트가 포함되어 있었다.

괴혈병(scurvy): 비타민C가 부족해서 생기는 병으로 잇몸 약화, 치아 손실, 피하 및 점막 출혈 등의 증상이 동반된다.

현대의 연구자들에 의해 사우어크라우트의 건강에 유익한 특성들이 조금씩 알려지고 있다. 예를 들면, 과학자들은 미국으로 이주한 사람들 중에서 다른 나라 출신 여성과 비교하여 폴란드 출신 여성에서 유방암 발병율이 낮은 점에 주목했다. 과학자들은 사우어크라우트나 양배추 계열(예, 브로콜리, 꽃양배추, 방울양배추)의 다른 발효식품 같은 폴란드 음식에는 유방암의 잠재적 촉진인자인 에스트로겐(estrogen)의 활성을 저해할 수 있는 화합물이 함유되어 있다는 것을 발견하였다. 연구가 미처 완료되기도 전에 이것은 엄청난 호기심을 불러일으켰다.

유산균(젖산균, lactic acid bacteria, LAB)에 속하는 *Leuconostoc*과 *Lactobacillus*와 같은 종들은 사우어크라우트를 만드는 데 있어 필수적인 세균이다. 이들은 양배추 결구의 잎이나 조직에서 자연적으로 발견되는 그람 양성 세균이다. 사우어크라우트는 양배추를 조각조각 찢은 후, 3% 농도의 소금을 첨가하여 만든다. 소금은 양배추의 세포벽을 파괴하여 세포즙을 방출시킴으로써 맛을 내게 한다. 소금을 친 양배추를 밀폐 용기에 차곡차

그림 13.11 채소 피클. 오이나 사탕무 등 많은 종류의 채소를 발효시켜 용기에 담아 만든다.

Courtesy of Dr. Jeffrey Pommerville.

곡 담아 밀봉하면 산소 없는 혐기성 상태가 조성되고 발효가 촉진된다. 약 하루가 지나면 *Leuconostoc* 종들이 급격하게 증식하기 시작한다. 이 세균들은 탄수화물을 발효하여 젖산과 초산을 생성한다. 며칠 후, 양배추의 pH는 3.5의 산성이 되는데, 이때부터는 내산성의 *Lactobacillus* 종들로 대체되고, 탄수화물을 계속 발효시켜서 추가적으로 생성된 젖산에 의해 pH는 2.0까지 낮아진다. 그 결과, 사우어크라우트의 톡 쏘는 신맛이 탄생하는 것이다.

오이와 사탕무로 만든 다양한 종류의 피클(pickles)이 소시지 요리와 잘 어울릴 수 있다. 허브의 일종인 딜(dill)을 넣은 딜 오이 피클, 새콤한 오이 피클, 달콤한 오이 피클 등 많은 형태의 오이 피클이 있지만, 발효 과정은 기본적으로 비슷하다. 고농도의 소금물과 오이를 숙성 탱크에 담그면 오이의 색깔이 밝은 녹색에서 흐릿한 황록색으로 변하게 되고, 발효가 시작된다. 맨 먼저 자라나는 세균은 *Enterobacter* 종이다. 이 그람 음성 간균에 의해 생산된 대량의 이산화탄소 가스는 숙성 탱크의 상부 공간를 차지하게 되고, 이에 따라 탱크는 혐기성 상태가 조성된다. 그 다음에 증식하는 세균은 유산균들(LAB)이다. 이 세균들은 대량의 산을 생성해서 오이를 부드럽고 새콤하게 만든다. 효모 또한 숙성 탱크에서 생육하는데, 여기에서 오이 피클의 독특한 맛이 만들어진다. 많은 허브식물과 향신료를 첨가하면 오이 피클이 완성된다. 오이 대신에 사탕무 등 다른 어떤 채소를 사용하더라도 맛있는 피클을 만들 수 있다(**그림 13.11**).

Enterobacter: en-teh-roh-BACK-ter

▶ 13.6 입가심 요리: 상쾌한 곡물 음료

거품이 풍부하고 상쾌한 한 잔의 맥주나 사케(sake)가 곁들어지면 주요리의 특유한 맛은 한결 더 훌륭해진다. 맥주나 사케를 위해 미생물이 또 등장하여 중요한 역할을 한다는 것은 놀랄만한 일이 아니다.

맥주 만들기

와인 발효에서 있었던 화학반응의 많은 부분이 맥주를 생산하는 데도 똑같이 적용된다. 맥주의 기원은 수천 년 전으로 거슬러 올라간다. 여러 가지 기록에 따르면, 이집트, 그리스, 그리고 로마의 사람들은 맥주 양조의 기술을 이해하고 있었다. 중세시대에는 수도원이 맥주 양조의 중심지였다. 13세기까지는 영국의 마을에 술집과 양조장이 흔했다고 한다. 이후 맥주가 캔에 담겨서 시판되기까지 수 세기가 흘렀고, 1935년 미국 뉴저지 주(New Jersey)의 뉴턴 시(Newton city)에서 드디어 캔 맥주가 만들어짐에 따라 엄청난 인기를 끌었다. 곧이어 6개들이 캔 맥주(six-pack)가 탄생한 것은 필연적 귀결이라 하겠다.

'맥주(beer)'라는 용어는 보리를 의미하는 앵글로-색슨어(Anglo-Saxon)인 *baere*로부터 유래되었다. 전통적으로 맥주는 보리의 발효산물이었기 때문이다. 맥주 제조는 보리 낟알을 분해시키는 맥아제조(malting)라는 공정으로 시작된다(**그림 13.12**). 맥아제조 공정이 진행되는 동안 보리 낟알은 물에 담겨지고, 보리 속에 자연적으로 존재하던 효소들이 보리 전분을 분자량이 작은 탄수화물, 특히 맥아당(maltose 또는 malt sugar)으로 분해한다.

Humulus lupulus:
HU-mew-lus LU-pu-lus

다음은 담금(제맥아즙, mashing) 공정으로 맥아(malt)를 물과 함께 분쇄한 다음 액체 부분(**맥아즙, wort**)만 회수한 후, 여기에 덩굴식물인 호프(*Humulus lupulus*)의 건조된 꽃(hops)을 첨가한다. 호프는 맥아즙에 맥주 특유의 맛, 색깔, 안정성을 부여한다. 이렇게 호프를 첨가한 맥아즙을 여과한 후, *Saccharomyces* 종 효모를 접종한다.

Saccharomyces carlsbergensis:
sack-ah-roe-MY-seas ka-ruls-ber-GEN-sis

다양한 종의 효모들이 여러 가지 종류의 맥주를 생산하는 데 이용된다. 예를 들면, *S. cerevisiae*는 맥주에 진하고 탁한 색깔을 부여한다. 이 효모는 대량의 이산화탄소 거품으로 인해 양조통의 상부로 떠오르므로 상면효모(top yeast)라고 부른다. 이 맥주가 영국식 에일(ale) 맥주 혹은 흑맥주(stout)이다. 한편, 효모의 다른 종인 *S. carlsbergensis*를 사용하면, 발효가 느리게 진행되고 알코올 함량이 다소 적은 밝은 색의 투명한 맥주가 만들어진다. 이 효모는 거품을 덜 만들고 바닥으로 가라앉으므로 하면효모(bottom yeast)라고 한다. 이 효모를 이용한 발효는 에일맥주 제조 온도(약 20°C/68°F)보다 낮은 저온(약 15°C/59°F)에서 진행시킨다. 이 하면효모에 의하여 생산된 맥주를 필젠(Pilsener) 맥주 또는 라거(lager) 맥주라고 한다. 전 세계에서 생산되는 맥주의 약 4분의 3이 라거 맥주이다.

처음에는 호기성 호흡에 의하여 생성된 이산화탄소로 인해서 많은 거품이 발생한다. 이후, 거품은 줄어들고 효모는 대사과정을 발효로 전환시켜 알코올 생산을 시작한다. 맥주의 최종 알코올 농도는 약 4~5%이다.

발효 시작 약 1주일 후 만들어진 '미숙성 맥주(young beer)'는 2차 숙성을 위해서 다른 탱크로 옮겨진 후에 2주일 동안 숙성된다. 이 과정을 **후발효(라거링, lagering)**라고 한다. 6개월 정도까지 소요되기도 하는 이 공정 동안에 맥주 고유의 맛과 향이 발현된다.

맥주를 캔에 저장할 때에는 보통 60°C(140°F)에서 55분 동안 저온살균(pasteurization)하여 효모를 제거한다. 또 다른 방법에서는 맥주를 캔에 넣기 전에 여과함으로써 효모를 제거할 수 있는데, 이렇게 만든 맥주를 '생맥주(draft beer)'라고 한다. 만약 맥주를 직접 맥주집으로 배달한다면, 저온살균이 필요하지 않도록 맥주를 술통에 넣는 즉시 차갑게 해야 한다.

사케(sake) 만들기

양념구이 연어 요리는 사케와 잘 어울릴 수도 있다. 많은 사람들이 사케를 쌀 와인의 한 종류로 생각하지만, 사케는 맥주의 일종으로 보는 것이 더 정확하다. 과일이 아닌 곡물

그림 13.12 일반적인 맥주 제조 공정. 보리 낟알을 맥아 제조 탱크에 두면 보리 종자는 발아해서 발효될 당분을 만들어낸다. 부드러워진 낟알, 즉 맥아(malt)를 담금 탱크(mashing tank)에 넣어 짓찧어서 추출하고, 액체 부분인 맥아즙(wort)을 분리 회수한다. 다음 단계로 호프를 맥아즙에 첨가하여 효모를 접종하면 발효가 시작되면서 알코올이 생성된다. 미숙성 맥주(young beer)는 1차 및 2차 숙성 탱크에서 숙성시킨다. 판매 준비가 완료되면 숙성된 맥주를 작은 나무통(keg)이나 병 또는 캔에 주입한다.

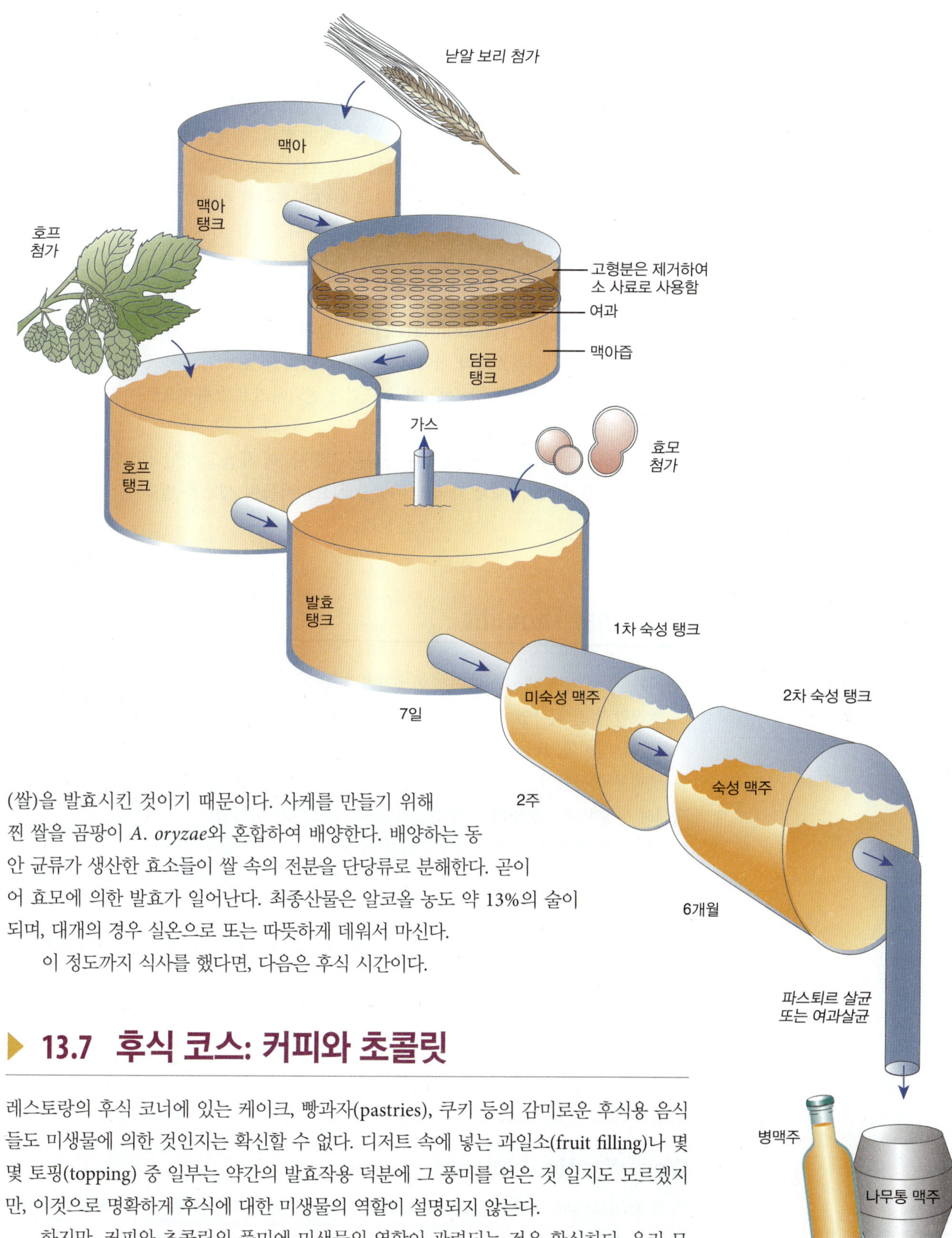

(쌀)을 발효시킨 것이기 때문이다. 사케를 만들기 위해 찐 쌀을 곰팡이 *A. oryzae*와 혼합하여 배양한다. 배양하는 동안 균류가 생산한 효소들이 쌀 속의 전분을 단당류로 분해한다. 곧이어 효모에 의한 발효가 일어난다. 최종산물은 알코올 농도 약 13%의 술이 되며, 대개의 경우 실온으로 또는 따뜻하게 데워서 마신다.

이 정도까지 식사를 했다면, 다음은 후식 시간이다.

13.7 후식 코스: 커피와 초콜릿

레스토랑의 후식 코너에 있는 케이크, 빵과자(pastries), 쿠키 등의 감미로운 후식용 음식들도 미생물에 의한 것인지는 확신할 수 없다. 디저트 속에 넣는 과일소(fruit filling)나 몇몇 토핑(topping) 중 일부는 약간의 발효작용 덕분에 그 풍미를 얻은 것 일지도 모르겠지만, 이것으로 명확하게 후식에 대한 미생물의 역할이 설명되지 않는다.

하지만, 커피와 초콜릿의 풍미에 미생물의 역할이 관련되는 것은 확실하다. 우리 모두 알고 있다시피, 커피(coffee)는 커피 원두로 만든다. 커피 원두를 둘러싸고 있는 두꺼운 과육을 발효하고 제거하는 과정에 미생물이 작용한다. 게다가 미생물은 커피 원두의 껍질 속에 대량 함유되어 있는 펙틴(pectin) 다당체를 분해함으로써 커피 원두 껍질을 제거하는 데도 도움을 준다. 펙틴 다당체는 다양한 세균과 균류들이 생산하는 펙틴 분해효소에 의하여 분해된다. 젖산을 생성하는 세균도 펙틴 제거에 도움을 주지만 커피의 풍미에는 영향을 주지는 않는다.

초콜릿(chocolate)을 만들기 위해서는, 먼저 꼬투리 속에서 카카오(cacao) 원두를 둘러싸고 있는 과육으로부터 카카오 원두를 분리해야 한다. 세균과 효모의 배양액이 사용되는데, 미생물이 과육을 발효시키고 연하게 만들므로 과육이 쉽게 벗겨진다. 실제로, 초콜릿의 색깔이나 맛과 향기는 미생물의 작용에 따라 만들어진 것이다.

레스토랑을 찾아준 것에 대한 감사의 표시로 레스토랑 지배인은 초콜릿으로 코팅된 체리 한 접시를 내어온다. 이것은 커피와 함께 먹기 좋다. 자신도 모르는 사이에 지배인은 미생물이 만들어낸 또 하나의 음식을 제공한 셈이다. 부드러운 체리는 *S. cerevisiae*와 *Bacillus* 종에서 나온 전환효소(invertase)의 역할에 의해 만들어진 것이다. 달콤한 체리에 흠집을 낸 다음 이 전환효소와 섞어서 초콜릿이 담겨진 통에 담궈서 체리가 코팅되게 한다. 며칠이 지나면, 전환효소는 체리를 부드럽게 변화시키고 초콜릿으로 감싸진 안쪽에 풍미있는 즙이 생기게 한다. 매혹적인 맛이다.

이번 식사를 마치기 전에 즐거운 소식을 전한다. 더 새롭고 맛난 음식의 경험을 우리에게 제공하기 위해서, 세계 각국의 주방장과 요리사들이 새로운 발효 음식을 실험하고 있다고 한다. **A CLOSER LOOK 13.3**을 보라.

A Final Thought

"마리아, 오늘 저녁 메뉴 어땠어?" 안젤라가 물었다.

"정말 멋진 식사였어. 인정해. 저녁 메뉴에 미생물이 들어 있다는 것이 처음에는 조심스러웠어. 하지만, 오늘 저녁 식사의 모든 것이 정말 좋았어." 마리아가 분명하게 말했다.

"세균과 곰팡이, 효모들을 이용해서 음식에 그런 멋진 맛을 만들어 낼 수 있다는 것에 대해서 굉장히 흥미로웠어. 진수성찬이었지!" 안젤라가 평가했다.

"발효의 매력에 대해 확실하게 알게 되었어." 마리아가 강조했다.

"미생물은 음식을 발효시키고 강한 풍미를 만들어 줄 뿐만 아니라, 식품의 저장성을 높여주기도 해"

"아, 다음에는 우리 식료품 쇼핑가자. 발효 식품들에 대해 더 알아볼 필요가 있어." 안젤라가 제안했다.

"좋아, 송로버섯(truffle) 오일은 좀 멀리하자. 그건 너무 비싸." 마리아가 제안했다.

"동의!"

Chapter Discussion Questions

What Was He Thinking?

이 장을 읽으면서, 저자가 전달하려고 했던 식품 미생물에 대한 5가지 주요 요점을 확인하고 토론하시오.

A CLOSER LOOK 13.3

장인정신의 식품 미생물학

미생물이 만들어 준 음식 중에서 식탁에서 맛보는 유명한 별미들의 핵심요소는 정교하게 잘 조절된 발효 과정이라고 할 수 있다. 미생물과 발효 과정이 없다면 우리가 즐기는 맛의 경험은 매우 빈약할 것이다.

전 세계적으로 다양한 문화와 사회의 긴 역사 속에서 많은 식품들이 미생물과 발효 과정으로 연결된 것을 발견할 수 있다. 여기에 몇 가지 미생물 발효 식품들을 소개한다.

- **아팜(Appam).** 남인도 지역의 팬케익과 유사한 식품. 쌀 반죽과 코코넛 우유를 발효하여 만든다.
- **게장(Gejang).** 소금에 절여서 발효한 수산물로 만든 대한민국의 음식. 신선한 게에 간장을 절여서 만든다.
- **가츠오부시(Katsuobushi).** 훈제와 건조를 통해 발효된 가다랑어. 얇게 썰어서 다시마와 같이 절인다. 일본 음식의 기본 육수가 되는 다시물을 만드는 데 주로 사용된다.
- **케피어(Kefir).** 유산균(lactic acid bacteria, LAB)과 효모의 혼합으로 만들어진 발효 유제품. 서아시아 코카서스 산맥 지방에서 유래했으며, 요즘은 전 세계에서 만들어진다.
- **콤부차(Kombucha).** 설탕을 첨가한 녹차나 홍차에 효모와 초산균을 섞어 발효하여 만드는 신맛이 나는 음료. 러시아, 중국, 일본, 한국이 서로 주장하지만 그 기원은 불확실하며, 요즘은 전 세계에서 만들어진다.
- **고쇼(Kosho).** 일본 큐슈 지방의 특산물. 유자껍질과 고추, 그리고 소금을 혼합하여 발효시켜 만드는 향신료이다.
- **크바스(Kvass).** 사탕무 또는 호밀빵 발효를 통해 만들어지는 발트와 슬라브 지방의 발효음료
- **미소(Miso).** 풍부하고 달콤하며 톡쏘는 짠맛과 감칠맛이 나는 일본의 감미식품. 쌀, 보리, 또는 콩을 소금과 코지(koji)로 발효시켜 만든다(**그림 A**).
- **폴케(Pulque).** 용설란술, 멕시코 남중부의 오래된 음료. 용설란(agave)의 수액을 발효시켜 만들며 우유 빛깔이 난다.
- **템페(Tempeh).** 곰팡이로 콩을 발효시킨 인도네시아의 발효 음식
- **워체스터셔 소스(Worcestershire sauce).** 영국에서 만들어진 발효 액상 조미료. 짭짤하고 달콤한 풍미를 만드는 여러 가지 복잡한 성분의 혼합물로 이루어진다.

위에 나열한 몇 가지 예들을 비롯하여, 주방에서 새로운 방법의 하나로 발효 과정을 이용할 수도 있다는 가능성을 전 세계 요리사들은 발견(또는 재발견)하고 있다. 새로운 맛을 만들기 위해서 발효를 해 보는 것은 전통적으로 요리사가 관심있었던 분야가 아니었다. 그러나 오늘날에는 새로운 풍미와 요리를 창조하기 위해 미생물의 잠재력을 활용해 보는 것에 요리사들은 매우 흥미로워하고 있다. 요리사들은 식품을 변화시키는 새로운 요리 도구로서 전통적인 발효 기술을 변형하여 새로운 방법으로 개발하고 있다. 이러한 것은 "장인정신의 식품 미생물학(artisanal food microbiology)"으로 불리며, 우리들을 새로운 맛의 경험으로 이끌 것이다. 새로운 풍미를 창조함에 따라 새로운 요리를 만들 수 있고, 미생물과 함께 협력하여 일하는 새로운 방법이 요리사들에게 주어지고 있다.

우리에게 언젠가 제공될 새로운 음식의 맛난 조합을 눈으로 보고 맛보는 것은 흥미롭고 즐거운 시간이 될 것이다.

그림 A 미소(Miso), 전통적인 일본의 감미식품의 하나.

Questions to Consider

1. 어느 날, 미생물학 시간에 교수님의 수고에 감사를 표시하기 위하여 학생들이 '미생물에서 비롯한 식품들'이 담긴 바구니를 선물했다. 이 장과 다른 장에서 배운 지식을 활용하여 어떤 식품들이 바구니에 담겨있을지 추정해 보시오.
2. 효모는 가끔 '정신분열적 미생물(schizophrenic microbes)'로 불린다. 이는 무엇을 의미한다고 생각하는가?
3. 미숙성 치즈(unripened cheese)와 숙성 치즈(ripened cheese)의 차이점을 설명해 보시오. 학생이 먹어 본 치즈들을 떠 올리며 예를 들어 보자.

4. 와인은 세계적으로 다양한 문화의 일부분으로 위치하고 있지만, 와인이 어떻게 처음 발견되었는지는 큰 미스터리 중의 하나이다. 인간이 최초로 와인(발효된 포도 주스)을 경험한 상황을 묘사하는 시나리오를 적어 보시오.
5. 당신이 피클 사업에 뛰어들기로 결정했다고 가정하자. 당신은 토마토, 고추 그리고 다른 몇 종의 식품을 피클로 만들 생각이다. 이 새로운 사업을 과학적 측면에서 어떻게 해 나갈 것인가?
6. 와인과 맥주는 모두 알코올 발효의 결과물이다. 사케는 "쌀 와인"으로 불리움에도 기술적으로 설명할 때 왜 맥주로 봐야 하는가?
7. 이 장에서 미생물 기원의 많은 식품들을 살펴보았지만 아직 많이 부족하다. 당신의 일반적인 지식에 근거하거나 다른 장을 참고하여, 미생물에서 비롯한 또는 미생물이 관여하는 발효 식품 목록에 어떤 것들을 더 추가할 수 있겠는가? 더 많은 정보가 필요하면 다음의 웹사이트를 방문한다. *https://en.wikipedia.org/wiki/List_of_fermented_foods*

© Cooperr/Shutterstock.

Chapter 14

생명공학과 산업: 미생물의 역할

거미의 비단 응접실

내 응접실로 들어올래? 거미가 파리에게 말했다.
지금까지 네가 몰래 봤던 응접실 중에서 가장 예쁜 작은 응접실이야.
내 응접실로 들어오는 길은 빙글빙글 도는 계단 위야.
그리고 나는 네가 그리로 오면 보여줄 신기한 것들을 많이 가지고 있어.

Mary Howitt의 *The Spider and the Fly*(1828)라는 시의 첫 번째 줄에서, 교활한 거미는 유혹과 아첨을 사용하여 순진한 파리를 잡으려고 한다. 오늘날, 영리한 거미들은 거미줄로 과학자들을 끌어들이고 있다.

거미줄은 거미가 새끼를 보호하기 위한 둥지를 만들기 위해 뽑는 단백질 섬유로, 먹이를 잡고 감싸는 끈적한 그물 역할도 한다(위의 시 참조)(**그림 14.1**). 거미줄은 가장 강력한 천연 섬유로 알려져 있다. 거미줄은 강철보다 강하고 튼튼해서 산업 제품이나 생활용품에 활용될 수 있는 높은 잠재력이 있으며, 매우 얇고 강력해서 수술용 봉합사를 만드는 데 사용할 수 있다. 또한, 방탄조끼를 만드는 케블라(Kevlar)와 같은 합성 섬유보다 더 큰 **인장 강도(tensile strength)**를 갖는 의류 제작에 사용될 수 있다.

인장강도(tensile strength): 재료의 섬유를 당겨서 절단하는 데 필요한 최대한의 응력.

안타깝게도, 우리는 산업적으로 필요로 하는 많은 양의 거미줄을 생산하기 위해 세균처럼 밀집된 집락에서 거미를 키울 수 없다. 그렇다면 우리는 어떻게 할 수 있을까? 물론 미생물을 생각해 볼 수 있다.

2018년 세인트루이스에 있는 워싱턴 대학교의 연구원들은 거미줄 단백질을 암호화하는 DNA 서열을 제작했다. 유전자들은 유전자 조작으로 세균에 삽입되었고, 그 세균 세포는 자라면서 천연 거미줄과 동일한 생합성 거미줄을 생산했다.

CHAPTER 14 OPENER DNA를 합성하고 염기 서열을 알게 되면서, 미생물생명공학과 산업미생물학이 갑자기 우리에게 등장했다. 이러한 기술은 미생물을 이용한 재료 공정에 과학적이고 공학적인 원리를 적용하여 사회에 필요한 치료제와 상업적 제품을 만든다.

그림 14.1 거미줄. 거미줄로 만든 거미그물.

© Roel Slootweg/Shutterstock.

상업적으로는 길게 이어진 가닥이 필요하지만, 불행히도 세균 세포는 짧은 조각의 합성 거미줄만을 생산한다. 결국 유전 공학자들은 일단 "세균 공장"이 긴 거미줄 섬유를 생산할 수 있게끔 대사과정을 변경하는 방법을 알아내야 하고, 그 공정은 경제적으로 대규모 생산이 가능해야 한다.

고어 텍스(Gore- Tex): Teflon으로 만들어진 방수, 통기성 직물의 상표.

그래서, 언젠가 방수가 되는 튼튼한 등산화나 우비를 사러 간다면, '**고어 텍스(Gore-Tex)**'라는 라벨 대신 '미생물 거미줄로 만든'이라는 라벨을 볼 수 있을지도 모른다.

오늘날 사회는 수많은 의료 및 산업 제품을 생산하기 위하여 미생물에 의존하고 있다. 이러한 미생물은 **미생물생명공학(microbial biotechnology)**의 창조물이다. 미생물의 게놈을 변경하여 형질전환된 생명체는 자연적으로는 존재하지 않는 물질(예: 거미줄)을 만들어낸다. 그 후에는 **산업미생물학(industrial microbiology)**이 개입한다. 이는 이러한 제품의 생산을 상업적으로 필요한 수준까지 대량화할 수 있게 한다.

이 장에서는 미생물생명공학과 산업미생물학(응용과학)의 생산물 일부를 실제 응용의 관점에서 검토한다.

LOOKING AHEAD

이 장을 마치면, 여러분은 다음의 내용들을 할 수 있게 될 것이다.

14.1 세균 세포가 특정한 물질을 생산하기 위해 유전적으로 어떻게 조작되는지 설명할 수 있다.

14.2 여러 생명공학 효소들을 확인하고, 인간의 의학적 상태와 장애를 완화하기 위한 용도를 설명할 수 있다.

14.3 감염성 병원체를 동정하기 위한 진단 검사에서 DNA 탐침을 사용하는 방법을 설명할 수 있다.

14.4 미생물이 생산하는 일차 대사물과 이차 대사물을 구분할 수 있다.

14.5 항생제, 비타민, 효소, 바이오연료의 생산에 있어 미생물의 산업적 역할에 대해 논의할 수 있다.

14.1 미생물과 생명공학: 가능성을 보다

과학에서는 때때로 하나의 창이 열리고서 갑자기 이론으로만 가능하던 것이 실제로 가능해지는 시기가 있다. 미생물학에서 그러한 창이 1970년대에 유전공학의 시작과 함께 열렸다. 미생물의 유전을 다룬 장에서 설명한 것처럼, 미생물학자와 다른 과학자들은 불가능한 꿈이 현실이 되는 것을 보기 시작했다. 미생물생명공학 분야가 그렇게 탄생했다.

이 장의 다음 부분에서 외래 유전자가 어떻게 조작되어 미생물로 삽입되는지와 불가능했던 꿈 중에서 미생물 유전공학을 통해 현실이 된 몇 가지를 살펴본다.

유전자 조작된 세균 세포

유전자 조작(genetic engineering)은 생명체의 게놈에 있는 DNA를 바꾸는 과정이다. 종종 그것은 한 생명체에서 유전자를 가져와 다른 생명체의 게놈에 삽입하는 것을 포함한다. 다음은 생명공학적 생산물이 인간의 장애를 완화하는 데 도움을 준 예이다.

인체에서 생산되는 필수 호르몬 중 하나인 **인간성장호르몬(human growth hormone, hGH)**은 **뇌하수체 전엽(anterior pituitary)**에서 생산되어 근육과 뼈의 성장을 자극한다. 뇌하수체나 **시상하부(hypothalamus)**가 손상된 몇몇 아이들은 충분한 양의 성장호르몬을 생산하지 못하며, 그 결과 뼈와 근육의 성장이 느려져서 제대로 자라나지 못함에 따라 왜소증(dwarfism)을 겪게 된다. 이 질환이 만약 사춘기 전에 진단되면, 유전적으로 조작된 재조합 인간성장호르몬(recombinant hGH; rhGH)으로 치료할 수 있다.

재조합 성장호르몬을 생산하기 위해서는 사람 세포로부터 hGH 유전자를 분리하여 세균 **플라스미드(plasmid)**에 삽입하는 재조합(recombined)을 수행한 후, 그 플라스미드를 대장균 세포에 넣어주면 된다(**그림 14.2**). 그러면 이 세포들에서 재조합된 hGH 유전

뇌하수체 전엽(anterior pituitary): 뇌의 하부에 위치하여 여러 가지 호르몬을 분비하는 샘(선: gland).

시상하부(hypothalamus): 뇌하수체를 제어하는 뇌의 한 부분.

플라스미드:(plasmid) 염색체와는 떨어져 있고, 비필수적인 유전 정보를 가지고 있으며, 독립적으로 복제하는 작고 폐쇄된 루프 모양의 DNA 분자.

Escherichia coli: esh-er-EEkey-ah KOH-lee

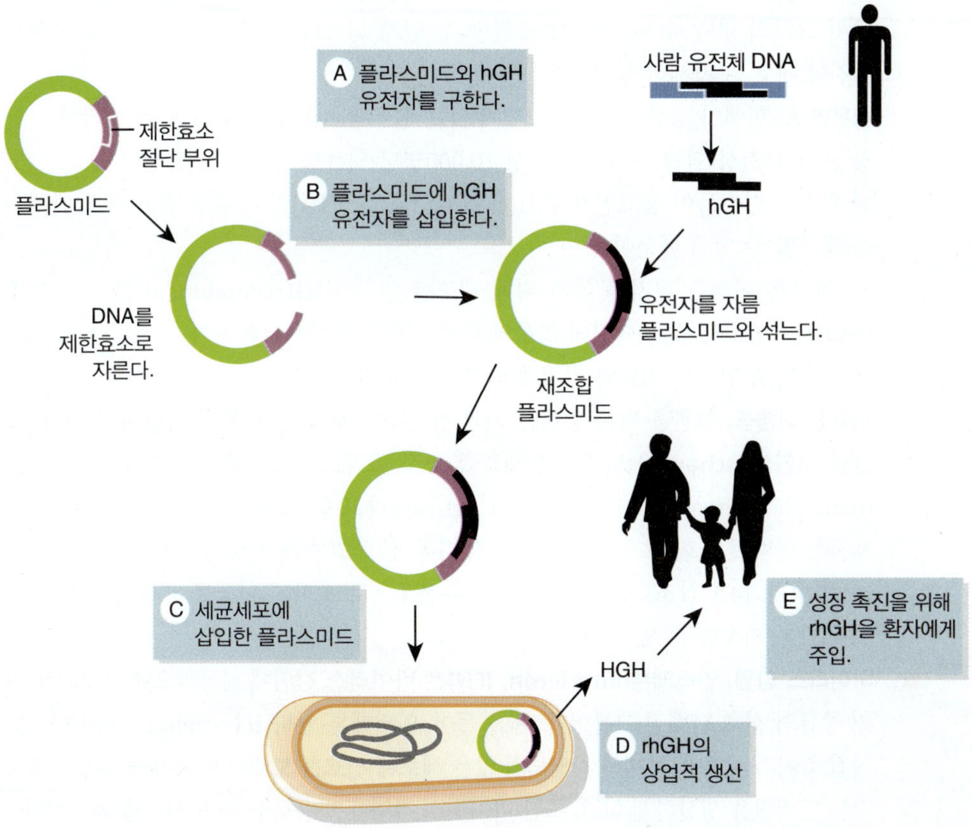

그림 14.2 유전공학을 이용한 재조합 인간성장호르몬(rhGH). 인간성장호르몬(hGH) 유전자를 분리 후 세균 플라스미드에 삽입한 후, 이를 대장균 세포에 넣어준다. 이 세균이 생산한 성장호르몬을 분리, 정제하여 작은 키(왜소증)를 치료하는 데 사용된다.

자가 전사되어 rhGH 단백질로 번역된다. 의학적으로 이 재조합 성장호르몬[상업적으로 프로트로핀(Protropin®)으로 알려져 있음]을 주사하면 성장이 촉진되고 아이는 같은 또래의 적절한 키로 자랄 수 있게 도움을 준다.

일부의 운동선수나 역도선수는 이 재조합 성장호르몬이 근육을 생성하고 신체적 능력을 증가시킨다는 잘못된 믿음을 갖고는 한다. 그러나 대부분의 임상 연구는 rhGH가 신체적 능력을 향상시키지 않는다고 보고하고 있으며, 국제올림픽위원회와 미국대학체육협회는 스포츠 경기에서 rhGH 사용을 금지하고 있다.

14.2 미생물생명공학 제품들: 의료 치료제와 백신

미생물생명공학을 통해 생산되는 많은 치료제는 rhGH와 마찬가지로 인간 유전자를 박테리아 세포에 삽입함으로써 만들어진다.

치료제

미생물생명공학 분야에서 상업적으로나 약제적으로 가장 가치가 있는 것은 사람의 호르몬이나 혈액 관련 물질 그리고 효소와 같이 사람의 질병이나 결핍증을 치료할 수 있는 물질들이다(**표 14.1**). 이런 물질 중 몇 가지를 여기서 다룬다.

인슐린(insulin): 췌장에서 생성되는 호르몬으로 혈당 수치가 너무 높아지거나 낮아지는 것을 방지.

피하(subcutaneous): 피부 아래.

- **제1형 당뇨병.** 인슐린 의존성 당뇨병이라고도 불리는 이것은 췌장에서 **인슐린(insulin)**이 거의 또는 전혀 생성되지 않는 만성질환으로 높은 혈당 수치를 갖게 된다. 이 질병을 치료하기 위해 미생물생명공학을 이용한 역사적인 첫걸음이 1982년에 있었다. 최근 미국 식품의약청(FDA)은 유전자 조작 인슐린(Humulin)의 사용을 승인했다. 이 승인으로, 제1형 당뇨병 환자들은 이 호르몬을 **피하(subcutaneous)** 주사함으로써 그들의 혈당 수치를 더 잘 조절할 수 있게 되었다. 그 과정은 제9장의 '미생물 유전학'에서 더 자세히 설명된다.
- **혈우병 A.** 혈액이 정상적으로 응고되지 않는 혈우병 A(hemophilia A)는 미국에서 가장 흔한 유전성 혈액 질환으로 남성 10,000명당 약 1명의 비율로 발생한다. 이 질병의 원인은 환자들이 응고인자 VIII(clotting factor VIII)라는 필수 혈액 응고 단백질을 생산할 수 없기 때문이다.

  지금은 이러한 환자를 돕기 위해 재조합 인자 VIII(recombinant factor VIII, rFVIII)가 rhGH 및 인슐린의 경우와 마찬가지로 유전공학을 통해 생산된다. rFVIII은 혈우병 A 환자의 치료와 처치에 혁신을 가져 왔다.

허혈성(ischemic): 체내의 불충분한 혈액 공급.

- **허혈성 뇌졸중.** 혈관을 막는 혈전은 뇌의 한 부분으로 가는 혈류를 차단하게 된다. 오늘날 **허혈성(ischemic)** 뇌졸중은 재조합 조직 플라즈미노겐 활성인자(recombinant tissue plasminogen activator, rtPA; Activase라고 함)로 관리가 가능하다. 이 치료 제품은 단백질 소화 효소로 작용하는데, 다른 신체 효소를 자극하여 혈전을 분해하도록 한다(표 14.1 참조). 많은 사람이 이 유전적으로 조작된 미생물 유래 단백질 덕분에 건강을 지속할 수 있게 되었다.
- **바이러스 감염. 인터페론(interferon, IFN)**은 바이러스 감염에 자극받으면 생성되는 여러 종류의 신호 단백질 그룹이다. 예를 들어, 인터페론-알파(IFN-alpha)는 바이러스를 직접 죽이지 않지만, 주변의 감염되지 않은 세포에 신호를 보내서 바이러스 게놈 복제를 막는 단백질을 생산하게 하고, 또한 바이러스 감염에 반응하여 면역 세포를 자극한다.

표 14.1 치료용 미생물생명공학 생산물과 그 기능

생산물	기능
대체 단백질과 호르몬	
Factors VII, VIII, IV	혈우병 환자에게 부족한 응고인자 대체
성장호르몬(rhGH)	왜소증인 사람에게 결핍된 호르몬 대체
인슐린	인슐린 의존성 당뇨병 치료제
치료용 단백질, 호르몬, 효소	
표피성장인자(hEGF)	상처 회복 촉진
과립구 집락자극인자(hG-CSF)	암, AIDS 환자의 백혈구 생성 자극
인터페론 알파(IFN-alpha)	바이러스 감염과 일부 암 치유를 위한 항바이러스제
조직 플라스미노겐 활성인자(TPA)	혈전 용해제; 심장마비와 뇌졸중(stroke) 방지
DNase I	낭포성 섬유증 치료제

자연적으로 생성된 인터페론은 종종 너무 느리게 작용하므로 빠른 바이러스 감염을 저지할 수 없다. 또한 그 분자들은 어떤 장기간 계속된 감염에는 지속적인 반응을 제공하지 않을 수도 있다. 이에 반해, 재조합 인터페론-알파 제제는 B형 간염이나 C형 간염 같은 바이러스성 질환과 몇몇 종류의 암을 앓고 있는 사람들에게 유용하다는 것이 입증되었다.

- **낭포성 섬유증.** 또 다른 심각한 유전 질환으로는 미국 내 30,000명 이상의 사람들과 전 세계 70,000명 이상의 사람들이 앓고 있는 낭포성 섬유증(cystic fibrosis, CF)이 있다. 낭포성 섬유증 환자들은 농도가 짙고 끈적끈적한 점액을 만들어내고, 결국에는 호흡기가 막히게 된다. *Pseudomonas aeruginosa* 같은 병원균에게는 끈적한 점액질이 자신의 생장을 위한 최적의 장소일 뿐만 아니라, 세균 세포가 죽어서 용해될 때 DNA가 점액질 내로 방출되면서 주변을 더욱더 점착성이 강한 물질로 만든다. 결과적으로, 점액은 기도를 폐쇄하여 생명을 위협하고 숙주 면역 공격으로부터 살아있는 세균 세포를 보호한다.

  낭포성 섬유증 환자를 위한 한 가지 치료 방법은 재조합 인간 디옥시리보핵산 가수분해효소 I(recombinant human deoxyribonuclease I, rhDNase, pulmozyme라고 함)를 흡입하는 것이다. 이것은 DNA를 선택적으로 절단하는 효소이다. rhDNase로 치료하면 폐 점액의 점도가 크게 감소하여 폐 기능이 향상된다. 그러면, *P. aeruginosa* 세포가 면역적 공격에 더 민감하게 됨으로써, 항생제 치료가 더 효과적으로 작용하게 된다. 생명을 구하는 이러한 효소는 매년 1억 달러 이상의 매출을 기록하고 있다.

  위에 기술된 치료제들은 바이오의약품이 일차 치료 의약품으로 사용되고 있다는 것과 개인과 사회를 이롭게 하는 단백질 치료법이 추가로 개발될 가능성이 있다는 것을 보여준다.

Pseudomonas aeruginosa: suedoh-MOH-nahs ah-rue-gih-NO-sah

백신

백신(vaccine)은 미생물이나 바이러스 물질로 만들어진다(질병 및 저항성을 다루는 장에서 설명). 이러한 물질이 체내에 주입되면, 면역계는 향후 같은 미생물이나 바이러스 인자를 인식할 수 있도록 준비를 하게 된다. 만약 이렇게 면역이 형성된 사람이 같은 인자 중 하나에 노출된다면, 면역계는 병원체를 빠르게 공격하고 제거할 것이다. 오늘날에는 생명공학 혁신을 통해 새로운 백신 제제가 개발되고 있다. 이러한 제품은 기존 백신보다 제조 비용이 저렴하고 운송이 더 쉽다. 중요한 것은, 이 새로운 백신이 B형 간염, 수막염, 독감, 심지어 자궁경부암과 같은 질병을 예방하는 데 도움을 준다는 것이다. 백신은 제17장의 '질병과 저항성'에서 자세히 논의된다.

그림 14.3은 미생물생명공학을 이용한 치료용 제품 중 일부를 요약한 것이다.

그림 14.3 미생물생명공학을 통한 새로운 제품의 개발. 유전공학은 외래 유전자를 세균 세포에 넣어서 화학적으로 유용한 제품을 얻는 방법이다.

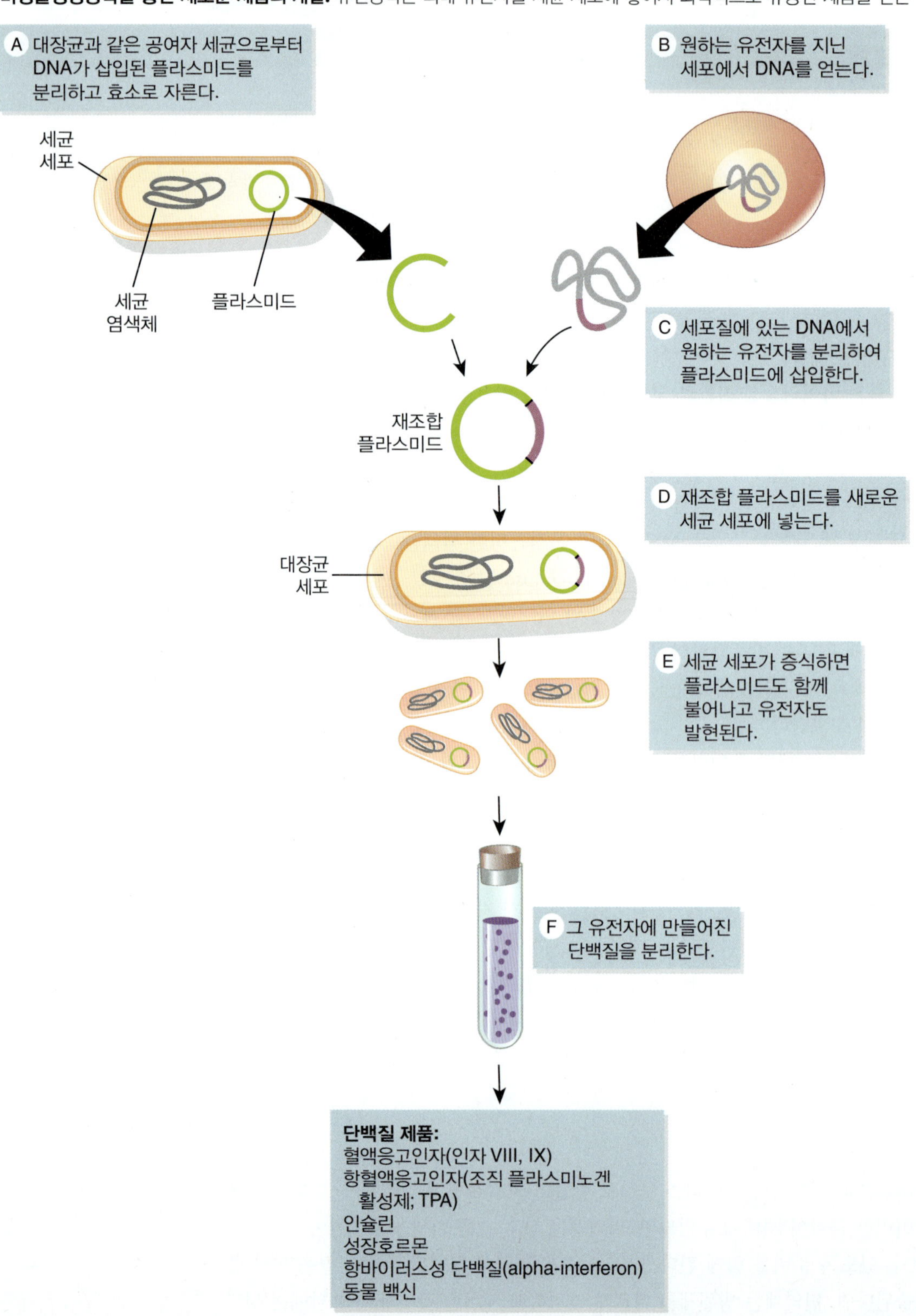

이번 장의 이 부분을 마치기에 앞서, 미생물생명공학의 결과물이라고 할 수 있는 감염성 질병에 대한 몇 가지 진단 도구와 검사를 살펴본다.

14.3 미생물생명공학의 산물: 진단 도구와 검사

진단 실험실에서 일어나는 미생물생명공학을 가장 탁월하게 활용하는 예는 모르는 미생물을 동정하기 위해 DNA 시료를 분석하는 경우이다. 이러한 방법을 통해 이전에는 짐작으로만 예측할 수 있었던 수많은 전염성 및 유전성 질병의 실제 존재 여부를 확인할 수 있게 되었다.

진단 도구

미생물공학에서 사용되는 두 가지 주요 도구는 DNA 탐침과 중합효소 연쇄 반응이다.

중합효소 연쇄 반응

중합효소 연쇄 반응(polymerase chain reaction, PCR)은 수십억 개의 동일한 DNA 서열을 복제하여 생성하는 방법이다. 특별히 고안된 장치에서 수행되는 PCR 과정은 복사기에 버금가는 분자 복사기로 설명될 수 있다(**그림 14.4A**). 증폭 과정은 아래와 같다.

이 증폭 과정은 병원균에서 DNA 시료를 분리하는 것으로 시작되며, PCR 장치에 넣어 준 이중나선의 DNA는 고온에서 풀려 단일가닥 DNA를 생산한다(**그림 14.4B**). 여기에 **Taq 중합효소(Taq polymerase)**라 불리는 특이한 내열성 **DNA 중합효소(DNA polymerase)**를 첨가하여 준다. 이 반응물에 4가지 염기(아데닌, 티민, 구아닌, 시토신)가 함유된 뉴클레오티드 분자와 복사 과정의 시작점으로 작용하는 프라이머(primer) DNA 가닥을 함께 섞는다.

DNA 중합효소(DNA polymerase): DNA의 단일가닥에 상보적 뉴클레오티드를 추가하는 효소.

Taq 중합효소는 프라이머 DNA에 뉴클레오티드를 하나씩 첨가하는 방식으로 연결해서 단일가닥 DNA에 상보적인 새로운 DNA 가닥을 합성한다. 그 후 이 혼합액을 냉각하면 새로 합성된 DNA와 이전 DNA의 단일가닥이 함께 꼬여서 이중가닥 DNA를 형성하는데, 이때 DNA의 분자 수는 처음의 2배가 된다. 그런 다음, 이 과정이 반복되어 최적의 조건에서 하나의 DNA 염기 서열은 2시간 만에 10억 번 증폭될 수 있다.

DNA 탐침

진단 검사를 수행하는 데 필요한 도구 중 하나로는 **DNA 탐침(DNA probe)**이 있다. DNA 탐침은 서로 다른 다양한 DNA 단편의 혼합물에서 자기와 상보적인 DNA(표적) 단편을 "추적"하는 단일가닥 DNA 서열이다.

병원체에 대한 탐침을 만들기 위해서는 병원체의 고유한 DNA 서열을 생성한 다음 PCR을 수행하면 된다(그림 14.4 참조). 몇 시간 안에 DNA 탐침으로 사용될 수십억 개의 동일한 단편이 생성된다. 이 단편을 단일가닥으로 분리한 후 표적 단편을 식별하기 위해 방사성 또는 형광물질을 DNA 탐침에 부착한다(**그림 14.5A**).

진단 검사

DNA 탐침 기술은 다양한 종류의 새로운 진단 검사에서 사용된다. 한 가지 시나리오를 살펴보자.

그림 14.4 연쇄중합반응(ploymerase chain reaction, PCR).
(A) PCR 장치.

© Kallayanee Naloka/Shutterstock.

(B) PCR은 실험실에서 짧은 시간 안에 하나의 DNA 절편을 수십억 번 증폭하기 위한 기술이다.

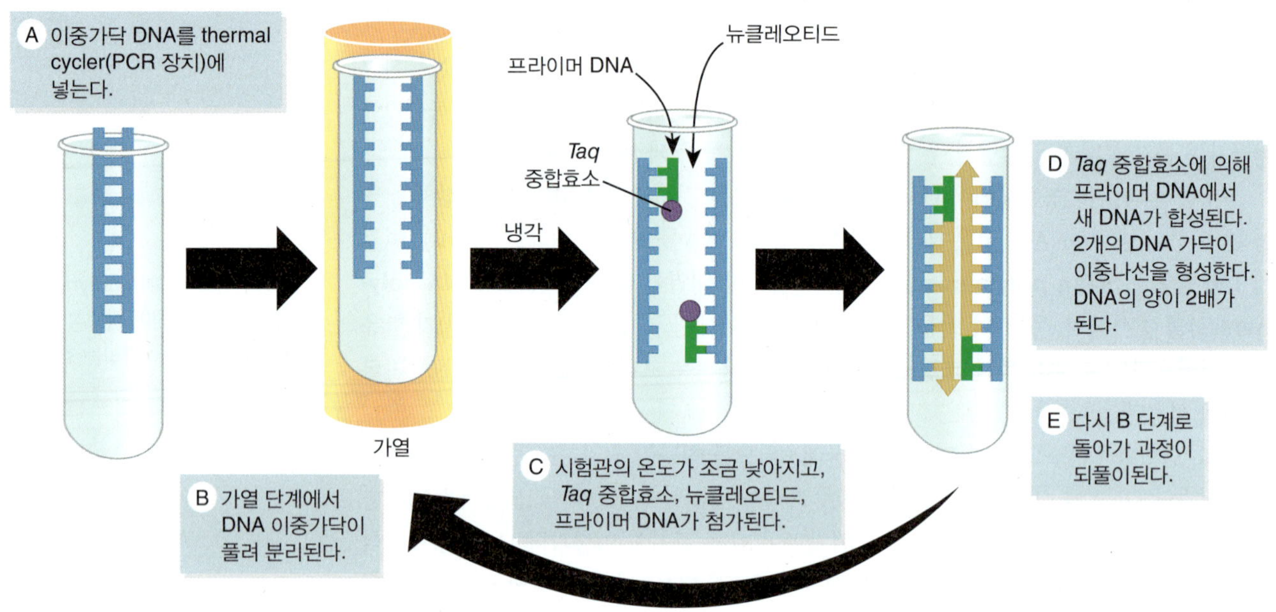

병 진단

환자 1과 환자 2는 인간면역결핍 바이러스(human immunodeficiency virus, HIV)에 감염되었을 수 있다고 우려하고 있다. 이 바이러스는 AIDS의 원인이 되는 인자이기 때문에 두 사람 모두 자신에게 바이러스가 있는지 검사받기를 원한다.

제6장의 '바이러스'에서 언급했듯이, HIV는 레트로바이러스다. 따라서 복제주기 중에 단일가닥 RNA는 이중가닥 DNA로 변환되는데, **프로바이러스(provirus)**라고 하는 이 바이러스 DNA 절편은 감염된 세포의 염색체에 삽입된다.

DNA 탐침을 사용하는 진단 검사를 통해 감염된 세포 안에 있는 프로바이러스를 검출한다. 환자 조직으로부터 DNA를 분리하고 단일가닥 조각으로 자른 후 고체 표면(지지대)에 부착한다(**그림 14.5B**). HIV 검사를 수행하기 위해, HIV 프로바이러스 절편에 결합할 수 있는 DNA 탐침을 환자 시료와 섞어준다. 목적 단편(HIV provirus)이 존재하는 경우, 형광 또는 방사성 DNA 탐침은 마치 왼손이 상보적인 오른손과 포개지는 것처럼 상보적인 염기쌍을 갖는 목적 DNA 단편과 특이적으로 결합한다. 형광 또는 방사성 표시는 결

그림 14.5 DNA 탐침.
(A) 동정을 위해 방사성 혹은 형광물질을 가진 DNA 탐침을 제작.

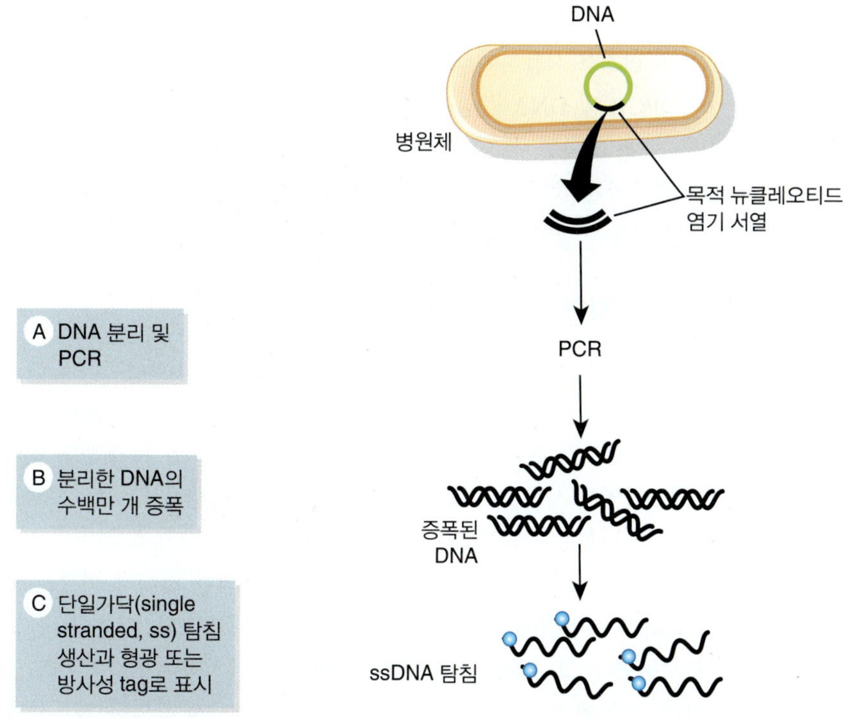

(B) HIV 탐침을 이용하여 어느 환자가 AIDS 바이러스에 감염되었는가를 검사.

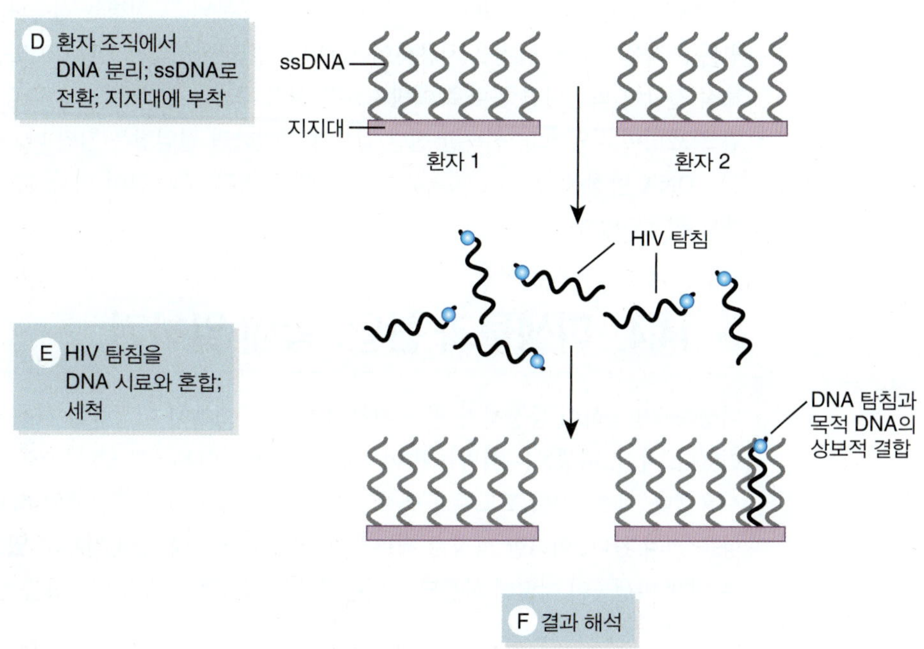

합이 발생했다는 시각적 신호를 제공한다. 프로바이러스가 존재하지 않으면 탐침은 아무 것과도 결합하지 않고 실험 과정 중에 씻겨 나가므로 형광 또는 방사성 신호가 감지되지 않는다. 다시 말해, 찾고자 하는 목적 DNA 단편을 바늘이라 하고, 다른 방대한 유전 물질을 건초 더미라 비유하면, DNA 탐침은 속담에서처럼 "건초 더미의 바늘"을 찾는 데 도움이 된다.

DNA 진단 검사는 또한 다른 많은 감염성 질병을 진단하는 데 사용할 수 있다. 예를 들어, 라임(Lyme) 병은 진드기에 의해 전염되는 세균 감염으로 인한 혈액 질환이다. 그 질병을 일으키는 세균은 배양하기 매우 어렵다. 그러나 미생물생명공학 덕분에 의심되는 환자의 혈액을 확보하면 세균 병원체 DNA(혈액에 존재하는 경우)를 증폭한 다음 라임병 DNA 탐침을 사용하여 라임병의 감염 여부를 검정할 수 있다.

PCR 및 DNA 탐침을 이용하는 이러한 새로운 미생물생명공학은 감염이 의심되는 병원체를 검출할 수 있게 해준다. 또한 고전적인 진단법의 문제점인 추측에 의한 오진율을 현저하게 줄여 주었다. 특히, 조기 진단과 신속한 치료가 가능하게 되어 이들 질병에 의한 고통을 줄일 수도 있게 되었다.

전염병 진단

전염병(epidemic): 특정 집단 내의 많은 사람들에서 빠르고 광범위하게 발생하는 감염병.

약간 다른 원리의 DNA 진단법이 한 **전염병(epidemic)**의 원인을 확인하기 위해 사용된 적이 있다. 미국 남서부의 Four Corners 지역(애리조나, 콜로라도, 뉴멕시코, 유타)에서 심각한 호흡기 질환이 발생했을 때 보건 당국자들은 이 질병이 많이 퍼지고 있음을 우려했다. 감염된 사람들은 출혈, 폐 감염 및 신장 질환을 겪었다. 그들은 어떻게 새로운 감염자를 찾아낼 수 있었을까?

항체(antibody): 세균 또는 바이러스와 같이 몸에 침입한 외래 인자에 대한 반응으로 몸의 면역 체계에 의해 만들어진 단백질.

과학자들은 이 질병이 특정 바이러스에 의한 것이라 여겼기에, 환자들의 **항체(antibody)**를 실험실에 보관된 수많은 유형의 바이러스와 한 번에 하나씩 어렵게 혼합하면서 조사하였다. 그 결과, 이 질병은 매우 드물게 발견되는 한타바이러스(hantavirus)가 일으켰다는 것을 밝혀냈다. 그러나 새로 출현하는 잠재적 감염을 검사하기 위해서는 더 빠른 진단법이 필요했다. 다량의 한타바이러스 DNA가 PCR을 이용하여 만들어졌고, 한타바이러스 DNA 탐침이 제작되었다. 그 후 새로운 환자로부터 그 질병을 신속하게 진단하기 위해, 병든 조직을 가져와 탐침을 사용하여 상보적인 한타바이러스 DNA가 있는지 검색했다. 상보적 결합이 확인되면 곧바로 예방치료가 시작되었다. 결과적으로, 53명의 환자가 확인되었고 32명이 사망했다. 신속한 진단 검사가 없었다면 전염병은 훨씬 더 퍼졌을 것이다.

DNA 탐침은 **A CLOSER LOOK 14.1**에 설명된 것과 같이 역사적인 미스터리의 해결에도 적용되었다.

▶ 14.4 미생물과 산업: 함께 일하기

미생물생명공학이 등장하기 훨씬 전부터 인간 사회에서 미생물을 사용하는 일은 흔한 일이었다. 사실, 미생물은 사람들이 이 작은 생명체를 이용하고 있다는 것을 깨닫기 전부터도 사용됐다. 예를 들면, 포도주나 맥주 등의 알코올 발효는 인류문화와 사회에 천년 이상 영향을 끼쳐 왔다. 이러한 과정은 제13장의 '미생물과 식품'에서 다루고 있으므로, 이 장에서는 현재 미생물이 어떻게 사용되고 있는지와 미생물과 산업의 연관성를 살펴보고자 한다.

산업미생물

인간에게 유익한 미생물로부터 유래한 산업 생산물은 수없이 많다. 이러한 대사의 최종산물 또는 부산물(**metabolites**, **대사산물**이라고 함)은 두 그룹으로 나뉜다(**그림 14.6**).

대수증식기(log phase): 활발한 증식으로 세포 수가 기하급수적으로 증가하는 성장곡선의 한 부분.

- **일차 대사산물(primary metabolites)**은 미생물의 정상적인 성장과 번식에 직접적으로 관여한다. 주로 미생물의 **대수증식기(log phase)**에 생산되는데, 피루브산이나 미생물 발효의 최종산물이 여기에 속한다.

A CLOSER LOOK 14.1

"무죄"

오! 불쌍한 크리스토퍼 콜럼버스(Christopher Columbus)! 일부 역사학자는 당신이 실수로 천연두와 홍역, 백일해, 결핵(tuberculosis, TB)과 그 밖의 많은 감염성 질병을 신세계에 가져왔다고 비난한다. 그것은 마치 각종 전염성 병원균으로 가득 찬 콜럼버스의 항해선인 산타마리아호가 병원균이 거의 없던 무균의 신천지에 도착했다는 듯 들린다.

그러나 반드시 그렇다고 할 수는 없다. 미네소타 대학교의 생물학자들은 페루의 미라 여성의 유해를 연구했는데(**그림 A** 참조), 미라의 폐 조직에서 결핵을 앓고 난 후의 증상인 석회화 반점이 여러 개 남아 있음을 발견했다. 분자생물학자는 반점 덩어리에서 DNA를 추출하여 연구하기에 충분할 만큼 DNA를 증폭했다. 결핵에 대한 DNA 탐침을 사용하여 검사한 결과, 미라의 DNA는 결핵의 원인균인 결핵균(*Mycobacterium tuberculosis*)과 동일한 염기 서열을 가지고 있는 것으로 밝혀졌다.

그래서 이것이 증명하는 바가 무엇이냐고? 미라는 천 년이나 된 것이었는데—정말 자그마치 일천 년의 세월이다! 이것은 결핵 병원체가 콜럼버스가 도착하기 수백 년 전에 이미 신세계에 존재했음을 의미한다.

따라서 콜럼버스 씨, 당신은 죄가 없어. 최소한 결핵의 경우에는.

그림 A 설명된 것과 유사한 페루의 미라.

© Cris Bouroncle/AFP/Getty Images.

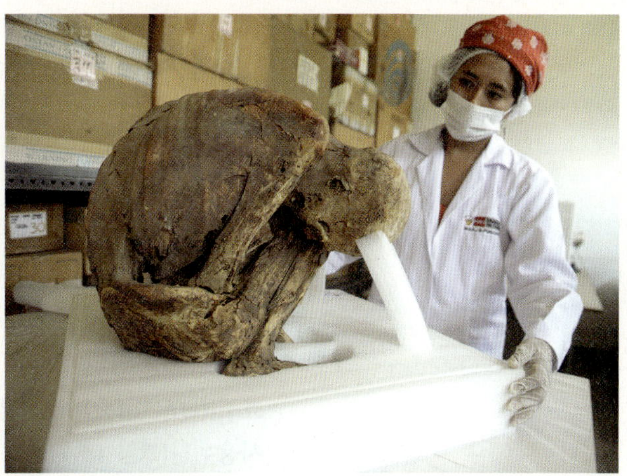

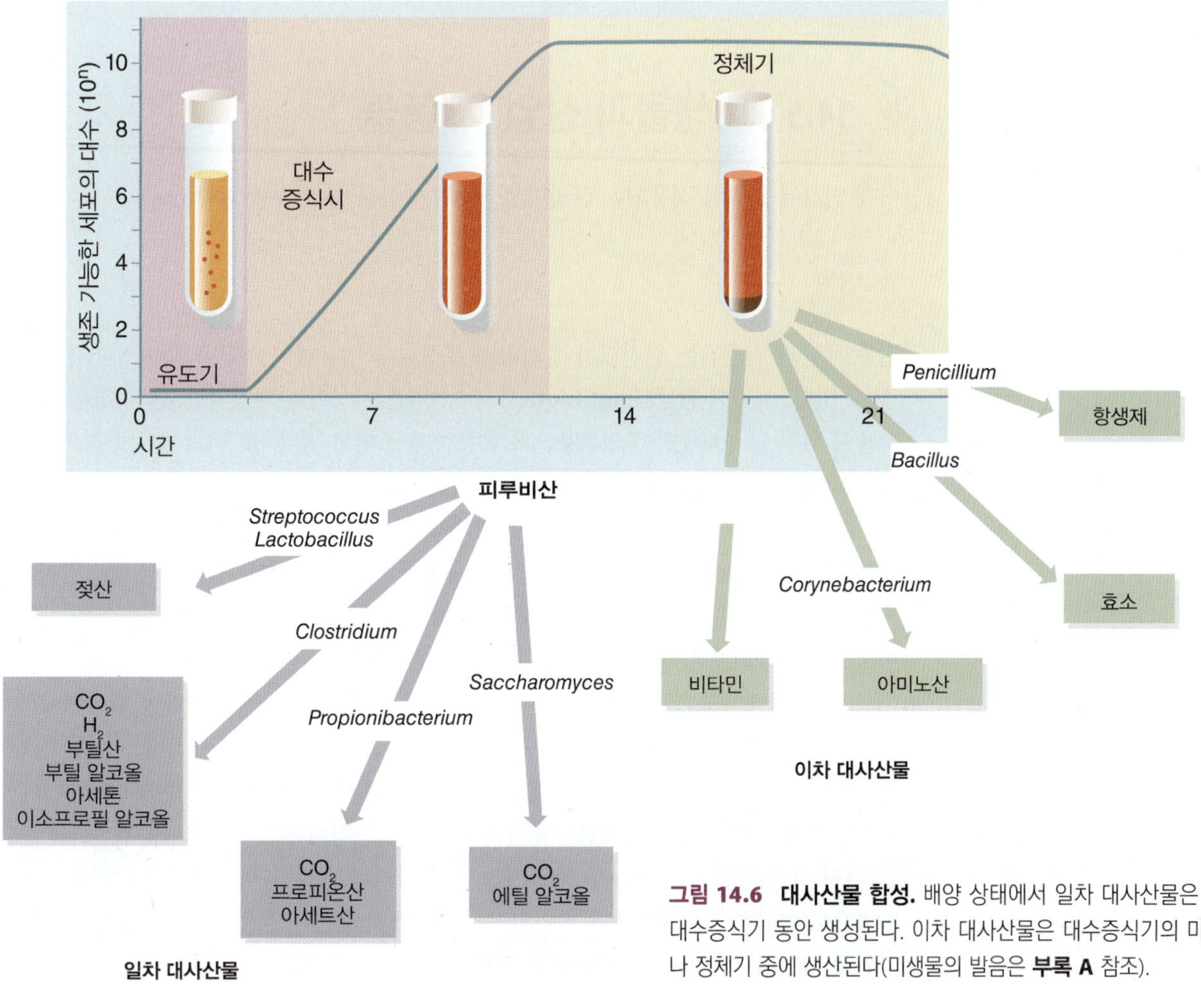

생존 가능한 세포의 대수 (10ⁿ)
0
2
4
6
8
10
0
7
14
21
시간
유도기
대수 증식시
정체기
피루비산
Streptococcus Lactobacillus
젖산
Clostridium
CO_2 H_2 부틸산 부틸 알코올 아세톤 이소프로필 알코올
Propionibacterium
CO_2 프로피온산 아세트산
Saccharomyces
CO_2 에틸 알코올
일차 대사산물
Penicillium
항생제
Bacillus
효소
Corynebacterium
비타민
아미노산
이차 대사산물

그림 14.6 대사산물 합성. 배양 상태에서 일차 대사산물은 왕성한 대수증식기 동안 생성된다. 이차 대사산물은 대수증식기의 마지막이나 정체기 중에 생산된다(미생물의 발음은 **부록 A** 참조).

정체기(stationary phase): 미생물 집단의 성장이 일어나지 않는 증식 곡선의 시기.

- **이차 대사산물(secondary metabolites)**은 산업 미생물학적 관점에서 매우 유용하다. 이러한 대사산물은 종종 신진대사의 부산물로, 성장과 번식에 필수적이지는 않다. 그림 14.6은 이차 대사산물이 일반적으로 미생물의 대수증식기의 마지막 시점이나 **정체기(stationary phase)**에서 생성된다는 것을 보여준다. 대부분의 항생제와 일부 비타민, 아미노산, 산업적으로 중요한 효소가 이차 대사산물의 예이다.

대사산물의 생산과 미생물의 대량 배양

대량의 대사산물을 산업적 규모로 생산하기 위해서는 매우 많은 미생물을 배양해야 한다. 이 정도의 대규모에서는 **산업적 발효(industrial fermentation)**라는 용어를 사용하는데, 호기성 혹은 혐기성 미생물을 대량으로 배양하는 데 필요한 모든 절차를 의미한다.

필요한 양의 미생물 대사산물을 얻기 위해서는 큰 노력이 필요한데, 이를 위하여 **발효조(fermentor)** 혹은 **생물반응기(bioreactor)**라고 불리는 대형 스테인리스 탱크가 주로 사용된다(**그림 14.7A**). 기술자들이 컴퓨터로 환경 조건이 조절되는 발효조의 멸균된 배양액에 원하는 미생물을 첨가해준다. 이런 환경 조건 중에서 중요한 것들은 온도, pH, 산소 농도, 영양수준 등이며, 이런 모든 물리 화학적 조건은 작은 시험관에서 미생물 배양에 적용되는 것과 같은 조건이지만, 여기서는 훨씬 큰 규모로 적용되는 것이다(**그림 14.7B**).

이렇게 최대량의 대사산물이 미생물에서 생산되면, 대형 발효조의 배양액은 여과된 후 추출과 정제를 거쳐서 제품의 순도를 측정한 뒤에 시제품으로 포장되어 시중에서 판매된다.

▶ 14.5 미생물과 산업: 제품들

이제 인간에게 직접 적용되는 산업미생물학의 생산물 중 일부를 알아본다.

항생제

일부 세균과 진균류는 신진대사의 화학적 부산물을 이용하여 세균을 죽이거나 성장을 늦출 수 있다. 이러한 **항생제(antibiotics)**는 5,000종 이상이 밝혀졌지만, 많은 경우 독성 부작용이 있어 약 100종만이 의료용으로 유용하게 쓰이고 있다. **표 14.2**에 일반적으로 사용되는 항생제와 그것을 생산하는 미생물을 정리하였다.

다른 이차 대사산물과 마찬가지로 항생제 생산은 4만에서 20만 리터(10,500~52,000 갤런)의 배지를 넣을 수 있는 대형 생물반응기에서 이루어진다. 배지에서 탄소원이 고갈되는 시기인 정체기에 다다르면 미생물은 항생제 생산을 시작한다. 수주일 간의 배양 후 미생물은 여과되고 항생물질은 추가 정제를 위해 배지로부터 추출된다.

물론, 항생제를 생산할 수 있는 미생물이 있어야만 항생제의 산업적 생산이 가능하다. 새로운 항생제를 발견하기 위한 재래식 스크리닝법은 비교적 간단하다. 미생물을 분리한 후(일반적으로 토양으로부터), 실험실에서 다양한 온도와 여러 배지에서 배양한다. 다음으로 생화학자에 의해 대사산물들의 수확, 정제, 동정이 이루어지면, 그 부산물들 중 어느 것이 항생제 활성을 가져서 세균 세포를 죽이거나 성장을 억제하는지 살핀다. 이러한 방법으로 희귀한 화합물질들이 발견되기는 하였으나 몹시 드물었고, 의학적으로 유용하고 상업적 생산이 가능했던 경우는 더욱 적었다.

그림 14.7 산업적 발효 과정.
(A) 제약기술자들이 최대한의 대사산물 생산을 위해 발효조를 감독하는 과정.

(B) 발효조에서 대사산물의 생산과 분리 과정.

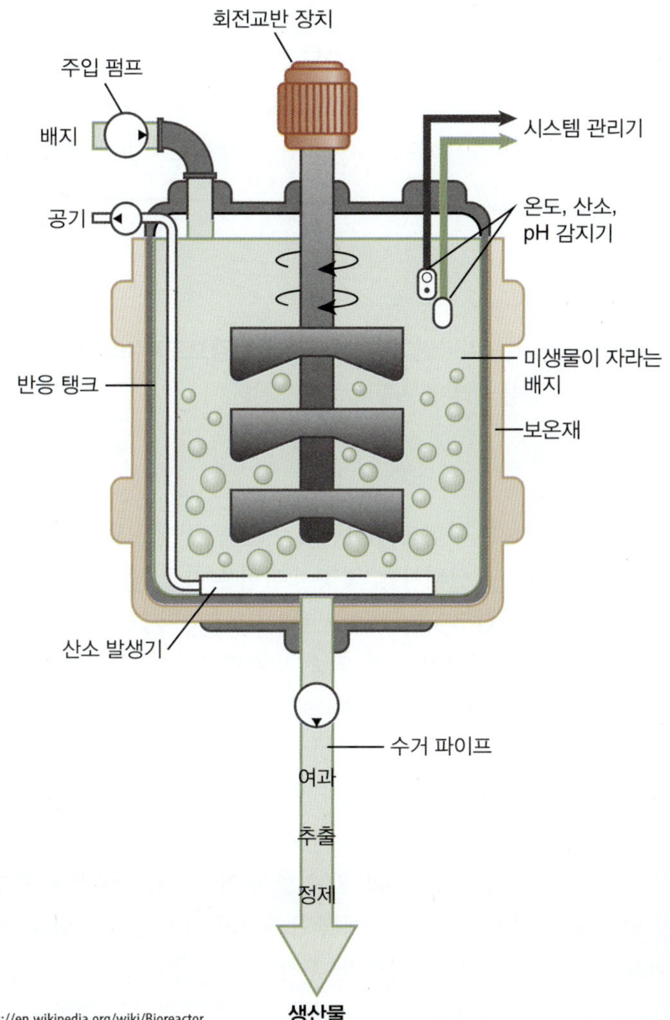

Modified from: https://en.wikipedia.org/wiki/Bioreactor.

표 14.2 상업적으로 생산된 항생제(*)

항생제	생산 미생물
바시트라신(Bacitracin)	*Bacillus licheniformis*(세균)
카바페넴(Carbapenem)	*Streptomyces cattley*(세균)
세팔로스포린(Cephalosporin)	*Cephalosporium acremonium*(곰팡이)
클로람페니콜(Chloramphenicol)	*Streptomyces venezuelae*(세균)
에리스로마이신(Erythromycin)	*Streptomyces erythreus*(세균)
젠타마이신(Gentamycin)	*Micromonospora surpurea*(세균)
페니실린(Penicillin)	*Penicillium chrysogenum*(곰팡이)
폴리믹신 B(Polymyxin B)	*Bacillus polymyxa*(세균)
스트렙토마이신(Streptomycin)	*Streptomyces griseus*(세균)
테트라사이클린(Tetracycline)	*Streptomyces rimosus*(세균)
벤코마이신(Vencomycin)	*Amycolatopsis orientalis*(세균)

** 미생물의 발음은 부록 A 참조.

하나의 신약이 매우 가능성 있어 보이더라도 그것을 새로운 항생제로 개발하는 데 드는 시간과 비용은 엄청나다. 새로운 항생제의 발견에서부터 미국식품의약청(FDA)의 승인을 거쳐 상품화되기까지는 10년 이상의 시간과 무려 10억 달러의 예산이 필요한 험난한 과정이다.

비타민과 아미노산

산업미생물학적으로 생산되는 비타민과 아미노산을 **건강보조제(nutraceuticals)**라고 하며, 식품산업에서 사람과 동물의 영양보충제로 사용된다.

비타민

비타민의 연간 산업적 생산량은 항생제 생산량에 이어 두 번째로 많다. 오늘날 많은 비타민들은 화학적 공정을 통해서 생산되지만, 몇몇 비타민은 미생물을 이용하면 생산이 훨씬 더 용이하다. 리보플라빈(비타민 B_2)과 코발아민(비타민 B_{12})이 그 좋은 예이다.

비타민 B_2의 결핍은 입술 갈라짐, 입속 염증, 인후염, 빈혈 등을 일으킬 수 있다. 비타민 B_2의 섭취는 우유, 치즈, 잎채소와 같은 음식을 통해서 가능하다. 그런데 사상 곰팡이 *Ashbya gossypii*도 신진대사의 부산물로 비타민 B_2를 생성한다. 이 곰팡이의 산업적 발효를 통해 매년 약 백만 킬로그램의 비타민 B_2가 생산되며, 밀가루, 빵, 시리얼에 첨가된다(**그림 14.8**).

Ashbya gossypii: ASH-be-ah gos-SIP-ee-ee

비타민 B_{12}는 뇌와 신경의 기능에 중요한 역할을 하며, 리보플라빈과 마찬가지로 인체에서 합성이 되지 않기에 음식이나 보충제를 통해 섭취해야 한다(그림 14.8 참조). B_{12}가 결핍되면 피로, 우울증, 기억 상실, 미각 및 후각 상실을 유발하며, 또한 충분한 적혈구를 생산할 수 없게 되어 빈혈이 초래된다. 이러한 증상을 방지하기 위해서는 비타민 B_{12}

그림 14.8 비타민 첨가제. 많은 식품에 첨가되는 리보플라빈(비타민 B_2)과 비타민 B_{12}. 이들 물질은 미생물을 이용한 산업적 발효로 생산된다.

Vitamin C	25%	25%
Calcium	0%	15%
Iron	45%	45%
Vitamin D	25%	35%
Thiamin	25%	25%
Riboflavin	25%	35%
Niacin	25%	25%
Vitamin B6	25%	25%
Folic Acid	50%	50%
Vitamin B12	25%	30%
Zinc	25%	30%

*Amount in cereal. One-half cup skim milk contributes an additional 40 calories, 65mg sodium, 6g carbohydrate (6g sugars) and 4g protein.
**Percent Daily Values are based on a 2,000 calorie diet. Your daily values may be higher or lower depending on your calorie needs:

	Calories:	2,000	2,500
Total Fat	Less than	65g	80g
Sat Fat	Less than	20g	25g
Cholesterol	Less than	300mg	300mg
Sodium	Less than	2,400mg	2,400mg
Potassium		3,500mg	3,500mg
Total Carbohydrate		300g	375g
Dietary Fiber		25g	30g

Calories per gram:
Fat 9 • Carbohydrate 4 • Protein 4

INGREDIENTS: ORGANIC MILLED CORN, ORGANIC WHOLE WHEAT, ORGANIC GRANOLA (ORGANIC WHOLE ROLLED OATS, ORGANIC NATURALLY MILLED SUGAR, ORGANIC EXPELLER PRESSED CANOLA OIL, ORGANIC CRISP BROWN RICE (ORGANIC BROWN RICE, SEA SALT.

Courtesy of Dr. Jeffrey Pommerville.

가 첨가된 빵이나 시리얼 등을 섭취할 필요가 있다. 이 비타민 B_{12}는 *Propionibacterium*, *Pseudomonas*, *Streptomyces* 등의 세균이 만들어내는데, 산업적 발효를 통해서 한 해에 천만 킬로그램 이상의 비타민 B_{12}가 생산된다.

Propionibacterium: pro-pea-OHN-ee-bak-tier-ee-um

Streptomyces: strep-toe-MY-seas

아미노산

아미노산은 모든 생명체에서 단백질을 구성하는 필수 요소이다. 상업적으로 아미노산은 산업미생물학의 중요 생산물이며, 식품과 사료의 주요 첨가물이나 영양보충제로서 폭넓게 사용되고 있다.

상업적으로 가장 중요한 아미노산은 글루탐산으로, *Corynebacterium glutamicum*을 이용한 산업적 발효 과정을 통해 생산된다. 이 세균을 사용하여 매년 수십만 톤의 글루탐산을 생산하는데, 판매액이 수십억 달러에 이른다. 우리에게는 monosodium glutamate (MSG)로 잘 알려져 있으며, 많은 요리에서 사용되는 조미료이다(**그림 14.9A**).

Corynebacterium glutamicum: KOH-ree-nee-back-tier-ee-um glu-TAH-meh-cum

미생물에 의해 생산되는 아미노산 가운데 널리 사용되는 것에는 리신(lysine)도 있다. 리신 역시 *C. glutamicum*이 생산하며, 주로 빵을 만들 때 식품첨가물로 사용된다. 이 아미노산은 인체에서는 합성되지 않는 필수 아미노산이므로 반드시 식품을 통해 섭취해야 한다. 이러한 영양 요구성은 리신에 대한 커다란 소비 수요를 창출하였고, 리신은 현재 미국의 주요 수출 품목 중 하나이다.

또한 두 종류의 아미노산인 아스파트산과 페닐알라닌이 미생물에 의해 생산되는데, 이는 음료 산업에서 인공감미료인 **아스파탐(aspartame)**을 만드는 데 사용된다. 이 비영양성 감미료는 많은 다이어트 청량음료, 껌 등 수백 가지가 넘는 저칼로리나 무설탕 식품의 인공감미료로 쓰인다(**그림 14.9B**).

그림 14.9 화학첨가물.

(A) 조미료인 MSG(monosodium glutamate)는 미생물을 이용한 산업적 발효 산물이다.

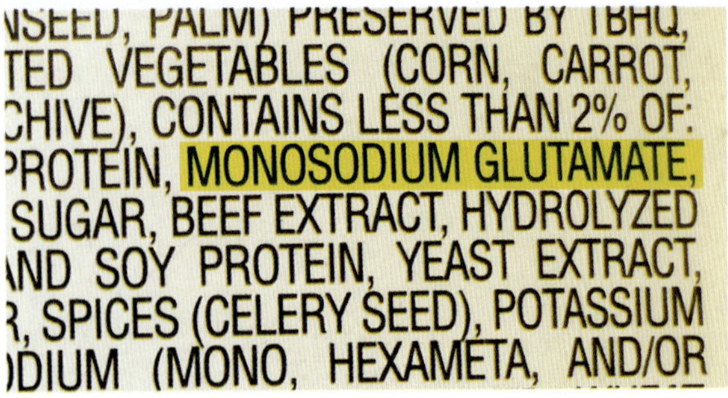

Courtesy of Dr. Jeffrey Pommerville.

(B) 인공 감미료인 아스파탐(aspartame)은 미생물에 의한 산업적 발효로 생산된다.

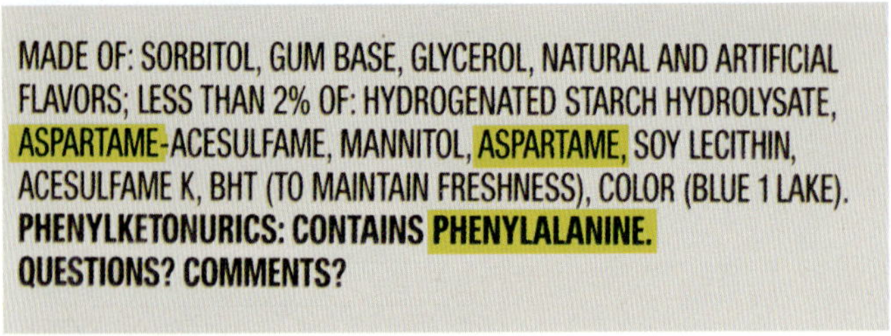

Courtesy of Dr. Jeffrey Pommerville.

산업용 효소

효소는 세포에서 대사 반응이 일어나게 하는 생체 화합물로 잘 알려져 있다. 미생물학자들은 수십 년 전부터 잠재적인 상업적 가치가 있는 미생물에서 많은 효소를 발견하여 추출해 왔고, 결과적으로 우리 일상의 많은 생산물에서 사용되게 되었다. 마케팅 전문가들은 산업적으로 생산된 미생물 효소의 시장 가치가 2020년까지 62억 달러가 넘을 것으로 예측했다.

Trichoderma: trick-oh-DER-mah

Bacillus subtilis: bah-SIL-lus SUH-til-iss

Aspergillus niger: a-sper-JIL-lus NYE-jer

미생물들은 자신들의 체내 사용을 위해 다양한 효소들을 적은 양만 생산한다. 그러나 어떤 미생물은 외부로 분비하는 효소를 만들기도 하는데, 이런 세포외 **분비효소(exoenzyme)**는 훨씬 더 많은 양이 만들어지고, 커다란 유기분자(섬유소, 단백질, 전분)를 작은 분자로 분해하여 세포 내로 운반될 수 있게 한다. 이러한 효소는 상업적으로 식품, 세탁, 건강 산업, 섬유 제조업에서 큰 가치를 차지한다. 그 일례로서, 토양에 서식하는 곰팡이인 *Trichoderma*로부터 얻은 효소는 청바지의 식물성 섬유소를 분해하여 섬유질을 부드럽고 하얗게 변하게 함으로써, 청바지를 마치 "돌에 문지른(stone-washed)" 것처럼 보이게 한다.

가장 유용한 미생물 효소 중 하나로는 **아밀레이스(amylase**; 전분분해효소)가 있다. 고초균(*Bacillus subtilis*)이나 흑국균(*Aspergillus niger*)과 같은 몇몇 미생물종들은 그들의 일반적인 증식 과정에서 다량의 아밀레이스를 생산한다. 산업미생물학을 통해 이러한 효소가 시장에 출시되었으며, 세계적으로 아밀레이스 생산량은 연간 백억 킬로그램 이상이다.

그림 14.10 설탕이 첨가된 음료. 많은 주스와 청량음료에는 미생물 산물인 고과당 옥수수 시럽(high fructose corn syrup)이 첨가되어 있다.

Courtesy of Dr. Jeffrey Pommerville.

제빵업자가 아밀레이스를 반죽에 넣어주면 전분의 당화가 촉진되어 당으로 전환되며, 이 당들은 효모에 의해 사용된다. 또한 아밀레이스는 맥주 생산을 위한 전분 분해를 도와준다. 가정에서 흔하게 사용되는 얼룩 제거제는 아밀레이스를 함유하고 있어 의류를 더럽힌 식물 유래 물질에 있는 전분을 분해한다. 아밀레이스는 무알코올 음료 산업에서도 중요한데, 아밀레이스가 전분을 포도당으로 분해하면, 다른 효소에 의해 포도당보다 훨씬 더 단맛을 내는 과당(fructose)으로 전환될 수 있다. 만약 옥수수 유래의 전분을 사용하면 최종산물로 고과당 옥수수 시럽(액상과당, high-fructose corn syrup)이 만들어지는데, 이 시럽은 수많은 주스와 청량음료에서 감미료로 사용된다(**그림 14.10**).

단백질 분해효소(protease)는 미생물로부터 얻는다. 이 분해효소는 단백질을 작은 펩티드 조각으로 분해하고 다시 아미노산으로까지 분해한다. 미생물학자는 단백질 분해효소를 생산하는 미생물을 생물반응기에서 대량으로 배양할 수 있다. 세제에서 사용되는 대부분의 미생물 유래 단백질 분해효소는 *Bacillus*속으로부터 얻어지는 알칼리성 단백질 분해효소이다. 세탁제 분야에서, 세제에 첨가된 이러한 단백질 분해효소는 계란, 혈액, 우유와 같은 단백질에 의해서 오염된 얼룩 제거제로서 효과적이다.

제빵산업에서도 많은 세균이나 진균류 유래의 단백질 분해효소가 사용되는데, 밀가루 속의 글루텐(gluten) 단백질을 분해하는 역할을 하여 영양가를 높여준다. 육류를 요리하기 전에 육질을 부드럽게 해주는 연육제로도 사용되는데, 육류의 단백질 섬유를 분해하여 육즙을 방출하도록 하기 때문이다. 또한 일부 단백질 분해효소는 피자 반죽에 사용되어 반죽이 늘어났다가 원래 모양으로 돌아갈 수 있게 한다.

레닌(rennin)은 효소로서 치즈 제조의 초기 단계에 우유 단백질을 응유하는 데 사용된다(제13장의 '미생물과 식품'에서 설명됨). 레닌은 과거에 송아지의 위 내막으로부터 얻어졌지만, 이제는 생물반응기에서 자란 곰팡이에 의해 생산된다.

많은 산업 공정이 고온에서 가장 효율적으로 일어나지만, 대부분의 효소가 고온에서 파괴되기 때문에 최근까지 그 사용이 제한적이었다. 그러나 고세균에 속하는 **초호열균(hyperthermophile)**이 발견되었다. 이 고세균은 일반적으로 약 80~90°C(176~194°F)의 높은 온도를 선호하는데, 이런 고온에서 생존하기 위해 **극한기능효소(extremozyme)**라고 하는 열에 안정한 효소를 갖고 있다. 이 밖에도 다양한 원핵생물들이 다른 극한기능효소를 생산하여 산, 염기, 고염도 등의 환경에서 내성을 부여하기도 한다. 산업적으로 이런 효소는 세탁 제품에 이용될 수 있어 따뜻하거나 뜨거운 물에서 세탁할 수 있게 한다. 앞에서 언급한 특정 DNA 서열을 증폭하기 위한 PCR 기술은 Taq 중합효소의 사용에 달려 있다. 이것은 PCR 과정에서 사용되는 높은 온도(72°C/162°F)에 견디는 극한기능효소이다.

오래지 않아, 플라스틱 분해효소는 **A CLOSER LOOK 14.2**가 설명하는 것처럼, 전 세계적으로 생산되고 확산되는 막대한 양의 플라스틱을 처리하는 데 도움이 될 것이다.

대양 환류(Ocean gyre): 지구 자전 때문에 생성된 힘과 대기 순환에 의해 형성된 거대한 원형의 해류 체계.

A CLOSER LOOK 14.2

플라스틱을 먹는 미생물: 우리의 구원자?

이것을 상상해보자. 플라스틱 물병을 쓰레기통에 버리는 대신, 플라스틱을 분해하는 용액을 뿌린 후에 "플라스틱 분해" 용기에 넣는다. 곧 이것이 가능해질지도 모른다.

2018년에, 과학자들은 분해가 되지 않는 플라스틱이 우리 바다와 해변에 놀라운 속도로 쌓이고 있다고 발표했다. 수십억 파운드의 플라스틱이 세계 바다 표면의 약 40%를 구성하는 **대양 환류(Ocean gyre)**에서 발견되었다. 북태평양의 환류는 태평양 거대 쓰레기 지대(Great Pacific Garbage Patch)(**그림 A** 참조)라는 별명을 얻었다. 이러한 플라스틱 오염은 야생 동물에 직접적이고 치명적인 영향을 미치는데, 매년 수천 마리의 바다거북, 물개 등의 해양포유류가 플라스틱을 먹거나 그 안에 얽혀 죽임을 당하고 있다. 현재의 속도라면 2050년에는 플라스틱의 무게가 해양의 모든 어류보다 더 많아질 것이다. 플라스틱 오염은 세계적인 위기가 되었다.

그렇다면 이미 환경에 배출된 엄청난 양의 플라스틱을 어떻게 줄일 수 있을까?

수십 년 동안 미생물은 의학, 농업, 산업에서 다양한 문제를 해결하는 데 도움이 되는 독특한 단백질과 다양한 생산물들을 만들어 냄으로써 생명공학 산업을 주도해 왔다. 미생물이 플라스틱 문제를 해결하는 데도 도움이 될 수 있지 않을까? 어쩌면 그럴 수도 있다.

2016년 일본 연구자들은 일반적인 플라스틱인 polyethylene terephthalate(PET)를 먹는 박테리아를 발견했다고 보고했다. PET는 물병에서 의류(polyester)에 이르기까지 모든 것에 사용되는 플라스틱을 만드는 가장 흔한 중합체(polymer)이다.

그림 A 태평양 거대 쓰레기 지대(Great Pacific Garbage Patch)는 하와이와 캘리포니아의 중간 지점에 있다. 과학자들은 그 지역에 80,000톤 이상의 플라스틱 조각이 1.8조 개 이상 있다고 추정한다.

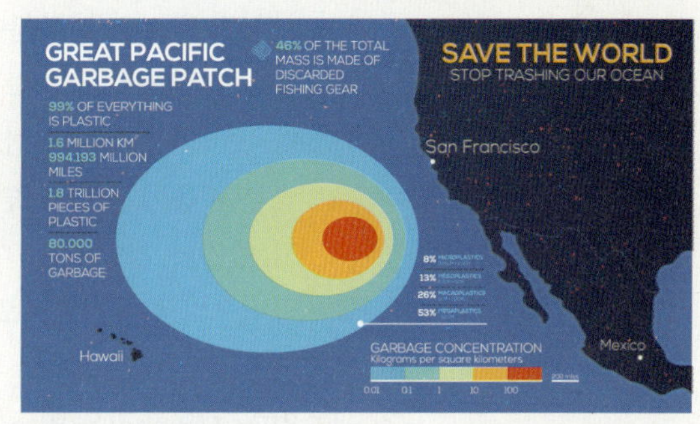

©Pro_Vector/Shutterstock.

그 박테리아는 PET를 소화가 가능한 최종산물로 분해할 수 있는 두 가지 효소를 생산한다. 최근에 다른 과학자들이 그 효소를 수정하여 PET와 PET의 대체 형태인 polyethylene furanoate(PEF)를 더욱 효율적으로 분해하도록 했다. 그러나 미생물생명공학을 이용한 효소 활성 증가를 통해서 현재 플라스틱이 생산되는 속도보다 빠르게 플라스틱을 없앨 수 있을지는 아직 확실하지 않다.

마지막으로, 야채에 있는 방향성('강한 냄새') 화합물을 분해하기 위해 흑국균(*Aspergillus niger*)은 갈락토스 분해효소(galactosidase)를 생산한다. 이 효소는 시판 중인 제품인 베아노(Beano®)의 주된 성분으로 소화제나 가스 제거제 역할을 한다.

유기산

유기산(organic acid): 산성을 띠는, 탄소를 함유한 작은 화합물.

구연산(citric acid)은 청량음료와 같은 소비성 품목에서 발견되는 가장 흔하게 사용되는 **유기산(organic acid)** 중 하나다(그림 14.10 참조). 미국에서는 매년 수십만 톤의 구연산이 생산되며, 청량음료, 사탕, 냉동 과일, 포도주 등 다양한 제품에 사용된다. 구연산은 또한 가죽 가공이나 금속을 전기 도금하고, 느리게 흐르는 유정(oil well)을 다시 활성화하는 데 사용된다. 구연산은 대부분 진균류인 흑국균(*Aspergillus niger*)의 대사산물이다. 따라서 자연적으로 구연산을 분비하는 이 곰팡이는 당연히 산업 공정의 좋은 파트너가 된다.

Lactobacillus: lack-toe-bah-SIL-lus

젖산(lactic acid) 또한 미생물 산물이다. 몇 개의 *Lactobacillus* 종은 치즈 생산 과정에서 나오는 우유의 유청을 이용하여 젖산을 만든다. 젖산은 여러 가지 식품에서 향료나 방부제로 사용되며, 직물의 마감 단계나, 가죽 가공, 바이오플라스틱에 사용된다. 연간 20억 달러에 육박하는 산업이다.

바이오연료

휘발유와 디젤은 선사 시대의 생체 물질이 지질학적 과정에 의해 분해되어 생성되는 화석 연료의 예이다. 오늘날 우리는 유가의 지속적인 변동과 고갈되어 가는 석유 매장량 때문에 대체 연료를 찾고 있다. 이러한 현대의 대체 연료가 **바이오연료(biofuels)**인데, 식물 탄수화물로 이루어져 있고 화석 연료와 유사한 방식으로 방출되는 에너지를 갖고 있다. 이런 대부분의 바이오연료는 미생물을 이용하여 생산된다.

오늘날 가장 많이 이용되는 바이오연료는 에틸알코올(에탄올)이다. 전 세계적으로 주요 산업 공정을 통해 생산되는 에탄올의 양은 연간 600억 리터(150억 갤런)를 넘는데, 이 산업적 발효의 대부분에서 미생물이 가장 중요한 역할을 한다. 예를 들어, 미국에서 대부분의 에탄올은 옥수수 전분에서 얻은 포도당을 효모(*Saccharomyces*)로 발효시켜 생산된다. 브라질에서는 수십 년 동안 미생물을 이용하여 사탕수수로부터 에탄올을 생산해 왔고, 일부 자동차는 화석 연료와 혼합된 에탄올이 아닌 순수 에탄올로 운행된다. 현재 사용되고 있거나 개발 중인 미생물을 통해서 만들어지는 바이오연료에는 식물성 기름을 이용한 바이오디젤과 진핵세포 녹조류가 생산하는 알코올이나 기름 등이 있다.

Saccharomyces: sack-ah-roe-MY-seas

현재 미국에서는 휘발유에 에탄올이 섞인 **gasohol**(gasoline + alcohol)이 판매되고 있다. Gasohol은 연소할 때 유독물질의 배출이 현저히 낮아 휘발유보다 적은 양의 일산화탄소와 산화질소 가스를 배출하는 청정연료이다. 에탄올이 다량 함유된 연료인 E-85(에탄올 85%, 휘발유 15%)는 산화질소 가스 배출을 거의 90% 정도나 감소시킨다(**그림 14.11**). 따라서 이러한 연료를 사용하면 대기 중에 주요 공해물질을 줄이고 기존 석유에 대한 사회의 의존도를 낮출 수 있다. 지금 미국의 많은 도시에서는 대기 오염을 우려하여 대중교통 시스템으로 운영되는 버스에 E-85를 의무적으로 사용하도록 규제를 강화하고 있다.

오늘날 우리는 에너지 상황에 대해 걱정하면서 "조류배양(algaculture)"에 대한 연구에도 박차를 가하고 있다. 그 좋은 예가 *Botryococcus braunii*라는 녹조류로 원유와 같은 농도의 탄화수소를 분비한다(**그림 14.12**). 녹조류를 이용한 원유 생산의 문제점은 대량생산이 쉽지 않다는 점이다. 전 세계 석유 수요를 충족시킬 만큼의 녹조를 배양하는 일은 결

Botryococcus braunii: bow-treeoh-KOK-kus BRAWN-ee-ee

그림 14.11 Gasohol. 에탄올이 다량 함유된 연료(gasohol)인 E-85(에탄올 85%와 휘발유 15%)는 일반 휘발유보다 훨씬 더 깨끗하게 연소되는 연료이다.

그림 14.12 바이오연료 자원으로서의 조류(Algae). *Botryococcus braunii*는 조류의 일종으로, 원유를 생산할 수 있는데, 기름방울들이 조류 집락의 가장자리에서 관찰된다. (Bar = 8 μm.)

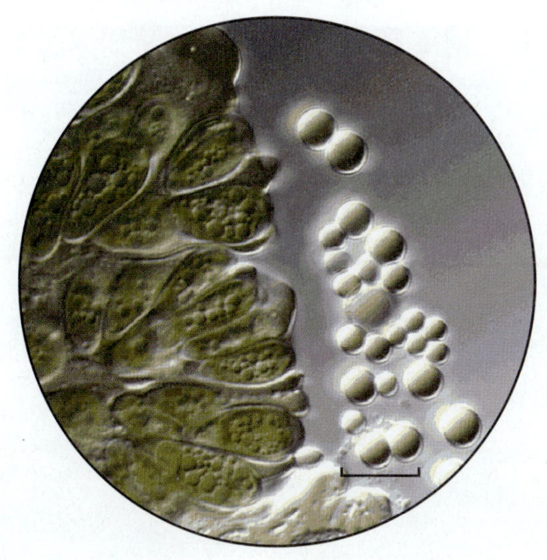

코 쉬운 일이 아니다.

사람들은 미래에는 더 많은 섬유소를 가진 switchgrass와 같은 풀에서 바이오연료를 만드는 것이 더 나은 방법이 될 것이라고 믿는다(**그림 14.13**). 섬유소는 식물의 세포벽을 구성하는 질긴 물질인데, switchgrass라는 식물은 섬유소가 무게 대부분을 차지한다. 만약 미생물을 이용하여 이 섬유소를 바이오연료로 전환할 수 있다면, 지금 사용되는 바이오연료보다 훨씬 효율적이고 이산화탄소도 적게 배출하게 될 것이다.

신기술의 공학적 적용

미생물생명공학과 산업미생물학의 발전된 기술을 통해서, 생명학적인 과정을 변경하고 상업적 이익을 얻는 것을 가능하게 하였다. 오늘날 미생물생명공학에서 가장 주목받는 분야

그림 14.13 Switchgrass. Switchgrass는 높은 함량의 섬유소를 가지고 있기 때문에, 미생물을 이용한 바이오 에탄올 생산을 위해 사용될 수 있다.

그림 14.14 인디고 염료. 전통적으로, 태국에서 인디고 염료는 발효 과정을 통해 생산되었다.

는 **대사회로 공학(pathway engineering)**이며, 이 새로운 분야는 미생물의 대사 능력을 변경하거나 개선하려고 시도하고 있다. 평범해 보이지만, 청바지를 만드는 청색 염료가 그 예다.

청바지 산업은 한 해에 530억 달러의 가치가 있는 사업으로서, 미국에서만 매년 4억 5천만 개의 청바지가 제작된다. 청바지는 청색의 데님(denim)으로 만들어지는데, 그 청색은 과거에는 인디고 식물의 발효로부터 나온 인디고 염료에서 얻어졌다(**그림 14.14**). 오늘날에는 대부분의 인디고 염료를 석탄이나 석유로부터 산업적으로 만들어내는데, 이 과정에서 잠재적 독성 부산물이 생성된다. 친환경적인 생산을 위해서, 과학자들은 인디고 색소를 유전적으로 조작된 대장균으로부터 만들어내고자 노력하고 있다.

그림 14.15 미생물의 대사회로 공학(pathway engineering). 대장균과 같은 미생물에서 인디고 같은 비미생물성 물질을 생산할 수 있게 대사 경로를 바꿀 수 있다. 삽입: 인디고를 생산하는 조작된 세균 집락.

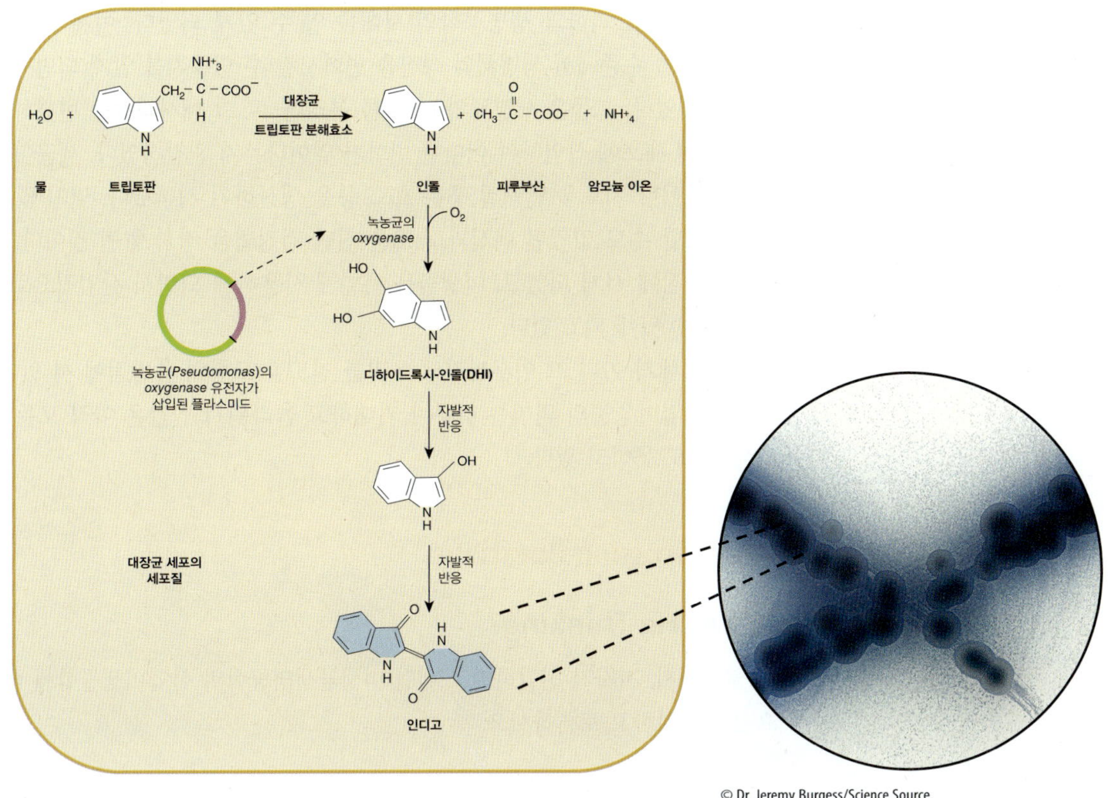

생명공학적으로 생산되는 인디고 염료는 세균의 대사과정을 재구성하는 대사회로 공학을 통해 만들 수 있다(**그림 14.15**). 대장균은 아미노산인 트립토판을 생성하는데, 이 물질은 대장균이 가지고 있는 효소에 의해 인돌과 피루브산으로 분해된다. 인돌에 또 다른 효소를 첨가하면 디하이드로옥시-인돌(DHI)이 생성되는데, 과학자들은 이 반응이 산소 존재 하에서 자발적으로 인디고를 만든다는 것을 알고 있다. 따라서 대사회로를 공학적으로 재구성하여, DHI를 만들어내는 효소를 암호화하는 유전자를 녹농균(*Pseudomonas*)으로부터 가지고 와서 유전자 조작으로 대장균에 삽입한다. 유전적으로 변형된 대장균 세포를 한천배지에서 배양하면 인디고 생산으로 인해 한천배지가 파랗게 변한다(그림 14.15 참조).

현재, 한 해에 1,600만 킬로그램의 인디고 염료가 생산되고 있으며, 그 대부분이 데님을 염색하는 데 사용된다. 미생물생명공학을 통해 만들어진 인디고 염료의 색깔은 화학적으로 만들어진 짙은 청색과 구별이 안 될 정도로 비슷하다. 대사회로 공학이 화학적 염료 생산보다 더 경쟁력이 있다면, 생명공학 인디고가 여러분 미래의 “진”(gene: 유전자)이 될 것이다. 바로 그 “진”(blue jean: 청바지)!

A Final Thought

수십 년간, 사람들은 ‘생명의 게임’을 지켜보며 관찰해 왔다. 그들은 자연의 경이로움에 경탄하였다; 그들은 열심히 탐색하여 지구 상의 모든 식물, 동물, 그리고 미생물의 목록을 만들었다; 그리고는 이 생명체들이 어떻게 세상(the scheme of things)에 적응하였는가를 이해하는 데 엄청나게 많은 시간을 소모하였다.

그리하여 DNA 과학과 생명공학의 시대를 열 수 있게 되었다. 이제 사람들은 어떻게 기장 기본적인 수준에서 생명체의 성질을 변화시킬 수 있는지를 알게 되면서 관찰자에서 조정자가 되었다. 그들은 생명체의 DNA를 분리한 후, 그 대사과정을 변경하는 새로운 DNA를 수용체 세포에 삽입하여 어떠한 변화가 일어나는지 관찰하였다. 세균이나 효모는 사람의 호르몬이나 치료용 단백질 혹은 효소 등을 생산하기 시작했다. 멀지 않은 시기에 이전에는 상상할 수도 없었던 백신과 새로운 진단 검진법을 접하게 될 것이다. 미생물은 생명공학의 중심에 서게 되었고, 미생물을 폭넓게 사용하게 되면서 산업적으로 좀 더 많은 기여를 할 수 있게 되고 있다.

우리는 21세기 아니 그 이후까지도 우리를 인도할 모험의 출발점에 서 있다. 미생물 생명공학과 산업미생물의 의미는 너무나 거대하고 놀라워서 인간은 아직 모든 가능성을 미처 상상하지도 못하고 있다.

Chapter Discussion Questions

What Was He Thinking?

이 장을 읽으면서, 저자가 전달하려고 했던 미생물생명공학과 산업미생물학에 대한 5가지 주요 요점을 확인하고 토론하시오.

Questions to Consider

1. 어떤 세균은 필요한 것보다 수천 배 더 많은 특정 비타민을 생산한다. 일부 생물학자들은 과잉 생산된 비타민은 결국 버려지기 때문에 아무 의미가 없다는 소견을 제시하였다. 당신이 자연에서의 이러한 명백한 과잉 생산에 대한 이유를 제시한다면?
2. 실험실 수준에서 산업적 수준으로 미생물 공정을 확장하는 데 있어 극복해야 하는 장애물들을 말해보시오(그림 14.7이 도움이 될 수 있음).
3. 미생물생명공학자는 언젠가 어떤 무해한 세균에서 항생물질을 생산하도록 조작하면, 그 세균을 감염 질병에 신음하는 환자가 섭취하는 것이 가능할 것이라고 제안하였다. 그렇게 된다면 세균은 체내에서 항생제 생산자가 될지도 모른다. 당신이라면 이러한 유형의 연구를 진행해 보겠는가?
4. 이 장에서 배운 내용을 시험공부하는 동안 당신의 친구가 물었다. “산업미생물학이 뭐지?” 당신의 대답은 무엇인가?
5. 어떤 종의 세균이 높은 수준의 방사선에 내성을 갖도록 조작되었다. 이 세균의 잠재적인 산업적 용도를 생각할 수 있는가?
6. 이 장에서 언급된 예를 생각해보면서, 지난 한 주 동안 몇 번의 미생물의 산업적 생산품을 사용하거나 구매했는지 말해보시오.
7. 비록 미생물생명공학 제품은 여러 면에서 많은 이로운 점이 있었지만, 또한 무분별하게 남용되었던 것도 사실이다. 그 예로써 육상선수의 적혈구생성 촉진인자(erythropoietin)의 사용을 들 수 있는데, 이는 적혈구 세포 수를 증가시켜서 경쟁에서 불공정한 이익을 취하려는 것이다. 당신이 생각하는 또 다른 생명공학 산물의 남용에는 어떤 것들이 있는가?

Chapter 15

미생물과 농업: 미생물 없이는 햄버거도 없다

델프트에서 온 남자

그는 농부들을 모아 놓고 터무니없는 제안을 했다: "작물을 작년과 같은 땅에 심지 마세요."라고 그는 말했다. "땅을 내버려 두고, 내년에는 클로버가 자라게 하세요."

그 해는 1887년이었고, 제안한 남자는 Martinus Willem Beijerinck였다. 네덜란드는 작은 나라여서 농경지가 부족했기 때문에, 그의 제안은 터무니없이 들렸다.

Beijerinck: BY-yer-ink

"하지만 마르티누스. 우리는 재배할 시즌 내내 들판을 비워 둘 여유가 없어요. 그것은 우리를 파산시킬 거예요!"라고 몇몇 농부들이 소리쳤다.

Beijerinck는 네덜란드 델프트 출신의 지역 세균학자였다. 프랑스와 독일에서 그의 동료들이 질병의 세균 이론과 그 의미들을 조사하는 동안 Beijerinck는 농경지에 나와 있었다. 그는 덤불과 나무를 갓 치우고 새로 심었을 때는 땅이 매우 생산적이지만 몇 년 동안 사용한 후에는 생산력이 떨어진다는 것을 알아차렸다. 게다가, 농부가 두어 시즌 동안 밭에 심지 않았을 때 더욱 풍성한 농작물을 생산했다. 그리고 이제 그는 이 미스터리에 대한 해답을 가지고 있다고 생각했다.

"친애하는 여러분. 저는 여러분의 두려움을 이해합니다. 그러나 농작물에 의해 제거된 필요한 영양분을 밭에 다시 공급할 필요가 있습니다."라고 Beijerinck는 설명했다. "그 동안 다른 곳에 심고 나서 재식하면 작물 수확량이 훨씬 더 클 것입니다."

CHAPTER 15 OPENER 목가적인 농장 환경. 풀밭과 클로버밭의 소들. 배경에 있는 농장 사일로. 당신은 이 농업 환경에서 미생물이 발견될 수 있는 곳 어디든지 식별할 수 있는가? 이 장에서 알게 되겠지만, 클로버는 미생물에 의해 유용한 형태로 전환되는 데 필요한 질소의 자연적인 원천이다. 소의 소화 체계에는 수백 종의 미생물이 서식한다. 농장 사일로는 미생물이 절단된 작물이나 목초지 풀을 소 사료로 바꿔 주는 발효통이 될 수 있다. 일부 농작물은 미생물 독소에 의해 해충 손상으로부터 보호될 수 있다. 우리는 "미생물 농장에 있다!"

그림 15.1 ***Rhizobium* 뿌리혹.** 클로버 뿌리의 뿌리혹들.

Beijerinck는 확실히 농업 전문가였지만 화학에도 확고한 배경지식이 있었다. 그는 식물의 성장을 위해서는 대기 중의 질소 가스(N_2)가 필수적이라고 믿었고, 토양에 있는 박테리아가 대기 N_2와 식물 성장에 필요한 질소 사이의 연결고리라고 생각했다. 그는 방치된 밭에서 자란 클로버와 같은 야생 식물의 뿌리 위에서 뿌리혹이라고 불리는 작은 혹들을 관찰했다(**그림 15.1**). 그는 현미경으로 이 결절들을 살펴봄으로써, 수많은 박테리아 세포를 관찰할 수 있었다. 이 결절들은 대부분의 농경 작물의 뿌리에는 없었다.

그렇게 1887년 그날의 그의 충고는 직설적이고 단순명료했다. 잠시 농지를 내버려두면, 클로버와 같은 야생 식물들이 농지에서 자랄 것이고, 식물의 뿌리혹에 있는 박테리아 개체군이 토양의 질소 함량을 풍부하게 할 것이다.

농장에서 필수적이지 않더라도 미생물이 중요한 한 예가 여기에 있다. 클로버의 뿌리혹에서는, 미생물들이 식물과 그 식물을 먹는 동물들에게 사용 가능한 질소를 가져다주는 일로 바쁘다. 이 장에서 보게 될 것처럼, 자연적이거나 생명공학을 통해 수행되는 이러저러한 화학적 변형은 미생물이 없이는 일어나지 않을 것이다. 미생물들은 그들이 가장 잘 하는 일을 하고 있으며, 우리에게 없어서는 안 될 존재이다.

LOOKING AHEAD

이 장을 마치면, 여러분은 다음의 내용들을 할 수 있게 될 것이다.

15.1 질소의 중요성을 설명하고, 반추적 소화를 위한 미생물의 역할에 대해 토론할 수 있을 것이다.

15.2 DNA가 식물에 어떻게 삽입되는지 설명하고, 박테리아 살충제의 중요성을 평가할 수 있을 것이다.

15.1 농장의 미생물: 만약 환경이 적절하다면, 그들은 일을 수행할 것이다

토양과 물에서, 탄소, 산소, 수소와 같은 원소들은 다양한 식물, 동물, 그리고 미생물들에 의해 순환되고 재활용될 것이다(제16장의 '미생물과 환경'에서 다룬다). 하지만, 질소의 재활용은 주로 미생물의 임무이다.

질소점 연결

Beijerinck 시대 초기에, 미생물학자들은 많은 농업 작물의 생산성이 질소 가스(N_2)의 토양에서 암모니아(NH_3), 질산염(NO_3^-), 유기 질소 화합물로의 전환에 달려 있다는 것을 알았다. 그렇다면, 질소 대사가 왜 그렇게 중요한가?

질소는 많은 유기 분자의 필수적인 요소이다. 여기에는 모든 아미노산(결과적으로는 모든 단백질)과 핵산(DNA와 RNA)의 모든 뉴클레오티드가 포함된다. 대체로, 일반적인 세포의 유기 물질(바이오매스)의 9~15% 사이는 질소 원소로 구성되어 있다. 아이러니하게도 지구 대기 중 가스의 80%가 N_2임에도 불구하고, 식물이나 동물 모두 질소 가스를 생존에 꼭 필요한 유기 화합물을 합성하는 데 직접 사용할 수 없다. 대신, 식물과 동물은 질소를 사용 가능한 형태로 생명의 순환에 끌어들이기 위해서 제한된 수의 박테리아 종에 의존한다. 이는 소위 **질소 순환(nitrogen cycle)**의 한 부분이다. 이들 미생물들이 없다면, 질소 순환 전체가 정지하게 될 것이고, 결국 이 행성의 생명체는 사라질 것이다.

질소 순환은 질소 고정, 질산화, 탈질산화 세 부분으로 나눌 수 있다.

질소 고정

대기로부터의 N의 포획을 **질소 고정(nitrogen fixation)**(**그림 15.2**)이라고 한다. **질소고정균(nitrogen-fixing bacteria)**의 2종류는 N_2를 NH_3로 전환시키는 데 필요한 효소를 가지고 있다.

- **자유생활 질소고정자.** 자유생활 질소고정자(free-living nitrogen-fixers)에는 *Azotobacter*종, *Beijerinckia*종(Beijerinck의 이름을 땄음), *Nostoc*와 *Anabaena* 등의 시아노박테리아의 몇몇 속들이 포함된다. 북극 지역에서 시아노박테리아는 생태계에서 가장 중요한 질소고정자이다.
- **공생적 질소고정자. 공생적(symbiotic)** 질소고정자(symbiotic nitrogen-fixer)는 대두, 알팔파, 완두콩, 콩, 클로버(**그림 15.3**)와 같은 **콩과(legume)** 식물의 뿌리혹에 서식하는 *Rhizobium*종들이다. Rhizobia가 뿌리 털에 들어가면 근처의 식물 세포를 종양과 같은 결절로 변형시킨다. 그 혹 안에서 박테리아 세포는 **박테로이드(bacteroid)**로 알려진 기형의 형태를 띤다. 박테로이드는 식물의 당에 의존하기 때문에 한번 공생 관계에 들어가면 독립적으로 살 수 없다. 그 대가로, 박테로이드는 식물의 이익을 위해 니트로게네이즈(nitrogenase)를 사용하여 N_2를 고정한다.

콩과 같은 작물이 수확되거나 클로버나 알팔파 같은 작물이 재배될 때 많은 유기 질소가 포획되어서 순 질소량(그리고 토양의 순 가치)이 상당히 증가한다.

Azotobacter: a-ZOE-toe-bak-ter

Beijerinckia: bi-yeh-RINK-ee-ah

Nostoc: NOS-tock

Anabaena: an-nah-BEE-nah

공생(symbiotic): 밀접하고 항구적인 연계가 있는 곳에서 두 생명체 집단 간의 상호관계(상호관계를 의미함).

Rhizobium: rye-ZOH-bee-um

콩과식물(legume): 꼬투리에 씨앗을 맺는 식물.

그림 15.2 단순화한 질소 순환. 박테리아의 특별한 그룹들은 질소 순환의 기능에 필수적이다.

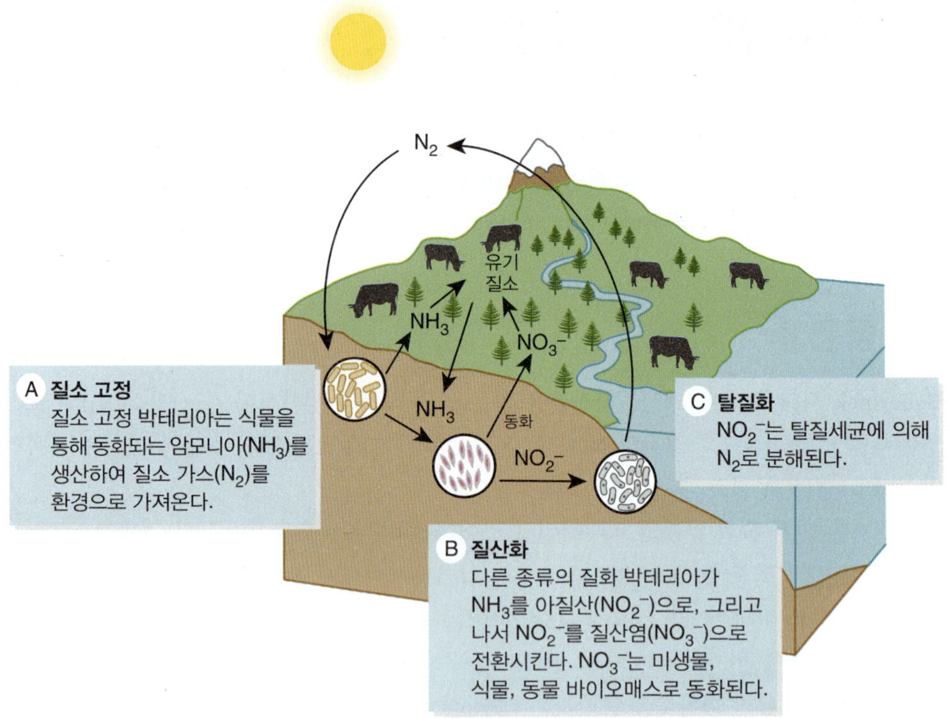

그림 15.3 뿌리혹의 횡단면. 이 광학현미경 이미지에서 *Rhizobium* 세포는 식물 뿌리털을 감염시켜 뿌리혹의 발달을 촉발시켰는데, 성숙하면 박테로이드(빨간색 bacilli)를 포함한다. (Bar = 20 μm.)

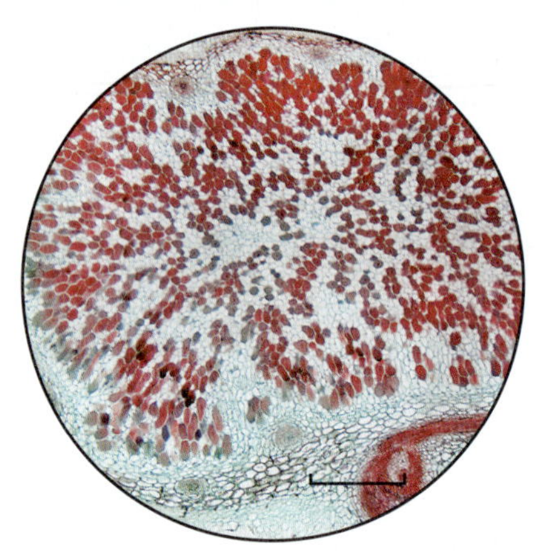

질산화 및 탈질산화

질소 고정은 질소 순환에 대한 미생물 관여의 한 측면일 뿐이다. 토양에 퇴적된 암모니아 대부분은 질산염으로 변환된다(NO_3)(그림 15.2 참조). 이 **질산화(nitrification)** 과정은 소위 **질산화 박테리아(nitrifying bacteria)**를 필요로 하는 두 단계로 이루어진다. 생성된 NO_3는 단백질을 포함한 유기 질소 분자를 만들기 위해서 식물에 의해 사용된다[**동화(assimilation)**라고 함]. 그러면 동물들은 식물을 먹는 것으로부터 유기 질소를 얻는다.

모든 NO_3가 동화되는 것은 아니다. 일부는 아질산염(NO_2^-)으로 변환된다. 토양에 있는 **탈질산균(denitrifying bacteria)**은 NO_2를 분해하고 N_2를 생성한다. 그것은 대기 중으로 방출된다(그림 15.2 참조). 이 **탈질산화(denitrification)** 과정은 생명의 순환에서 질소를 제거한다. 그러나 질소고정자가 질소 고정을 수행하면 N_2는 순환으로 다시 돌아온다.

질소 고정 유전자 공학

공생 박테리아에 의한 질소 고정의 중요성은 미생물 생명공학자들의 관심을 벗어난 적이 없다. 과학자들은 *Rhizobium*의 질소 고정 능력을 훨씬 더 효율적으로 향상시키기 위한 유전 공학 도구를 사용할 수 있는 날이 올 것이라고 예측한다. 결국, 이것은 박테리아와 식물의 상호작용의 효율성을 증가시킬 것이다.

농업 과학자들은 또한 밀, 쌀, 옥수수와 같은 작물 식물과 공생 관계를 맺는 *Rhizobium* 종을 만드는 방법을 찾고 있다. 질소고정자와의 연합은 이들 식물의 생산량을 크게 증가시킬 것이다. 이러한 진전은 세계 기아 문제를 해결하는 데 큰 도움이 될 것이기 때문에 "사회적 성공"이 될 수 있다.

일부 미생물 생명공학자들은 심지어 질소 고정의 유전자가 미생물에서 동물로 직접 옮겨질 수 있는 날을 예상하기도 한다. 그렇게 된다면, 동물들은 그들의 질소를 위해 식물이나 다른 동물들을 먹는 것에 의존하기 보다는 대기에서 질소를 직접 추출할 수 있게 될 것이다. 동물이 대기 질소로부터 자신의 아미노산을 합성한다는 전망은 과학적 허구처럼 들리지만, 그 생각은 가장 혁신적인 미래학자들의 상상력을 불러일으킨다.

그 주목할 만한 반추동물들

반추동물(ruminants)은 **초식동물(herbivores)**이다; 즉, 소, 양, 염소, 사슴과 같이 식물과 풀을 주성분으로 먹고 사는 동물들이다. 이 식물들의 일차적인 구조의 탄수화물은 식물 세포벽을 형성하는 **셀룰로오스(cellulose)**이다. 이 벽의 다당류는 에너지가 풍부한 포도당 분자의 사슬에서 만들어진다. 불행히도, 반추동물은 셀룰로오스 소화에 필요한 셀룰라아제 효소가 부족하다. 사실, 사람을 포함한 어떤 척추동물도 셀룰라아제를 생산하거나 셀룰로오스를 소화시킬 수 없다. 소의 경우에는 셀룰라아제가 여러분이 추측한 대로 미생물로부터 공급된다.

그림 15.4A에 발생 상황이 요약되어 있다. 소의 큰 위는 여러 칸으로 나눠는데, 그중 첫 번째이면서 가장 큰 칸은 **반추위(rumen)**라 불린다. 이 반추위는 일정한 온도 그리고 약간의 산성과 혐기성을 가지고 있다. 이곳은 미생물 발효를 위한 완벽한 환경이다.

중요한 것은, 반추위에는 셀룰라아제를 생산하는 수많은 혐기성 미생물들이 풍부하다는 것이다. 미생물 셀룰라아제는 셀룰로오스를 포도당 단위로 소화한다(**그림 15.4B**). 그러고 나면, 포도당 분자는 미생물에 의해 프로피온산과 아세트산과 같은 단순한 유기산으로 발효된다. 유기산의 일부는 반추위 벽을 통과하여 소의 혈류로 들어가고, 그곳에서 소의 체세포로 운반된다. 여기서 이들은 소의 물질대사를 촉진하는 핵심 에너지원이다. 메탄가스(CH_4)와 이산화탄소(CO_2)도 생산된다. 반추위에서 나오는 이 가스들은 소가 트림을 할 때 제거된다.

셀룰로오스에 생화학적 마법을 수행하는 동안, 미생물들은 놀라운 속도로 성장하고 번식한다. 반추위는 말 그대로 1밀리리터(20방울)의 반추위 액이 최대 1조 개(10^{12})의 미생물을 포함할 수 있는 발효 탱크이다. 반추위 속에서 미생물이 계속해서 맹렬하게 증식함에 따라, 미생물이 곧 공간을 초과하게 되고 위장의 두 번째 부분인 벌집위로 전달된다(그림 15.4A 참조). 여기서, 미생물들은 소화되지 않은 식물성 물질과 뭉쳐져서 되새김질 물질로 된 덩어리를 형성한다.

그림 15.4 미생물과 소의 반추위.

(A) 소의 반추위와 소화관의 다른 구성 요소에 대한 개략도. 화살표는 사료의 경로를 나타내며, 점선은 소가 되새김질감을 씹을 때 나타나는 역류성 사료의 경로를 나타낸다. 위의 다른 구획에 비해 큰 크기의 반추위에 주목하라.

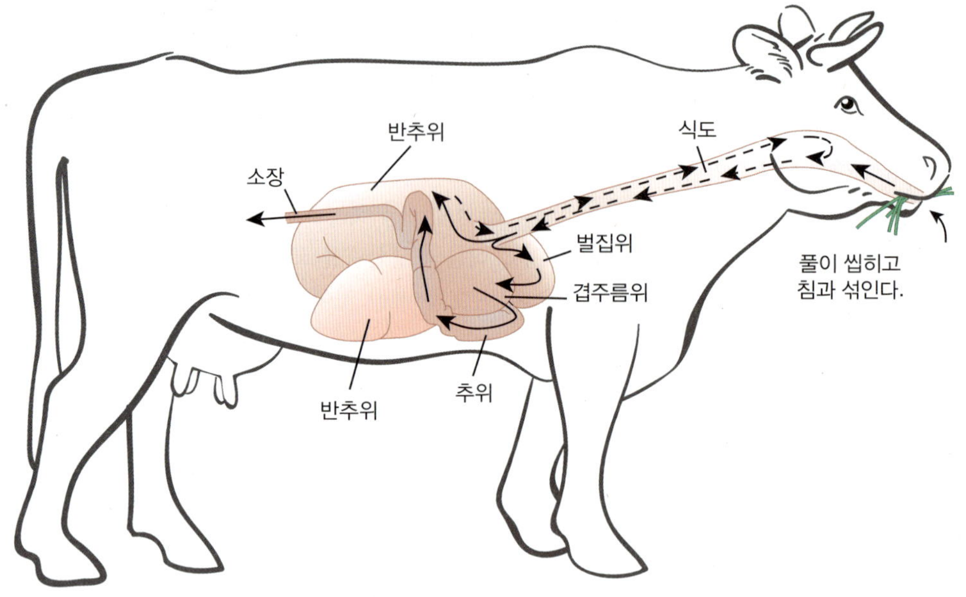

(B) 반추위에서 발생하는 미생물 화학 반응의 일부.

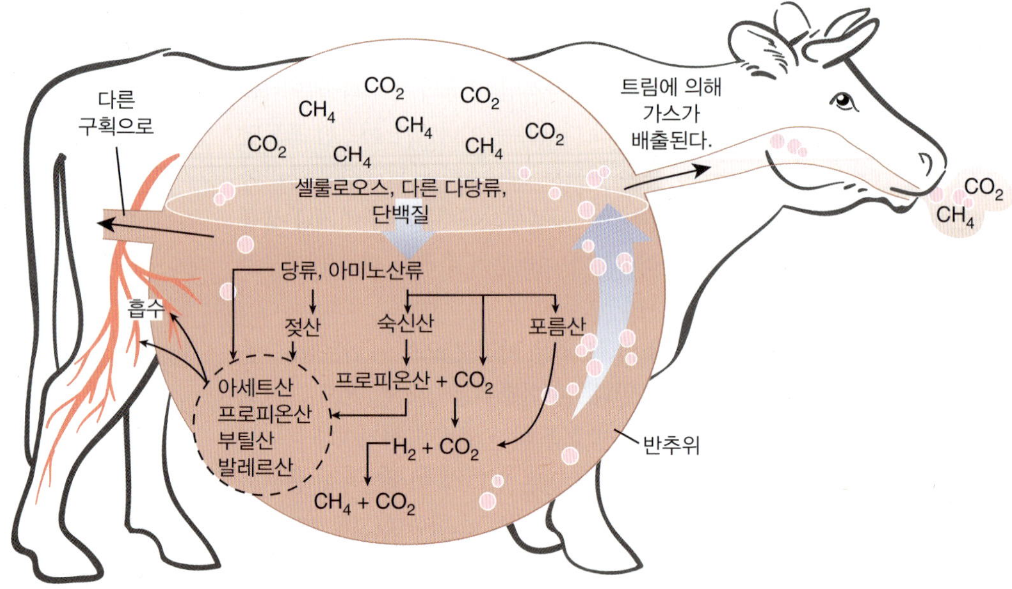

소는 되새김질감을 역류시켜, 많은 양의 침과 섞고, 섬유질을 으깨기 위해 씹는다. 그러고 나서, 그 되새김질감은 다시 삼켜지고 반추위로 돌아가 거기서 더 많은 셀룰로오스 분해 미생물에 의해 재소화된다. 다음으로, 그것은 역류와 다시 씹기를 위해 벌집위로 다시 들어간다. 마지막으로, 식물-미생물 덩어리는 겹주름위와 추위(모두 소의 "진정한" 위)로 들어간다.

위에서 언급한 유기산 외에도 미생물은 보통 독성이 있는 요소를 질소원으로 사용하여 소의 단백질을 합성한다. 이 시점부터 소의 생리학은 다른 척추동물들(인간 포함)과 같다. 영양소가 소의 혈류로 전달되어 근육과 장기(예, 잠재적 스테이크와 햄버거)를 만드는 데 사용된다.

그림 15.5 사일리지. 사일리지는 겨울이나 건조한 계절에 소에게 사료로 먹이는 발효 식물 재료이다.

말, 토끼, 기니피그와 같은 비반추적 초식자들은 **맹장(cecum)**이라고 불리는 옆 주머니를 내장 속에 가지고 있다. 이 장기에서, 풍부한 미생물 집단은 소의 반추위에 있는 미생물과 같은 임무를 수행한다. 그러나 되새김질하는 대신에, 토끼와 같은 특정한 "맹장 동물"들은 본능적으로 배설물 알갱이를 먹는데, 이를 **분식증(coprophagy)**이라고 부른다. 이것은 음식이 그들의 장을 다시 통과할 수 있게 해준다. 또한, 이를 통해서 이 동물에게 맹장의 박테리아 세포에 의해 생성된 비타민을 얻을 수 있는 기회를 제공한다.

우리가 반추동물을 마치기 전에, 미생물이 이 동물들의 삶에 영향을 미치는 또 다른 예를 보자. 소, 염소, 그리고 다른 농가의 동물들은 미생물 발효의 산물인 **사일리지(silage)**를 좋아한다. 농부는 높고 원통형인 사일로에 풀, 곡물, 콩류, 그리고 다른 식물 재료들을 채운다. 꽉 채워진 혐기성 조건 하에서, 수많은 박테리아 종이 발효를 수행하여 식물 물질을 분해한다. 약 3주 후에, 사일리지를 소에게 먹일 수 있다(**그림 15.5**).

위험한 측면으로는, **A CLOSER LOOK 15.1**의 내용처럼 사일로에서 미생물 발효 가스가 축적될 경우 치명적일 수 있다.

낙농 공장에서

소의 고기 외에도, 우유에는 다양한 단백질과 탄수화물, 주로 이당류 락토오스("우유당")가 풍부하다. 게다가 다양한 지방, 비타민, 미네랄이 함유되어 있다.

살균되지 않은 우유는 상온에 얼마간 두면 자연적으로 빨리 상하게 된다. 그 시큼함은 젖당의 박테리아 발효와 젖산의 생성에 의해 발생한다. 만약 과도한 젖산이 존재한다면, 단백질이 응고될 것이다. 낙농가들은 이 생화학적 과정을 다양한 발효 유제품을 생산하기 위한 작업에 투입한다(**그림 15.6**). 다음은 몇 가지 일반적인 예이다.

- **버터밀크.** 버터밀크는 *Lactobacillus bulgaricus*와 *Leuconostoc citrovorum*에 의해 생산된다. 유제품 공장에서, 이들 세균이 탈지우유에 첨가된다. *L. bulgaricus*는 젖당으로부터 젖산을 생산하여 우유를 시큼하게 한다. *L. citrovorum*은 다당류를 합성하여 우유를 약간 걸쭉하게 만든다.
- **사워 크림.** 사워 크림은 버터밀크와 같은 방식으로 생산되지만, 탈지우유 대신 크림이 사용된다. 사워 크림의 산성분은 미생물에 의한 부패를 저지한다.

Lactobacillus bulgaricus: lacktoe-bah-SIL-lus bull-GAIR-ee-kus

Leuconostoc citrovorum: loukoh-NOS-tock sit-roh-VOR-um

A CLOSER LOOK 15.1

독성 환경

여러분이 읽은 이 글이 여러분에게 미생물 대사에 의해 생산되는 다양한 제품들과 그것이 발생하는 속도를 알게 해주었기를 바란다. 여기에 특히 주목할 만한 예가 있다.

사일리지는 농부들이 겨울이나 건기처럼 목초지가 생산적이지 않은 시기에 소와 양을 먹이는 중요한 방법이다. 많은 농장의 경우 사일로가 사일리지를 저장하는 데 사용된다(**그림 A** 참조). 늦여름과 초가을에 사일로가 채워지면 48시간 이내에 공장 재료들이 발효되기 시작한다. 그 과정은 약 2주 안에 끝난다. 사일리지 자체는 위험하지 않지만, 미생물 발효는 농업 종사자들에게 위험할 수 있는 유독성 '사일로 가스'를 생성한다.

일반적으로 사일로의 출입구와 환기구들이 열려 있으면 생산되는 가스는 낮은 농도로 유지된다. 사일로 가스가 축적되면 일산화탄소(CO)와 산화질소(NO)가 포함된다. NO는 공기 중의 산소(O_2)와 반응하여 이산화질소(NO_2)를 형성할 수 있는데, 이는 유독성이어서 흡입 시 영구적인 폐 손상을 일으킬 수 있다. 발효로 인해 발생하는 기타 유해 가스에는 인화성 또는 폭발성이 있는 메탄(CH_4)과 암모니아(NH_3), 황화수소(H_2S) 등이 있다.

농작업자가 유독성 사일로 가스가 고농도인 사일로에 진입할 경우 호흡곤란으로 쓰러져서 사망할 수 있다. 불행히도, 독가스가 있는 곳에서 큰 불편함을 느끼지 못하고서 한동안 일할 수가 있다. 사실, 사일로 가스의 피해자들은 **폐부종(pulmonary edema)**으로 인해 수 시간 후에, 때로는 수면 중에 사망하는 것으로 알려져 있다.

따라서 사일로를 채우고 유지하는 프로세스에는 몇 가지 안전 예방 조치가 필요하다. 앞서 언급한 바와 같이, 가스가 빠져나갈 수 있도록 환기구와 출입구가 열려 있어야 한다. 사일로에 들어가야 할 경우 공기호흡기를 착용하고 환기팬을 작동시켜야 한다. 또한, 농부는 사일로를 가득 채우고서 한 달이 경과한 후에 들어감으로써 노출의 위험을 낮출 수 있다.

개인이 사일로 가스로 인해 피해를 입거나 사망하는 경우는 매우 안타까운 상황이지만, 대량의 미생물들이 물질대사의 최종산물을 만들어낼 수 있는 속도를 여실히 보여준다.

그림 A 곡식 사일로.

폐부종(pulmonary edema): 폐에 액체가 축적됨.

Streptococcus lactis: strep-toe-KOK-us LAK-tiss

Lactobacillus acidophilus: lacktoe-bah-SIL-lus ah-sid-OFF-ill-us

프로바이오틱(probiotic): 인간 장 마이크로바이옴을 회복시키거나 유지하는 데 도움이 되는 살아 있는 미생물.

- **요구르트.** 아주 흔한 발효 유제품은 요구르트이다. 요구르트 생산에 사용되는 주요 세균 종으로는 *Streptococcus thermophilus*, *Lactobacillus bifidus*, *S. lactis*, *L. acidophilus* 등이 있다. 우유는 먼저 건조된 우유 단백질을 첨가하여 농축된다. 세균 세포(활성 배양균)는 미리 준비된 "마더" 요구르트 샘플에 혼합하여 첨가된다. 높은 온도에서(약 60°C/166°F) streptococci가 유당을 첫 번째로 발효한다. 그리고 나서, Lactobacilli가 발효를 인수하여 더 많은 산을 생산한다. 이것은 요구르트의 특징적인 질감과 일관성을 부여한다. 요구르트는 정말 '썩은 우유' 제품이지만, 인간의 식단에 있어서 건강에 좋은 첨가물과 **생균제(프로바이오틱, probiotic)**로 여겨진다. 제13장의

그림 15.6 발효 제품. 슈퍼마켓에서 발견되는 많은 유제품들은 미생물의 발효 과정을 포함한다.

Courtesy of Dr. Jeffrey Pommerville.

'미생물과 음식'에서 식이 프로바이오틱스의 장점과 단점을 다루었다.

- **버터.** 버터를 생산하는 데 미생물이 기여하기 때문에 미생물 제품이라 간주될 수 있다. 버터를 준비하는 한 가지 선호되는 방법은 저온 살균된 달콤한 크림에 streptococci와 *Leuconostoc*종의 배양액을 첨가하는 것으로 시작된다. streptococci는 젖산을 생산하여 크림을 약간 시게 한다. *Leuconostoc*종은 디아세틸이라고 불리는 물질을 합성하는데, 이것은 버터의 특징적인 향과 맛을 준다. 반응이 완료되면, 약간 시큼한 우유는 지방 입자를 버터로 모으기 위해 휘저어진다. 디아세틸은 또한 버터 맛 팝콘의 재료이고, 마가린, 사탕, 그리고 구운 제품에 버터 냄새를 제공한다. 맥주와 같은 발효 음료에서 자연적으로 발생하며, 일부 샤르도네 포도주에는 버터 맛을 부여한다.
- **기타 제품.** 많은 종류의 발효 유제품이 세계 각지에서 생산된다. 이들 제품은 우유의 근원, 배양 온도, 그리고 사용되는 미생물의 종에 따라 다양하다. 예를 들어, 점점 더 인기를 끌고 있는 발효 제품인 케피어(kerfir)가 있다. Lactobacilli, streptococci와 효모 *Saccharomyces kefir*를 사용하여 생산된다. 발효 가스(CO_2)는 제품에 고유한 발효 품질을 제공한다.

Saccharomyces kefir: sack-ah-roe-MY-seas KEY-fur

제13장의 '미생물과 식품: 미생물이 만들어낸 맛있는 메뉴'에서는 다른 발효 제품들도 논의한다.

15.2 농장의 생명공학: 유전자 변형 식물의 출현

유전 공학 기술은 제9장의 '미생물 유전학'에 관한 장에서 자세히 논의되었다. 인간 건강에 영향을 미치는 분야의 측면들은 제14장의 '생명공학과 산업'에서 설명되어 있다. 또한 미생물 생명공학은 농업을 도울 방법을 찾았다. 이 기술은 농작물 수확량을 극적으로 증가시키고 식물 질병을 크게 감소시키기 위해 사용되어 왔다. 또한 새로운 농업 목적으로 사용된다.

식물 세포로의 DNA

농업 생명공학 기술의 혁신 중 하나는 하나의 식물 세포에서 시작해 전체 식물을 배양할 수 있는 능력이었다. 이는 그러한 세포가 더 튼튼한 식물을 생산할 수 있는 유전자나 관심 유전자를 추가함으로써 유전적으로 변형될 수 있다는 것을 의미한다. 콩 식물이 제초제에 내성을 갖도록 하기 위해서 어떻게 하는지 알아보자.

개별적인 콩 식물 세포는 식물 영양소와 호르몬이 세심하게 균형 잡힌 성장 배지에서 배양된다. 처음에, 각 세포는 **캘러스(callus)**라고 불리는 부정형의 세포 덩어리로 발달할 것이다. 며칠 또는 몇 주 후에는, 뿌리, 줄기, 잎의 시작이 나타난다(**그림 15.7A**). 그 직후, 이 작은 식물들은 야외에 옮겨 심을 준비가 될 때까지 컨테이너로 옮겨진다.

오늘날 재배되는 세계의 거의 모든 콩은 제초제 내성(**그림 15.7B**)을 갖도록 유전적으로 변형되었다. 이러한 식물들은 게놈에 의도적으로 삽입된 외래 유전자를 포함하고 있기 때문에 **형질전환(transgenic)** 식물이라고 부른다. 이러한 방식으로 유전적으로 조작된 모

그림 15.7 유전자 변형 콩.

(A) 유전자가 변형된 콩 세포는 여기에서 보이는 것과 유사한 특수한 식물 배양 환경에서 재배될 수 있다.

(B) 일단 작은 식물이 진정한 식물로 크면, 밭에 옮겨 심을 수 있게 된다.

든 유기체를 **유전자 변형 생물체(genetically modified organisms, GMOs)**라고 한다.

식물 세포에 제초제 내성 같은 외래 유전자를 삽입하기 위해서는 적절한 전달 도구가 필요하다. 유전자 전달을 위한 중요한 도구는 *Rhizobium radiobacter*라는 박테리아에서 얻은 **Ti 플라스미드(Ti plasmid**; 종양 유발 플라스미드의 줄임말)이다. 이 미생물은 흔한 식물 종양과 크라운 갤(crown gall)(**그림 15.8A**)이라고 불리는 질병을 일으킨다. 크라운 갤은 박테리아가 식물 세포에서 Ti 플라스미드를 방출할 때 발병한다. 플라스미드는 염색체에 삽입되고, 그 유전자는 식물 발달을 방해한다. 식물 종양이 그 결과이다.

Rhizobium radiobacter: rye-ZOH-bee-um ray-de-oh-BACK-ter

형질전환 식물을 생산하기 위해, Ti 플라스미드는 박테리아 세포로부터 분리된다. 종양 유발 유전자가 제거되고, 관심 유전자(예, 제초제 내성)가 추가된다(**그림 15.8B**). 그러고 나서, 플라스미드는 각각의 식물 세포에 삽입되어, 그 외래 유전자를 식물 세포 염색체로 운반한다.

제초제 내성의 콩 식물 외에도, 식물생명공학자들은 Ti 플라스미드 시스템을 사용하여 식물에 대한 몇 가지 성공적인 개선을 설계, 개발, 수행해 왔다. 이러한 개선에는 살충제 저항성과 생산물 품질 개량을 포함한다.

박테리아와 바이러스성 살충제

박테리아 제품과 바이러스는 해충으로부터 농작물을 보호하기 위해서 독특한 방법으로 사용되고 있다.

그림 15.8 *Rhizobium radiobacter*와 Ti Plasmid.

(A) *R. radiobacter*는 식물에 종양을 유도하고 크라운 갤이라는 질병을 유발한다. 사진처럼, 종양 조직의 덩어리가 감염 부위에 형성된다.

Courtesy of Lian Bruno.

(B) 유전자 전달 매개체는 Ti 플라스미드이다.

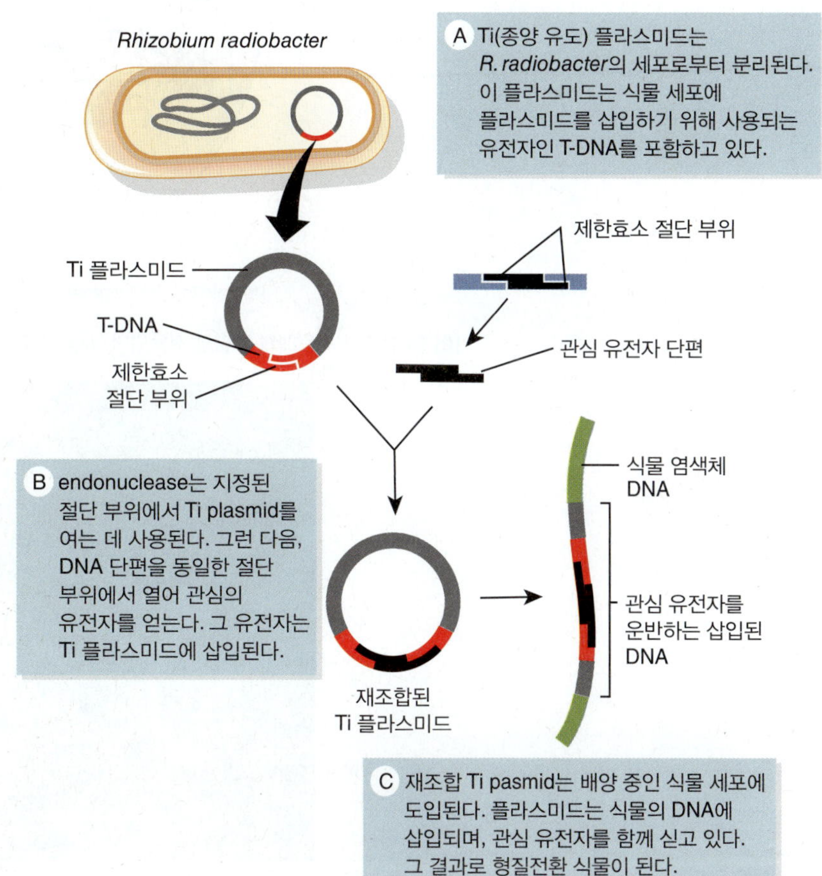

세균성 살충제

살충제로서 유용하려면, 미생물 독소가 표적 해충에게만 작용해야 하고 빠르게 작용해야 한다. 또한, 생산 비용이 저렴할 뿐만 아니라, 환경에 안정적이어야 하고, 분산도 쉽게 가능해야 한다. 이러한 기준에 맞는 독소를 생산하는 미생물을 찾는 것이 미생물 생명공학자들에게는 지속적인 도전이었다.

Bacillus thuringiensis: bah-SIL-lus thur-in-je-EN-sis

애벌레들(caterpillars): 여기서는 나비, 나방, 이와 관련되는 곤충의 유충 형태를 일컬음.

Bacillus thuringiensis(보통 *Bt*라고 부름)는 일반적인 포자를 형성하는 토양 세균(**그림 15.9A**)이다. 포자가 형성되는 기간 동안, 이 세균은 곤충에게 독성이 있는 결정성 단백질을 생산한다(**그림 15.9B**). 이 **Bt 독소(Bt toxins)**가 쌓인 잎을 곤충 **애벌레들(caterpillars)**이 섭취한다. 애벌레 내장에서, 단백질은 독성 형태로 전환된다. 이런 일이 일어날 때, 독소는 내장의 세포들을 분해하여 세포 사멸을 일으키고, 결국 애벌레의 죽음을 초래한다.

그림 15.9 ***Bacillus thuringiensis*와 그 살충제.**

(A) 그람 염색된 *B. thuringiensis* 세포의 광학현미경 사진. 이 세포들은 곤충 애벌레에게 독성이 있는 결정성 독소를 생산한다. (Bar = 20 μm.)

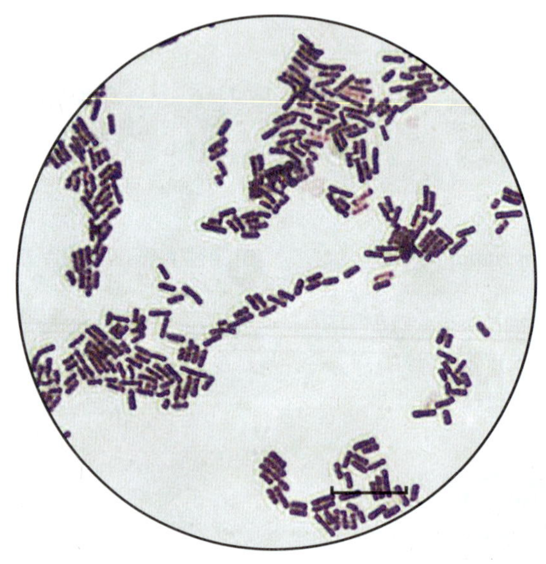

Courtesy of Dr. Jeffrey Pommerville.

(B) Bt 독소가 식물에게 분말로 적용되면, 식물의 잎을 먹는 곤충 애벌레를 죽일 수 있다.

© Floki/Shutterstock.

Bt는 인간을 포함한 식물과 포유류에게 무해하다. 상업적인 살충제로서, 세균 세포는 포자 형성 초기에 수확되어 추출된다. 그 후 세균 세포는 농작물에 적용될 분진 가루를 만들기 위해 건조된다. 이 제품은 토마토 뿔벌레, 옥수수 조명나방, 그리고 다른 농업적 병충해에 대해 사용된다.

보다 최근에는 Bt 독소 유전자를 식물 세포에 직접 삽입해 병충해로부터 보호하고 있다. 이를 달성하기 위해, 미생물 생명공학자들은 유전자를 확인하고 복제하여 Ti 플라스미드에 이식했다(그림 15.8B 참조). 그런 다음, 그들은 독소 유전자를 식물 세포로 운반하기 위해 이 Ti 플라스미드를 사용했다. 어떤 곤충은 이 식물을 먹으면 독소가 흡수되어 곧 죽는다. 이 방법은 식물을 공격하는 곤충만 독소에 노출되므로 방제에 유리하다.

다른 GMO도 농업에 널리 사용된다. Bt 옥수수(Bt maize)는 해충 방제에 혁명을 일으켰고, 많은 농부들이 훨씬 적은 양의 살충제를 사용할 수 있게 됨에 따라서 이익을 얻었다. Bt 면화(Bt cotton)는 많은 다른 나라들뿐만 아니라 미국 내에도 수 백만 에이커에 심어져 있다. Bt 옥수수와 Bt 면화에 의한 곤충의 성공적인 방제가 일부 과학자들에 의해서 유전자 변형 작물의 남용으로 인해 Bt 독소에 내성을 가진 해충이 발생할 수 있다는 우려가 제기되었기 때문에 주의가 필요해졌다. 실제로 일부 애벌레에서 Bt 독소에 대한 저항성이 보고되었다.

또 다른 유용한 종은 *Bacillus sphaericus*이다. 이 박테리아 종은 또한 최소 두 종의 모기 유충을 목표로 하는 독소를 생산한다. 연구진은 독소의 효율을 높이기 위해 독소를 암호화하는 유전자를 *Asticcacaulis excentricus*에 삽입했다. *A. excentricus*를 유전자 운반체로 사용하면 몇 가지의 이점이 있다. 이것은 대량으로 자라기 쉽다; *B. spaericus*보다 햇빛을 더 잘 견딜 수 있으며, 모기들이 먹이를 먹는 물에 떠 다닌다. 과학자들은 *A. excentricus*가 말라리아와 바이러스성 뇌염과 같은 미생물 질병을 전염시키는 모기에 대한 살충 활동을 한다고 보고해 왔다.

Bacillus sphaericus:
bah-SIL-lus SFEH-rih-kus

Asticcacaulis excentricus:
as-tikka-CAW-liss ek-SEN-trih-kus

병해충이 세균 독소에 대한 저항력을 키울지도 모른다는 두려움 때문에 과학자들은 대체 농약과 살충제를 찾아야 했다. 한 가지 가능성은 *Photorhabdus luminescens* 균이다. Bt 독소처럼, Pht로 알려진 *P. luminescens* 독소는 곤충 유충의 내장을 공격한다. 하지만, Pht의 활동 스펙트럼은 Bt보다 넓고, 바퀴벌레뿐만 아니라 수많은 종류의 애벌레도 죽일 수 있다. 일반적으로, *P. luminescens*는 선충(nematode)라고 불리는 토양 유래 벌레의 장 속에서 산다. 이 벌레는 토양에 있는 곤충의 조직을 침범하고, *P. luminescens*에 의해 생성된 독소는 곤충을 죽인다. 이 독소를 암호화하는 pht 유전자가 분리됨에 따라 이를 식물 세포에 도입하는 노력이 한창이다.

Photorhabdus luminescens:
fo-tow-RAB-dus lu-mih-NESsenz

곤충 내장에 대한 세균 독소의 작용 방식 때문에, 일부 사람들은 이러한 독소를 발현하는 식물을 사람이 섭취하는 데 있어 잠재적으로 건강에 미치는 영향을 걱정한다. 20년에 걸친 보고에서, 미국 환경보호국(EPA)과 다른 수많은 과학 연구는 Bt 독소와 유전자 변형 Bt-작물(Bt-crops)이 인간에게 해롭지 않다고 보고한다. 다른 사람들은 Bt-작물의 안전에 대해 동의하지 않는다. 그 찬반양론은 계속 논의 중에 있다.

바이러스성 살충제

농업 해충을 특별히 감염시키는 많은 바이러스가 존재한다. 이 바이러스들을 잠재적인 살충제로 사용하는 것이 개발되고 있다. 상업적으로, 미생물 생명공학자는 바이러스에 감염된 곤충을 수확한다. 감염된 곤충을 가루로 분쇄한다. 그런 다음 바이러스가 들어 있는 가루를 작물에 뿌린다. 이 바이러스 분말로 면화 다래벌레, 양배추 자나방 및 알팔파 애벌레를 포함한 몇몇 농업 해충이 성공적으로 방제되었다.

연구자들은 또한 전갈의 독에서 발견된 독소를 이용하여 바이러스성 살충제를 개발했다. 나방 유충을 마비시키는 독소는 전갈의 세포에서 분리된 유전자에 의해 암호화된다. 바이러스성 살충제를 만들기 위해서, 이 유전자를 곤충 조직을 표적으로 하는 DNA 바이러스의 일종인 **바큘로바이러스(baculovirus)**에 붙인다. 유전적으로 변형된 바큘로바이러스를 식물 잎에 뿌리면, 애벌레는 잎을 먹는 동안 바이러스도 같이 흡수한다. 애벌레에서, 바이러스는 세포를 감염시키고 독소를 생산하며, 그 후 애벌레를 죽인다. 바큘로바이러스에 기반을 둔 살충제는 현재 전 세계적으로 사용되고 있다.

제초제 내성 작물

제초제는 밭이 파종되기 전에 땅에서 모든 식물의 성장을 제거하기 위해 사용되는 잡초를 죽이는 화학 물질이다. 하지만, 몇몇 잡초 씨앗들이 살아남아 농작물 씨앗들 사이의 토양에 남게 된다. 결과적으로, 잡초와 농작물이 함께 자라나고, 잡초들은 종종 농작물들에게서 필수적인 영양분을 빼앗아 가면서 농작물을 밀어낸다. **제초제 내성(herbicide-tolerant, HT)** 작물 식물을 만드는 것이 유용할 것이라는 것에 일반적으로 동의되고 있다. 그리하여 재배 시기에 제초제를 밭에 뿌려 잡초를 없앨 수 있다(**그림 15.10**).

일반적으로 사용되는 한 가지 제초제는 라운드업(Roundup)이다. 활성 성분인 **글리포세이트(glyphosate)**는 식물 엽록체에서 필수 아미노산을 합성하는 효소의 활동을 저해한다. 자연적 우연의 일치로, 대장균(*Escherichia coli*) 세포는 글리포세이트의 활동을 저해하는 효소를 암호화해 주는 유전자를 가지고 있다. 생명공학자들은 이 유전자를 분리하여 Ti 플라스미드에 삽입했다. 그러고 나서, 그들은 이 유전자를 담배와 콩 식물의 세포에 전달하기 위해 그 플라스미드를 사용했다. 여기서, 이 유전자는 대장균 효소를 암호화하고 식물들을 어떤 주변 잡초보다 글리포세이트에 더 잘 견디게 만든다. 따라서, 글리포세이트를 밭에 뿌리면 잡초는 죽지만, 작물들은 산다.

Escherichia coli:
esh-er-EEkey-ah KOH-lee

오늘날, 몇몇 HT 작물들이 전 세계적으로 재배되고 있다(**그림 15.11**). 이것들은 콩, 면화, 옥수수를 포함한다. 일부 전문가들은 HT 작물과 그 파생된 유전자 변형 식품이 전 세계 8억 5천만 명 이상의 사람들에게 영향을 미치고 있는 영양실조를 완화하는 데 도움을 줄 수 있을 것으로 추정하고 있다.

제약 동물

유전자 변형 식물 외에도, 많은 동물들이 유전자 변형 미생물에 의해 생성된 호르몬을 접종받는다. 이러한 호르몬과 다른 제약 제품들로 처리된 동물들은 "제약 동물"이라는 매력적인 이름을 얻었다.

최초의 제약 동물에는 젖소가 있었다. 1983년 초기, 소 성장 호르몬(bovine growth hormone, BGH)의 유전자가 분리되어 대장균 세포에 삽입되었다. 세포들은 호르몬을 높은 생산량으로 즉시 생산하였다. 쇠고기와 젖소에 주입된 재조합 BGH(recombinant bovine somatotropin, rBST)는 뼈와 근육의 성장을 촉진시킨다. 그것은 또한 우유 생산을 25%까지 증가시킨다. 미국 식품의약국(FDA)은 호르몬 처리된 소에서 생산된 우유를 마셔도 안전하다고 선언했지만, 일부 사람들은 rBST와 암 발생의 인지된 잠재적 위험에 대해 우려하고 있다. 비록 과학적 증거가 이 주장을 뒷받침하지 못하지만, 우유 제조업체들이 non-rBST 우유 마케팅으로 되돌아섰다.

그림 15.10 제초제 살포 효과.
(A) 이 밭은 잡초를 없애는 제초제가 처리되지 않았다.

(B) 이 밭은 옥수수 식물이 내성을 가지는 제초제가 처리되었다.

그림 15.11 세계 시장에서 가장 널리 퍼진 GMO. 식량 작물은 GMO 작물 톱 5 중 4개를 차지한다.

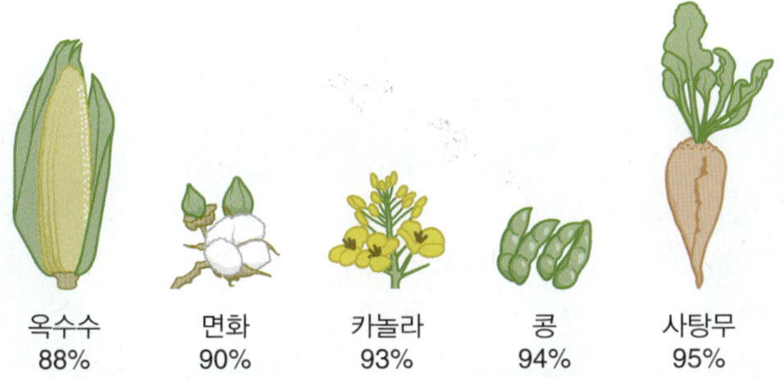

Data from South Carolina University. (2016). The GMO Facts and Controversy. Retrieved from http://www.southcarolinaliberty.com/the-gmo-facts-and-controversy/.

제약동물의 또 다른 흥미로운 예는 양이다. 양털 깎기는 고된 일이 될 수 있다. 양에서 모직물을 채취하는 것을 용이하게 하기 위해, 생명공학자들은 양 표피 성장 인자라고 불리는 호르몬을 생산하기 위해 세균 세포를 조작했다. 이 호르몬이 양에게 주입되면, 모낭을 약화시켜서 양모가 절단되지 않은 하나의 시트로 떨어져 나오게 한다.

식물 생명공학의 다른 상상적 사례

포도주 제조, 빵 만들기, 그리고 식품 발효의 과정은 고대에까지 거슬러 올라갈 수 있지만, 현대 식품 생산에는 생명공학의 몇 가지 상상력이 더해졌다. 최초의 **유전자 변형 식품 [genetically modified(GM) foods]** 중 하나는 Flavr Savr 토마토였다. 이 토마토는 맛과 색깔을 유지하면서 숙성 과정을 늦추도록 설계되었다(**그림 15.12**). 불행하게도, 이 토마토는 수많은 기술적 문제들 (회의적인 사람들에 의한) 때문에 시장에 나오지 못했다. 하지만 그것의 개발에 사용된 기술은 이러한 혁신적인 사고를 보여준다. 여기 마지막 예가 있다.

식용 백신

일부 과일과 채소가 잠재적 백신 공급원으로 연구되고 있다. 기본적으로, 그 생각은 바나나, 토마토, 그리고 감자 같은 몇몇 농작물의 식용 부위(**그림 15.13**)에서 백신을 생산하도록 유전적으로 설계될 수 있다는 것이다. 그러면 접종이 필요할 때 이 GMO 식물들을 섭

그림 15.12 유전자 변형 식품. 상업적으로 처음 재배된 GM 식품 중 하나는 Flavr Savr tomato였다.

© BrunoWeltmann/Shutterstock.

그림 15.13 "식용 백신." 특정 감염병에 대한 면역력을 얻기 위해서, 먹을 수 있는 백신 개발을 위해 몇몇 과일과 채소가 제안되었다.

Courtesy of Dr. Jeffrey Pommerville.

취하면 된다. 이들 식물들은 기발하게 "식용 백신"이라고 불리우는데, 보관에 드는 비용이 저렴하므로 가치가 있다. 또한, 백신이 가장 필요한 개발도상국에서도 쉽게 받아들여진다. 백신을 사용하기 위해 사람들을 잠재적으로 오염된 주사기에 노출시킬 필요가 없는 것이다. 게다가, 이 백신은 전체 유기체나 그 부분을 포함하는 백신보다 더 안전할 것이다.

불행하게도, 기발한 아이디어들은 종종 현실과 충돌한다. 식용 백신이 그러한 경우가 되었는데, 기술적, 사회적, 그리고 정부의 장해물이 식용 백신 개발을 방해했다. 그럼에도 불구하고, 인간과 가축 약품을 위한 생합성 공장으로서의 식물에 대한 관심은 "제약" 분야에서 계속 진행 중이다.

A Final Thought

아직 걸음마 단계지만, 농업 생명공학은 인간의 건강과 영양을 향상시킬 수 있는 놀라운 가능성을 가지고 있다. GM 식품은 이 혁명의 최전선에 서 있다. 그러나 어떤 혁명도 논란이 없지 않으며, GM 식품의 비평가들은 많고 시끄럽다. 미국 정부의 입장은 유전자 조작

작물이 안전하고 해충과 질병에 더 잘 저항하며, 따라서 기아에 놓인 국가의 사람들에게 먹일 수 있는 더 많은 식량을 생산할 수 있다는 것이다.

유럽연합(EU)은 GM 식품의 유럽 수입을 모두 금지했다. EU는 GM 식품이 대중에게 해를 끼칠 수 있고, 또한 부정적인 환경적 결과를 가져올 위험이 있을 수 있다고 믿고 있다. 그들은 소비자들의 알레르기 반응의 가능성, 환경에서 "슈퍼 잡초(superweeds)"를 만드는 유전자 이동의 가능성, 그리고 자연에서 의도하지 않은 살충제에 의한 동물 피해자들의 죽음을 지적한다.

GM 식품 지지자들은 어떤 음식도 유전적으로 변형되었든 그렇지 않든 100% 안전하지는 않다고 말한다. 사실, 오늘날 대부분의 식품 유래의 질병은 GM 식품에서 오는 것이 아니다. 현재까지, GM 식품에 대한 이상반응의 보고는 거의 없으므로, 그 이익은 그 위험을 능가한다. 그들은 급증하고 있는 먹여 살려야 할 세계 인구(2050년까지 약 100억 명으로 추산됨)를 지적함과 더불어서, 생명공학이 해충 피해와 식물 질병으로 인해 식량 부족이 발생하는 곳에서 생산성을 극적으로 향상시킬 수 있다고 제안한다. 그들은 세계 경작지가 꾸준히 감소하고 있는데, 이는 향후 몇 년 동안 급격히 가속화될 것이라고 지적한다. 그들은 생명공학이 개발도상국의 작물 수확량을 25% 이상 증가시킬 수 있다고 믿는다.

그러나 다른 기술과 마찬가지로 주의해야 한다. GM 식품은 농업에 널리 사용되기 전에 엄격한 시험을 거쳐야 한다.

Chapter Discussion Questions

What Was He Thinking?

이 장을 읽으면서, 저자가 전달하려고 했던 미생물과 농업에 대한 5가지 주요 요점을 확인하고 토론하시오.

Questions to Consider

1. 이 장은 농업 생명공학에서 행해지고 있는 혁신적이고 상상력이 풍부한 작업에 대해 언급하고 있다. 당신이 생명공학 연구소의 책임자이고, 원하는 어떤 프로젝트도 추구할 수 있다고 가정해 보자. 그 프로젝트는 어떤 것인가? 왜 그것을 추구하겠는가? 성공할 가능성은 얼마나 될까?
2. 미생물이 어떻게 그곳에 존재하게 되었는지 멈추어 생각해보면 흥미롭다. 예를 들어, 미생물들은 어떻게 소의 반추위 속으로 들어가 지금처럼 중요하게 진화했을까? 그리고 만약 이 미생물이 다른 종류의 동물 안에서 방법을 찾았다면 어땠을까? 이 미생물이 인간의 장으로 들어갔다고 가정해 보자. 이런 질문들에 대해 어떤 답변을 할 수 있는가?
3. 이탈리아인들은 e fagioli라고 불리는 파스타 요리를 좋아한다. 이 요리는 콩, 병아리 완두콩, 또는 다른 콩과 함께 파스타로 구성되어 있다. 이탈리아인들은 e fagioli를 충분히 먹으면, 종종 공급량이 제한적인 고기를 그렇게 많이 먹을 필요가 없다는 것을 알고 있다. 미생물학적으로 말해서, 이 생각이 왜 이치에 맞을까? (힌트: 질소 고정과 콩과 식물을 생각해 보라.)
4. 과학자들은 Bt 독소의 사용으로 인한 부작용 중 하나가 제왕나비의 개체수를 감소시켰다고 지적했다. 이런 일이 왜 일어났을지도 모른다고 생각하는가? 그리고 관심 있

는 시민으로서 이 일에 대해 무엇을 할 수 있겠는가?

5. *War of the Worlds*는 H. G. Wells의 고전 소설로서, 몇 편의 영화로 만들어졌다. 이 이야기는 화성에서 온 외계인에 의한 지구의 침공을 상세히 묘사하고 있다. 외계인들이 미국 도시들을 통과할 때 그들의 길에 있는 모든 것을 파괴하기 때문에 지구인들의 모든 힘과 자원은 고갈된다. 모든 것을 잃은 것처럼 보일 때, 외계인들이 갑자기 죽고, 그들의 우주선은 지구로 추락한다. 의미심장한 침묵이 끝난 후, 내레이터는 엄숙하게 설명한다. "결국 침략자들은 지구의 대기권에서 세균에 노출되어 죽었습니다." 비록 세계 전쟁은 허구이기는 하지만, 미생물이 사회 복지에 강력하게 기여하는 사례라고 할 수 있다. 이 장은 어떤 방식으로 미생물의 사례를 뒷받침해 주는가?
6. 미래학자들은 매우 다양한 유전자 변형 식품(GM foods)이 곧 세계 슈퍼마켓에 등장할 것이라고 한다. GM 식품이 무엇인지 설명하고, GM 식품의 인식된 장단점 목록을 작성하시오.

Chapter 16

미생물과 환경: 미생물 없이는 어떠한 생물도 존재할 수 없다

모두는 하나를 위해! 하나는 모두를 위해!

알렉산더 듀마(Alexander Dumas)는 그의 소설 삼총사를 1844년에 출판하였다. 이 소설은 달타냥과 그의 뗄 수 없는 세 친구를 중심으로 펼쳐지는 이야기이다. 그들은 다음과 같은 좌우명으로 살았다: 모두는 하나를 위해! 하나는 모두를 위해! 뭉치면 살고 흩어지면 죽는다(**그림 16.1**). 흥미로운 비교가 있다: 한 세균이 단세포 생물이 아니라 뗄 수 없는 하나의 단위인 세균들의 통합된 개체군이라고 가정해보자. 이들 세균들은 대사적으로 연관되어 있고, 공동의 이익을 위해 서로에게 의존하고 있다.

1960년대에, 유명한 과학자인 Buckminister Fuller는 우리 행성을 '지구라는 우주선'으로 묘사했다. Fuller는 '지구는 태양 빛을 제외한 모든 것으로부터 자립하여 우주공간을 순회하며 스스로 유지하는 독립체'라고 생각했다. 그는 지구 자원 중 기름과 가스 등 몇 가지 자원을 제외한 대부분의 자원들은 재순환하는 한 재생 가능하다는 것을 제시하고자 하였다.

Fuller가 제시하는 본질적인 요소는, 지구라는 우주선이 생명을 유지시키기 위한 생명체 그 자체라는 것이다. 이 거대한 우주선에 존재하는 생명체들은 산소를 생산하고, 공기를 정화하며, 기체를 조절한다. 또한 에너지를 전달하고, 폐기물들을 재순환하기도 하는데, 이 모든 작용들은 아주 능률적으로 이루어진다. 세균이 이러한 작용들에 관여하므로 우주선 지구에서 생명을 유지하는 데 세균은 아주 중요하다.

대부분 세균은 복합 군집에서 서식하는데, 이들 군집에서 대사는 서로에게 상호보완

CHAPTER 16 OPENER 미생물은 지구 상의 어디서나 서식한다. 지표의 수 마일(mile) 아래에서부터 대기의 수 마일 위에서도 미생물은 발견된다. 미생물은 지구의 가장 추운 환경인 남극에서도 살고, 뜨거운 화산지역에서도 산다. 그들은 기름, 독성 폐기물, 그리고 바위를 포함한 여러 종류의 지구의 영양소를 먹고 자란다. 여러분이 토양을 걸을 때마다 수십억의 미생물 위를 걷게 된다. 그러나 이런 지구 환경에서 미생물의 대사는 무생물과 죽은 생물로부터 영양분을 식물과 동물이 사용할 수 있게 되돌리고 있다. 이어서, 식물과 동물은 세상의 생물에게 먹이를 제공한다. 미생물에서 사람까지 지구는 초유기체(superorganism)를 상징한다.

그림 16.1 삼총사. 달타냥과 삼총사의 동상.

적이다. 이 같은 연계는 다세포 초개체(superorganism)의 일종으로 볼 수 있다. 중요한 것은 박테리아 군집이 자연에서 즉흥적으로 변화하고 환경 변화에 적응하는 것으로 보인다는 것이다. 기본적으로 세균들은 삼총사의 좌우명처럼 "모두는 하나를 위해, 하나는 모두를 위해" 행동하는 것으로 보인다. 만약 그들이 뭉치지 않으면 우주선 지구의 생물 유지는 어려울 것이고, 흩어지면 우리는 죽을 것이다. Fuller는 다음과 같이 말하였다:

> "우주선 전체와 우리의 운명을 공통된 것으로 보지 않는 한 우리는 우주선 지구를 성공적으로 운영할 수 없거나 더 길게 운영할 수 없을 것이다. 즉, 모두 살거나 아무도 살 수 없을 것이다."

이 장에서 우리는 우주선 지구를 성공적으로 운영하는 데 있어 미생물이 중요한 역할을 하고 있다는 것을 알게 될 것이다. 또한 지구라는 우주선에 있는 많은 중요한 자원들이 미생물의 개입 없이는 재순환할 수 없다는 것을 발견할 것이다. 사실 미생물이 없었다면, 지구 상의 동식물들은 아주 오래 전에 사라졌을 것이고, 따라서 위대한 생명 탄생은 일어날 수 없었을 것이다. 이러한 실패가 일어나지 않았다는 것이 미생물의 힘과 적응성에 대한 증거이다. 미생물은 지구 상의 모든 환경에 존재하고 있으며, 지구가 제공하는 어떠한 것이라도 스스로 처리할 수 있도록 진화해 왔다. 또한, 미생물은 지구라는 우주선이 오랫동안 우주여행을 계속할 수 있도록 복잡하게 얽힌 대사 활동에 참여해 왔다.

LOOKING AHEAD

이 장을 마치면, 여러분은 다음의 내용들을 할 수 있게 될 것이다.

16.1 생물지구화학적 순환을 유지하는 데 있어서 미생물의 필수적인 역할을 설명할 수 있다.
16.2 폐수 처리 공정의 세 단계를 설명할 수 있다.
16.3 정수 처리 공정의 단계에 대해 논의할 수 있다.

16.1 자연의 순환

두 손가락 끝으로 채취한 아주 적은 양의 흙 속에는 약 10,000여 종 이상의 서로 다른 종을 대표하는 미생물이 존재하며, 그 수는 약 10억 이상이다. 만일 여러분이 실험실에서 이러한 미생물들을 배양하고자 시도한다면, 그중 극히 소수 종만을 배양할 수 있을 것이다. 배양되지 않는 대부분의 나머지 수천 종은 과학자들이 영양 조건과 환경 조건을 적절히 확립할 때까지 미확인 종으로 남아 있게 된다. 미생물에 대한 현재 우리의 지식만으로는 미생물이 우리에게 얼마나 중요한가를 아는 데 한계가 있다. 우리에게 필요한 물질을 재순환하고, 환경을 정화하며, 폐기물을 처리하는 미생물은 우리가 알고 있는 생명체와 우리가 상상 조차할 수 없는 세계 사이의 필수적인 연결고리이다. 미생물은 눈에 보이지 않기 때문에 환경에서의 중요성이 무시되기도 하지만, 앞서 말했듯이 미생물이 없다면 생명체는 존재할 수 없다는 것을 이 장을 통해 이해할 수 있게 될 것이다.

지구 생태계

생물을 구성하는 분자들을 만드는 데 필요한 지구의 원소들의 순환에 미생물이 기초적인 토대가 된다. 다른 생물들처럼 미생물은 단독으로 작용하는 것이 아니라 **생태계(ecosystem)**의 일부분으로서 작용한다. 생태계는 특정 공간 내에서 생물들(식물, 동물, 그리고 미생물)이 비생물적 구성성분과 상호작용하고 있다. 호수와 같은 작은 생태계도 있지만, 해양과 같은 거대한 생태계도 있다. 크기와는 상관없이 생태계는 환경에 반응하고, 환경을 변형시키는 능력을 가진 초개체(superorganism)의 한 형태이다. 생물들의 상호작용은 생태계의 동적 변화에서 중요한 부분이다.

생태계의 동적 변화

미생물이 서식하는 물리적 공간 또는 장소를 **서식지(habitat)**라 한다. 서식지는 담수호, 해양 환경, 또는 토양이 될 수도 있다. 예를 들면, **토양(soil)**은 광물 입자와 동물과 식물의 분해로 생긴 유기물로 구성된 복합 혼합물이다. 이러한 서식지 내에서 미생물은 물질 순환에 뛰어난 역할을 하므로 중요한 **생태적 지위(niche)**를 차지하고 있다.

생태적 지위(Niche): 환경에서 한 종이나 개체군이 차지하는 관계적 위치. 즉 생태학적 역할이나 지위.

생태계의 두 가지 주요한 특징은 에너지 전달과 자원 순환이다(**그림 16.2**).

- **에너지 전달.** 에너지는 태양광을 통해 생태계 내로 들어온다. 광합성 생물(시안세균, 조류, 그리고 녹색 식물)에 의해 그 빛 에너지는 유기물 형태의 화학 에너지로 전환된다. 그래서 이들 광합성 생물들은 **생산자(producers)**로 알려져 있다. 유기화합물에

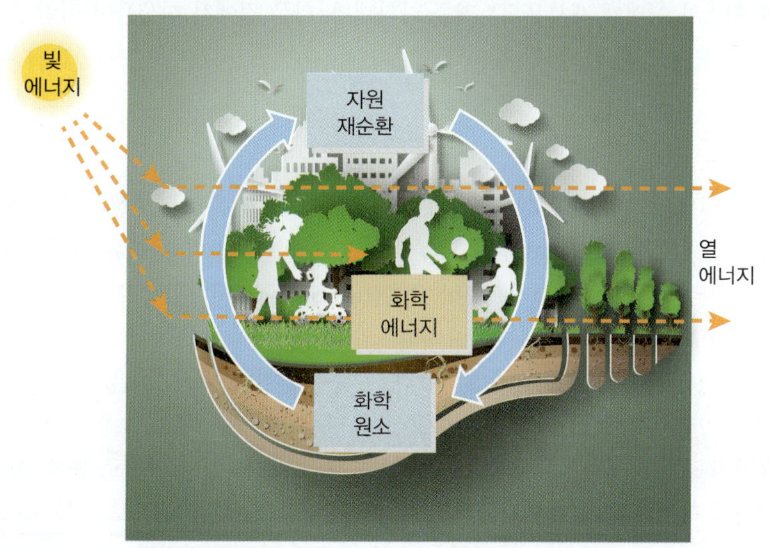

그림 16.2 생태계에서 에너지 경로. 이 그림은 빛 에너지(주황색 화살)가 어떻게 생태계에서 전달되고 소실되는지를 보여준다. 파란색 화살표는 닫힌 계에서 원소의 순환을 나타낸다.

그림 16.3 단순화한 에너지 피라미드. 한 영양단계에서 약 10% 에너지가 다음 단계에 사용 가능한 에너지로 다음 전달된다. 생태계에 따라서 영양 단계 수가 더 작거나 많다.

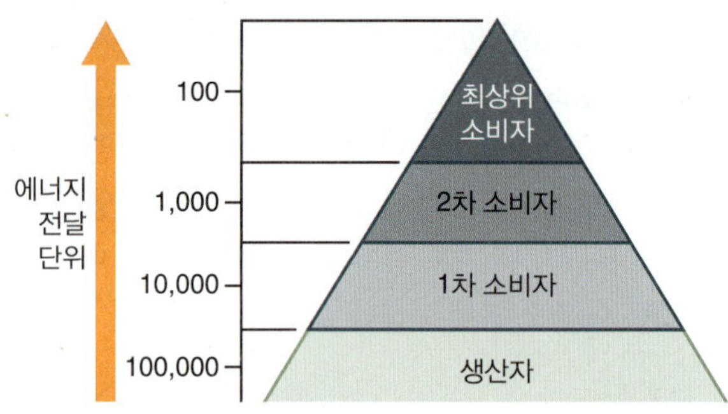

있는 화학 에너지는 **소비자(consumers)**로 불리는 다른 생물의 영양원으로 사용된다. 이런 먹이 활동 순위를 **영양단계(trophic level)**라고 한다.

에너지 피라미드(**energy pyramid**; **그림 6.3**)는 생태계에서 영양단계 간의 에너지 전달을 나타낸다. 유기물(자원)이 한 영양단계에서 다음 단계로 갈 때, 화학 에너지의 고작 약 10%만이 다음 단계에서 사용된다. 예를 들면, 토끼와 같은 **1차 소비자(primary Consumer)**는 먹이인 식물로부터 10% 에너지만 사용한다. 또한, **2차 소비자**(**secondary consumers**; 육식동물)는 1차 소비자의 10% 화학 에너지만을 사용한다. 결론적으로 생태계에서 약 90% 에너지는 열로서 손실되거나, **세포 호흡(cellular respiration)** 동안 사용되기도 하고, 또는 동물에서 소화가 안 된 폐기물로 분비가 된다. 에너지는 재순환되지 않기 때문에 손실된 에너지는 태양의 새 빛 에너지에 의해 끊임없이 보충된다.

- **자원 재순환.** 화학적 자원은 생물의 성장과 증식에 필요한 원소의 중요한 공급원이다. **분해자(decomposer)**로 대표되는 세균과 진균류는 죽은 식물과 동물을 분해한다(그림 16.2 참조). 그래서 유기화합물을 만드는 데 필요한 원료와 원소의 지속적인 순환이 일어나게 된다. 결론적으로, 세균과 진균류는 생태계에서 영양분의 재순환에 중요한 역할을 한다.

이 자원 순환은 **생물지화학적 순환(biogeochemical cycle)**에 기초한 기본 과정이다. 생물지화학적 순환은 자연에서 일어나는 일련의 생물학적, 지질학적, 그리고 화학적 과정을 통해 원소가 어떻게 재사용되는지를 나타낸다. 다음 절에서 미생물이 이런 순환에 기여한다는 것을 분명히 알 수 있다.

탄소 순환

탄소(C)는 생물을 구성하는 모든 유기화합물의 골격이므로 가장 중요한 원소이다. 대표적인 생체내 유기화합물은 탄수화물, 지질, 핵산, 그리고 단백질이다. 모든 화학자원처럼 지구의 탄소량은 한정적이다. 그래서 **탄소 순환(carbon cycle)**은 대기, 토양, 그리고 해양(**그림 16.4**) 사이의 탄소 재활용에서 중요하다.

광합성 생물은 대기로부터 CO_2 형태의 C를 동화한다. 즉, 그들은 C가 많은 다양한 탄수화물을 만드는 데 CO_2와 햇빛을 이용한다. 밀림 지대의 나무들, 초원 지대의 풀들, 그리고 해양의 조류와 시안세균이 광합성을 한다. 이들 생산자들은 차례로 동물, 물고기, 그리고 인간의 먹이가 된다. 소비자들은 탄수화물의 일부를 에너지원으로 사용하고, 나머지는 세포 구성성분으로 전환한다. 일부 탄소는 호흡에 의해 유리되어 CO_2 형태로 대기로

그림 16.4 단순화한 탄소 순환. 광합성은 이산화탄소(CO_2)가 유기물로 합성되는 주요한 과정으로, 이산화탄소는 호흡을 통해 대기 중으로 되돌아간다. 미생물은 토양과 해양 환경의 모든 분해에서 매우 중요한 역할을 수행한다.

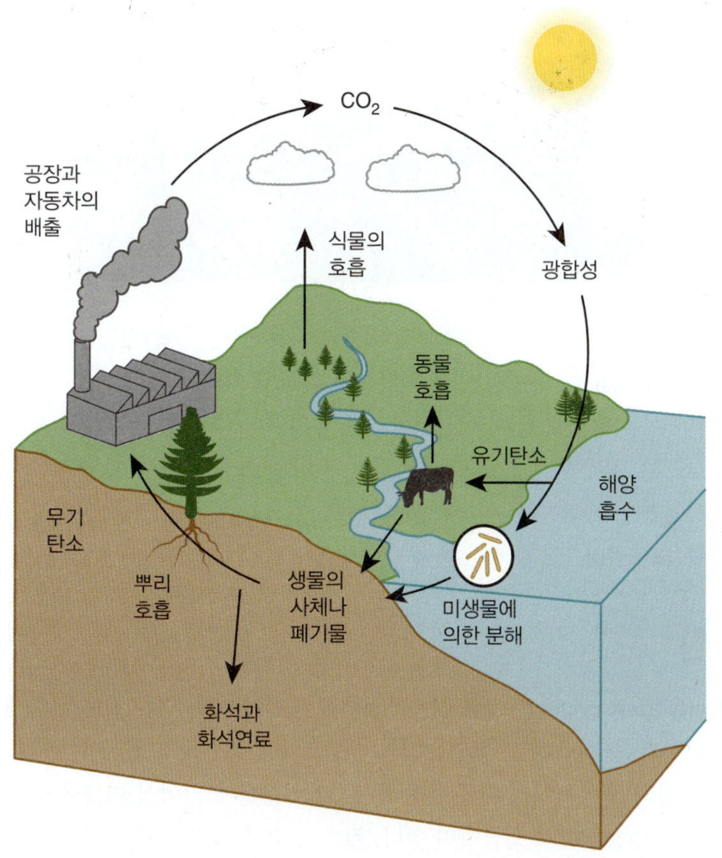

돌아가지만, 대부분의 탄소는 생물이 죽으면 토양으로 이동한다.

토양에서 셀 수 없이 많은 분해자가 동식물의 사체를 분해하고 세포 호흡의 결과물로 이산화탄소를 대기로 배출한다. 토양에는 많은 유기물이 분해되지 않은 채 남아 있는데, 이는 부패로 인해 생성되는 독성 산물들에 의해 미생물이 사멸하여 더 이상 분해가 진행되지 않기 때문이다. 이렇게 남은 유기물이 무기물 입자와 결합하여 검은색을 띠는 **부식토(humus)**를 형성하는데, 이것은 물과 공기를 유지할 수 있어서 식물의 성장에 우수한 물질이다.

이러한 분해자들이 없다면, 지구는 동물 배설물, 생물 사체, 그리고 유기성 잔해로 축적된 쓰레기 하치장이 될 것이 명백하다. 다행히도 분해자인 미생물이 토양과 물에서 동식물 쓰레기를 분해함으로써 환경에서 유기물 분해에 가장 큰 역할을 담당한다. 미생물은 제어된 조건하에서 유사한 역할을 수행하는데, 예를 들면 거름과 다른 천연 폐기물을 미생물이 분해해서 **퇴비(compost)**로 전환시킴으로써 농장이나 가정의 정원에서 비료로 사용할 수 있다(**그림 16.5**).

과학자들은 3억 6천만 년~2억 9천만 년 전에 늪과 호수에 있는 식물이 묻혀서 화석연료인 석탄이 생성되었다고 믿는다. 즉, 고온과 고압 하에 미생물에 의한 분해가 저해됨에 따라 식물이 완전 분해되지 못하고 결국 석탄으로 전환된 것이다. 석유도 같은 방법으로 해양의 바닥에서 생성되었을 것이다. 식물성 및 동물성 플랑크톤의 유기물이 바다의 바닥에 가라앉아 점토성 퇴적물의 성분이 되어 퇴적암이 되었다(그림 16.4 참조). 이것이

© Evan Lorne/Shutterstock.

그림 16.5 가정의 퇴비 더미. 세균과 진균류는 이 퇴비 더미에서 일어나는 유기물 분해의 대부분을 수행한다.

소위 오일 셰일(oil shale, 유혈암)인데 석유를 포함하고 있다.

석탄이나 석유가 연소될 때 이산화탄소가 유리되어 대기 중으로 다시 들어가게 된다(그림 16.4 참조). 불행하게도, 공장과 자동차에 의한 과도한 화석연료 연소는 대기 중의 이산화탄소 균형을 파괴한다. 이러한 대기 중의 이산화탄소 농도 증가는 지구 온난화의 주요 원인 중 하나이다.

질소 순환

질소 순환(nitrogen cycle)에 대해서는 미생물과 농업에 대한 다른 장에서 자세하게 언급하였다. 요약하자면, 질소는 핵산과 단백질의 구조에서 필수적인 원소이기 때문에 질소의 순환은 지구 상의 생명체에게 아주 중요하다. 질소 순환에 있어서 미생물의 역할이 중요하기 때문에 여기에서 다시 언급하려 한다. 질소는 지구 대기 중에서 가장 흔한 가스이지만, 이 가스 형태의 질소를 직접 이용할 수 있는 식물이나 동물은 거의 없다. 따라서 질소가 생물 순환 과정으로 들어가기 위해서는 미생물의 작용이 꼭 필요하다.

인의 순환

원소 인(P)은 생물체 내에서 핵산과 막의 인지질에서 중요한 성분이다. 인은 또한 에너지 저장 물질인 ATP(adenosine triphosphate)의 성분이다.

인의 순환(phosphorus cycle)에서 인은 인산염 이온(PO_4^{3-})의 형태로 용해되어 바다에 들어가게 된다(**그림 16.6**). 단세포 조류와 다른 여러 미생물들이 수중에서 증식하기 위해 인을 흡수한다. 비교적 단순한 이 생산자들은 매우 중요한 핵산과 인을 함유하는 다른 화합물들을 생산한다. 이렇게 조류들에 의해 흡수된 인 화합물들은 먹이사슬에 의해 다른 미생물들에게 소비되고, 이 미생물들은 차례로 어류나 조개 같은 소비자에게 전달된다. 이런 동물들은 또 다른 생물에게 포식 당해서, 인이 뼈나 조가비 같은 신체 일부와 유기화합물을 만드는 데 사용되기도 한다. 또한 이러한 동물이 죽으면, 인은 바다로 다시 되돌아가게 된다.

인의 순환에는 바위의 풍화로 인한 무기 인산의 생산도 포함된다. 무기 인 비료에 사용된 인은 토양에서 용해성 인산(PO_4^{3-})을 생성한다. 농작물은 인을 동화하고 동물들은 이 농작물을 소비한다. 동물의 배설물과 분해자의 활성으로 PO_4^{3-}가 유리된다. 유리된 인산염이온의 일부는 바다로 유입되고, 일부는 바위에 고형화된다. 이러한 형태의 인은 절대로 이용될 수가 없다. 다행히도 바다에 사는 미생물인 단세포 조류와 다른 미생물들이 많

그림 16.6 인의 순환. 인산염 이온(PO_4^{3-})의 형태로 순환을 시작한다. 분해자들은 토양이나 물에서 용해성 인산염 이온을 식물이 이용할 수 있게 한다.

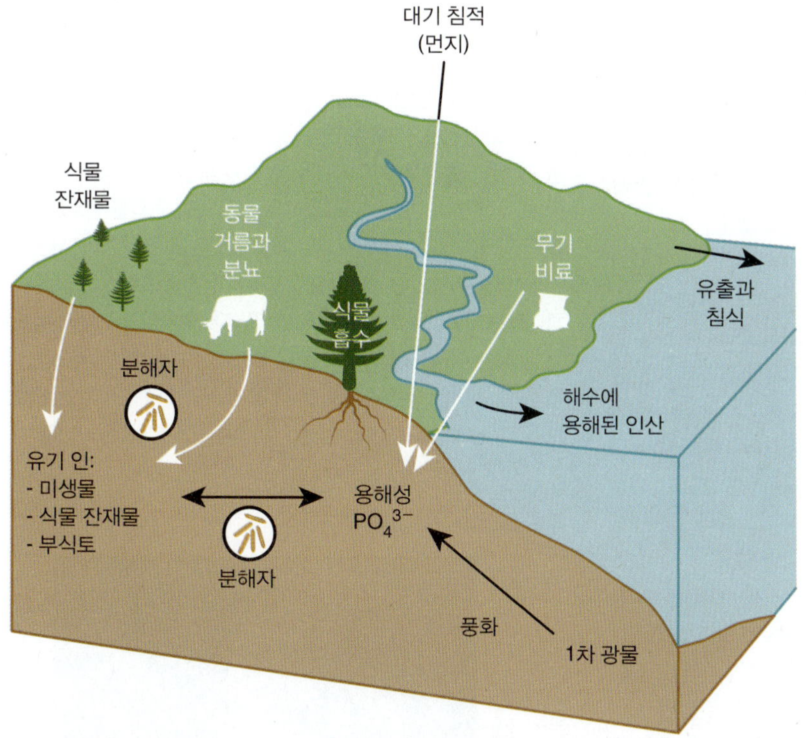

은 양의 인산염을 섭취하여 이용함으로써 인 순환이 유지된다.

미생물은 물질 순환에서 중요한 역할을 한다. 미생물은 지구라는 하나의 우주선을 지탱하기 위해서 유기물을 새롭고 생명력 있게 유지시켜 준다. 그러나 미생물의 역할이 여기서 끝나는 것은 아니다. 미생물은 또한 지구 환경을 보존하는 데 중요한 위치를 차지하고 있다. 이들은 분해자로서 수질이나 토양을 정화하는 데 아주 탁월한 역할을 한다. 이런 점에서, 미생물은 사람들이 살기에 적합한 환경 유지라는 오래된 문제를 해결하는 데 도움을 준다. 우리는 우리가 알고 있는 것 이상으로 미생물에 의존하는데, 다음 절에서 이를 설명한다.

16.2 환경 보전: 위생과 폐기물 제거

전통적인 속담에 '오염에 대한 해결책은 희석이다'라는 말이 있다. 이런 다소 단순화된 관점은 산업, 농업, 그리고 인간에 의해 발생한 오염물이 하천과 같은 물 환경에 유입되어도 물에 의해 오염물이 희석되어 하천이 깨끗하게 유지될 것이라는 사실을 인식한 것이다. 급류가 흐르는 강을 따라 위치하고 있는 작은 마을의 경우에는 이 속담이 맞을 수 있다. 그러나 오늘날의 산업화된 사회에서 오염을 해결하기 위해서는 미생물의 작용이 필수적이다.

위생(sanitation)은 미생물의 수를 안전한 수준으로 감소시키는 것이다. 위생은 비교적 현대적 현상으로 1800년대 중반에 크게 꽃 피우기 시작했다. 그 이전에는 일부 서부 유럽과 미국 도시들에서의 생활 상태는 말로 표현할 수 없을 정도로 비위생적이었다. 쓰레기와 죽은 동물들은 거리를 어지럽히고, 인간 분뇨와 하수는 개방된 하수구에 고여 있었다. 많은 강은 씻고, 마시고, 배설물을 버리는 목적으로 사용되어 오물이 만연하였다. 이

A CLOSER LOOK 16.1

대위생 운동

1800년대 초 증기기관차와 산업혁명은 농촌의 인구가 유럽의 도시로 밀집되게 하였다. 늘어나는 인구를 수용하기 위해서 집들이 줄지어 들어섰고, 아파트 블록들이 빠르게 세워졌으며, 밀집된 공간에 더 많은 사람들이 거주하게 되었다. 이로 인해 장티푸스, 콜레라, 결핵, 설사 및 다른 질병에 의한 사망자 수가 급속히 늘어났다.

사망률이 늘어남에 따라, 몇몇 사람들이 개혁을 주장하였다. 그들 중의 한 명이 영국의 변호사이자 언론인인 Edwin Chadwick이다(**그림 A** 참조). Chadwick은 인류가 오물을 제거함으로써 많은 질병을 제어할 수 있을 것이라는 새로운 개념을 제시하였다. 미생물 병인론(Germ Theory)이 확립되기 이전인 1842년, Chadwick은 가난으로 고생하는 노동자들이 중산층이나 상류계층의 사람들보다 더 많은 질병으로 고통 받는다고 지적했다. 그는 노동자들이 낮은 수준의 생활환경으로 인해 질병이 발생하며, 예방이 가능하다고 단언했다. 이러한 그의 보고는 대위생 운동의 기초를 마련했다.

Chadwick은 의료인은 아니었지만, 그의 생각은 과학자들과 사회개혁자들을 사로잡았다. 그에 따르면, 하수구는 표면이 매끄러운 세라믹 파이프를 사용해서 만들어야 하며, 충분한 양의 물이 이 파이프를 통해 흘러서 먼 거리로 하수를 흘러버려야 한다고 주장했다. 이를 위해서는 깨끗한 물과 하수구 파이프 장치, 물을 집으로 끌어 들이는 강력한 펌프의 개발, 그리고 오래된 하수 시스템의 제거 등이 필요하며, 비용이 만만치 않은 작업이었다.

Chadwick의 비전은 결국 현실로 다가왔지만, 콜레라의 발병이 없었다면 수십 년이 더 걸렸을지도 모른다. 1849년에 런던에 콜레라가 발생하였고, 수많은 사람들이 죽게 되자 Chadwick의 제안을 받아들이라는 여론이 일어났다. 1853년에 또 다른 전염병이 발생하였는데, John Snow는 물이 질병의 이동 통로 역할을 한다고 주장했다. 두 번의 전염병 발생으로 인해 가난한 사람들뿐만 아니라 부유한 사람까지도 대부분 질병에 지쳐 있었다. 하수 시스템의 건설은 그 직후에 시작되었다.

1800년대 말에, 유럽의 위생운동은 결정적인 계기를 맞이하게 된다. 그 사건은 1892년에 독일의 함부르크에서 콜레라가 발생했을 때 나타났다. 함부르크 대부분의 지역에서는 오염된 알토나 강의 물을 직접 마신 반면, 함부르크 조금 서쪽에 위치한 알토나(Altona)는 독일 정부가 이전에 수처리장을 세웠는데, 이 지역에서는 콜레라가 발생하지 않았다. 정반대의 결과가 함부르크와 알토나에서 거리 하나를 사이에 두고 첨예하게 나타났다. 함부르크의 거리에서는 많은 콜레라 환자들이 발생하였고, 반대편 알토나 거리에서는 나타나지 않은 것이다. 위생학자들은 물의 정수와 하수처리의 중요성을 이보다 더 잘 보여주는 확실한 증거는 없을 것이라고 말하였다.

그림 A Edwin Chadwick(1800~1890)

Courtesy of the National Library of Medicine.

와 같은 현상들이(**A CLOSER LOOK 16.1**) 1800년대 중반의 대위생 운동(Great Sanitary Movement)을 자극시켰다.

폐수처리 시설의 종류

인간의 배설물을 처리하는 시설들은 같은 기본 원리 하에 운영된다. 물은 오염물로부터 분리되고 고형 물질은 토양과 물로 되돌아가기 위해서 미생물에 의해 비독성인 단순한 물질로 분해된다. 이러한 처리 시설들은 땅에 구덩이를 판 것에 지나지 않은 원시적인 옥외 화장실에서부터 많은 대도시에서 사용하는 정교한 하수처리시설까지를 포함한다.

오물 탱크

어떤 지역, 특히 시골과 같은 곳에서는 사람들의 배설물이 지하에 있는 **오물탱크(cesspools; 그림 16.7A)**로 보내진다. 이 오물 탱크는 콘크리트 재질의 길쭉한 원통형 구조이고, 벽은 다공성이다. 이 다공성 벽을 통해 물은 토양으로 빠져나가고 고형분은 안에 축적

그림 16.7 폐기물 처리 시설들.

(A) 오물 탱크는 고형과 액상의 폐기물을 일시적으로 저장할 수 있는 지하의 탱크이다.

(B) 정화조가 있는 시설에서는 물이 흘러 처리장으로 보내지고 탱크의 침전물은 주기적으로 제거된다.

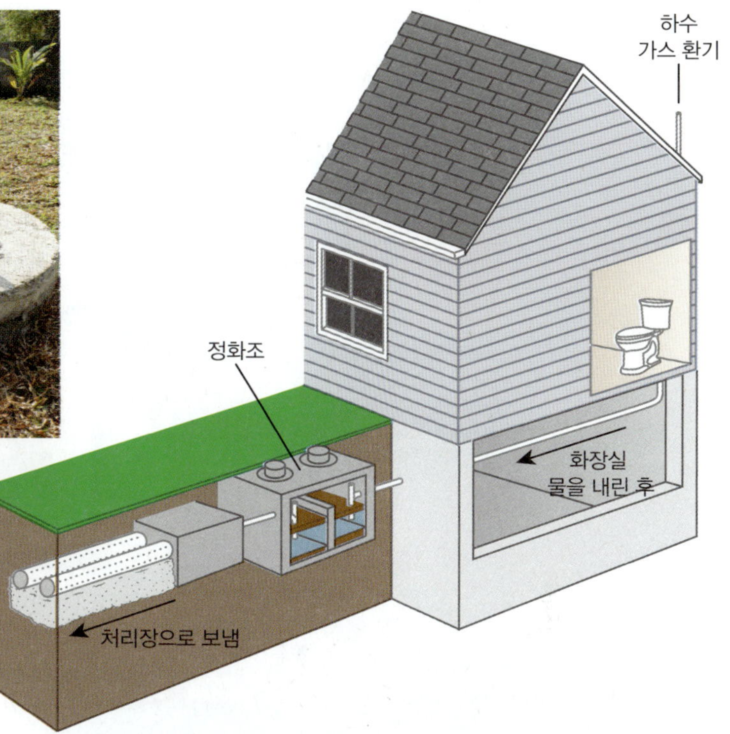

(C) 산화지는 폐수를 미생물로 처리하는 얕은 큰 연못이다.

(D) 도시 하수처리장은 협잡물로부터 물을 분리한다. 그런 후에 고형분은 미생물에 의해 간단한 화합물로 분해되어 토양이나 물로 되돌아간다.

된다. 배설물 내의 미생물, 특히 혐기성 세균이 이 고형분을 소화하여 용해성 산물로 전환하면, 다공성벽을 통해 토양으로 가서 흙을 비옥하게 한다.

정화조

정화조(septic tank)가 있는 집에서는 밀폐된 콘크리트 박스 형태의 배설물 수집조인 정화조로 배설물이 모인다(**그림 16.7B**). 정화조의 바닥에는 고형의 유기물이 축적되고, 물이 유출 파이프 높이까지 차오르면 분배조로 흘러간다. 분배조의 물은 분뇨처리장으로 보내지거나 파이프를 통해 주위의 토양으로 버려진다. 분해되지 않은 유기물은 땅으로 흡수되지 않으므로 정화조에서 정기적으로 퍼내야 한다.

그림 16.8 하수처리 공정. 하수처리시설은 수질오염물을 처리하고 제거하기 위해 물리적, 화학적, 그리고 생물학적 공정들을 사용한다.

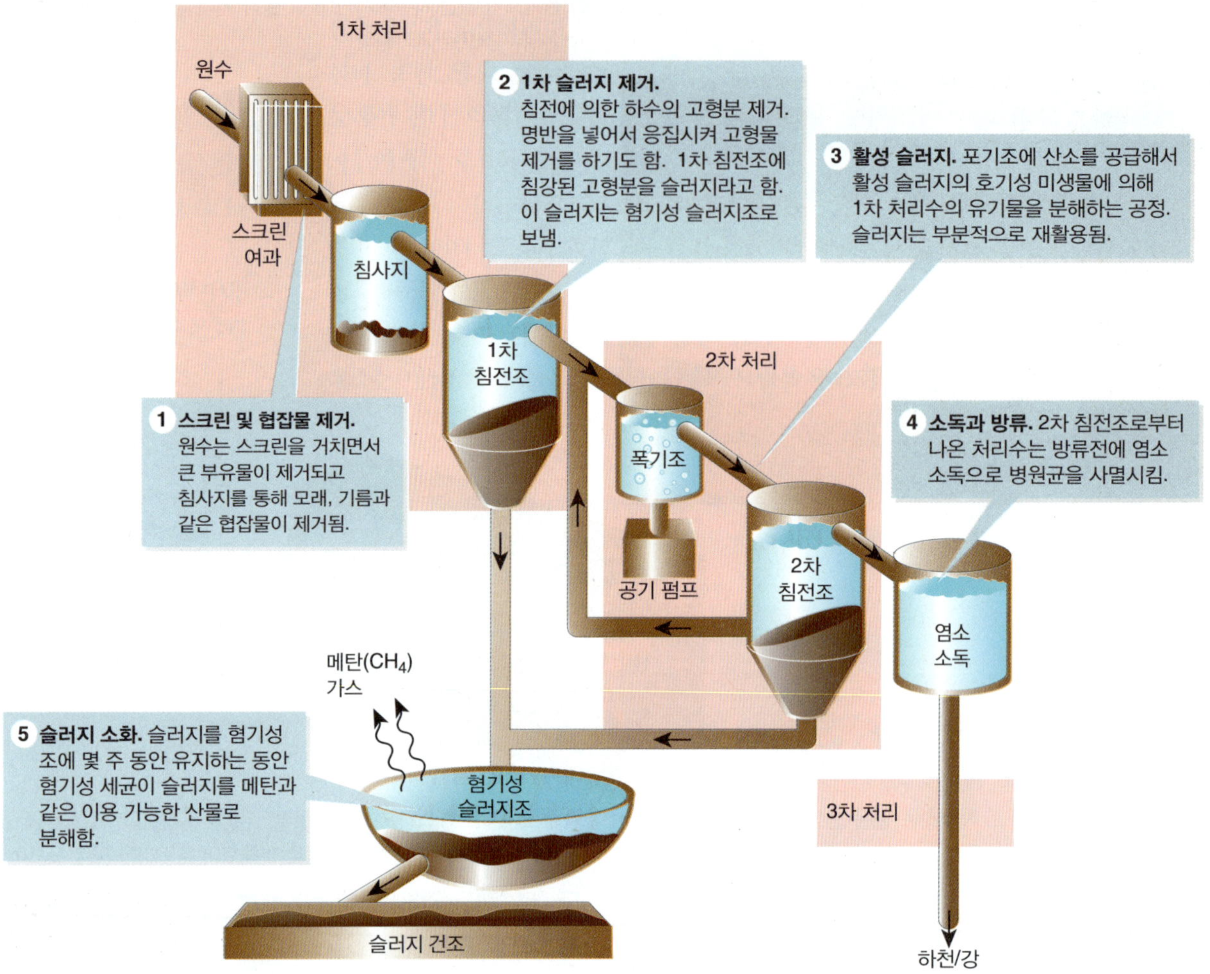

산화지

작은 마을에서는 **산화지(oxidation lagoon)**라는 큰 못에 하수를 모은다(**그림 16.7C**). 하수는 유기물의 자연소화가 일어나도록 산화지에서 3개월 동안 체류한다. 체류하는 동안, 호기성 세균이 물속의 유기물을 소화하고, 혐기성 미생물은 침전된 물질들을 분해한다. 제어된 조건하에서 오염물들은 탄산염 이온, 질산염 이온, 인산염 이온, 그리고 황산염 이온과 같은 단순한 염으로 전환된다. 결국 세균은 자연적으로 죽고, 물이 정화되면 산화지 내의 물은 근처의 강이나 시내로 방류될 수 있다.

큰 도시에서는 기계화된 하수처리시설을 이용하여 대량의 폐수를 처리한다(**그림 16.7D**).

하수처리

하수처리 공정(sewage treatment)은 1차, 2차, 그리고 때로는 3차 처리를 포함한다(**그림 16.8**).

1차 처리

1차 처리에서는 스크린을 사용해서 모래와 불용성 협잡물을 한다. 이 단계를 거친 원수는

침전성 오염물(침전물, sedimentation)을 제거하기 위해 큰 개방형 침전조로 보내진다. **침전된 오염물(슬러지, sludge)**은 혐기성 슬러지조로 보내져서 처리된다. 명반(alum)과 같은 응집제를 원수에 추가해서 미생물과 오염물을 응집하여 바닥으로 침전시킬 수도 있다.

침전물(sludge): 하수나 폐수 처리에서 침전과정에 의해 침전된 물질들.

2차 처리

2차 처리(secondary waste treatment)는 1차 처리로 생성된 유출수에 잔존하는 유기물을 호기성 미생물이 분해하는 것이다. 이 과정을 통해 물과 CO_2가 생성된다. 일반적으로 흔히 사용되는 두 가지 2차 처리 공정은 활성슬러지공법(activated sludge)과 살수여상법(trickling biofilter)이다. 이 두 공정은 산소가 미생물에 공급되는 방식과 미생물이 유기물을 대사하는 속도면에서 크게 다르다.

- 활성슬러지공법에서는 폭기조에서 산소가 공급되므로 호기성 미생물이 1차 유출수에 남아 있는 유기물을 분해한다. 여기에서 중요한 세균 중의 하나는 *Zooglea ramigera*이다. 폭기조에서 3~8시간 체류한 후에 활성슬러지(**활성이 있는 복합미생물, activated sludge**)는 침강에 의해 물로부터 분리되고, 정화된 물(2차 유출수, secondary effluent)은 다음 단계로 보내진다. 일정 농도의 미생물을 유지하기 위해 활성슬러지의 일부는 폭기조로 반송된다.
- 살수여상법[생물여과(biofilter)라고도 함]은 표면적 대비 체적비를 높게 하기 위해 담체를 채워서 만든 반응조를 사용한다. 미생물은 반응조 내의 담체에 부착해서 생물막(biofilm)을 형성한다. 유기물을 포함하는 1차 유출수는 담체층(bed) 위로 살포된다. 물이 담체들 사이로 흐를 때 담체 표면의 호기성 미생물에 의해 유기물이 빠르게 분해된다. 산소는 공기의 흐름에 의해 생물막에 공급된다.

Zoogloea ramigera: ZO-ohglee-ah rah-mih-JER-ah

2차 처리공정에서 생성된 2차 유출수는 아직도 병원균을 포함할 수 있다. 그래서 강, 하천, 또는 바다로 방류하기 전에 소독을 하게 되는데, 일반적으로 **염소 처리(chlorination)**를 한다.

최종적으로, 슬러지조 내의 1차 및 2차 슬러지는 혐기성 미생물에 의해 소화된다. 슬러지조는 혐기상태이고 메탄을 생성하는 고세균이 우세함에 따라 메탄과 이산화탄소가 생성된다. 이 반응조에서 발생한 메탄가스를 포집해서 이 반응조를 가열하는 연료로도 사용할 수 있다. 소화된 슬러지는 건조시켜 토양개량제로 사용되거나 매립된다.

고도(3차) 처리

1차 처리 과정과 2차 처리 과정 동안에 분해되지 않은 채 남은 오염물을 제거하는 과정이다. **3차 처리(tertiary waste treatment)** 과정은 비용이 늘기는 하지만, 호수나 하천으로 유입되면 문제를 야기할 수 있는 살충제, 비료 성분, 그리고 인산염을 제거하는 데 필수적이다.

생물막과 생물학적 복원

상기와 같이, 미생물을 이용하여 하수처리에서 오염물을 분해하는 것은 매우 효과적이다. 이처럼, 미생물을 이용하여 환경문제를 해결할 수 있는데, 미생물을 이용하여 환경의 오염물을 정화하는 아이디어는 매우 매력적이다. 이렇게 미생물을 환경의 화학물질 누출과 오염을 정화하는 데 이용하는 것은 인간에 의한 환경오염을 해결하려는 노력의 일환이다.

미생물학자들은 수십 년 동안 생물막을 형성하는 세균들의 중요성을 인식하기 시작

© Erik Hill/Anchorage Daily News/MCT/Tribune News Service/Getty Images.

그림 16.9 기름 유출에 대한 생물학적 복원. 엑손 벨디즈의 유류 유출사고로 인해 오염된 기름을 정화하는 동안 미생물이 기름을 분해를 잘 할 수 있도록 생물 자극을 실시하였다.

하였다. **생물막(biofilm)**은 표면에 부착하는 다당의 망상 구조에서 사는 고정된 복합 미생물이다. 생물막이 자연적으로 발견되는 환경의 예로는 사람의 치아 표면의 플라크, 시냇가에 빽빽하게 형성된 조류, 수도관 내부에 형성된 점액성 물질, 그리고 살수여상법의 담체 표면 등이다.

생물학적 복원(bioremediation)은 미생물을 이용해서 물이나 토양과 같은 환경으로부터 독성 오염물 또는 산업의 합성산물을 제거하거나 중화해서 환경을 자연의 상태로 되돌리는 것이다. 이런 목적에 따라, 오염물의 분해를 자극하거나 증진하기 위해 생물막을 사용할 수 있다. 몇 가지 예는 다음과 같다.

생물 자극

인위적으로 환경에 영영분을 첨가하여 그곳에 서식하는 미생물의 성장이나 활성을 자극해서 생물학적 정화를 하는 것을 **생물자극(biostimulation)**이라고 한다. 생물막을 생물학적 정화에 사용하려는 첫 시도는 1987년 알라스카 해안에서 엑손 벨디즈(*Exxon Valdez*)호의 유류 탱크로부터 심각한 유류 유출사고가 발생한 후이다(**그림 16.9**). 유류가 유출된 장소에는 이미 유류분해균이 존재한다는 것이 이전의 연구에서 밝혀져 있었으므로, 과학자들은 이 균들의 증식을 도모해야 했다. 그래서 유류 유출사고 후, 과학자들은 토착 미생물들의 성장을 촉진하기 위해 질소(예, 요소), 인 및 다른 미네랄 물질들을 유류에 의해 오염된 물에 첨가해 주었다. 이렇게 처리된 지역은 처리 않은 지역에 비해 유류가 현저히 빠르게 제거되었다. 실제로, 미생물이 이러한 유류 제거작업에 이용된 경우에 유류의 분해가 5배 정도 빨랐다.

생물 첨가

생물학적 복원을 가속하기 위해 특정 세균을 첨가하는 것을 **생물 첨가(bioaugmentation)**라고 한다.

PCBs(polychlorinated biphenyls)는 인위적으로 만든 절연물질로서 산업과 전기 기기에 널리 사용된다. 종종 PCBs는 토양과 물에 유입되어 오염을 시키고 잔류한다. 이 화합물이 먹이사슬에서 축적될 수 있다는 증거가 발표된 1977년에 PCBs의 상업적 생산은 종료되었다. PCBs가 체내에 축적이 되면 동물에서 암을 야기할 수 있으며, 사람에게도 암을 야기할 수도 있다. 오늘날까지도, 생산된 PCBs의 약 10%가 환경에 남아 있어 강, 호수, 그리고 토양을 지속적으로 오염시키고 있다.

과학자들은 자연의 세균 몇 종이 PCBs를 분해하는 효소를 생산할 수 있다는 것을 발견하였다. 이 종들을 대량으로 증식시키면, 이 화합물로 오염된 지역의 정화를 크게 가속화할 수 있을 것이다.

TCE(trichloroethylene)는 한때 세정제 및 유기 용제로 흔히 사용되었다. 이 화합물은 간 손상과 신경계 기능장애를 야기하는 발암물질임에도 그때는 TCE가 토양을 통해 확산하여 지하수를 오염시킨다는 것을 과학자들은 인식하지 못했었다. 이런 문제를 해결하고 TCE를 분해하기 위한 일환으로써, 과학자들은 TCE의 독성을 제거할 수 있는 세균 생물막을 이용하는 생물첨가기술을 사용하기 시작했다. 세균 세포가 증식해서 생물막을 형성함에 따라 TCE가 제거된다. 이처럼, 분해성 미생물을 의도적으로 첨가하여 생장을 증대시킴으로써 환경정화를 도모한다.

오늘날에는 내연제, 화학무기 작용제, 방사성 물질, 그리고 산업에서 발생한 수많은 다른 오염물을 분해하기 위해 미생물을 사용하고 있다. 이것은 산업에 의해 발생한 오염물을 감소시키거나 제거하기 위해 미생물을 사용함으로써 사람에 의한 환경오염을 감소시켜 준다.

16.3 환경보전: 수질오염과 정화

더러운 물은 세계적으로 가장 큰 건강의 위험 요소이기에 삶의 질과 공중보건을 위협한다. 2019년에 발행된 세계보건기구(WHO)와 유엔아동기금(UNICEF)의 자료에 따르면 세계 인구의 30%(22억)가 집에 안전한 물 공급을 못 받고 있다(**그림 16.10**). 거의 60%(42억)는 안전하게 운영되는 위생이 부족한 실정이다. 그 결과 안전하지 않은 물로부터 감염된 수인성질환으로 인해 매년 수백만 명의 사람들이 죽어가는데, 이 중 거의 절반이 5세 이하 어린이들이다.

그림 16.10 기본적인 상수 서비스를 받는 인구. 중앙 및 남아메리카, 그리고 아프리카와 남동아시아의 몇 개국에서는 이런 서비스가 부족하다. 흰색으로 표시된 나라들은 데이터가 불충분함.

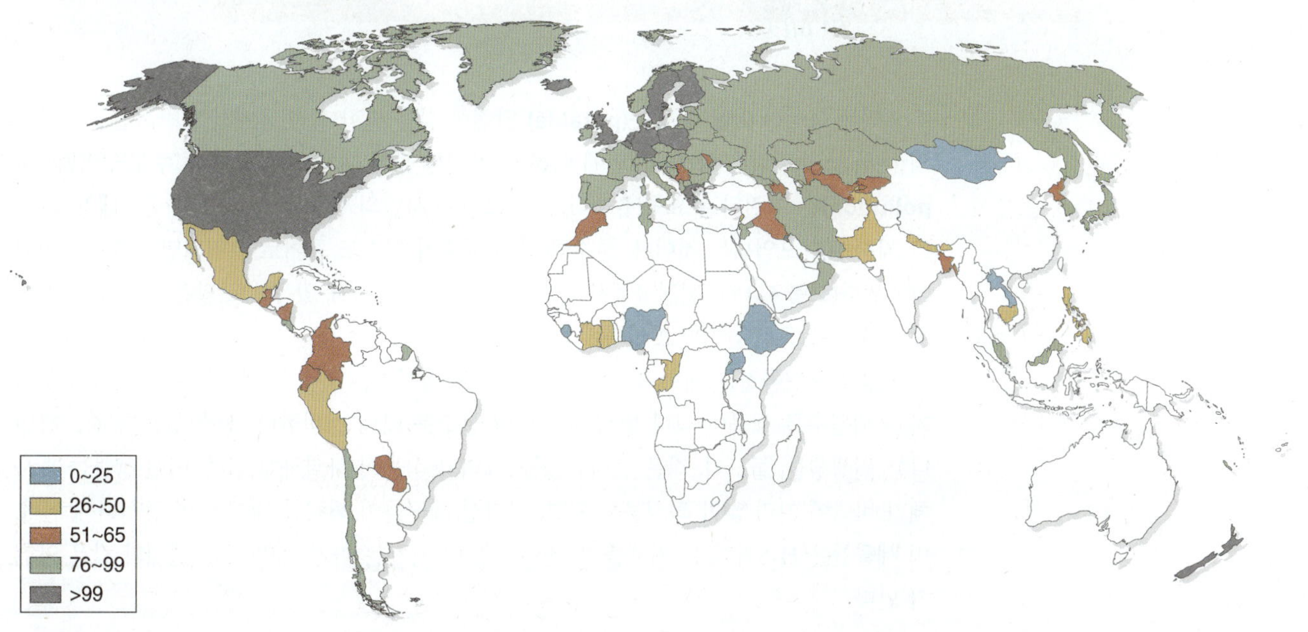

그림 6.11 강의 죽음. 질소와 인 같은 영양물질이 강에 유입됨으로써 조화 현상(algal bloom)이 발생하고, 이에 따라 다른 미생물도 증식하게 된다. 따라서 물의 용존 산소가 급격히 감소하여 어류와 같은 큰 생물의 죽음을 초래한다.

먹는 물이란 **마실 수 있는(potable)** 안전한 물을 말한다. 미국에서 일반적인 4인 가족의 하루 물 소비량은 약 400갤런에 이른다. 안전한 물에 대해 감사한 한편, **수질오염(Water pollution)**은 여전히 주요 이슈이다. 수질오염은 사람의 활동을 통해 호수, 강, 대양, 그리고 지하수가 오염되는 것이다. 하수와 산업 폐수가 상수도 근처로 유입되면서 수질오염이 야기된다(**그림 6.11**). 선진국에서는 폐수 배출을 규제하고 있음에도 많은 오염수가 여전히 상수도로 흘러 들어가고 있다.

많은 오염물질은 해수 및 담수의 생물을 사멸시키는 독성물질이다. 수중 생물의 사체가 부패될수록 세균이 과다 번식하여 물의 산소를 많이 소비한다. 산소 농도가 감소하면 다른 원생생물, 물고기, 작은 절지동물들, 그리고 식물이 사멸하게 된다. 이런 생물들의 사체가 바닥에 가라 앉아 퇴적물이 되면, 혐기성 세균들이 퇴적물 내에 많이 증식하게 된다. 이 세균들은 H_2S와 같은 기체를 발생하는데, 이 기체는 마치 계란 썩는 냄새와 같은 악취가 난다.

물은 또한 인간에게 질병을 일으키는 병원성 세균의 전달 매체가 될 수 있다. 이는 사람들이 하수와 폐수를 적절히 처리하지 않은 결과이지만, 또한 자연 현상의 결과이기도 한다. 예를 들어, 폭우는 토양으로부터 병원균을 씻어내어 식수로 사용되는 강으로 흘려보낸다. 원인이 무엇이던 오염은 규명되어야 한다. 그래서 공중보건 관리 부서와 상수도 공급기관에서는 잠재적인 건강 위험 요인을 발견하기 위해 수질 검사를 지속적으로 실시하고 있다.

미생물 검출법

장티푸스, 콜레라 및 A형 간염 등 많은 감염성 질환은 물에 의해 전염될 수 있다. 그래서 공중보건 관련 기관의 책임은 상수도가 사람의 장내 병원균으로 오염되지 않게 하는 것이다.

물에 존재하는 모든 잠재적인 장내 병원균을 검사하는 것은 불가능하다. 그러므로 물의 오염 여부를 결정하기 위해 특이적인 **지표 생물(indicator organism)**이 사용된다. 가장 잘 알려진 지표 생물은 대장균(*Escherichia coli*)인데, 이 세균은 모든 인간의 장에서 발견되기 때문이다. 만약 대장균이 검출된다면, 그 물은 장내 병원균을 비롯한 장내 세균들에 오염되었을 가능성이 높다. 대장균 오염을 검출하기 위한 몇 가지 시험법들이 개발되었다.

Escherichia coli:
esh-er-EE-key-ah KOH-lee

막 여과법(membrane filter technique)은 실험실에서 흔히 사용되는 시험법이다. 물 시료 100 ml을 채취(**그림 16.12A**)한 후, 실험실에서 셀룰로스 재질의 막으로 여과한다. 이 막을 평판배지 위로 옮겨 실험실에서 배양한다. 그러면 막에 걸린 세균이 막의 표면에 집락을 형성하는 것을 눈으로 볼 수 있다(**그림 16.12B**). 하나의 세균이 하나의 집락을 형성한다는 원칙을 기본으로 하여, 형성된 집락의 개수를 헤아려서 물 시료에 존재하는 세균의 수를 결정한다.

이러한 전통적인 검출 방법은 결과가 나오기까지 며칠이 걸렸다. 하지만 오늘날의 생명공학적 기술은 이 시간을 상당히 단축시켰다.

가장 발달된 방법 중의 하나는 다음과 같다. 우선 오염된 물 시료를 여과하고, 여과지에 걸린 세균 세포를 파괴해서 DNA를 추출한다. 이 DNA는 **중합효소 연쇄반응(polymerase chain reaction, PCR)**을 실시해서 증폭한다. 이 DNA 시료 내의 *E. coli*를 검출

그림 16.12 물 분석.

(A) 분석을 위해 물 시료를 채취한다.

(B) 실험실에서 막 여과법으로 지표 생물을 검출한다.

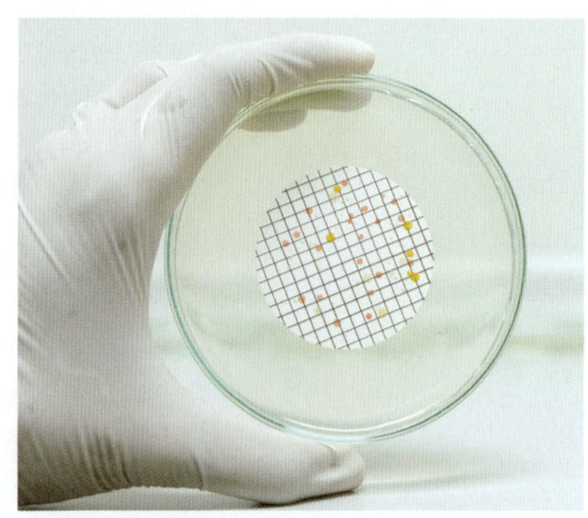

그림 16.13 상수처리의 여러 단계. 정수과정은 침강, 여과, 그리고 염소소독으로 구성되어있다.

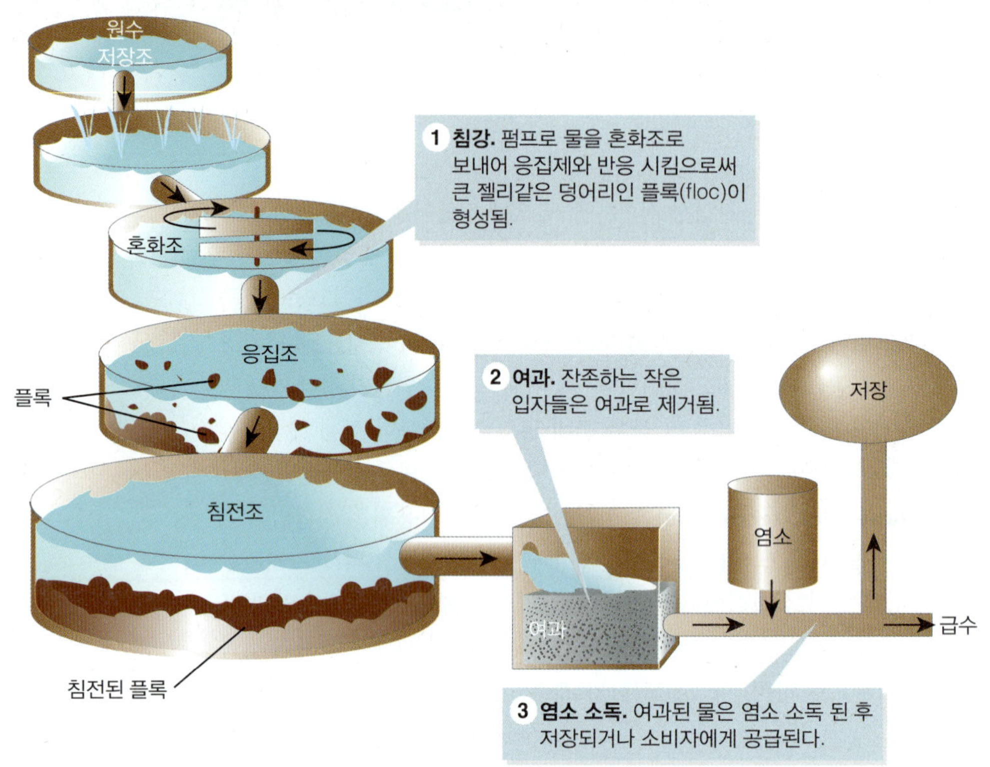

DNA 탐침자(DNA probe): 단일 가닥 DNA의 짧은 단편으로, 세균 종의 특정 DNA에 상보적인 염기 서열을 가짐.

하기 위해 *E. coli* DNA에 특이적인 **DNA 탐침자(DNA probe)**를 첨가한다. 이 방법은 제 14장의 '생명공학과 산업'에서 다루고 있다. 이 방법은 *E. coli* 세포가 아닌 *E. coli*의 DNA를 검출하는 것이다. 이러한 방법은 시간을 단축시킬 수 있을 뿐 아니라 아주 민감하다. 예를 들어, 이러한 방법을 이용하면, 100 ml 중에 존재하는 단 하나의 *E. coli* 세포도 검출할 수 있다. 게다가 병원균을 포함한 많은 다른 미생물들도 DNA 탐침자 분석을 통해 직접적으로 검출할 수 있으므로 지표 생물을 찾을 필요가 없다.

물 소비자를 위한 물 공급의 안전성 확보는 공중보건에서 최우선이다. 건강에 대한 위해에 대비하여 보다 신속하게 검출하기 위한 유익한 측정법들이 공중보건 종사자들에 의해 실행되고 있다. 그리고 예방적인 차원에서 질병의 전파를 막기 위한 수처리 방법들이 있다. 이제, 이러한 수처리 방법들이 어떻게 이루어지고 있는지 살펴본다.

수처리

물을 사용하기 전에 수처리가 필요치 않은 수원은 거의 드물다. 수처리를 통해 물로부터 잠재적으로 해로운 미생물을 제거하고, 투명도, 냄새, 맛 등을 개선한다.

상수 처리(정수 과정)에는 세 가지 기본 단계가 있다(**그림 16.13**): 침강(sedimentation), 여과(filtration), 그리고 염소 소독(chlorination). 이러한 단계들을 거쳐서 생산된 물은 멸균수가 아닌 병원균이 없는 깨끗하고 마실 수 있는 물이다.

A CLOSER LOOK 16.2

'기적의 나무'에 의한 물의 정화

선진국에서는 상수 처리에 황산알루미늄과 같은 화학분말을 응집제로서 사용한다. 많은 개발도상국은 이런 화학물을 구할 수 없거나 살 형편이 안 된다. 상수 처리에 사용할 대체 응집제는 없을까? 기적의 나무를 사용하면 된다. *Moringa oleifera*라는 학명으로 알려진 이 열대성 나무는 친환경적으로 물을 정화할 뿐만 아니라, 다용도로 사용되기 때문에 기적의 나무로 불린다.

이 나무는 건조한 지역에 서식하면서 커다란 콩깍지를 만든다(**그림 A**). 이 지역 사람들은 이 나무의 잎과 뿌리를 식용으로 이용하고, 목재는 건축용으로 사용한다. 그리고 이 나무의 일부는 전통 의약품으로 사용된다. 이 나무의 씨앗에서는 윤활유와 화장품 제조에 사용되는 고급 오일이 생산된다. 한편, 이 씨앗은 물을 정화하는 용도로도 사용된다. 이 나무가 자라는 아프리카나 인도에서는 이 씨앗을 갈아 만든 분말을 물에 첨가하여 고형입자를 침전시킴으로써 깨끗한 먹는물을 얻는다.

스위스의 École polytechnique fédérale de Lausanne라는 연구기관의 연구소장인 Ian Marison의 연구팀은 이 씨앗 분말을 연구해서 전하를 띠는 펩티드를 분리했다. 이 펩티드를 탁한 물에 넣었을 때, 2분 안에 깨끗하게 되었다. 더 흥미롭게도 이 펩티드는 살균성이 있어 심각하게 오염된 물을 살균할 수도 있다는 것을 발견하였다.

Marison에 의하면 이것은 심지어 항생제 내성을 가진 *Staphylococcus*, *Streptococcus*, 그리고 *Legionella*와 비세균성 수인성 병원 미생물에도 효과적으로 작용하는 것으로 나타났다. 실제로, Marison의 연구팀은 이 펩티드의 구조를 변형해서 항미생물 효과를 증가시킬 수 있다는 것을 발견하였다.

이 나무가 많이 서식하는 개발도상국가들에게 이것은 확실히 좋은 소식이다. 그러나 만약 상업적으로 생산이 이뤄진다면, 이 식물성 응집제는 선진국에서도 유용할 것이다. 왜냐하면, 전통적인 화학적 응집제는 종종 안전성과 환경 문제가 뒤따르기 때문이다. Masrison은 다음과 같이 말한다: 이 식물성 응집제는 천연소재이고, 생분해가 가능하며, 지속 가능한 자원이다.

Moringa 나무는 건조한 곳에서도 자랄 뿐만 아니라, 빨리 자리기 때문에 식물성 응집제는 비용이 거의 안 든다. 이 나무는 정말로 기적의 나무이다.

그림 A 콩까지가 열려 있는 모링가 나무(*Moringa oleifera*).

침강

정수 과정의 첫 단계는 **침강(sedimentation)**이다. 침강 과정은 큰 침강조(침전조)를 사용해서, 나뭇잎, 모래와 자갈 입자, 그리고 토양에서 유래한 다른 물질들을 제거한다. 그 후 황산 알루미늄(aluminum sulfate; alum)과 같은 화합물의 분말을 물에 투입한다. Alum은 물속의 작은 입자들을 응집해서 **플록(floc)**이라 불리는 젤리 같은 응집체를 형성한다. 이런 응집체들은 응집조에서 물에 가라 앉아 물속에 있는 미생물과 유기성 입자에 부착해서 이들을 제거한다. **A CLOSER LOOK 16.2**는 개발도상국가를 위한 신규 친환경 응집제에 대해 기술하고 있다.

여과

정수 과정에서 두 번째 단계는 **여과(filtration)**이다. 다양한 여과재가 있지만, 대부분의 여과는 모래나 자갈층을 통해 여과가 이루어지는 과정에서 미생물을 걸러낸다. 가는 모래 입자를 포함하는 1 m 깊이로 된 여과지는 여과 시간이 느리지만 소규모 운영에 효율적이다. 이런 형태의 느린 모래 여과는 하루에 에이커(acre)당 300만 갤런 이상의 물을 정화한다. 모래의 생물막 미생물(세균, 진균류, 그리고 원생생물)은 물 속의 오염물을 분해하는 부가적인 기능을 수행한다. 여과지를 세척하기 위해서는 상부 모래층을 제거하고 새 모래로 대치한다.

어떤 상수처리장은 막 여과 공정을 사용한다. 이 경우 막은 물에 잠긴 여러 개의 여과사(hollow fiber)를 사용하는데, 여과사는 속이 비어 있고 다공성이다. 물 분자는 미세 공들을 투과하지만, 더 큰 오염물은 투과하지 못하고서 걸러진다. 여과된 물은 다음 단계로 보내진다.

두 형태의 여과는 미세 입자와 미생물을 99% 이상 제거한다. 종종 입상 활성탄(granular activated carbon)을 천연 유기물(natural organic matter, NOM)을 제거하는 데 사용한다. 이 단계는 물의 안 좋은 맛과 냄새를 개선시킨다.

염소 소독

정수 공정의 최종 단계는 **염소 소독(chlorination)**이다. 염소 가스는 물의 모든 유기물과 반응하므로, 처리수를 염소 가스로 소독함으로써 여과 후에 잔존하는 미생물을 죽인다. 그러므로 잔류 염소가 나타날 때까지 염소를 지속적으로 주입해야 한다. 표준 잔류 염소를 포함하는 물에서 미생물은 30분 내에 사멸된다. 가정 및 공공 수영장에서는 잔류 염소 농도를 분변성 미생물을 확실하게 사멸시킬 수 있는 수준으로 유지한다.

어떤 지역에서는 물 속의 Mg, Ca, 그리고 다른 염을 제거해서 연화시킨다. 연수는 비누와 더 쉽게 혼합되므로 세척이 잘 된다. 물에 불소를 추가해서 치아가 상하는 것을 예방하기도 한다. 과학자들은 불소가 치아의 법랑질을 강화시키므로, 치아가 구강 내 혐기성 세균에 의해 생성된 산에 더 잘 견딘다고 여긴다.

어떤 경우에는, 물을 식수로 사용하기 위해서는 현장에서 시행하는 수처리가 필요할 때도 있다. 예를 들면, 정화되지 않은 하수가 상수도로 흘러 들어가 물을 오염시켰을 경우이다. 더구나 가뭄 동안에는, 저수지 바닥의 침전물이 뒤섞여서 바닥에 서식하는 미생물이 물에 유입되면 건강을 위협하게 된다. 이와 같은 상황에서는 보통 몇 분간 물을 끓인 후 마실 것을 권장한다. 이러한 가열 처리는 미생물 포자를 제외한 대부분의 미생물을 죽인다. 몇 가지 예외를 제외한 대부분의 포자는 건강에 위협을 주지 않는다. 이 물은 마시기에 안전하지만 완전히 멸균된 상태는 아니다.

자연 하천물을 소독하기 위해서, 여행자들에게는 시판되는 염소나 요오드 정제를 사용하도록 권장된다. 병원균을 제거하기 위해 사용할 수 있는 여러 여과 장치도 있다. 만약 이런 것들을 구할 수 없다면, 질병관리본부(Centers for Disease Control and Prevention, CDC)에서는 가정용 염소 표백제 1/2 티스푼을 물 2갤런에 섞어 30분간 반응시킨 후 사용할 것을 권장한다.

A Final Thought

UN의 기후 변화에 대한 정부간 패널(the UN Intergovernmental Panel on Climate Change, IPCC)은 보고서를 2018년 말에 발행했다. 이 보고서에서는 기온 상승을 산업화 이전 대비 1.5°C 이내까지로 제한해야 한다고 말한다. 만약 그렇게 하지 못하면, 12년 내에 가뭄, 홍수, 극심한 열, 그리고 수억 명의 사람들에서 빈곤과 같은 위기가 상승할 것이다. 이 장에서 기술했듯이, 미생물은 환경의 많은 과정에서 중요한 요소로 작용한다. 그렇다면 기후 변화에 있어 미생물이 어떤 긍정적인 또는 부정적인 효과를 환경에 나타낼 수 있을까?

해양 미생물은 지구 상에서 가장 큰 생태계에 서식한다. 그들은 해양에서 가장 풍부한 생물학적 요소이므로 지구의 생물지구화학적 순환에서 중요한 역할을 한다. 예를 들어, 식물성 플랑크톤은 해양의 먹이 망의 기반을 이루면서, 전 세계 산소의 50%를 생산한다. 이 우세한 미생물은 기후 변화로 인해 어떤 영향을 받을까? 이 해양 미생물의 변화는 먹이 망을 통해 여러 종류의 해양 생물에 심각한 영향을 미칠 수 있을 것이다.

이 해양 미생물의 변화는 지구의 기후에도 영향을 미칠 수 있을 것이다. 미생물은 구름을 형성하는 데 도움을 주는 대기 화합물을 생성한다. 기후 변화는 더 많은 구름을 만들까? 그러면 태양열이 구름에 의해 반사되므로 공기 온도가 식혀질 것이다.

기후 변화로 발생한 가뭄은 미생물 수준에서 토양을 변화시킬 수도 있다. 극심한 날씨 조건이 초목의 조성과 토양의 수분을 변화시킬 수 있고, 이는 차례로 토양의 미생물 군집에 영향을 줄 수 있다. 그러므로 기후 변화는 생물지구화학적 순환에 대해 광범위한 영향을 줄 수 있으므로 생태계에 커다란 영향을 줄 것이다.

기후 변화는 복잡하고 완전히 이해되지 않은 현상이므로 무엇이 발생할 것인가를 예측하기는 어렵다. 기후 변화가 미생물 군집을 어떻게 변화시키고, 미생물 군집이 환경을 어떻게 변화시키는지에 대한 더 많은 연구가 이루어져야 할 것이다. 제19장의 '인간의 세균성 질병'에서 기후 변화가 감염성 질병의 확산에 어떻게 영향을 주는가를 다루고 있다.

Chapter Discussion Questions

What Was He Thinking?

이 장을 읽으면서, 저자가 전달하려고 했던 미생물과 환경에 대한 5가지 주요 요점을 확인하고 토론하시오.

Questions to Consider

1. 영국 시인 John Donne은 사람은 섬처럼 고립되지 않았다라고 하였다. 이 말은 사람에게만 해당되는 것이 아니라 자연에 있는 모든 생물에 해당된다. 생물들 간의 상호작용에서 미생물이 하는 역할은 무엇인가?
2. 시안세균의 광합성을 통해 산소의 약 50%가 매일 생산된다. 만약 시안세균이 갑자기 사라진다면 무슨 일이 생길까?
3. 1970년대에, 유명한 한 범퍼 스티커에 '당신은 오늘 녹색 식물에게 감사했습니까?'라는 문구가 있었다. 식물에서 일어나는 광합성을 언급한 것이었다. 만약 '당신은 오늘 미생물에게 감사했습니까?'라는 범퍼 스티커를 보았다고 가정해 보자. 이것을 붙인 사람은 어떤 생각으로 붙였을 것이라고 생각하는가?
4. 하수처리는 생물학적 복원의 한 예임을 설명하시오.
5. 신문의 칼럼니스트인 Erma Bombeck은 '정화조 위의 풀은 항상 더 푸르다'(*The Grass Is Always Greener Over the Septic Tank*)'라는 제목의 유머러스한 책을 썼다. 실제로, 풀은 종종 정화조에서 더 푸르다. 왜 그러한가? 겨울철 많은 눈이 내린 후 집의 정화조를 어떻게 쉽게 찾을 수 있는가?
6. 생물학적 복원는 미래의 수많은 환경 문제를 해결할 열쇠를 쥐고 있다. 당신이 사는 지역이나 도시에서 생물학적 복원이 사용되고 있는 예를 아는가?
7. 1900년대 초 뉴욕시에 하수관이 건설되었을 때 엔지니어들은 길에서 흘러오는 물을

운반하는 우수와 가정의 하수를 운반하는 하수관을 연결하기로 했다. 그 결과로 하나의 대형 하수관계가 생기게 되었다. 되돌아보건데 이것은 좋은 생각인가? 왜 그렇게 생각하는가?

8. 한 생물학 교과서의 저자가 쓰기를 “미생물은 식물과 동물만큼 쉽게 관찰되지 않기 때문에 우리는 그들에 대해 잊어버리거나 안 좋은 것들만 생각하고 그 외의 것은 간과한다. 간과된 많은 것들은 우리의 지속적인 삶에 필수적이다.” 탄소, 질소, 그리고 인 순환들이 이 관점을 어떻게 뒷받침하는가?
9. 이 장 서문에서 R. Buckminster Fuller가 우주선 지구에 대해 언급하였다. 미생물에 대해 배우고 나서 Fuller가 언급한 말이 얼마나 통찰력이 있는지를 예를 말하하는가?

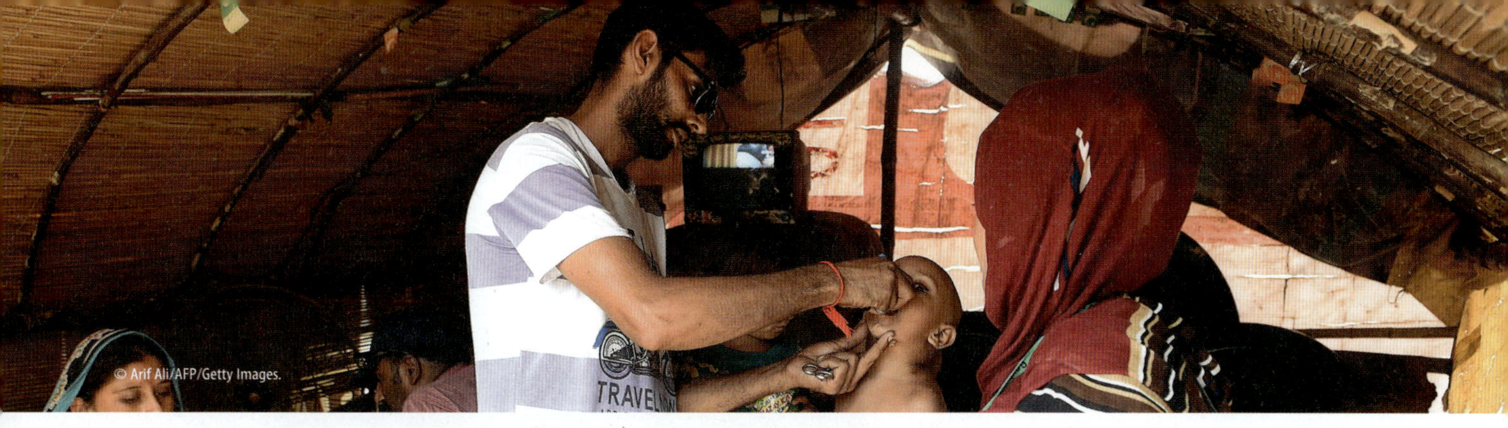

Chapter 17

질병과 저항성: 내부 전쟁들

아테네의 역병

펠로폰네스 전쟁(기원전 431~404)은 아테네(와 그 제국)와 스파르타(와 그 연합국) 사이에 패권을 놓고 일어난 전쟁이다. 스파르타는 거의 무적의 큰 군대를 소집했다. 기원전 430년, 거대한 스파르타의 위협을 피해 아테네인들은 아테네 성벽 뒤로 퇴각해야만 했다. 퇴각은 시골에서 온 수많은 사람들이 도시에 피난처를 마련한다는 것을 의미했다. 인구밀도와 불량한 위생으로 인해 아테네는 질병의 온상이 되었다. 그 결과는 오늘날 '아테네의 역병'이라 불리는 무시무시한 유행병이었다(**그림 17.1**).

동시대 그리스 역사가인 Thucydides(투키디데스)는 자신의 저서인 '펠로폰네스 전쟁사'에서 다가오는 재앙에 대해 생생한 증언을 하였다.

> 죽어가는 사람들로 층층이 쌓였으며, 반사 상태의 사람들이 거리에 나다녔다. 그 재앙은 너무나도 압도적이어서 사람들은 종교나 법의 어떤 규칙도 신경 쓰지 않았다.

오늘날, 우리는 이 역병이 무엇이었는지 여전히 잘 모른다. 몇몇 세균과 바이러스 질환이 제안되기도 했다.

역병이 번짐에 따라, Thucydides는 질병에 대한 저항성과 관련하여 아주 놀라운 관찰을 하게 되었다. 그는 다음과 같이 썼다:

> 그럼에도 병들고 죽어가는 사람들이 가장 많은 동정심을 발견한 곳은 병으로부터 회복한 사람들이었다. 이들은 그것이 경험으로부터임을 알았고, 이제 그들 스스로 공포심을 갖지 않았다. 왜냐하면, 동일한 사람은 결코 같은 병에 두 번 걸리지 않았고, 아주 작은 치명적인 일도 생기지 않았기 때문이다.

CHAPTER 17 OPENER 백신은, 2018년 파키스탄에서 소아마비에 대한 이 경구용 백신이 주입되는 것처럼, 감염에 저항성을 제공한다. 오늘날, 전 세계적인 백신 접종 노력을 통해, 소아마비는 박멸에 근접해 있다.

그림 17.1 아테네의 역병. 기원전 430년, 재난적 역병이 그리스 아테네를 강타해 10만 명의 목숨을 앗아갔다.

다른 말로 하면, 개인들이 질병으로부터 살아남으면, Thucydides도 그랬듯이, 그 사람들은 결코 다시 병에 걸리지 않을 것이었다. 그들은 면역이 생긴 것이다.

역사가들은 전염병이 끝날 때쯤, 아테네 성벽 안에 피신했던 사람들 중 75,000~100,000명이 전염병으로 죽은 것으로 믿는다. 아테네의 불타는 장례식 장작더미 광경을 목격한 스파르타 군대는 전염병에 대한 두려움으로 일시적으로 퇴각하였다. 그러나 그들은 다시 돌아올 것이었다.

이번 장에서 우리는 감염성 질병 과정과 병의 확립에 기여하는 요소들에 대해 살펴볼 것이다. 또한, 면역 방어들을 조망하는데, 몸은 이 면역 방어들을 통해 감염성 질병에 대한 저항성을 키운다. 우리는 백신 유형들과 함께 개인과 집단을 감염성 질환으로부터 보호하는 데 도움을 주는 백신접종 과정의 중요성을 살펴봄으로써 이번 장을 마칠 것이다.

LOOKING AHEAD

이 장을 마치면, 여러분은 다음의 내용들을 할 수 있게 될 것이다.

17.1 질병 전파의 직접, 그리고 간접 방법들을 기술할 수 있다.
17.2 외독소와 내독소를 구분할 수 있다.
17.3 인체의 물리적 방어들과 내재면역 반응을 토의할 수 있다.
17.4 세포 매개 면역과 항체 매개 면역의 역할들을 대조할 수 있다.
17.5 전체 백신과 유전공학 백신의 분자적 구성을 비교할 수 있다.

17.1 감염성 질병의 개념: 개인과 집단

1960년대 후반과 1970년대 초반, 많은 사람들은 감염성 질병들이 정복되었다고 믿었다. 항생제와 백신의 사용은 감염성 질병의 위협을 별것 아닌 것으로 만들 것이라고 생각되었다. 그러나 항생제 저항성과 새로 출현하는 바이러스 질병들은 그런 낙관주의를 좌절시켰다. 2018년에는 전 세계적으로 약 5,700만 명이 사망하였다. 이들 중, 25%(1,500만 명)이상이 감염성 질병들로 사망하였는데, 이는 심혈관계 질환에 뒤이어 사망률 2위를 차지한다(**그림 17.2**). 전 세계적으로, 감염성 질병들은 5세 이하 아이들에게서 사망률 수위를 차지한다.

개인에서의 감염과 질병

감염(inferction)은 병원체가 **숙주(host)** 안에 침입, 정착, 그리고 증식하는 것을 의미한다. 저항성이 강한 숙주는 건강한 상태로 남으며, 병원체는 숙주로부터 쫓겨나거나 숙주와 임시 관계를 형성한다. 그에 반해, 감염이 조직 또는 기관의 손상이나 기능 장애로 이어질 경우에는 질병이 발생한다. 그러므로 **질병(disease)**이라는 용어는 건강한 일반적인 상태로부터의 어떤 변화를 지칭한다. 중요하게, 질병과 감염은 동의어가 아니다: 사람이 병을 앓지 않아도 감염될 수 있다.

숙주(host): 미생물이나 바이러스가 살고, 먹고, 증식(reproduce/replicate)할 수 있는 세포나 개체.

질병이 약할지 혹은 심할지의 여부는 병원체가 감염이 가능한(susceptible) 숙주에 해를 가할 수 있는 능력에 달려 있다. 장티푸스 간균처럼 항상 질병을 일으키는 개체는 높은 수준의 **병독성(virulence)**을 보인다고 말한다. 이에 비해 효모인 *Candida albicans*처럼 때때로 질병을 일으키는 병원체는 중등도의 독성을 가지고 있다. **비독성(avirulent)**으로 기술되는 특정 개체들은 질병 인자들로 간주되지 않는다. 일반적으로 요구르트에서 발견되

병독성(virulence): 신체의 면역 방어를 극복하는 병원균의 상대적인 능력.

Candida albicans:
KAN-did-ah AL-bih-kanz

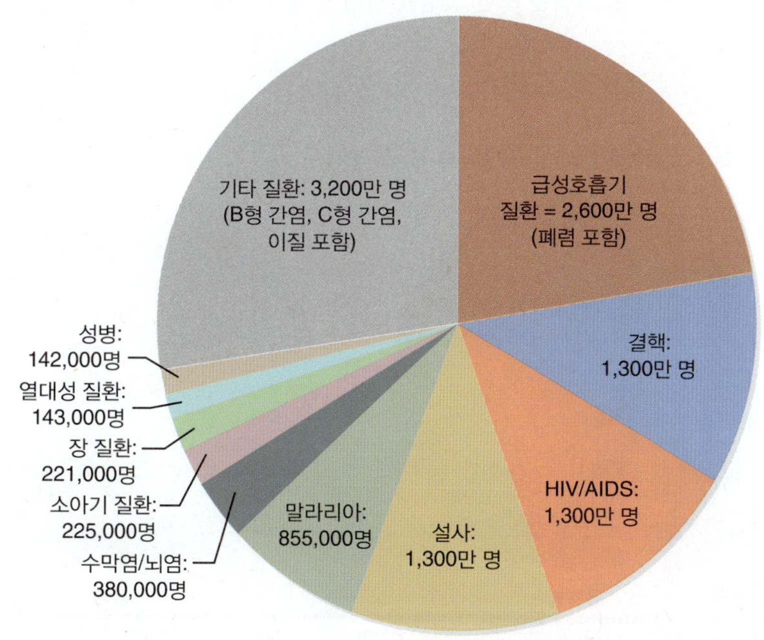

그림 17.2 전 세계 감염병 사망자 수. 이 원형도표는 감염성 질병들의 주요 원인들과 세계보건기구에 의해 보고된 전 세계 사망자 수를 보여준다. 열대성 질병들: 아프리카 수면병, 샤가스병, 주혈흡충증, 리슈만편모충증, 사상충증, 회선사상충증. 소아기 질환: 디프테리아, 홍역, 백일해, 소아마비, 파상풍.

는 유산균(lactobacilli)과 연쇄상구균(streptococci)이 예이다.

집단들에서의 감염과 질병

질병 역학(epidemiology)은 전체 인구에서 질병과 그 확산에 대한 연구를 포함한다. 이 경우 감염성 질병들은 인구집단에서 그들이 발생하는 수준에 따라 기술된다(**그림 17.3**). **풍토병**(**endemic** disease)은, 예를 들어 특정 지역에서 낮은 수준으로 지속된다. 이에 비해 **유행병(epidemic)**은 인구 내 폭발적인 비율로 발생한다. 이것은 **돌발(outbreak)**과 구별되어야 하는데, 돌발은 보다 제한된 전염병이다. 2018~2019년 미국의 비정상적으로 높은 홍역 사례 수는 돌발로 분류되었다. 그것이 전국에 걸쳐 널리 퍼진다면 유행병이라 불릴 것이다. **범유행병(pandemic)**은 전 세계적으로 발생한다. 뉴스 가치가 있는 두 가지 예는 현재의 AIDS 전염병과 2009년 신종플루 대유행이다.

감염성 질병들의 전파

질병의 미생물 인자들은 다양한 방식으로 전염될 수 있다. 한 가지 방법은 접촉 전파에 의한 것인데, 직접 또는 간접적일 수 있다(**그림 17.4**).

직접 접촉 전파

병원체의 사람 대 사람 전염은 직접 접촉의 한 예이다. 여기에서, 감염되었거나 병을 갖고 있는 사람과 한 명 혹은 그 이상의 감수성 개체들(susceptible individuals) 사이에 물리적 접촉이 일어난다. 감염된 사람과의 악수나 키스 등의 활동은 감염원이 전파될 수 있는 예들이다. 감염된 동물로부터의 물기 또는 긁힘 또한 직접 접촉 전파를 포함한다. 성관계는 성병의 또 다른 직접 접촉 메커니즘이다.

간접 접촉 전파

질병 전파의 간접적인 방법 중에는 오염된 음식이나 물의 섭취가 있다. 식품이 가공이나 손질 중에 오염될 수 있다. 그들은 또한 질병에 걸린 동물과의 접촉을 통해 오염될 수 있다.

그림 17.3 감염성 질병들의 유형들. 감염성 질병들은 풍토병, 유행병 또는 범유행병으로 분류할 수 있다. 점선 화살표는 질병의 확산을 가리킨다.

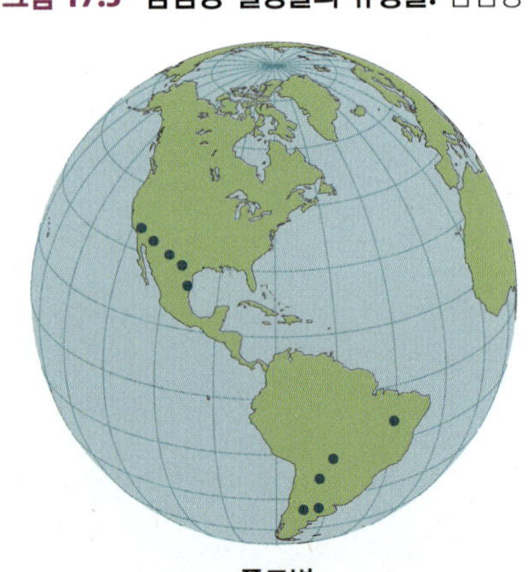

풍토병
계곡열

유행병
지카바이러스감염증

범유행병
2009 인플루엔자

그림 17.4 접촉을 통한 질병 전파 방법들. 감염성 질병은 직접적인 방법과 간접적인 방법으로 전염될 수 있다.

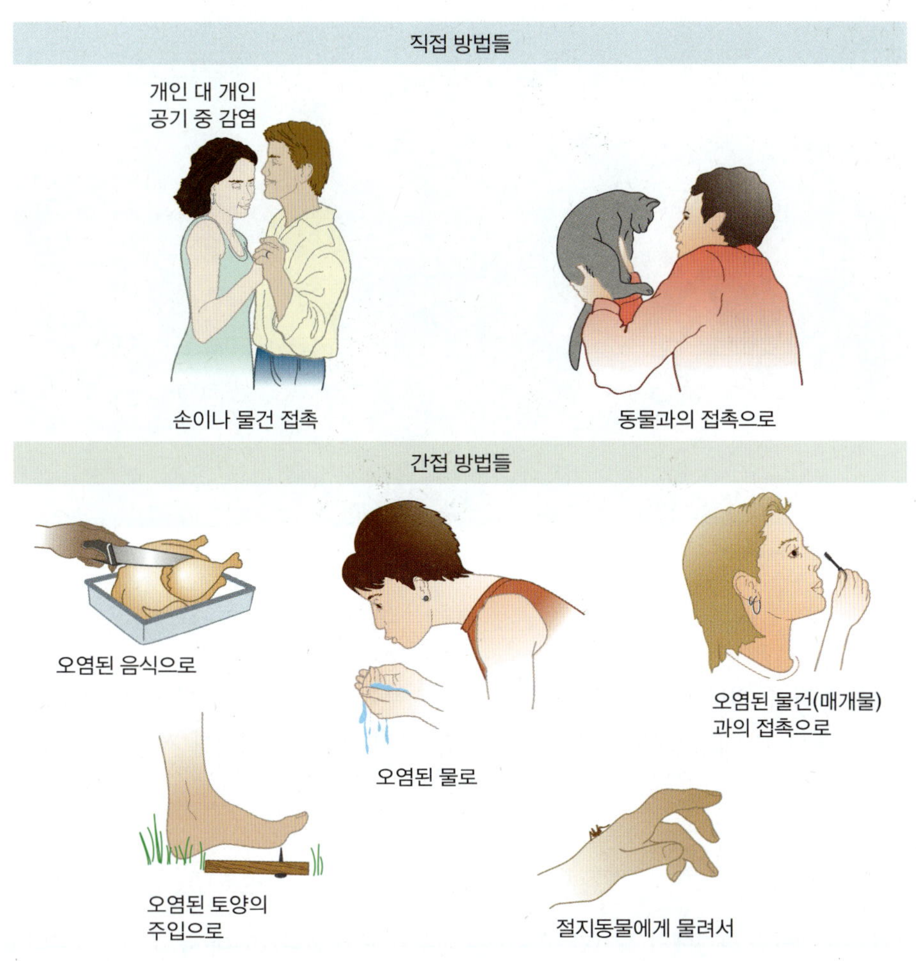

간접적인 접촉은 또한 **매개물(fomites)**이라 불리는 무생명체를 만짐으로써 일어날 수 있다. 예를 들어, 문 손잡이나 음료수 잔이 다른 사람에게 전염되는 독감이나 감기 바이러스에 오염되었을 수 있다. 이것은 손 씻기의 중요성을 보여준다. 또한 오염된 주사기와 바늘은 B형 간염과 후천성면엽결핍증(AIDS)을 유발하는 바이러스를 옮길 수 있다.

절지동물(예, 곤충)은 감염의 또 다른 간접적인 방법을 담당한다. 어떤 경우들에는 절지동물의 다리 및 기타 신체 부위들이 병원체와 접촉하여 기계적으로 병원체를 운반하기 때문에 질병의 **기계적 벡터(mechanical vector)**가 된다. 집파리가 기계적 벡터의 예이다. 다른 경우에는 절지동물 자체가 감염되어 **생물학적 벡터(biological vector)**가 된다. 예를 들어, 말라리아 원생생물과 웨스트 나일 바이러스는 모기를 감염시킨다. 감염된 모기는 다음 번에 무는 사람에게 병원체를 주입할 수 있다(혈액 식사).

공기 중 전파

감염된 사람의 말, 재채기 또는 기침 등의 단순한 행동은 코나 목구멍에서 나오는 감염성 공기 중 **호흡기 비말들(respiratory droplets)**을 생성시킬 수 있다(**그림 17.5**). 아픈 사람으로부터의 더 큰 호흡기 비말들은 가까이에 있는 취약한 사람의 눈, 입 및 상기도로 병

호흡기 비말들(respiratory droplets): 재채기 또는 기침을 통해 코나 목구멍으로부터 배출되는 작은 수분 방울.

그림 17.5 공기 중 질병 전파. 재채기나 기침은 병원체의 공기 중 전파의 한 방법이다.

원체를 옮길 수 있다. 보다 작은 공기 중 입자는 무기한으로 공중에 떠 있을 수 있으며, 그 기간 동안 감염된 개인의 재채기 또는 기침 후 기류에 의해 상당한 거리까지 퍼질 수 있다.

병원체 소스

병원체는 개방된 환경에서 장기간 생존하는 경우가 거의 없다. 그 대신, 그들은 생존하고 번식할 수 있으며, 적절한 호스트로 전파될 수 있는 적절한 장소가 있어야 한다. 이 적절한 장소는 **병원소(reservoir)**라 불린다.

일부 전염병에는 인간 병원소가 있다. 예를 들어, 홍역, 유행성 이하선염, 많은 호흡기 병원체 및 성병들은 사람에서 사람으로만 전염된다. 일부 감염된 개인들은 질병의 영향을 보이지 않을 수 있으며, **보균자(carriers)**라고 지칭한다. 그들은 다른 감수성 있는 개인들에게 병원체를 전파할 수 있다. 만성 보균자는 초기 감염 후 몇 달, 아마도 몇 년 동안 병원체를 은닉하면서 전염시킬 수 있는 사람이다. **A CLOSER LOOK 17.1**에서 이야기를 들려주는 장티푸스 메리(Typhoid Mary)는 역사상 가장 유명한 만성 보균자 중 한 명이다.

동물도 감염의 병원소가 될 수 있다. 광견병에 걸린 집 개는 물기(bite)를 통해 광견병 바이러스를 인간에게 전염시킨다. 동물에서 인간에게 전염되는 이러한 질병은 **인수공통감염증(zoonosis**, pl. **zoonoses)**라고 불린다. 광견병 외에도 흑사병(페스트), 웨스트 나일병, 말라리아 또한 인수공통감염병이다. 이런 예들 중에서 흑사병균의 병원소는 쥐(rats)이고, 웨스트 나일 바이러스와 말라리아 기생충의 병원소는 모기이다.

토양과 물은 일부 감염원의 병원소가 될 수 있다. 예를 들어, 계곡열을 일으키는 곰팡이 병원체는 토양에서 생존하고 증식한다. 콜레라 박테리아의 병원소는 종종 강어귀의 정상적인 미생물 개체군의 일부가 될 수 있다.

그림 17.6은 전염병을 일으키는 세 가지 요인을 형성하는 3요소(호스트, 전송 및 소스)를 보여준다.

A CLOSER LOOK 17.1

장티푸스 메리(Typhoid Mary)

1906년까지 장티푸스는 미국에서 매년 약 25,000명의 목숨을 앗아갔다. 그 해 여름에 뉴욕 롱 아일랜드의 오이스터 베이(Oyster Bay) 마을에서 수수께끼의 돌발감염이 발생했다; 한 소녀가 죽고, 5명이 장티푸스에 걸렸다. 그 원인을 찾고자 하는 열망으로, 공중 보건 당국은 George Soper를 고용했는데, 그는 뉴욕시 보건부 출신의 저명한 위생 엔지니어이었다. Soper의 의심은 겉보기에는 건강해 보이는 가족 요리사 Mary Mallon에게 집중되었다. 그녀는 질병이 표면화된 지 3주 후 사라졌다. Soper는 장티푸스 같은 감염은 병원균을 품고 있는 사람들에 의해 퍼질 수 있다는 Robert Koch의 이론에 익숙했다. 그는 장티푸스 메리로 알려지게 될 여성을 조용히 찾기 시작했다.

Soper의 조사는 10년 이상 걸렸는데, 그 기간 동안 Mary는 여러 가정들을 위해 요리했다. 그 가정들에서 28건의 장티푸스가 발생했고, Mary는 매번 돌발 직후에 떠났다. Soper는 일련의 리드를 통해 Mary를 추적했다.

Soper는 일련의 국내 에이전시들의 도움을 받아 1907년 3월 마침내 그녀와 대면하게 되었다. 그녀는 가명을 쓰고 있었고, 장티푸스에 걸린 다른 가족을 위해 일하고 있었다. Soper는 그녀가 보균자라는 자신의 이론을 설명하고서, 그녀에게 장티푸스균(typhoid bacilli) 검사를 요청했다. 그녀가 협조를 거부하자, 경찰은 그녀를 브롱크스 해안의 이스트 강의 섬에 있는 도시 병원에 강제로 데려갔다. 검사 결과, 그녀의 대변에는 장티푸스 균이 가득 차 있었다. 목숨이 위험에 처한 것을 두려워하여, Mary는 담낭 제거술을 단호하게 거부했다[원인균인 살모넬라 타이피(*Salmonella typhi*)는 종종 담낭에서 서식한다]. 그녀가 감옥에 갇혔다는 소식이 퍼지면서 Marry는 유명 인사가 되었다. 곧 대중의 정서는 보균자의 격리를 개탄하는 보건부 정책으로 이어졌다. 그녀는 1910년에 석방되었다.

그러나 Mary의 무용담은 끝나지 않았다. 1915년, 그녀는 뉴욕시 슬론 병원에 다시 나타나 다른 새로운 이름으로 요리사로 일했다. 8명이 장티푸스열로 사망했는데, 그들 대부분이 의사와 간호사들이었다. Mary는 다시 섬으로 이송되었고, 이번에는 수갑이 채워졌다. 여전히 그녀는 담낭 제거를 거부하고 직업을 바꾸지 않겠다고 맹세했다. 의사들은 무엇을 할지 결정내리는 동안 그녀를 병실에 격리시켰다(**그림 A** 참조). 몇 주가 흘렀다.

마침내 Mary는 덜 완고해졌고, 섬의 별장에서 영구 거주하게 되었다. 그녀는 점차 그녀의 운명을 받아들였고 일상적인 병원 일을 돕기 시작했다. 그러나 그녀는 혼자 식사를 해야 했고, 방문자가 거의 허용되지 않았다. Mary Mallon은 1938년 뇌졸중의 영향으로 70세에 사망했다. 그녀는 지역 묘지에 예식 없이 묻혔다.

그림 A 병원 침대에 누워 있는 장티푸스 메리.

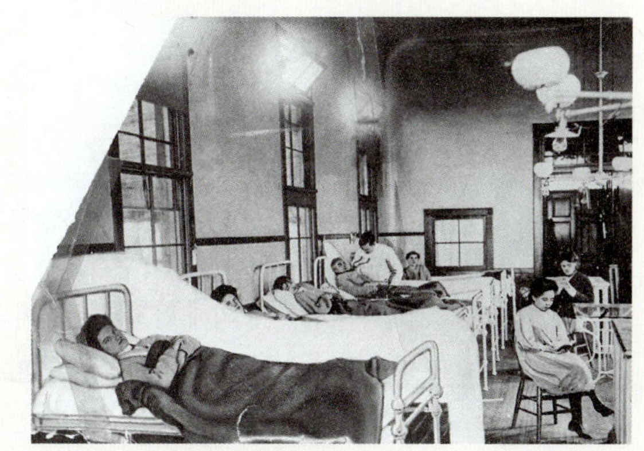

그림 17.6 감염성 질병 요소들. 감수성 숙주가 있다고 가정하면, 감염은 병원체의 근원과 감염 경로 모두를 필요로 한다.

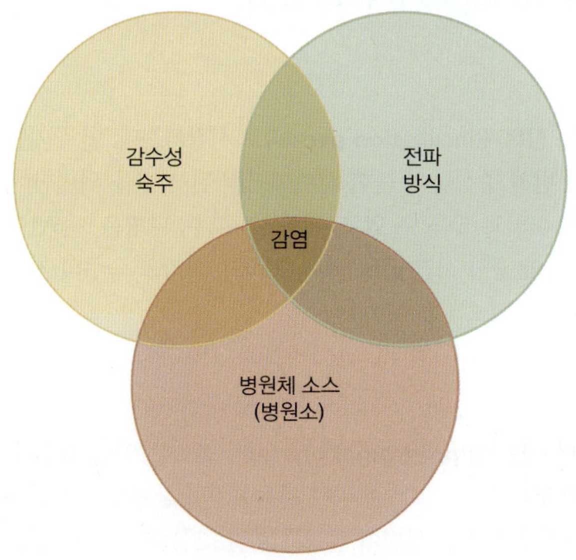

그림 17.7 감염성 질병의 경과. 대부분의 감염성 질병들은 5단계 과정을 거친다. 각 단계의 길이(가로 축의 "시간")는 특정 병원체와 숙주 반응에 따라 달라진다.

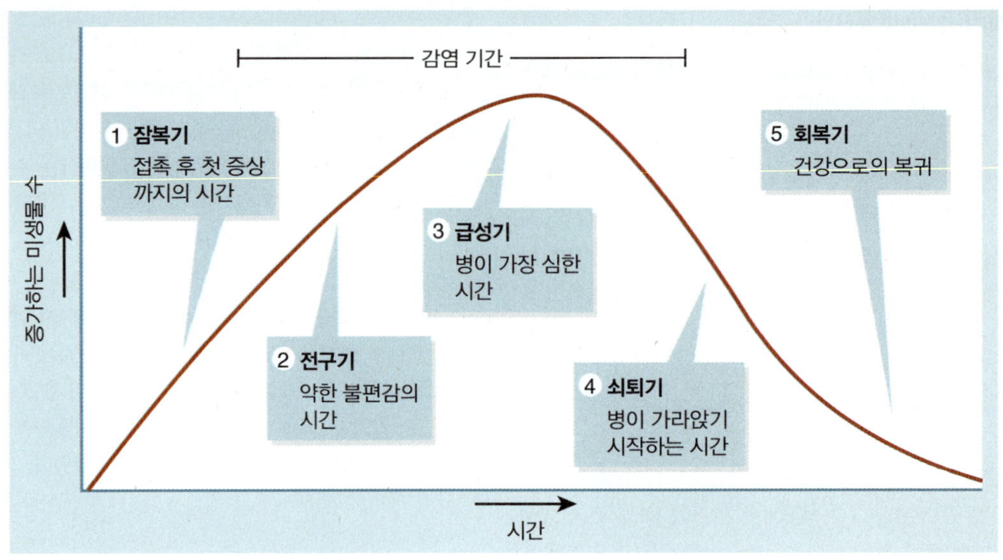

질병의 경과

대다수의 경우에, 숙주로 병원체가 들어간 후 질환의 진행에 있어서는 눈에 띄는 패턴이 있다. 이런 주기들은 종종 **징후들(signs)**로 판별되는데, 징후는 관찰자(예를 들면, 의사)에 의해 탐지되는 질환의 증거를 말한다. 미열이나 혈액 내 세균이 그 예가 될 수 있다. 질환은 또한 **증상들(symptoms)**로 알 수 있는데, 이는 환자가 느끼는 신체 기능의 변화들을 의미한다. 인후통이나 두통이 그 예들이다.

질병들은 종종 **증후군(syndrome)**이라 불리는 징후와 증상의 특이한 컬렉션으로 특징지어질 수 있다. HIV에 의해 야기되는 증후군인 AIDS가 한 예인데, 시간이 지남에 따라 기회주의 감염의 전형적인 징후와 증상이 나타난다. 그래서 의사의 **진단(diagnosis)**은 종종 환자의 징후와 증상에 기초하게 된다.

진단(diagnosis): 개인을 검사하여 질병 또는 문제를 확인하는 과정.

질병의 진전은 5단계로 구분된다(**그림 17.7**).

잠복기

질환의 에피소드는 **잠복기(incubation period)**로 시작되는데, 이 주기는 병원체가 숙주로 들어온 시점과 첫 번째 증상들의 출현 사이에 경과된 시간을 의미한다. 예를 들어, 독감(flu)의 잠복기는 2~4일로 짧을 수 있고, 홍역은 1~2주, 나병은 3~6년이 될 수 있다. 병원체들의 숫자와 그들의 생식 시간(generation time), 그리고 숙주의 저항성 정도가 잠복기의 길이를 결정한다.

전구기

질병의 다음 단계는 **전구기(prodromal phase)**라 불리는 약한 징후와 증상의 시기이다. 많은 질환들에 있어서 이 주기는 두통이나 근육통처럼 불명확하고 일반적인 증상으로 특징지워진다. 이 시기에, 환자는 무엇이 증상들을 일으키는지 확실히 알지 못한다.

급성기

급성기(acute period) 또는 **절정(climax)**이라고 불리는 질병의 세 번째 단계에서는 징후와 증상이 가장 큰 강도를 지닌다. 독감의 경우, 환자들은 고열, 오한, 두통, 기침, 몸과 관절통, 식욕부진을 겪는다. 이 징후와 증상의 컬렉션은 종종 독감 유사 증후군(flu-like syndrome)이라 불린다.

쇠퇴와 회복기

면역체계가 결국 우위를 점한다면, 질병의 징후와 증상이 **쇠퇴기(decline period)**에 가라앉기 시작한다. 독감의 경우, 몸이 과도한 양의 열을 방출함에 따라 발한이 흔하게 나타난다.

이 모든 일련의 과정은 몸이 **회복기(convalescence period)**를 거치면서 결말에 이르게 된다. 이 시기 동안, 몸의 체계가 정상으로 돌아온다.

17.2 질병의 확립: 어려움들 극복하기

질병의 확립은 병원체와 숙주 사이의 복잡한 일련의 상호작용이다. 상호작용의 진행은 다음에 설명된다.

병원체 진입과 침투

병원체가 숙주의 방어 능력을 극복하고서 병을 유발하고자 한다면 반드시 비범한 능력들을 소유해야만 한다. 병원체가 이러한 능력들을 보여주기에 앞서 우선적으로 집단을 이룰 수 있을 만큼의 충분한 수가 숙주 안으로 침입해야 한다. 그 다음, 조직으로 침투하여 그곳에서 자랄 수 있어야 한다. 질병으로 이어지는 단순화된 시나리오를 살펴보도록 하자(**그림 17.8**).

진입구

병원체가 숙주로 들어가는 장소는 **진입구(portal of entry)**라 불린다. 몇 가지 잠재적인

그림 17.8 질병에 대한 사건들의 흐름. 감염과 질병을 시작하려면 진입구와 감염 용량이 필요하다.

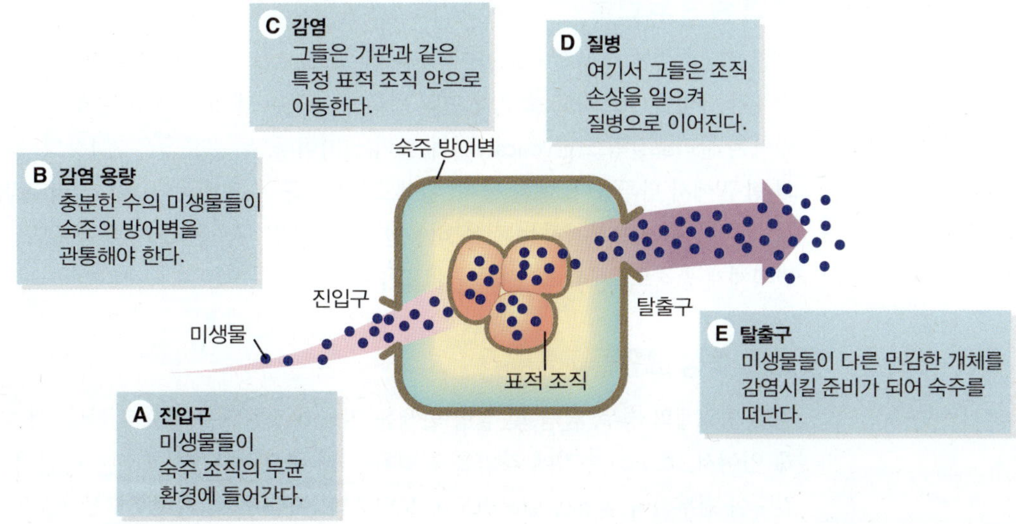

진입 경로가 있다.

- **호흡구(Respiratory Portal).** 흡입은 공기 중 병원체를 호흡기계로 가져온다.
- **위장구(Gastrointestinal Portal).** 섭취는 병원체에 오염된 음식 또는 배설물을 포함하는 물을 소화기계로 가져온다. 이를 종종 **분변-구강 경로(fecal-oral route)**라고 한다.
- **성-전염구.** 혈액, 정액, 질 및 기타 체액은 성적 접촉을 통해 병원체를 전염시킨다.
- **비-구강구.** 베인 상처를 통한 피부 관통, 동물/곤충에게 물림, 상처나 주사는 매개체나 곤충으로부터 병원균을 전파한다.

Staphylococcus aureus: staff-ihloh-KOK-us OH-ree-us

한 개인이 분변-구강 경로를 통해 황색포도상구균(*Staphylococcus aureus*)에 오염된 식품을 섭취했다고 가정해 보자.

감염량

적절한 출입구에 도달한 후, 병원체가 감염을 확립하는 능력은 전파되는 미생물 세포나 바이러스의 개수에 의존하는데, 이를 **감염량(infectious dose)**이라 한다(그림 17.8 참조). 예를 들면, 수천 마리의 장티푸스 간균의 섭취는 감수성 있는 사람에게서 아마도 장티푸스 병으로 이어질 것이다. 이에 반해, 한 개인에게서 병이 확립되려면 수백만의 콜레라균들이 섭취되어야만 한다. 이런 차이를 설명할 수 있는 한 가지는 장티푸스 간균의 위장에서의 산성 환경에 대한 높은 저항성이다. 대부분의 포도상구균은 이러한 조건에서 사멸한다. 또한 A형 간염 바이러스를 함유한 물에서 잡힌 생선은 먹어도 안전할 수 있지만, 같은 물에서 잡은 조개류를 날것으로 먹는 것은 위험할 수 있다. 조개류들은 영양분을 얻기 위해 물을 여과하는데, 이러한 과정에서 그들의 조직 속에 물 속의 A형 간염 바이러스를 감염량 농도까지 농축하게 된다.

병원체 감염과 질병

특정 병원체들은 그들의 감염 및 질병 유발 능력을 향상시키는 다양한 구조와 분자들을 가지고 있다. 이러한 소위 **독성 요인들(virulence factors)**은 비병원성 미생물에는 없는 유전자들에 의해 암호화된다.

표면 독성 요인들

병원체가 숙주에 성공적으로 들어간 후에는 스스로를 확립하고 유지해야 한다. 세균성 병원체가 감염을 일으키고 숙주의 면역 방어를 피하는 데 도움이 되는 두 가지 구조적 독성 인자는 글리코칼릭스(glycocalyx)와 필리(pili)이다. 두 구조들은 제4장의 '원핵생물 세계의 탐구'에서 다루었다. 예를 들어, 황색포도상구균 세포에는 다당류 글리코칼릭스가 있어서 소화관 표면에 부착하는 것을 허용한다. 이 표면 구조는 또한 황색포도상구균 세포를 면역체계 공격으로부터 보호하는 데 도움이 된다.

효소 독성 요인들

일부 병원체의 경우, 감염 및 질병 발생을 위해서 접착만을 필요로 한다. 다른 병원균들에게 있어서, 효소는 초기에 감염을 확립하는 데 중요하다. 이 효소는 병원체가 신체 조직 깊숙이 침투하여 질병을 일으키도록 도와준다. 예를 들어, 황색포도상구균은 효소를 분비하여 조직에서 숙주 세포들을 함께 묶는 다당류를 분해시킨다. 이 활동은 세포 사이에 틈을 형성해서 신체의 다른 부분으로 침투하고 퍼질 수 있게 한다. 많은 효소들 또한 다른 병원체의 확산을 돕는다. 이러한 효소들의 한 가지 주요 결과는 영향을 받은 조직이 손상돼서 질병으로 이어지는 것이다.

독소 독성 요인들

독소(toxins)는 질병의 확립과 과정에 영향을 주는 미생물 독이다. 이 독성 요인에는 두 가지 유형이있다.

- **외독소.** 이 독소들은 일부 세균 병원체에 의해 생성되어 방출된다. 그들은 국소적으로 작용하거나 신체의 해당 부위로 확산되는 단백질 분자들이다. 황색포도상구균은 여러 외독소들을 생산한다. 일부는 소화관에 영향을 주고, 다른 것들은 피부나 혈액 세포에 영향을 미친다.
- **내독소.** 이 독소들은 그람 음성 세균 세포벽의 일부이다. 그들은 세포의 분해 시에 방출된다. 내독소는 체온 상승, 상당한 신체 허약과 아픔, 전신 **권태(malaise)**를 포함하는 특정 징후와 증상들로 그들의 존재를 나타난다. 순환계 손상과 **쇼크(shock)** 또한 일어날 수 있다.

권태(malaise): 전체적인 불편함, 질병 또는 웰빙의 결핍 느낌.

쇼크(shock): 혈류가 뇌로 너무 적게 가서 생기는 약한 맥박, 냉증, 발한, 그리고 불규칙한 호흡으로 특징지어지는 생리학적 붕괴 상태.

병원체 탈출

병원체가 감염을 퍼뜨리기 위해서는 적절한 **탈출구(portal of exit)**를 통해 숙주를 빠져나와야 한다 (그림 17.8 참조). 황색포도상구균에 의한 식중독의 경우, 탈출구는 설사의 결과인 분변을 통해서일 것이다. 다른 병원체의 기타 공통적인 탈출 메커니즘은 기침과 재채기로, 이를 통해서 코 분비물, 타액 및 가래를 호흡기 비말로 쉽게 퍼뜨린다. 탈출은 또한 수혈이나 곤충의 혈액 식사를 통해 이뤄질 수도 있다.

인간 병원체들은 침략자에게 숙주보다 경쟁 우위를 제공하는 구조적 및 화학적 무기들을 보유하고 있다. 숙주가 감염 질환의 증상 발현에서 살아남으려면 신체의 면역체계가 가동되어야 한다. 면역계가 어떻게 반응하는지에 대해서는 이 장의 다음 두 절에서 살펴볼 것이다.

17.3 감염에 대한 비특이적 저항: 자연 면역

면역(immunity)은 신체가 감염에 저항하는 능력을 말한다. 인체가 지속적으로 노출되는 잠재적인 미생물 병원체의 급류로부터 자신을 보호해 주는 3겹의 "면역 우산"에 의해 보호되는 것으로 생각해 보라(**그림 17.9**).우산이 온전히 남아 있으면 몸은 안전하다. 그러나 "구멍 또는 찢어짐"이 발생하면 신체가 더 높은 감염 위험이 있게 된다. 첫 번째 층에 균열이 생기면 두 번째 저항층을 만나게 된다. 이 타고난 면역은 침입한 병원체를 죽이려고 시도한다. 선천 면역세포들도 화학적 신호를 적응 면역이라고 불리는 제3의 저항층으로 보낸다. 병원체가 내재 방어를 뚫더라도, 이 세 번째 층은 특정 침입 병원체에 대해 방어하는 능력을 이미 획득한 상태이다.

면역 우산의 각 수준을 살펴보자. 과정을 단순화하기 위해서, 우리는 병원체를 세균이나 바이러스라고 가정할 것이다.

그림 17.9 숙주 저항과 질병 사이의 관계. 호스트 저항은 병원체 또는 독소 침입에 대한 장벽 또는 방어를 형성하는 3층 "미생물 우산"에 비유될 수 있다.

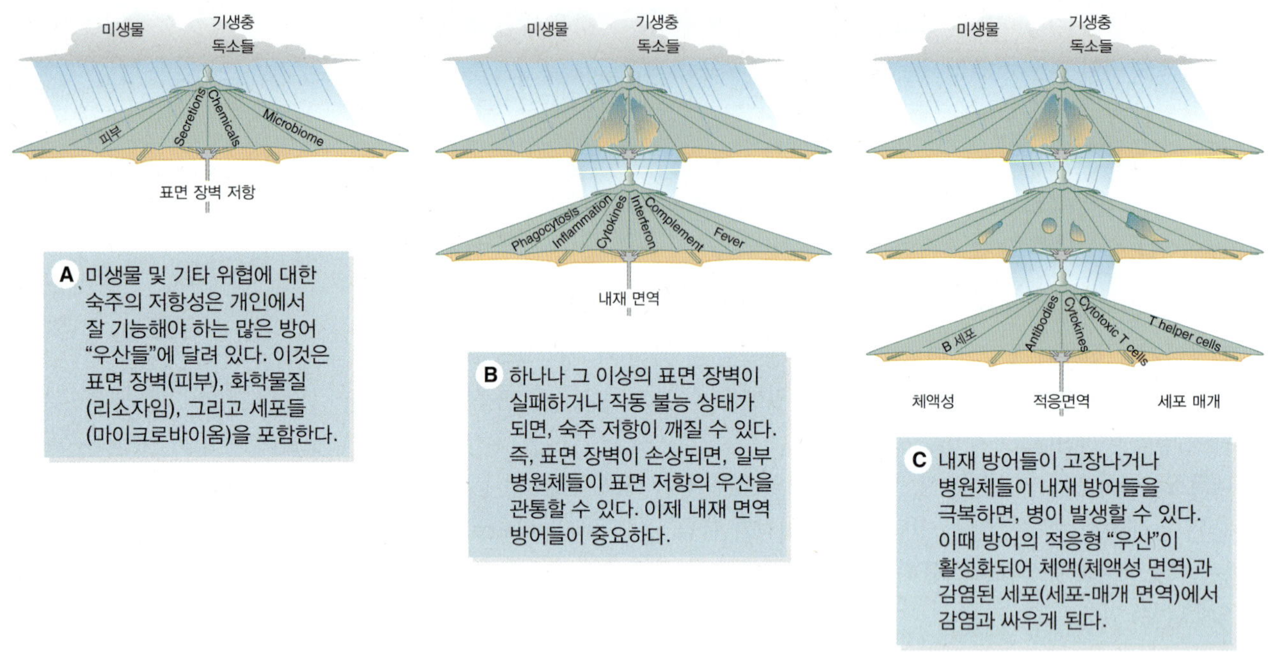

표면 장벽 저항

감염에 대한 표면 장벽들은 피부, 점막, 사람 및 미생물 세포들로 구성된다.

피부

온전한 피부는 모든 미생물 침입자들에 대항하는 중요한 비특이적 방어를 제공한다. 피부 그 자체는 기계적 보호를 제공할 뿐만 아니라, 피부 세포가 계속 떨어져 나가는데, 이를 통해 피부에 붙어있던 미생물도 같이 제거된다. 게다가 피부는 미생물들에게 좋은 영양원이 아닌데, 피부의 낮은 수분 함량은 표면을 진정한 사막으로 만든다. 피부의 기름샘은 항균 물질을 분비하고, 피부 pH를 낮춰 추가 방어를 부여한다. 그러므로, 베이거나 찰과상, 상처, 또는 곤충의 무는 행위 등으로 피부에 상처가 일어나지 않으면, 피부 감염이나 피부를 통한 감염은 드물다.

분비

호흡계, 소화계, 그리고 비뇨생식계 관들의 표면은 **점막(mucous membrane)**으로 둘러싸여 있다. 점막을 구성하는 세포들은 **점액(mucus)**을 분비하는데, 이는 끈적거리는 물질로서 미생물을 포집한다. 예를 들면, 흡입된 감기나 독감 바이러스의 제거를 쉽게 하기 위해, **A CLOSER LOOK 17.2**가 지적하는 것처럼, 우리가 아플 때는 점액의 양이 상당히 증가한다.

용균효소(lysozyme) 같은 다른 항균 물질들도 눈물, 침, 그리고 땀에 함유되어 분비된다. 위에서는 위산의 매우 낮은 pH가 대다수 병원균들을 장에 들어가기 전에 사멸시킨다.

용균효소(lysozyme): 눈물과 침에서 발견되는 효소로서 그람 양성균 세포벽의 펩티도글리칸을 가수분해함.

세포들

비특이적 방어 장벽에는 정상적인 인간 미생물균총(microbiome)도 포함된다. 이러한 비

A CLOSER LOOK 17.2

흐름과 함께 가기

감기나 독감, 계절성 알레르기에 걸릴 때마다 우리는 종종 코를 킁킁거리거나 정말 심한 콧물을 흘린다. 이런 일이 발생하면, 그것은 단순히 감염이라고 믿는 것, 혹은 차가운 온도 또는 매운 음식 에 대한 당신 몸의 반응이다. 감염에 대한 방어벽으로서 점액 흐름을 증가시키는 것이 기도에서 호흡기 병원체를 씻어내는 최선의 방법이다.

당신은 항상 점액을 생성하고 삼킨다. 대부분의 사람들은 그들의 몸이 감기 또는 독감 바이러스 또는 알레르기 항원에 반응하여 점액 분비를 촉진시키기 전까지는 자신의 점액 생성을 인식하지 못한다. 그렇다면 얼마나 많은 점액이 생성되는가? 건강한 사람은 코와 부비동의 분비선이 지속적으로 깨끗하고 얇은 점액을 생성하는데, 매일 200밀리리터(약 1컵) 이상이다! 사람은 점액이 목구멍으로 내려가 삼켜지기 때문에 이 생성을 인식하지 못한다. 사람이 감기나 독감에 걸리면 비강이 종종 혼잡해져서 코의 콧구멍을 통해 점액이 강제로 흘러나오게 된다. 이것은 해소되어야 하는데, 코를 풀거나 또는 (멋지게 표현해서) 목에서 뱉어낼 필요가 있다. 심각한 감기나 독감에 걸리면 점액이 더 두꺼워지고 끈적거리며 노란색 또는 초록색을 띨 수 있다. 이러한 경우에 활발해진 점액 흐름은 시간당 약 200밀리리터에 달하고, 당신이 시간당 20번 코를 풀면, 1회당 2~10밀리리터 정도의 점액이 방출된다. 당신이 물기가 많은 눈을 가지고 있다면, 그 눈물이 비강에 들어가 점액과 결합함으로써 훨씬 더 많은 콧물 생성이 될 수 있다.

그래서 콧물은 단지 귀찮은 일이지만, 그 콧물에서 점액으로 손실된 액체를 보충하기 위해서는 충분한 양의 물을 마셔야 한다.

© Nazira_g/Shutterstock.

병원성 미생물들은 병원균에 의한 군체 형성을 방지하는 생물막을 형성한다. 제11장의 '미생물들의 대화'에서 설명한 대로 생물막으로서, 인간 미생물 균총(microbiome)은 피부와 점막의 영양소와 부착 부위 측면에서 병원체를 능가한다. 또한 일부 특수 유형의 면역 세포들이 피부와 점막 표면 아래에 존재한다. 이 세포들은 침입하는 병원체를 인식하고 제거하기 위해 시도한다.

내재 면역

피부와 점막은 감염체에게 어려운 장벽을 형성한다. 하지만, 적절한 독성 요소들은 이 장벽들은 뚫릴 수 있다. 따라서, 만약 병원균들이 피부나 점막을 건너게 되면, 또 다른 수준의 면역 방어가 활동할 준비가 되어 있다. 이 방어는 **내재 면역(inmate immunity)**이라 불리는데, 왜냐하면 모든 사람은 이 면역 반응을 자연적으로 가지고 태어났기 때문이다. 감염에 대한 이러한 응답 반응에는 식균 작용, 염증, 발열 및 인터페론 생성이 포함된다.

타고난, 선천적인(Innate): 태어날 때부터 개인에게 존재하는 무언가를 지칭.

포식작용

포식작용(phagocytosis, 문자적으로 "세포 먹기")은 특정 백혈구들이 침략자를 공격하고 섭취(먹음)함으로써 감염에 반응하는 과정이다. 이 감염에 대한 반응은 어떤 병원체가 몸을 감염시키든 반응은 동일하기에 비특이적 저항의 한 형태이다.

식세포(phagocyte)라 불리는 백혈구 세포 그룹들이 그 과정을 수행한다. 가장 중요한 식세포들 중에는 많은 몸 조직과 혈액에서 발견되는 **식세포(macrophages)**와 **호중구(neutrophils)**가 있다. 대식세포가 미생물과 마주치면, 위족을 사용하여 병원체를 자신의 세포 표면으로 부착시킨다(**그림 17.10**). 그 다음 세포는 자신의 세포막의 일부분으로 미

그림 17.10 포식작용의 기작.

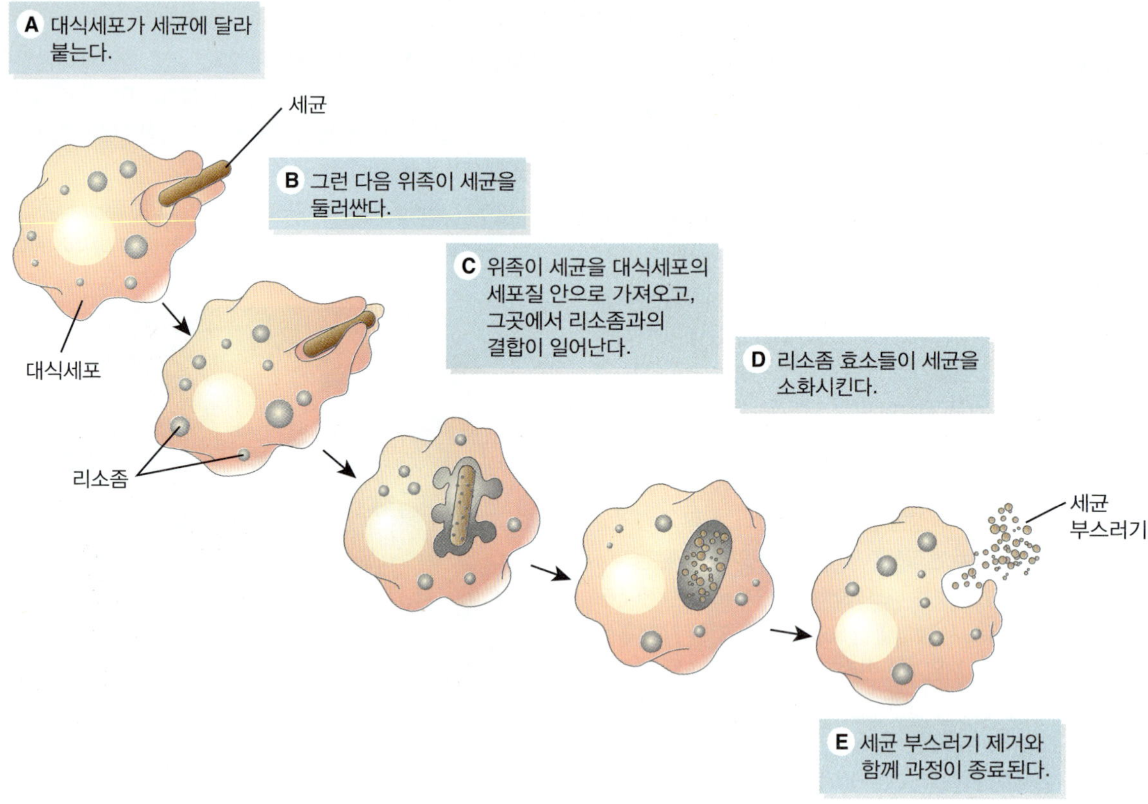

생물을 둘러싸서 미생물을 함유한 내부 구획을 형성한다. 이제, 많은 종류의 소화효소들을 함유하고 있는 **리소좀(lysosomes)**이 이 구획과 합쳐진다. 소화효소들이 둘러싸인 미생물을 파괴하고 소화한다. 소화되지 않는 부스러기는 모두 제거된다.

염증

염증(Inflammation)은 부상이나 외상이 인체 조직에서 있을 때 발생하는 방어적 반응이다. 외상은 부상의 범위를 제한하기 위해 선천적인, 비특이적 과정을 시작한다(**그림 17.11**).

베인 상처나 피부 관통으로 인한 감염의 경우, 손상된 조직은 염증 반응을 시작하는 화학적 신호를 내보낸다. 그 반응은 특징적 징후들로 식별된다: 발적(redness), 열감(warmth), 부종(swelling), 그리고 통증(pain). 발적과 열감은 감염 부위에 혈액과 식세포의 증가된 흐름을 가져오는 혈관의 확장(팽창) 때문에 일어난다. 부종은 체액이 축적되어 오는데, 그 압력이 신경 말단에 가해져서 통증이 발생한다. 이러한 징후와 반응은 식세포를 감염 부위로 빠르게 이동시키는데, 침입하는 병원체를 포식하는 것에서 최고조에 달한다. 또한 그것은 손상된 조직의 복구로 이어지는 과정들을 시작한다.

발열

발열(fever)은 종종 염증에 수반되는 비정상적으로 높은 체온이다. 그것은 **발열원(pyrogen)**이라 불리는 고열-생성 물질에 의해 유발된다. 이 물질은 혈액 내 대식세포와 병원체 조각들에 의해 생성되는 면역 단백질을 포함한다. 이 발열원이 일단 혈액에 있게 되면, 뇌

그림 17.11 감염에 대한 반응에서 염증의 과정. 일련의 비특이적 단계들은 세균 세포가 있는 식물 가시에 찔리는 것과 같은 감염으로 인한 외상에 대한 염증 반응을 구성한다(삽입 참조). 히스타민은 혈관 확장을 일으켜 혈류와 방어 세포 유입을 증가시킨다. 호중구와 대식세포들은 화학 물질을 방출하여 추가적인 방어 세포들을 모은다. 도착하는 식세포는 박테리아 세포를 삼킨다.

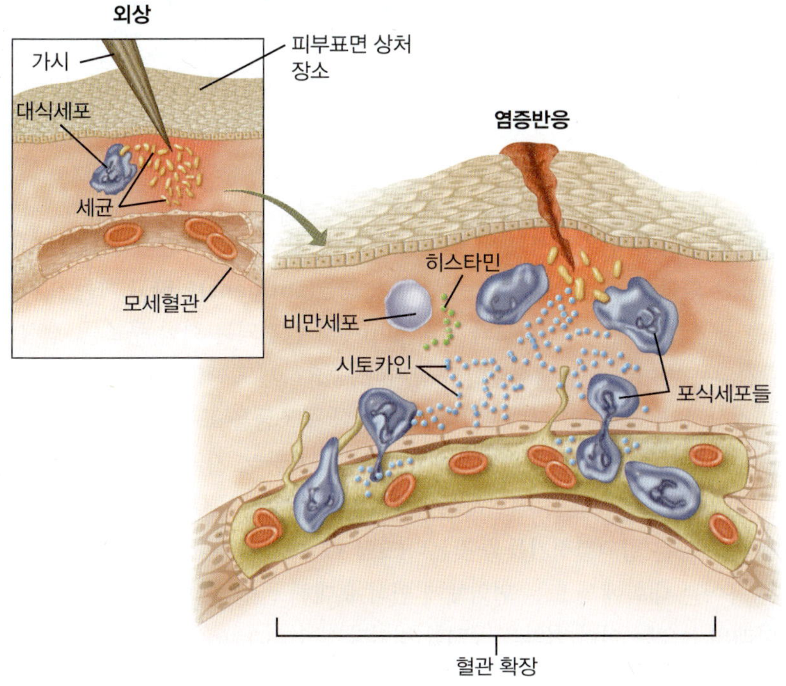

로 이동하여 그곳에서 전방 **시상하부(hypothalamus)**에 영향을 준다. 그 결과는 체온을 37°C(98.6°F)의 정상 중심(구강) 온도 이상으로 체온이 상승하는 것이다.

시상하부(hypothalamus): 시상하부는 호르몬을 생산하는 뇌의 한 영역으로서 체온, 배고픔, 수면, 그리고 갈증을 포함하는 수많은 중요한 기능들을 담당한다.

저열에서 중등도의 발열(38.3°C 혹은 101°F)은 감염에 대한 자연적인 방어 반응이다. 체온을 상승시키면 병원균의 성장이 늦춰지고, 세균 독소가 불활성화된다. 발열은 또한 포식작용을 강화하고 신속한 조직 복구를 촉진시킨다. 하지만, 발열이 계속되거나 고열(40°C/104°F 이상)로 오르게 되면 숙주의 조직에 손상이 올 수 있다. 의료 조치가 없다면 경련 및 사망이 뒤따를 수 있다.

포식 작용, 염증, 그리고 발열의 조정된 내재 면역 반응은 일반적으로 어떤 병원체가 감염을 일으키는지에 관계없이 발생한다. 그러나 바이러스 감염이 발생하면 추가적인 선천적 방어가 유발된다.

인터페론

바이러스가 세포를 감염시키면 선천 면역 방어가 작동한다. 그러나 감염된 세포는 또한 **인터페론(interferon)** 단백질을 생산하고 분비한다. 인터페론은 인접한 감염되지 않은 세포에 대한 경고 신호이다. 이 근처 세포들이 세포질 내부에서 항바이러스 단백질을 생성하여 반응한다. 이 단백질들은 바이러스가 경보를 받은 세포를 감염시키면 이제 준비가 된 것이다. 그리고, 감염이 정말 일어나면, 항바이러스 단백질은 바이러스의 핵산 복제를 차단하려고 시도한다. 분명히, 이 타고난 방어 기작은 100% 효과적이지 않다. 왜냐하면, 우리는 여전히 감기, 독감 및 기타 바이러스성 질병에 걸리기 때문이다. 그러나 인터페론이 생성되지 않으면 우리 대부분은 훨씬 더 자주 바이러스에 감염되어 걸려 아플 것이다.

17.4 감염에 대한 특이적 저항: 적응 면역

특이 저항은 특정 병원체가 숙주의 표면 장벽들과 선천 방어들을 뚫었을 때 발생하는 면역계 반응을 말한다. 이 세 번째 방어층을 **적응 면역(adaptive immunity)**이라고 하는데, 감염원을 경험한 후에 그 반응을 조정하기 때문이다. 이는 사람이 갖고 태어나거나 다음 세대에 전달할 수 있는 반응이 아니다. 적응 면역은 병원체 인식으로 시작한다.

병원체 인식

특정 병원체에 반응하기 위해서는 먼저 적응 면역이 침입자를 확인해야 한다. 이것은 병원체의 고유한 화학 그룹을 인식하여 수행한다. **항원(antigens)**이라고 하는 이러한 화학 그룹들에는 세균 단백질 독소, 편모와 필리(pili)에서 발견되는 화학 구조들, 캡시드나 외막에서 발견되는 바이러스 단백질들이 포함된다. 중요하게도, 적응 면역은 일반적으로 개인 신체의 정상적인 부분들인 단백질이나 기타 화학 구조들을 표적으로 삼지 않는다.

전체 항원 자체는 면역 반응을 유발하지 않는다. 차라리, 자극은 **항원결정기(epitope)**라 불리는 항원의 작은 부분을 식별하여 성취된다. 예를 들어, 세균 편모와 같은 항원은 여러 개의 서로 다른 항원결정기들을 갖는다(**그림 17.12**). 그러나 단순함을 위해 종종 "항원"이라는 용어는 대화에서 또는 면역체계 인식에 대해 글을 쓸 때 "항원결정기" 대신 사용된다. 아래의 논의는 이런 협약을 채택할 것이다.

T 세포와 B 세포

내재 면역과 함께 논의된 식세포 외에도, 적응 면역의 초석은 **림프구(ymphocytes)**로 알려진 백혈구들이다. 림프구는 직경이 약 10~20 μm인 작은 세포들로 각기 큰 핵을 갖고 있다(**그림 17.13**). 두 가지 유형의 림프구는 발생 경로, 세포 기능 및 독특한 생화학적 특성에 기초하여 구분될 수 있다. 두 가지 유형은 **T 림프구(T 세포)**와 **B 림프구(B 세포)**이다. 그들은 둘 다 골수의 림프 **줄기 세포(stem cells)**에서 발생한다. 그러나 그들은 감염 동안에 각기 서로 다른 역할을 담당한다.

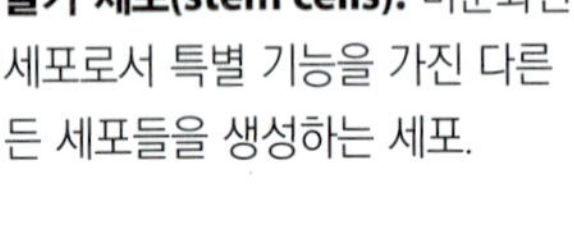

줄기 세포(stem cells): 미분화된 세포로서 특별 기능을 가진 다른 든 세포들을 생성하는 세포.

T 세포

일부 림프 줄기 세포는 골수를 떠나 **흉선(thymus**, T for thymus)에서 T 세포로 성숙한다(**그림 17.14A**). 여기서 세포는 표면 수용체 단백질이 추가되어 수정된다. 일단 그들이 적절한 수용체를 획득하면, T 세포는 흉선을 떠나 림프절, 비장, 그리고 편도선으로 이동한다. 이들 위치에서 T 세포는 "보조 T 세포" 또는 "세포 독성 T 세포"로 성숙한다.

흉선(thymus): 면역체계 세포의 발생에 관여하는 가슴 위쪽 흉강에 위치한 기관.

그림 17.12 항원과 항원결정기. 항원은 미생물의 주요 부분으로서 항원결정기(epitopes)라고 불리는 작은 화학 그룹을 포함한다.

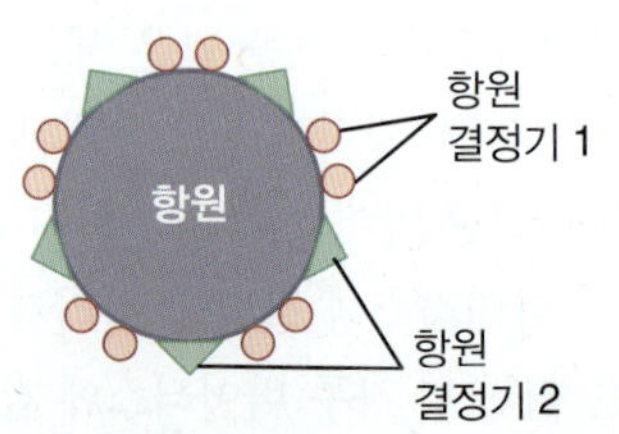

그림 17.13 T 림프구. T 림프구의 광학현미경 이미지(아래 중앙)에서 전형적인 큰 세포 핵을 보여준다. (Bar = 8 μm.).

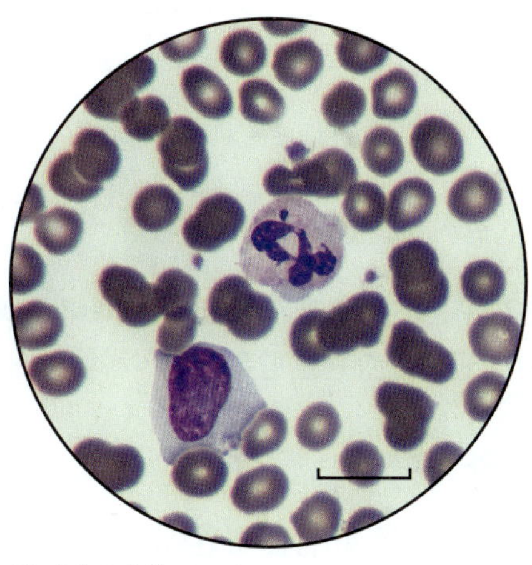

그림 17.14 림프 줄기 세포의 운명. (A) 림프구는 골수에서 발생하여 골수에서 성숙하거나(B 세포) 또는 흉선에서 성숙한다(T 세포). **(B)** T 세포는 세포 매개 반응에 관여하는 반면에, **(C)** B 세포는 항체 매개 반응에 관여한다.

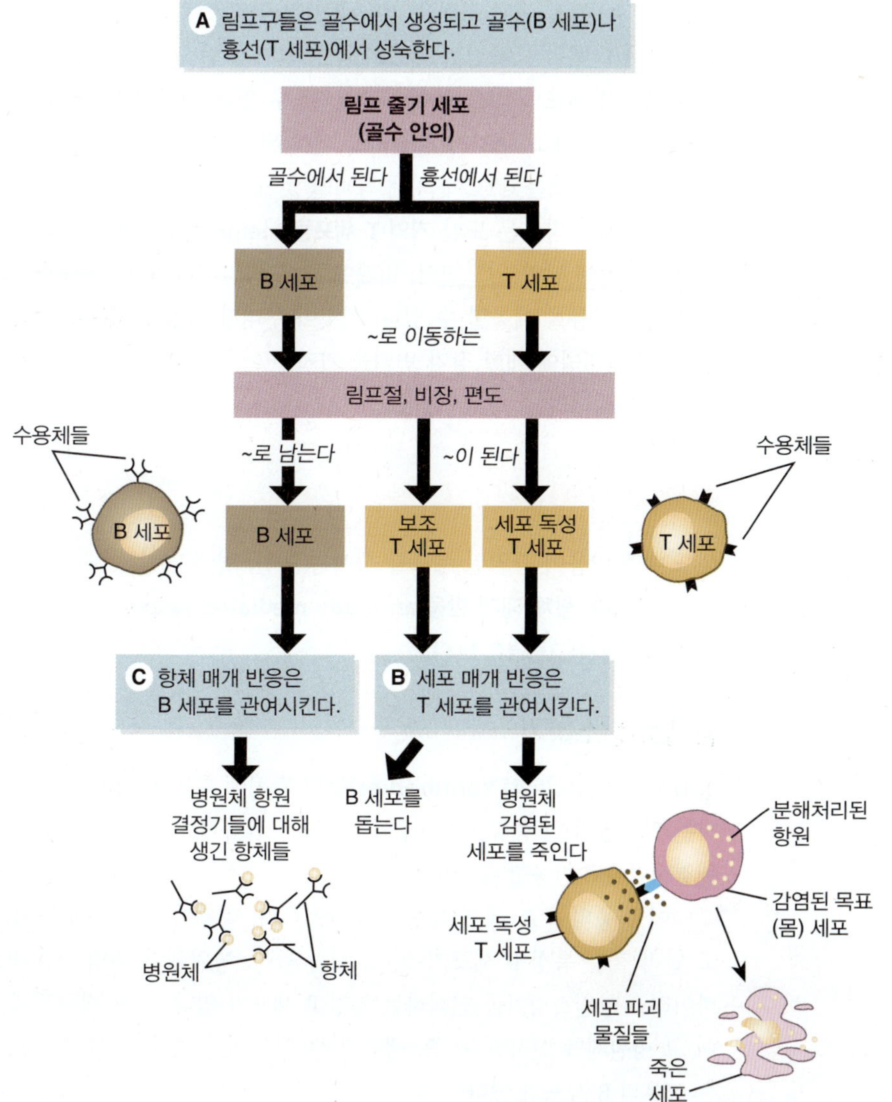

B 세포

B 세포는 다른 "교육"을 받는다. 그들은 골수(bone marrow)에 남아(B for bone), 그곳에서 표면 수용체들을 획득한다. 그곳으로부터, 세포들은 림프절, 비장, 그리고 편도선으로 이동하여 T 세포와 함께 거주한다.

세포 매개 반응

T 세포와 관련된 적응 면역 부분은 **세포 매개 반응(cell-mediated response)**이라고 불린다(**그림 17.14B**). 세포 매개 반응은 항원을 함유한 병원체의 체내 유입과 함께 시작된다.

세포 독성 T 세포에 의한 사망

특정 박테리아 종과 바이러스를 포함한 많은 병원체는 신체 세포들을 감염시킨다. 이 감염된 세포들은 파괴되어야 하는데, 이는 **세포 독성 T 세포(cytotoxic T cells, CTC)**의 주요 임무이다. 예를 들어, 홍역 바이러스가 들어와 세포들을 감염시킬 때, 감염된 세포는 일부 바이러스를 파괴한다. 그런 다음 자신의 외부 표면에 바이러스 항원 단편을 표시한다. 이 조합은 본질적으로 "빨간색 깃발"로서 해당 세포를 감염된 세포로 인식되게 한다.

CTC는 이제 림프 조직을 떠나 홍역 바이러스에 감염된 세포를 찾아다닌다. 이 CTC의 수용체 단백질은 감염된 세포의 항원 단편을 인식하고 결합한다. 결합은 CTC를 유발시켜 감염된 세포의 막을 통해 구멍을 낼 수 있는 세포 파괴 분자를 방출하게 한다. 작은 분자, 체액 및 세포 구조가 탈출하고, 감염된 세포의 죽음이 발생한다. 이러한 방식으로, 모든 감염된 세포는 CTC에 의해 파괴될 것이다.

세포 매개 반응은 또한 **기억 T 세포들(memory T cells)**의 형성을 포함한다. 이 세포들은 림프절에 남아 있으면서, 미래에 같은 병원체가 몸에 다시 들어오는 경우 림프절에서 신속한 반응을 제공할 수 있다. 이것이 우리가 특정 질병(예, 홍역)에 감염되고서 회복된 후 해당 질병에 대한 장기 면역을 가지는 이유이다. Thucydides가 장 도입부에서 언급한 것을 기억하라

항체 매개 반응

세포 매개 반응이 감염된 세포를 죽이는 동안, 혈액과 같은 체액에는 많은 수의 병원체가 있을 수 있다. **항체 매개 반응(antibody-mediated response)**은 이러한 병원체를 제거하려고 시도한다(**그림 17.14C**).

항체로 청소하기

항체 매개 반응은 **항체(antibodies)**들의 활성에 따라 달라지는데, 이들은 혈액에서 순환하는 단백질의 한 종류이다. 이 단백질들은 전체 병원체뿐만 아니라 세균 독소에 있는 항원결정기에도 반응할 수 있다.

이 반응의 주요 세포 유형은 B 세포이다. 항원이 림프절에 들어갈 때 항원을 인식하고 달라 붙는 특정 B 세포가 있다. 예를 들어, 병원체가 홍역 바이러스인 경우에는 홍역 바이러스 항원결정기를 인식하는 특정 B 세포가 있다. 다른 병원체에는 다른 B 세포가 있어 그 병원체를 인식한다. 즉, 생각할 수 있는 모든 항원(병원체) 항원결정기에는 해당하는 고유의 B 세포가 있다.

그림 17.15 항체 매개 반응. 항체 매개 반응은 항원의 항원결정기에 결합하는 특정 항체의 생성으로 귀결된다.

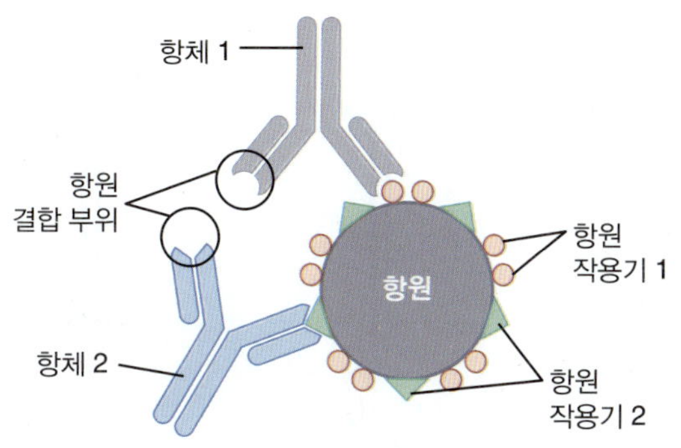

항원에 결합하는 것 외에도, B 세포는 항체 생산을 유발하는 **보조 T 세포(helper T cells, HTCs)**의 도움을 종종 필요로 한다. 두 세포 간의 결합은 B 세포를 자극하여 동일한 B 세포의 큰 집단으로 분열하게 한다. 이 B 세포들은 이제 두 가지 유형의 세포 중 하나로 성숙한다. 일부는 **기억 B 세포(memory B cells)**가 되고, 기억 T 세포와 마찬가지로, 미래에 동일한 병원체에 노출될 준비가 되어 있을 것이다. 대부분의 B 세포는 **형질 세포(plasma cells)**로 성숙한다. 이들은 신체를 감염시키는 특정 병원체에 대한 항체를 생산하는 큰 세포들이다. 우리의 예에서, 형질 세포는 홍역 바이러스의 항원결정기를 인식하고 결합하는 항체를 생성할 것이다(**그림 17.15**).

병원체에 대한 항체의 결합은 항원을 "코팅"하고 식세포가 인식하는 "마커" 역할을 한다. 대식세포와 같은 식세포는 항원을 코팅하는 항체를 인식하고서 항원-항체 복합체에 결합한다. 그런 다음 세포는 전체 복합체를 포식하고 파괴(청소)한다.

항체 구조

기본적인 항체 분자는 4개의 폴리펩티드 사슬로 구성된다: 2개의 **큰 동일한 중쇄(heavy chain, H)**와 2개의 **작은 동일한 경쇄(light chain, L)**로 이루어져 있다(**그림 17.16A**). 이 사슬들은 Y자형의 구조를 형성하기 위해 화학적 결합으로 서로 연결되어 있다.

각 폴리펩티드 사슬은 가벼운 것이든 무거운 것이든 불변부위(constant regions)와 가변부위(variable regions)를 모두 가지고 있다. 항체가 항원의 특정 항원결정기를 인식하도록 하는 것은 바로 이 가변 영역의 아미노산들이다. 따라서 경쇄와 중쇄의 가변 영역들이 결합하여 효소의 활성 부위와 다소 유사한 매우 특이적인 3차원 구조를 형성한다. 항체 분자의 이 부분을 **항원 결합 부위(antigen binding site)**라고 한다. 항체의 "팔"이 동일하기 때문에, 2개의 항원 결합 부위가 있으므로, 2개의 동일한 항원과 결합할 수 있다. 2개의 중쇄로 구성된 꼬리 부분은 식세포에 의해 인식되는 표지자 역할을 한다.

항체의 유형

항체는 **면역글로불린(immunoglobulins, Igs)**이라고 불리는 단백질 그룹을 구성한다. 5가지 종류의 항체 클래스가 확인되었으며, IgG, IgM, IgA, IgE, 그리고 IgD로 표기된다.

- **IgG.** 고전적인 "감마 글로불린"은 IgG라고 불린다. 이 종류의 항체는 혈액의 액체 부분인 정상 혈청 내 총항체 함량의 약 80%를 차지한다. IgG 항체는 B 세포가 항원에 결합한 후 약 24~48시간 후에 감지되고 질병에 대한 장기 저항성을 제공한다. 그것은

그림 17.16 항체 구조와 유형.
(A) IgG 항체의 기본 구조는 2개의 경쇄 및 2개의 중쇄 폴리펩티드 사슬로 구성된다. 각 경쇄 및 중쇄의 가변 도메인들은 항원 결합 부위라고 하는 주머니를 형성한다.

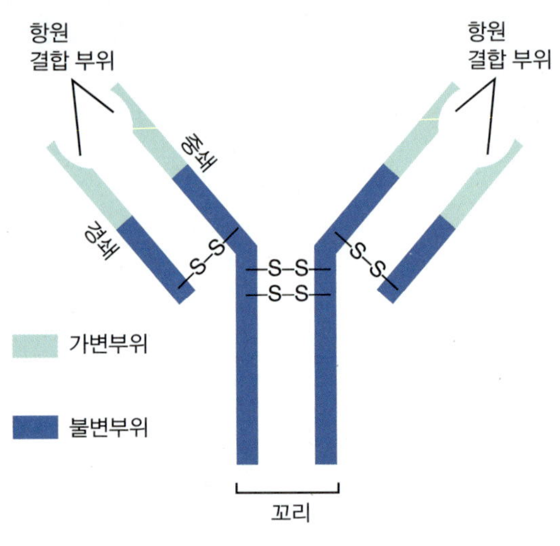

(B) IgG 클래스 외에 4개의 다른 Ig 클래스가 있다. IgM 클래스는 10개의 팔과 10개의 동일한 항원 결합 부위가 있고, IgA에는 4개의 팔과 4개의 동일한 항원 결합 부위가 있다.

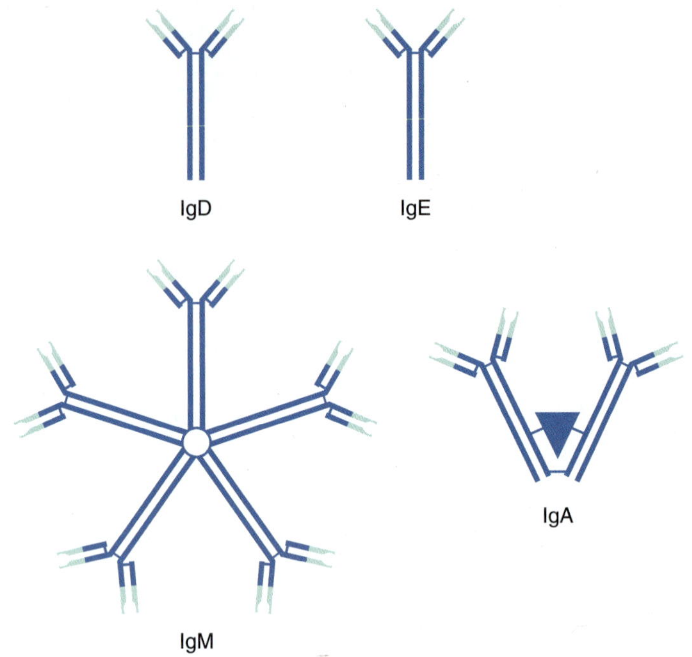

또한 태반을 건너는 모계 항체로서 생후 약 6개월까지 항체를 완전히 생산하지 못하는 태아 및 신생아에게 면역을 제공한다.

나머지 항체 부류들은 1개나 그 이상의 Y자형 면역글로불린 단위들로 구성된다(**그림 17.16B**).

- **IgM.** B 세포 자극 후에 순환계에 나타나는 첫 번째 유형의 항체는 IgM이다. 그것은 가장 큰 항체 분자이고 10개의 동일한 항원 결합 부위를 지닌다. 그 크기 때문에, IgM의 대다수는 순환계에 남아 있으며, 혈액 내 항체의 5%에서 10%를 차지한다.
- **IgA.** IgA 클래스는 체내 분비물에서 분비 및 축적된다. 이 항체 부류는 2개의 Y자형 Ig 단위들과 4개의 동일한 항원 결합 부위들로 구성된다. 항체는 호흡기 및 위장관에 저항력을 제공하고, 그곳에서 병원체가 조직에 부착하는 것을 차단한다. IgA는 또한 눈물과 타액 그리고 산모에게서 처음 분비되는 묽은 젖인 초유(Colostrum)에도 존재한다. 수유 중에 아이에 의해 소비될 때, 분비성 IgA는 잠재적인 위장 병원균들에 대한 저항력을 제공한다.
- **IgE.** IgE 클래스는 특정 항원에 세포를 감작시켜 알레르기 반응에 중요한 역할을 한다.
- **IgD.** 이 종류의 항체는 B 세포가 항원에 결합하는 데 사용하는 세포 표면 수용체이다.

이 절을 마치기 전에 당신의 면역계가 "좋은 생각들을 함으로써" 영향을 받는지 여부를 고려해 보는 것은 가치가 있다. **A CLOSER LOOK 17.3**은 이런 생각을 고려한다.

▶ 17.5 백신: 면역 시스템 방어 촉진하기

적응 면역 반응이 항원을 처음 만나고서 시스템이 활성화되기까지 약 10~14일 또는 그 이상이 소요된다. 그러므로, 병원체가 처음으로 몸에 감염되면, 감염과 싸우기 위한 상당량

A CLOSER LOOK 17.3

"잘" 생각하면 건강을 유지할 수 있습니까?

사람의 낙관주의가 면역체계의 건강에 영향을 미치는가? 켄터키 대학교와 루이빌 대학교 심리학자들은 이를 알아내고 싶었다. 그들은 6개월간 법대생들을 추적해 그들의 미래 경력(낙관적이든 아니든)에 대한 기대치가 그들의 면역 반응에 반영되었는지를 조사하였다.

연구 결과는 낙관적 기질이 그들의 면역 반응에 아무런 차이를 가져오지 않았음을 보여주었다. 그러나 각 학생이 법대에서 기분이 좋을 때와 나쁠 때에 따라 그들의 면역 반응은 유사하게 높거나 낮은 반응을 보였다. 낙관적인 시기에 그들의 면역체계는 면역학적 도전에 더 빨리 반응했다. 비관적인 시기에는 그들의 면역체계가 유사한 도전에 더 늦게 반응했다.

이러한 연구 때문에 "정신신경면역학"이라는 새로운 분야가 등장했다. 이 분야의 발견 중 하나는 환자의 정신 태도와 질병의 진행 사이에 강한 상관관계가 존재한다는 것이다. 많은 연구에 따르면, 생명을 위협하는 질병을 정복하겠다는 공격적인 결의는 병에 걸린 사람들의 수명을 연장시킨다. 예를 들어, 한 연구에서 환자들은 이완 기술과 더불어 질병 개체들이 몸의 면역 방어 체계에 의해 짓눌리고 있는 것을 암시하는 정신적 이미지도 제공받았다. 이 환자들의 면역체계 반응을 조사한 결과, 면역 반응이 면역 방어의 동원을 가속화하는 것으로 나타났다.

오하이오 주립대학교 과학자들은 요가가 면역체계에 미칠 수 있는 영향을 조사함으로써 스트레스에 대한 면역체계의 반응을 조사하였다(**그림 A** 참조). 스트레스 경험 후 요가를 하는 여성들에서 그들의 혈액에 면역 억제 화학 물질의 양이 적음을 과학자들이 발견하였다. 스트레스를 경험하지만 요가를 하지 않는 여성들에서는 화학 물질의 수치가 더 높았다. 이러한 면역 억제 화학 물질의 수치는 중요하다. 보다 높은 수치들은 류마티스 관절염, 염증성 장 질환, 골다공증, 다발성 경화증, 그리고 일부 암의 발병에 기여할 수 있다. 잘 생각하기 운동이 해결을 시도하는 부분도 바로 이 강렬한 스트레스이다. 소수의 평판 실무자들은 요가와 같은 행동 요법이 만병통치약이라는 것을 믿을 저명한 의사는 거의 없다. 그러나 AIDS와 같은 많은 질병들과 연관된 심리적 황폐는 부정될 수 없다. 매우 자주, 자신이 HIV 양성 반응임을 알게 되는 사람은 심각한 우울증에 빠지고, 이것이 면역체계에 악영향을 끼칠 수 있다. 아마도, 심리적 외상을 완화함으로써, 남은 신체 방어들이 바이러스를 더 잘 처리할 수 있을 것이다.

모든 새로운 치료 방법과 마찬가지로, 행동 요법의 수많은 반대자들이 있다. 일부 반대자들은 순진한 환자들이 기존 치료법을 포기할 수 있다고 주장한다. 또 다른 주장은 치료사가 살고자 하는 의지로 약해지는 건강을 극복하지 못하는 환자에게 엄청난 죄책감이 생기도록 할 수 있다는 것이다. 지지자들은 강한 헌신과 심리적 어려움의 징후인-도전에 직면하려는 의지를 가진 환자들이, 수동적이고 잘 표현하지 않는 환자보다 T 세포 수가 상대적으로 더 많음을 암시하는 점차 많아지는 증거들로 반박한다.

현재까지 어떤 연구에서도 기분이나 성격이 면역에 수명 연장 효과가 있다고 결론지을 수 없었다. 그러나 여전히, 의사와 환자들은 건강을 유지하기 위해 마음을 사용할 수 있는 가능성에 고무되고 있다.

그림 A 요가 수업.

의 항체 및 CTC가 존재하기 전까지 최대 2주 또는 그 이상이 소요된다(**그림 17.17A**). 우리 홍역 사례를 볼 때, 감염된 개인은 적응 면역체계가 작동하기 전에 홍역 증상을 겪을 것이다. 다행히도 이러한 면역 반응을 훨씬 짧은 시간에 생성하는 또 다른 방법이 있다. 이 다른 방법은 예방 접종(백신 접종)이다(**그림 17.17B**).

백신(vaccine)은 변형된 병원체 또는 병원체의 일부로 구성된다. 백신 접종을 받으면, 적응 면역이 생기도록 백신 성분들이 개인의 면역체계를 자극할 것이다. 중요하게도, 이러한 변형된 병원체 성분들은 일반적으로 질병을 유발하지 않는다. 백신 접종을 받은 사람은 병에 걸리지 않는다.

백신은 병원체에 대한 잠재적인 미래 노출에 대비하여 단순히 신체의 적응 면역체계를 강화하고 "교육"시킨다. 개인이 홍역 백신을 접종받는다고 가정해 보자. 체내에서 백신 성분들은 위에서 설명한 바와 같이 적응 면역 반응을 유발한다. 그 응답의 일환으로 오래 사는 B 기억 세포들이 생성된다. 만약 그 사람이 몇 달 또는 몇 년 후에 자연 홍역에 노출

그림 17.17 능동 면역을 획득하기 위한 두 가지 방법.

능동 면역

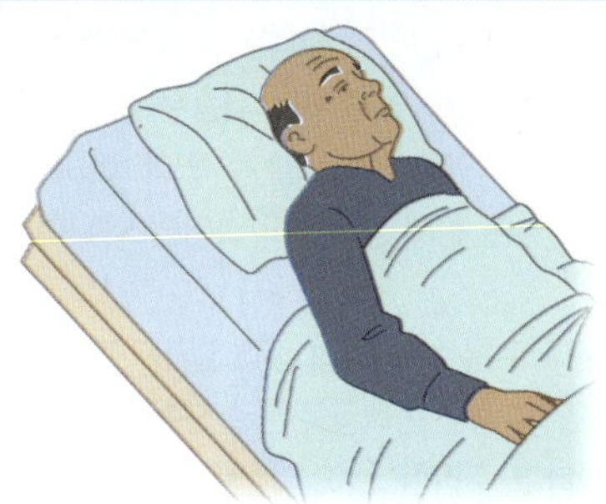

A 자연적으로 획득한 능동 면역은 항원에 노출되어 생겨나고, 종종 발병 후에 생긴다.

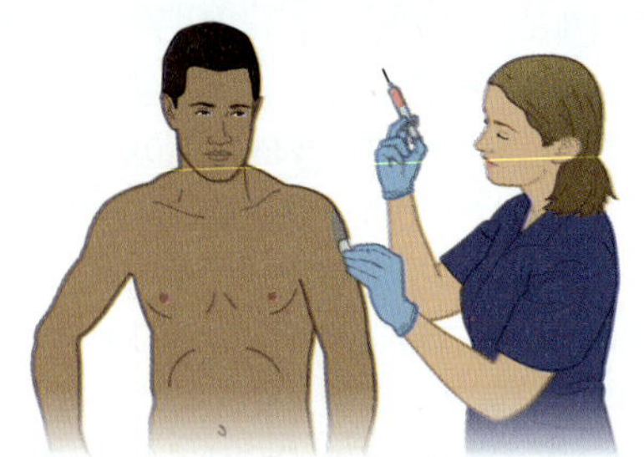

B 인위적으로 획득한 능동 면역은 예방 접종의 결과이다.

표 17.1 현재 사용 중인 주요 세균 및 바이러스 백신(미국)

전신(Whole-Agent) 백신	유전공학 백신
약독화 생백신	**아단위 단백질 백신**
■ 수두(물마마)	■ B형 간염
■ 홍역, 볼거리, 풍진(MMR 백신)	■ 헤모필루스 인플루엔자 B형 질환
■ 로타바이러스	■ 인체유두종바이러스
■ 황열병	■ 수막구균감염
사백신	■ 폐렴구균감염
■ 독감(주사만)	■ 대상포진(zoster)
■ A형 간염	■ 백일해(디프테리아 파상풍 백일해, DTaP) 혼합 백신 일부)
■ 소아마비(주사만)	
■ 공수병(광견병)	
톡소이드 백신	
■ 디프테리아	
■ 파상풍	

되면, 그 B 기억 세포들은 단 며칠 만에 형질 세포와 항체들을 생산해 낼 것이다. 백신 접종을 하면, 감염이 개인을 아프게 하기 전에 제거된다.

"백신 접종"과 "면역화(면역 접종)"이라는 용어가 종종 같은 의미로 사용된다. 그러나 조건은 완전히 동일하지 않다. 백신 접종은 몸에서 면역을 생성하는 백신을 투여하는 과정이다. **면역화(immunization)**는 개인이 병원체로부터 보호받게 되는 과정이다.

이제 다양한 유형의 백신들을 살펴보자. 현재 미국에서 사용되는 주요 바이러스 및 세균 백신이 **표 17.1**에 요약되어 있다.

전신(Whole-Agent) 백신

많은 백신은 전체 세균, 바이러스 또는 항원으로서의 세균 독소로 구성된다. 그러나 그들은 다른 방식으로 준비된다.

약독화 생백신(Live, Attenuated Vaccines)

일부 병원체는 질병을 일으키지 않도록 약화될 수 있다. 그런 **약독화 백신(attenuated vaccines)**에는 "살아있는" 병원균이 포함되어 있는데, 세균이나 바이러스가 여전히 증식하거나 복제할 수 있기 때문이다. 그러나 그들은 매우 느린 속도로 증식 또는 복제할 수 있다. 이 백신들은 자연 병원체에 가장 가깝고, 따라서 백신을 접종하면 강력하고 오래 지속되는 면역 반응을 일으킨다. 백신을 한두 번 접종하면 종종 평생 면역이 생긴다.

일부 약독화 백신의 단점은 매우 드물게, 병원체가 독성이 강한 형태로 되돌아가 백신이 예방하고자 했던 바로 그 질병을 유발할 수 있다는 것이다. 경구(사빈) 소아마비 백신이 이러한 백신의 한 예이다. 이 백신은 대부분의 국가에서 더 이상 소아마비 예방 접종에 사용되지 않는다. 사실, 오늘날 미국에서 일상적으로 사용되는 약독화 세균 백신은 없다(표 17.1 참조).

사백신

백신을 준비하는 또 다른 전략은 화학적으로 혹은 열로 죽인 전체 세균 세포나 바이러스를 사용하는 것이다. 그러나 이러한 **비활성화된 백신(inactivated vaccines)**에 사용되는 화학 물질이나 열의 경우 미생물의 구조와 모양을 변경시킨다. 그 결과, 백신은 더 약한 면역 반응을 일으키고 예방 접종을 받은 사람은 면역을 유지하기 위해 여러 번 투여(booster shot; 추가 접종)가 필요할 수 있다.

불활성화 백신은 비활성화된 백신의 병원체가 증식하거나 복제할 수 없기에 일부 약독화 백신보다 안전하다. 따라서 이런 백신은 예방 접종을 받은 사람에게 질병을 일으킬 수 없다. 현재 사용 중인 불활성화 백신 항목이 표 17.1에 나와 있다.

톡소이드 백신

디프테리아와 파상풍 같은 외독소에 의한 세균성 질병에 대한 보호를 위해서는 세균 독소가 화학적으로 비활성화된다. 일부 사백신(inactivated vaccines)처럼 이 **톡소이드 백신(toxoid vaccines)**에는 화학적으로 변형된 외독소가 들어 있다. 이런 이유로 예방 접종을 받은 사람은 강력한 방어 면역을 다시 얻기 위해 추가 접종이 필요할 수 있다.

유전공학 백신

오늘날 사용 가능한 유전자 조작 백신은 보다 현대적인 생산 과정의 산물이기 때문에 종종 2세대 백신이라고 불린다. 이 백신에는 유전자 조작된 아단위(subunit) 혹은 세균 세포나 바이러스의 단편만을 갖고 있다. 병원체의 작은 조각만으로는, 예방 접종을 받은 사람이 백신으로 인해 질병에 걸릴 수 없다. 산업계와 대학의 과학자들은 계속해서 세균 및 바이러스 병원체에 대한 새로운 유형의 유전공학 백신을 개발하고 있다.

아단위 백신

전신 백신과 다르게, **아단위 백신(subunit vaccine)**의 전략은 강한 면역 반응을 촉진하는 병원체의 조각들(subunit)만 포함하도록 하는 것이다. 이 소단위는 세균성 다당류, 세균 단백질 또는 바이러스의 **캡시드(capsid)** 단백질일 수 있다(표 17.1 참조). 아단위 백신은 사용 가능한 가장 안전한 백신이다.

캡시드(capsid): 바이러스 유전체를 둘러싸고 있는 단백질 코트.

백신의 필요성과 안전성

오늘날 일부 사람들과 부모들은 백신에 대해 의문을 갖고 있다. 그들은 특히 현대 사회에서 백신의 필요성에 대해 우려하고 백신의 잠재적 안전성에 대해 불안해 한다.

예방 접종의 필요성

디프테리아와 홍역과 같은 대부분의 아동기 질병은 미국에서 거의 발생하지 않는다(그러나 아래 참조). 그렇다면 왜 예방 접종을 해야 할까? 그 질문에 대한 답은 간단하다: 오늘날 이러한 질병이 드물거나 존재하지 않는 것은 백신 때문이다. 역사적으로, 각 백신의 도입과 함께, 보고된 사례가 빠르게 감소했다(**표 17.2**). 백신은 매우 효과적이다. 불행히도, 많은 사람들이 일부 백신으로 예방 가능한 질병이 얼마나 끔찍한지 잊었거나 한 번도 경험한 적이 없다.

세계의 다른 지역에서는 이러한 아동기 질병의 대부분이 여전히 만연하다. 예방 접종을 하지 않은 사람이 감염자에게 노출되었을 경우, 질병에 걸릴 수 있다. 그 사람이 다른 민감한 사람이나 예방 접종을 받지 않은 무리들과 접촉하면 병원체가 퍼져 돌발(outbreak)이 일어날 수 있다. 따라서 가능한 한 많은 사람들이 예방 접종을 받는 것이 중요하다. 대부분의 인구가 감염병에 면역이 되는 상황(예방 접종 및/또는 이전 질병을 통해)을 통해 사람과 사람 사이의 전파 가능성이 거의 없는 것을 **집단(커뮤니티)면역[herd (community) immunity]**이라고 한다(**그림 17.18**).

집단면역이 높으면 신생아와 만성 질환이 있는 사람처럼 예방 접종을 받지 않은 사람들도 간접적으로 보호된다. 그 이유는 감염원이 지역사회 내에서 퍼질 기회가 거의 없기 때문이다. 보건전문가와 역학자(epidemiologists)에 따르면, 85% 이상의 인구(홍역과 같은 일부 질병의 경우 약 95%)가 예방 접종을 받을 때 질병의 확산이 중지된다. 비록 나머지 "무리" 또는 인구들이 감수성이더라도(susceptible), "집단"에 백신 접종을 받은 사람들이 매우 많으므로 감염된 사람이 질병을 쉽게 퍼뜨릴 가능성은 거의 없다.

2018~2019년 미국에서의 홍역 돌발(25년 만에 가장 많은 수의 홍역 사례)과 전 세

표 17.2 질병 사례의 감소(미국)

질병	보고된 사례 수		
	백신 전 시기[백신 승인 연도]	현재	감소(%)
디프테리아	>200,000 (1923)	0	100
홍역	>530,000 (1971)	120	>99
볼거리	>162,000 (1967)	6,109	>96
백일해	>200,000 (1930, 1991, 2005)	18,975	>91
소아마비	>58,000 (1955)	0	100
풍진	>47,000 (1969, 1979)	7	>99
천연두	>29,000 (1931)	0	100

그림 17.18 집단면역.

(A) 지역사회에서 예방 접종을 받은 사람이 없으면 돌발(outbreak)이나 유행병(epidemic)이 발생할 가능성이 있다.

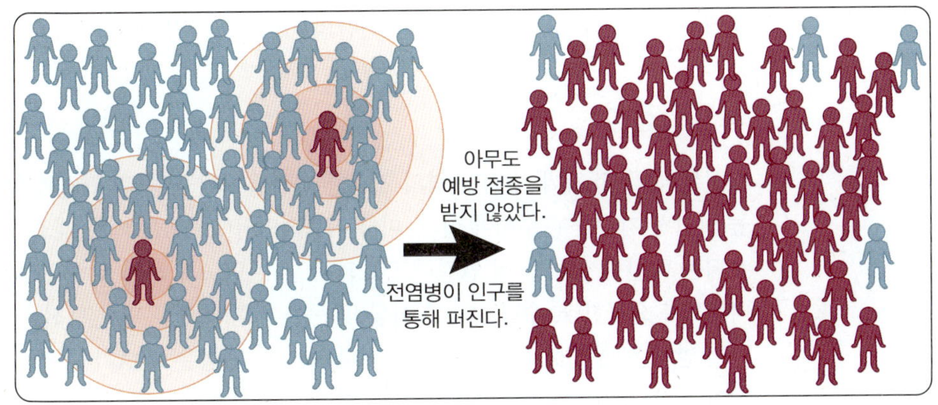

(B) 지역사회의 일부 인원들이 예방 접종을 받은 경우에도 여전히 집단 면역을 부여하기에는 충분하지 않다.

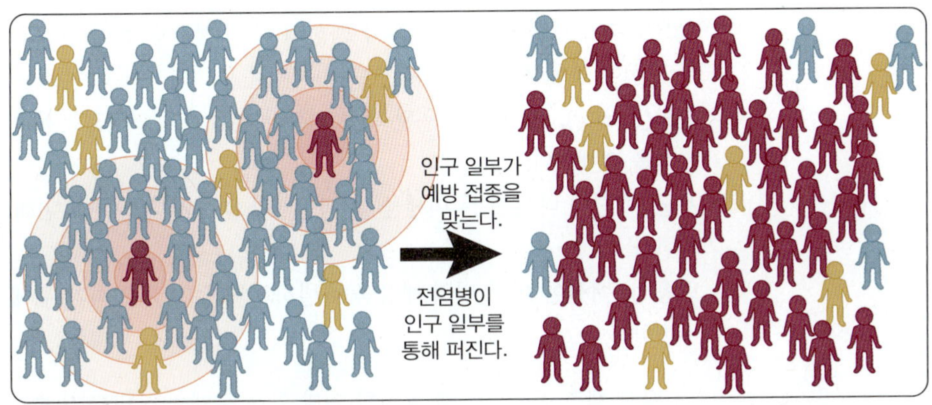

(C) 인구의 많은 비율이 예방 접종을 받으면 질병의 돌발을 막을 수 있다.

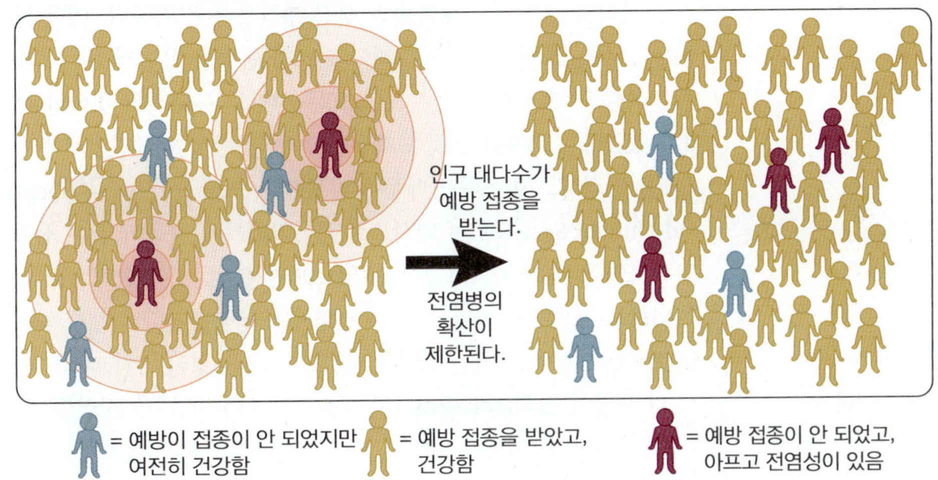

계적으로 홍역 사례의 급증은 특히 교훈을 준다. 홍역에 걸린 대부분의 사람들은 예방 접종을 받지 않았다. 비록 홍역이 2000년에 미국에서 박멸되었지만(풍토병 및 12개월 이상 질병 전파 사례 없음), 홍역에 걸린 외국인 여행자들이 바이러스를 국내로 가져올 수 있다. 또한 예방 접종을 받지 않고 해외 여행을 하는 미국인들이 바이러스에 감염되어 질병을 다시 미국으로 가져올 수 있다. 감염된 개인이 집단면역이 보호 역치 미만(홍역의 경우 95%)인 지역사회를 방문하는 경우 돌발이 발생할 수 있다; 즉, 백신을 접종하지 않은 개인 또는 소규모 그룹이 있는 곳이다. 따라서 집단 면역은 역치 이하에서는 홍역 바이러스가 감수성 있는 개인을 "찾고" 지역 사회의 다른 취약한 구성원 사이에서 퍼질 수 있기 때문에 필수적이다. 홍역은 제18장의 '인간의 바이러스 질병'에서 더 깊이 논의한다.

백신 안전성

백신은 매일 전 세계 수백만 명의 건강한 사람들에게 제공된다. 결과적으로 백신은 매우 높은 안전 기준을 준수해야 한다. 미국 식품의약국(FDA)은 백신 제조업체가 미국에서 사용되는 백신을 생산할 때 안전하고 효과적일 수 있도록 하기 위해 광범위한 안전 절차를 따르도록 요구한다. 수년 간의 실험실 및 동물 실험 끝에 유망한 백신은 FDA에서 사용 허가를 받기 전에 임상 시험을 거쳐야 한다. 이러한 시험은 FDA가 백신을 허가하기 전에 백신이 특정 기준들을 충족할 수 있도록 하는 데 필요하다.

- **효능(Potency).** 백신이 기대된 대로 작동하고 효과적인지 확인하기 위해 자원자를 대상으로 테스트를 수행한다. 만약 백신이 다른 백신과 함께 접종되도록 설계된 경우, 두 백신이 조합 하에 안전하고 효과적인지를 확인하기 위해 테스트를 수행한다.
- **순도(Purity).** 생산 중 사용된 특정 외부 성분들이 제거되었는지 확인하기 위해 화학 분석을 수행한다.
- **무균.** 백신에 다른 모든 미생물 및 병원체가 없는지 확인하기 위해 미생물 검사를 수행한다.
- **반응성.** 백신이 이상 면역 반응을 유발하지 않는지 확인하기 위해 면역학적 검사를 수행한다.

백신 제조 공장 검사를 포함한 기타 안전 문제들은 FDA가 백신을 허가하기 전에 만족스럽게 다루어야 한다.

어린이와 성인에서 대다수의 백신 부작용은 경미하다. 예방 접종은 주사 부위에 경미한 부종 및 발적, 미열, 그리고 피로와 몸살을 유발할 수 있다. 이런 증상들은 하루나 이틀 안에 사라진다. 부모와 모든 성인들은 이러한 경미한 부작용이 백신이 효과가 있었다는 징후라는 것을 깨달아야 한다; 증상들은 면역체계가 백신 내의 미생물 제제를 인식하고 반응하기 때문에 발생한다. 미국 보건복지부(Department of Health and Human Services)는 백신으로부터 알레르기 반응과 같은 심각한 부작용을 경험할 확률이 극히 드물다고 말한다(약 100만 분의 1). 일반적으로 이러한 경우들은 표준 의료로 치료 가능하다. 그러나 면역체계가 약하거나 신체를 약화시키는 또다른 건강 상태일 경우에는 백신에 대한 나쁜 반응 가능성이 약간 더 높을 수 있다.

발작(seizure): 병의 갑작스런 공격, 특히 뇌졸중 또는 경련(convulsions)이나 연축(spasms)같은 비정상적인 뇌 활동.

더 드물게 **발작(seizure)** 같은 심각한 "이상반응"을 경험할 가능성이 있다. 모든 부작용을 "잡기" 위해서, 미국은 백신 안전성 모니터링을 위한 가장 진보된 네트워크 중 하나를 가지고 있다. 네트워크에는 다음이 포함된다.

- **백신 부작용 보고 시스템(VAERS).** FDA 및 질병통제예방센터(CDC)에 의해 설립되어, 의사, 환자, 개인 및 부모를 포함하여 누구든지 백신 부작용을 보고할 수 있다.
- **백신 데이터 안전 데이터 링크(VSD).** CDC 및 여러 의료기관들이 백신 안전성을 추적하고 백신과 연관된 모든 부작용을 모니터링하기 위해 이 데이터 링크를 설정했다.
- **면허 후 신속 예방 접종 안전 모니터링 시스템(PRISM).** FDA는 백신을 포함하여, 사용 허가를 받은 제품들을 모니터링하기 위해 이 시스템을 구축했다.

- **임상 면역 안전성 평가 프로젝트(CISA).** CDC와 백신 안전성 전문가들이 제공자의 요청에 따라 가능한 백신의 안전성 부작용 효과들을 평가하기 위해 임상 백신 안전성 연구를 수행한다.

최근 부작용과 소아기 성장과 관련하여 가장 우려되는 백신은 홍역-볼거리-풍진(MMR) 백신이다. 1998년, 소아에서 MMR 백신과 **자폐 스펙트럼 장애(autism spectrum disorder)** 사이에 연관성이 있음을 시사하는 의학 논문(지금은 불신됨)이 발표되었다. 백신이 어린이의 면역체계에 영향을 미치고 신경 손상을 일으킬 수도 있다는 생각이 제기되었다. 긴 이야기를 짧게 하면, 2019년 현재, 전 세계의 독립적 과학자들과 연구자들이 수행한 12개 이상의 연구들은 만장일치로 자폐증 주장을 지지할 증거들을 찾지 못했다. 의무 예방 접종을 통해 소아마비, 천연두, 수두 같은 질병이 근절되었거나 거의 근절되었다.

자폐 스펙트럼 장애(autism spectrum disorder): 의사소통과 행동에 영향을 미치는 발달 장애로서 일반적으로 첫 2년 내에 발발한다.

비록 매년 예방 접종을 받는 수백만 명의 사람들 중 소수가 예방 접종으로 인해 심각한 결과를 겪을 수 있지만, 예방 접종을 받지 않음으로 질병에 걸릴 위험(특히, 유아 및 어린이)이 그 어느 백신과 관련된 위험들보다 수천 배 더 크다. 실제로 MMR 백신으로부터 발작을 일으킬 확률은 실제 홍역 감염으로 인한 발작이 발생할 확률보다 작다. 또한, 허가된 백신들은 그들의 안전성과 효능을 개선시키는 방법들에 대해 항상 재검토되고 있다.

A Final Thought

질병의 에피소드는 전쟁과 아주 비슷하다는 생각이 당신에게 들었을 것이다. 첫째로 침입하는 미생물은 신체의 자연적인 장벽을 관통해야 한다. 그 다음, 그들은 끊임없이 신체의 순환계와 조직들을 순찰하는 포식 세포들을 피해야만 한다. 마지막으로, 그들은 그들과 싸우도록 인체가 내보내는 항체와 T 세포들을 피해야만 한다. 신체가 이 전투에서 얼마나 잘 싸우느냐가 개인이 질병에 걸리지 않고 살아남는지 여부를 결정할 것이다.

확실히, 항생제와 기타 항미생물 약들은 질병이 생명을 위협하는 상황을 만드는 그런 경우들에서 도움을 준다. 게다가, 위생 관행, 곤충 방제, 식품 조리관리, 그리고 기타 공중 보건 조치들은 우선 미생물이 신체에 도달하는 것을 막는다. 하지만, 최종 분석에서 신체 방어는 질병에 대한 보호에서 가장 중요한 최저점이고, 역사가 보여주었듯이 그것은 통상적으로 매우 잘 작동한다. 미국 의사이자, 시인이며, 수필가이고, 연구자였던 故 *Lewis Thomas*는 그의 책 '세포의 삶들(*The Lives of a cell*')'에서 그것을 가장 잘 말하였다:

> "사람을 잡는 미생물이 미생물을 잡는 사람보다 훨씬 더 큰 위험에 처해 있다."

Chapter Discussion Questions

What Was He Thinking?

이 장을 읽으면서, 저자가 전달하려고 했던 면역체계와 백신에 대한 5가지 주요 요점을 확인하고 토론하시오.

Questions to Consider

1. 그의 고전 책 *The Mirage of Health*(1959, 건강의 망상)에서, 프랑스 과학자 Rene Dubos는 건강이란 생리적 과정들의 균형으로서 영양과 생활환경들 같은 것을 고려하는 균형이라는 견해를 피력한다. (그러한 견해는 감염원을 찾아내거나 치료법을 개발하는 더 근시안적인 접근법에 대항한다.) 당신의 경험상, Dubos의 균형자들(balancing agents) 목록에 추가할 몇 가지 다른 항목이나 사건들을 기술하시오.
2. 샐러드 판매대 위에 놓여 있는 투명한 창유리는 호흡 비말(respiratory droplets)이 샐러드들에 닿는 것을 막아주기 때문에 흔히 "재채기 방호물(sneeze guards)"이라고 불린다. 당신은 샐러드 판매대를 통한 질병 전달을 막기 위해 어떤 다른 제안들을 하겠는가?
3. 환경미생물학자들은 화장실이 수세될 때 물결이 연무화되고, 이 연무 구름이 칫솔과 같은 화장실의 다른 물건에 세균을 전달한다고 주장함으로써 논란을 불러일으킨 바 있다. 이것이 사실이라고 가정할 때, 화장실에서 행해야 하는 두 가지 좋은 습관은 무엇인가?
4. 당신이 당신 집에서 10군데 가장 나쁜 "hot zones" 목록을 작성하라는 지시를 받은 미생물 사냥꾼이라고 가정하자. 당신의 Top 10 목록의 제목은 "Germs(병균), Germs everywhere(도처에 병균)"일 것이다. 어떤 장소들이 당신의 목록에 들어갈 것이며, 왜 그런가?
5. 현대인의 조상들은 아마도 전염병이 매우 희귀한 드물게 정착된 세계에 살았을 것이다. 그들 중의 한 사람이 마법적으로 우리의 현대 세계로 던져졌다고 상상해 보자. 당신은 그 남자 혹은 그녀가 감염질환과 관련하여 어떻게 될 것이라고 생각하는가? 당신의 대답에 대한 면역학적인 근거는 무엇인가?
6. 책 그리고 1966년의 고전 영화 "바디 캡슐(*Fantastic Voyage*)"에서, 한 그룹의 과학자들이 잠수함 (the Proteus)과 함께 소형화되고, 혈전(blood clot)을 용해시키기 위해 사람 몸 속으로 들여보내진다. 그 긴 여행은 과학자들을 태운 소형 잠수함이 혈류로 주사될 때 시작된다. 당신이 그런 모험을 떠난다고 했을 때, 면역학적으로 말해 어떤 위험들을 만날 것인가?
7. 인구의 85% 이상이 질병에 대한 예방 접종을 받았으면, 감염병이 발생할 가능성이 매우 경미하다고 예측된다. 그 인구는 "집단 면역"을 나타낸다고 한다. 사실, 인구(또는 집단)의 구성원들은 자신도 모르게 면역제(immunizing agent)를 인구의 다른 구성원에게 전파할 수 있고 결국 전체 인구를 예방 접종하는 결과를 얻게 된다. 면역제가 전파될 수 있는 일부 방법들은 무엇인가?
8. 영국에서 아이들이 태어나면 의사가 배정된다. 2주 후 사회 복지사가 가정을 방문하여 예방 접종을 위한 국립 컴퓨터 레지스트리에 자녀를 등록하고 예방 접종을 부모에게 설명한다. 어린이가 예방 접종을 받아야 할 때가 되는 경우 통지는 자동으로 집으로 보내지고, 만약 아이가 의사에게 보내지지 않으면 간호사가 그 이유를 알아보기 위해 집에 간다. 당신은 이런 방법이 균일한 전국적 예방 접종을 달성하기 위해 미국에서도 쓰일 수 있는지(또는 사용되어야 한다고). 믿습니까?
9. 만약 부모나 성인이 백신의 안전성에 대해 걱정한다면, 백신의 안전과 가능한 백신 부작용을 감독하기 위해 어떤 백신 모니터링 체계가 미국에서 시행되고 있는가?

Chapter 18

인간의 바이러스성 질병: 에이즈부터 대상포진까지

▶ 독감

매년 계절성 유행 독감(flu)이 발생하여 질병에 취약한 사람들 사이에 빠르고 넓게 퍼지고 있다. 이러한 유행병은 때때로 세계적으로 유행하여 전 세계적 유행성 전염병이 되기도 한다. 그중 가장 크게 번진 전 세계적 유행성 독감은 "스페인 독감(Spanish flu)"으로서, 1918년부터 1919년 사이에 발병하여 전 세계 인구의 1/5이 이 치명적인 독감 바이러스에 전염되었으며, 2,000만~5,000만 명 사이의 인구가 사망한 것으로 추정된다.

독감은 21세기에 들어서도 계속 문제시되고 있다. 2009년도만 돌아봐도 그 해 4월 미국 질병관리본부(CDC)는 캘리포니아에 거주하는 2명의 어린이가 신종 인플루엔자 바이러스에 감염된 것을 확인하였다. 이 변이된 독감 바이러스는 곧 멕시코의 대규모 독감 유행의 주발병 원인인 것으로 밝혀졌다. "돼지 독감(swine flu)"에서 변이된 이 신종 바이러스의 사례가 4월 말까지 전 세계적으로 보도되었다. 이는 약 40년 만에 최초로 발생한 전 세계적 유행성 독감으로 보인다.

돼지 독감 사례는 봄과 초여름에 계속 증가했다. 다행히 감염된 사람들의 대부분이 경미한 증상만 나타냈다. 미국 질병관리본부는 전 세계적으로 150,000~500,000명이 사망한 것으로 추정했는데, 이는 계절 독감으로 인한 사망자 수와 비슷한 수치이다. 미국에서는 약 6,100만 명의 환자가 발생했고, 275,000명 입원했다. 보고된 사망자 수는 약 12,500명이었는데, 이는 매년 계절성 독감으로 사망하는 19,000명보다 적은 수였다. 이번에는 이

CHAPTER 18 OPENER 2018년은 1918~1919년에 전 세계를 휩쓸었던 이른바 스페인 독감 유행병이 발생한 지 100주년이 되는 해였다. 이것은 기록된 역사상 가장 치명적인 질병 발생 중 하나였다. 적십자사 소속 간호사들이 근무하면서 독감 바이러스의 확산을 막기 위해 마스크를 착용하고 있다. 미국에서 약 675,000명이 사망하였는데, 대부분 "스페인 독감"으로 인한 합병증 때문이었다.

그림 18.1 2017~2018 계절성 독감—미국. 2017~2018년 독감의 발생은 매우 심각하였음.

the burden of flu disease 2017~2018

2017~2018년 동안 추정된
독감 **질병** 건 수

49만

텍사스와 플로리다를 합친 인구보다 많음

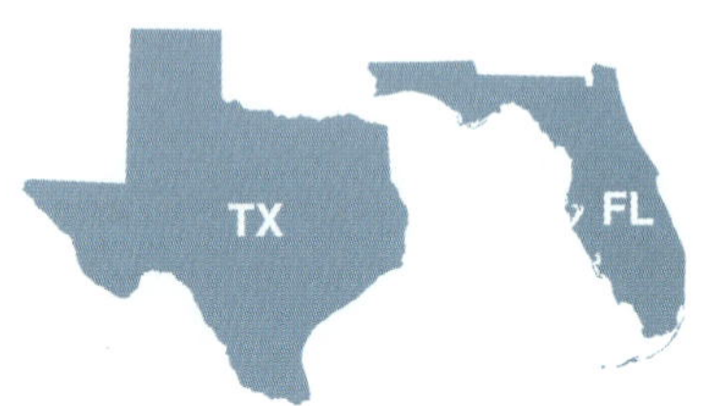

2017~2018년 동안 추정된
독감 **입원** 건 수

960,000건

미국 병원의 병상 수보다 많음

2017~2018년 동안 추정된
독감 **사망자** 수

79,000명

매년 슈퍼볼에 참석하는 사람의 평균 수 보다 많음

자료: Influenza Division program impact report 2017-2018, https://www.cdc.gov/flu/about/burden/index.html

유행병이 스페인 독감과 같은 큰 유행병으로는 발전하지 않았다.

이러한 "독감 사건"에서 최소한 세 가지 주요 교훈이 있었다. 첫째, 세계화 시대에 새로운 바이러스 위협이 어디에서나 발생하고 제트기 이동 속도로 확산될 수 있다. 둘째, 새로운 바이러스 변종이 주요 건강 문제를 일으키기 전에, 전 세계적으로 "바이러스에 대한 경고"에 나서야 한다. 셋째, 예방 접종이 필요하다. 2017~2018 독감 시즌 동안 미국 질병관리본부는 미국 인구의 약 절반이 예방 접종을 받았다고 보고하였다(**그림 18.1**).

인플루엔자는 이 장에서 논의할 오늘날 인간의 바이러스성 질병 중 하나일 뿐이다. 이제 시작해보자.

LOOKING AHEAD

이 장을 마치면, 여러분은 다음의 내용들을 할 수 있게 될 것이다.

18.1 바이러스성 피부병을 식별하고 설명할 수 있다.
18.2 A형 독감 바이러스의 구조를 그릴 수 있고, 일반 감기의 증상과 독감의 증상을 비교 및 대조할 수 있다.
18.3 신경계의 세 가지 바이러스성 질병을 식별하고, 이들이 왜 그토록 위험한지 설명할 수 있다.
18.4 혈액, 간, 소화기관을 포함한 내장기관 질병의 몇 가지를 나열하고 설명할 수 있다.
18.5 HIV 감염과 AIDS를 비교할 수 있다.

18.1 바이러스성 피부질환: 경미한 증상부터 치명적인 것까지

바이러스성 피부 질환은 인간 질병의 다양한 집합체라 할 수 있다. 단순포진과 같은 일부 피부 질환은 아직도 유행병으로 남아있기도 하고, 홍역, 볼거리(유행성 이하선염) 및 천연두와 같은 질환은 효과적인 예방 접종 프로그램을 통해 관리되기도 한다. 이러한 모든 "**피부친화성** 질환(**dermotropic** diseases)"이라고 불리는 질병들은 일반적으로 감염자 접촉을 통해 전염되고 일부 증상들은 피부 조직 위에 나타난다. 안타깝게도, 이러한 질병에 대한 항바이러스제는 상대적으로 적기 때문에 예방 프로그램이 그나마 할 수 있는 주요한 조치이다.

피부친화성(dermotropic): 피부에 친화성이 있어 피부 내로 침투하는 질병.

단순포진과 음부포진

가장 많이 알려진 두 가지는 단순포진 바이러스형 1인 HSV-1과 HSV-2이다. 인간은 두 바이러스의 유일한 숙주이다.

구순포진

HSV-1은 주로 입술 주변의 안면을 감염시켜 구순포진(**입술물집, cold sores**)이나 발진을 일으킨다(**그림 18.2**). 포진의 첫 번째 발생은 입을 맞추거나, 식기나 수건을 함께 사용했기 때문에 발생한다. 그러므로 바이러스의 확산을 막기 위해서는 포진을 앓고 있는 사람과의 접촉을 피하고 물건을 함께 공유하지 않는 것이 중요하다. 만약 HSV-1 포진을 앓고 있다면 손을 자주 씻어야 한다. 드물기는 하지만, HSV-1은 뇌와 눈으로 확산될 수 있다. 뇌에서는 포진성 **뇌염(encephalitis)**을 일으키고, 눈에서는 **각막염(keratitis)**을 일으키기 때문이다.

뇌염(encephalitis): 뇌의 염증.

각막염(keratitis): 눈 앞쪽에 있는 돔 모양의 조직인 각막의 염증.

HSV-1에 감염된 사람은 평생 감염된 상태로 남아 있다. 이것은 바이러스가 얼굴의

그림 18.2 단순포진 바이러스는 입술에 물집을 일으킬 수 있다. 구순포진(단순포진)은 말랑말랑하고 가려운 뾰루지로 시작하여 터져서 딱지가 앉는 수포로 발전한다. 포진과의 접촉으로 바이러스가 확산될 수 있다.

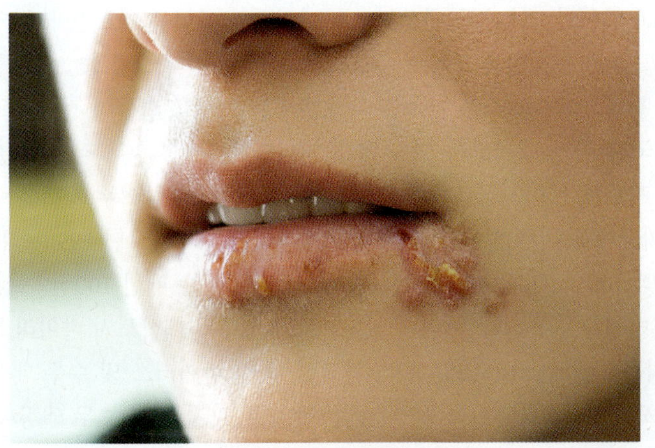

감각 신경세포에 잠복해 있다가, 나중에 입술에 또 다른 활성 단순포진 감염으로 나타날 수 있기 때문이다. 피로, 입술이 햇빛에 그을림, 여성의 월경 상황, 또는 감염에 대한 저항성을 떨어뜨리는 것 같은 어떤 형태의 스트레스에 의해 가끔 발생한다. 또한 감기나 발열과 같은 신체의 스트레스로부터 재발하므로, "구순포진" 혹은 "단순포진"으로 불린다. 비록 HSV-1 감염이 완치되지는 않지만, 항바이러스성 약제와 연고는 빨리 낫게 하고 재발을 줄여준다.

음부포진

HSV-2는 일반적으로 **성교를 통해 전이되는 감염(sexually transmitted infection, STI)**인 **음부포진(genetal herpes)**을 일으킨다. 그러나 구강성교는 HSV-1을 성기로, 그리고 HSV-2를 입술로 전파시킬 수 있다. 음부포진은 미국에서 연간 1,000만~2,000만 명 정도 감염되며, 대다수가 14~49세이다. 증상이 거의 없기 때문에 대부분의 사람들은 감염된 사실을 자각하지 못한다. 증상이 나타나는 경우에, 성기 주변, 직장 및 입에 고통을 수반하는 수포가 생겼다가 보통 3주 안에 사라진다. 평생 보균자가 되기 때문에 음부포진이 재발할 수 있지만, 처음보다 정도가 덜 심할 수 있다.

임산부에서 단순포진 바이러스는 종종 태반을 통해 태아에게 전달됨으로써, 신경계의 문제를 야기하거나 정신장애를 유발하는 **신생아포진(neonatal herpes)**을 일으킨다. 또한 감염이 되면 태아가 유산되거나 조산할 수도 있다. 그러므로 임신한 여성이 음부포진에 대한 어떤 증상이 있거나, 이에 노출되었거나 혹은 진단받은 적이 있다면 의사에게 반드시 말해야 한다. 산부인과 의사들은 음부포진이 있는 여성의 경우에는 신생아에게 바이러스가 전염될 확률을 줄여주는 제왕절개를 권장하고 있다.

수두와 대상포진

수두(chickenpox) 질병이 유럽과 세계의 다른 지역을 정기적으로 휩쓸었던 수세기 동안 사람들은 대두(매독), 천연두, 우두, 수두와 싸워야 했다. 오늘날 수두와 함께 이와 관련된 질병인 대상포진(shingles)이 여전히 심각한 질병을 유발하고 있다.

수두

수두(chickenpox) 혹은 수두 대상포진 바이러스는 예전에 수두를 앓은 적이 없거나 예방접종을 받지 않은 사람들에게 전염성이 매우 높은 질병이다. 피부나 피부 표면의 신경 가까이에서 DNA 바이러스인 수두 대상포진 바이러스가 감염을 일으킨다. 감염되면 분홍색 혹을 형성하고 작은 눈물방울 모양의 수포 발진을 일으킨다(**그림 18.3A**). 물집은 3~4일에 걸쳐 높은 전염성 바이러스를 가득 포함하고 있는 액체를 만들며 전반적으로 진행된다. 이 물집에 결국 딱지가 생기고서 며칠 정도 지나면 낫는다. 수두 감염은 일반적으로 약 5~10일 정도 지속된다. 아시클로비르 약물은 수두의 증상을 줄여주고 회복을 촉진시킨다.

수두는 미국에서 매우 흔하였다. 미국 질병관리본부에 따르면 1990년대 초에 보고된 수두 사례는 약 400만 건, 입원 건수는 11,000건, 사망자는 매년 100건 이상이었다. 현재 두 가지 수두 백신을 사용한다. 바리백스는 약독화된 수두 대상포진 바이러스만 포함하고, 프로쿼드는 **약독화된(attenuated)** 홍역, 볼거리, 풍진 바이러스 및 수두 대상포진 바이러스의 조합이 포함되어 있다. 미국 질병관리본부는 두 가지 백신 모두 권장한다. 1차 접종은 12~15개월 영아에게, 2차 접종은 4~6세 아동에게 투여한다. 백신을 통한 예방 접종은

그림 18.3 수두와 대상포진의 병변.

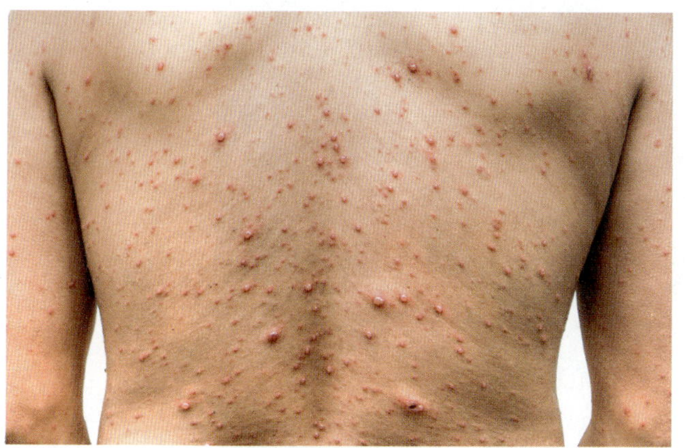

(A) 전형적인 수두의 사례. 초기 단계부터 딱지가 앉는 단계까지 다양한 단계로 병변을 보인다.

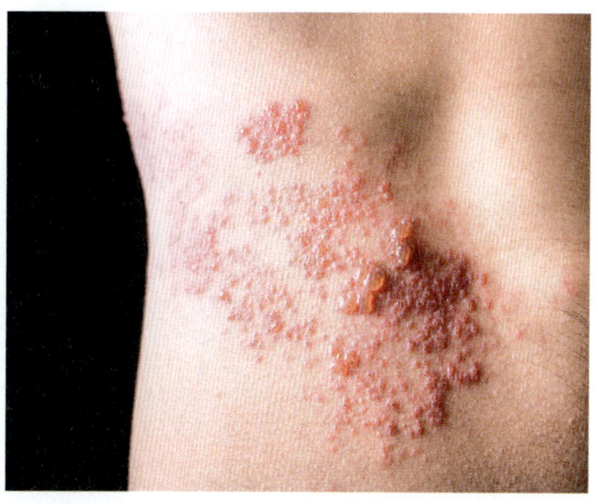

(B) 몸통 피부의 대상포진 분포. 대상포진 병변은 수두보다 수포의 정도가 적은 홍반성 반점을 일으킨다.

미국에서 수두 발생을 급격히 감소시켰다. 미국 질병관리본부는 2017년도에 38건 정도 보고하였다.

대상포진

대상포진(shingles)은 수두 대상포진 바이러스가 원인이 되는 성인병이다. 단순포진 바이러스처럼, 수두 대상포진 바이러스는 어릴 때 수두를 앓은 적 있는 성인의 척수 인근 신경조직에 휴면인 상태로 남아 있는다. 몇 년 후 바이러스가 신경조직에서 다시 활성화되고 증식하게 된다. 바이러스가 신경을 타고 피부로 내려가서, 흔히 몸통 좌측이나 우측을 둘러싼 부위에서 극심한 고통을 수반한 발진을 야기한다(**그림 18.3B**). 많은 환자들이 안면마비뿐만 아니라 또한 두통과 날카로운 송곳으로 찌르는 듯한 고통을 겪는다. 이러한 질환은 반복적으로 발생할 수 있으며, 면역력 저하와 노화를 일으킬 뿐만 아니라 정서적, 육체적 스트레스와 연결된다. 만약 수두를 앓은 적 없는 사람이 대상포진을 앓고 있는 자와 접촉을 하였다면, 병에 민감한 사람은 감염되어 수두에 걸릴 수도 있다.

항바이러스제 투약은 고통을 줄여주고 빨리 회복시켜 줄 수 있다. 50세 이상 성인이 접종 받을 수 있는 두 가지 대상포진 백신은 질병의 증세를 완화하고 회복 속도를 높여 준다. 조스타박스는 2006년부터 사용되고 있다. 재조합 대상포진 백신인 싱그릭스는 2017년도부터 사용하고 있으며, 현재 선호하는 백신이다.

그 외의 피부병

몇 가지 다른 바이러스도 피부를 감염한다. 일부는 홍역 및 유행성 이하선염과 같은 일반적인 어린이 질환이다. 다른 질병인 천연두는 한때 전 세계적인 재앙이었다.

홍역

루벨라로도 불리는 **홍역(measles)**은 전염성이 높은 질병이다. 호흡기 감염이며, 일반적으로 질병의 초기 단계에서 감염된 사람이 내뱉은 기침의 **호흡 비말(respiratory droplets)**

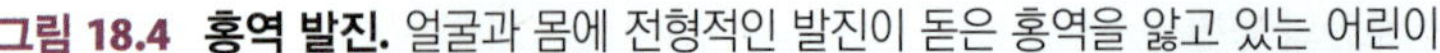

그림 18.4 홍역 발진. 얼굴과 몸에 전형적인 발진이 돋은 홍역을 앓고 있는 어린이.

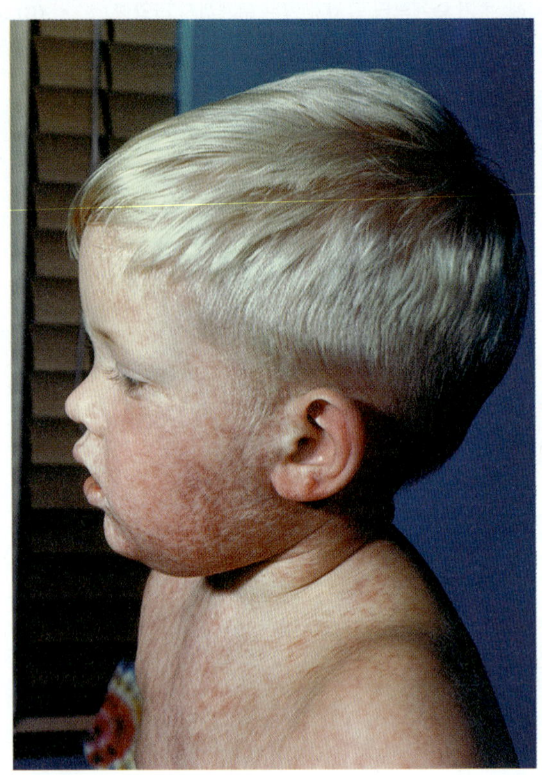

Courtesy of CDC.

에 의해 전염된다.

하지만 눈에 띄는 증상이 피부에 나타나기 때문에 홍역을 흔히 피부병으로 생각하게 된다. 홍역의 증상은 일반적으로 마른기침, 재채기, 콧물, 안구충혈, 빛에 민감해지는 점과 고열 등이다. 홍역의 특징인 붉은 발진이 곧 나타나는데, 선분홍색의 좁쌀 여드름처럼 시작해서 발진으로 발전하며, 앞 이마에서 발생하여 얼굴을 뒤덮고서 몸통과 손발로 퍼져 나간다(**그림 18.4**). 발진은 1주일 안에 갈색으로 변하고 사라진다.

홍역 감염과 사망은 세계 여러 지역에서 여전히 흔하다. 세계보건기구는 2018년에 2천만 건 이상의 사례와 11만 건의 사망을 보고했다. 이러한 사례와 사망의 대부분은 예방 접종을 받지 않은 5세 미만 어린이의 폐렴 및 뇌염의 합병증으로 인한 것이다. 또한 2019년 중기에 미국과 다른 국가들은 예방 접종을 받지 않은 대부분의 사람들이 홍역을 경험하고 있었다(**그림 18.5**). 이러한 사례는 미국에 오는 감염된 사람과 예방 접종을 하지 않고 여행 중에 감염된 미국인 여행자들로부터 발생한다. 이러한 두 경우의 사람들은 예방 접종을 받지 않는 소규모 집단 사람들이나 개인에게 홍역 바이러스를 전달할 수 있다. 따라서 감염된 방문자를 허용하는 국가의 사람들을 예방 접종시키지 못함으로써 오늘날 홍역의 부활이 촉진되고 있다.

홍역은 백신으로 예방할 수 있는 질병이기 때문에 매우 충격적이다. 미국 질병관리본부에 따르면 홍역, 유행성 이하선염, 풍진(MMR) 백신의 2회(1차는 12~15개월, 2차는 4~6세) 접종은 어린이의 홍역 예방에 약 97% 정도로 효과적이다. 1971년에 MMR 백신이 도입되면서 홍역 사망자가 줄었다. 전 세계적으로 홍역으로 인한 사망률은 2000년과 2017년 사이에 80% 감소하였다. 이는 예방 접종으로 2,100만 명 이상의 생명을 구했다는 의미이다.

그림 18.5 보고된 홍역 사례의 연간 수, 미국. 최근 몇 년 동안 보고된 사례 수가 증가하여 2019년 중반에 25년 만에는 최고치를 기록했다.

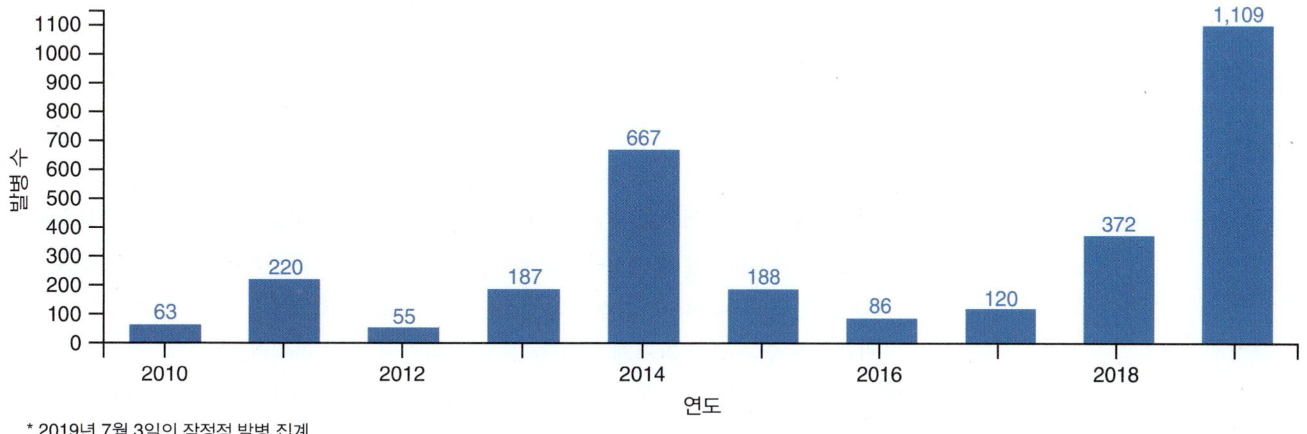

* 2019년 7월 3일의 잠정적 발병 집계

Courtesy of CDC.

미국에서, 어린이의 홍역 예방 접종은 의무가 아니다. 그러나 대규모 홍역 발병이 발생함에 따라서, 보건 및 정부 관계자는 자연스럽게 의료적이지 않은 면제를 재고하고 있다(그림 18.5). 그럼에도 불구하고, 극히 소수의 부모가 종교 또는 철학적 신념에 따라 일부 또는 모든 예방 접종에 반대하기 때문에 규정을 준수하는 것이 사회적 문제가 되고 있다. 또한, 일부 사람들은 백신이 심각하고 위험한 부작용을 야기한다는 잘못된 믿음을 가지고 있다. 사실, 이 장에서 질병과 저항에 관한 백신 정보가 설명하는 것처럼 합병증은 극히 드물다.

볼거리

사람이 **볼거리(mumps)**를 앓는 경우, **귀밑샘(parotid gland)**에서 나오는 통로가 막혀 타액의 흐름을 늦추므로, 한쪽 귀나 양쪽 귀가 특히 붓게 된다. 분비샘을 덮고 있는 피부는 팽팽해지고 반짝이는데, 환자들은 분비샘을 만졌을 때 고통을 느낀다.

귀밑샘(이하선)(parotid gland): 입 양쪽과 양쪽 귀 앞쪽에 있는 침샘.

볼거리는 기침과 재채기를 할 때 나오는 호흡기 비말에 의해 확산된다. 성인 남성이 이 병에 걸리면 고환을 감염시켜 정자 수의 감소를 초래한다. 고환염 상태는 불임과 거의 관계가 없지만 고통스러울 수 있다. 따라서 성인 남성은 볼거리에 걸린 어린이와의 접촉을 피하라고 말한다.

미국에서 볼거리 발병의 수가 최근 몇 년 동안 급격히 증가했다. 이러한 발병은 대부분의 감염된 사람들이 권장되는 볼거리에 대한 2회 예방 접종을 했음에도 불구하고 발생한다. 이 증가의 이유는 분명하지 않다. 백신을 맞지 않은 사람이 많고, 볼거리 백신에 의한 면역 방어가 약해지고 있기 때문일 수도 있다. 미국에서는 증가하는 볼거리를 막기 위해 공중보건 당국은 어린시절의 MMR 예방 접종에 대하여 강조할 필요가 있다.

천연두

천연두(smallpox)는 역사상 끔찍한 전염병으로 어떤 경우에는 치명적이다. 천연두에서 생존한 사람에서 종종 흉이 지거나 움푹 패인 자국이 남기도 한다. 처음 초기 증상은 발열, 몸살, 그리고 큰 물집으로 발전되는 선홍색 발진이 생긴다(**그림 18.6**). 결국에는 물집이 터지고 고름이 나온다.

현재 천연두는 이 세계에 존재하지 않는다. 1966년부터 세계보건기구는 천연두 박멸을 위한 전 세계적인 예방 접종 캠페인을 조성했으며, 1977년 말 무렵 의료 종사자들은 마지막 천연두 사례의 격리를 보고하였다. 이 질병은 1980년도에 박멸된 것으로 확인되었다.

천연두 바이러스(또는 두창 바이러스라고도 함)는 2개의 실험실에 남아 있다. 하나는 애틀랜타의 미국 질병관리본부 시설에 있고, 다른 하나는 러시아에 있다. 세계보건기구는 보존되고 있는 천연두 바이러스를 파기할 것을 권고하였다. 이는 과학자들이 천연두 바이러스 게놈의 염기서열을 완전하게 해독했기 때문이다. 모든 과학자들이 이에 동의하는 것은 아니다. 이러한 논쟁이 **A CLOSER LOOK 18.1**에 제시되어 있다.

천연두가 인류에게 퍼지게 된다면 매우 위험한 질병일 것이다. 오늘날 살아있는 사람 중에, 바이러스, 천연두 또는 모든 생물 테러 무기에 대하여 면역력을 가진 사람이 거의 없으므로, 전례 없는 비율의 재앙을 초래할 수 있다. **A CLOSER LOOK 18.2**는 생물 테러의 주제를 보여주고 있다.

18.2 호흡기의 바이러스성 질병: 독감과 감기

인간 호흡기 내에서는 여러 바이러스성 질병이 발생한다. 가장 흔한 것은 매년 전 세계 수백만 명의 사람들에게 영향을 미치는 인플루엔자와 감기이다.

그림 18.6 천연두.

(A) 천연두 병변은 피부 표면이 융기된 액체로 채워진 소포이다.

Courtesy of Jean Roy/CDC.

(B) 천연두 바이러스의 위색투과전자현미경 사진. (Bar = 200 nm.)

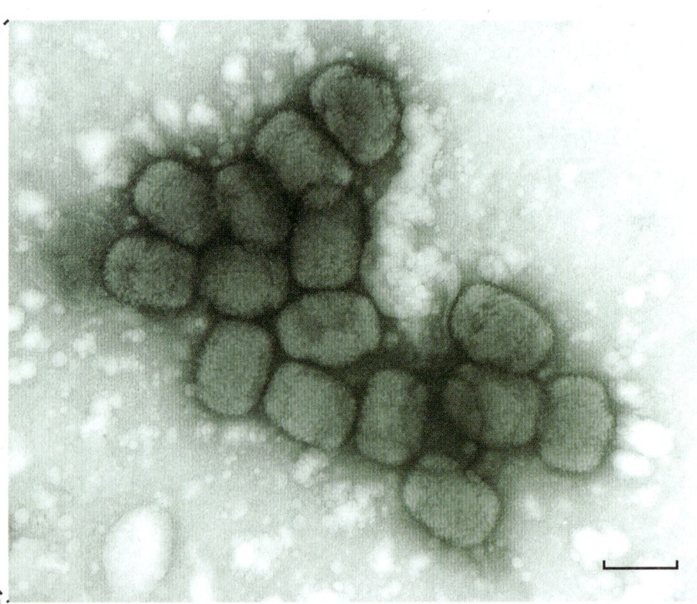

Courtesy of Dr. Fred Murphy/CDC.

A CLOSER LOOK 18.1

우리가 해야 하는 것일까, 아니면 되지 않는 걸까?

질병 미생물학에서 가장 활발한 글로벌 논쟁 중 하나는 러시아와 미국에 남아 있는 천연두 바이러스의 마지막 재고가 파기되어야 하는지 여부이다. 다음은 몇 가지 주장이다.

파괴:

- 사람들은 예방 접종을 더 이상 받지 않으므로 바이러스가 실험실을 벗어나면 치명적인 전염병이 발생할 수 있다.
- 바이러스의 DNA는 순서배열이 되었으며, 연구 실험을 수행하기 위해 많은 단편을 사용할 수 있다. 따라서 전체 바이러스를 유지하는 것은 더 이상 필요하지 않는다.
- 남은 실험실의 바이러스를 제거하면 질병이 근절되고 프로젝트가 완성될 것이다.
- 도난이나 우발적인 바이러스 방출로 인한 전염병이 남은 바이러스가 파괴되면 발생하지 않는다.
- 미국과 러시아가 남은 천연두를 파괴하면 생물학적 전쟁은 용납되지 않는다는 메시지를 보내는 것이다.

파괴 반대:

- 바이러스에 대한 향후 연구는 전체 바이러스 없이는 불가능하다. 실제로, 바이러스 유전체의 특정 서열은 현재 실험실 수단으로 해독할 수 없다. 바이러스가 질병을 어떻게 유발하고 인간 면역체계에 영향을 미치는지에 대한 통찰력은 유전체와 전체 바이러스 없이는 연구할 수 없다. 바이러스 연구는 다른 전염병에 적용될 수 있는 더 나은 치료 선택을 할 수 있게 한다.
- 돌연변이 바이러스는 천연두를 유발할 수 있으므로 천연두의 지속적 연구 준비를 위해 필요하다.
- 모든 천연두 재고가 어디에 있는지 아무도 모른다. 천연두 바이러스 재고는 생물 테러 목적으로 전 세계의 다른 실험실에 비밀리에 보관되었을 수 있으므로 재고를 파괴하면 대중을 보호하는 데 취약해질 수 있다. 천연두 바이러스는 또한 묻힌 시체에서 활성 상태로 남아 있을 수 있다.
- 바이러스를 파괴하는 것은 과학자들의 연구 수행 권리를 손상시키며, 파괴의 동기는 과학적이 아니라 정치적인 것이다.
- 오늘날 천연두 바이러스를 처음부터 만드는 것이 가능하다. 그러함에도 그것을 왜 파기해야 하는가?
- 천연두 바이러스가 낙타 두창에서 진화했을 수 있기 때문에 그러한 진화가 낙타 두창에서 다시 일어나지 않을 것이라고 누가 말할 수 있는가?

논쟁의 시사점

이제 당신 차례이다. 두 목록에 당신은 어떤 견해를 추가할 수 있는가? 어느 주장을 선호하는가?

참고: 2011년 세계보건기구의 세계보건총회는 천연두 보관에 대한 보유 또는 파기에 대한 증거를 다시 검토하기 위해 만났다. 2018년에도 교착 상태는 계속되었다.

인플루엔자

인플루엔자(influenza; 독감, The flu)는 급성 전염성 질병으로, 호흡기 비말에 의해 전파된다. 인플루엔자 바이러스는 아주 특이하다. 인플루엔자 바이러스는 8개의 단일 나선 RNA단편으로 구성되어 있다(**그림 18.7**). 바이러스 외피에는 스파이크라고 불리는 단백질이 돌출되어 있다. 대부분의 스파이크에는 효소인 **혈구응집소[hemagglutinin, H 스파이크(H spikes)]**로 구성되며, 숙주 세포 속으로 바이러스가 들어가는 것을 돕는다. 나머지 스파이크, 즉 **뉴라미니데이즈[neuraminidase, N 스파이크(N spikes)]**라 불리며 바이러스가 숙주 세포에서 방출되는 것을 돕는다. 어떤 하나의 바이러스 입자에 있는 H 및 N 스파이크는 모두 동일하다.

이 두 가지 스파이크 효소에서 돌연변이 혹은 유전자 재배열에 의하여 화학적 변화가 주기적으로 발생하면서 새로운 독감 바이러스의 변이종을 만든다. 이러한 변화는 실제로 중요성을 가지고 있다. 왜냐하면, 지난해의 인플루엔자 공격 동안 만들어진 항체는 올해의 인플루엔자 균주들을 인식하지 하기 때문이다. 따라서 새로운 예방 접종을 받지 않은 채 바이러스에 노출되면, 또 다른 독감에 걸린다. 이러한 결과로 매년 계절성 독감이 발생하는 것이다.

A형 바이러스는 특정 지역에서 전염병을 일으킬 수 있고, 이 장의 처음에 설명한 것처럼 가끔은 세계적인 유행성 병이 될 수 있다. B형은 널리 확산되지는 않고 온화한 계절

A CLOSER LOOK 18.2

생물테러: 그것은 모두 무슨 일?

2001년 10월 미국 동부 해안에서 발생한 탄저병 공격은 많은 보건 및 정부 전문가들이 10년 넘게 말한 바를 확인시켜 주었다. 우려는 생물 테러가 발생하는지 여부가 아니라 언제 어디서 발생하는지에 대한 것이다. **생물테러(Bioterrorism)**는 정치적, 종교적 또는 이념적 이유로 많은 인구에게 공포를 일으키거나 사망이나 질병을 유발하기 위해 주로 미생물 또는 그 독소를 의도적으로 또는 위협적으로 사용하는 것을 말한다.

생물테러는 새로운 것인가?

생물테러는 생물 전쟁에 사용되는 감염원으로 시작하는 오랜 역사를 가지고 있다. 미국에서는 프랑스와 인디언의 전쟁(1754~1763)에서 영국군이 프랑스를 동정하는 반항적인 부족들에게 호의로 가장하여 천연두가 든 담요를 주었다. 이 질병은 전에 노출된 적이 없던 면역력이 없는 아메리카 원주민들을 죽였다. 일본은 1937년에서 1945년 사이에 생물 전쟁용으로 여러 미생물 무기를 중국 군인과 민간인에 대하여 치사율에 대한 설계된 실험을 시험하기 위해 731 부대를 창설했다. 약 10,000여 명의 피험자가 선페스트, 콜레라, 탄저병 및 기타 질병으로 죽었다. 1973년 미국, 소련 및 기타 100여 개 이상의 국가들은 생물 무기에 대한 연구 후에 생물 무기 개발, 배치 또는 비축을 금지하는 생물 및 독소무기 협약에 서명하였다. 안타깝게도 이 조약은 준수 여부를 모니터링할 방법을 제공하지 않았다. 그 결과, 1980년대에 소련은 천연두 바이러스, 탄저병 및 전염병 박테리아를 포함한 많은 미생물 제제를 개발하고 비축했다.

미국에서는 여러 가지 생물 범죄가 일어났다. **생물 범죄(Biocrimes)**는 특정 집단에 해를 끼치거나 죽이기 위해 생물학적 제제를 음식이나 물 또는 주사에 의도적으로 도입하는 것이다. 가장 잘 알려진 폭력 범죄는 1984년 오레곤에서 라지니시 종교 집단이 지역 선거에 영향을 미치기 위해 의도적으로 여러 레스토랑의 샐러드바를 살모넬라균으로 오염시킨 것이다. 실패한 계획은 750명 이상의 시민을 아프게 하고 40명을 입원시켰다.

어떤 미생물이 생물 테러제로 간주되는가?

상당한 수의 인간 병원체와 독소가 미생물 무기로서의 잠재력을 가지고 있다. 소위 "Tier 1 약제"에는 세균 유기체, 세균 독소 및 바이러스가 포함된다. 이 약제의 심한 정도는 그것이 병원성을 유발하는 질병의 정도와 전파의 용이성에 따라 결정된다. Tier 1 약제는 탄저병 및 천연두와 같은 에어로졸 접촉에 의해 전염되거나 보툴리눔 독소와 같은 식품 또는 물 공급을 통하여 첨가될 수 있다(**표 A** 참조)

왜 미생물을 사용하는가?

아마도 12개국이 미생물로부터 생물무기를 생산할 수 있는 능력을 가지고 있을 것이다. 이러한 미생물 무기는 이들 국가와 테러 조직에 일반적으로 분명한 이점을 제공한다. 아마도 가장 중요한 것은, 생물 무기가 "빈민국의 평형장치"를 대표한다는 것이다. 미생물 무기는 화학무기와 핵무기에 비해 생산 비용이 저렴하며, 핵무기만큼 위험하고 치명적인 수단을 이들 국가에 제공한다. 또한, 미생물은 무방비(비면역) 개체군에게 몇 분 만에 치명적일 수 있다. 재래식 및 핵무기와 달리 무취, 무색, 무미의 미생물학 무기는 인프라를 손상시키지 않지만 그러한 지역을 장기간 오염시킬 수 있다. 신속한 치료가 없을 경우, 대부분의 선택된 미생물 제제는 의료 시설을 압도하는 많은 수의 사상자를 발생시킬 수 있다. 마지막으로, 미생물 제제의 위협적 사용은 종종 테러리즘의 핵심인 공포와 불안을 야기한다.

미생물 무기는 어떻게 사용할 수 있는가?

알려진 모든 미생물 제제(천연두 제외)는 환경에서 자연적으로 발견되는 유기체를 나타낸다. 그러나 대부분의 선택된 제제는 "무기화"되어야 한다. 즉, 전달 가능하고 안정적이며, 증가된 감염력 또는 치사율이 있는 형태로 만들어져야 한다. Tier 1의 거의 모든 미생물 제제는 흡입 에어로졸로서 효과적이다.

기존의 수단으로 생물학적 제제를 보급하는 것은 어려운 작업이다. 가장 유력한 보급 형태인 에어로졸 전파는 미생물 무기를 매우 민감한 환경 조건에 노출시킨다. 과도한 열과 자외선은 환경에서 제제의 효능과 지속성을 제한할 수 있다. 일부 국가에서 유전공학과 생물공학을 통해 더 많은 치명적인 생물 무기를 개발할 가능성이 여전히 있다.

결론

과학자이자 소련 생물 무기 프로그램의 망명자인 Ken Alibek은 최

에 더 많이 발생한다. A형 인플루엔자 바이러스의 동정은 바이러스에 존재하는 H 및 N 스파이크에 기반한다. 인플루엔자 A는 H1에서 H17까지 번호가 매겨진 17개의 고유한 H 스파이크 단백질을 기반으로 하는 아형으로 분류된다. 또한 N1에서 N10으로 번호가 매겨진 10개의 고유한 N 스파이크 단백질을 기반으로 하는 아형으로 분류된다. 현재의 계절성 독감의 아형은 A(H1N1) 및 A(H3N2)이다.

인플루엔자에 전염되면 갑작스럽게 오한, 피로, 두통이 나타나고, 고통은 가슴, 등 및 다리에서 가장 두드러진다. 24시간 지나면 체온이 올라가고 기침이 심해진다. 이러한 심

Salmonella: sal-mon-EL-lah

고의 생물 방어로서 생물 테러 제제의 영향을 최소화할 수 있는 적절한 의료 방어를 개발하는 데 집중할 것을 제시하였다. 이러한 제제가 비효과적이면 위협으로 끝날 것이다. 이를 위해서는 예방 접종이 최선의 방어책이 될 수 있다. 미국은 천연두 "사건"이 발생할 경우 전체 인구를 예방할 수 있는 충분한 수량의 천연두 백신을 비축했다고 밝혔다.

결국 우리는 세계에서 일어나는 사건을 통제할 수 없지만, 생물 테러리즘을 이해함으로써 , 미래에 일어날 사건들에 우리가 어떻게 반응해야 하는지 통제할 수 있다.

표 A 일부 Tier 1 제제 및 알려진 사용 위험*

제제 유형	질병 (미생물종 또는 바이러스명)	알려진 위험
세균	탄저병(*Bacillus anthracis*) 역병(*Yesinia pestis*) 야토병(*Francisella tularensis*)	위험 보통 보통
바이러스	천연두 (Variola 바이러스) 출혈열 (에볼라 바이러스)	보통 낮음
독소	보툴리눔독소 (*Clostridium botulinum*)	보통

*미생물 발음은 **부록 A** 참고

한 징후에도 불구하고, 인플루엔자는 보통 짧은 기간 진행되며, 예후가 좋은 편이다. 그러나 포도상구균과 같은 세균성 병원체가 손상된 호흡기 조직을 침범하면 2차적인 합병증이 발생할 수 있다. 이들 세균은 대부분 폐렴의 원인이 된다. "독감으로 사망"하는 대부분의 사람들은 실제로 폐렴 감염에 의해서 사망한다.

인플루엔자를 치료하기 위한 항바이러스제가 개발되어 있다. 상표명은 알약 형태의 Tamiflu®(속명: oseltamivir)와 흡입 분말제인 Relenza®(속명: zanamivir)이다. 이들 모두 뉴라미니데이즈 효소의 기능을 저해한다. 하지만, 이 약들은 병의 치료보다는 초기에 복용했을 때 독감의 증상을 약화시키고 병으로 앓고 있는 시간을 약간 줄여줄 뿐이다.

생후 6개월 이상인 모든 사람은 가을마다 독감 예방접종을 하여 그 해의 계절성 독감으로부터 자신과 다른 사람을 보호해야 한다. 현재 "독감 예방주사"를 위해 제조된 백신은 불활성화된 인플루엔자 바이러스를 사용한다. 여기에는 다가오는 독감 시즌에 대해 확인된 주요 독감 유형을 나타내는 2개의 A형과 1개의 B형 바이러스 또는 2개의 A형과 2개의 B형이 포함되어 있다. 중요한 것은 백신에 "살아있는" 인플루엔자 바이러스가 포함되어 있지 않다는 것이다. 어떤 사람들은 백신으로부터 독감에 걸릴 수 있다고 상상한다. 팔에 맞는 백신의 경우 그것은 불가능하다. 그러나 다음과 같은 방법으로는 독감에 걸릴 수 있다.

- **면역 자극 실패.** 일부 경우에서, 독감 백신이 단순히 "받아들여지지" 않는다. 어떤 이유에서 인지 접종자의 면역체계가 백신에 반응하지 않음으로써, 면역이 형성되지 않는다.
- **다른 아형의 존재.** 독감 시즌에는 독감 바이러스가 순환하는 다른 아형이 있다. 따라서 백신용으로 사용하지 않은 다른 균주에 감염된 사람은 여전히 독감에 걸릴 수 있다.
- **저항의 발달.** 백신 접종 후 계절성 독감에 대한 항체와 내성을 발달시키기까지 약

그림 18.7 인플루엔자 A 바이러스. A형 독감 바이러스의 도식으로 8개의 RNA 단편, 적혈구응집소와 뉴라미니데이즈 스파이크가 돌출되어 있는 외피를 보여준다.

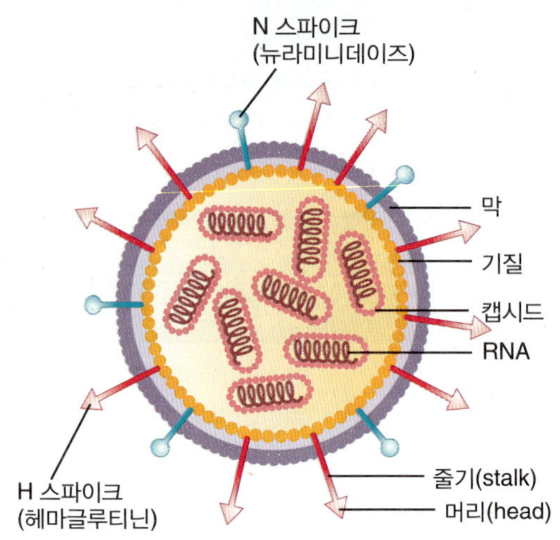

10~14일이 걸린다. 그러므로 10~14일 정도의 잠복기 동안 신체는 면역 저항을 생성할 시간이 없었으므로 여전히 독감에 걸릴 수 있다.

또한 독감 백신의 두 번째 방식으로, 비강 흡입용 분사식이 있다. 약화된 독감 바이러스를 가진 백신이지만, 이것에 의해 독감에 걸릴 확률은 거의 없다. 이 백신은 2세에서부터 임신한 여성을 제외한 49세까지의 건강한 사람에게 제공될 수 있다.

일반 감기

코감기(head cold)라고 불리는 상부 호흡기 감염은 코감기 바이러스(rhinovirus)에 의해 발생한다. 이러한 바이러스들은 '코'와 감염 부위를 의미하는 그리스어인 *rhino*에서 이름이 유래한 100가지 이상의 다른 RNA 바이러스 중에서 한 그룹을 이루고 있다. 성인은 전형적으로 매년 2~3회, 어린아이는 6번까지 보통 봄, 가을에 감기로 고생한다(**그림 18.8**).

코감기는 두통, 오한, 건조, 목이 따끔거리는 전형적인 증상이 있다. "콧물"과 코가 막히는 현상이 주요 증상이다. 기침을 하기도 하고, 열은 없거나 약하게 나타난다. 질병은 보통 7~10일 정도 지속된다. 항히스타민제는 감기 증상을 완화하는 데 사용될 수 있다. 너무나 많은 다른 바이러스들이 코감기 증상에 포함되어 있어서 백신 개발의 전망은 밝지 않다.

그리고 독감과 일반 감기의 증상의 차이는 무엇인가? **A CLOSER LOOK 18.3**에서 이 두 가지 질병을 비교하여 설명한다.

한타바이러스 폐증후군

1993년 여름에 미국 남서부에서 잠깐 동안 발생하였다. 4개주(애리조나, 뉴멕시코, 콜로라도, 유타)에서 발생한 장소 때문에 "포코너스병(Four Corners disease)"으로 명명하였다. 이 질병은 빠르게 발전하는 독감 유사 질병으로 혈관출혈 및 호흡부전 징후를 보인다. 이 질병은 한타바이러스라는 바이러스 군이 원인이므로, **한타바이러스 폐증후군(hantavirus pulmonary syndrome, HPS)**이라 명명되었다.

그림 18.8 바이러스성 호흡기 질환의 계절적 변이. 이 그림은 다양한 바이러스성 호흡기 질환과 관련된 계절(연간 발생률, %)을 보여준다. 장내 바이러스는 호흡기 질병뿐만 아니라 위장관 질병을 야기시키며, 대부분 환경으로부터 얻어진다.

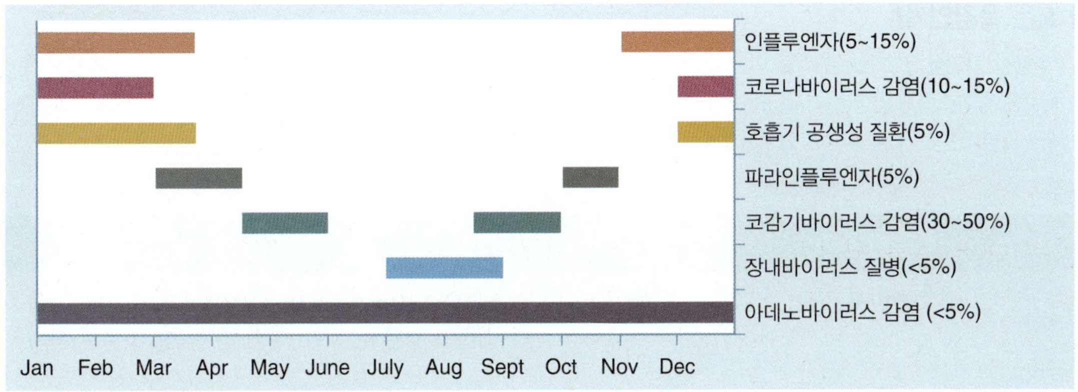

미국 질병관리본부 조사관은 설치류(특히, 사슴쥐)의 건조된 소변과 분변에서 나와 공기 중에 떠다니는 바이러스 입자를 원인체로 확인했다. 사람들은 감염된 설치류의 소변과 배설물에 숨겨진 바이러스를 포함하는 공기의 부유물질을 흡입함으로써 감염된다. HSP에 감염된 사람은 다른 사람에게 이 질병을 전파할 수 없다. 백신이나 효과적인 항바이러스제가 없기 때문에 치료에 제한이 있다. 따라서 HPS에 대한 최선의 보호는 설치류와 그 서식지를 피하는 것이다.

18.3 신경계의 바이러스 질병: 잠재적으로 생명 위협 초래

사람의 신경계는 바이러스가 조직에서 복제되면 상당한 손상을 입을 수 있다. 매우 치명적이고 잘 알려진 질병인 광견병은 이러한 특징을 가지고 있는 질병이다.

광견병

광견병(rabies)은 일단 징후가 완전히 나타나게 되면, 인간 질병 중 사망률이 가장 높은 것으로 유명하다. 역사적으로 보면 사람이 광견병으로부터 낫는 경우는 거의 없었다.

초기증상은 물린 부위가 따끔거림, 뜨거움이나 차가움 같은 비정상적인 감각이 느껴진다. 그 후 근육이 팽창하고 환자는 경계가 심해지며 공격적 성향을 보이게 된다. 그리고 곧 마비가 오는데, 특히 식도 근육이 마비되고 입에서 침을 흘린다. 두뇌는 퇴행하고 동시에 삼키는 기능을 못하게 되며 시각, 소리 또는 물에 관한 생각에 대해 공포심이 증가한다. 그래서 이 병은 글자 그대로 "물에 대한 두려움" 즉 **공수병(hydrophobia)**으로 불린다. 호흡기 마비로 사망하게 된다.

광견병은 개, 고양이, 말, 쥐, 스컹크와 박쥐를 포함한 대부분의 온혈 동물에 발생할 수 있다. 감염된 동물의 타액, 소변, 혈액 혹은 다른 체액에 의해 오염된 피부의 상처를 통해 RNA 바이러스가 조직으로 들어간다. 잠복기는 며칠에서 몇 년까지 다양한데, 이는 조직에 침투한 바이러스의 양 또는 상처가 중추신경계와 얼마나 가까운지에 따라 달라진다.

A CLOSER LOOK 18.3

감기인가 혹은 독감인가?

감기와 독감의 증상 차이를 알고 있는가? 둘 다 호흡기 질환이지만 다른 바이러스에 의해 발생한다. 그러나 둘 다 가끔 비슷한 증상이 있다. 일반적으로 독감은 갑작스럽게 발병(3~6시간)하고 감기는 서서히 시작한다. 독감 증상은 감기 증상(표 참조)보다 더 심하며, 감기는 일반적으로 폐렴 및 세균 감염과 같은 보다 심각한 합병증으로 진행되지 않고 입원도 필요하지 않다.

증상	일반 감기	독감
열	흔하지 않음	일반적; 38~39°C(100~102°F)(100~102)[가끔 어린 아이들의 경우 40°C(104°F) 더 높음]; 3~4일 지속
두통	흔하지 않음	일반적
오한	흔하지 않음	매우 일반적
일반적인 통증	경증	일반적이고 가끔 심함
피로와 쇠약	때때로	일반적이고 2~3주 지속
극심한 피로	흔하지 않음	일반적이고 질병의 초기에 나타남
코막힘	일반적	때때로
재채기	일반적	때때로
목 쓰림	일반적	때때로
기침	경증에서 중등도, 젖은(점액 생성) 기침	건조, 심해질 수 있는 기침

미국 국립 알레르기 및 전염병 연구소의 자료 www.niaid.nih.gov/topics/Flu/Pages/coldOrFlu.aspx

일단 징후가 나타나면 생존 가능성이 거의 없다. 하지만, 광견병 동물로부터 물렸거나 접촉한 적이 있는 사람은 가능한 한 빨리 광견병 백신을 접종해서 면역을 가져야 한다. 이 과정은 상완의 삼각근에 4회 주사하는 것으로 이루어진다. 첫 번째 접종은 즉시 이루어지고, 추가 접종은 3일, 7일, 14일에 이루어진다. 질병의 잠복기가 길기 때문에 예방 접종으로 보호 면역을 만드는 면역화 시간이 충분히 있다. 첫 번째 백신 접종 시에는 광견병 면역글로불린이라고 불리는 주사도 함께 맞아야 한다. 이 면역글로불린에는 광견병 바이러스가 더 많은 세포를 감염시키는 것을 억제하는 항체가 포함되어 있다.

미국에서, 사람의 광견병 사례 수는 일반적으로 가축의 예방 접종 덕분에 연간 5명 미만이다. 오늘날 미국 질병관리본부에 보고된 광견병 사례의 약 92%는 야생동물(너구리, 스컹크, 박쥐, 여우 및 설치류)에서 발생한다.

소아마비

소아마비(polio)는 보통 오염된 물이나 음식을 통해서 몸속으로 들어오는 매우 작은 RNA를 가진 소아마비 바이러스가 원인이다. 약 75%의 감염자에서는 어떠한 증상도 전혀 나타나지 않는 반면, 20%의 감염자는 열, 목의 따끔거림, 복통 또는 감기와 같은 증상을 미약하게 보인다. 어떠한 마비증상이나 기타 심각한 합병증은 일으키지 않는다.

불행히도 5% 이하의 감염자들은 바이러스에 의해 신경계가 파괴되어 심각한 마비증상을 보인다. **뇌척수막(meninges)**에 염증이나 부종이 발생하면, 팔, 다리 그리고 몸통에서 마비를 일으킬 수 있다. 가장 심한 경우는 바이러스가 뇌의 **수질(medulla)**을 감염시키는 것이다. 삼키는 것이 힘들고 혀, 안면 근육, 목이 마비된다. **횡격막(diaphragm)** 근육의 마비는 호흡을 힘들게 하여 사망에 이를 수 있다.

뇌척수막(meninges): 뇌와 척수를 둘러싼 삼중막.

수질(medulla): 척수와 연결된 뇌의 아래쪽 부분.

횡격막(diaphragm): 흉곽의 바닥을 가로지르는 내부 골격근 막.

소아마비 백신은 두 가지가 있다. 주사로 주입되는 사크 백신(Salk vaccine)은 불활성화한 바이러스를 포함하고 있다. 구강을 통해 섭취하는 사빈 백신(Sabin vaccine)은 약화된 소아마비 바이러스를 포함하고 있다. 사크 백신은 현재 미국과 대부분의 나라에서 선택하고 있는 백신이다.

소아마비 예방 접종 프로그램의 확산으로, 미국에서는 1979년도에 소아마비가 사라졌다. 소아마비 백신이 나오기 전인 1950년대 초 무렵에는 매년 15,000건 이상의 소아마비가 발병했다. 백신 도입 이후 소아마비 발병 건수가 1960년대에는 100명 이하, 1970년대에는 10명 이하로 급격히 감소했다.

1988년에 전 세계적 소아마비 박멸 시도는 지구 상의 소아마비 퇴치를 시작했다. 그 이전까지, 소아마비는 전 세계적으로 매일 1,000명 이상의 어린이를 마비시켰다. 그 이후 25억 명 이상의 어린이가 소아마비 예방 접종을 받음으로써 소아마비 보고 사례가 99% 감소했다. 현재 소아마비가 아직까지 지속되는 국가는 3개국(아프가니스탄, 나이지리아, 파키스탄)뿐이다. 지속적인 예방 접종 노력을 통한 전 세계적인 근절은 이러한 심각한 인간 질병을 종식시킬 것이다.

웨스트 나일 바이러스 감염

웨스트 나일 바이러스 감염[West Nile Virus (WNV) Infection]은 이름처럼 웨스트 나일 바이러스가 원인이다. 이것은 모기를 통해 전파되는데, 1999년 미국에서 처음으로 나타났다. 그 이후 미국 대륙과 캐나다로 퍼져 나갔다(**그림 18.9**).

대부분의 사람들은 이 바이러스에 감염된 조류의 혈액을 섭취한 모기에 물려 웨스트 나일 바이러스에 감염된다. 감염된 모기들은 인간과 다른 동물에게 바이러스를 퍼트린다(**그림 18.10**).

감염의 위험은 밖에서 일하거나 야외 활동을 하는 이들이 가장 높은데, 이는 감염된 모기에 물릴 가능성이 높기 때문이다. 감염된 이들의 대다수가 별다른 증상을 보이지 않는다. 그러나 감염된 이들의 약 20%는 신경계 비침습 질환을 보이며, 발열, 두통, 신체 통증 및 관절 통증, 구토, 설사 및 발진을 가진다. 대부분의 환자들은 오랜 시간 동안 피곤해하고 무기력함을 보인 뒤에 완전히 회복한다.

감염된 사람의 1%에서 신경계 침습 질환을 일으킨다. 뇌의 감염 및 염증을 일으키는 뇌염(encephalitis), 또는 뇌와 척수를 덮고 있는 보호막인 뇌척수막(meninges)의 감염인 **뇌수막염(meningitis)**을 유발한다. 신경계 침습 증상인 웨스트 나일 바이러스 감염의 징후는 매우 높은 발열, 심한 두통, 방향 감각 상실, 그리고 혼수상태에 빠지기 전에 연속적인 경련이 먼저 일어나기도 한다. 이 중의 약 10%는 신경증상 이상 발달로 사망할 수 있다.

질병을 치료할 약제나 항바이러스제가 없고, 바이러스 감염을 예방하기 위한 백신도 존재하지 않는다. 보다 심한 환자의 경우에는 정맥 주사액, 진통제 및 간호와 같은 보조 치료를 받기 위해 가끔 입원한다.

그림 18.9 미국에서 웨스트 나일 바이러스 질병의 사례. 2018년 동안 이 질병의 많은 사례들이 캘리포니아와 중서부의 위쪽에서 발생하였다.

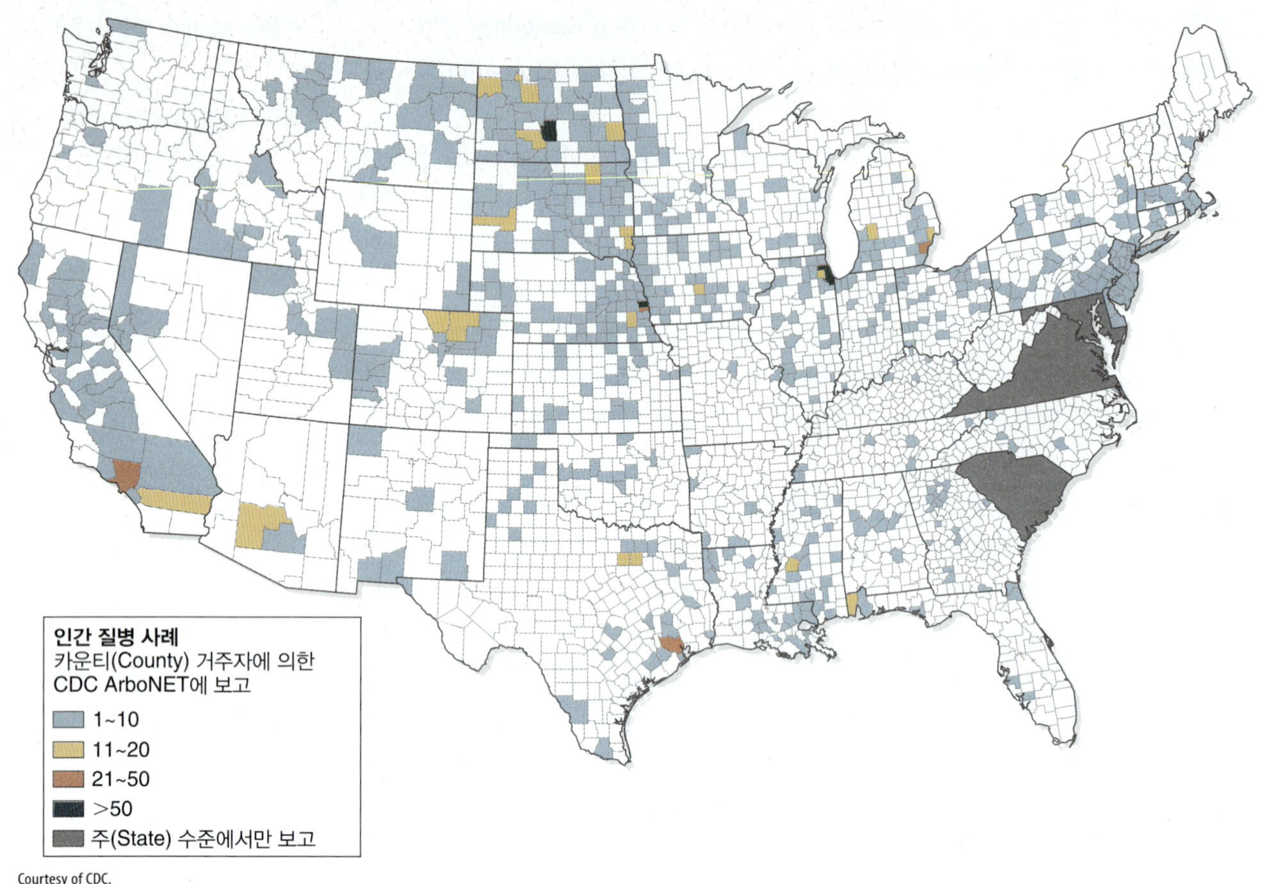

Courtesy of CDC.

지카바이러스 감염

가장 최근에 부각된 바이러스 질병 중 하나로 **지카 바이러스 감염[Zica virus (ZIKV) infection]**이 있다. ZIKV는 2016년에 브라질 전역에 빠르게 퍼져 서반구의 50개 이상의 다른 국가와 영토에 퍼졌다. 800,000건 이상의 ZIKV 감염 사례가 보고되었다. 아프리카와 남태평양의 초기 감염에서 ZIKV는 경증에서 중등도의 질병만 일으키지만, 심각한 합병증이나 사망을 일으키지 않는 것으로 예측하고 있다. 그러나 2016년 전염병 기간 동안 **소두증(microcephaly)**이 있는 유아의 출생이 급격히 증가했다는 보고에 따라서, WHO는 지카 관련 소두증을 세계적 보건 비상사태로 선언하도록 하였다.

소두증(microcephaly): 머리와 뇌 크기가 비정상적으로 작은 유아.

지카바이러스는 모기의 일부 종에 의해 퍼지게 된다. 사람의 감염은 양수와 태반에서 확인되었는데, 이 바이러스는 **분만기(perinatal)**의 초기에 산모에서 태아에게 전파될 수 있다. 또한 성교로 인한 전염이 알려져 있다. 보건 전문가들은 바이러스에 감염된 사람의 80%에서는 어떤 증상도 나타내지 않는다고 보고하고 있다. 증상이 있는 20%는 발진, 관절통 및 결막염(적안)이 모기에 물린 후 2~7일에 나타날 수 있다. 감염으로부터 회복되면 지속적인 면역을 부여하는 것으로 추측한다.

분만기(perinatal): 출산 가까이의 시간.

지카바이러스는 감염된 임산부에게서 태아로 전염될 수도 있다. 이러한 태아 감염의 1~10%는 임신 초기와 중기 동안의 감염이 가장 심각하다. 지금까지 가장 놀라운 합병증은 소두증이다. 브라질에서는 2016년 유행병 기간 동안 2,000건 이상의 태아 소두증 또는 기타 중추 신경계 이상이 보고되었다. 연구자들은 바이러스가 어떻게 태반 장벽을 통과하

그림 18.10 웨스트 나일 바이러스의 전파. 이 그림에서는 인간을 포함한 여러 동물들 사이에서 웨스트 나일 바이러스 전파가 일반적인 양상임을 보여준다. 병원균의 생존을 위한 숙주만 감염시키는 것은 아니다. 병원균이 생존하기 위해서는 모기와 조류가 필요하다.

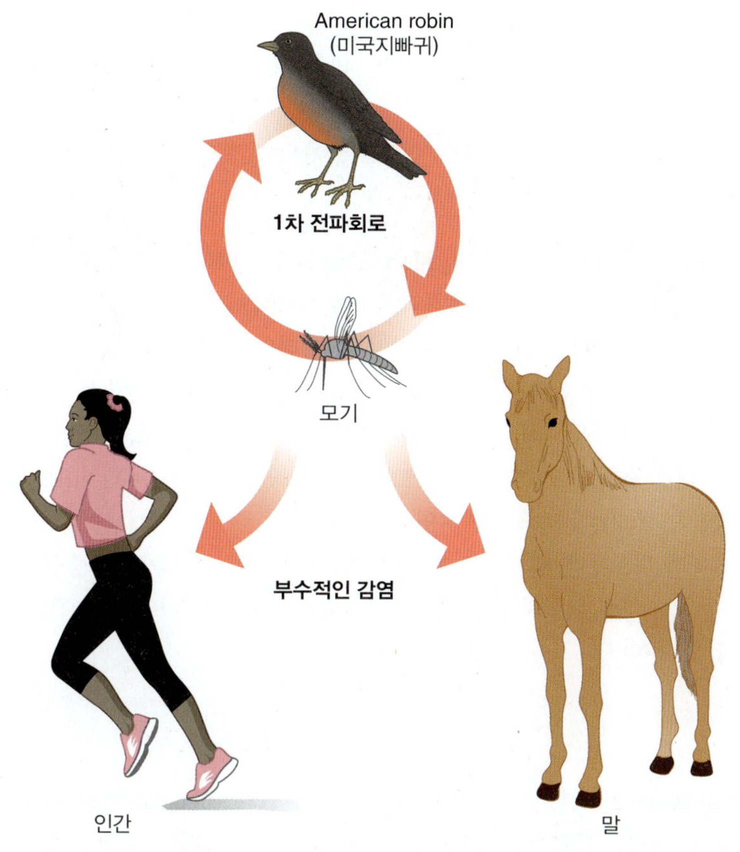

여 소두증을 일으키는지 알지 못한다. 일부 증거는 바이러스가 새로운 신경세포를 만드는 세포를 표적으로 함을 시사하고 있다.

지카바이러스에 감염된 성인의 일부는 **길랭-바레 증후군(Guillain-Barre syndrome)**이라고 하는 마비성 신경 질환으로 발전할 수 있다. 이는 면역 체계가 신경 세포를 손상시켜 팔과 다리의 근육을 약화시키는 경우에 발생한다. 일시적인 마비는 호흡에 영향을 미치므로, 호흡기의 도움이 필요할 수 있다. 이러한 상태가 수주에서 수개월 동안 지속될 수 있다.

2016년 발병 이후 질병 사례는 라틴 아메리카와 카리브해에서 감소했다. 과학자들은 ZIKV 감염이 왜 사라졌는지 알지 못하고 있다. 이제 라틴 아메리카와 카리브해의 많은 사람이 이 바이러스에 면역이 되어 있으므로 감염되는 사람들의 수를 줄일 수 있을 것이다. 일부 전문가들은 질병 사례가 약간 크게 증가하기까지 최소 10년이 걸릴 것이라고 예상한다. 많은 사람이 감염되기까지 이 바이러스는 낮은 수준에서 기다릴 것이다.

18.4 혈액과 신체 기관의 바이러스성 질병: 곤충과 식품 중에서

혈액 그리고 간, 비장, 소장 및 대장과 같은 기관의 바이러스성 질병은 곤충이나 오염된 식품과 음수에 의해 신체 조직에 들어온 바이러스가 원인이다.

출혈열

출혈(hemorrhagic): 순환계에서 혈액이 빠져나가는 것.

출혈열(hemorrhagic)을 유발하는 가장 위험한 바이러스성 질병 가운데 두 가지는 황열과 뎅기다.

황열

황열(yellow fever)은 황열 바이러스(yellow fever virus, YFV)로 감염된 모기에 의해 전파된다. 감염된 대부분의 사람들은 독감과 유사한 질환을 경험하고 별다른 치료 없이 좋아진다. 그러나 15%의 YFV 감염자는 보다 심한 형태의 질병을 겪게 된다. 이 사람들 중에서 간의 감염은 혈액에 담즙 색소가 넘치게 하는데, 이로 인해서 안색이 노랗게 되는 **황달(jaundice)** 현상이 나타난다. 중증환자는 잇몸출혈, 혈변 및 구토, 섬망을 경험하게 된다. 환자들은 내부 출혈로 20~50% 사이로 사망할 수 있다. 2016년부터 2018년까지 브라질에서 황열로 인해 500명 이상 사망하였다.

황열에 대한 치료법은 지지치료 밖에 없다. 그럼에도, 여행을 계획 중인 사람들이나 여행 중인 사람들, 황열 위험지역에 거주하는 사람들은 약독화 YFV 백신 접종을 통해 보호받을 수 있을 것이다.

뎅기

뎅기(dengue fever)는 백혈구에서 복제하는 뎅기 바이러스(dengue fever virus, DFV)에 의한 질병이다. 황열과 마찬가지로 DFV도 모기에 의해 전파된다. 감염된 모기에 물리면 감염 초기 증상으로 고열과 함께 심한 피로가 뒤따른다. 그 이후 근육과 관절에 매우 아픈 통증이 뒤따르고, 환자들은 가끔 뼈가 부서지는 것 같은 느낌을 호소한다. "뎅기(dengue)"라는 이름은 스와힐리어인 *dinga*에서 유래된 것으로 증상 중 일부를 설명하는 "경련 유사 발작"을 의미한다.

매년 1억 명에 달하는 많은 사람들이 감염된다. 사망은 드물지만, 이 바이러스의 다른 균이 나중에 체내로 유입되면 **뎅기 출혈열(dengue hemorrhagic fever)**이라고 불리는 상태가 발생할 수 있다. 뎅기열에 대한 어떠한 형태의 치료약이나 백신도 없지만 적절한 관리와 보살핌을 통해 사망률을 1% 이하로 유지할 수 있다.

에볼라 바이러스 질병

1976년 이후 **에볼라 바이러스 질병[Ebola Virus (EV) Disease]**이 중앙아프리카에서 산발적으로 발생했다. 이 질병의 대부분은 억제되고 시작 후 수주 이내에 없어진다. 그 이후 지금까지 최대의 EV 질병의 유행병은 2014년과 2016년 사이에 서아프리카에서 발생했다. 유행병이 억제되기 전, 기니, 시에라 리온, 라이베리아에서 거의 29,000건의 사례와 11,000명 이상이 사망했다고 보고했다. 2018~2019년도에 콩고민주공화국에서 에볼라가 또 발생하였다. 2019년 6월에 1,500명 이상이 사망하여 역사상 두 번째로 많았다.

EV 질병은 EV의 4가지 감염 균주 중 어느 하나에 감염되어 발생한다(**그림 18.11**). 이 바이러스는 EV에 감염된 사람이나 동물의 혈액 혹은 체액에 직접 접촉한 사람들에게 전파된다. EV 함유 분비물로 오염된 물건(예, 바늘)에 노출됨으로써 사람이 감염될 수 있다.

그림 18.11 에볼라 바이러스. 감염된 세포(노란색)에서 방출되는 에볼라 바이러스(파란색)의 가색(False-color) 주사전자현미경 이미지. (Bar = 2 μm.)

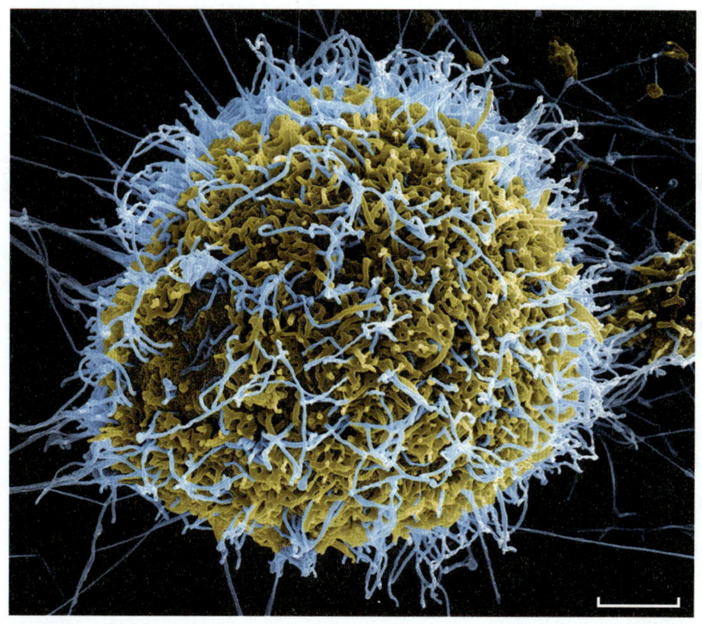

Courtesy of CDC.

초기 증상은 노출 후 2~21일(평균 8~10일)에 나타날 수 있으며, 발열, 심한 두통, 관절 및 근육통, 인후통, 쇠약 등이 있다. 2~3일 후에 설사, 구토, 복통이 따른다. 발진, 적안, 딸꾹질이 일부 환자에서 나타날 수 있고, 절반 이하의 사례에서는 눈에 띄는 출혈이 발생된다.

아직 EVD에 사용할 수 있는 항바이러스제는 없다. 그러나 실험용 EVD 백신이 콩고민주공화국의 에볼라 발병에서 예방 백신으로 사용되고 있다. 예비 연구에 따르면, 이 백신은 EBV 감염 예방에 97.5% 정도 효과적이라고 한다.

신체 기관의 기타 바이러스 질환

일부 다른 바이러스는 잘 알려진 전염병과 관련이 있다.

전염성 단핵구증

전염성 단핵구증(infectious mononucleosis) 또는 "**단핵구증(mono)**"은 젊은 성인에게서 나타난다. Epstein-Barr 바이러스(EBV)가 포함된 타액과의 접촉으로 전파될 수 있기 때문에 때때로 "키스 질환"이라고도 한다. EBV는 가장 흔한 인간 바이러스 중 하나로, 전세계적으로 발생하며 대부분의 사람들은 일생동안 언젠가 EBV에 감염된다.

감염성 단핵구증은 혈액 질환으로, 특히 면역계의 항체 생성 B 세포에 영향을 미친다. B 세포가 있는 림프절의 감염은 림프절의 비대를 유발한다. 이러한 소위 "림프 부종"은 인후염, 열 및 비장 비대를 동반할 수 있다. 회복 후에도 이 사람들은 여전히 몇 달 동안 보균자가 될 수 있으며 침 속에 바이러스를 지닐 수 있다.

단핵구증에 대한 특별한 치료법이 없고, 사용가능한 항바이러스 약제나 백신이 없다. 최근 보고서는 단핵구증을 앓은 사람들은 나중에 다발성 경화증과 같은 신경 퇴행성 질환에 보다 쉽게 걸릴 수 있다고 제시하였다. 헤르페스 바이러스와 마찬가지로 EBV는 B 세포에서 휴면 상태에 있을 수 있다. 나중에 활성화되면, 이 바이러스는 척추와 뇌를 침범하여 신경 주변의 보호막을 공격할 수 있다. 이와 관련된 연구들이 진행 중이다.

간염

간염(hepatitis)은 세 가지 종류의 바이러스가 주원인인 간의 급성 바이러스 질환이다.

- **A형 간염.** A형 간염 바이러스(HAV)는 일반적으로 오염된 음식이나 물을 통해 또는 감염된 식품 취급자를 통해 전염되는 작은 RNA를 가지고 있는 바이러스이다. HAV는 조개와 굴이 섭취한 오염된 바닷물의 먹이로부터 바이러스를 여과하고 농축하기 때문에 신선한 조개류에 의해서도 전파될 수 있다.

  A형 간염의 감염은 일반적으로 생명을 위협하지 않는다. 그러나 2017년 말부터 2019년에 걸쳐서, 켄터키는 미국 역사상 A형 간염의 발병을 가장 크게 경험했다. 2019년 5월 초 켄터키에서 4,400건 이상의 발병 관련 사례와 53명의 A형 간염 사망이 보고되었다. 대부분의 경우는 마약 사용자에 의해 확산되었다. 이들의 사망은 간 질병을 일으키는 C형 간염 감염을 포함한 다른 건강상 문제들의 결과이다. 또한 캘리포니아와 애리조나에서 보고된 주로 노숙자한테서 발생한 일련의 A형 간염 사례도 있었다.

  비활성화된 HAV를 포함하는 두 종류의 백신이 있다. 이 백신은 1세 이상의 사람과 감염 위험이 높은 사람들에게 권장된다.

- **B형 간염.** 또 다른 형태의 간염은 DNA 바이러스인 B형 간염 바이러스(HBV)에 의해 발생한다. 이 질병에 의해 매년 780,000명이 사망하는 세계적인 건강 문제이다. 전 세계 인구의 거의 1/3을 차지하는 20억 명의 사람들이 HBV에 노출되었으며, 약 2억 4천만 명이 장기적인 HBV 감염을 가지고 있다. 이들 중 약 20%는 HBV 관련 간 질환으로 사망할 위험에 놓여 있다.

  HBV의 전파는 일반적으로 혈액과 같은 감염된 체액과의 직접 또는 간접 접촉을 포함한다. 예를 들어, 피하 주사기나 문신, 침술 또는 귀 피어싱에 사용되는 혈액에 오염된 바늘과의 접촉으로 전파가 발생할 수 있다(**그림 18.12**). 또한 HBV는 감염된 상대로부터의 질, 항문 및 구강성교를 통해 전파될 수도 있다.

  B형 간염의 증상으로는 식욕부진, 메스꺼움, 구토, 미열 등이 있다. 간이 커짐에 따라 복부에 불편함이 따른다. 일반적으로 황달 증상의 시작이 고려되면서 소변의 색이 어두워진다.

  B형 간염 백신은 HBV의 단백질 단편만 포함하고 있다. B형 간염 백신을 접종하는 것은 중요하다. HBV에 감염되면, 장기적인 간 손상과 간암을 유발할 수 있기 때문이다. CDC는 1991년 백신 도입 이후 B형 간염 사례가 82% 감소했다고 보고했다. 이미 감염된 개인의 경우 몇 가지 항바이러스제를 사용할 수 있으며, 어떤 간 손상이 발생했는지 또는 간암이 발생하였는지 여부를 확인하기 위해 환자를 정기적으로 관찰해야 한다.

- **C형 간염.** 또 다른 RNA 바이러스인 C형 간염 바이러스(HCV)는 미국에서 가장 흔한 장기간 동안의 혈액 매개 감염 유형이다. 3백만 명 이상의 미국인이 만성 감염되었다. HCV는 성적으로는 효율적으로 전염되지 않으며, 대부분의 감염은 더러운 바늘을 사용하여 약물을 주입하면서 발생한다(**그림 18.13**).

그림 18.12 B형 간염의 일부 전파 형태. 다양한 형태의 혈액 접촉을 통한 전파 방법을 보여준다. 대부분 멸균이 잘 안 된 장비나 기구에 의해 일어난다.

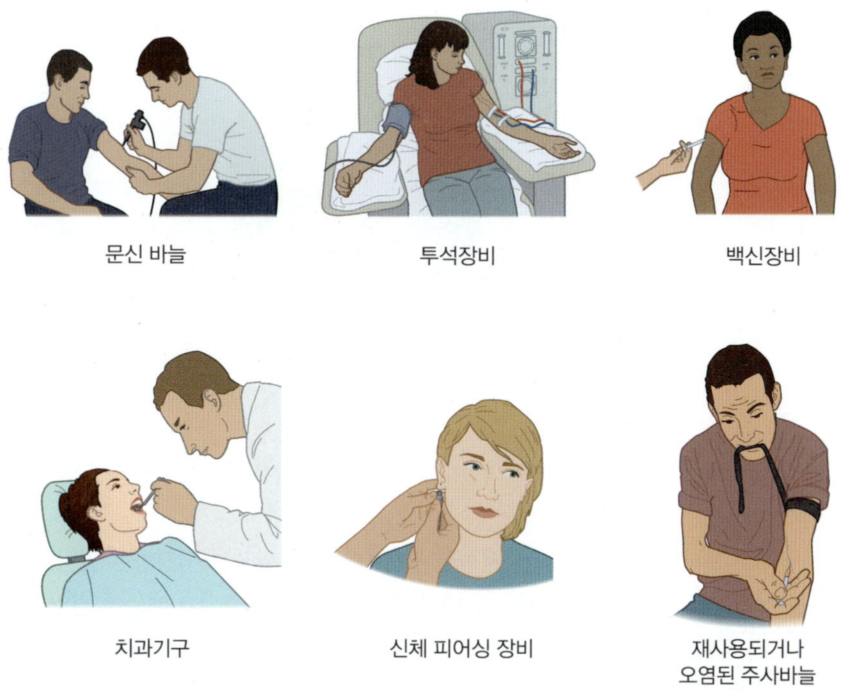

감염된 환자의 최대 75%가 만성 HCV 질환을 앓고 있으며, B형 간염과 유사한 증상을 나타낸다. 실제로 미국에서 HCV로 인한 간 손상이 간 이식의 주요 원인이다.

HCV 감염을 예방할 수 있는 백신은 없다. 그러나 새로운 C형 간염 혈액 검사는 이전 검사보다 보다 신속하게 HCV 감염을 선별, 감지 및 확인할 수 있다. 또한 12주 동안 병용하여 먹는 새로운 항바이러스제가 만성 HCV 감염 환자의 95% 가량 치료할 수 있다(즉, 치료 완료 후 3개월 동안 혈액에 바이러스가 검출되지 않음). 현재 이러한 일부 약제는 매우 비싸서, 대부분의 개발도상국가에서는 진단 및 치료에 대한 접근성이 낮다.

바이러스성 위장염

바이러스성 위장염(viral gastroenteritis)은 다양한 바이러스에 의해 위와 장에 염증이 발생되는 질환이다. 감염되면, 일련의 설사, 메스꺼움, 구토, 미열, 경련, 두통, 불쾌감 등 복합적인 갑작스러운 증상이 나타나게 된다. 바이러스 성 위장염은 인플루엔자 바이러스와 관련이 없지만 종종 "위장 독감"이라고 한다.

로타바이러스 위장염

2009년 이전까지, 세계에서 가장 심각하고 치명적인 어린이 위장염은 로타바이러스 위장염(rotavirus gastroenteritis)이었다. 설사를 보이는 이 질병은 전 세계적으로 2세 미만의 어린이들 중에서 1억 2,500만 건 사례와 50만 명 이상의 사망자를 발생시켰다. 미국에서는 매년 약 75,000건의 입원과 20~40건의 아동 사망이 발생했다. 그러나 2008년부터 미

그림 18.13 미국의 C형 간염 발생 원인. 1993년 이후 수혈에 의한 C형 간염 발생은 보고되지 않았다.

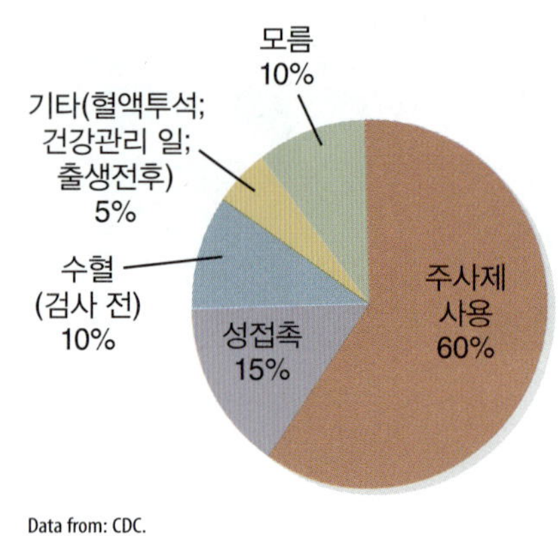

국에서 두 종류의 백신을 이용하게 되었다. 이러한 백신의 사용으로 심한 설사로 입원하는 건수가 약 95% 감소하였다.

미국에서 로타바이러스 감염은 서늘한 달(10~4월)에 발생하는 경향이 있어, 이 감염을 "겨울 설사"라고도 한다. 바이러스가 대변에서 대량으로 배출되기 때문에 전염은 대변-구강 경로에 의해 발생한다. 이틀의 잠복기 후 바이러스는 소장의 세포를 감염시키고 정상적인 흡수를 방해한다. 따라서 환자는 설사, 구토 및 오한을 나타낼 수 있다. 이 질병은 보통 3~8일 안에 진행된다. 감염에서 회복한다고 해서 면역이 보장되는 것은 아니다. 실제로, 많은 아이들이 여러 차례의 재감염을 겪는다. 설사로 심한 물과 전해질 손실은 생명을 위협할 수 있다.

노로바이러스 위장염

노로바이러스는 바이러스성 위장염의 가장 흔한 원인이다. CDC는 노로바이러스 위장염(norovirus gastroenteritis)이 매년 2,100만 건의 감염, 71,000건의 입원 및 약 800명의 사망을 일으킨다고 보고하였다.

노로바이러스는 바이러스에 오염된 음식이나 물을 섭취하거나 사람대 사람이 직접 전파함으로써 전염된다. 바이러스가 환경에서 매우 안정적이기 때문에 표면의 바이러스 오염도 감염의 원인이 될 수 있다.

감염된 경우 노로바이러스 위장염의 증상으로는 발열, 설사, 복통, 구토 등이 있다. 이러한 증상은 약 24~48시간 지속될 수 있고, 회복이 완료되어도 탈수가 가장 흔한 합병증이다. 로타바이러스 위장염과 마찬가지로 노로 바이러스 위장염의 유일한 치료법은 체액 및 전해질의 교체이다. 손을 씻고 안전한 음식과 물을 섭취하는 것이 중요한 예방 조치이다.

▶ 18.5 HIV 감염과 에이즈: 세계적 유행병

후천성면역결핍증후군(acquired immunodeficiency syndrome, AIDS)이 최초로 보고된 지 35년이 지났으며, 그 원인 바이러스인 **인체 면역결핍 바이러스(human immunodeficiency virus, HIV)**가 확인되었다. 오늘날 HIV 감염과 AIDS는 미국과 전 세계 국가에서 지속적인 문제로 남아 있다.

현재 통계

미국에서 100만 명이 넘는 사람들이 HIV에 감염되어 살아가고 있으며, 가염된 7명 중 1명은 감염된 것을 모른다. 이는 20만 명이 넘는 수치이다. 매년 계속해서 38,000명 이상의 새로운 HIV 감염이 있다. 미국 질병관리본부(CDC)는 에이즈 진단을 받은 사람들이 매년 약 15,000명 정도 사망하고 있으며, 1981년에 이 유행병이 시작된 이후 에이즈 진단을 받은 미국인 약 63만 6천 명이 사망하였다고 보고하였다.

전 세계적으로 매년 약 150만 건의 HIV 감염 사례가 있으며, 거의 3,700만 명의 사람들이 HIV 감염 또는 AIDS를 지닌채 살고 있다. 매년 약 100만 명이 AIDS 관련 질병으로 사망한다.

전염

HIV의 감염은 혈액이나 정액을 포함한 몇 가지 경로의 어떤 것에 의해 발생한다. 항문 교제를 포함한 은밀한 성적 접촉이 일반적인 감염 경로이다. 직장 조직에서 출혈이 발생하면 진입 입구는 바이러스가 혈류에 접근할 수 있게 한다. 또한 보호되지 않은 질을 통한 교제는 고위험 성행위이다. 다시 말하지만, 질 조직의 병변, 상처 혹은 찰과상은 바이러스의 침투 장소를 제공한다. 주사제 사용자가 혈액에 오염된 바늘을 공유하면 HIV도 전염된다. 마지막으로, 감염된 산모에서 태아로 HIV가 전이될 가능성이 있다.

바이러스 감염

HIV는 막에 돌출 부위가 있는 RNA 바이러스이다(**그림 18.14**). 이 돌출 부위가 **보조 T 세포(helper T cell)**의 세포 표면을 인식한다. 제17장의 질병과 내성에서 설명한 것처럼, 이 세포는 감염된 세포를 파괴하고 항체를 생산하는 데 면역계에서 필수적이다.

바이러스가 들어가면, RNA는 T 세포의 세포질에서 방출된다. 효소인 **역전사효소(reverse transcriptase)**를 사용하여 바이러스 RNA는 이중가닥 DNA를 합성하는 주형 역할을 한다(그림 18.14 참조). **프로바이러스(provirus)**라고 불리는 DNA 분자는 숙주 세포의 DNA에 삽입되어 무기한 침묵으로 있을 수 있다.

일단 활성화되면, 프로바이러스는 유전정보를 새로운 HIV 입자로 전사한다. 바이러스 입자는 숙주 세포에서 "봉오리(bud)"를 형성하여 튀어나오고 더 많은 보조 T 세포를 감염시킨다.

질병 진행

HIV로 인한 질병은 환자가 항바이러스 치료를 받고 있지 않다고 가정할 때, 세 가지 진행 단계로 나누어질 수 있다.

급성 HIV 감염

감염된 사람은 **급성 HIV 감염(acute HIV infection)**으로 시작한다. 이러한 사람은 초기 증상이 나타나지 않거나 독감 같은 증상을 겪을 수 있다. 두 경우 모두에서 신체의 HIV 양이 증가하는데, 이 기간 동안 바이러스가 다른 사람에게 쉽게 전염될 수 있다.

그림 18.14 인간면역결핍 바이러스(HIV)의 복제 주기. HIV의 복제는 역전사효소의 존재와 활성에 의존한다. 검정색 직사각형은 복제 주기에서 항바이러스제가 바이러스의 유입 또는 복제를 차단하는 장소를 표시한다.

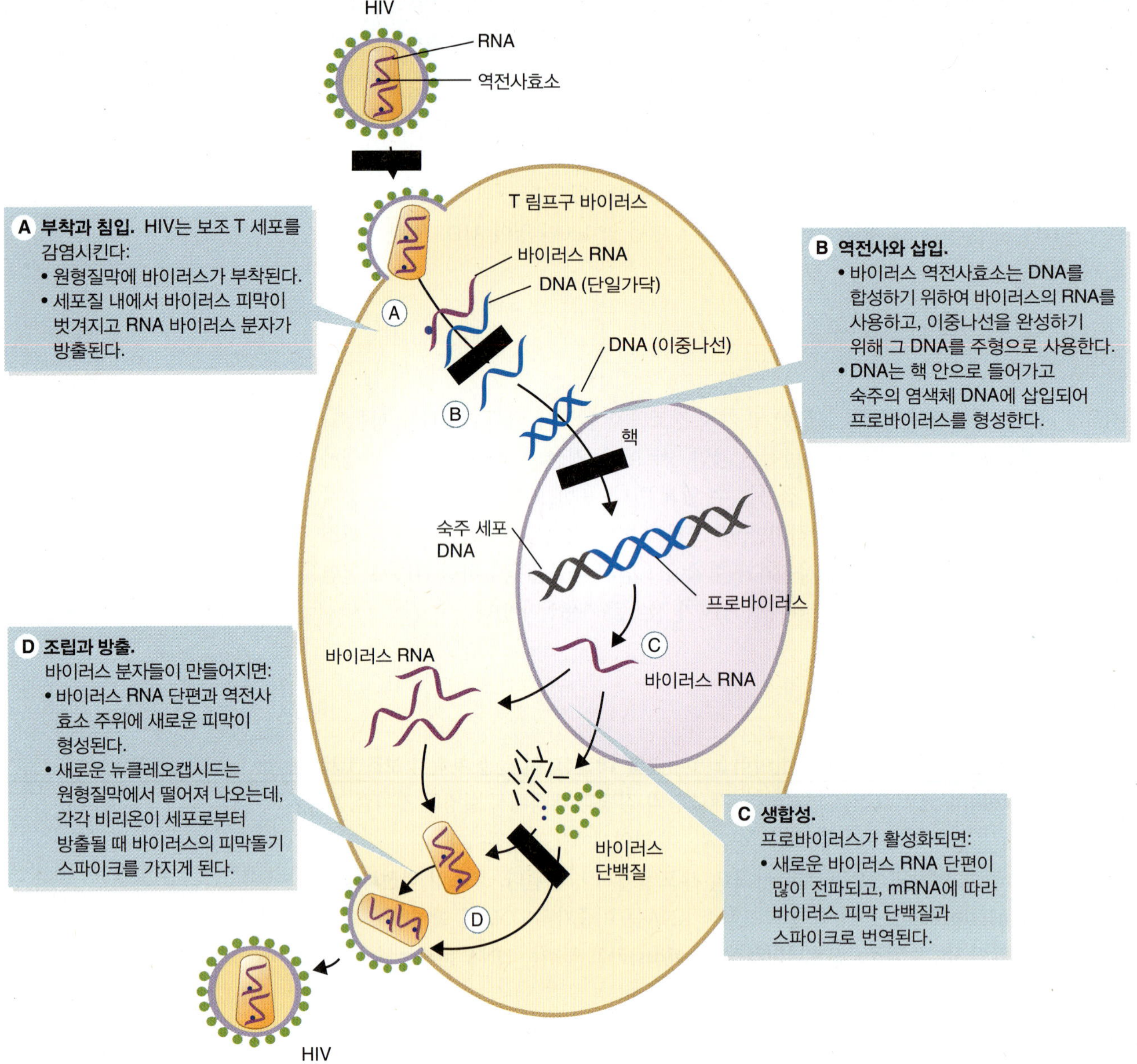

무증상 HIV 감염

대부분의 감염된 사람들은 **무증상 HIV 감염(asymptomatic HIV infection)** 단계로 들어가며, 수년 간 지속된다. 바이러스의 수준은 다소 안정적이지만, HIV는 여전히 낮은 수준으로 복제되고 있다. 항바이러스제로 치료받지 않으면 해가 갈수록 바이러스가 점차 우세하게 되고 보조 T 세포의 수가 감소된다. 그러면 이러한 사람에게서 이상한 질병의 증상이 시작될 것이다.

ADIS

보조 T 세포 숫자가 1마이크로리터당 200 이하로 떨어지면 에이즈에 걸린 것으로 간주된다. 이러한 사람은 보조 T 세포들이 거의 없어서 면역계가 다른 감염원들과 싸울 수 없게

그림 18.15 AIDS 환자에서 확인되는 증세. 다양한 기회감염 질병이 HIV에 감염된 결과로 인해 신체에 영향을 줄 수 있다. 다양한 기관들이 영향을 받는데, 여기에는 수많은 미생물들이 관련하고 있다. 네모안: 여성 생식계.

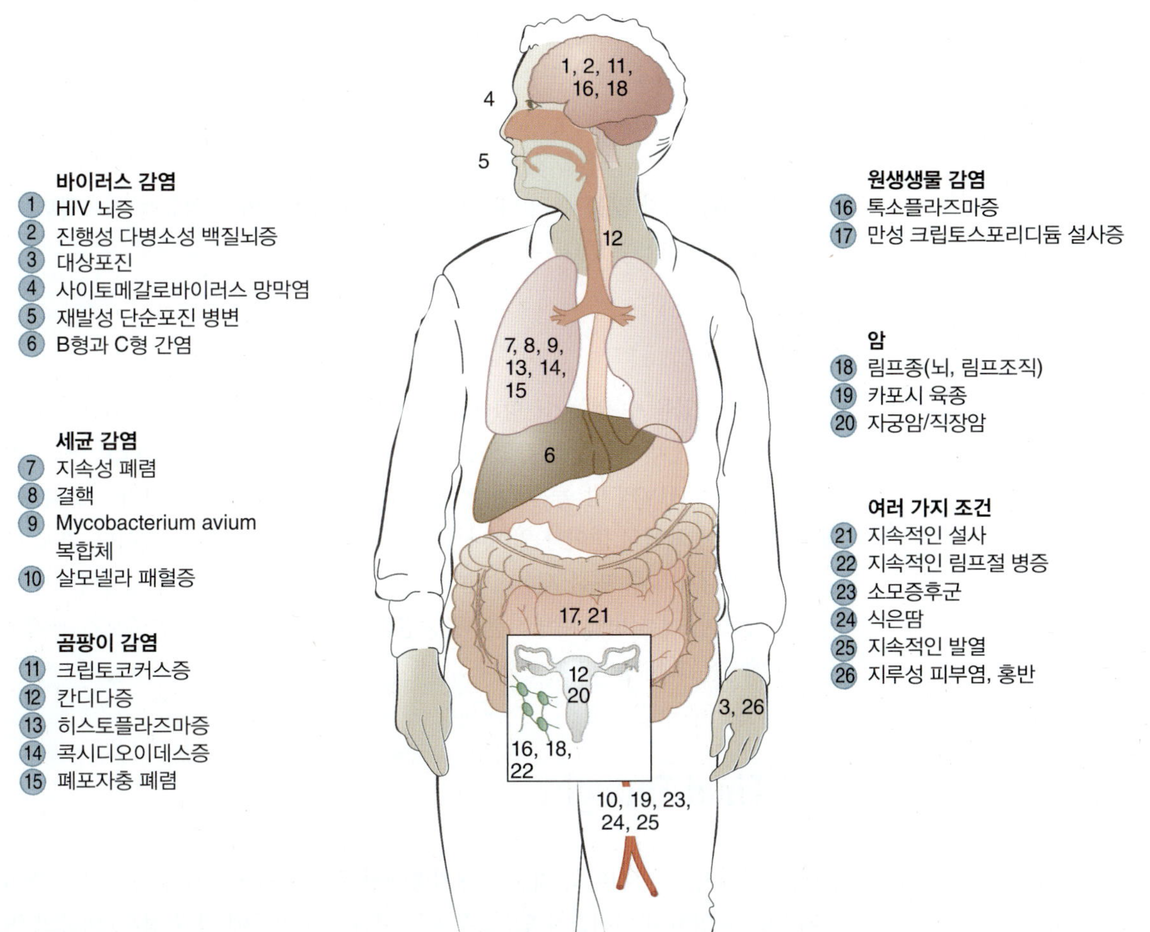

된다. 종종 200 이하의 수준으로 떨어지기 이전에 **기회감염(opportunistic)** 질병이 발생하기 시작하여 에이즈로 진단되어 확인되기도 한다(**그림 18.15**). 치료를 하지 않는 경우 AIDS 환자의 기대 수명은 3년 이하이다.

기회감염(opportunistic): 병원균이 약화된 면역계를 이용하여 감염을 일으키는 상황.

바이러스 검출

의사가 사람이 HIV에 감염되었는지 아닌지 판단하기 위해 의뢰할 수 있는 몇 가지 진단 시험들이 있다. 가장 간단한 방법은 혈액 검사를 통해 HIV 항체를 검출하는 것이다. 이것은 임상으로 할 수 있다. 또한 진단 키트는 약국이나 인터넷으로도 구입할 수 있다. 한 방울의 피를 여과지 위에 떨어뜨려 진단 실험실로 보내게 된다. 며칠 이내에 실험실과 연락되고 진단 키트와 함께 제공된 기밀 코드번호를 통하여 그 결과를 알 수 있다.

혈액 검사는 매우 정확하지만, 검사 키트를 구입한 사람에서 HIV 양성 반응을 보인다면, 혈액에 실제 바이러스가 있는지 확인하기 위해 가능한 한 빨리 의사의 진단을 받아야 한다. 만약 양성이면 항바이러스제 치료를 시작해야 한다.

항바이러스 치료

에이즈에 대한 치료법은 아직 없다. 한번 HIV에 감염되면 항바이러스 치료를 하여도 평생 동안 이 바이러스가 남아 있는다.

항레트로바이러스 요법(antiretroviral therapy, ART)은 바이러스 복제 단계를 차단하여 신체의 바이러스 수준을 억제하기 위한 것이다(그림 18.14 참조). 일부 항레트로바이러스제는 역전사효소 활성 또는 삽입을 방해하는 반면에, 다른 약물은 새로운 바이러스의 조립을 방해한다. HIV는 이러한 많은 약물에 내성이 될 수 있기 때문에, 대부분의 치료는 "칵테일"이라는 약의 조합을 사용한다. 세 가지 이상의 약을 함께 사용하면 신체의 바이러스 부하가 감지되지 않을 수 있다. 사실, 많은 환자들은 약물 치료를 계속하면 거의 정상적인 수명을 기대할 수 있다.

AIDS 백신

AIDS 백신이 있을 수 있는가? 항HIV 백신은 활발히 연구되고 있다. 연구 결과에 따르면 불활성화된 전체 바이러스는 감염되기 쉬운 사람들을 보호할 수 있다고 한다. 백신의 다른 후보들로는 HIV의 막 돌출부에서 발견되는 단백질과 같은 바이러스 조각이 있다. 문제는 HIV가 신체에서 변이가 일어나 항체 반응을 피할 수 있다는 것이다. 후보 백신을 실험하려는 자원자의 수 또한 제한적이다. 그럼에도 불구하고, 연구가 계속되면서 백신은 발전하고 있으며, 이 질병을 예방하는 데 중점을 두고 있다. 실제로 공중보건 관계자는 현재 최상의 백신은 교육이라고 강조한다.

A Final Thought

남미, 아프리카 및 아시아의 외진 열대지방에서 동물을 감염시키지만, 인간은 거의 감염시키지 않는 다양한 바이러스가 있다. 우연히 사람들이 이들에 걸릴 경우, 의학의 연보에 주목할 만큼 무시무시한 결과를 낳게 될 것이다. 에볼라 바이러스는 단지 하나의 예이다. 야생, 열대지역의 침입과 항공여행으로 인해 세계가 지구촌으로 축소됨에 따라 인간은 새롭고 때로는 위험한 미생물, 특히 바이러스를 경험하고 전파하고 있다. 오늘날 세계의 보건기관들이 이러한 발병을 감시하고 위험한 미생물이 유행병이나 전 세계적 유행병을 일으키기 전에 차단을 준비하는 것이 긴요하다. 이 일은 어렵지만 극복할 수는 없는 것은 아니다.

Chapter Discussion Questions

What Was He Thinking?

이 장을 읽으면서, 저자가 전달하려고 했던 바이러스 질병에 대한 5가지 주요 요점을 확인하고 토론하시오.

Questions to Consider

1. 미국 질병관리본부(CDC)는 국제체조경기에서 홍역이 발병했다고 보고했다. 51개국 700명의 운동선수와 수많은 코치와 매니저가 참여하고 있다. 국제적인 유행병을 피하고, 이 질병의 확산을 최소화하기 위해 취해야 할 조치는 무엇인가?
2. 런던의 내과 의사인 Thomas Sydenham은 1661년에 홍역을 성홍열, 천연두 및 다른 열병과 차별하고서, 이 질병을 연구하기 위한 재단을 설립했다. 이 장에서 논의된 다

양한 유사 피부 질환들을 어떻게 구분할 수 있을까?

3. 알래스카의 코디악으로 가는 비행기가 엔진 문제를 일으켜 착륙을 했다. 항공사가 다른 항공기를 준비하는 동안 승객들은 활주로에서 환기가 잘되지 않는 기내에서 4시간 동안 앉아 있었다. 승객 중 한 명이 심한 기침을 하였다. 마침내 대체 항공기가 도착했고, 모든 승객이 최종 목적지에 도착하였다. 그러나 4일 이내에 54명의 승객 중 38명이 독감에 걸렸다. 이 사건은 감염병에 관한 어떤 교훈을 주는가?
4. 어떤 주정부의 보건 담당자로서 당신이 모든 식당 종사자에게 A형 간염 백신으로 예방 접종을 실시하는 것에 대해 제안을 한다고 하자. 식당 주인들이 동의할 것인가 동의하지 않을 것인가? 설명하시오.
5. 시칠리아 이발사는 면도 기술과 손재주로 명성이 있다(그리고 가끔 소리를 내어 노래를 부른다). 프랑스 연구원은 37명의 시칠리아 이발사를 대상으로 연구한 결과, 질병에 걸리지 않았음에도 불구하고, 14명이 C형 간염에 대한 항체를 보유하고 있음을 확인했다. 비교로 50명으로 구성된 무작위 그룹에 대해 혈액을 검사한 결과 아무도 이 항체를 가지고 있지 않았다. 시칠리아 이발사에게 C형 간염에 노출되기 쉬운 위험에 대해 설명하시오.
6. 많은 질병으로부터 면역계는 감염원과 싸우고 사람이 회복할 수 있다. 어떤 다른 질병의 경우 감염원이 면역계의 방어를 이김으로써 사망할 수 있다. AIDS에서 일어나는 질병과 내성에 대하여 전반적인 개요를 비교하고, AIDS가 다른 인간의 질병과는 다른 이유를 설명하시오.
7. 젊은 청년이 지역 헌혈 은행에 도착하여 헌혈차에서 헌혈을 하였다. 헌혈은 순조롭게 진행되었고, 청년은 자리를 떴다. 혈액은 수혈 목적으로 사용되기 때문에 몇 가지 바이러스에 대해 검사를 한다. 이 검사에서 HIV에 양성 반응이 나왔다. 결과적으로, 이 혈액은 사용할 수 없을 것이다. 그러나 이 헌혈자가 양성의 결과에 대하여 통보를 받아야만 하는지 여부에 관하여 활발한 논쟁이 있다. 당신의 의견은 무엇인지 설명하시오.

Chapter 19

인간의 세균성 질병: 슬레이트 와이퍼(slate-wipers; 치사율이 높은 전염병)와 최근 관심사

머무는 용기

매년, 한 무리의 순례자들은 런던에서 북쪽으로 약 160마일 떨어져 있는 이얌 마을 외각의 영국 시골에 모여서, 355년 전에 그들의 생명을 희생하여 다른 사람들을 살린 마을 사람들에게 경의를 표하고 있다. 순례자들은 머리 숙여 묵념하고 그 운명적인 해에 일어난 일을 기억한다.

1665년 여름에 이얌 마을의 한 시골 양복점은 흑사병이 유행했던 런던으로부터 직물 수송품을 받았다. 직물 상인이 모르는 사이에 수송품에는 오늘날 우리가 흑사병 세균을 전파하는 것으로 알고 있는 벼룩들로 들끓고 있었다. 조수가 직물 뭉치를 열었을 때, 벼룩들은 빠르게 흩어졌다. 조수는 1주일도 못가 사망하였다. 이것이 이얌 마을의 첫 번째 흑사병 사망 사례였는데, 이것으로 끝이 아니었다(**그림 19.1**).

12월까지 이얌 마을의 주민 42명이 이 질병으로 사망했다. 그러고 나서 흑사병 환자들은 겨울 동안에는 줄어들었지만, 봄이 오자 흑사병이 이얌 마을에서 창궐하였다. 몇몇 겁먹은 마을 사람들은 죽음을 피하기 위해 도망쳤다. 하지만 마을 목사였던 William Mompesson은 이 질병이 퍼지는 것을 막는 것이 그의 의무라고 믿었다. 그래서 그는 이얌 마을에 남아 있는 시민들에게 만약에 마을을 벗어나면 이 질병을 근처 마을들에 퍼트릴 수 있다고 말했다. 그와 그의 모든 교구민들은 마을에 머무르면서 마을 사람들을 격리

CHAPTER 19 OPENER 이 그림은 1665년에 있었던 런던의 페스트 발병 동안에 시체들을 "페스트 구덩이"로 내리는 모습을 보여준다. 이 구덩이는 거리에서 "죽음의 수레"로 모아 온 역병 희생자들을 묻기 위해 사용된 "집단 무덤"에 불과했다. 런던에서 최소 70,000명의 사망자가 기록되었는데, 이얌 마을처럼 영국의 다른 지역들에서도 피해가 발생했다.

그림 19.1 페스트 시골집. 이곳은 1665년에 이암에서 페스트가 창궐했을 때 첫 사망자가 발생한 곳이다.

시킬 필요가 있었다.

오랜 생각 끝에 모든 사람들은 마을에 머무르면서 위험을 감수하기로 결정했다. 이얌 마을의 사람들은 이웃 마을 사람들이 자가격리자들을 위해 음식과 보급품들을 놓아 둘 수 있도록 원형의 경계석으로 마을 한계선을 표시했다. 여름까지 흑사병은 마을 전체로 걷잡을 수 없이 퍼져나갔다. 사정이 이런데도 불구하고 머무르기로 한 사람들은 계속 머무르기로 했다.

결국 9월에 이르러 흑사병의 발병이 줄기 시작했고, 11월까지 새로운 발병사례가 보고되지 않았다. 격리가 작동함에 따라 주변 도시들과 마을들에서는 흑사병이 극히 적게 발병했다.

슬프게도 1여 년간 마을의 주민 320명 중에 76개의 서로 다른 가족들로부터 260명이 흑사병으로 사망했다. 이들의 행동은 의심할 여지 없이 주변 마을들에 사는 수천 명의 생명들을 구했다.

이 책의 마지막 장인 이 장에서, 우리는 질병의 전파양상에 따른 사람의 몇몇 주요 세균성 질병들에 대해 배울 것이다. 몇몇 질병들은 현재 완전히 극복되어 역사적인 의미만을 가지는 것들도 있다. 하지만 정원이 항상 잡초와 해충들의 공격에 노출되어 있듯이, 사람의 몸과 사회 또한 일반적으로 병원체들과 새롭게 발병하는 질병들에 끊임없이 직면하고 있다.

LOOKING AHEAD

이 장을 마치면, 여러분은 다음의 내용들을 할 수 있게 될 것이다.

19.1 여러 가지 호흡기 매개 질병들과 이들 질병이 영향을 미치는 신체 체계를 확인할 수 있다.
19.2 세균 중독증과 세균 감염증을 예로 들어 대조할 수 있다.
19.3 토양 매개 세균 질병들인 탄저병과 파상풍을 비교할 수 있다.
19.4 라임병의 증상들을 설명할 수 있고, 이들 질병의 지리적인 거점을 알 수 있다.
19.5 세 가지 주요 성 전파 감염증들을 구분할 수 있다.
19.6 피부, 구강 및 요도와 연관된 몇몇 세균성 질병들을 명명할 수 있다.
19.7 의료 관련 감염증들(HAIs)이 무엇인지 설명하고, 주된 감염 장소들을 열거할 수 있다.

19.1 호흡기 매개 세균 질병들: 몇몇 주요 선수들

호흡기의 세균성 질병들(airborne bacterial diseases)은 심각할 수 있다. 게다가, 호흡기는 혈액으로 들어가는 입구이고, 질병이 혈액에서부터 퍼져나갈 수 있으며, 더 예민한 내부 장기에 영향을 준다.

연쇄상구균성 질병

연쇄상구균은 사슬을 형성하는 그람 양성 세균종의 크고 다양한 집단이다(**그림 19.2**). 다양한 종이 사람에게서 질병을 일으킨다.

급성인후염

인두(pharynx): 입과 비강 뒤의 목 부분.

Streptococcus pyogenes: streptoe-KOK-us pie-AHJ-en-eez

의학적으로 **인두염(pharyngitis)**으로 알려진 급성인후염은 **인두(pharynx)**의 염증이다. 약 20%의 인두염이 스트렙토코커스 파이오젠스(*Streptococcus pyogenes*)에 의해 발병한다. 인두의 정상 균총이 감소하면, *S. pyogenes*가 우점이 되고, 일반적으로 **급성인후염(strep throat)**으로 알려진 더 위험한 형태의 질병으로 발병한다. 환자들은 고열, 기침, 임파선 및 편도선 비대 등의 증상을 나타낸다.

성홍열(scarlet fever)은 급성인후염에 걸린 어린이들의 약 10%에서 발병하는 질병이다. 이 질병은 *S. pyogenes*가 목, 가슴 및 팔의 부드러운 피부영역에 적분홍 피부 발진을 일으키는 독소를 분비하면 발병한다. 또 다른 증상으로는 발열 및 혀에 진한 적색의 염증이 나타난다. 대부분의 환자들은 치료하지 않아도 2주 내에 회복된다.

급성인후염을 치료하지 않으면, 드물지만 심각한 합병증인 **류마티즘열(rheumatic fever)**로 진행된다. *S. pyogenes*에 감염되면 이들에 대한 항체들이 생성된다. 이 항체들은 뜻하지 않게 심장근육의 단백질들과 결합하여 교차 반응한다. 뒤따르는 면역 반응에 의해 심장 판막에 영구적인 흉터와 변형이 생김으로써, **류머티즘 심장질환(rheumatic heart**

그림 19.2 ***Streptococcus pyrogenes.*** *S. pyrogenes* 세포의 사슬 배열을 보여주는 그람 염색된 인후 표본의 광학현미경 이미지. (Bar = 2 μm.)

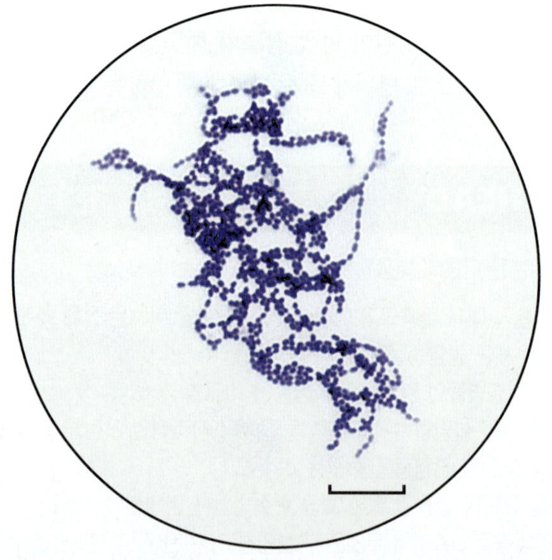

Courtesy of Dr. Jeffrey Pommerville.

그림 19.3 괴사성 근막염. 이 환자의 다리를 구하기 위해 감염된 조직을 광범위하게 제거하였다.

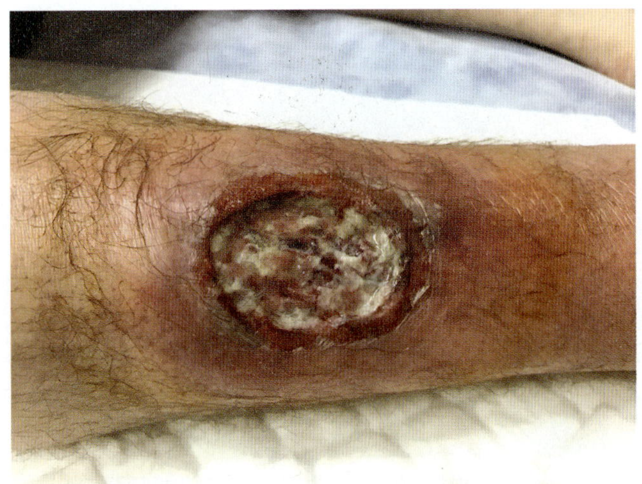

disease)이라 불리는 가사상태로 진행된다.

괴사성 근막염(Necrotizing Fasciitis)

*S. pyogenes*는 또한 드물지만 상처 혹은 외상에서 피부조직으로 생명을 위협하는 감염증을 일으키는 원인균이다. 상처 혹은 베인 부분이 *S. pyogenes*에 감염되면, 침입한 연쇄상구균들은 근육들과 주변 피부에 걸쳐 존재하는 **근막(fascia)**이라 불리는 지방조직에 감염한다. *S. pyogenes*가 생산하는 독소는 근막을 매우 빠르게 파괴하기 때문에 병원균이 신체를 뜯어먹는 것처럼 보인다. 따라서, 이 질병의 의학적인 용어는 **괴사성 근막염(necrotizing fasciitis)**이다(**그림 19.3**). 이처럼, 빠르게 진행되는 감염증의 확산을 막기 위해서는 종종 외과수술을 통해 괴사했거나 감염된 조직을 제거할 필요가 있다. 심한 경우에는, 절단만이 감염증에서 벗어나기 위한 유일한 방법일 수도 있다.

백일해

백일해(pertussis)는 5세 이하의 어린이들에게 가장 위험하고 매우 잘 번지는 세균성 질병 중 하나이다. 폐의 심각한 질병이 생후 몇 주에서 몇 달 사이의 신생아에서 가장 자주 발병한다. 전 세계적으로는, 세계보건기구(WHO)에서 매년 1,600만 건 이상의 백일해 발병사례와 거의 20만 명의 사망 사례를 보고하고 있다.

보르데텔라 퍼투시스(*Bordetella pertussis*)에 감염된 후에, 이 세균이 생산하는 독소들은 공기 통로에서 세포를 죽이고 점액의 침적을 일으킨다. 이것은 호흡곤란을 일으킨다. 그러고 나면, 어린이들은 숨을 내 쉴 때 연속적으로 기침을 하는 격렬한 발작을 일으키고, 이후에는 부분적으로 닫힌 기관을 통해 힘겹게 공기를 흡입한다. 이렇게 재빠르게 공기를 흡입할 때 "쌕쌕거림(whoop)"이 나타난다—그러므로, 이를 "백일해(whooping cough)"라 부른다. 기침이 너무 심해서, 얼굴에 외상이 생길 수 있다(**그림 19.4**).

Bordetella pertussis:
bore-deh-TEL-lah per-TUS-sis

최근에, 백일해 발병사례에 대한 보고가 현저하게 증가하였다. 캘리포니아 주, 미시간 주 및 워싱턴 주뿐만 아니라 라틴 아메리카와 호주에서도 발병이 보고되었다. 이렇게 발병사례가 증가한 원인을 알지 못한다. 보건전문가들은 몇몇 신생아들과 어린아이들이 스

그림 19.4 백일해에 걸린 아이. 백일해와 연관된 기침은 너무 격렬해서 눈의 혈관이 터지고 얼굴에 멍이 들었다.

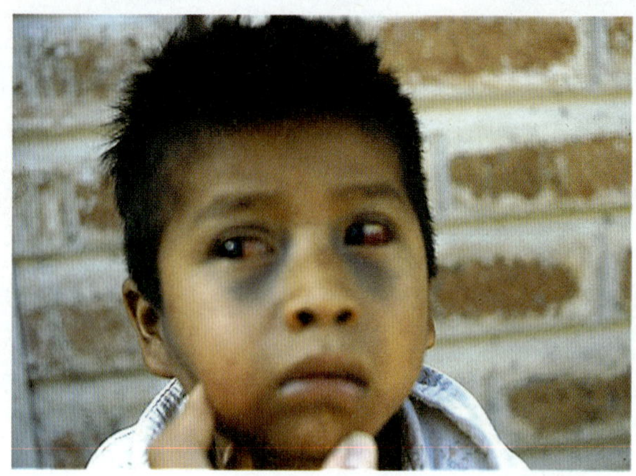

Courtesy of Thomas Schlenker, MD, MPH, Chief Medical Officer, Children's Hospital of Wisconsin.

케줄에 따른 백신 접종을 하지 않는다는 것을 알고 있다(백신 면제). 따라서 이 백신 접종을 하지 않은 사람들에서는 보호 면역이 만들어지지 않는다. 또 다른 추측으로는 청년과 성인에 있어서의 면역이 약해지고 있다는 것이다. 만약에 이들이 약하게 감염되면, 백신을 접종하지 않은 어린아이들에게 세균을 퍼뜨릴 수 있다. 또한, 병원균의 본성이 변한다. 최근에 창궐한 *B. pertussis* 균주는 백신에 의해 생성된 면역에 좀 더 저항성이 있는 것으로 나타났다.

급성세균성 수막염

수막염(meningitis)이라는 용어는 **수막(meninges)**에 발병하는 몇몇 질병들을 일컫는다. 뇌와 척수는 3겹의 막질 층들로 둘러싸여 있다. 수막염의 가장 흔한 형태는 **급성세균성 수막염(acute bacterial meningitis, ABM)**이다. 이 질병은 성인과 어린아이에게 발병하여 신속하게 진행되는 질병이다. 주로 감염된 사람과의 입맞춤 혹은, 감염된 사람의 기침 혹은 재채기에 노출되는 등의 직접적인 접촉에 의해 감염이 일어난다. 수막염 환자들은 욱신거리는 두통, 목의 마비 및 수족 마비 등의 증상을 나타낸다.

수막구균성 수막염

Neisseria meningitidis:
nye-SEERee-ah meh-nin-jih-TIE-diss

급성세균성 수막염 중에서 가장 위험한 형태 중 하나는 **수막구균성 수막염(meningococcal meningitis)**이다. 이 질병은 크기가 작은 그람 음성 세균인 나이세리아 메닌지티디스(*Neiseria meningitidis*)에 의해 발병한다. 이 세균은 쌍구균의 형태로 존재하기 때문에, 일반적으로 메닝고코커스로 불린다. 이 질병은 독감과 유사한 상기도 감염으로 시작된다(**그림 19.5**). 일단 감염증이 혈류로 퍼져나가면(**수막구균혈증, meningococcemia**), 세균들은 혈뇌장벽(BBB)을 통과한다. 이후, 수막에 염증이 생겨나 척수와 뇌에 압력을 가한다.

이 질병을 치료하려면, 의사들이 수막구균성 수막염의 증상들을 인지하는 것이 중요하다. 진단을 위한 주요 척도는 척수천자에 의해 얻은 척수액 시료들에서 그람 음성 쌍구균을 관찰하는 것이다. 감염증을 초기에 알아낸다면, 비가역적 신경 손상이 일어나기 전에 항생제를 이용한 적극적인 치료를 시작할 수 있다.

그림 19.5 수막염으로 이어지는 단계들.

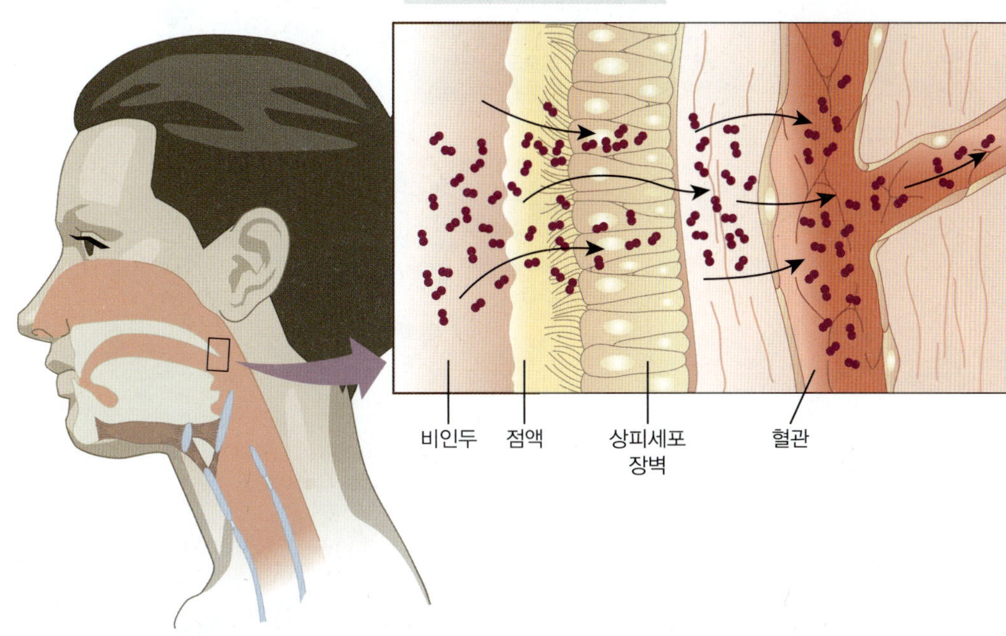

헤모필러스 수막염

급성세균성 수막염의 또 다른 형태는 헤모필러스 수막염(*Haemophilus* meningitis)이다. 이 질병은 헤모필러스 인플루엔자(*Haemophilus influenza*) type b(Hib)에 의해 발병하며, 생후 6개월부터 2세 사이의 어린아이에서 우선적으로 발병한다. 이 질병의 증상은 목의 경직, 격심한 두통 및 무기력, 나른함 및 과민성처럼 신경과 연관된 또 다른 징후들이다. 항생제들이 치료에 사용되고 있다.

Haemophilus influenzae: hee-MAH-fill-us in-flew-EN-zeye

한때 헤모필러스 수막염은 5세 이하의 미국 어린이들에게 있어 가장 많이 유행하는 급성세균성 수막염이었다. 이후, 1985년에 Hib 감염증을 예방하는 Hib 백신이 개발되었다. 이 백신은 생후 6주 미만의 유아들과 헤모필러스 수막염에 대한 위험이 높은 청소년 및 성인을 보호한다.

결핵

결핵(Tuberculosis, TB)은 주로 미코박테리움 튜버클로시스(*Mycobacterium tuberculosis*)에 의해서 발병하는 감염성 질병이다. 일반적으로 간균 모양의 세균들은 폐에 감염하지만, 신체의 다른 부위로도 퍼져나갈 수 있다. 이 막대 모양의 세균들은 전염성이 있는 사람의 기침을 통해 퍼지는 호흡기 비말로 운반된다(**그림 19.6**).

Mycobacterium tuberculosis: my-koh-back-TIER-ee-um too-ber-cue-LOH-sis

감수성이 있는 사람이 흡입하면, *M. tuberculosis*가 **폐포(alveoli)**를 감염시킨다. 이후 면역계는 폐포 내의 세균들 주위로 백혈구 세포들과 섬유상 물질들로 된 벽을 만들기 시작한다. 이 물질들이 폐에 축적되면, **결핵결절(tubercle)**이라 불리는 단단한 결절이 형성된다(이러한 이유로 "결핵"이라 부른다). 결절에 있는 세균은 알려지지 않은 독소들을 생

폐포(alveoli): 폐의 기도 끝을 형성하는 속이 빈 공동.

그림 19.6 결핵의 진행.

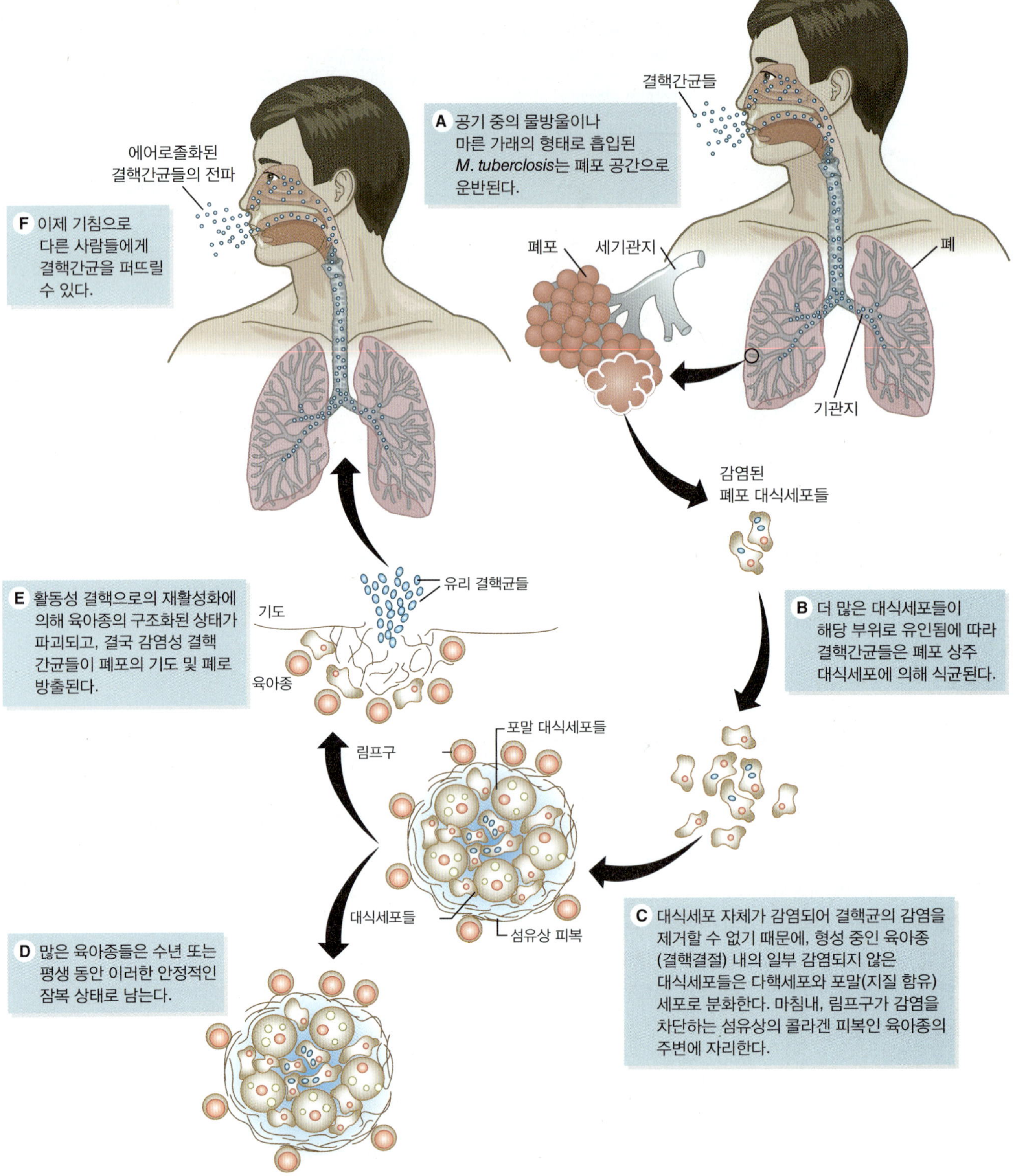

결핵간균들

A 공기 중의 물방울이나 마른 가래의 형태로 흡입된 *M. tuberclosis*는 폐포 공간으로 운반된다.

폐포

세기관지

폐

기관지

감염된 폐포 대식세포들

B 더 많은 대식세포들이 해당 부위로 유인됨에 따라 결핵간균들은 폐포 상주 대식세포에 의해 식균된다.

포말 대식세포들

림프구

대식세포들

섬유상 피복

C 대식세포 자체가 감염되어 결핵균의 감염을 제거할 수 없기 때문에, 형성 중인 육아종(결핵결절) 내의 일부 감염되지 않은 대식세포들은 다핵세포와 포말(지질 함유) 세포로 분화한다. 마침내, 림프구가 감염을 차단하는 섬유상의 콜라겐 피복인 육아종의 주변에 자리한다.

D 많은 육아종들은 수년 또는 평생 동안 이러한 안정적인 잠복 상태로 남는다.

유리 결핵균들

기도

육아종

E 활동성 결핵으로의 재활성화에 의해 육아종의 구조화된 상태가 파괴되고, 결국 감염성 결핵간균들이 폐포의 기도 및 폐로 방출된다.

에어로졸화된 결핵간균들의 전파

F 이제 기침으로 다른 사람들에게 결핵간균을 퍼뜨릴 수 있다.

산한다. 하지만, 많은 경우에서 결핵간균의 생장이 매우 꾸준하게 일어나기 때문에 면역계는 이를 억제할 수 없고, 폐조직은 계속해서 파괴된다. 감염된 환자들은 만성적인 기침, 가슴통증 및 고열 등의 증상을 나타낸다.

가래(sputum): 호흡기 점액.

항산성 검사(acid-fast test)로 불리는 특별한 염색 과정은 환자의 **가래(sputum)**를 이용하는 중요한 검사법이다. *M. tuberculosis*로부터 정제된 단백질 유도체를 피부에 투여하는 방법으로 행하는 검사법인, **투베르쿨린 피부검사(tuberculin skin test)**는 결핵의 조기검진에 도움을 준다. 만약 환자가 결핵간균에 노출된 적이 있으면, 피부가 부어오르고, 48~72시간 내에 부풀어 오른 붉은 자국을 형성한다. X-선 검사로도 역시 폐의 결핵 결절을 확인할 수 있다.

의사들은 몇몇 항생제들을 사용하여 결핵을 치료해 왔다. 하지만, *M. tuberculosis*는 이 약물들에 대해 강한 내성을 나타낸다. 이러한 환자들은 **다재내성결핵(multidrug-resistant tuberculosis, MDR-TB)**에 감염되었다고 말할 수 있고, 더 강한 약물들을 투여해야 한다. 약물 치료는 집중적으로 행해지고, 6~9개월 이상의 기간 동안 계속된다. 그리고 두려운 부분은, 현재 결핵을 치료하는 데 사용되는 거의 모든 약물들에 대해 내성을 가진 병원성 균주들이 존재한다는 것이다. 수세기 동안, 결핵은 인류를 "없애버릴" 잠재력이 있는 특히 치명적인 질병인 "슬레이트-와이퍼"였으며, 오늘날 사용할 수 있는 최고의 의학적 치료에 계속 도전하고 있다.

모든 사람들을 위한 효과적이고 오래가는 결핵 백신은 존재하지 않는다. 어린아이는 Bacillus Calmette-Guerin(BCG) 백신을 접종함으로써 결핵에 대해 단기적으로 보호될 수 있다. 하지만, 백신은 장기면역을 제공하지 않으며, 성인의 폐결핵에는 효과적이지 않다. *M. tuberculosis*에 감염될 위험성이 조금 있기 때문에, 미국에서는 일반적으로 BCG의 사용을 권장하고 있지 않다.

세균성 폐렴

폐렴(pneumonia)이라는 용어는 폐의 염증을 일컫는 말이다. 폐의 **세기관지(bronchioles)**와 폐포에 염증이 생기고 체액이 차게 된다. 미국에서는 매년 200만에서 300만 건의 폐렴 감염이 발생하여 45,000명이 사망한다. 성인의 경우, 세균이 폐렴의 가장 흔한 원인이다. 많이 유행하는 세균 형태 중 두 가지가 여기에 설명되어 있다.

세기관지(bronchioles): 공기가 코나 입에서 폐의 폐포(기낭)로 들어가는 통로.

폐렴쌍구균성 폐렴

폐렴쌍구균성 폐렴(pneumococal pneumonia)은 폐렴쌍구균으로 알려진 그람 양성 쌍구균의 연쇄상구균인 스트렙토코커스 뉴모니아(*Streptococcus pneumoniae*)에 의해 발병한다. 환자들은 고열, 격심한 흉부 통증, 호흡곤란 및 폐의 기낭으로 혈액이 스며들어 생기는 적갈색 가래 등의 증상을 나타낸다. 이 질병은 모든 연령대에서 발생할 수 있지만, 주로 유아, 어린이, 노인 및 기저 질환이 있는 사람들에게 발병한다. **A CLOSER LOOK 19.1**에서 지적한 것처럼, 어린이의 폐렴은 특히 위험할 수 있다.

Streptococcus pneumoniae: strep-toe-KOK-us new-MOHnee-eye

*S. pneumoniae*가 폐포에서 증식하면, 세균 세포는 체액과 혈액 세포가 폐낭에 들어갈 수 있게 하는 폐포 내벽을 손상시킨다. 그런 다음, 액체가 폐포를 채우고 산소 전달을 감소시킴으로써 폐렴이 발병한다.

현재 두 가지 폐렴구균 백신이 존재한다. 프레브나르 13(Prevnar 13)이라 불리는 첫 번째 백신은 5세 미만의 어린이와 65세 이상의 성인에게 사용할 수 있다. 뉴모박스 23(Pneumovax 23)이라 불리는 두 번째 백신은 65세 이상의 모든 성인에게 사용할 수 있다.

원발성 비정형 폐렴

두 번째 유형의 세균성 폐렴은 **원발성 비정형 폐렴(primary atypical pneumonia, PAP)**이다. 폐렴쌍구균성 폐렴은 주로 이미 병을 앓고 있는 사람들에서 발병하는 반면, 이 질병은 이전에 건강했던 사람들에서 발생하기 때문에 "원발성"이라 부른다. 증상이 폐렴상구

A CLOSER LOOK 19.1

어린이들의 살인자

글로벌 헬스 매거진은 최근 다음과 같이 보도했다: “치트라 쿠말(Chitra Kumal)은 아이를 잃는 고통을 알고 있다. 그녀의 딸 수니타(Sunita)가 15개월이었을 때 호흡기 감염이 발생하여 빠르게 폐렴으로 진행되었다. 그녀의 네팔인 마을에는 의료시설이 없었기 때문에, 쿠말은 전통적인 치료사 또는 무당의 조언과 치료에 의존했다. 열이 나고 숨이 가빠지고 흉곽 함몰이 있은 지 3일 만에 그녀의 외동딸은 세상을 떠났다.

비슷한 이야기들이 전 세계에서 매일 보고되고 있다. 세계보건기구(WHO)에 따르면, 매년 5세 미만의 어린이 200만 명이 폐렴으로 사망한다. 이는 AIDS, 말라리아, 홍역을 합친 것보다 많다. 또한 폐렴은 전 세계적으로 어린이 사망 5명 중 거의 1명을 차지한다(**그림 A** 참조). 그러나 모든 폐렴 발병사례의 거의 절반이 말라리아가 풍토병인 세계 일부지역에서 발병하기 때문에 폐렴이 종종 말라리아로 잘못 진단됨으로써 이러한 수치가 과소평가될 수 있다.

소아사망률을 줄이는 주요 방법은 소아폐렴을 예방하고 치료하는 것이다. 그러나 폐렴 발병사례를 줄이는 것은 여러 가지 이유로 간단하지 않다. 첫째, 간병인 4명 중 1명 정도만이 폐렴의 두 가지 주요 증상이 빠른 호흡과 호흡곤란(기침)이라는 것을 알고 있다. 둘째, 많은 의료전문가들은 폐렴에 걸린 어린이들에게 항생제를 사용할 수 있다면 매년 약 600,000명의 생명을 구할 수 있다고 제안한다. 의미가 있는 수치이지만, 이 감소는 모든 폐렴 발병사례의 약 25%에 해당한다.

따라서, 소아 폐렴 발병사례 수를 더 줄이기 위한 몇 가지 다른 예방 조치가 제안되었다. 제안된 조치 중에는 균형 잡힌 영양증진, 환경대기오염 감소, 예방접종률 증가 등이 있다. 스트렙토코커스 뉴모니아(*Streptococcus pneumoniae*, 폐렴쌍구균) 및 헤모필러스 인플루엔자(*Haemophilus influenza*) type b(Hib)로 인한 폐렴을 예방하기 위한 백신이 존재한다. 그러나 아프리카와 아시아의 폐렴 발병사례의 약 50%만이 이 두 세균들에 의해 발병한다. 결과적으로, 폐렴을 유발하는 다른 세균종(및 바이러스)들을 표적으로 하는 다른 백신이 개발되어야 한다. 마지막으로, 모든 영역의 감염성 질환과 마찬가지로 손세정은 폐렴의 전염을 줄이는 데 중요한 역할을 할 수 있다.

그림 A 폐렴은 전 세계 아동사망의 거의 20%를 차지한다.

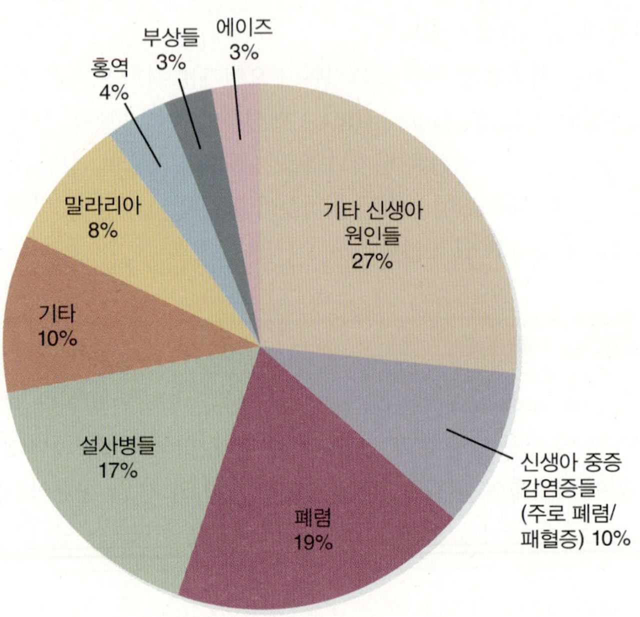

Source: Child Health Epidemiology Resources Group (CHERG), with additional data from UNICEF.

균성 질병의 증상과 다르기 때문에 “비정형”이라고 불린다. PAP에 걸리면 환자들은 발열, 피로 및 마르고 짧은 특징적인 심한 헛기침 등의 증상을 나타낸다.

Mycoplasma pneumoniae: my-koh-PLAZ-mah new-MOH-nee-eye

PAP의 원인균은 가장 작은 세균성 병원균들 중 하나인 미코플라즈마 뉴모니아(*Mycoplasma pneumoniae*)이다. 이 용어가 비록 임상적인 의의를 가지지는 않지만, 이 질병을 종종 “보행 폐렴”이라 불린다. 이 질병은 그다지 치명적이지는 않다.

재향군인병[Legionnaires’ Disease(Legionellosis)]

1976년에 필라델피아에서 열린 미국 재향군인회 총회에서 또 다른 형태의 폐렴이 출현했다. 이 감염증은 컨벤션 호텔 내부 또는 근처에 있던 182명의 총회 참가자와 39명의 다른 사람들에게 영향을 미쳤다. 감염된 사람들은 두통, 발열, 기침 및 호흡 곤란 등을 겪었다. 결국, 이 질병 혹은 합병증으로 인해 34명이 사망했다. 이 질병의 원인균으로 확인된 세균종을 레지오넬라 뉴모필라(*Legionella pneumophila*)로 명명하였다. 이 질병은 **재향군인병(Legionnaires’ disease)** 혹은 **레지오넬라증(legionellosis)**으로 알려지게 되었다.

Legionella pneumophila: lee-ja-NEL-lah new-MAH-fil-lah

레지오넬라 뉴모필라(*L. pneumophila*)는 물이 고여 있는 곳에 존재하지만, 냉각탑, 산업용 에어컨, 가습기, 수영장 및 물웅덩이 등이 이 병원균의 서식지로 밝혀졌다. 사람들이 호흡기 내로 오염된 작은 물방울을 들이마시면, 며칠 내에 질병이 나타난다. 레지오넬라증의 증상은 발열, 약간의 가래를 동반한 마른기침 및 폐의 감염 등이다. 재향군인병은 사람에서 사람으로는 전염되지 않는다. 2015년에 뉴욕시에서 발병한 서로 관련이 없는 두 번의 창궐로 인해 133명 이상이 감염되어 16명이 사망했다. 레지오넬라균에 오염된 냉각탑이 발병원으로 판명되었다.

19.2 식품 매개 및 수인성 세균 질병들: 위장염

음식과 물은 다양한 방법에 의해서 병원균에 오염될 수 있다(**그림 19.7**). 우리의 장내 마이크로바이옴은 제11장에서 설명한 바와 같이, 감염 과정을 차단하는 데 도움을 준다. 하지만 장내 병원균이 독소를 생성하거나 너무 빨리 번식해서 장내 마이크로바이옴이 이를 억제하지 못하는 경우가 많다.

대부분의 식품 매개 및 수인성 질병들은 위장(GI)관에 영향을 미치며, **분변-구강 경**

분변-구강 경로(fecal-oral route): 분변 물질의 병원체가 한 사람에게서 전달되어 다른 사람의 구강으로 유입되는 질병 전파 방식.

그림 19.7 식품 유래 질병의 감시.

(A) 실험실에서 확인된 식품 매개 질병의 발병사례.

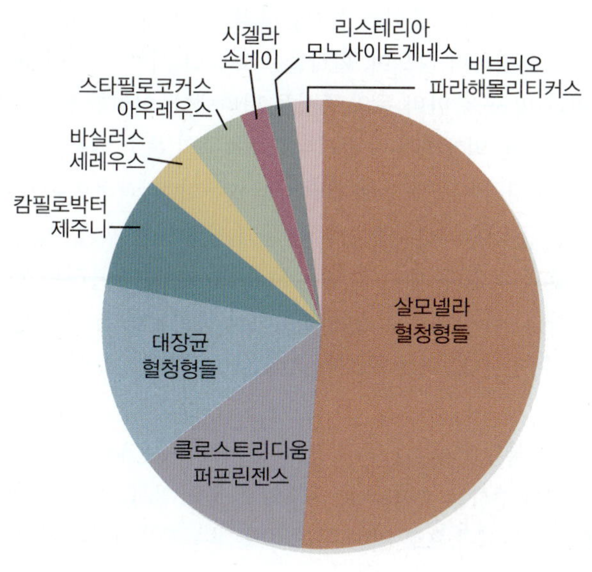

(B) 질병과 가장 관련이 있는 상품들.

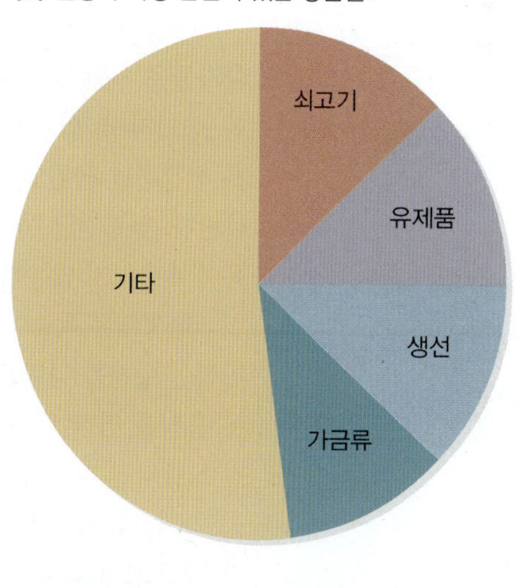

(C) 가장 흔한 질병의 근원.

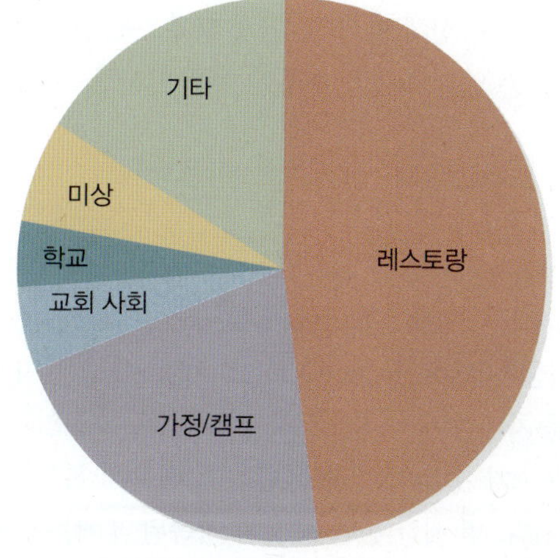

Data from CDC.

로(fecal-oral route)**를 통해 유입된다. 이러한 질병들은 위와 장의 염증인 **위장염(gastro-enteritis)**의 일종으로, 주로 구토와 설사를 동반한다. 어떤 것들은 음식이나 물속의 세균 독소를 섭취하여 발생하는 질병인 **식중독(food intoxications, poisoning)**을 일으킨다. 일반적으로 짧은 잠복기를 거쳐 증상이 나타나고, 비교적 짧은 시간에 회복된다. 또 다른 식품 매개 및 수인성 질병들은 **식품감염(food infections)**의 결과이다. 이 경우, 식품 혹은 물에 존재하는 살아있는 병원균을 섭취하는 것이다. 감염증의 경우, 잠복기가 더 길고 질병이 진행되는 데 중독증에 비해 더 오랜 시간이 걸린다.

세균성 식품 매개 및 수인성 질병의 잠재적 목록은 광범위하다. 따라서, 다음 절에서는 선택된 미생물과 질병에 대해서만 설명할 것이다.

보툴리누스중독증

사람의 식품 매개 중독증들 중에 보툴리누스중독증보다 더 심각한 질병은 없다. **보툴리누스중독증(botulism)**은 극도로 유독한 독소를 생산하는 포자를 형성하는 그람 양성 간균인 클로스트리디움 보툴리눔(*Clostridium botulinum*)에 의해 발병한다. 포자들은 토양에 존재한다. 만약에 이들이 우연히 통조림 혹은 병조림 등과 같은 혐기성 환경에 들어가면, 포자는 발아한다. 생성된 간균은 독소를 생산하여 식품으로 방출한다.

Clostridium botulinum: kla-STRIH-dee-um bot-you-LIE-num

보툴리누스중독증의 증상은 독소로 오염된 음식을 섭취한지 몇 시간 내에 나타난다. 환자들은 시야가 흐릿해지고, 발음이 분명하지 않으며, 환자들은 흐릿한 시야, 어눌한 대화, 삼키기 및 씹기 어려움, 호흡 곤란 및 근육 마비 등의 증상을 나타낸다. 이러한 증상들은 신경전달 물질인 아세틸콜린의 방출을 억제하는 보툴리누스중독증의 독소 때문에 나타난다. 신경전달 물질이 없으면, 신경 자극은 근육으로 전달되지 않는다. 결과적으로, 근육이 수축하지 않는다. 호흡과 관련된 근육이 약해지면 하루 이틀 내에 사망할 수 있다.

항생제는 독소에 대해 아무런 효과가 없다. 대신에, **항독소(antitoxins)**라 불리는 특이적인 항체를 다량으로 투여해야 한다. 이 항체는 독소에 결합하여 중화시킨다. 이 질병은 음식을 익혀 먹음으로써 방지할 수 있는데, 이는 독소가 90°C(194°F)의 온도에 10분간 노출되면 파괴되기 때문이다.

오늘날, 보툴리눔 독소 중 하나가 실용화되었다. 극소량의 경우, 보톡스(Botox) 또는 디스포트(Dysport; 보툴리눔 독소 A형) 주사는 주사 부위 근처의 근육을 일시적으로 이완시킨다. 따라서, 이 약물은 비자의적 근육 수축으로 인한 여러 국소 운동장애에 유용하다. 예를 들어, 이 약물은 사시 또는 눈의 정렬 불량을 치료하는 데 사용된다. 독소는 또한 말더듬, 통제되지 않은 눈 깜박임 및 음악가의 경련을 완화하는 데 유용할 수 있다. 또한, 이 독소는 과도한 신체 발한 및 만성 편두통을 일시적으로 완화시킬 수 있다. 가장 일반적으로, 이 독소는 얼굴 주름과 찌푸린 선을 일시적으로 완화시키는 데 사용되어 왔다(**그림 19.8**).

포도상구균성 식중독

식품 매개 중독증을 일으키는 가장 일반적인 형태들 중 하나가 그람 양성 구균인 스타필로코커스 아우레우스(*Staphylococcus aureus*)에 의해 발병한다(**그림 19.9**). 포도상구균성 식중독(staphylococcal food poisoning)은 지금까지 보고된 식중독 발병사례들 중에서 1위를 차지하며, 식품으로 분비되는 독소에 의해 발병한다. 오염된 사실을 모르고 섭취하면, 독소가 수분 방출을 유발하기 때문에 복부경련, 메스꺼움, 구토 및 설사 등의 증상이 나타난다. 몇 시간 동안 증상이 지속된 후에는 일반적으로 빠르고 완전하게 회복된다.

Staphylococcus aureus: staff-ih-loh-KOK-us OH-ree-us

그림 19.8 보툴리눔 독소의 미용주사. 조절된 용량의 보툴리눔 독소는 일시적으로 주름을 최소화하는 데 사용할 수 있다.

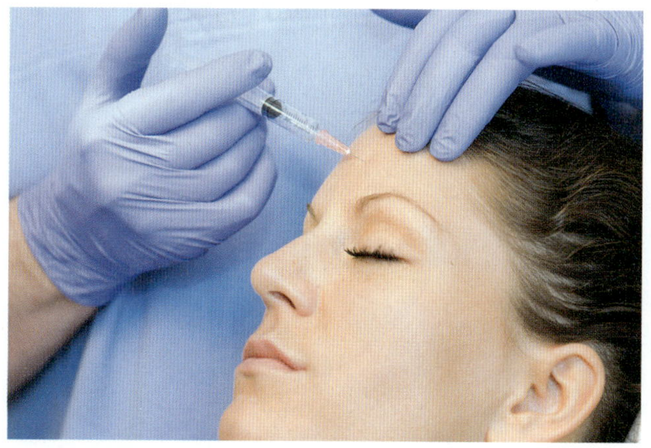

살모넬라증 및 장티푸스

살모넬라 엔테리카(*Salmonella enterica*)의 경우, 식품 매개 감염증을 일으키는 약 2,500개의 고유한 **혈청형들(serotypes)**이 있다. *S. enterica*의 다른 혈청형들은 살모넬라증(salmonellosis)과 장티푸스(typhoid Fever)라는 두 가지 질병들을 유발한다.

Salmonella enterica:
sal-mon-ELlah en-TAIR-eh-kah

혈청형(serotypes): 면역학적 특성에 기초한 종내의 뚜렷한 변이.

살모넬라증

미국 질병통제예방센터(CDC)에 따르면, 매년 미국에서 약 42,000건의 **살모넬라증(salmonellosis)** 발병사례가 보고되고 있다. 그러나 많은 발병사례가 경미하여 보고되지 않을 수 있으므로, 실제 총발병 사례 수는 아마도100만 건이 훨씬 넘을 것이다.

그림 19.9 *Staphylococcus aureus*. 구형 세포들의 군집을 보여주는 *S. aureus*의 가색 주사전자현미경 이미지. (Bar = 2 μm.)

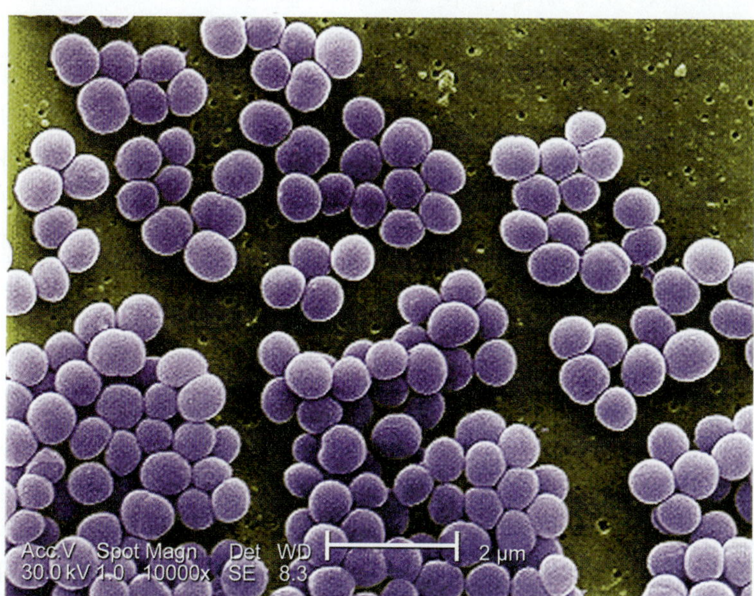

그림 19.10 살모넬라 오염. 여러 유형이 식품들이 살모넬라(*Salmonella*)에 오염될 수 있다.

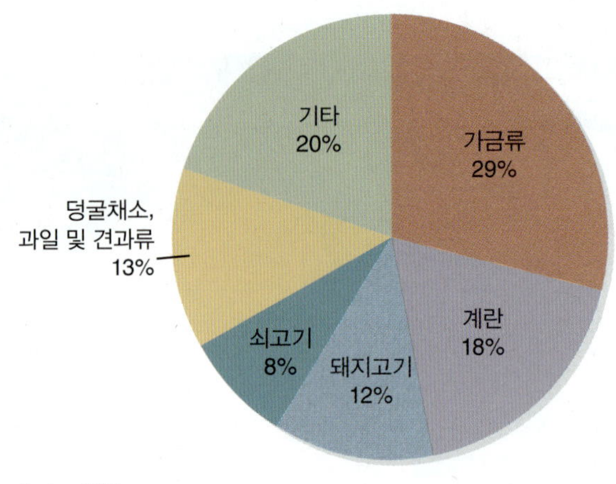

Courtesy of CDC.

살모넬라증이 질병을 유발하기 위해서는 비교적 많은 감염량(>100,000개 세균)을 필요로 한다. 따라서, 식품들, 가장 일반적으로는 쇠고기, 가금류 및 계란이 심하게 오염되어야 한다. 살모넬라균종은 일반적으로 닭과 칠면조를 감염시키기 때문에 가금류 제품에서 특히 악명이 높다(**그림 19.10**). 부적절하게 조리된 가금류로부터 이 미생물들을 직접 섭취할 수 있다. 살모넬라증은 닭고기 샐러드나 닭고기로 만든 냉햄과 같은 오염된 가금류 제품을 섭취한 후에도 발생할 수 있다. 가금류를 적절하게 요리하고, 생 닭고기와 그 액체가 날 음식과 만나지 않도록 주의하면 많은 살모넬라증의 창궐을 예방할 수 있다.

장티푸스

장티푸스(typhoid fever)는 수세기 동안 인류를 황폐화시킨 역사적 질병 중 하나이다. 살모넬라 엔테리카 혈청형 타이피[*Salmonella enterica* serotype Typhi, 보통 살모넬라 타이피(*Salmonella* Typhi)라고 함]가 장티푸스를 유발한다. CDC는 미국에서 매년 약 5,700건의 발병사례가 발생하는 것으로 추정하고 있다. 이러한 발병사례의 약 75%는 해외여행 중에 얻어진다. 실제로, 전 세계적으로 매년 2,100만 건 이상의 장티푸스가 발병한다.

신체 외부의 환경 조건에서도 잘 생존하기 때문에 살모넬라 타이피(*Salmonella* Typhi)는 물, 하수 및 특정 식품에서 장기간 생존할 수 있다. CDC는 미국에서 매년 약 5,700건이 발생한다고 추정하고 있지만, 이 중 약 75%가 해외여행 중에 걸린다. 사실상, 전 세계적으로 매년 2,100만건 이상이 발병한다. 파리, 오염된 음식, 분변-경구 경로를 통해 쉽게 전염된다. 소장에서 살모넬라 타이피(*Salmonella* Typhi)는 심한 궤양과 혈변을 유발한다. 혈액 침범이 발생하고, 환자들은 며칠 후 고열, 피로 및 섬망 등의 증상을 나타낸다. 복부가 장밋빛 반점들로 덮이게 되는데, 이는 피부에 혈액이 출혈하고 있다는 신호이다. 종종 혀가 붉은색 가장자리가 있는 회백색/노란색으로 덮인다.

장티푸스는 대개 항생제로 치료되지만, 회복자의 약 5%는 보균자이면서 1년 이상 동안 병원균을 계속 보유하고서 방출한다. 따라서, 장티푸스가 흔한 국가로 여행하는 사람들은 여행 전에 예방접종을 받아야 한다. 하지만, 면역은 몇 년 지나면 사라진다.

이질

Shigella sonnei:
shih-GEL-lah SON-nee-ee

어린이들에게 흔한 또 다른 장질환은 **이질(shigellosis)**이다. 대부분의 세균성 이질은 시겔라 손네이(*Shigella sonnei*)에 의해 발병한다. 오염된 물이나 음식에 있는 세균을 섭취하면, 세균은 일반적으로 장 내벽을 관통한다. 2~3일 후에, 수분 방출을 유발할 정도의 독소가 생성된다. 세균성 이질은 심한 복부 경련과 소량의 잦은 점액성 혈변을 유발한다. 그러나 대부분의 발병사례들은 보고되지 않으므로, CDC는 매년 약 500,000건의 설사병 사례들이 있는 것으로 추정한다. 이러한 사례들 중에 약 130,000건은 식품 매개이다.

세균성 이질의 대부분은 일주일 이내에 해결되며, 대부분 합병증이 거의 발생하지 않는다. 때때로 항생제가 효과적이지만, 많은 시겔라(*Shigella*) 균주들이 항생제에 대해 내성을 가지기 시작했다.

콜레라

어떤 설사병도 **콜레라(cholera)**와 연관된 격심한 설사병과 비교할 수 없다. WHO는 매년 100,000건 이상의 발병사례와 1,900건 이상의 사망 사례가 발생하는 것으로 추정하고 있다. 2010년의 지진 이후에 시작된 아이티에서의 창궐은 아이티의 근대 역사상 최악의 콜레라로 간주된다. 700,000건 이상이 발병하여 약 8,500명이 사망했다. 보다 최근에는, 예멘에서 2019년 1월과 3월 사이에 110,000건의 콜레라 의심 사례가 발생했다. 이 발병사례의 약 1/3이 5세 미만의 어린이에게서 발생했다. 최소 190명이 사망했다.

원인 병원체인 비브리오 콜레라(*Vibrio cholerae*)는 오염된 물이나 음식을 통해 장관으로 들어간다. 세균들이 장의 벽을 따라 이동할 때, 이들은 체액이 끊임없이 배출되게 자극하는 독소를 분비한다. 가장 심한 경우에 감염된 환자는 몇 시간에 걸쳐 매시간마다 무색의 묽은 체액을 최대 1리터까지 배설하기도 한다. 탈수로 인해 환자의 피부는 주름지고 건조해지며 만지면 차갑게 느껴진다. 팔과 다리에 근육경련이 일어난다. 혈액이 진해지고 소변 생성이 중단되며, 혈액이 뇌로 느리게 흘러들어가서 쇼크와 혼수상태에 빠지게 된다. 치료를 받지 않으면, 사망률이 70%에 이를 수 있다.

Vibrio cholerae:
VIB-ree-oh KAHL-er-eye

항생제는 세균 세포를 죽이지만, 치료의 핵심은 신체의 수분과 **전해질(electrolyte)**의 균형을 회복시키는 것이다. 경증이나 심하지 않은 경우에는 **수분보충요법(oral rehydration therapy)**이 필요하다. 여기에는 신체가 정상적인 수분/염분 균형을 회복하도록 설계된 전해질 및 포도당 음료의 섭취가 포함된다. 가장 심한 경우에는, 수분 보충을 위해 정맥주사가 필요하다.

전해질(electrolyte): 전하를 운반하는 혈액 및 기타 체액의 나트륨 또는 칼륨과 같은 미네랄.

대장균 설사

인간의 장내 미생물군집의 일부인 무해한 균주 외에도, 대장균(*Escherichia coli*)에는 병원성 균주들이 존재한다. 이러한 균주들 중 하나는 장 내벽을 침범하여 수분 배설을 유발하는 강력한 독소를 생성하여 유아에게서 설사를 일으킨다. 또 다른 변종은 **여행자설사(traveler's diarrhea)**를 일으키는데, 일반적으로 여행자가 해당 지역을 방문한 후 2주 이내에 설사 증상을 나타내는 질병이어서 이렇게 불리게 되었다. 설사는 최대 10일 동안 지속된다.

Escherichia coli:
esh-er-EEkey-ah KOH-lee

대장균 O157균(*E. coli* O157:H7)으로 인해서 매우 심각한 형태의 출혈성 설사에 걸릴 수 있다. 이 균주는 대장에서 **출혈성 대장염(hemorrhagic colitis)**으로 알려진 합병증인 혈액이 섞인 설사를 일으킨다. 이 질병이 신장이 신장에서 발병하면, 신부전으로 이어질 수 있는데, 이를 **용혈성 요독증 증후군(hemolytic uremic syndrome, HUS)**이라 부른다. HUS에 의해 발작, 혼수상태, 결장천공 및 간 장애 등이 발생한다.

진단 중인 것까지 포함해서, CDC는 대장균 O157균(*E. coli* O157:H7)에 의한 발병

사례가 매년 96,000건 이상이라고 추정한다. 오염된 식품에는 분쇄육, 신선한 시금치, 로메인 상추, 헤이즐넛, 치즈, 심지어 쿠키반죽 등이 포함된다. 이러한 식품들 중 일부는 어떻게 오염되는지 확실하지 않다. O157:H7균이 소의 장에 존재함에도 이 동물에게는 질병을 일으키지 않기 때문에 분쇄육 오염에 의해 일어난다는 것이 지배적인 생각이다. 도축 중 오염에 의해 대장균이 쇠고기 제품에 들어간다. 소에서 토양으로 세균이 배설됨으로써 식물과 과일로도 전달된다.

캄필로박테리아증

Campylobacter jejuni:
kam-pilloh-BAK-ter jeh-JU-nee

캄필로박테리아증(campylobacteriosis)은 미국인에게 있어 가장 흔한 설사병의 원인들 중 하나이다. 캄필로박터 제주니(*Campylobacter jejuni*)에 오염된 유제품과 물은 전형적인 감염원이다. 질병의 증상은 가벼운 설사에서 심각한 위장장애에 이르기까지 다양하다. 또한, 발열, 복통, 혈변 등도 일반적인 증상들이다. CDC는 캄필로박터(*Campylobacter*) 감염증으로 인해 매년 약 75명이 사망하는 것으로 추정하지만 대부분의 환자들은 일주일 이내에 회복된다.

리스테리아증

Listeria monocytogenes:
lis-TEHree-ah mah-no-sigh-TAHjeh-neez

2011년 가을에, 멜론과 연관된 **리스테리아증(listerosis)**의 창궐이 여러 주에 걸쳐 발생했다. 약 150명이 감염됐고 33명이 사망했다. 리스테리아증은 작은 그람 양성 간균인 리스테리아 모노사이토게네스(*Listeria monocytogenes*)에 의해 발병한다. 이 질병은 주로 노인, 임산부, 신생아 및 면역체계가 약화된 사람들에게 우선적으로 감염된다. 이 질병은 두통, 목 경직, 섬망 및 혼수상태 등을 동반하는 **리스테리아성 수막염(listeric meningitis)**으로 진행될 수 있다. 또 다른 형태는 백혈구의 수적 증가를 동반하는 혈액 질환이다. 임산부의 경우, 자궁감염으로 인해 유산될 수 있다.

리스테리아균종들은 일반적으로 토양과 많은 동물들의 장에서 발견된다. 결과적으로, 세균 세포는 배설물에 오염된 식품뿐만 아니라, 오염된 동물성 식품의 섭취를 통해 사람에게 전염될 수 있다. 콜드컷과 소프트치즈[예, 브리(Brie), 카망베르(Camembert), 페타(feta)]는 리스테리아 창궐과 관련이 있다. 항생제가 효과적인 치료법이다.

소화성 궤양

Helicobacter pylori:
HE-lick-ohbak-ter pie-LOW-ree

오늘날, 소화성 궤양은 전염병으로 간주된다. 터무니없는 소리 같지만, 대부분의 **소화성 궤양(peptic ulcer disease)**은 헬리코박터 파일로리(*Helicobacter pylori*)라는 세균에 의해 발병한다. 이 그람 음성의 휘어진 간균은 분변-구강 경로를 통해 사람에서 사람으로 전염되는 것 같다. 헬리코박터 파일로리(*H. pylori*)는 위의 강한 산성에서도 생존할 수 있다(**그림 19.11**). 세균 세포는 위벽에 부착한 다음, 해당 부위의 요소를 분해하는 효소를 분비하여 암모니아를 생성한다. 암모니아는 감염 부위 부근의 위산을 중화시키고 세균은 위산의 도움으로 조직을 파괴하기 시작한다. 헬리코박터 파일로리(*H. pylori*) 감염증은 위암의 주요 원인이기도 한데, 이는 세계에서 네 번째로 흔한 암이자 두 번째로 많은 암 사망의 원인이다—매년 약 100만 명이 사망한다. 의사들이 항생제를 처방함으로써 궤양 치료에 혁명을 일어났다. 그들은 최대 94%의 치료율을 달성했다. 궤양의 재발이 드물어졌고, 헬리코박터 파일로리(*H. pylori*)가 사람들의 위에서 감소함에 따라 위암 사례도 감소하고 있다. 그러나 **A CLOSER LOOK 19.2** 보고서의 비용-편익 분석에 따르면 헬리코박터 파일로

그림 19.11 위궤양의 진행. 대부분의 소화성 궤양은 헬리코박터 파일로리(*Helicobacter pylori*)에 의해 발병한다. 삽화: 헬리코박터 파일로리(*H. pylori*) 세포들의 가색 주사전자현미경 이미지. (Bar = 2 μm.)

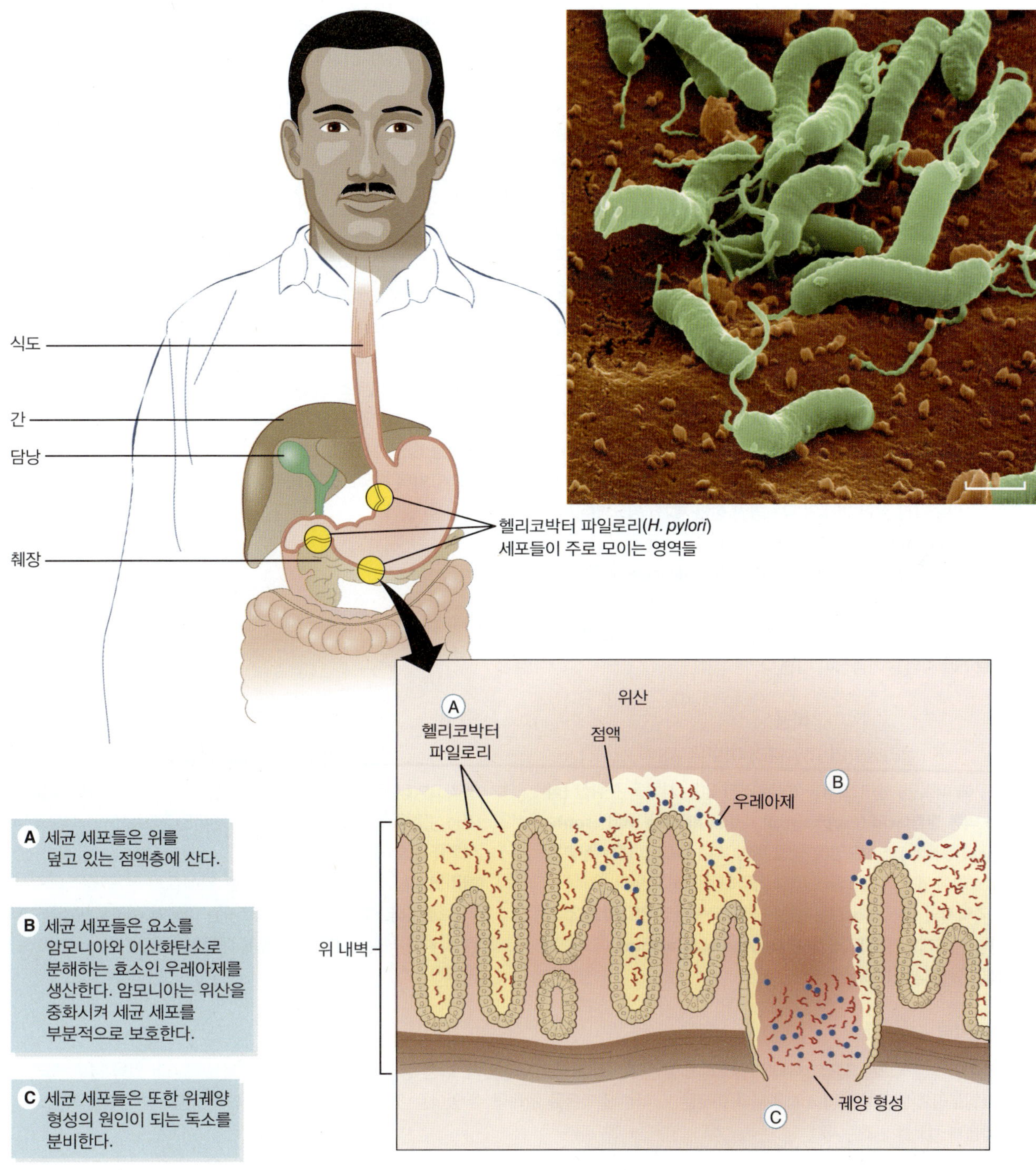

리(*H. pylori*)에서 벗어나는 것이 꼭 좋은 소식만은 아닐 수도 있다.

19.3 토양 매개 세균 질병들: 내생포자 생성자

토양 매개 질병(soilborne bacterial diseases)은 병원균이 모르는 사이에 토양에서 사람에게 전파되는 질병이다. 토양에서 살아남기 위해, 세균 세포는 극한 환경에 저항해야 하고,

A CLOSER LOOK 12.1

헬리코박터 파일로리(*Helicobacter pylori*): 비용-편익 분석

비즈니스 커뮤니티에서, 기업은 기업을 위한 최선의(또는 가장 수익성 있는) 행동방침을 결정할 때 비용-편익 분석을 통해 예상 비용과 예상 편익을 비교할 수 있다. 우리는 200,000년 이상 동안 사람의 위장 미생물군집의 일부였던 세균인 헬리코박터 파일로리(*Helicobacter pylori*) 감염에 대해 유사한 분석을 수행할 수 있다. 구체적으로, 헬리코박터 파일로리(*H. pylori*) 감염이 인간에게 미치는 비용과 이점은 무엇인지 분석을 해보자.

비용

(헬리코박터 파일로리 보유 시)

- 헬리코박터 파일로리(*H. pylori*)라는 세균은 전 세계적으로 30억 명의 사람들을 감염시키고, 2%(6천만 명)가 **위 (소화성) 궤양[gastric (peptic) ulcer disease]**에 걸린다.
- 궤양 환자의 약 2%(100만 명)는 **위암(stomach cancer)**에 걸릴 것이다(미국: 매년 22,000명의 환자가 진단되고, 이 중 10,000명이 사망할 것으로 예상됨).
- 헬리코박터 파일로리의 존재는 신체가 인슐린에 적절하게 반응하지 않는 가장 흔한 형태의 당뇨병인 **성인 제2형 당뇨병(adult type 2 diabetes)**과 관련이 있을 수 있다.
- 여러 연구에 따르면, **파킨슨병(Parkinson's disease**; 떨림과 보행 및 조정력 장애를 유발하는 뇌장애)에 걸린 사람들은 건강한(비파킨슨병) 사람들보다 궤양이 있을 가능성과 헬리코박터 파일로리에 감염될 가능성이 더 높다.

이점

(헬리코박터 파일로리 미보유 시)

- 소화성 궤양을 치료하기 위한 항생제 요법이 출현함에 따라 헬리코박터 파일로리의 발병률이 급격히 감소했다. 선진국에서는 감염률이 80%에서 불과 몇 %로 낮아졌다. 이것은 매우 적은 수의 사람들에서만 소화성 궤양과 위암이 발병한다는 의미한다.
- 헬리코박터 파일로리를 제거하면 성인 제2형 당뇨병의 발병 가능성을 줄일 수 있다.
- 헬리코박터 파일로리의 박멸은 사람이 파킨슨병에 걸릴 확률을 줄일 수 있다.

비용

(헬리코박터 파일로리 미보유 시)

- 연구에 따르면, 헬리코박터 파일로리가 없는 사람들은 **위산 (식도) 역류 질환[acid (esophageal) reflux disease and esophageal cancer]**과 식도암에 걸릴 위험이 더 높다. 이러한 질병들은 소화성 궤양이 감소함에 따라 급격히 증가하고 있다.
- 면역학자와 알레르기 전문가들은 헬리코박터 파일로리가 없는 사람이 **알레르기-유도 천식(allergyinduced asthma)**에 더 잘 걸릴 수 있다고 보고한다.

이점

(헬리코박터 파일로리 보유 시)

- 헬리코박터 파일로리가 있으면 위산 역류 질환과 식도암 발병 가능성을 줄일 수 있다. 헬리코박터 파일로리는 어떤 식으로든 식도를 보호하는 것으로 보인다.
- 헬리코박터 파일로리에 감염되면 알레르기-유도 천식으로부터 보호된다. 헬리코박터 파일로리는 어떻게든 면역체계를 "훈련"시켜 천식을 유발하는 요인에 대한 반응을 낮추는 것으로 보인다.

토론 포인트

비용대비 이익 분석으로, 헬리코박터 파일로리에 감염되는 것이 좋은 상황인가, 나쁜 상황인가? 예를 들어, 소화성 궤양이 있을 경우, 헬리코박터 파일로리의 박멸이 건강에 해롭거나 이로운 또 다른 결과들을 초래할 수 있다는 것을 알고서도 헬리코박터 파일로리 감염을 제거하기 위해 항생제 치료를 받겠는가?

내생포자(endospores): 일부 그람 양성 세균 종에 의해 생성되는 휴면기의 극히 저항성이 있는 세포.

아래의 두 가지 질병에서 알 수 있듯이, 종종 **내생포자(endospores)**를 형성한다.

탄저병

Bacillus anthracis: bah-SILlus an-THRAY-sis

탄저병(anthrax)은 소, 양, 염소에서 발생하며, 드물게 사람에서도 발병하는 혈액 질병이다. 이 질병은 그람 양성 포자 형성 간균인 바실러스 안스라시스(*Bacillus anthracis*)에 의해 발병한다. 환자들은 포자를 흡입하거나, 오염된 고기를 섭취하거나, 공기 중의 포자와

그림 19.12 탄저병. 이 피부 병변은 탄저균 감염의 결과이다. 이와 같은 병변은 탄저병 포자가 피부에 접촉하여 발아하고, 증식 가능한 세포를 생성할 때 발생한다.

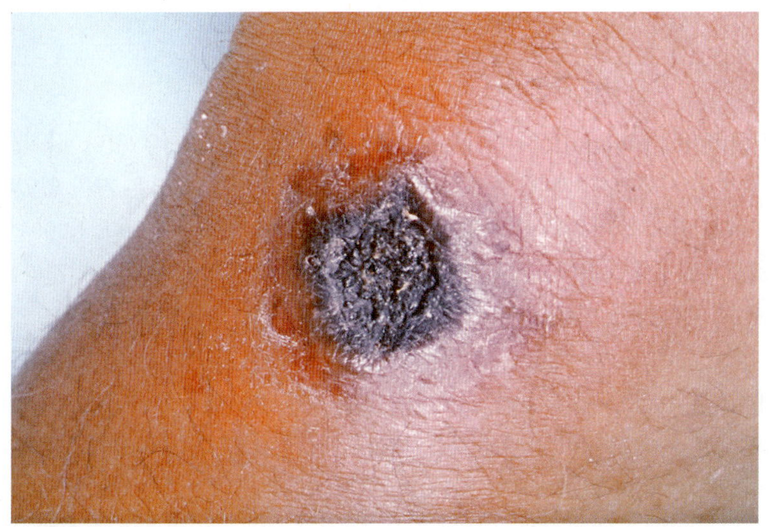

Courtesy of James H. Steele/CDC.

피부 접촉을 한다(**그림 19.12**). 장에서는 혈변을 동반하는 심한 설사가 나타난다.

질병에 노출되거나 감염된 후에는 항생제로 치료한다. 성공적인 치료를 위해서는 질병을 조기에 발견하고 치료해야 한다. 치료하지 않은 경우, 사망률이 80% 이상이다. 미국에서는 수입된 동물제품들에 대한 검역 덕분에 발병사례가 거의 없다. 물론, 2001년에 탄저병 생물테러사건이 있었고 탄저병은 여전히 잠재적인 생물테러 무기로 남아 있다. 이는 제18장의 '인간의 바이러스성 질병'에서 논의되었다.

파상풍

토양에 오염된 못에 찔린 상처를 통해 **파상풍(tetanus)**에 감염될 수 있다. 하지만, 그람 양성균인 클로스트리디움 테타니(*Clostridium tetani*)는 환경 어디에서나 발견된다. 이 포자들이 상처에 들어가면 증식하는 간균이 된다. 생장하는 세균 세포들은 근육의 지속적이고 통제되지 않는 수축을 유발하는 파상풍 독소를 생산하고, 전신에 걸쳐 경련이 일어난다.

Clostridium tetani: kla-STRIHdee-um TEH-tahn-ee

진정제와 근육이완제로 파상풍 환자들을 치료하며, 조용하고 어두운 방에 둔다. 의사는 세균 세포를 파괴하기 위해 페니실린을 처방하고 독소를 중화하기 위해 파상풍 항독소를 처방한다. 미국에서는 파상풍 백신의 예방 접종에 힘입어 파상풍의 발병률이 꾸준히 감소하고 있다. 매년 CDC에 보고되는 발병사례는 수십 건에 불과하다. 높은 면역 수준을 유지하기 위해 10년마다 "파상풍 주사"에 들어 있는 파상풍 변성독소를 추가접종받을 것을 권장하고 있다.

19.4 절지동물 매개 세균 질병들: 벌레물림

벼룩, 이, 진드기는 사람에게 또는 사람 간에 질병을 전염시키는 절지동물의 예이다. 일반적으로, 절지동물이 감염된 동물이나 사람의 혈액을 흡혈하여 자신이 감염될 때 전파된다. 그런 다음, **매개자들(vectors)**이라고 불리는 이 절지동물은 다음 혈액식사 동안에 미생물들을 다른 개체에게 전달한다. 절지동물 관련 질병들은 주로 혈류에서 발병하고, 고열과 발진이 자주 나타난다.

선페스트

선페스트(bubonic plague)보다 더 무서운 역사를 가진 질병은 거의 없다. 사실, 이 질병에 의해 유발된 사회적, 경제적, 종교적 변화들과 비견할 만한 질병은 거의 없었다. 제19장 도입부에서 서술한 내용이 이 질병의 사회적 중요성에 대한 증거이다. 1,300년대의 유행병은 희생자들에게 나타나는 자줏빛 검은 반점 때문에 "흑사병"으로 알려졌다. 일부 기록에 따르면, 흑사병에 의해 유럽 인구의 거의 3분의 1인 약 4천만 명이 사망했다(**그림 19.13**).

선페스트는 1900년에 샌프란시스코에서 처음 나타났으며, 아시아에서 도착하는 배에 실린 쥐에 의해 옮겨졌다. 이 질병은 땅다람쥐, 프레리도그 및 기타 야생 설치류로 퍼졌다. 오늘날, 이 질병은 미국 남서부에서 풍토병이 되었다.

Yersinia pestis: yer-SIN-ee-ah PESS-tiss

페스트는 그람 음성 간균인 예르시니아 페스티스(*Yersinia pestis*)에 의해 발병한다. 이 세균 세포들은 감염된 쥐벼룩이 흡혈할 때 전파된다. 사람에서, 세균 세포는 림프절, 특히 겨드랑이, 목 및 사타구니에 서식한다. 출혈에 의해 **선종(buboes)**이라고 불리는 심한 부기를 유발하므로 선페스트라고 한다. 이곳에서 미생물들은 혈류로 퍼져서 **패혈성 페스트(septicemic plague)**를 일으키고, 폐로 퍼져서 **폐렴 페스트(pneumonic plague)**를 일으킨다. 심한 기침과 출혈이 나타나고, 많은 환자들에서 심혈관의 파괴가 나타난다. 폐렴 페스트에서는, 세균 세포들이 호흡기 비말에 의해 사람에서 사람으로 퍼질 수 있다.

페스트는 조기에 발견되면 특정 항생제로 치료할 수 있어 사망률을 10% 미만으로 줄일 수 있다. 고위험군은 죽은 예르시니아 페스티스(*Y. pestis*) 세포로 구성된 백신을 사용할 수 있다. 치료하지 않으면, 폐렴 페스트의 사망률은 100%에 이른다.

그림 19.13 14세기 유럽에 퍼진 선페스트. 8년에 걸쳐, 흑사병은 흑해에서 시계방향으로 유럽을 거쳐 모스크바까지 퍼졌다.

라임병

라임병(lyme disease)은 1975년에 이 질병이 최초로 집단 발병한 교외지역인 코네티컷 주의 올드 라임으로부터 명명되었다. 사슴진드기에서 이 질병의 흔적을 찾아냈고, 몇 년 후에 원인균이 확인되어 보렐리아 버그도르페리(*Borrelia burgdorferi*)로 명명하였다. 라임병은 현재 미국에서 가장 흔하게 보고되는 절지동물성 질환이다. 발병사례의 약 95%는 북동부, 대서양 중부 및 중북부의 주들에서 나타난다(**그림 19.14**).

Borrelia burgdorferi:
bore-RELLee-ah burg-DOOR-fer-ee

보렐리아 버그도르페리(*B. burgdorferi*)에 감염된 사람들의 약 20%는 독감과 유사한 증상 이상은 겪지 않는다. 나머지 대부분의 경우, 진드기에 물린 부위의 발진과 함께 질병이 시작된다. 발진이 서서히 퍼져나가서 결국 진한 적색 가장자리와 적색 중심부를 형성하여 황소눈과 비슷해진다(**그림 19.15**). 치료하지 않으면, 환자의 무릎, 어깨, 발목 및 팔꿈치 등의 주관절에서 통증, 부기 및 관절염 등의 증상이 나타나는 두 번째 단계로 들어간다. 일부 환자에서는, 심혈관 및 신경계의 손상으로 인해 관절염이 심해지는 세 번째 단계가 발생한다.

발진 단계에서는 항생제를 사용하여 효과적으로 치료할 수 있다. 신경이나 심장에 증상이 나타나는 환자들은 항생제 정맥주사로 치료할 필요가 있다.

록키산 홍반열

록키산 홍반열(rocky mountain spotted fever, RMSF)은 조기에 치료하지 않으면 치명

그림 19.14 거주 카운티 별로 보고된 라임병 발병사례들. 라임병의 발병사례는 거의 모든 주에서 보고되었지만, 대부분의 발병사례는 메인 남부에서 버지니아 북부까지 그리고 위스콘신, 미네소타 북부 및 일리노이 북부에서 보고되었다.

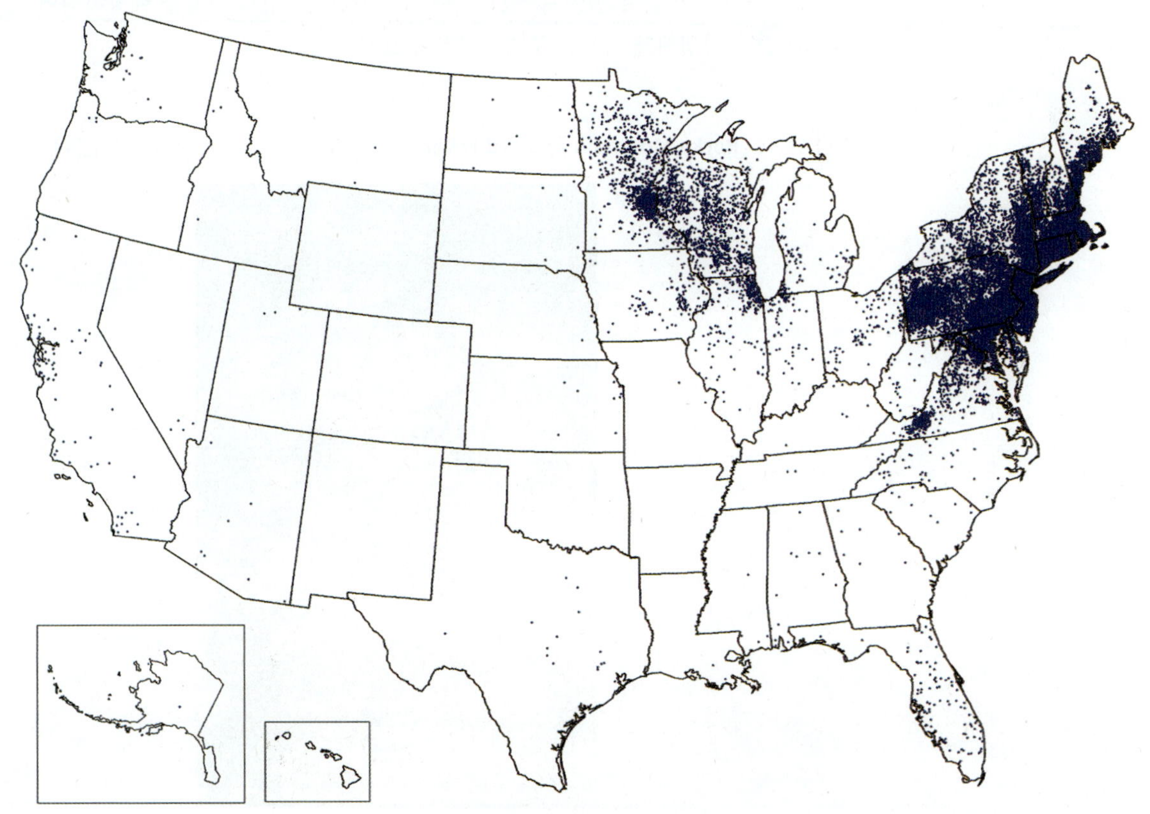

Courtesy of CDC.

그림 19.15 황소눈 발진. 라임병은 큰 적색 중심부와 진한 적색 가장자리로 이루어진 발진으로 시작될 수 있다. 일반적으로 만지면 따갑고 시간이 지남에 따라 퍼져나간다.

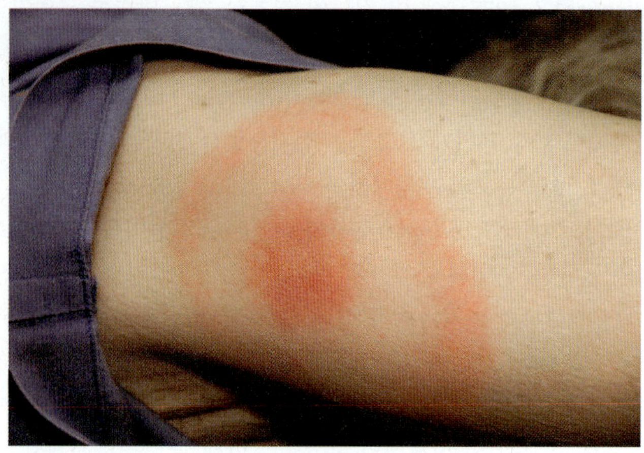

Courtesy of CDC.

Rickettsia rickettsii: rih-KETsea-ah rih-KET-sea-ee

적일 수 있는 심각한 진드기매개 질병이다. RMSF의 발병사례는 미국전역에서 나타나지만, 노스캐롤라이나, 테네시, 미주리, 아칸소 및 오클라호마 주들에서 가장 일반적으로 보고된다. 이 질병은 리켓차 리켓치(*Rickettsia rickettsii*)에 의해 발병하고 개와 나무 진드기에 의해 전염된다.

RMSF의 특징 중 하나는 며칠 동안 지속되는 고열이다. 피부발진도 발생한다. 이 발진은 분홍색 반점으로 시작하여 피부에 붉은색 영역을 형성하기 위해 융합되어 분홍색-붉은색 여드름과 같은 반점으로 진행된다. 발진은 일반적으로 손바닥과 발바닥에서 시작되고 점차 몸통과 얼굴로 퍼진다(**그림 19.16**).

RMSF는 생명을 위협할 수 있기 때문에, 심각한 질병과 사망을 예방하려면 독시사이클린과 같은 항생제를 사용한 조기치료가 필요하다.

그림 19.16 Rocky Mountain Spotted Fever. 아이의 얼굴에 RMSF의 특징적인 반점발진이 나타난다.

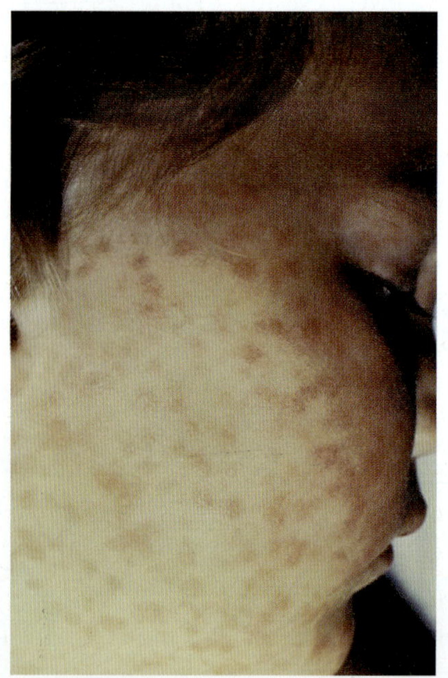

Courtesy of CDC.

19.5 성 전파 감염증들: 지속적인 건강 문제

성 전파 감염증들(sexually transmitted infections, STIs)은 넓은 의미에서 직접적인 접촉을 통해 전염되는 질병의 범주에 속한다. 이 경우의 접촉은 생식기관과의 접촉이다. 미생물들은 일반적으로 신체 조직 외부에서 생존할 수 없기 때문에 사람 사이의 전파는 세균의 생존에 필요하다. 주요 STIs는 보고된 상위 10위의 전염병 중에서 4개를 차지하므로 미국에서 계속 문제가 되고 있다(**그림 19.17**). 덧붙여서, STIs는 **성 전파 질병들(sexually transmitted diseases, STDs)**로 불려 왔다. STI라는 용어는 이러한 감염증들이 확실한 질병 징후를 나타내지 않기 때문에 더 유효한 용어가 되었다.

매독

유럽인들은 수세기 동안 수두(chickenpox), 우두(cowpox), 천연두(smallpox) 및 대두(Great Pox)의 4가지 수포성(pox) 질병들과 싸워야 했다. 대두는 현재 매독으로 알려져 있다. **매독(syphilis)**은 나선형 세균 세포가 피부 표면을 관통하여 3단계로 진행될 수 있는 질병을 일으키는 트리포네마 팔리둠(*Treponema pallidum*)에 의해 발병한다.

Treponema pallidum: treh-poh-NEE-mah PAL-eh-dum

- **1차 매독.** 이 단계에서는 생식기에 통증이 없는 단단한 원형의 자줏빛 궤양인 **경성하감(chancre)**이 생긴다. 2~6주 동안 지속되다가 사라진다.
- **2차 매독.** 두 번째 단계는 몇 주 후에 발생한다. 환자의 전신 표면에 병변, 발열, 발진 등이 나타나고, 모발이 듬성듬성 빠진다. 회복 중인 환자의 병변에는 움푹 패인 흉터

그림 19.17 2017년에 미국에서 보고된 신고의무 질병들의 발병건수들. 미국에서 가장 많이 보고된 미생물 질병들 6개 중 4개는 성적으로 전파된다.

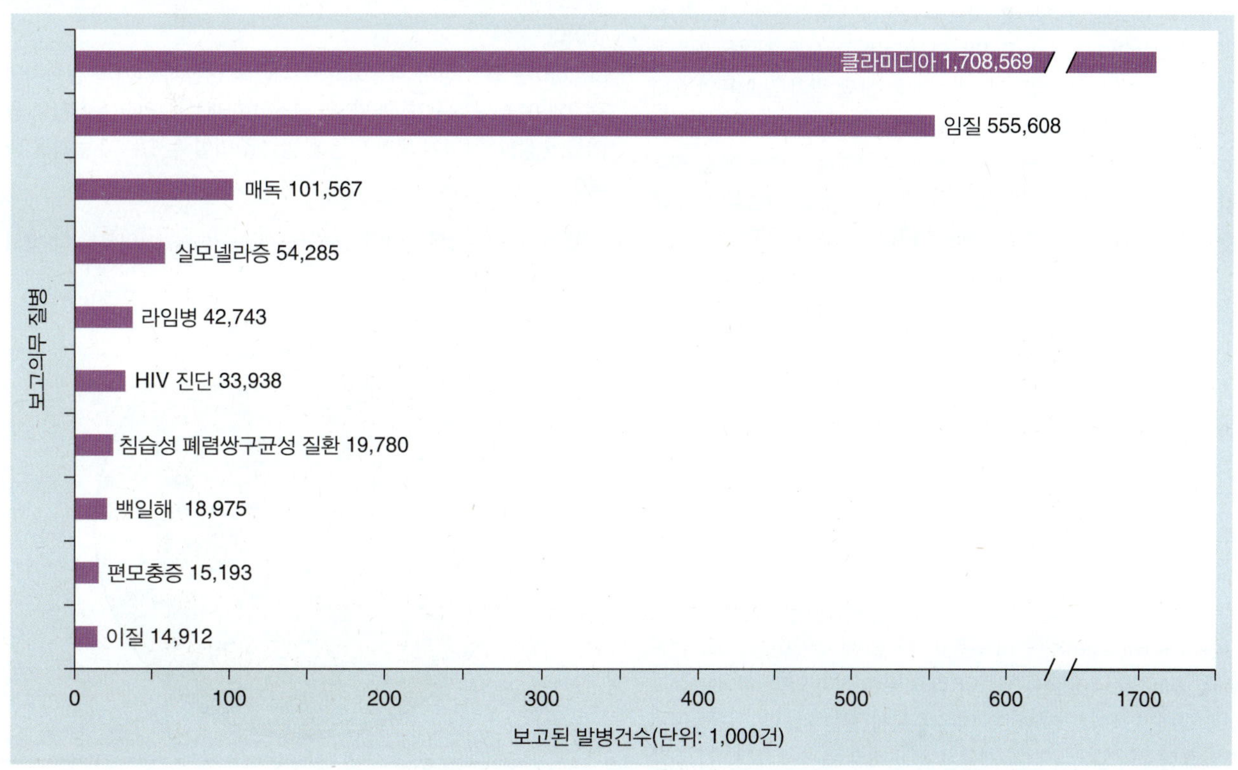

Data from CDC, Summary of Notifiable Diseases, 2017.

가 생기고 "곰보자국"으로 남는다.

- 1, 2차 매독의 경우, CDC는 2007년에서 2017년 사이에 보고된 발병사례의 수가 167% 증가했다고 보고했다.
- **3차 매독.** 매독 환자의 약 40%에서 질병의 세 번째 단계가 발생한다. 이것의 특징은 **고무종(gumma)**이다. 이것은 혈관을 약화시켜 부풀어 오르게 하는 일종의 젤리 같은 과립형 병변이다. 뇌에서, 3차 매독은 환자들의 성격과 판단력을 변화시키고, 3차 매독에 걸린 사람들을 여러 세대에 걸쳐 정신병원에 수감할 정도로 광기를 유발한다.

그러나 어떤 사람들은, **A CLOSER LOOK 19.3**에서 검토한 것처럼, 감염증이 때때로 사람의 성격과 판단력을 또 다른 방식으로 바꿀 수 있다고 믿고 있다.

페니실린은 매독의 1, 2차 단계에서 선택되는 약물이다. 그러나 항생제는 3차 매독에는 효과가 없다. 매독 통제의 초석은 환자의 성적접촉을 파악하고 치료하는 것이다. 매독은 또한 세균 세포가 태반 장벽을 관통하여 생명을 위협하는 중증감염증인 **선천성 매독(congenital syphilis)**을 일으키므로, 임신부에게서 심각한 문제가 된다.

임질

임질(gonorrhea)은 남성과 여성 모두를 감염시키는 또 다른 흔한 STI이다. 사실, 임질은 미국에서 두 번째로 자주 보고되는 주목할 만한 질병이다(그림 19.17 참조). 보고된 발병

A CLOSER LOOK 19.3

번득이는 환영?

아브라함 링컨, 아돌프 히틀러, 프리드리히 니체, 오스카 와일드, 루트비히 판 베토벤, 빈센트 반 고흐의 공통점은 무엇일까? 데보라 하이든(Deborah Hayden)의 연구가 옳다면, 이 모든 사람은 매독에 걸렸을 가능성이 매우 크다. 그녀는 대두: 천재, 광기 및 매독의 신비(*Pox: Genius, Madness, and the Mysteries of Syphilis*)(뉴욕: Basic Books)라는 책을 2003년에 저술했다. 이 책에서, 그녀는 행동, 경력 또는 성격이 이 성 전파 감염증에 의해 형성되었을 가능성이 더 큰 15세기에서 20세기의 저명한 인물 14명을 살펴보고 있다.

1943년에 페니실린이 도입되기 전까지는 매독에 대한 치료법이 없었다. 환자는 세균이 몸을 통해 퍼짐에 따라 오래 지속되고 재발하는 질병을 겪었다(**그림 A** 참조). 그런 다음, 몇 년 후에 이 감염증은 3차 매독으로 다시 나타난다. 이 가장 위험한 형태에서, 환자들은 극심한 두통과 위장 통증을 겪었다. 많은 경우에, 고통 받는 사람들은 결국 귀머거리, 실명, 마비 및 광기에 이른다.

그러나 때때로, 황홀경과 맹렬한 창의성이 3차 매독의 "증상들"의 일부였다. 하이든이 말했듯이, "3차 매독의 '경고신호' 중 하나는 천사의 세레나데를 듣는 느낌이다." 실제로, 아웃 오브 아프리카(Out of Africa)를 쓴 덴마크 작가인 카렌 블릭센(Karen Blixen)[이삭 디네센(Isak Dinesen)]은 "매독은 이야기를 할 수 있는 능력을 얻기 위해 악마에게 내 영혼을 팔았다"라고 말한 적이 있다. 하이든은 그녀가 그녀의 책에서 설명하는 많은 주목할 만한 역사적 인물들에게 창조적 불꽃의 많은 부분을 제공한 것이 바로 그러한 감정이라고 믿고 있다. 가장 흥미로운 제안은 아마도 매독이 히틀러를 미치게 만들었을 수도 있고, 제2차 세계대전의 마지막 날에 베를린 벙커에서 자살했을 때 매독으로 죽어가고 있었다는 논쟁의 여지가 있는 제안일 것이다.

하이든의 주장이 사실이라면, 세균이 어떻게 작가와 철학자의 생각과 예술가, 작곡가, 과학자의 창조적 천재성, 그리고 독재자의 광기를 형성할 수 있게 몸과 마음에 영향을 미칠 수 있는지 놀라울 따름이다.

그림 A 트리포네마 팔리둠(*Treponema pallidum*)(어두운 나선)의 광학현미경 사진.

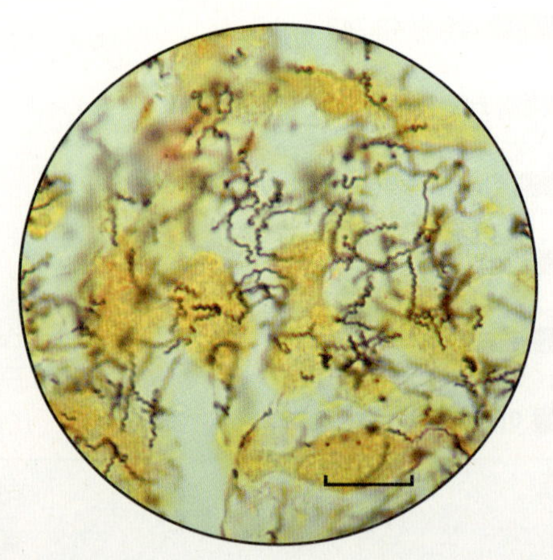

Courtesy of CDC.

그림 19.18 클라미디아, 임질 및 매독의 보고된 발병건수들—미국 및 미국 영토들, 1995~2017. CDC는 2017년에 클라미디아와 임질의 가장 많은 발병사례수를 보고했다.

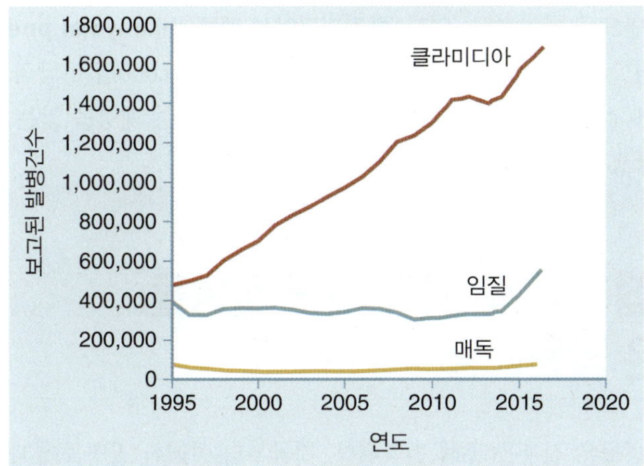

사례의 수는 2013년 이후 67% 증가했다(**그림 19.18**). STI는 일반적으로 임균으로 알려진 작은 그람 음성 쌍구균인 나이세리아 고노레(*Neisseria gonorrhoeae*)에 의해 발병한다. 임질의 대부분의 경우는 성교 중에 사람 간의 접촉에 의해 전염된다.

Neisseria gonorrhoeae: nye-SEER-ee-ah gah –nor-REE-eye

여성의 경우, 임균이 **자궁경부(cervix)**와 **요도(urethra)**를 침범한다. 환자들은 배뇨 시에 분비물, 복통, 작열감 등을 호소한다. 일부 여성의 경우, 임질이 **나팔관(fallopian tubes)**으로 퍼지기도 하는데, 이 얇은 통로에 유착이 생겨나면 난자가 통과하기 어렵게 된다. 남성의 경우, 임질은 주로 요도에서 발생한다. 발병하면 일반적으로 음경에 따끔거림이 나타나고, 며칠 후에는 배뇨 시에 통증이 나타난다. 또한, 처음에는 묽고 물기가 많은 분비물이 나오다가 나중에는 정액과 유사한 희고 진한 액체가 나온다. 성인의 임질은 항생제로 치료한다.

자궁경부(cervix): 자궁으로 들어가는 입구와 질로 이어지는 입구.

요도(urethra): 방광에서 몸 밖으로 소변을 운반하는 포유류의 관.

나팔관(fallopian tubes): 정자 세포들을 난자로 운반하고 난자를 난소에서 자궁으로 운반하는 한 쌍의 길고 좁은 관 중 하나. 난관이라고도 함.

임균은 비뇨생식기관에 국한되어 존재하지 않는다. 구강성교로 인한 **임균성 인두염(gonococcal pharyngitis)**은 인두에서 발병할 수 있다. 감염된 여성에게서 태어난 영아에서, 임균은 **임균성 안염(gonococcal ophthalmia)**라는 눈의 질병을 일으킬 수 있다. 실명을 예방하기 위해, 대부분의 주에서는 신생아의 눈을 항생제로 치료하도록 법으로 정하고 있다.

클라미디아

클라미디아(chlamydia)는 CDC에 보고된 가장 흔한 세균성 STI이다(그림 19.17 참조). 사실, 2017년에 CDC는 클라미디아 발병사례의 수에서 사상 최고치를 보고했는데, 이는 2013년 이후에 보고된 발병사례가 28% 증가한 것을 나타낸다(그림 19.18 참조). 클라미디아는 클라미디아 트라코마티스(*Chlamydia trachomatis*)라는 작은 세균에 의해 발병하며, 가장 일반적으로 질, 구강 및 항문 성교를 통해 퍼진다.

Chlamydia trachomatis: kla-MIH-dee-ah trah-KO-mah-tiss

클라미디아로 고통 받는 여성들에서는 약간의 질 분비물과 자궁경부에 염증이 나타난다. 배뇨 시에는 화끈거리는 통증이 나타난다. 심한 경우에, 이 질병은 나팔관으로 퍼져 나가 통로를 막을 수 있다. 남성의 경우, 클라미디아는 고통스러운 배뇨와 임질보다 더 묽고 더 적은 분비물을 나타낸다. 일반적으로 음경이 따끔거리고 **부고환(epididymis)**에 염증이 생기면 불임이 될 수 있다.

부고환(epididymis): 남성 고환의 뒤쪽과 위쪽에 부착된 코일 모양의 관.

신생아는 감염된 어머니로부터 클라미디아 트라코마티스(*C. trachomatis*)에 감염될 수 있다. 출산 중에 병원균과 접촉하면 **클라미디아성 안염(chlamydial ophthalmia)**으로 알려진 눈의 질병으로 이어질 수 있다. **클라미디아성 폐렴(chlamydial pneumonia)**은 신생아에서도 발병할 수 있다. 보건관계자는 미국에서 매년 75,000명 이상의 신생아가 클라미디아성 안염에 걸리고, 30,000명의 신생아가 클라미디아성 폐렴을 앓는 것으로 추정한다. 이 질병은 항생제를 사용하여 성공적으로 치료할 수 있다.

19.6 접촉성 및 기타 세균 질병들: 더 많은 병원균들

사람의 여러 질병들은 접촉을 통해 전염된다. 지금부터 이러한 질병들에 대해 설명하겠지만, 대개 몇몇 형태의 피부 접촉에 의해 발병한다.

포도상구균피부병

그람 양성 구균의 포도 모양의 군집인 스타필로코커스 아우레우스(*Staphylococcus aureus*)는 여러 피부 질환과 연관된 균종이다.

농양

*S. aureus*에 의한 피부 감염증의 특징은 고름이 가득 고인 병변인 **농양(abscesses)**이다. 종기는 피부 농양의 한 예이다. **옹(carbuncle)**이라 불리는 깊은 피부 농양은 포도상구균이 피부 아래의 조직으로 침입할 때 발생한다(**그림 19.19A**).

농가진

농가진(impetigo)은 보다 표면적인 감염증을 의미하며, 피부 외층 바로 아래의 상피에 반점들이 생긴다(**그림 19.19B**).

이러한 피부 상태들은 모두 일반적으로 페니실린으로 치료되지만, *S. aureus*의 내성 균주는 병원 획득 감염증 및 지역사회 획득 감염증 모두에서 치료에 있어 실질적인 문제가 되어 왔다. 따라서, 의사가 감염증을 일으키는 균주를 식별하여 적절한 항생제를 선택하는 것이 중요하다. 제10장의 '미생물 제어'에서 항생제와 항생제내성 문제에 대해 논의하고 있다.

독성쇼크증후군

독성쇼크증후군(toxic shock syndrome, TSS)은 독소를 생성하는 *S. aureus* 균주에 의해 발병한다. TSS의 초기 증상으로 빠르게 오르는 열과 함께 구토와 묽은 설사가 나타난다. 그후, 환자에게 인후통과 심한 근육통이 나타난다. 특히, 발바닥과 손바닥의 피부가 벗겨지는 일광화상과 유사한 발진이 나타난다(**그림 19.19C**). 임상증상이 빠르게 진행되어, 혈소판의 급격한 감소, 신부전, 쇼크 및 사망으로 이어질 수 있다. 항생제를 사용하여 세균의 생장을 억제할 수 있다.

그림 19.19 포도상구균피부병.

(A) 머리와 목 후면의 심한 옹.

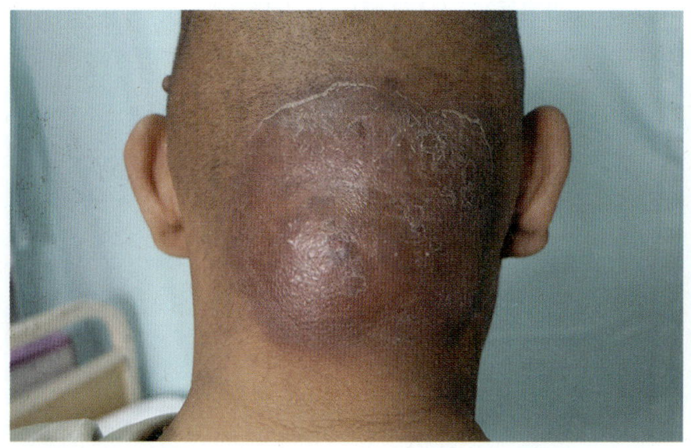

(B) 볼에 농가진이 있는 환자.

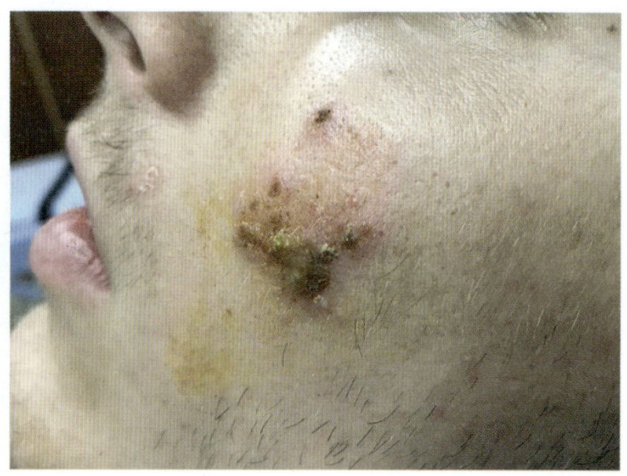

(C) 독성쇼크증후군 환자.

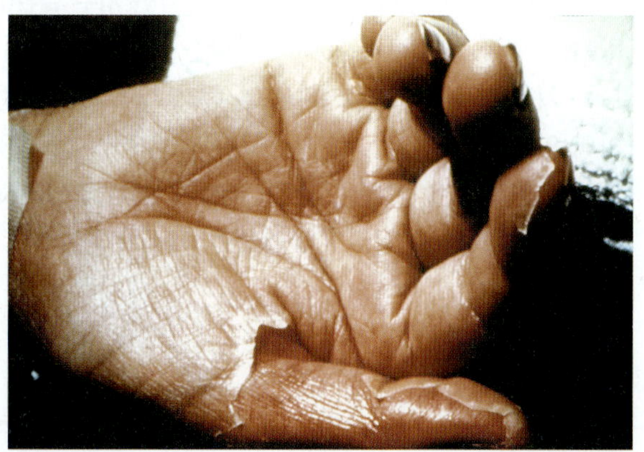

치과 질환들(Dental Diseases)

과학자들은 성인의 구강 내에는 항상 500억에서 1,000억 사이의 세균 세포가 존재한다고 추정한다. 일부는 조건이 맞아지면 감염증을 일으킬 수 있다.

충치

충치(dental caries)의 주요 세균 병원체 중 하나는 스트렙토코커스 뮤탄스(*Streptococcus mutans*)이다. 이 그람 양성 구균은 치아의 매끄러운 표면, 움푹 파인 곳 및 갈라진 틈에 부착할 수 있다. 이들이 치아 표면의 생물막으로 치태에 남아 있으면, 설탕을 젖산 및 기타 산으로 발효시킬 수 있다. 산은 결국 치아 법랑질의 칼슘화합물을 용해시키고, 단백질 소화효소는 남아 있는 유기물질들을 분해한다. 충치를 예방하기 위해서는 일반적인 양치질로 치석 축적을 방지하고, 치석 제거를 위한 치아 청소와 함께 치실을 사용해야 한다. 식품에서 자당을 최소화하는 식이 조절도 도움이 된다.

Streptococcus mutans:
streptoe-KOK-us MEW-tanz

치주 질환

치과 질환에는 충치만 있는 것이 아니다. 치아는 이들의 필수적인 지지에 필요한 치주조

그림 19.20 치주 질환.

(A) 치은염은 치아 주변의 잇몸(치은)에 생기는 염증이다.

(B) 치주염은 잇몸질환이 치아를 지지하는 구조에 영향을 미치는 상태를 말한다. 이 예에서는 잇몸 퇴축과 뼈 손실이 발생하여 치아가 흔들리고 심지어 빠질 수도 있다.

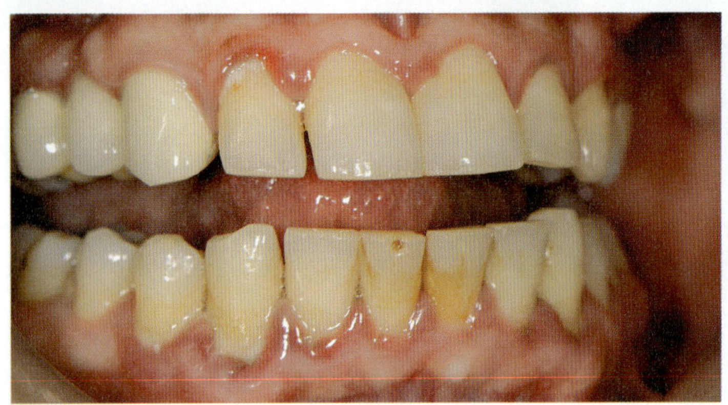

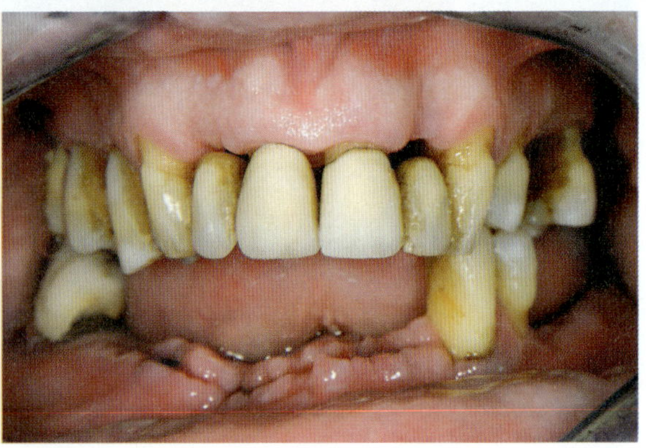

직으로 둘러싸여 있다. 이 조직이 감염되면 **치주 질환(periodontal disease)**을 일으킬 수 있는데, 미국 성인의 약 80%가 걸리는 질병이다. 초기 치주 질환의 가장 흔한 형태 중 하나는 **치은염(gingivitis)**이다(**그림 19.20A**). 이 질병은 치석의 세균 세포가 증식하여 치아와 잇몸 사이에 쌓일 때 발생한다. 치은염을 치료하지 않고 방치하면, 치아를 지지하는 뼈와 연조직에 발병하는 심각한 질병인 **치주염(periodontitis)**으로 진행될 수 있다(**그림 19.20B**). 치주염을 치료하지 않으면, 치아가 흔들리고 빠질 수도 있다.

요로감염증들

50%에 육박하는 사람들이 그들의 일생동안 언젠가는 **요로감염증(urinary track infections, UTI)**을 겪을 것으로 추정하고 있다. CDC는 미국에서 매년 UTIs를 치료하기 위해 약 400만 건의 외래진료 방문이 있는 것으로 추정하고 있다. 이는 전체 외래환자 방문수의 약 1%에 해당하며, 매년 약 천만 건의 의사방문수를 차지한다.

UTIs를 일으키는 주요 세균은 대장균(*E. coli*)과 스타필로코커스 사프로피티커스(*Staphylococcus saprophyticus*)이다. 환자는 복부불쾌감, 배뇨시의 작열감 및 빈뇨 충동 등을 호소한다. 대부분의 감염증은 방광에서 발생하며, 여성이 남성보다 더 자주 감염되는 것으로 보인다.

Staphylococcus saprophyticus: staff-ih-loh-KOK-us sah-pro-FI-tih-kus

꽉 끼는 옷을 피하고, 성교 직후의 배뇨습관으로 감염 가능성을 줄일 수 있다. 불행히도 UTIs를 치료하지 않은 채 방치하면, 감염증이 방광 전체를 침범하거나 신장으로 퍼질 수도 있다.

19.7 의료 관련 감염증들: 치료위협들

병원감염증이라고도 불리는 **의료 관련 감염증들(healthcare-associated infections, HAIs)**은 의료 환경에서 걸리는 질병들이다. 환자가 질환이나 질병에 대해 치료받는 동안에 미생물 병원체에 감염될 경우 감염증이 발병한다. 감염원의 출처로 간병인, 병원 직원, 의료시설의 표면 및 환경 등이 포함된다. 또한, 도뇨관 또는 인공호흡기와 같은 오염된 의료기구들과 수술 부위의 감염을 통해 감염증이 발병할 수 있다.

최근까지, 미국에서 HAIs로 매년 거의 170만 명의 감염자와 99,000명의 사망자가 발생했다. HAIs를 치료하기 위해 연간 소요되는 비용은 45억 달러에서 110억 달러로 추정된다. 그러나 미국 내 병원에 입원한 환자들에 대한 CDC의 연구에 따르면 2011년과 2015년 사이에 HAIs가 16% 감소했다.

HAIs를 일으킬 수 있는 다양한 세균들이 존재한다. 가장 흔한 것은 클로스트리디움 디피실(*Clostridium difficile*), 스타필로코커스 아우레우스(*Staphylococcus aureus*) 및 대장균(*E. coli*)이다. 영향을 받는 가장 흔한 부위는 요로 및 호흡기관과 수술 부위이다. 대부분의 경우, 손세정과 표면 소독에 주의를 기울이면 HAIs를 예방할 수 있다. 위에서 언급한 조사에서, HAI 감염증은 도뇨관의 사용이 줄어듦에 따라 일부 감소하였다.

Clostridioides difficile:
kla-strihdee-OY-deez DIF-fih-sil-ee

A Final Thought

이 장을 마치면서, 이 책의 내용들에서 습득한 방대한 지식들의 본체를 되돌아보는 시간을 가져야 한다. 당신은 의심할 여지 없이 미생물과 이것이 당신의 삶에 미치는 심오한 영향에 대해 더 잘 알게 되었을 것이다. 마지막 두 장은 부정적인 측면에 초점을 맞추었지만, 당신은 또한 미생물들이 당신의 삶에 더 나은 영향을 미치는 수많은 방식들을 확실히 기억할 것이다. 당신은 미생물들의 알파벳과 미생물학의 언어를 배웠기 때문에 평생 학습을 계속할 수 있게 되었다. 더 이상 새로운 질병, 생명공학 기술의 발전 또는 신약에 대한 뉴스 헤드라인을 그냥 지나치지 않을 것이다. 이제 당신은 이야기의 내용을 읽고 소화할 수 있을 것이다. 그러면 새로운 지식을 사용하고 공유하면서 더 나은 시민이 될 것이다. 그리고 이것이 바로 교육이다. 이제 당신이 시민 미생물학자가 된 것을 축하한다.

Chapter Discussion Questions

What Was He Thinking?

이 장을 읽으면서, 저자가 전달하려고 했던 세균성 질병에 대한 5가지 주요 요점을 확인하고 토론하시오.

Questions to Consider

1. CDC는 미국에서 매년 40,000명이 폐렴구균성 폐렴으로 사망하는 것으로 추산하고 있다. 이 높은 통계에도 불구하고, 폐렴구균 백신의 혜택을 받을 수 있는 노인의 30%만이 예방접종을 받는다(매년 50% 이상이 독감 백신을 접종받는 것과 비교해 보라). 더 많은 미국 노인들에게 폐렴 백신을 제공하는 일을 담당하는 전염병학자로서, 노인들이 예방 접종을 하도록 설득하려면 어떻게 해야 할 것인가?
2. 미국의 한 대도시에 있는 한 어린이 병원에서는 류마티스열 환자의 수가 급격히 증가했다고 보고했다. 의사들은 인후통들을 더 주의 깊게 모니터링하기 시작하라는 경고를 받았다. 이 예방법이 권장된 이유는 무엇이라고 생각하는가?
3. 1800년대 초에 뉴욕시의 한 의사는 장티푸스의 증상이 나타나기도 전에 진단이 가능한 전문가였다는 이야기가 전해지고 있다. 그는 병상을 오르락내리락하면서, 환자들의 혀를 더듬으며 어떤 환자가 장티푸스의 초기인지를 알렸다. 물론, 며칠 후에 증상이 나타났다. 그의 성공 비결은 무엇이라고 생각하는가?

4. 당신은 신문에서 지역 레스토랑의 고객 11명이 보툴리누스 중독증으로 진단받았다는 기사를 읽었다. 이후 이 질병은 병에 담아 레스토랑에 보관된 버섯에서 탐지되었다. 버섯이 클로스트리디움 보툴리넘(*Clostridium botulinum*)의 포자에 감염될 가능성을 높이는 특별한 재배 방법은 무엇인가?
5. 같은 반의 친구가 봄방학에 열대지방으로 여행을 떠날 계획이다. 여행자 설사를 예방하기 위해, 여행 시작 전 3주 동안 하루에 4번씩 2온스 또는 2정의 펩토비스몰(Pepto-Bismol)을 복용하라는 지시를 받았다. 몸이 분홍색으로 변하는 것 이외에, 여행자 설사를 예방하기 위해 어떤 더 나은 방법을 제안할 수 있는가?
6. 앤 랜더스(Ann Landers)의 칼럼에는 다음과 같은 글이 실려 있다. "나는 임신하기 위해 노력 중인 34세의 기혼여성이지만 가망이 없어 보인다... 대학시절에, 나는 성적으로 활동적이었다. 나는 인정하고 싶은 것보다 더 많은 남자와 잤다... 난폭했던 시절 어딘가에서 감염이 일어나 불임이 되었다. . . 의사는 나의 나팔관 내부에 흉터조직들이 상당히 많다고 말했다." 이 여성은 독자들에게 그들의 성행위에 주의를 기울일 것을 간청하고 있다. 이 여성이 독자들에게 어떤 조언을 했다고 생각하는가?
7. 한 냉동식품 제조업체는 살모넬라증의 지역 창궐 이후에, 수천 개의 점보 쉘 파스타와 치즈 라자냐의 패키지들을 회수한다. 파스타 제품의 어느 부분이 살모넬라증의 가능한 원인으로서 조사관의 관심을 끌 것인가? 왜 그러한가?

부록

미생물명과 분류 용어 발음

이 발음 가이드는 학생들이 미생물명과 분류 용어의 발음을 익힐 수 있게 돕기 위한 것이다. 모든 CAPS의 음절은 발음에서 강조된다.

원핵생물속	발음 또는 종
Acetobacter aceti	a-SEA-toh-bak-ter a-SET-ee
Acinetobacter baumannii	a-sih-NEH-toe-bak-ter bow-MAHN-nee
Aeromonas	AIR-oh-mo-nass
Alcaligenes	all-kah-LIH-jen-eez
Aliivibrio fischeri	alee-ee-VIB-ree-oh FISH-er-ee
Amycoletopis orientalis	AH-my-coh-leh-toh-pis oh-ree-en-TAL-iss
Anabaena	an-nah-BEE-nah
Asticcacaulis excentricus	as-tik-ka-CAW-liss ek-SEN-trih-kus
Azotobacter	a-ZOE-toe-bak-ter
Bacillus anthracis	bah-SIL-lus an-THRAY-sis
B. cereus	SEH-ree-us
B. licheniformis	lie-ken-ih-FOR-miss
B. polymyxa	pawl-ee-MIX-ah
B. sphaericus	SFEH-rih-kus
B. subtilis	SUH-til-iss
B. thuringiensis	thur-in-je-EN-sis
Bacteroides	BAK-teh-roy-deez
Beijerinckia	bi-yeh-RINK-ee-ah
Bifidobacterium lactis	bi-fih-doe-back-TIER-ee-um LACK-tiss
Bordetella pertussis	bore-deh-TEL-lah per-TUS-sis
Borrelia burgdorferi	bore-RELL-ee-ah burg-DOOR-fer-ee
Campylobacter jejuni	KAM-pill-oh-bak-ter jeh-JU-nee
Chlamydia trachomatis	kla-MIH-dee-ah trah-KO-mah-tiss
Clostridioides difficile	kla-strih-dee-OY-deez DIF-fih-sil-ee
Clostridium botulinum	kla-STRIH-dee-um bot-you-LIE-num
C. tetani	TEH-tahn-ee
Corynebacterium glutamicum	KOH-ree-nee-back-tier-ee-um glu-TAH-meh-cum
Deinococcus radiodurans	DIE-no-kok-kus ray-dee-oh-DUR-anz
Diplococcus pneumoniae	DIP-loh-kok-us new-MO-nee-eye
Enterobacter aerogenes	en-teh-roh-BACK-ter air-RAH-jen-eez
Enterococcus faecalis	en-teh-roh-KOK-us FEE-kah-liss
E. faecium	FEE-cee-um
Erwinia	err-WIH-nee-ah

Escherichia coli	esh-er-EE-key-ah KOH-lee
Ferroplasma acidarmanus	fair-roh-PLAZ-mah ah-sid-ARE-mah-nuss
Flavobacterium	flay-voh-bak-TIER-ee-um
Francisella tularensis	FRAN-sis-el-lah too-lah-REN-sis
Haemophilus influenzae	hee-MAH-fill-us in-flew-EN-zeye
Helicobacter pylori	HE-lick-oh-bak-ter pie-LOW-ree
Klebsiella pneumoniae	kleb-sea-EL-lah new-MO-nee-eye
Lactobacillus acidophilus	lack-toe-bah-SIL-lus ah-sid-OFF-ill-us
L. bulgaricus	bull-GAIR-ee-kus
L. casei	KAY-sea-ee
L. curvatus	KUR-vah-tuss
L. plantarum	plan-TAR-um
Lactococcus lactis	lack-toe-KOK-us LACK-tiss
Legionella pneumophila	lee-ja-NEL-lah new-MAH-fil-lah
Leuconostoc citrovorum	lou-koh-NOS-tock sit-roh-VOR-um
L. mesenteroides	mez-en-ter-OY-deez
Listeria monocytogenes	lis-TEH-ree-ah mah-no-sigh-TAH-jeh-neez
Micrococcus luteus	my-kroh-KOK-us lu-TEE-us
Micromonospora purpurea	my-kroh-moh-NOS-poh-rah per-POO-ree-ah
Mycobacterium tuberculosis	my-koh-back-TIER-ee-um too-ber-cue-LOH-sis
M. vaccae	VAK-keye
Mycoplasma genitalium	my-koh-PLAZ-mah jen-ih-TAY-lee-um
M. pneumoniae	new-MOH-nee-eye
Myxococcus xanthus	micks-oh-KOK-us ZAN-thus
Neisseria gonorrhoeae	nye-SEER-ee-ah gah-nor-REE-eye
N. meningitidis	meh-nin-jih-TIE-diss
Nostoc	NOS-tock
Pelagibacter ubique	peh-LAJ-eh-back-ter u-BEAK
Photorhabdus luminescens	fo-tow-RAB-dus lu-mih-NES-senz
Propionibacterium acnes	pro-pea-OHN-ee-bak-tier-ee-um AK-nees
Proteus	PROH-tee-us
Pseudomonas aeruginosa	sue-doh-MOH-nahs ah-rue-gih-NO-sah
Rhizobium	rye-ZOH-bee-um
R. radiobacter	ray-de-oh-BACK-ter
Rickettsia rickettsii	rih-KET-sea-ah rih-KET-sea-ee
Salmonella enterica	sal-mon-EL-lah en-TAIR-eh-kah
S. enterica (Typhi)	TIE-fee
Serratia marcescens	ser-RAH-tee-ah mar-SES-senz
Shewanella	shoo-ah-NELL-ah
Shigella dysenteriae	shih-GEL-lah dis-en-TEH-ree-eye
S. sonnei	SON-nee-ee
Staphylococcus aureus	staff-ih-loh-KOK-us OH-ree-us
S. epidermidis	eh-peh-DER-mih-dis
S. equorum	eh-KWOR-um
S. saprophyticus	sah-pro-FI-tih-kus
Streptococcus lactis	strep-toe-KOK-us LAK-tiss
S. mutans	MEW-tanz
S. pneumoniae	new-MOH-nee-eye
S. pyogenes	pie-AHJ-en-eez
S. salivarius	sal-ih-VAIR-ee-us
S. thermophilus	ther-MOH-fill-us
Streptomyces cattleya	strep-toe-MY-seas KAT-lee-ah

S. erythreus	err-ih-THRAY-us
S. griseus	GRIH-sea-us
S. rimosus	rih-MOH-sus
S. venezuelae	veh-neh-zoo-EH-leye
Thermotoga maritima	ther-moh-TOE-gah mar-ih-TEA-mah
Thiomargarita namibiensis	thi-oh-mar-gah-REE-tah nah-mih-bee-EN-sis
Treponema pallidum	treh-poh-NEE-mah PAL-eh-dum
Vibrio cholerae	VIB-ree-oh KAHL-er-eye
Yersinia pestis	yer-SIN-ee-ah PESS-tiss
Xanthomonas	zan-tho-MO-nass
Zoogloea ramigera	ZO-oh-glee-ah rah-mih-JER-ah

진핵생물 속 또는 종	**발음**
곰팡이	
Alternaria	all-ter-NARE-ee-ah
Ashbya gossypii	ASH-be-ah gos-SIP-ee-ee
Aspergillus flavus	a-sper-JIL-lus FLAY-vus
A. fumigatus	few-mih-GAH-tus
A. niger	NYE-jer
A. oryzae	OH-rye-zeye
Batrachochytrium dendrobatidis	bah-trah-koh-KIH-tree-um den-dro-bah-TIE-diss
Botrytis	bow-TRI-tiss
Candida albicans	KAN-did-ah AL-bih-kanz
Cephalosporium acremonium	sef-ah-low-SPOH-ree-um ak-reh-MOH-nee-um
Claviceps purpurea	KLA-vi-seps pur-POO-ree-ah
Coccidioides immitis	kok-sid-ee-OY-deez IM-mi-tiss
Penicillium camemberti	pen-ih-SIL-lee-um kam-am-BER-tee
P. chrysogenum	cry-SAH-gen-um
P. notatum	know-TAH-tum
P. roqueforti	row-ko-FOR-tee
Rhizopus	rye-ZOH-puss
Saccharomyces carlsbergensis	sack-ah-roe-MY-seas ka-ruls-ber-GEN-sis
S. cerevisiae	seh-rih-VIS-ee-eye
S. ellipsoideus	ee-lip-SOY-dee-us
S. kefir	KEY-fur
Trichoderma	trick-oh-DER-mah
Protists	
Acanthamoeba	a-kan-thah-ME-bah
Botryococcus braunii	bow-tree-oh-KOK-kus BRAWN-ee-ee
Chlamydomonas	klam-ih-do-MO-nahs
Entamoeba histolytica	en-tah-MEE-bah hiss-toe-LIH-tih-kah
Giardia intestinalis	gee-ARE-dee-ah in-tes-tin-AL-iss
Paramecium	pair-ah-ME-sea-um
Phytophthora infestans	fi-TOF-tho-rah in-FES-tanz
Plasmodium falciparum	plaz-MOH-dee-um fal-SIP-arr-rum
Toxoplasma gondii	toxs-oh-PLAZ-mah GONE-dee-ee
Trichomonas vaginalis	trick-oh-MOAN-as vah-gin-AL-iss
Trypanosoma brucei	trih-PAH-no-soe-mah BREW-sea-ee
T. cruzi	CREWZ-ee
Volvox	VOLE-vox

분류 용어	발음
Actinobacteria	ack-TIN-oh-bak-tier-ee-ah
Archaea	arr-KEY-ah
Bacteroidetes	BAK-teh-roy-deh-teez
Chlamydiae	kla-MIH-dee-eye
Crenarchaeota	cren-are-key-OH-tah
Cyanobacteria	SIGH-ann-oh-bak-tier-ee-ah
Eukarya	YOU-care-ee-ah
Euryarchaeota	ur-ee-are-kee-OH-tah
Firmicutes	fir-mih-CUE-teez
Prokarya	pro-care-EE-ah
Proteobacteria	pro-TEE-oh-bak-tier-ee-ah
Rickettsiae	rih-KET-sea-eye
Spirochaetes	spy-row-KEY-teez

용어풀이

A

abscess (종기) 국한된 고름으로 가득 찬 병소.

acid (산) 용액 내에서 수소이온(H^+)을 방출하는 물질.

acid-fast test (항산성 염색) 염료로 염색한 후, 산성인 알코올에 의해서 탈색이 되지 않는 특정 박테리아를 염색하는 과정; 결핵균을 가시화하는 데 사용함.

acidophile (호산성) 산성 pH 조건에서 증식하는 미생물 군.

activated sludge (활성 슬러지) 활성 오니. 하수 및 폐수 처리에 사용되는 복합 미생물.

active site (활성부위) 효소에 기질이 결합하는 부위.

acute period (climax) (급성기) 질병의 한 단계로서, 특정 증세가 나타나 질병이 최고에 이른 상태.

adaptive immunity (적응면역) 감염인자와 그 산물을 경험한 결과로서 획득한 면역 반응.

adenine (A, 아데닌) 핵산 염기의 한 종류.

adenosine diphosphate (ADP) (아데노신 2인산) 세포 내 ATP 분해 산물.

adenosine triphosphate (ATP) (아데노신 3인산) 대사과정에 필요한 대부분의 에너지를 공급하는 물질.

aerobe (aerobic; 호기성 생물, 호기성) 증식과 물질대사를 위해 산소 가스(O_2)를 이용하는 생물(또는 생물을 의미함).

aerobic respiration (호기성 호흡) 영양성분을 ATP 형태의 세포 에너지로 바꾸는 생화학적 에너지 생산을 위해, 생명체의 세포에서 일어나는 일련의 대사 반응과 그 과정을 일컬음.

aflatoxin (아플라톡신) 척추동물에서 암을 유발하는 균류 독소.

agar (한천) 많은 미생물 배양액을 고형화하기 위해 사용되는 다당류.

airborne transmission (공기 전염) 호흡기 비말을 통한 병원균의 전파.

alchoholic fermentation (알코올 발효) 발효 과정의 산물로서 에틸알코올을 생성하는 이화 과정.

alchol (알코올) 단백질 구조를 파괴하며 지질을 용해시킴으로써 많은 미생물의 증식을 억제하는 소독제.

alga (pl. algae) (조류) 광합성을 하는 일종의 원생생물.

algal bloom (조화현상) 물 위나 수면 가까운 곳에 조류(algae)나 시안세균이 과잉 번식하는 현상. 과다한 무기영양물질(특히, 질소와 인)의 오염으로 인한 영양분의 과잉 공급으로 인해 발생함.

alveolus (폐포) 폐의 기도 끝을 형성하는 속이 빈 공동.

amino acid (아미노산) 모든 살아 있는 세포와 바이러스에서 단백질을 만드는 하나 또는 그 이상의 아미노기를 가진 유기산.

amoeba (pl. amoebae) (아메바) 위족을 사용하여 돌아다니는 비광합성 원생생물.

amylase (전분분해효소) 전분을 분해하는 효소.

amyotrophic lateral sclerosis (ALS) (근위축성 측삭 경화증) 뇌 혹은 척수의 신경세포에 영향을 미치는 점진적인 퇴행성 신경질환. 루게릭병.

anabolic pathway (anabolism, 합성 경로, 합성 반응) 보다 작은 분자로부터 보다 큰 분자를 합성하는 에너지의 유입이 요구되는 화학 과정.

anaerobe (anaerobic, 혐기성 생물, 혐기성) 증식과 대사에 산소 가스를 필요로 하지 않거나 산소를 이용하지 못하는 생물체.

anaerobic respiration (혐기성 호흡) 마지막 전자 수용체로 산소 가스(O_2)가 아닌 질산염이나 황산염과 같은 무기물질을 이용하는 ATP 생산 과정.

animalcule (극미동물) Antony van Leeuwenhoek에 의해 관찰된 작은 현미경적 생물.

anterior pituitary (뇌하수체 전엽) 뇌의 하부에 위치하여 여러 가지 호르몬을 분비하는 샘(선: gland).

antibiotic (항생제, 항생물질) 세균을 억제하거나 사멸시키는 세균이나 진균에 의해 자연적으로 생산되는 물질.

antibiotic resistance (ABR, 항생제 내성) 세균의 증식을 사멸시키거나 억제하는 항생제의 존재하에서도 세균이 생존함.

antibody (항체) 세균 또는 바이러스와 같이 몸에 침입한 외래인자 물질에 대한 반응으로 몸의 면역체계에 의해 만들어진 단백질.

antibody-mediated response (항체 매개성 반응) B 세포의 활성과 체액에서의 항체의 생성을 통하여 개인에게 주어지는 적응(획득) 면역의 형태.

anticodon (안티코돈) 단백질 번역 과정에서 mRNA 분자에 있는 코돈(codon)에 결합하는 운반 RNA(tRNA) 분자 위의 3개의 염기서열.

antigen (항원) 혈액으로 들어가서 항체의 생산을 자극하는 신체의 외래 물질.

antigen binding site (항원 결합 부위) 항원 일부분에 결합하는 항체의 부위. 항원결정기(epitope)도 참고하시오.

antimicrobial agent (drug) (항미생물제제) 미생물의 증식을 억제하거나 살균하는 화학물질.

antimicrobial resistance (AMR) (항미생물 내성) 이전에 성공적으로 미생물을 치료할 수 있었던 약물의 효과에 저항하는 미생물의 능력.

antiretroviral therapy (ART) (항레트로바이러스 요법) 레트로바이러스, 특히 인간면역결핍증 바이러스에 의한 감염증을 치료하기 위한 여러 가지 (전형적으로 3개 또는 4개) 항바이러스 제제의 조합.

antisepsis (방부, 방부 처리) 피부 위의 미생물을 제거하거나 줄이기 위해 화학적 방법을 사용함.

antiseptic (방부제, 소독약) 인체 표면처럼, 살아있는 물체 위에 존재하는 병원성 미생물을 사멸시키거나 그 수를 감소시키는 데 시용하는 화학물질.

antitoxin (항독소) 미생물에 의해 생성된 독소를 중화하기 위해 혈류에서 생산된 항체.

applied science (응용과학) 사회의 요구를 위한, 또는 사회의 요구를 해결하는 데 도움이 되는 보다 실천적인 응용을 개발하기 위해 기초과학으로부터 획득한 지식을 이용함. 기초과학(basic science)도 참고하시오.

aqueous solution (수용액) 하나 또는 그 이상의 물에 녹아 있는 물질.

Archaea (원시세균영역) 세균(Bacteria)와 진핵생물(Eukarya)을 제외한 작은 단세포 생명체를 포함하고 있는 영역(domain).

ART 항레트로바이러스 요법을 참고하시오.

asexual reproduction (무성생식) 세포수가 증가하는 동안에 유전적 일관성을 유지하는 생식 형태.

aspartame (아스파탐) 식이요법 청량음료와 많은 다른 식이요법 식품에서 발견되는 인공 감미료.

asseembly (조립) 바이러스 부분으로부터 새로운 바이러스 입자들이 만들어짐.

assimilation (동화작용) 세포 또는 생명체가 영양분을 획득하는 과정.

associative learning (연상 학습) 자극을 통하여 새로운 반응을 이끌어내는 과정.

atom (원자) 성분이 분열되어 화학 반응에 여전히 참여할 수 있는 가장 작은 단위.

atomic nucleus (원자핵) 양전하를 띤 원자의 중심을 말하며, 원자 질량의 대부분을 차지하는 양성자(proton)와 중성자(neutron)로 이루어져 있음.

ATP adenosine triphosphate를 참고하시오.

ATP synthase (ATP 합성 효소) 전자전달계에서 ADP로부터 ATP를 합성하는 데 관여하는 효소.

attachment (흡착) 바이러스가 숙주세포 표면에 부착하는 과정.

Attenuated vaccine (약독화 백신) 증식하거나 복제하는 능력이 감소한 세균 또는 바이러스를 조제함.

autoclave (고압멸균기) 고압 하에서 증기를 이용하여 고온으로 멸균하는 데 사용하는 기구.

autotroph (독립영양생물) 무기물을 전자공여체로 하고 이산화탄소(CO_2)를 탄소원으로 이용하는 생물체.

avirulent (비독성의) 질병을 일으키지 않을 것 같은.

B

B lymphocyte (B cell, B 림프구, B 세포) 감염에 대해 신체가 자신을 방어하는 데 도움이 되는 작은 백혈구 세포.

bacillus (pl. bacilli) (간균) 1. 막대 모양의 원핵세포. 2. *Bacillus*로, 호기성, 혹은 통성 혐기성이고 막대 모양이며 내생포자를 생산하는 그람 양성 세균 세포.

bacteria (진정세균) 고세균(Archea) 또는 진핵생물(Eukarya) 영역으로 분류되지 않는 모든 작고 단세포의 생명체를 포함하는 생물계의 한 영역(domain).

bacterial chromosome (세균 염색체) 이중가닥 DNA의 폐쇄된 고리.

bacteriophage (phage, 박테리오파지, 파지) 감염하여 세균 세포 내에서 복제하는 바이러스.

bacterium (pl. bacteria) (세균) 세포핵과 막으로 둘러싸인 구획이 없는 작은 단세포의 생명체.

bacteroid (박테로이드) 콩과식물의 근류(뿌리혹)에서 공생 세균에 의해 형성된 변형된 세포.

baculovirus (배큘로바이러스) 곤충과 포유동물 세포로 외래 유전자를 운반하는 데 사용하는 바이러스.

base-pair substitution (염기쌍 치환) 뉴클레오티드 단일 염기의 다른 염기로의 교체 또는 치환을 포함하는 돌연변이의 한 종류.

basic (pure) science [기초(순수)과학] 자연계에서의 현상을 설명하기 위해 정보와 지식을 서술하고 제공하는 과학 분야. 응용과학도 참고하시오.

batch (vat) pasteurization (배치 저온살균법) 병원균을 제거하기 위해 우유를 63°C에서 30분간 가열한 후에 이어서 급속 냉각하는 처리법.

benign (양성 종양의) 보통 생명을 위협하지 않거나 체내 다른 부위에 전이하지 않을 것으로 보이는 종양을 지칭함.

beta-lactam (베타-락탐) 구조 중심에 베타-락탐 고리를 가지고 있는 항생제.

binary fission (이분법) 유전적인 동일성을 유지하면서 하나의 세포가 분열하여 2개의 새로운 세포를 형성하는 원핵생물 세포의 무성생식 과정.

binomial nomenclature (이명법) 2개의 단어(속명과 종명)을 사용하여 생명체의 이름을 부여하는 명명법.

bioaugmentation (생물 첨가) 미생물을 이용한 환경 정화의 일종으로, 어떤 화합물의 분해속도를 증가시키기 위해 그 화합물을 분해하는 세균 배양액을 첨가하는 것.

biocrime (생물범죄) 개인 집단에게 해를 끼치거나 죽이기 위하여 생물 인자를 식품 또는 음용수에 고의적인 도입하거나 주입하는 것.

biofilm (생물막) 점착성의 구조를 형성하여 관이나 파이프라인 등의 표면에 부착하는 미생물들의 복합 군집. 부유성 미생물보다 더 불리한 환경에 잘 견딤.

biofuel (생물연료) 잠재적인 에너지를 저장하고 있고, 살아 있는 생명체로부터 생산된 물질.

biogeochemical cycle (생물지구화학적 순환) 생물에 필수적인 원소(C, N, S, P, O 등)의 자연에서의 순환 경로. 자연적에서 일어나는 일련의 생물학적, 지질학적, 그리고 화학적 과정을 통해 어떻게 원소가 재사용되는지를 나타냄.

biological vector (생물학적 매개체) 질병을 일으키는 생명체를 숙주와 숙주 간에 전파하는, 모기나 진드기(tick)와 같은, 감염된 절지동물. 기계적인 매개체(mechenical vector)도 참고하시오.

Bioluminescent (bioluminescence, 생물 발광의, 생물 발광) 살아 있는 생명체로부터 가시적인 빛의 발산.

biomass (생물량) 한정된 영역이나 환경에 있는 모든 유기체의 총중량.

Bioreactor (생물반응장치) 통제된 조건하에서 많은 양의 미생물을 배양하고 증식하는 데 사용되는 큰 용기. 발효장치(fermentor)이라고 불리워짐.

bioremediation (생물학적 복원) 환경의 독성 폐기물과 합성물질 등을 비독성 물질로 분해하기 위해 미생물을 이용하는 것.

biosphere (생물권) 살아 있는 생물이 서식하는 지구 상의 지역.

biostimulation (생물자극; 생물촉진) 어떤 화합물을 분해하는 미생물의 활성을 자극하기 위해 영양분을 추가하거나 환경을 변화시키는 것.

biosynthesis (생합성) 1. 살아있는 생명체 또는 세포 내에서 복합 분자의 생산. 2. 바이러스 복제 동안의 바이러스 부분의 생성.

biotechnology (생명 공학) 인간의 삶의 질을 향상시키기 위하여 미생물과 그 화학적 기능을 사용하는 기술.

bioterrorism (생물테러) 인구가 많은 지역을 대상으로, 질병 공포를 유발하거나, 치사적이거나, 질병을 유발시키는 미생물의 고의적이거나 위협적인 사용.

blanching (열처리, 데치기) 효소를 파괴하기 위해 끓는 물에 음식을 몇 초간 담그는 과정.

bloom (대증식) 유기물 오염에 의한 영양분의 과다 공급으로 인하여 수표면 위나 가까운 곳에 조류(algae)나 남조류가 과도하게 많이 자라는 현상.

booster shot (추가접종) 높은 수준의 면역을 유지하기 위해 주기적으로 주어지는 반복된 백신 투여.

botulism (보툴리누스 중독) 신체의 신경을 공격하는 독소에 의해 유발되는 드물지만 심각한 세균성 질병으로, 호흡에 관여하는 근육이 약화되어 호흡 곤란과 사망에 이를 수 있음.

broad-spectrum antibiotic (광범위 항생제) 많은 그람 양성과 음성 세균을 치료하기 위해 유용한 항미생물제제. 좁은 범위 항생제(Narrow-spectrum antibiotic)도 참고하시오.

bronchiole (세기관지) 공기가 코나 입에서 폐의 폐포(기낭)로 들어가는 통로.

broth (배양액) 미생물의 증식에 필요한 영양분이 포함된 액체.

Bt toxin (Bt 독소) 곤충에게 독성을 가지는 결정성 세균 단백질.

budding (출아) 균류의 무성 생식 과정으로, 모세포의 가장자리가 부풀어 새로운 세포가 형성되고, 이후 떨어져 나와 독립적으로 살게 된다.

C

callus (캘러스) 다양한 생물적 또는 무생물적 자극에 반응하여 형성된 식물 세포의 비조직적인 집단.

cancer (암) 제어하기 어려운 속도로 증식하는 악성 종양세포들의 발산적인 퍼짐이 특징인 질병.

canning (통조림) 식품 내용물이 가공되어 공기가 차단된 멸균 용기에 봉합되는 식품 보관 방법.

capsid (캡시드) 바이러스 게놈을 둘러싸고 있는 단백질 코트.

carbohydrate (탄수화물) 모든 생명체를 위한 중요한 탄소 및 에너지원으로 탄소, 수소 그리고 산소로 구성된 유기화합물.

carbolic acid (석탄산) 페놀(phenol)을 참고하시오.

carbon cycle (탄소순환) 생물체와 무생물적 환경 사이에서 일어나는 탄소화합물의 교환과 관련된 일련의 연속적인 과정.

carbon-fixing trapping reactions (탄소고정 반응) 전자와 ATP를 사용하여 이산화탄소를 설탕으로 환원시키는 광합성의 과정.

carcinogen (발암원) 종양을 유발할 수 있는 물리적 또는 화학적 물질.

carrier (보균자) 질병에서 회복하였지만 감염인자를 보유하여 지속적으로 김염인자를 전파하는 사람.

casein (카제인) 우유의 주요 단백질.

catabolic pathway (catabolism, 분해 경로, 분해 반응) 유기분자를 분해하여 보통 에너지를 방출하는 화학 반응.

caterpiller (애벌레) 나비 또는 나방의 유충.

catheter (카테터) 우리 몸의 안과 밖으로 유체를 수송하는 얇고, 탄성 있는 관.

CCP 중점 관리기준(critical control point)을 참고하시오.

cell envelope (세포피막) 원핵세포를 둘러싸고 있는 세포벽과 세포막.

cell membrane (세포막) 원핵세포 세포질을 둘러싸고 있는 인지질과 단백질의 얇은 이중층. 원형질막(plasma membrane)도 참고하시오.

cell motility (세포 운동성) 물기가 있는 또는 축축한 환경에서 자연적으로 그리고 활동적으로 움직이는 세포의 능력.

cell nucleus (세포핵) 세포 유전물질 대부분을 함유하고 있는 진핵세포의 막으로 둘러싸인 구조.

cell wall (세포벽) 균류, 조류 그리고 대부분의 원핵세포를 둘러싸고 있는 당을 함유하고 있는 구조.

cell-mediated response [세포 매개성 (면역) 반응] T 림프구의 활동을 통하여 감염에 저항을 시도하는 적응 면역 능력.

cellular respiration (세포호흡) 화학적 에너지를 ATP 형태로서 세포 에너지로 전환하는 과정.

cellulase (섬유소 분해효소) 섬유소를 분해하는 효소.

cellulose (섬유소) 조류 (그리고 식물) 세포벽의 기본적인 구조 성분을 형성하고 있는 포도당 소단위로 구성된 다당류.

central nervous system (중추 신경계) 신경계의 일부분으로 뇌와 척수의 신경을 포함함.

cervix (자궁경부) 자궁으로 들어가는 입구와 질로 이어지는 입구.

cesspool (오물통, 오수 구덩이) 사람 배설물을 모우기 위해 사용되는 벽에 구멍이 있는 단단한 원통형 고리

chemical bond (화학결합) 원자를 결집하게 하는 경향이 있는 2개 또는 그 이상의 원자 간의 힘.

chemical element (화학원소) 화학 반응으로 더 단순한 물질로 분해될 수 없는 물질.

chemical reaction (화학 반응) 원자수를 변경하지 않고 원자 또는 일단의 원자들을 재조직화하여 물질의 분자 조성을 변화시키는 과정.

chitin (키틴) 균류 세포벽의 단단함을 제공하는 다당류.

chlorination (염소소독) 유해 생물을 죽이기 위해 염소를 사용하여 물을 처리하는 과정.

chlorophyll (엽록소) 광합성을 위해 빛을 포집하는 기능을 하는 조류와 일부 세균 세포에 있는 녹색 또는 자주색 색소.

chloroplast (엽록체) 광합성을 수행하는 조류(그리고 식물 세포)의 이중막으로 싸인 구획.

chromosome (염색체) 유전정보를 유전자의 형태로 저장하고 있는 원핵세포 핵양체 또는 진핵 세포 핵에 있는 구조.

cilium (pl. cilia) (섬모) 다른 많은 것과 함께 세포 운동을 돕는 일부 진핵세포위의 머리털 모양의 돌출물,

citric acid cycle (시트르산 회로) 세포 호흡 과정에서 ATP 생산을 위한 필수적인 일련의 화학 반응.

class (강) 하나 또는 그 이상의 목(order)으로 구성되어 있는 관련된 생명체의 범주(category).

classification (분류) 공유된 유사성에 기초하여 생명체를 그룹으로 분류를 함. 분류학(taxonomy)도 참고하시오.

climate change (기후 변화) 날씨 변화(기온, 강우량)의 통계적 분포의 변화가 장기적으로 지속되는 경우.

climax (절정기) 급성기(acute period)를 참고하시오.

coccus (pl. cocci) (구균) 구 모양의 원핵 세포.

codon (코돈) 폴리펩티드를 생성하기 위한 특정 아미노산의 첨가를 특정하는 mRNA 분자 내의 세 염기서열.

coenzyme (조효소) 효소 분자의 단백질이 아닌 부분을 형성하는 작은 유기 분자.

coliform bacterium (대장균) 그람 음성이며 포자를 형성하지 않는 막대모양의 세균으로 젖당을 발효하여 산과 가스를 생산한다. 일반적으로 인간과 동물의 장내에서 발견되는 세균; 수질 오염의 지표.

colon (결장) 대장으로 불리며, 소화계의 일부분으로 위와 소장에서 흡수되지 않은 음식을 소화함.

colonoscope (결장경) 길고, 유연한 관으로 직장과 결장에서 대변 마이크로바이옴 이식을 위해 대변 샘플을 전달할 때 사용함.

colony (집락) 한 종류의 미생물이 한천배지 위에서 증식하여 눈으로 볼 수 있는 미생물 집단.

commercial sterilization (상업적 살균법) 이 과정은 제품에서 모든 병원균을 제거하는 공정

communicable disease (전염병) 숙주 사이에서 쉽게 전파될 수 있는 질병.

community (집단) 같은 지역에서 살고 있는 생명체 집단.

community immunity (집단면역) 집단 면역(herd immunity)을 참고하시오.

comparative genomics (비교 유전체학) 생명체 간의 DNA 서열의 유사성을 분석하는 과정.

compost (퇴비) 미생물에 의해 분해되어 비료로 재환원된 유기물질.

compound (화합물) 2개 또는 그 이상의 다른 화학 원소들의 조합으로 만들어진 물질.

conjugation (접합) 원핵세포에서 2개의 세포가 접착되어 있는 동안 하나의 살아있는 공여세포로부터 다른 하나의 살아있는 수용세포로 유전물질의 한 방향 이동.

conjugation pilus (접합선모) 공여(donor) 세균과 수용(recipient) 세균 세포의 세포질 간의 DNA 전달을 위한 속이 비어 있는 튜브 모양의 돌출부.

connective tissue (결합조직) 다른 조직들을 결속시키고 지지하는 한 그룹의 세포들.

consumer (소비자) 독립영양 생물이 생산한 유기물이나 다른 생물을 섭취(소비)하면서 사는 생물로 초식동물 및 육식동물이 해당됨.

contagious (전염성의) 감염인자가 쉽게 숙주 간에 옮겨 가는 질병을 의미함.

convalescence period (회복기) 신체 체계가 정상으로 돌아오는 때 질병으로부터의 회복.

coprophagy (분식증) 토끼 같은 일부 동물이 본능적으로 자신의 분변덩어리를 먹음으로써, 먹이가 그들의 장관을 통하여 두 번째로 통과한다.

CRISPR 짧은 반복 염기서열을 포함하고 있는 원핵세포의 DNA 단편.

critical control point (CCP) (중점 관리 기준) 식품 산업 가공공정에서 식료품의 오염이 일어 날 소지가 있는 장소.

culture medium (pl. culture media) (배양 배지) 미생물이 증식할 수 있는 영양분들의 혼합물.

curd (응유) 우유 단백질 카제인을 응고한 결과.

cyanobacterium (pl. cyanobacteria) (시안세균, 시아노박테리아) 산소를 생산하고 색소를 갖고 있다. 단일 세포형과 필라멘트형으로 존재하며 광합성을 하는 세균.

cystic fibrosis (낭포성 섬유증) 유전적 장애로 주로 폐에 영향을 미친다. 두꺼운 점액을 생성하여 호흡곤란을 야기함.

cytochrome (시토크롬) 세포 호흡과 광합성 과정에서 전자전달자의 역할을 하는 단백질과 철을 함유하고 있는 화합물; 전자전달(electron transport)도 참고하시오.

cytoplasm (세포질) 세포 내의 화학물질과 구조의 집합체를 함유하고 있는 젤리 모양의 용액.

cytosine (C 시토신) 핵산의 핵산 염기의 한 종류.

cytoskeleton (세포골격) 세포질에 쭉 길게 뻗어 있는 세포질 단백질 섬유와 가닥의 서로 연결된 네트워크.

cytotoxic T cell (CTC, 세포독성 T 세포) 감염된 세포를 찾아 파괴시키는 T 림프구의 일종.

D

decline (death) phase (감쇠기, 사멸기) 환경인자가 집단에 불리하게 영향을 미쳐서 결과적으로 세포사멸로 이어지는 증식곡선의 마지막 단계.

decline period (감쇠기) 질병의 징후와 증상이 가라앉기 시작하는 시기.

decomposer (분해자) 죽은 동식물을 분해하는 미생물.

dehydration synthesis reaction (탈수합성반응) 물 분자를

제거하여 결과적으로 생긴 열린 결합부를 연결함으로써 2개의 분자를 서로 결합하는 과정.

denaturation (변성) 단백질이 열 또는 pH에 의해서 단백질의 3차 분자 구조가 변하여 그 기능이 소실되는 과정.

denitrification (탈질) 질산염(nitrate, NO^3-)이 환원되어 아질산염(nitrite, NO_2)을 거쳐 질소가스(N_2)로 전환되는 과정.

denitrifying bacterium (탈질세균) 탈질을 행하는 세균세포.

dental plaque (치면세균막, 치아플라크, 치태) 치아 표면에서 발견되는 생물막.

deoxyribonucleic acid (DNA) (디옥시리보핵산) 모든 세포와 많은 바이러스의 유전물질.

dermotropic (피부친화성) 피부에 친화성이 있어 피부 내로 침투하는 질병.

desiccation (건조) 물질로부터 수분을 제거하는 과정.

diagnosis (진단) 개인을 검사하여 질병 또는 문제를 확인하는 과정.

diaphragm (횡격막) 흉곽의 바닥을 가로지르는 내부 골격근 막.

diatomaceous earth (규조토) 규조류의 잔여물로 구성된 여과용 물질.

diplobacillus (pl. diplobacilli) (쌍간균) 한 쌍의 막대 모양의 원핵세포.

diplococcus (pl. diplococci) (쌍구균) 한 쌍의 구형 원핵세포.

direct-contact transmission (직접 접촉 전염) 숙주 간의 긴밀한 관계에 의해 전염되는 질병의 형태. 간접 접촉 전염(indirect-contact transmission)도 참고하시오.

disaccharide (이당류) 2개의 단당류로부터 만들어진 당.

disappearing microbe hypothesis (소멸하는 미생물 가설) 항생제의 오용과 남용 그리고 인간 식이에서의 변화로 인해 장 마이크로바이옴의 변화로 이어지며, 나아가 인간 건강이 결과적으로 도전을 받게 된다는 개념.

disease (질병) 일반적인 좋은 건강 상태로부터의 어떠한 변화.

disinfectant (소독제) 테이블 위와 같은 무생물 물체 위의 병원균을 죽이거나 억제하기 위해 사용되는 화학물질.

disinfection (소독) 병원성 미생물의 성장을 저해하거나 죽이는 과정.

DNA (gene) sequencing [DNA (유전자) 염기서열결정] 유전체, DNA 조각, 또는 개개의 유전자에서의 염기(아데닌, 구아닌, 시토신, 그리고 티민)의 순서를 결정하는 과정.

DNA double helix (DNA 이중나선) 이중나선을 참고하시오.

DNA ligase (DNA 연결효소) 유전공학에서, 관심 유전자를 가지고 있는 DNA 조각을 플라스미드 DNA에 봉합하는 효소.

DNA polymerase (DNA 중합효소) 존재하는 DNA의 단일가닥에 상보적 뉴클레오티드를 추가함으로써 DNA 복제를 촉매하는 효소.

DNA probe (DNA 탐침자) 알려진 단일가닥 DNA의 짧은 단편으로, 세균 종의 특정 DNA 서열에 상보적인 염기서열을 가짐.

DNA replication (DNA 복제) 유전물질을 복제하는 과정.

DNA virus (DNA 바이러스) DNA 형태로 자신의 유전정보를 가지고 있는 바이러스.

DNA 데옥시리보핵산을 참고하시오.

domain (영역) 1. 가장 포괄적 분류 레벨. 2. 10,000개 정도의 염기로 이루어진 DNA 루프.

double helix (이중나선) 2개의 DNA 폴리뉴클레오티드 가닥들에 의해 형성된 구조.

dry weight (건조중량) 모든 수분이 없어진 이후의 세포내 물질의 무게.

dysbiosis (장내 세균 불균형) 정상 미생물 군집(마이크로바이옴)에서의 불균형과 교란.

dysentery (이질) 소화기관의 아래 부분(결장)의 질병으로서, 심한 설사, 장염, 그리고 혈액과 점액의 분비 증상을 나타냄.

E

ecosystem (생태계) 식물, 동물, 미생물뿐만 아니라 기상과 지형이 하나의 시스템으로 작용하는 지리적 영역.

edible vaccine (먹는 백신) 이론적으로 접종이 필요할 때 먹을 수 있는 백신을 함유한 유전적으로 변형된 식물.

electrolyte (전해질) 신경과 근육 기능을 조절하는 혈액 및 기타 체액의 무기물 또는 염.

electron (e− 전자) 원자의 핵 주위를 도는 음전하를 띤 작은 질량의 입자.

electron microscope (전자현미경) 전자와 전자기 렌즈 시스템을 이용하여 물체의 극도로 확대된 형상을 만드는 장치. 투과전자현미경(transmission electron microscope); 주사전자현미경(scanning electron microscope)도 참고하시오.

electron transport (전자전달) 세포 호흡 과정에서 ATP를 생산하기 위해 전자들을 전달하는 일련의 전자전달체 분자.

element (원소) 화학 반응에 참여할 수 있는 단일의 보다 작은 순수 물질 개체

emerging viral disease (출현하는 바이러스 질환) 집단 내에 처음으로 나타난 새로운 바이러스 질환 또는 변형된 질병.

encephalitis (뇌염) 뇌의 염증.

endemic (풍토병) 인구집단에서 낮은 수준으로 질병이 지속적으로 존재하거나 또는 감염인자가 지속적으로 존재함을 말함.

endogenous retrovirus (ERV 내생성 레트로바이러스) 인간 염색체에 통합되어 인간 유전체의 10%까지 차지하는 바이러스 유전자.

endogenous viral element (EVE 내생성 바이러스 인자) 인간 유전체에서 발견되는 내생성 레트로바이러스가 아닌 바이러스 핵산 염기서열.

endomembrane system (세포내막계) 진핵세포 세포질에서 있는 막으로 둘러싸인 소격실 모음.

endoplasmic reticulum (ER 소포체, 세포질 망상구조) 진핵세포의 세포질에 있는 리보좀이 있거나 없는 평평한 막으로 구성된 막의 네트워크.

endospore (내생포자) 일부 그람양성 세균 종에 의해 생성되는 휴면기의 극히 저항성이 있는 세포.

endosymbiont (내생 공생생물) 다른 생물 내부에 살고 있는 한 생명체(파트너).

endosymbiont theory (세포내 공생설) 진핵 세포에서의 미토콘드리아와 엽록체의 기원에 대한 설명.

endotoxin (내독소) 그람 음성 세균의 세균 세포벽의 일부인 지질-다당류-펩타이드 복합체로 구성되어 있는 대사 독.

enema (관장) 직장으로 하부위장관에 액체를 주입함.

energy (에너지) 일을 하는 능력 또는 변화를 유발하는 능력.

energy pyramid (에너지 피라미드) 영양단계 간의 에너지 전달을 나타냄

energy-trapping reactions (에너지 포집 반응) 빛 에너지가 ATP 그리고 NADPH 분자로 가두워지는 광합성 단계.

enriched medium (영양강화배지) 특정 미생물을 자극하여 증식할 수 있도록 특별한 양양분이 첨가된 증식배지.

enteric nervous system (장 신경계) 장관의 기능을 주관하는 세포와 신경세포의 복합체.

envelope (피막, 외피) 많은 종류의 바이러스를 감싸고 있는 단백질과 지질로 구성되어 있는 유연성 있는 막.

enveloped virus (피막 바이러스, 외피 보유 바이러스) 유전체와 캡시드가 막과 같은 껍질로 싸여 있는 바이러스.

enzyme (효소) 자신은 변화하지 않으면서 화학 반응을 유발하는 재이용 가능한 단백질 분자.

epidemic (전염병) 특정 지역의 집단 내에서 예상되는 것보다 질병이 많이 발생함을 의미함.

epidemiology (역학, 전염병학) 집단 내의 질병의 근원, 원인 그리고 전염에 관한 과학적 연구.

epididymis (부고환) 남성 고환의 뒤쪽과 위쪽에 부착된 코일 모양의 관.

epinephrine (에피네프린) 신경전달물질(아드레날린으로 알려져 있는)로, 스트레스 환경에서 일부 신경에 의해서 분비되어, 심장근육을 자극하여 심장박동을 증가시키며 심방출량을 증가시킴.

epitope (항원결정기) 항체 형성을 자극하며 항체가 결합하는 항원분자의 구획(부분).

eratitis (각막염) 눈 앞쪽에 있는 돔 모양의 조직인 각막의 염증.

ERV 내생성 레트로바이러스(Endogenous retrovirus)를 참고하시오.

ethylene oxide (에틸렌 옥사이드) 미생물과 세균 내생포자를 사멸시키는 살균 가스.

Eukarya (진핵생물) 원생생물, 균류, 식물 그리고 동물을 포함하는 분류학적인 한 영역.

eukaryotic cell (eukaryote) (진핵세포, 진핵생물) 세포핵과 막으로 둘러싸인 소구획을 함유하고 있는 세포(생명체).

EVE 내생성 바이러스 인자(Endogenous viral element)를 참고하시오.

exoenzyme (세포외 효소) 세포에 의해 분비되어 그 세포 외에서 기능을 하는 효소.

exotoxin (외독소) 살아 있는 세균 세포에 의해 환경이나 신체에 분비된 세균 단백질 독소.

expiration date (유효기간) 식료품이 부패된 것으로 간주되기 전에 이용되어야 하는 마지막 날짜.

extreme acidophile (극호산성 생물) 1 내지 2의 극한적인 산성 pH에서 사는 원시세균(고세균).

extreme halophile (극호염성 생물) 아주 높은 염분 농도에서 증식하는 원시세균(고세균).

extremophile (극한미생물) 고온, 높은 산도 또는 고염도와 같은 극한 환경에서 사는 미생물.

extremozyme (극한효소) 일부 원시세균 종에서 발견된 내

열성 효소.

extrinsic factor (외부 인자) 식품 미생물의 증식에 영향을 미치는 환경적 특성. 내부인자(intrinsic factor)도 보라.

F

F factor (F 인자) 자신의 복제와 세균의 접합 과정을 위한 유전자를 가지고 있는 DNA 고리.

facultative (통기성) 산소 기체의 유무에 관계 없이 성장하는 생명체를 말함.

FAD 플래빈아데닌디뉴클레오티드(flavin adenine dinucleotide)를 참고하시오.

fallopian tube (나팔관) 정자세포들을 난자로 운반하고 난자를 난소에서 자궁으로 운반하는 한 쌍의 길고 좁은 관 중 하나. 난관이라고도 함.

fat (지방) 실온에서는 보통 고체인 3개의 지방산에 부착된 하나의 글리세롤로 구성되어 있는 지질의 한 유형.

fatty acid (지방산) 긴 소수성 탄화수소 사슬과 친수성 카르복시 작용기로 구성된 분자.

fecal gut microbiome (분변 장관 마이크로바이옴) 소화관(장관)에서 유래된 분변 물질에서 발견되는 미생물들.

fecal microbiome transplantation (FMT) (분변 마이크로바이옴 이식) 건강한 공여자로부터의 신선하거나 또는 냉동된 대변(마이크로바이옴) 시료를 환자의 결장에 첨가함.

fecal-oral route (분변-구강 경로) 분변 물질의 병원체가 한 사람에게서 전달되어 다른 사람의 구강으로 유입되는 질병 전파 방식.

fermentation (발효) 미생물을 이용하여 탄수화물을 산, 기체 그리고 (또는) 알코올로 분해하는 대사과정.

fermentor (발효장치) 생물반응장치(bioreactor)를 참고하시오.

fever (열) 대개 세균이나 바이러스 감염에 의해 야기되는 비정상적으로 높은 체온.

filteration (여과법) 시료(액체나 공기)를 필터를 통해 통과시켜서 필터에 미생물을 가둠으로써 미생물을 제거하는 방법.

flagellum (pl. flagella) (편모) 많은 미생물에서 운동에 관여하는 단백질로 구성된 긴 머리카락 같은 부속물.

flash pasteurization method (순간 살균법) 병원균을 제거하기 위해 우유 또는 다른 액체를 72°C(161°F)에서 15초 가열 후 급냉하는 처리법.

flavine adenine dinucleotide (FAD) (플라빈 아데닌 디뉴클레오티드) 전자전달 동안에 전자를 전달하고 운반하는 비타민 B_2(리보플라빈)로부터 유래된 조효소.

floc (플록) 물에서 생성된 젤리 같은 덩어리로서 응집된 입자로 구성되어 있음.

fomite (비생체 매개물) 질병 생명체를 운반하는 의복 또는 도구 같은 비생체 물건.

food fermentation (식품 발효) 식품에서 탄수화물과 다른 큰 유기화합물을 분해하여 생기는 광범위한 성분을 만들기 위해 미생물을 이용하는 과정.

food infection (식품 감염) 식품을 준비하는 사람에 의해 또는 다른 오염된 식품에 의해 또는 식품가공 도구에 의해 전달된 미생물로 인한 식품의 오염.

food intoxication (poisoning 식중독) 세균 독소가 들어있는 식품을 섭취하여 발생하는 질병.

food presevation (식품보존) 식품을 부패로부터 지키기 위해 다양한 방법과 절차를 적용함.

food spoilage (식품 부패) 미생물의 작용으로 인하여 식품을 사람이 먹지 못할 정도 또는 먹을 수 있는 품질이 감소될 정도로 악화된 식품 상태.

fortified wine (강화 와인) 추가적인 알코올을 첨가한 와인.

frameshift mutation (해독틀 이동 돌연변이) 염기서열이 해독되는 방식을 변화시키는 DNA 염기서열에서의 염기의 결실과 삽입.

freeze drying (동결건조) 동결건조(lyophilization)를 참고하시오.

fungus (pl. fungi) (균류) 효모(이스트), 사상균 그리고 버섯을 포함하는 큰 그룹의 진핵생물의 구성원.

G

ganglion (신경절) 뇌와 척수 바깥쪽의 신경세포 본체들의 집단.

gasohol (가소홀) 에탄올과 섞인 휘발유.

gastroenteritis (위장염) 위와 장의 염증으로, 구토와 설사를 유발함.

gastrointestinal (GI) tract (위장관) 입, 식도, 위, 이자, 간, 쓸개, 소장, 결장 그리고 직장을 포함한 장기들.

gene (유전자) 기능적인 산물(단백질)에 대한 생화학 정보를 제공하는 DNA 분자의 단편.

gene expression (유전자 발현) 유전자의 정보가 전사되고 단백질로 번역되는 과정.

genetic code (유전코드) 단백질 합성을 위한 특정 아미노산을 암호화하는 DNA 또는 RNA에 있는 핵산염기 서열의 특정 순서.

genetic diversity (유전적 다양성) 종 내에서의 다양성(또는 유전적인 변이성).

genetic engineering (유전공학) 유전자를 분리하고, 조작하며, 재조합하여 발현시키기 위한 세균과 미생물 유전학의 이용.

genetic recombination (유전자 재조합) 다른 DNA 조각들을 모아서 한 분자로 만드는 과정.

genetically modified (GM) food (유전자 변형 식품) 유전공학을 통하여 그 DNA에 도입된 변화의 결과인 식품.

genetically modified organism (GMO) (유전자 변형 생명체) 유전공학적으로 조작되어 그 유전체에 외래유전자를 가지고 있는 생명체.

genetics (유전학) 살아있는 생명체에서의 유전자, 유전적 다양성 그리고 유전을 연구하는 생물학의 한 분야.

genome (유전체) 생명체 또는 바이러스 내의 유전 정보의 완전한 세트.

genomics (유전체학) 생명체의 DNA에 있어서의 유전자 염기서열의 동정과 연구.

genus (pl. genera) (속) 하나 또는 그 이상의 종으로 구성된 생명체의 분류체계에서의 등급; 속의 총합이 과(family)를 구성한다. 두 단어로 된 이명법의 첫 번째 단어가 속을 나타낸다. 종명(specific epithet)도 참고하시오.

germ (균) 병원체(pathgen)에 대한 또 다른 용어.

germ theory of disease (질병의 미생물 유래설) 감염성 질환의 발생에는 미생물이 중요한 역할을 한다는 Pasteur에 의해 처음으로 만들어져서 Koch가 증명한 이론.

global health emergency (세계적 보건 비상사태) WHO(세계보건기구)에 의하면 국제 공중 보건과 전 세계 인구가 위험에 빠진 심각한 공중 보건 사태.

glucose (포도당) 살아있는 생명체의 에너지원이며 많은 탄수화물의 성분인 단순당.

gluten (글루텐) 2종류의 단백질로 이루어진 곡물의 성분 중 하나로 반죽에 탄성을 부여해 줌.

glycocalyx (다당류 외피층) 표면에 부착하는 데 도움을 주며, 건조에 저항성을 부여하는 많은 원핵세포의 주위를 덮고 있는 점액성의 다당류 기질.

glycolysis (해당과정) 포도당이 두 분자의 ATP의 순획득과 함께 두 분자의 피르브산으로 분해되는 일련의 화학 반응.

glyphosphate (글리포스페이트) 넓은 스펙트럼을 가지는 체계적 제초제.

gnotobiotic (노토바이오틱) 미생물이 없거나 오직 몇몇의 알고 있는 종만을 가지고 있는 동물.

Golgi apparatus (골지체) 진핵세포의 세포질에 있는 편평한 막과 소포의 일군의 독립적인 더미.

Gore-Tex (고어텍스) Teflon으로 만들어진 방수, 통기성 직물의 상표.

Gram stain technique (그람 염색법) 세균 세포를 그람 양성 또는 그람 음성으로 동정할 수 있는 2개의 대비 염색액을 사용하는 염색법.

gram-negative (그람 음성) 그람 염색 후 붉은색으로 염색되는 세균 세포를 말함.

gram-positive (그람 양성) 그람 염색 후 자주색으로 염색되는 세균 세포를 말함.

growth curve (증식곡선) 배양시간 경과에 따라 세균 세포의 개체군의 크기를 측정한 그래프.

guanine (G) (구아닌) 핵산의 핵산염기의 한 종류

gut-brain axis (GBA) (장-뇌 축) 신체의 중추 신경계와 위장관의 신경계를 연결하는 회로.

gut-brain-microbiome axis (장-뇌-마이크로바이옴 축) 신체의 중추 신경계와 위장관의 신경계를 연결하는 회로에 장관 마이크로바이옴의 첨가.

H

habitat (서식지) 특정 종이 살고 증식하고 있는 장소.

HACCP (위해요소 중점관리기준) hazard analysis critical control point를 참고하시오.

halogen (할로겐) 소독 목적으로 사용하는 항미생물 화학제제(요오드와 염소).

halophile (호염성 생물) 높은 염 농도의 환경에서 살고 있는 생명체.

Hazard Analysis Critical Control Point (HACCP) (위해요소 중점관리기준) 해산물류, 유류 그리고 가금류 식품의 안전성을 보증하기 위한 한 세트의 강제 규정.

healthcare-associated infection (HAI) (의료 관련 감염) 병원 또는 의료시설에 있는 동안에 다른 조건을 위한 치료로부터 기인한 미생물의 침입. 병원내감염(nosocomial infection)으로도 불림.

heavy metal (중금속) 종종 미생물에 독성이 있는 항미생

물 화학원소(수은, 구리 그리고 은).

heavy (H) chain (중사슬) 항체 분자에 있는 큰 폴리펩티드.

helicase (헬리카제, 나선효소) DNA 복제를 위한 DNA이중나선의 풀림에 관여하는 효소.

helper T lymphocyte (cell) [보조 T 림프구 (세포)] 병원균에 감염된 세포를 찾기 위하여 B 림프구의 활성을 향상시키고 세포독성 T 세포를 자극하는 일종의 백혈구 세포.

hemagglutinin (H spike, 혈구응집소, H 스파이크) 바이러스를 숙주세포에 결합할 수 있게 하는 독감 바이러스 표면단백질의 한 종류를 구성하는 효소.

hemorrhagic (출혈) 순환계에서 혈액이 빠져나가는 것을 의미함.

herbicide-tolerant (HT) (제초제-내성의) 식물에 독성인 물질에 의해 죽지 않는 식물을 말함.

herbivore (초식동물) 그들 먹이의 주성분으로 식물과 풀로 생존하는 동물.

herd immunity (집단면역) 백신 접종과 이전에 질환을 앓음을 통하여 대부분의 집단이 감염성 질환에 면역성이 있다면, 사람에서 사람으로 질병이 퍼질 가능성이 없다는 개념. 집단면역(community immunity)이라고도 불리워짐.

heredity (유전) 유전적 특성이 부모에게서 자손에게 전달되는 것.

high-efficiency particulate air (HEPA) filter [고성능입자 공기 (헤파) 필터] 0.3 마이크로미터 이상 큰 입자를 제거하는 공기필터의 한 종류,

highly perishable (매우 잘 상하는) 쉽게 상하는 식품을 말함.

homeostasis (항상성) 세포 또는 생명체에서 내부적인 균형상태를 유지함.

horizontal gene transfer (HGT) (수평유전자 전달) 같은 세대 안에서 한 생명체에서 다른 생명체로의 유전자 이동; 측면 유전자 전이(lateral gene transfer)라고도 불림.

host (숙주) 미생물이나 바이러스가 그 안에서 살고, 먹고, 증식(복제)할 수 있는 세포나 개체.

human genome (인간 유전체) 인간 세포에서의 유전정보의 완전한 한 세트.

Human Genome Project (HGP) (인간 유전체 사업) 인간세포의 DNA 염기서열을 정하고 유전자를 확인하여 모든 유전자 지도를 완성한 국제적인 과학연구 사업.

human microbiome (인간 마이크로바이옴) 인체의 피부표면, 입, 호흡계 그리고 소화기와 비뇨생식기의 관에 정상적으로 살고 있는 미생물과 바이러스 공동체. 마이크로바이옴(microbiome)도 참고하시오.

Human Microbiome Project (HMP) (인간 마이크로바이옴 사업) 건강하거나 질병에 걸린 양쪽 모든 사람과 관련되어 발견된 미생물을 동정하고 특성화하는 계획.

humus (부식질; 부식토) 미생물에 의한 식물성 물질의 분해로 인해 생긴 복합적인 유기물질.

hydrogen peroxide (과산화수소) 손상 받은 조직과 접촉시 물과 산소 가스(O_2)로 쉽게 분해되는 가정용 방부제(소독제).

hydrolysis reaction (가수분해 반응) 물분자를 이용해서 어떤 분자를 두 부분으로 나누어 보다 큰 분자를 보다 작은 분자로 분리를 하는 과정.

hydrophilic (친수성) 물에 녹거나 또는 쉽게 혼합되는 물질을 일컬음. 소수성(hydrophobic)도 참고하시오.

hydrophobia (공수병) 삼키기 어려워 하는 증상을 가지는 광견병의 후기 단계에서의 증상으로 마실 액체가 주어지면 극심한 공포를 보이며, 갈증을 해소할 수 없다.

hydrophobic (소수성) 물에 녹지 않거나 또는 쉽게 혼합되지 않는 물질을 일컬음. hydrophilic(친수성)도 참고하시오.

hyperthermophile (초고온균) 80°C/176°F 이상의 최적 성장 온도를 가지는 원핵생물.

hypha (pl. hyphae) (균사) 균류의 성장하는 부분에 상당하는 현미경적인 실 같은 것.

hypothalamus (시상하부) 뇌하수체를 제어하는 뇌의 한 부분.

I

icosahedron (정이십면체) 20개의 삼각면으로 구성된 일부 바이러스 캡시드의 주요 형태의 하나인 대칭 구조를 말함.

idiopathic (특발성) 알려진 원인이 없는 질병이나 질환을 말함.

IgA (immunoglobulin A) (면역글로불린 A) 병원체를 중화시키는 데 도움을 주는 호흡기와 장관 분비물에서 발견되는 항체

IgD (immunoglobulin D) (면역글로불린 D) 항원에 결합하기 위한 수용체로 작용하는 B 세포 표면에서 발견되는 항체.

IgE (immunoglobulin E) (면역글로불린 E) 알레르기의 원인인 항체의 한 종류.

IgG (immunoglobulin G) (면역글로불린 G) 주요 질병 전사(싸움꾼)인 혈청 속에 풍부한 항체의 한 종류.

IgM (immunoglobulin M) (면역글로불린 M) 병원균과 싸우는 데 도움이 되는 항체의 첫 번째 종류.

immune system (면역체계) 외부물질(세균, 바이러스, 균류, 기생체)을 식별하고 이들에 대항하여 싸우며, 이들에 대하여 방어하는 데 책임이 있는 신체에서의 세포와 분자들의 복잡한 상호작용.

immunity (면역) 감염성 질환에 저항할 수 있는 신체의 능력.

immunization (면역주사, 예방주사) 개개인이 특정 질병에 대해 보호를 받는 과정. 백신접종(vaccination)도 참고하시오.

immunoglobulin (Ig) (면역글로불린) 항원과 반응하는 단백질의 한 종류; 항체의 다른 명칭.

immunology (면역학) 면역체계가 어떻게 작용하며 어떻게 병원균과 다른 외래 인자에 반응하는지에 대한 과학적인 연구.

inactivated vaccine (불활성화 백신) 물리적 또는 화학적 과정에 의해 불활성화된 세균 또는 바이러스를 함유하고 있는 배합물.

inclusion body (봉입체) 영양분을 농축하여 저장하고 있는 원핵세포에서의 세포질 구획.

incubation period (잠복기) 숙주로의 병원체 침입과 신호와 증상의 발현 사이에 지나간 시간.

indicator organism (지표생물) 물이나 식품에 존재하는 경우 분변으로 오염된 것을 시사하는 미생물.

indirect contact transmission (간접접촉 감염) 비생명체가 관련된 질병전파 방식. 직접접촉 감염 (direct contact transmission)도 참고하시오.

industrial fermentation (산업적 발효) 산소 가스의 유무에 상관없이 미생물을 배양하기 위한 대규모의 산업공정. 발효(fermentation)도 참고하시오.

industrial microbiology (산업미생물학) 약품, 음료 그리고 화학물질을 포함하는 식품과 산업 제품의 제조에 미생물을 이용하는 분야.

infection (감염) 숙주로의 병원체 도입. 정립 그리고 증식.

infectious disease (감염성 질환) 병원균이 감수성 숙주를 침범하여 의학적으로 심각한 증상을 유도하는 질병.

infectious dose (감염량) 감염을 일으키는 데 필요한 미생물의 수.

inflammation (염증) 보통 발적, 발열, 부종과 통증을 특징으로 하는 상처에 대한 비특이적이고 선천적인 면역 반응.

innate immunity (선천적 면역) 생명체와 함께 태어난 그리고 비특이적인 면역 방어.

insulin A (인슐린 A) 췌장에서 생성되는 호르몬으로 혈당 수치가 너무 높아지거나 낮아지는 것을 방지.

Integrative Human Microbiome Project (iHMP) (통합적 인간 마이크로바이옴 사업) 인간 보건과 질병 상태에서 인간 마이크로바이옴이 하는 역할을 보다 잘 이해하기 위한 사업.

interferon (IFN) (인터페론) 이웃 세포들에 의한 항바이러스 단백질의 합성을 유발하는 바이러스에 노출되어 신체 세포에 의해서 생산되는 항바이러스 단백질.

intrinsic factor (내재성 요인) 미생물 증식에 영향을 주는 식료품의 특성. 외인성 요인(extrinsic factor)도 참고하시오.

ionizing radiation (전리방사선) 원자 또는 분자의 전기적으로 전하를 띤 입자로의 분리를 유발하는 감마선과 엑스선 같은 방사선의 한 종류.

irradiated (조사된) 식품이나 식품포장 용기(포장된 식품)에 감마선과 같은 빛을 쪼인 것.

irradiation (조사) 물체가 방사선에 노출되는 과정.

ischemic (허혈성) 체내의 불충분한 혈액 공급.

isomer (이성질체) 동일한 원자 숫자와 형태를 가지지만 원자가 다르게 배열되어 있는 물질.

J

jaundice (황달) 담즙이 순환계 속으로 유출된 상태로, 피부가 흐릿한 황색을 띠게 한다.

K

Koch's postulates (코흐의 가설) 특정 생명체가 특정 질병의 원인 인자로 확인될 수 있는 한 세트의 절차.

koji (균류) *Aspergillus oryzae*의 일반명.

L

lactic acid bacteria (LAB, 유산균) 그들의 공통 대사 및 생리적인 특징으로 연관되어 있는 일군의 그람 양성, 내산성 간균 또는 구균.

lactose (유당) 한 분자의 포도당과 한 분자의 갈락토스로 구성되어 있는 유당(젖당).

lag phase (유도기, 적응기) 증식이 일어나지 않는 동안 개체군 역사의 첫 몇 시간을 포함하는 증식곡선의 부분.

lagering (라거링) 맥주의 2차 숙성.

latency (잠복기) 바이러스가 즉시 질병을 일으키지 않고서 숙주의 염색체에 통합되어 있는 상태.

legume (콩과식물) 꼬투리에 씨앗을 맺는 식물.

leukocyte (백혈구) 여러 가지 유형의 백혈구 세포 중의 어떤 것.

lichen (지의류) 균류의 균사체와 시아노박테리아 또는 조류 사이의 공생적인 연합.

light (L) chain (경사슬) 항체의 보다 작은 폴리펩타이드.

light microscope (광학현미경) 물체의 확대된 이미지를 만들기 위해 가시광선과 유리렌즈 시스템을 사용하는 장치.

lipid (지질) 탄소, 수소 그리고 산소로 구성되어 있는 유기 에너지 화합물; 동물 지방, 식물 오일 그리고 세포막의 인지질을 포함.

lipopolysaccharide (LPS) (지질다당류) 그람 음성 세균 세포벽의 외막 바깥에서 발견되는 지질과 다당류로 이루어진 화합물.

lobar pneumonia (폐렴) 허파의 한쪽 또는 양쪽 모두의 세균 감염.

logarithmic (log) phase (대수증식기) 활발한 증식으로 세포 수가 기하급수적으로 증가하는 성장곡선의 한 부분.

lymph node (림프절) 면역 반응에 관여하고 대식세포와 림프구를 포함하며, 림프관을 따라 위치하고 있는 콩 모양의 기관.

lymphocyte (림프구) 신체가 감염에 대항하여 방어하는 데 도움을 주는 작은 백혈구 세포.

lyophilization (freeze drying, 동결건조) 진공으로 물을 증발시킨 후 식품 또는 다른 물질을 초저온에서 동결하는 공정.

lysis (용해) 세포의 파괴와 세포 성분의 소실.

lysosome (리소좀) 소화(가수분해)효소를 함유하고 있는 세포질의 막으로 둘러싸인 구조.

lysozyme (라이소자임) 그람 양성 세균 세포벽의 펩티도글리칸을 분해하는 눈물과 타액에서 발견되는 효소.

M

macrophage (대식세포) 다양한 조직에서 발견되며, 신체가 감염에 대항하여 스스로 방어하는 데 도움을 주는 큰 백혈구 세포.

magnification (배율) 총배율(total magnification)도 참고하시오.

malaise (권태) 전체적인 불편함, 질병 또는 웰빙의 결핍 느낌.

malignant (악성) 주변 조직을 침범하고, 신체의 다른 부위에까지 퍼질 수 있는 종양을 말함.

malting (맥아 제조법) 보리를 물에 담가 둠으로써 보리가 발아되기 시작하여 보다 더 간단한 탄수화물을 만드는 과정.

maltose (말토스, 맥아당) 곡류의 낟알에서 발견되는 2개의 포도당으로 구성된 이당류.

manufacturer code (제조사 코드) 제품을 신속하게 확인하기 위해 제조사가 사용하는 시스템.

mechanical vector (기계적 운반체, 기계적인 매개체) 그 표면으로 질병 인자를 전파하는 생명체 또는 물질. 생물학적 운반체(biological vector)도 참고하시오.

medulla (수질) 척수와 연결된 뇌의 아래쪽 부분.

membrane filter technique (막 여과법) 물 시료를 막으로 여과한 후 막에 걸린 대장균을 검출함으로써 수질 상태를 검사하는 방법.

memory B cell (기억 B세포) 특정 세균 또는 바이러스에의 이전 노출을 기억함으로써 신체가 질병에 대항하여 스스로를 방어하는 데 도움을 주는 B림프구에서 유래된 세포.

memory T cell (기억 T세포) 특정 세균 또는 바이러스에의 이전 노출을 기억함으로써 신체가 질병에 대항하여 스스로를 방어하는 데 도움을 주는 T림프구에서 유래된 세포.

meninges (뇌척수막) 뇌와 척수를 둘러싼 삼중막.

mesophile (중온균) 10~45°C(50~113°F) 범위의 상온에서 자라는 생명체.

messenger RNA (mRNA) (전령 RNA) 특정 폴리펩티드를 합성하기 위한 정보를 가지고 있는 RNA 전사체.

metabolism (대사) 살아 있는 세포 또는 생명체에서 일어나는 모든 생화학 반응.

metabolite (대사산물) 물질대사 동안에 생성된 물질.

metagenome (메타지놈) 생명체 집단으로부터의 유전체 총합.

metagenomics (메타지노믹스) 환경 시료에서 직접 분리한 유전자에 대한 연구.

metastasize (전이하다) 발생 근원지로부터 신체의 다른 조직으로 종양의 퍼짐.

methanogen (메탄생성균) 혐기성 환경에서 단순 화합물을 먹고 살아가는 동안 대사과정에서 메탄 가스를 생성하는 원시세균(고세균).

microbe (미생물) 미생물(microorganism)을 참고하시오.

microbial antagonism (미생물 길항작용) 상주하는 미생물이 병원성 종의 증식을 능가하거나 억제하는 과정.

microbial biotechnology (미생물생물공학) 미생물이 자연적으로는 생산할 수 없는 물질을 생산하게 하기 위해 미생물 유전체를 변형하는 데 있어서의 유전공학 기법의 이용.

microbial forensic (미생물 법의학) 병원균의 인지, 확인 그리고 통제와 관련된 학문.

microbial genomics (미생물 유전체학) 미생물 유전체의 염기서열을 읽고, 분석하고, 비교하는 학문.

microbial load (미생물 부하) 일정한 분량의 물 또는 토양 또는 식품의 표면 위의 세균과 균류의 총수.

microbiology (미생물학) 현미경적인 생명체와 바이러스를 연구하는 과학 분야.

microbiome (마이크로바이옴) 특정한 미생물 군집과 그 집단의 총체적인 유전 물질에 의해 이루어져 있는 특별한 환경.

microcephaly (소두증) 머리와 뇌 크기가 비정상적으로 작은 유아.

microorganism (microbe, 미생물) 세균, 원시세균(고세균), 균류 그리고 원생생물 세포를 포함하는 현미경적인 생명 형태.

microstatic (미생물 정균제) 미생물의 증식을 느리게 하는 화학물질.

mitochondrion (pl. mitochondria) (미토콘드리아) 세포 호흡을 수행하는 진핵 세포의 이중막으로 둘러 싸여 있는 구획.

mixed fermentation (혼합발효) 산물이 생물공학에서 많이 이용되는 복잡한 산 혼합물인 혐기성 발효.

mold (사상균류) 긴 실 모양으로 자라며, 배양에서 털이 보송보송한 덩어리로 보이기 시작하는 유형의 균류.

molecule (분자) 전자를 공유하여 결합해 있는 2개 또는 그 이상의 원자.

μm (마이크로미터) 밀리미터당 천분의 일에 해당하는 길이의 측정값.

monosaccharide (단당류) 보다 더 단순한 당으로 쪼개질 수 없는 단당.

mucous membrane (점막) 점액분비 세포를 가지고 있으며, 외부 환경으로 직접 또는 간접적으로 노출되어 있는 모든 포유류 체관의 촉촉한 내벽.

mucus (점액) 끈적거리는 점액의 분비.

multi-drug resistance/resistant (MDR) (다약제 내성/다약제 내성의) 많은 다른 항미생물제제에 의해 죽거나 또는 손상되지 않는 미생물을 말함.

mushroom (버섯) 일부 균류의 포자를 가지는 생식체.

must (포도액) 포도를 으스러뜨려서 나온 액.

mutagen (돌연변이원) 세포에서 돌연변이를 일으킬 수 있는 물리적 인자 또는 화학물질.

mutant (돌연변이주) 돌연변이를 가지고 있는 생명체. 야생형(wild type)도 참고하시오.

mutation (돌연변이) DNA 염기서열의 유전정보에서 영구적인 변화.

mycelium (pl. mycelia) (균사체) 대부분의 균류를 형성하는 균사(균류 사상체) 다발.

mycology (균학) 균류의 과학적 연구.

mycorrhiza (pl. mycorrhizae) (균근) 토양 균류와 많은 식물의 뿌리 사이에서의 밀접한 연결.

mycosis (pl. mycoses) (진균증) 인간을 포함한 동물의 균류 감염.

N

NAD$^+$ 니코틴아미드 아데닌 디뉴클레오티드(nicotineamide adenine dinucleotide)를 참고하시오.

naked virus (나출바이러스) 비파막바이러스(nonenveloped virus)를 참고하시오.

nanometer (nm) (나노미터) 1 mm의 백만 분의 1과 같은 길이 단위.

narrow-spectrum antibiotic (좁는 범위 항생제) 선발된 세균군에 대해서만 작용하는 항미생물제제. 광범위항생제(broad-spectrum antibiotic)도 참고하시오.

natural selection (자연 선택) 특정 환경에 가장 잘 적응한 개체나 집단의 생존과 번식 성공을 가져오는 과정.

neucrosis (괴사) 질병 또는 상처로 인한 기관 또는 조직의 대부분 또는 모든 세포의 죽음.

neuraminidase (N spike, 뉴라민산 분해효소, N 스파이크) 숙주세포로부터 바이러스의 방출을 용이하게 해주는 독감 바이러스 표면 단백질의 하나를 구성하는 효소.

neurodegenerative (신경퇴행성의) 뇌에서의 신경세포들의 구조 또는 기능의 점진적인 상실.

neurotransmitter (신경전달물질) 다른 뉴런, 근육 또는 분비샘 세포를 자극하기 위해 뉴런에서 방출되는 화학적 신호.

neutron (n) (중성자) 원자핵에 있는 전하를 띄지 않는 입자.

neutrophil (호중성백혈구) 병원균의 식세포작용에 관여하는 백혈구 세포의 한 종류.

niche (지위) 서식지에서의 종 또는 집단의 생활방식을 서술하는 용어.

nicotinamide adenine dinucleotide (NAD+) (니코틴아미드 아데닌 디뉴클레오티드) 전자전달과 발효 반응 동안에 전자를 전달하고 수송하는 비타민 B3(니아신)에서 유래된 조효소.

nicotinamide adenine dinucleotide phosphate (NADP) (니코틴아미드 아데닌 디뉴클레오티드 인산) 광합성의 에너지 포집 반응 동안에 전자를 전달하고 수송하는 비타민 B3(니아신)에서 유래된 조효소.

nitrification (질산화) 질화 세균에 의해 두 단계를 거쳐 암모니아가 질산염(nitrate)으로 되는 생물학적 산화작용.

nitrifying bacterium (질산균) 질산화(질화)를 수행하는 세균 세포.

nitrogen cycle (질소순환) 질소 가스(N_2)가 토양과 생명체에서 질소를 함유하고 있는 물질로 전환되는 과정과 이 물질들이 다시 질소 가스로 재전환되는 과정.

nitrogen fixation (질소고정) 미생물에 의해 질소 가스가 암모니아로 전환되는 화학 과정.

nitrogenase (질소고정효소) 질소 가스(N_2)를 암모니아(NH_3)로 전환하는 효소.

nitrogen-fixing bacterium (질소고정세균) 질소고정을 행하는 세균 세포.

nonenveloped virus (비피막 바이러스, 나출바이러스) 바이러스 유전체와 캡시드로만 이루어진 바이러스.

nonperishable (부패하지 않는) 잘 부패하지 않는 식품을 말함.

nosocomial infection (병원내 감염) 의료 관련 감염(healthcare-associated infection)을 참고하시오.

nucleic acid (핵산) 유전적 정보를 운반하며, 모든 살아 있는 세포와 바이러스에서 발견되는 뉴클레오티드 사슬로 구성되어 있는 유기화합물. DNA; RNA도 참고하시오.

nucleobase (핵염기) 핵산에 발견되는 5가지의 질소 함유 화합물의 어느 하나.

nucleocapsid (뉴클레오캡시드) 바이러스 유전체와 캡시드의 통합.

nucleoid (핵양체) 세균 염색체를 가지고 있는 원핵 세포의 영역.

nucleotide (뉴클레오티드) 핵산 성분으로 인산기와 염기(A, T, G 또는 C)에 결합된 오탄당으로 구성된 분자.

nutraceutic (건강기능식품) 질병의 예방과 치료를 포함하여 약효와 보건상 이점을 제공할 수 있는 식품 또는 식품의 일부.

nutrient agar (영양한천) 미생물 증식을 위한 영양분을 포함하고 있는 고형화 제제.

O

obese (비만) 30파운드 또는 더 많은 몸무게를 가진 사람(NIH의 기준).

object lens (대물렌즈) 관찰할 물체로부터 나오는 첫 광선을 받아들이는 현미경의 렌즈.

obligate intracellular parasite (절대 세포내 기생체) 반드시 숙주로부터 그 영양분을 취해야 하는 생명체 또는 바이러스.

obligate symbiont (절대 공생체) 그들의 생존과 생식을 위해 반드시 숙주에 들어가 살아야만 하는 미생물 종.

ocean grye (대양 환류) 지구 자전 때문에 생성된 힘과 대기 순환에 의해 형성된 거대한 원형의 해류 체계.

oil (기름) 실온에서 보통 액체인 3개의 지방산에 부착된 글리세롤로 구성되어 있는 지질의 한 종류.

oligosaccharide (올리고당) 서로 연결되어 있는 3 내지 10개의 단당을 포함하고 있는 탄수화물.

oncogene (종양유전자) 세포의 통제되지 않는 증식을 유도할 수 있는 DNA 단편.

oncogenic virus (종양 발생 바이러스) 종양을 유발할 수 있거나 또는 암과 관련된 바이러스.

oncology (종양학) 종양과 암에 대한 과학적인 연구.

operator (작동유전자) 억제 단백질이 결합할 수 있는 DNA에서의 염기서열.

operon (오페론) 프로모터, 작동유전자 그리고 한 세트의 구조유전자로 구성된 세균 DNA 단위.

opportunistic (기회감염) 사람의 면역체계가 약화될 때만 질병을 유발하는 병원균을 말함.

oral cavity (구강) 입.

oral rehydration therapy (경구 수분 보충요법) 신체의 정상적인 수분/염 균형을 회복하도록 계획된 전해질과 포도당의 마시는 용액을 수반하는 치료.

order (목) 하나 또는 그 이상의 과(Family)로 구성된 관련 생명체의 범주.

organelle (세포소기관) 특정 기능을 가지고 있는 진핵세포에서의 특정 소구획.

organic (유기물) 화학에서 이산화탄소와 일산화탄소를 제외한 탄소원자를 함유하는 화학물질.

organic acid (유기산) 크기가 작은 산성의 특징을 갖는 탄소 함유 물질.

organism (유기체) 하나 또는 그 이상의 세포로 구성되어 있는 개별적인 생명 형태.

osmosis (삼투) 반투막을 통해서 농도가 높은 구역으로부터 농도가 낮은 구역으로의 물 분자의 순이동.

outbreak (아웃브레이크) 특정 지역 또는 집단에서 소규모의 갑작스러운 그리고 국소적인 질병의 발생.

outer membrane (외막) 그람 음성 세균의 세포벽 일부를 형성하는 이중막.

oxidation lagoon (산화지) 하수를 가둬 안정화시킨 후 유기물질을 산화시키는 큰 연못.

oxygen cycle (산소 순환) 환경에서 산소가 이동하는 생물지구화학적 순환.

P

pandemic (팬데믹) 넓은 지리적 영역(전 세계)에 걸쳐 발생하여 상당한 부분의 전 세계 인구에 영향을 미치는 질병.

parasite (기생체) 증식과 복제를 위해 숙주에 의존하는 생명체 또는 바이러스.

parotid gland (이하선, 귀밑샘) 입 양쪽과 양쪽 귀 앞쪽에 있는 침샘.

pasteurization (저온살균) 우유 같은 유체에 있는 질병을 유발하는 세균을 파괴해서, 유체에 있는 전체 세균 수를 낮추는 가열법.

pasteurizing dose (방사선 조사량) 식료품에서 모든 병원균을 제거하는 데 필요한 방사선 조사 수준.

pathogen (병원체) 질병을 일으키는 미생물(세균, 바이러스 균류 또는 기생체).

pathway engineering (경로공학) 보다 지속가능하고 보다 유용한 방식으로 생화학물질 또는 다른 생산물을 생산하기 위한 미생물의 조작.

PCR 중합효소 연쇄반응(polymerase chain reaction)을 참고하시오.

penetration (침투) 바이러스가 숙주 세포로 들어가는 것과 숙주 세포에서 캡시드를 벗는 과정.

penicillinase (페니실린 분해효소) 페니실린을 분해함으로써, 페니실린에 대한 내성을 부여하는 일부 미생물이 생산되는 효소.

peptide bond (펩티드 결합) 두 아미노산 사이의 연결.

peptidoglycan (펩티도글리칸) 짧은 펩티드 연결에 의해 교차결합된 *N*-acetyl glucosamin과 *N*-acetylmuramic acid의 교대 단위로 구성되어 있는 세균 세포벽의 복잡한 분자.

periplasmic space (주변세포질 공간) 그람 음성 세균의 세포막과 외막 사이의 대사적인 영역.

personalized medicine (개인 맞춤형 의료) 특정 환자와 그들의 유전 성질을 표적으로 해서 그들의 예측되는 반응 또는 질병리스크에 기초하여 하는 치료 절차 및 (또는) 제품을 사용하는 데 있어서 환자를 다른 그룹으로 나눠서 하는 의료 절차.

pH 용액의 수소 이온 농도 측정, pH가 7 미만인 용액은 산성이라 하고, pH가 7보다 높은 용액은 염기성이라 함. 순수한 물은 pH가 7인 중성임.

phage (파지) 박테리오파지(bacteriophage)를 참고하시오.

phagocyte (포식 세포) 세균과 바이러스를 포함하는 외래물질 또는 세포를 삼켜서 파괴시키는 능력을 가진 백혈구 세포.

phagocytosis (식세포 작용) 외래물질, 세포 또는 바이러스가 백혈구 세포에 먹혀서 파괴되는 과정.

pharynx (인두) 목구멍의 일부로서 입과 비강 옆에 있음.

phenol (carbolic acid, 페놀, 석탄산) 그 유도체가 방부제 또는 소독제로서 사용되는 항미생물제제.

phenotype (표현형) 유전자 구성과 환경 간의 상호작용으로부터 기인하는 생명체의 가시적인 (물리적인) 모양.

phospholipid (인지질) 글리세롤, 2개의 지방산 그리고 인산 그룹을 포함하고 있는 물에 불용성 물질; 모든 세포에서 막 부위를 형성한다.

phosphorus cycle (인 순환) 물과 토양을 통하여 인이 이동하는 생물지구화학적 순환.

photobiont (광합성공생자) 지의류에서의 공생관계에서 광합성 동반자.

photosynthesis (광합성) 광(태양) 에너지가 당 형태의 화학에너지로 변환되는 생화학 반응.

phylum (pl. phyla) (문) 하나 또는 그 이상의 강(class)로 구성된 생명체의 범주.

phytoplankton (식물플랑크톤) 광합성 박테리아와 단세포 조류의 현미경적인 공동체.

pilus (pl. pili) (선모) 세포 부착과 고정에 사용되는, 많은 세균 세포의 표면에서 발견되는 세포막으로부터의 머리카락 모양의 연장.

plasma cell (형질세포) B 림프구에서 유래된 항체를 생산하는 세포.

plasma membrane (원형질막) 진핵세포 세포질을 둘러싸고 있는, 단백질을 가지고 있는 인지질 이중층. 세포막(cell membrane)도 참고하시오.

plasmid (플라스미드) 염색체와는 떨어져 있고, 비필수적인 유전 정보를 가지고 있으며, 독립적으로 복제하는 작고 폐쇄된 루프 모양의 DNA 분자.

point mutation (점 돌연변이) 다른 염기를 가지고 있는 DNA 가닥에서의 한 염기의 교체, 소실 또는 획득.

polymerase chain reaction (PCR) (중합효소 연쇄반응) 1개의 DNA 단편을 무제한으로 복제하는 데 사용하는 기술.

polypeptide (폴리펩티드) 연결된 아미노산 사슬.

polysaccharide (다당류) 분지된 또는 사슬 구조로 연결된 당 분자로 만들어진 복합 탄수화물.

portal of entry (침입구) 병원균이 숙주에 들어오는 부위.

Portal of exit (탈출구) 병원균이 숙주를 빠져 나가는 부위.

potable (식수, 먹는 물) 안전하게 마실 수 있는 물.

prebiotic (프리바이오틱스) 장 마이크로바이옴의 증식 또는 활동을 촉발할지 모르는 고용량 식이섬유 식품 또는 알약 보충제.

primary consumer (일차 소비자) 식물을 먹고 사는 동물.

primary metabolite (일차 대사산물) 생명체의 생존과 성장에 필수적인 작은 분자; 이차 대사산물(secondary metabolite)도 참고하시오.

primary producer (일차 생산자) 에코시스템의 기초 부분으로, 광합성을 통하여 음식을 창출함으로써 먹이그물의 토대를 만드는 생명체.

primary structure (일차 구조) 폴리펩티드에 있어서의 아미노산 서열.

primary wastewater treatment (일차 폐수처리) 물리적 침전 및 여과를 통해 폐수로부터 큰 고체성분을 제거하는 것.

primordial soup (원시 수프) 생명체의 탄생에 적합한 조건을 제공하는 물질이 풍부한 연못 또는 물줄기.

prion (프리온) 사람과 동물의 뇌질환에 관련된 감염성의 자가 복제되는 단백질.

probiotic (프로바이오틱스) 인간 장 마이크로바이옴을 회복시키거나 유지하는 데 도움이 되는 살아 있는 미생물.

prodromal phase (전조증상 단계, 전구증상 단계) 신체에서 전신 증상이 일어나는 동안의 질병 단계.

producer (생산자) 무기물로부터 바이오매스를 생산하는 생태계의 생명체.

product (생산물) 효소반응 결과로 생긴 물질.

productive infection (생산적 감염) 숙주 세포에서의 바이러스의 활발한 조립과 성숙.

prokaryotic cell (prokaryote, 원핵세포, 원핵생물) 단일 염색체를 가지고 있으나 세포핵 또는 다른 막으로 둘러싸인 구획을 가지고 있지 않은 세포(생명체). 진핵세포(eukaryotic cell)도 참고하시오.

promoter (프로모터) RNA 중합효소가 결합하는 DNA 가닥 또는 오페론의 영역.

prosthesis (보철물) 인공적인 만든 신체 부분, 예를 들어 다리, 엉덩이 또는 무릎을 대체함.

protease (단백질분해효소) 단백질의 아미노산 사이의 펩타이드 결합을 가수분해하고 끊기 위해 물을 이용하는 효소.

protein (단백질) 살아 있는 세포에서 구조 물질 또는 효소로서 사용되는 결합된 아미노산의 한 사슬 또는 사슬들.

protein synthesis (단백질 합성) 아미노산이 관여하는 일련의 화학 반응을 통해 폴리펩티드 또는 단백질을 형성하는 과정.

protist (원생생물) 원생동물과 조류를 포함하는 단세포 진핵 미생물의 매우 크고 다양한 그룹의 일원.

proton (P+, 양성자) 원자핵의 양전하를 띤 입자.

protozoan (pl. protozoa) (원생동물) 세포벽이 없고, 보통 유기물질을 먹고 사는 단세포의 원생생물에 대한 비공식적인 용어.

provirus (프로바이러스) 진핵생물 숙주의 염색체에 통합된 바이러스 DNA.

pseudopod (위족) 아메바와 일부 백혈구 세포의 운동을 가능하게 하는 세포막의 돌출부.

psychrophile (저온성 미생물) 0°C(32°F)에서 20°C(68°F)의 저온범위의 온도에서 살 수 있는 미생물군.

psychrotroph (내냉성 생물) 4°C(39°F)에서 35°C(95°F)의 저온범위의 온도에서 살 수 있는 미생물군.

pulmonary edema (폐부종) 폐에 액체가 축적됨.

pure science (순수과학) 기초(순수) 과학[basic (pure) science]를 참고하시오.

putrefaction (부패) 끈적끈적함으로 흔히 탐지되는 육류에서의 단백질 분해.

pyruvate (피루브산) 해당과정의 3-탄소 산물.

pytogen (발열원) 발열을 유발하는 물질.

Q

quaternary ammonium compound (quat, 제4암모늄화합물) 병원에서 뿐만 아니라 산업 설비와 식품 기구의 소독을 위한 계면활성제 타입의 소독제.

quaternary structure (4차 구조) 최종 기능 단백질을 형성하기 위해 함께 결합한 2개 또는 그 이상의 폴리펩타이드.

quorum (정족수) 업무를 수행하기 위해 필요한 해당 그룹의 최소한의 "의사결정구성원" 숫자.

quorum sensing (QS) (정족수 감지) 생물막에서 세포 사이의 화학적인 소통을 통해 생물막 내의 세포수를 감지하는 과정.

R

reactant (반응체) 화학 반응에서 다른 물질과 상호작용을 하는 물질.

recombinant DNA (재조합 DNA 분자) 2개 또는 그 이상의 다른 근원으로부터 온 DNA를 가지고 있는 분자.

recombinant DNA technology (재조합 DNA 기술) 새로운 유전자 조합을 만들기 위해 2개 또는 그 이상의 다른 종으로부터의 DNA 분자를 결합하여 새로운 DNA를 숙주 생명체에 삽입하는 과정.

red tide (적조) 쌍편모조류의 증가된 수에 의하여 유발되는 해수에서의 적갈색 변색. 대증식(bloom)도 참고하시오.

reemerging infectious disease (재출현 감염성 질병) 지역 내에서 재발하여 발생 또는 전파하는 질병.

regulatory gene (조절 유전자) 억제단백질을 암호화하고 있는 DNA 단편.

release (방출) 복제 후 숙주 세포로부터 바이러스의 방출.

rem 인체 뢴트겐 당량(Roentgen Equivalent in Man)을 참고하시오.

rennin (레닌) 우유를 응고시키는 단백질 분해효소.

repressor protein (억제 단백질) 세균 DNA 염기서열의 작동유전자(operator)에 결합하여 전사를 방해하는 단백질.

reproductive fitness (생식적응) 다음 세대가 그들의 다음 세대에게로 유전자의 전달을 확실하게 하는 방식으로 유전자를 다음 세대에 전달하는 생명체의 능력.

reservoir (병원소) 질병을 일으키는 인자가 존재하여 감염력을 유지하고 있는 장소 또는 생명체.

respiratory droplets (호흡기 비말) 재채기 또는 기침을 통해 코나 목구멍으로부터 배출되는 작은 수분 방울.

restriction enzyme (endonucleae, 제한효소) 특정 제한 부위에서 DNA 분자를 잘라서 벌어지게 하는 종류의 효소.

retrovirus (레트로바이러스) 그들의 RNA를 DNA로 역전사할 수 있는 RNA 바이러스.

reverse transcriptase (역전사효소) 단일 가닥 RNA 분자에 의해 전달되는 유전암호로부터 이중가닥 DNA 분자를 합성하는 효소.

ribonucleic acid (RNA) (리보핵산) 단백질 합성과 유전자 조절과 연관된 핵산; 또한 일부 바이러스에서의 유전정보.

ribosomal RNA (rRNA) (리보좀 RNA) 리보좀의 부분을 형성하는 RNA 전사물.

ribosome (리보좀) 단백질을 합성하는 세포 성분.

ripened cheese (숙성치즈) 치즈커드(응유)에 소금과 미생물의 첨가.

RNA polymerase (RNA 중합효소) DNA 주형으로부터 RNA 폴리뉴클레오티드를 합성하는 효소.

RNA virus (RNA 바이러스) RNA의 형태로 유전정보를 가지고 있는 바이러스.

RNA 리보핵산(Ribonucleic acid)을 참고하시오.

Roentgen Equivalent in Main (rem) (인체 뢴트겐 당량) 생물학적 효과와 관련된 방사선 조사량의 측정 단위.

rumen (반추위) 반추동물의 소화관에서 첫 번째 방.

ruminant (반추동물) 음식을 소화하며 반추위로부터 역류된 되새김질 거리를 씹는 발굽을 가진 동물.

S

sanitation (위생시설) 미생물의 수를 안전한 수준으로 줄이는 과정.

sanitization (위생) 공중보건 표준안전 지표에 맞게 안전한 수준으로 미생물 개체 수를 감소시키는 것.

saturated (포화된) 어떤 추가적인 수소 원자도 받아들일 수 없는 불수용성 화합물. 불포화된(unsaturated)도 참고하시오.

sauerkraut (사우어크라우트) 다양한 젖산균으로 발효된 양배추.

scanning electron microscope (SEM) (주사전자현미경) 전자로 하여금 검체 통해 훑어보게 함으로써, 검체의 삼차원 이미지를 만들어 내는 전자현미경의 한 종류.

science (과학) 관찰에서 얻은, 추가적인 조사로 검증되고 시험된, 지식의 조직화된 체계.

scurvy (괴혈병) 비타민 C가 부족해서 생기는 병으로 잇몸 약화, 치아손실, 피하 및 점막 출혈 등의 증상이 동반됨.

sebum (피지) 피지샘에서 분비되는 기름진 분비물로 피부와 모발을 부드럽고 촉촉하게 함.

secondary consumer (carnivore, 이차 소비자) 일차 소비자를 먹고 사는 동물.

secondary metabolite (이차 대사산물) 한 생명체의 생존과 성장에 필수적이지 않은 작은 분자; 1차 대사산물(primary metabolite)도 참고하시오.

secondary structure (이차 구조) 알파나선 또는 시트 모양으로 접혀진 폴리펩티드 부위.

secondary wastewater treatment (이차 폐수 처리) 일차 처리 후 폐수에 남아 있는 보다 작은 고형물 또는 입자를 미생물의 사용과 여과막의 도움을 받은 미세 여과를 통하여 제거하는 과정.

sedimentation (침전물) 하수나 폐수처리에서 액체의 입자들이 중력에 의해 액체로부터 가라 앉아 용기의 바닥에 멈추어 모이는 경향을 의미함.

selective medium (선택 배지) 바라는 종의 성장을 부추기면서 원하지 않는 미생물을 억제하는 성분을 함유하고 있는 증식 배지.

semiconservative replication (반보전적 복제) 각각의 부모 (오래된) 사슬이 새로운 상보적인 사슬을 위한 주형 역할을 하는 DNA 복제 과정.

semiperishable (반부패) 덜 빨리 상하는 음식.

semisynthetic (반합성) 자연적인 형태로부터 화학적으로 변형된 화학물질.

septic tank (정화조) 가정에서 나오는 분뇨를 수집하기 위한 밀폐된 견고한 박스.

serotype (항원형) 면역학적 특성에 기초한 종내의 뚜렷한 변이.

serum (pl. sera) (혈장) 물, 무기질, 염류, 단백질, 그리고 항체와 같은 다른 유기물질로 구성된 혈액의 액체 성분; 응고물질은 포함되지 않음.

sewage treatment (하수처리) 도시의 폐수로부터 가정 하수에 일부 산업폐수까지 제거하는 과정.

sexual reproduction (유성생식) 서로 다른 타입의 두 개체로부터의 유전 정보를 조합하여 새로운 생명체를 만드는 과정.

sexually transmitted infection (STI) (성매개 감염) 성행위를 통해 한 사람에서 다른 사람에게로 전염되는 감염. 성매개질환(sexually transmitted disease, STD)이라고도 불리워짐.

shelf life (유통기한) 식품과 같은 상품이 사용 또는 소비하기에 부적절해짐이 없이 보관될 수 있는 기간.

shock (쇼크) 혈류가 뇌로 너무 적게 가서 생기는 약한 맥박, 냉증, 발한, 그리고 불규칙한 호흡으로 특징지어지는 생리학적 붕괴 상태.

sign (질병 징후) 환자에게는 분명하지 않으나, 특히 의사에게 관찰되는 질병의 존재를 알려 주는 단서; 증상(symptom)도 참고하시오.

silage (사일리지, 저장목초) 겨울에 동물 사료로 사용되는, 공기가 차단된 상태에서 발효를 통하여 압축되고 보관된 목초 또는 청예 사료.

simple stain technique (단순 염색법) 세포를 대비시키기 위한 한 종류 염료의 사용.

sludge (슬러지) 하수처리 과정에서 분리된 하수 찌꺼기의 고체 부분.

soft rot (무름병) 야채 껍질 조직의 연화.

soil (토양) 생명을 유지하게 하는 유기물, 미네랄, 가스, 액체 및 생명체의 혼합물.

solute (용질) 용액에 용해되는 물질.

solvent (용매) 용액에 용해시키는 물질.

soy sauce (간장) 삶은 콩의 발효된 반죽, 볶은 곡물, 소금 그리고 사상균으로 만들어진 소스.

species (pl. species) (종) 속명과 종명 칭호 단어로 되어 있는 생물의 분류체계에서 가장 기초적인 계급.

specific epithet (종명) 두 단어 모양으로 되어 있는 학명의 두 번째가 종을 나타낸다. 속(genus)도 참고하시오.

spike (스파이크) 숙주세포에 대한 부착과 침투를 용이하게 하는 바이러스 피막 또는 캡시드로 부터 돌출되어 있는 단백질.

spirillum (pl. spirilla) (나선균) 꼬이거나 휜 막대 모양으로 특징지어진 세균 세포 형태.

spirochete (스피로헤타) 유연한 세포벽을 가지고 있는 꼬여진 세균 간균.

sponteneous mutation (자연돌연변이) 어떤 물리적 또는 화학적 인자에의 노출의 결과가 아닌 자연적으로 일어난 DNA에서의 염기서열의 변화.

spore (포자) 균류에 의해 형성된 생식 구조.

sporulation (포자형성) 포자 형성 과정.

sputum (객담) 호흡기 점액.

staphylococcus (pl. staphylococci) (포도상구균) 1. 구균이 포도송이 모양의 덩어리로 되어 있는 특징을 가진 세균 세포의 배열. 2. *Staphylococcus*로서, 통성혐기성, 비운동성, 그리고 내생포자 비형성의, 구균이 덩어리를 형성하고 있는 그람 양성 세균 속.

starch (녹말) 많은 포도당 분자로 만들어진 에너지원인 다당류.

stationary phase (정체기) 미생물 집단의 성장이 일어나지 않는 증식곡선의 시기.

stem cell (줄기세포) 미분화된 세포로서 특별 기능을 가진 다른 모든 세포들을 생성하는 세포.

sterile (멸균) 살아있는 미생물, 포자 그리고 바이러스의 완전한 제거.

sterilization (멸균) 세균의 포자와 바이러스를 포함한 모든 생물체의 파괴 또는 제거.

sterol (스테롤) 측쇄를 가지고 있는 여러 가지 탄소 고리를 함유하고 있는 지질.

sticky end (점착성 말단) 제한효소로 절단된 DNA 단편의 쌍을 형성한 뉴클레오티드 너머로 뻗어 있는 쌍을 형성하지 않은 뉴클레오티드.

streptobacillus (pl. streptobacilli) (연쇄상 간균) 1. 세균 간균의 사슬. 2. *Streptobacillus*로서, 조건적 혐기성이며 비운동성인 그람 음성 간균의 속.

streptococcus (pl. streptococci) (연쇄상 구균) 1. 세균 구균의 사슬. 2. *Streptococcus*로서, 조건적 혐기성이며 비운동성, 포자 비형성 그람 양성 연쇄상 구균.

structural gene (구조유전자) 폴리펩티드에 대한 생화학적 정보를 제공하는 DNA 분자의 한 부분.

subcutaneous (피하의) 피부 아래층.

substrate (기질) 효소가 작용하는 물질.

subunit vaccine (소단위 백신) 바이러스 스파이크 또는 정제된 선모와 같은 미생물의 일부분을 함유하는 조제용 물질.

sucrose (수크로오스, 자당) 포도당 분자와 단당류인 프룩토오스(과당)으로 구성된 이당류.

sulfite (아황산) 과일과 야채, 와인, 소시지 그리고 신선 새우에서의 식품 부패를 통제하기 위해 사용하는 식품보존제.

sulfur cycle (황 순환) 환경 내에서 황이 순환하는 과정.

superbug (슈퍼버그) 여러 항생제에 내성이 있는 미생물.

superinfection (중복 감염) 감수성 균주 보다 항생제 내성 균주가 과도 증식함으로써 감수성 균주를 교체함.

symbiosis (symbiotic) (공생적 공생) 밀접하고 항구적인 연계가 있는 곳에서 두 생명체 집단 간의 상호관계(상호관계를 의미함).

symbiont (공생자) 다른, 일반적으로 더 큰 생명체와 매우 밀접하게 관계를 가지는(살아가는) 생명체.

symptom (증상) 환자가 경험하고 있는 일부 질병 또는 다른 질환의 조짐(징후). 질병 징후(sign)도 참고하시오.

syndrome (증후군) 함께 질병의 특징이 되는 총체적인 징후 또는 증상.

synergism (공동작용, 상승작용) 함께 사용하는 것이 어느 한 약제만 사용하는 것 보다 더 유익한 약제의 조합.

synthetic drug (합성 의약품) 제약회사 또는 실험실에서 개발되고 생산된 의약품.

synthetically (합성적) 자연적으로 생산된 것이 아니라 연구실에서 만들어진 화학물질.

T

T lymphocyte (T cell, T 림프구) 흉선에서 성숙하며 적응 면역의 세포 매개성 반응과 관련된 백혈구 세포의 일종.

Taq polymerase (Taq 중합효소) 중합효소 연쇄반응(PCR)에 사용되는 내열성 DNA 중합효소.

taxon (분류군) 공통 단위를 구성하는 그룹 생명체.

taxonomy (분류학) 어떤 카테고리(범주) 속에 관련된 생명체를 계통적으로 배열하는 일을 다루는 과학. 분류(classification)도 참고하시오.

teichoic acid (테이코산) 벽을 강화하는 그람 양성 세균의 세포벽에 있는 분자.

tensile strength (인장강도) 재료의 섬유를 당겨서 절단하는 데 필요한 최대한의 응력.

tertiary structure (3차 구조) 특유의 3차 구조를 형성하기 위한 폴리펩티드의 자체 되접어 꺾임.

tertiary waste treatment (3차 폐수 처리) 염소처리를 하여 폐수를 살균하는 과정.

tetanus (파상풍) 수의근의 경직과 경련으로 특징지어지는 세균성 질병으로, 입을 벌릴 수 없으며(잠긴 아가리 = 파상풍으로 불리는 현상), 삼키고 호흡하는 데 어려움을 겪을 수 있음.

tetrad (사련균) 4개 세균 세포의 입방형 형태의 배열.

Theory of Natural Selection (자연선택설) 환경에서 변화가 일어나면, 새로운 상황(환경)에 가장 적합한 생명체가 생존하여 이어 갈 것이라는 Darwin의 견해.

thermoacidophile (고온 호산성균) 높은 온도와 강한 산성 환경에서 사는 원시세균(고세균).

thermophile (고온균) 45°C(104°F)보다 높은 온도 범위에서 성장하는 생명체.

three-domain system [3 도메인(영역) 분류체계] 모든 살아있는 생명체를 진화학적인 유연관계에 기초하여 3개의 그룹(도메인, 영역) 중에 하나에 위치하게 하는 분류체계.

thymine (T) (티민) DNA에서 염기 중의 하나.

thymus (흉선) 면역체계 세포의 발생에 관여하는 가슴 위쪽 흉강에 위치한 기관.

Ti plasmid (Ti 플라스미드) 식물의 염색체에 유전자를 삽입하는 데 사용하는 원형의 DNA 분자.

tincture (팅크) 알코올에 용해된 저농도의 화학물질.

topical (국소) 표면, 특히 피부를 의미함.

total magnification (총배율) 대상 검체가 확대되는 횟수의 수.

toxin (독소) 생명체에 의해 생산되는 독성 화학물질.

toxoid (변성독소) 화학처리로 무해하게 되었지만, 항체를 자극할 수 있는 미생물 독소 조제품.

toxoid vaccine (변성독소 백신) 무해하게 만들어졌지만, 아직 독소에 대한 면역 반응을 촉발할 수 있는 독소로부터 만든 백신.

transcription (전사) DNA 분자 내에서 유전자의 염기에 의해 공급되는 유전암호에 따라 RNA가 합성되는 생화학적 과정.

transduction (형질도입) 세균 바이러스를 통해 공여 세포에서 수용 세포로 세균의 일부 유전자의 이동.

transfer RNA (tRNA, 운반 RNA) 단백질 합성 시에 아미노산과 결합하여 아미노산을 리보솜으로 운반하는 RNA 분자.

transformation (형질전환) 죽었거나 분해된 공여 세포에서 수용 세포의 염색체로 DNA 단편의 전이와 통합.

transgenic (형질전환된) 다른 생명체로부터의 유전자 또는 유전자들을 함유하고 있는 생명체.

translation (번역) mRNA 분자 위의 유전암호가 폴리펩티드에서의 아미노산 서열로 번역되는 생화학적 과정.

transmission electron microscope (TEM) (투과전자현미경) 전자가 검체를 통과하도록 허용하여, 결과적으로 검체 구조를 자세히 볼 수 있도록 한 전자현미경의 한 종류.

transposon (전이인자) DNA 분자 위의 한 부위에서 다른 부위로 이동하며, 단백질 합성을 위한 정보를 나르는 DNA 조각. 점핑 유전자(jumping genes)라고도 불리어짐.

tree of life (TOL) (생명의 나무) 모든 알려진 생명 형태를 연관시키는 데 사용하는 진화적인 유연관계에 기초한 개념.

triclosan (트리클로잔) 매우 다양한 가정용품에 항미생물제제로서 포함되어 있는 페놀 유도체.

trophic level (영양 단계) 먹이그물에서 점거하고 있는 생명체의 위치.

truffle (송로) 지하 균류의 생식체(자실체).

tubercle (결핵 결절) 결핵균에 감염된 조직에서 발달되는 단단한 결절.

tuberculin skin test (투베르쿨린 반응) 어떤 사람이 결핵균에 노출되었는지를 확인하기 위한 절차.

tumor (종양) 비정상적인, 통제할 수 없는 세포의 증식으로부터 기인한 세포덩어리.

tumor suppresor gene (TSG) (종양 억제 유전자) 종양 형성을 억제하는 정상 유전자.

tumor-causing virus (종양 유발 바이러스) 종양 발생 바이러스(oncogenic virus)를 참고하시오.

U

ultra-high temperature (UHT) pasteurization (초고온 순간살균) 우유를 140°C에서 1~3초간 가열하여 모두는 아니더라도 대부분의 다른 미생물과 모든 병원균을 파괴하는 처리법.

ultraviolet radiation (UV light, 자외선 방사선, UV 광선) DNA에 손상을 주는 짧은 파장의 전자기 방사선의 한 종류.

uncoating (탈각) 감염된 진핵세포 내에서 바이러스의 캡시드가 제거되는 과정.

unripened cheese (비숙성 치즈) 커드 (응유) 형성 산물.

unsaturated (불포화) 추가적인 수소 원자를 통합할 수 있는 물에 불용성인 화합물. 포화(saturated)도 참고하시오.

uracil (U) (우라실) RNA에서의 염기의 한 종류.

urethral (요도) 소변(및 남성의 정액)을 신체 밖으로 운반하는 관.

V

vaccination (백신 예방접종) 면역이 생기게 하여 질병을 예방할 목적으로, 약화된 또는 사멸된 감염성 미생물 또는 바이러스의 접종. 면역(예방)주사(Immunization)도 참고하시오.

vaccine (백신) 감염성 질환으로부터 신체를 보호하기 위해서 약화된 혹은 죽은 미생물이나 바이러스, 처리된(비활성화된) 독소, 미생물 또는 바이러스의 일부를 함유하고 있는 조제물.

vagus nerve (미주신경) 두개골신경에 하나로 뇌와 복부를 연결함.

vaporized (기화) 고체가 액체 상태를 거치지 않고 직접 증기(기체)로 전환되는 것.

vector (벡터) 감염된 숙주로부터 감수성이 있는 숙주에게로 질병 인자를 전파하는 절지동물.

venipuncture (정맥천자) 정맥혈 채취, 정맥주사, 투약을 위하여 정맥을 뚫는 것.

vertical gene transfer (수직 유전자 전달) 한 세대에서 다음 세대로의 유전정보의 대물림(물려줌).

vesicle (소수포) 세포 내에 액체로 차 있는 작은 조직으로, 지질이중층으로 둘러싸여 있음.

viable but noncultured (VBNC) (비배양성 생존) 살아 있으나 분열하지 않음으로 해서, 어떤 알려진 증식배지에서도 배양할 수 없는 미생물.

vibrio (비브리오) 1. 굽은 간균처럼 보이는 원핵 세포의 형태. 2. *Vibrio*로, 편성 혐기성이며, 그람 음성의 편모를 가진 굽은 간균.

vinegar (식초) 초산 세균에 의한 에탄올의 발효로 생성된 주로 아세트산(초산)과 물로 이루어진 액체.

viral genome (바이러스 유전체) 바이러스 입자 내에 함유되어 있는 유전물질.

viroid (비로이드) 특정 식물성 질병과 관련된 감염성 RNA 단편.

virosphere (바이러스계) 바이러스들이 발견되거나 그들의 숙주와 상호관계를 하고 있는 장소들.

virulence (병독성) 신체의 면역 방어를 극복하는 병원균의 상대적인 능력.

virulence factor (독성 인자) 병원체에 있거나 병원체가 생산하여 숙주에 침입하거나 질병을 일으키는 능력을 증가시키는 분자.

virulent (유독한) 숙주 내에 있을 때 극도로 손상을 줄 수 있는 바이러스 또는 미생물.

virus (바이러스) 살아있는 세포 내에서 복제하며, 질병을 일으키는 감염성 비세포성 인자.

W

water pollution (수질오염) 오염물질에 의한 물의 오염.

whey (유청) 우유에서 단백질이 분리 응고되고 난 후에 남은 투명한 액체.

white blood cell (백혈구 세포) 백혈구(leukocyte)도 참고하시오.

whole agent vaccine (전인자백신) 세균 세포, 바이러스 또는 독소의 전체를 포함하는 백신.

wild type (야생형) 세포 또는 생명체의 정상적인 돌연변이 되지 않은 성질. 돌연변이체(mutant)도 참고하시오.

wort (맥아즙) 맥주 양조를 위해 효모와 호프를 첨가한 한 후 으깨어진 맥아로 된 곡물과 물로부터 만들어진 설탕 맛이 나는 액체.

Y

yeast (효모) 1. 단세포의 비균사성 균류. 2. 병원성 균류의 단세포성 형태를 의미하는 데 사용하는 용어.

Z

zoonotic disease (zoonosis, 인수공통감염질환, 인수공통감염증) 다른 동물로부터 인간에게 전파되는 질병.

zooplankton (동물플랑크톤) 수생 먹이그물의 구성요소인 작은 동물 같은 원생생물.

찾아보기

번호

ㄱ

ㄴ

ㅅ

ㅇ

ㅈ

ㅊ

A

B

C

D

E

F

G

H

I

J~K

L

M

N

O

P

Q

R

S

T

U

V

W

Y

Z